平急两用医疗建筑及设施设计导则

（上册）

北京市建筑设计研究院股份有限公司　编著

中国建筑工业出版社

图书在版编目（CIP）数据

平急两用医疗建筑及设施设计导则：上、下册/北京市建筑设计研究院股份有限公司编著. —北京：中国建筑工业出版社，2024.1

ISBN 978-7-112-29505-0

Ⅰ. ①平…　Ⅱ. ①北…　Ⅲ. ①医院—建筑设计—研究　Ⅳ. ① TU246.1

中国国家版本馆 CIP 数据核字（2023）第 251501 号

责任编辑：毕凤鸣
责任校对：赵　力

平急两用医疗建筑及设施设计导则
北京市建筑设计研究院股份有限公司　编著

*

中国建筑工业出版社出版、发行（北京海淀三里河路 9 号）
各地新华书店、建筑书店经销
北京建筑工业印刷有限公司制版
鸿博睿特(天津)印刷科技有限公司印刷

*

开本：787 毫米×1092 毫米　1/16　印张：41¼　字数：817 千字
2024 年 12 月第一版　　2024 年 12 月第一次印刷
定价：**118.00** 元（上、下册）
ISBN 978-7-112-29505-0
（42258）

编 委 会

撰写人员：（按姓氏笔划排序）

第一章：

孙培真　抗莉君　李 佳　李 爽　杨翊楠　吴悦娜　张斯斯　周 冰
崔 杰

第二章：

马 岩　王 帆　王志扬　叶云昭　吕 娟　刘巍巍　江 洋　许 山
孙彦亮　杨 宁　杨 懿　时晨龙　吴子超　张 豪　张朋宇　陈 璐
周 睿　周孙基　姜 诚　耿天一　徐 言　蒋夏涛

第三章：

王志扬　王灵丽　宁久民　朱芷莹　刘文文　刘洁琮　安 浩　李 翔
杨 懿　吴子超　张东坡　袁菀咛　耿云全　曹 妍　盖克雨　梁 巍
程国丰　樊 华

第四章：

王 鹏　韦 洁　支晶晶　付 烨　刘 琛　刘国洋　孙 冕　孙彦亮
抗莉君　李 芊　李 娜　李 翀　汪 滢　宋子魁　张 颖　张宇渟
张慧芹　赵 欣　赵 强　赵升泉　赵曾辉　耿天一　夏国藩　谌晓晴
董红伟　程翰文　魏成蹊

第五章：

马 跃　王 凯　王 洋　王硕志　朱明春　李连娜　李姣洋　杨 红
时晨龙　宋思佳　张 帆　张 颖　张 豪　范 欣　罗继军　周 丹
赵亦宁　俞振乾　郭亚伟　黄 晓　崔建刚　潘 硕　薛 松

第六章：

王鑫宇　方 勇　田 梦　刘 弘　刘 沛　刘芮辰　刘思思　阮 维
李 硕　李 颖　李大玮　李树栋　李姣洋　吴中群　宋培林　周 丹

夏澄元　郭歆雪　康　凯　董俐言　鲁冬阳　裴　雷　潘　萌

第七章：

王　朝　王　晶　刘晓茹　李木子　黄季宜　董俐言　焦　迪　鲁冬阳

第八章：

王　朝　王　晶　王　楠　王子若　王满丽　刘婧妍　刘智宏　阮　维
孙柄雪　李木子　李长起　杨　红　陈　萌　贾宇超　焦　迪　裴　雷

序

随着全球抗疫斗争的告一段落，人们通过这一事件更多的认识到在新的世纪中，疫情的全球化意味着人们的健康是互相依存的。通过回顾，人们从生和死、疫情和防治、国家和地区、法律和道德、责任和义务、心理和精神、城市和建筑等各个层面进一步的思考，也更加体会到除了果断的决策、得力的措施、公众的理解和支持之外，科学和技术的重要作用也更为充分的发挥出来。作为和新中国同龄的国有企业，北京市建筑设计研究院股份有限公司在这场斗争中，充分发挥了自己的技术优势和人才特点，动员公司的一切力量，努力实现自己的使命担当，体现建院人的家国情怀和奉献精神。同时在疫情之后又利用公司的优势，在充分调研的基础上总结完成了《平急两用医疗建筑及设施设计导则》一书，这是疫情后奉献给社会和业界的一个重要学术成果。

在漫长的疫情期间，北京建院按照北京市委和市政府的部署，在公司党委的领导下，承接了北京市大部分和外地部分共数十项市级、区级的应急防疫工程、发热门诊改造以及方舱医院的设计工作，快速完善提升了医疗设备和配套设施。在北京市除小汤山医院的建设和改造以外，还承担了北京市佑安医院、北京市第六医院、北京市地坛医院、北京市中医医院、北京肿瘤医院、北京清华长庚医院、北京老年医院、首医大安贞医院、首医大宣武医院、首医大妇产医院、儿研所儿童医院等处的发热门诊提升改造工程，还有众多的风险排查工作。尤其小汤山医院在 2003 年抗击非典疫情中就曾发挥了重要的作用，这次在设施改造和扩建中又新建了 8 万平方米的三层箱式房结构的现代化标准的战备病区，并且全部建设过程只用了 45 天的时间。地坛医院工程设计人员仅用 4 天时间就完成了从改造方案确定，规划部门和医管部门的批准，完成施工图纸和内外审查，组织施工交底并派出施工代表常驻现场等一系列的工作。通过大量的工作实践，对应对突发疫情和应急措施积累了丰富的经验，通过进一步的调查研究和科学总结，从健康驿站、方舱医院、发热门诊、传染病医院等方面，结合众多实例进行了宏观分析以及从现状到改造的多专业研究，同时也从建筑模拟和仿真及智能化系统的角度进行了研究和展望。这些成果内容详实，图文并茂，系统性、资料性和可操作性强。相信本书的出版将会对建筑设计行业甚至医疗行业起到很好的指导和推动作用，具有较高的学术和实用价值。

“平急两用”基础设施建设是当前和今后一个时期的重点任务，是统筹发展与安全、提高城市应对的重要举措，有助于补齐城市短板，推动城市能更高质量、更加可持续、更安全发展。

当然，这次疫情的总结和研究分析，还远远不止于此，因为相对于整个防疫系统来说，平急结合的医疗建筑和设施，只是宏大的防疫闭环中的一个重要组成部分。从整体系统来看，将涉及社会学、城市学、公共卫生学、法学、心理学、传播学以及更多的社会科学和自然科学的内容。20 世纪末，布达佩斯举行的世界科学会议上就曾提出：“科学要对人类的未来负责，要对世界的和平和发展做出贡献，要服务于社会。”科学和自然科学，是关于人类、社会和自然以及人自身的规律认识的结论体系，科学的发展也将成为技术发展先导和源泉，社会和市场的需求又成为科技进步的动力，反过来技术成果又成为经济增长的驱动力。

从宏观的角度看，正如二十届三中全会的公报所指出，“要实现国家治理体系和治理能力现代化”“创新社会治理体制、机制和手段”。要从顶层设计，总体谋划方面进行布局。早在 2018 年 11 月，由国家安全生产监督管理总局和国家减灾委员会合并组建了国务院下属的应急管理部，以求更好地统筹应对自然灾害、事故灾难、突发公共卫生事件等突发事件，提升国家安全和社会稳定水平。从灾害风险防控评估和规划、突发事件的应对（包括指挥和调度）、救援和救护、疏散与安置、信息的公布、公众教育和培训、国际合作等职能。从宏观上依法行政，从组织系统上完善了机构和职能。

通过这次疫情对城市功能和管理也提出了更高的要求。城市作为一个永久性和组织完好的人口集中地，是人类历史上的重大突破，随着社会生产力的发展，现代城市应具有全面的综合功能，成为一个国家和地区的政治、经济、文化、科技、信息中心。它要求齐全的基础设施和公用事业，在人口、建筑、科技、信息高度集中的同时，又具有高度开放和交流的特征。因此，现代化的城市就像有有众多的齿轮和传动机构组成的巨大机器，需要各部分的协调、同步和较长时间的磨合，才能正常运转。也正是由于其系统的复杂和内容众多，也使我们的大城市变得更加脆弱。过去在不同的时期，根据不同的科技发展和社会需求，对城市曾经提出过众多的口号，诸如国际化城市、绿色城市、森林城市、花园城市、海绵城市、韧性城市、智慧城市等，但是归根结底还是需要实现城市的全面现代化。“人民城市人民建，人民城市为人民”。只有通过理念和思想上的现代化，才会有城市管理，法制和政策的现代化，才会形成城市体系和基础设施的现代化，同样才会有应急应对上的现代化。

这次疫情也对我们的医疗卫生体制提出了新的要求和挑战。正如三中全会的公报所指出："实施健康优先发展战略，健全公共卫生体系，促进社会共治、医防协同、医防融合、强化监测预警、风险评估、流行病学调查、应急处置、医疗救治等能力。促进医疗、医保、医药协同发展，促进优质医疗资源扩容下沉和区域均衡布局，加快建设分级诊疗体系，强化基层医疗卫生服务"。随着医卫政策的调整，也更有利于公众的疾病防治和应对突发事件。平急两用也使我们在有关设施的设计上更注重其灵活性、可变性和考虑发展，以应对各种突发情况。

公众的理解和支持是抗疫斗争中的重要因素，也是属于社会共治的内容，从而调动社会各方面的积极力量共同参与。这需要通过政策和信息的透明，让公众广泛参与公共安全治理，规范引导社会应急力量的发展，动员更多的公众和社会力量参与预防和救助工作，壮大群防群治的力量。

科学是一个认识和探知的过程，但科学又是永远处于一个不断讨论和探索的过程之中，不断严密完善和完备的体系。科学总是不断发现认识上的不足、片面甚至是错误，通过发展而前进。突发事件所涉及的众多学科，也正是处于这样一个不断积累、不断修正、不断补充，甚至是不断改进的动态过程之中。依靠科学和技术来战胜各种突发性灾害，需要的是科学方法和科学思想，这里又特别需要认识规律和理性的作用。如前所述，自然界和人类社会都是有规律、有秩序可循的，科学的核心是承认规律、认识规律、尊重规律，并以此指导我们的行动，即我们常说的理性精神。正如黑格尔所指出："理性是最完全的认识能力，是认识的高级阶段，只有理性才能揭示事物的本质"。因此进行一些深层次的思考，坚持统筹发展和安全，着力健全体系、完善机制、强化基层、提高能力，以推进应急管理体系和能力的现代化。立足当前、着眼长远，以至未雨而绸缪，防患于未然。

最后在祝贺《平急两用医疗建筑及设施设计导则》出版的同时，也希望今后有更多的相关研究成果陆续问世。

马国馨

2024 年于北京

目　录

上　册

下 册

第1章 总论

1.1 应急医疗建筑的研究意义

党的十九届五中全会审议通过的《中共中央关于制定国民经济和社会发展第十四个五年规划和二〇三五年远景目标的建议》(以下简称《建议》)，明确提出“提高应对突发公共卫生事件能力”的重大任务。这是我们党深刻总结经验教训，立足国情、放眼长远作出的重大决策，是对中国特色卫生健康发展道路的坚持与发展，也是对国家安全体系的巩固完善。提高应对突发公共卫生事件能力是保障和维护人民健康的必然要求，是维护国家安全和社会稳定的迫切需要，是提升国家治理能力的内在要求。这一要求得到全国各省市的积极响应，例如，北京市把“全面落实总体国家安全观和新时期卫生与健康工作方针，坚持首善标准，瞄准国际一流，立足当前，着眼长远，认真总结并固化疫情防控中形成的好经验、好做法，抓紧补短板、堵漏洞、强弱项，大力加强首都公共卫生应急管理体系建设，为保障人民群众生命安全和身体健康、维护首都安全、建设国际一流的和谐宜居之都提供有力支撑”作为加强公共卫生应急管理体系的重要要求。

目前，我国的医疗卫生体系建设过程中已经高度强调和重视：“构建覆盖城乡、优质均衡的公共服务体系，健全以区域医疗中心和基层医疗卫生机构为重点，以专科、康复、护理等机构为补充的完整有序、公平可及的诊疗体系”。对于传染性疾病患者的收治，以专科传染病医院为主，综合医院为辅。因此，普通综合医院在建设时，规划与设计很少考虑传染病专科治疗功能：综合医院大多不配置传染科，即使配置了，规模一般也不大，其中还包括了肠道、血液传染疾病收治区，对于隔离、防护标准更高的呼吸道传染病病区更是数量有限。这就造成了在突发性公共卫生事件的应急抢救过程中，即使有足够的医疗资源和医疗水平，也因医院规划布局及设备设施无法满足传染病医院感控要求，而造成“有劲使不上”的尴尬局面。因此，当按传统的建造方式无法满足应急的、突发的、短期大量的医疗设施需求时，快速建设的应急医疗建筑就发挥了重要作用。

应急医疗建筑比起常规医疗设施，具有应急响应快、防护标准高及施建灵活的优势。由于应急医疗建筑主要针对的是公共卫生突发事件干预，所以需要在较短的时间内建成完成。但是，应急医疗建筑设计不仅要考虑建筑单体功能，还要从选址、院区的分区、隔离、流线组织、周边影响等综合因素入手，分析环保、安全、运行、供应的可行性；不仅要考虑应对当前的紧急需求，还应考虑事后对恢复原医院正常秩序的影响。因此，开展应急医疗建筑设计研究、明确应急医疗建筑设计原则、提高医疗建设设计水平势在必行，其重要意义如下：

1.1.1 完善应急建筑规划及储备体系

2021年11月，北京市发布《关于加快推进韧性城市建设的指导意见》，以突发事件为牵引，立足自然灾害、安全生产、公共卫生等公共安全领域，从城市规划、建设、管理全过程谋划提升北京城市整体韧性。意见提出，到2025年，韧性城市评价指标体系和标准体系基本形成，建成50个韧性社区、韧性街区或韧性项目，形成可推广、可复制的韧性城市建设典型经验。通过对应急医疗建筑的特点、功能、建设模式、总体规划、建筑功能以及空间设计策略等多方面进行探讨研究，可以丰富现有的应急医疗建筑设计理念和方法，进一步提高我国应急医疗体系防控效能，也为改善我国应急体系现状问题提供借鉴意义。

同时，医疗和建造行业在未来需要进一步融合，加强应急医疗救援物资和队伍的建设储备。传统的建造方式无法满足急速增长的医疗需求，快速建设成为应急医疗发展的新道路。从2015年至今，国家一直在大力推进装配式建筑的发展，经过设计、生产、施工等全产业链企业的不断研发和实践，逐步实现工厂化生产、现场快速装配的效果。充分利用快速建造技术，做好物资预留储备，系统性地进行规划和准备，一旦遇到突发事件时，可以按任务需求，即时“拼装”，随机调用、组合和拼接，形成快速反应、处置灵活的专业医疗场所，这也对应急医疗建筑设计提出了更高的要求。

1.1.2 “平急结合”，预留转换

应急医疗建筑规划、建设应充分考虑“平急结合”。

在城市规划层面，由于国土资源有限且宝贵，随着新时代韧性城市和健康城市等新理念的兴起，城市规划在新形势下的转型逐渐由过往粗放扩张的增量向集约精细的存量转变，城市规划工作也应该通过更加全面、精致的思维去规划和布局城市的发展。突发公共卫生事件发生后，不仅应要求相关的医疗卫生机构担负起相应的应急职能，还应考虑将医疗设施与其他建筑设施结合起来综合运营和优化，从各个方面满足突发公共卫生事件下的医疗设施需求，从总体规划层面保证空间应急转换的灵活度，让城市整体实现“平急结合”，形成医疗设施弹性应对机制。

我们可以通过早期设计阶段合规性地切换空间功能属性（日常⇋灾害时期）来节约很大一部分空间资源，避免过度投资，有助于增强社会的韧性。

传统的建筑功能并不强调使用功能的“可变性”或“适应性”。但是在大量的应急医疗建筑实施案例中，都是利用既有的普通功能建筑，快速转换为具备应急医疗功能的场

所：医院的普通病房改造为传染病区；体育场馆和会展中心也变成了轻症或无症状感染患者的临时医院；酒店和住宅变成密切接触者的隔离空间。对于单体建筑设计而言，这需要做好建筑工程设计规范标准、建筑功能转化、设备设施预留的研究和协调，确保灾时可以顺利转换。

1.1.3 规范标准、合理投资

在应急公共卫生事件发生期间，由于其突发性、不可预见性，给应急医疗建筑设计和建造造成一定的考验。一方面因为快速性的建造技术，在实际中应用到医疗建筑的案例较少，缺少成熟的技术措施，从业人员也相对陌生；另一方面，由于大部分用于临时改造性的既有建筑在功能、设施、结构形式等方面的多样化，在改造的同时还要兼顾事后恢复，也给设计从业者带来非常大的考验。除此之外，因地域性、经济水平、设计及建造技术水平的差异，再加上病毒不断演化，防护标准更是不断更迭，导致很多医疗建筑的兴建过程中，相关人员对于相关的设计规范、技术导则、技术要点的选用或应用缺少权威指导性的依据，有的防护不足，出现安全风险；也有的防护过度或者过程中拆改，造成不必要的投资和浪费。

作为国际合作应对突发卫生公共事件的一部分，我国在事件初期，已将自己积累的应急医疗建筑相关的政策、管理手册和临床指南翻译成数国语言。通过派遣在建造和管理方舱医院方面拥有直接经验的专家，依据各国不同国情，为其他国家和地方政府提供咨询服务。自 2020 年以来，国务院联防联控机制综合组陆续发布了多版防控方案，用于指导各地的应急应对工作；相关部门也快速制定了多项技术标准；多省市也发布了地方指导性技术规定，本书编写团队也参与了北京市政府组织编写的应急设施设计导则，这些举措指导文件都在很大程度上推进了突发事件的防控工作，但仍然没有完全解决上述问题。因此，对应急医疗建筑的设计、建造和运营，提出总结性的技术指导文件以及前瞻性的规划预留，是提升响应能力、保障防护安全、合理控制投资、避免浪费的重要工作。

1.1.4 科技引领、精准施策

基于包括信息化、智慧化、建筑信息模型（BIM）及模拟分析等技术在内的科技手段运用，可以提升应急医疗建筑设计水平。

国家卫生健康委办公厅及国家发展改革委办公厅规划发展与信息化司在 2020 年 7 月 30 日发布了《关于印发综合医院“平疫结合”可转换病区建筑技术导则（试行）的通知》，

其中提出“应当充分利用信息化、智慧化手段来提升综合医院‘平急结合’的智慧化运行管理水平，加快推进医院信息与疾病预防控制机构数据共享、业务协同，加强智慧型医院建设”。北京市政府也把“立足首都科技和人才优势，加强战略谋划和前瞻布局，强化疫情防控和公共卫生领域战略科技力量和战略储备能力”，并“实现病例和症状监测信息实时汇集，开展系统化分析并具备预警功能”作为提升首都公共卫生应急管理体系建设重要指导意见。因此，智慧型应急医疗建筑需要根据顶层设计对建筑功能及服务系统进行突破传统的设计，使建筑在不同时期高效便捷地完成功能转换与改造。

基于BIM技术可以提升智慧型应急医疗建筑设计水平。由于现在医疗建筑越来越复杂，涉及专业众多，设备、管线排布复杂，因此需要有强大的三维空间想象力。BIM工作过程实际上是集合了建筑各专业、各阶段的信息数据协同，简而言之就是在计算机虚拟整个建筑形态、施工建造、运营维护等全生命周期。利用BIM的可视化特点，在项目初期就应改变以往平面化设计理念，以三维模式来引导设计全过程，为平面设计提供科学决策，避免对图纸理解差异造成的工程延期、资金浪费。BIM模型能将建筑物空间信息和设备参数信息有机地整合起来，从而为业主获取完整的建筑物全局信息提供平台，不仅为后续的物业管理带来便利，并且可以在未来进行翻新、改造、扩建过程中为业主及项目团队提供有效的历史信息，减少交付时间，降低风险。在后期运维中，BIM技术的信息完备性、可视化、参数化、一体化等特点决定了这项技术绝不简简单单是一个医院建筑数字模型，它更是一个数字化管理平台。通过BIM系统可以对能源消耗情况进行自动统计分析，比如各区域的每日或每月的用电量等，并对异常能源使用情况进行警告或者标识，有利于强化科室成本核算，为医院的运营模式，甚至是对前期资金回收进行有效修正。

1.2 平急两用医疗建筑的发展及主要分类

医疗建筑作为建筑领域的一个重要类别，历史悠久，其建筑功能及使用的改进和完善伴随人类历史的发展。应急医疗建筑或平急两用医疗建筑，一般是指在战争、重大灾害或重大疫情发生时，在现有医疗机构无法对数量激增的患者实施及时有效的救治的情况下，通过新建或改造的方式，建成的具备及时接诊、医疗救治和分级隔离的医院。纵观人类历史，这种医疗建筑类型并非新鲜事物，在几千年人类对抗疾病、战争以及自然灾难的过程中，发挥着重要作用，其设计理念以及建造技术也随着历史的发展不断地改进提升。

1.2.1　平急两用医疗建筑的发展历史

1.2.1.1　世界各国平急两用医疗建筑的发展情况

早在几千年前，宗教建筑神庙就曾用于临时医疗救治场所，它为患者提供了集中看护和治疗，结合宗教仪式，如淋浴、祈祷、唱歌、休眠等辅助手段，对恢复患者的病情和心情都起到了一定的疗愈效果。例如，公元前 15 世纪，古埃及神庙被用于天花临时性集中隔离场所，患者自带物品，通过催眠、咒语和草药等方式来治疗和控制传染病的扩散。另外，位于现在土耳其的帕加马（Pergamon）的阿斯克勒庇俄斯（Asclepius）神庙也被用于古希腊时期（公元 2 世纪）医疗设施。

公元 14 世纪，黑死病在欧洲爆发，并延续至 15 世纪。在瘟疫刚刚爆发时，意大利的医生曾建议拉古萨城在城墙外设置一个场所，用于治疗城市中感染者和城外来寻求治疗的感染者，将健康人和病人分离开来。1373 年意大利米兰市政当局颁布隔离政令，其中一种隔离方式就是将感染者送入“隔离之家”。这种“隔离之家”起初是专门为给麻风病人所设立的，黑死病疫情暴发后，这种医疗机构被用于黑死病人的隔离与收治。由于该时期，宗教和经院思想控制了社会生活的方方面面，修道院和天主教会掌握着当时最先进的文化和科学技术，同时拥有比任何世俗王朝都多的财富和权力，此时的“隔离之家”主要由教会组织和创办，通常是教堂的一部分或邻近教堂建设病房。

公元前 5 世纪至公元 1 世纪，古罗马数百年的开疆拓土和守卫边境的战争及其人力资源和步兵军团的作战方式，使得大量战争中的受伤或染病士兵需要治疗，除了应对外伤，更多的是由战争引起的大规模传染病的防控。因此，古罗马帝国修建了许多军团营地医院，把受伤尤其是患有传染病的人与普通人隔离开来，这种做法一直延续到文艺复兴时期。这类医院保存最完好的遗迹之一在苏格兰的因克图希尔（现维多利亚地区）被发现。古罗马人是伟大的土木工程师，除了军团营地医院，他们还通过废物处理和清洁水源方面的创造性工作，对公共卫生的进步发挥了重要作用。于 1893 年在瑞士的温迪施（Windisch）被发现的 Vindonissa 军团营地医院遗址是公元 1 世纪所建的一处专门为受伤士兵提供救治的医院，随遗址出土了手术医疗器具、药品和器皿等。

19 世纪中叶，克里米亚战争爆发，导致大量人员伤亡。由于当时军团野战医院较为简陋的条件和较差的卫生环境，伤员无法得到有效医治而死亡。英国近代护理学和护士教育创始人南丁格尔（Florence Nightingale）提出的医院布局和管理模式，极大地改善了野战医院的卫生条件，大大地提高了受伤战士的生存率。进而，这种创新模式使医疗建筑彻底摆脱了宗教附属设施的身份，成为一种新的现代建筑类型，在世界范围内广为应用。战争后期，由英国工程师设计的 Renkioi 战地医院，是利用预制方法快捷建设的大胆尝试：医院被设计成固定的矩形模块，沿轴线布置；全部采用预制结构，预制构件在英国制造，运输到前线进行组装。其布局模式提供了便捷增加护理单元的可能，对后世装配式医疗建筑产生了深远影响。

20 世纪 60 年代，美军为适应越南战争的需要，率先开展了新型模块化野战卫生医院装置的研究。这些模块化的野战卫生装备，是拥有成套医疗设备、良好作业环境、多种医疗功能单元的特殊集装箱的总称，也是医用方舱的最初的应用场景。20 世纪 70 年代至 90 年代，欧洲发达国家相继研究出了各种类型、规模不同的方舱野战医院，并且在战争中应用。进入 21 世纪后，方舱医院更多用于保障非战争军事行动，例如美军以移动医院形式对固定医院进行支援，应用方舱医院，单舱形成机动医疗单元，组合舱形成野战医院。应急医疗建筑开始走向模块化建设。

1.2.1.2 我国应急医疗建筑的发展情况

我国的应急医疗建筑应用同样具有悠久历史。自汉代、唐代期间，就有专门设置病坊来收容传染病人的相关记载。例如，唐代的病坊分布在两京附近的佛教寺院，男女病人分开入住不同病坊，药物、饮食按时供给，在疾病防控方面起到了相当重要的作用。清末民国初期，我国多数开放的港口城市曾多次发生较大规模的流行性传染疾病，以上海为首我国开办了大量“时疫医院”，专门在疫情发生时开展应急救治，周期性开放以应对疫情，在防治传染病的过程中起着重要的作用。时疫医院的特点是针对突发或周期性爆发的流行病，征用或租赁其他建筑，专门在疫情发生时开展应急收治的场所。时疫医院在流行病发生时都发挥了重要作用，据《申报》记载，1926 年，上海爆发霍乱疫情期间，上海各时疫医院门诊人数统计分别为：西藏路时疫医院，9507 人；虹镇时疫医院，2400 人；沪城时疫第二分院，7740 人；天津路时疫医院，7147 人；沪城时疫医院，2158 人；闸北时疫医院（两处），3965 人；白克路时疫医院，4763 人；杨树浦急救时疫医院，1096 人；合计 38776 人。

到了当代，为了应对突发公共卫生事件，修建了包括北京小汤山医院的一系列平急结合医疗工程，同时，政府紧急调用移动医疗方舱，启用移动电子计算机断层扫描等检测。近年来，各城市还开放大型体育馆、会展中心建筑作为应急用方舱医院，进一步提升医疗收容能力。此外，多数城市对发热门诊进行改造和扩建，用以增加传染性疾病的医疗服务能力。

综上所述，应急医疗建筑或平急两用医疗建筑的应用具有悠久的历史，并随着医疗水平的提升不断完善，在疫情、战争和灾难期间发挥出重要作用。各类应急医疗建筑中，用于救治、隔离呼吸道传染病的相关工程，由于其病毒传播防护难度大（空气、水、物理接触都可以传播）、分区布局相对复杂、选址难度高及设计水平要求高等因素，具有特别重要的研究意义和价值。

因此，如无特别说明，本书中“平急两用医疗建筑”指在疫情、重大事故、自然灾害等突发紧急状态下快速平急转换的医疗建筑或设施，重点描述以防治空气传播为主的呼吸性传染疾病而快速修建的医疗场所（建筑），主要建筑类型包括传染病医院、方舱医院、发热门诊及隔离点等。

1.2.2 应急医疗建筑的分类

为了简化论述、便于读者理解、提高应用价值，本书依据平急两用医疗建筑的收治对象、使用周期等因素，作如下分类：

1.2.2.1 根据收治对象进行分类

应急医疗的收治对象主要有出现发热症状的疑似患者、与确诊患者密切接触的密接人员，轻型或无症状感染确诊患者及重症型确诊患者，据此平急两用医疗建筑分为收治重症型患者的准传染病医院，收治轻型或无症状患者的方舱医院，收治密接人员的医疗隔离点以及快速排查出现发热症状患者的发热门诊。

1）重症型——准传染病医院

2020 年 1 月，武汉市仅有的两家传染病专科医院——武汉市金银潭医院及武汉市肺科医院，无法全部收治数量激增的患者。国家启动武汉火神山医院和雷神山传染病医院建设，在一定程度上弥补了武汉市传染病医院数量少、规模小的不足。

火神山医院位于武汉郊区蔡甸区，选址位于知音湖大道旁，交通十分便捷，方便患者的转移和医疗物资的运送。火神山医院于 2020 年 1 月 24 日设计方案完成，2 月 2 日正式交付，从方案设计到建成交付仅用 10 天。火神山医院是医疗设备设施最全，隔离等级最高的医院，主要收治重症患者。开设重症监护病区、重症病区、普通病区。科室设置有：感染控制、检验、特诊、放射诊断等辅助科室，不开设门诊。配备专业救治设备和专业救护人员。

疫情在全国范围内迅速传播后，各地政府也相应启动了传染病定点医院的快速建设。

2）轻型或无症状感染者——防控隔离方舱医院

由于传染病医院的容量有限，为了控制污染源、切断污染途径，避免轻型或无症状感染者不能得到及时的隔离及治疗，大量的应急性方舱医院因此修建。方舱医院可以对患者进行看护、观察，进行轻症治疗，一旦出现病情恶化等情况，可及时转运给传染病医院，能达到最快速地扩大收治容量的作用。方舱医院最大的优势是建设迅速，面积大，收治的患者多。方舱医院多与大型公共建筑对接为病房单元，进一步提升医疗收容能力。根据武汉国家卫生健康委员会公开发布信息显示，2020年初期，武汉全面建成了16座方舱医院，提供了超过20000张床位，床位数量迅速超过了确诊但尚未收入院治疗的患者数量，为下一步疫情防控提供了坚实基础。除了应急医院外，多地方舱实验室的快速部署启动，为尽快掌握病毒传播轨迹，切断感染链条，增大核酸检测能力提供了有力保障，为全人群核酸检测、确诊轻症病例迅速隔离等提供了有力保障。

方舱医院在病毒传播期间在多地陆续发挥作用。例如，15天改造完成的北京顺义新国展方舱医院，改造区域面积约13万m^2，总床位数共近10000个。方舱共有8个舱馆，根据舱馆的大小不同，设置了不同的舱容：最小的舱容有1000张床，最大的舱则有1320张床。与城镇区域有可靠、便利的交通联系，易于收治人员转运和物资配送，具有较好的社会协作条件。

3）密切接触者——医疗隔离点

集中隔离医学观察点是实施隔离观察的重要方式，同样是及时阻断疫情传播的重要手段。以北京市为例，北京市主要是对确诊病例、疑似病例、无症状感染者的密切接触者、入境进京人员等及相关人员在集中医学隔离观察点进行严格统一管理。我国各地应对疫情，都纷纷通过新建或改造建设医疗隔离点。例如，北京通州区西集重大活动应急场所工程是北京市政府为落实呼吸道传染病疫情常态化防控要求而设计建造的集中隔离医学观察场所，总建筑面积约为22万m^2，仅用21天便完成了兴建。应急场所分为南北两区，北区临建地块建设隔离客房约4000间，南区永建地块建设隔离客房约5000间。此外，北京市设置170多家集中医学观察点，上海市各区域根据实际情况征用酒店、体育馆等场所，按照标准将其改造为医学观察点。

4）发热患者——发热门诊

发热门诊是2003年SARS疫情期间，国家卫生部指示启动的针对SARS的预防和预警机制。其后，发热门诊主要用于发热患者的首诊和传染病的排查。传染病流行期间，发热门诊成为发现和排查患者的第一关口，是疫情防控工作中的一环，在疫情的检测预警和哨点方面发挥了重要作用。2020年以来，全国各地都在加强发热门诊的改造和建设工作，截至2021年底，我国二级以上综合医院建设完成发热门诊约7000个。例如，2020年，主要收治出现发热症状的儿童首都儿科研究所发热门诊工程，承担了婴幼儿、儿童等重点人群的防控工作。发热门诊共三层，内部设有诊室、隔离观察室、负压病房、CT室、数

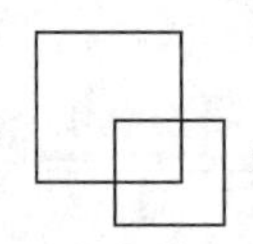

字化 X 光室、常规检验室、负压手术室、负压重症监护病房等符合疫情防控要求的基本功能配置。

2022 年 11 月，国家卫健委医疗应急司司长郭燕红表示，发热门诊应设尽设，应开尽开是非常重要的，应在所有的二级以上医院都要设置发热门诊。

1.2.2.2 根据建筑使用周期进行分类

平急两用医疗建筑按其功能分为临时平急两用医疗建筑和永久平急两用医疗建筑。“临时性”和“永久性”不应按照建筑物自身的使用年限来区分，其差异主要在于转换的方式和使用时间，不管是新建建筑还是改造建筑，永久性平急两用医疗建筑是将其医疗功能附加到原有的建筑功能当中去，将其应急功能和原建筑功能进行整合，在避免临时加装和拆除的资源浪费的同时实现功能的快速转换与提升。

临时应急医疗建筑：一般为大型公共建筑或者非医疗性质的其他类建筑通过快速改造而承担临时隔离收治的功能，待疫情好转以后再将场馆改造设施进行拆除，恢复其原有功能。

永久应急医疗建筑：这类建筑能实现疫情与非疫情期间建筑功能的快速转换，赋予建筑平时和疫时两种功能，让建筑具备很大的弹性，同时也更好地实践平急结合医院的设计概念。

1.3 应急医疗设计面临的主要问题

公共卫生突发事件和病毒的蔓延对人类社会提出了新的挑战，如何科学有效地应对危机，是全社会都应该思考的重要议题。公共卫生突发事件暴露出了传统的城市规划对于突发性的公共卫生风险考虑和准备相对不足，难以满足新时代社会对于安全与稳定的需求。以我国为例，《中华人民共和国突发事件应对法》定义的突发事件主要包括自然灾害、事故灾难、公共卫生事件和社会安全事件，但国内各城市已开展的安全专项规划大多针对地震、火灾、洪涝、地质灾害等灾种，很少涉及公共卫生的内容；规划在开展风险评估时对传染病和地方病等考虑不足。因此，在与病毒的遭遇战中，即便是武汉、纽约、东京这些坐拥巨大医疗资源的大都市也都措手不及，付出惨重代价。

当前，编写组认为我国城市应急医疗体系的规划、医疗资源准备、平急两用医疗建筑设计在以下方面还是存在改进空间：

1.3.1 城市平急两用医疗设施规划的前瞻性不足

城市作为人口和经济集聚的重要载体，其规划需建立“韧性”机制：市政基础设施不仅要具备抗击自然灾害的能力，还应具有面对突发公共卫生事件时具备有效的预警、对抗和恢复的能力，保持城市的正常运转。作为城市正常运转中的重要基础设施之一，平急两用医疗设施在突发性公共卫生事件中面临着极大考验，构建完善的平急两用医疗设施体系是城市应对突发公共卫生事件的首要策略。

1.3.1.1 总体规划层面，应急医疗设施规划需形成弹性应对机制

现行城市总体规划，从其终极呈现来看，是一种稳态形式，即平时状态下各类设施空间布局。但从中长期的城市发展来看，城市甚至国家都可能遇到重大突发事件。而遇到此种状态时，往往传统的蓝图式规划会面临“规划失灵”的问题，出现空间应急反应迟缓的现象。在过往爆发的公共卫生事件中，常暴露出城市应急设施的布局缺少合理性，空间布局不均，使用效率不高，严重影响了城市的正常运转。

应急医疗设施规划要形成弹性应对机制，一方面应体现对方舱医院改造的前瞻性考虑。在突发卫生公共事件期间，方舱医院作为补充医疗资源发挥了不可替代的作用，与以往新建装配式的方舱医院不同，方舱更多为已有大型公共设施改建而成的具有隔离和救治功能的应急场所。将这些可改造为方舱医院的设施纳入城市的应急管理体系之中，可有效增加城市抵御风险的能力，将制度韧性与医疗设施体系韧性充分融合。

应急医疗设施规划要形成弹性应对机制，另一方面应体现对规划留白的前瞻性考虑。在规划中融入弹性应对思维，综合考虑交通可达、环境影响、基础设施条件等，在城市郊区适当留有空地以备应急所需。正如武汉在2011年在规划中融入的城市弹性的概念，因此才能在公共卫生事件初期迅速选出有预留基础设施条件的区域，建设火神山和雷神山两座方舱医院，为取得抗击疫情重大性战略性成果作出了突出贡献。

1.3.1.2 空间分配层面，应急医疗设施规划需实现分级均衡布局

首先，公共卫生事件期间，出现了社区医疗资源闲置而大型医院资源紧张的情况。原因是应急就医需求激增，卫生防控迫使医院将服务重心集中到紧急医疗救治上，这就不可避免地造成医院日常性医疗卫生服务提供停滞。

其次，城市外围组团的医疗设施长期面临着规划滞后、布局不均、数量不足的问题，新增医疗设施的选址容易受到各种社会及经济因素的影响，公共性不足。

最后，公共卫生事件大规模爆发后，各类医用物资需求量巨大，包括口罩、酒精、消毒水、手套、防护服、护目镜等，一度引发民众的恐慌。医疗物资供给不足，也在一定程

度上反映出应对大规模且持续时间较长的重大公共卫生事件时，城市的应急储备空间体系尚不健全，缺少该类设施空间的安排，导致物资调配不畅。

由此可见，医疗设施体系除了满足日常就医需求外，还应充分考虑日常和紧急就医两类需求。在突发公共卫生事件中，医疗空间、设施和物资需求远超出医疗设施平时运行状态下的负荷规模，疫情防控的关键在于城市的医疗设施能否快速地提供充足的医疗服务。

1.3.1.3 综合调度层面，应急医疗资源需打造信息协作平台

从互联网获取信息显示，城市政府官方发布的卫生事件影响地点及区域的信息及时及准确程度存在较大差异。根据公共媒体报道，多地也存在着应急调度不足的问题，包括医疗资源、物资、交通等方面。这些问题都反映出城市政府空间信息平台建设还较为滞后，尚未形成能满足应急调度的城市综合治理平台。而要形成这样一个平台，其前提是要有完备且标准化的空间地理信息及应急相关部门各类设施、服务与资源数据库。

解决上述问题的途径之一是充分利用数字化技术构建支撑统一的运维管理平台。相对于网络构成要素在建筑设计领域的中观落实、网络整合模式在规划层面的宏观掌控，医疗资源网络信息技术虽仅是其中的一个分支，但其在整个网络体系中对于网络结构的影响却不容小觑：医疗信息网络具备了互联网的那种“包罗万象、无所不能”的特征，是确保城市治理系统整体能够顺畅运转的有效保障。如突发性传染病的防控需求是要求形成多个有效隔离的孤岛，而基于大数据、GIS 算法、空间信息等网络技术可以形成宏观层面的技术支撑平台，使这些孤岛在信息层面可以全面共享、有机协作，让孤岛不再孤单。如突发性传染病的特征之一是难以全面掌控，但有效的中观层面的医疗建筑网络一体化预防策略，可使得疫情的发展情况得以广泛分析，从而精确预防；协同化控制策略可使得疫情得以一定范围内全面掌控，从而有效控制；应急化救治策略可使得疫情发生时得到及时关注，从而优化救治。如医疗建筑内部虽然在空间上可以适当实现病患的有效隔离，但这对于无孔不入的传染病毒来说却远远不够，仍需要一整套基于微观层面的辅助医疗技术措施，对突发性传染病的防控网络增加支持，施加第二道防护。

1.3.2 医疗资源配置能力不足

医疗资源在应急配置的失衡也是突发公共卫生事件冲击医疗系统的原因。感染性疾病曾经是威胁人类生命安全最大的杀手。百余年来，随着抗菌药、疫苗的发展和普及，对感染性疾病的防疫和治疗所取得的胜利提高了人类的平均寿命，癌症、心脑血管疾病、高血压、糖尿病等慢性疾病成为主要的死因，这也让全球医疗体系的重心从感染性疾病转向了

慢性疾病。结果导致各国目前在感染性疾病预防和治疗上的资源投入过小，同时更造成现有的医疗资源主要集中在应对慢性疾病的结构性问题。

2020年公共卫生事件爆发以来，我国及全世界多数城市均暴露出综合医院设备、设施、医护力量供需不平衡、服务效能不足的情况，医疗资源远远不能满足实际需要，体现在多个方面：

1.3.2.1 检测、救治及防护设备不足

针对检查对象的医技检查设施严重不足，如检查试剂包、检验设备、放射检查等。检查资源短缺导致大量被检查对象无法及时确诊，有些检测结果甚至要7天以上才能出具，不仅延误患者治疗，也给传染性疾病的风险控制带来了巨大的压力和不确定性。大量患者因为感染病毒病情恶化，由于对症的药物的缺少、麻醉呼吸机及普通呼吸机等救护设备的大量紧缺，出现了许多本有挽救机会的不幸死亡案例。同时，个人防护设备（PPE），例如防护服、口罩、手套，消毒设备（紫外线）及试剂（酒精）等的缺少，也导致检查或排查工作不能及时开展。

1.3.2.2 医护人力资源短缺

抗争在防疫前线的医护人员因为防护设备短缺、救治环境缺少合理分区设置、防护培训及经验不足等原因，大量出现被感染现象，进一步造成了医护人员的人手紧缺。因此，许多医护人员超负荷工作的同时，还要面对来自于社会及自身感染的恐慌情绪，使得医护人员身心俱疲，身体和精神健康都受到严重影响。

1.3.2.3 住院医疗床位数量短缺

以武汉为例，原有医院开放床位远远不能满足确诊病例（不包括疑似病例）的住院要求，造成大量患者无法收治、居家隔离，带来巨大的传染风险。这种现象不仅出现在我国，在世界各国也多有发生。美国NBC于2022年报道，全美各地医院随着新冠病例的激增，医疗机构表示多数医院床位紧张，医院一床难求，很多患者只能在家自我隔离，无法得到及时救治。

1.3.2.4 发热门诊用房承载能力不足

突发传染性疾病患者对门急诊筛查能力需求量很大。例如，仅武汉市汉口医院，其发热门诊平均日门诊量原设计为不超过100人，然后在传染病高峰时，其日门诊量超过1500人次，发热门诊用房负荷之大可以想象，随之的院内感染风险也是难以控制的。

又如，武汉红会医院作为一家门诊量设计容量最多800人次的综合性二级甲等医院，在成为武汉市第一批发热患者定点诊疗医院的次日，其门诊量就达到了这家百年医院的历史高峰——2400人次，是其设计容量最大值的三倍。另外，在1月26日四川省第一批援

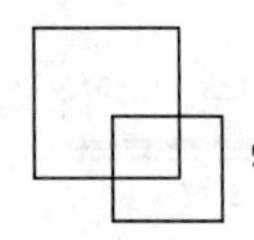

鄂医疗队的138名医护人员进驻支援前，那漫长又短暂的一周时间内整个医院的运行流程受到重挫，防护物资极度匮乏，医护人员超负荷工作，医院几近崩溃。

在世界其他国家，这种情况也屡屡发生。以英国为例，2022年10月是英国有记录以来门急诊室最繁忙的一个月，就诊人次达210万。据英国《泰晤士报》网站2022年11月10日报道，由于门急诊科等待时间持续增加，数以百万计的患者在等待期间遭受痛苦，英国国民保健署（NHS）称之为“历史性崩溃时刻”。

1.3.3 平急转换实施困难

1.3.3.1 硬件条件支撑不够

首先，现有医疗机构数量仍然不足，且缺乏应急分级管理。传染性疾病大规模发生后，不少地区出现了医疗资源挤兑。患者大量涌入之时，传染病专科医院因其稀缺，加之收治能力有限，往往在第一时间就呈现饱和过载状态，而普通综合性医院，缺乏相关的应对手段以及具备接收患者的硬件条件。在没有严格的隔离措施下导致院感失控，进而造成大量的院内感染。

其次，部分医疗建筑设计缺乏对平急转换场景的前瞻性考虑。例如，很多现有综合医院发热门诊因种种原因没有按规范设置；院区较少独立设置的传染病区；院感系统不能第一时间启动预警机制；部分医院对应急流线缺乏系统前置规划，容易增加医护与病人间传染概率；医院建筑存在普通病房与手术室缺乏转变为隔离病房和负压病房的硬件条件，导致转换代价较高、转换周期长；传统医院的通风空调系统不能满足传染防护需求，易造成交叉污染；医疗建筑缺少满足应急使用，可以随时独立工作的污水排放及处理设施等。

最后，医疗卫生信息化系统，尤其是与应急响应相关的功能不够完善，导致防控工作效率不足。目前，我国医疗机构的信息化水平大多数局限于医院内部的信息化更新迭代，主要体现在“智慧门诊”的应用。但在疫情发生时期，需多个医疗单位协同开展工作时，医院与医院之间、医院与疾控部门之间、医院与卫生行政部门之间，缺乏有效的信息传递渠道，共同开展攻坚工作的能力不足。

1.3.3.2 医务力量储备不足

首先，我国的人才体系培养中，处置应急事件的人才的结构和专业能力存在短板。重大的突发公共卫生事件，除了医疗、医务人才外，还需要多专业领域的人才协同处理，近些年几次公共卫生事件发生期间，均暴露出我国目前还缺少有系统性应急管理知识的人才、高层次公共卫生从业人才、临床急危重症医学人才、护理人才以及基层医疗卫生人才等问题。另外，基层医务力量不足也是不可忽视的风险隐患。基层医疗卫生人员理应是人民群众生命安全保障的基础，但由于基层医疗卫生普遍面临着财政经费与医保支付的支持力度不够、基础设备配置较低、人力资源数量不足、人才队伍结构不合理等问题，导致基层医疗卫生机构整体医疗水平不高，难以担任人民群众健康“守门人”的角色。

1.3.3.3 应急响应管理机制存在延迟

多部门协同的应急医疗体系构建的不完善，导致了平急转换机制启动存在延迟。长期以来，我国的医疗体系与疾控体系、卫生应急体系分离，隶属不同管理部门，专业技术人员培养模式、执业要求与工作内容差别很大。面对传染病疫情流行，虽存在理论上的合作机制，但在实际运行过程中，由于上述原因，常常会导致协调不通畅以及流行病监测、报告、预警延误等问题。应对大规模的突发公共卫生事件，往往需要建立多部门、多专业、多领域相互融合的应急管理体系。

1.4 应急医疗建筑设计的应对策略及新趋势

恩格斯曾说过：“没有哪一次巨大的历史灾难，不是以历史的进步为补偿的”。2020年初流行的新型冠状病毒（COVID-19）感染作为全人类历史上最为严重的“国际公共卫生突发事件”之一，短时间内席卷全球并在很大程度上威胁了人类的生存健康，造成了一定程度的社会混乱并影响至今。流行性感染的突发和蔓延对人类社会提出了新的挑战，如何应对重大公共卫生事件是全社会都应该思考的重要议题。

1.4.1 韧性城市

公共卫生事件突发期间，城市运行和治理过程中暴露出的阻滞因素和短板，凸显了韧性思维纳入城市规划的重要性，城市规划理念也应向提高城市韧性、增强抗风险能力的新模式转变。

2020年3月，习近平总书记在湖北省考察疫情防控工作时，要求“加快补齐治理体系的短板和弱项，为保障人民生命安全和身体健康筑牢制度防线”。为了提升全球应对重大风险的能力，联合国《2030年可持续发展议程》明确将建设“包容、安全、韧性和可持续的城市”，我国“十四五”规划明确提出建设“韧性城市”的重大议题。可见，韧性城市正在快速成为全球和我国学术界共同关注的热点话题。

我国的中大大城市普遍具有高人口密度、强流动性的特点，突发公共卫生事件对于这些城市来说，是严重的危机也是严峻的挑战。如何从城市规划角度总结防控经验，将韧性

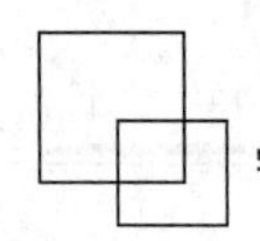

思维应用于城市规划及建筑设计设计中，进而提升城市应对重大突发公共卫生事件的韧性和能力，对设计师来说是重要的时代课题。

1.4.1.1 规划韧性——疫情防控规划塑造完善的规划体系

制度韧性是提升城市防灾减灾能力的政策基础和规范支撑。城市规划应从根本上提升对重大突发公共卫生事件的防范意识。相关专家建议“将重大传染病防治纳入城市医疗卫生设施整体格局中予以考虑”，并指出编制疫情防控规划的必要性和编制的重点和难点以及四级疫情防控体系构建思路。只有通过编制疫情相关规划，方能提升政府权威部门的防疫意识，进一步指导一系列后续规划落地。

在城市医疗设施格局完善的基础上，进一步暴露出，由于城市化进程逐步加快，诸多中小城市的基础设施建设无法满足公众防灾减灾需求，部分生命线工程缺失或设施陈旧老化，医疗卫生设施的缺位和不足。其中的主要原因是“我国城市公共产品，包括公共教育、公共医疗、公共住房、社会保障乃至公共空间都广泛存在着严重的供不应求、低水平管理和不平等管理，由此带来严峻社会问题长期被忽视。”

在城市空间中预留防灾空间，是城市韧性最直观的体现。著名建筑学家、全国勘察设计大师黄锡璆在总结防控经验时，明确应重点关注城市规划层面，应该预留一定的防灾空间，并指出防灾空间应具备水电通信等基础设施，在疫情发生时可快速作为防灾庇护场所或具备快速建设紧急救治设施和工程的场地。

1.4.1.2 空间韧性——协同防治构建防疫网络

规划医疗资源配置是城市空间韧性的重要环节，如何将韧性思维运用到城市规划这一复杂的研究中，是规划建筑设计者们的关注要点。有学者指出，“空间格局及其资源配置对于重大突发公共卫生事件的预防和应对都有重要的意义和价值。”并且，在宏观、中观、微观三个层面，“冗余性”对城市资源配置都各自具有重要意义。而在有所预留的基础上，一系列基于城市规划和建筑设计层面的策略应当充分予以考虑，其中包括，扩充基础医疗与应急医疗系统的冗余度；提高健康医疗资源的空间覆盖度；提高公共建筑的多功能适应性等。

当医疗设施数量满足需求时，在如何有效进行空间覆盖方面，也有相关研究。其中包括“对城市空间进行划分，切断不同空间之间的联系并对其进行管控，将该区域中的公共建筑改造为抗疫指挥中心和区域救治中心”；构建由防御单元的组成的动态防疫空间网络体系，实现病患隔离收治的效率最大化；还可以参考居住区设计原则，构建防护单元，每个单元均为联合体，单元间功能可相互转变，功能可互相分担。

应急医疗设施规划要形成弹性应对机制，一方面应体现对方舱医院改造的前瞻性考虑。在本次公共卫生事件期间，方舱医院作为补充医疗资源发挥了不可替代的作用，与以往机械化程度高的方舱医院不同，过程中兴建的方舱医院多为已有大型公共设施改建而成的具有隔离和救治功能的应急场所。将这些可改造为方舱医院的设施纳入城市的应急管理体系之中，可有效增加城市抵御风险的能力，将制度韧性与医疗设施体系韧性充分融合。

按分区理念，则可以进一步则明确方舱医院的设置应毗邻多条主干道，且靠近传统医院，一旦患者由轻症转为重症，则可快速转移并接受进一步治疗。例如，武汉被改建为方舱的大型公共建筑与周边社区的距离均在1km以内，距离救治医院大部分在5km以内，大大提高了病人转送效率，节约了社会资源。

1.4.1.3 工程韧性——“平急双轨”理念完善疫情应对体系

“平急双轨”的规划设计理念指，“将我国的公共卫生防疫体系从顶层设计开始”就把应对自然灾害及公共卫生事件的“平时与急时”，进行清晰的双轨设计，明确不同等级的卫生防疫医疗机构和大型综合医院在平时的正常运营模式和不同应急响应等级下必须具备的应急能力以及事后恢复的模式。

平急双轨理论涵盖三个不同层面。

首先，以建代改，即在我国的大中城市增加一定数量的中心防疫医院，需要时直接收治传染病患者。这些中心防疫医院是平急结合医疗体系的基础和保障，“只有建设一定数量的防疫医院，并将这些防疫医院连成高效的防疫医疗设施网络，通过彼此的协作来共同抵御未知超级病毒的冲击，才能比较圆满地解决由于平时与疫时医疗需求落差过大而造成的不能有效收治疫病患者的问题。”

其次，平急结合，即将现有医疗体系中的医院进行不同程度的设计和改造预留，使医院具备更强的灵活性和弹性，能够更加从容地应对后续公共卫生突发事件。通常认为，“平急结合”型医院的四大类型，包括：可以在极短的时间内完成功能转换的兼顾型传染病医院；可以快速改造出传染病房楼的综合三甲医院；预留应急用地，急时可加建传染病床的规划预留型医院和利用大型公建进行改建的方舱医院。

最后，急时转换，即通过改造，将“城市空地(绿地、广场等)、具有大空间的城市公共设施(体育馆、会展中心、教学楼、厂房等)、具有独立单间和独立卫生间的设施(宿舍、酒店等)、医院未使用的区域(餐厅、门厅等)作为替代性护理场所”。然而，在改造过程中，大量被改造的大型公共场存在改造条件不足或改造困难的问题，例如：建筑周边的场地空间不足，无法满足加建的可能；通风机污水处理的接口没有预留改造的可能，甚至无法改造；项目自身设计资料不足，无法支撑改造或为改造增加了图纸难度。对于这些问题，也有很多从业者进行了相关研究，就并给出解决策略、改造的措施和注意事项。

1.4.2 人文关怀

当医学理论和实践在不断的发展和演变，人们对疾病与健康的认知也逐步得到延伸与扩展，医学模式也由传统的仅着眼于细菌、病毒等因素的单一生物医学模式逐步转变为以生理、心理、社会多因素相互作用和影响下的生物心理社会医学复合模式。由此，在“生物心理社会医学复合模式”的指导下，现代医疗建筑的设计不仅需要满足患者身体康复的需求，更应兼顾其心理需求。而在突发卫生公共事件这一大环境下，平急结合医疗建筑设计在现代医疗建筑设计的基础上，更应着重考虑其建设、使用中所产生的社会影响因素。就诊空间尽量舒适、就诊体验更加人性化、公共信息更加透明公开、个人隐私更加的受到保护、文化习惯更多地得到尊重，这些都是人文属性在应急医疗建筑中的着重体现。

1.4.2.1 防护网络的多维度完善

在SARS流行前，我国多数医院存在“重医不重防”的问题，感染科没有在院内真正发挥作用，无论从医疗建筑的设计层面，还是从医院的管理层面及医护人员对传染病的防治意识层面，均比较松懈。经由SARS的经验和教训，我国的医疗建筑在设计、管理、运行上更为严格规范，应急医疗建筑的一系列设计标准纷纷出台，同时对应急医疗建筑的评价体系也愈加完善。例如，医护人员、救援队、志愿者在突发传染病受到的保护程度作为综合性医疗建筑网络预防、救治及恢复三个过程中重要的评价因素，纳入运算模型，进行综合评价。

“应急医疗是一种公众行为，感染者是部分群体，医院建筑在应急功能设置中还需要考虑其他群体的就医需求。”在突发卫生公共事件期间，多数医院均不同程度上对发热门诊和传染病医院有所改造和扩建，这些均源于感染者数量不断增加，但不论是改造还是扩建、新建，均需要考虑对其他就医人群的影响，避免造成交叉感染等情况。在考虑患者的同时对医护人员等的保护也是必不可少的一环。

1.4.2.2 人性化的收治空间

在居家隔离、社区封闭等一系列控制方案在制定和实施过程中，出现了被收治患者或隔离人员对于提高收治空间品质的需求，这些声音促使规划设计者在今后的设计中更加注重居住者的生理、心理、社会需求，并以家庭为单元，进一步考虑如何通过空间的优化在提升社区抗风险水平的同时提升社区居住的舒适性和安全性。有研究指出，“社区规划要注重家庭日常空间行为规律及社群组织生活的研究，使物质空间设计与社会空间设计有效融合，空间设计引导家庭(健康)行为，家庭行为优化空间设计，整体提升社区的抗风险水平。”

1.4.2.3 关注全部相关使用者的综合需求

平急结合医疗建筑的参与者、使用者众多，身份不同，因此了解需要被关注对象的范围、特征，清晰刻画他们的心理需求类型非常重要。在一项研究中，对方舱医院的10名患者和13名医护人员及参与管理者，包括医生、护士、精神病学家和公安工作者进行了访谈，归纳出四个心理需求。其中包括基本需求、信息获得与交流需求、情感需求、社会支持需求。研究中进一步指出，满足这些需求需要从医院管理、心理健康服务、管理制度制定和社会工作等方面的工作方向入手。基于这些患者、被隔离者、医护人员、管理者的心理需求，在应急医疗建筑的设计中，设计应在多个环节以人性化和人文关怀为设计初衷。

因此，在以“护航生命”为初衷、“分秒必争”为要求的抗疫工程建设中，如何切实加强人文关怀，让应急隔离点、方舱医院等“临时的家”有暖暖的关爱，是设计师们时刻不忘的初心。在一项国外的研究报告中，就快速兴建方舱医院中提到的十个重点关注问题中，就有多处提及如何在应急医疗建筑的设计细节中，应体现无微不至的人文气息。我国的很多应急医疗建筑在设计和兴建过程中，也非常关注人性化细节。例如，在综合医院的改造中，将原有四个办公室改造为卫生通过区，虽然空间局促，但仍不忘在入口前的位置预留了饮食区，放置能够即刻入口的饮食，因为医护人员更衣过后会面临连续6～8小时禁食禁水的高强度工作。

又如，在某方舱医院的设计中，设计者首先要确保将医护人员与运营人员的安全，通过分区、流线的设置，避免二次感染。除此之外，出于患者与医护人员心理健康的考虑，设计者在集中隔离点内预留室内集中活动区域和心理治疗空间，用以缓解隔离人员的心理恐慌及精神压力。在应急方舱的布局和规划中，合理组织方舱医护人员的集中休息点，尽量缩短交通成本，以减轻工作人员的工作和心理负担。充分利用建筑智能化和智慧化的一系列技术手段和设计方案极大程度上提高了信息发布和管理的效率，很大程度上提高了隔离和救治的体验，也降低了管理人力成本。

1.4.3 智慧化技术应用

突发卫生公共事件的发展及防疫策略，对应急医疗体系的智慧化需求不断提高。智能、智慧技术的发展也使应急医疗建筑向更人性化、更高效率、更高质量转变。

2009年，IBM总裁兼首席执行官彭明盛(Samuel J. Palmisano)首次提出了“智慧地球”（Smarter Planet）战略概念。IBM并由此制定了一系列战略规划，并向我国提议构建包括“智慧电力”“智慧医疗”“智慧城市”“智慧交通”“智慧供应链”和“智慧银行”六大智慧体系。

智慧医疗，是“智慧地球”概念中重要的一个维度。有学者通过分析“智慧地球”对中国的影响，指出其中的“智慧医疗”更是对国计民生具有举足轻重的重要意义。要构建这一体系，还应当从“医疗用户、医疗机构、和决策管理”三个不同的维度进行分析，阐述推进智慧医疗建设的可行性。

1.4.3.1 智慧城市确保疾病预防控制体系的动态平衡和高效运转

智慧城市系统依托应用信息技术、物联网技术等现代科技手段，不断实现着大量信息和数据的交互和传递，对我国原有“中央—省—地级市—县”四级疾病预防控制体系的影响巨大。

智慧技术的发展带来应急医疗体系的变化，进而潜移默化地影响到医院建筑设计。在应对疫情时，起主导作用的医疗机构层级，在我国医疗层级体系中的地位会临时提升，同时对其救治需求也考虑优先满足。具体表现为，以区域疾病控制中心为核心，传染病院和具有疫情控制能力的二级以上综合医院为主力，装配式医院、方舱医院及临时搭建的救治点等应急设施相配合，发热门诊为疫情收治窗口，基层医疗和其他医疗机构为辅助，在城市范围内形成了应急防治网络层级关系。

当突发卫生公共事件来临，在“城市智慧大脑”高效运转下，我国疾病防控体系的终端更加细分、更加精准、更加完备。例如：在应急集中收治医院及方舱医院的建设中，均会预留指挥中心或行政中心的功能，兼顾上行和下达的功能，同时作为整个医疗救治体系的重要连接环节。

1.4.3.2 空间行为数据提升平急结合医疗建筑规划的洞察力

由精准的空间行为数据统计得出感染者的行动轨迹，进而确定密切接触者的数量及分布情况，从而实施精准有效的防控管理措施是突发卫生公共事件中后期主要的防控手段之一。但是，“如何利用精细的时空行为轨迹数据来提供更多有价值的分析、疫情防控与预警，已经成为全民联防联控的核心所在。特别是预警预报方面，智慧城市建设、城市体征诊断、城市体检等工作仍然任重而道远。”

目前，相关的研究已经非常关注这些问题的解决策略。例如，基于患者数量及增长速度的大数据，确定疫情特征并进一步确认启用或新建哪一层级的医治场所，采取哪种防疫措施。根据不同突发卫生公共事件阶段所设置的多道防疫防线，而每一道防线的设置均与大数据收集、治理及分析密不可分。跨学科技术联动，构建“传染病动力学SIR”模型，在突发公共卫生事件背景下模拟感染者的变化曲线，尝试构建医疗救治应急空间的供需关系模型。

1.4.3.3 智慧医疗模式下的平急结合医院智能化设计

突发卫生公共事件的发生，病毒超高传染性，对我国既有的医疗系统形成了冲击，但也使得之前不够重视的智慧医疗模式，显现出优势。智慧医院建设作为“健康中国”重要战略中“强优势、补短板”的重要手段，越来越被政府与社会所重视。智能化技术也在这次防疫战斗中慢慢进入公众的视野，潜移默化地改变着医院传统的管理模式、医疗习惯，同时也改变着公众的就医方式和就医习惯。

在武汉雷神山医院和方舱医院项目中，智能化的设计已经得到了高度的重视，相关的设计策略、建造方法、技术标准都被很好地总结了下来。另外，传统的方舱医院、野战医院、医疗救急车、医疗船四种移动应急医院的类型，也都分别有各自的智能化设计要点，研究者通过梳理相关成果，“为我国未来灾害救助领域的发展建设提供新的思路，并对医院建筑的设计与建设提供支持与借鉴。”

1.4.4 数字化技术应用

数字协同技术带来建筑设计方法颠覆性变革，传统设计方式向更完善、更科学转变，建筑信息模型的建立使工程信息更具一致性、衍生性、关联性、追溯性。

公共卫生事件期间，面对严峻的形势，我国各省市多个超大规模应急医疗建筑的极短时间建设完成，无论从管理角度还是技术角度，均走在世界的前列。这一系列高质量项目的交付，多数依赖于数字协同技术应用推动了设计施工过程中项目信息平台的同步搭建和共享。

BIM 技术在应急医疗建筑的超快工期压力下，优势尽显，同时也为 BIM 相关软件的开发者们针对超大模型的应用和开发提出了更多的研究课题。

1.4.4.1 高一致性及实时性 BIM 信息模型搭建

如何使几百位设计人员同时用一套图纸进行深化设计；使成千上万名工人，用同一套图纸进行施工，而这套图纸尚在不停地深化设计甚至修改中？这就需要高度依靠 BIM（建筑信息模型）技术的信息一致性。BIM 是以建筑工程项目的各项相关信息数据为基础建立的建筑模型，它通过数字信息仿真模拟建筑物所具有的真实信息，其应用价值贯穿了平急结合医疗工程设计、生产、施工各个阶段。

除了信息一致性，其另一个优势是 BIM 模型信息的创建、管理、沟通实时性。多专业设计师中在模型中同时设计，互相参照；各个配合方的信息均在统一模型中实现信息互

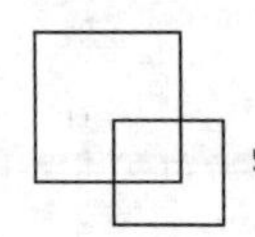

通，便于协调不同的配合方同时工作，保证工期进度，同时又可直观展示实时设计方案，用以指导采购和施工。在雷神山医院设计和建造过程中，由于其医疗系统多学科复杂性，BIM 模型通过分项构建的方式，可以按各方要求进行切分和拆解，既可以指导局部施工工作的开展，也可按需抽出某一项或者某几项信息，大大提高了工作效率。

1.4.4.2 高衍生性：BIM +模拟分析辅助设计

BIM +技术是指基于 BIM 模型所进行的一系列衍生设计，包括但不限于：BIM +碰撞检查、BIM +气流模拟、BIM +水流模拟、BIM +施工模拟、BIM +安装模拟、BIM +可视化管控等。BIM +碰撞检查是常规项目在设计阶段应用最广的辅助设计手段，尤其对于较复杂的室内空间，设计师依靠碰撞检查控制室内净高，并借助三维视图进行异形空间中复杂机电管线的排布。在应急医疗建筑的设计阶段，BIM +气流模拟、BIM +水流模拟应用为必要。例如，同样是在上文提到的雷神山医院设计中，设计者利用 BIM 模型结合 SIMULIA XFlow 软件，对空气循环和气流走向进行了模拟，从四个方案中选取最优；模拟出病房内哪些区域污染空气浓度最高，进而建议医务人员远离；还可为定量评估污染空气和废气的扩散提供信息基础，进一步优化应急医疗建筑的排风布置方案。

总之，BIM +技术在平急结合医疗建筑规划设计阶段更多的是为进一步模拟计算提供信息基础和模型平台，为专业医疗需求提供技术反馈，对设计进行评估、优化、反馈。

1.4.4.3 高关联性：数字协同施工管理

平急结合医疗建筑的施工组织较常规建筑的建筑类型更为复杂，现场施工内容与预制构件等的生产、运输、装配同步穿插作业，时间紧、头绪多。BIM 技术允许各个分包商同步读取项目信息，及时沟通，减少了从现场准备到预制构件及机电管线安装、室内装修的平行施工间的互相冲突。在雷神山医院的施工过程中，有十几家供应商同时为工程提供集装箱。为了让各供应商执行统一的采购标准，项目管理者正是应用 BIM 模型为所有供应商提供产品信息，包括但不限于箱体的编号、类型、技术参数等，同时又将供应商的物流、安装状态反馈至 BIM 模型，进行动态管理，才使得各家的箱体能够顺利地完成制造、运输和安装。

在施工过程中，BIM 模型中包含的组织和安装信息，可以便于主要施工方协调不同工种，保证进度。“施工人员利用BIM模型的数据集成能力，可以将项目进度、合同、成本、质量、安全、图纸、物料等信息整合在一起，并进行形象化展示，为项目的进度管理、成本管控、物料管理等提供数据支撑。”

BIM 模型的综合场地信息也被用于平急结合医疗建筑施工现场管理，技术团队应用 BIM 改进施工计划，施工方案的预演与优化；尤其是对于场地局促的改造应急医疗项目，

BIM模型可以做到在虚拟环境下，对集装箱房的装配顺序进行分析，结合场地内物资堆放情况，避免了吊装设备之间及吊装设备与堆放物资之间的冲突，极大地增加了现场施工设备的数量，进而加快施工进度。

最后，施工结束后，BIM模型中的数据信息则可直接用于平急结合医疗建筑项目的决算及审计，大大提高了工程结算效率，并为其他类似项目提供相对完整准确的参考依据。

1.4.4.4 高追溯性：利用数据对构件进行跟踪、统计、回收、再利用

大多数的平急结合医疗建筑项目，均作为临时建筑在突发公共卫生事件中发挥作用，在疫后将被拆除或改建。BIM信息模型中所包含的构建信息，具有全寿命周期的信息追踪的可行性，在平急结合医疗项目在报废和改建过程中发挥了重要的作用。

在需要拆除的项目中，原有数据库中构建编码、数量等信息直接被用于构建回收、存储、销毁的统计依据。当这些构件被再利用时，信息模型可以有效追溯到构件信息，包括：技术参数、应用区域、运行时长等，进而可判断其损耗情况及剩余寿命，便于构件再次回收利用，使建筑资源得到整合。

1.4.5 绿色低碳

高响应、快建造、低影响、早备战，使得应急医疗建筑建设以绿色建筑为标准，向全过程低碳理念转型升级。

1.4.5.1 低影响开发、高响应建造

2020年初，公共卫生事件发生后，许多国家的应急医疗体系遭受了重创与考验。而我国多个省市通过新建或改造了一系列应急医疗建筑，成功建立应急医疗网络，极大提高了城市应急的响应速度，并提供了有效安全措施。

在疫情期间，各种类型的应急医疗建筑以新建和改建的方式不断扩容。对于大多数事后不保留或将会进行平疫转换的健康驿站和方舱医院，其建造原则均是在“有效防护，快速响应”的前提下，尽可能降低其开发成本和对城市的影响。这正是高度符合低碳建造理念和绿色建筑评价体系的建造策略。对于运用城市现有的会展中心、体育馆改造的健康驿站和方舱医院，其低影响开发和疫后回收更是贯穿整个建造阶段的主旨。

1.4.5.2 装配式、模块化、标准化

装配式、模块化、标准化的设计建造方式，是实现“高响应、快建造”应急医疗建筑的重要手段。装配式建筑模式中，“快建造”主要体现在其半成品生产，施工现场快速拼接这一建造方式。采用标准模数的箱式板房为标准单元，该单元融合保温隔热隔声、水电、消防、内部装修于一体，可以直接按顺序安装在已经架空的基础上。装配式建筑在我

国的公共卫生事件中都表现出“显著的建设速度优势，模块化建造是应急医院快速建成的基础。”

例如，在深圳市妇幼保健院“发热门诊”项目中，“模块化建筑（Modular Building）是采用工厂预制的六面体空间集成模块、在施工现场组合而成的装配式建筑。”工厂加工生产与现场的地基处理是同步进行的，极大程度上压缩了施工的时间。充分体现了装配式应急医疗建筑工期短、速度快、占用人力少、可拆解、可移动、可重组、可循环利用等应用优势。

“建筑的模块化设计是一种建立在建筑模数制基础上的设计形式。根据模数网络将建筑划分成不同的标准空间单元，不同的空间单元可以依赖于模数制的特点进行组合。”在平急结合医疗建筑中，模块化设计方法是在常规建筑装配式的建造方式和标准单元模块搭建的基础上，进一步分析其模数制原型、衍生原理以及与医疗建筑的工艺特点相适应的拓展型新设计模式。例如，有研究者在对昆明应急病房和美国凯撒医疗机构等装配式医院案例的分析研究基础上，更加关注的是模块化设计建造模式在城市疫区应急医疗设施改造中的运用，据此提出适用于平急结合医疗建筑的环形流线和网络流线两种改造模式。

另外，装配式及模块化的设计建造方式，在快速建设中，还充分体现出协作和实施的灵活性。以火神山医院的设计为例，通过与材料生产方、施工方与医院使用方的良好沟通协作，根据实时收集的材料库存量和采购清单来不断调整设计实现预制定制、有的放矢地设计出图，进而实现对疫情、对建设极高的响应度。

在“中国制造 2025”计划中，已将发展装配式建筑定义为国家战略，要求我国建筑产业现代化应以工业化生产＋装配式施工为起点，实现节能减排。借助为应对公共卫生事件深入研究平急结合医疗建筑这一契机，全面地探索与设计建造相关的装配式技术和模块化设计方法，形成由设计生产到建造回收全流程的包含建筑、结构、机电、材料等成套的技术核心，具有非常重要的实践价值和意义。

首先，技术储备是发展的核心起点。与平急结合医疗建筑装配式相关的技术储备包括：模块化标准单元的研发、模块化设计方式的研究以及装配式生产方案的探索。通过这些工作，推进相关行业标准的制定和完善，最终推动研究和制造出满足医疗流程要求的设备安装平台，并使其具备工业化生产和大范围推广的条件。各大设备厂家应加强标准化医疗产品的研发，通过制定相关的行业标准，建造尺寸相同的、能平急两用的医疗设备。

其次，产能储备是再次应对超大规模公共卫生事件或者其他自然灾害对社会影响必不可少的生产能力。这里的生产能力既包括“在建设领域包括设计、建造、使用维护等能力”也包括“覆盖全产业链的预案、产能储备及有序动员能力”，最终具备“常备性（生产及储备）能力”。

1.4.5.3 全生命周期的低碳属性

不仅在建造过程中，运营过程中的低碳节能也应该是平急结合医疗建筑设计关注的重点。

对于事后长期使用的平急结合医疗建筑而言，在运营过程中，其低碳属性主要体现在其自身能源的节约利用及对周边污染影响两个层面，其中运行能源的节约利用与常规医院设计类似，更需要关注的是应急医院建设对环境的影响。例如，火神山医院就从防护距离控制、污水防渗及处理、污染气体负压控制及净化处理、废物处理四个层面上，采用了切断污染向环境扩散的多项措施，从而实现运营阶段的低环境影响。

对于事后改造利用或拆除回收的平急结合医疗建筑而言，其长效措施更关注建筑的可变性和回收再利用率等问题。

基于平急结合医疗建筑事后改造的研究目前正处于探索阶段。一般来说，较适合改造利用的平急结合医疗建筑是健康驿站及方舱医院类工程，依据运营模式的不同可大致分为非营利性和营利性改造两个方向。非营利性改造包括重大活动演练附属配套功能（住宿、指挥等），灾害应急救援功能（住宿、指挥、附属等），学生军训（住宿、附属等）等功能。营利性改造包括小企业办公孵化器、青年旅社及城市酒店等。

平急结合医疗建筑的事后回收利用，基于其采用的装配式单元可拆解、可重组、可循环利用的特性。既可以整模组如整单元再利用，如卫生通过区模组、病房或隔离房间单元；也可以分模块再利用，如卫浴模块；更可以拆解为构件利用，如活动板、家具、设备等。

1.5 小结

平急结合医疗建筑具有悠久的发展历史，在人类抗击灾难的过程中持续发挥着重要作用。近年来多次公共卫生事件中，平急结合医疗建筑的大量快速施建对于抢救生命，控制传染病传播起到了关键性作用，受到了全世界的关注。然而，在实践中，人们也发现平急结合医疗建筑设计自身也存在一定的局限和不足，这需要社会各界共同关注并努力推动改进。

设计工作作为城市规划和建筑工程中的重要一环，其理念、技术、影响着应急建筑从规划、建设到运营全生命周期的高质量应用。因此，作为设计从业者，应当总结经验、思考研究、并推陈出新，担负起应有的社会责任。本书在接下来的章节中，将对各类平急结合医疗建筑的典型特征、技术要点、人文关怀理念、结合相关案例进行详细论述；同时，对于数字化、智慧化、绿色低碳技术在平急结合医疗建筑设计的应用也进行了一定的探索研究。通过这种方式，抛砖引玉，促进行业及各相关人士的交流，把平急结合医疗建筑这类特殊但又对社会稳定、人民生命安全非常重要的建筑类型的研究应用推到一个新的高度。

文献索引

[1] IMPACT STUDIO．设计物语丨与“病”共存——针对传染病的建筑干预措施[EB/OL]．[2020-09-29]．https://zhuanlan.zhihu.com/p/260345093.

[2] Fangcang shelter hospitals: a novel concept for responding to public health emergencies

[3] 章明，詹健江，杨冕等．基于 BIM 的平疫结合医院设计[J]．施工技术，2022，51(1)：137-141.

[4] 帕加马(Pergamon)，土耳其西北部城市，位于爱琴海以东约 26km 处，古希腊城邦。古罗马帝国时期的医学家盖伦(Galen)即出生在帕加马。

[5] 阿斯克勒庇俄斯(Asclepius)，希腊神话中的医药神，他手持蛇杖，在西方文化中是一种象征医疗的标志。当代很多卫生组织，如世界卫生组织、原中国卫生部的旗帜或标识上都含有蛇杖的图案。

[6] Byrne E H. Medicine in the Roman Army[J]. The Classical Journal, 1910, 5(6): 267-272.

[7] 英国工程师伊桑巴德·金顿·布鲁内尔(Isambard Kingdom Brunel, 1806-1859)。

[8] 齐飞、陈易、张冬卿、傅宇昕：《20 世纪之前西方住院护理单元的历史演进》[J]．2019 年第 8 期，第 162 页。

[9] 刘磊汉，林村河，龚红伟等：《应用信息化技术实现医疗救护分队业务流程重组》[J]．《解放军医院管理杂志》，2019，16(6)：550-551。

[10] 陈斌：《百年前上海开办的时疫医院》[N]．联合时报 /2020 年 3 月 10 日，第 005 版。

[11] Wang J, Zong L, Zhang J, et al. Identifying the effects of an upgranded ‘fever clinic’ on COVID-19 control and the workload of emergency department: retrospective study in a tertiary hospital in China[J].

[12] 国家卫健委：各省要在方舱医院建设上做到有备无患。

[13] 邹亮．新冠肺炎疫情下对城市规划的思考[N]．中国建设报，2020，04(06)

[14] 陈宇 . 新冠疫情下武汉应急医疗设施配置合理性评价和优化研究［D］. 浙江大学，2021.

[15] 邓凌云．“新冠肺炎”反思医疗卫生用地专项规划编制改革．https://www.sohu.com/a/390884256_656518.

[16] 马雪瑶．突发公共卫生事件下郑州市医疗资源评价与优化［D］. 西北大学，2021.

[17] 刘男．防控突发性传染病的医疗建筑网络结构研究［D］. 哈尔滨工业大学，2015. DOI:10.7666/d.D751553.

[18] 周牧之．新冠疫情冲击全球化：强大的大都市医疗能力为何如此脆弱?［EB/OL］.（2020-04-17）［2023-06-07］. http://www.china.com.cn/opinion/think/2020-04/17/content_75944655.htm.

[19] 距离华南海鲜市场（第一个疫情暴发地点）最近的一家综合性基层医院，2019 年 12 月 17 日就接诊了第一例不明原因肺炎患者，并在 1 月 22 日成为武汉市第一批发热患者定点诊疗医院。

[20] 容志.（2021）. 构建卫生安全韧性：应对重大突发公共卫生事件的城市治理创新. 理论与改革（6），16.

[21] 刘奇志.（2020）. 建议增加传染病防治专项规划——应对 2020 新型冠状病毒肺炎突发事件笔谈会. 城市规划，44（2），2.

[22] 蔡云楠，翟国方，王兰，彭翀，王世福，& 修春亮，et al.（2023）. 疫情常态化背景下的城市韧性建设. 南方建筑（5），1-10.

[23] 叶裕民.（2020）. 建构“以人民为中心”的城市治理秩序. 城市规划，44（2），3.

[24] 黄锡璆等. 新型冠状病毒肺炎应急医疗设施建设策略——中国中元技术专家组笔谈 .

[25] 容志.（2021）. 构建卫生安全韧性：应对重大突发公共卫生事件的城市治理创新. 理论与改革（6），16.

[26] 许丽君，朱京海，& 刘建鑫. 我国公共卫生治理体系优化策略研究——以重大突发公共卫生事件为背景 .

[27] 焦喆等. 基于公服设施改建视角的防治体系构建思考——以武汉“方舱医院”改建为例 .

[28] 段进.（2020）. 建立空间规划体系中的“防御单元”——应对 2020 新型冠状病毒肺炎突发事件笔谈会. 城市规划 .

[29] 马雪瑶. 突发公共卫生事件下郑州市医疗资源评价与优化［D］. 西北大学，2021.

[30] Fang, D., Pan, S., Li, Z., Yuan, T., & Liu, Z..(2020). Large-scale public venues as medical

emergency sites in disasters: lessons from covid-19 and the use of fangcang shelter hospitals in wuhan, china. British Medical Journal Global Health, 5(6), e002815.

[31] 龙灏，张程远.（2020）. 区域联动 战略储备 平战双轨——基于历史和现实超大规模疫情的当代传染病医院设计. 建筑学报（3），8.

[32] 周颖，陈欣欣，& 孙耀南.（2020）. 防疫医院的基本构想与设计策略. 建筑学报（3），6.

[33] 李超，& 尹优.（2020）. 平疫结合型医院设计思考. 华中建筑，38（4），4.

[34] 龙灏，薛珂. 健康城市背景下大空间公共建筑的建筑设计防疫预案探讨——以大型体育馆建筑为例 [J]. 上海城市规划，2020，002（2）：31-37.

[35] 骞璇，成辉，李欣.（2022）. 适于方舱医院的会展建筑平疫结合设计研究. 南方建筑（11），1-11.

[36] 张宏哲.（2016）. 防控突发性传染病医疗建筑网络的评价体系研究.（Doctoral dissertation，哈尔滨工业大学）.

[37] 张姗姗，刘艺，& 武悦.（2020）. 应对突发公共卫生事件的医院建筑协同更新. 时代建筑（4），5.

[38] 李志刚，肖扬，& 陈宏胜.（2020）. 加强兼容极端条件的社区规划实践与理论探索——应对 2020 新型冠状病毒肺炎突发事件笔谈会. 城市规划，44（2），3.

[39] Lu, J., Zhao, M., Wu, Q., Ma, C., & Li, C.. (2021). Mental health needs of the covid-19 patients and staff in the fangcang shelter hospital: a qualitative research in wuhan, china. Global Mental Health, 1-19.

[40] Pandey, N., Kaushal, V., Puri, G. D., Taneja, S., & Agarwal, R.. (2020). Transforming a general hospital to an infectious disease hospital for covid-19 over 2 weeks. Frontiers in Public Health, 8, 382.

[41] 许晔，& 郭铁成.（2014）. Ibm“智慧地球”战略的实施及对我国的影响. 中国科技论坛（3），6.

[42] 糜泽花，& 钱爱兵.（2019）. 智慧医疗发展现状及趋势研究文献综述. 中国全科医学，22（3），5.

[43] 柴彦威，& 张文佳.（2020）. 时空间行为视角下的疫情防控. 城市规划，44（2），2.

[44] 周颖，陈欣欣，& 孙耀南.（2020）. 防疫医院的基本构想与设计策略. 建筑学报（3），6.

[45] 于涛，林涛，& 李启瑄.（2022）. 突发公共卫生事件背景下城市医疗救治应急空间

供需研究．城乡规划（6），115-124.
[46] 李霆，& 杨剑华.（2022）．数字化应急医院设计及建造技术．中国建筑工业出版社 .
[47] 武悦，李燎原，张姗姗，& 王田.（2019）．智慧医疗救援模式下的移动应急医院设计探索．建筑学报（S1）.
[48] 姚正勇，张智鹏，& 焦丽丽.（2022）．Bim 技术在方舱医院建设中的应用．房地产世界（21），151-153.
[49] Luo, H., Liu, J., Li, C., Chen, K., & Zhang, M.. (2020). Ultra-rapid delivery of specialty field hospitals to combat covid-19: lessons learned from the leishenshan hospital project in wuhan. Automation in Construction, 119, 103345.
[50] 张龙，贾宇浩，刘翔，黄鼎新，& 王嘉诚．Bim 技术在装配式应急医疗建设项目全寿命周期的应用研究．大众标准化 .
[51] 罗丽娟，张海滨.（2020）．对应急医院建设项目的思考．中国医院建筑与装备，v.21（09），111-112.
[52] 张强.（2020）．"模块化建筑"在应急医疗中的应用——记深圳市妇幼保健院"发热门诊"的建设．建筑技艺（S02），4.
[53] 刘思洁，黄诗雯，陶川岚，王璇，& 王洪羿.（2021）．城市疫区传染病收治应急医疗设施改造及模块化设计模式研究．中外建筑 .
[54] 肖伟，& 宋奕.（2020）．以快应变：新冠肺炎疫情下的"抗疫设计"思考．建筑学报 .

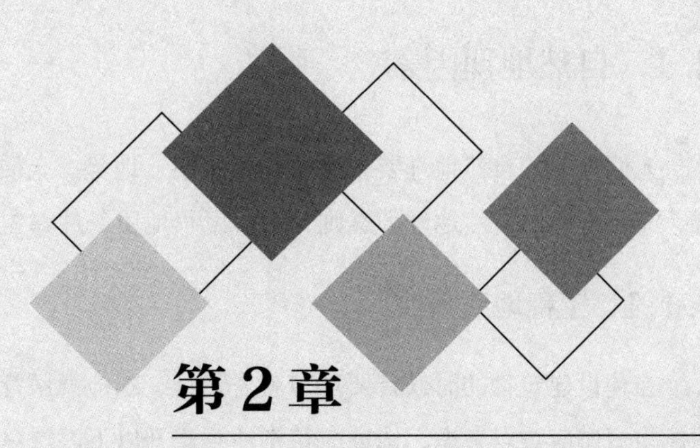

第2章

选 址 策 略

由于应急医疗建筑的特殊属性，其选址尤为重要，需要考虑的因素甚多。本章将应急医疗建筑的选址与策略分为：自然地理因素、环境保护因素、场地自身因素、既有建筑评估、社会经济因素、应急建设手续等6个部分来具体论述。

2.1 自然地理因素

人们常说的自然地理要素主要是指水系、地势、土质与植被，而对于应急医疗建筑而言，需要考虑的自然地理因素则分为：工程地质条件、主导风向及气流引导两大方面。

2.1.1 工程地质条件

在建设建筑物的时候首要环节就是选址，在应急医疗建筑的项目中，对不利自然环境的风险规避应重点考虑，选址应特别注意避开以下区域：

（1）选址应避免在地震带、断层带、滑坡带、泥石流带等地质灾害区域建造，尽量选择地质条件稳定的区域。

（2）选址应避免在山脚、河滩、海滨等易受地震、洪水、海啸等自然灾害影响的区域建造。

（3）选址应避免在软弱地基、填土地基、沉降地基等地基条件较差的区域建造，尽量选择地基条件良好的区域。应急项目一般没有时间做地基处理，应尽量选择场地较平整的天然地基区域进行建设。

1. 工程地质

在进行工程地质条件选择时，选址范围内的地基土与工程建设施工和运行安全密切相关。工程地质对建设工程选址的影响，主要是各种地质缺陷对工程安全和工程技术经济的影响。

一般中小型建设工程的选址，工程地质的影响主要是在工程建设一定影响范围内，地质构造和地层岩性形成的土体松软、湿陷、湿胀、岩体破碎、岩石风化和潜在的斜坡滑动、陡坡崩塌、泥石流等地质问题对工程建设的影响和威胁。

大型建设工程的选址，工程地质的影响还要考虑区域地质构造和地质岩性形成的整体滑坡，地下水的性质、状态和活动对地基的危害。

对于地下工程的选址，工程地质的影响要考虑区域稳定性的问题。对区域性深大断裂交汇、近期活动断层和现代构造运动较为强烈的地段，要给予足够的注意，也要注意避免工程走向与岩层走向交角太小甚至近乎平行。

此外，由于地基土层松散软弱或岩层破碎等工程地质原因，不能采用条形基础，而要采用筏形基础甚至箱形基础。

2. 水文地质

为了能够使建筑物能够经得起洪水的考验，保证建筑物的安全，选址的时候应避免远离旧的溃口以及大堤险情高发区段，避免建筑物直接受到洪水的冲击。具有防洪围护设施、地势比较高的地方可以优先作为建筑物用地。拟建建筑应该选择建在不容易发生泥石流和滑坡的地段，并且要避开不稳定土坡下方与孤立山咀。此外，由于膨胀土地基对浸入的水是比较敏感的，通常不作为建筑场地。

3. 防洪、防涝、防潮

应急医疗建筑在选址和进行总体规划时，在充分利用场地周边自然条件的同时也应尽量保护周边的自然环境，包括地形地貌、植被、水系等，保证场地的完整性，尽量减少暴雨时场地的水土流失及其他灾害。

4. 防地质灾害、防震

应急医疗建筑选址需考虑该地区自然灾害的风险，以避免选址点受到地震和地质灾害损害，造成患者的二次伤害。对选址区域内的地质调查数据分析，提前发现研究区内的地震、岩溶塌陷和地震液化等突发性地质灾害。

2.1.2 主导风向及气流引导

风是描述空气质点运动的一个指标，它能把有害物质输送走，风向决定污染物输送的方向，所以掌握风的时空变化规律，也是选址策略中的一个特别重要的问题。

首先，以北京市全年风玫瑰图（以图 2.1.2-1～图 2.1.2-3）为例，北京冬季为西北风，且风力较强；夏季为东南风，风力较弱或无风。

其次，病毒在大气中的浓度分布主要取决于大气的扩散稀释能力，这种能力又主要受风和大气稳定度的影响。病毒在低层大气中的输送扩散受风的影响很大。风向影响病毒的水平迁移扩散方向，总是不断将病毒向下风方向输送。因此应急医疗建筑设施设计的选址应该考虑主导风向及气流控制。

最后，应急医疗建筑内设置有污染区，一定程度上对周边环境会有影响。若应急医疗建筑在居民区附近，其选址位置应在居民区的下风向。若应急医疗建筑在人口密度较小的机械类厂房附近，其轴选址位置可以在机械类工厂的上风向。若应急医疗建筑在有污染性质的工厂或工业区附近，其首选址位置应在有污染性质的工厂或工业区的上风向。

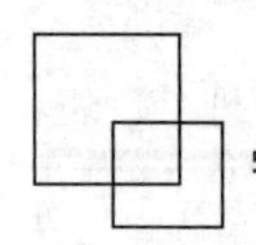

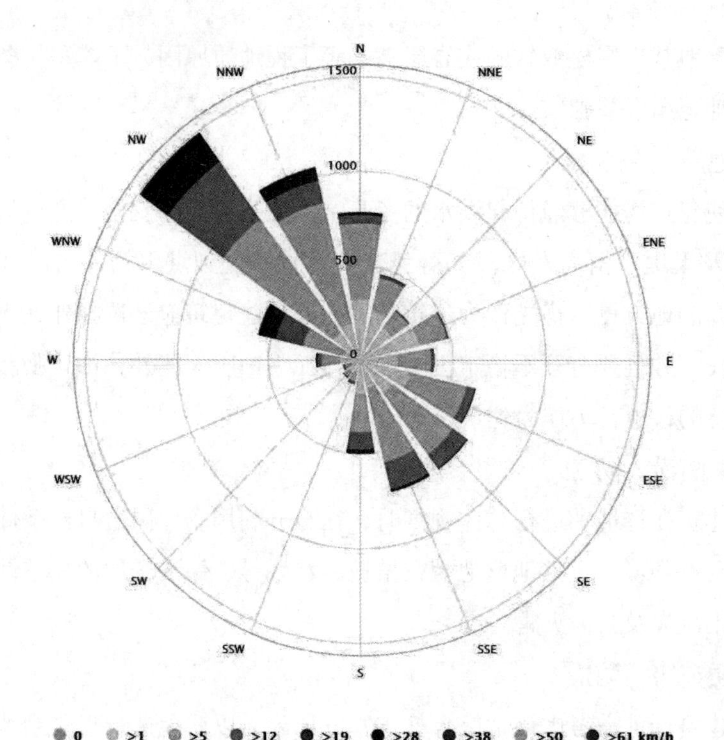

图 2.1.2-1　北京全年风玫瑰图

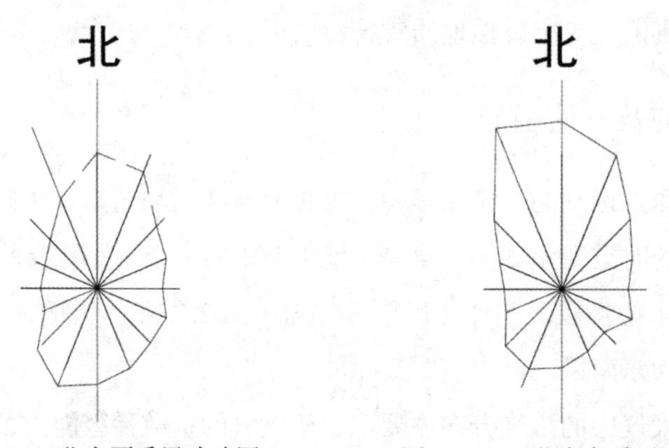

图 2.1.2-2　北京夏季风玫瑰图　　　图 2.1.2-3　北京冬季风玫瑰

综上所述，应急医疗建筑设施设计的选址应结合周边建筑设施及所处城市的主导风向综合考虑其具体建设位置。

2.1.3　基础设施

1. 符合城市规划及相关政策、城市防疫专项规划的要求

《医疗机构设置规划指导原则（2021—2025年）》中医疗机构设置总体要求的主要指标。（表 2.1.3-1）

2025年全国医疗机构设置规划主要指标 表 2.1.3-1

主要指标	2020年现状	2025年目标	指标性质
每千人口医疗卫生机构床位数（张）	6.46	7.40～7.50	指导性
其中：市办及以上公立医院	1.78	1.90～2.00	指导性
县办公立医院及基层医疗卫生机构（张）	2.96	3.50	指导性
每千人口公立中医类医院床位（张）	0.68	0.85	指导性
每千人口执业（助理）医师数（人）	2.90	3.20	预期性
每千人口中医类别执业（助理）医师数（人）	0.48	0.62	预期性
每千人口注册护士数（人）	3.34	3.80	预期性
每千人口药师（士）数	0.35	0.54	预期性
医护比	1∶1.15	1∶1.20	预期性
床人（卫生人员）比	1∶1.48	1∶1.62	预期性
二级及以上综合医院设置老年医学科的比例（%）	—	≥60.00	预期性
县办综合医院适宜床位规模（张）	—	600～1000	指导性
市办综合医院适宜床位规模（张）	—	1000～1500	指导性
省办级以上综合医院适宜床位规模（张）	—	1500～3000	指导性

注：1. 医院床位含同级妇幼保健院和专科疾病防治院（所）床位。
2. “省办”包括省、自治区、直辖市举办；“市办及以上”包括省办及以上和市办，其中“市办”包括地级市、地区、州、盟举办；“县办”包括县、县级市、市辖区、旗举办。下同。

《北京市医疗卫生设施专项规划（2020年—2035年）》的相关要求

《综合医院建设标准》建标 110—2021

《国土空间调查、规划、用途管制用地用海分类指南（试行）》的相关要求

《城市给水工程规划规范》GB 50282—2016

《城市给水工程项目规范》GB 55026—2022

《城乡排水工程项目规范》GB 55027—2022

《供热工程项目规范》GB 55010—2021

《城镇供热管网设计标准》CJJ/T 34—2022

《城市电力规划规范》GB/T 50293—2014

《医院电力系统运行管理》WS 434—2013

《远程医疗信息系统技术规范》WS/T 545—2017

由各市政单位提供的市政资料

2. 水资源

1）市政给水水源

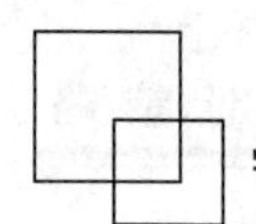

给水工程是市政设施中通常所指的“四水”中的一项。是各类项目建设中不可缺少的组成部分。

给水水源通常有以下几种：

水源由城市供水水厂提供，利用城市给水管网供至各个地块。此类水源具有以下特点：水厂的水质会有持续的检测和检测，因此水质能得到保障；城市供水管网通常是环状供水，供水的持续性强；随着规划和城市基础设施的不断完善，供水量基本能满足用户的使用需求；双路供水，能同时满足室外消防的要求，因此大部分给水管网能作为室外消火栓的水源。

水源由自备井提供。此类水源有以下特点：在城市基础设施不完善的地区，地下水作为水源能解决用户实际需求；水质只能根据具体地区、开采深度等因素决定，无法确保各项用水指标均达到合格标准。可能需要设置水处理设施；由于地下水是由水泵抽取，因此水泵的维护、电源等均会影响用水的持续性；用水的持续性，得不到保障。

水源取自周边江、河、湖等。此类水源有以下特点：需要项目自建水处理设施；水源的持续性存在不确定性。通常情况下水源是有保障的，但是会受到气候的制约。例如，枯水期、自然灾害等。

移动水车或移动存储设施。此类水源通常用于临时性的供水所采取的措施之一。市政给水水质如果达不到要求时，要设置水处理设施。

2）医疗项目规划用水量

根据相关规范和标准，医疗类用水量按 70～130（$m^3/hm^2\cdot d$）规划。北京地区，医疗类用水量按 80～90（$m^3/hm^2\cdot d$）规划。

在《城市给水工程规划规范》GB 50282 中第 4.0.3 条“用水量指标应根据城市的地理位置、水资源状况、城市性质和规模、产业结构、国民经济发展和居民生活水平、工业用水重复利用率等因素，在一定时期用水量和现状用水量调查基础上，结合节水要求，综合分析确定。当缺乏资料时，最高日用水量指标可按表 2.1.3-2 选用。”

不同类别用地用水量指标［m^3（$hm^2\cdot d$）］　　表 2.1.3-2

类别代码	类别名称		用水量指标
R	居住用地		50～130
A	公共管理与公共服务设施用地	行政办公用地	50～100
		文化设施用地	50～100
		教育科研用地	40～100
		体育用地	30～50

续表

类别代码	类别名称		用水量指标
A	公共管理与公共服务设施用地	医疗卫生用地	70～130
B	商业服务业设施用地	商业用地	50～200
		商务用地	50～120
M	工业用地		30～150
W	物流仓储用地		20～50
S	道路与交通设施用地	道路用地	20～30
		交通设施用地	50～80
U	公用设施用地		25～50
G	绿地与广场用地		10～30

注：1. 类别代码引自现行国家标准《城市用地分类与规划建设用地标准》GB 50137—2011。
2. 本指标已包括管网漏失水量。
3. 超出本表的其他各类建设用地的用水量指标可根据所在城市具体情况确定。

在北京市地方标准《市政基础设施专业规划负荷计算标准》DB11/T 1440—2017中的第3.0.3条“居住和公建等用地单位建筑面积规划平均日用水量指标宜按表2.1.3-3选取。”

居住和公建等用地单位建筑面积规划平均日用水量指标［L/(m²·d)］ **表2.1.3-3**

北京用地类别代码			类别名称	用水量指标
主类	中类	小类		
A			公共管理与公共服务用地	2.5～9.0
	A1		行政办公用地	3.0～3.5
	A2		文化设施用地	2.5～3.5
	A3		教育科研用地	4.0～6.5
		A31	高等院校用地	4.0～5.0
		A33	基础教育用地	4.5
		A35	科研用地	5.0～6.5
	A4		体育用地	4.0
	A5		医疗卫生用地	8.0～9.0
	A6		社会福利用地	3.5～4.0
B			商业服务业设施用地	3.0～8.5
	B1		商业用地	4.0～8.5
		B11	零售商业用地	4.0～5.0
		B12	市场用地	4.0～5.0

续表

北京用地类别代码			类别名称	用水量指标
主类	中类	小类		
		B13	餐饮用地	8.0～8.5
		B14	旅馆用地	6.0～8.5
	B2		商务用地	3.0～4.0
	B3		娱乐康体用地	5.0～6.0
	B4		综合性商业金融服务业用地	4.0～5.0
	B9		其他服务设施用地	3.0～3.5
D			特殊用地	4.5
G			绿地	5.0
S			道路与交通设施用地	3.5
T			铁路及公路用地	3.5
U			公用设施用地	3.5
R			居住用地	2.0～3.2
	R1		一类居住用地	2.0
	R2		二类居住用地	2.8～3.2

注：1. 以上指标指用地内所有建筑的用水量，包括配套服务设施的用水量，未包括地块内部道路浇洒和绿化灌溉用水量，以及地块外部市政道路环卫作业用水量、外部市政绿化灌溉用水量、外部管网漏损水量和未预见水量。

2. 应根据用地所处区域的经济发展水平确定规划用水量指标，北京中心城和城市副中心宜取上限，分散的城市建设区及镇中心区宜取下限，郊区城区宜取中间值。其中北京中心城区包括东城区、西城区、朝阳区、海淀区、丰台区和石景山区，郊区城区指顺义、亦庄、大兴、昌平、房山、怀柔、密云、平谷、延庆、门头沟10个郊区的城区，镇中心区指建制镇总体规划中确定的集中建设区。

3）给水计量

首先，根据当地的自来水公司的相关要求设置水表。

大部分地区的给水从市政管网接出后设置用水总表（一级表），总表后的给水管网布置成环状，各类用水从环状管网接出时分别设置水表（二级表）计量。二级表后，再根据需求，设置三级表计量。有些地区，出于管理和维护等方面的因素，给水从市政管网接出后，根据不同用水性质，设置多个用水总表。例如，项目中存在生活给水、商业给水、消防给水、配套（医疗、养老、幼儿园）设施等不同性质的给水，根据当地自来水公司要求需要设置多块一级表。一级表后的给水管网不能串接只能按不同性质的用水供至用户。此种供水方式虽然计量精准，但浪费管网。只是受到当地自来水公司文件要求的限制，而不得不采用。因此，在各项目设计之初，尽量了解当地自来水公司的要求。避免对室外管网综合、单体内各种不同性质用水管网系统设置造成影响和拆改。

水表的形式，可以分为机械水表、远传水表、磁卡水表等。医疗项目，洁区与污区的给水系统分开设置，分开计量。

其次，医疗项目给水系统的注意事项有：室外车辆的消杀区、各级污水处理的加药补水、人员通过区的洗手间或卫生间设施等处的给水，属于污区给水系统，避免从洁区的给水管网接出；尽量实现双路供水，布置成环状管网。如无法实现双路供水，采用加压供水时，给水的存储量要满足各类用水持续使用时间的要求；室外给水管网的各类设施做好标识。例如，室外给水的水表井或阀门井，至少要注明“给水”字样。

4）给水管网的布置

室外给水管网，布置成环状。污区给水从环状给水管网引出后设置单独环状给水管网。污区从洁区引出的（两个或多个）水源处设置减压型倒流防止器。室外给水管道要具有耐腐蚀性。室外给水管道埋深要在冻土层以下。如有实际勘测数据，可以作为参考依据。实际工程中发现，在寒冷地区、高海拔地区，受到遮挡阳光照射不到的地方，冻土往往会更深一些。此处的给水管网的埋深要加大。冻土层内的给水管网，要采取电伴热等防冻措施。室外给水管道明装时，要具有防撞、防冻等措施。

5）其他水资源（中水、再生水）

中水供水系统与生活饮用水给水系统应分别独立设置。中水管道上不得装设取水龙头。当装有取水接口时，必须采取严格的防止误饮、误用的措施。医疗项目中，医疗区和病房区不使用中水冲厕。医疗污废水、放射性废水不得作为中水原水。

3. 污水排放

当市政条件中有市政污水管网时，根据场地竖向条件、建筑整体布局，结合市政污水接口条件，合理布置污水处理站位置。

当市政条件中没有市政污水管网时，需要会同医院项目建设方和使用方、当地管委会、排水集团、污水处理厂、水利等相关部门一同制定医疗污水处理后的排放方案。根据多个应急项目设计的实际结果，如果项目周边没有污水管网，则项目最终的可实施性低。原因主要是经水处理后的医疗废水从抽取到运送至污水处理厂的整个过程中可能存在对清运人员的二次感染，以及长期的清运费用累积较高。

根据市政条件，确定医疗污水处理达标标准。最低要达到《医疗机构水污染物排放标准》GB 18466—2005。

根据《排污许可证申请与核发技术规范医疗机构》中的要求，项目根据各项要求准备，同时检验设计中是否满足各类指标项。（表 2.1.3-4～表 2.1.3-8）

废气产生环节、污染物种类、排放形式及污染防治设施表　　表 2.1.3-4

污染物产生设施	废气产污环节	污染物种类	排放形式	污染治理设施名称	排放口类型	执行标准
污水处理站	污水处理、污泥干化和堆放废气	氨、硫化氢、臭气浓度、甲烷（指处理站内最高体积百分数）、氯气	无组织	无组织排放控制措施	/	GB 18466
		氨、硫化氢、臭气浓度	有组织	恶臭治理设施	一般排放口	《恶臭污染物排放标准》GB 14554—1993

传染病、结核病专科医疗机构污水类别、污染物种类、污水排放去向及污染防治设施　　表 2.1.3-5

<table>
<tr><th>污水来源</th><th>污水类别</th><th colspan="2">污染物种类</th><th>排放去向</th><th>排放口类型</th><th>污染治理设施名称</th><th>执行标准</th></tr>
<tr><td rowspan="2">门诊、病房、手术室、洗衣房、检验科、病理科、办公区、职工宿舍等</td><td rowspan="2">医疗污水、生活污水</td><td colspan="2" rowspan="2">结核杆菌、粪大肠菌群数、肠道致病菌[b]、肠道病毒、化学需氧量、氨氮、pH 值、悬浮物、五日生化需氧量、动植物油、石油类、阴离子表面活性剂、挥发酚、色度、总氰化物、总余氯[c]</td><td>进入海域、江、河、湖库等水体</td><td>主要排放口 / 一般排放口[d]</td><td rowspan="2">综合污水处理站</td><td rowspan="5">GB 18466</td></tr>
<tr><td>进入城镇污水处理厂</td><td>主要排放口 / 一般排放口[d]</td></tr>
<tr><td rowspan="2">放射科</td><td rowspan="3">特殊医疗污水</td><td>低放射污水</td><td>总 α、总 β</td><td rowspan="3">进入综合污水处理站</td><td rowspan="3">主要排放口</td><td>科室预处理设施</td></tr>
<tr><td>洗相污水[a]</td><td>总银、六价铬</td><td>科室预处理设施</td></tr>
<tr><td>实验室、检验科、病理科等</td><td>实验检验污水[a]</td><td>总镉、总铬、六价铬、总砷、总铅、总汞</td><td>科室预处理设施</td></tr>
</table>

注：

[a] 排放特殊医疗污水的相关科室使用药剂不涉及重金属的情况下，按医疗污水填报，无须设置科室或设施排放口；

[b] 肠道致病菌主要包括沙门氏菌、志贺氏菌；

[c] 适用于采用含氯消毒剂进行消毒的排污单位；

[d] 重点管理医疗机构污水总排放口为主要排放口，简化管理医疗机构污水总排放口为一般排放口。

总 α / β 放射性 gross alpha/beta activity

指在本标准规定的制样条件下，样品中不挥发的所有天然和人工放射性核素的 α / β 辐射体总称。

非传染病、结核病专科医院的医疗机构排污单位污水类别、污染物种类、污水排放去向及污染防治设施　　表 2.1.3-6

污水来源	污水类别	污染物种类	排放去向	排放口类型	污染治理设施名称	执行标准
门诊、病房、手术室、洗衣房、口腔科、检验科、病理科等	医疗污水	粪大肠菌群数、肠道致病菌[b]、肠道病毒、化学需氧量、氨氮、pH 值、悬浮物、五日生化需氧量、动植物油、石油类、阴离子表面活性剂、挥发酚、色度、总氰化物、总余氯[c]	进入海域、江、河、湖库等水体	主要排放口 / 一般排放口[d]	综合污水处理站	GB 18466
			进入城镇污水处理厂	主要排放口 / 一般排放口[d]		

续表

污水来源	污水类别		污染物种类	排放去向	排放口类型	污染治理设施名称	执行标准
感染性疾病科	特殊医疗污水	传染性污水	肠道致病菌、肠道病毒、结核杆菌	进入综合污水处理站	/	科室预处理设施	GB 18466
放射科		低放射污水	总 α、总 β		主要排放口	科室预处理设施	
		洗相污水[a]	总银、六价铬			科室预处理设施	
口腔科		口腔污水[a]	总汞			科室预处理设施	
实验室、检验科、病理科等		实验检验污水[a]	总镉、总铬、六价铬、总砷、总铅、总汞			科室预处理设施	
办公区、职工宿舍、家属区等	生活污水		pH 值、化学需氧量、五日生化需氧量、悬浮物、氨氮、动植物油	进入海域、江、河、湖库等水体	一般排放口	生活污水处理站	
				进入城镇污水处理厂	/	/	

注：

[a] 排放特殊医疗污水的相关科室使用药剂不涉及重金属的情况下，按医疗污水填报，无须设置科室或设施排放口；

[b] 肠道致病菌主要包括沙门氏菌、志贺氏菌；

[c] 适用于采用含氯消毒剂进行消毒的排污单位；

[d] 重点管理医疗机构污水总排放口为主要排放口，简化管理医疗机构污水总排放口为一般排放口。

医疗机构排污单位污水监测点位、监测指标和最低监测频次　　表 2.1.3-7

监测点位	监测指标[a]	监测频次
直接排放	间接排放	
污水总排放口	流量	自动监测
pH 值	12 小时	
化学需氧量 b、悬浮物	周	
粪大肠菌群数	月	
结核杆菌 c、五日生化需氧量、石油类、挥发酚、动植物油、阴离子表面活性剂、总氰化物	季度	
肠道致病菌（沙门氏菌）、色度、氨氮 b、总余氯 d	季度	/
肠道致病菌 e（志贺氏菌）、肠道病毒 e	半年	/
科室或设施排口 f	总汞、总铬、六价铬、总镉、总砷、总铅、总银、总 α、总 β	季度
接触池出口	总余氯 d	12 小时

注：

[a] 根据医院科室设置、污水类别和实际排污情况，确定具体的污染物监测指标；

[b] 设区的市级及以上生态环境主管部门明确要求安装在线监测设备的，须采取在线监测；

[c] 结核病、传染病专科医疗机构需按频次监测结核杆菌；

[d] 采用含氯消毒剂消毒工艺的医疗机构排污单位，需按要求在接触池出口和污水总排口对总余氯进行监测；

[e] 收治了传染病病人的医院应加强对肠道病毒和其他肠道致病菌的监测；

[f] 科室或设施污水排放口是指产生特殊医疗污水的科室在对特殊医疗污水进行单独收集处理后，排入医院综合污水处理站之前应设置的排放口。

医疗机构排污单位废气监测点位、监测指标和最低监测频次　　表 2.1.3-8

排放形式	监测点位	监测指标	监测频次
有组织	污水处理站废气排放口	氨、硫化氢、臭气浓度	季度
无组织	污水处理站周界	氨、硫化氢、臭气浓度、氯气、甲烷	

工程实践中需要注意的事项有：现状市政污水管网和接口的实际运行情况，能否承接项目污水排放；如果是新建的市政污水管网，在项目竣工前，需要落实市政污水管网和污水处理厂能否投入运行；项目区域内，污区与洁区的污水系统，分开设置；化粪池的位置远离人员密集区和楼座；化粪池通气管不要遗漏；室外污水处理相关的电源要确保不间断供电；水质检测需要的弱电管网不要遗漏；车辆洗消的排水要有组织排放。收集管排入污水管网前设置水封；污区冷凝水排往污水管网系统，不得排至雨水系统，并注意采用间接排放措施。

4. 雨水排放

雨水系统与污水系统分流排放。

根据市政雨水规划，以及场地竖向的情况，选定市政雨水接口，制定雨水排放方案。

与总图竖向相关的注意事项包含以下三点：① 场地竖向不要低于周边大市政竖向；② 配合总图、风景园林专业，给出有利于雨水排放的合理化竖向调整建议；③ 当场地周边的竖向高差较大时，场地内分区域收集雨水。某区域某个雨水系统的所有雨水井井盖和雨水口或边沟的竖向高程，只有高于市政道路竖向高程时，此区域的雨水才能通过雨水管网排入大市政的雨水管网。如达不到要求，为了避免市政雨水倒灌，则不得接入这条路下的雨水管网；当项目用地整体竖向低于周边所有市政道路时，场地雨水必须采用提升排放措施，不得采用重力流方式排往市政雨水管网。这是为了避免倒灌现象的出现。周边雨水也不能汇入项目用地内，增加本地块雨水汇水量，造成积水排放不及时，进而导致雨水反灌室内。

5. 能源

1）供暖

热源的选择是供暖系统的核心问题之一，常用的热源有市政一次热力管网、自建锅炉房或能源站、地源热泵、空气源热泵等可再生能源方式。

热源经换热站供二次热力管网系统。

热力系统末端方式包括散热器、风机盘管、地暖。

负荷根据《城镇供热管网设计标准》CJJ/T 34 第 3.1 热负荷，进行估算。

2）制冷

冷源的选择是制冷系统的核心问题之一，常用的冷源有区域能源站、自建冷却塔、自建空气源热泵、集中或分体空调机组四种。

负荷根据相关指标进行估算。

3）燃气

首先确定市政燃气管网压力及市政燃气接口方向，其次根据市政接口和用气点位，结合总图布局，选定燃气调压箱位置。

燃气调压箱有挂外墙式、地上式、地下式等形式。

不同用气性质的燃气所需压力不同，要设置不同的燃气调压箱。

6. 电力资源

1）电力电源（不间断供电）

电力在医院运行的能源消耗中占绝大部分，因此供配电系统中的电源部分是整个医院能源供应的核心。科学、合理地规划和设计电源部分，可以有效支撑各项医务工作的开展，保障各个业务科室正常进行诊疗活动，保证特殊医疗场所的电力电源。

根据用电等级确定双路电源上级变电站等级，并判断是否需要设置柴油发电机。

2）电力负荷

根据相关规范估算用电负荷。

3）市政电力与项目电力管理分界面

有分界室、变配电室、开闭站、开关站等。

4）变电所设置位置

变电所宜设置在靠近现状上级电力电源位置，而不应设在地势低洼和可能积水、高温或剧烈震荡、对防电磁辐射干扰有较高要求的场地。也不宜设在多尘、水雾或有腐蚀性气体的场地，当无法远离时不应设在污染源盛行风向的下风侧。

7. 通信资源

根据市政弱电接口、总图布局、单体内部布局的情况，合理布置各站点和接入间位置。

各弱电系统（通信、网络、电话）根据需要配置管网和设备。

根据医疗需求，搭建弱电系统。

消防控制室、安防控制室宜设在场地内建筑物的首层。

2.2 环境保护因素

应急医疗建筑在选址时除了要考虑前文提到的自然地理因素外，还应综合考虑环境保护因素。环境保护因素主要包括对人群、市政基础设施、危险辐射区域的主动避让，以及建筑自身布局的间距控制。

2.2.1 主动避让

首先，要考虑的，是对易感人群场所的主动避让。

应急医疗建筑的选址应远离幼儿园、儿童福利院、学校、老年人照护设施等易感人群场所。

易感人群通常包括老年人、儿童、患有慢性病的人等。老年人和患有慢性病的人因机体免疫系统的衰老和弱化是易感各种病毒的高危人群。而儿童则因为免疫系统的不成熟和生活习惯不能自我约束等原因更容易感染病毒。考虑到应急医疗建筑通常面对的是传染性较强的细菌或病毒，且基于传染性细菌和病毒的扩散特性和传播方式，易感人群和感染者之间的接触距离显然是最主要的控制项。

因此，应急医疗建筑的选址应远离幼儿园、儿童福利院、学校、老年人照护设施等易感人群场所，以有效降低细菌和病毒在这部分人群中扩散的风险，以最大限度地降低易感人群受到感染的概率。

其次，是对人口稠密场所的主动避让。

应急医疗建筑的选址应远离高密度住宅区等城市人员密集活动场所以及戒毒所、拘留所、监狱等可能引发大规模群体性传染的人口稠密场所。

人口密集场所不仅是潜在感染者的聚集点，更是容易发生群体感染的敏感区。应急医疗建筑选址在这类场所附近极易导致病菌病毒的快速传播和变异。高密度住宅区和城市人员密集活动场所是各类病菌和病毒传播的潜在热点，大量人员密集接触如电梯按键、门把手、快递柜等公共设施明显加大了相互传染的概率，而大量且频繁的人员流动，则更增加了防控的难度，同时还存在不同代际病毒在人群中交叉感染、加速病毒变异、难以锁定传染源、难以控制传播范围等重大隐患。

戒毒所、拘留所及监狱等场所，不仅人员稠密，而且不易疏散。如将应急医疗建筑选址在这类场所附近，一旦出现传播风险，无法在短时间内将戒毒人员、在拘在押人员、在监服刑人员进行快速的疏散。此外，在对上述人员进行疏散时，也将投入比普通疏散更多的警务人员、医务人员、安保押运人员等，进一步增加病菌或病毒次生传播的概率。

因此，应急医疗建筑的选址应远离高密度住宅区等城市人员密集活动场所及戒毒所、拘留所、监狱等人口稠密场所，以降低病菌病毒暴发式传播及快速变异的风险和发生次生感染的概率。

再次，是对市政基础设施的主动避让。

应急医疗建筑的选址应远离食品加工、水库水厂等可能造成广泛传播的市政基础设施。

水库水厂、食品加工等人民生活保障类的市政基础设施，在疫情状态下不仅承担着维持人民基本生活的重要功能，更在很大程度上对维护社会稳定有着重要影响。这些市政基础设施一旦发生病菌或病毒污染，无法在短时间内关闭，且因供应面极为广泛难以对污染的水体去向和食品传播链进行准确的预估和控制，不仅存在造成大规模传染的风险，还存在引发社会性恐慌的潜在舆情隐患。

因此，应急医疗建筑的选址应远离食品加工、水库水厂等可能造成广泛传播的市政基础设施，保证市政基础设施在免受病菌病毒污染的情况下正常运行，为维持人民基本生活和维持社会基本稳定提供最根本最重要的保障。

最后，是对污染、危险、辐射等区域的主动避让。

应急医疗建筑的选址应远离污染源、易燃易爆品生产储存区、噪声及振动区、强电磁场辐射区等可能对方舱内部工作和隔离人员造成影响或伤害的区域。

污染源区是指大气、水、土壤等环境中受到严重污染的区域，应急医疗建筑如选址在污染源附近将会极大地增加内部工作和隔离人员遭受污染的风险，同时将增加在接收病人或病人转院过程中人员流动时受污染源侵害的风险，同时对出院人员受到污染影响引发其他不适或病症的概率难以预估和控制，对本就复杂多变的应急医疗状态增加额外的负担，使医护人员和病患面临污染伤害不确定性和增加额外患病的概率。

易燃易爆品是指在一定条件下容易燃烧或爆炸的物质。由于易燃易爆品的性质，使得其生产和储存的地点很容易受到火灾或爆炸等安全事故的威胁。应急医疗建筑如选址在易燃易爆品生产储存区附近，一旦发生安全事故，易燃易爆品会迅速引发火灾、爆炸等二次事故，给应急医疗建筑内部工作人员和病人带来极大的威胁。对于病患集中的应急医疗建筑，爆炸和火灾的二次灾害将叠加给病人，使其行动迟缓、应急反应速度慢，进而引发不可想象的人员伤亡危险。

噪声是环境中分贝较高且令人难以忍受的声音，振动是物体间因受力而产生的使人有明显位移感受的运动。应急医疗建筑如选址在过于接近噪声和振动的区域，将影响内部工作人员和病患的生活和休息，甚至造成身心负担，影响身体健康，尤其是应急状态下的医护人员和患者的压力大、敏感性高，容易在噪声、振动等影响下过度紧张，增加应急医疗建筑内部的管控难度，引发安全隐患。

电磁辐射是电子运动所产生的辐射现象，包括高频电磁辐射、低频电磁辐射、静电场、磁场等，长期处于电磁辐射环境中会影响人体健康。应急医疗建筑如选址在强电磁场辐射区附近，将会对内部工作人员和病患的身心健康造成影响。特别是病患本就身体不适，耐受能力较差，长期处于强电磁场辐射区附近将增加罹患其他并发症的风险，同时强电磁辐射场对医疗设备的影响不可预估，进而导致病患在治疗及诊断过程中医疗设备发生不可控故障或误差的概率。

因此，应急医疗建筑的选址应远离污染源、易燃易爆品生产储存区、噪声及振动区、强电磁场辐射区等可能对方舱内部工作和隔离人员造成影响或伤害的区域，以更好地保障医护人员的正常工作、医疗设备的正常运转及病患的良好康复环境。

2.2.2 间距控制

根据《传染病医院建设标准》建标 173—2016 第二十一条第四款规定：主要建筑物有良好朝向，建筑物间距应满足卫生、日照、采光、通风、消防等要求。

按照执行要求分类，影响应急医疗建筑的设计间距控制的因素分为两种：强制性间距控制要求和非强制性间距控制要求。强制性间距控制要求为：防火间距、卫生间距。非强制性间距控制要求为：日照间距、安全间距。

强制性间距控制的第一类是防火间距控制。应急医疗建筑设计选址过程中，应满足防火间距要求。应急医疗建筑的防火间距控制要求需按如下规范严格执行：《建筑设计防火规范（2018 版）》GB 50016—2014，第 5.2.1 要求在总平面布局中，应合理确定建筑的位置、防火间距、消防车道和消防水源等。第 5.2.2 要求民用建筑之间的防火间距不应小于表 2.2.2-1 的规定，与其他建筑的防火间距，除应符合本节规定外，尚应符合本规范其他章的有关规定。

民用建筑之间的防火距离（m）　　表 2.2.2-1

建筑类别		高层民用建筑	裙房和其他民用建筑		
		一、二级	一、二级	三级	四级
高层民用建筑	一、二级	13	9	11	14

续表

建筑类别		高层民用建筑	裙房和其他民用建筑		
		一、二级	一、二级	三级	四级
裙房和其他民用建筑	一、二级	9	6	7	9
	三级	11	7	8	10
	四级	14	9	10	12

注：

1. 相邻两座单、多层建筑，当相邻的外墙为不燃性墙体且无外露的可燃性屋檐，每面外墙上无防火保护的门、窗、洞口不正对开且该门、窗、洞口的面积之和不大于外墙的面积5%，其防火间距可按照本表的规定减少25%。

2. 两座建筑相邻较高一面的外墙为防火墙，或高出相邻较低一座一、二级耐火等级建筑的屋面15m及以下范围内的外墙为防火墙时，防火建筑不限。

3. 相邻两座高度相同的一、二级耐火建筑中相邻任一外墙为防火墙，屋顶的耐火极限不低于1.00h时，其防火间距不限。

4. 相邻两座建筑中较低的一座建筑的耐火等级不低于二级，相邻较低一面外墙为防火墙且屋顶无天窗，屋顶的耐火极限不低于1.00h，其防火间距不应小于3.5m；对于高层建筑，不应小于4.m。

5. 相邻两座建筑中较低一座建筑的耐火等级不低于二级且屋顶无天窗，相邻较高一面外墙高出较低一座建筑的屋面15m及以下范围内的开口部位设置甲级防火门、窗，或设置符合现行国家标准《自动喷水灭火系统设计规范》GB 50084—2017规定的防火分隔水幕或本规范第6.5.3条规定的防火卷帘时，其防火间距不应小于3.5m；对于高层建筑，不应小于4m。

6. 相邻建筑通过连廊、天桥或底部的建筑物等连接时，其间距不应小于本表的规定。

7. 耐火等级低于四级的既有建筑，其耐火等级可按四级确定。

第5.2.3 民用建筑与单独建造的变电站的防火间距应符合本规范第3.4.1条有关室外变、配电站的规定，但与单独建造的终端变电站的防火间距，可根据变电站的耐火等级按本规范的第5.2.2条有关民用建筑的规定确定。民用建筑与10kV以下的预装式变电站的防火间距不应小于3m。民用建筑与燃油、燃气或燃煤锅炉房的防火间距应符合本规范第3.4.1条有关丁类厂房的规定，但与单台蒸汽锅炉的蒸发量不大于4t/h或单台热水锅炉的额定功率不大于2.8MW的燃煤锅炉房的防火间距，可根据和锅炉房的耐火等级按本规范的第5.2.2条有关民用建筑的规定确定。

第5.2.5 民用建筑与燃气调压站、液化石油气汽化站或混气站、城市液化石油气供应站瓶等的防火间距，应符合现行国家标准《城市燃气设计规范（2020版）》GB 50028—2006的规定。

在之前的应急防疫建筑中，由于利用氧气辅助治疗成为重要手段之一，氧气的用气量超过现有标准，液氧站的规模突破了《建筑设计防火规范》GB 50016的要求，建议之后统筹考虑疫情治疗实际与现有建设标准及规范的关系，建立应急评估机制，必要时进行补充修改。

强制性间距控制的第二类是卫生间距控制。应急医疗建筑设计选址过程中，应满足卫生间距要求。应急医疗建筑的卫生间距控制要求需按如下规范严格执行：《传染病医院建筑设计规范》GB 50849—2014 第 4.1.3 条规定，新建传染病医疗选址，以及现有传染病医院改建和扩建传染病区建设时，医疗用建筑与院外周边建筑应设置大于或等于 20m 的绿化隔离卫生间距。

2020 年发布的《新型冠状病毒感染的肺炎传染病应急医疗设施设计标准》中，4.0.1 第 4 条也规定了应急医疗建筑周边应设置不小于 20m 的安全隔离区，且应远离人口密集场所和环境敏感地。

湖北省住房和城乡建设厅于 2020 年发布的《方舱医院设计和改建的有关技术要求》（修订版）中第 1.2 条规定选址应尽量远离居民区、幼儿园、小学校等城市人群密集活动区，且远离易燃易爆有毒有害气体生产储存场所。应在医院外围设置并设有危险标识，既有建筑与周边建筑物之间应有不小于 20m 的绿化隔离距离。当不具备绿化条件时，其隔离间距应不小于 30m。

建筑物通风的要求也会影响建筑间距的控制，在《方舱医院设计和改建的有关技术要求》第 7.9 条要求：应根据实际情况设置送、排风机的安装位置，应确保新风取自室外，新风取风口及其周围环境必须清洁，保证新风不被污染。室外排风宜向高空排放，且与任何进风口水平距离不得小于 20m 或垂直距离不得小于 6m。

非强制性间距控制的第一类是日照间距控制。应急医疗建筑设计选址过程中，在场地条件允许的情况下，宜满足日照间距要求。应急医疗建筑的日照间距控制要求可参考如下规范：《综合医院建筑设计规范》GB 51039—2014 第 4.2.6 条病房建筑的前后间距应满足日照和卫生间距的要求，且不宜小于 12m。《北京地区建设工程规划设计通则》第四节建筑间距中对公共建筑间距的标准制定：

（1）板式建筑、与中小学教室、托儿所和幼儿园的活动室、医疗病房等公共建筑的建筑间距系数，须采用不得小于下表规定的间距系数（表 2.2.2-2）。

中小学教室、托儿所和幼儿园的活动室、医疗病房建筑的间距系数　表 2.2.2-2

建筑朝向与正南夹角	0°～20°	20°～60°	60° 以上
建筑	1.9	1.6	1.8

（2）塔式建筑与中小学教室、托儿所和幼儿园的活动室、医疗病房等建筑的建筑间距系数由城市规划行政主管部门视具体情况确定，即若能保证上述建筑在冬至日有两小时日照的情况下，可采用小于上表的间距系数，但不得小于塔式居住建筑间距系数的

规定。

非强制性间距控制的第二类是安全间距控制。应急医疗建筑设计选址过程中，在场地条件允许的情况下，宜满足安全间距要求。应急医疗建筑的安全间距控制要求可参考如下规范:《北京地区建设工程规划设计通则》第 2.4.5 条 城市主要防灾疏散通道两侧建筑物间距应大于 40m，且应大于建筑高度的 1.5 倍。

2.3 场地自身因素

在应急医疗建筑的选址策略中，除了需要关注前文中提到的外在的自然地理因素、环境保护因素外，对于主体建筑及其各种室外场地的需求及扩展条件也应尽量满足。

2.3.1 主体建筑

1. 使用面积区间

应急医疗建筑需要结合当地的医疗资源情况和灾时医疗需求测算来进行保障，其容量要与现有患者数量以及未来可能增加患者的数量相匹配，宁可床等人不可人等床。具体建设规模应结合当地市（县）国土空间规划（城市总体规划）、经济发展水平、人口发展规模、卫生资源条件等因素综合考虑。场地内应有足够的预留面积以保证建设需求，应急医疗建筑在突发事件结束后可改做其他医疗用途或作为发展备用地。

应急医疗建筑用地应与周边用地设置卫生隔离带，且应设远离人口密集场所和环境敏感地。对于安全隔离距离不满足要求的附近建筑，应采取必要的隔离措施或暂停使用，并在明显位置标识为隔离区域。用于隔离使用的空间需具有一定规模，需要满足规划隔离床位数的面积需求。院区内应留有一定规模的室外场地，以满足各功能区的使用需求和扩展条件。

不同的应急医疗建筑的面积规模会与项目拟选址区域的大市政条件、小市政及场地条件、单层多层的设计差异、项目投资情况等相关联。在具体的应急医疗建筑选址过程中可以根据不同的拟选址进行容量分析，以确定最终的项目选址与规模。例如，南苑机场方舱医院项目总建筑面积为 88650m^2，床位数为 5000 张，总占地面积为 28 万 m^2。通州区西集应急方舱医院项目总建筑面积为 86584m^2，床位数为 6000 张，总占地面积为 10.3 万 m^2。尽管相对于南苑机场方舱医院项目来说通州区西集应急方舱医院项目占地较少，但通过采用三层的建筑层数，满足了疫情期间应急医疗建筑面积的需求（表 2.3.1-1）。

新建应急医疗建筑面积对比　　表 2.3.1-1

主要指标	南苑机场方舱医院项目	通州区西集应急方舱医院项目
总用地面积	28 万 m^2	10.3 万 m^2
总建筑面积	88650m^2	86584m^2
床位数	5000	6000
集装箱数量	5102	5068
层数	单层	三层

2. 床位数量区间

对于应急医疗建筑基本数据测算，通常会聚焦在能建多少床位。以方舱医院为例，通常方舱医院应满足 200 至 3000 张床位的规模。从方舱医院数据分析可得出基本结论，以舱内净面积核算单层床大约每床 10m^2，双层床宽松排布每床 7m^2，紧密排布每床 5m^2。方舱医院内部通常 50 床为一个护理单元，据此反推最小的单厅面积单元区间建议为 600～750m^2（表 2.3.1-2）。

改造类方舱医院建筑综合指标对比　　表 2.3.1-2

项目名称	改造区域面积（m^2）	新建箱式房面积（m^2）	舱内净面积（m^2）	总床位数（个）	舱内净面积 / 床位数（m^2）
新国展方舱	128708	15438	75000	7320	10.25
国会二期方舱	19494	4738	18458	2464	7.49
金海湖会展方舱	25000	2800	14800	2880	5.14
顺义林河方舱	30802	9402	29005	3760	7.71
亦庄会展方舱	31490	4445	19000	1600	11.88

2.3.2 室外场地

1. 室外场地总体需求

1）室外场地总体要求

根据不同的功能分区，应急医疗建筑的室外场地有污染区、潜在污染区、清洁区三种。

应急医疗建筑无论新建还是改造，都需要足够的外围有效场地作为支撑。一般情况下，对于方舱医院外围有效场地面积需要达到舱内净面积的 150% 左右（表 2.3.2-1）。

改造方舱医院建筑外围有效场地与舱内净面积对比　　表 2.3.2-1

项目名称	场地指标		
	舱内净面积（m^2）	外围有效场地面积（m^2）	外围有效场地面积与舱内净面积比
新国展方舱	75000	190000	253.33%
国会二期方舱	19458	30000	154.18%
金海湖会展方舱	14800	2400	16.22% （项目特殊情况外围用地极其狭小）
顺义林河方舱	29005.2	41925	144.54%
亦创会展方舱	19000	44000	231.58%

更大的场地面积可以提供足够的车辆回转面积，确保方舱运转正常，也可以提供足够量的垃圾暂存空间，或者提供闭环运维团队的住宿空间。场地面积过小会影响流线布局。选址还应考虑充分的施工和堆放场地，预留后续扩展用地。

备选场地地质条件应良好、市政配套设施齐备，竖向设计要体现工程量少、见效快、环境适宜的整体效果，并确保室外主要医护空间、主要道路和场地的无障碍使用。

应急医疗设施用地周边应保证不小于 20m 的绿化卫生隔离带，且应远离人口密集场所和环境敏感地。

应急医疗建筑应按传染病医疗流程进行布局，且应根据传染病诊疗流程细化功能分区。室外场地按照卫生安全等级分区基本分为清洁区、潜在污染区和污染区，相邻区域之间应设置相应的卫生通过区或缓冲区。

2）室外场地结构要求

室外场地主要用于设置单层集装箱式房，应考虑施工材料的运输及存放的便捷性，尽量选择较为平整且具有地勘资料的场地，并请勘察单位出具场地的地基承载力咨询意见，地基承载力达到 80kPa 即可满足承载要求，对于杂填土或淤泥质土较多场地，可考虑采用换填法进行地基处理，采用素混凝土浇灌至下层老土层。

箱式房基础做法需要考虑施工的便捷性及安全性，且便于后期拆除恢复。由于设备专业的排水找坡需要及安装检修空间要求，箱式房底部需设置 400～600mm 架空层，箱式房基础做法可采用砖砌条形基础顶部设置圈梁及预埋件或采用方钢管焊接钢架的形式，箱式房吊装完成后需与埋件或方管柱顶板焊接，以保证极端条件下结构抗倾覆能力。对个别设备用房，局部设备重量较大，标准箱式房底板承载力无法满足要求，此时可单独设置支架穿透箱式房底板直接支撑于室外地面上，确保设备的稳定运行。室外场地的设计条件是变化多样的，结构设计应根据具体条件，采用对应的设计方法，既可满足快速施工，又经济合理，安全可靠。

3）室外场地给水排水要求

给水排水专业在应急医疗建筑建设选址工作过程中，应结合场地自然地形特点、平面功能布局与施工技术条件，合理组织地面排水及地下管线的敷设，并解决好场地内外的高程衔接，对场地地面及建筑物、构筑物的高程进行合理设计。以《建筑与工业给水排水系统安全评价标准》GB/T 51188—2016进行安全评价依据，由评估结果提出相应的给水排水方案。对于给水排水系统，需要评价的内容主要从基础安全、使用功能安全、水质安全、卫生安全、环境安全、工艺单元和设备安全、管道安全、操作安全8个方面展开。

给水系统应考虑供水的安全可靠性，在水质、水量、水压上应满足建设需求。生活给水的水源一般为市政自来水，水质应符合现行国家标准《生活饮用水卫生标准》GB 5749—2022的规定。分析各分区供水系统产生回流污染的危险等级，合理确定供水方式，如设置减压型倒流防止器或设置断流水箱加压供水。如采用集中热水供应系统时，应防止军团菌的滋生，出水温度控制在60℃。

应急医疗建筑用水特点是用水时段较集中、瞬时流量大，如采用市政管网供水，无论是新建还是改建，应通过计算确定管径后，尽量从环状供水管网上接驳水管，以保障使用功能的安全。

排水应采用雨污分流制，场地雨水不宜采用地面径流或明沟排放雨水。污染区和清洁区的污废水应具备单独收集、分流排放的新建或改造条件。化粪池宜设置在接户管的下游端，便于机动车清掏的位置，距离建筑物外墙不宜小于5m，并不得影响建筑物基础。排水检查井采用密封井盖，部分无法封闭污水井设置井盖高效过滤器，设置间距不大于50m。未经过集中消毒处理的室外污水管，当与清洁区距离小于30m时，井盖采取密闭措施或加装高效过滤器。

医疗机构污水排放标准应符合现行国家标准《医疗机构水污染物排放标准》GB 18466的有关规定。当应急改造项目污水处理无法满足现行国家标准《传染病医院建筑设计规范》GB 50849二级生化处理的有关规定时，污水处理应采用强化消毒处理工艺，应在化粪池前设置预消毒，水力停留时间不宜小于1h，污水处理站的二级消毒池水力停留时间不应小于2h；污水处理从预消毒至二级消毒池的水力停留总时间不应小于48h。在选择确定室外污水处理站位置时，应将污水处理站位置设置于场地的下风向，污水处理站处理出水后要具备就近接入市政管网的条件，场地内应有设置处理及消毒工艺设施的空间。

室外消防应结合场地建筑物布置，核实建筑物是否在室外消火栓保护范围内，超出保护范围的应增设消火栓保护。

4）室外场地暖通要求

应急医疗建筑室外场地内的选址应结合各建筑功能区域布局，合理考虑足够的空调设备安装空间及通风管道路由条件。应急医疗建筑的施工工期很短，需要暖通空调的设备及管道敷设路由应尽可能设置在易于安装，且有足够的施工作业面的位置。设备与遮挡物应保留一定操作距离。便于安装、调试、检修等工作。

应急医疗项目在室外场地内设置的建筑通风系统应合理考虑进风口、排风口的位置，进、排风口之间应保证一定的安全距离，以确保污染物向外扩散时避免波及附近清洁区域。

5）室外场地电气要求

电气设计应符合国家现行有关规范、标准和当地有关规范、标准和当地有关政策的规定。项目在紧急情况下实施，电气系统在满足电气安全和基本功能需求条件下，尽量从简、从优，以缩短建设周期。

选址位置应具备双重电源供电条件，不满足要求时，应设置自备电源。当自备电源采用柴油发电机组时，室外场地应能满足室外柴油发电机组安装需求。市政电源容量，应满足用电需求。不满足时，需根据用电需求增容改造。

选址位置应具备市政电信接入条件。

2. 室外污染区的基本需求和扩展条件

1）室外污染区基本需求和扩展条件

污染区的基本需求从使用功能的角度包含患者收治病床区、治疗区、盥洗区、库房、垃圾暂存等区域。

室外污染区、清洁区应分设出入口，且相互距离不宜小于10m。宜单独设置医疗废弃物转运出口。

污染区入口处应有足够的停车以及回车场地，能满足救护车辆快速抵达和撤离，做到对外交通便捷、无障碍设施齐全，并为临时停车和物资周转留出场地，用地周边有较为完备的安防设施。主要出入口附近应设置消洗场地和设施。场地宜有宽敞的室外空间，可搭建帐篷，安装用于患者诊断治疗、检测监护等相关医疗设备。建筑周边的给水排水、供配电、通信信息等市政配套设施能够满足方舱式集中收治临时医院的使用要求或具备改造条件。

院区内应合理规划内部道路、绿化系统以及洁污、人车、医护工作人员与收治人员等流线，避免交叉感染。收治人员经院前区进出收治区，医护工作人员与清洁物资由清洁区经卫生通过区进出收治区，医疗废弃物经专用出口由收治区运送至医疗废弃物暂存区，转运出院区。

垃圾暂存区容量根据已建成方舱医院的经验满足48h存放量，每人3～4kg/d的量进行面积测算（表2.3.2-2）。

方舱医院垃圾暂存面积与床位数对比 **表2.3.2-2**

项目名称	场地指标		
	垃圾暂存处面积（m^2）	总床位数（个）	垃圾暂存面积/床位数（m^2）
新国展方舱	400	7320	0.05
国会二期方舱	246	2464	0.10
金海湖会展方舱	216	2880	0.08
顺义林河方舱	439	3760	0.12
亦创会展方舱	214	1600	0.13

根据新国展方舱的运营经验，垃圾暂存处的面积严重不足，在场地允许的情况下应适当增加垃圾暂存处面积。

健康驿站虽与方舱医院使用功能不同，但病患和工作人员垃圾产量并无太大差异。

2）室外污染区给水排水基本需求和扩展条件

污染区主要为患者的生活和治疗区域，存在较高的感染风险及污染清洁区域的风险，给水排水专业在污染区的主要工作是：保证区域内的正常生活供水并降低通过管道或水源对其他区域造成污染的风险；保证场地内污废水的安全排放；降低污水管网及设备通气对周边环境造成的影响；保证消防设施能够满足现行消防相关规范的要求。

污染区的基本需求在场地选择上分为新建和利用既有建筑两种情况：

给水：新建场地需要场地周边有完善的市政给水条件，并能满足应急医疗工程的正常使用。给水水质能够满足现行《生活饮用水卫生标准》GB 5749的要求；利用既有建筑的优先考虑拟使用场地现状给水管道相对较独立，切断管道对其他区域供水的影响小的场地。同时给水排水系统应根据现行国家标准《建筑与工业给水排水系统安全评价标准》GB/T 51188进行评价，并依据评价结果进行改造。

排水：新建场地的污染区外围场地周边应有完善的市政污水排放条件；利用既有建筑，优先选择既有排水系统相对独立，切断管道或临时封闭管道对其他区域排水影响较小，且污染区有足够室外空间设置污水处理设备场地，同时末端化粪池应能划在污染区内并靠近污水处理站。

雨水：污染区周边场地应有完善的雨水排水条件，同时污染区应尽量避开低洼区域，防止特殊天气环境下产生的洪涝次生灾害及病毒传播。

消防：新建场地周边应有不小于DN100的市政给水管道满足消防水池补水的基本要求；利用既有建筑的，优先考虑现状消防系统完善，且接近现行规范要求的建筑，保证患者及医护人员生命财产安全的同时降低改造难度、节约改造时间。

污染区内部的基本需求和扩展条件：

给水：新建供水应采用断流供水，生活水箱及加压设备避免设置在污染区内。利用既有建筑的应为污染区单独引出供水支管，接出点处加设减压型倒流防止器。

排水：化粪池的周边应留有足够的空间设置污水处理设备。

雨水：在污染区内的雨污水管道需要做到雨污分流。

消防：新建建筑按照现行消防规范对污染区消防系统进行设计，利用既有建筑的尽量利用现有消防系统，不能满足要求的，合理优化布局，将原有消防系统改造降到最低。

3）室外污染区暖通基本需求和扩展条件

应急医疗建筑室外场地通风机与空调室外机建议考虑快速便捷的布置方式，如室外落地安装。机组与其他遮挡物应保留一定的操作距离，有利于机组散热，也便于人员安装、检修。因此，选址时应进行必要的空间排布，并同时考虑空调通风设备的安装位置。

室外场地污染区空调冷凝水应集中收集，并应采用间接排水方式排入污水处理设施统一处理。场地选址时应有相应的排水条件及污水处理设施的布置位置。

排风机应经过处理后排至屋顶高空排放，排风机安装位置尽量靠近排风出口，减小风管正压段的长度。排风机与墙壁或其他遮挡物应保留一定的操作距离，便于人员对过滤器更换、拆除、消毒等工作。

排风口与空调机组进风口水平距离不应小于20m，垂直距离不应小于6m，且排风口应设置在新风口上部，排风口不应邻近人员活动区。

4）室外污染区电气基本需求和扩展条件

室外污染区电源应单独设置电源回路，总电源在满足基本用电量需求的情况下，尽量多地预留电量，以便日后扩容预留条件。

电线电缆应采用低烟、无卤、低毒阻燃类线缆。线槽或穿线管宜明敷设且采用不燃型材料。穿越隔墙时，隔墙缝隙及线槽口、管口应采用不燃材料可靠密封。

治疗区、盥洗区、垃圾暂存等需要灭菌消毒的场所应设置紫外线消毒灯或其专用电源插座。紫外杀菌消毒灯应采用专用开关控制（距地1.8m安装），不得与普通灯开关并列，并设置明显标识，防止误开。

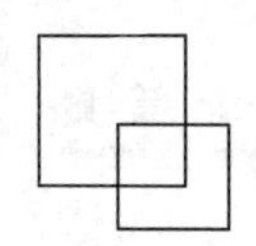

灯具采用洁净密闭型灯具，并吸顶安装。开关、插座、灯具等设备应易于擦拭和消毒。

室外污染区应设置视频安防及扩声系统，摄像机宜具有拾音功能。室内实现 Wi-Fi 全覆盖、手机信号全覆盖。

根据管理流程和功能区域设置出入口控制系统，系统应采用非接触式控制方式，当火灾等紧急情况发生时应能立即解除。

火灾报警设备可采用无线传输设备，接入消防控制室，当无消防控制室也可接入当地消防设施联网监测系统。

3. 室外潜在污染区的基本需求和扩展条件

1）室外潜在污染区基本需求和扩展条件

潜在污染区在场地中位于清洁区和污染区之间，有可能被患者血液、体液和病原微生物等物质污染的区域。该区域供医护工作人员及物资由清洁工作区进入污染区、由污染区返回清洁工作区时进行卫生处置。从使用功能的角度来说为卫生通过区，包括工作人员换鞋、更衣、洗手、沐浴，以及穿戴、卸去防护用品的用房，并应安排物资配送通道。

2）室外潜在污染区给水排水基本需求和扩展条件

潜在污染区属于污染区与清洁区的缓冲区域，存在一定的病毒传播风险。

地址选择时该区域需要有独立接出给水管道的条件，给水接驳口均要严格设置防污染回流措施，根据产生回流污染的危险等级，可以采用减压型倒流防止器或断流水箱，从而降低污染区对清洁区给水系统使用安全的影响。

地址选择时潜在污染区需要有单独排放污废水的条件，目的是防止污染排水通过管道传播污染清洁区。可与清洁区的排水采用相同的方式，通过压力排水的方式间接排至现状污水井。

3）室外潜在污染区暖通基本需求和扩展条件

新风取风口及其周围环境必须清洁，保证新风不被污染。污水通气管与取风口不宜设置在同一侧，并应保持安全距离。

潜在污染区其他暖通空调专业系统要求与污染区的选址策略对于需求及注意事项一致。

4）室外潜在污染区电气基本需求和扩展条件

室外潜在污染区与污染区的电气需求及注意事项基本一致。

4. 室外清洁区的基本需求和扩展条件

1）室外清洁区基本需求和扩展条件

清洁区的基本需求从使用功能角度通常包含医护办公、物业办公和指挥中心。清洁区场地指标可依据不同场地条件进行合理配置，有条件的场地可设置医护和运维宿舍，形成真正意义上的闭环管理。

2）室外清洁区给水排水基本需求和扩展条件

清洁区一般是医护办公生活区、物资保障区两种功能，清洁区的防污染是应急医疗建筑能够顺利开展工作的保障。从给水排水专业来说，清洁区管道的设置，尤其应考虑防污染防回流问题。

污染区和卫生通过区的给水接驳口均要严格设置防污染回流措施，根据产生回流污染的危险等级，可以采用减压型倒流防止器或断流水箱，从而保障了清洁区给水系统使用的安全。

清洁区的排水应独立设置，目的是防止污染排水通过管道传播污染清洁区。以亦创会展方舱项目为例，改造项目设置的清洁区排水，已无条件对现状的室外排水管线进行清洁区、污染区分流，所以在清洁区室外单独设置了埋地式一体化污水提升设备，清洁区排水加压排至附近现状污水检查井，排入污水井处设置水封装置，水封深度不小于 50mm，不大于 75mm。从而隔断了与污染区、卫生通过区污染排水的交叉。图 2.3.2-1 为亦创会展方舱项目新增集装箱房排水系统示意图。

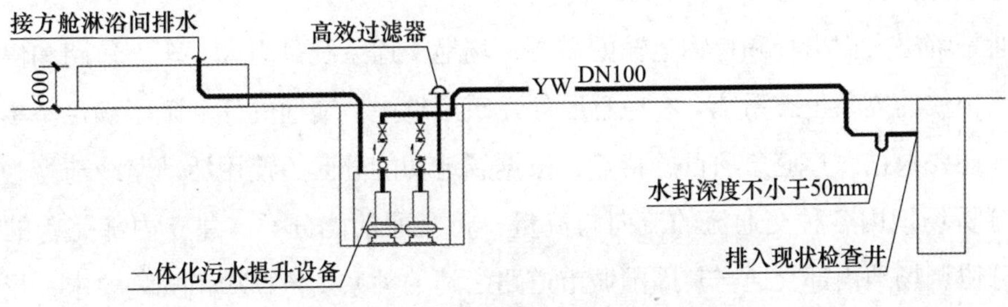

图 2.3.2-1 集装箱房排水系统示意图

3）室外清洁区暖通基本需求和扩展条件

清洁区的空调室外机建议考虑快速便捷的布置方式，如室外落地安装。机组与其他遮挡物应保留一定的操作距离，有利于机组散热，也便于人员安装、检修。

4）室外清洁区电气基本需求和扩展条件

室外清洁区域按建筑功能需求合理设置电气系统及电气强弱电点位。

当疫情严重，建设周期，管线敷设困难时，火灾报警设备可采用无线传输设备，接入消防控制室，当无消防控制室也可接入当地消防设施联网监测系统。

2.3.3 道路交通组织

1. 应急医疗建筑用地周边市政交通条件

应急医疗建筑用地应选址在周边市政道路畅通的区域，最好是紧邻市政道路，与城镇其他区域也需要有可靠、便利交通联系条件，易于收治人员转运和物资配送，具有较好的社会协作关系。

要掌握周边市政道路的等级，市政道路平面、横断面（路面宽度、人行道、非机动车道、绿化带）、市政道路纵断面，城市规划的要求等情况，以便于用地规划时确定用地出入口位置，合理组织内外部道路交通。

2. 应急医疗建筑用地内交通功能布局及交通组织

用地内交通组织及道路布局是用地总体布局的重要内容之一，是保证场地设计方案经济合理的重要环节。其目的在于满足场地内各种功能活动的交通要求，在场地的分区之间以及场地与外部环境之间建立合理有效的交通联系，为场地总体布局提供良好的内外交通条件，实现预定的场地设计方案。

作为场地总体布局的核心内容，交通组织和场地布置要逐渐调整和相互适应，两者紧密结合才能得到好方案。

1）交通的任务

交通是解决人们出行和货物运输的需要，场地交通系统是由人、车、道路和停车场等交通要素构成的复杂生态系统。在应急医疗建筑用地中，交通的任务除了满足基本交通功能以外，还要根据医疗应急项目的特点，根据场地功能分区、使用活动路线与行为规律的要求，分析场地内各种交通流的流向与流量，将交通功能分类，建立内部完善的交通系统，充分协调场地内部交通与其周围城市道路之间的关系。依据城市规划要求，场地规划设计时确定场地出入口位置，处理好由城市道路进入场地的交通衔接，有序组织各种人流、车流、货流交通，合理布置道路、停车场和广场、车辆洗消场地等相关设施，将场地各分区有机联系起来，形成统一整体。

2）内部交通分类

应急医疗建筑项目中，内部交通主要分为车行交通、人行交通、停车场。车行交通主要有：负压救护车及大巴车交通、清洁货物交通、应急消防交通、垃圾清运交通。人行交通主要分为：入院人员流线、医疗及工作人员流线、运维流线、康复人员离院流线等。停车场主要满足负压救护车、大巴车停放场地。

3）道路交通流线设计原则

（1）道路宽度满足车行和人行的交通功能，停车位数量和位置满足停放要求；

（2）避免清洁流线和污染流线交叉；

（3）负压救护车能到达收治建筑楼前；

（4）收治人员转运路线应设置无障碍通道及设施。

以上这些交通流线中，清洁流线和污染流线交叉主要包括：医护工作人员流线（含运维流线）和入院人员流线交叉，入院人员流线和出院人员流线交叉，洁物和污物流线交叉。医护人员及保安、保洁等工作人员宜从不同卫生通过区进出收治区。

4）道路交通及停车系统设计原则

（1）场地内道路设计应满足收治病人的负压救护车、大巴车等车辆的通行、停放、回车场等要求，根据建筑规模确定收治人员规模，根据人员规模及建筑功能、人员流线、车行流线等确定内部道路的宽度及道路断面、转弯半径等内容，并有满足负压救护车可送达重症病房楼前的道路和楼前停车功能。

（2）根据场地功能分区合理布置各类车辆的停车场位置和导向标识，合理设置各类车型的停车位尺寸，停车场停车数量应满足规范要求。院前区根据其功能需求，应规划必要的车辆停靠空间，设置负压救护车停放场地，并在适当位置设置车辆洗消区并设置车辆洗消池。

（3）院前区应规划必要的车辆停靠空间，设置负压救护车停放场地，院前区道路空间应满足负压救护车停靠在病房楼前。

（4）设置移动式CT、检测实验室等设施时，应预留土建条件及与建筑之间的通道。

5）消防疏散交通系统

场地内道路还应设置消防道路，最小宽度和净空为4m，可以结合场地内道路设置，消防道路转弯半径≥9m，根据不同的建筑高度，有时需设置消防救援登高操作场地，消防通道尽端路应设置回车场。

6）人行交通系统

（1）应严格规划收治区内收治人员和医护工作人员的出入口及交通流线，收治人员的入院和出院出入口应分开设置，避免交叉。洁物和污物分设不同流线，防止交叉感染。医护人员及保安、保洁等工作人员宜从不同卫生通过区进出收治区。出入口宜设雨雪遮蔽设施。

（2）合理规划场地内医护人员、收治人员流线；收治人员经院前区进出收治区，医护工作人员由清洁区经卫生通道进出收治区。人车分流、洁污分流等避免交叉感染。场地各区域之间及外围应设置围挡分隔并设有警示标识。

（3）收治人员转运路线应设置无障碍通道及设施。

7）物资运输交通系统

清洁物资由清洁区经卫生通过区进出收治区，医疗废弃物经专用出口由收治区运送至医疗废弃物暂存区，转运出院区。

场地各区域之间及外围应设置围挡分隔并设有警示标识。

3. 用地出入口设置

应急医疗建筑用地宜与交通状况良好的次要城市道路或支路相邻，设置至少两个方向的独立车行出入口（含应急消防出入口功能）；车行出入口应设置在次干道、支路等市政道路上，不应设置在主干道上。

污染区、清洁区的出入口应分别设置，且相互距离不宜小于10m。宜单独设置患者出院口、医疗废弃物转运出口。

4. 道路设计

应急医疗建筑用地内，车行道路路面双向车道宽度宜为7m，必要时，需在道路一侧设置人行道，人行道最小宽度1.5m，道路转弯半径满足机动车、负压救护车、大巴车、消防车等的行车要求。单向交通车行道路路面宽度最小宜为5m，满足错车需求。道路横坡度1.5%，道路最小纵坡度0.3%。

5. 内部道路交通系统和标识的关系

为使负压救护车、大巴车等收治人员迅速、安全到达、停放等，道路交通系统应结合医院的整体标识系统合理设置车行及人行出入口、无障碍设施、停车场、清洁物资、医疗废物转运等道路交通标识系统。

还应结合洁物和污物流线，收治人员和医护工作人员的出入口及交通流线，收治人员的入院和出院流线，医护人员及运维、保安、保洁等工作人员宜从不同卫生通过区进出收治区等原则，设置清晰的避免交叉的人行标识系统。

2.4 既有建筑评估

中国城市发展已迈入存量更新时代，城市更新既是建筑规划的时代更迭，也是科技人的发展需求，更是经济民生的新方向。在应急医疗中心的建设选址过程中，既有建筑也是一个很好的选择。一方面，既有建筑一般都有成熟的市政、交通设施、大部分可以简单改造快速地投入使用，另一方面，通过利用既有建筑还可以达到：

（1）节约资源：可以减少新建筑的开发成本，节约土地、材料、能源等资源，降低环境污染和碳排放。

（2）保护文化：针对一些有特殊的既有建筑，可以保留既有建筑的风貌、价值和记忆，传承文化遗产，增强城市的特色和魅力。

（3）创造价值：通过提升旧建筑的功能性、舒适性和美观性，改造为应急医疗中心，可增加其使用寿命和经济效益，也为社会创造了价值。

但是，利用既有建筑改造成为应急医疗中心也存在一些问题。如既有建筑一般使用了多年，其建筑结构、给水排水系统以及供暖通风及空调系统的现状还需要确认，应急医疗中心会带来使用功能的改变，原有的建筑是否能够满足新的功能需求、是否具备改造的条件，需要对原有建筑进行综合评估。尤其是针对建筑结构，在改造前，应对其现状进行评估或鉴定，预判既有建筑改造的可行性。因此，既有建筑评估对应急医疗建筑的选址决策来说具有非常重要的意义。

2.4.1 既有建筑评估概述

1. 基本的评估程序

一般情况，既有建筑评估应首先了解评估的目的和具体评估范围，在确定评估的目标和范围后，应收集拟改造的既有建筑相关资料（包括不限于地勘报告、各专业的竣工图纸资料、检测鉴定报告、加固改造资料及维修资料等），同时应对现场进行初勘，确定既有建筑是否和图纸资料对应一致以及建筑的状况如何，并根据资料的有效性、建筑的状况确定是进行房屋安全评估还是安全鉴定，在安全评估或安全鉴定后，根据评估或鉴定结构专项既有建筑评估报告。具体评估程序见图 2.4.1-1。

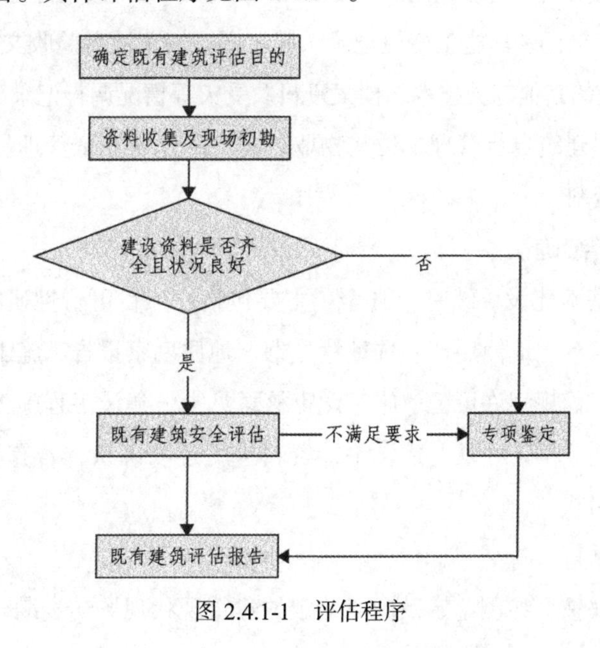

图 2.4.1-1 评估程序

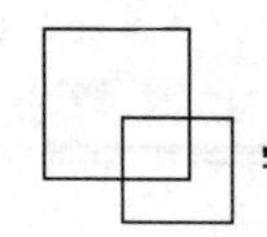

2. 评估的总体要求

在应急医疗中心的选址中的既有建筑评估，主要的目的是了解建筑物的现状，为后续的维修改造等提供必要的数据支持和参考。既有建筑评估应在先检测、鉴定，后加固设计、施工与验收的原则框架下进行，同时应根据相关规范的要求，确定检测的范围和项目及其相适应的方法。

一般情况下，专业技术人员应通过收集核查资料、现场检查和必要的简单测试，对房屋建筑的地基基础、建筑结构、建筑构件与部件、建筑装饰装修和建筑设施设备可能存在的结构安全隐患、使用安全隐患进行分析判断，在有需要的情况下，还需要房屋建筑进行详细的检测和鉴定，最终对房屋建筑的使用安全、改造的可行性做出综合的评价，以指导后续的加固改造活动。同时需要说明的是，既有建筑的评估，应根据改造的对象、改造的目的，应在国家现行规范的要求下进行。

2.4.2 资料收集与初勘

1. 资料收集

房屋建筑安全评估、检测鉴定及应急鉴定的资料收集宜包括下列基本工作内容：

（1）应核查房屋建筑的基本情况和房屋建筑相关建设及维修责任主体，包括建筑名称、地址、建造年代、设计用途、产权单位、使用单位、勘察单位、设计单位、施工单位、监理单位、质量监督单位、维修单位等。

（2）应核查相关资料，包括每栋房屋权属证明或实际占有人合法使用的证明、岩土工程勘察报告、设计变更记录、施工变更记录、竣工图、竣工质量验收文件、历次维修记录、改造图纸和合同约定的其他有关技术、档案资料及受灾等情况调查记录、检测鉴定报告等。

（3）应核查房屋建筑自行管理单位或物业公司房屋建筑安全管理员的日常检查、特定检查的记录与维修资料。

2. 基本建设手续确认

现场确认建筑基本建设手续是否齐全（主要包括：项目可行性研究报告、立项批文、建设用地批准书、国有土地使用证、选址意见书、地质勘察报告、施工图设计、建设用地规划许可证、建设工程规划许可证、施工图审核意见书、建设工程施工许可证、建设工程竣工验收备案资料等），应对以上建设手续资料进行逐项确认，若有缺失或未办理情况，需备注说明具体原因。

3. 现场初步勘查

房屋建筑安全评估、检测鉴定及应急鉴定的建筑现状现场初步勘察宜包括下列基本工作内容：

（1）应进行房屋建筑状况和损伤的调查与初步查勘，向房屋建筑安全管理员和使用人调查房屋建筑损伤情况、调查房屋建筑实际使用状况，查看地基基础、建筑结构和建筑构件与部件、建筑装饰装修出现的明显变形与损伤以及损伤程度、部位。

（2）进行房屋建筑设施设备状况、损坏情况调查与初步查勘时，应向房屋建筑安全管理员和使用人调查建筑设施设备运行情况，查看各类建筑设施设备的运行和维护情况及出现的明显老化、锈蚀和其他损坏。

2.4.3 建筑安全评估

1. 安全评估概述

专业技术人员依据委托，通过核查资料、现场检查和必要的测试，对房屋建筑的地基基础、建筑结构、建筑构件与部件、建筑装饰装修和建筑设施设备等可能存在的影响结构承载力及整体稳定性和影响建筑设施设备正常使用的安全隐患进行分析判断，并对房屋建筑的安全使用做出综合评价的活动。

2. 地基基础

地基基础的资料核查应包括房屋建筑岩土工程勘察报告和基础设计、地基处理设计、施工验收等有关资料。

地基基础的资料核查应包括房屋建筑岩土工程勘察报告和基础设计、地基处理设计、施工验收等有关资料。地基基础安全评估，应包括地基基础的变形或其上部结构的反应、边坡场地稳定性、上部结构及围护系统的工作状态等。

地基基础的状况检查应包括下列内容：① 房屋建筑沉降情况、上部结构倾斜、扭曲、裂缝等；② 地基沉降导致的地下室、管线损伤与变形；③ 同一建筑单元存在不同类型基础或基础埋深不同时，应检查不同类型基础或基础埋深不同部位引起的建筑结构不均匀沉降与损伤；④ 地基变形及其在上部结构中的反应，应检查房屋建筑结构或填充墙体中因地基不均匀沉降出现的裂缝、倾斜等；⑤ 自然环境影响，应检查地下水抽降、地基浸水、水质恶化存在腐蚀性介质、土壤腐蚀或其他损坏等影响；⑥ 周边环境影响，当房屋建筑周围存在基坑开挖、管沟施工、施工降水以及振动等情况时，应对房屋建筑的倾斜、结构构件开裂和不均匀下沉的情况进行检查。

地基基础的变形、其上部结构及围护系统反应的检查内容及要求应包括：① 房屋下部散水、肥槽等与房屋主体交界处无明显沉降错位，或散水、台基等无明显的房屋沉降造成的开裂；② 建筑物的上部结构及围护系统无因不均匀沉降引起的裂缝、变形或位移，

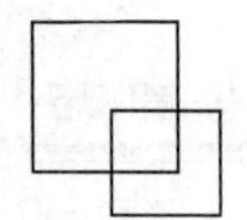

或虽有轻微裂缝，但无发展迹象。

边坡场地稳定性的检查内容及要求应包括：① 建筑场地地基稳定，无滑动迹象，且资料调查未发现边坡滑动史；② 建筑场地地基在历史上曾有过局部滑动，经治理后已经停止滑动，且近期经专业机构鉴定表明在一般情况下不会再滑动。

房屋建筑地基基础符合下列情况的，应评为符合安全使用要求：① 地基基础的变形或其上部结构的反应符合上文的要求；② 地基基础的边坡稳定性符合上文的要求。

房屋建筑仅存在地基不均匀沉降引起的少量裂缝、变形等缺陷，但房屋建筑已使用5年以上，地基沉降已经稳定，且边坡稳定性符合上文要求的，其地基基础应评为基本符合安全使用要求，但应给出采取维修措施的建议。

房屋建筑存在地基不均匀沉降引起的较严重裂缝、倾斜变形或边坡稳定性不满足上文要求时，应评为不符合安全使用要求，并应经专业机构检测鉴定。

当房屋建筑的地基不均匀沉降引起的严重裂缝或倾斜变形快速发展时，应评为严重不符合安全使用要求，应及时经专业机构进行沉降观测和检测鉴定，并应给出采用相应的应急措施建议。

对于处于河涌、水渠、山坡、采空区等地质灾害影响范围内并出现建筑结构损伤状况的，应委托相关单位进行地质灾害的调查、监测与评估。

3. 主体结构

首先，混凝土结构房屋的资料核查和状况检查，应包括下列内容：① 结构体系与构件布置、结构高度、层数和层高、楼屋盖形式；② 结构构件尺寸、结构整体性连接构造措施，非承重构件与主体结构的连接构造措施；③ 结构构件缺陷、变形与损伤。

混凝土结构房屋现场检查应包括结构体系与构件布置的合理性，楼梯间和疏散通道的适用性及构造措施的完备性，重要结构、易掉落伤人的构件和部件的可靠性。

框架结构房屋的结构体系与构件布置的检查内容及要求应包括：① 框架应双向布置，框架梁与柱的中线宜重合；② 不宜为单跨框架；乙类设防时，不应为单跨框架；③ 装配式框架梁柱节点宜为整浇节点；④ 主要结构构件的平面布置宜对称，竖向布置宜上下连续；⑤ 无砌体结构相连，且平面内的抗侧力构件及质量分布宜基本均匀对称。

框架−抗震墙房屋的结构体系与构件布置的检查内容及要求应包括：① 抗震墙宜双向设置，框架梁与抗震墙的中线宜重合；② 抗震墙宜贯通房屋全高，且横向与纵向宜相连；③ 房屋较长时，纵向抗震墙不宜设置在端开间。

抗震墙房屋的结构体系与构件布置的检查内容及要求应包括：① 较长的抗震墙宜分成较均匀的若干墙段，各墙段（包括小开洞墙及联肢墙）的高宽比不宜小于2；② 抗震墙有较大洞口时，洞口位置宜上下对齐。

底部框支结构的落地抗震墙间距不宜大于四开间和24m的较小值。

填充墙的布置的检查内容及要求应包括：① 抗侧力黏土砖填充墙的布置应符合框架－抗震墙结构中对抗震墙的设置要求；② 非抗侧力的砌体填充墙在平面和竖向的布置，宜均匀对称。

混凝土结构房屋的整体牢固性构造措施，应根据图纸资料进行核查，并符合下列规定：① 结构构件连接设计合理、无疏漏；② 锚固、拉结、连接方式正确、可靠，无松动变形或其他残损。

混凝土结构房屋的抗震构造措施，应根据图纸资料进行核查，并符合现行国家标准《建筑抗震鉴定标准》GB 50023—2009。

混凝土结构房屋的裂缝、损伤和缺陷的检查，应包括裂缝、损伤和缺陷的部位、裂缝形态和大小、损伤和缺陷的程度，较严重的裂缝、损伤和缺陷应分析其形成原因。混凝土结构或构件出现下列问题，应视为对结构安全构成影响：

（1）结构构件出现下列裂缝：① 柱、墙出现受力裂缝，混凝土受压开裂或剥落；框支柱出现可能影响承载能力的裂缝；② 梁出现剪切裂缝或宽度超过0.5mm的受拉裂缝，预应力梁产生纵向通长裂缝，楼梯梁出现受力裂缝，连续梁支座出现长度超过梁高2/3的竖向裂缝，转换梁出现可能影响承载能力的裂缝；③ 现浇板出现宽度超过0.5mm的板面周边裂缝、板底交叉裂缝、受拉裂缝，预应力板产生纵向通长裂缝或底部出现横向裂缝，无梁楼盖柱帽（托板）处楼板出现裂缝或柱帽（托板）上出现裂缝；④ 屋架下弦出现横向受拉裂缝；⑤ 悬挑构件根部出现受拉裂缝；⑥ 后置埋件周围出现裂缝。

（2）结构整体或墙柱出现过大横向位移或倾斜，梁板出现过大挠曲变形，屋盖出现过大挠曲变形、横向变形或倾斜。

（3）结构构件出现影响承载能力的孔洞、脱落、疏松、腐蚀等缺陷或损伤，预应力混凝土构件端部混凝土松散露筋，外露金属锚具封闭保护失效，产生锈蚀。

（4）结构构件受力钢筋锈蚀导致保护层开裂或混凝土剥落。

符合下列情况的混凝土结构房屋，其建筑结构应评为符合安全使用要求：①结构体系、构件布置符合竣工图纸、改造图纸和上文相关规定，整体牢固性构造措施符合上文相关规定，抗震构造措施符合上文相关规定；②未出现上文规定的对结构安全构成影响的损伤、变形和缺陷。

符合下列情况的混凝土结构房屋，其建筑结构应评为基本符合安全使用要求，但应给出维修措施建议：① 结构体系、构件布置符合竣工图纸、改造图纸和上文相关规定，次

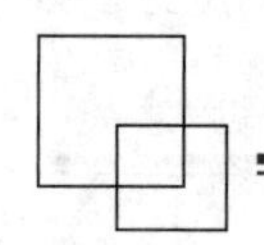

要结构构件或少量整体牢固性构造措施不符合上文相关规定，次要结构构件或少量抗震构造措施不符合上文相关规定；② 未出现上文相关规定的对结构安全构成影响的损伤、变形和缺陷。

存在下列情况之一的混凝土结构房屋，其建筑结构应评为不符合安全使用要求，并应经专业机构检测鉴定：① 房屋结构体系、构件布置存在缺陷或与竣工图纸、改造图纸不符合，或部分整体牢固性构造措施不符合上文相关规定，或部分抗震构造措施不符合上文相关规定；② 房屋使用功能、使用环境有较大变动，或荷载水平超出设计规定；③ 构件出现上文相关规定的对结构安全构成影响的损伤、变形或缺陷。

存在下列情况之一的混凝土结构房屋，其建筑结构应评为严重不符合安全使用要求，应及时经专业机构检测鉴定，并应给出相应的应急措施建议：① 房屋结构体系、构件布置存在严重缺陷，整体牢固性构造措施严重不符合上文相关规定，抗震构造措施严重不符合上文相关规定；② 楼梯间、疏散通道、重要结构或易掉落伤人的构件和部件出现上文相关提及的对结构安全构成影响的损伤、变形和缺陷。

其次，钢结构房屋建筑现场的资料核查和状况检查，应包括结构体系、结构布置、构造和连接、结构构件变形及损伤等内容。钢结构房屋建筑的构造和连接，应着重检查构件连接方式、焊缝质量和螺栓连接质量等。

钢结构房屋的结构体系与结构布置检查的主要内容及要求：① 结构体系与结构布置应符合竣工图纸、改造图纸的要求；② 支撑系统布置应符合现行国家标准的规定；③ 结构平面布置宜对称，竖向构件宜连续；④ 结构构件和节点的布置应符合设计要求。

焊缝连接检查的主要内容及要求：① 角焊缝应检查外观质量是否满足现行国家标准《钢结构工程施工质量验收标准》GB 50205—2020 的规定，必要时应量测焊缝长度、焊脚尺寸、焊缝余高是否满足设计要求；② 对接焊缝应检查外观质量是否满足现行国家标准《钢结构工程施工质量验收标准》GB 50205 的规定，必要时应量测焊缝长度、焊缝余高是否满足设计要求；③ 焊缝不应出现如下外观缺陷：裂纹、未焊满、根部收缩、表面气孔、咬边、电弧擦伤、接头不良、表面夹渣等。

螺栓连接检查的主要内容及要求：① 应检查螺栓的布置和外观状态。不应存在螺栓断裂、松动、脱落、螺杆弯曲现象，螺纹外露丝扣数应为 2 到 3 扣，垫圈应齐全；② 连接板应无变形，预埋件应无变形或锈蚀；③ 对于高强螺栓的连接，目视连接部位应未发生滑移。

网架螺栓球节点和焊接球节点检查的主要内容及要求：① 网架螺栓球节点不应存在螺栓断裂、锥头或封板裂纹、套筒松动和节点锈蚀等现象；② 网架焊接球节点不应存在球壳变形、两个半球对口错边、球壳裂纹、焊缝裂纹和节点锈蚀等现象。

钢结构构件损伤与缺陷检查的主要内容及要求：① 不应存在构件裂纹和锈蚀；② 不应存在受压构件的失稳变形；③ 不应存在构件截面局部变形；④ 不应存在构件表面涂装损伤状况。

对主要承重构件的倾斜变形及挠曲变形应进行目测，必要时采用拉线或全站仪等量测。

具有防火要求的结构构件应检查防火措施的完整性及有效性，采用涂料防火的结构构件应检查涂层的完整性。

符合下列情况的钢结构房屋建筑，其建筑结构应评为符合安全使用要求：① 结构体系与结构布置符合上文规定；② 焊缝连接符合现行国家标准《钢结构工程施工质量验收标准》GB 50205 的规定；③ 螺栓连接符合上文的要求；④ 网架螺栓球节点和焊接球节点符合上文的要求；⑤ 结构构件无明显的损伤与缺陷；⑥ 主要承重构件无明显倾斜变形及挠曲变形；⑦ 有防火要求的结构构件的防火措施未出现损伤。

钢结构房屋结构体系合理，结构布置基本规则、结构构造措施基本符合现行国家标准的规定，仅存在以下一项或两项缺陷时，其建筑结构应评为基本符合安全使用要求，但应给出维修措施建议：① 有防火要求的结构构件的防火措施出现局部损伤；② 有防腐要求的结构构件的防腐措施出现局部损伤。

存在如下情况之一的钢结构房屋建筑，其建筑结构应评为不符合安全使用要求，并应经专业机构检测鉴定：① 结构体系、结构布置、结构支撑系统不符合竣工图纸、改造图纸和上文的规定；② 房屋使用功能、使用环境有较大变动，或荷载超出设计规定；③ 焊缝连接不符合现行国家标准《钢结构工程施工质量验收标准》GB 50205 的规定；④ 螺栓连接不符合上文的要求；⑤ 网架螺栓球节点和焊接球节点不符合上文的要求；⑥ 有防腐要求的结构构件的防腐措施出现大面积损伤，钢结构主要构件锈蚀后出现凹坑或掉皮；⑦ 有防火要求的结构构件的防火措施出现大面积损伤。

存在如下情况之一的钢结构房屋建筑，其建筑结构应评为严重不符合安全使用要求，应及时经专业机构检测鉴定，并应给出相应的应急措施建议：① 结构体系、结构布置、结构支撑系统存在严重缺陷；② 焊缝连接严重不符合现行国家标准《钢结构工程施工质量验收标准》GB 50205 的规定；③ 螺栓连接严重不符合上文的要求；④ 网架螺栓球节点和焊接球节点严重不符合上文的要求；⑤ 结构构件存在上文的明显损伤与缺陷；⑥ 主要承重构件有明显倾斜变形及挠曲变形；⑦ 钢结构主要构件出现大面积严重锈蚀。

再次，砌体结构房屋建筑的资料核查和状况检查应包括结构体系和结构布置、结构整体性连接和构造措施、结构构件变形及损伤等内容。

砌体结构房屋建筑的整体性连接构造措施中，应重点检查墙体布置与纵横墙连接、构造柱及圈梁布置与连接、楼屋面板连接、房屋建筑中易引起局部倒塌的部件及其连接情况。

砌体结构房屋的结构体系与结构布置的检查内容及要求应包括：① 房屋总高度和总层数应符合现行国家标准《建筑抗震鉴定标准》GB 50023 的规定；② 墙体平面布置宜对称或基本对称；③ 墙体布置沿竖向应上下连续，同一楼层的楼板标高相差不大于 500mm；④ 最大横墙间距应符合现行国家标准《建筑抗震鉴定标准》GB 50023 的规定；⑤ 楼梯间不宜布置在房屋尽端和转角处。

砌体结构房屋的整体性连接和构造措施的检查，应通过图纸等资料核查和现场必要量测进行，检查内容及要求应包括：① 墙体布置在平面内应闭合，纵横墙交接处应咬槎砌筑或有水平拉结筋，不应在房屋转角处设置转角窗；② 圈梁及构造柱的设置应符合现行国家标准《建筑抗震鉴定标准》GB 50023 的规定；③ 楼盖、屋盖构件的支承长度应符合现行国家标准《建筑抗震鉴定标准》GB 50023 的规定；④ 房屋中易引起局部倒塌的构件与结构之间应有可靠连接；其局部尺寸和连接宜符合现行国家标准《建筑抗震鉴定标准》GB 50023 的规定。

砌体房屋建筑的裂缝、损伤和缺陷的检查，应包括裂缝、损伤和缺陷的部位、裂缝形态和大小、损伤和缺陷的程度，对较严重的裂缝、损伤和缺陷应检查其形成原因。砌体结构或构件出现下列情形时，应视为对结构安全构成影响：① 砌体结构墙体出现明显倾斜，墙柱出现明显的受压裂缝；② 砌体结构墙体出现的温度或收缩引起的非荷载引起的裂缝，其裂缝宽度大于 5mm；③ 砌体结构墙体出现明显外闪，或出现严重的风化、粉化、酥碱和面层脱落；④ 砖过梁中部出现明显竖向裂缝，或端部出现明显斜裂缝；⑤ 混凝土阳台板等悬挑构件出现明显下垂，根部出现开裂；⑥ 混凝土板、梁等混凝土构件出现明显开裂和下垂，或出现混凝土局部剥落、钢筋外露及钢筋严重锈蚀；⑦ 屋架出现明显下垂、倾斜、滑移和平面外弯曲；⑧ 木构件出现明显变形、腐朽、虫蛀等影响受力的裂缝和疵病，或木构件节点出现明显松动或拔榫状况。

符合下列情况的砌体结构房屋建筑，其建筑结构应评为符合安全使用要求：① 结构体系和结构布置符合上文规定的要求；② 整体性连接和构造措施符合上文规定的要求；③ 结构现状与竣工图和改造图纸相符；④ 结构构件未出现损伤和明显变形。

符合下列情况的砌体结构房屋建筑，其建筑结构应评为基本符合安全使用要求，但应给出维修处理建议：① 结构体系和结构布置符合上文规定的要求；② 整体性连接和构造措施符合上文规定的要求；③ 结构现状与竣工图和改造图纸相符；④结构或构件存在非荷载引起的裂缝和其他损伤，但未达到上文规定的程度。

存在 1 项下列情况的砌体结构房屋建筑，其建筑结构应评为不符合安全使用要求，并应经专业机构检测鉴定；如同时存在 2 项及以上如下情况或损伤严重的，其建筑结构应评为严重不符合安全使用要求，应及时经专业机构检测鉴定，并应视情况给出相应应急措施建议：① 结构体系和结构布置不符合上文规定的要求；② 整体性连接和构造措施不符合上文规定的要求；③ 实际结构与竣工图或改造图纸不符；④ 结构使用功能、使用环境有较大变动，或荷载超出设计规定，或存在上文规定提及的对结构安全构成影响的裂缝、损伤等。

4. 建筑构件与部件

建筑构件与部件现场的资料核查和状况检查，应包括连接构造措施、建筑构件与部件变形及损伤等内容。

无建筑、结构设计图纸的附属广告牌和建筑小品，应按本章相关规定进行安全评估，在评估结论中应给出进行相应检测鉴定的建议。

针对建筑构件与部件，应着重检查非承重墙体、栏杆和扶手、屋檐、附属广告牌、空调室外机支架及搁板、建筑小品等六类构件与部件。

多层砌体结构中的非承重墙体、框架结构中的砌体填充墙等布置及构造要求，应按现行国家标准《建筑抗震鉴定标准》GB 50023 进行检查。

对房屋建筑的女儿墙布置与构造，应按现行国家标准《建筑抗震鉴定标准》GB 50023 的规定检查女儿墙高度和设置构造柱、压顶圈梁等情况。

非承重墙体的现状检查，应重点检查女儿墙特别是出入口女儿墙的开裂、风化和冻融情况。

房屋建筑中栏杆现场检查的主要内容和要求：① 阳台、外廊、室内回廊、内天井、上人屋面及室内外楼梯等临空处应设置防护栏杆；② 栏杆材料应符合设计要求，安装应牢固；③ 栏杆高度不宜低于 1.10m，栏杆高度应从楼地面或屋面至栏杆扶手顶面垂直高度计算，如底部有宽度大于或等于 0.22m，且高度低于或等于 0.45m 的可踏部位，应从可踏部位顶面起计算；④ 房屋建筑的公共部分或少年儿童专用活动场所的栏杆应采用防止少年儿童攀登的构造措施，当采用垂直杆件做栏杆时，其杆件净距不应大于 0.11m；⑤ 栏杆与房屋结构应有可靠连接，且在临空处闭合布置；⑥ 对混凝土栏杆应进行外观质量与缺陷、杆顶部挠度的变形检查；⑦ 金属栏杆需进行构件损伤与缺陷检查，包括裂纹、拼接变形及损伤、表面缺陷、构件锈蚀程度等内容。

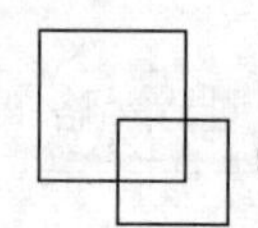

楼梯扶手及防攀滑措施检查的主要内容和要求：① 楼梯至少于一侧设扶手，当梯段净宽达三股人流时，应两侧设扶手，达四股人流时宜加设中间扶手；② 用于少年儿童专用活动场所的楼梯，当楼梯井净宽大于 0.20m 时应检查防止少年儿童攀滑的安全措施。

屋檐的现场检查，主要检查屋檐与主体结构连接处及屋檐结构自身的安全状况：① 混凝土悬挑板屋檐的现场检查内容，应包括屋檐板根部的裂缝情况和檐口的下挠变形情况。② 砖砌挑檐的现场检查内容，应包括外挑砖砌体的根部松动、开裂等损伤情况。③ 木结构挑檐的现场检查内容，应包括挑檐受力木构件根部的歪扭、腐朽及变形等损伤情况。④ 钢结构挑檐的现场检查内容，应包括挑檐受力钢构件的变形、锈蚀等情况。

附属广告牌的检查应包括资料核查和现场检查两个方面：① 附属广告牌的资料核查，应包括结构形式、构件与连接合理性检查、与房屋建筑防雷接地连接资料和定期检测报告与整改维护情况。② 附属广告牌的现场检查内容，应包括广告牌与房屋建筑结构之间的连接、广告牌构件之间的连接及广告牌结构的腐蚀等损伤情况，广告牌与房屋建筑结构之间的连接、广告牌构件之间的连接可分为焊接连接、焊钉（栓钉）连接、螺栓连接、锚栓连接等项目。不应出现焊缝裂纹、节点松动、构件锈蚀、油漆脱落、严重变形等现象。

空调室外机支架一般分为挂壁式和平台式，空调室外机搁板一般为混凝土悬挑板式。

室外机支架的现场检查内容，应包括支架是否固定与承重墙上支架的变形、钢构件的锈蚀情况等。

室外机搁板的现场检查内容，应包括与房屋建筑结构连接处板上部出现的裂缝、隔板的下垂变形情况等。

建筑小品的现场检查，主要检查建筑小品与主体结构的连接安全，以及建筑小品自身的安全状况。

钢构件构成的建筑小品，应检查整体性连接构造措施、构件变形、焊缝质量和构件锈蚀等内容。

木构件构成的建筑小品，应检查整体性连接构造措施、木构件的节点松动或拔榫，木构架倾斜和歪闪，木柱糟朽、木构件虫蛀等内容。

石材构件构成的建筑小品，应检查基础下沉、整体与构件变形、构件开裂、石材风化等内容。

安全评估结论：

房屋建筑中的各类建筑构件与部件不存在影响安全的损伤、缺陷或损伤、缺陷轻微不影响安全的，应评为符合安全使用要求。

房屋建筑中的建筑构件与部件存在一定的损伤、缺陷，但能通过简单维修可以消除隐患的，应评为基本符合安全使用要求，但应给维修措施建议。

房屋建筑中的建筑构件与部件存在较多的损伤、缺陷，且有的损伤、缺陷可能影响安全的；附属广告牌定期检测及相关资料缺失。应评为不符合安全使用要求，并应经专业机构检测鉴定。

房屋建筑中的建筑构件与部件存在较多的损伤、缺陷，且有的损伤、缺陷已经影响安全的，应评为严重不符合安全使用要求，应及时经专业机构检测鉴定，必要时应给出应急措施建议：

（1）对非承重墙体、屋檐、栏杆、扶手存在损伤较多、严重影响安全的，应采取临时固定、隔离警示等措施，同时应经专业机构进行检测鉴定。

（2）对附属广告牌存在损伤较多、连接失效等严重影响安全的，应采取临时固定、隔离警示等措施，同时应经专业机构进行检测鉴定。

（3）对空调室外机支架钢构件存在锈蚀严重或搁板上部裂缝较多等严重影响安全的，应采取临时防坠落、隔离警示等措施，同时应经专业机构进行检测鉴定。

（4）对建筑小品存在倾斜变形、连接失效等严重影响安全的，应采取临时防坠落、隔离警示等措施，同时应经专业机构进行检测鉴定。

5. 建筑装饰装修

建筑装饰装修现场的资料核查和状况检查，应包括对房屋建筑的内部抹灰、吊顶、饰面砖以及房屋建筑外墙保温、饰面砖、门窗、幕墙等的竣工验收资料，日常检查记录，特定检查记录，维修改造资料核查；现状与图纸符合状况核查；损伤检查。对建筑出入口的外墙饰面砖、幕墙等应重点检查。

建筑装饰装修可按建筑内部装饰装修、门窗和幕墙、外墙饰面砖和外墙外保温系统等三类情况考虑。

建筑内部装饰装修（内部抹灰、吊顶、饰面砖）现状缺陷与损伤检查，应包括下列主要内容：① 内部抹灰开裂范围与裂缝宽度检查；② 内部吊顶下垂、面板脱落、吊杆失效检查；③ 内部墙面砖开裂、空鼓范围与程度检查；④ 内部地面面层开裂范围与程度检查。

房屋建筑的门窗现状检查应包括门窗框和开启扇的牢固性、渗漏状况。当用手扳动出现晃动时，应对埋件、埋件与窗框连接节点、窗框、五金件和窗扇尺寸等状况进行检查。

玻璃幕墙现状检查的主要内容和要求：① 建筑幕墙玻璃应为安全玻璃，玻璃板块不应有松动、破裂；夹层玻璃应无分层、起泡、脱胶现象，镀膜玻璃与结构胶粘结部位应进行过有效的除膜处理；② 立柱、横梁无明显变形、松动；预应力索、杆无明显松弛，钢绞线无断丝。作为支撑构件的金属构件不应有明显的锈蚀。作为支撑构件的玻璃肋不应有明显裂纹、损伤；③ 埋件自身应无变形、锈蚀、开焊、脱落；埋件与幕墙支撑构件连接应牢固，无松动、脱落、开焊现象；埋件与主体结构的连接应牢固、无松动、脱落、开焊现象；立柱与横梁的连接应牢固、无松动；面板与支撑构件之间的连接：结构胶与基材无分离、干硬、龟裂、粉化，点支撑幕墙驳接头、驳接爪无明显变形、松动，固定部位玻璃无局部破损，明框幕墙玻璃镶嵌胶条无脱落现象，隐框幕墙密封胶应连续，无起泡、开裂、龟裂、粉化、变色、褪色、化学析出及与基材分离，点支撑幕墙驳接头、驳接爪与玻璃接触衬垫和衬套无明显老化、损坏；④ 五金配件应齐全、牢固，锁点完整，不得松动、脱落。挂钩式铰链应有防脱落措施。五金件不应有明显的锈蚀。开启窗开启应灵活，撑挡定位准确牢固、开关同步、不变形。

石材幕墙和金属幕墙现状检查的主要内容和要求：幕墙整体不应存在变形、错位、松动；石材及金属面板不应存在松动、破损、开裂；石材及金属面板间的拼缝不应出现变形；密封胶不应存在开裂、脱落、起泡现象，密封胶条不应存在脱落、老化等损坏现象；幕墙排水系统应完整及畅通。

外墙饰面砖和外墙外保温系统，除规定的相应资料核查、现状与图纸符合状况核查外，还应注意核查所使用的保温材料是否与规范要求相符合。

外墙饰面砖的检查应包括饰面砖脱落范围、开裂、渗漏、局部空鼓检查，对于位于人流出入口和通道处的外墙饰面砖应进行重点检查。当出现饰面砖开裂和脱落时，应对其空鼓情况作检测鉴定。

外墙外保温系统的检查应包括开裂、渗漏、脱落范围与损伤程度检查。

符合如下情况时，房屋建筑装饰装修应评为符合安全使用要求：① 房屋建筑装饰装修验收资料、日常检查、特定检查资料等相关档案资料完整；② 房屋建筑装饰装修符合竣工图纸和改造图纸要求；③ 房屋建筑装饰装修不存在损伤与缺陷。

符合如下情况时，房屋建筑装饰装修应评为基本符合安全使用要求，但应给出采取维修措施建议。① 房屋建筑装饰装修验收资料、日常检查、特定检查资料等相关档案资料完整；② 房屋建筑装饰装修符合竣工图纸和改造图纸要求；③ 仅房屋建筑楼地面、屋面存在装修层空鼓、松动、破裂等损伤与缺陷，一旦装修层脱落无坠落可能且不影响安全，其他如竖向、斜向、屋顶等部位装饰层未发现影响安全的损伤与缺陷。

存在如下情况之一时，房屋建筑装饰装修应评为不符合安全使用要求，并应经专业机构检测鉴定：

（1）房屋建筑的门窗存在牢固性缺陷；

（2）幕墙整体存在变形、错位、松动；幕墙排水系统不完整或不畅通；幕墙存在面板松动、破裂；玻璃幕墙面板存在明显平面外变形或未使用安全玻璃；幕墙立柱、横梁明显变形、松动；预应力索、杆明显松弛，钢绞线断丝；幕墙构件明显锈蚀；作为支撑构件的玻璃肋有明显裂纹、损伤；埋件自身变形、开焊、脱落；埋件与幕墙支撑构件连接松动、脱落、开焊；埋件与主体结构的连接松动、脱落、开焊；结构胶与基材分离、干硬、龟裂、粉化；点支撑幕墙驳接头、驳接爪明显变形、松动，固定部位玻璃局部破损；五金配件不齐全、锁点不完整、松动、脱落。挂钩式铰链无防脱落措施；

（3）饰面砖空鼓、饰面砖或外墙外保温系统开裂或脱落；

（4）房屋建筑装饰装修存在其他可能致人受伤的损伤与缺陷；

（5）房屋建筑装饰装修中涉及安全的部分（如材质强度、连接构造等）不符合竣工图纸和改造图纸要求。

存在上文规定中任一情况，且装饰装修具有明显的坠落隐患、一旦坠落可能导致严重后果的，房屋建筑装饰装修应评为严重不符合安全使用要求，应及时经专业机构检测鉴定。对存在的明显隐患并应给出相应的应急措施建议。

6. 建筑消防系统

房屋建筑防火系统现场的资料检查和状况检查，应包括房屋建筑的资料检查、耐火等级、防火间距、消防救援条件、防火防烟分区、安全疏散、电气防火等情况。

建筑消防系统主要包括消防给水系统、防排烟系统、固定灭火系统、火灾自动报警系统及燃气系统等。

对于房屋建筑防火系统资料的检查，应包括下列内容：

① 符合住房和城乡建设有关部门的验收资料检查；② 维保、建筑消防设施检测、建筑消防电气检测合同与报告；③ 消防安全巡查记录、消防安全检查记录。

房屋建筑现场状况检查的主要内容和要求：① 建筑物或者场所的使用情况与消防验收或者进行消防竣工验收备案时确定的使用性质应相符，若存在改建、扩建、变更用途和装修，应已依法履行消防安全管理手续；② 消防车道、消防救援场地应具有明显标识，且不应有妨碍救援的障碍物；③ 疏散通道、安全出口、疏散楼梯应畅通，疏散通道应设置疏散指示标识，并保证使用正常；应急照明应保持完好；④ 生产、储存、经营易燃易爆危险品的场所应有足够的防护措施并使用正常；⑤ 防火门、防火卷帘应标识齐全完好，

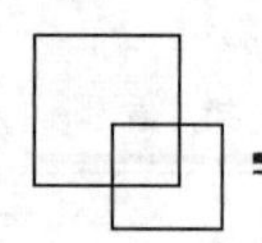

启闭灵活、关闭严密，且不应堆放物品影响使用；⑥ 人员密集场所外墙门窗上不应设置影响逃生和灭火救援的障碍物，设置防盗网的应设置紧急逃生口；⑦ 消防电梯应能够正常工作；⑧ 竖向管井、管线穿越楼板及隔墙处应进行防火封堵；⑨ 消防专用电话应可正常使用，且通话音质清晰；⑩ 灭火器应设置在位置明显和便于取用的地点，且压力表指针应在绿色区域范围内。

建筑消防给水系统，防排烟系统以及固定灭火系统状况检查的主要内容和要求：① 建筑消防给水系统应能正常使用；② 防排烟系统应能有效运行；③ 固定灭火系统应能正常使用。

建筑火灾自动报警系统的设置与损伤状况检查的主要内容和要求：① 建筑火灾自动报警系统的探测器应能正常使用，无被遮挡现象；② 建筑火灾自动报警系统的监视、报警、联动功能应正常；③ 建筑火灾自动报警系统的设备安装应牢固、平稳。

建筑电气防火检查的主要内容和要求：① 电气线路应定期维护保养、检测；② 如设置了电气火灾监控系统，应保证其实际与设计相符合，并能正常使用；③ 不应违章使用电热器具和私拉乱接临时电线；④ 开关插座照明灯具靠近可燃物时应采取隔热散热等保护措施；⑤ 白炽灯、卤钨灯、荧光高压汞灯、镇流器不应直接设置在可燃装修材料或可燃构件上。

建筑消防配电检查的主要内容和要求：① 消防设备的配电箱应有明显标识，配电箱上的仪表及指示灯的显示应正常；② 配电箱的开关及控制按钮应灵活可靠。

建筑燃气系统防火检查的主要内容和要求：

（1）高层民用建筑内使用可燃气体做燃料时，应采用管道供气。使用可燃气体的房间或部位宜靠外墙设置。

（2）建筑采用瓶装液化石油气瓶组供气时，应符合下列规定：① 应设置独立的瓶组间；② 瓶组间不应与住宅建筑、重要公共建筑和其他高层公共建筑贴邻，液化石油气气瓶的总容积不大于 $1m^3$ 的瓶组间与所服务的其他建筑贴邻时，应采用自然汽化方式供气；③ 液化石油气气瓶的总容积大于 $1m^3$、不大于 $4m^3$ 的独立瓶组间，与所服务建筑的防火间距应符合《建筑设计防火规范（2018 版）》GB 50016 中表 5.4.17 的规定；④ 在瓶组间的总出气管道上应设置紧急事故自动切断阀；⑤ 瓶组间应设置可燃气体浓度报警装置。

（3）可燃气体管道不宜穿过建筑内的变形缝。当必须穿过时，应在穿过处加设不燃材料制作的套管或采取其他防变形措施，并采用防火封堵材料封堵；

（4）供输送可燃气体的栈桥，应采用不燃材料；

（5）可燃气体管道不应穿过易燃易爆品部位、通风机房、通风道、配电间、变电室等，且不应紧贴通风管道的外壁敷设；

（6）建筑内可能散发可燃气体、可燃蒸汽的场所宜设置可燃气体报警装置；

（7）可燃气体报警装置的探测器应能正常使用；

（8）可燃气体报警装置的监视控制应能正常运行；

（9）燃气调压间、燃气锅炉间可燃气体浓度报警装置，应与燃气供气母管总切断阀和排风扇联动；

（10）应正确使用燃气设施和燃气用具，且定期维护、检测。

建筑防爆检查的主要内容和要求：① 有爆炸危险的甲、乙类厂房（仓库）宜独立设置，并宜采用敞开或半敞开式；② 有爆炸危险建筑或建筑内有爆炸危险的部位，应设置泄压设施；③ 具有爆炸危险性液体的建筑，其管、沟不应与相邻建筑的管、沟相通，下水道应设置隔油设施；④ 具有爆炸危险性液体的建筑，应设置防止液体流散的设施。盛放遇湿会发生燃烧爆炸的物品的建筑应采取防止水浸渍的措施；⑤ 有爆炸危险的甲、乙类厂房（仓库）的总控制室应独立设置；⑥ 安装在有爆炸危险房间的电气设备、通风装置应具有防爆性能。

消防控制室的设置、管理检查的主要内容和要求：① 单独建造的，其耐火等级应不低于二级；② 附设在建筑内的，应设置在建筑内首层或地下一层；③ 附近未设置电磁场干扰较强及其他可能影响消防控制设备正常工作的房间；④ 疏散门应直通室外或安全出口；⑤ 应采取防水淹的技术措施；⑥ 设备构成及其对建筑消防设施的控制与显示功能以及向远程监控系统传输相关信息的功能应正常；⑦ 应按照《消防控制室通用技术要求》GB 25506—2010 第 4.1 条规定保存有关消防工作的纸质或电子档案资料。

建筑防火系统符合如下条件时，应评为安全：① 房屋建筑防火系统符合设计与相应规范的要求；② 房屋建筑防火系统不存在影响安全和功能的损伤与缺陷；③ 防火系统资料经核查完整。

建筑防火系统符合如下条件时，应评为基本安全，但应给出维修或检修措施建议：

① 房屋建筑防火系统符合设计与相应规范的要求；② 房屋建筑防火系统不存在影响安全和功能的损伤与缺陷；③ 防火系统资料经核查不完整。

建筑防火系统符合第 1 条且存在第 2、3 条任意一条时，应评为不安全，并应经专业机构检测鉴定：① 房屋建筑防火系统符合设计与相应规范的要求；② 房屋建筑防火系统存在影响使用功能的损伤与缺陷；③ 存在较多火灾隐患。

建筑防火系统符合如下条件之一时，应评为严重不安全，应及时委托专业机构检测鉴

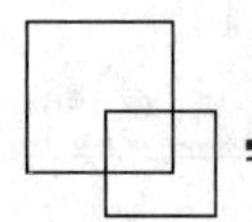

定，并应给出相应的应急措施建议：① 房屋建筑防火系统不满足规范要求；② 房屋建筑防火系统存在严重损伤与缺陷，导致系统功能无法正常实现；③ 易燃、易爆物品的消防管理制度不完善或管理混乱、存在大量火灾隐患；④ 未依法履行消防安全管理手续。

7. 建筑防雷系统

房屋建筑防雷系统的安全评估，应包括建筑防雷系统的资料核查和装置的现场状况检查。

房屋建筑防雷系统应重点检查接闪器和天面设备的损伤及其连接情况。

对于房屋建筑防雷系统资料的核查，应主要包括下列内容：① 房屋建筑防雷系统验收资料和年度建筑物防雷安全检测报告；② 房屋建筑防雷系统日常检查、特定检查记录资料；③ 防雷安全检测报告中整改项的整改报告及实施情况。

建筑防雷装置的接闪器检查的主要内容和要求：

① 检查接闪器（针、带、网、线）的腐蚀情况及机械损伤，包括由雷击放电所造成的损伤情况，损伤、锈蚀部位不应超过截面的三分之一；② 检查避雷网、避雷带和避雷针的固定牢靠情况，检查支持件的分布、松动移位情况，钢制支持件表面涂层应完整、无明显锈斑；③ 检查接闪器上有无附着的其他电器线路；④ 检查第一类防雷建筑物与树之间的净距不应小于 5m。

建筑天面设备的检查的主要内容和要求：① 检查天面设备和金属物等电位可靠连接情况；② 检查天面设备浪涌保护器的设置及正常运行情况。

建筑防雷装置的引下线检查的主要内容和要求：① 检查明敷引下线的损伤、锈蚀情况，损伤、锈蚀部位不应超过截面的三分之一；② 明敷引下线固定用支持件的牢固、松动移位情况，钢制支持件表面涂层应完整、无明显锈斑，近地端的保护措施完善；③ 引下线上有无附着电气和电子线路；④ 引下线近地段的接触电压和跨步电压的保护措施损伤情况。

建筑防雷装置的接地装置的检查的主要内容：① 检查接地装置的填土有无沉陷情况；② 检查有无因挖土方、敷设管线或种植树木等而对接地装置造成损伤的情况。

建筑内部防雷设备设施的检查主要内容：① 检查内部防雷装置和设备（金属外壳、机架）等电位连接的电气连接状况；② 检查各类浪涌保护器的设置和正常运行情况。

符合如下条件时，建筑防雷系统应评为符合安全使用要求，可不需要进行维修处理：① 房屋建筑防雷系统验收资料和年度防雷检测报告齐全；② 房屋建筑防雷系统日常检查、特定检查和检测报告资料完整；③ 房屋建筑防雷系统不存在影响使用安全和功能的损伤与缺陷。

符合如下条件时，建筑防雷系统应评为基本符合安全使用要求，但应给出维修措施建议：① 房屋建筑防雷系统验收资料和年度防雷检测报告齐全；② 房屋建筑防雷系统日常检查、特定检查和检测报告资料完整；③ 房屋建筑防雷系统存在轻微的锈蚀、松动、涂层缺失、避雷带或引下线不平直等损伤与缺陷，但能通过简单维修消除隐患。④ 年度防雷检测报告中的整改项未实施的。

存在如下情况之一时，建筑防雷系统应评为不符合安全使用要求，并应经专业机构检测鉴定：① 缺失建筑防雷系统的竣工验收资料；② 缺失防雷检测年度检测报告；③ 房屋建筑防雷系统存在较多的损伤与缺陷，且有的损伤可能影响安全。

存在如下情况之一时，建筑防雷系统应评为严重不符合安全使用要求，应及时经专业机构检测鉴定，并应给出采用相应的应急措施建议：① 避雷带、引下线和内部防雷装置失效；② 引下线外部防接触电压的保护措施缺失。

8. 建筑电梯设备系统

建筑电梯、自动扶梯和自动人行道等设备的安全评估，应包括资料检查和现场状况检查。建筑电梯设备应重点检查电梯的运行安全情况。

建筑电梯设备资料检查的主要内容：

（1）电梯制造和安装资料，① 电梯整机型式试验合格证书或者报告书；② 安全保护装置和主要部件的型式试验合格证；③ 电气原理图，包括动力电路和连接电气安全装置的电路；④ 电梯验收检验报告。

（2）电梯重大修理、改造资料，① 重大修理、改造部分的清单；② 所更换的安全保护装置或者主要部件产品合格证以及型式试验合格证书；③ 电梯重大修理、改造验收检验报告。

（3）电梯日常检查和运行维护资料，① 注册登记资料，内容与实物是否相符；② 检验机构定期检验报告；③ 使用维护说明书，包括安装、使用、日常维护保养和应急救援等说明书；④ 日常检查与使用状况记录以及应急救援演习记录；⑤ 事故与故障的应急措施和救援预案；⑥ 运行故障和事故记录；⑦ 日常维护保养记录。

建筑电梯设备现场状况检查的主要内容和要求：① 轿厢照明、应急照明、轿厢通风设施和应急对讲系统应完好有效；② 紧急开锁、层门锁紧和自动关闭层门装置应完好有效；③ 防止门夹人的保护装置应完好有效；④ 层门门楣及门套上方相邻部位若粘贴（镶嵌）饰面材料应牢固，不应因材料松动脱落伤及人员；⑤ 金属表面应无明显老化、锈蚀和严重磨损；⑥ 运行试验应能可靠制停，平层无明显振动和异常声响；⑦ 曳引机运行时应无杂音、冲击、异常的振动和漏油；⑧ 轿厢超载保护装置应完好有效；⑨ 曳引钢丝绳

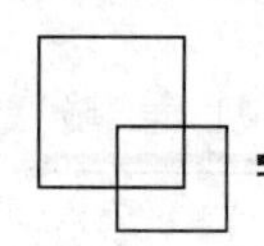

不应有过度磨损、断丝、断股等缺陷；⑩ 限速器运转应平稳无异常声响，电气安全装置应动作可靠；⑪ 随行电缆应无严重变形、扭曲、老化、破损；⑫ 电梯平层应准确。

建筑自动扶梯和自动人行道设备资料检查的主要内容：

（1）自动扶梯和自动人行道验收资料，① 型式试验合格证书或者报告书；② 电气原理图和接线图及安全开关示意图；③ 自动扶梯和自动人行道验收检验报告。

（2）自动扶梯和自动人行道重大维修、改造验收资料，① 重大维修、改造部分的清单；② 更换的主要部件合格证和型式试验报告副本；③ 自动扶梯和自动人行道重大维修、改造验收检验报告。

（3）自动扶梯和自动人行道日常检查和运行维护资料，① 注册登记资料，内容与实物是否相符；② 检验机构定期检验报告；③ 使用维护说明书，包括安装、使用、日常维护保养和应急救援等说明书；④ 日常检查与使用状况记录以及应急救援演习记录；⑤ 事故与故障的应急措施和救援预案；⑥ 运行故障和事故记录；⑦ 日常维保养记录。

建筑自动扶梯和自动人行道设备现场状况检查的主要内容和要求：① 梳齿板梳齿或踏板面齿应完好，不得有缺损；② 在扶手带入口处手指和手的保护装置应完好有效；③ 扶手带应无明显老化，金属表面应无明显锈蚀和严重磨损；④ 运行试验应无明显振动和异常声响；⑤ 紧急停止装置（附加急停）应可靠；⑥ 围裙板与梯级、踏板或胶带的两侧，任一侧水平间隙不应大于 4mm。

房屋建筑电梯设备定期检验合格，资料齐全，相关部件未出现磨损、锈蚀、老化、异响、渗漏和变形时，应评为符合安全使用要求。

房屋建筑电梯设备定期检验合格，相关部件仅存在少量的磨损、锈蚀、老化、异响、渗漏和变形并通过简单维修可以消除隐患时，应评为基本符合安全使用要求，但应给出维修或检修措施建议。

房屋建筑电梯设备部件存在较多的磨损、锈蚀、老化、异响、渗漏和变形，且影响正常使用时，应评为不符合安全使用要求，并应经专业机构检测鉴定。

房屋建筑电梯设备部件存在严重损伤，已无法正常运行时，应评为严重不符合安全使用要求，应及时经专业机构检测鉴定，并应给出相应的应急措施建议。

2.4.4 检测鉴定

1. 检测鉴定概述

在既有建筑的有效建设工程资料不满足要求、房屋状况较差，或进行安全评估不满足相关要求的情况下，需要对既有建筑进行进一步的专项检测鉴定。专项的检测鉴定应在前期资料收集、现场检查与评估的基础上，制定详细的调查、检测及鉴定方案。

专项的检测鉴定一般可以分为结构承载能力的检测鉴定、其他专项检测鉴定，其中，结构承载能力检测鉴定，根据是否考虑地震作用又可分为安全性鉴定、抗震性能鉴定。

针对结构承载能力的检测鉴定的详细调查一般应补充以下工作内容：

（1）结构体系基本情况勘察：结构布置及配套建筑结构形式；拉结件、支撑或其他抗侧力系统的布置；结构支承或支座构造；构件、箱式单元及其连接构造；结构细部尺寸及其他有关的几何参数。

（2）结构使用条件调查核实：结构上的作用（荷载）；建筑物内外环境；使用史，包括荷载史、灾害史。

（3）地基基础的调查与检测：场地类别与地基土，包括土层分布及下卧层情况；地基稳定性；地基变形及其在上部结构中的反应；地基承载力的近位测试及室内力学性能试验；基础的工作状态评估，当条件许可时，也可针对开裂、腐蚀或其他损坏等情况进行开挖检查；其他因素，包括地下水抽降、地基浸水、水质恶化、土壤腐蚀等的影响或作用。

（4）材料性能检测分析：结构构件材料；连接材料；其他材料。

（5）承重结构检查：构件和连接件的几何参数；构件及其连接的工作情况；结构支承或支座的工作情况；建筑物的锈蚀及其他损伤的情况；结构的整体牢固性；建筑物侧向位移，包括上部结构倾斜、基础转动和局部变形。

（6）围护系统的安全状况和使用功能调查。

（7）易受结构位移、变形影响的管道系统调查。

2. 结构检测鉴定

针对既有建筑安全性鉴定一般应依据《民用建筑可靠性鉴定标准》GB 50292—2015及《工业建筑可靠性鉴定标准》GB 50144—2019中的相关规定进行。

安全性鉴定一般按构件（含节点、连接，以下同）、子单元和鉴定单元各分三个层次，每一层次分为四个安全性等级。

混凝土结构构件的安全性鉴定，一般按承载能力、构造、不适于承载力的位移（或变形）和裂缝（或其他损伤）等四个检查项目

钢结构构件的安全性鉴定，一般按承载能力、构造以及不适于承载的位移（或变形）等三个检查项目，分别评定每一受检构件等级；钢结构节点、连接域的安全性鉴定，一般按承载能力和构造两个检查项目，分别评定每一节点、连接域等级；对冷弯薄壁型钢结构、轻钢结构、钢桩以及地下有腐蚀性介质的工作区，或高湿、临海地区的钢结构，尚应

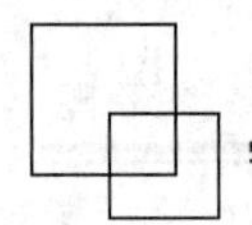

以不适于承载的锈蚀作为检查项目评定其等级。

砌体结构构件的安全性鉴定，一般按承载能力、构造、裂缝（或其他损伤）和不适于承载的位移等四个检查项目，分别评定每一受检构件等级，并取其中最低一级作为该构件的安全性等级。

木结构构件的安全性鉴定，一般按承载能力、构造、裂缝、腐朽、虫蛀和不适于承载的位移（或变形）等六个检查项目，分别评定每一受检构件等级，并取其中最低一级作为该构件的安全性等级。

子单元安全性鉴定一般按地基基础（含桩基和桩，以下同）、上部承重结构和围护系统的承重部分划分为三个子单元。

地基基础子单元的安全性鉴定评级，应根据地基变形或地基承载力的评定结果进行确定。对建在斜坡场地的建筑物，还应按边坡场地稳定性的评定结果进行确定。

上部承重结构子单元的安全性鉴定评级，应根据其结构承载功能等级、结构整体性等级以及结构侧向位移等级的评定结果进行确定。

围护系统承重部分的安全性，应在该系统专设的和参与该系统工作的各种承重构件的安全性评级的基础上，根据该部分结构承载功能等级和结构整体性等级的评定结果进行确定。

鉴定单元的安全性鉴定评级，一般根据其地基基础、上部承重结构和围护系统承重部分等的安全性等级，以及与整幢建筑有关的其他安全问题进行评定。

房屋建筑抗震鉴定，应根据下列情况区别对待：① 建筑结构类型不同的结构，其检查的重点、项目内容和要求不同，应采用不同的鉴定方法；② 对重点部位与一般部位，应按不同的要求进行检查和鉴定；③ 对抗震性能有整体影响的构件和仅有局部影响的构件，在综合抗震能力分析时应分别对待。

采用现行国家标准《建筑抗震鉴定标准》GB 50023 进行房屋建筑的抗震鉴定时，应按以下规定确定其建筑抗震鉴定类别：① 在 2001 年以后（按当时施行的抗震设计规范系列设计）建造的房屋建筑，后续使用年限宜采用 50 年，应按《建筑抗震鉴定标准》GB 50023 的 C 类建筑要求进行抗震鉴定；② 在 20 世纪 90 年代（按当时施行的抗震设计规范系列设计）建造的房屋建筑，后续使用年限不应少于 40 年，条件许可时可采用后续使用年限 50 年；后续使用年限采用 40 年的应按《建筑抗震鉴定标准》GB 50023 的 B 类建筑要求及本标准的规定进行抗震鉴定；③ 在 20 世纪 70 年代及以前建造经耐久性鉴定可继续使用的房屋建筑，后续使用年限不应少于 30 年，可按《建筑抗震鉴定标准》GB 50023 的 A 类建筑要求和本标准的规定进行抗震鉴定；④ 在 20 世纪 80 年代建造的房屋建筑，后续使用年限可采用40年，且不得少于30年，应分别按后续使用年限的建筑抗震鉴定类别的要求及本标准的规定进行抗震鉴定。

房屋建筑抗震鉴定应包括抗震措施鉴定和抗震承载力鉴定，抗震措施鉴定应包括宏观控制和抗震构造措施检查两个方面。当进行建筑抗震综合能力评定时，应计入结构体系和构造的影响。

钢筋混凝土房屋的抗震鉴定，应按结构体系的合理性、结构材料的实际强度、结构构件的钢筋配置和构件连接的可靠性、填充墙与主体结构的拉结构造的可靠性、结构与构件变形与损伤以及构件间抗震承载力的综合分析，对鉴定单元的抗震能力进行鉴定。钢结构房屋的抗震鉴定，应按结构体系的合理性、钢结构材料的实际强度、结构构件连接的可靠性、构件长细比、截面板件宽厚比和非结构构件与主体结构的拉结构造的可靠性、结构与构件变形与损伤以及构件集抗震承载力的综合分析，对鉴定单元的抗震能力进行鉴定。

砌体房屋的抗震鉴定，应按房屋高度和层数、结构体系的合理性、墙体材料的实际强度和结构与构件变形与损伤、房屋整体性连接构造的可靠性、局部易倒塌部位构件自身及其与主体结构连接构造的可靠性以及墙体抗震承载力的综合分析，对鉴定单元的抗震能力进行鉴定。

砖木结构房屋的抗震鉴定，应按房屋高度和层数、结构体系的合理性、墙体材料的实际强度、房屋整体性连接构造的可靠性、局部易倒塌部位构件自身及其与主体结构连接构造的可靠性、结构与构件变形与损伤以及现状损伤状况进行评定。

3. 其他检测鉴定

针对既有建筑，消防设施检测主要为消防设施年度检测，是指对建筑物或者场所的消防设施每年至少进行一次全面检测，确保完好有效，检测记录应当完整准确，存档备查。

消防设施检测的对象包括自动消防系统、电气线路、燃气管路等，检测的依据可以是法律、法规、标准、设计文件等。消防设施年度检测的过程包括委托具有资质的检测机构、进行全面检查测试、出具检测报告等。消防设施年度检测的结果应当按照合格或者不合格进行综合判定，对不合格的部分应当及时进行维修或者更换。

消防设施检测主要依据的规范为《建筑消防设施检测技术规程》XF 503—2004及《消防设施通用规范》GB 55036—2022。

《消防设施通用规范》GB 55036—2022是强制性工程建设规范，规定了消防设施的设计、施工、验收、维护和管理等方面的通用要求。

应急医疗中心选址中，如需进行消防设施的专项检测鉴定，可参考拟检既有建筑的年

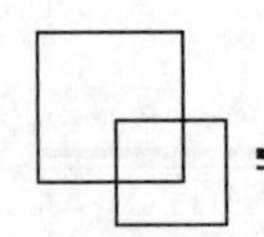

度消防设施检测报告，或参考年度消防设施检测的内容和方法进行。

建筑防雷检测是一般指根据国家行业标准，对建筑物的重要防雷设施设备进行检测的活动。建筑防雷检测的目的是保证建筑物的防雷系统能有效地防护直击雷与侧击雷，保护建筑物本身和内部设备不受雷电损害，保障人员安全。

建筑防雷检测的技术要求和方法主要参照《建筑物防雷装置检测技术规范》GB/T 21431—2015。该标准规定了建筑物防雷装置检测的一般要求、检测内容、检测方法、检测报告等。

根据该标准，建筑物防雷装置检测分为外部防雷装置检测和内部防雷装置检测两部分。外部防雷装置包括接闪器、引下线和接地装置等，主要检测其结构完整性、电气连通性、接地电阻等参数。内部防雷装置包括屏蔽隔离、过电压保护和等电位联结等，主要检测其布线合理性、屏蔽效果、保护器工作状态、等电位连接情况等参数。

建筑物防雷装置检测应由具有相应资质的专业机构或人员进行，并应出具符合规范要求的检测报告。根据建筑物的重要程度和用途，不同类别的建筑物应按照不同的周期进行定期或不定期的检测。一般来说，一类建筑物（如高层住宅、公共场所等）应每两年进行一次全面检测，每半年进行一次简单检查；二类建筑物（如普通住宅、办公楼等）应每四年进行一次全面检测，每年进行一次简单检查；三类建筑物（如低层住宅、仓库等）应每六年进行一次全面检测，每年进行一次简单检查。

应急医疗中心选址中，如需进行建筑防雷的专项检测鉴定，可参考拟检既有建筑的建筑防雷装置当年度的全面检测报告，或参考建筑防雷定期全面检测的内容和方法进行全面检测并进行评价。

2.4.5 结构安全性应急鉴定

应急鉴定是指为应对突发事件，对可能存在安全隐患或者已经受损的建筑物、设备等进行的紧急检查和鉴定的过程。应急鉴定的目的是消除或者降低安全风险，保障人员和财产安全，为应急救援和恢复重建提供技术支持。

应急鉴定的内容和方法根据不同的对象和情况有所差异，但一般都要遵循科学、公正、诚信、快速的原则，按照有关法律法规和标准规范进行。应急鉴定应当由具有相应资质和能力的专业机构或者人员进行，并对鉴定结果负责。

结构安全性应急鉴定是房屋安全鉴定的一种特殊形式。涉及房屋安全的突发性事件发生后，或者由于突发事件临时征用既有建筑，应该对房屋损坏程度及影响范围，或拟征用房屋改造的可行性进行应急评估。

应急事件处理及应急鉴定整个过程中均体现一个“急”和一个“快”字，应急鉴定要根据房屋损坏现状，依据相应的鉴定标准，在最短的时间内出具应急鉴定意见，并提出紧急处理建议，为决策机关或委托人应急处理突发事件提供技术支撑。

结构安全性应急鉴定可依据《民用建筑可靠性鉴定标准》GB 50292—2015、《危险房屋鉴定标准》JGJ 125—2016、《火灾后工程结构鉴定标准》T/CECS 252—2019 相关标准进行。其工作内容一般包括：① 收集资料；② 调查建筑现状；③ 现场查勘；④ 出具应急鉴定报告。

应急鉴定因时间和现场的局限，主要采用目测和仪器检测相结合的方法，根据房屋结构构件工作状态进行综合判断，出具应急鉴定报告。应急鉴定后，一般应进行详细鉴定。

针对应急医疗中心选址的应急鉴定，一般情况下，可依据《民用建筑可靠性鉴定标准》GB 50292 进行安全性鉴定，可不考虑承载能力验算。

2.5 社会经济因素

社会经济因素也是“选址与策略”中重要一环，在设计与施工时在满足功能与使用需求前提下，通过对经济因素的合理控制进而实现合理造价。

2.5.1 造价分析

应急医疗项目，除符合规划、防疫、消防及环保评估等要求外，应评估既有建筑已有条件的可利用性，在确保安全的前提下，兼顾经济合理，宜优先考虑功能和进度需要，综合考虑经济因素，对工程造价进行合理控制。

应急医疗项目工期紧迫，宜建立设计单位、施工单位及其他参与主体协同工作机制，统筹各方资源，发挥信息共享优势，合理测算项目投资，确保工程造价合理准确；应结合供应、采购条件，合理选用质量可靠、性能环保、可循环利用的材料，减少高档建材使用，满足方舱医院应急、安全、适用及经济等要求。

编制投资文件，应规划项目进度及完成时间，按编制内容重要性和紧急程度规划时间，例如，可根据图纸情况来整理编制顺序、投资大的内容着重梳理、合理分配各项目所需人员等。与甲方沟通，及时了解对方需求、资金来源、投资范围等情况。

明确投资包含内容，保证投资完整不漏项。实体工程应以设计图纸为依据进行计量计价工作，并判断人工、机械取值范围。工期紧导致的窝工降效、疫情防控费用、现场其他措施费用等，需建设单位、监理单位和施工单位配合落实。根据现场情况判断是否有场地平整、市政条件、建（构）筑物拆除、临水临电等情况；搜集集装箱式房、成品污水处理净化等设备的价格、采购渠道等方面的内容，对于投资是至关重要的。

1. 应急医疗项目分类

应急医疗项目根据不同功能、性质可分为既有建筑改造和新建建筑两大类。

1）既有建筑改造可根据原有建筑类型分为三大类

（1）高大空间改造：依据需要政府临时征用社会既有建筑，如体育馆、展览馆、仓库等高大空间，用于集中收治轻症和无症状患者的临时救治场所；

（2）非高大空间改造：依据需要政府临时征用社会既有建筑，如酒店、办公楼、宿舍等非高大空间，用于集中收治轻症和无症状患者的临时救治场所；

（3）现有医院内改造为发热门诊或传染病病房等，此类项目一般不涉及床柜等配套家具。

2）新建建筑可根据建筑类型分为三大类

（1）新建装配式钢结构应急医疗设施；

（2）新建装配式钢结构发热门诊；

（3）新建箱式房方舱医院。

应急医疗项目一般不会发生土地购置、拆迁等情况，造价包含建安工程费、工程建设其他费和预备费三项。

（1）建安工程费可按拆除、室内、室外和配套工程几部分组成，见表2.5.1-1（可根据不同建筑形式、建筑功能对项目内容作增减，如是否有红线外市政等内容）。

建安工程费估（概）算汇总表 **表 2.5.1-1**

工程名称：						
编号	项目名称	单位	工程量	单价（元）	合计（万元）	备注
（一）	拆除工程	m^2				
（二）	室内工程	m^2				
1	结构加固	m^2				
2	新建结构	m^2				
3	内外装修	m^2				
4	给水排水工程	m^2				
5	消防工程	m^2				
6	暖通工程	m^2				
7	电气工程	m^2				
8	弱电工程	m				

续表

工程名称：						
编号	项目名称	单位	工程量	单价（元）	合计（万元）	备注
（三）	室外工程	m^2				
1	场地平整	m^2				
2	地面硬化	m^2				
3	绿化工程	m^2				
4	室外综合管网	m^2				
5	室外照明及监控	m^2				
（四）	配套工程	m^2				
1	配套家具家电及易耗品	床				
2	变配电（箱式变压器）	kVA				
3	电梯	部				
4	污水处理设备	套				
5	有害垃圾消纳	项				
6	事后拆除恢复	项				
（五）	间接工程	项				
1	临时设施	项				
2	赶工费用	项				
3	施工降效	项				
4	防疫费用	项				

（2）工程建设其他费组成，见表2.5.1-2。

应急医疗项目一般为临时项目，基本不会发生部分常规永久性项目其他费用，基本以项目管理费、前期咨询费、勘察设计费、房屋检测费、监理费、招标代理费、造价咨询费为主（可根据不同项目情况对费用内容作增减，例如，是否有新增面积引起的城市基础设施配套费、不发生招标费用等内容）。

工程建设其他费用表　　**表2.5.1-2**

编号	费用项目名称	费用计算基数	费率（%）	金额	备注（文件号）
1	项目建设管理费				
2	前期咨询费（实施方案编制费）				
3	勘察费（房屋检测费）				
4	工程设计费				
5	工程监理费				

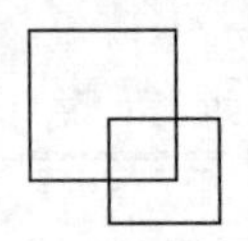

续表

编号	费用项目名称	费用计算基数	费率（%）	金额	备注（文件号）
6	招标代理服务费				
7	招标投标交易服务费				
8	造价咨询费				

（3）预备费。

应急改造项目特点是设计和施工周期较短，后期不可预见内容较多，通常立项阶段可按 8%～12% 暂列；可研或实施方案阶段可按 5%～8%；初步设计阶段可按 3%～5% 列入（参考投资项目可行性研究指南）。

2. 注意事项

应急医疗项目除必须配套的建设内容外，还应特别注意建设场地选址对造价的影响。如周边环境、场地条件、场地标高等内容。

1）周边环境对造价的影响

主要体现在周边道路和给水排水、燃气热力、电力等市政管网的接入条件，是否会有大市政接口及增容的投资。

2）场地条件对造价的影响

建设场地对建设项目的影响主要为基础形式，现有场地为硬化地面、绿地、自然地面，会导致建筑物基础形式不同，导致整体造价指标差异较大。

硬化地面：箱式房或一体化设备可利用现有场地作为基础，铺设砖基础或者钢结构基础即可。

绿地：会破坏绿化场地或景观，需挖土做混凝土或砖基础，会发生挖填土、基础等费用，甚至可能会做基础换填。

自然地面：如现场为土质地面，需挖土做混凝土或砖基础，会发生挖填土、基础等费用，甚至可能会做基础换填。

3）建设场地与周边道路广场及绿地的标高对造价的影响

建设场地对建设项目的影响主要为建设场地标高比周边场地低，为避免雨水倒灌、排水不顺的情况，通常会采用架空层作为建筑物基础。

基础：通常采用混凝土或者钢结构架空层，使建筑物室内标高达到或高于周边场地标高。

给水：可明管敷设在架空层内，供给建筑使用。

排水：可敷设在架空层内，使用提升方式排水；或采用敷设在架空层上，使用重力流方式排水。

电缆：可敷设在架空层内，供给建筑使用。

2.5.2 医疗项目分类情况细述

1. 既有建筑改造类造价三大类组成

1）高大空间改造

高大空间改造为现有大空间场所改造为临时收拾场所，此类改造特点为：在现有高大空间内搭建临时隔断。其中建筑、结构、暖通、电气可利用程度高，可根据建筑实际情况增加所需的空调、通风和监控等内容，室内部分投入费用较少；室外场地条件通常较好，基础费用投入较少。医护区、入院及出院、污水处理、垃圾处理、箱式变压器、配套室外管线等可采用箱式房进行设置，现场场地条件对室外配套管线的设计方案影响较大。

应急医疗项目建设总投资确定：应严格依据应急医疗项目设计文件及相关资料，按照政策法规、文件规定等相关要求，考虑其应急特点及施工主要技术措施等，合理测算项目总投资，作为确定和控制工程造价的依据。

投资估算（或设计概算等）应说明费用范围、编制依据、计价原则等。

费用范围：原有建（构）筑物拆除及改造加固、室外医疗区箱式房搭建、水暖空调、强弱电、室外铺装及管线、各类配套设施（变配电、锅炉、污水处理等）、家具等及事后拆除恢复、赶工、施工降效、防疫等费用；工程建设其他费；预备费等。

一般不包括以下内容：被服、医疗设备、可移动手术车、CT车、可移动柴油发电机、移动消防站等。

编制依据：国家、地方或行业规范；设计方案及图纸；近期信息价或市场价格。

计价原则：工程量可根据图纸计量的，依据现行定额计量计价；工程量无法根据图纸计量的（如现场拆改、返工等），应与建设单位、造价咨询、监理、施工单位协同对相关费用项目进行计量计价（或估价）。

高大空间既有建筑改造为应急医疗项目造价计量、控制还应考虑以下特点：

由于建设工期紧迫，人工、材料、机械台班单价及各项费用可能面临上涨，且存在施工降效等因素，因此投资估算或设计概算宜在一般计价原则基础上，合理增加工程赶工、施工降效、防疫措施费等。

箱式房基础因场地情况可能采用不同基础形式和（或）地基处理方式。

场地围挡：临时性围挡、铁马、栏杆等相关内容。

应考虑原有高大空间使用功能，现有建筑机电条件可能不满足应急医疗项目的舒适性和功能需求的影响。

暖通空调：应考虑高大空间空气调节舒适性要求及既有建筑围护结构自身保温隔热性能的影响因素。

考虑工期要求，工程施工一般为直接发包或单一来源采购，施工合同一般为可调价格合同形式，因此工程设计及实施过程中应保留会议记录、采购、计价及相关有效资料，作为工程造价确认或价格调整的依据。

2）非高大空间改造

非高大空间改造为现有酒店或办公场所改造为临时收治场所，此类改造特点为：现有建筑空间分隔较多、各房间面积较小，房间内通常可利用原有床位或新增床位，医护办公休息、入院及出院等基本可利用原有房间设置。其中建筑、结构、暖通、电气可利用程度高，可根据建筑实际情况增加所需的门窗气密性，加强新风、排风和增加监控等内容，室内部分投入费用较少；室外场地条件通常较好，基础费用投入较少。污水处理、垃圾处理、配套室外管线等可采用箱式房进行设置，现场场地条件对室外配套管线的设计方案影响较小。

非高大空间既有建筑改造为方舱医院工期紧迫，宜建立设计单位、施工单位及其他参与主体协同工作机制，统筹各方资源，发挥信息共享优势，合理测算项目投资，确保工程造价合理准确。应结合供应、采购条件，合理选用质量可靠、性能环保、可循环利用的材料，减少高档建材使用，满足方舱医院应急、安全、适用及经济等要求。

应急医疗项目建设总投资确定：应严格依据应急医疗项目设计文件及相关资料，按照政策法规、文件规定等相关要求，考虑其应急特点及施工主要技术措施等，合理测算项目总投资，作为确定和控制工程造价的依据。

投资估算（或设计概算等）应说明费用范围、编制依据、计价原则等。

费用范围：原有建（构）筑物拆除及改造加固、室外医疗或设备区箱式房搭建、水暖空调、强弱电、室外铺装及管线、各类配套设施（变配电、锅炉、污水处理等）、家具等及事后拆除恢复、赶工、施工降效、防疫等费用；工程建设其他费；预备费等。一般不包括以下内容：被服、医疗设备、可移动手术车、CT 车、可移动柴油发电机、移动消防站等。

编制依据：国家、地方或行业规范；设计方案及图纸；近期信息价或市场价格。计价原则：工程量可根据图纸计量的，依据现行定额计量计价；工程量无法根据图纸计量的（如现场拆改、返工等），应与建设单位、造价咨询、监理、施工单位协同对相关费用项目进行计量计价（或估价）。

非高大空间既有建筑改造为应急医疗项目造价计量、控制还应考虑以下特点：

由于建设工期紧迫，人工、材料、机械台班单价及各项费用可能面临上涨，且存在施工降效等因素，因此投资估算或设计概算宜在一般计价原则基础上，合理增加工程赶工、施工降效、防疫措施费等。

箱式房基础因场地情况可能采用不同基础形式和（或）地基处理方式。

场地围挡：临时性围挡、铁马、栏杆等相关内容。

给水排水：应考虑是否利用原有给水排水系统，或新增污水处理设备的影响因素。

暖通空调：应考虑非高大空间空气调节舒适性要求及既有建筑围护结构自身保温隔热性能的影响因素。

电气：应考虑原有变配电容量是否满足项目需求，是否有用电增容的影响因素。

弱电：应结合改造方案，考虑可利用的原有弱电系统，及需新增系统的影响因素。

考虑工期要求，工程施工一般为直接发包或单一来源采购，施工合同一般为可调价格合同形式，因此工程设计及实施过程中应保留会议记录、采购、计价及相关有效资料，作为工程造价确认或价格调整的依据。

相关有效资料，作为工程造价确认或价格调整的依据。

3）现有医院内改造

现有医院内改造为应急医疗项目，此类改造特点为：利用医院内部现有场所，通过建筑分隔、改变或新增通风及空调形式等方式进行改造，以适应应急医疗内容的需求。

优点是可利用现有结构，充分利用医院现有建筑布局、给水排水、暖通、电气条件进行改造，节省结构工程费用，机电设备也尽可能利用。

缺点是受现有结构、建筑布局、医院内部流线等影响，不能完全达到应急医疗项目需求，不能兼顾使用；另外会对医院现有的办公、门急诊或者住院功能有所影响。

应急医疗项目建设总投资确定：应严格依据应急医疗项目设计文件及相关资料，按照政策法规、文件规定等相关要求，考虑其应急特点及施工主要技术措施等，合理测算项目总投资，作为确定和控制工程造价的依据。

投资估算（或设计概算等）应说明费用范围、编制依据、计价原则等。

费用范围：原有建（构）筑物拆除及改造加固、水暖空调、强弱电、各类配套设施（电力增容、污水处理等）、家具等及事后拆除恢复、赶工、施工降效、防疫等费用；工程建设其他费；预备费等。一般不包括以下内容：被服、医疗设备等。

编制依据：国家、地方或行业规范；设计方案及图纸；近期信息价或市场价格。

计价原则：工程量可根据图纸计量的，依据现行定额计量计价；工程量无法根据图纸计量的（如现场拆改、返工等），应与建设单位、造价咨询、监理、施工单位协同对相关费用项目进行计量计价（或估价）。

既有建筑改造为应急医疗项目造价计量、控制还应考虑以下特点：

由于建设工期紧迫，人工、材料、机械台班单价及各项费用可能面临上涨，且存在施工降效等因素，因此投资估算或设计概算宜在一般计价原则基础上，合理增加工程赶工、施工降效、防疫措施费等。

给水排水：应考虑是否利用原有给水排水系统，或新增污水处理设备的影响因素。

暖通空调：应考虑是否利用原有系统设备，或新增设备的影响因素。

电气：应考虑原有变配电容量是否满足本项目需求，是否有用电增容的影响因素。

弱电：应结合改造方案，考虑可利用的原有弱电系统，及需新增系统的影响因素。

考虑工期要求，工程施工一般为直接发包或单一来源采购，施工合同一般为可调价格合同形式，因此工程设计及实施过程中应保留会议记录、采购、计价及相关有效资料，作为工程造价确认或价格调整的依据。

2. 既有建筑改造类单床位造价统计

1）高大空间改造

以三个应急医疗建设项目为例，高大空间改造类单床指标，从项目概况、建设内容、分部分项、措施项目等内容进行分析。见表 2.5.2-1～表 2.5.2-5。

项目概况 **表 2.5.2-1**

项目名称	A 项目	B 项目	C 项目
总建筑面积（m^2）	148250	40550	24232
改造面积	127795	31490	19494
新建面积	20455	9060	4738
总床位数（床）	9980	1600	2464
集装箱数量	1156	346	326
高峰期人工数量	666	800	956
规模指标（元 / 床）	34849	68902	46763
概算编制期	2022 年 5 月	2022 年 11 月	2022 年 11 月

防疫应急项目内容对比情况说明表 **表 2.5.2-2**

序号	项目名称	A 项目	B 项目	C 项目	备注
1	拆除工程				

续表

序号	项目名称	A项目	B项目	C项目	备注
1.1	既有建筑拆改费用	√	√	√	既有建筑（装修、机电等）拆除及现状恢复，一般为总包报价
1.2	恢复性拆除工程	√	√	√	临时建筑拆除及旧物保存
2	新建工程				
2.1	集装箱基础	√	√	√	1）A项目：砖基础＋钢结构基础； 2）B、C项目：钢结构基础
2.2	集装箱	√	√	√	含装饰、门窗、洁具、灯具
2.3	装饰工程	√	√	√	1）隔离区地胶、隔断、护士站隔断等； 2）集装箱配件：C项目含在集装箱报价中，其余两个项目含在装饰工程中
2.4	给水排水工程	√	√	√	含电热水器、直饮水器、污水处理装置、灭火器等
2.5	通风空调	√	√	√	1）均含：直膨式风冷（热）风机组、风机、风管、风口、风阀； 2）A项目增设：过滤消毒装置、高压静电除尘中效过滤； 3）B项目增设：过滤消毒装置、RGF负离子消杀装置； 4）C项目过滤消毒装置与风机为一体机
2.6	动力照明	√	√	√	配电箱、电缆、隔离区插座、公共区域灯具、防雷接地等
2.7	弱电工程	√	√	√	1）均含：安防系统、无线呼叫系统； 2）A项目增设：智能化专网、分控中心、ITC核心机房、指挥中心大屏、网络、专用通风控制系统； 3）B项目增设：综合布线系统、安防设备网、中控室； 4）C项目增设：综合布线系统、安防设备网
2.8	消防报警	√	√	√	1）A项目：无线消防报警、无线式电气火灾监控系统； 2）C项目：消防报警及联动、消防广播、消防电源监控； 3）B项目：消防报警、消防广播、消防电源监控、无线式电气火灾监控系统
3	其他工程				
3.1	家具费	√	√	√	隔离区、办公区、护士站家具
3.2	防疫费	√	√	√	人员检测、口罩、环境检测、消毒、专车接送、隔离点设置等费用
3.3	垃圾消纳费	√	√	√	有害物质垃圾消纳

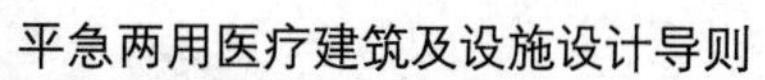

续表

序号	项目名称	A项目	B项目	C项目	备注
3.4	措施费	√	√	√	含赶工费、二次搬运费等，详见措施费表
3.5	标识标牌	√	√	√	床位号标识、指引标识等
4	工程建设其他费	√	√	√	详见工程建设其他费表
5	预备费	√	√	√	A项目为3%；其余为5%

总投资指标分析 **表2.5.2-3**

序号	项目名称	单位	每床指标（元）		
			A项目	B项目	C项目
	总投资指标	床	36221	68470	45464
1	建安费指标	床	31941	60380	40092
1.1	拆改工程	床	2483	5676	3571
1.2	集装箱工程（含基础）	床	5066	8258	6047
1.3	装饰工程	床	5450	6670	5163
1.4	设备工程	床	6054	8028	5093
1.5	电气工程	床	7415	9790	8069
1.6	家具费	床	1661	1991	1635
1.7	配套费用	床	3812	19967	10514
2	工程建设其他费	床	2555	4830	3207
3	预备费	床	1725	3260	2165

分部分项指标 **表2.5.2-4**

序号	项目名称	单位	每床指标（元）			指标分析说明
			A项目	B项目	C项目	
	建安费指标	床	31941	60380	40092	各场馆每床对应的建筑面积、改造面积不同，影响各单位工程的造价指标
1	拆除工程	床	2483	5676	3571	
1.1	既有建筑拆改费用	床	757	2625	843	1）视现场情况确定，由总包提供；2）C项目暂无细项
1.2	恢复性拆除工程	床	1726	3051	2728	1）依据改造工程量计算；2）含旧物保管费
2	土建单价	床	10515	14928	11210	
2.1	集装箱基础	床	662	2197	1701	1）A项目集装箱基础形式砖基础＋钢结构基础，箱体为平铺，综合指标低；

续表

序号	项目名称	单位	每床指标（元）			指标分析说明
			A项目	B项目	C项目	
2.1	集装箱基础	床	662	2197	1701	2）B项目床位数1600个，C项目床位数2464，但C项目为上下铺，实际只占用1232个床位面积。计算单床位造价时，B偏高
2.2	集装箱工程	床	4403	6061	4346	1）箱式房均包括：医护办公、服务用房、卫生间、淋浴房； 2）仅B项目设置：医护宿舍及配套卫生间（共93间），不考虑此部分费用因素，B项目集装箱4590元/床
2.3	装饰工程	床	5450	6670	5163	各场馆每床对应的改造面积不同，装修指标有差距，其中：A项目13m^2/床；B项目20m^2/床，C项目8m^2/床，故B项目装饰指标偏高
3	机电单价	床	13469	17818	13162	
3.1	给水排水工程	床	2180	3889	2865	1）各场馆管道距离不同，影响每床造价指标； 2）仅B项目设置了医护宿舍及配套卫生间，此部分管线、设备增量影响床位造价指标
3.2	通风空调工程	床	3874	4139	2228	1）主要设备（风机＋直膨机组）：A项目0.3台/床，B项目0.11台/床，C项目0.09台/床； 2）风管含量：A项目1.86m^2/床，B项目3.92m^2/床，C项目1.3m^2/床； 3）仅A项目在原有空调机组上增加了高压静电除尘中效过滤，此部分费用较高，整体提高了A项目的床位造价指标
3.3	动力照明工程	床	4740	7383	5752	1）电缆含量：B项目为5m/床、C项目为8m/床，A项目5.78m/床，但C项目大截面电缆占比较大，约8700m，整体提高了其床位造价指标； 2）B项目插座数量为4.32个/床、C项目为2.69个/床，A项目仅为1.07个/床
3.4	弱电工程	床	2498	2131	1799	1）A项目弱电系统设置与其他两个方舱不同；

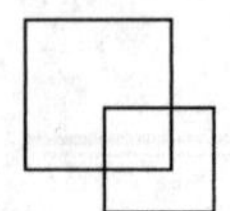

续表

序号	项目名称	单位	每床指标（元）			指标分析说明
			A 项目	B 项目	C 项目	
3.4	弱电工程	床	2498	2131	1799	2）B 项目、C 项目弱电系统中视频监控系统占弱电投资比例较高，且 B 项目视频末端点位数高于 C 项目
3.5	消防报警	床	177	276	518	三个改造展馆消防报警形式不同：A 项目为无线式消防报警系统；B 项目是新增了一套有线式消防报警及联动系统；C 项目为有线、无线结合形式，并增加了消防红外对射探测器
4	家具费	床	1661	1991	1635	1）含隔离区床、柜子、窗帘、办公区家具； 2）B 项目为总包提供报价，暂无细项
5	配套费用	床	3813	19967	10513	
5.1	防疫费用	床	60	1678	165	1）防疫费依据现场情况及工人数量确定； 2）B 项目为总包提供报价，暂无细项
5.2	垃圾消纳费	床	1363	1488	1380	视现场情况确定，由总包提供
5.3	措施费	床	1246	15966	10123	详见措施费表
5.4	标识标牌	床	249	835	72	视现场情况确定，由总包提供
5.5	各方舱特殊费用	床	895			1）视现场情况确定，由总包提供； 2）特殊费用为：A 项目屋面防水维修工程、消防改造系统、消防技术服务，其他项目暂无

措施项目指标　　表 2.5.2-5

序号	项目名称	单位	每床指标		
			A 项目	B 项目	C 项目
	床位数	床	9980	1600	2464
1	措施费合计	元 / 床	1246	15966	10123
1.1	材料设备陆路运输增加费	元 / 床	321		74
1.2	家具安装费	元 / 床	14	76	168
1.3	抢工赶工费	元 / 床	294	12880	6041
1.4	餐费	元 / 床	275	580	666
1.5	材料二次搬运费	元 / 床	57	1035	240

续表

序号	项目名称	单位	每床指标		
			A 项目	B 项目	C 项目
1.6	施工成品保护费	元 / 床	38	122	281
1.7	垂直运输	元 / 床	246	1273	2206
1.8	措施费				447
2	简要分析		赶工费： 300 元 / 工日	赶工费： 2000 元 / 工日	1）赶工费：1000 元 / 工日； 2）其他措施费包括：冬雨期施工费、夜间施工增加费、生活垃圾清运等

2）非高大空间改造

以某宿舍楼改建应急医疗为例，非高大空间改造类单床指标，见表 2.5.2-6。

××应急项目 **表 2.5.2-6**

序号	项目名称	单位	工程量	单价（元）	合计（万元）	备注
一	建安工程费	床	11000	52033	57236	
（一）	新建清洁区室外箱式房	床	11000	28590	31449	
1	箱式房混凝土基础 厚度 400mm	床	11000	2240	2464	
2	卫生通过箱式房	床	11000	309	340	
3	医护人员休息箱式房	床	11000	7636	8400	
4	附属用房箱式房	床	11000	1901	2091	
5	箱式房屋面防水、保温	床	11000	1655	1820	
6	卫生通过区、移动卫生间给水排水管线及洁具	床	11000	124	136	
7	医护人员休息区给水排水管线及洁具	床	11000	1298	1428	
8	箱式房照明、电气工程	床	11000	4582	5040	
9	弱电智能化系统（综合布线、无线 AP、门禁、安防监控、测温等）	床	11000	1935	2128	
10	箱式房通风工程	床	11000	2851	3136	
11	箱式房分体式空调	床	11000	2240	2464	
12	空气净化系统（送风）	床	11000	1527	1680	消杀设备
13	卫生通过箱式房消毒净化系统（送排风）	床	11000	247	272	
14	消防监控室	床	11000	45	50	
（二）	原有建筑改造（感染隔离区）	床	11000	15818	17400	
1	新增电缆 YJV-4×95	床	11000	436	480	
2	新增电缆 YJV-4×185	床	11000	309	340	

续表

序号	项目名称	单位	工程量	单价（元）	合计（万元）	备注
3	新增配电箱	床	11000	182	200	
4	新增线槽、插座及局部照明改造	床	11000	1655	1820	
5	弱电智能化系统（综合布线、无线 AP、门禁、安防监控、测温等）	床	11000	2245	2470	
6	增加消防水系统	床	11000	945	1040	
7	空气净化系统（送排风）	床	11000	7682	8450	消杀设备
8	通风工程	床	11000	2364	2600	风管改造、增加送排风设备，室外设置
（三）	室外工程	床	11000	5731	6303	
1	室外 10kV 电缆 3×150	床	11000	319	351	
2	室外箱变 630kVA	床	11000	393	432	
3	柴油发电机组 500kW	床	11000	227	250	
4	污染区室外给水、污水管线改造	床	11000	273	300	
5	玻璃钢消毒池、化粪池	床	11000	349	384	
6	投药设备	床	11000	44	48	
7	清洁区室外管沟土方	床	11000	82	90	
8	清洁区室外给水管线及窨井	床	11000	207	228	
9	清洁区室外污水管线及化粪池	床	11000	545	600	
10	清洁区室外道路拆除恢复	床	11000	455	500	
11	污水处理站改造	床	11000	2773	3050	
12	一体化消防水池及消防泵房	床	11000	64	70	
（四）	原有建筑改造（因室外排风）	床	11000	1559	1715	
1	外窗改造	床	11000	273	300	
2	增加室外格栅	床	11000	1233	1356	
3	空调室外机移位	床	11000	53	59	
（五）	隔离围挡	床	11000	335	369	
二	工程建设其他费（6%）				3434	
三	预备费（5%）				3034	
四	项目总投资	床	11000	57913	63704	

3）现有医院改造

以二个改造应急医疗为例，既有医院改造类单床指标，见表 2.5.2-7。

经济指标分析　　表 2.5.2-7

编号	工程项目费用名称	A 项目			B 项目		
		工程量（床）	总价（万元）	造价指标（元）	工程量（床）	总价（万元）	造价指标（元）
	建安工程费	325	7589	233508	435	11176	256920
1	结构加固	325	57	1754	435	712	16368
2	二次结构				435	298	6851
3	外立面及修补				435	98	2253
4	装饰工程	325	1899	58431	435	3367	77402
4.1	楼地面	325	573	17631	435	704	16184
4.2	顶棚吊顶	325	287	8831	435	599	13770
4.3	内隔墙				435	856	19678
4.4	内墙面	325	674	20738	435	871	20023
4.5	门窗	325	308	9477	435	180	4138
4.6	其他建筑配件	325	57	1754	435	157	3609
5	给水排水工程	325	331	10184	435	317	7287
5.1	管线	325	156	4800	435	149	3425
5.2	洁具	325	86	2646	435	147	3379
5.3	设备	325	89	2738	435		
5.4	其他	325			435	21	483
6	消防水工程	325	82	2523	435	333	7655
6.1	管线	325	67	2062	435	267	6138
6.2	末端喷头	325	11	338	435	28	644
6.3	消火栓	325	4	123	435	38	874
6.4	设备	325			435		
6.5	其他	325			435		
7	通风空调工程	325	2272	69908	435	3008	69149
7.1	风管	325	1214	37354	435	1508	34667
7.2	空调水管	325	234	7200	435	254	5839
7.3	末端风机盘管	325	91	2800	435	84	1931
7.4	主机设备	325	733	22554	435	1162	26713
7.5	其他	325			435		
8	供暖工程	325	0	0	435		
8.1	管线	325			435		
8.2	散热器	325			435		
8.3	设备	325			435		

续表

编号	工程项目费用名称	A项目			B项目		
		工程量（床）	总价（万元）	造价指标（元）	工程量（床）	总价（万元）	造价指标（元）
8.4	其他	325			435		
9	动力照明工程	325	740	22769	435	1053	24207
9.1	桥架线槽	325	7	215	435	63	1448
9.2	配管配线	325	196	6031	435	261	6000
9.3	电缆	325	139	4277	435	216	4966
9.4	灯具、开关、插座	325	174	5354	435	121	2782
9.5	配电箱柜	325	211	6492	435	179	4115
9.6	智能照明				435	57	1310
9.7	应急照明				435	128	2943
9.8	其他（防雷接地）	325	12	369	435	29	667
10	消防报警工程	325	166	5108	435	316	7264
10.1	桥架线槽	325	22	677	435	22	506
10.2	配管配线	325	69	2123	435	69	1586
10.3	末端探测器	325	75	2308	435	75	1724
10.4	主机设备	325			435		
10.5	其他	325			435		
11	弱电工程	325	651	20031	435	896	20598
11.1	综合布线系统	325	266	8185	435	536	12322
11.2	门禁安防系统	325	236	7262	435	102	2345
11.3	时钟系统	325	13	400	435		
11.4	呼叫护理系统	325	71	2185	435		
11.5	五方对讲系统				435	2	46
11.6	排队叫号系统				435	4	92
11.7	医护对讲系统				435	11	253
11.8	ICU 探视系统				435	2	46
11.9	楼宇自控系统	325	33	1015	435	211	4851
11.10	建筑能效监管系统				435	13	299
11.11	会议系统				435	1	23
11.12	其他	325	31	954	435		
12	箱式变压器	325	100	3077	435		
13	柴油发电机组	325	240	7385	435		
14	标识系统	325	1	20	435	85	1954

续表

编号	工程项目费用名称	A项目			B项目		
		工程量（床）	总价（万元）	造价指标（元）	工程量（床）	总价（万元）	造价指标（元）
15	抗震支吊架工程	325	3	100	435	85	1954
16	医疗气体	325	1040	32000	435	473	10874
17	拆除及封堵	325	7	200	435		
18	拆除及更换电梯				435	50	1149
19	外立面泛光照明				435	86	1977

3. 新建建筑类造价三大类组成

1）新建装配式钢结构应急医疗设施

新建装配式钢结构应急医疗项目特点为：采用装配式钢结构形式，建设永久或临时性建筑，可根据健康驿站实际需求，合理规划建筑布局、高度和层数，并按新建标准配置相关水、暖、电等系统，满足健康、舒适、适用的要求；室外部分可根据建设场地合理配置，场地条件对室外设计方案影响较大。

应急医疗项目建设总投资确定：应严格依据应急医疗项目设计文件及相关资料，按照政策法规、文件规定等相关要求，考虑其应急特点及施工主要技术措施等，合理测算项目总投资，作为确定和控制工程造价的依据。

投资估算（或设计概算等）应说明费用范围、编制依据、计价原则等。

费用范围：新建建（构）筑物、水暖空调、强弱电、室外铺装及管线、各类配套设施（变配电、锅炉、污水处理等）、家具等、赶工、施工降效、防疫等费用；工程建设其他费；预备费等。一般不包括以下内容：被服、医疗设备、可移动手术车、CT车、可移动柴油发电机、移动消防站等。

编制依据：国家、地方或行业规范；设计方案及图纸；近期信息价或市场价格。

计价原则：工程量可根据图纸计量的，依据现行定额计量计价，应与建设单位、造价咨询、监理、施工单位协同对相关费用项目进行计量计价（或估价）。

新建装配式钢结构应急医疗项目造价计量、控制还应考虑以下特点：

由于建设工期紧迫，人工、材料、机械台班单价及各项费用可能面临上涨，且存在施工降效等因素，因此投资估算或设计概算宜在一般计价原则基础上，合理增加工程赶工、施工降效、防疫措施费等。

基础因场地情况可能采用不同基础形式和（或）地基处理方式，室外管线可能因场地原因采用不同形式的敷设方式。

考虑工期要求，工程施工一般为直接发包或单一来源采购，施工合同一般为可调价格合同形式，因此工程设计及实施过程中应保留会议记录、采购、计价及相关有效资料，作为工程造价确认或价格调整的依据。

2）新建装配式钢结构发热门诊

新建装配式钢结构应急医疗项目特点为：采用装配式钢结构形式，建设永久或临时性建筑，可根据健康驿站实际需求，合理规划建筑布局、高度和层数，并按新建标准配置相关水、暖、电等系统，满足健康、舒适、适用的要求；室外部分可根据建设场地合理配置，场地条件对室外设计方案影响较大。

项目特点：基本位于核心区医院院区内，施工场地小、人员密集大，建筑物本身功能多、面积小，为检测、留观、治疗于一体的综合性感染门诊，部分项目包含了负压手术室、PCR 实验室、DR 和 CT 室、负压病房等医疗用房；且此类项目基本为门诊，只有少数留观床位。

应急医疗项目建设总投资确定：应严格依据应急医疗项目设计文件及相关资料，按照政策法规、文件规定等相关要求，考虑其应急特点及施工主要技术措施等，合理测算项目总投资，作为确定和控制工程造价的依据。

投资估算（或设计概算等）应说明费用范围、编制依据、计价原则等。

费用范围：新建建（构）筑物、水暖空调、强弱电、室外铺装及管线、各类配套设施（变配电、锅炉、污水处理等）、家具等、赶工、施工降效、防疫等费用；工程建设其他费；预备费等。一般不包括以下内容：被服、医疗设备、可移动手术车、CT 车、可移动柴油发电机、移动消防站等。

编制依据：国家、地方或行业规范；设计方案及图纸；近期信息价或市场价格。

计价原则：工程量可根据图纸计量的，依据现行定额计量计价，应与建设单位、造价咨询、监理、施工单位协同对相关费用项目进行计量计价（或估价）。

新建装配式钢结构应急医疗项目造价计量、控制还应考虑以下特点：

由于建设工期紧迫，人工、材料、机械台班单价及各项费用可能面临上涨，且存在施工降效等因素，因此投资估算或设计概算宜在一般计价原则基础上，合理增加工程赶工、施工降效、防疫措施费等。

基础因场地情况可能采用不同基础形式和（或）地基处理方式，室外管线可能因场地原因采用不同形式的敷设方式。

考虑工期要求，工程施工一般为直接发包或单一来源采购，施工合同一般为可调价格合同形式，因此工程设计及实施过程中应保留会议记录、采购、计价及相关有效资料，作为工程造价确认或价格调整的依据。

3）新建箱式房方舱医院

新建箱式房应急医疗项目特点为：采用成品集装箱式房形式，建设临时建筑，受限于箱式房规格对建筑布局、层高的影响，无法按装配式钢结构体系灵活分配各功能区范围，需根据方舱医院实际需求，对成品箱式房进行二次改造，并且受箱式房采购渠道影响较大，因此费用较高；室外场地条件通常较好，基础费用投入较少。医护区、入院及出院、污水处理、垃圾处理、箱式变压器、配套室外管线等可采用箱式房进行设置，现场场地条件对室外配套管线的设计方案影响较大。

应急医疗项目建设总投资确定：应严格依据应急医疗项目设计文件及相关资料，按照政策法规、文件规定等相关要求，考虑其应急特点及施工主要技术措施等，合理测算项目总投资，作为确定和控制工程造价的依据。

投资估算（或设计概算等）应说明费用范围、编制依据、计价原则等。

费用范围：新建建（构）筑物、室外医疗区箱式房搭建、水暖空调、强弱电、室外铺装及管线、各类配套设施（变配电、锅炉、污水处理等）、家具等、赶工、施工降效、防疫等费用；工程建设其他费；预备费等。一般不包括以下内容：被服、医疗设备、可移动手术车、CT车、可移动柴油发电机、移动消防站等。

编制依据：国家、地方或行业规范；设计方案及图纸；近期信息价或市场价格。

计价原则：工程量可根据图纸计量的，依据现行定额计量计价；工程量无法根据图纸计量的（如现场拆改、返工等），应与建设单位、造价咨询、监理、施工单位协同对相关费用项目进行计量计价（或估价）。

新建箱式房应急医疗项目造价计量、控制还应考虑以下特点：

由于建设工期紧迫，人工、材料、机械台班单价及各项费用可能面临上涨，且存在施工降效等因素，因此投资估算或设计概算宜在一般计价原则基础上，合理增加工程赶工、施工降效、防疫措施费等。

箱式房基础因场地情况可能采用不同基础形式和（或）地基处理方式，室外管线可能因场地原因采用不同形式的敷设方式。

场地围挡：临时性围挡、铁马、栏杆等相关内容。

空调形式通常采用分体空调。

考虑工期要求，工程施工一般为直接发包或单一来源采购，施工合同一般为可调价格合同形式，因此工程设计及实施过程中应保留会议记录、采购、计价及相关有效资料，作为工程造价确认或价格调整的依据。

小汤山1500床应急方舱医院造价指标较为特殊，2020年春节期间紧急建设小汤山应急项目，其特点是突然性、紧急性、时间紧，面临施工工人、设备材料短缺，市场价格混乱的状态，此项目造价指标与常规项目差异较大，此类项目编制造价文件需特别注意以下几点：

人工费：为保障极短时间内建成，投入人工数量非常多，人工费用较常规项目增加较大。

设备材料费：由于春节期间各地进入管控状态，物流不顺，大量材料价格远远高于平常市场价格。

施工降效：由于工期紧张，整个建设场地全面铺开，机械交叉作业情况较多，此部分投入较大。

临时费用：现场全面铺开建设，工人住宿条件不足，需另设休息场所，由此带来的交通、食宿费用也较常规项目多。

此类项目结算无法采用定额计价模式，通常采用成本＋酬金方式进行结算。

4）新建建筑类单床位造价统计

（1）新建装配式钢结构应急医疗设施

以某应急医疗为例，新建装配式钢结构建筑类单床指标，从项目概况、建设内容、分部分项、措施项目等内容进行分析，见表2.5.2-8。

分项投资估算表 **表2.5.2-8**

编号	项目名称	经济指标（床）			备注
		工程量	单价（元）	合计（万元）	
（一）	建安工程费	5000	166261	83131	
1	服务楼＋客房楼	5000	127527	63763	
1.1	基础工程	5000	4033	2016	4层建筑架空基础，含架空围护墙体及保温
1.2	钢结构	5000	30246	15123	75kg/m^2
1.3	建筑工程	5000	43431	21715	空心楼板＋屋面保温防水、内外墙板、门窗
1.4	装饰工程	5000	9307	4653	地胶＋顶棚涂料
1.5	外墙格栅	5000	5455	2727	
1.6	安装工程	5000	35055	17527	
2	厨房餐厅、过渡区、接待中心	5000	3617	1808	
2.1	基础工程	5000	293	146	单层建筑架空基础，含架空层维护墙体及保温
2.2	钢结构	5000	476	238	50kg/m^2

续表

编号	项目名称	经济指标（床）			备注
		工程量	单价（元）	合计（万元）	
2.3	建筑工程	5000	952	476	空心楼板＋屋面保温防水、内外墙板、门窗等，轻钢龙骨墙体＋面板饰面
2.4	装饰工程	5000	307	154	地胶＋顶棚吊顶，墙面已经含在墙体单价
2.5	外墙格栅	5000	95	48	铝
2.6	安装工程	5000	1494	747	
3	库房	5000	2436	1218	库房＋垃圾间＋锅炉房
3.1	基础工程	5000	338	169	架空基础，含架空层维护墙体及保温
3.2	钢结构	250	10998	275	50kg/m^2
3.3	建筑工程	5000	846	423	空心楼板＋屋面保温防水、内外墙板、门窗等
3.4	装饰工程	5000	127	63	水泥地面＋顶棚抹灰
3.5	安装工程	5000	575	288	
4	室外工程	5000	3131	1566	占地面积
4.1	架空管廊	5000	1915	958	含 1.5m 高架空基础
4.2	堆土绿化	5000	893	446	含 1.5m 垫高土方
4.3	围挡	5000	323	162	临时
5	其他	5000	8154	4077	
5.1	电梯工程	5000	2400	1200	
5.2	污物提升装置	5000	288	144	
5.3	标志标识	5000	978	489	
5.4	箱变	5000	2688	1344	含变压器、高低压柜、总配及分界室
5.5	厨房设备	5000	1600	800	类似项目 4000 元 /m^2，含设备
5.6	防疫费用	5000	200	100	
6	家具家电	5000	8230	4115	
7	小市政	5000	13166	6583	
7.1	海绵设施及排水沟疏浚维护费用	5000	1600	800	
7.2	给水排水消防外线	5000	3712	1856	重力流方案
7.3	电力外线	5000	5220	2610	
7.4	污水处理设备	5000	1200	600	按 120 万 /2500 人 ×1 万人 × 系数；每月药钱 6 万未考虑
7.5	燃气外线	5000	194	97	300m 管道，含两个调压箱
7.6	锅炉房设备	5000	1000	500	6 台锅炉、循环泵、软化水装置及水箱、定压补水装置等
7.7	供暖室外管道 DN150	5000	121	60	保温无缝钢管
7.8	供暖室外管道 DN250	5000	119	59	保温无缝钢管

续表

编号	项目名称	经济指标（床）			备注
		工程量	单价（元）	合计（万元）	
（二）	工程建设其他费及预备费	5000	16626	8313	9.09%
（三）	建设工程投资合计	5000	182887	91443	100%

（2）新建装配式钢结构发热门诊。

以北京市2020年市属医院四所钢结构发热门诊项目为例，新建装配式钢结构建筑类平方米指标，从项目概况、建设内容、分部分项等内容进行分析。

项目特点：基本位于核心区医院院区内，施工场地小、人员密集大，建筑物本身功能多、面积小，是集检测、留观、治疗于一体的综合性感染门诊，部分项目包含了负压手术室、PCR实验室、DR和CT室、负压病房等医疗用房；且此类项目基本为门诊，只有少数留观床位，因此按建筑面积核算单方指标。

项目概况见表2.5.2-9；单方造价指标见表2.5.2-10。

市属医院发热门诊项目概况　　表2.5.2-9

序号	名称	建筑面积（m^2）	设计功能	设计标准	选址	配套	个性化特点
1	A项目	1680	诊室、隔离观察室、负压手术室、ICU、NICU、PCR实验室、CT室、咽拭子采集	北京市属医院发热门诊"一院一策"提升改造项目设计标准	A项目院区内	无	利用院区原有停车场建设，结合妇产医院特色设置两间手术室、两间重症监护室（其中一间为新生儿监护室）
2	B项目	363	发热筛查门诊、PCR实验室、CT室	北京市属医院发热门诊"一院一策"提升改造项目设计标准	项目位于B项目院区，发热门诊位于院区北门西侧，紧邻患者出入口，方便筛查及转运	无	PCR手术室面积充足，兼顾发热筛查区及整个院区使用，CT室可平疫结合。建筑形式为单层钢结构
3	C项目	1303	发热门诊、病房、CT室、实验室	北京市属医院发热门诊"一院一策"提升改造项目设计标准	院区东北角，原发热门诊不能满足使用需求，原发热门诊位置相对独立，对院区影响较小，新建建筑退让北侧住宅大于20m，与院区其他建筑预留了做卫生隔离的条件。满足传染病医院选址要求	室外管沟、化粪池	建筑面积小，基本全部为医疗区，成本较高
4	D项目	2700	诊室、隔离观察室、负压病房、负压ICU、负压手术室、CT室、DR、咽拭子采集	北京市属医院发热门诊"一院一策"提升改造项目设计标准	项目位于D项目院区内，发热门诊位于整个园区的东边，老门诊楼东侧贴建	无	与老门诊楼联通；医患混合通道；首层架空；手术室是Ⅲ级，可正负压转换

发热门诊概算汇总表 - 钢结构建筑 **表 2.5.2-10**

序号	名称	A项目（新建）			B项目（新建）			C项目（新建）			D项目（新建）			投资（万元）	面积（m^2）	平均单位造价（元）
		项目造价（万元）	建筑面积（m^2）	单位造价（元）	项目造价（万元）	建筑面积（m^2）	单位造价（元）	项目造价（万元）	建筑面积（m^2）	单位造价（元）	项目造价（万元）	建筑面积（m^2）	单位造价（元）			
一	建安工程费	2523	1680	15016	650	363	17916	1766	1303	13555	3274	2700	12126	8214	6046	13585
（一）	其中：主体工程	1834	1680	10916	560	363	15421	1424	1303	10927	2723	2700	10086	6541	6046	10818
1	土建工程	937	1680	5575	332	363	9133	853	1303	6542	1467	2700	5434	3587	6046	5934
1.1	基坑支护及地基处理				43	363	1177	32	1303	243	18	2700	67	92	6046	153
1.2	钢结构	195	1680	1161	38	363	1034	221	1303	1694	468	2700	1732	921	6046	1523
1.3	结构工程	349	1680	2079	105	363	2894	275	1303	2107	503	2700	1863	1232	6046	2037
1.4	内装饰工程	296	1680	1764	122	363	3369	242	1303	1859	311	2700	1154	972	6046	1608
1.5	外立面	94	1680	557	23	363	644	81	1303	624	163	2700	603	361	6046	597
1.6	标识系统	3	1680	15	1	363	15	2	1303	15	4	2700	15	9	6046	15
2	设备工程	428	1680	2549	151	363	4148	280	1303	2152	618	2700	2287	1477	6046	2442
2.1	给水排水工程	72	1680	427	25	363	690	55	1303	423	90	2700	333	242	6046	400
2.2	消火栓系统	17	1680	101	0.4	363	11	6	1303	47	44	2700	161	67	6046	111
2.3	通风空调工程	281	1680	1670	123	363	3397	173	1303	1325	394	2700	1458	970	6046	1604
2.4	医疗气体	51	1680	301				40	1303	307	52	2700	192	142	6046	235
2.5	抗震支架	8	1680	50	2	363	50	7	1303	50	14	2700	50	30	6046	50
2.6	供暖工程										25	2700	94	25	6046	42
3	电气工程	469	1680	2792	78	363	2140	291	1303	2233	638	2700	2365	1476	6046	2442
3.1	动力照明工程	254	1680	1509	58	363	1598	164	1303	1258	327	2700	1212	803	6046	1328
3.2	消防报警	38	1680	224	7	363	200	44	1303	335	64	2700	236	152	6046	252
3.3	弱电工程	94	1680	559	12	363	343	53	1303	410	103	2700	380	262	6046	434
3.4	电梯工程	84	1680	500				30	1303	230	145	2700	536	259	6046	428
（二）	其中：配套工程	689	1680	4100	91	363	2496	343	1303	2628	551	2700	2040	1673	6046	2767
1	室外道路铺装	54	1680	319	2	363	55	78	1303	601	68	2700	252	202	6046	334
2	室外设备管线	60	1680	360	13	363	349	9	1303	68	52	2700	191	134	6046	221
3	室外电气管线	47	1680	278	47	363	1290	39	1303	297	202	2700	748	334	6046	553
4	外线改移	10	1680	60	25	363	692	25	1303	192	194	2700	718	254	6046	420
5	预消毒池	3	1680	18	3	363	83	3	1303	23	3	2700	11	12	6046	20
6	供电增容	515												515	6046	852
7	树木伐移				1	363	27				17	2700	64	18	6046	30

续表

序号	名称	A项目（新建）			B项目（新建）			C项目（新建）			D项目（新建）			投资（万元）	面积（m^2）	平均单位造价（元）
		项目造价（万元）	建筑面积（m^2）	单位造价（元）	项目造价（万元）	建筑面积（m^2）	单位造价（元）	项目造价（万元）	建筑面积（m^2）	单位造价（元）	项目造价（万元）	建筑面积（m^2）	单位造价（元）			
8	原建筑物拆除							184	1303	1409				184	6046	304
9	相邻建筑物保护										15	2700	56	15	6046	25
10	市政绿地恢复							5	1303	601				5	6046	8
二	建设工程其他费用	243	1680	1448	74	363	2046	197	1303	1511	314	2700	1161	828	6046	1369
1	项目建设管理费	48			15			35			60			158		
2	实施方案编制费（可研）	9			3			7			10			29		
3	工程设计费	102			30			73			129			334		
4	BIM设计费	6			1			5			9			21		
5	工程勘察费（结构检测费）	12			5			28			19			63		
6	工程建设监理费	67			21			48			84			220		
7	环保税	1			0.1			1			1			3		
三	预备费	83	1680	494	22	363	599	59	1303	452	108	2700	399	271	6046	449
四	工程建设总投资	2849	1680	16958	746	363	20561	2022	1303	15518	3695	2700	13686	9313	6046	15403

（3）新建箱式房方舱医院。

以通州某应急医疗项目为例，新建箱式房建筑类单床指标，从项目概况、建设内容、分部分项等内容进行分析，见表2.5.2-11。

项目概况：建设地点北京市通州区，占地面积21.62万m^2，建筑面积13.47万m^2，5000间客房临时建筑，地上3层。箱式房基础：筏板基础。

某应急场所工程　　　　表2.5.2-11

序号	工程或费用名称	技术经济指标				备注
		计量单位	工程量	单方造价（元）	造价合计（万元）	
一	建安工程费	床	5000	159073	79537	87.61%
（一）	客房、服务楼（1号～34号）	床	5000	130941	65471	28栋
1	建筑工程（含土方）	床	5000	66745	33372	

续表

序号	工程或费用名称	技术经济指标				备注
		计量单位	工程量	单方造价（元）	造价合计（万元）	
2	装修工程	床	5000	24469	12235	
3	电梯工程	床	5000	4641	2320	
4	强电工程	床	5000	15685	7843	
5	弱电智能化系统	床	5000	6632	3316	
6	自动火灾报警系统	床	5000	3591	1795	
7	给水排水工程	床	5000	4477	2238	
8	通风工程	床	5000	4701	2351	
（二）	服务楼（26号、27号）	床	5000	3168	1584	2栋
1	建筑工程（含土方）	床	5000	1670	835	
2	装修工程	床	5000	597	299	
3	强电工程	床	5000	310	155	
4	弱电智能化系统	床	5000	199	100	
5	自动火灾报警系统	床	5000	112	56	
6	给水排水工程	床	5000	102	51	
7	通风工程	床	5000	176	88	
（三）	综合服务中心（35号）	床	5000	4279	2140	1栋
1	建筑工程（含土方）	床	5000	2024	1012	
2	装修工程	床	5000	332	166	
3	强电工程	床	5000	530	265	
4	弱电智能化系统	床	5000	74	37	
5	自动火灾报警系统	床	5000	134	67	
6	消防工程	床	5000	7	4	
7	给水排水工程	床	5000	259	130	
8	通风工程	床	5000	917	459	
（四）	卫生通过（36号）	床	5000	1429	714	1栋
1	建筑工程（含土方）	床	5000	854	427	
2	装修工程	床	5000	186	93	
3	强电工程	床	5000	70	35	
4	弱电智能化系统	床	5000	46	23	
5	自动火灾报警系统	床	5000	20	10	
6	给水排水工程	床	5000	82	41	
7	通风工程	床	5000	172	86	

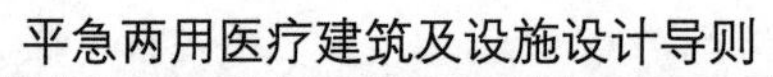

续表

序号	工程或费用名称	技术经济指标				备注
		计量单位	工程量	单方造价（元）	造价合计（万元）	
（五）	接待中心（37 号）	床	5000	226	113	1 栋
1	建筑工程（含土方）	床	5000	128	64	
2	装修工程	床	5000	25	12	
3	强电工程	床	5000	19	9	
4	弱电智能化系统	床	5000	12	6	
5	自动火灾报警系统	床	5000	5	2	
6	给水排水工程	床	5000	4	2	
7	通风工程	床	5000	33	17	
（六）	垃圾暂存间（38 号）	床	5000	268	134	1 栋
1	建筑工程（含土方）	床	5000	208	104	
2	装修工程	床	5000	30	15	
3	强电工程	床	5000	13	6	
4	弱电智能化系统	床	5000	7	4	
5	自动火灾报警系统	床	5000	5	2	
6	给水排水工程	床	5000	4	2	
7	通风工程	床	5000	2	1	
（七）	指挥中心（39 号）	床	5000	845	423	1 栋
1	建筑工程（含土方）	床	5000	546	273	
2	装修工程	床	5000	134	67	
3	强电工程	床	5000	80	40	
4	弱电智能化系统	床	5000	36	18	
5	自动火灾报警系统	床	5000	22	11	
6	给水排水工程	床	5000	12	6	
7	通风工程	床	5000	15	8	
（八）	小市政工程	床	5000	17173	8587	
1	场地粗平土	床	5000	985	493	
1.1	总图专业	床	5000		493	
2	室外工程	床	5000		8094	
2.1	总图专业	床	5000		1261	
2.1.1	道路工程	床	5000		1261	
2.2	给水排水专业	床	5000		1899	
2.2.1	科海一街南侧污水干线	床	5000		32	

续表

序号	工程或费用名称	技术经济指标				备注
		计量单位	工程量	单方造价（元）	造价合计（万元）	
2.2.2	给水排水小市政	床	5000		1849	
2.2.3	加药间设备基础及房子	床	5000		17	
2.3	电气专业	床	5000		3838	
2.3.1	电力小市政	床	5000		3531	
2.3.2	道路照明	床	5000		306	
2.4	弱电专业	床	5000		575	
2.5	土建专业	床	5000		10	
2.6	风景园林专业	床	5000		513	
2.6.1	景观铺装	床	5000		103	
2.6.2	绿化工程	床	5000		410	
（九）	钢围挡、钢大门	床	5000	745	372	
二	工程建设其他费	床	5000	11055	5528	6.09%
1	建设单位管理费				776	
2	可行性研究方案咨询				5	
3	环境影响评价费				24	
4	交通影响评价费				23	
5	专项法律服务费				18	
6	搬迁补偿初步评估费				5	
7	污染土调查咨询费				63	
8	市政基础设施配套费				1174	
9	勘察测绘费				21	
10	设计费				1950	
11	施工监理费				1000	
12	竣工图编制费				156	
13	招标代理服务费				65	
14	工程量清单及清单预算编制费				210	
15	环保税				38	
三	预备费（3%）	床	5000	5104	2552	2.81%
四	家具家电集采费用	床	5000	6340	3170	3.49%
五	项目总投资	床	5000	181573	90786	100.00%

2.6 应急建设手续

2.6.1 建设手续

应急医疗建筑工程建设分为新建工程及改造工程两部分，见图 2.6.1-1。

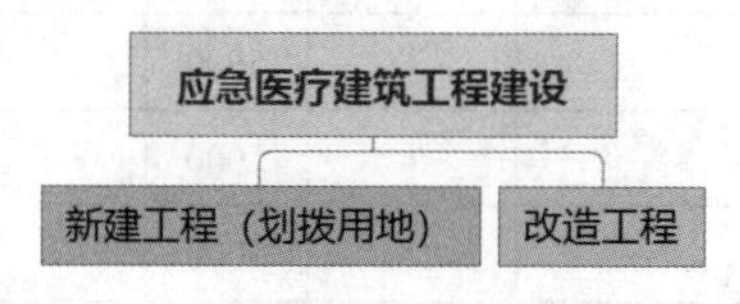

图 2.6.1-1 应急医疗建筑工程建设图

1. 新建

应急医疗建筑工程建设手续见图 2.6.1-2。

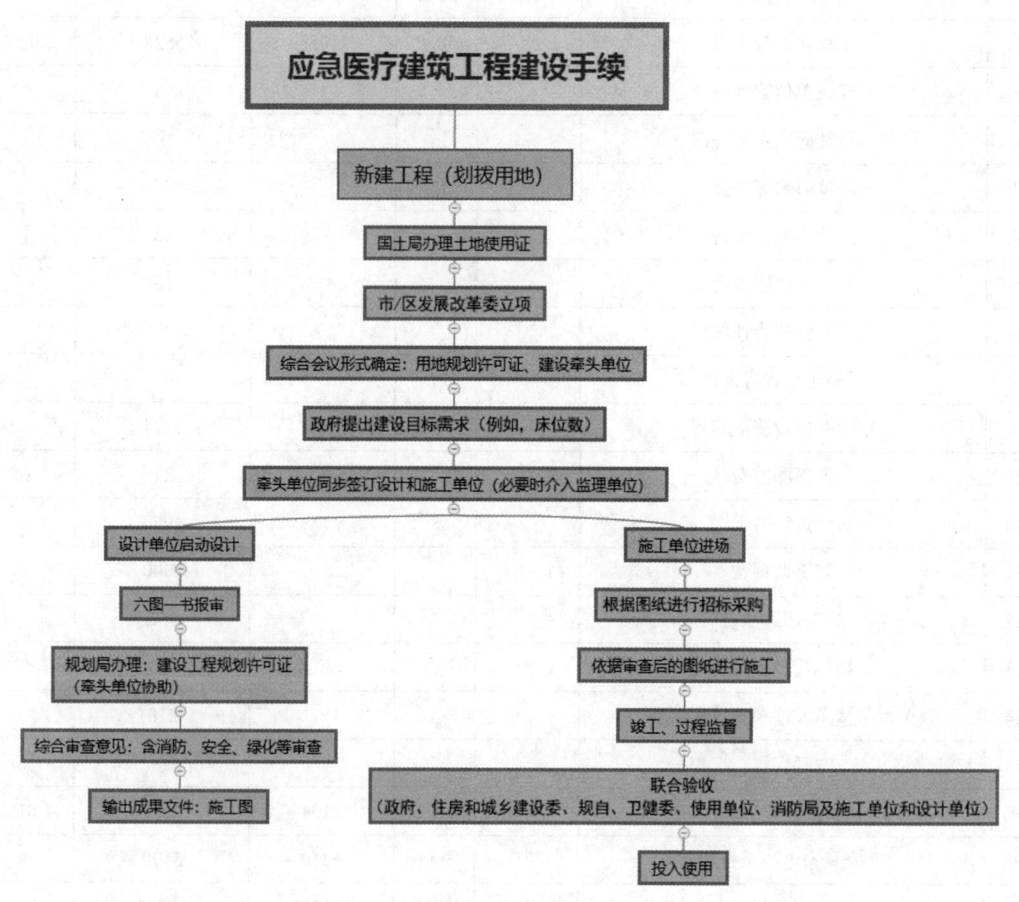

图 2.6.1-2 应急医疗建筑工程建设手续图（新建工程）

2. 改造

应急医疗建筑工程建设手续见图 2.6.1-3。

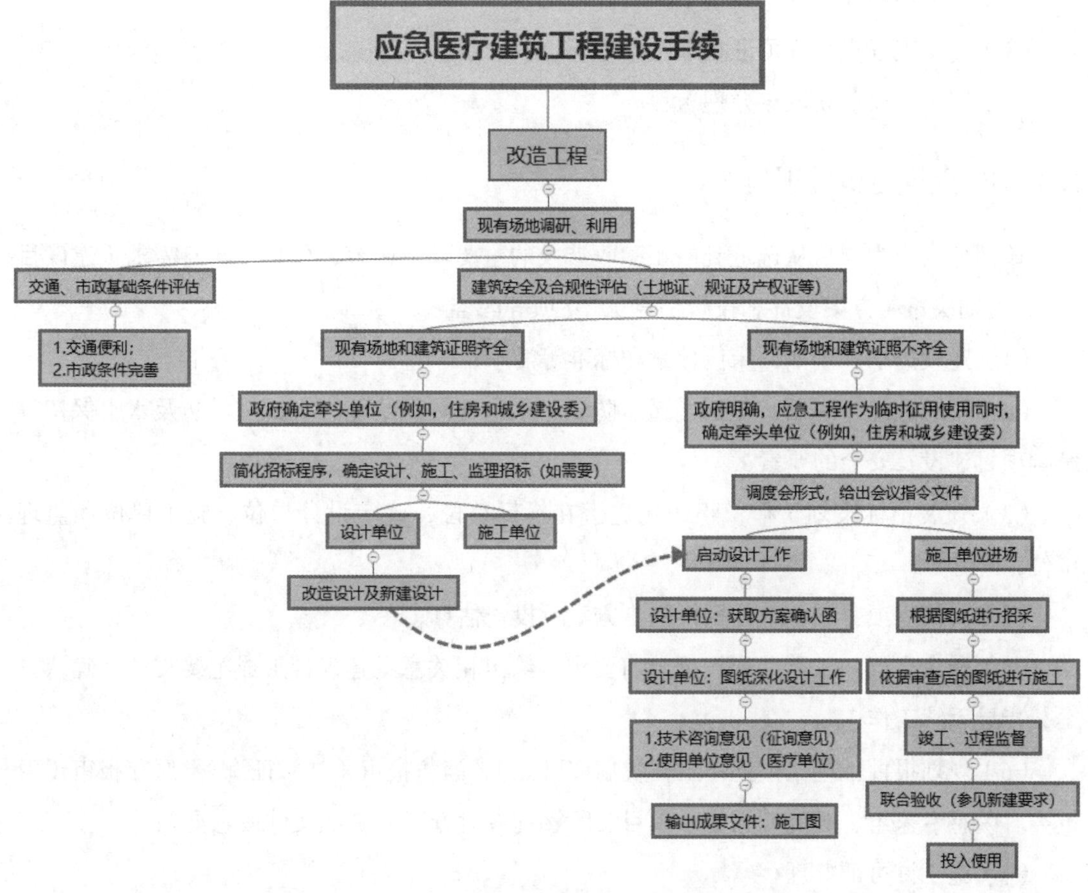

图 2.6.1-3　应急医疗建筑工程建设手续图（改造工程）

2.6.2　选址要求

该部分内容从选址用地的程序和合规性出发，主要为土地性质和产权归属两部分，不同于技术要求。

1. 土地性质

应急医疗建筑项目的选址应在符合当地区域总体规划、防疫规划和环保评估要求上，优先选用医疗卫生用地或商办混合用地。不得占用耕地、林地等非建设用地。

满足应急医疗建筑项目用地的，应确认其是否存在多个产权，避免影响项目建设。

2. 产权性质

产权性质主要为产权归属，防止项目选址用地上存在多个单位产权和不同的属性；以免影响后期规划设计和建设手续办理。例如，涉及林地、工业用地或可研办公用地等多类内容。

（1）土地使用证获取（办理）；

（2）建设工程规划许可证获取（办理）；

（3）房屋产权证获取（办理）。

2.6.3 立项与报批报建

该部分内容为项目从选址到竣工验收涉及的主要环节内容，包括：政府需求（建设目标），前期决策（方案设计和投资估算），立项等内容

（1）建设需求：例如，床位数量和标准等需求；

（2）用地选址、规划：包括交通、防洪、水电气热供给能力、抗震设防及水土保持等影响项目建设及安全的要素；

（3）开展招标策划工作，组织比选潜在投标单位，确定设计单位、施工单位和监理单位；

（4）决策立项：设计单位提供初步方案及投资估算；

（5）联合会议：各委办局根据政府要求，给出相关意见建议，形成纪要文件，确认方案，指导后续工作；

（6）规划报批：规划报批（工程规划许可证）、消防报审（技术征询）、医疗报审（卫健委、院感专家组、医院使用方、项目实际管理方对方案的确认文件或意见）；

（7）施工许可证办理；

（8）竣工验收：建设单位、勘察设计单位、监理单位、施工单位及医院使用管理单位；

（9）办理项目移交，督促无关人员撤离，组织相关部门演练；

（10）组织办理固定资产权属登记工作；

（11）结算、审计，支付。

2.6.4 合同管理

（1）明确工程建设范围和建设要求，结合初步方案及内容，拟定初稿合同；

（2）与建设单位或工总承包单位签订合同；

（3）根据合同要求推进项目进度，监督检查各参建单位合同履约情况；

（4）处理合同纠纷与索赔事宜；

（5）项目最终结算审计，合同执行完毕。

2.6.5 运营维护管理

（1）设施管理，规范化管理建筑运维、物业管理、运维数据管理；

（2）资产管理，清查和评估运营资产、合理合规处置。

文献索引

[1] 战乃岩．主导风向对不规则建筑群街区污染物扩散的影响．环境污染与防治第42卷第5期2020年5月．

[2] 李顺．主导风向对不同高度建筑街谷交通污染物扩散的影响研究．科技视界

[3] 中华人民共和国卫生健康委办公厅&中华人民共和国发展和改革委员会办公厅&中华人民共和国住房和城乡建设部办公厅．新型冠状病毒肺炎方舱医院设计导则（试行）．北京：规划发展与信息化司，2022：4.

[4] 赵晓光，党春红．民用建筑场地设计［M］．北京：中国建筑工业出版社，2004：122.

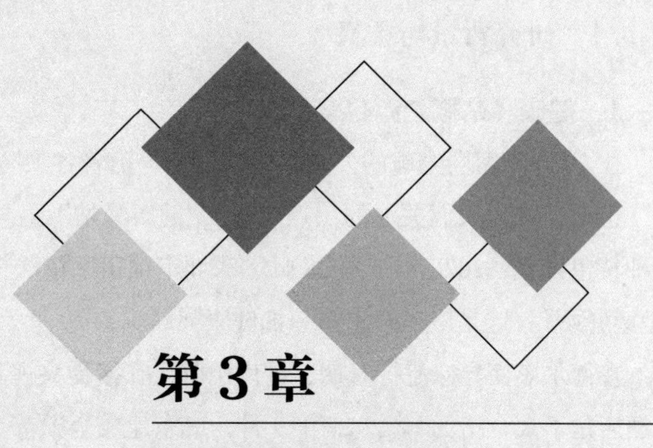

第3章

健 康 驿 站

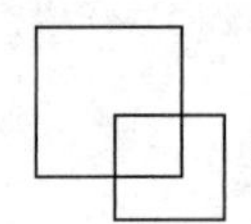

3.1 健康驿站研究概述

3.1.1 研究背景与意义

1. 健康驿站概念源起

在2020年席卷全球的公共卫生事件中，随着各项防控措施体系的逐步完善，“健康驿站”也渐渐成为人们关注的焦点之一。“健康驿站”最早是广东省集中隔离医学观察点的一种特色设置，2020年1月28日，深圳市福田区依法依规征用8家社会酒店，统一命名“健康驿站”，这是广东全省第一批健康驿站。

在德尔塔变异株流行时期，钟南山院士在接受央视新闻采访时提及“普通酒店作为隔离酒店是不太合格的”。2021年9月，广东建成全国首个国际健康驿站，位于广州市白云区钟落潭镇，远离人口密集居住区域和污染源，项目按照人员全流程闭环管理的防疫要求，代替传统隔离酒店。

本文对于健康驿站（Health post station）的定义为——应对突发性、流行性疾病预防和控制，政府或社区等机构在特定地点设立的具备平疫结合功能的预检隔离、治疗设施，在病毒流行期间，用于隔离医学观察下列人员：确诊病例、疑似病例、无症状感染者的密切接触者及次密切接触者、入境人员，国内中高风险地区流入人员，以及根据防控工作需要集中隔离医学观察的其他涉疫风险人员。

健康驿站是我国在疫情防控实践中总结出来的新模式，是以平战结合、适度超前规划为原则打造的隔离机构，可以满足轻症患者的治疗需求，以及密接者、入境人员等集中隔离人员的“一站式”健康管理要求，实现隔离人群和社区的彻底分离，在疫情防控中发挥重要效能。

全国真正符合发热门诊规格要求的医院数量不多，普通酒店作为隔离酒店防疫性能不过关，基于隔离和轻症收治的压力，健康驿站是彼时疫情形势之下的可行之策。是疫情期间，扩大隔离容量、降低感染外溢的有效措施。

2. 设立意义

健康驿站的设立具有多方面重要意义。

首先，健康驿站在疫情初期能够帮助及时发现疑似病例，防止病毒扩散。由于病毒传播途径不明确，且有一定潜伏期，这就增加了病毒的传播风险。通过健康驿站的设立，可以对人员进行初步筛查，及时发现疑似病例，避免病毒的迅速扩散。

其次，健康驿站可以加强基层社区防控的能力，极大地分担综合医院和定点医院的检测压力，保障宝贵的医疗资源不被挤兑击穿。社区是疫情防控的第一道防线，疫时健康驿站可以从根本上解决群众基础检测与隔离的问题；疫情暂息时又可以作为提高公众健康意识和防疫意识的宣传引导设施，在相关工作人员及志愿者的指导下，公众可以了解如何正确佩戴口罩、勤洗手等防疫知识，增强自我防护意识，减少感染风险。

最后，健康驿站平疫结合的特点使其具有灵活转换的优势，为后疫情时代的常态化防控提供重要物质基础。同时健康驿站的设立和运营经验可以为未来常态化防控提供借鉴和参考，提升社会应对突发公共卫生事件的能力。

3.1.2 主要类别

健康驿站作为后疫情时代社会全面放开的基础，属于此次疫情涌现出的较前沿与创新的设施类别。广州国际健康驿站的隔离模式受到各地方政府的高度认可，陆续有多省份、多地市建成较大规模的健康驿站已经投入使用。已建成或建设中的健康驿站大多选址在相对偏远但交通便利的区域，远离人口密集区，避免发生社会层面的病毒传播。健康驿站场所内住宿、办公区域设置分区，有保证集中隔离人员正常生活的基础设施，卫生设施、房间数量满足单间单独隔离需求。

健康驿站经历了由最初的依法征用民用建筑改造，到后来集中选址新建，其项目类型根据建筑类型与使用年限等可划分为以下类别：

1. 改建类健康驿站项目

改建类健康驿站主要利用具备条件的酒店、公寓、宿舍等已有建筑或已建成、未交付、位置相对独立的保障房小区为基础，通过简单整改及人为管控，使其满足健康驿站的功能需求。疫情初期健康驿站以此形式为主。

2. 新建临时性健康驿站项目

基于应急需求，新建临时性健康驿站主要以集装箱活动板房、彩钢板临时板房等不使用钢筋混凝土浇筑的临时性建筑类型为主，以达到成本低廉、建设周期短、灵活可变、快速复制等目的。

3. 新建类永久性健康驿站

新建永久性健康驿站主要以集中建设较大规模永久性建筑组团为主，尤其是口岸城市及人口密集城市，用于满足大量入境人员的隔离要求。

3.1.3 相关规范、导则与政策的研究

1. 集中隔离点的相关规范

2022年7月，国家卫生健康委发布《关于印发集中隔离点设计导则（试行）的通知》，对于集中隔离点的定义进行明确，对其建筑和配套设施的设计以导则的形式，从总则、选址和建筑、结构、给水排水、供暖、通风及空调、智能化等7个方面进行约束指导，以期完善防控体系，优化防控措施，加强集中隔离点建设。

相比上述总的指导原则，各地方针对疫情集中隔离医学观察点的管理规定和技术指引更为详细和全面。以北京为例，北京市自2020年2月份起，根据疫情发展和防控工作要求，相继发布了9个版次的《集中隔离点设置标准及管理技术指引》，从工作机制、组织管理、工作流程和场所设置及防疫要求等方面对集中隔离观察点予以规范管理和操作指引。

健康驿站作为集中隔离观察点的一种特色和提升设置，其本质上还是集中隔离医学观察场所，为轻症、疑似病例和无症状感染者提供隔离、诊疗、医药的服务，避免社会面的交叉感染。因此健康驿站的设计、建设和运营一般遵循上述集中隔离点导则或技术指引的相关规定。

2. 健康驿站相关导则

健康驿站为长期化、平稳化的境外输入防控提供了有力的保障，其规模化、封闭化的运营也能够确保加强疫情管控，减少交叉感染。因此从广州国际健康驿站开始，深圳、东莞、珠海等口岸城市率先建成一批主要面向入境隔离人员的健康驿站，后续各地均相继建成一定数量的健康驿站，也陆续出台健康驿站的设计导则，对这一类型设施进行一系列的设计指导和规定，涵盖了从选址到各专项设计的规定。

1）浙江省《健康驿站建筑设计导则（试行）》

《健康驿站建筑设计导则（试行）》于2022年4月28日，由浙江省住房和城乡建设厅、浙江省卫生健康委员会联合发布，是国内首部健康驿站建筑设计导则，对提升国内应对重大突发公共卫生事件能力具有十分重要的社会意义，也为全国各地健康驿站项目设计控制提供了优秀样板。其主要内容包括：总则、术语、基本规定、规划和选址、总平面、平疫结合。

2）《健康驿站施工质量验收导则（试行）》

为加快推进健康驿站建设，规范健康驿站施工质量验收，2022年8月5日，浙江省住房和城乡建设厅制订并发布《健康驿站施工质量验收导则（试行）》（以下简称《导则》），《导则》依据杭州钱塘健康驿站项目建设经验，制定提供隔离观察房间检查、环境指标检

测、综合性能评定和工程资料等方面指引，规范了施工质量控制，为全省各地健康驿站项目建设提供参考。

3）《辽宁省健康驿站建筑设计导则（试行）》

《辽宁省健康驿站建筑设计导则（试行）》（以下简称《导则》）于2022年6月14日，由辽宁省住房和城乡建设厅、辽宁省卫生健康委员会共同制定。《导则》的主要内容包括：总则、术语、选址规划、市政配套和建设标准。其规定了健康驿站建筑的五大设计原则：

安全至上原则。在项目选址、规划设计、建筑设计、结构设计等建设各个阶段都须遵循安全至上的原则，确保建筑安全、工作人员和隔离人员安全、健康驿站运行安全，内外环境安全。

满足应急防控需求的原则。通过运用高效、科学、实用的建设方式，满足应急防控需要。

控制疫情传播、切断传染链原则。在整体设计中，明确功能分区，做到各板块洁污分区与分流。避免洁净与污染人流、物流的相互交叉，降低疾病感染的概率。

保护环境、杜绝污染原则。

除符合《导则》之外，设计还应符合现行国家和地方有关法律法规和标准的规定。

4）《华建集团应急医疗建筑设计技术导则（试行）》

《华建集团应急医疗建筑设计技术导则（试行）》（以下简称《导则》）于2022年4月由华东建筑集团股份有限公司发布，其编制以安全性为首要原则，功能性为基本原则，便于快速建造，并兼顾经济性和舒适性。主要适用于应急医疗设施和集中隔离管理设施的快速新建和改建。

《导则》共分4部分，针对不同的建筑功能及类型，分别是《公共服务租赁性配套用房应急项目设计技术导则》《租赁房项目用于临时观察场所适应性改造设计技术导则》《上海市应急医学隔离观察临时设施项目——箱式钢结构临时用房设计技术导则》和《上海市大型公建改建型集中隔离收治设施设计技术导则》。

3. 社区生活圈防疫应急规划标准

随着疫情的发展和逐步控制，2023年1月8日以后，对新型冠状病毒感染实施“乙类乙管”，对新冠病毒感染者不再实行隔离措施，不再对入境人员和货物等采取检疫传染病管理措施。各地开始从制度建设层面重新审视城市和社区的防疫应急规划，其中也包括将健康驿站常态化设置作为应对突发公共卫生事件的有效措施。

中国城市规划学会于2023年1月4日发布团体标准《社区生活圈防疫应急规划指南》（以下简称《指南》）。编制组介绍，社区生活圈是满足居民生产、生活的基本生活单元，也是为有效应对传染病疫情而建立的城市防疫基本防控单元。《指南》坚持疫前预防为主，有助于提高社区防疫能力，提升社区韧性。相关规划编制宜在城市疫情风险评估报告指导下，与国土空间总体规划、防疫专项规划、综合防灾专项规划以及突发公共卫生事件应急条例等充分衔接。

《指南》从15分钟、10分钟、5分钟生活圈三个层级，指导构建“预防、控制、救治、管理”四位一体的社区防疫体系，以应对各种重大传染病疫情事件。《指南》提出，疫情发生时，市级设施宜对社区生活圈在物资运输、医疗救治、集中隔离等方面给予有效支撑；燃气、桥梁、供水、排水、热力、电力、垃圾、综合管廊、输油管线等生命线工程，应统筹社区生活圈的设施配置规划，提出社区应急状态下的市政生命系统运行方案。

从集中隔离点的设计指引、健康驿站的相关导则到社区生活圈的应急规划指南，实际体现的是一个递进的城市与社会治理逻辑，从集中应对流行性传染病突发事件到有序地探索和组织隔离管理，再到建立相对完备的社区防疫体系。健康驿站是以上探索中非常关键的一环。

防控流行性传染病期间，国家和地方紧急出台了若干针对应急医疗建筑、办公等场所以及空调设备的防疫措施、标准，一定程度上解了“燃眉之急”。而针对健康驿站的若干导则可以看作是对防疫措施、标准的完备，未来关于应急防疫的相关规定应根据实际整合到行业规范和地方性法规之中，做到规范法规的“平急结合”。

3.1.4　健康驿站现状特征总结

1. 选址考虑——外防输入

为解决“开放国门＋防止隔离外溢”的社会需求，健康驿站的选址应满足以下总体原则：根据城市总体规划，避开城市人口稠密区和水源保护地等有可能造成公共安全危害的设施。选址应位于地质稳定平坦地段，尽可能位于城市区域常年主导下风向；应选择交通方便快捷，便于大规模人员转移及应急物资输送的地区，并避开交通繁忙的路段；应远离易燃易爆产品及有害气体生产存储区域和存在卫生污染风险的加工区域；应具有较完备的城市基础设施，且必须符合国家现行的消防安全、抗震防灾、城市建设、环境保护等标准要求。

根据以上原则，已建成或建设中的健康驿站大多选址在相对偏远，但交通便利的区域，远离人口密集区，避免发生社会层面的病毒传播。

2. 管理运营——内防感染，闭环运营

健康驿站的统一建设可以避免隔离酒店标准不一、管理繁琐的问题，起到提升阻断隔离过程中感染的效果；另一方面，健康驿站的运营也为长期化、平稳化的境外输入防控提供有力的保障。国际健康驿站一般采取提前预约＋核酸检测＋口岸登记的流程，入境人员自助和半自助办理入驻。

健康驿站内部隔离区（客房区）和工作区分开设置，有保证隔离入住人员正常生活的基础设施，卫生设施、房间数量满足单间单独隔离需求。此外，健康驿站设置专业的医护人员，并有后勤人员进行污水、医疗废物的收集和无害化处理。通过合理的防疫管理组团设置和规范的管理，实现闭环运营和阻断社会感染（图 3.1.4-1）。

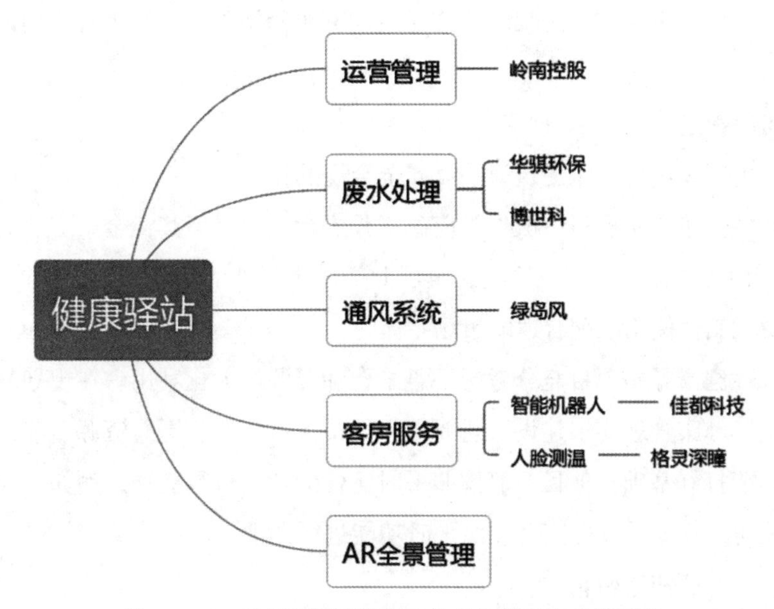

图 3.1.4-1　广州国际健康驿站的条块管理和支持系统

3. 资源占用

相比直接征用酒店、大学宿舍或保障性租赁住房等作为隔离场所，新建或改建的健康驿站对既有社会资源占用较少，也更容易达到建设规范、功能完善的要求，实现外防输入、内防感染的防控目标。但是建设健康驿站的初始投资巨大，无论是以钢结构箱式房为代表的应急临时建筑，还是能够适应快速建造的装配式钢结构轻型永久建筑，其造价均相对高；以广州国际健康驿站为例，项目定位为广州市级应急抢险救灾工程，一期总投资约 14.3 亿元，采用集装箱临建体系，建成规模 24.6 万 m^2，含客房约 5000 间，医护后勤用房 2000 间，单床位总投资高达 20 万元。（数据引自公开报道，未经建设单位核实。）

4. 临建耐久性问题

应急临时箱式建筑自 2020 年以来在抗击疫情的诸多场景中得到广泛应用，从最早的雷神山、火神山医院，到小汤山医院升级改造应急工程，再到大量的集中隔离观察设施和轻症方舱医院；2021 年投入使用的广州国际健康驿站，北京市在 2022 年的疫情当中建设的朝阳金盏、通州西集重大活动应急场所暨保租房项目等隔离点都属于采用应急临时箱式房的健康驿站设施。

临时箱式建筑具备高度标准化和快速建造的优势，但作为临时建筑，箱式房的建筑设计使用年限仅为 5 年，建造层数不得超过 3 层（《箱型轻钢结构房屋　第 1 部分：可拆装式》GB/T 37260.1—2018、《建设工程临建房屋技术标准》DB11/693—2017）。临时建筑无法办理产权证，按照《中华人民共和国城乡规划法》的相关规定，临时建筑使用期间不得超过 2 年。为此大量此类采用临时箱式建筑的健康驿站项目，其工程规划许可证有效期也仅为 2 年。

5. 规划合规途径

改建类的健康驿站要求原建筑为手续齐全合规的建筑。

新建临时性健康驿站项目一般作为应急工程进行立项，但其资金渠道、后续利用均受到其临时建筑性质的极大制约，这也决定了此类健康驿站的建设、运营基本为政府主导，难以通过租赁或其他使用匹配合适的市场主体。

新建永久性健康驿站项目充分考虑平急结合和资源最大化利用。在规划之初，不仅要根据“一站式”健康管理要求建设，还要结合城市人口密度、周边资源布阵，为疫情结束后迅速切换功能打好基础。项目一般按照平时运营的功能进行立项，例如，作为公租房或保障性租赁住房，规划手续也完全按照平时功能进行办理。

6. 全生命周期使用价值

健康驿站作为应对疫情常态化防控的一种新模式，是满足一站式健康管理要求，以平急结合、适度超前规划为原则打造的隔离机构，不但在疫情防控中发挥重要效能，还应该从建筑全生命周期的维度评判其使用情况和社会价值。

3.1.5 健康驿站未来趋势研判

1. 使用与运营情况回顾

无论是改建类、新建临时类、新建永久类的健康驿站项目，均在疫情常态化防控中发挥了重要作用，被证明是一种积极有效的隔离设施。2022 年末，我国疫情防控政策作出重大调整，新冠病毒感染改为“乙类乙管”，此后相当长一段时间内，仍有相当数量的健康驿站持续运营，服务不具备居家隔离条件的无症状感染者和轻型病例。

2. 保障性租赁住房兼容健康驿站

健康驿站平疫结合的特点使其具有灵活转换的优势，为后疫情时代的利用提供重要物质基础。

2022年6月中北京市重大办、市规自委对前两年大量新建箱式房临建隔离点和改建大空间方舱医院的应急建设模式作出了调整，推荐永久性和临时性（以下简称永临）结合的防疫设施，以争取更好的社会价值。

北京市重大办、市规自委主导将租赁住房、公租房等面向市场的物业类型和防疫设施相结合，从平时运营出发，兼顾集中隔离设施的临时使用需求。健康驿站在建设之初就从疫情隔离、后期租赁式社区运营两方面诉求出发规划建设。若项目后期进入租赁式社区运营阶段，特殊配套空间可更新为商业配套以满足住户生活需求。

以北京经开区路南区N20项目为例，项目作为应急建设的健康驿站项目，同时也是公共服务租赁性配套用房项目，拟在疫情结束后作为人才公寓，为北京经济技术开发区产业技术人员提供住房保障。项目在2022年9月交付投入使用，2023年5月完成保障性租赁住房认定工作，被纳入经开区人才租赁住房管理体系。N20项目提供1840套公寓型房源，以优先保障政府配租+市场化经营双循环的模式投入运营（图3.1.5-1）。

图3.1.5-1 经开区N20项目鸟瞰图

经开区N20项目在运营阶段定名为“亦嘉·交响悦”，产品定位为解决新市民、新青年、企业白领等群体安居需求的人才公寓，项目以白领公寓为主，蓝领公寓补充，部分商务套间为企业提供安居保障。相比疫情期间，“亦嘉·交响悦”陆续改造设置了健身房、商服超市、洗衣房、活动室、多功能会议室等生活配套空间。

各地陆续出现保障性租赁住房兼容健康驿站的项目。沈阳在2022年9月进行沈北新区、大东区两个保障性租赁住房的工程规划批前公示，明确规划用地性质为二类居住用

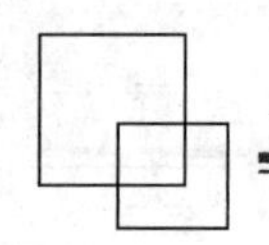

地，建设内容兼容健康驿站设施。2022 年 5 月，宁波城投公司开发建设的海曙区 WCH-04-d1-1 地块保障性租赁住房开工建设，计划建设保障性租赁住房约 1600 套。该保障性租赁住房结合健康驿站进行配置，在疫时服务城市抗疫需求，长期建设成为保障性租赁社区。

后疫情时代，租赁社区兼容健康驿站设施的项目可能成为城市应急规划的一个重要类别。

3. 结合社区生活圈的健康驿站

疫情期间，社区级别的健康驿站为经济社会的常态化发展、推进生产生活秩序的全面恢复提供了有效保障。大量境外输入人员入境目的地不同、传播点分散，若都采取社会居家隔离难度大、不可控因素多，通过就地隔离的健康驿站能有效减轻社区防控压力，同时集中调用监管、医疗等公共资源，做到疫情防控专业力量集中下沉，降低疫情防控社会管理成本，并从源头上阻断风险传播链条，有效防止疫情的反弹与扩散。

社区级别的健康驿站管理目标是“人员安全、场所平稳、管理有序”，通过实施条块化管理机制，整合来自街道、卫健、公安、疾控、酒店等各方专业力量，组成联防联控体系，综合性开展健康驿站疫情防控的横纵向管理工作（图 3.1.5-2）。

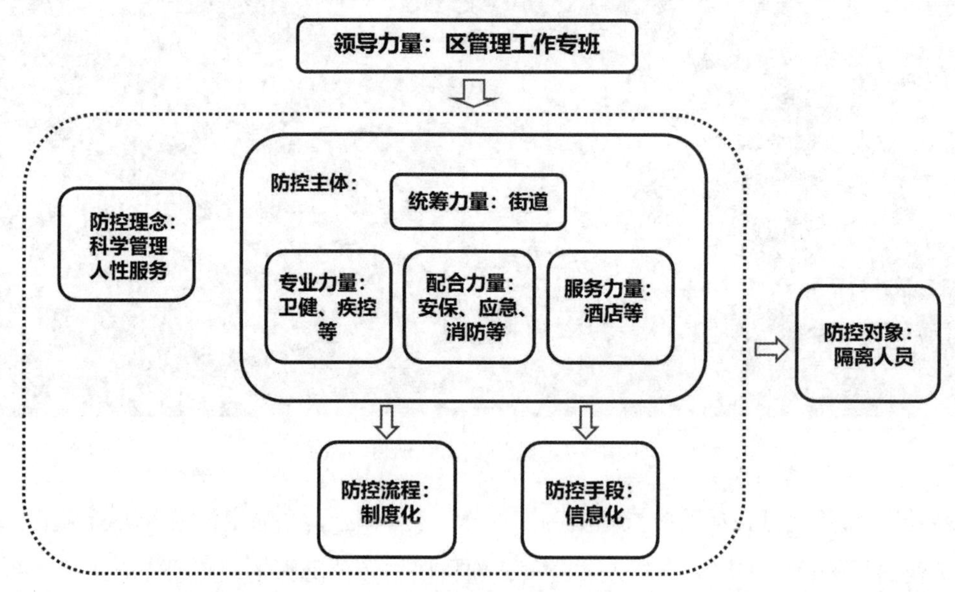

图 3.1.5-2　健康驿站防控框架图

适度超前规划的健康驿站为不具备居家隔离条件的轻症和无症状感染者提供“集中式居家场所”，解决自愿集中隔离的需求。有效应对，避免社会面交叉感染。建立完善的清洁消毒、安全保障、后勤服务制度，为入住者提供安全、舒适的居住环境。同时配备经验丰富的医护人员，为入住者提供诊疗＋医药的服务。

社区生活圈是满足居民生产、生活的基本单元，也是为有效应对与预防类似疾疫灾情等突发情况发生而建立的城市应急基本防控单元。后疫情时代，常态化管控时期等，则需要从城市规划层面填补原有城市卫生应急板块缺口，积极发挥社区生活圈配套作用。

3.2 技术控制

3.2.1 功能与流线

1. 设计原则

健康驿站作为应对突发性、流行性疾病的预防和控制设施，其基本定位是“具备平急转换条件的集中隔离观察设施”。其设计、管理、运行可以参考集中隔离观察点的设置标准和管理技术指引。

健康驿站的设计基本原则是保障内外环境的安全，包括建筑安全、运行安全、工作人员和隔离人员的安全。

健康驿站设计的重要特点是平疫结合：即综合考虑非疫情期间与疫情期间的功能要求，有系统和可行的功能转换方案。

2. 功能模块

健康驿站需要按照隔离医院观察点的要求合理分区和设置通道，即“三区两通道”。“三区”指隔离区域、工作准备区域和缓冲区域，不同区域之间应有严格分界，采取物理隔断方式进行隔离，并设置明显标识。“两通道”包括工作人员通道和集中隔离人员通道。通道不能交叉，尽量分布在场所两端，并设置明显标识。

同时应对“一站式”健康管理的需求，对比方舱医院和普通集中隔离点，健康驿站有更具规模的接待中心、综合服务中心、健康服务中心等设施，更好地满足“一站式”健康管理的需求。

1）隔离区域

隔离区域也是污染区，包括收治前区、接待大厅、检查检测、隔离客房、护理后勤、附属设施和出院登记等功能分区。

收治前区：位于隔离客房一侧的主入口广场，用于大巴的停放和落客。

接待大厅：接待和完成登记入住手续。

检查检测：移动方舱 CT 和移动核酸检测车场地，靠近收治前区。

隔离客房：用于隔离人员居住等其他具有应急功能的客房。

护理站：位于隔离客房内部，每层或每个护理单元进行布置。

大巴洗消：位于患者入院广场附近，入院大巴和救护车驶离前进行洗消清洁的设施。

出院登记：位于出院通道，为患者出院时提供淋浴及物品消毒等服务的空间。

医废暂存：位于污染区域集中存放医疗废弃物的区域，内部应保持负压。

综合健康中心：配备处置室和治疗室，应对入住隔离人员突发疾病；配备转院观察室，提供单独观察护理房间；配备120救护站，靠近车行可达出入口。

2）工作准备区域

工作准备区域是清洁区，包括物资收发、物资库房、医护办公、医护休息、后勤生活、厨房备餐、指挥中心等功能分区。

卸货区：位于医院医护人员所处清洁区域，为医疗、物业物资的卸货区域。

服务客房：用于服务应急项目医护、办公人员居住的房间。

中央厨房：位于清洁区域的备餐和配套工作区。未来进入社区运营阶段时可以转变为商业配套空间。

物资库房：位于清洁区域存放医疗药品和生活物资的库房。

3）缓冲区域

缓冲区域是设置在隔离区域和工作准备区域之间，供人员和物资进入隔离区域和返回清洁区域时进行卫生处置的区域。主要包括穿脱防护服的通道，换鞋更衣的操作空间，餐食和物资的运送通道。

工作人员进入隔离观察区应经过更衣、穿戴防护装备、缓冲等房间；由隔离观察区返回工作服务区，应经过一脱、二脱、淋浴（可根据需要设置）、更衣等房间。清洁区进出污染区的通道和出入口处应分别设置，不应共用。

医护人员退回清洁区的卫生通过个数宜多于进入污染区卫生通过个数。返回卫生通过可根据医护人员配备需要设置1～3组通道。供医护人员使用的卫生通过区通道数量，大致按以下原则计算：每300～400张床位，设1条工作人员进入污染区通道，设2条工作人员退出污染区通道，设1条物资进入通道。医护人员采用二级防护。通道流量按每组换班医护人员，从污染区返回清洁区时间不宜超过30分钟标准计算。

缓冲区宜采用装配式模块化设计，便于现场快速装配成型。

3. 流线组织

1）医护进入和退出流线

医护工作人员进入流线（图3.2.1-1）：工作人员穿好防护装备，从清洁区通过缓冲区进入污染区。具体为："清洁区——更衣室——穿防护服通道——缓冲间——客房区（污染区）"。

医护工作人员退出流线："污染区——缓冲——一脱——缓冲——二脱——缓冲——清洁区"。

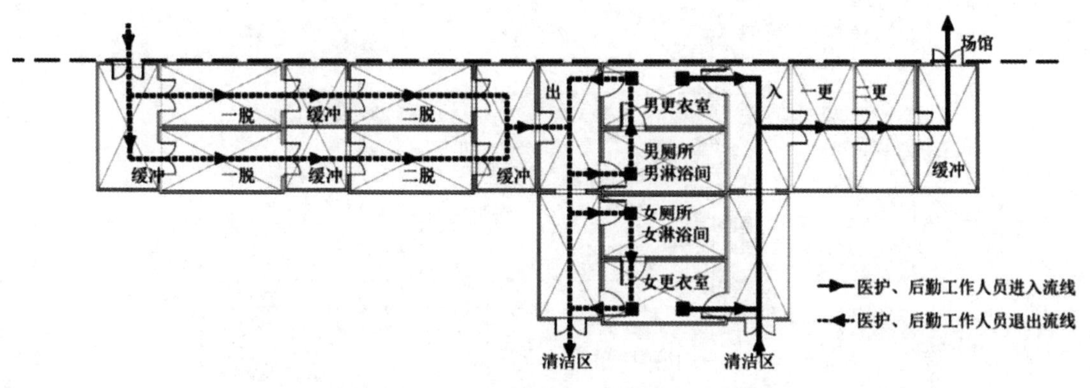

图 3.2.1-1　医护进入和退出流线示意图

2）隔离人员入住流线

隔离人员乘坐大巴或其他交通设施抵达，在接待大厅办理登记和入住手续，之后前往隔离客房。

许多健康驿站启用后，隔离人员在大巴转运途中即可完成房型选择和房间分配，到达驿站后无须办理登记手续即可直接进入组团。"无接触"和"智能化"是智慧化健康驿站的突出特点，能够有效减少人员接触和交叉感染风险，减低各类流线交叉的可能。

3）隔离人员离开流线

离开流线利用洁净线路，与隔离入住人员分离；解除隔离人员在出院中心完成行李洗消和登记手续后离开。

4）确诊病患转运流线

确诊病患利用半洁净道路进行转运，转运过程需要严格避免不当接触，避免造成内部感染和外溢风险。

5）生活物资、快递配送流线

生活物资和医疗物资全部利用洁净道路配送，与隔离入住人员不交叉。物资从清洁区进入，通过缓冲区的快速通道进入客房区。

6）医废垃圾清运流线（夜间清运）

场地内按组团或单元设置医废暂存间或站点，夜间集中时段进行垃圾清运，减少对隔离单元夜间休息的干扰，同时尽量减少对于入住流线的干扰。

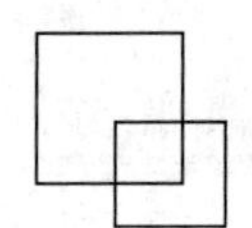

健康驿站流线安排的基本原则，一是隔离人员入住流线与医护流线、物资流线做到严格分离，避免交叉。二是隔离入住流线与离开流线尽量避免交叉，保证入住和离开可以同时进行，提高运行效率。三是确实无法完全避免交叉的流线，应错开时间安排，保证同时段无交叉。例如，垃圾清运安排在夜间进行，与其他活动时间错开（图 3.2.1-2）。

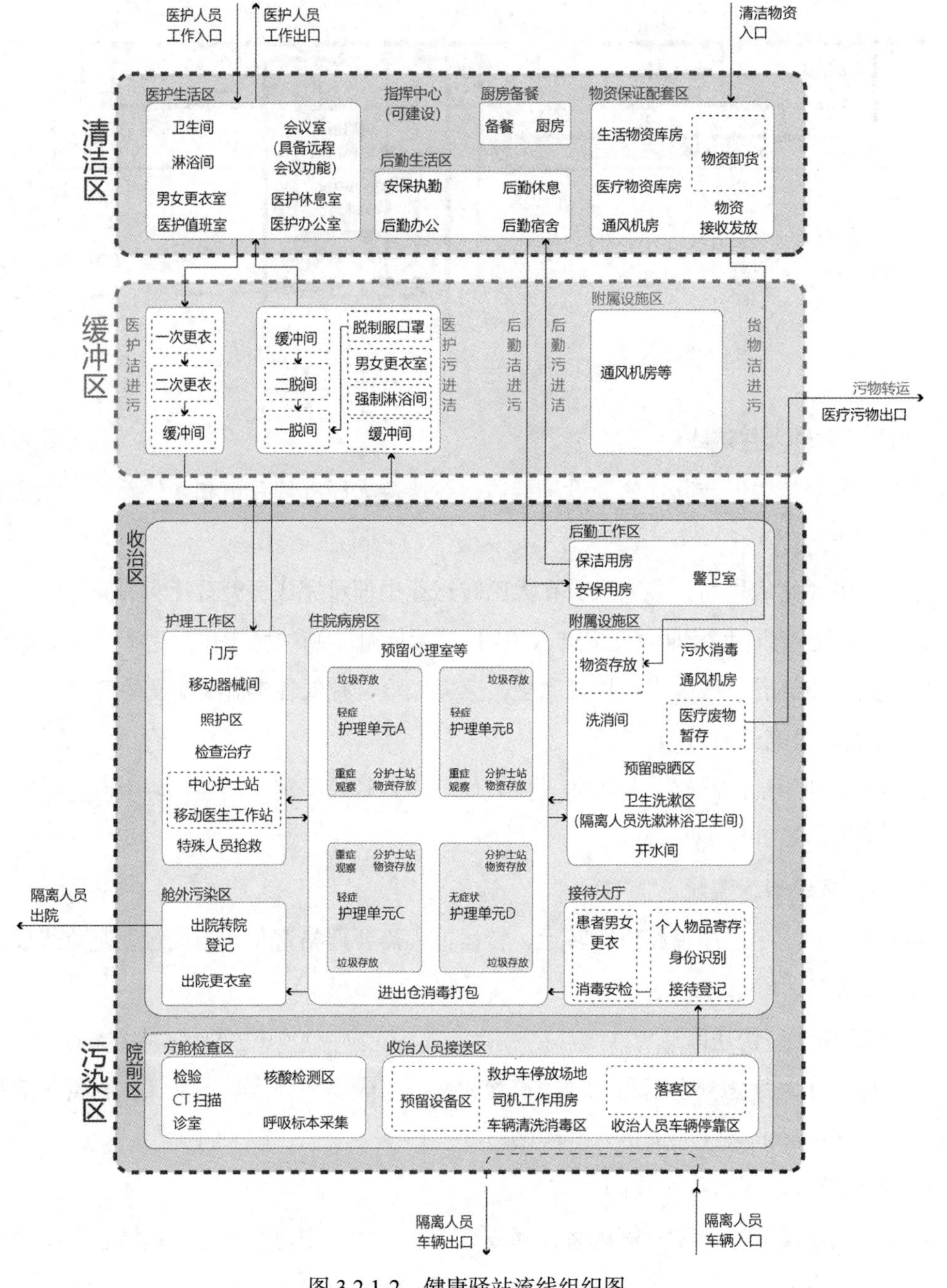

图 3.2.1-2　健康驿站流线组织图

3.2.2 平急结合

“平急结合”作为健康驿站的重要特征之一，其社会意义体现在满足疫情防控的基础上，实现经济发展和社会稳定的有机结合。这一概念强调了在疫情防控的同时，要保持经济发展和社会稳定的良性循环，使疫情防控与经济社会发展相互促进、相得益彰。

健康驿站的平急结合设计目标是兼顾平时使用与应急使用，以较为经济的代价取得良好社会效益。其重点在于统一设计和应急转换。

1. 重大卫生事件的应急转换措施

要点 1，建筑永临结合，部分应急设施采用临时建筑，预留场地和水电接口条件，应急时进行临建快速拼装。

要点 2，设施平急结合，按照防疫要求进行设备设施的系统设计和预留安装条件，部分设备设施暂不安装，应急时快速实施安装到位。

2. 应急转换设计要求

健康驿站的平急转换应在卫生健康部门规定的时间内完成，一般不宜超过 48 小时。

按照转换规定时限内无法按时完成转换的部分，设计时应明确要求一次性施工安装到位；按照转换规定时限内可以按时完成转换的部分，凡对平时使用影响不大的，也应要求一次性施工安装到位。

按照转换规定时限内可以按时完成转换的部分，凡对平时使用功能影响较大的，转换用材料、设备、封堵构件应在转换施工前做好编号，并存放在专用库房内，以备转换施工时取用。设置用以存储改造、转换材料的库房。确保临战能够迅速完成转换和搭建。

竣工验收应提供平时、战时两套图纸，并编制应急转换方案；图纸和转换方案同时移交使用单位存档，供指导战时转换施工。

3. 平时转换设计要求

应对重大公共卫生事件投入使用的健康驿站，应该做好平时使用功能的策划并进行完善的功能预留。例如，以保租房或公租房等政策性租赁住房立项的新建永久性健康驿站，应将平时的社区配套功能实施完善；而新建临建箱式房一类的健康驿站更应该做好全生命周期内的功能策划，以争取在有限的时间内取得最大的社会效益。以北京市朝阳金盏七彩家园为例，项目在 2022 年建设和投入使用，属于集装箱式的应急隔离健康驿站。完成应急任务后于 2023 年 6 月即开始进行租赁试运营，2023 年 9 月被正式认定为北京市年度第 7 批“保障性租赁住房”，正式对外出租，用以满足新市民、青年人等不同人群的使用需求（图 3.2.2-1）。

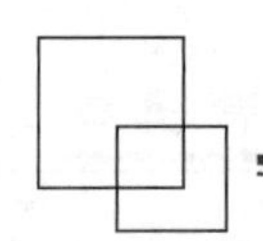

图 3.2.2-1　朝阳金盏七彩家园

3.2.3　运营管理

1. 防疫管理单元

规模较大的健康驿站（一般指超过 1000 床）的运营管理建议分为相对独立的隔离组团或防疫管理单元，每个组团可以分别启动独立运行，最大限度减少交叉感染风险。能够实现闭环管理的组团或管理单元，一般不超过 500 床，内部按照工作准备区、缓冲区和隔离区进行分区，确保各类流线无交叉。实际运营过程中，一旦出现阳性检测者，可以立即将其所在组团封闭，第一时间切断传播途径。各防疫组团或管理单元通过闭环管理和定期轮换，也能够降低医护和管理人员工作强度，提高工作效率。

以通州西集重大活动应急场所项目的规划设计为例，北区和南区分别应用了大三区和小三区的规划设计理念。北区为应急临建箱式房应急隔离场所，按照大三区进行总体布局并先期建成。南区作为重大应急活动场所即公租房项目，以公租房进行立项。南区拟建设内容包括工作准备区域、隔离公寓、接待大厅、缓冲区（装配式临建）、医废暂存间。南区共安排约 5000 个床位（含医护与工作人员），划分为 5 个运营管理组团，每个运营组团的隔离人数在 500～700 人之间。管理组团内部均划分为工作准备区、缓冲区和隔离区，形成闭环，可以分别启动和独立运营，最大程度减少交叉感染风险（图 3.2.3-1）。

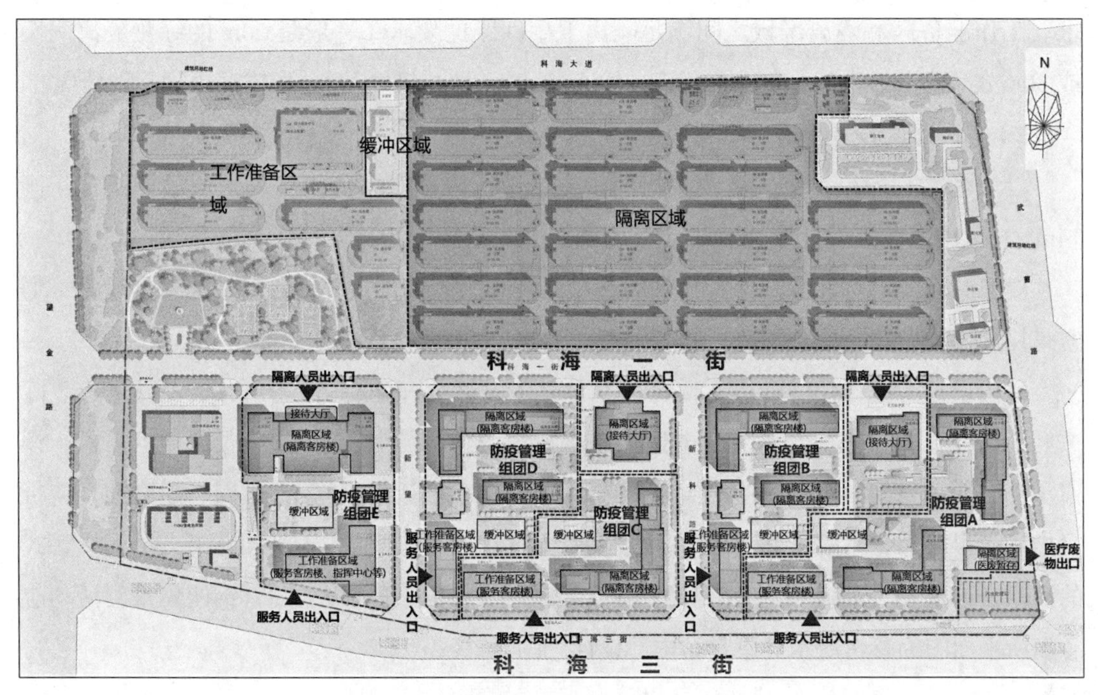

图 3.2.3-1 通州西集重大活动应急场所永建项目运营管理组团划分

2. 人员配比与服务模式

依据公共卫生事件应急防控方案对于集中隔离观察场所的一般要求，医务人员数量与隔离观察对象不低于 2∶50；其他工作人员按照医务人员数量的 3~4 倍进行配备，包括信息联络、清洁消毒、安全保障、后勤辅导等方面的人员。这样整体医务、工作人员与隔离人员约为 8∶50 或 1∶5。

重大应急卫生事件发生时，1∶5（医护及其他工作人员与隔离人员整体）实际是一个很难达到的比例。为此对于大型的集中隔离点，可以依托集成优势，统筹力量，优化配置，调整和适当减少医务人员配比。

国际健康驿站由多部门组成联合筹建工作小组，医护人员调配实行“分步走”。首先从医院派遣富有经验的抗疫医务人员入驻驿站，医务人员包括：医生、护士、心理辅导人员、公卫人员和流调人员及感染控制督导员；其他工作人员由多部门抽调、社会志愿者、劳务人员等集中培训后上岗。整体上工作人员实行轮班制，坚持“三分开”原则：即医务人员与非医务人员分开、进隔离区人员与不进隔离区人员分开、管理人员与具体工作人员分开。

3. 环境需求与人文关怀

1）健康驿站园区环境

健康驿站作为应对公共卫生事件的应急隔离场所，其园区环境应以健康安全为第一要

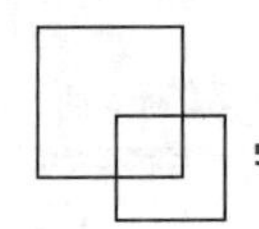

求。工作准备区和隔离区域之间满足隔离卫生间距的要求（一般是 20m 的绿化隔离间距或 30m 的间距）；建筑的布局有利于自然通风和污染物扩散，避免形成窝风等不利情况。

2）隔离房间设置标准

健康驿站一般以单人隔离观察房间为主，单人隔离观察房间每间使用面积不宜小于 14m^2,《集中隔离点设计导则（试行）》，国卫办规划函〔2022〕255 号。

健康驿站隔离房间内部保持良好的通风条件和采光条件。外窗需要考虑安全因素，通常采用限位开启。

室内设计考虑居住的舒适度，同时考虑家庭、老人、残障人士等群体的特殊需求。除按照公寓设施配置床、电视、独立卫生间等设施，还需要考虑到隔离人员的活动需求，预留一部分活动空间，供健身使用。室内选用的饰面材料应耐擦洗、耐酸碱、耐腐蚀，造价可控和效果可靠。室内推荐采用可视化交互系统，确保实现医护人员和隔离人员无接触式的流调、访视及心理疏导。床头和卫生间设置紧急呼叫按钮，以通州首钢西集重大活动应急场所平面图为参考展示健康驿站内部设计（图 3.2.3-2）。

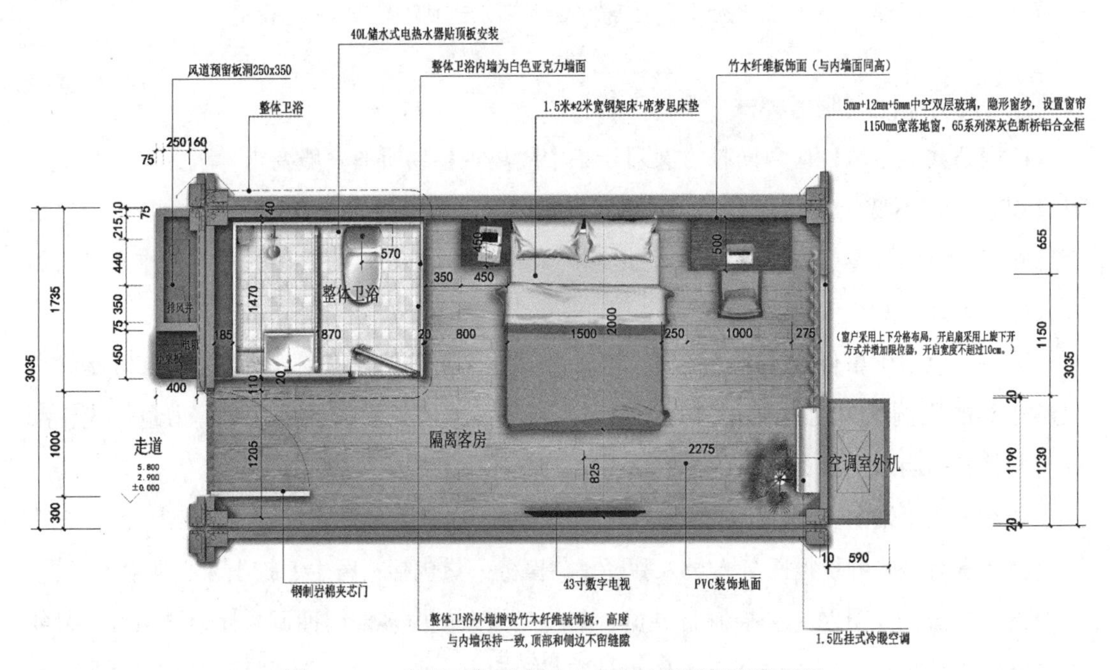

图 3.2.3-2　通州西集重大活动应急场所暨保租房项目

3）医疗服务

健康驿站由医护人员实行全天候值班值守，定时进行消毒保洁，提供健康咨询、体温监测、饮食及用药建议、心理咨询、采样送检或快速抗原检测、基本药物等服务。健康驿站还有联系的定点医疗机构提供医疗急救绿色通道，确保重症患者及时转运与救治。

4）人文关怀

作为集中隔离场所，隔离人员的心理健康也不容忽视。国际健康驿站充分考虑隔离人员的生活和心理需求，设置患者活动区、心理辅导区和健康教育空间。

3.2.4 适应快速建造的结构体系设计

1. 既有建筑改造设计

1）结构评估

利用既有建筑改造时，应由有资质的单位进行结构安全性评估，要选择结构安全可靠的建筑，并优先选择建于2001年后的建筑。不应选用存在安全隐患、违章加建、建设手续不全、建设资料不完整的建筑。

新建外置配套临时箱式建筑应优先考虑平坦开阔的室外场地建设，且优先采用轻型装配式结构形式，方便现场快速组装。

2）设计要点

利用既有建筑改造时应根据改建方案、使用时限、使用要求等具体情况确定结构可靠性目标及抗震设防标准。

既有建筑结构因平面功能改变，应满足改造后机电设备和医疗设备等的荷载需求，结构荷载取值应按现行《工程结构通用规范》GB 55001—2021和《建筑结构荷载规范》GB 50009—2012的规定执行。

使用荷载增大的区域应对其影响范围内的所有结构构件进行承载力和变形验算，不满足要求的应采取必要可靠的加固措施。对原结构加固应采用可靠、快捷的加固方案。

较重的设备尽量布置在底层或承重构件可靠的部位。当有较重的设备需要移动时，应考虑该荷载对移动路线相关范围内结构构件的影响，确保结构安全。

新增隔断应选用轻质、性能可靠的部品部件，节点连接构造应满足结构受力和变形要求，同时便于现场安装。

既有建筑还需考虑吊顶、较大灯具、机电管线等吊挂荷载对主体结构安全性影响，如不满足要求的应采取必要可靠的加固措施。

改造使用功能完毕撤离后，既有建筑复原时，应对改造遗留在结构构件上的孔洞进行修补封堵，不得影响原有建筑的结构安全。既有建筑为钢结构时，尚应注意对破坏的防腐涂层及防火涂料进行补涂。

新建外置配套临时箱式建筑宜选择对场地破坏小，且易于场地恢复的基础方案。设计人员应充分了解场地情况，尽可能采用天然地基，基础选型应满足地基承载力、稳定和变形的要求。若地基承载力不满足要求，可对场地地基进行加固处理。当利用原有硬化地面做基础或基础位于地下室顶板之上时，应有可靠设计依据并应加强对原结构的保护。

新建外置配套临时箱式建筑采用钢结构时，应根据使用年限及建筑要求，采取防腐、防火措施。

临时围墙、围挡需要进行抗倾覆、抗滑移设计，并考虑风荷载影响。

新增化粪池、消毒池等地下临时设施时，宜优先采用成品部件。基坑开挖时应核实周边既有管线情况，采用快捷安全的支护措施。地下设施应进行抗浮验算。

2. 新建应急临时箱式建筑设计

1）设计原则

本章节的应急临时箱式建筑，是采用《箱型轻钢结构房屋》GB/T 37260.1 或《集成打包箱式房屋》T/CCMSA 20108—2019 产品标准的成品箱式房屋建造的建筑。

应急临时箱式建筑设计可参考《快装箱式房屋建筑技术标准》T/CCMSA 20741 等相关标准。应急临时箱式建筑设计使用年限为 5 年。应急临时箱式建筑构件累计使用年限不宜超过 20 年。建造层数不应超过 3 层，应急临时箱式建筑设计应按照集装箱房常用规格尺寸为模数进行设计，尽量减少非标产品的选用。

2）设计要求

应急快速建造建筑，应第一时间安排场地地质勘查工作，为结构设计提供充分的地勘依据。

箱式建筑应尽可能采用浅埋天然地基，基础选型应满足地基承载力、稳定和变形的要求。若地基承载力不满足要求，可对场地地基进行加固处理。当利用原有硬化地面做基础或基础位于地下室顶板之上时，应有可靠设计依据并应加强对原结构的保护。结构基础应考虑结合建筑的底板防渗和排水做法。

箱式钢结构房之间及其与基础之间均应有可靠连接。结构之间缝隙应采用密封条、耐火密封胶或成品扣板将缝隙封堵严实。箱式建筑应尽量减少各种管道在房屋顶板开设洞口，如无法避免，尽量选择附属及次要房间。如临时箱式建筑规模较大，人员较密集，建议在箱房底板加强承重钢梁，减轻地面颤动。

箱式建筑为多层时，电梯间宜采用独立钢结构，与箱式钢结构房设计的结构缝脱开。

临时围墙、围挡需要进行抗滑移、抗倾覆设计，并考虑风荷载影响。

新增化粪池、消毒池等地下临时设施时，宜优先采用成品部件。基坑开挖时应核实周边既有管线情况，采用快捷安全的支护措施。地下设施应进行抗浮验算。

鉴于箱式建筑自身防水有限，对于较大规模临时箱式建筑，应在房屋顶部分增设卷材防水层，建议采用一级防水措施，同时增设金属坡屋面以提高箱房自身的防水性能。若有设备管道出屋面的情况下，管道出屋面处应增设泛水，泛水高度不低于250mm。

箱式建筑除角件外不得现场焊接。吊挂在箱式房梁上的轻荷载可采用自攻钉连接。较重的设备尽量布置在底层，屋顶层可以放置轻型设备，设备应采用生根于箱式房顶部角件的钢托架支撑，不得随意放置于箱顶梁上。

箱式建筑的钢构件应采取防腐、防火措施。

3. 新建永久性的快速建造建筑结构设计原则

新建永久性建筑设计使用年限为50年，相应的设计标准应遵循对应使用年限的建筑结构设计要求。

快速建造建筑，应第一时间安排场地地质勘查工作，为结构设计提供充分的地勘依据。

选择安装快速、耐久、可持续、易于维护和环保的建筑材料，以确保建筑的长期使用和可持续性。

为满足快速建造的需求，应尽量简化建筑结构设计，提高设计和施工速度。建筑轴距、柱距、房间尺寸等应尽量采用常规模数，避免出现大跨、异型、长悬挑、复杂细部等情况。

优化结构设计，降低结构的复杂性，结构构件（例如，梁、板、柱、基础等）应尽量归并截面，混凝土构件尽量归并配筋，以减少施工的复杂程度，加快施工速度。

设计图要求高完成度，预留预埋一次到位，避免返工。

尽量采用模块化设计，以便快速组装和拆卸，以适应不同的用途和需求，应优先采用装配式成品或装配式构件。装配式模块化建筑应选用技术成熟、施工快速、简单可靠、有完整的标准规范的结构体系。装配式建筑不得降低使用年限要求。

为满足快速建造的要求，应选用能快速生产的结构构件或材料，并且能够快速运输抵达施工现场。

优化施工流程，采用先进的建筑技术和设备，以提高施工效率和质量，同时降低成本。

3.2.5 兼顾舒适与应急的暖通空调设计

1. 平疫结合下，空调通风系统设计概述

目前我国既有综合医院传染病科室规模小，非传染病科室硬件条件无法满足疫情防控要求；既有传染病专科医院数量少，收治能力有限，无法接收大量患者。为了提升城市应对突发公共卫生事件的能力，为综合医院“平疫结合”建设提供可借鉴的技术措施，国家

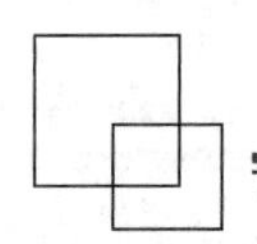

卫生健康委员会及国家发展和改革委员会颁布了《综合医院“平疫结合”可转换病区建筑技术导则（试行）》。因此，今后“平疫结合、快速转换、综合利用及智慧建造”是医院建设的新方向。这对医疗建筑设计提出了更高要求，值得深入探讨。而对于应急医疗建筑尤其是健康驿站类建筑则可以借鉴综合医院“平疫结合”的做法，发挥其特有的应急、临建、类居住建筑的特点来定制自己的“平疫结合”空调通风设计。

通风系统设计作为呼吸道传染病防疫建筑的重中之重，通风量是普通医院的几倍，也引起了在土建条件上的更大需求；而传染病类建筑污染区负压上的要求又与普通医院舒适性空调正压的要求截然相反，从清洁区向污染区的压力梯度控制以及室内气流组织则是对医护人员保护的重要措施；再有作为存在污染源对外界具有污染危害的建筑，控制污染物在内部交叉传播以及向外扩散也是此类建筑设计中着重需要关注的点。而平疫结合建筑在满足防疫要求的基础上还要兼顾平时功能的舒适性以及建设期间应急的特点。

2. 通风系统分区设计（分区设计意义与目标、分区原则、分区设计控制要点）

传染病类建筑的通风量在国家规范、各地方导则、学术论文中都有详细的要求及研究这里不再赘述，而对于通风系统的分区设计这点更应该被重视。在《传染病医院建筑设计规范》GB 50849—2014 中则以强制性规范条文第 7.1.3 条明确要求“传染病医院或传染病区应设置机械通风系统”、第 7.1.4 条明确要求“医院内清洁区、半污染区、污染区的机械送、排风系统应按区域独立设置”。控制气流流向是防止空气交叉污染的根本，曾有观点在防疫建筑中提倡自然通风，然而自然通风受风压、热压、建筑本身构造等多方面因素影响并不是稳妥的防疫通风措施，不仅不易保证建筑内部气流流向也无法保证排至室外的空气不污染周围环境。而传染病区又分清洁区、半污染区、污染区，各区空气污染程度不同，为防止污染区域的空气通过通风管道对较清洁区域空气的影响，要求送风、排风系统必须分区设置，清洁区为正压、污染区为负压，清洁区送风量应大于排风量，污染区排风量应大于送风量。杜绝污染空气通过管道系统流到清洁区的可能，从而实现对医护人员的最根本保护。使清洁区空气流向半污染区再流向污染区，绝不允许气流倒流。全面通风系统经设计和平衡应该使空气从较少污染的区域（较为洁净区域）流向较多污染区域（较不洁净区域）。例如，空气流向应从走廊流入病房，以防止污染物传播到其他区域。

在保证了各区独立设置通风系统，大区之间气流流向合理的基础上，各区内的气流组织合理性则对医护人员又多了一层保障，例如，送风口位于医护人员工作区的房间上部，污染区排风口位于靠近病患床位头部的房间下部，这样可以使病人呼出的污染空气快速通过排风系统排至室外，且通过控制房间内的气流流向可以使医护人员尽可能少地接触污染空气。另外在设计中也要注意室外取、排风口的间距宜大于 20m，排风口不得低于取风口以防止污染空气还未在室外充分稀释就从取风口又回到建筑室内。

值得一提的是，随着防疫工作的推进及经验总结，相比疫情前期清洁区污染区在同一建筑内，后期的建筑设计将清洁区、卫生通过区、污染区设计成独立的三个建筑，通过室外保证间距或再通过相对长的通风良好的连廊连通的方式更好地解决了三个区之间交叉感染的可能，这在应急建设的项目中有着重要意义，避免了应急建筑工期紧带来的各种弊端。

3. 供暖空调设计

健康驿站的供暖空调设计，与常规建筑的设计区别不大，但仍有要注意的一些问题。

一是确定建筑使用年限及建设周期，公共建筑中的集中供暖、空调都需要一定采购、安装及调试周期，应急的情况下可能会出现室内温度不达标的可能。而分体空调、多联机空调、电供暖虽然有着体感相对较差、不如集中系统节能的缺点，但基本可以保证在应急条件下及时地实现室内温度满足舒适度的要求。

二是防疫建筑的特点是通风量大，部分仅设置排风系统的建筑，由于排风系统长时间开启，又是无组织的室外风直接进入室内补风，从而引起新风负荷较大，在供暖及空调设计时需充分考虑此部分负荷的影响，避免因选型偏小导致室温不达标的情况。

三是空调冷凝水作为可以携带污染物的污染源，应排入污水系统进行消杀处理后方可排入市政污水系统。

4. 空气滤毒 / 消毒设计

对于空气滤毒 / 消毒设计这部分，主要采取的措施为逐级过滤、充分稀释等物理消毒灭菌，而不提倡化学消毒灭菌的方式。

就呼吸道病区的逐级过滤而言，主要采取的方式是在新风系统上设置初效、中效空气过滤器，污染区可再设置亚高效空气过滤器；利用多联机空调、风机盘管系统进行改造时，回风口（段）宜加装初阻力小于 50Pa、微生物一次通过率不大于 10% 和颗粒物一次计重通过率不大于 5% 的空气过滤设备；而在排风系统上当设有负压隔离病房时需设置高效过滤排风口，普通负压病区则在排风机前设置高效过滤段即可。

充分稀释是降低病毒传染性的有力手段，全新风直流系统的通风系统设计也是出于此出发点，不同污染区不同的换气次数也是根据病人可能呼出的污染物浓度进行稀释及快速排出而确定，在 2003 年非典疫情期间，根据江亿等研究，当含 SARS 病毒的空气稀释 1 万倍后（即浓度小于 100ppm），不再具备传染性（每位病人排出的污染空气量约为 $0.3m^3/h$），有一定参考意义，室外环境相对安全也是基于此。

物理消毒灭菌主要是利用光、热、蒸汽、压力等方式杀灭病原体，而对于空气而言过滤、充分稀释是最简单有效的办法，其他诸如日光照射、紫外线灭菌设备也是常用措施，但是人体不适合长时间暴露在紫外线下，采取此种措施时也需特别重视。

3.2.6 突出安全保障的给水排水设计

1. 平疫结合，安全高效

平疫结合的给水排水工程平时应当满足高效运行，疫情时应当满足安全运行的要求。机房、管网系统后期改造难度较大，初期设计时应考虑充分，便于疫情时转换。

（1）生活给水泵房和集中生活热水机房应设置在清洁区。疫情时作为污染区的给水系统应当采用断流水箱供水，且应配备消毒设施。清洁区与半污染区和污染区的给水宜各自独立，当无法独立时，向半污染区和污染区供水的给水道上应当设置减压型倒流防止器。倒流防止器应当设置清洁区。

（2）由于生活热水进行再循环时，将可能被污染的热水回水到蓄水箱，所以需要进行高温消毒杀菌。热水进行再循环时，对于在严重传染区下游的不带水阀门的结构，在使循环水回到蓄水箱后，应在箱内于80℃加热10min以上进行杀菌，然后再以供给时所需的温度进行循环。

（3）为防止肢体接触造成的交叉感染，公共卫生间用水点应采用非接触性或非手动开关：洗手盆应采用感应自动水龙头，小便斗应采用自动冲洗阀，坐便器应采用感应冲洗阀，蹲式大便器宜采用脚踏式自闭冲洗阀或感应冲洗阀。

（4）给水排水管道穿越污染区、半污染区及清洁区等有生物安全防护要求区域的围护结构处应设可靠的密封装置，密封装置的严密性应能满足所在区域的严密性要求。

（5）给水排水的管材、设备与器材等应选用耐用产品，减少维修工作量，降低接触传染风险。

2. 污水处理设施

为有效应对疫情，综合考虑平疫转换，加强污水和城镇污水处理。提高医疗污水应急处理能力，杜绝传染病毒通过污水传播扩散，做到涉疫污水应处理尽量处理，确保污水各项指标满足《医疗机构水污染物排放标准》GB 18466—2005要求，消毒和安全处置率达到100%，保障人民群众的身体健康和生态环境安全。

（1）清洁区、潜在污染区、污染区的给水排水系统管道应分别独立设置。污染区（潜在污染区）污废水、急救车辆停放处及医疗废物暂存间的洗消废水应设置预消毒工艺，并遵循就近消毒原则。污水处理设施（化粪池、消毒池等）建成投入使用前要综合考虑地形、地貌及风向要求，因地制宜建设，同时要兼顾非疫时期的使用要求。污水处理设施采取加氯、过氧乙酸等措施进行消毒处理，确保污水有效收集并处理，严禁未经消毒处理或出水卫生学指标不能稳定达标的医疗污水排放。排水系统的通气管出口应高于屋顶高空排放，污染区、潜在污染区通气管应安装高效空气净化装置。院区应采用雨污分流制，当城市市政无雨水管道时，院区也应采用单独雨水管道系统，不宜采用地面径流或明沟排放雨水。

（2）排水系统的通气管出口应高于屋顶高空排放，并安装空气净化装置进行处理，必要时可在通气管出口处加设机械排风装置。应按照使用说明书定期更换空气净化装置过滤材料，更换下来的过滤材料按医疗废物进行处理。

（3）排水系统应采取防止水封破坏的技术措施，防止管道内有害气体和气溶胶溢出污染环境；除自带存水弯的坐便器外，其他卫生器具必须在排水口以下设存水弯；水封装置的水封深度不得小于50mm，严禁采用活动机械活瓣替代水封，严禁采用钟罩式结构地漏；卫生器具排水管段上不得重复设置水封。厨房洗涤盆、卫生间洗脸盆等器具排水管道应与排水系统紧密连接，如有采用插入式连接，应作密封处理。

（4）疫情期间执行标准要求。应将清洁区、潜在污染区、污染区的污水分流，并设置专用化粪池，化粪池前设置预消毒工艺，与消毒池的水力停留时间不宜小于1h；二级消毒池的水力停留时间不应小于2h。污水从消毒池至二级消毒池的水力停留时间不应小于48h。收集经消毒处理后的粪便排泄物等传染性废物，化粪池应按最高排水量设计，停留时间24～36h，化粪池污泥和回流至化粪池的污泥总的清掏周期不应小于360d。产生的污水应作为传染病医疗机构污水进行管控，强化消毒灭菌，确保污水接市政出口总余氯、出水粪大肠菌群数等各项指标达到《医疗机构水污染物排放标准》GB 18466 表3.2.6-1“传染病、结核病医疗机构水污染物排放限值（日均值）”要求。预消毒池前的室外检查井应采用密闭井盖或采用密封措施。

传染病、结核病医疗机构水污染物排放限值（日均值）　　表3.2.6-1

序号	控制项目	标准值
1	粪大肠菌群数 /（MPN/L）	100
2	肠道致病菌	不得检出
3	肠道病毒	不得检出
4	结核杆菌	不得检出
5	pH	6～9

续表

序号	控制项目	标准值
6	化学需氧量（COD） 浓度（mg/L） 最高允许排放负荷［g/（床位·d）］	 60 60
7	生化需氧量（BOD） 浓度（mg/L） 最高允许排放负荷［g/（床位·d）］	 20 20
8	悬浮物（SS） 浓度（mg/L） 最高允许排放负荷［g/（床位·d）］	 20 20
9	氨氮（mg/L）	15
10	动植物油（mg/L）	5
11	石油类（mg/L）	5
12	阴离子表面活性剂（mg/L）	5
13	色度（稀释倍数）	30
14	挥发酚（mg/L）	0.5
15	总氰化物（mg/L）	0.5
16	总汞（mg/L）	0.05
17	总镉（mg/L）	0.1
18	总铬（mg/L）	1.5
19	六价铬（mg/L）	0.5
20	总砷（mg/L）	0.5
21	总铅（mg/L）	1.0
22	总银（mg/L）	0.5
23	总 α（Bq/L）	1
24	总 β（Bq/L）	10
25	总余氯[1),2)]（mg/L） （直接排入水体的要求）	0.5

注：[1)]采用含氯消毒剂消毒的工艺控制要求为：消毒接触池的接触时间≥1.5h，接触池出口总余氯 6.5～10mg/L。
[2)]采用其他消毒剂对总余氯不做要求。

3. 消防安全

应结合驿站规模设置消防系统。并满足《建筑设计防火规范（2018 年版）》GB 50016 的要求。结合具体项目分析。

3.2.7 以安全可靠舒适节能为目标的电气系统设计

1. 电气系统的安全可靠性设计

（1）健康驿站供电可靠性是电气设计的重点。在疫情使用期间，健康驿站内众多用电设备涉及安全、健康、生活保障，需要得到保证。因此健康驿站的用电负荷等级建议不要低于平时正常运营时的负荷等级，同时建议在变电所或总配电间等适当位置预留应急柴油发电机接口。并建议参考以下要求：污水消毒处理设施用电不低于二级；隔离观察房间的通风系统用电不低于二级；主要通道照明用电不低于二级，隔离观察房间内的照明用电不低于二级；工作准备区的公共厨房用电建议为二级负荷；主要客梯用电不低于二级负荷。安全防范系统负荷建议为一级负荷中；特别重要负荷，增设UPS不间断电源。

（2）健康驿站的电源插座使用中，电源插座需要采用安全型，电源插座及安装高度低于2.5m的灯具均装设剩余电流动作保护装置。房间内的开关、插座、灯具等设备建议采用易于擦拭和消毒的设备。避免采用格栅类和外形结构复杂的灯具。

（3）健康驿站无供暖设备时，一般会选择电暖气，石墨烯电发热设备、电热毯等作为辅助取暖设备。当需要设置以上设备时，建议其供电回路单独配置，设置单独供电回路，同时建议集中或分时控制，并在配电回路中设置电气火灾监控系统及剩余电流保护动作装置。

（4）卫生间、淋浴间是用电频率高的地方，但同时环境比较潮湿，漏电和触电的可能性很大。房间内的淋浴间需要设置辅助等电位端子箱，并将房间内所有外露可导电部件进行等电位连接，如果在用水或洗澡时出现突发情况，将电流引到端子分解，避免触电。同时卫生间、淋浴间内的电热水器、换气扇、灯具等的电源插座需要设置在2区以外。

（5）健康驿站的电气消防系统须可靠完备：包括火灾自动报警及联动控制、应急照明及疏散指示系统等各系统。健康驿站一般为人员密集场所，需要在其疏散走道和主要疏散路径的地面上增设能保持视觉连续的灯光疏散指示标识或蓄光疏散指示标识。同时考虑到所居住人群特点，建议在电缆电线选择上考虑火灾时对人员的影响。故非消防电线电缆建议采用低烟、无卤、无毒、阻燃型，消防负荷供电电缆应采用耐火低烟无卤阻燃型，以避免浓烟对患者及医务工作者人身的伤害。

（6）健康驿站内的配电线路需要采用金属管、金属线槽、塑料管或塑料线槽保护。塑料管、塑料线槽需要选用燃烧性能等级B1级材料，消防配电线路需要采用金属管敷设。健康驿站内的配电箱、开关、插座和照明靠近可燃物时需要采取隔热，散热等防火措施。

2. 健康驿站的舒适性设计

（1）房间内的一般活动区域照度建议为100Lx，以体现静谧、利于休息的特点。书写、阅读区域的照度建议为300Lx，光线足够才能起到看书阅读的基本要求。其他用房照度可参考现行国家标准《建筑照明设计标准》GB 50034—2013的要求。房间内的灯具建议采用防眩光灯具，色温不大于4000K，避免眩光对居住人员的影响。

（2）建筑内照明光源建议采用节能光源、节能附件，灯具应选用绿色环保产品。

3. 健康驿站电气系统的平疫设计

（1）健康驿站涉及的配电设备较多，功能较复杂。结合疫情使用要求，配电系统建议按区域独立设置；变配电装置、配电箱建议设置在清洁且便于安装、巡视和维修的区域。配电箱、配电柜需要设置在配电间或管理用房内。

（2）考虑到疫情使用时，避免人员因房间之间密封不严，导致交叉感染，故建议管线施工时，尽量避免穿越房间之间隔墙。如确需穿越时，房间与房间，房间与公共区之间的隔墙做封闭防护封堵措施。

（3）需要灭菌消毒的场所建议设置固定或移动式紫外线消毒器、消毒灯等消毒设施。公共区域建议设置清扫及智能设备用插座。

（4）健康驿站内的电缆桥架建议复核桥架及电缆的荷载重量，如荷载不满足顶板承重要求时，需要进行加固措施。电气设备（包括电池设备）在建筑地面安装时，需要复核其荷载重量，如荷载不满足房间底板承重要求时，需要进行加固措施。

3.2.8 统筹智慧社区建设的智能化设计

1. 设计目标

考虑平疫转换措施，考虑平疫结合的智能化系统的设计方案，合理选择弱电智能化系统。以人文关怀为目的，以智慧健康、智慧生活、智慧家居、智慧安防、智慧物业管理、智慧服务为基础，充分利用5G、物联网技术，人工智能等技术，打造舒适、健康、节能、安全的宜居社区。

2. 智能化系统设计

（1）考虑到平疫快速转换，健康驿站的智能化系统架构及产品尽量满足模块化且易于快速部署，易于平疫模式转换。健康驿站的智能化系统的设置与普通的宿舍、公寓、酒店等建筑存在较大差异，但首先需满足平时使用的需要，同时要兼顾防疫时期隔离防控的相关要求，做到流线清晰、环境安全、不交叉感染、舒适便捷、管理高效。

（2）目前社会已进入5G时代，人们通过手机通信技术，实现了人与人、人与物、物与物的广泛连接。故健康驿站要实现手机信号4G、5G及无线网络系统的全面覆盖，并为后期新增的无线智能化新应用预留条件。同时智能化终端设备尽量采用无线传输方式，易于平疫模式转换提高效率。健康驿站内根据使用要求，需要设置有线网络和无线网络，分别设置内网和外网信息插座。护士站、值班室、办公室等区域需设置电话点位。室内活动区域，客房、大厅应设置有线电视系统，满足入住人员随时收看电视节目，并应设置公共广播系统，重要医疗房间预留远程会诊系统，视频会议系统等信息化应用和信息设置系统的接口。

（3）健康驿站各出入口，建议采用非接触式出入口控制系统。健康驿站的公共区内建议设置无接触式配送机器人、无接触式消杀设备。疫情时期能有效降低传播概率，避免交叉感染。健康驿站的房间内可采用红外测温，生命雷达监测系统，房间内设置双向视频对讲系统，生命感知雷达系统。根据情况还可选择设置智慧环境监控系统；智慧运维管理系统：智慧安防系统；智慧健康家居（基于传感器，探测器，无线控制）；健康监测系统。健康驿站可以通过智能化系统，智慧管理，从而提升居住人员的舒适感。

（4）健康驿站的视频安防系统需要做到无死角覆盖，在场地出入口、登记接待处、各出入口、接待处、走廊、电梯厅、医疗垃圾暂存间等重要部位设置监控摄像机。门禁系统在发生火灾等紧急情况时，需要立即解锁，保证人员安全疏散。

（5）健康驿站在卫生间内、床头设置紧急呼叫按钮，信号可采用有线传输方式或在平疫快速转换期间采用无线传输方式。护士站、医疗房间、医护值班室建议设置一键报警按钮，报警信号传至安防监控中心或指挥中心。

（6）健康驿站的通风系统建议设置建筑设备监控系统，通风系统控制可采用集中自动控制（控制室）和手动控制，当送、排风机运转不正常时可以通过报警装置进行报警。

（7）健康驿站建议设置与疾控中心、应急指挥中心、相关医疗机构等的专用通信接口。疫情时期可以为入住人员提供心理援助热线。

基于无线物联网通信可设置入住人员信息管理系统、污物跟踪管理系统、设备运维管理系统等。人员入住时可实现人员快速等级分类。日常运维时物业人员可对于污物的管理定位和对于设备设施精准运维管控。

3.2.9 健康驿站概念在城市规划管理维度的延伸

1. 健康驿站与社区防疫应急规划

健康驿站主要用于入境人员集中隔离医学观察，对积极应对突发状况、对于进一步加快基础设施建设、提升应急处置能力、完善城市医疗服务体系具有重要作用。

以社区配套平急结合的医疗设施为主，并配备一定临时应急储备设施，对应急风险进行识别，为居民提供基本医疗服务或应急保障的系统，这是健康驿站概念在城市规划管理维度的延伸，也是社区防疫应急规划的重要内容。

社区生活圈是满足居民生产、生活的基本单元，也是为有效应对与预防类似疾疫灾情等突发情况发生而建立的城市应急基本防控单元。后疫情时代需要从城市规划层面填补原有城市卫生应急板块缺口，积极发挥社区生活圈配套作用。

2. 社区防疫应急规划的国外经验

1）“日本：基于社区的生活支援网络”

日本依托社区生活圈建构日常护理和防灾防疫体系，建立“地域综合照护体系”，系统由综合支援中心、医疗机构、照护服务机构、老年住所和协会组织等构成，在30min步行可达的时空范围内，构成“生活支援网络”。

日本的应急急救医疗救治系统主要包括：急救站、急救医疗机构、急救中心等。应急医疗分为一级、二级、三级：一级急救医疗主要收治相对较轻的急诊患者；二级急救医疗收治需短期住院的急诊患者，接收一级急救机构转诊患者；三级急救医疗机构接收二级、一级急救机构转诊的患者，为当地的急救中心。

2）“美国：社区医疗应急指导”

美国在应对以大型流感为代表的突发公共卫生事件中，强调对社区层面日常管理的完善，以便应对突发事件中患者短时间大量增加。美国疾病控制与预防中心（Center for Disease Control and Prevention，简称“CDC”）编制和发布了针对社区的医疗应急指导文件，为医疗救护力量可能出现的短缺制定预案；同时，鼓励基层治理主体因地制宜、统合医疗资源，将应急所需工作落实为日常管理。

3）“新加坡：高效完善的医疗分级和社区治理体系”

新加坡强调“平时建设”和“疫时响应”的有机结合，秉持平疫结合的社区规划理念。新加坡具有高效的医疗分级制度，按照医院类型分级分类，形成以社区医疗为基础，综合医院为支撑、专科医院为补充的结构；按照服务范围分成全科诊所（GP Clinic）——区域性政府综合诊所（Polyclinic）——社区医院（Community Hospital）三级组织。同时，新加坡政府还制定了转诊机制及预约医疗诊治机制，诊疗服务覆盖全面，分级利用。社区全科诊所全部被纳入应急防疫体系下，加入公共卫生防范诊所体系，接受政府统一调度，即时、高效的响应机制在疫情防控“最近一公里”发挥了重要作用。医疗分级制度可以让病人就近就医、尽早就医，防止传染源扩散和发生医疗挤兑，从源头上减少病患。

新加坡具备完善的社区服务设施规划体系。多层级的公共设施配置保障城市功能的完整性与灵活性，满足居民基本生活需求，并增加服务设施的可达性。通过完善便利的服务设施布置和稳定生活物资供应为居民就近补给提供可能性，减轻非必要的交通压力，也减少了特大公共卫生事件背景下的人员流动。此外新加坡构建了“3P Partnership”的治理体系来应对重大公共卫生事件。“3P Partnership”分别指的是民众自治（People）、私企担责（Private）和公众周知（Public）。民众自治强化居民参与，私企担责利用市场力量构建灵活的防疫机制，公众周知则通过扩大宣传更好地进行预防。

4）“澳大利亚：完善的社区应急规划与管理体系”

澳大利亚设置“公共卫生单元办公室”（Public Health Unit Office），为基层公共健康治理提供了可依托的主体。该机构履行对公共卫生单元内的管理职能，通常服务一个或多个社区，负责其辖区内与传染病、环境卫生和免疫有关的日常卫生保护。公共卫生单元日常发挥管理职能、提供服务；在突发性公共卫生事件中，公共卫生单元具有宣传防灾防疫、检测检疫、关闭学校和沟通各方等职权。公共卫生单元办公室主任之间定期开展电话、线下会议。确保公共卫生网络的建设。同时，在公共卫生单元内设置相应的硬件设施，包括常见病原体检测试剂和设备、水质检测设备等，以及雨雪天气户外执勤装备、应急响应手册等。公共卫生单元依托社区，整合健康促进和应对突发公共卫生事件的设施及服务，是澳大利亚落实公共卫生管理的重要空间单元和机制。

从以上案例可以看出，应对突发公共卫生事件，一方面应加强国家医疗体系的建设以及公共卫生安全事件应对能力的提升，另一方面则着重体现在社会制度以及社区管理和社区应急规划。社区是城市中疫情防控的基本单元，对于减少病毒传播、降低疫情灾害起着至关重要的作用。

3. 社区防疫应急规划重点

1）优化公共空间配置

对社区各类公共空间的规划设计不能仅仅考虑平时的功能需求，还要考虑疫时各项需求，在选址、面积、数量、形式、分布结构和连通性等方面要具备应对公共卫生灾害的能力。主要内容包括有充足和均匀分布的开放空间，平时作为居民活动、交往及锻炼的场所，疫时转换为应急隔离场所或储备空间；提高开放空间的连通性和可达性，设置双重通道既可丰富居民平时的活动路径，疫时又可避免医护人员与居民通行流线重合等。

能够实现在应急情况下封闭化管理，避免疫情的社区化传播。

2）实施弹性规划：预留必要用地

社区要“弹性”，在追求场所环境品质的同时，也要适当兼顾非常时期的非常效用。例如，设置比例充足的开放空间，平时是居民休闲健身的好去处，疫期则是舒缓身心的减

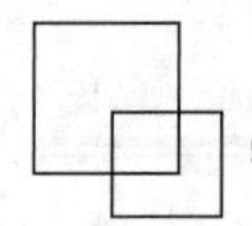

压区，或是灾害发生时挽救生命的避灾场地。

增加可供防灾防疫临时征用的功能配置和面积指标，预留位置合理、规模合宜的室外开敞空间作为医疗设施扩展用地或人员紧急避难场所，供临时搭建活动房等轻型隔离设施设备。

3）重点提升社区医疗设施

社区医疗设施是对群众日常健康状况及其潜在风险因素进行动态监测的基本载体，也是抗风险韧性结构的首要环节。

完善和提升社区医疗设施，使社区医院在疫情发生时具备检测和筛查能力，缓解市级医院接诊压力，降低市民交叉感染风险。

4）完善社区配套应急设施

配置包括应急指挥设施、应急隔离设施、应急防疫救援、应急发电、应急通信、信息采集、污染物检测、垃圾消毒防疫设施在内的防疫应急设施；应急指挥设施、交通物流设施等。

5）加强建筑的卫生防疫措施

从功能布局、楼电梯组织、建筑通风、建筑材料等方面考虑疫情应对的需求公服配套建筑，例如，物业中心、社区客厅，以及能够改造为“应急隔离观察场所”的建筑，应从规划阶段予以考虑，预留平急转换条件，尽可能做到平急结合的两套图。

3.3 适应社区防疫应急规划的健康驿站设计要点

具有完备应急设施规划和系统转换方案的租赁社区和普通社区将是未来健康驿站发展的一种重要形式。完备的健康驿站应包含以下重要的应急防疫设施：

（1）应急医疗设施；

（2）应急指挥设施；

（3）隔离观察设施；

（4）卫生通过设施

（5）物资与保障设施。

3.3.1 社区卫生应急设施规划

1. 社区卫生服务中心与卫生服务站

社区卫生服务是指在一定社区内，由卫生及有关部门向居民提供的预防、医疗、康复和健康促进为内容的卫生保健活动的总称。社区卫生服务是城市卫生工作的重要组成部分，是实现人人享有初级卫生保健目标的基础环节，社区卫生服务的主要内容是初级卫生保障，是整个卫生系统中最先与人群接触的那一部分，所以社区卫生服务是卫生体系的基础与核心。

1）社区卫生服务中心及卫生服务站选址及设置规划原则

社区卫生服务中心原则上应独立占地，选择相对独立的建筑，交通便利，方便群众就诊。社区卫生服务站参照中心建设要求，应安排在建筑首层，有独立的出入口（图 3.3.1-1）。

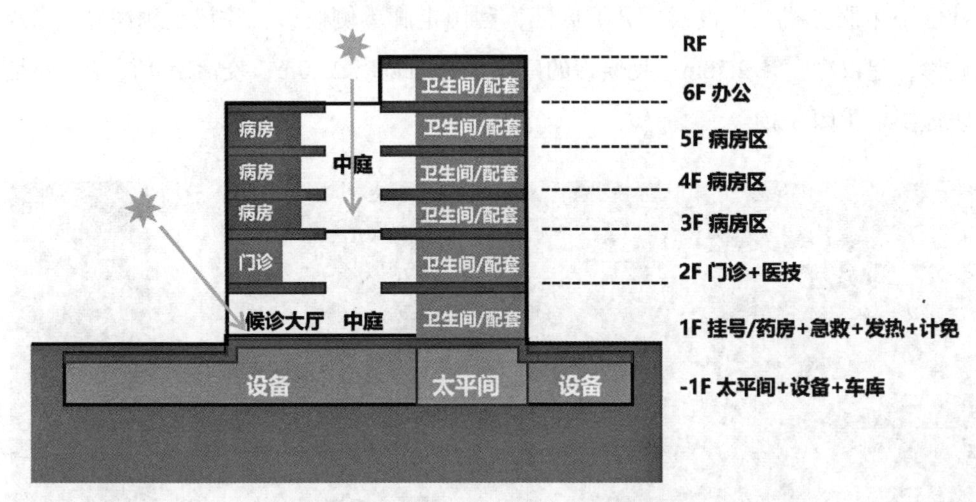

图 3.3.1-1 社区卫生服务中心剖面图示意

社区卫生服务中心按照行政区进行规划，以街道、乡镇为单位，结合服务人口、地域特点、服务半径等情况设置。原则上每个街道（乡镇）设 1 所社区卫生服务中心，服务人口超过 10 万的街道（乡镇），应扩大中心规模面积或增加中心数量，每增加 5 万至 10 万人口增设 1 所社区卫生服务中心或分中心。服务人口不足 10 万、服务面积超过 50km^2 的街道（乡镇），可结合实际增设社区卫生服务中心或分中心。分中心的服务功能应与社区卫生服务中心保持一致。

社区卫生服务站城区按照每 2 个社区或步行 15 分钟距离配备 1 个站点的原则，参考服务人口等因素设置，含社区卫生服务中心的社区不再设置社区卫生服务站。

社区卫生服务机构业务用房建筑面积占比不低于总建筑面积的 85%。新建独立式社区卫生服务中心建筑密度不宜超过 45%，建设用地容积率宜为 0.7～1.2。

面对可能的疫情，社区卫生服务中心与卫生服务站设计之初，应考虑使其做好日常疾病预防控制的同时，在出现突发传染病疫情时提供隔离及临时救治场地。

2）新建社区卫生服务中心及卫生服务站应急空间标准化设计

根据基本医疗和基本公共卫生的需求，新建社区卫生服务中心与卫生服务站应设置基本医疗服务区、公共卫生服务区、辅助诊疗服务区、综合管理服务区四个区域。各区的设置，应按照住房和城乡建设部或各省市卫健委发布的社区卫生服务机构规划与建设标准等文件为原则。

社区卫生服务机构总体布局应根据服务功能、流程、管理、卫生防疫等方面要求，对建筑平面、道路、管线、绿化和环境等进行综合设计。机构应设置预检分诊区域，配套公共服务空间（卫生间、电梯、无障碍设施等）。

社区卫生服务机构宜设候（分）诊区，利用走廊单侧候诊，建议走廊净宽＞2.40m；两侧候诊，建议净宽＞2.70m；无候诊的建议走廊净宽＞2.10m；疫情期间候诊区满足1m间隔防控要求（图3.3.1-2）。

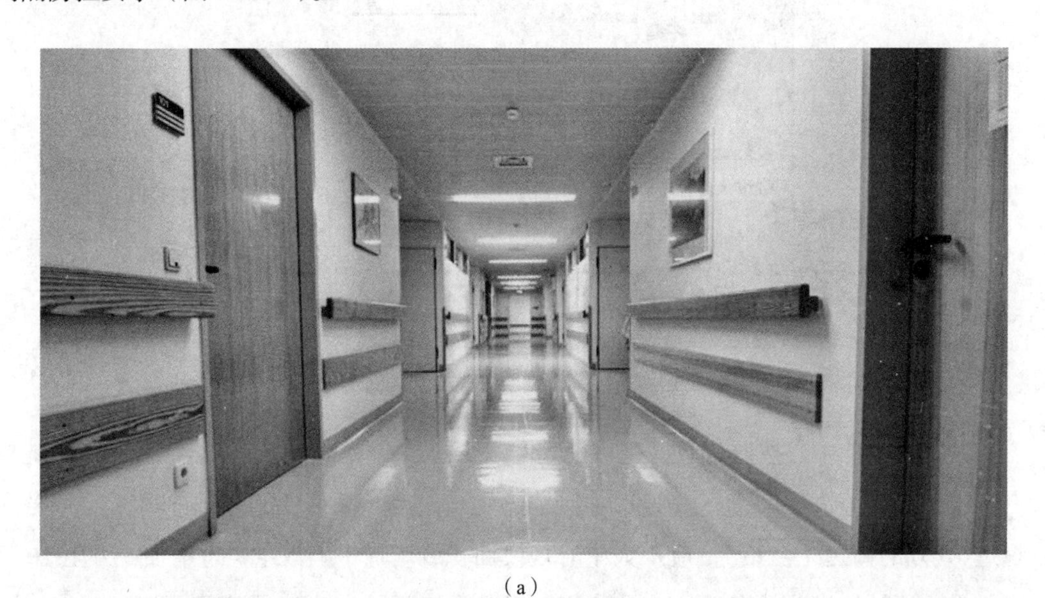

（a）

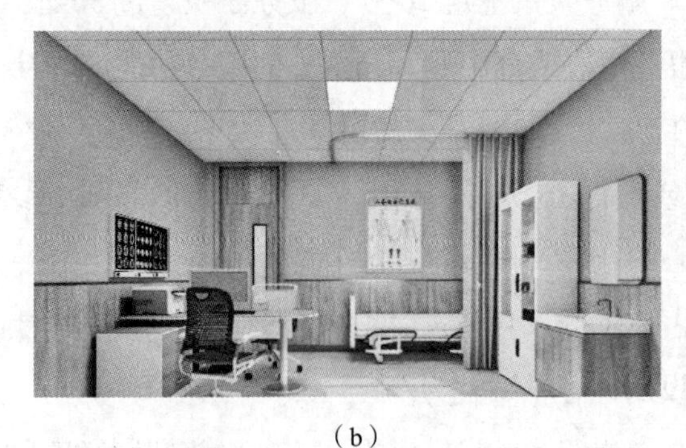

（b）

（c）

图3.3.1-2　社区卫生服务机构内部

新建社区卫生服务中心与卫生服务站应急空间标准化设计，应根据传染病隔离区的

“三区两通道”原则，清洁区、缓冲区和污染区需有明确划分。医护的清洁通道应与隔离者的污染通道通过临时隔断完全分隔，避免空气流通。

隔离区与清洁区应分别设置独立交通体，建筑内至少应具有2个垂直交通体系，且二者可通过临时隔断与建筑不同的出入口形成不交叉动线。

原则上医护人员、隔离者、检测者应各有单独的出入口，隔离区和检测区均属于污染区，无法和清洁区直接连接，需增设医护人员更衣间或消毒间作为缓冲空间。

建筑应在设计阶段融入平疫结合理念，在隔离区房间之间的墙体增设暗门，尤其是房间沿走道单侧排布的布局中，可形成房间之间的新通道。

医护人员更衣间的区域应按照流线顺序依次划分为连接清洁区的“工作服一次更衣间——防护服二次更衣间——连接污染区”的缓冲间。依照防疫等级与场地条件，可分离医护进入隔离区与返回清洁区的路径，并在返回的医护人员更衣室内设置淋浴间，确保洁污分离。

3）旧有社区卫生服务中心与卫生服务站应急空间模块化改造

旧有社区卫生服务中心与卫生服务站多位于成熟的生活圈内，配套设施齐全，交通便利；给水排水、供配电、消防等设施齐全，设施韧性较强，可满足基础防疫等级隔离点的设施需求。室内场地无须大规模新建或改善，改造施工过程以加装隔断板、通风系统转换等室内作业为主，对周围居民影响较小，相较新建同规模传染病医院成本更低。

首先，在改造设计方案上，应遵循新建社区卫生服务中心与卫生服务站应急空间标准化设计的基本原则。

其次，在改造过程中，应利用多个出入口和通道明确功能分区，使流线独立不交叉，并根据需求改造周边空地。

最后，根据“三区两通道”原则，旧有建筑可根据实际情况，通过增设隔断或打通房间的方式，形成新的通道，用以划分三区（图3.3.1-3）。

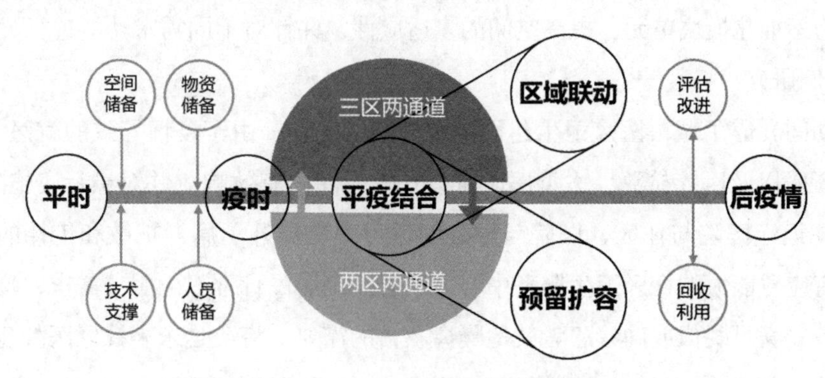

图3.3.1-3 “三区两通道”原则图

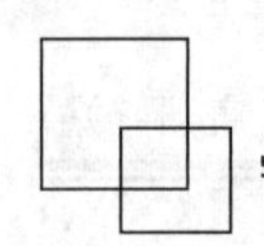

4）社区卫生服务中心、卫生服务站应急空间的评价与平急转换

对于社区卫生服务中心的评价可从时间和需求特性两个维度出发：时间维度包含应灾（疫情发生期）、应变（疫情常态化时期）、平时三个时期，不同时期对应不同层次的需求；需求特性维度包含弹性设计、安全高效、健康舒适三种特性。弹性设计是一种正面特性，在面对外部巨大压力时，具有自我组织、自我学习过渡并自我恢复的能力，以健壮性、冗余性、谋略性、及时性四个特性来进行社区卫生服务中心的弹性设计。

安全高效是设计的基本要求，社区卫生服务中心的首要工作是保障使用者的安全，这是展开医疗服务的基本前提，而在保证安全的同时兼顾效率，则是对其服务能力的考验。健康舒适是更高层次的目标追求，"后疫情时代"良好的就诊环境可以增加使用者对场所的信任度。

安全与高效可以通过以下手段来实现：① 将基础医疗与预防接种进行分区，诊疗与办公进行分区，通过明确的分区来降低交叉感染的风险，并且可以避免突发医疗事件时社区卫生服务中心整体陷入瘫痪状态；② 根据人流动线和洁污情况合理设计流线，实现医患分流、洁污分流，并分别设置入口、出口，在疫情期间使用单方向流线，保证患者就医效率与安全；③ 采用统一、清晰的标识系统，将其布置于人流交汇处，用于引导患者快速、准确地寻找到目标科室；④ 借助网络平台和智慧化设备，实现无接触检测与送药等功能，从而避免人群聚集，缓解医护人员的压力，优化患者就诊体验。

打造弹性、可变的医疗空间社区卫生服务中心要注重弹性设计，提高抵御风险的能力。设计应具有前瞻性，合理规划预留空间。预留室外场地，平时将其作为绿化景观和活动场地，促进患者康复，在疫情期间，将其快速转化为应急场地，搭建临时用房。预留室内空间，将其作为缓冲空间，避免疫情期间社区卫生服务中心因增设防疫节点而过于拥挤、局促。设计应选取适宜的结构形式来增强空间的可变性，将墙体进行灵活性处理，对内部空间进行自由划分，为改扩建提供可能性。同时，结合常见柱网尺寸，将诊疗室等常用功能空间设计为标准化模块单元，提高空间的多适应性，并针对不同需求功能进行灵活转化。

5）案例研究

疫情期间暴露了城市医疗卫生建设中被隐藏的问题，由于疫情导致的就医人数激增，医疗资源紧张以及医疗挤兑，大型医院难以在短时间内有效响应并对患者实施隔离救治。同时患者往返于医院与住区，医院与医院的过程中也提升了病毒扩散和传播的风险。因此，建设有应急能力的社区卫生服务中心，平时满足居民日常卫生服务需求，疫时提供急诊隔离区域以满足疑似或确诊患者就地隔离救治的需要，将会是未来社区医院建设的方向和趋势。

“武汉光谷中心城西社区卫生服务中心”[①]，位于武汉东湖新技术开发区佛祖岭东街以北、语风路以西，场地开阔，交通便捷。周边绿地率高，远离垃圾、污水处理厂和烟尘污染，空气质量良好，环境宜人。项目分析了区域主导风向和周边主要院感防控位置，在此基础上有效组织流线，合理规划区域，实现医患分流，洁污分区。通过对门诊部和医技部的重点设计，满足居民日常医疗需求的同时，在疫情时期也能够迅速转化作为应急场所，起到临时救治和疏解医疗压力的作用（图 3.3.1-4）。

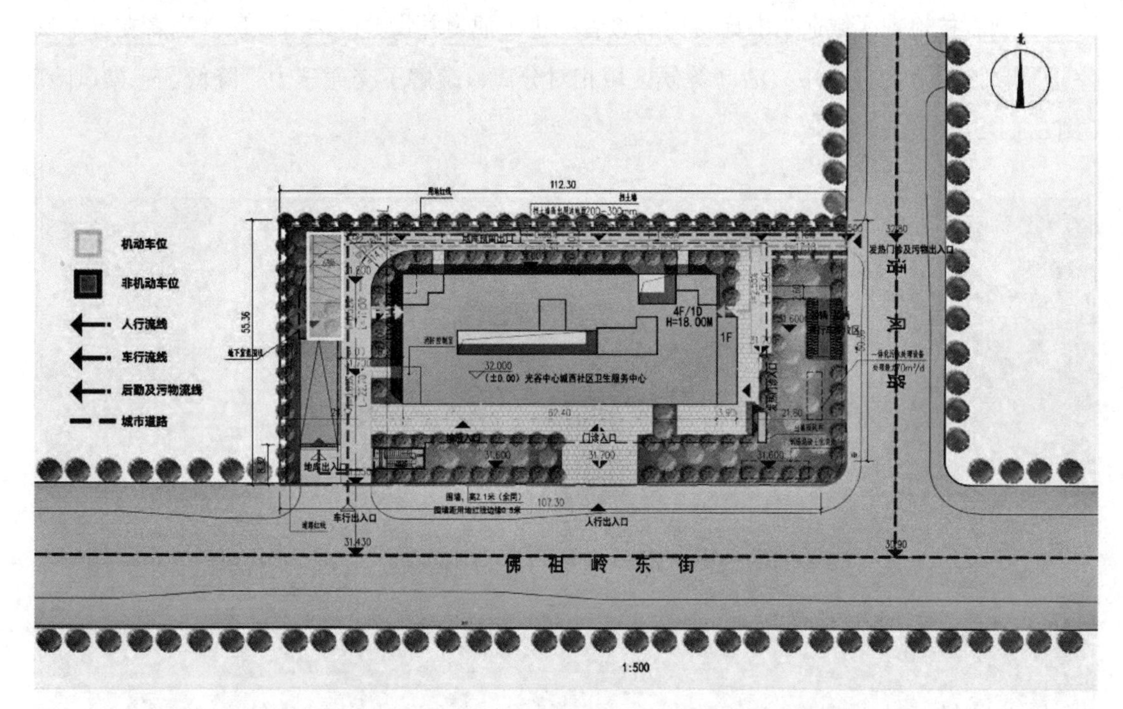

图 3.3.1-4 武汉光谷中心城西社区卫生服务中心总平面图

（1）门诊部流线及布局设计

城西社区卫生服务中心门诊部分为中心导医台和发热门诊。其中导医台位于门诊大厅中部，急诊、全科诊室和家庭医生诊室分设在大厅两侧。门诊输液区位于门诊区域末端，流线出入口相对独立。传染性疾病诊室位于建筑端部，患者可通过建筑西侧次入口进入诊室，避免人流交叉。

发热门诊位于主体建筑的东侧，靠近语风路并设置了单独出入口。发热患者与普通患者出入口交接处设置绿化带进行隔离，以避免造成交叉感染。整个发热门诊区域相对独

① 全博，申健，文滔，等．疫情防控常态下武汉光谷中心：城西社区卫生服务中心规划设计［J］．2022，23（8）：63-66.

立，疫情时期可与其他功能进行物理隔离，方便针对呼吸道传染病的筛查、预警、防控。

（2）医技部流线及布局设计

医技检查区位于社区卫生服务中心二层，出于对减少患者流动的距离的考虑，人流量较大的放射科、B 超室、检验科等部门被布置在电梯及扶梯旁边，口腔科、中医科、康复科等人流量小的部门则布置在靠内的位置。

为了进一步降低人员聚集规模，整个医技部门被进一步分隔成各自的活动等候区域，其中大型医技检查区域适当考虑传染病患者的进出通道并设置隔离等候区。患者在各个诊室进行候诊检查的过程中，活动等候区域相对分离，疏解了交通压力，降低了感染风险。（图 3.3.1-5）。

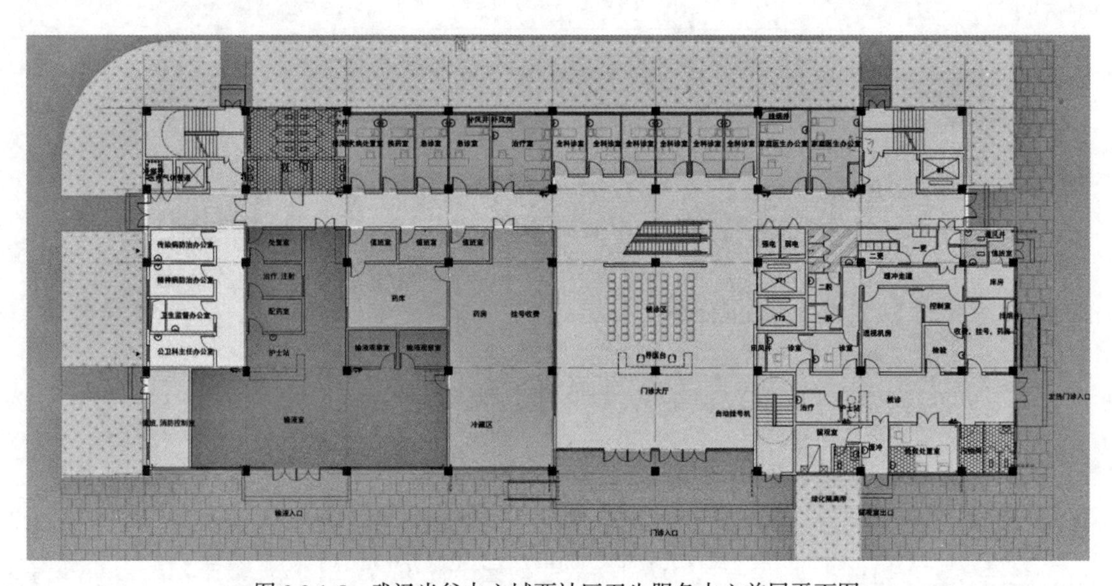

图 3.3.1-5　武汉光谷中心城西社区卫生服务中心首层平面图

2. 其他新增应急医疗站点（社区中心、社区绿化、应急避难场所停车场等）

1）社区中心应急功能设置

部分社区中心设有康复室、物资室，有利于形成防御等级较低，并可针对无直接确诊接触史、较高风险地区返乡者的隔离点。社区中心的给水排水、供配电、消防等设施齐全，周边多配备体育锻炼和社区医疗设施，设施韧性较强，可满足基础防疫等级隔离点的设施需求。室内场地一般装修标准较高，无须大规模新建或改善场地，改造施工过程以加装隔断板、通风系统转换等室内作业为主，对周围居民影响较小，相较新建同规模传染病医院成本更低。与高密度、高容积率的小区相比，社区中心建筑密度相对较小且空间通风性好，可降低感染的可能性。社区中心交通便捷，周边道路交叉口多，流线多样，出入口数量多，社区隔离较居家隔离的防疫条件更优越。社区中心规模通常与其服务社区人口和面积规模相匹配，合理改造后可满足社区防疫需求。

以千灯湖党群服务中心为例，探讨社区中心快速改造的应急功能设置。以下为改造模块示意图（图 3.3.1-6、图 3.3.1-7）。

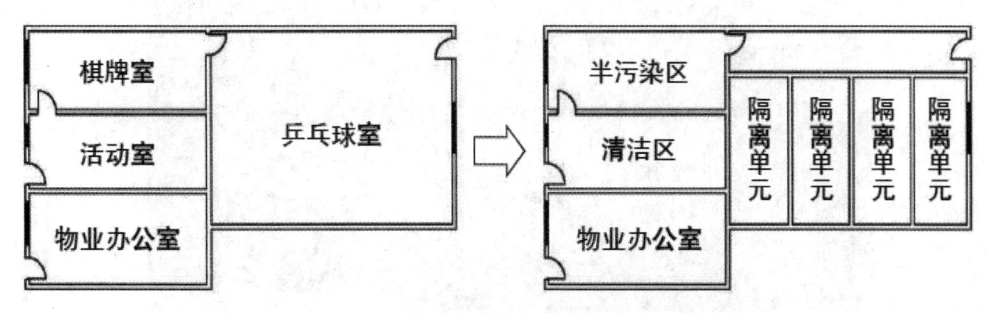

图 3.3.1-6　千灯湖党群服务中心活动室改造示意

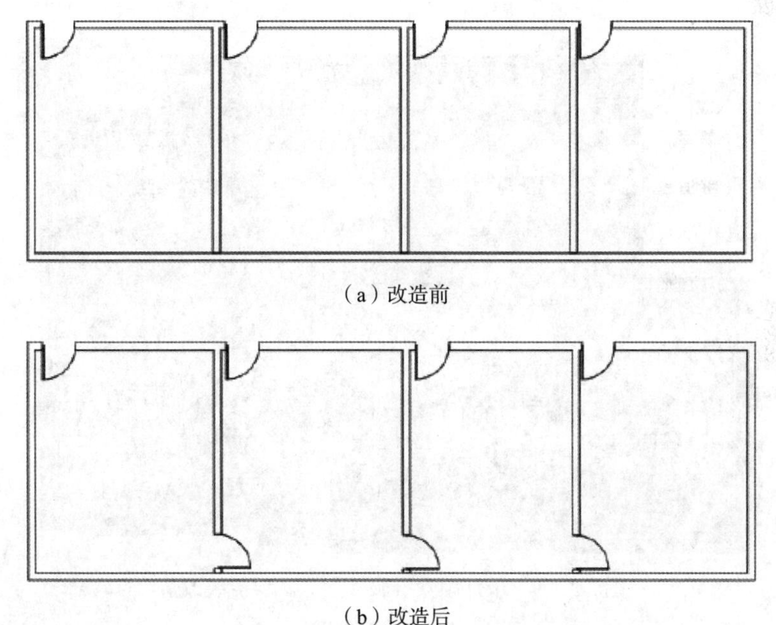

（a）改造前

（b）改造后

图 3.3.1-7　千灯湖党群服务中心普通办公室改造示意

千灯湖党群服务中心的 2 个入口分布于南北两侧，共有 2 部电梯和 2 个楼梯。建筑原有功能分区明确，空间开阔，但流线有交叉。现拟将其改造为集隔离观察、医护办公、核酸检测于一体的社区防疫中心。1 层原为办公区和服务区，改造后设置清洁区、半污染区与核酸检测区，主要供医护人员与核酸检测者使用。2 层原为服务区和活动区，改造后分为隔离区、医护值班区、污物暂存区和半污染区。北侧的 1 台电梯与楼梯是医护人员进入的通道，医护人员环绕一周后从另一部电梯返回 1 层（图 3.3.1-8、图 3.3.1-9）。

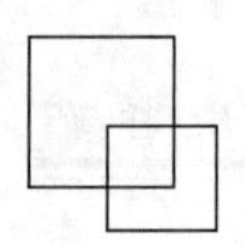

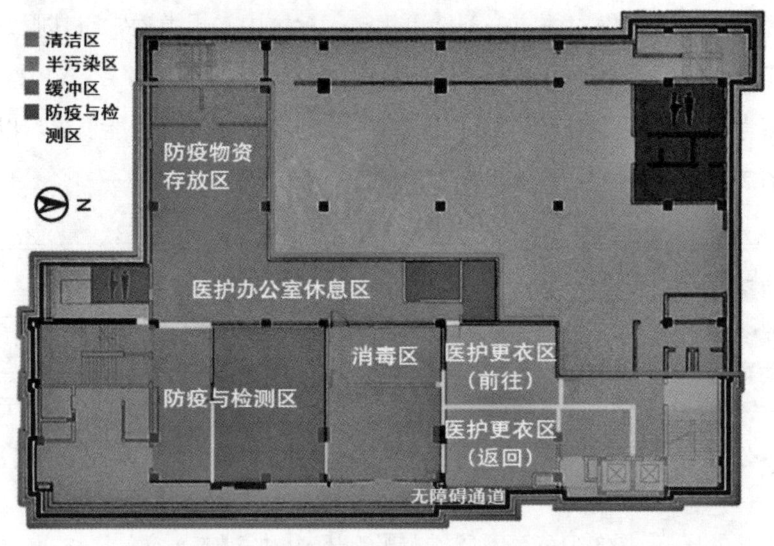

图 3.3.1-8　千灯湖党群服务中心 1 层分区改造

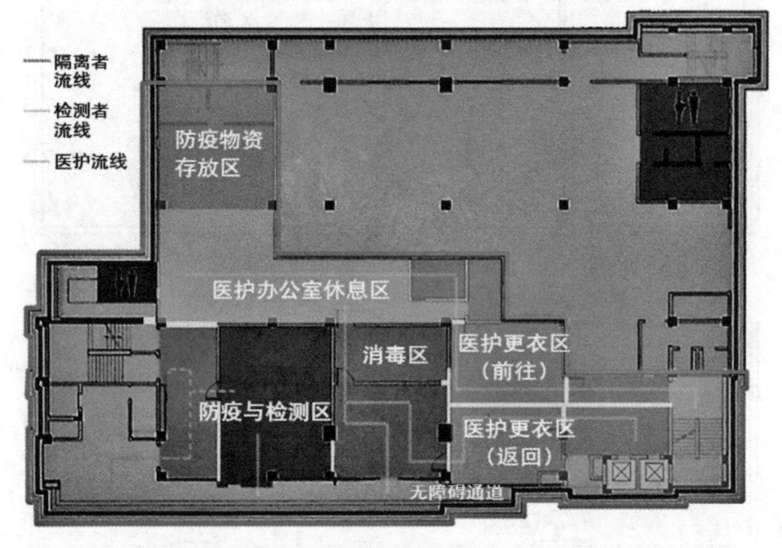

图 3.3.1-9　千灯湖党群服务中心 1 层流线改造

2）社区绿化应急功能设置

疫情时期，长时间的居家使得人们的静态行为增加，运动健身等健康行为大量减少，易导致多种健康问题。

社区生活圈中的绿化能够改善空气质量、在应急期间为居民提供基本的健身活动空间。社区生活圈中步行可达的小型绿地进行适当的优化布局，可对疫情期间居民心理、生理等方面起到积极作用。社区绿化的应急功能设计，应综合考虑以下因素：微绿地规模面积、微绿地宽度距离、微绿地植物配置、微绿地的设施及周围界面等。

3）地下空间人防工程及停车场应急功能设置

人防工程的“平战结合”，就是将平时防自然灾害与战时防战争灾害相结合。人防工程设计建设治理体系应重点从人防理念、应急管控、建设布局、防护标准、应对措施等方向着手。人防工程的应急设置，应发挥自身的优势，从应急指挥、物资调度与储备、医疗救护等方面进行。

地面停车场在应急时期可以转换为样品采样场地、物资转运服务场地、直升机及无人机起飞着落场等功能。选择城市交通枢纽大型停车场作为临时应急隔离安置空间进行规划设计改造的原因在于：① 城市交通枢纽的室外停车场，满足通风良好、环境卫生较好和远离居民区的三项要求。② 城市交通枢纽本身都配置有一定规模的停车场，无须另寻安置空间；而且靠近进、出站口等人群集散点，可实现快速隔离和降低传染风险。③ 城市交通枢纽停车场具备交通便利的天然优势，医疗、生活物资及人员运输车辆可以快速进出（图 3.3.1-10）。

（a）

（b）

图 3.3.1-10 地面停车场

城市交通枢纽停车场应急隔离安置空间的功能分区设计：

城市交通枢纽停车场改造为临时应急隔离安置空间，应划分为以下功能区。各个功能区之间相互协调，共同构建交通枢纽的临时应急隔离空间体系。① 须隔离人群的临时安置区：负责潜在感染人员的临时安置和隔离观察；② 应急管理区：负责应急管理、食品等物资存储和发放、应急指挥、应急治安、消防等；③ 医疗检测区：负责医疗检测和转诊，但不负责进行医疗救治；④ 设备及辅助功能区：包括应急厕所、洗浴设施及垃圾收集处理等；

城市交通枢纽停车场应急隔离安置空间的临时建筑设计：

城市交通枢纽的应急隔离安置空间的临时建筑设计应采用快速建造的技术，根据应急情况的发生进行快速搭建，应急情况结束后可进行拆除，具有以下特点：① 快速装配和拆除。可以采用集装箱、纸建筑、膜建筑等三种快速建造技术，实现即时搭建，具体设计中也可选择混合形式。应急防疫结束后其建筑材料和构件应方便拆除和保存。② 环境通风。可以满足潜在感染人员隔离观察的要求以及建筑单元内部通风等要求。③ 卫生环保。满足环境要求，卫生环保。采用易于洗消和环保的建筑材料，应急防疫结束后，可以经消毒后回收处理，不造成对环境的不利影响（图 3.3.1-11）。

（a）

（b）

图 3.3.1-11　城市交通枢纽停车场应急改造

3.3.2 疾控应急指挥设施

1. 疾控应急指挥中心规划设计内容

首先，需要符合智能化、人性化、节能、环保、信息化、可持续发展等相关原则，在符合城市基础规划发展的要求上进行规划设计，确保满足疾控应急指挥场所的基础功能性要求。同时，建立便捷的交通线路，为疾控送样提供更加便捷畅通的路线，提升疾控应急指挥中心的专业能力。与此同时，也需要结合地形，强调生态及绿地建设，创建具有景观特征的人文性因地制宜工程效果。在整体工程中，借助现代设计方式实现新工艺、技术及材料的广泛应用，提升疾控应急指挥中心的现代化。基于疾控应急指挥中心的功能要求，在整体工程的规划设计中要遵循以人为本的理念，达到更加完善的功能建设效果，实现科学布局，达到绿色节能、超前且适用的设计目标。

其次，根据疾控应急指挥中心的经营特征，规划设计时需要考虑到周围居民住户的安全问题。同时，考虑到疾控应急指挥中心的工作需求，规划适宜的工作环境，形成良好的疾控环境。在日常工作中，需要做好健康监测及环境干预，确保重大公共活动具有良好的卫生保障，及时做好疫情报告及相关信息的提示，保障形成更加完善的协调处理功能。为辅助疾控应急指挥中心的运行，提供后勤保障，以先进的科技服务等适应现代社会的疾控功能需求，科学布局设计。

最后，疾控应急指挥中心包括消杀中心、检验中心、应急仓库及疫苗冷库、行政中心等众多部门，均需要做出合理的安排。通过属性要求为疾控应急指挥中心的各部门提供相应的布局安排，确保在疾控应急指挥中心形成动静分区、内外相连、便于寻找且结合分散等相应效果，以远期发展作为综合性考量，及时调整建筑工程内部的功能规划。提升绿色节能设计效果、提升疾控应急指挥中心的安全性，打造满足群众需要的绿色化建筑，在一定程度上有效节约成本。在日新月异的信息技术背景下，疾控应急指挥中心建筑工程的规划设计需要体现先进性及超前性特征。结合疾控应急指挥中心的可持续发展需求，考虑到医疗设备、检验技术等众多内容需要更新，要预留充足的空间。

2. 应急指挥中心的各类技术要求

（1）利用云计算、区块链、大数据、感知网络、融合通信等现代信息技术，建立现代化应急指挥中心，发挥指挥神经中枢和信息中心作用，实现上传下达、综合汇聚、协同会商、专题研判、指挥调度和信息发布功能，为构建统一指挥、专常兼备、反应灵敏、上下联动、平战结合的应急指挥体系提供支撑，有效应对突发事件。

（2）基础支撑系统：主要包括显示、视频会议、融合通信、会议扩声、集中控制等系

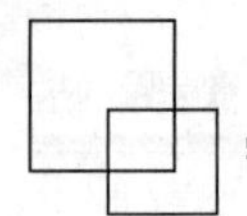

统。按照相关行业要求和开放兼容技术规范，结合各地实际进行建设。

（3）互联互通建设：应急指挥中心应能与上级应急指挥中心和有关部门实现互联互通，并确保图像接入系统实现互联互通。

（4）应设置与疾控应急指挥中心、应急指挥中心、相关医疗机构等的专用通信接口，应为隔离人员提供心理援助热线。

（5）应急指挥中心宜设置自备电源。

（6）建立档案资料信息化电子采集系统，建立档案文件信息化电子储存平台，建立档案资源信息化共享平台，完善应急指挥中心档案信息化管理机制。

3.3.3 应急观察设施

1. 新建固定用房

新建应急观察设施的固定用房应注重长远效益，按照平疫结合、平急结合、平战结合的原则和理念，着眼未来，结合片区定位和产业发展，预留条件可建设成为租赁性住房、蓝领公寓、医养结合养老中心、旅游酒店等功能，确保资产不闲置浪费，服务未来城市发展需求。

1）新建固定用房应急设计要求

以居住舒适的要求配备生活设施。按照“一人一间一卫”标准，配备电视、网络、空调等设施和足量的生活用品、防护用品、消毒产品，公共区域设置食堂、无障碍电梯、健康中心、活动室、休闲绿地、风雨连廊等，确保在满足防疫要求的前提下更好地照顾居住体验。

建筑设计应严格执行“三区两通道”标准要求，划分清洁区、缓冲区和污染区。园区医护的清洁通道和污染通道独立设置、流线清晰、洁污分开、闭环管理。

充分发挥装配技术高速推进项目建设的优势，科学优选适用装配技术的预制构件，利用装配建造的工期、成本、环保等优势，实现项目提速控本、提质增效、减碳降耗、绿色环保。同时应做好技术策划设计、工程永临转换，统筹建设与运维管理等工作。

充分发挥智能化优势，将5G通信、物联网、人工智能等现代技术融入基础设施和服务管理中，通过场景化、智能化的综合应用，实现全流程封闭管理。通过智能化无接触服务，减少人员接触和交叉感染风险，提升入住人员的体验感与舒适感。

以防疫公寓为例，平时应以单开间为主，可设置一定比例的套间。开间设置居室、卫生间等基本生活设施，在疫情时期可以方便转换成隔离单间。

电梯宜分散设置，以应对应急时期洁净流线，污染流线分开的要求，走廊应有自然通风条件，设备风道管井等设施应满足应急防控需求。

建筑平面、立面及构件均采用标准化设计，满足装配式建筑的建造标准，根据疫情需要，可以快速建成并投入使用（图 3.3.3-1）。

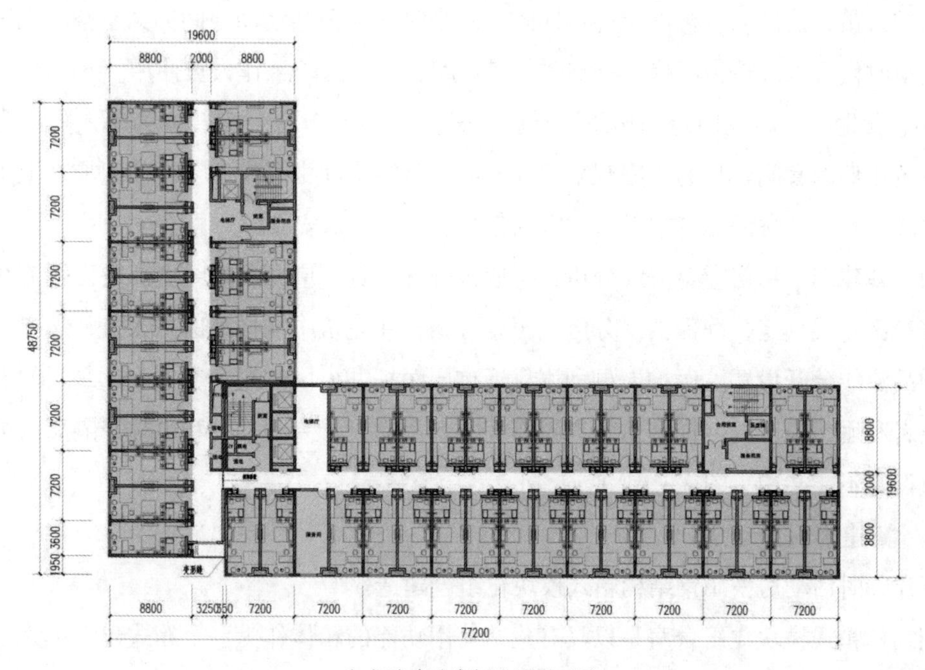

（a）防疫公寓标准层平面图

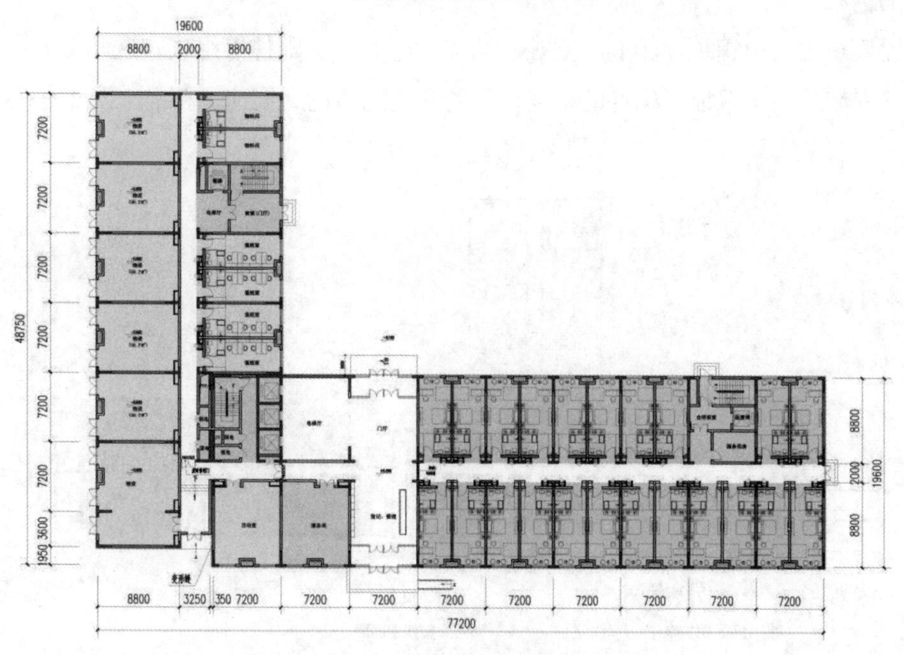

（b）防疫公寓首层平面图

图 3.3.3-1　防疫公寓平面图

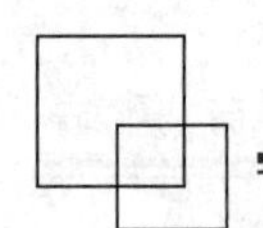

2）新建固定用房的平急转换

（1）新建固定用房应急功能分析：首层靠近电梯的建筑端部位置进行一定范围的改造，将部分单身公寓房间进行合并，集中设置洁净物品的物资库，利用现有单身公寓房间设置医护人员办公区域。标准层电梯厅附近的平时作为公共活动空间的共享空间也进行改造。疫情时候可以改造为医疗人员临时休息房间，方便医护工作人员使用。

疫情发生时，新建固定用房平急转换方式如下：以单身公寓转换为单人隔离房间为主，一定比例的套间转化为家庭观察房间。隔离观察房间由居室和卫生间组成，卫生间应配置洗漱、厕位、淋浴等基本设施，室内各类设施应确保安全。

（2）新建固定用房应急流线分析：交通核分开设置，应急期间结合总平面图流线，严格遵守三区三线划定，确保洁污分区，医患分离，在建筑中同样将医护人员、隔离人员和污染物品流线分开设置。医护人员利用靠近首层医护办公区的垂直交通到达每层的隔离单元，患者利用污染区的电梯到达各自隔离病区，污物设置专门的污物电梯与隔离人员的垂直交通设施不能共用（图 3.3.3-2）。

2. 新建临时活动房

新建临时活动房采用钢结构箱式模块化组合建造。

钢结构箱式模块化组合房是以具有建筑使用功能的箱体作为一个箱式建筑单元模块组合构成的房屋。

单元模块主要由箱顶、箱底、立柱、墙体、门、窗、配件等组成，这几部分主要构件采用现场安装。由于保证了构件的精度，现场安装能够达到快速、精准（图 3.3.3-3）。

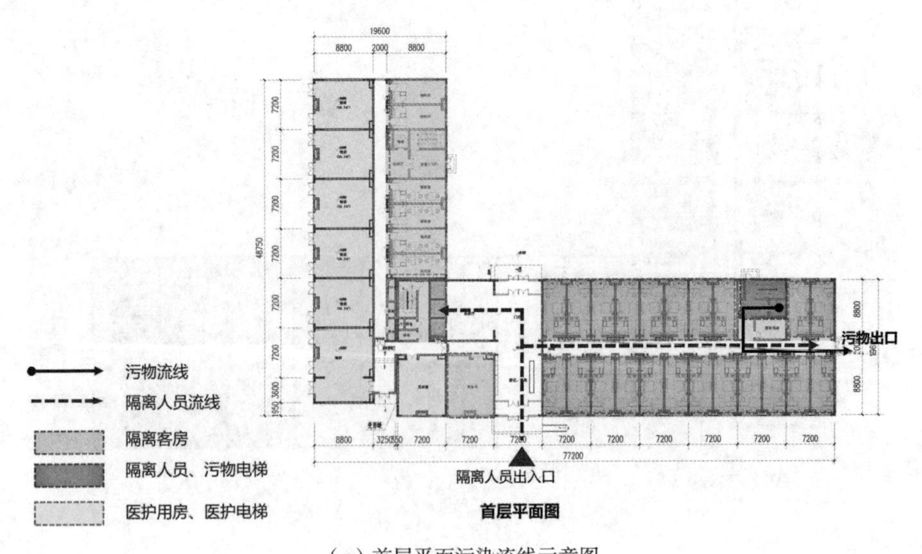

（a）首层平面污染流线示意图

图 3.3.3-2　首层平面流线示意图

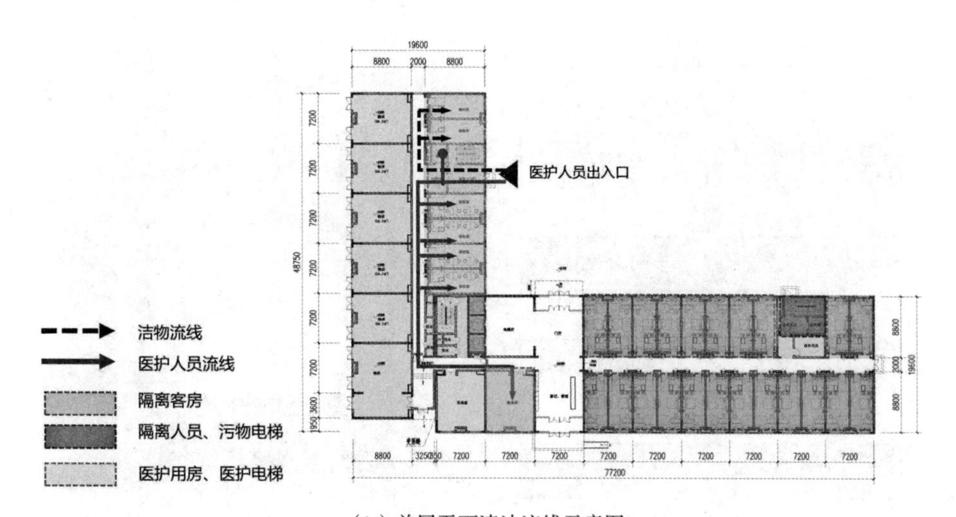

（b）首层平面清洁流线示意图

图 3.3.3-2 首层平面流线示意图（续）

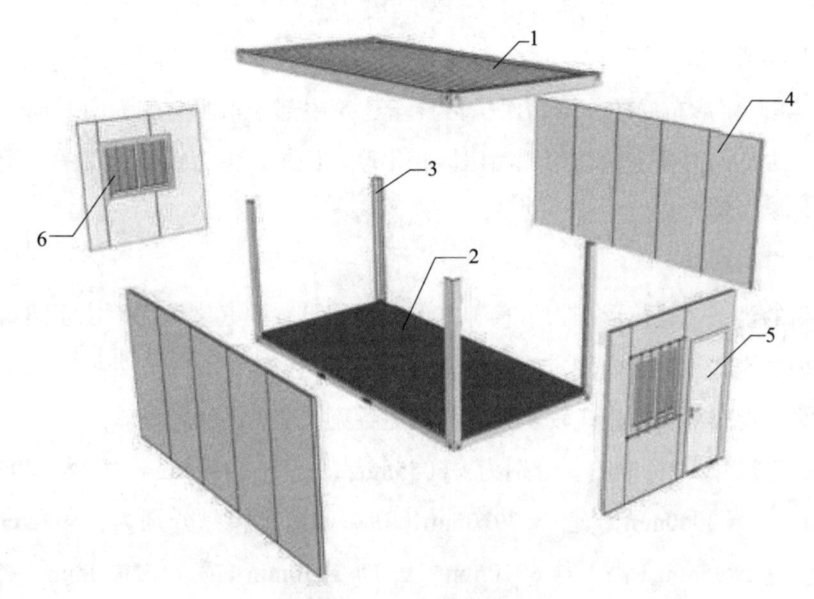

图 3.3.3-3 单元模块示意图

1—箱顶；2—箱底；3—角柱；4—墙板；5—门；6—窗

常见的临时活动房为 6×3m 装配式集体防护单元，或标准尺寸的应急帐篷。

方舱医院临时活动房总体布局方案有如下几种（图 3.3.3-4）：

1）“E”字形布局

病房区南北向成组间隔布置于场地一侧，通过另一侧南北方向的通长医护区串联。病人流线与医护流线分别位于场地东西两端。这种布局形式，便于各病房区独立看护管理，医护人员的流线更加灵活，场地气流组织较好。

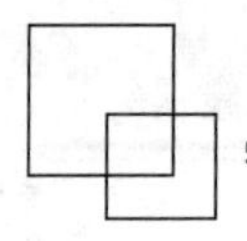

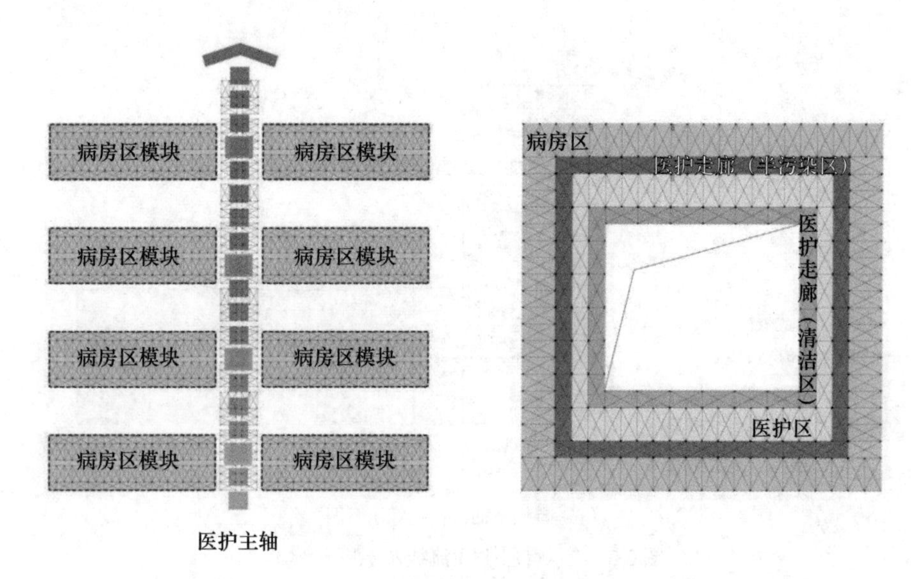

图 3.3.3-4　方舱医院临时活动房总体布局方案

2)“王”字形布局

为上述“E”字形布局的变形，医护区位于建筑中部，东西两侧为南北向成组间隔布置的病房区，中部的医护主轴与两侧病房区相串联。医护区的流线更为集中，提高了医护人员的巡行效率，较为节地。

3)“回”字形布局

属于较新的尝试，建筑形态为（长）方形，内部设置中庭。病房区位于建筑外侧的四个方向，医护区设置于建筑内侧，两区之间为病房区污染走廊，中庭处设置医护走廊。由于此布局中污染走廊承载的流线较多，如何避免各流线交叉的问题是难点。

两种箱式房尺寸，“标准箱”分别为：6055mm（长）× 2990mm（宽）× 2895mm（高）与 6055mm（长）× 3000mm（宽）× 2920mm（高）；“走廊箱”分别为：5992mm（长）× 1930mm（宽）× 2895mm（高）与 6010mm（长）× 1930mm（宽）× 2920mm（高）。

1）新建临时用房应急设计要求

在保质保量加快完成应急防疫工程的前提下，设计理念和定位上可以适当兼顾未来多用途使用的可能性。

根据平面功能确定病区模块及医护模块的基本尺寸，才能为快速设计施工创造最有利的条件。

箱式房设计中，首要考虑的问题是防水排水。箱式房本身有着较可靠的自排水体系，在大量的工程实践中并未出现严重的问题，但是设计需要考虑的重点依然是排水的问题，这是由于医院的设计特点决定的。建筑中存在大量的有水房间，且需要负压、新风、空调等各种设备系统，其复杂性对箱式房的防排水提出了更高的要求（图 3.3.3-5）。

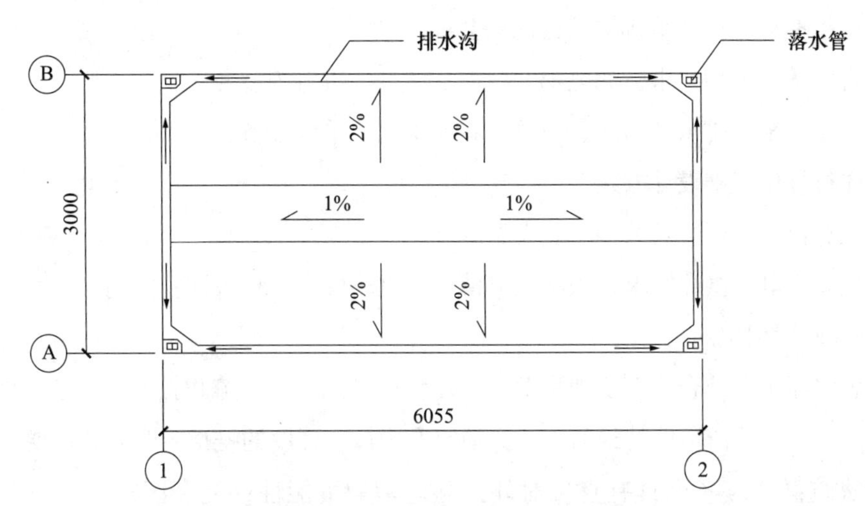

图 3.3.3-5 标准模块屋面排水示意图

在平面设计过程中，屋面防水是设计的重点。设计可以借助箱式房本身的自排水系统，完成从屋面到地面的雨水排放。

但是由于机电系统的复杂性，屋面承载着设备及基础，并开设了大量的风管等洞口，在后期运行使用中，存在较大的漏水风险。所以在自排水系统之上，结合整体屋面设计，即新增一道钢结构防水坡屋面。整体屋面结合管线综合与优化，将设备、风管等巧妙地隐藏，既可以为屋面防水增加防水保险，又可以实现较好的第五立面效果（图 3.3.3-6）。

图 3.3.3-6 成品箱式房

在紧急任务中，设计方要在方案设计的同时兼顾施工现场的时序，优先提供最合理、最便捷的施工方案，保证设计与施工同步进展。第一时间做到：

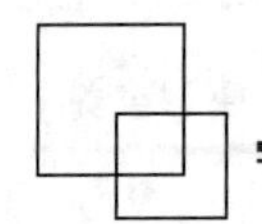

（1）汇集医管、规划、消防、环保等部门进行现场方案会审。

（2）由指挥部选择外审机构进行现场会审。

（3）告知优先采购要求，如电梯、门窗、洁具、机电等型号。

（4）确定防水、排水、给水、通风方案，供施工单位准备。

（5）先行提供基础设计方案。

（6）测算污水处理量及采购套装设施。

（7）核算供电、供暖需求，采购供电模块、供热模块，整包同步实施。

2）新建临时用房的平急转换

基本思路在于：结合疫情实战情况，大面积病毒感染时的流程按照单通道考虑。实现污染区、半污染区、清洁区的绝对划分，最终实现最大程度的疫情控制和救治要求。

（1）建筑群体应考虑具有直接对外独立运营的可能性；配套医疗设施应考虑灵活分割为诊区或康复配套功能使用的可能性；开敞式外廊应考虑转换为封闭式外廊的可能性。

（2）“洁污分区、医患分流”始终是基本设计原则，由于医院洁污分区分流的功能要求，平面布局上，要明确划分出污染区、半污染区和清洁区。

（3）临时用房病房楼是独立设置，可以按照整体改造，分层使用的方式实现平急结合的设计理念。整个护理单元平时作为普通病区使用，诸如疫情加剧时，通过关闭局部通道和设置不同缓冲间，能够快速转换为感染病人的收治病区，其中按照需要设置一定数量的负压病房。

（4）病房楼一层可以结合发热门诊要求设置有挂号、收费、药房、门诊、检验、CT、DR、心电、B 超、留观以及负压手术室。平时作为普通呼吸道病房来使用，疫情时候可以迅速转化负压隔离病房使用。整个病房楼既能在平时与整体医疗区域统一使用，疫情初步发生时候能完全独立运行，不影响其他医疗区域的使用。

（5）在疫情发生初期，将呼吸道病房楼与医疗区域完全独立分开，从院区入口到建筑入口都形成独立的通道，与院区其他流线完全独立分开，形成独立区域。在疫情发展过程中，将呼吸道病房楼旁边的停车区域作为应急设施临建区域进行规划，在短期内形成建设场地条件，可以快速建立起应急病房。疫情如果发展到一定程度，需要将整体医院作为应急医院使用，呼吸道病房楼和非呼吸道病房楼均收治病人，综合病房楼作为医护人员休息区和隔离区，行政办公楼为疫情总调度中心，预留发展用地可以作为方舱医院使用。最大限度地做到限制区与隔离区分开，洁污分离的原则。

3.3.4 卫生通过设施设置

1. 卫生通过设施功能

卫生通过是设于观察区与工作服务区间，供人员及物资由工作服务区进入或离开观察区时，通过物理屏障、气流流向等设计，进行卫生处置的区域。医护人员从污染区“红区”经卫生通过“黄区”退出到清洁区“绿区”（图 3.3.4-1）。

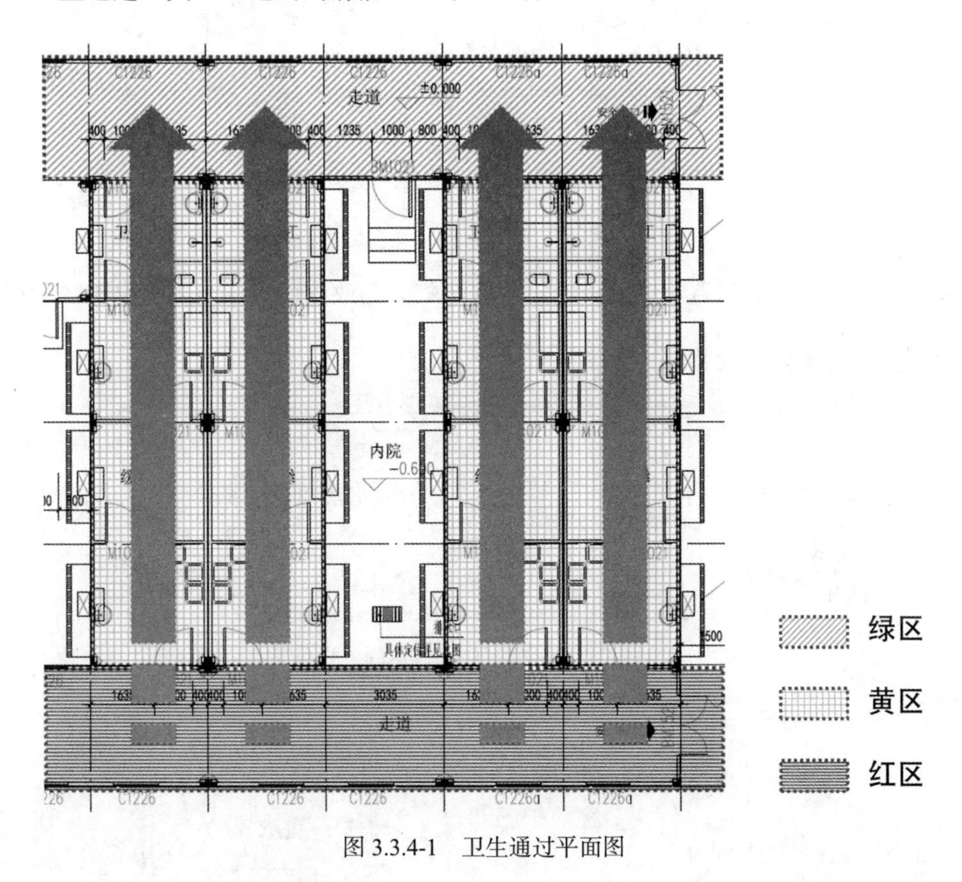

图 3.3.4-1 卫生通过平面图

2. 卫生通过设施设置要求

卫生通过区是位于限制区和污染区之间的供工作人员进出的缓冲区域，工作人员经过更衣、穿防护服后进入污染区，经过脱防护服、医护口罩后离开污染区，在更衣过程的穿防护服之前和脱衣过程的脱防护服之后的阶段，均存在一定的感染风险，尤其是脱防护服和医护口罩时的感染风险较大。因此，卫生通过区应设置机械通风系统有效地排除脱衣过程中的病毒气溶胶，防止污染区的病毒进入更衣室内。卫生通过区主要包括工作人员由限制区进入污染区的进入流程和工作人员由污染区返回限制区的返回流程，按设置位置可分为室内型和室外型。

室内型卫生通过区与隔离收治区在同一建筑物内，二者之间通过走道连通室内型卫生通过平面图（图 3.3.4-2）。

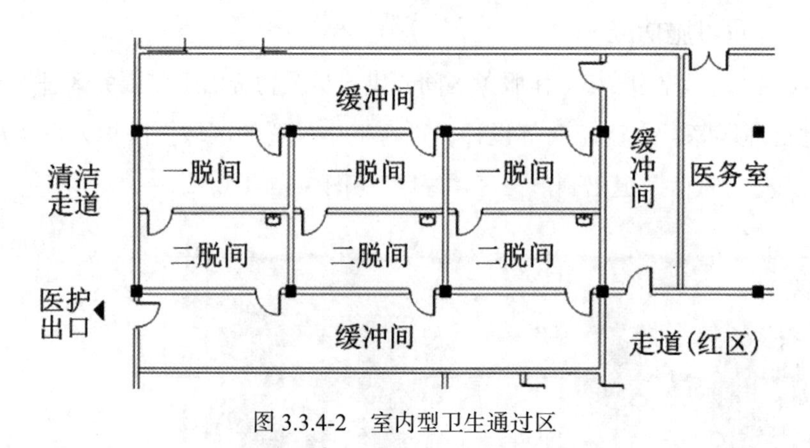

图 3.3.4-2　室内型卫生通过区

室外型卫生通过区设置于室外，通常为多个集装箱改建而成，与隔离收治区所在的建筑物之间为室外空间（图 3.3.4-3、图 3.3.4-4）。

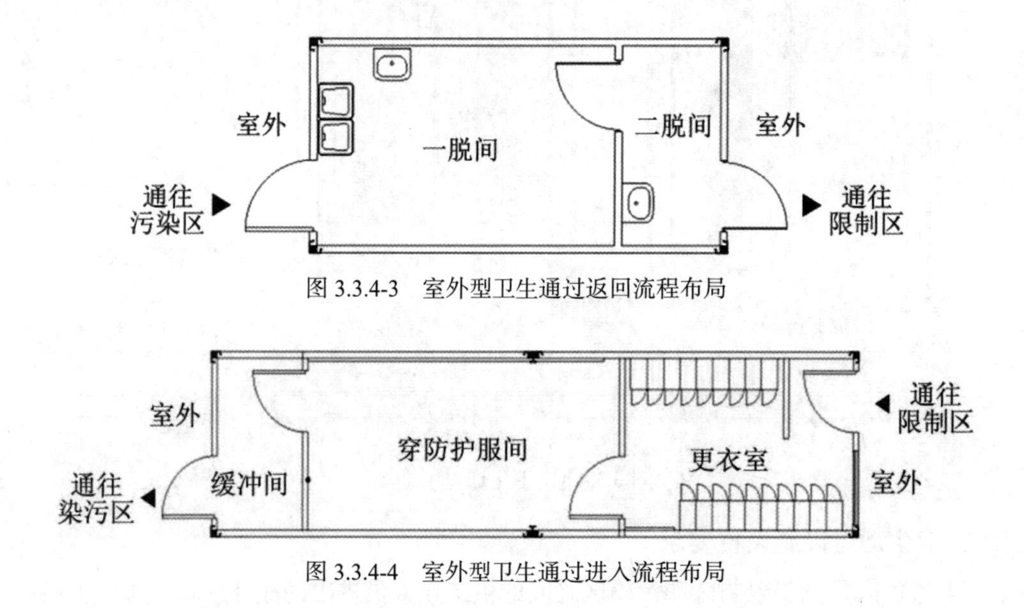

图 3.3.4-3　室外型卫生通过返回流程布局

图 3.3.4-4　室外型卫生通过进入流程布局

室内型卫生通过区与污染区连通，存在污染区的气溶胶通过缝隙或门开启进入更衣室、脱衣间的风险，需采用机械通风系统确保更衣室和脱衣间相对污染区为正压状态，并将脱衣间内脱防护服时抖落的病毒颗粒物排至室外。

室外型卫生通过区与污染区之间的室外空间具有缓冲作用，污染区的气溶胶进入更衣室和脱衣间的可能性非常小，因此不需要考虑卫生通过区与污染区之间的压力梯度。

3. 新建或改造卫生通过设施

卫生通过可采用既有建筑改造或在建筑外搭建临时性用房的方式，脱防护服场所宜集中设置，脱衣间宜采用1人/次标准通过。

室内型卫生通过区建造时通常需要对原有房间布局进行改造，采用板材重新搭建板房和增加机械通风系统施工工作量大，施工时间较长，拆除、恢复原状的工作量大。考虑到以上因素，通州西集重大活动应急场所暨保租房项目采用了室外型卫生通过区，即在室外场地上并排放置多个标准尺寸的集装箱，并进行内部分隔和增加机电设施，缩短了施工工期，并且可在运营过程中根据实际需求增加集装箱进行临时改造。

2020年之前包括《传染病医院建筑设计规范》GB 50849在内的各类呼吸道传染病相关规范没有对卫生通过区的通风系统进行专门的规定，2020年武汉方舱医院的卫生通过区通风系统参照人防地下室防毒通道的排风系统做法，更衣室和脱隔离服间通风量均按30次/h的换气次数计算，各相邻隔间采用对角设置方式设置ϕ300的通风短管。此后，各省市出台的方舱医院或集中隔离收治设施设计导则对卫生通过区的通风方式、通风量计算方面的规定大多参照武汉方舱医院的做法。

武汉方舱医院卫生通过区以室内型为主，其返回流程通风系统方案为：二脱间相邻的清洁区域设置机械送风系统，一脱间和缓冲间设置机械排风系统，各相邻房间的隔墙上设置带密闭关断阀的通风短管，形成由清洁区至污染区的气流流向，并保持一定的压力梯度，防止污染区的气溶胶进入清洁区，有效排除脱衣过程中的病毒颗粒物（图3.3.4-5）。

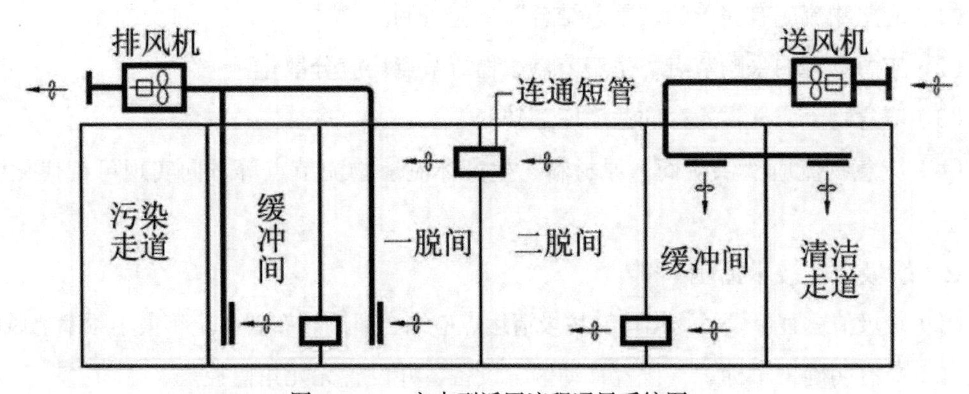

图3.3.4-5　室内型返回流程通风系统图

上海集中隔离收治设施的卫生通过以室外型为主，返回流程的机械通风系统的作用为排除脱衣过程中的病毒颗粒物。一脱间和二脱间均与室外空间相邻，集装箱的缝隙较大，在病毒颗粒物浓度相对较高的一脱间设置自然渗透进风的机械排风系统即可有效地排除脱衣间内的污染空气（图3.3.4-6）。

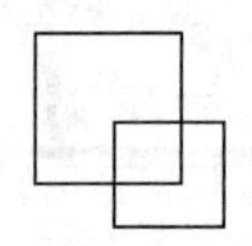

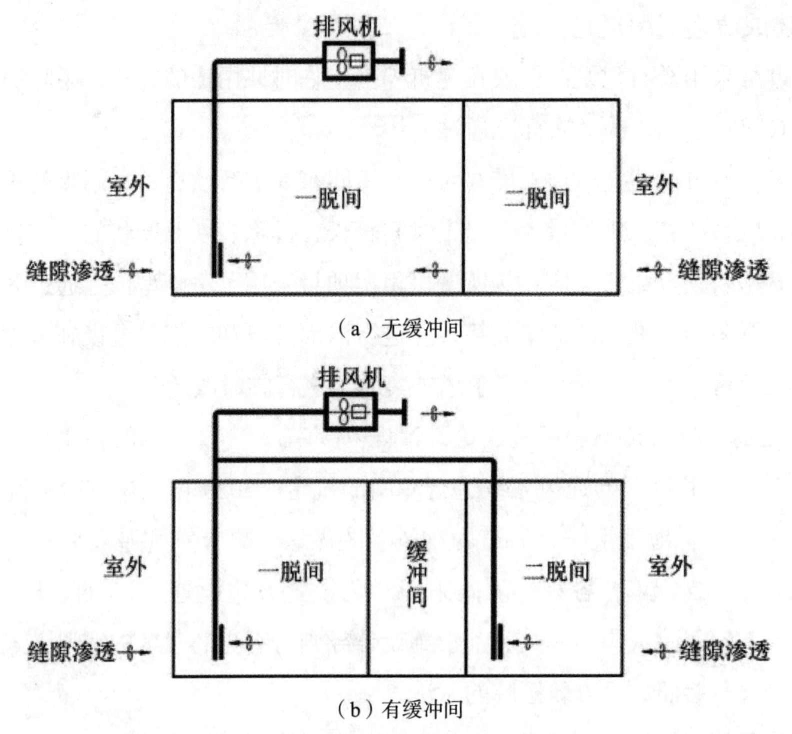

（a）无缓冲间

（b）有缓冲间

图 3.3.4-6　室外型返回流程通风系统图

3.3.5　交通、物资和保障设施

1．物流系统应急措施

（1）应急物流应有完善的“平急结合”响应机制。

（2）应急物流的采购节点、生产节点、物流节点均应分散化。

（3）应急物流应从零库存向适度库存转变。

（4）应急物流应从供应商、原材料、生产体制、物流节点等方向实现可替代化服务转变。

2．垃圾清运技术措施

（1）垃圾清运宜单设污物出口。垃圾清运点应结合风向，布置在全年最小频率上风向。

（2）应有明确警示标识，设置移动消毒设备，并设置无死角监控。

（3）附近宜设置车辆洗消场地。

3．保障设备设施类：应急发电／污染物监测／信息采集／应急通信

（1）可在变电所或总配电间等适当位置预留应急柴油发电机接口。

（2）可在项目内设置污染物、空气质量监测系统。

（3）健康驿站设置与疾控中心、应急指挥中心、相关医疗机构等的专用通信接口。

（4）健康驿站可设置智能化信息集成（平台）系统，支持向上接入所在地市（或区县）城市大脑平台及公安平台。改建类健康驿站应充分利用现有信息设施系统、安全技术防范系统和火灾自动报警系统等智能化系统和设施。

（5）通风系统设置高效过滤器时应同步设置压力监测系统，当过滤器阻力达到终阻力时及时对过滤器进行更换。

污水处理系统设置在线监测系统同步传输数据至环保部门。

3.4 健康驿站前沿案例解析

3.4.1 既有建筑改造类案例

怀柔区隔离收治场所（方舱）应急改造工程

1. 项目概况

怀柔区隔离收治场所（方舱）应急改造工程建设地点为北京市怀柔区军训宿舍，怀柔区住房和城乡建设委员会作为建设方。项目性质为临时应急建筑改造，改造建筑类别为多层民用公共建筑，项目改造的主要内容体现在现有军训宿舍改造为隔离区，以应对疫情隔离收治的功能需求。项目改造面积共15753.33m^2，改造后可容纳床位数共718床，其中，隔离收治床位为530床，医护后勤床位为188床。最终，建筑组团高度为15.75 m，地上4层，无地下室。

本项目为北京市怀柔应对疫情而改造的方舱集中收治场所，主要针对北京市怀柔域内的轻症患者。为应对疫情，本项目第一目标为快速建设、快速投产。

2. 整体规划

改造选址位于怀柔区城区北侧的怀柔科学城片区，临近雁栖湖景区，紧邻雁栖大街，交通便利，与京密路、京加路、京密高速、大广高速联系便捷。选址与怀柔区定点收治医院的距离适中约6.1km，交通联系便捷，便于隔离人员转院。

3. 建筑设计

项目虽然是改造工程，但还是严格遵循“三区两通道”原则，其中，三区指的是污染区、卫生通过区和清洁区，两通道指的是隔离人员通道和医护工作人员通道。具体改造措施，原建筑和改造后建筑效果如下：1号宿舍楼现状四层，建筑面积6664.53m^2，建筑高度15.75m，全楼改造为隔离A楼，最多容纳368床，首层80床，二层96床，三层96床，四层96床。2号宿舍楼现状四层，建筑面积3544.40m^2，建筑高度15.75m，全楼改造为医护B楼，最多容纳188床，首层44床，二层48床，三层48床，四层48床。3号宿舍楼现状四层，建筑面积3544.40m^2，建筑高度15.75m，全楼改造为隔离C楼，最多容纳162床，首层36床，二层42床，三层42床，四层42床。1号食堂厨房功能保留，餐厅约2000m^2，现状一层，改造为物资D楼（物资存储），现状餐厅打扫清洁后用作物资存储用。

室外广场为配套建设内容，医务卫生通过间、出院淋浴消杀打包间、垃圾暂存间、120急救洗消间均为箱式房结构。

4. 建筑技术

项目建筑整体采用原怀柔军训宿舍进行改造，室外临时搭建箱式预制模块，医务卫生通过、出院淋浴消杀打包间、垃圾暂存间、120急救洗消间均为箱式房结构。建筑耐火等级为二级，建筑设计使用年限小于2年（室外箱式房）。

3.4.2 新建临时性建筑案例

通州西集重大活动应急场所暨保租房项目

1. 项目概况

通州西集重大活动应急场所暨保租房项目建设的目的是为落实呼吸道传染病疫情常态化防控工作要求，集中建设的医学观察隔离点。项目设计以“平疫结合”为出发点，平时作为集体租赁住房，疫情期间能快速高效转为城市卫生应急设施。

项目位于北京城市副中心东南方向的西集镇，总占地面积约26hm^2，共分为南、北两区。其中北区临时隔离用房占地面积约为13hm^2，建筑规模11.5万m^2，总计房间约为6000间，配建指挥中心、综合服务中心等。南区应急方舱医院为新建平疫结合、战略储备应急项目。建筑总面积85673m^2，由19栋三层箱式病房楼和12栋一层配套楼组成，病房区分为4个方舱组团，每个组团配备相关医疗流程用房。总计可提供八人间病房540间，五人间病房337间，可安排床位6042床（图3.4.2-1、图3.4.2-2）。

2. 整体规划

规划布局上，南区结合整体道路条件与北侧现状隔离点综合布置。北侧结合现状道路封闭为清洁区，清洁区以南为污染区，清洁区与污染区之间经由缓冲区分隔。整体方舱项目东西向分为四个方舱管理组团，共计设置方舱床位约6000床。各组团由相对独立的医护办公、缓冲区与病房楼南北向成组布局，方便分批次分组团开仓运营。入住接待楼与出院楼分列用地的东南角与西北角，实现阳性入院人员与阴性出院人员的分离。南侧布置主要交通通道，入住人员由东南侧主入口广场进入园区，在接待处登记，乘坐电瓶车由南往北去各方舱楼栋；医护工作人员从场地北侧经过卫生通过区，由北向南进入各方舱单元工作。南北区统一设计，统筹运营，平疫结合，可以分别按照整体方舱医院模式、整体健康驿站模式和整盘出租公寓模式进行运营，北区被市领导确定为防疫工程的样板工程（图 3.4.2-3～图 3.4.2-6）。

图 3.4.2-1　通州西集重大活动应急场所暨保租房项目东南侧鸟瞰图

图 3.4.2-2　通州西集重大活动应急场所暨保租房项目南侧鸟瞰图

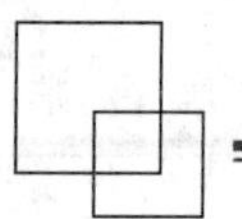

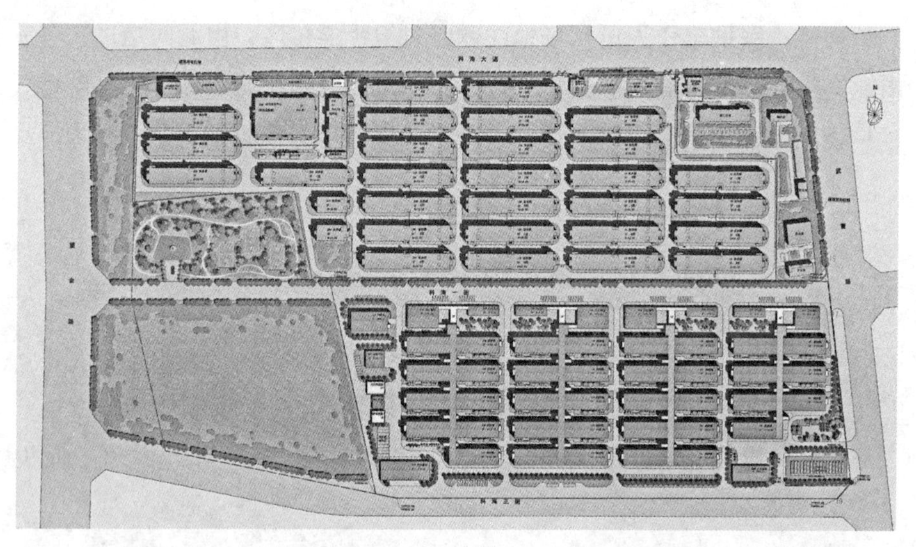

图 3.4.2-3　通州西集重大活动应急场所暨保租房项目总平面图示

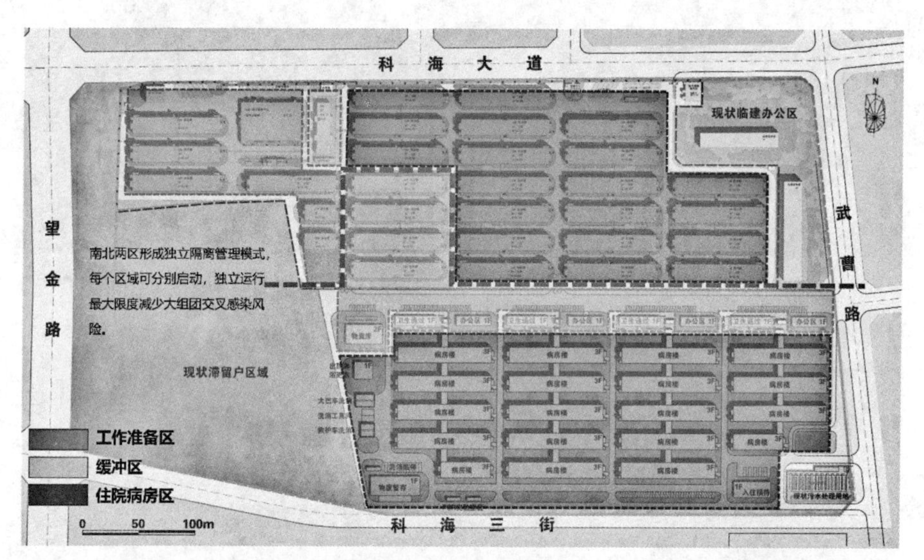

图 3.4.2-4　通州西集重大活动应急场所暨保租房项目功能分区图示

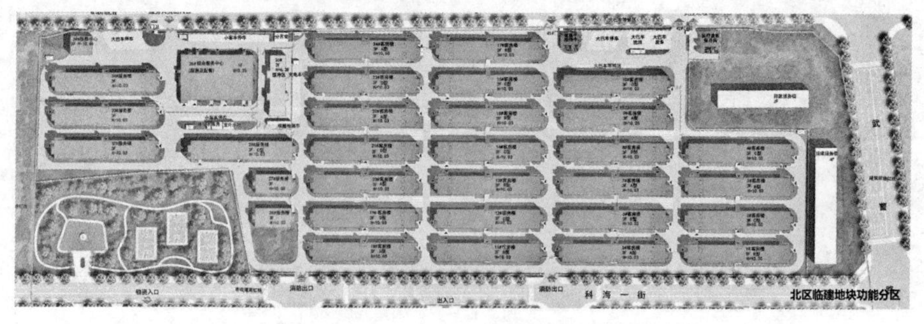

图 3.4.2-5　通州西集重大活动应急场所暨保租房项目北区功能分析图

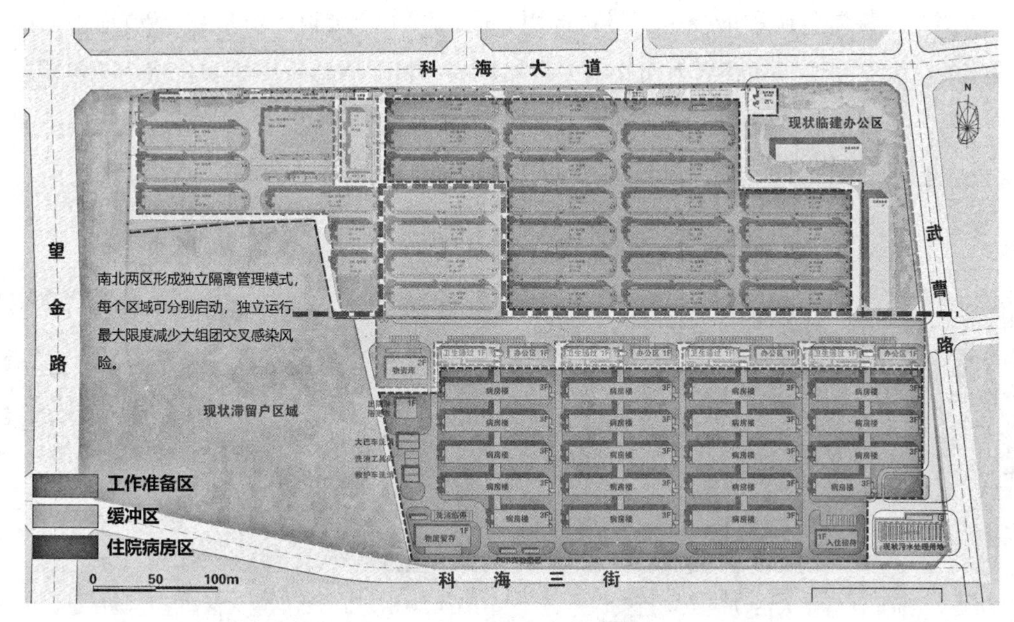

图 3.4.2-6 通州西集重大活动应急场所暨保租房项目南区功能分析图

3. 建筑设计

建筑风格层面，南北两区设计风格统一，屋顶及立面元素以北区作为蓝本，作优化提升，立面色彩使用中国传统色“盈盈”“朱颜酡”与北区“爱马仕黄”进行区别；结合方舱医院的使用功能，医护通行的连廊将各栋楼串联在一起，形成独立运营的四个组团，连廊屋顶彩色格栅贯穿组团南北，较北区更具视觉冲击力（图 3.4.2-7、图 3.4.2-8）。

图 3.4.2-7 通州西集重大活动应急场所暨保租房项目方舱医院入口人视图

图 3.4.2-8 通州西集重大活动应急场所暨保租房项目内庭院人视图

室内装修方面，室内整体风格简洁、温馨、轻快。饰面材料耐擦洗、耐酸碱、耐腐蚀。造价可控，效果可靠。色彩主要选用低饱和度的色调营造居家现代感，竹木纤维板增加温馨感觉，整体色调和谐统一。材料选用方面，竹木纤维板、仿木纹 PVC 地板向两端延伸的条纹为空间增添动感活力而又不失自然氛围。材质质感手感柔和自然，不粗糙也不过于光滑，适合家居。设计团队通过以上方法，努力营造温暖、安全、舒适的室内空间氛围（图 3.4.2-9～图 3.4.2-14）。

图 3.4.2-9　通州西集重大活动应急场所暨保租房项目方舱医院看护单元内景（蓝色隔板方案）

图 3.4.2-10　通州西集重大活动应急场所暨保租房项目方舱医院看护单元内景（白色隔板方案）

图 3.4.2-11　通州西集重大活动应急场所暨保租房项目方舱医院看护单元走廊内景

图 3.4.2-12　通州西集重大活动应急场所暨保租房项目方舱医院看护单元卫生间内景

图 3.4.2-13　通州西集重大活动应急场所暨保租房项目方舱医院单间公寓内景

图 3.4.2-14　通州西集重大活动应急场所暨保租房项目方舱医院五人间蓝领公寓内景

4. 建筑技术

智慧建筑方面，通州西集重大活动应急场所暨保租房项目方舱医院项目采用多种方式进行管理、运营和控制（图 3.4.2-15）：

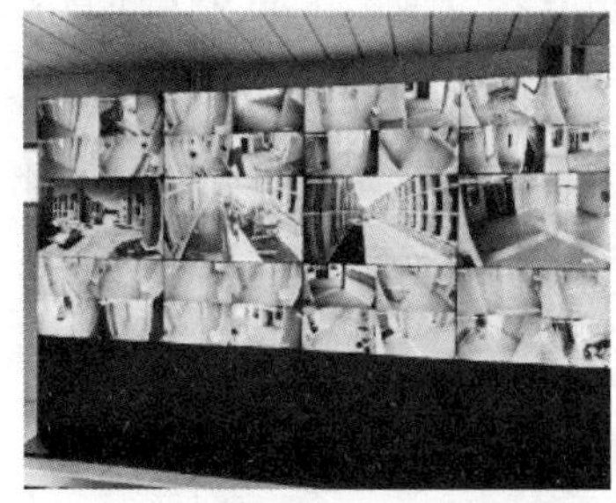

中控室大屏

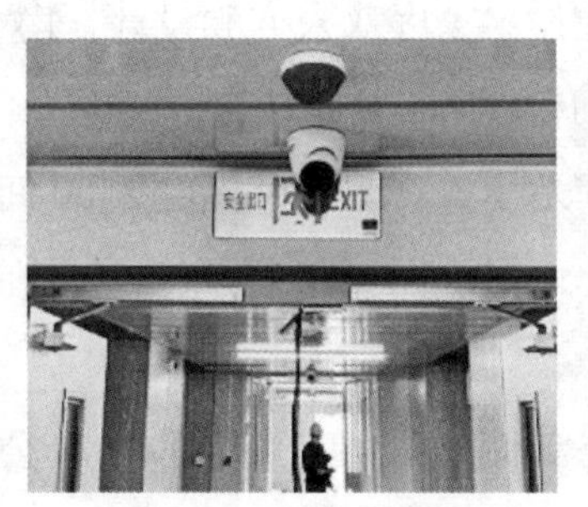

室内监控

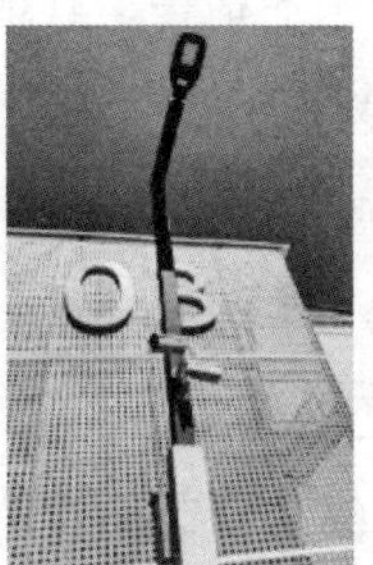

室外监控

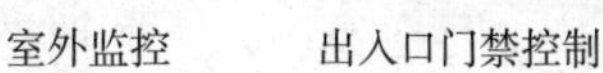

出入口门禁控制

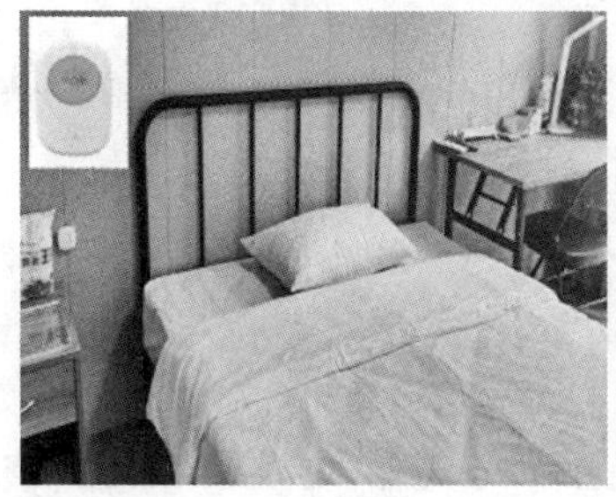

无线紧急呼叫按钮

排风集中控制按钮

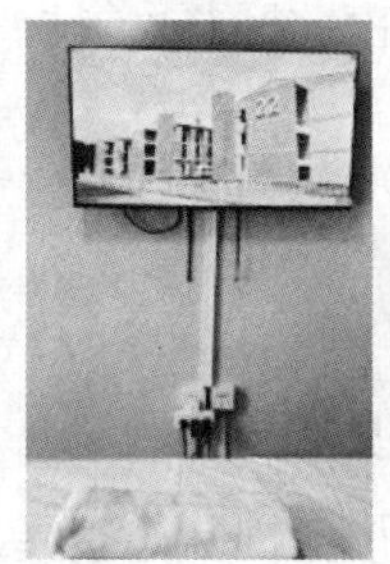

IPTV＋无线网络

无线门磁

图 3.4.2-15　通州西集重大活动应急场所暨保租房项目方舱医院项目智能化设施

（1）隔离设施出入口控制系统根据服务、管理流程和隔离单元设置。当火灾报警时通过联动控制相应区域的出入门使之处于开启状态，解除门禁控制；

（2）隔离设施设置视频安防监控系统，按防疫隔离要求在园区各出入口、隔离区、入住登记大厅、隔离单元各出入口及走廊、防护服穿脱室、电梯厅，医疗垃圾暂存间等重要部位设置监控摄像机，保障全方位、无死角监控；

（3）隔离房间内按防疫隔离要求设置无线网络、IPTV 电视、无线门磁、紧急呼叫按钮。无线门磁、紧急呼叫按钮采用无线传输方式。减少隔离房间内的管线敷设，美观简洁且施工简单；

（4）隔离房间内卫生间排风和屋面排风机防疫隔离要求统一由值班室控制，并 24 小时开启；

（5）隔离设施设置有线网络和无线网络，设置无线 AP 接入点。工作区设置网络信息插座，满足数据和语音的需求；

（6）隔离设施的火灾自动报警系统、消防应急照明和疏散指示系统的设计按照规范要

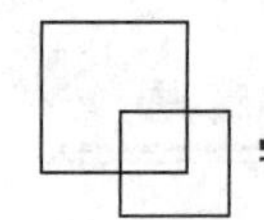

求做到完备可靠。

项目南北区在运营方式方面，平疫结合，可以分别以如下三种模式进行运营：

（1）南北区整体作为方舱医院模式：南区房间分为五人间和八人间，北区临时隔离房其中一部分作为医护宿舍，其他作为家庭双人方舱设计，南北区共可提供12000个床位，其中，南区6000床，北区6000床。

（2）南北区整体作为健康驿站模式：北区可提供2500间隔离客房，南区五人间和八人间均预留改造为单间的条件，可提供5000间隔离客房，在健康驿站模式下，南北区共可提供约7500套隔离客房。

（3）南北区整盘平时作为公寓模式：北区共计3700套公寓，南区五人间可以改造为一室一厅公寓，八人间改造为单人间公寓一套与一室一厅公寓一套，共计5000套。在平时公寓模式下，南北区共可提供8700套公寓。

3.4.3 新建永久性建筑案例

万科泊寓·厦门国际健康驿站

1. 项目概况

万科泊寓·厦门国际健康驿站是厦门市强化疫情防控、筑牢“外防输入”防线的重要举措，选址于湖里区高崎机场北侧，工程用地面积13.6万m^2，建筑面积约35.88万m^2，总投资约22亿元。全期规划建设9栋健康驿站楼（隔离用房6001间），4栋工作人员宿舍楼（宿舍1624间），以及1栋配套楼作为医疗管理中心，用于满足入境人员“一站式”健康管理要求。项目分为两期建设，其中一期建设工期仅198天，采用装配式技术，在保证工程质量的同时，实现节能环保、降费提效。2022年3月28日，万科泊寓·厦门国际健康驿站一期正式投入使用，接待首批入境旅客63人。绿云为其提供无接触全线上解决方案，打造数智防疫服务，提升驿站的数智化水平和公共卫生事件应急处理能力，满足一站式防疫抗疫要求（图3.4.3-1、图3.4.3-2）。

2. 整体规划

万科泊寓·厦门国际健康驿站项目不仅严格按照“三区三通道”等闭环管理要求，设置专用防疫缓冲区，落实功能设置、安全标准和配套设施，更高度重视人文关怀，开发投用信息化、智能化的管理服务系统，突出便利化、安全性。驿站的楼栋采用“回”字形设计，动线合理，采光充沛，除了设计颇具巧思，项目还囊括了智慧建筑构思，其中绿云为健康防疫管理定制的无接触全线上解决方案为驿站采用，可覆盖大陆入境旅客和境外入境旅客，满足不同国籍旅客的入住需求和支付要求；兼顾驿站工作人员和旅客的便捷性，同时为两者的安全保驾护航。园区景观绿化丰富多样，近百种植物可供观赏，愉悦身心。项目共配备三种房型供旅客选择。项目一期设置3065间隔离房间、812间工作人员宿舍、医疗管理中心、健康服务中心、中央厨房等配套楼等，且均已建成投用，二期工程正在筹划（图3.4.3-3、图3.4.3-4）。

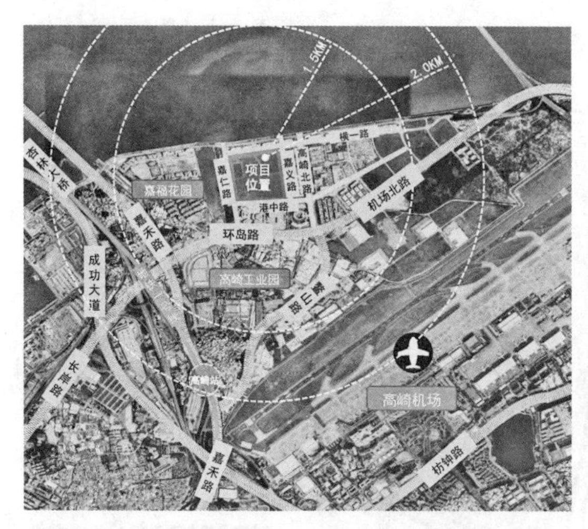

图3.4.3-1 万科泊寓·厦门国际健康驿站项目概况图

图3.4.3-2 万科泊寓·厦门国际健康驿站项目鸟瞰图

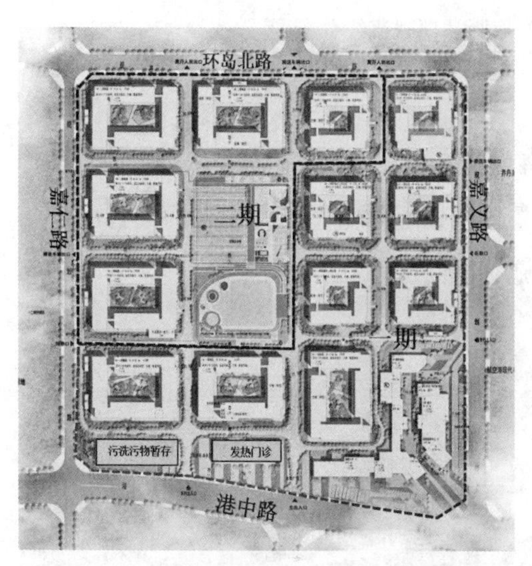

图3.4.3-3 万科泊寓·厦门国际健康驿站项目一、二期图

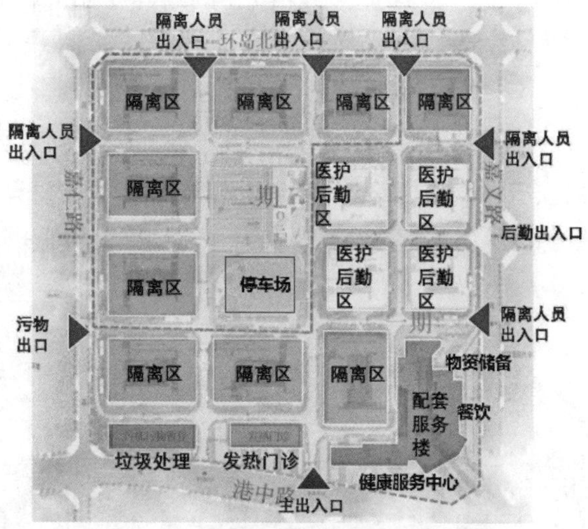

图3.4.3-4 万科泊寓·厦门国际健康驿站项目功能分区图

与已有的租赁住房项目不同，万科泊寓·厦门国际健康驿站在建设之初就从疫情隔离、后期租赁式社区运营两方面诉求出发规划建设。因隔离需求的特殊性，园区布局医疗、餐饮、垃圾处理、配套工作用房集中在项目用地东、南外围空间，与隔离区域实现完

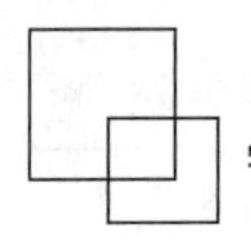

全区分。若项目后期进入租赁式社区运营阶段，外围的特殊配套空间可更新为商业配套以满足住户生活需求（图 3.4.3-5）。

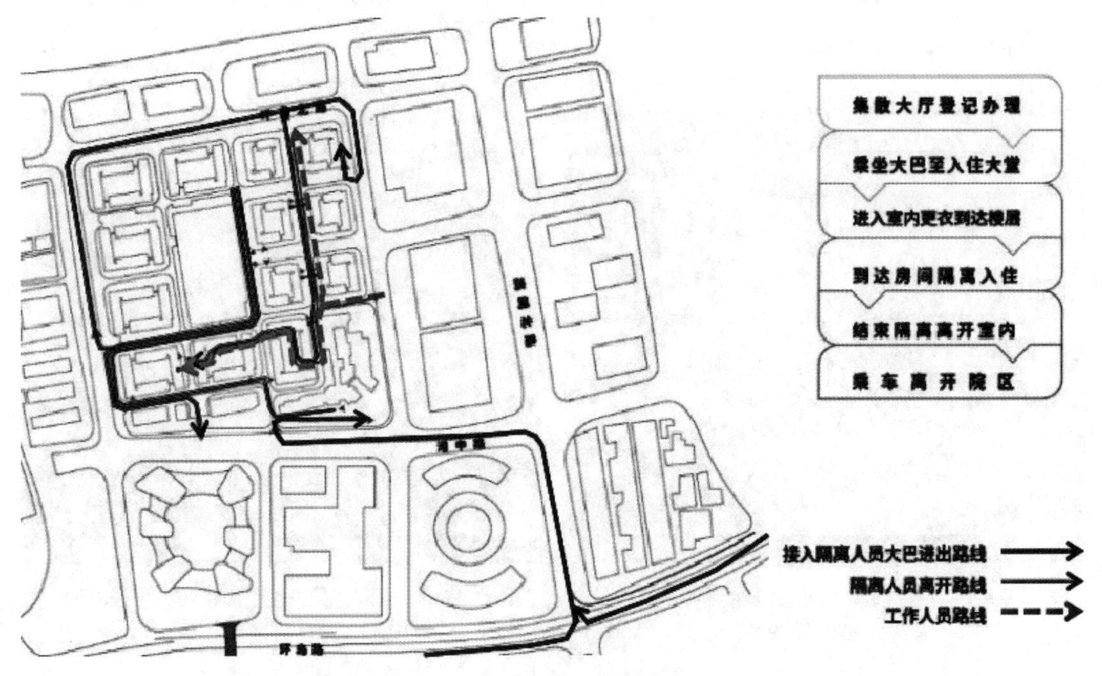

图 3.4.3-5　万科泊寓·厦门国际健康驿站项目流线分析图

3. 建筑设计

建筑细节方面，园区内各栋建筑的每间客房均设开敞阳台（图 3.4.3-6、图 3.4.3-7），据亲历隔离人员反馈，隔离生活沉闷，故希望设置阳台以远眺室外。但阳台的设置也在一定程度上增加了相邻住户的感染风险，故具体措施有待商榷。

图 3.4.3-6　万科泊寓·厦门国际健康驿站项目建成效果一

图 3.4.3-7　万科泊寓·厦门国际健康驿站项目建成效果二

室内设计方面，设计团队以“安全、舒适、智慧”为设计理念，分别将病房、疫情指挥中心和集散大厅进行了合理规划。同时，考虑到住客的心理感受，空间色彩以温暖的木色为基底（图 3.4.3-8），并叠加富有生机的绿色作为点缀，结合自然光及间接照明，营造出健康、自然、充满希望与活力的健康管理空间。

图 3.4.3-8　万科泊寓・厦门国际健康驿站项目室内建成效果

导视规则方面，项目遵循“理性、简洁、直观、安抚”的策略，运用清新的标识系统设计（图 3.4.3-9、图 3.4.3-10），让整个院区氛围更轻快，流线更明晰，还让身处其中人们能清晰了解自己的方位与目的地的方向，有效分流隔离入住人员与解除隔离人员，避免交叉感染，达到守护健康安全的目的。

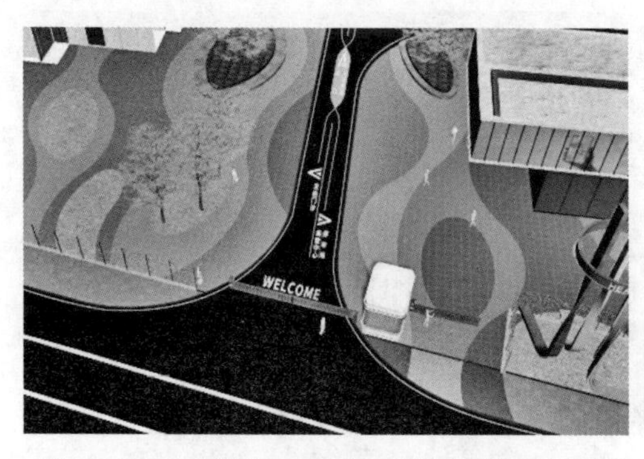

图 3.4.3-9　万科泊寓・厦门国际健康驿站项目地面标识效果

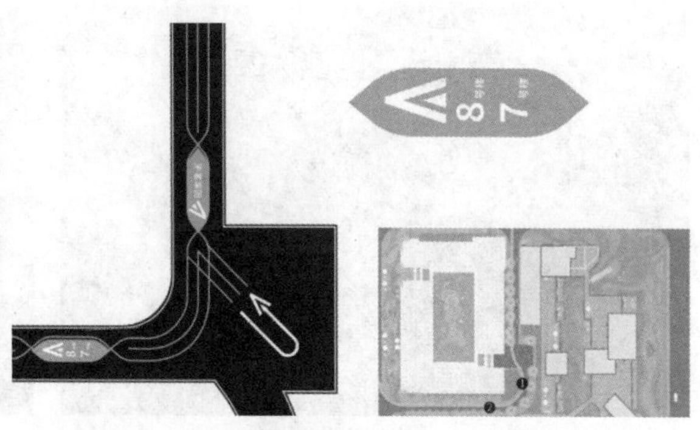

图 3.4.3-10　万科泊寓・厦门国际健康驿站项目地面标识细节

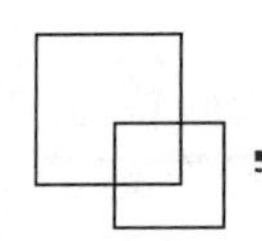

4. 建筑技术

装配式建筑方面，项目采用装配式整体卫浴，卫生间4小时装修一套。整体卫浴实行“工厂预制、现场安装”的原则，现场全干法、标准化施工，不需要做防水，速度快，标准高，极大缩短了施工周期，节省了人工成本。内隔墙采用装配式轻质内墙，节约2/3工期。ALC墙板和竹木纤维饰面板，组成装配式墙板，甲醛含量低，健康环保，实现了快速装修。

从布局设计、管理模式和技术手段等方面，万科泊寓·厦门国际健康驿站全面提升集中隔离场所防疫安全系数，以承担境外输入人员隔离的巨大压力。因此，在智慧建筑方面，项目采用智能建筑方案，方案提供从选房、入住、客房管理、客房服务、餐饮服务、支付服务、退房等全线上自助服务和管理，形成入境人员“一站式”健康管理闭环，不仅满足入境人员的入住需求，同时满足驿站工作人员的无接触服务管理。提升入境旅客的入住便捷体验、提高健康管理安全系数、节约驿站人力成本、提升驿站运营效率。

3.4.4 健康驿站结合社区生活圈典型案例

1. 通州西集重大活动应急场所暨保租房项目

1）项目概况

（1）项目概况：

通州西集重大活动应急场所暨保租房项目位于通州区西集镇京哈高速以北、现状通清路以西，北临科海大道、南至为规划科海三街，西临创益西五路、东至创益西路。地块现状周边交通较为便利。南侧紧邻京哈高速西集站出口。通达性优（图3.4.4-1～图3.4.4-4）。

图3.4.4-1 通州西集重大活动应急场所暨保租房项目东南侧鸟瞰图

图3.4.4-2 通州西集重大活动应急场所暨保租房项目街角人视效果图

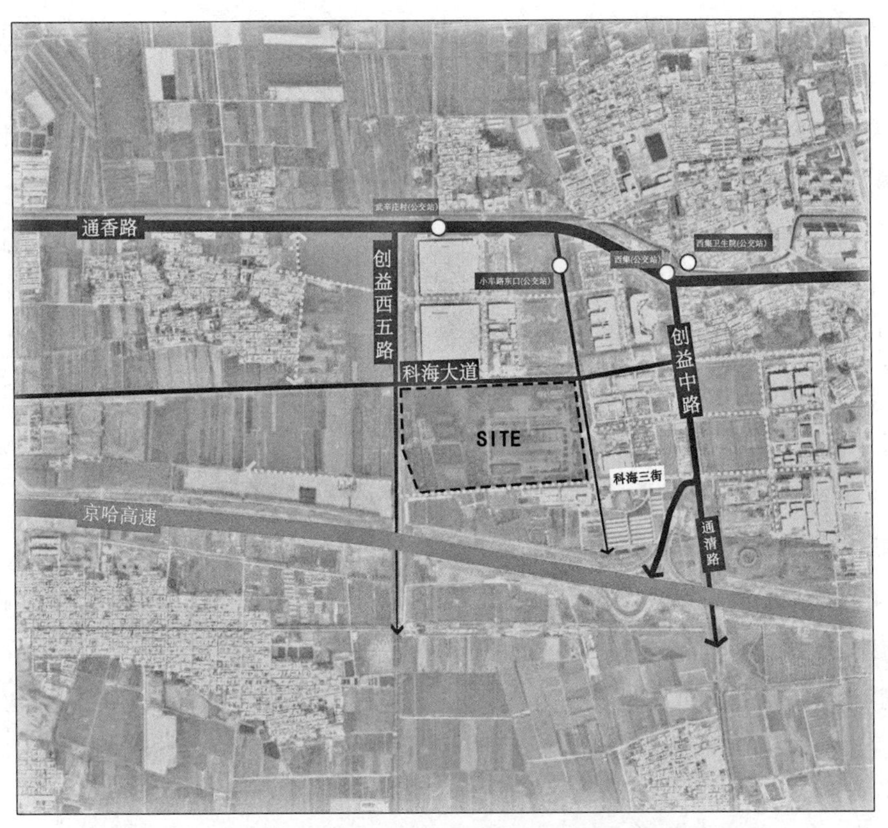

图 3.4.4-3 通州西集重大活动应急场所暨保租房项目交通分析图

图 3.4.4-4 通州西集重大活动应急场所暨保租房项目用地红线分析图

项目总用地面积约 26hm^2，其中南区永久隔离用房建设用地约 10.6hm^2。总建筑面积为 28.6 万 m^2，地上总建筑面积为 22.2 万 m^2。其中，西地块为 5.90 万 m^2，中地块为 7.60

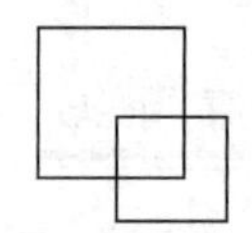

万 m^2，东地块为 8.66 万 m^2，地下建筑面积为 6.4 万 m^2，项目容积率为 2.10。客房总间数为 5309 间（自然间）、总套数为 5137 套。其中，隔离客房为 4362 套、服务客房为 775 套。作为重大活动应急场所项目，北区已经建成临建隔离客房规模约 4000 间，按照市级防疫要求，南区拟建客房规模为 5000 间。

（2）项目定位：

项目总体定位为全市指定集中防疫场所之一，未来重点承接首都国际机场境外入境及市内集中隔离人群，具体功能职责与用途转化等包含以下三个方面：

① 重大活动应急场所和永久性隔离用房：设计方案严格按照防疫要求，落实“三区两通道”标准，高度重视人文关怀，强调居住的舒适度和体验度，考虑满足入境人员隔离需求。

② 平防结合，未来作为“人才公租房”进行运营：结合市委要求，按照安全优先、平疫结合、经济适用的设计原则进行方案设计，项目未来使用性质为人才公租房。

③ 北区建设临时性隔离客房：北侧规划临时隔离用房约 4000 套，同时项目地块内部设置变电所及污水处理厂。

其中，东部、中部和西部三区赋予了不同的功能趋势，分别为：对接市内集中隔离、承接商旅集中隔离和兼顾闭环国际活动，设计主题分别为“青年社群多维居住”“科技人才成熟社区”和“国际乐活沉浸桃花源”。

2）总平面设计（整体规划）

（1）西集上位规划（2017—2035）：

项目上位规划原则为：一轴带四核，吸引人才资源汇聚。其中，“一轴”指的是：沿京哈高速两侧，形成西集产业发展走廊；“四核”指的是：西集镇服务区、国家网络安全产业园（通州园）、西集镇生产配套区和旅游休闲区（图 3.4.4-5、图 3.4.4-6）。

（2）规划结构：

项目的规划结构为：“一轴、三心、三组团”，其中，“一轴”指的是东西向景观轴线、“三心”指的是组团景观中心、“三组团”指的是围合式花园组团（图 3.4.4-7）。

（3）设计理念：

项目的设计理念为以下四点：永临搭配、平疫结合、人文关怀和智慧服务。

从整体角度出发，项目按照建筑性质分为四个部分：北区主要为临时建筑，南区主要为永久建筑，北区还掺杂了部分现存建筑，滞留户和临时办公。其中，滞留户主要集中于北区西南侧，而临时办公区主要集中于北区东侧沿街。因南区永建地块为项目重点，故下文主要论述南区相关信息（图 3.4.4-8、图 3.4.4-9）。

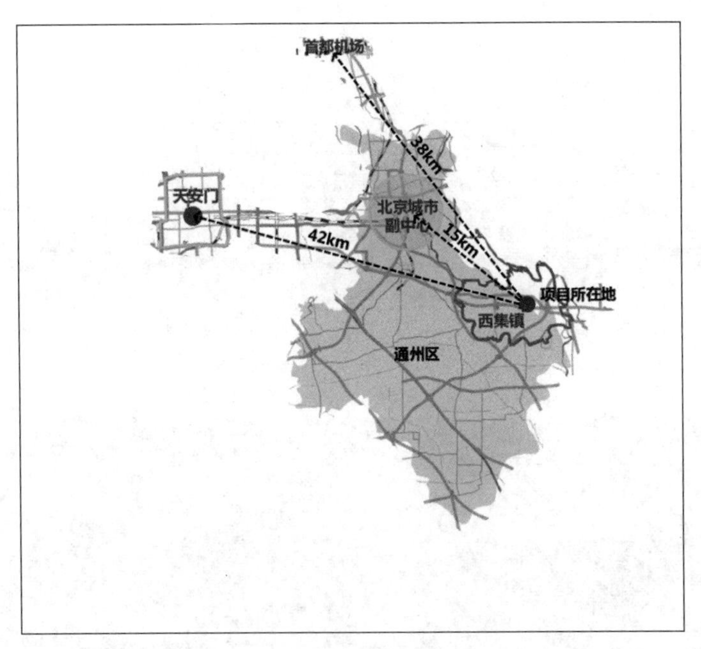

图 3.4.4-5 通州西集重大活动应急场所暨保租房项目城市区位分析图

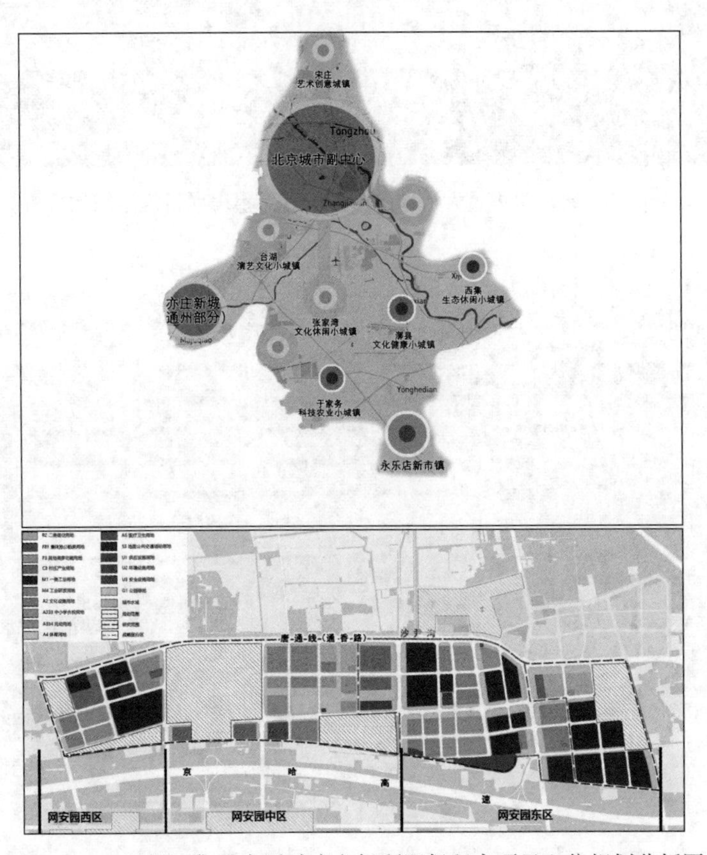

图 3.4.4-6 通州西集重大活动应急场所暨保租房项目上位规划分析图

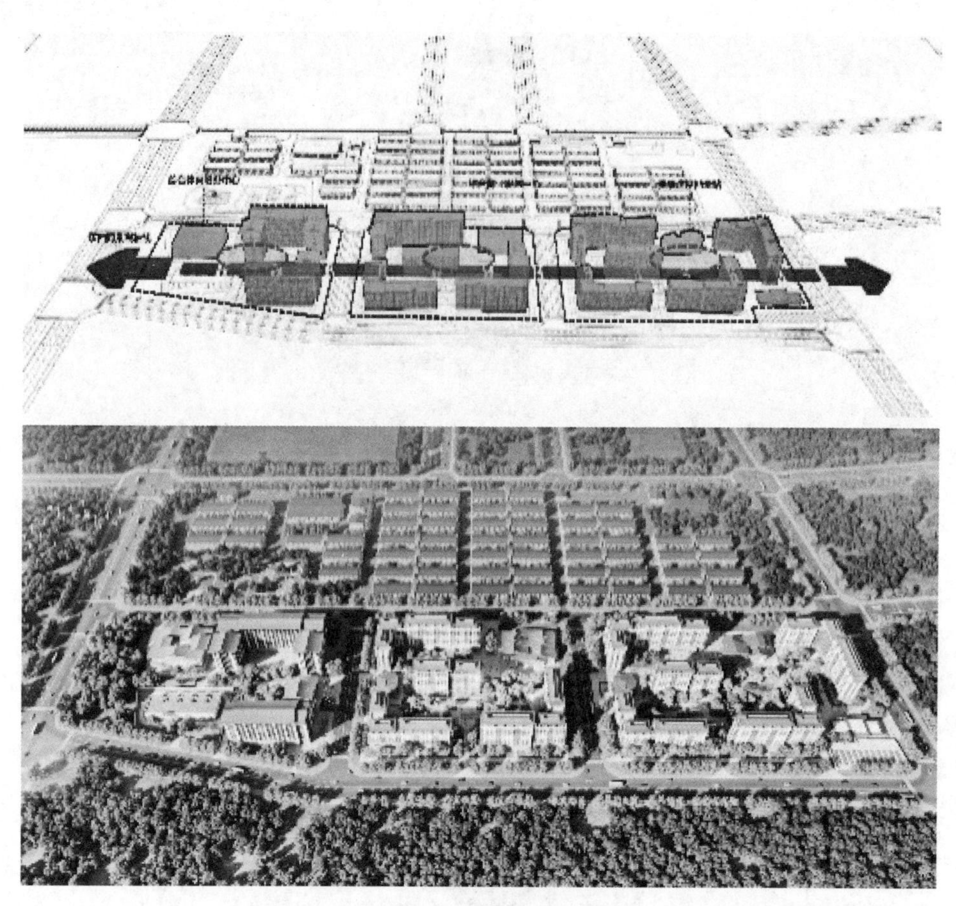

图 3.4.4-7　通州西集重大活动应急场所暨保租房项目规划结构分析图

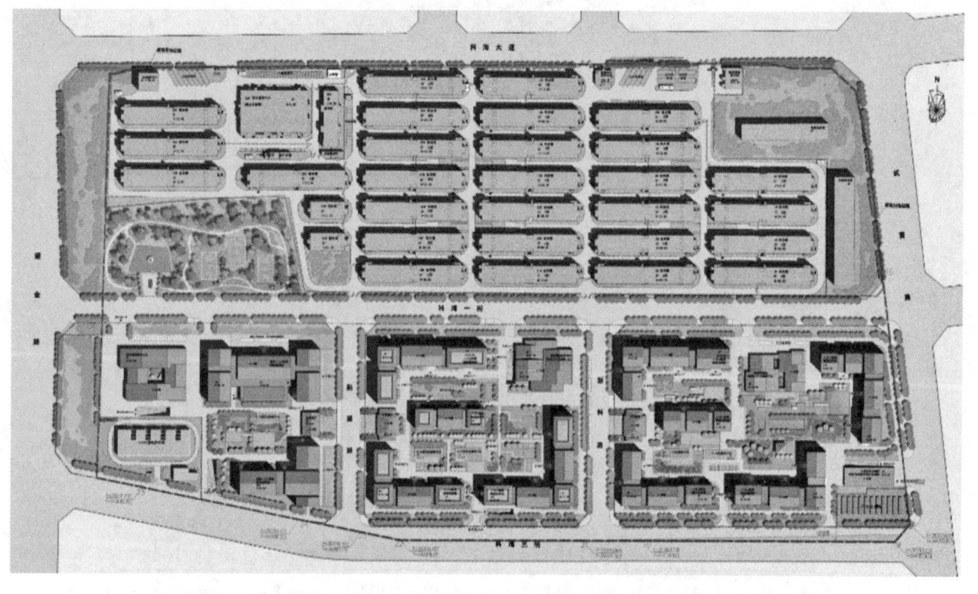

图 3.4.4-8　通州西集重大活动应急场所暨保租房项目总平面图

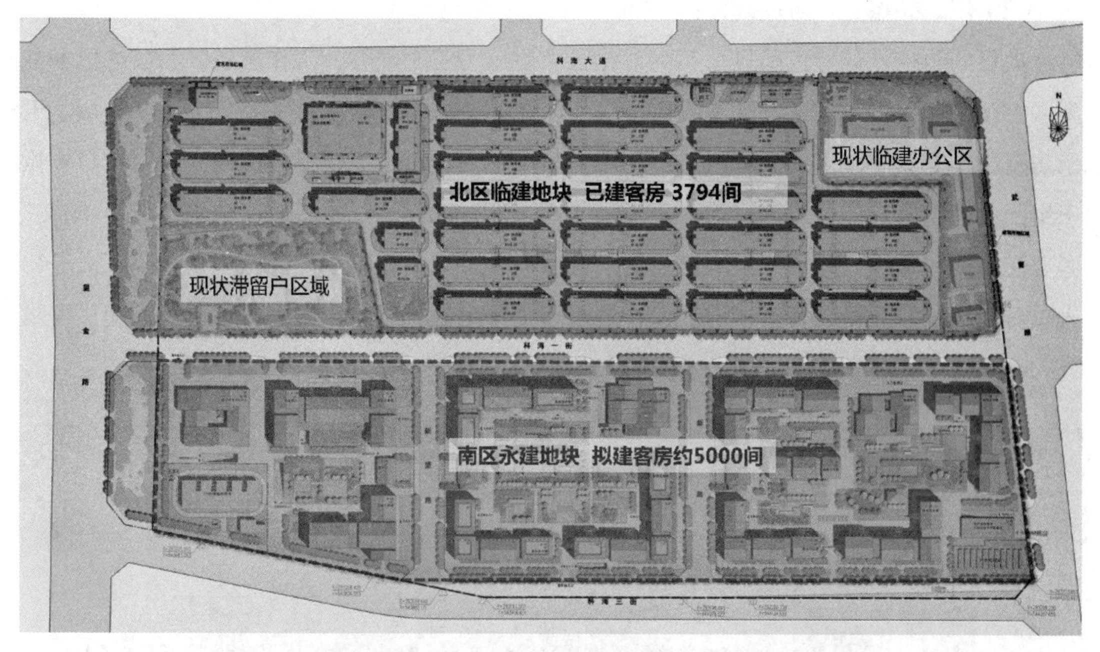

图 3.4.4-9 通州西集重大活动应急场所暨保租房项目功能分区图

3）功能模块布局

（1）规划亮点——防疫设计：

防疫组团设计方面，为便于项目运用及管理，共将南区地块划分为五个防疫组团，每个防疫组团均配备隔离客房和服务客房两种功能（图 3.4.4-10）。其中，A、B、C、D、E 五个防疫组团的隔离客房和服务用房的数量分别为：1273 间和 239 间；858 间和 160 间；693 间和 226 间；850 间和 150 间；346 间和 342 间。综上，五个组团共计配备隔离客房数量为 4020 间，服务用房数量为 1117 间，房间总量为 5137 间。而医护及其他工作人员配备方面，医护人员与隔离人员的数量按照 2：50 配备；其他工作人员按照医护人员的 3～4 倍进行配备；故服务人员和隔离人员的整体比例宜为 8：50；项目两个组团服务人员和隔离人员比例基本按照略高于上述比例的标准设置。

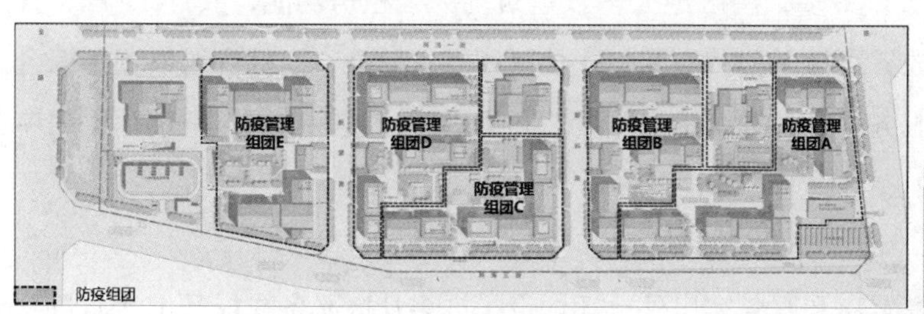

地块名称	房间总数	应急客房	服务用房
防疫管理组团A	1512	1273	239
防疫管理组团B	1018	858	160
防疫管理组团C	919	693	226
防疫管理组团D	1000	850	150
防疫管理组团E	688	346	342
合计	5137	4020	1117

图 3.4.4-10 通州西集重大活动应急场所暨保租房项目防疫组团分析图

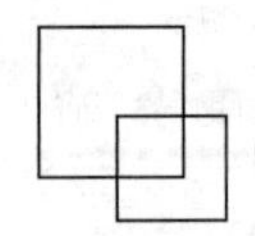

（2）规划亮点——防疫设计：

项目的防疫设计特色凸显，其中，北区主要分为三个部分：工作准备区、缓冲区和隔离区，缓冲区置于工作准备区和隔离区中间，洁污分区清晰。南区主要分为三个区域、五个防疫组团。其中，流线组织以三个区域为最小范围进行组织，三区服务人员出入口均设于组团南部，隔离人员出入口均设于组团北部。而一区面积最小，故流线组织最简单；二区、三区面积较大，故流线组织比较复杂，服务人员出入口置于组团西南角，隔离人员出入口置于组团东北角，三区还增加了一处医疗废物出口，满足南区的日常运转、使用需求（图 3.4.4-11）。

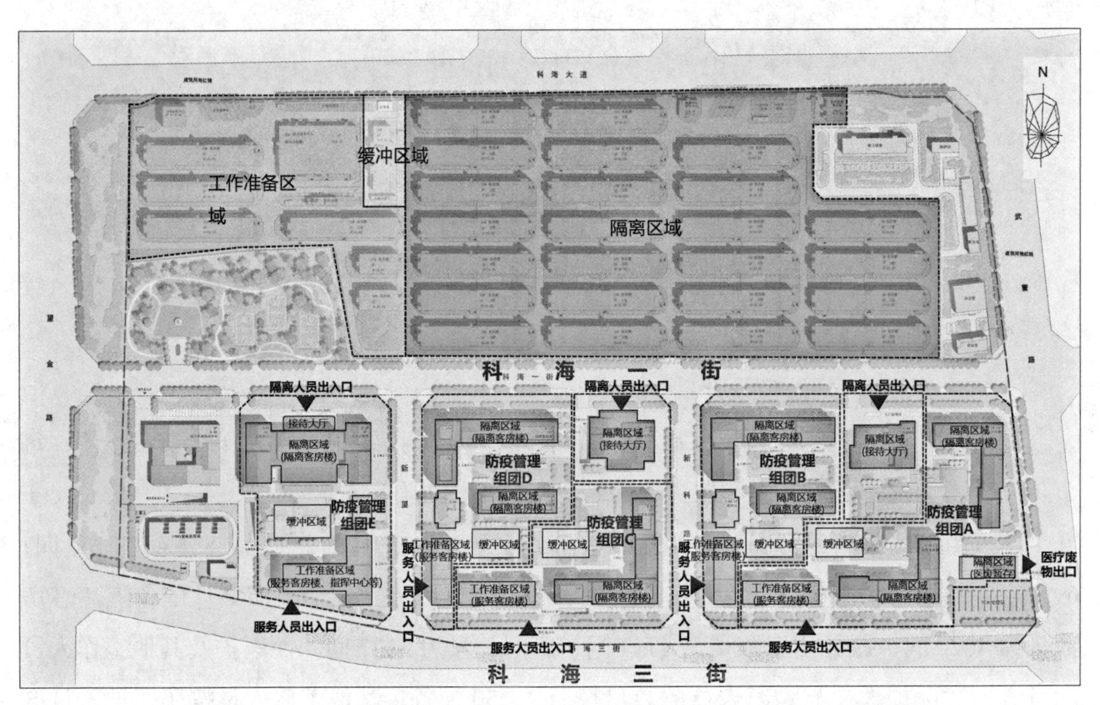

图 3.4.4-11　通州西集重大活动应急场所暨保租房项目规划防疫分区分析图

（3）功能分析：

项目内人才公租房的数量最多，南区绝大多数建筑均为公租房功能，共计 11 栋；其次，在各栋公租房衔接处放置了社区公共空间——社区客厅；此外，南区内还放置了综合体育服务中心、综合商业服务中心、健康防疫能量站和垃圾转运站等功能，满足社区的单独运转和使用（图 3.4.4-12）。

（4）社区配套：

南区除配备必需的隔离客房和服务客房外，还增设了许多社区必备或提升生活质量及社区品质的功能区块，包括但不限于：物业服务用房、社区管理服务用房、老年活动站、社区助残服务中心、社区服务中心、社区文化设施、残疾人托养所、社区卫生服务站、室内体育设施和垃圾分类收集站等（图 3.4.4-13）。

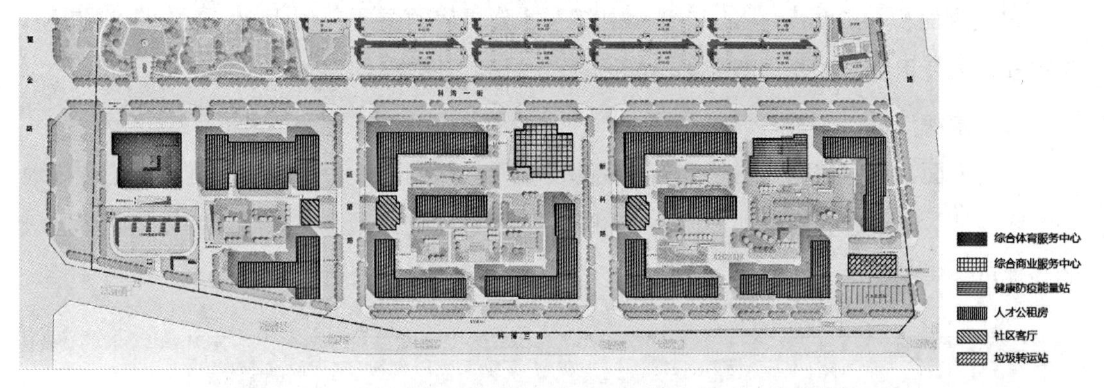

图 3.4.4-12 通州西集重大活动应急场所暨保租房项目功能分析图

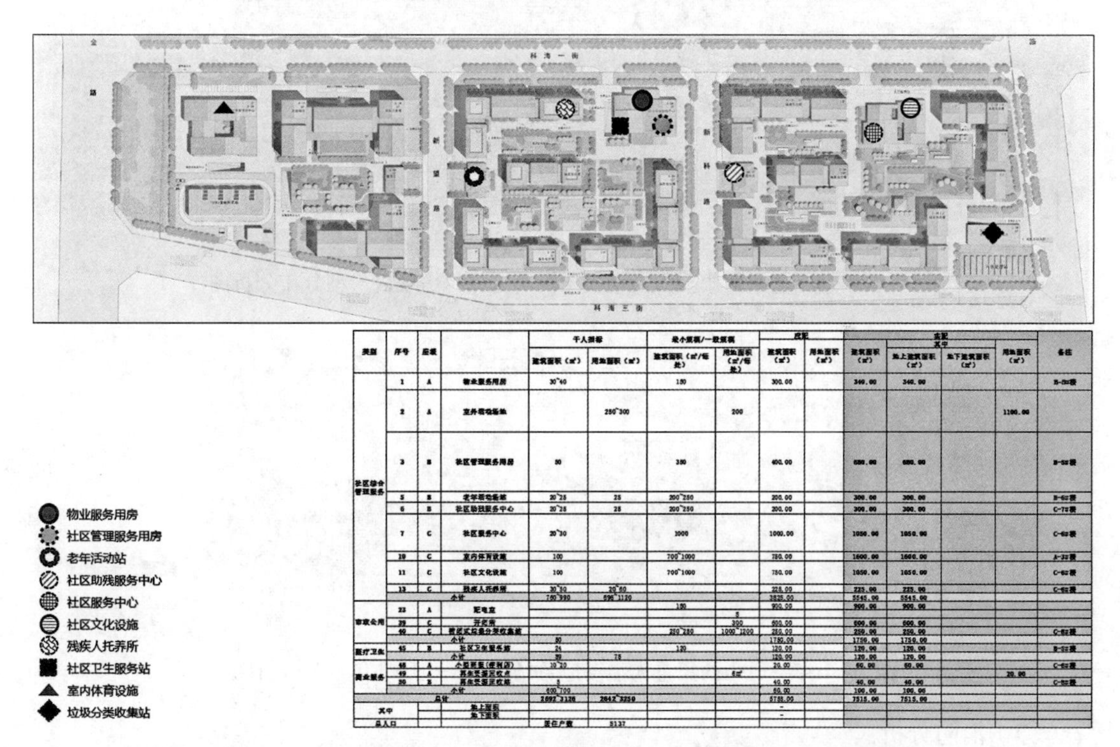

类别	序号	层级		千人指标		最小规模/一般规模		应配		实配	其中			备注
				建筑面积（㎡）	用地面积（㎡）	建筑面积（㎡/每处）	用地面积（㎡/每处）	建筑面积（㎡）	用地面积（㎡）	建筑面积（㎡）	地上建筑面积（㎡）	地下建筑面积（㎡）	用地面积（㎡）	
社区综合管理服务	1	A	物业服务用房	30~40		150		300.00		340.00	340.00			B-5#楼
	2	A	室外活动场地		250~300		200						1100.00	
	3	B	社区管理服务用房	50		350		400.00		680.00	680.00			B-5#楼
	5	B	老年活动驿站	20~25	25	200~250		200.00		300.00	300.00			B-6#楼
	6	B	社区助残服务中心	20~25	25	200~250		200.00		300.00	300.00			C-7#楼
	7	C	社区服务中心	20~30		1000		1000.00		1050.00	1050.00			C-6#楼
	10	C	室内体育设施	100		700~1000		750.00		1600.00	1600.00			A-3#楼
	11	C	社区文化设施	100		700~1000		750.00		1050.00	1050.00			C-6#楼
	13	C	残疾人托养所	30~50	20~60			225.00		225.00	225.00			C-6#楼
	小计			750~990	695~1120			3825.00		5545.00	5545.00			
市政公用	23	A	配电室			150		900.00		900.00	900.00			
	39	C	开闭所				5 300	600.00		600.00	600.00			
	40	C	密闭式垃圾分类收集站			250~280	1000~1200	250.00		250.00	250.00			C-6#楼
	小计			50				1750.00		1750.00	1750.00			
医疗卫生	45	B	社区卫生服务站	24		120		120.00		120.00	120.00			B-5#楼
	小计			30	75			120.00		120.00	120.00			
商业服务	48	A	小型商服（便利店）	10~20				20.00		60.00	60.00			C-6#楼
	49	A	再生资源回收点				6㎡						20.00	
	50	B	再生资源回收站	5				40.00		40.00	40.00			C-5#楼
	小计			600~700				60.00		100.00	100.00			
总计				2692~3126	2842~3250			5755.00		7515.00	7515.00			
其中			地上面积					-						
			地下面积					-						
总人口				居住户数	5137									

图 3.4.4-13 通州西集重大活动应急场所暨保租房项目社区配套分析图

（5）户型分布：

南区的建筑类别主要分为以下三类：酒店、人才公租房和高端人才公租房，累计房型共 14 种，分别是：A1 户型（30.24m^2）、A2 户型（35.28m^2）、A3 户型（35.28m^2）、A4 户型（46.2m^2）、A5 户型（60.48m^2）、A6 户型（70.56m^2）；B 类户型共 5 种，分别是：B1 户型（20.13m^2）、B2 户型（25.08m^2）、B3 户型（25.92m^2）、B4 户型（50.16m^2）、B5 户

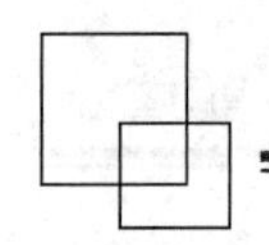

型（50.16m²）；C 类户型共 3 种，分别是：C1 户型（18.30m²）、C2 户型（29.28m²）、C3 户型（30.00m²）。其中，酒店区主要户型为面积 35.28m² 的 A3 户型、高端人才公租房的主要户型为面积 30.24m² 的 A1 户型、中部人才公租房的主要户型为 20.13m² 的 B1 户型，而东部人才公租房的主要户型为 18.30m² 的 C1 户型（图 3.4.4-14）。

（6）景观分析：

景观方面，南区依据新科路和新望路被分成了三个组团，每个组团均配备了集中绿地和组团绿地。其中，集中绿地处于各组团中心，而组团绿地围绕在各组团四周。两个层级的绿地可为居民提供不同位置、大小、形态的公共活动空间（图 3.4.4-15）。

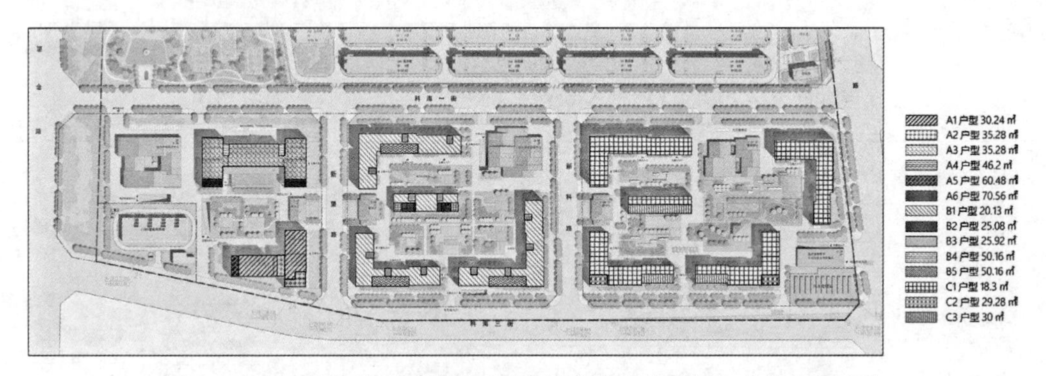

图 3.4.4-14　通州西集重大活动应急场所暨保租房项目户型分布分析图

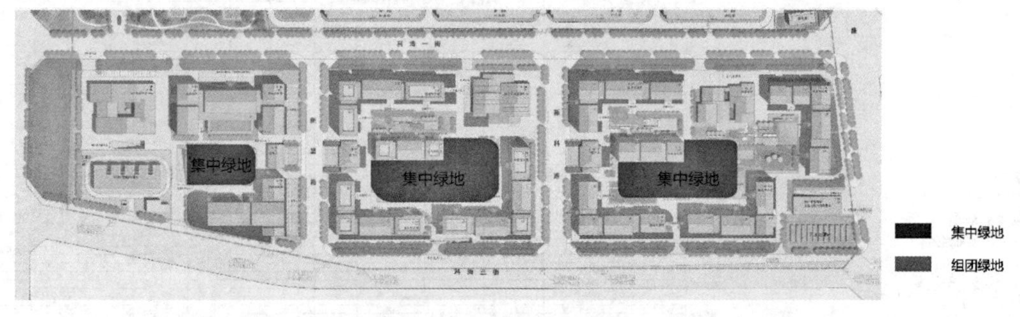

图 3.4.4-15　通州西集重大活动应急场所暨保租房项目景观分析图

（7）消防分析：

南区消防出入口主要分设于科海一街和科海三街上，三个组团各设两个消防出入口，满足基本规范及使用需求。消防扑救面及消防环路设置详见图 3.4.4-16。

（8）日照分析：

经计算，项目人才公租房半数以上户型满足大寒日 2 小时满窗日照要求，同时，拟建人才公租房不会对周边地块日照产生影响（图 3.4.4-17）。

4）流线设计

（1）规划亮点——归家流线：

归家路径上设置社区客厅、单元大堂等共享空间，为社区居民带来归家仪式感与体验感。楼栋首层局部设置共享厨房、洗衣房等配套设施，方便居民日常生活（图 3.4.4-18）。

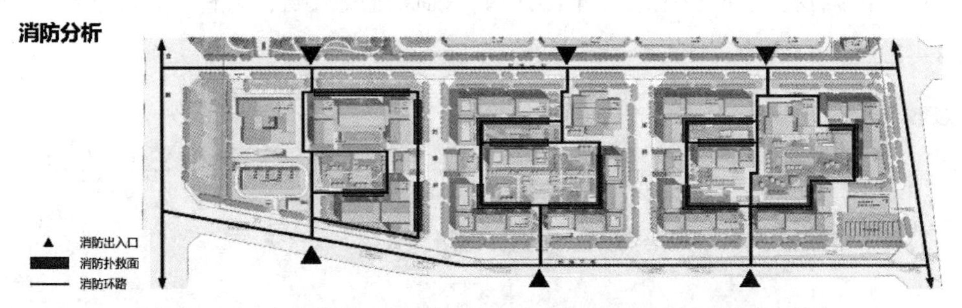

图 3.4.4-16　通州西集重大活动应急场所暨保租房项目消防分析图

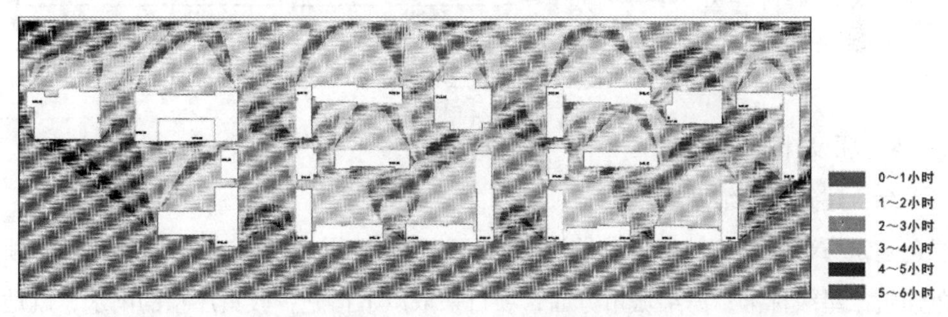

图 3.4.4-17　通州西集重大活动应急场所暨保租房项目日照分析图

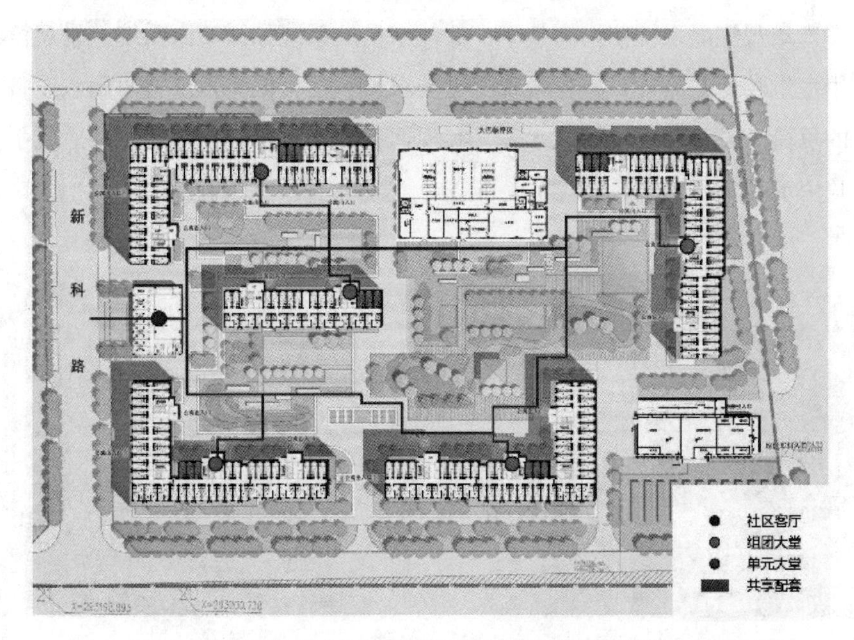

图 3.4.4-18　通州西集重大活动应急场所暨保租房项目规划交通分析图

（2）交通分析：

南区按照道路自然切分成三个区块来展开流线布局，三个区块分别按照人行和车行组织流线，此外，西一区为了便于运输货物，还增设货车出入口，而东三区为了方便处理医疗垃圾等污染物，还增设了垃圾车出入口，确保流线流畅、顺利，满足基本使用功能（图 3.4.4-19）。

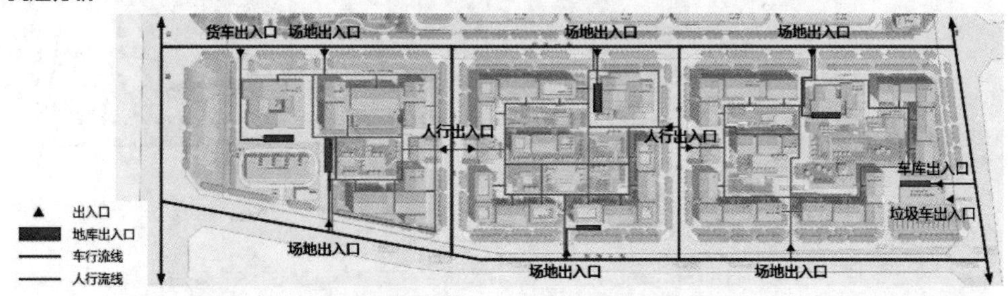

图 3.4.4-19　通州西集重大活动应急场所暨保租房项目交通分析图

5）各专项设计

（1）绿色建筑与海绵城市：

绿色建筑方面，依据《绿色建筑评价标准》和北京市《绿色建筑评价标准》，项目执行绿色建筑二星级标准；海绵城市方面，项目采取以下措施：收集屋顶的雨水，就地储存和下渗地下，减少对公共排水系统负担、室外的表面铺面材料使用透水性的材料，增加雨水的渗透率、景观浇灌系统使用高效率、低耗水量的系统如微喷灌系统、景观植物选用本土品种或用水量较低的品种，减少景观浇灌需求量、使用低流量高效率用水设备，以减少市政用水的负荷、设计和设置智能水表，实现远程抄表和检查用水状况和冷凝水循环使用以减少市政用水的负荷（图 3.4.4-20）。

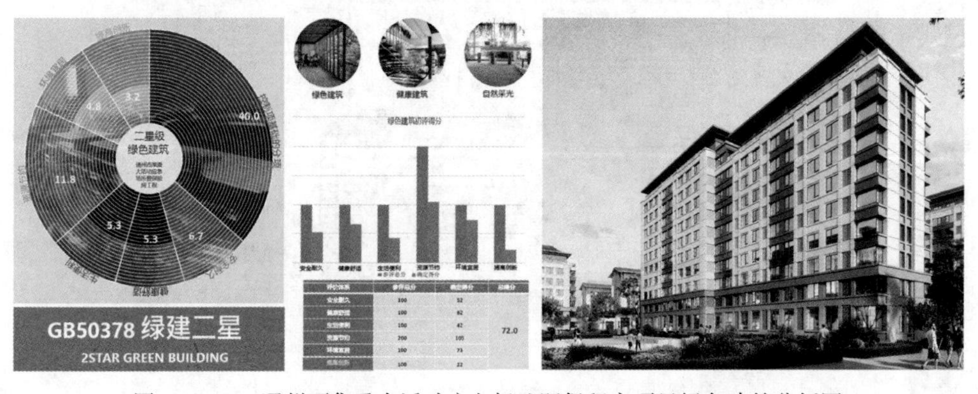

图 3.4.4-20　通州西集重大活动应急场地暨保租房项目绿色建筑分析图

（2）装配式要求及做法

根据京政办发〔2022〕16号发布的《关于进一步发展装配式建筑的实施意见》文件，对项目提出以下装配式建设性要求：

① 装配式：项目为新建地上建筑面积2万 m^2 以上的保障性住房项目，需实施装配式。单独建设的构筑物和配套附属设施（垃圾房、配电房等）可不采用装配式建筑。

② 项目单体为公寓型租赁用房，属于保障性住房性质，各单体建筑按北京市规范执行装配率要求。

③ 项目采用全装修交房，全面提升房屋质量（图3.4.4-21）。

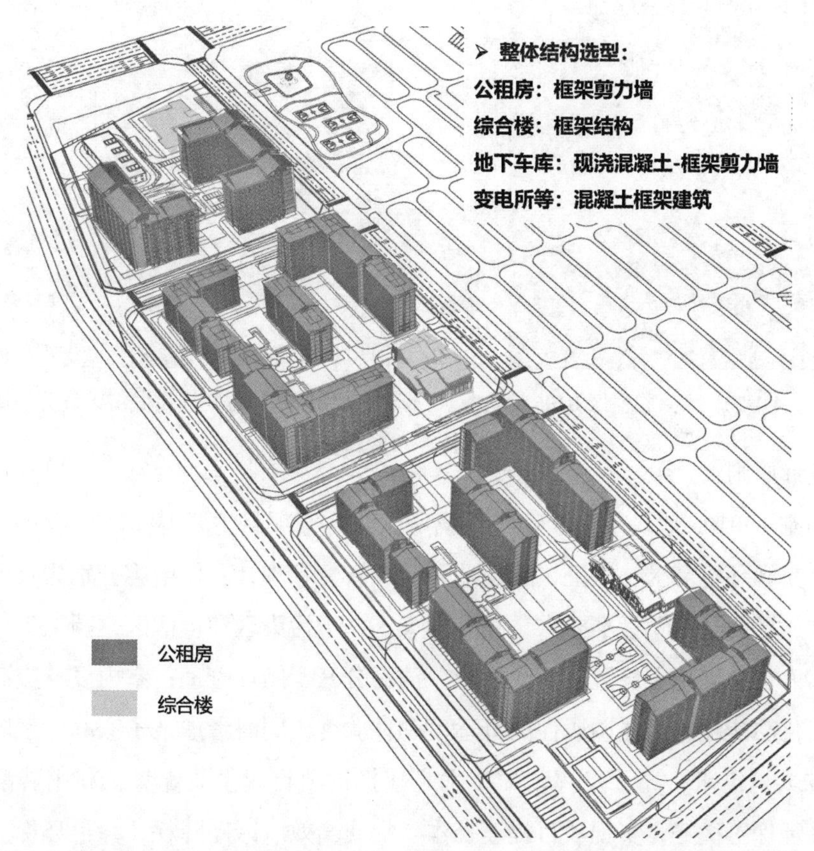

图3.4.4-21　通州西集重大活动应急场地暨保租房项目公租房与住宅楼分布图

（3）装配式建筑分布

项目产业化建筑规划方面，地块内的公租房楼栋共11栋，综合楼2栋。其中，公租房的整体结构选型为框架剪力墙结构，而综合楼则选用框架结构，地下车库采用现浇混凝土—框架剪力墙的混合结构形式，变电所等配套楼栋则选用混凝土框架结构形式。

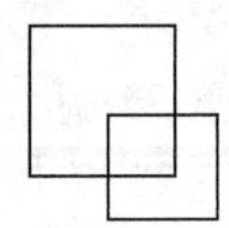

2. 大兴临空区 0106 地块重大活动应急场所永建方案项目

1）项目概况

（1）项目选址：

大兴临空区 0106 地块重大活动应急场所永建方案项目位于“一港两区”中的礼贤片区，临空经济区 1-17 组团，总用地面积约 $30hm^2$。其中，地块 B4 为综合性商业金融服务业用地、地块 F3 为其他类多功能用地。项目用地规模为 $11.4hm^2$、容积率为 2.0、建筑规模为 22.8 万 m^2、建筑高度为 36m、远期预留用地面积约 $19hm^2$（图 3.4.4-22）。

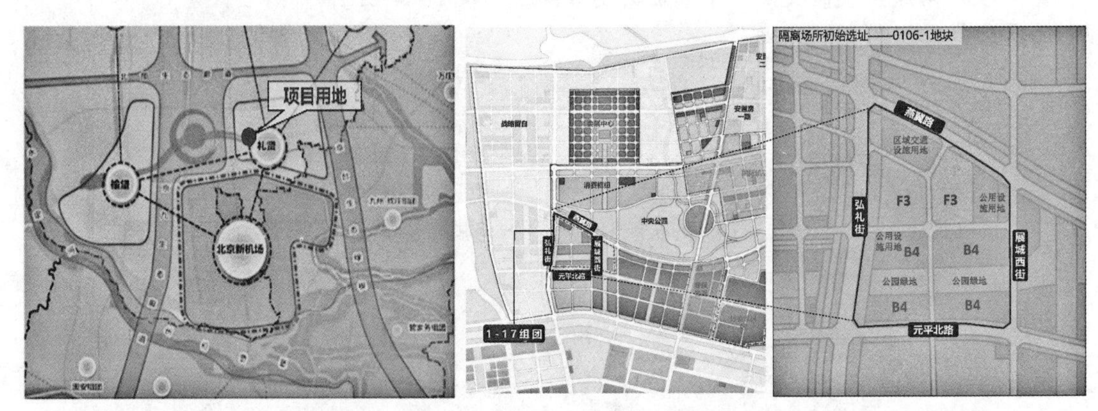

图 3.4.4-22　大兴临空区 0106 地块重大活动应急场所永建方案项目城市区位分析图

（2）设计原则：

大兴临空区 0106 地块重大活动应急场所永建方案项目主要遵循四点设计原则：严守防疫要求、重视环境需求、保证快速建造和实现智慧管理，具体内容分别为：建筑设计应严格执行“三区两通道”标准要求，划分污染区、半污染区和生活区，园区工作人员通道和集中隔离人员通道独立设置、流线清晰、洁污分开、闭环管理；室内设计应高度重视人文关怀，细化功能配置，强调居住的舒适度和体验度，同时考虑亲子家庭、残障人士、老年人等特殊人群需求；充分发挥装配技术高速推进项目建设的优势，利用装配建造的工期、成本、环保等优势，实现项目提速控本、提质增效、减碳降耗、绿色环保。同时应做好技术策划设计、应急转换设计；充分发挥智能化优势，将 5G 通信、物联网、人工智能等现代技术融入基础设施和服务管理中，实现全流程封闭管理。通过智能化无接触服务，减少人员接触和交叉感染风险，提升入住人员的体验感与舒适感（图 3.4.4-23）。

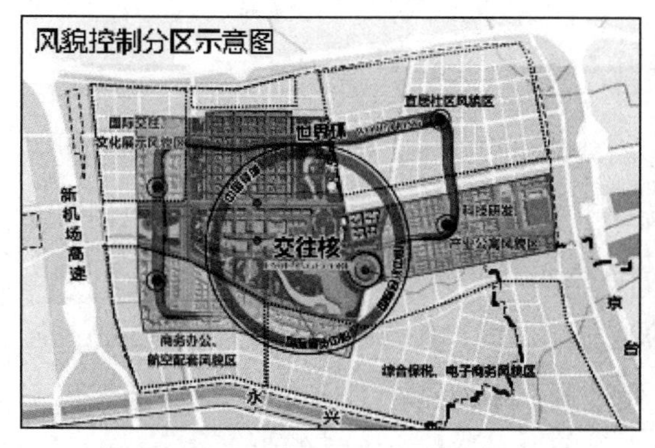

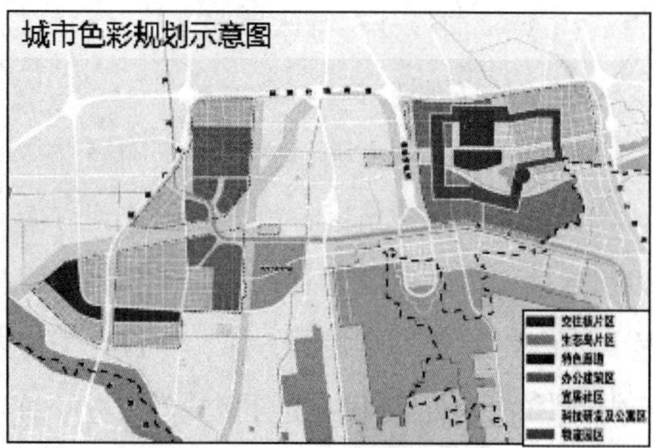

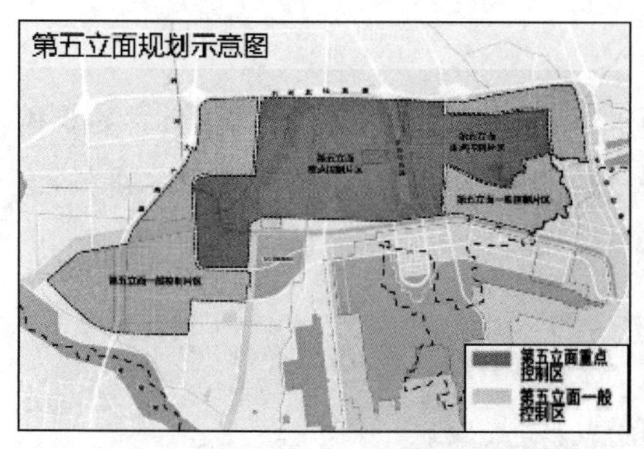

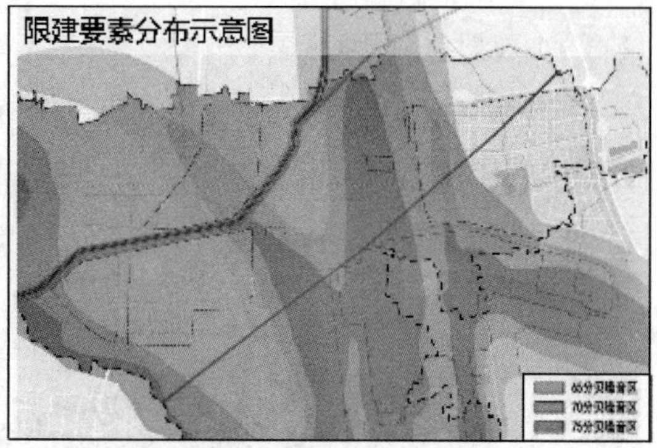

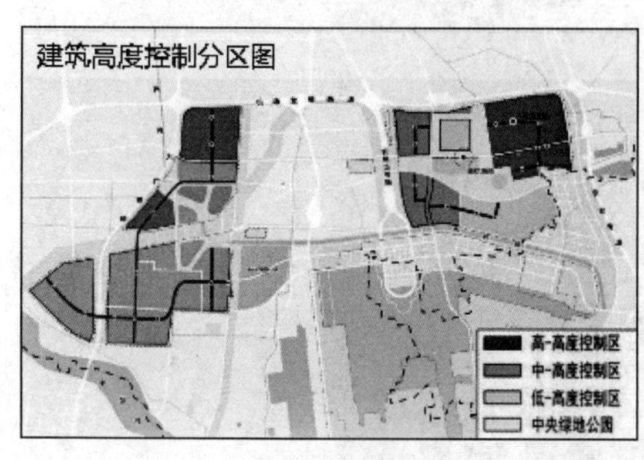

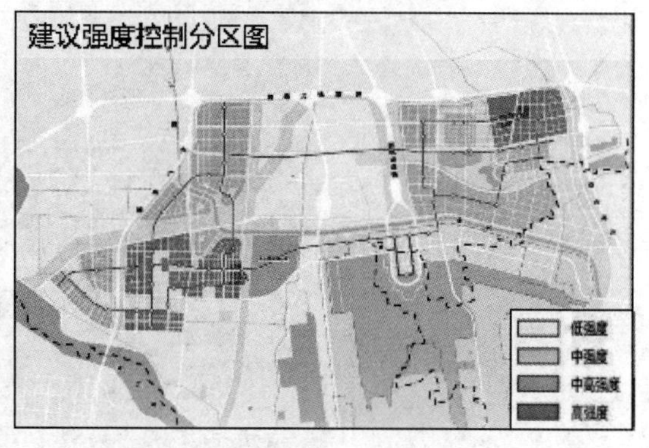

图 3.4.4-23　大兴临空区 0106 地块重大活动应急场所永建方案项目上位规划图

（3）客群定位：

项目房型主要包含以下四种：40m² 的开间与 50m² 的一室一厅、65～70m² 的两室一厅和 90～100m² 的三室一厅；各房型使用者定位为单身或无孩夫妻、一家三口、一家五口及七口；各房型占比分别为 70%、25% 和 5%；项目客群定位为产业基础管理人员、技术人员及机场相关驻场中层以下管理人员等。项目主要目标为主要保障产业人口安居，通过改善住房条件来吸引产业人口入驻。

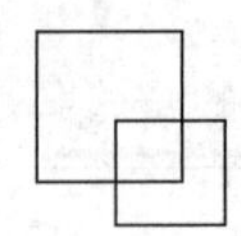

2）总平面设计（整体规划）

（1）上位规划：

项目风貌控制方面，主要位于围绕交往核布置的世界环上；城市色彩规划方面，位于特色廊道和办公建筑区；第五立面规划方面，处于第五立面一般控制片区，各项控制要素以引导建议为主；限建要素方面，项目主要位于65dB噪声区，西南少部分用地位于70dB噪声区；在建筑高度控制方面，项目处于中高度控制区内，建筑高度范围为18～36m；强度控制方面，处于中强度分区内，其中，B4用地容积率控制在1.5～2.5，F3用地容积率控制在1.5～2（图3.4.4-24、图3.4.4-25）。

（2）规划总图及指标：

大兴临空区0106地块重大活动应急场所永建方案项目共包含两个区域：永久建筑和临时建筑，其中，基地西侧7号、1号和2号地块为永久建筑，基地东侧4号、8号、3号和9号为临时建筑。

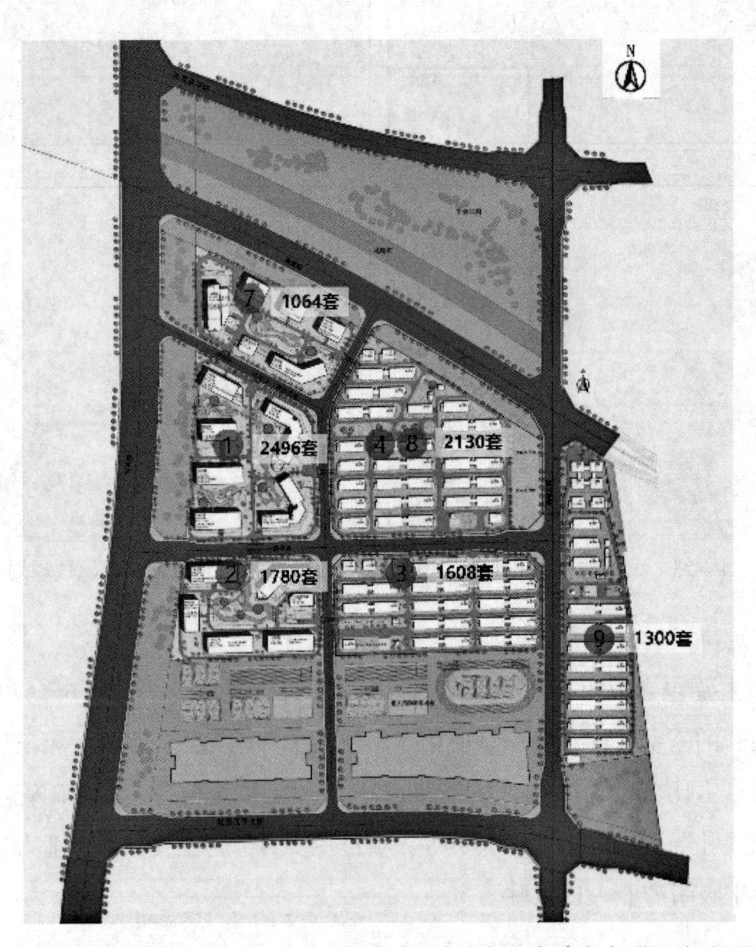

图3.4.4-24　大兴临空区0106地块重大活动应急场所永建方案项目总平面图

主要经济技术指标表-永久建筑（7号、1号、2号）								
项目			7号	1号	2号	合计	单位	备注
建设用地面积			27522.12	41193.46	29916.16	98631.74	㎡	
总建筑面积			99759.96	132354.20	100024.18	332138.34	㎡	
其中	地上建筑面积		61409.96	103126.20	74358.18	238894.34	㎡	
	其中	酒店	12364.34	0.00	0.00	12364.34	㎡	酒店总客房数224间，酒店建面含酒店配套
		公寓	46419.77	98570.52	70866.53	215856.82	㎡	
		商业配套	2625.85	4555.68	3491.65	10673.18	㎡	商业比例10.6%（含酒店）
	地下建筑面积		38350.00	29228.00	25666.00	93244.00	㎡	
容积率			2.23	2.50	2.49	2.42	㎡	≤2.5 可统筹调配
客房/公寓间数（按居室折算）			1064	2496	1780	5340	间	
客房/公寓套数（按户型折算）			944	2144	1436	4524	户	
机动车停车位			540	496	320	1356	辆	公寓0.2辆/户，酒店0.4辆/客房，商业2辆/百m²
充电桩停车位			75	83	49	206	辆	商业类按20%配置，其他类按15%配置
非机动车停车位			970	2044	1473	4488	辆	餐饮40辆/1000m²，公寓20辆/1000m²
建筑高度			38.55	38.45	38.45	38.55	m	
建筑层数			11层					

主要经济技术指标表-临时建筑						
项目	3号	4号、8号	9号	合计	单位	备注
建设用地面积	42700	59202	59189	161091	㎡	
总建筑面积	41438	58360	36881	136679	㎡	
容积率	0.97	0.99	0.62	-	㎡	≤2.5
套数	1608	2130	1300	5038	间	
建筑层数	3	3	3	3	层	

主要经济技术指标表（永久+临时）					
项目		永久建筑	临时建筑	合计	单位
建设用地面积		98632	161091	259723	㎡
总建筑面积		332138	136679	468817	㎡
其中	地上建筑面积	238894	136679	375573	㎡
	地下建筑面积	93244	0	93244	㎡
容积率		2.42	-	-	㎡
套数		5340	5038	10378	间
建筑层数		11	3		层

图 3.4.4-25 大兴临空区 0106 地块重大活动应急场所永建方案项目经济技术指标

3）功能模块布局

（1）公寓配比及规划落位：

项目的功能模块主要包括以下四类：酒店、服务式人才公寓、人才公寓和青年公寓；其中，酒店与青年公寓均为单间形式，服务式人才公寓有一居、二居两种形式、人才公寓则有一居、二居和三居三种形式；房间数量分别为：224 间、420 间、1840 间和 2812 间；各功能模块占比分别为：4.44%、8.33%、50.72% 和 36.51%（图 3.4.4-26、图 3.4.4-27）。

此外，酒店主要定位为经济型酒店、一居服务式人才公寓主要为东南西北朝向、开间 7100mm 或 8100mm，配备带燃气独立厨房、一个卫生间和一个衣帽间；两居服务式人才公寓主要为东北、西北、东南和西南朝向，开间为 9000mm，配备带燃气独立厨房、客厅（兼做餐厅）、一个卫生间和一个衣帽间；45m² 一居人才公寓主要为东南西北朝向、开间 4200mm，配备带燃气独立厨房和干湿分离的卫生间。

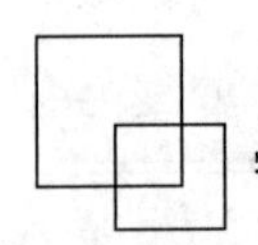

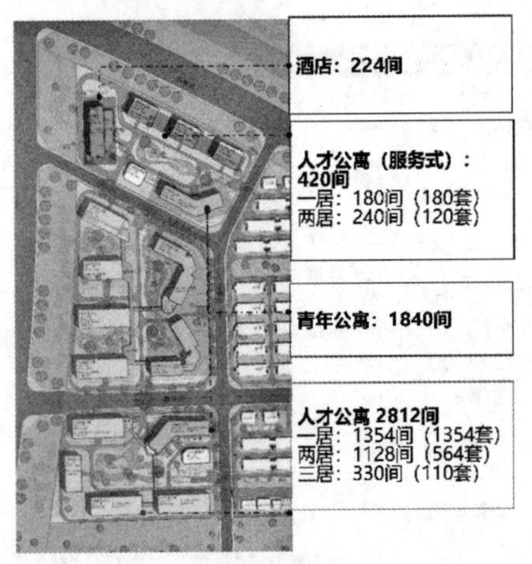

图 3.4.4-26　大兴临空区 0106 地块重大活动应急场所永建方案项目公寓落位图

类型	间数占比	间数	户型建面	备注
酒店	4.44%	224间	35㎡	经济型酒店
人才公寓（服务式）	8.33%	420间	一居	一居：东南西北向、开间7100/8100宽、独立厨房（燃气）、1卫，衣帽间；
			两居	两居：东北、西北、东南、西南、开间9000宽、独立厨房（燃气）、1卫；餐客大横厅，转角飘窗；
人才公寓	50.72%	2812间	45㎡一居	一居：东南西北向、开间4200宽、独立厨房（燃气）、卫生间干湿分离；
			70㎡两居	两居：纯南向、开间8400宽、独立厨房（燃气）
			100㎡三居	三居：东南或西南、开间8900宽、独立厨房（燃气）、卫生间干湿分离、2卫
青年公寓	36.51%	1840间	35㎡	开间3300宽 预留厨房（无燃气） 卫生间三件套 双人间
合计		5296间		

图 3.4.4-27　大兴临空区 0106 地块重大活动应急场所永建方案项目公寓配比表

（2）公共服务配套：

如图所示，大兴临空区 0106 地块重大活动应急场所永建方案项目永久建筑区域公共服务配套设施齐全，包括但不限于：小型商服、管理服务用房、快递送达设施、生活垃圾分类收集点、儿童活动中心、卫生站、果蔬超市、社区公共服务中心、书吧、健身房及室外活动场地等配套功能（图 3.4.4-28）。

图 3.4.4-28　大兴临空区 0106 地块重大活动应急场所永建方案项目公共服务配套分析图

（3）地下空间设计：

项目永建区域地下空间组织较为丰富，包括：设备用房、下沉庭院和停车空间。停车方式指定为平层停车，指标分配为：公寓停车指标为 0.2 辆 / 户、商业及配套为 2.0 辆 / 百 m^2、酒店为 0.4 辆 / 客房（图 3.4.4-29、图 3.4.4-30）。

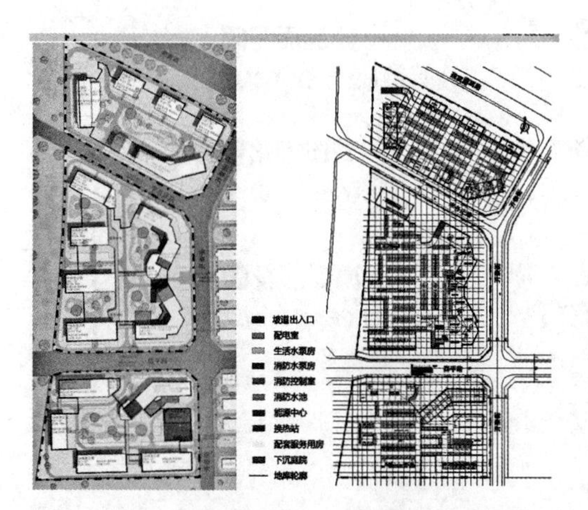

图 3.4.4-29 大兴临空区 0106 地块重大活动应急场所永建方案项目地下空间设计分析图

	7号地	1号地	2号地	合计	备注
地下夹层建筑面积	4550	5728	6756	17034	1.1号、2号地块青年公寓及酒店投影范围为单层地下室，未计入夹层面积；2.夹层为自行车库。
地下一层建筑面积	16900	23500	18910	59310	按人防配建11%面积计算，预估人防指标为2.63万㎡；单层车库预估建筑标高为-6.100。
地下二层建筑面积	16900				
合计	38350	29228	25666	93244	
机动车车位数	540	498	320	1358	

图 3.4.4-30 大兴临空区 0106 地块重大活动应急场所永建方案项目地下空间设计表

（4）疫情时隔离组团功能构成：

项目永建区域按照功能使用共分为三个区块：工作准备区、缓冲区和隔离区，其中，工作准备区主要为工作人员使用，隔离区主要为隔离人员使用，二者于缓冲区进行物资传送或人员流动，确保了建筑空间的最大利用率，同时兼顾洁污分区（图 3.4.4-31、图 3.4.4-32）。

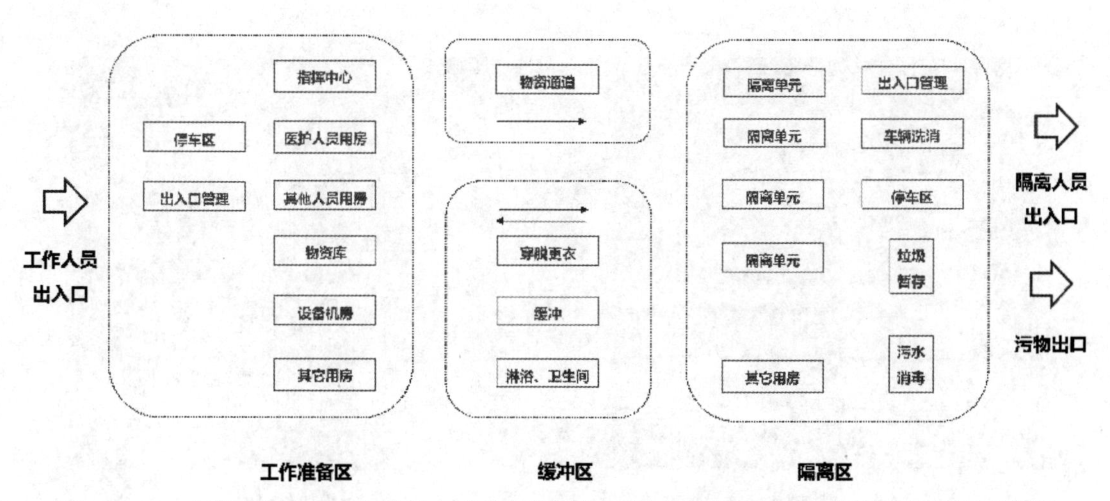

图 3.4.4-31 大兴临空区 0106 地块重大活动应急场所永建方案项目疫情时隔离组团功能构成分析图

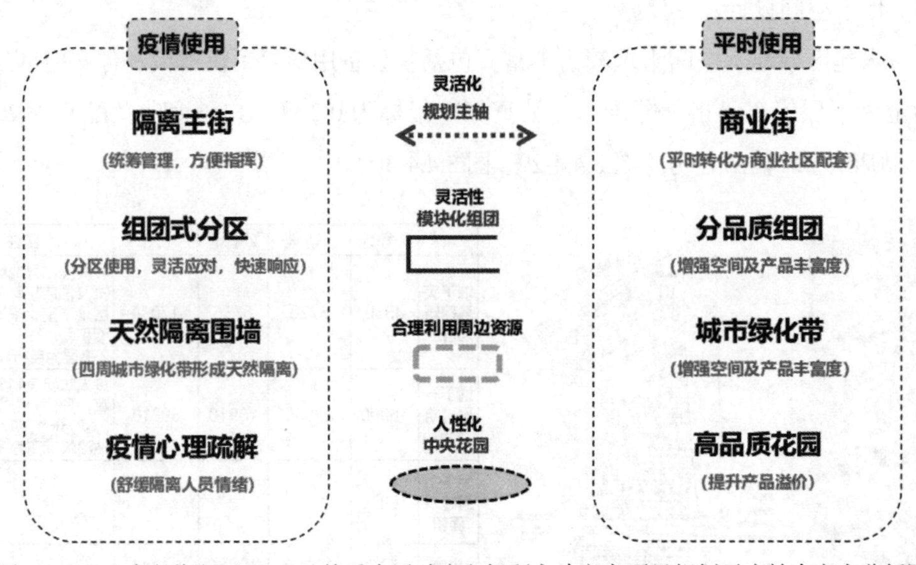

图 3.4.4-32　大兴临空区 0106 地块重大活动应急场所永建方案项目规划平疫结合亮点分析图

（5）规划平疫结合亮点：

项目永建区域对平时使用和疫情使用具有细致的设计与规划，具体体现在规划主轴、模块化组团、空中连廊和中央花园在不同时期起到的不同作用。其中，四个模块在疫情时期的使用功能分别为：隔离主街、组团式分区、智能化服务廊和疫情心理疏解；四个模块在平时使用时期的使用功能分别为：商业街、分品质组团、立体共享社区和高品质花园。四个模块在不同时期各司其职，相得益彰（图 3.4.4-33）。

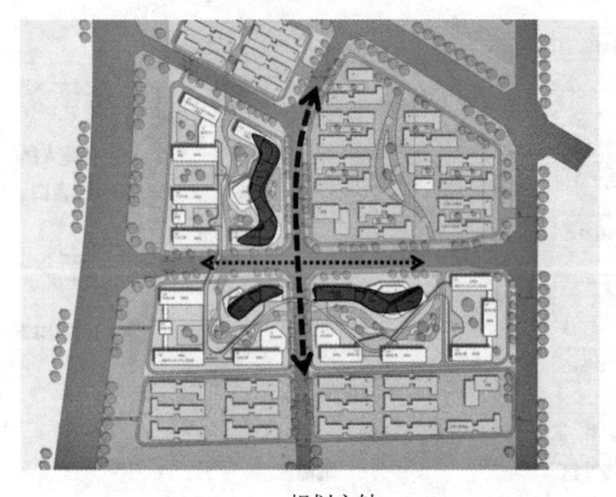

规划主轴

模块化组团

图 3.4.4-33　大兴临空区 0106 地块重大活动应急场所永建方案项目评议结合亮点分析图

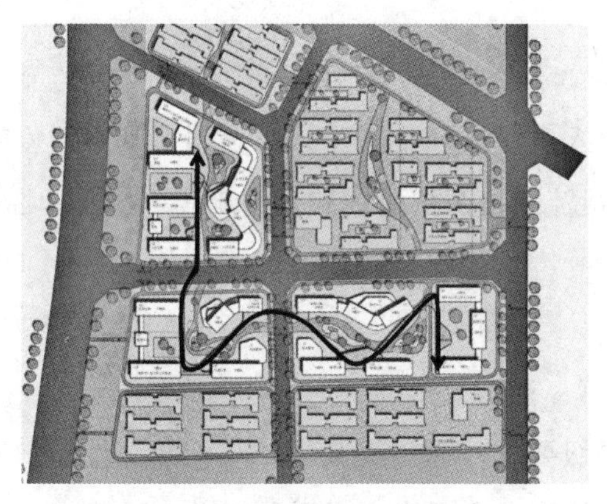

空中连廊

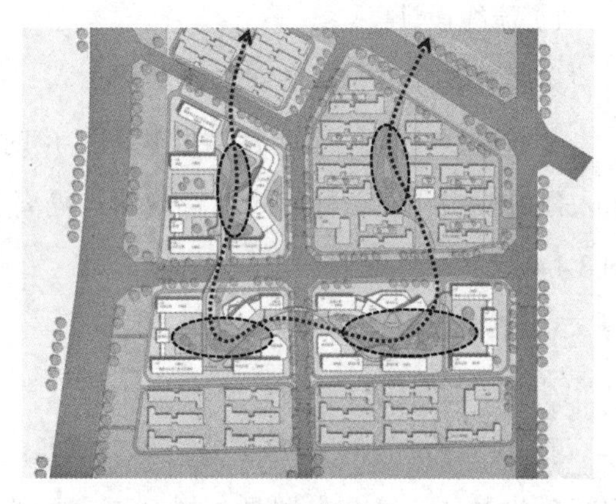

中央花园

图 3.4.4-33 大兴临空区 0106 地块重大活动应急场所永建方案项目评议结合亮点分析图（续）

（6）疫情时空间布局规划：

项目永建区域在疫情时空间布局规划共有两个方案（图 3.4.4-34、图 3.4.4-35），其中，方案一需要医护人员穿防护服后需要通过室外空间后才能到达工作准备区与隔离区，受天气等因素影响，影响防护效果及医护人员健康。方案特点为工作准备区、缓冲区、隔离区按区域分布于规划用地，分区明确。而方案二的工作准备区、缓冲区、隔离区按区域分布于规划用地，同时在各个隔离楼首层适当占用局部空间用来穿脱防护服，可以满足下雨天、寒冷天气等特殊情况下使用，相较于方案一效果更佳。

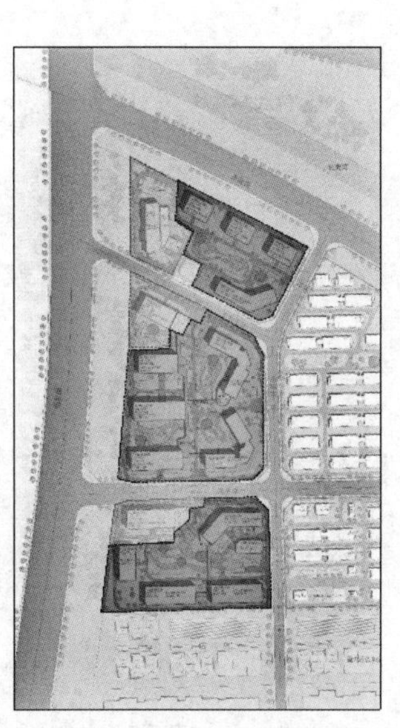

图 3.4.4-34 大兴临空区 0106 地块重大活动应急场所永建方案项目疫情时隔离组团功能构成分析图

图 3.4.4-35 大兴临空区 0106 地块重大活动应急场所永建方案项目规划平疫结合亮点分析图

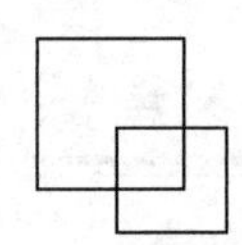

4）流线设计

交通流线分析——平疫结合：

交通流线主要按照两种情况规划：疫时出入口流线和平时出入口流线。其中，疫时出入口流线主要以三种流线组合规划：隔离人员流线、医护流线和污物流线（图 3.4.4-36、图 3.4.4-37）。

5）各专项设计

（1）绿色建筑：

项目预评价分值为 73.2 分，可以满足二星级要求。通过提高围护结构热工性能，选用绿色建材、一级节水器具，提高隔声性能等措施，预评价可达到 85.8 分，满足三星级要求（图 3.4.4-38、图 3.4.4-39）。

（2）技术亮点：

项目的技术亮点主要体现于三个方面：绿色低碳立面系统、低碳装配式建造和智能化管理体系（图 3.4.4-40～图 3.4.4-42）。其中，绿色低碳立面系统综合多种绿色低碳措施包括：保温、遮阳、隔声和绿化；低碳装配式建造措施包括：装配式结构体系、标准化立面、装配式内隔墙、集成卫浴和管线分离；智能化系统包含：平时运营系统和隔离场所智能化系统，实现“平疫结合、永临结合、灵活转换”。

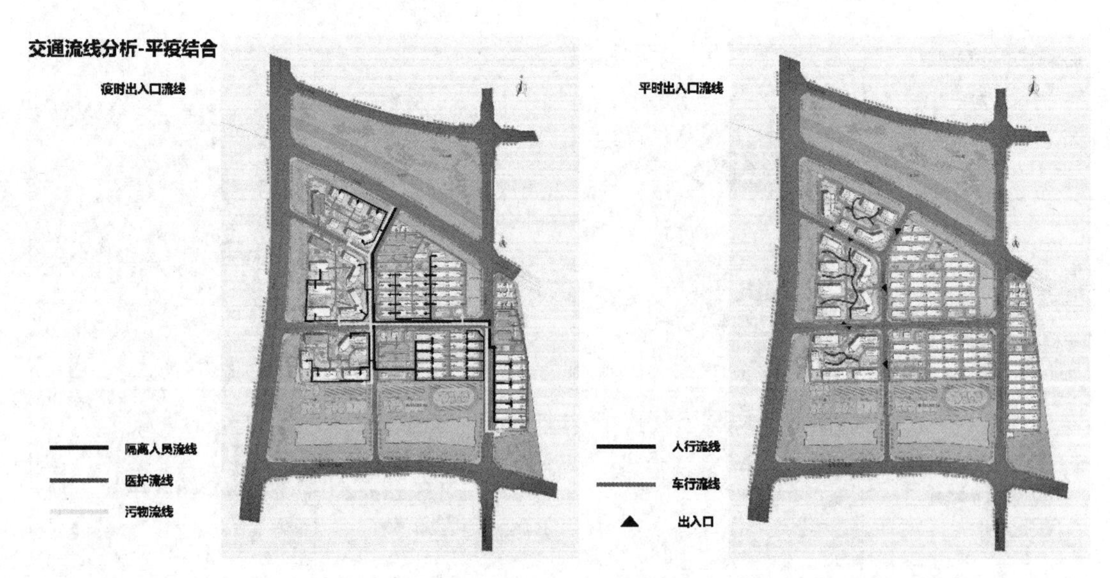

图 3.4.4-36　大兴临空区 0106 地块重大活动应急场所永建方案项目疫时出入口流线分析图

图 3.4.4-37　大兴临空区 0106 地块重大活动应急场所永建方案项目平时出入口流线分析图

二星建筑评分计算表								
自评结果	评价指标	控制项基础分值	安全耐久	健康舒适	生活便利	资源节约	环境宜居	提高与创新
	预评价满分	400	100	100	70	200	100	100
	预评价实际分值	达标	49	44	40	126	56	17
	总得分Q	73.2						
	绿色建筑星级	□一星级 √二星级 □三星级						

二星建筑各章节得分柱状图

	安全耐久	健康舒适	生活便利	资源节约	环境宜居	提高与创新
■预评价实际分值	49	44	40	126	56	17

图 3.4.4-38 大兴临空区 0106 地块重大活动应急场所永建方案项目二星级绿色建筑分析

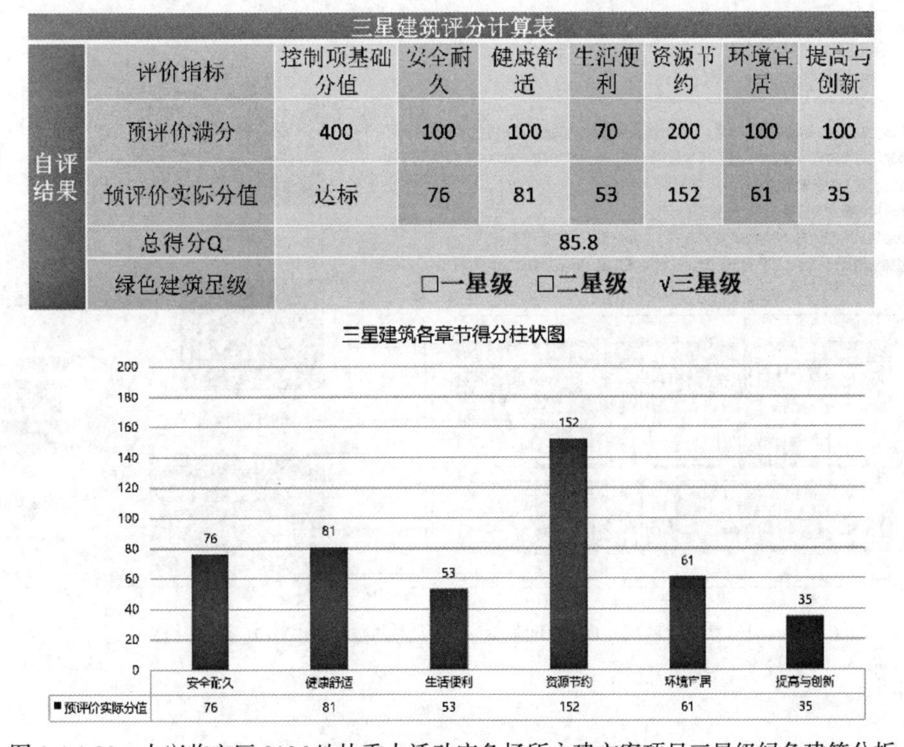

三星建筑评分计算表								
自评结果	评价指标	控制项基础分值	安全耐久	健康舒适	生活便利	资源节约	环境宜居	提高与创新
	预评价满分	400	100	100	70	200	100	100
	预评价实际分值	达标	76	81	53	152	61	35
	总得分Q	85.8						
	绿色建筑星级	□一星级 □二星级 √三星级						

图 3.4.4-39 大兴临空区 0106 地块重大活动应急场所永建方案项目三星级绿色建筑分析

图 3.4.4-40　大兴临空区 0106 地块重大活动应急场所永建方案项目技术亮点一

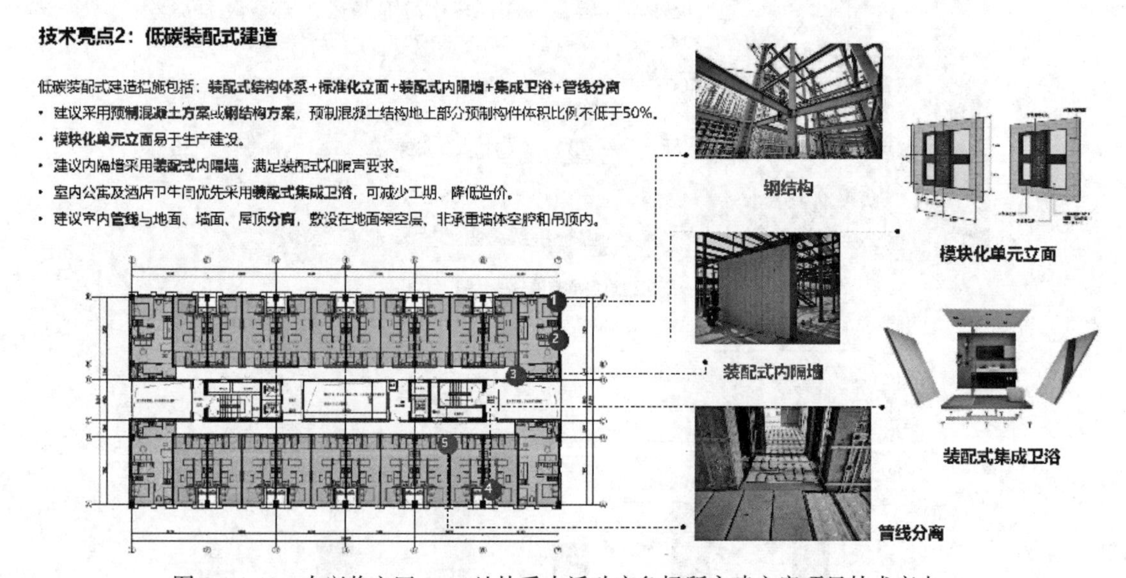

图 3.4.4-41　大兴临空区 0106 地块重大活动应急场所永建方案项目技术亮点二

技术亮点3：智能化管理体系

智能化系统具有平时运营系统、隔离场所智能化系统，实现“**平疫结合**、永临结合、灵活转换”。

- 平时运行系统具备能源管理、运行管理、安防管理、运维管理等功能；
- 疫情期间开启隔离场所智能化系统，应用机器人进行配送、消杀清洁，实现安防监控、配送服务机器人监控、体征探测雷达监测等。

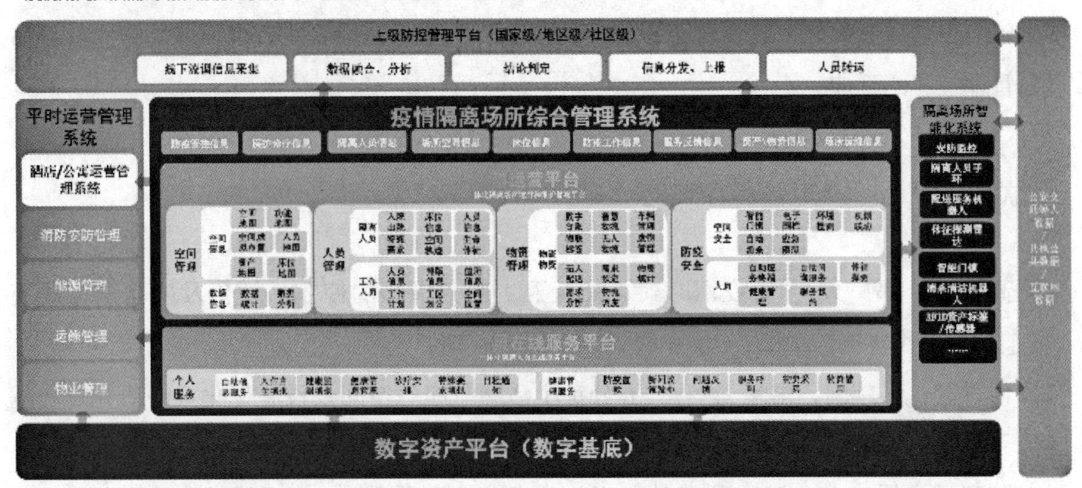

图 3.4.4-42 大兴临空区 0106 地块重大活动应急场所永建方案项目技术亮点三

3.5 小结

关于对适应未来社区生活圈防疫应急规划的健康驿站设计的归纳分析得出，以上几个案例虽分布不同城市，在规划建设上也各有特点，但也具备一定的共性，主要体现在以下四个方面：

1. 平急结合，快速转换

大多数国际健康驿站都选址于国际机场附近，主要考虑便于国际航班入境人员短距离实现快速集中隔离。以平战结合、适度超前规划为原则，为应对类似疫情突发事件而需要具备的韧性。

2. 防疫为先，兼顾发展

新建健康驿站大部分在防疫任务完成后转为保障性租赁住房项目进行运营，为项目未来发展做好准备。由公租房改建的项目，在防疫使命结束后，仍可作为公租房或转为保障性租赁住房进行发展。

3. 科技助力，智慧服务

健康驿站的设计建设都会把智慧化技术应用其中，一是通过技术手段提高防疫工作效率，降低传染风险；二是在转做日常运营后，智慧化社区也符合现阶段住房租赁市场发展趋势。

4. 应急设施，防疫规划

健康驿站既是重大公共卫生事件期间的一种集中隔离新物种，也是未来社区应急防疫规划的重要方向，即具备完整应急设施系统的健康社区。通过社区应急医疗设施、隔离观察设施、卫生通过设施、物资保障设施等的规划、预留与转换，实现健康驿站概念在城市规划管理维度的延伸。

文献索引

[1] 高铭苒，邹广天．"后疫情时代"社区卫生服务中心的使用后评价及优化策略研究［J］．当代建筑，2022，(第9期)

[2] 傅思聪，王越闽，廖星云等．"五分钟生活圈"应急空间及设施优化策略研究——基于突发性卫生事件的防控［J］

[3] 陆建城，罗小龙．澳大利亚社区卫生应急规划与管理［J］．国际城市规划，2022，(第3期)

[4] 杨思晓．超大城市社区公共卫生风险治理的工具选择——以北京市朝阳区为例［J］．城乡建设，2021，(第9期)

[5] 陈宇轩；史凌微．城市急诊点位总体布局探究——以上海市为例［J］．上海城市管理，2022，(第2期)

[6] 许海涛．城市医疗卫生设施规划建设中平疫结合策略研究［J］．当代建筑，2021，(第5期)

[7] 黄锡璆，邓琳爽．公共卫生应急之思——专访黄锡璆［J］．建筑实践，2020，(第4期)

[8] 张亚飞，杨震．后疫情时代生活圈尺度下北京社区医疗设施布局特征研究［J］．北京规划建设，2022，(第4期)

[9] 徐望悦，王兰．呼吸健康导向的健康社区设计探索——基于上海两个社区的模拟辨析［J］．新建筑，2018，(第2期)

[10] 卢芷莹，殷培峰．基于平疫结合的社区中心设计与改造要点研究［J］．城市住宅，2021，(第8期)

[11] 建筑设计篇－应对流行性疫病的环境理念与建筑策略系列漫谈［EB/OL］(2020-04-02)［2023-08-01］．https：//mp.weixin.qq.com/s/jB480aObEZZ6D1ddqmJWmQ

[12] 王兰，李潇天，杨晓明．健康融入15分钟社区生活圈：突发公共卫生事件下的社区应对［J］．规划师，2020，(第6期)

[13] 张松．健康融入国土空间总体规划方法建构及实践探索 [J]．中文科技期刊数据库（全文版）工程技术，2021,（第11期）
[14] 高楠．平疫结合视角下城市韧性社区防疫规划策略研究 [J]．天津职业院校联合学报，2021,（第8期）
[15] 张若曦，殷彪，林怡等．平疫结合的新加坡社区设施规划与社区治理 [J]．北京规划建设，2020,（第4期）
[16] 蒋希冀，叶丹，王兰．全球健康城市运动的演进及城市规划的作用辨析 [J]．国际城市规划，2020,（第6期）
[17] 张文清，王欣然，王键．社区医疗站模块化设计 [J]．建筑技艺，2022,（第7期）
[18] 张悦琪，李婧，史华祺．特大城市公共卫生安全背景下的医疗设施空间分布演变探究——以北京市海淀区为例 [J].《规划师》论丛，2021,（第0期）
[19] 邓琳爽，王兰．突发公共卫生事件中的替代性护理场所规划及改造策略 [J]．时代建筑，2020,（第4期）
[20] 金博，申健，文滔等．疫情防控常态化下武汉光谷中心城西社区卫生服务中心规划设计 [J]．中国医院建筑与装备，2022,（第8期）
[21] 王兰，贾颖慧，李潇天等．针对传染性疾病防控的城市空间干预策略 [J]．城市规划，2020,（第8期）

另注：

① 怀柔区隔离收治场所（方舱）应急改造工程由北京市建筑设计研究院股份有限公司设计，相关资料由相关负责人及设计师提供。

② 通州西集重大活动应急场所暨保租房项目由北京市建筑设计研究院股份有限公司设计，相关资料由相关负责人及设计师提供。

③ 万科泊寓·厦门国际健康驿站由基准方中厦门分公司设计，相关资料引自基准方中官网及公众号报道。

④ 大兴临空区0106地块重大活动应急场所永建方案项目由北京市建筑设计研究院股份有限公司设计，相关资料由相关负责人及设计师提供。

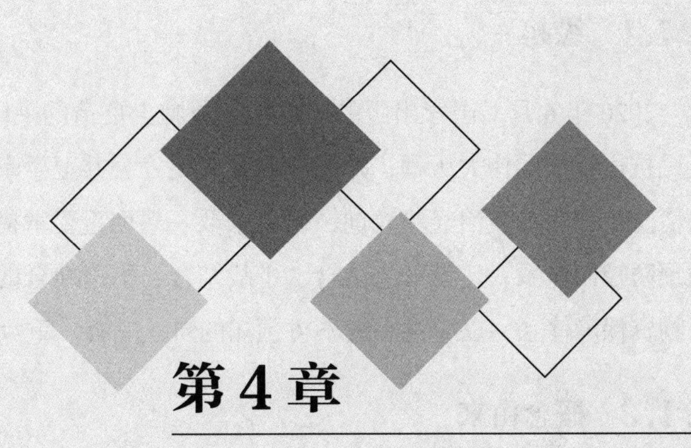

第4章

方舱医院

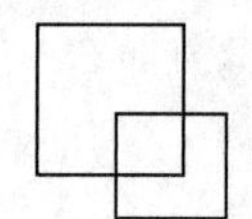

4.1 方舱医院概述

4.1.1 缘起

2020 年 6 月，国家出版的《抗击新冠肺炎疫情的中国行动（白皮书）》中记录了中国人民抗击疫情的伟大历程，并为应对重大突发公共卫生事件积累了宝贵经验。应认真总结疫情防控和医疗救治经验教训，研究采取一系列重要举措，补短板、强弱项。改革完善疾病预防控制体系，建设平急结合、平战结合、平疫结合的重大疫情防控救治体系，健全应急物资保障体系，以应对后续不可预知的自然灾害、重大事故、突发疫情等紧急情况。

4.1.2 概念由来

方舱医院是基于应急机动医疗救治任务的新型模块化野战卫生装备，在野战条件下，以医疗方舱、技术保障方舱、病房单元、生活保障单元及运力等为主要组成，依托成套的装备保障，完成伤员救治等任务的机构。由于战地医院大部分采用了医疗方舱，所以应急医院经常被大家唤作方舱医院。

在疫情防控过程中，我国通过会展建筑、大型场馆和室外方舱模块结合的形式，进一步拓展了方舱医院的适用范围。武汉国际会展中心等较为标志性的方舱医院，其设计理念沿用了 20 世纪初南丁格尔病房的超大病区的设计理念，同时在建筑外加建卫生通过区、辅助功能区等功能以满足使用要求。

因此，在防疫过程中，方舱医院可定义为：在突发传染性疾病时，为解决大量轻症患者集中收治的问题，依据需要政府临时征用社会既有建筑，如体育馆、展览馆、仓库等高大空间，用于集中收治轻症和无症状患者的临时救治场所。同时，随着疫情愈发严重，城市中满足方舱改造条件的既有建筑愈发不足，部分城市开始采用箱式房，快速建设轻症患者的集中救治场所也被称为：方舱医院。此后，方舱医院的概念维度进一步扩大为同时包括改造和新建两类。

4.1.3 典型特征

方舱医院具有诸多特点，其中具有标志性的特征包括：

（1）建造速度快，一般规模大，较传染病医院的建设成本低；

（2）针对突发性传染病轻症患者的治疗更集中、更规范；

（3）可以有效降低病毒在社会层面的大规模传染；

（4）集中救治的方式较分散至各个医疗机构的救治方式对社会环境的影响更低。

4.1.4　空间原型

在疫情防控中使用的方舱医院空间原型基于传染病医院。传统传染病医院按照功能进行分区，包括：门诊和急诊部、住院部、医技部、后勤保障系统、行政办公区五部分。方舱医院是确诊轻症患者的隔离和分诊场所，主要使用空间是收治区，在功能设置上对应传染病医院的住院部。因轻症患者均为集中送达，故方舱医院不设置门诊和急诊部，但设置入院大厅及出院淋浴区。因病毒的传染性极强，方舱医院最重要的核心功能为卫生通过区。同时，与传染病医院类似的功能还包括：医护办公区、物业运维区等。

方舱医院基本功能区包括清洁区、半污染区、污染区。建筑设施布局应当与组织气流有效结合，严格控制不同压力梯度由清洁区→潜在污染区→污染区单向流动。

污染区：方舱医院建筑及场地中传染病患者接受诊疗的区域，包括被其血液、体液、分泌物、排泄物等污染的物品及场所，以及污染物品暂存和处理的场所。功能包含患者收治病床区、处置室、抢救治疗室、被服库、开水间、医疗废物暂存间等用房。

清洁区：方舱医院建筑及场地中不易受到患者血液、体液和病原微生物气溶胶等物质污染及传染病患者不应进入的区域。包括办公室、会议室（可进行远程会诊）、库房、物资保障区等，并配置公安民警、保安、保洁等人员的办公、休息、换班交接用房。

潜在污染区（半污染区）：方舱医院建筑及场地中位于清洁区和污染区之间，有可能被患者血液、体液和病原微生物等物质污染的区域，为工作人员由污染区进入和返回清洁区的卫生通过区域。卫生通过区供医护工作人员及物资由清洁工作区进入污染区、由污染区返回清洁工作区时进行卫生处置的区域。包括工作人员换鞋、更衣、洗手、沐浴，以及穿戴、卸去防护用品的用房，并应安排物资配送通道。（图 4.1.4-1）

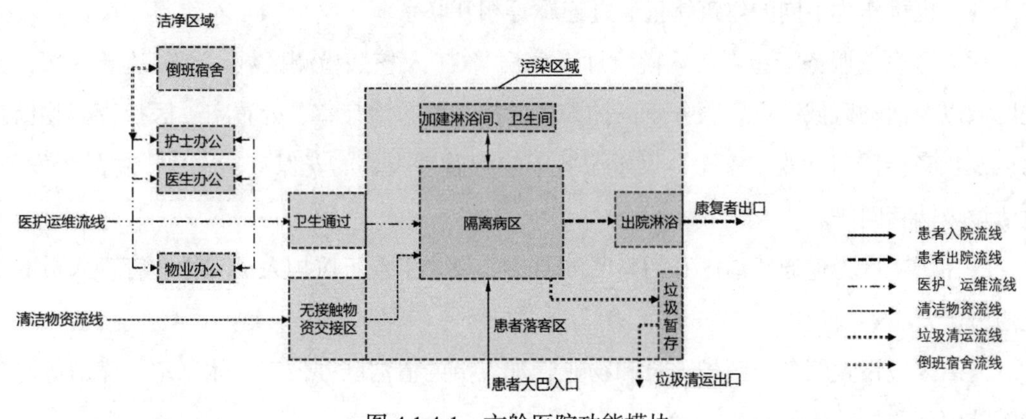

图 4.1.4-1　方舱医院功能模块

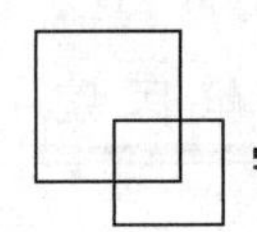

4.2 技术控制

4.2.1 主要功能分区及基本流线

1. 主要功能模块

1）方舱外围场地

方舱的场地内应划分为污染区和清洁区两部分。两个分区划分明确。

围绕方舱外部应设置：服务于患者大巴落客停车以及患者组织的入院广场，服务于医护人员和物业管理人员的到达落客区和货物卸货区，垃圾集中收集区域，大巴和救护车洗消区及储存氧气等易燃易爆品的危险品库房。方舱医院外部主要功能见表 4.2.1-1：

方舱医院外部主要功能表　　表 4.2.1-1

方舱医院外部主要功能			
分区	患者	医护人员	物业管理人员
污染区	入院广场	大巴、救护车洗消区	垃圾集中收集区
	患者室外活动区	危险品库房	
清洁区	康复出院口	落客区	
		货物卸货区	

2）方舱建筑内部

在建筑内部同样应设置污染区、潜在污染区和清洁区。三个区域可以包含在一个建筑体量内，也可作为不同的建筑体量通过连廊等相互联系。

污染区设置服务于患者的入院大厅，病房，CT 及核酸检测区域，心理疏导区域，盥洗区域以及活动区域；设置服务于医护人员的护士站、治疗室、处置室、医疗废弃物储存间以及预备转院时的观察室等；设置服务于物业管理人员的安保室、库房、物品分发处、生活垃圾储存间等。

潜在污染区为连通清洁区和污染区的通道，设置服务于医护人员和物业管理人员的卫生通过。

清洁区应设置服务于医护人员和物业管理人员的清洁区办公室，休息室，库房等。方舱医院内部主要功能见表 4.2.1-2：

方舱医院内部主要功能表　　　　表 4.2.1-2

方舱医院内部主要功能			
分区	患者	医护人员	物业管理人员
污染区	入院大厅	护士站	安保室
	收治区	治疗室	物资库房
	CT 检查	处置室	物品分发处
	核酸检测	医疗废弃物储存间	生活垃圾储存间
	心理疏导区	转院观察室	
	盥洗区域		
	活动区域		
潜在污染区	出院消杀淋浴区域	卫生通过	卫生通过
清洁区	康复出院通道	办公区	办公区
		生活休息区	生活休息区
		药品库房	生活物资库房

2. 功能描述

三区两通道：三区为清洁区、潜在污染区、污染区，各分区之间应有物理隔断，相互无交叉；两通道为清洁通道和污染通道。

入院广场：位于医院患者一侧的主入口广场，用于患者集中大巴的停放和落客。

患者室外活动区：位于医院病房周边，有围栏、墙体的限制，用于患者室外活动的区域，由运营医院管理。

康复出院口：位于方舱医院出院一侧，康复者通过出院口离开，宜与入院广场分开设置。

大巴、救护车洗消区：位于患者入院广场附近，入院大巴和救护车驶离前需进行洗消清洁。

清洁区货物卸货区：位于医院医护人员所处清洁区域，用于医疗、物业物资卸货的区域。

危险品库房：位于污染区域独立建设或具有相应泄爆能力的库房，用于氧气等易燃易爆品的储存。

垃圾集中收集区：位于污染区域集中存放患者生活垃圾和医疗废弃物的区域，应便于市政垃圾运输车辆停靠装运，定时清运。

入院大厅：方舱医院入院大厅，用于患者登记、等候等功能。

收治区：方舱医院患者病房，应按各城市方舱医院规范、导则进行病床排布。

CT检查：用于患者进行CT检查的区域，可按照相关规范单独设置，亦可利用移动CT检查车设置。

核酸检测实验室：对采集好的核酸样本进行检测的实验室，大型方舱医院宜设置核酸检测实验室。

心理疏导区：位于病房附近，进行患者心理疏导的房间，需配备远程视频系统，可联系心理医生线上辅导。

盥洗区域：位于方舱医院病房附近，为患者提供盥洗、淋浴、厕卫等功能，应根据当地方舱医院规范或导则设计，提供足够数量的盥洗条件。

活动区域：病房内部提供患者散步等基本活动的区域。

出院消杀淋浴区域：位于出院通道，为患者出院时提供淋浴及物品消毒等服务的空间。

护士站：位于病房内部与病床成单元布置，配套小型治疗处置室、库房和垃圾暂存区域。应根据当地方舱医院规范或导则进行设计。

治疗室、处置室：位于病房内部单独设置或与护士站结合布置，临时处理突发疾病或外伤的房间。

医疗废弃物储存间：位于病房内部与护士站结合布置，临时存储医废垃圾的区域。

转院观察室：位于病房附近，为转院患者提供单独观察、护理的房间，应便于担架运输，靠近车行可到达的出入口。

安保室：位于病房内，由物业人员或警察值守的房间。

物资库房：位于收治区域的临时存放物资的库房。

生活垃圾储存间：位于收治区域临时存放生活垃圾的库房。

卫生通过：位于潜在污染区的为医护人员和物业人员提供穿脱防护服的区域，该区域为工作人员由污染区进入和返回清洁区的通道。需具备气流组织等避免对清洁区造成污染的防护功能。宜与运营医院沟通确定卫生通过内可同时进行穿脱防护服的更衣位数量等。

医护、物业办公区：位于清洁区域医护、物业人员办公的区域。

医护、物业生活休息区：位于清洁区域医护、物业人员休息、倒班的区域。

药品、物资库房：位于清洁区域储存医疗药品、生活物资的区域。

3. 基本布局流线

方舱医院的基本流线为进出院区两组流线，每组流线均包含“人”“物”两类，人的流线又分为患者流线和医护人员及物业人员流线。

1）入院流线

（1）患者

患者在污染区，经由大巴等形式到达入院广场，落客组织后途经入院大厅登记后到达各自收治区。见患者入院流线图 4.2.1-1。

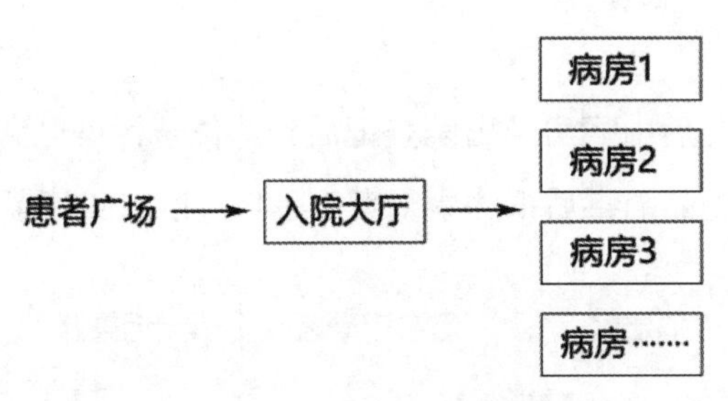

图 4.2.1-1 患者入院流线图

（2）医护人员、物业管理人员

医护人员和物业人员由大巴进入医院清洁区内医护、物业办公区域，在此经过登记后经过位于潜在污染区的卫生通过穿防护服后进入位于污染区的病房（图 4.2.1-2）。

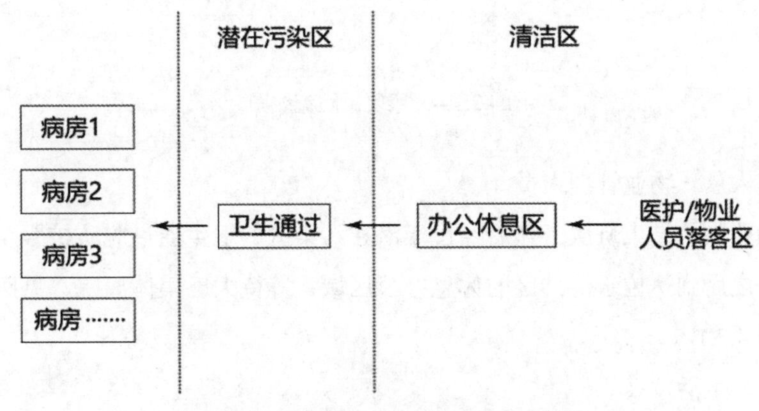

图 4.2.1-2 医护 / 物业人员入院流线图

（3）清洁物资

生活、医疗物资由货运车辆运送到无接触物资交换处，将物资卸货后，货车离开。收治区的工作人员于货车离开后进行取货并运进收治区。见物资运输流线图 4.2.1-3。

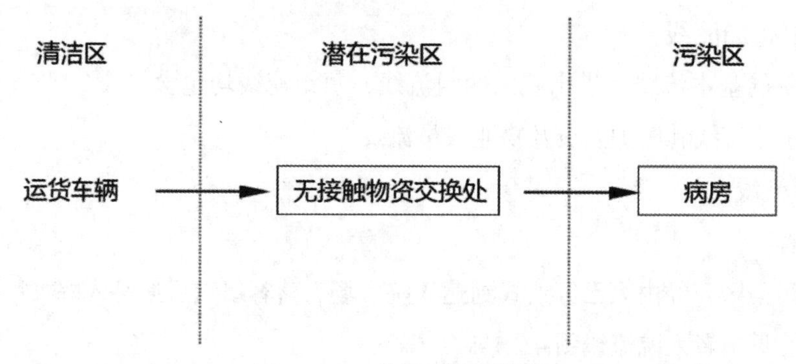

图 4.2.1-3　物资运输流线图

2）出院流线

（1）康复者

患者经检查确认康复后由病房经出院登记后到达位于污染区和清洁区之间的出院淋浴区域，在此进行淋浴和物品消毒后抵达康复者出院口离院。见康复出院流线图 4.2.1-4。

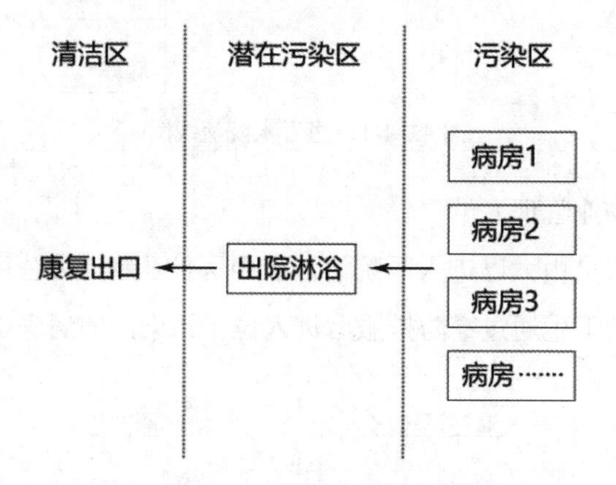

图 4.2.1-4　康复出院流线图

（2）医护人员、物业管理人员

医护和物业人员结束班次工作后经位于潜在污染区的卫生通过脱防护服及口罩后进行消杀、淋浴，之后到达位于清洁区的休息办公区域，等待大巴集体离院。见医护 / 物业人员离院流线图 4.2.1-5。

（3）医疗、生活垃圾

医疗类和生活类垃圾日常存储在专用的垃圾间，定时由物业人员收集并运送至位于污染区外围的集中垃圾存放处，由市政垃圾车辆在夜间或规定时间将垃圾清运出医院。见垃圾输流流线图 4.2.1-6。

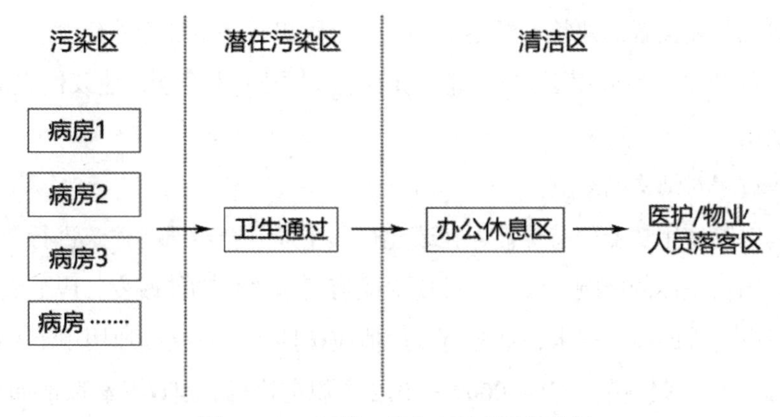

图 4.2.1-5　医护 / 物业人员离院流线图

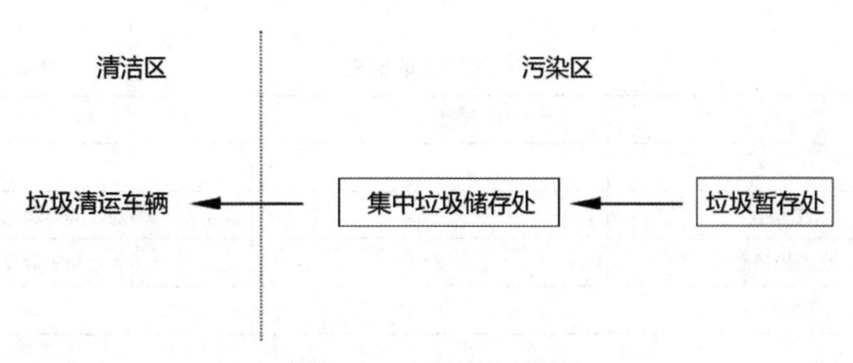

图 4.2.1-6　垃圾输流流线图

4.2.2　结构、设备、电气体系研究

1. 结构体系研究

方舱医院的结构设计体主要包括改造及新建两部分，以及其他附属设施。

1）既有建筑改造的方舱医院

在方舱医院的建设中，有很大比例是采用既有建筑改造的方式。被改造的建筑多为体育馆、会展中心、工业厂房等。此类建筑通常具有面积大、功能多样、配套完善等特点，便于快速改造为方舱医院。在选址与改造过程中，结构专业设计的基本原则：结构设计应在安全、适用的前提下满足经济性要求，尽可能利用原有结构条件，避免拆改、加固等事项。

（1）待改建建筑的安全性评估

方舱医院应选择结构安全可靠的建筑进行改造，改造前应先对原建筑进行资料收集，全面掌握原建筑情况，包括终版施工图和竣工图，有无加固改造等，重点关注其所执行规范的版本，预留荷载等信息；同时需由有资质的单位先对建筑进行专业的结构安全性评估，尤其是对于长期空置的建筑。经鉴定存在安全隐患、违章加建、建设手续不全或是建设资料不完整的建筑，不应用于方舱医院的改建。根据工程经验，建议优先选择 2001 年以后的建筑使用。

（2）改建过程对结构的影响

鉴于方舱医院使用功能的特殊性，在改建过程中通常会对原有建筑进行较大规模的改造，应关注对结构主体的影响。设计过程中对既有建筑平面功能改变，应能满足改造后机电设备和医疗设备等的荷载需求，结构荷载取值应按照《工程结构通用规范》GB 55001—2021 和《建筑结构荷载规范》GB 50009—2012 中规定执行。建议荷载取值如表 4.2.2-1 所示（如有特殊情况应以实际荷载取值为准）：

建议荷载取值表 **表 4.2.2-1**

建筑功能	使用活荷载（kN/m^2）	备注
收治区	2.5	
CT 检查	5.0	或以实际荷载取值
设备机房区	8.0	不含水箱等荷载
库房区	5.0	

对于既有建筑的荷载复核，结构专业需要和各专业紧密配合，结合既有建筑布局，将重荷载优先布置到原结构活荷载预留较多的区块中，尽量减少荷载超出结构预留的区域。当使用荷载增大区域的影响范围内的结构构件出现承载力或变形验算不满足要求的情况时，需采取必要可靠的结构加固措施，也可以按照实际地面做法重新复核其恒荷载，条件允许时可以考虑剔除部分地面做法，以提高使用活荷载。同时需注意较重的设备需要移动时，应考虑该荷载对移动路线范围内结构构件的影响，确保结构安全。

新增的隔断或轻质墙体应优先选用性能可靠的轻质材料，其节点连接构造应满足结构受力与变形要求，还要便于现场安装。改造过程应避免对原有结构的削弱及破坏，确需开洞的区域应进行结构验算，不满足受力要求时要进行加固。

方舱医院使用功能完毕撤离后，既有建筑复原改造时，应对改造遗留在结构构件上的孔洞进行修补封堵，当既有建筑为钢结构时，还应注意对破坏的防腐涂层及防火涂料进行补涂。

结构设计配合中还需要重点关注以下情况：

① 特殊的房间或设备是否有挠度、舒适度限制；② 明确地下室范围，当部分建筑的重荷载用房布置在室外时，需要复核其荷载对地下室的影响；③ 机电专业改造时可能出

现较重的管道荷载，需要对建筑承载力进行复核；④ 明确结构相关的防火要求。

2）新建方舱医院及改造方舱中的新建部分

新建方舱医院是指在室外场地上新建的方舱医院（例如，北京西集方舱医院、北京朝阳体育中心方舱医院等）；

改造方舱中的新建部分主要指：当既有建筑改造为方舱医院时，在既有建筑外新增的，例如，卫生通过区等功能体量。新建部分的建筑应优先选取平坦开阔的室外场地建设，且优先采用轻型装配式结构形式，方便现场快速安装。

实际工程中，改造方舱中的新建部分多使用 1~3 层成品集装箱式房，箱式房的设计及安装由专门的箱式房厂家配合完成。设计中需要关注的问题主要是地基基础的设计及使用荷载的控制。

（1）地基基础设计

方舱医院建设周期短，成品集装箱式房自重较轻，应尽可能采用天然地基。地基承载力验算应以代建场地或邻近场地的地质勘探报告为计算依据，建议砖或混凝土基础单层箱式房地基承载力特征值不应小于 60kPa，2～3 层箱式房不应小于 80kPa。若地基承载力不满足要求，应对场地地基进行碾压或硬化等加固处理。特别注意当利用原有硬化地面做基础或基础位于地下室顶板上时，应有可靠设计依据并应加强对原结构的保护。

箱式房基础应尽量选用对场地破坏小且易于场地恢复的方案。工程中常用的箱式房基础形式可分为砖基础、混凝土墩基础和钢支座基础。

砖基础通常沿箱式房布置方向连续砌筑成条形基础，并设置一定数量的过水洞保证排水，具有施工周期短、造价低、受力可靠的优点，是箱式房最常用的基础形式。基础设计时按照箱式房的具体要求需在基础顶面预留连接条件，并进行局部承压验算。当砖基础置于原结构楼板上时，需要对原楼板进行局部楼板抗剪或抗冲切验算，尤其是较重荷载如设备机房、水箱等区域需特别注意。若条件允许，重荷载宜布置在原结构预留荷载较大的房间，或布置在室外的硬化地面上；混凝土墩基础通常采用 600mm 高钢筋混凝土墩，顶部可预留钢埋件方便与上部箱式房焊接，具有施工周期短，与上部结构连接安全可靠的优点。施工过程中可先在原有硬化地面上先铺设一层隔气膜，便于结构拆除时的路面恢复；钢支座基础采用 H 型钢或方钢管焊接制作，底部端板与硬化地面间采用压力灌浆填实，适用于基础高度较高的情况。钢支座设计时需特别注意要进行风荷载下的抗倾覆验算及地基承载力的验算，建议使用钢支座基础时场地地基承载力特征值不应小于 80kPa。

（2）使用荷载的控制

成品集装箱式房产品的允许地面活荷载通常为 2.0kN/m^2，屋面活荷载为 0.5kN/m^2，悬挑走廊活荷载为 2.5kN/m²，但各产品标定可能不一致，设计过程中应特别注意要与箱式房生产厂家核准标定荷载。

根据《工程结构通用规范》GB 55001 相关规定，办公和门诊的活荷载为 2.0kN/m²，大于成品集装箱式房产品标定活荷载，在设计中应明确活荷载的应用场景与取用值，避免与规范出现矛盾情况。其他功能房间的使用荷载超过产品标定荷载的，可以限制荷载值，或要求厂家对箱式房进行核算后专门出具满足承载力要求的证明，必要时可对箱式房进行加固处理。荷载较大的强弱电间、设备房间、库房等应与建筑专业沟通尽量设置在地面层，并对基础进行加强，较重设备宜设置在地面层并单独设置基础。

当改造方舱中的新建部分采用临建时，设计使用年限不低于 5 年。成品集装箱式房应根据现行国家标准的相关规定，采取相应的抗震措施。箱式房产品一般均有抗震强度的说明，设计过程中应与厂家核实。结构风荷载可按照临时建筑取值 0.35kN/m²，檐口及屋面风荷载重现期按照 50 年取值，并不小于 0.45kN/m²，设计中需进行箱式房底部的抗倾覆和抗滑移验算。

3）其他附属设施的结构设计

方舱医院设计中的其他结构构件包括：园区隔离围墙、新增的消毒池等。临时围墙或围挡在设计中需进行抗倾覆验算，注意考虑风荷载的影响；新增化粪池、消毒池等地下临时设施宜优先采用成品部件，并进行抗浮验算。

2. 设备体系研究

在利用既有建筑改造成方舱医院时，需要评估现有建筑的冷热源容量和通风空调系统参数是否满足方舱医院的功能需求，以及冷热源、通风空调系统的设置方式和运行状况。如果不满足方舱医院的需求，需要进行相应的改造和升级。

为保证方舱内部的舒适度和健康环境，同时也有利于病人的康复和医护人员的工作效率。各功能房间、区域室内设计温度冬季宜为 18～22℃，夏季宜为 26～28℃。通过独立设置不同区域的通风系统，可以有效地控制空气流动和污染物的传播。患者收治区为污染区，污染物浓度高，为防止污染物扩散，此区域为 24 小时负压工况，排风机靠近排风出口设置，并应在排风机出口设置净化消毒装置进行处理，室外排风口设置在非邻近人员活动区域，并高于屋面排放。收治区空调的冷凝水可能含有病毒和细菌等有害物质，如果直接排放到环境中，可能会对环境和人体健康造成影响。因此，应该采用集中收集和间接排水的方式，将冷凝水排入设施污水排水系统中，经过处理后再排放到环境中。方舱医院的消防应该符合国家现行的消防规范和标准，以保障医院内部的消防安全和医护人员及患者的生命财产安全。

方舱医院项目给水排水设计的基本要求是：给水排水系统应按照清洁区、潜在污染区、污染区分别设置。生活给水引入潜在污染区、污染区时需考虑设置断流水箱供水或者设置减压型倒流防止器的防污染措施。排水系统需要着重注意存水弯水封高度不得小于50mm，洁具排水管道应同排水系统紧密连接，如采用插入式连接，应作密封处理。地漏有条件时，宜考虑利用排水给地漏水封补水，避免水封破坏。同时污水应进行消毒处理，并保证污水消毒停留时间不小于2h，出水余氯量（游离氯计）6.5～10mg/L。潜在污染区、污染区的通气系统应经过高效过滤器处理后，高空排放。室外集中二次消毒处理前的排水检查井需采用密封井盖进行密封处理，部分无法密封的污水井或间距不大于50m的间距内设置井盖高效过滤器。消防水系统的设置需满足相关规范要求。

3. 电气体系研究

1）电气设计基本原则需求

既有建筑改造时，应对其供配电系统，智能化系统，消防系统等进行评估，如不满足相关规范要求，应依据评估结果及相关规范进行改造。设计应符合国家、地方相关的建设标准及规范要求。当原供配电系统改造困难时，可采用室外箱式变电站、室外箱式柴油发电机组、应急移动发电车等设施。另外，改造工程电气设计不应对改造区域以外的既有建筑机电设备等产生不利影响。

2）电气系统设计原则

供配电设计原则：评估上级电源是否满足双重电源供电要求，不满足时，应设置自备电源。

负荷分级设计原则：防疫通风系统、染毒排水系统、医护人员通过区用电均为一级负荷，双电源末端互投供电。指挥中心、重症观察室分别设置UPS供电保障。

防雷接地设计原则：新建临时设施应按相关的现行国家标准做好防雷与接地措施。

（1）电线电缆

① 新增非消防电线电缆应采用低烟无卤阻燃型。

② 线缆宜在槽盒内及穿线管明敷设，槽盒及穿线管采用不燃型材料。槽盒及穿线管穿越清洁区与污染区之间的隔墙时，隔墙缝隙及槽口、管口应采用不燃材料可靠密封，防止交叉感染。

③ 地面敷设的临时性电源线路宜采用地面橡塑马道槽盒/厚壁金属管，宜避开人员通行及货物运输通道，无法避开时应采取防护措施。

（2）照明

① 患者收治区域照明宜利用现有照明，并避免眩光影响。根据建筑空间特点，可结

合平面设置局部照明，增设的灯具宜采用漫反射型或采用间接照明，以减少照明灯具的眩光。公共区域照明由医护或后勤工作人员统一控制。

② 核实现场照明，照度是否满足要求（是否需增加灯具），是否具备分组开关功能（夜间仅开启一部分，作为值班照明），如不满足，建议增加值班照明。

③ 新增设的局部照明、插座应分别由不同的回路供电，插座配电回路应设 30mA 剩余电流动作保护器。

（3）紫外杀菌消毒灯

清洁区、卫生间，污物间等需要灭菌消毒的场所应设置紫外线消毒设备或其专用电源插座。紫外杀菌消毒灯应采用专用开关控制，不得与普通灯开关并列，并有专用标识。污区公共区域紫外线消毒灯开关宜设置在护士台集中控制。

（4）插座布置

① 患者收治区域电源插座采用安全型。每个床位设置 1～2 个 220V/10A 单相 2＋3 孔插座，并配置台灯。

② 病情加重患者待转运区应按床位设置独立插座回路，每个床位宜设置不小于 6 个 220V/10A 单相 2＋3 孔插座。

③ 需要设置电热毯时，电热毯供电宜配置单独供电回路，集中、分时控制，并在配电回路中设置电气火灾监控系统，减少火灾隐患。

④ 如方舱医院内仅有床位，没有隔断，建议在四周墙面增加明装插座点位，电源尽可能利用现有临近配电箱备用回路。如有隔断，可在隔断走道区设置明装插座点位，供公共区域临时接电使用。

（5）箱体供电

① 室内外临时构筑物均为箱式建筑，箱体照明均应选用节能光源、节能附件，灯具应选用绿色环保产品。每栋临建箱体均为单相供电，自带配电箱，箱内应设置一个能同时断开相线和中性线的开关电器；分支回路应装设短路和过负荷保护电器，空调应设置专用插座。箱体内自带配电箱，设于箱体边缘。另注意当配电箱设在室外时，配电箱的防护等级不宜低于 IP54。

② 箱体中浴室的用电设施应满足用电安全，线缆导管不应敷设在 0、1 区内，并不宜敷设在 2 区内，照明必须采用防水型灯具和开关。

③ 淋浴及潮湿场所的配电应设剩余电流保护器。

④ 临建房屋应设总等电位联结，带有洗浴设备的卫生间、浴室等潮湿场所应设局部等电位联结。

⑤ 除新建的一些标准箱体，其他成套箱体设施，如 PCR 实验室（一体式医疗设备），卫生间车等，这些亦有独立的电源箱设备，需根据电源供电参数，预留好对应的电源接口。

3）电气消防设计系统

（1）消防设计应遵循《建筑设计防火规范（2018 年版）》GB 50016 的相关要求及各地市消防政策要求、既有建筑改造政策要求，树立底线思维，保证消防安全。

（2）既有建筑改造为方舱医院，应按照公共建筑中的人员密集场所进行相应的消防改造设计，并应符合当地消防主管部门相关规定。

（3）既有建筑改造为方舱医院的火灾自动报警系统应满足《建筑设计防火规范（2018 年版）》GB 50016、《火灾自动报警系统设计规范》GB 50116—2013 的相关要求。

（4）核实现场应急疏散指示标识是否满足消防要求，如不满足，应适当增加。

4.2.3 对环境的保护

改建类方舱建筑多选用城市展览馆、体育馆等高大空间场所，而这些建筑本身作为城市的社会服务设施多分散于城市中的居住区附近。因此从防疫角度如何处理方舱医院的废水、废物、污染空气问题需要着重解决。

1. 场地内排风、排水

由污染区建筑中排出的废水需进行两次投药消毒后方可接入市政管网，第一次投药在建筑外的第一个污水井进行，第二次投药在场地内的化粪池进行，化粪池多位于建筑附近，远离建筑的位置，因此进行投药操作的化粪池和污水处理池均需视为污染区域。需进行围挡和防护距离限制。建筑排水外线的检查井等如需通过清洁区，需要进行井盖的密封或增加高效过滤装置处理。

方舱医院内的排风是保障医护人员和患者健康安全的重要环节，需要根据实际情况进行合理设计和管理，以达到最佳的排风效果。通常污染区的排风经过过滤消毒装置进行处理，并在非邻近人员活动区域，高于屋面排放。尽量低处取风高空排风，避免气流短路，高空排风尽量排入气流层，避免在场地内气流回旋。

2. 场地内垃圾清运

在场地内设置远离使用人群，远离主体建筑，靠近城市街道并与街道保持安全防护距离的区域设置集中垃圾存放处，每天根据运营班次将室内医废垃圾和生活垃圾运送到垃圾集中储存处，由城市环卫系统定时清运。因方舱医院为大量人员密集场所，且具备生活居住等功能，垃圾生产的数量远多于一般建筑，并具有病毒传染可能性。因此对于垃圾集中储存处的位置和清运时的防疫保护需进行缜密考虑。

3. 对周边城市建筑和环境的影响

基于病毒在空气中传播和扩散的特点，方舱医院的污染区应位于场地内全年最小风频的上风侧，清洁区则应位于下风侧，避免病毒在空气中的快速传播。整个场地内的污染区需进行完全封闭，污染区内的建筑及设施与周边相邻的建筑之间应设置物理围挡并设置20～30m的空气隔离距离。对于改造建筑，物理围挡外围洁净区域需根据运营方式进行闭环或非闭环管理。场地内清洁区进行活动的人群在疫情时期也需根据城市管理规定进行两点一线活动或统一管理。

方舱医院的建设和运行容易引起周边居住区的居民产生担心、抵触等负面情绪，建立良好的沟通媒介，强化医院周边的交通管理，尽最大可能减小对周边居民的生活造成影响是保证方舱医院科学、稳定运营的有力保障。

4.2.4 对医护人员的保护

在疫情期间，大规模的传染会导致医疗资源的瞬时压力增大，特定时间内医护人员短缺现象较为普遍，因此对于医护人员的保护是方舱医院设计的重中之重。对于传染性极强的病毒，从医院建设角度提出以下建议：

1. 卫生通过区的科学合理

卫生通过区作为处在污染区和清洁区中间的穿脱防护服区域，其本身处在潜在污染区，具备一定的污染可能性，因此需从多层防护的角度进行设计，通过设置双道气密门的缓冲区，将卫生通过与污染区隔离开，并设置压差系统，使气流方向均为清洁区域流向污染区域。设置多道穿脱房间，一级防护与二级防护分室穿脱，并配以符合规范标准的新风、排风系统。避免未经过滤消毒的污染气体和气溶胶等进入清洁区域。

2. 外围设施的全面可靠

在污染区建筑外部设置隔离污染区和清洁区的物理围挡，避免人员误入及病毒在空气中的扩散传播。包括病房等主要污染空气释放的建筑、设施均应视为污染区，一般位于建筑物外侧的排水管线的检查井，污染建筑的向外排风百叶等，均需考虑密闭或设置高效过滤设备，并以其为中心向外扩大20～30m范围设置污染区围挡。通过围挡隔离人员直接进入并隔离污染空气传播。除消防车道必经道路设置可移动、开合的围挡外，其余污染区与非污染区的接触均需通过卫生通过或无接触物资、送检样品中转处进行沟通。

3. 运营管理的规范有序

在方舱医院运营阶段，合理安排医护人员班次，保证医护人员足够的休息时间，在值班时间内规范、安全的操作是保证医护人员安全的基础。通过严格标准的教学、演练、试运行，增强医护人员自身的保护意识。

对于易发生传染的重点区域进行监控并实时检查指导，如卫生通过内的穿防护服区域，需进行远程指导、双人互检等措施。如无接触物资、样品传递处，需进行24h监控。

4. 人性化设计的体现

疫情期间，人们对病毒的心理恐慌和身体不适同样反映在医护人员身上，而他们在神经高度紧张的前提下仍需治疗和照顾病人，进行高强度、长时间的工作。因此对于医护人员的人性化设计在方舱医院设计中要着重考虑。

人性化设计包括：尽量提高清洁区医护人员办公、休息室的软硬件条件；在清洁区一侧，进入卫生通过前设置邻近、方便的卫生间和洗漱区；在卫生通过进出两条流线的外围交会处设置存放个人外套的更衣室，以避免冬天脱防护服后无法就近拿取自己的外套，造成医护人员受凉感冒等情况。

因方舱医院仅救治无症状感染者和轻症感染者，护士站通常管理的床位数远大于普通医院，身着防护服的医护人员行动较为吃力，因此护士站尽可能在其管理区域内居中设置，便于护士站观察到所有区域内床位，并缩短护士到达各床位距离，尽量减少医护人员在工作期间的工作强度。

由于大量患者集中隔离在一个封闭空间内，很容易造成情绪波动，进而演化成较为紧张的医患关系，故而有条件的情况下，护士站可以考虑采用钢化玻璃围合，对医护人员形成心理上的保护，同时也在极端情况下对医护人员起到保护作用。

5. 电气设计对于安全的保障

防疫通风系统、染毒排水系统、医护人员通过区用电均为一级负荷，双电源末端互投供电。指挥中心、重症观察室分别设置UPS供电保障。其余设备均为三级负荷。一级负荷的双电源，当一个电源发生故障时，另一个电源不应同时受到损坏。所有接引电源，前级开关整定均能满足电缆保护的要求。保障用电可靠性，人员用电安全性。

展馆改造方舱应急隔离点时，为保证病毒不扩散，可将展厅地面管沟严密封闭，室内各区域分区供电，根据现状周边用电情况，电源分别就近由地下管廊展览预留配电柜下口、展厅布展预留柜电源上口接引，出线沿现状桥架引至各强电间新增配电箱。

4.2.5 平疫结合

对于疫情期间建设的方舱医院，因其具备临时性特点，在疫情之后需要考虑平时状态下的运营和维护问题，即便通过改造的形式或简易箱式房等方式进行修建，但依旧投入大量成本，因此对于后疫情时代的使用功能，需要在方舱的设计施工阶段进行充分分析论证。在满足疫情期间的收治需求的情况下，避免浪费。

1．疫时

疫情期间，为解决大量轻症患者集中收治的问题，依据需要政府临时征用社会既有建筑，例如，体育馆、展览馆、仓库等高大空间，或利用简易拆装的箱式房新建病房，用于集中收治轻症和无症状患者。此时的方舱医院作为医院服务于社会，补足医疗资源在疫情期间的不足。见疫时方舱医院模式（图 4.2.5-1、图 4.2.5-2）。

图 4.2.5-1　疫时方舱医院集中病房区照片 1

图 4.2.5-2　疫时方舱医院集中病房区照片 2

2. 平时

改建类方舱多数是在原有经营性场所基础上改造完成，通过快速建设临时设施、调整通风机电系统做到不破坏原有场馆功能，在拆除临时设施并还原通风机电系统后可恢复经营。

故方舱医院平疫结合的探讨主要针对新建类方舱医院，新建类方舱医院在疫情后的使用功能及使用方式均应结合方舱医院特有的空间和建造特点进行设计。依据运营及盈利与否可分为：

1）非经营性场所

对于新建类方舱医院，疫情后需考虑其使用寿命，避免造成浪费。新建类方舱医院多利用能快速建设的箱式房实施，而箱式房多数可使用年限在5年左右，疫情缓解之后，需要赋予其合适的社会功能，以保证建筑的日常维护和持续使用。如利用原收治区作为军训类大量人员集中居住的场所，利用原卫生通过等区域作为常设医护人员培训场所等。亦可利用原大空间进行训练、运动场所或社区食堂、老年食堂等功能改造。

图4.2.5-3～图4.2.5-6为疫时方舱医院空间改为军训会议、运动训练、餐饮食堂等场所改造效果图示意。

图4.2.5-7为利用原方舱医院建筑改造的军训宿舍楼平面流线示意图，教练从北侧办公建筑两侧进入后利用原治疗室、处置室和卫生通过的房间作为办公室和教练宿舍，参练人员从南侧原方舱医院患者入口进入，利用原收治区域作为参练人员宿舍。

图4.2.5-8为标准住宿单元平面图，右侧单元为原方舱医院状态下的标准病房六人间，左图为改为军训等大型训练住宿建筑时的住宿单元，可通过减少床位增加更大的活动空间，并合理设置衣柜，桌椅等家具提高住宿条件。

图4.2.5-3　疫时方舱医院集中病房区效果图

图 4.2.5-4　平时军训、会议等大空间使用效果图

图 4.2.5-5　平时运动、训练等大空间使用效果图

图 4.2.5-6　平时餐饮、食堂等大空间使用效果图

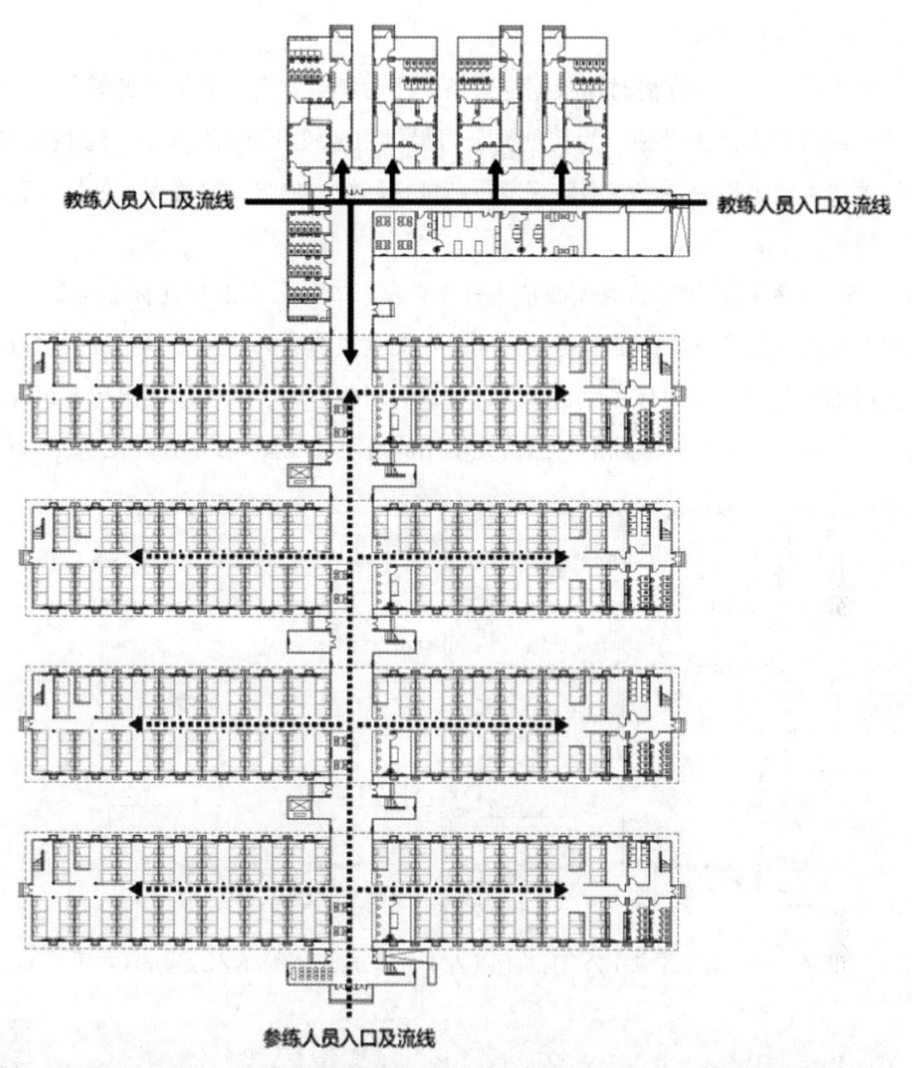

图 4.2.5-7　原方舱医院建筑改造的军训宿舍楼平面流线示意图

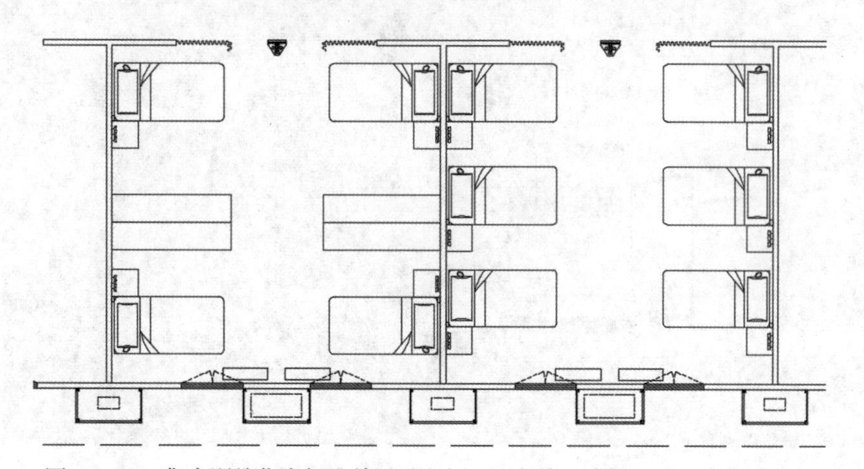

图 4.2.5-8　集中训练住宿标准单元（左），原方舱医院标准六人病房（右）

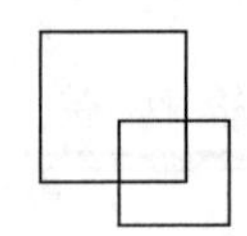

2）经营性场所

新建类方舱可以在非疫情时期根据建筑条件改为青年公寓、老年公寓等单间或标准间居住场所，或孵化办公类设施，为初创类公司提供租金较低且租住周期较短的建筑类型，但应该注意在实施过程中要按照消防规范重新进行复核、加强，以确保在使用过程中符合国家相关规范。

图 4.2.5-9 为利用新建方舱医院改造为青年公寓、老年公寓的居住标准间平面示意图，右图为原方舱医院状态下的标准病房六人间，左图为改造后的公寓单间标准间。可通过减少床位，增加隔断，形成具有客厅、书房、卧室的居住空间，通过单间出租或组合套件出租的形式达到对新建类方舱医院平时经营性使用的可能性（图 4.2.5-10、图 4.2.5-11）。

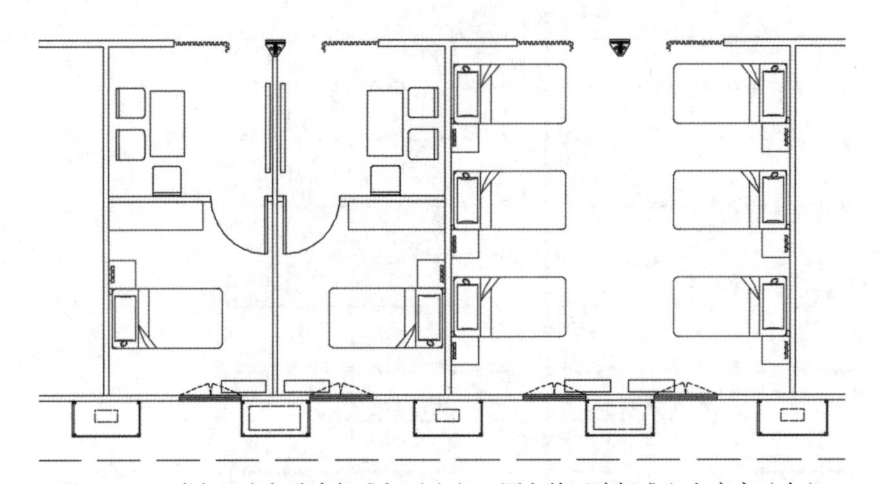

图 4.2.5-9　青年、老年公寓标准间（左），原方舱医院标准六人病房（右）

图 4.2.5-10　疫时方舱医院病房区效果图

图 4.2.5-11 平时青年、老年公寓房间效果图

图 4.2.5-12 为利用新建方舱医院改造创业公司的孵化办公室平面示意图，右图为原方舱医院状态下的标准病房六人间，左图为改造后的创业公司孵化办公室。方舱医院容量大，结构简单，改造便捷，可通过简单改造形成小隔间模式的办公室、会议室，也可改造为大开间开敞办公，可根据具体使用需求进行二次改造装修，形成满足初创类公司便捷使用的办公场地（图 4.2.5-13、图 4.2.5-14）。

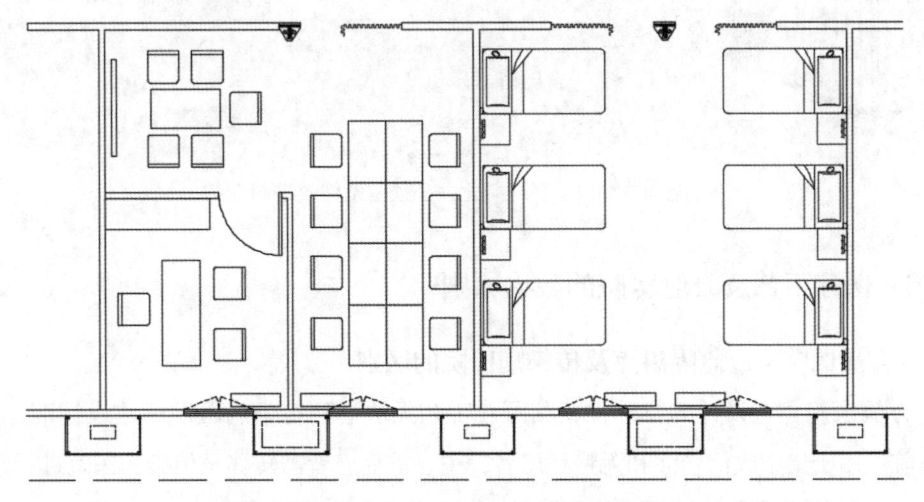

图 4.2.5-12 创业公司孵化办公室（左），原方舱医院标准六人病房（右）

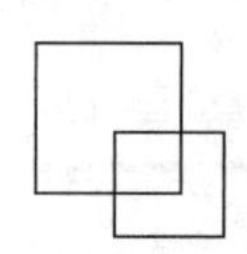

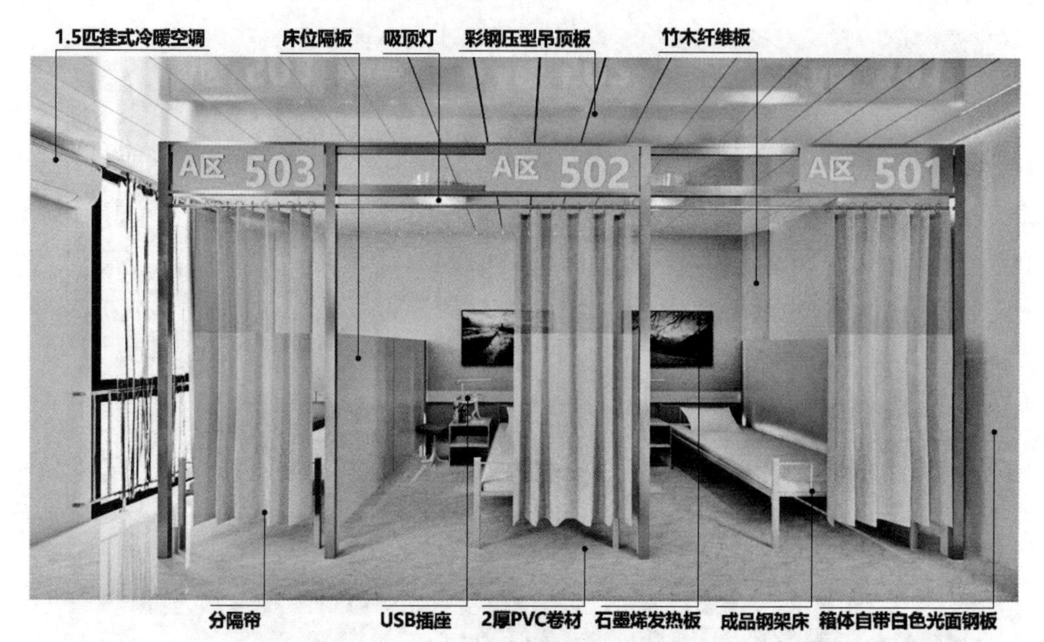

图 4.2.5-13　疫时方舱医院标准病房效果图

图 4.2.5-14　平时孵化办公预留条件效果图

4.2.6　医疗工艺及方舱医院的救治原则

1. 方舱医院与应急隔离点及传染病医院的区别

因方舱医院建造设计的特殊性，其医疗工艺无法达到传染病医院的建设标准，因此，方舱医院仅用于集中收治轻症和无症状患者，中、重症患者需转移至传染病医院进行救治。

应急隔离点作为对疑似患者或密切接触者的应急隔离场所，设置标准可低于方舱医院标准，但需进行单间隔离，避免内部传染。而方舱医院与应急隔离点不同，其作为收治已确诊病例，可在收治区域集中收治、观察，无须单独设置房间。

2. 病情恶化时及时治疗

方舱内应设置临近出口的独立区域，放置分析仪、重症监护病床及无创呼吸机等，当发现病患病情加重，出现中、重症时，需首先将其转移至该区域进行专门照护，并尽快联系将其转移至邻近的政府指定的传染病医院或定点医院进行救治。

正因如此，在方舱医院的选址上，以武汉为例，均选取在三甲医院周边1～2km范围内，利用邻近的公共建筑进行改造。

在收治区邻近，预留氧气储备区域，便于第一时间使用。在定位时，应考虑氧气存储的防火要求。

3. 对病患的心理关注

疫情期间，未知的病毒会使人们的心里产生恐慌情绪，高传染性则会放大这一情绪，使得情绪更快于病毒在人群中传播，群体的恐慌则会带来不理智的行为。因此对于病患的心理关注、疏导也是方舱医院的建设与使用中需考虑的一环。方舱医院针对轻症、无症状患者进行的治疗均为一般化的治疗方式，住院、基本药品和医护观察等。避免大量人群产生恐慌。

对于无症状感染者和轻症感染者，通常的住院时间在7天左右，较长时间的室内封闭和活动空间狭小会导致内心的消极情绪。在收治区内部设置特定的区域作为心理疏导室，可通过视频方式与心理医生建立联系。在病区室内或可限定范围的污染区室外空间设置为病人活动的区域，可提供病人更轻松的住院环境。

在护理单元和床位设计时，应充分考虑患者的个人隐私，同时考虑家庭床位区域的设置。

4.3 方舱医院卫生通过区方案研究

4.3.1 临时建造的卫生通过区的概述

卫生通过区是方舱医院建设中的一个重要区域，其存在有以下意义：卫生通过区通常会划分在建筑物的入口处，执行严格的进出管理和隔离措施。通过合理的布局设计，可以将来往人员和物品的流动分开，避免病毒传播的风险。医护人员和工作人员进、出污染区必须先通过卫生通过区，进行身体及物品消毒，以确保进入内部的人员和物品不会感染病毒。

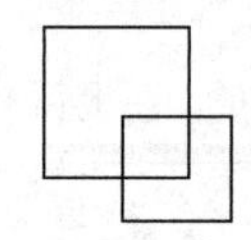

方舱医院的卫生通过区多为临时建造，符合一定的防疫要求。未来如果发生社会性疫情，需要对现有医疗设施进行快速改造，临时建造的卫生通过区可以快速响应疫情需求，对预防大规模疫情初期的快速传染具有重要意义。

1. 医护人员进出污染区的标准流程

方舱医院的功能空间需严格遵循“三区两通道”的设计原则，三个分区之间应该严格划分，分别设置独立的内部通道。卫生通过区在分区上为半污染区，是医护人员出入污染区的必经之路。医护人员每一次出入污染区，需要完成一套标准流程。

进入污染区的流程为：一次更衣⟶二次更衣⟶缓冲间，以供医护人员穿戴防护装备。具体步骤及穿戴装备为：通过员工专用通道进入清洁区，换刷手的衣裤、换工作鞋袜，认真洗手后依次戴一次性帽子、医用防护口罩、穿防护服、一次性隔离衣、戴护目镜或防护面屏、手套（2副）、鞋套。

走出污染区的流程为：缓冲间⟶脱隔离服⟶脱防护服＋脱内帽子及口罩⟶淋浴间⟶更衣。具体步骤及脱去的装备为：医护人员离开污染区，进入“一脱”刷手后，脱防护面罩或护目镜、一次性隔离衣、鞋套、外层手套，分置于专用容器中，之后刷手。在“二脱”脱医用防护服、内层手套、靴套，刷手后，脱医用防护口罩、一次性帽子，刷手后，换医用外科口罩进入清洁区。

2. 箱式房作为临时建造卫生通过区的结构体系

由于方舱建筑需要在短期内集中收治大量患者，为了满足医疗团队及运营团队的防疫安全，需要设置较大面积的卫生通过区，以便医护人员和运营团队完成穿、脱防护服及相关装备。

箱式房作为一种快速、安全的结构体系，其设计和建造能够在较短的时间内提供可靠的生活和工作场所，特别是在面临突发事件时能够快速响应。所以在方舱医院的建设过程中，箱式房以其便捷、快速的建造优势成为解决临时卫生通过区或者是新建方舱的首选方案。

主要有以下几个原因：

1）易于快速建造和疫情后拆除

为了缩短建造周期，并遵循洁污分离的原则，在进行原有大空间的内部改造时涉及的拆改量较大，往往会花费更长的时间和更高的费用。因此，我们可以采用箱式房作为卫生通过区，既能够达到快速建造的效果，又能够将卫生通过区从原有建筑主体中分离出来，这样在平疫转换时期进行拆除也更加方便，符合应对突发疫情需要快速响应的要求。

2）工业化快速生产

作为一个单元模块，箱式房主要由箱顶、箱底、立柱、墙体、门、窗、配件等各个部分组成。由于箱式房在生产制造时保证了精度，每个模块的尺寸、重量、接口都是标准化的，这大大提高了在现场进行组装的效率。此外，由于箱式房被制成为标准尺寸的整块板材和模块，因此可以通过现代化的数控制造技术在工厂内进行生产制造，然后将其整体运输到建造现场。这种方式不仅降低了现场搭建的难度，还可以保证整体的质量和健康标准，以满足疫情防控期间对安全卫生的要求。最终，在现场将各个模块进行快速地连接和组装，就能够构建出一个具备标准配置和基本功能的疫情防控建筑，达到快速响应和使用的目的。

3）可循环利用

箱式房（又称：集装箱房），具有循环利用的特点。在使用一段时间后，如果需要拆除或者搬迁，箱式房可以通过拆卸各个部分并进行标准的包装后进行搬迁，无须进行大规模拆毁和人工清理。同样，当需要应对新的疫情防控或其他应急需要时，这些箱式房也可以轻松地移动到现场并重新组装。这种模块化的构造方式还能够节能环保，因为在拆除或者搬迁的过程中，只需拆除箱式房的拼装支架和连接构件，再将板材进行分类储存，从而减少废弃物的产生。同时，箱式房可以使用各种材料进行生产制造，例如，再生塑料、回收金属、可生物降解材料等，这些材料不仅具备环保的属性，而且成本更加低廉，有利于箱式房的推广应用。

箱式房的基本技术参数有以下几项：

1）模数

箱式房的基础模块大约分为三种，模数大致为 6m×3m×2.9m、6m×2.4m×2.9m、6m×1.8m×2.9m（长 × 宽 × 高）。这些模块可以根据需要自由搭配组装，以满足不同的使用需求。

对于卫生通过区的设计，需要考虑医护人员及物业人员进出污染区的所有流程，以及配备相应功能用房，例如，脱防护服、隔离衣、脱口罩、刷手、淋浴、衣物储存等。一般而言，会采用模数为 6m×3m×2.9m 的箱式房，因为其尺寸较大，可以满足卫生通过中板房各种器具和设备的要求，满足医护人员及物业人员进出污染区的所有流程。

2）箱顶和箱底

箱式房的箱顶和箱底由梁、檩条、钢板、保温材料、排水槽等组成。有成熟的排水系统、防水、保温等设计。

3）墙体

箱式房的墙体分为外墙体和内墙体。墙体分为两种，一种是金属面绝热夹芯板，墙体厚度分别为 75mm、100mm。另一种是轻质条板与保温材料组合成的保温墙体，厚度分别为 50mm 和 75mm。

4）立柱

由角柱、L 角、立柱中间件、保温材料等构件组成。

3. 气流组织

卫生通过作为处在污染区和清洁区中间的穿脱防护服区域，有一定的污染可能性，不仅通过建筑设有双道气密门的缓冲区，将卫生通过与污染区隔离开，而且通过一脱、二脱设置下排风，新风通过亚高效过滤器送到更衣及淋浴间，使卫生通过区整体微负压，通过新风机组、余压阀、排风机控制卫生通过区的压力梯度，使进、出口气流均为单向流动。从清洁区至半污染区至污染区有序的压力梯度。

4.3.2 卫生通过的平面布局研究

1. 卫生通过的位置及通道数量

由于卫生通过是医护人员和运营人员进、出污染区必经通道，需位于清洁区和污染区之间，并为其考虑足够大的场地和污水排放路由。根据医护人员进出污染区的标准流程，每一个标准模块的卫生通过需考虑人员进入污染区的一次更衣⟶二次更衣⟶缓冲间的空间设置，人员走出污染区需考虑缓冲间⟶脱隔离服⟶脱防护服＋脱内帽子及口罩⟶淋浴间⟶更衣的空间设置。考虑男、女分设通道、医护人员和运营人员分设通道，通常会在卫生通过区分别设置四个通道。

2. 卫生通过的基本模块（三种模式）

根据场地条件不同、方舱内能够容纳人数的不同，我们将卫生通过的基本模块分为三种模式，分别是 9 箱模式（舒适型）、6 箱模式（基本型）、4 箱模式（紧凑型）。

1）9 箱模式（舒适型）

9 箱模式（舒适型）由 9 个集装箱搭建而成，适用于规模大、医护人员众多，且场地内有较大尺寸可以容纳其基本模块的方舱机构。9 箱模式的卫生通过空间宽敞，每个脱衣室之间设置缓冲间，同时设置淋浴间和卫生间（图 4.3.2-1、图 4.3.2-2）。

2）6 箱模式（基本型）

6 箱模式（基本型）由 6 个集装箱搭建而成，适用于规模大、医护人员众多，且场地内受限的方舱机构。相对于 9 箱模式，6 箱模式取消每个脱衣室之间的缓冲间，并取消淋浴间，实现了空间利用的优化。这样做适应了场地的变化，减少建造和维护费用，从而降低了成本。淋浴间可在清洁区另行设置，在满足院感要求的同时，也有很好的场地适应性（图 4.3.2-3、图 4.3.2-4）。

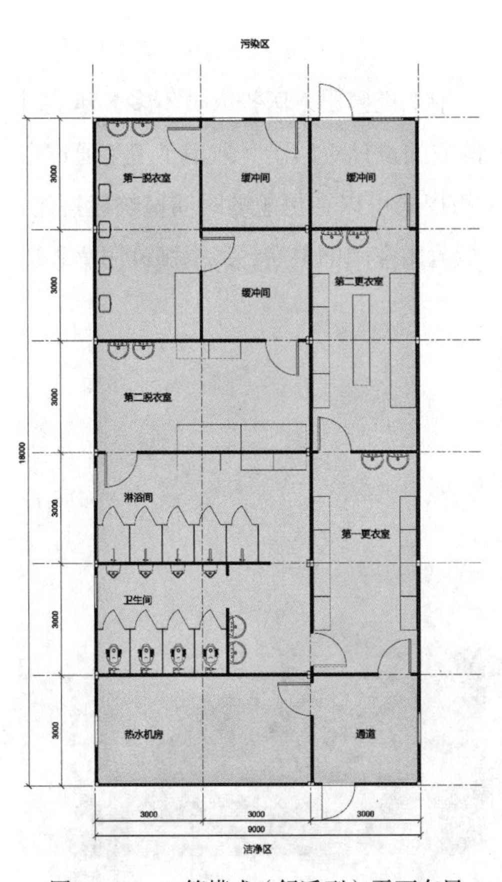

图 4.3.2-1 9 箱模式（舒适型）平面布局

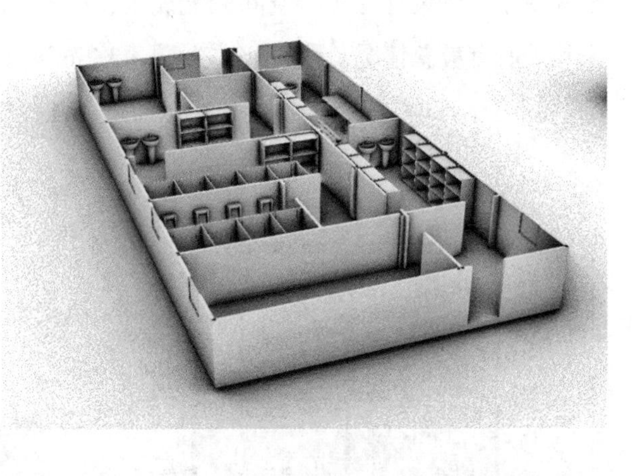

图 4.3.2-2 9 箱模式（舒适型）模型展示

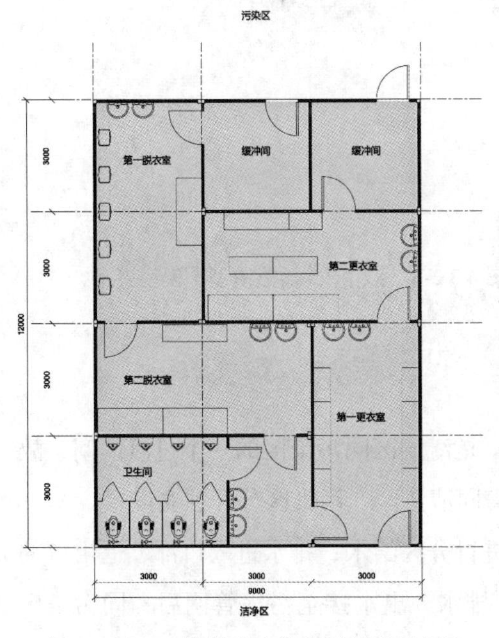

图 4.3.2-3 6 箱模式（基本型）平面布局

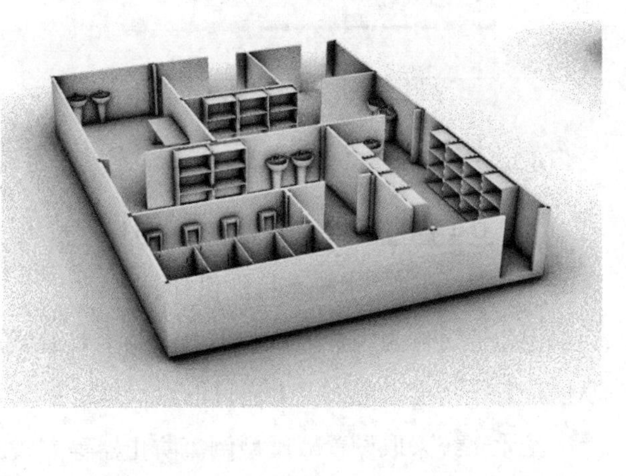

图 4.3.2-4 6 箱模式（基本型）模型展示

3）4 箱模式（紧凑型）

4 箱模式（紧凑型）由 4 个集装箱搭建而成，适用于规模小，医护人员不多，建造时间紧的方舱医疗机构。与 6 箱模式相比，4 箱模式的空间设计更紧凑，取消了卫生通过中的缓冲间，而是根据平面布局另行设置缓冲间。4 箱模式可以在更短的时间里快速搭建，投入使用。此设计方案将空间调配优化、尽可能减少舱内空间的浪费，以提高利用率和适应几乎所有应急情况（图 4.3.2-5、图 4.3.2-6）。

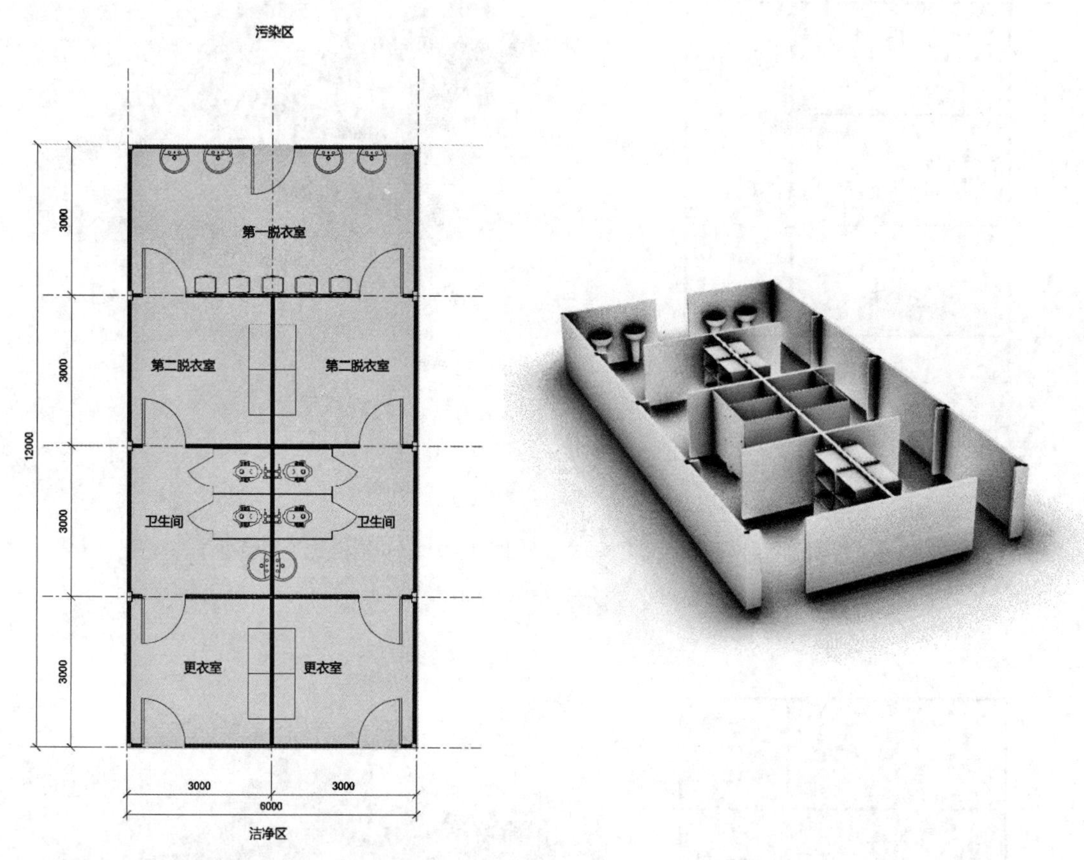

图 4.3.2-5　4 箱模式（紧凑型）平面布局

图 4.3.2-6　4 箱模式（紧凑型）模型展示

3. 卫生通过的机电设备系统设计

1）卫生通过给水排水特殊设计

卫生通过作为医护人员进出方舱的主要通道，是清洁区同污染区的一个过渡区间，故从防疫安全角度考虑，卫生通过的给水排水系统需同清洁区、污染区分开独立设置。

给水系统采取设置减压型倒流防止器等方式进行分区给水；排水进入口部、退出口部分别排放至对应的提升设备内，经提升设备提升排水，出水接至污水管网后，同污染区排水统一经过集中消毒处理站处理达标后，无害化排放。进入口部的通气管道高出屋面

≥2m，退出口部的通气管道应经过高效过滤器处理后高出屋面≥2m以上设置。

2）卫生通过暖通特殊设计

考虑卫生通过通常是由集装箱模块化快速搭建而成，便于箱式房快速设计施工及疫情后拆除等原则，此区域的空调系统优先采用热泵型分体式空调系统、多联机空调系统加直膨新风机组，室外机放置在室外地面，便于施工与安装。卫生通过区冬季温度不应低于20℃。为保证直膨新风机组冬季正常运行设置电加热段。卫生通过区由污染区返回清洁区的一脱、二脱、淋浴等房间设置机械通风，并应控制周边相同房间空气顺序流向一脱房间。一脱房间排风换气次数不应小于20次/h，室内气流组织应采用上送风、下排风。卫生通过区的排风应经高效空气过滤设备进行处理后排放，室内排风管道应保证负压，净化消毒装置应便于拆卸、更换。消毒过滤设备应设置压差检测、报警装置。卫生通过区的通风系统宜采用变频送、排风机，送排风机应连锁控制并考虑远程监控。为防止污染物扩散及传播，排风系统24小时运行，排风机设计备用。

排风系统的室外排风口不应邻近人员活动区域，排风口应高于屋面向高空排放并考虑防风措施。排风口与新风系统取风口的水平距离不应小于20m；当水平距离不足20m时，排风口应高出进风口不小于6m。

卫生通过区的空调冷凝水应集中收集，并应采用间接排水方式排入污水处理设施统一处理。对于间接排水点较远的情况，设置冷凝水提升泵。

卫生通过区的通风系统宜采用变频送、排风机，送排风机应连锁控制并考虑远程监控。排烟系统优先采用自然排烟。

3）卫生通过电气特殊设计

（1）卫生通过区的照明、电气，以及为卫生通过区服务的通风设备、污水处理设备的用电均为一级负荷。

（2）每两组卫生通过区的清洁区设置一个配电间，配电间内设置卫生通过区箱式房用电总配电箱，为各个箱式房自带配电箱供电。箱式房内基本照明及插座由自带配电箱供电。

（3）卫生通过区各房间设置固定紫外线消毒灯，采用专用开关，不与普通灯开关并列且设置标识。

（4）淋浴间、有淋浴功能的卫生间设置辅助等电位端子箱，并将房间内的所有外露可导电物体进行等电位连接。

（5）在一脱、二脱采用双向语音对讲摄像机，便于院感值班或护士站工作人员进行远程监督和指导。

（6）根据病毒的传染特性，卫生通过区采用非接触式出入口控制系统。在卫生通过区入口、病区与卫生通过区之间联通门设置单面刷卡门禁装置，防止无关人员或患者进入。出入口控制系统能够独立运行，并与火灾自动报警系统、视频监控系统联动。当火警或需紧急疏散时，所有处于疏散通道上的门禁能自动打开。

4）卫生通过室外管线特殊设计

卫生通过作为医护往返清洁区和污染区的主要功能通道，其功能需求严格，机电设备管线众多且复杂，对于施工质量、难度也更高，在设计、施工时间紧的情况下，对卫生通过的机电设施及管线进行合理综合优化，形成模块式是十分有必要的。

针对这一必要性，机电各专业根据卫生通过布局，在保证实现各卫生通过的机电功能要求前提下，结合箱式房卫生通过设置特点，不同组的卫生通过之间存在一个约3m宽的室外间隔区域。通过对机电专业的设备、管线的综合排布，将相关的管道、设备集成到这个室外区域内。这样将卫生通过和机电设备管线有机地结合在一起，不仅可以加快施工进度，也可以减少机电管线明设给医护运维人员通行带来的不便，同时也提升了整体的视觉效果（图4.3.2-7）。

图4.3.2-7　卫生通过机电管线综合效果图

4.3.3 箱式房的设计技术要点

1. 箱式房技术规格书

箱式房的技术要求如下（表4.3.3-1）。

箱式房的技术要求明细表 表 4.3.3-1

标准箱产品规格	长	6055mm（净长：5820mm）
	宽	2990mm（净宽：2780mm）
	高	2896mm（净高：2610mm）
	层数	1层
结构	钢立柱	镀锌卷板挤压型钢（材质SGH340）448mm×150mm×210mm，壁厚为3.0mm
	屋面主梁	镀锌卷板挤压型钢（材质SGH340）465mm×180mm 壁厚为2.5mm
	屋面次梁	9根镀锌带挤压型钢（材质Q195B）175mm×1.5mm
	地面主梁	镀锌卷板挤压型钢（材质SGH340）415mm×160mm 壁厚为3.0mm
	地面次梁	9根镀锌方钢 60mm×120mm×1.8mm
	表面处理	静电粉末喷涂 烤漆工艺
屋面	屋面板	镀铝锌彩钢板，颜色白灰色，360度咬合 壁厚为0.5mm
	保温棉	玻璃丝棉，阻燃A级，密度≥14kg/m^3，厚度为75mm
	吊顶板	镀铝锌彩钢板，白色，193密封式无阴影吊顶，壁厚为0.5mm
地面	装饰面层	白灰花色多层复合PVC地板，阻燃B_1级 厚度为2.0mm（35丝）
	基板＋防潮膜	水泥纤维板，密度≥1.2g/m^3，阻燃A级 厚度为18mm
墙面	彩涂板材质	1150S型，双面0.45mm，外橘皮纹内纯平，白色镀锌铝彩涂板
	保温	阻燃玻璃丝绵，密度≥64kg/m^3，阻燃A级 厚度为75mm
门	规格	宽×高＝840mm×2050mm
	材质	钢制门
窗	规格	宽×高＝1120mm×1100mm；配置纱窗防盗窗
	框架材质	Upvc窗框推拉系列
	玻璃	中空普通透明玻璃 5mm＋9A＋5mm型
电	电压	220V～250V，50Hz，32A
	线路	总电源电缆采用WDZ-BYJ（3×10），空调电源线缆采用WDZ-BYJ（3×4）、插座线用2.5m^2，照明插座电源线缆采用WDZ-BYJ（3×2.5）
	进户电源	航空工业插头 220V/3芯/32A
	断路器	高分断小型断路器，配漏电开关
	灯饰	36W LED荧光灯 数量：2套
	开关、插座	10A单开开关1个；10A五孔插座3个；16A三孔空调插座1个
水	给水	ϕ25 PPR管
	排水	ϕ50×2 UPVC管/ϕ110×2 UPVC管
装饰	踢脚线	PVC红棕色踢脚线 厚度为1.8mm
	包件	镀铝锌彩涂卷折弯件 厚度为0.5mm 颜色：白色
	结构胶	中性硅酮耐候胶（弹性好、固化快、强度高、耐腐性好）

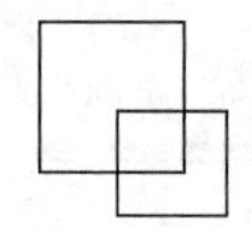

2. 建造要点及需改造关键节点

与传统的建筑形式相比，箱式房具有一些独特的特殊性和弱点。虽然建设速度在方舱医院的建造中是首要考虑的因素，但箱式房也需要遵守相关规范和要求，例如，安全、卫生、环保和可持续性等。本节将从箱式房建造中的特殊性和弱点出发，探讨其设计和建设中需要注意的问题，并提出相应的解决方案。

1）国内缺乏箱式房用于建造方舱、卫生通过区的规范

当今，在突发公共卫生事件发生时，箱式房作为建造方舱、卫生通过区的解决方案被广泛采用。但是，与此同时，我们也需要认识到国内缺乏相应的规范和标准，以保证箱式房在建造和使用方面的安全可靠性。目前，我们尚缺乏适用于建造方舱医院、卫生通过区的箱式房的相关标准和技术规范，这可能会影响箱式房的质量和安全性，并给使用者带来潜在的风险。

2）箱式房普遍缺乏整体性的燃烧性能检查报告

箱式房除地面采用阻燃 B_1 级材料外，墙面、顶棚均采用阻燃 A 级材料，但作为一个整体，目前箱式房普遍缺乏整体性的燃烧性能检查报告，存在一定的消防隐患，在设计过程中，需与消防专家密切讨论，进行专家论证，以采取一定的加强措施。

3）保温隔热性相对传统材料建筑较差

方舱医院在使用期间会通过大量的排风来保证空气的流通和清新，同时方舱也需要考虑保温隔热性能，以保证在冬季使用时能够维持房间内的温度，在夏季也要考虑热辐射导致的温度过高。

对于方舱医院的保温隔热性能，需要应用合理的保温隔热材料和技术，确保隔热效果合理，由于箱式房的本身的围护结构保温隔热性较差，可通过以下方法进行优化：

（1）增加窗户和门的密封性：窗户和门是保温隔热性方面的关键因素，应该选用密封性好的高品质材料，尽量不使用金属门窗和单层玻璃。另外还可以在门窗周边加胶条或安装防风挡板等，进一步防止热冷空气流失。

（2）暖通设计充分考虑保温隔热性能。

4.4 应急方舱医院案例研究

基于应急方舱医院的概念定义，应急方舱医院可分为两大类：改造类方舱和新建类方舱；二者既有区别，又有联系，下面将结合实例分别进行阐述。

4.4.1 改造类方舱医院设计研究

会展建筑、体育场馆等在疫情防控的关键时期发挥了不可或缺的作用，但是由于事件突发，时间紧、任务重，在改造过程中仍存在一些不尽如人意的地方。在国家发展和改革委员会会同有关部门研究制定的公共卫生应急物资保障体系实施方案中，明确要求各地重点借鉴这次方舱医院建设的经验，推广实施会展建筑、体育场馆等公共设施平急两用的改造，补充完善和强化应急处置内容，预留好发展空间，一旦今后发生重大疫情或突发情况，能够快速地转化为救治和避险避灾场所。

基于以上分析，在疫情来临之时，会展建筑、体育建筑等公共建筑改造成方舱医院是比较理想的。在应急改造时，本着可恢复的原则，对已有建筑空间进行合理利用，尽量做到少拆、不拆，避免造成不必要的损毁。集中区域拆改和打洞，尽量降低建筑修复的难度。必须拆改的内围护墙体、吊顶，尽可能使用装配式装修方式，干法施工，保证快速施工、节材、施工现场卫生。卫生通过区、医护办公区等配套功能房间，多使用装配式建筑进行外部搭建，以节省时间和施工成本，减少浪费，避免对已有建筑造成过大的改动。改造后应配备各类指示标识和自发光指示灯，避免功能不清、交通混乱、交叉感染等。在建筑用地内或用地周边应保证有足够的空间放置临时建筑和满足车辆停放。由于隔离需要，大部分疏散通道需被封闭。建议布设单独的前期警报。

1. 改造基本条件

1）建筑基本条件

可改造为方舱医院的建筑，建筑方面需满足下述基本条件：

（1）改造类方舱医院宜考虑方舱的整体效率，完整高大空间越大安排人数越多，方舱效率越高，例如，选用办公、宿舍等房间效率会有所降低。优先选择会展、体育场馆等大空间设施，这些设施应选择结构安全可靠的建筑作为方舱医院使用，不应选用存在违章加建、建设手续不全、建设资料不完整的建筑。

（2）建筑宜选用有多个方向出入口的建筑，以保证医护人员、物业管理人员、进舱患者、出舱康复者、污物的出入口要求。

（3）院区内应留有一定规模的室外场地，以保证转运用大型客车、救护车、垃圾车停车、回转需要，同时满足室外增加卫生通过区、医护工作区、医护办公休息区、CT 检测方舱、核酸检测方舱等临时设施的放置。

（4）大空间根据 12～15m^2/ 床进行测算，可粗略测算方舱总床数。方舱医院内部通常 50 床为一个护理单元。据此反推最小的单厅面积单元区间建议为 600～750m^2。

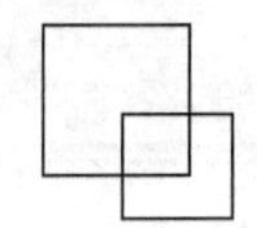

2）结构基本条件

可改造为方舱医院的建筑，结构方面需满足下述基本条件：

（1）利用既有建筑改造为方舱医院时，应由有资质的单位进行结构安全性评估，选择结构安全可靠的建筑作为方舱医院使用，并优先选择建于2001年后的建筑。不应选用存在安全隐患、违章加建、建设手续不全、建设资料不完整的建筑。

（2）方舱医院新建外置配套建筑应优先考虑平坦开阔的室外场地建设，且优先采用轻型装配式结构形式，方便现场快速组装。增设空调机组会对建筑屋顶造成一定程度的荷载增加，如轻质屋面不能满足结构设置要求，需要在场地内设置排风机并借助外墙体排放至高空。

3）给水排水基本条件

可改造为方舱医院的建筑，给水排水方面需满足下述基本条件：

（1）场地内应具备可以正常使用的给水排水及消防给水系统。

（2）具备增加预消毒池、化粪池、污水处理设施的条件。

（3）可按污染区人均0.02m^3/h，半污染区0.008m^3/h，清洁区0.004m^3/h来进行粗略估算。如总数为500床的方舱，污染区最大污水量约为10m^3/h，半污染区最大污水量约为4m^3/h，污染区最大污水量约为2m^3/h。

4）暖通基本条件

可改造为方舱医院的建筑，暖通方面需满足下述基本条件：

（1）室外具备加设排风机、新风机组条件。

（2）如果新增新风空调系统和排风系统，室内应有安装新风、排风管的高度、空间。

（3）对于既有建筑，分为有供暖或无供暖两种情况，对总用电需求不同，详见电气部分。

（4）如既有建筑有供暖系统，则该系统应具备安全、可靠并可正常使用的条件。

5）电气基本条件

可改造为方舱医院的建筑，暖通方面需满足下述基本条件：

（1）应有两路电源供电，如只有一路，则需要增加柴油发电机供电，场地内需要满足空间需求。

（2）供电负荷等级不低于二级负荷。

（3）应具备设置视频安防监控系统条件。

（4）无供暖情况下，用电量不宜低于夏季约2.4kW/人，冬季约2.7kW/人。有供暖情况下冬夏季均不宜低于2.4kW/人。

（5）场所应具有完备的火灾自动报警及联动系统。

（6）场所应具有完备应急照明系统。

（7）场所应具有网络接入条件。

2. 消防设计策略

当会展建筑和体育场馆作为方舱医院进行改造时，消防设计原则上应保留原有疏散路径和疏散原则不变，因会展或体育建筑作为收治区的大空间多位于首层，有多处直通室外的疏散门或通道，故多数情况可满足疏散要求。如收治区需疏散的人数远多于原设计人数，疏散宽度不满足时，应进行大空间疏散方面的可行性论证，合理安排建筑空间能够安置的最大人数或增加疏散通道的宽度及数量。同时还应注意改造方舱中的新建部分，也应满足疏散要求。

在改造过程中，会受到建设周期、使用要求、场地条件、建设规模、建筑形式以及建筑材料等因素影响，应参照《建设工程消防设计审查验收管理暂行规定》（住房和城乡建设部令第51号）和相关国家消防技术标准规范，对于建筑耐火等级、建筑构件耐火极限、防火分区、防烟分区、防火墙及防火隔墙等技术要求进行论证，可依据应急工程实际需求确定保障消防安全的技术和管理措施。具体应结合方舱医院特点和实际需求，采取有针对性的加强性技术和管理措施，保障方舱医院使用期间的消防安全。

室外临时设施搭建时应确保消防车道顺利通行和能开展有效救援。

3. 气流组织和空气净化策略

方舱医院不仅要保证室内温度的舒适性，还要有效地控制传染源，最大限度地保持隔离区处于负压状态，保证环境空气质量。因此空调系统要配备高效的空气过滤器，能够过滤掉细菌、病毒等微小颗粒物质，确保送风的清洁。根据《传染病医院建筑设计规范》GB 50849，负压隔离病房的送风应经过初效、中效、亚高效过滤器三级处理。定期清洁和更换过滤器，以保证其过滤效果。空气净化器可以进一步提高空气质量，特别在疫情高发期间，可以有效地减少病毒和细菌的传播。

方舱医院内部的空气流通也非常重要，送风的清洁空气首先经过舱内医护人员可能的工作区域，然后流过传染源进入排风口。以新国展轻症方舱医院中的典型展厅空间为例，利用CFD-FLUENT软件，针对人员活动区域的热舒适性及气流组织进行三维数值模拟，结果显示将展厅等高大空间改造成方舱医院是可行的。

建立方舱医院物理模型，如图4.4.1-1，顶送风口高度大约19.4m（z方向），长167.25m（x方向），宽64.2m（y方向）。空调系统选用定风量全空气空调系统，设置了8台送风量50000m^3/h的全空气机组，均布设置90个ϕ800的旋流喷口，每个风口风量4445m^3/h；

7 台排风量为 28000m³/h 的排风机，每台排风机设置了 2 个尺寸为 800mm×2000mm 的下排风口。

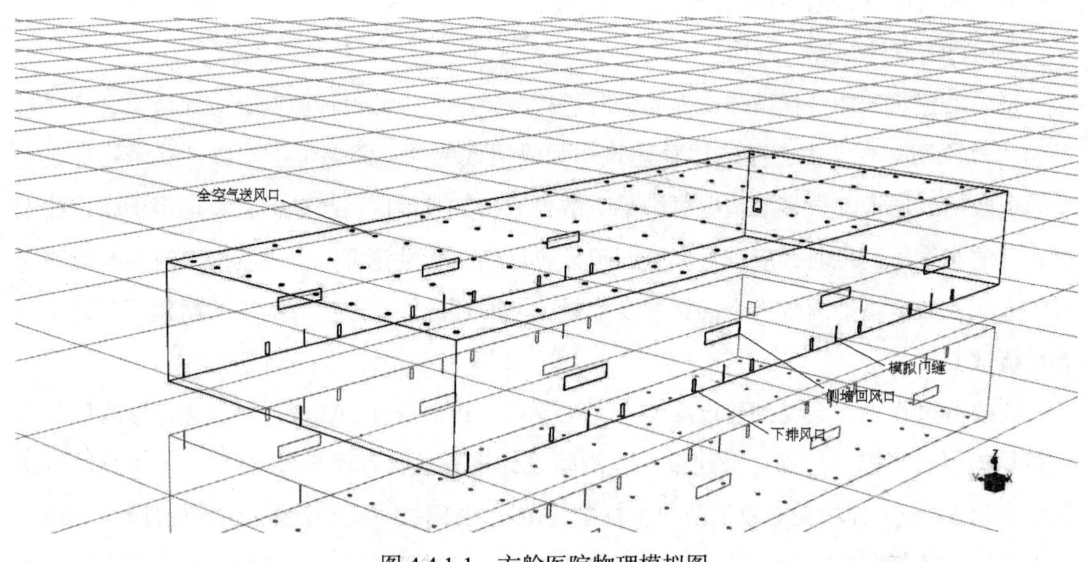

图 4.4.1-1　方舱医院物理模拟图

设置模型的边界条件，本建筑位于北京，东经 116° 23′ 31″，北纬 39° 54′ 16″，时区 E＋8。冬季室外空调计算干球温度 −9.9℃，相对湿度 44%，太阳辐射照度 972W/m²。冬季室内设计参数为 20℃。围护结构热工参数为屋顶传热系数 0.39W/（m²·K），外墙传热系数 0.44W/（m²·K），玻璃幕墙传热系数：2.2W/（m²·K）。

通过模拟冬季方舱医院的运行情况，结果如下：

由图 4.4.1-2 可以看出，处理好的空气由顶部送入，与室内空气均匀地混合之后送到人员活动区，在工作的区域形成较均匀的速度场，最后由位于两侧的下排风口排除。图 4.4.1-3、图 4.4.1-4 可以看出，由于污染源主要位于距地面 0.3m 高度，排风口设于地面附近，可以尽快地将污染空气排出。图 4.4.1-5、图 4.4.1-6 可以看出，门缝处有风压进室内，证明舱内负压明显，满足方舱医院控制污染源扩散，负压的要求。

4. 室内设计策略

医疗建筑的室内设计，在满足室内功能的实用性和规范性之外，对医护人员与患者的心理影响也是十分重要的设计内容，尤其是方舱医院这类与外界隔离的密闭环境。通过行为学观察研究可以总结出一个现象，即在建筑室内色彩单一的情况下，部分被隔离患者存在行动上的不良反应，其症状表现为严重依赖网络、心理焦虑、意志薄弱、行动迟缓，睡眠质量严重下降等。

图 4.4.1-2 全局速度场分布图

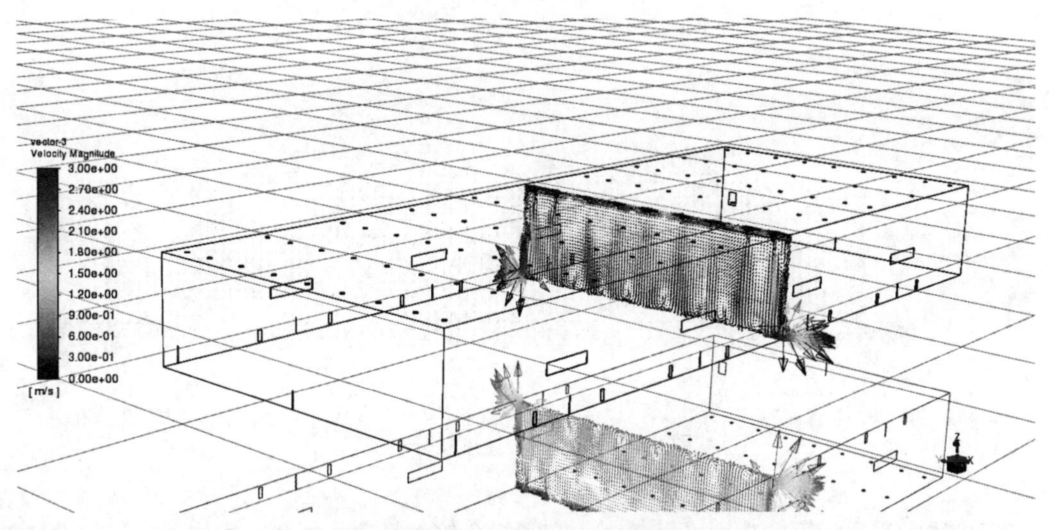

图 4.4.1-3 下排风口处速度场分布图

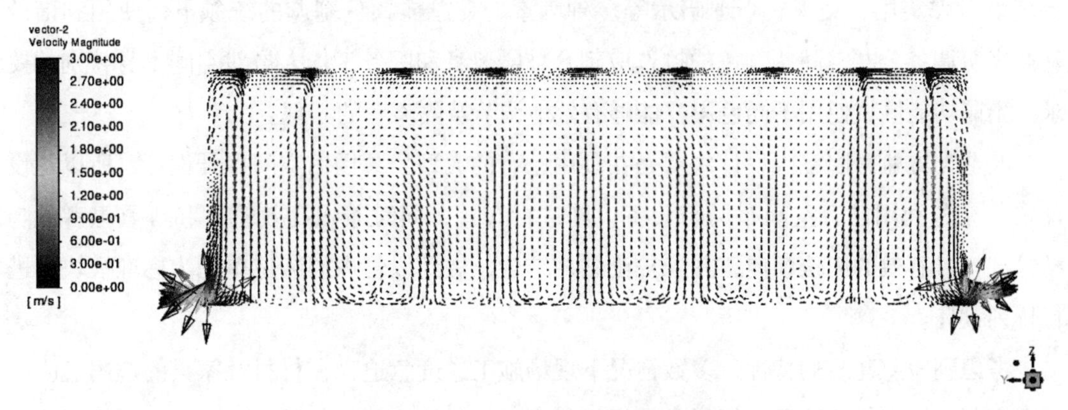

图 4.4.1-4 下排风口处速度场分布图

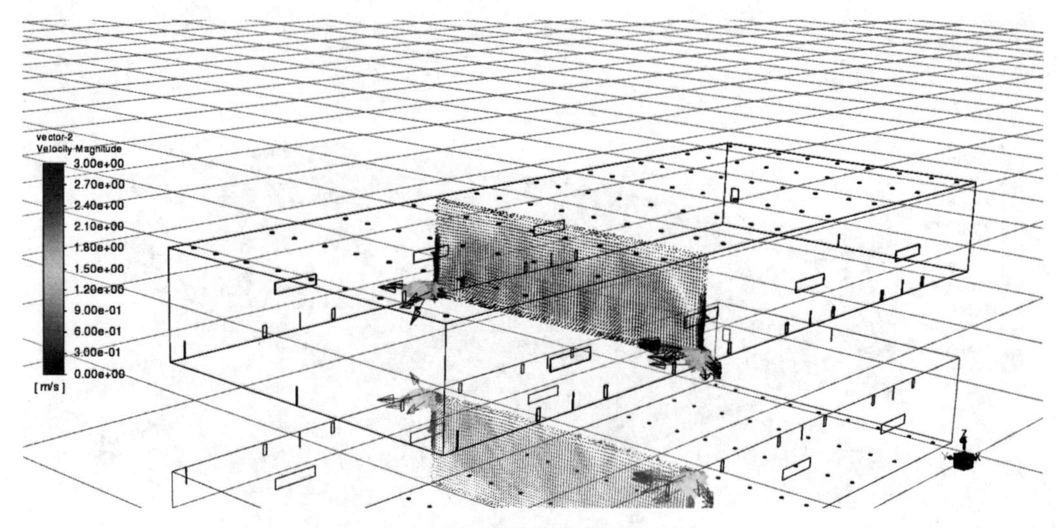

图 4.4.1-5　门缝处速度场分布图

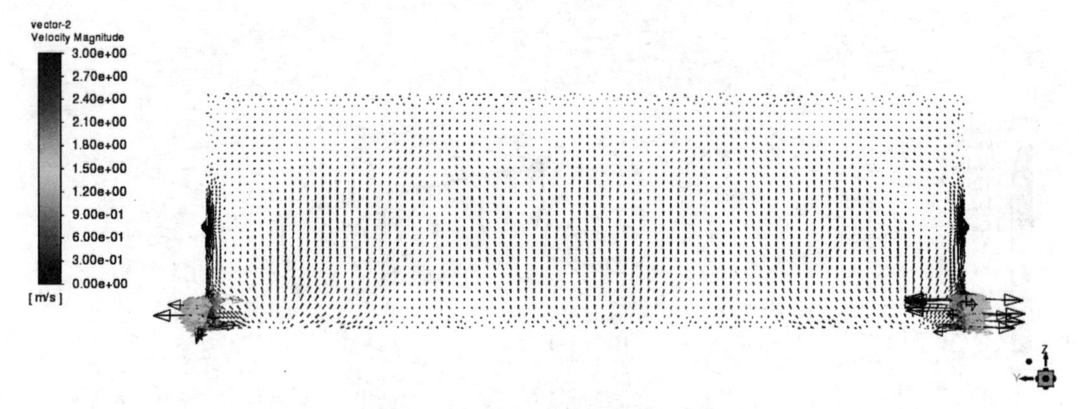

图 4.4.1-6　门缝处速度场分布图

集中医学观察场所的功用区域较多，空间组合较为复杂。因此，室内和标识的设计需要统筹考虑实用、美观、心理暗示等多种因素，在总体颜色基调的统领下，使用和谐的基调来协调各公共空间，颜色的挑选应契合被隔离者和医务工作人员对空间本身特别的要求。不同功能区域使用不同色彩，能够有效地调节被隔离者的心理。

改造类方舱医院室内设计主要是在利用已有的大型公共场馆空间展开设计，所以在设计中应充分利用已有空间布局与设备设施进行布置，同时兼顾高效管理和尊重患者的隐私，选择最有效的床位朝向，并与护士站相结合，做到以管理的床位单元为标准模块，进行排列设计。

考虑到应急建筑的特性，多数情况下现场施工进度急迫，在材料及家具的选用上应以无需定制、可现场组装及有现货的常规材料为主。以最短的供货周期和现场工人最便捷的安装为首选。

5. 标识设计策略

理论上讲，标识导示系统的建立主要从人性化、系统化、环境相符、生产层面诉求四项原则进行分析，并达到有机的结合，最终以一套综合性的体系展现出来。简单来说，良好的标识设计可以概括“人看得明白，有完整的编制逻辑和建筑与室内空间协调，而且便于生产安装”。

在设计实践过程中，对标识系统的考虑，根据人员流动特点规划各类标识，对医疗单元进行符合逻辑的编码，并利用色彩进行分区。需要根据人的行为习惯、人的心理情况、人的思维方式等因素，从患者需求角度合理设置各分区、层级标识。让使用者看到标识后，可以易于读取信息，并且视觉感受舒适，从而使整个导示系统在满足受用人群功能需求之上，对于精神层面的体验感受的一种提高，充分考虑患者的身心需求。

改造类方舱医院标识根据标识本身传递信息的功能差异，可按照方舱医院导向系统的不同功能分为四个等级：

一级标识导向：指方舱医院大门的导向标识、大楼楼宇的标识指引导向标识、院内道路指引导向标识，室外环境导引标识、院内停车场等。

二级标识导向：指方舱医院的室内环境导向标识各分区的索引平面规划图、走廊通道分流指引标识、公共服务设施导向标识等。

三级标识导向：指收治区内各病床号码牌、公共服务设施（如垃圾收集点、取餐处、饮水点）指示标牌等。

标识系统还需遵从以下规划原则：如功能区标识色彩明显，可视角度 / 距离全区域覆盖；聚集区域人流密度较大时，利用分区编号设置不同颜色代号划分区域，便于定位具体区域；功能通道与应急通道识别清晰；功能通道通过代号进行编码，定位具体通道位置；通道内单元根据固定人员数量，以单元为单位设置编号，便于快速定位（图 4.4.1-7～图 4.4.1-9）。

6. 设计实例：亦庄亦创会展轻症方舱医院

亦庄亦创会展轻症方舱医院是由北京市大兴区亦创国际会展中心改造而成的方舱医院，设计床位 1600 张，改造及新建建筑总用地面积 9.3hm^2。用地范围内现状总建筑面积为 84818.02m^2，改造区域为地上首层部分，改造范围面积 31490m^2。其中展览中心南区改造面积 17690m^2，改造为 A 区隔离病房（800 床）。展览中心北区改造面积 13800m^2，改造为 B 区隔离病房（800 床）。作为一个中等规模的改造类方舱医院，亦庄亦创会展轻症方舱医院的布局及流线设计具有一定的典型性和借鉴意义。

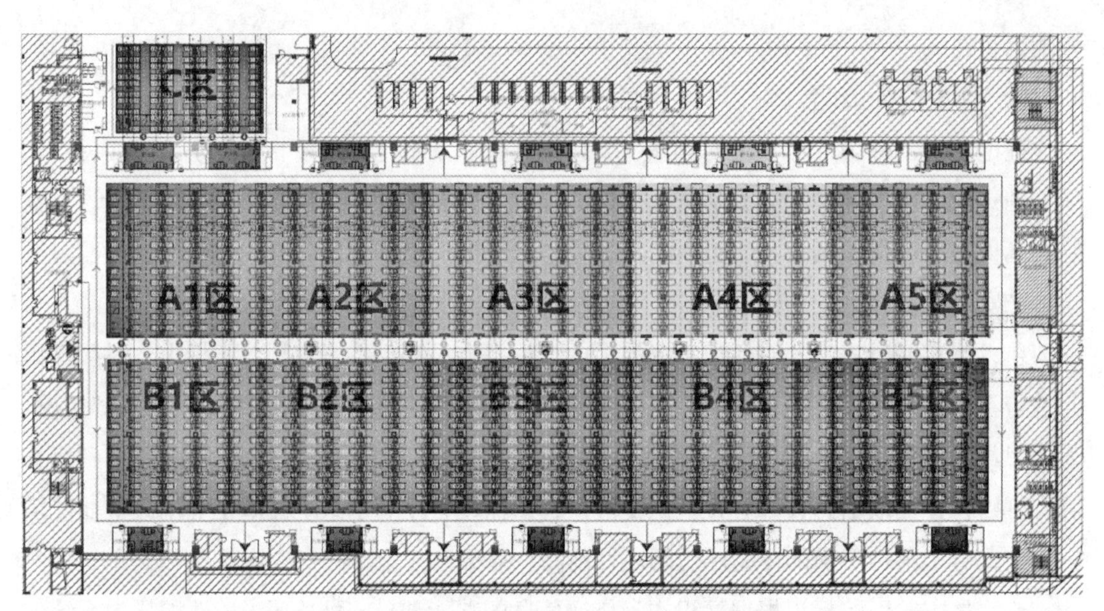

图 4.4.1-7　北京新国展轻症方舱标识分区图

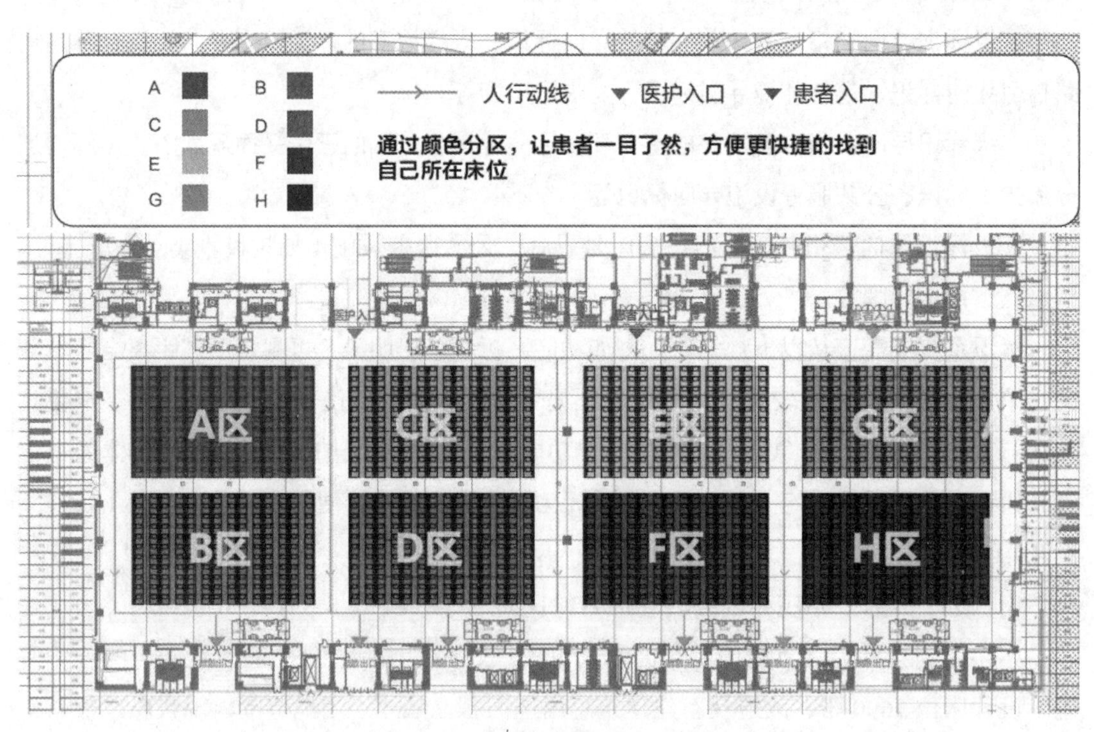

图 4.4.1-8　亦庄方舱标识分区图

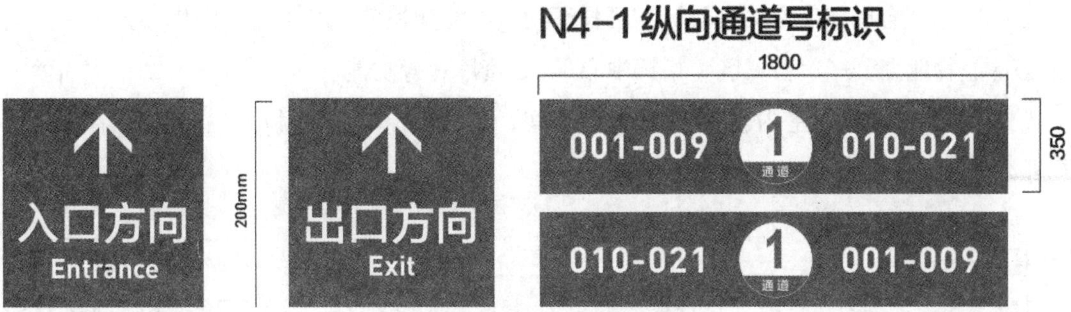

图 4.4.1-9 方舱标识加工示意图汇总

1）功能布局

亦庄亦创会展轻症方舱医院周边道路交通畅通，用地内四周广场空间较大，区域相对安全，不会产生次生灾害。项目位置周边为产业园区，避开了高密度居民区、商业街区、学校等人群密集区域，远离易燃易爆、有毒有害气体生产及存储区。改造建筑满足与周边建筑之间至少有 30m 的安全距离或不小于 20m 的绿化隔离要求。建筑南侧有足够的停车场地，以满足救护车辆快速抵达。建筑西北侧有较大的室外场地具备安置临时房屋和帐篷、临时卫生间和临时设施的条件。

改造前亦创国际会展中心一直在作为展厅使用，建筑供暖、消防设施较为完善，改造为方舱医院无须作大的改动。建筑内部通道具备患者转运所需的无障碍通行要求，宽度和坡度满足移动病床及陪护人员同时通过。

结合之前方舱医院的建设经验，亦庄亦创会展轻症方舱医院设置了无接触物资交接区，无接触物资交接区可以通过在不同时间段运送物资及接收，在实际的使用中能够有效地避免因物资接触带来的传染风险。

亦庄亦创会展轻症方舱医院污染区设置隔离病区，隔离病区内设置隔离病床、护士站、处置室、重症观察室等功能。除隔离病区之外，污染区设有物资中转库房、被服库、患者盥洗室卫生间、患者淋浴间、警务室、患者心理疏导室等功能。病患产生的生活污水需收集并集中消杀处理，达到卫生防疫要求，不可直接排入城市污水系统。病患卫生间采用室外搭建临时卫生间、盥洗室的方式。病患卫生间、盥洗室和收治区域之间设置专用通道，远离餐饮和供水点。亦庄亦创会展轻症方舱医院临时卫生间厕位及手盆数按照每百床 15 个设置，临时淋浴间按照每百床 7.5 个设置。

半污染区为卫生通过区，位于清洁区和污染区之间。亦庄亦创会展轻症方舱医院设有 4 组卫生通过，便于将医护人员和运维人员进行区分。设计通过组织气流有效结合，严格控制不同压力梯度由清洁区→半污染区→污染区单向流动。

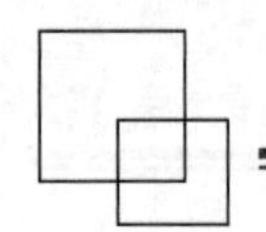

亦庄亦创会展轻症方舱医院清洁区位于用地西北侧集散广场。设置医生办公区、护士办公区、物业办公区、会议区（指挥中心）、物资库房等功能。

展厅内部改造成室内救治空间满足空间、流线、结构安全和卫生防护安全的要求（图 4.4.1-10）。

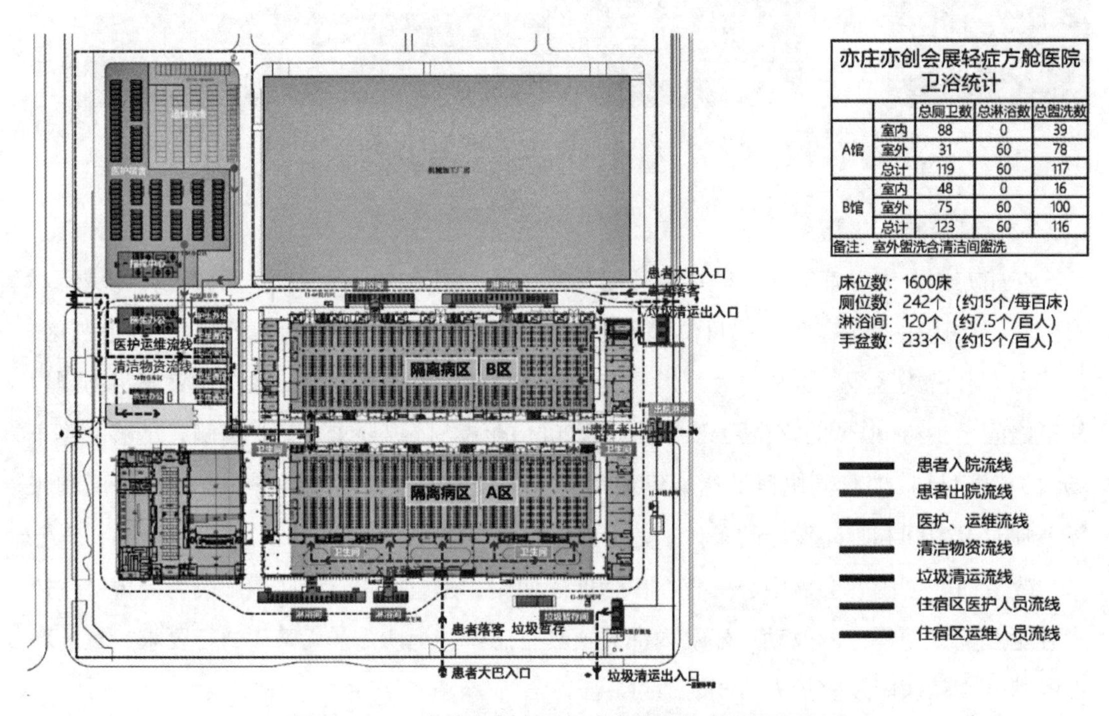

		总厕卫数	总淋浴数	总盥洗数
A馆	室内	88	0	39
	室外	31	60	78
	总计	119	60	117
B馆	室内	48	0	16
	室外	75	60	100
	总计	123	60	116

图 4.4.1-10　亦庄亦创会展轻症方舱医院布局及流线

2）交通流线

整个方舱医院划分为污染区、半污染区和清洁区，不同区域之间各自独立，交通流线各不交叉，并设置明显标识或用隔离带进行区分，按医患分离、洁污分离的原则组织交通流线。

患者大巴入口位于场地南侧及东侧，进入场地设置患者落客区及大巴车洗消区，患者落客后直接进入隔离病区；患者出院出口位于场地东侧，出口流线完全独立，与其他流线互不交叉；垃圾清运流线位于场地东南角及东北角，由于用地条件的限制，东北侧的患者大巴入口与垃圾清运出入口通过分时管理满足防疫要求。

医护运维流线、清洁物资流线位于场地清洁区的西侧。

7. 设计实例：北京国会二期方舱医院

1）项目概况

北京国会二期方舱医院设计床位 2400 张（上下床），改造及新建建筑总用地面积 $9.26hm^2$。用地范围内现状总建筑面积为 41 万 m^2，改造区域为地上首层的展厅部分，改造范围面积 1.9 万 m^2。新建部分面积 0.47 万 m^2。总平面功能布局见图 4.4.1-11：

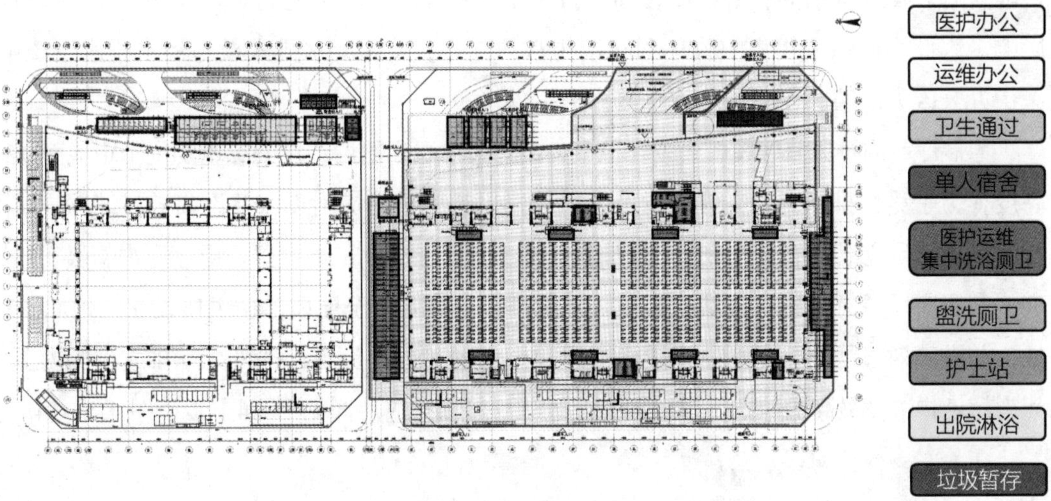

图 4.4.1-11　国会二期方舱医院总平面功能布局

国会二期方舱医院的收治区仅有一个展厅，比前述亦庄方舱医院规模更小，但机电设计更为典型，故下面着重针对机电专业进行介绍。

2）结构系统设计

国会二期方舱医院项目为改建项目，设计、施工周期短。方舱主体部分均位于国家会议中心二期内部。由于其使用荷载满足设计预留荷载，且主体结构于 2021 年刚刚竣工，因此无须对现有结构进行改造加固。方舱的卫生通过区、病人盥洗区及部分库房和办公室位于室外，采用单层标准箱式房，由专业厂家提供，下部基础考虑工期紧张采用钢框架支座。

大部分箱式房均置于国会二期主体的地下室顶板之上，仅南侧洗漱区部分置于肥槽回填土上。经土工试验，箱式房区域的地基承载力特征值均大于 80kPa，满足承载力要求。

钢框架支座高 0.45～1.81m，大部分活荷载为 2.0kN/m^2 的箱体在其四周设置钢梁，部分活荷载大于 2.0kN/m^2 的库房、机房等功能的箱体在跨中位置增加一道钢梁和 3 颗钢柱辅助承力。钢梁和钢柱均采用 B300mm×200mm×10mm 的 Q235B 方钢管，钢梁与钢柱焊接连接，钢柱柱底设 20mm 厚 500mm×500mm 钢底板，并与现状地面采用 C30 灌浆料压力灌实。对单方向小于 3 跨的框架及存在高低跨的框架下端设至少一跨扫地杆以保证钢框架的稳定性。

3）暖通系统设计

国会二期项目舱内隔离区室内设计温度夏季为 26℃，冬季为 18℃，原有冷、热源系统能够满足方舱医院室内温度要求，且能够正常运行，不作调整。卫生通过、医护办公均

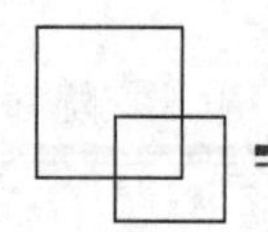

采用模块化箱式房，便于疫情后拆除及恢复，均采用分体空调，卫生通过区空调的冷凝水可能含有病毒和细菌等有害物质，如果直接排放到环境中，可能会对环境和人体健康造成影响。因此，应该采用集中收集和间接排水的方式，将冷凝水排入设施污水排水系统中。医护办公区为清洁区，冷凝水可直接排至室外。

原展厅室内排风兼回风口设置在上空，改为集中隔离舱后，污染源主要位于距地面 0.3m 高度，为了尽快排除污染空气，增设回风兼排风道引至地面附近，并设高效过滤器，将原有回风兼排风道上全部阀门关闭。每床排风量按照至少 150m³/h 设置。原序厅内新增密闭通道，利用序厅原有排风机，低速运行，增设排风道立管接至原风道，风口设在距地面 0.3m 处，并设高效过滤器，封堵原风道上空风口，保证通道内负压，排风高空排放。舱内卫生间为污染物浓度最高的地方，排风加高效过滤后屋顶排放。详见图 4.4.1-12～图 4.4.1-14。

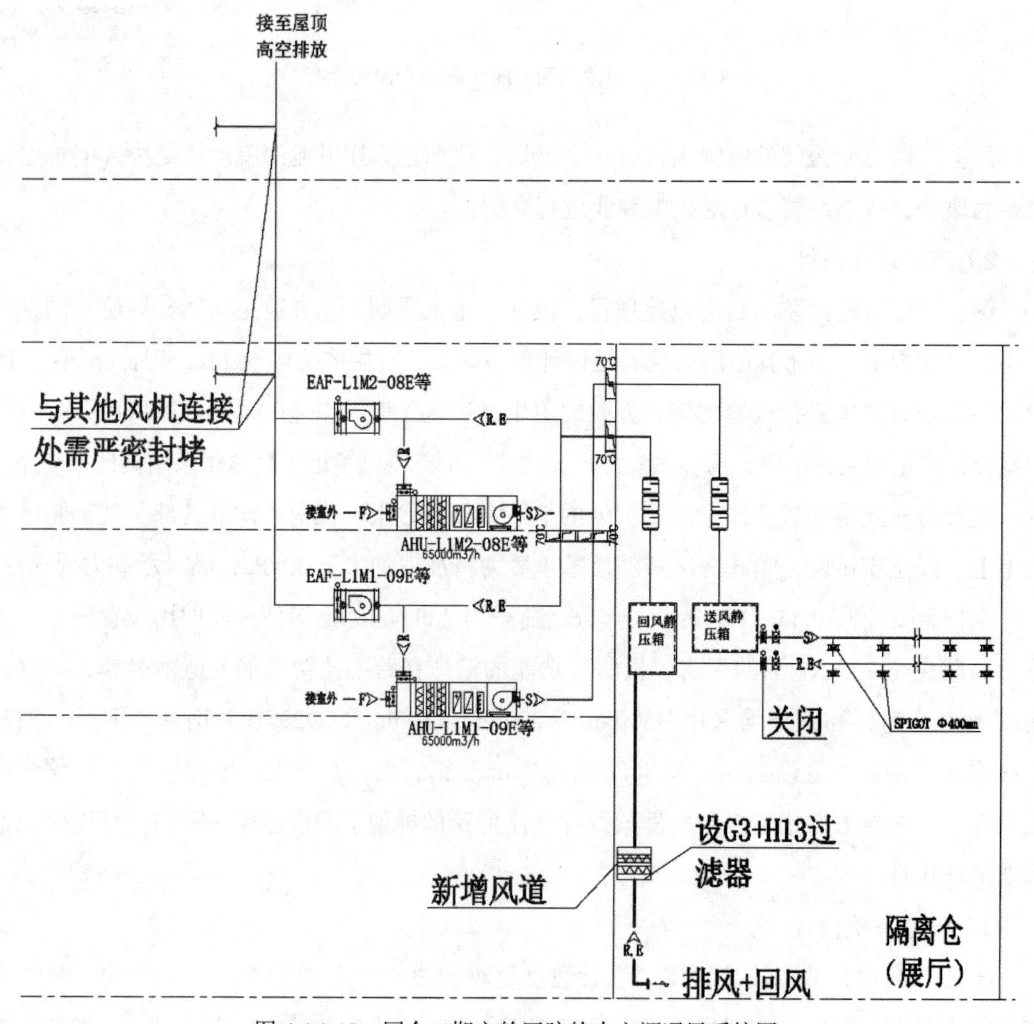

图 4.4.1-12　国会二期方舱医院舱内空调通风系统图

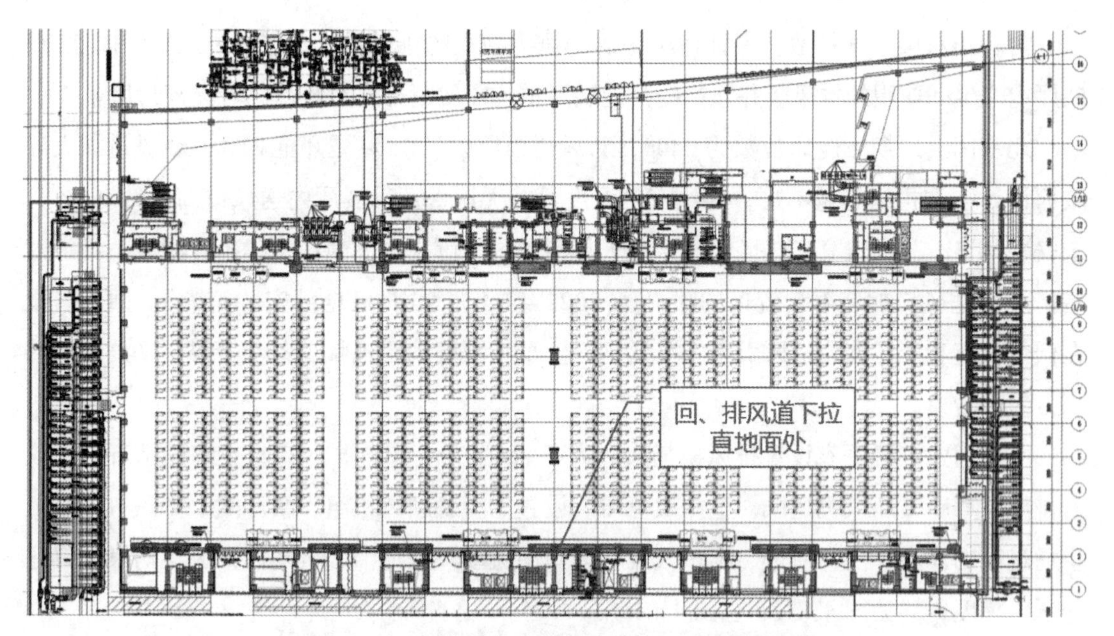

图 4.4.1-13　国会二期方舱医院舱内空调通风平面图

图 4.4.1-14　国会二期方舱医院舱内排风口施工现场照片

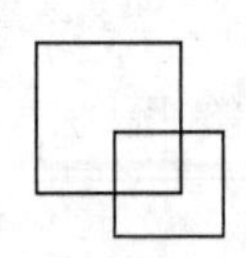

为防止污染空气扩散，保证污染区的排风为独立的排风系统，与隔离区、密闭通道、展厅内卫生间使用的排风竖井连接的其他层风道均需要断开并对竖井进行严密封堵。

北京国会二期方舱床位数为2400，新风比由原设计15%提升至27%，新风量加大导致原设计空调机组热量不足，导致室内温度可能无法保证。展厅内送风口高度约9.5m且未安装风口，高度较高，热风较难送至人员活动区。解决方案为：土建排查漏风，增加封堵措施。送风口加装射程较远的喷口。（2022年11月25日已全部安装完毕）。回风口设在低位，有利于将高位送风引至人员活动区。最大限度利用现状设备及管线，平疫有机结合，易于转换。

卫生通过一脱更衣设置排风换气次数大于20次/h，室内排风口设在房间下部，二脱下排风，直膨式新风机送风，整体微负压。设置的直膨新风机组、余压阀、排风机控制卫生通过区的压力梯度，使进、出口气流均为单向流动。从清洁区至半污染区至污染区有序的压力梯度。详见图4.4.1-15、图4.4.1-16。

根据重大项目办会议纪要第174期，项目消防设计、施工和管理的总体原则是：在确保满足防疫需求的前提下，充分利用现有场地原有消防系统和设施设备的基础上，统筹考虑消防安全。

4）给水排水系统设计

改造项目的给水排水设计前期除了既有建筑进行安全性评估，还应梳理原有建筑给水排水系统设计，结合改造方舱的内部各区布局、给水排水系统管道的启用情况进行非启用管道的封堵，同时现场对管道进行检查，针对漏损管道进行修复，切断病毒通过不启用管道进行传播的途径。

改造方舱项目给水系统按照清洁区、潜在污染区、污染区进行分区供水。并通过断流水箱或设置减压型倒流防止器的方式向潜在污染区、污染区进行供水。

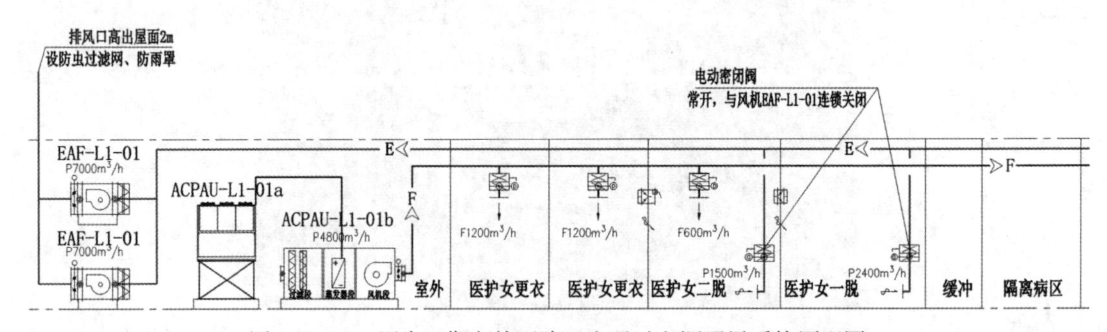

图4.4.1-15　国会二期方舱医院卫生通过空调通风系统原理图

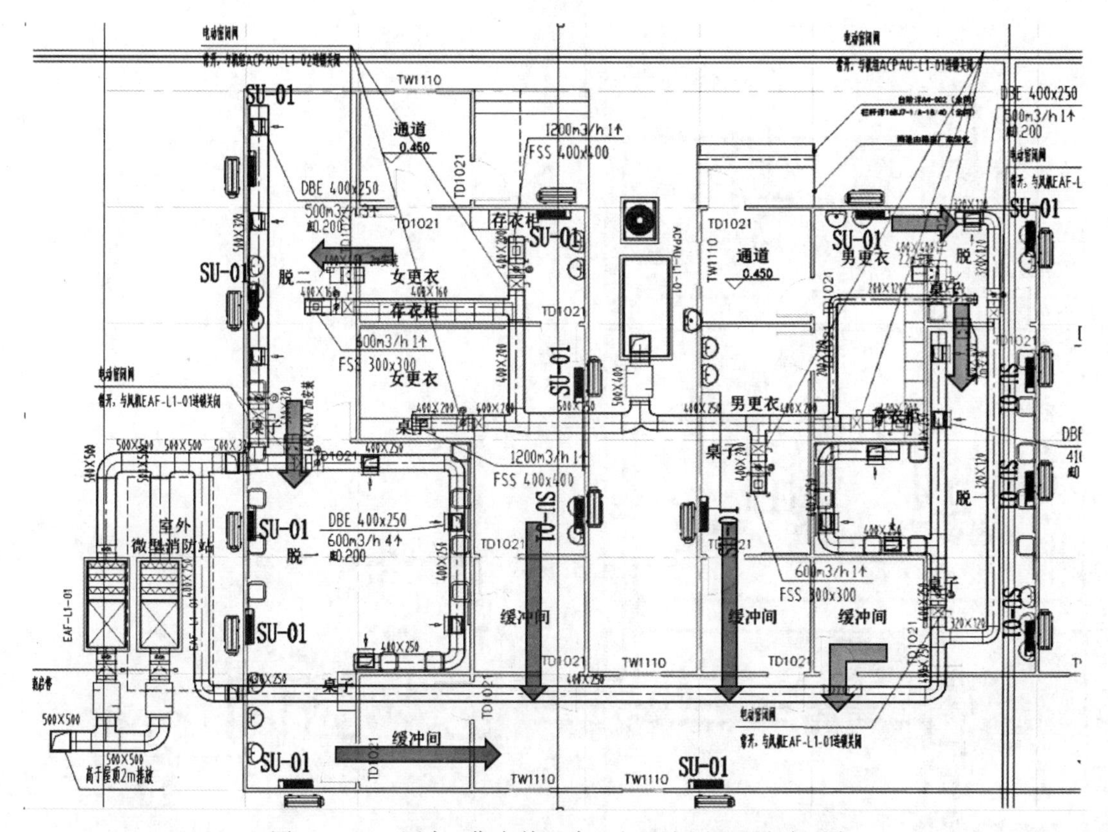

图 4.4.1-16 国会二期方舱医院卫生通过空调通风平面图

污水系统也应按照清洁区、潜在污染区、污染区进行独立设置，并采取两级消毒处理方式进行消毒处理，一级处理可采用卫生间投药、起始端污水井投药等方式。二级处理主要是将污水化粪池后的出水通过提升设备提升至设置的集中消毒池进行消毒处理，停留时间不应小于 2h，同时在消毒池出水口设置在线余氯监测，根据出水余氯量调节消毒剂的投药量，确保出水余氯量（游离氯计）6.5～10mg/L。同时需安排专人专岗，定时巡检，确保出水的余氯量（图 4.4.1-17、图 4.4.1-18）。

污染区启用的通气管道、提升设备通气管道、消毒设备通气管道均需加装高效过滤器进行尾气处理，并高出屋面 2m 进行高空排放。

改造建筑的雨水系统可以由后续运维人员根据天气情况进行人工投药方式，进行消毒。

消防系统需保证可以正常运行，同时增设灭火器设置，增加人员巡查，及时发现火情，及时有效地处置。同时需结合室外新增设的卫生通过、围挡等设施复核调整室外消火栓、水泵接合器位置，确保消防设施的可靠性。

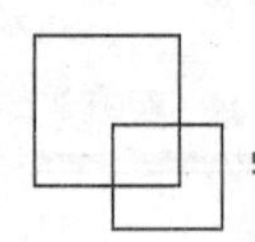

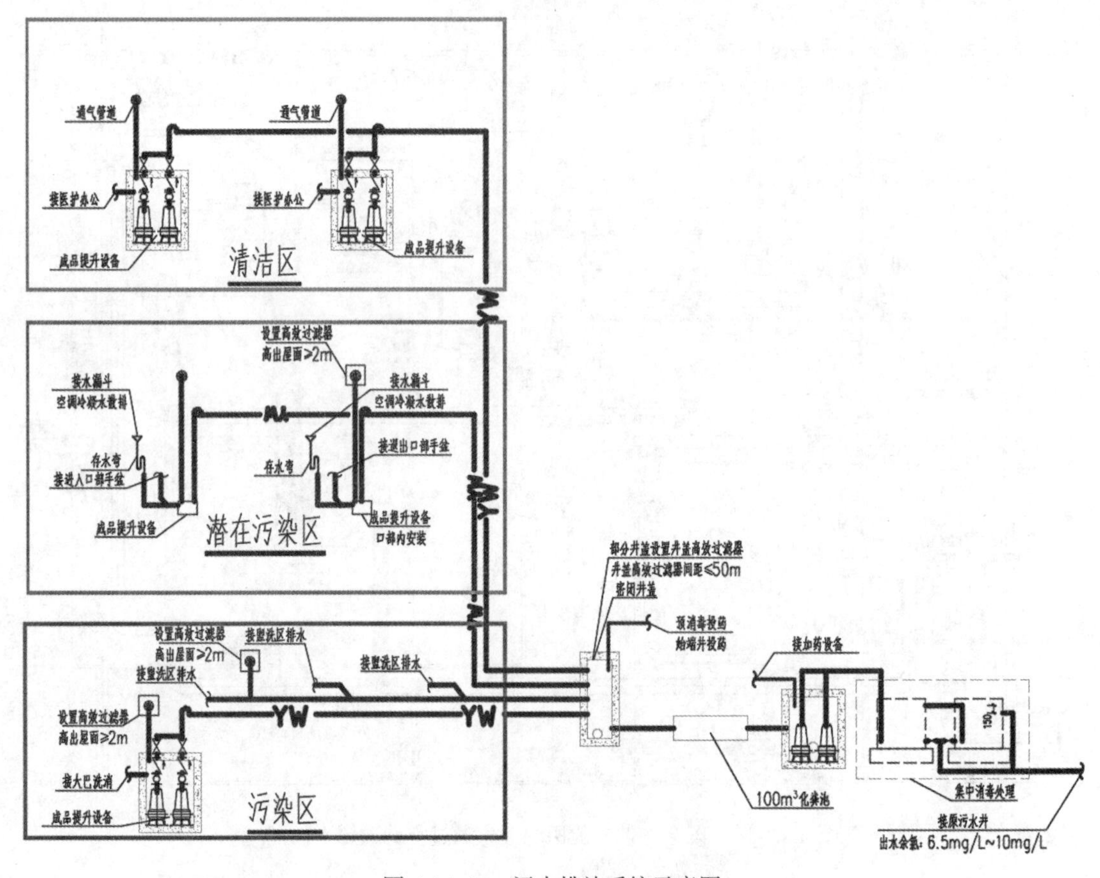

图 4.4.1-17　污水排放系统示意图

图 4.4.1-18　集中污水消毒池

5）电气系统设计

国家会议中心二期为北京2022年冬奥会和冬残奥会主媒体中心，此次应急改造工程使用的展馆，正处于冬奥会使用后的拆除期。

（1）已拆除和现状可使用条件

① 照明、应急照明末端灯具和管线已拆除，配电箱未拆除；

② 顶部的消防报警设施已全部拆除，消防系统、消防控制室可以正常使用；

③ 展馆内疏散指示系统已全部拆除；

④ 展馆内消防风机联动、报警装置未拆除，可直接使用；

⑤ 变配电系统完好，可直接使用；

⑥ 风机、水泵动力配电系统完好，可直接使用；

⑦ 序厅应急照明、消防报警联动、风机完好，可直接使用。

（2）根据已有条件需要恢复的内容

① 以下赛时图纸为工程号2019001“国家会议中心二期项目主体部分（会展中心等2项）——北京2022年冬奥会和冬残奥会主媒体中心MMC”项目（以下简称为“赛时图纸”），可直接使用的电气设备不再重复出图；

② 展馆顶部照明按照赛时图纸恢复至200lx；

③ 顶部应急照明按赛时图纸恢复；

④ 展馆区的空调动力配电系统按设备专业提资条件启用赛时相应配电箱柜。

（3）本次涉及应急改造工程新建的内容包括（此部分为新设计内容）

① 展厅内壁装的电话插孔手动报警按钮、火灾声光报警器、应急广播按赛时图纸恢复，并在9m高度设置应急广播，8.5m高度设置红外对射报警系统；

② 大型安全出口标识按赛时图纸恢复，按新疏散路径局部补充安全出口标识，地面增设续光型疏散标识；

③ 在展馆内床位隔断外侧新增壁装灯具，作为夜间照明；

④ 展馆内新增动力、插座配电系统新设计；

⑤ 展厅内方舱区电源引自主展沟内的配电总柜；室外新建成品集装箱房引自现状变配电室；以上两部分的室内外配电干线；

⑥ 室外新建成品集装箱房的强电、弱电、消防系统。

（4）智能化内容

需要补充的系统包括：信息网络系统、视频监控系统、出入口管理系统（利用现状出入口管理系统局部增加）、医护呼叫系统。

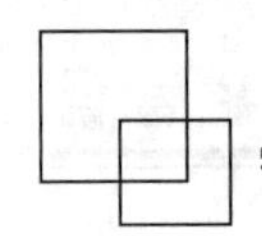

（5）具体改造内容

a）供配电

供配电部分需改造的内容包括：

① 室内各区域分区供电，电源分别就近由主展沟内展览预留配电柜上口电源接引。

② 室外展场区域，搭建医护工作区、休息区、卫生通过区，由建筑物内地下一层现状室内变压器引接，出线干线电缆室内采用支架安装，室外采用。

③ 地面支架敷设桥架安装，局部过路采取加强措施。

④ 所有接引电源，前级开关整定均能满足电缆保护的要求，T 接电缆应与进线电缆规格一致。

⑤ 经核算，室内、室外现状变压器容量满足方舱改造的用电要求。

⑥ 方舱医院新增配电箱（柜）、控制箱（柜）及临时敷设的主干线路不应设在患者收治病床区，均设置在医护管理区或专用配电间内。

b）室内应急照明

室内应急照明部分需改造的内容包括：

① 根据《北京市方舱医院国家会议中心项目应急改造工程消防设计施工图验收专题协调会会议纪要》的要求，在疏散路线上地面设置蓄光疏散指示标识，并增加安全出口指示灯。

② 恢复原展厅内赛时距地 9m 处的应急照明，采用集中控制型 B 型灯具，室内区域疏散照明不低于 5lx，非火灾状态下，灯具应急点亮时间不应超过 0.5h。

③ 安全出口设置大型安全出口指示灯，指示灯的蓄电池持续供电时间不应少于1.0h＋0.5h。

c）照明控制

室内照明部分需改造的内容包括：

① 场馆大空间照明现有配电箱内的接触器，在护士站增加按钮箱按回路控制。

② 应急照明系统为单独系统，手动控制，停电时自动点亮。

③ 紫外线消毒灯单独设置开关，并采取颜色区分。

d）信息网络系统

信息网络系统需改造的内容包括：

① 现状系统利用及改造。经现场调研及三大运营商现场测试，室内外已实现 5G 全覆盖，信号强度良好。现状室内 Wi-Fi 无法满足高密度人流使用要求。结合本次工程实际情况及工期的要求，场馆室内 Wi-Fi 采用 5G 方案，舱内布设高密 AP，弱电间内增加 POE 交换机及相关设备，具体由中标运营商负责实施部署。

② 新增智能化专网系统。智能化专网承载业务包括视频监控、医护呼叫系统等，并预留门禁系统等接入条件。针对各系统、子系统提供共享网络、通用服务、标准接口，实施信息的接收、交换、传输、存储、检索、显示、处理等服务，为实现系统集成与大数据开发提供网络传输基础条件。由IP网系统提供网络传输，各个信息面板通过六类UTP接入弱电间接入交换机。网络交换能力需要满足主干万兆、水平千兆，并具备平滑扩展能力。

③ 医疗信息系统。为保证方舱医院信息化系统的正常运行，根据使用方的要求，增设医疗信息系统。通过采用5G全无线方案，可快速构建方舱医院网络系统，满足医疗信息系统运行和互联网访问的内外网需求。系统可与疾控中心、应急指挥中心、院管医疗机构互通，满足远程会诊系统、视频会议系统等使用需求。此系统由运营商负责完善，BIAD根据需求配合提供相关接口条件。

e）公共广播系统

公共广播系统需改造的内容包括：恢复展馆赛时应急广播系统，此区域广播实现在室外新设置的中控室播放。

f）入侵和紧急报警系统

工程已在周界设置了报警探测器及视频摄像头。入侵和紧急报警系统需改造的内容包括：病人登记处预留安检机装设条件，并预留紧急报警装置。

g）视频监控系统

场馆现有视频监控系统，可满足各主要出入口、患者收治病房区等部位的监控。

视频监控系统需改造的内容包括：新增医护办公区设置指挥中心，办公区、休息区、卫生通过区、治疗室、活动室等设置监控摄像机。场馆内利用现有视频监控系统，并将视频信号接入指挥中心。

h）医护呼叫系统

医护呼叫系统采用无线式呼叫方案，通过部署在病房的无线报警按钮，隔离人员可在发生紧急情况时一键报警到主机。遇到突发事件，隔离人员可通过部署在病房的求救按钮一键报警至护士站对讲主机。护士站值班人员接警后，可迅速确认报警病房位置，查看病房现场情况，了解隔离人员需求。护士站设无线网络对讲主机并设有一键报警按钮。

i）出入口控制系统

场馆内部，出入口控制系统利用场馆现有系统，根据使用要求，可在需要的部位增设读卡机、电控锁以及门磁开关等控制装置。系统不应禁止由其他紧急系统（如火灾等）授权自由出入的功能。系统必须满足紧急逃生时人员疏散的相关要求。当通向疏散通道方向为防护面时，系统必须与火灾报警系统及其他紧急疏散系统联动，当发生火警或需紧急疏散时，人员应能不用进行凭证识读操作即可安全通过。

j）消防系统

现状建筑采用控制中心报警系统，控制中心设于地下一层，并且有直通室外的出入口。室内展厅隔离病区可恢复声光报警、手动报警按钮，增设红外对射、应急广播满足使用要求；室内序厅作为临时疏散经过场地，赛时消防报警联动设施完好，可直接使用。

第三方消防技术服务机构应对现有消防系统和设施设备进行评估，施工方应根据评估报告，对相应的系统进行整修、调试，确保满足使用要求。

室内消防设置红外对射、应急广播、声光报警、手动报警按钮。

为保证方舱内人员的安全，消防控制中心内的监控显示器应能实时显示各展厅的视频信号，并安排专人值守，确保第一时间发现事故并及时处理。

室内改造、新增配电盘，均未影响原消防联动控制要求，切除非消防电源可在变电室低压出线、末端配电盘进线处切断。

新增配电盘设置无线式电气火灾监控系统，可就地报警并无线传输至火灾监控主机。具体系统由产品供应商负责深化。

根据《关于国家会议中心二期改建应急方舱医院项目专家咨询会会议纪要》的要求，应急照明系统利用场馆现状条件，在主要疏散路线上设置蓄光疏散指示标识，并增加安全出口标志灯。室内序厅作为临时疏散经过场地，赛时疏散指示和安全出口完好，利用现状使用。

现有出口标志灯采用大型安全出口标志灯，接入现有疏散支路，电源线采用 WDZN-BYJ（2×2.5）、控制线采用 WDZN-RYSP（2×1.5）穿管并做防护处理接引。

4.4.2　不同类型改造类方舱特性研究

上一小节针对改造类方舱的典型样式进行了介绍，但在实际应用中，并非所有待改造既有建筑的基础条件都完全一致。下面将针对多舱组合、超大空间改造为收治区及低矮空间改造为收治区几种特殊类型进一步深入阐述。

1. 多舱组合类

改造类方舱医院通常根据原建筑形态进行改建、加建，因此原建筑的空间组合形态决定了方舱医院的空间组合。

城市展览类建筑是改造为方舱医院的首选建筑类型，因其周边较少有集中的居住区；具足够大的室内空间收治足够多的患者；有足够开敞的室外空间形成天然屏障以阻隔病毒同时作为方舱室外场地。

城市展览类建筑往往由多个展厅组合而成，常见为鱼骨式、集合式、组团式等形式，改造策略多为将展厅用作收治区，多个展厅大空间组合提供了足够多的病床床位，同时将医护办公区、卫生通过区等功能集中设置，或几个展厅共用，这样可大大节约建造成本，同时减少改造和管控的区域。

对于展览建筑这种多个收治区组合而成的组团式方舱医院，统称为：多舱组合式方舱医院，下述以北京新国展轻症方舱医院为例，阐述多舱的组合方式以及可共用部分的划分原则。

1）项目概况

北京新国展轻症方舱医院位于北京市顺义区新中国国际展览中心地块，具体四至范围：北至新国展二期地块，南至天北路，西至裕丰路，东至裕东路。

项目总用地面积 116.44hm^2，展览区建设用地面积 52.886hm^2，改造前地上主要由展馆、登录厅、会议以及附属配套设施、地下机电用房等功能组成。

改造时利用原展览建筑各展馆的流线组合方式进行改造设计。

原展馆功能布局为鱼骨式展览建筑，从南侧广场进入主要登录厅：南登录厅，向北经室内连廊到达两侧鱼骨排列的 W1～W4，E1～E4 展厅，东西展厅之间设室外庭院，各展厅南北向设置卸货通道。展厅区域亦可通过北、东、西登录厅进入。基本功能组织见图 4.4.2-1。

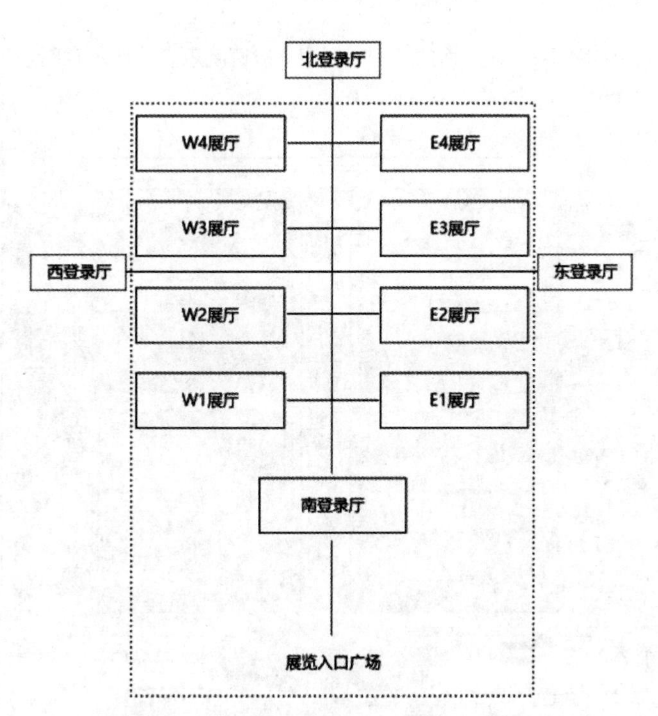

图 4.4.2-1 新中国国际展览中心原建筑分区示意图

根据原展览建筑功能排布，方舱医院的改建使用图中虚线范围内区域作为患者的主要收治区域。将入口南广场作为患者大巴停靠落客区域，南登录厅作为患者登记入院的入院

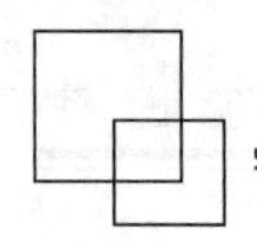

大厅，大空间展厅改建为患者的收治区域，并通过室内卷帘等关闭北、东、西登录厅，以便于医院管理。改建功能示意见图 4.4.2-2、图 4.4.2-3。

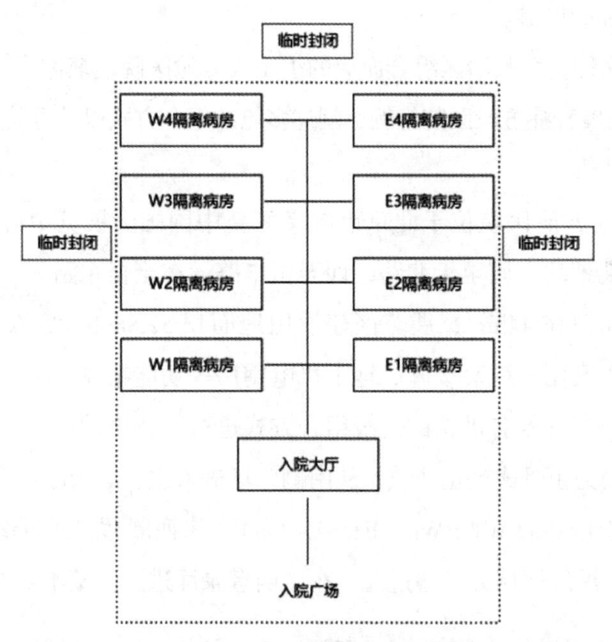

图 4.4.2-2　改造后的新国展轻症方舱医院患者分区示意图

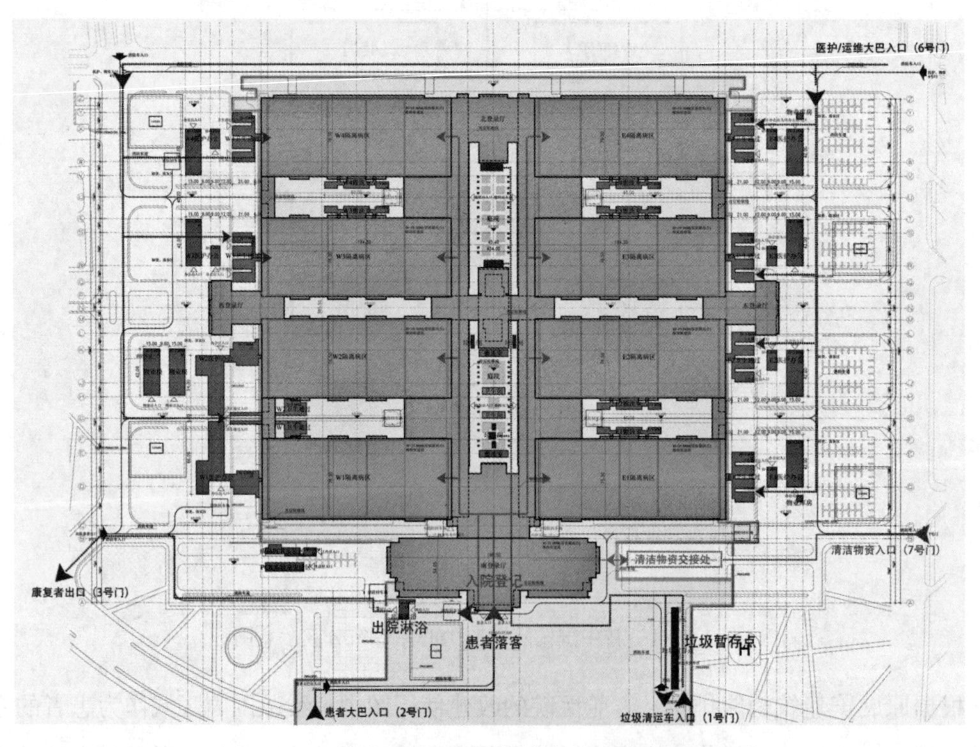

图 4.4.2-3　改造后的新国展轻症方舱医院总图流线图

对于包含多个展厅的展馆改造为方舱医院的情况，我们应尽可能利用原展馆的功能排布、展厅组合和流线组织，达到高效快捷的功能改造，并减少成本投入。多个病房由一条患者出入院流线串联，并设置单独的入院大厅，减少患者可到达区域，便于传染类疾病的控制以及医院的患者流线组织。在入院大厅进行入院登记，由主要管理医院进行登记。之后于各个隔离病房入口处，再次进行床位引导和物资分发，可由单独管理每一个隔离病房的医院分别进行指引。明确主体医院和分管医院的管理范围和责任划分，便于应对突发性大型传染病时医疗条件不足，组织仓促等条件下，医院的管理存在困难等情况。对于新国展轻症方舱医院项目，因其作为北京市市属方舱医院，在疫情期间承担约7500床患者的收治任务，因此采用多医院联合组织的形式。统一登记、分别分诊，单独管理为新国展轻症方舱医院的运行提供了有利条件。

医护人员和物业人员作为另一个使用医院的主体，在污染区外围设置提供医护、物业管理人员办公、会议、休息的场所，并通过单独的卫生通过连接清洁区和污染区，因新国展轻症方舱医院属于多医院联合管理的方舱医院，每一个病区外部都单独设置了医护、物业办公休息区和单独的卫生通过。医护、物业人员根据值班班次，通过统一大巴等抵达休息区，在休息区落客之后通过各自的卫生通过进行防护服穿戴后进入病区，工作结束后经卫生通过返回休息区并由大巴运送统一离开医院。

医护区域功能排布示意见图4.4.2-4、图4.4.2-5。

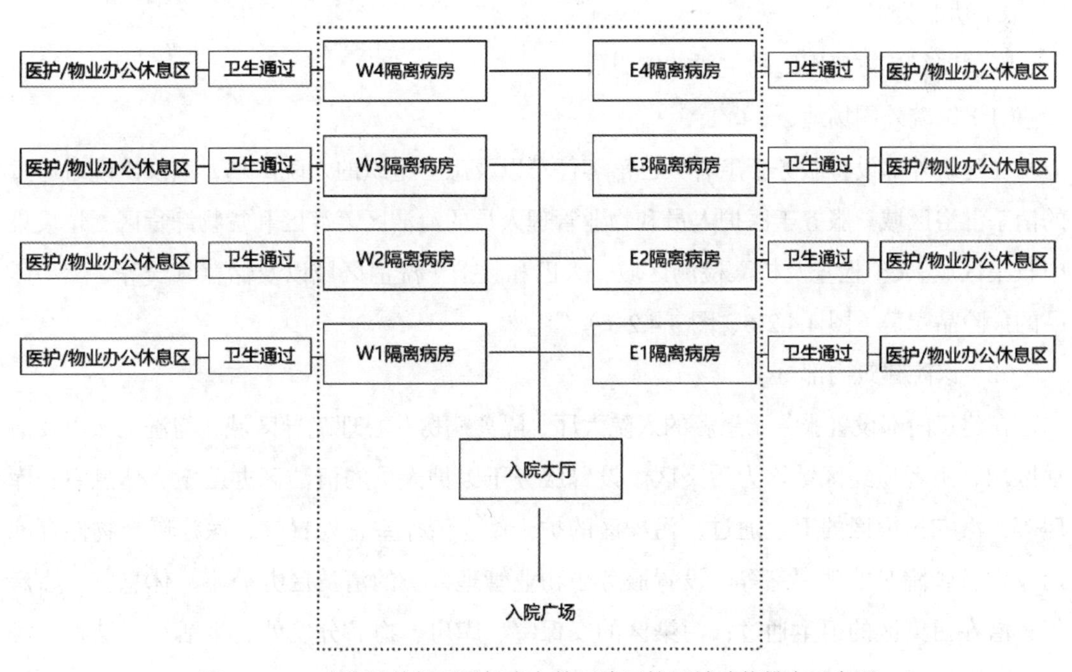

图4.4.2-4　改造后的新国展轻症方舱医院医护区域功能排布示意图

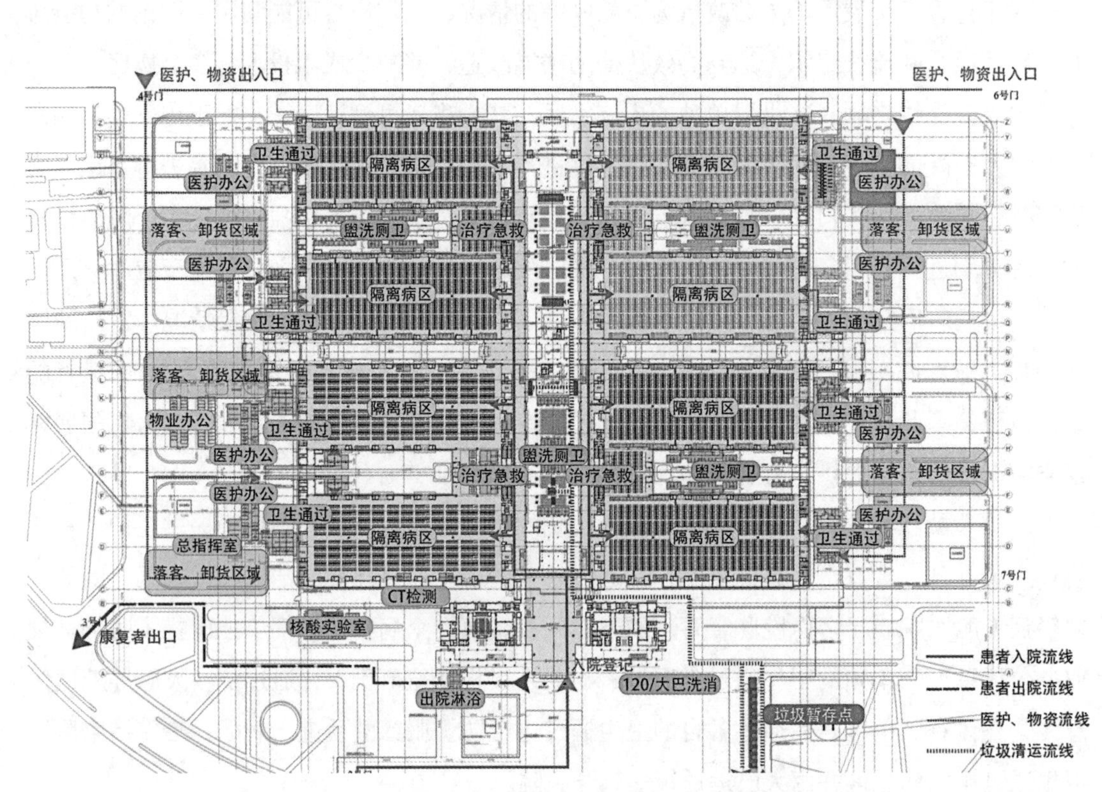

图 4.4.2-5　改造后的新国展轻症方舱医院功能流线图

2）功能共用

新国展轻症方舱医院的主要功能组成

（1）医院外围场地

在建筑外部设置服务于患者大巴落客停车以及患者组织的入院广场，以及出院时通过的消杀淋浴区域。服务于医护人员和物业管理人员的清洁区落客区和货物卸货区、垃圾集中收集区域、CT 检查及核酸检测区域、大巴和救护车洗消区域以及储存氧气等易燃易爆品的危险品库房（图 4.4.2-6、图 4.4.2-7）。

（2）医院建筑内部

在建筑内部设置服务于患者的入院大厅、隔离病房、心理疏导区域、盥洗区域以及活动区域，患者途经区域均为污染区。设置服务于医护人员的清洁区办公室、休息室、库房等；潜在污染区的卫生通过；污染区的护士站、治疗室、处置室、医疗废弃物储存间以及预备转院时的观察室等。设置服务于物业管理人员的清洁区办公室、休息室、库房等；潜在污染区的卫生通过；污染区的安保室、库房、物品分发处、生活垃圾储存间等（图 4.4.2-8～图 4.4.2-13）。

图 4.4.2-6 核酸检测 PCR 实验室照片

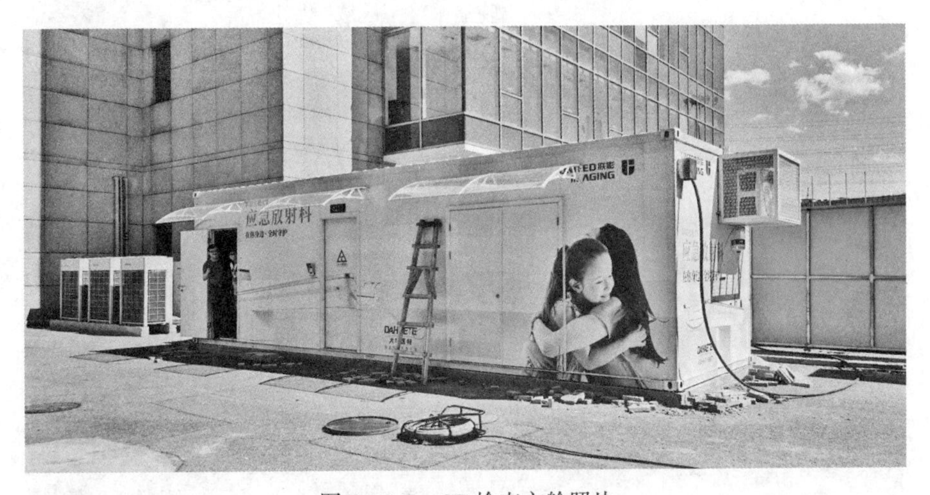

图 4.4.2-7 CT 检查方舱照片

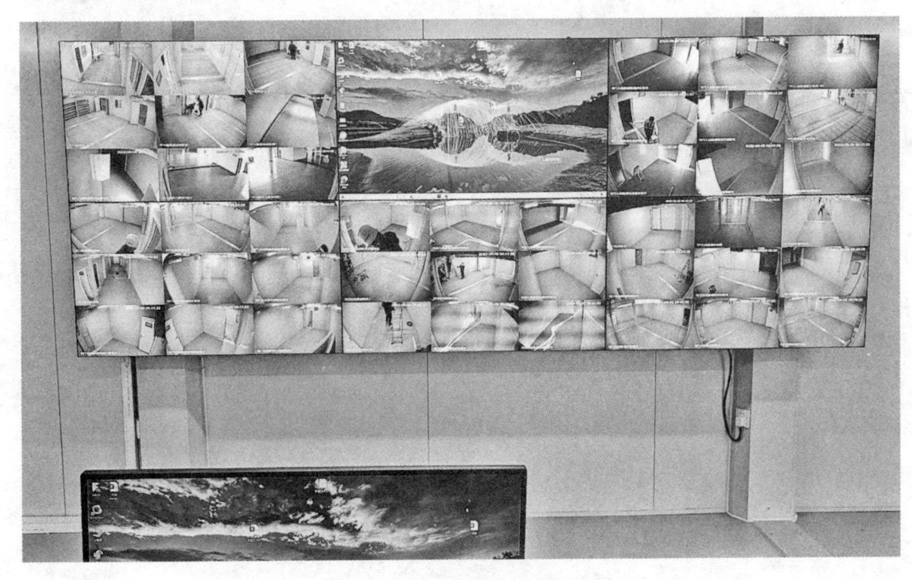

图 4.4.2-8 中控室区域照片

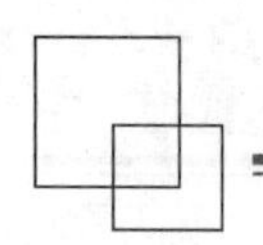

图 4.4.2-9　出院消杀淋浴区域照片

图 4.4.2-10　办公休息区和卫生通过照片

图 4.4.2-11　隔离病房区域照片

图 4.4.2-12　室内活动区域照片

图 4.4.2-13　生活垃圾暂存间

以上功能区块依据现有展览建筑的基础布局形式，结合多医院共同管理的运营模式，形成如下共用区域和分管区域。

共用功能部分见表 4.4.2-1。

新国展轻症方舱医院共用功能部分　　　　**表 4.4.2-1**

新国展轻症方舱医院共用功能部分				
	分区	患者	医护人员	物业管理人员
室外	污染区	入院广场	大巴、救护车洗消区	垃圾集中收集处
			危险品库房	
	潜在污染区	出院消杀淋浴区	大型货品卸货区	大型货品卸货区
	清洁区			中控室

续表

新国展轻症方舱医院共用功能部分				
	分区	患者	医护人员	物业管理人员
室内	污染区	入院大厅	大厅登记处	
		CT 检查		
		核酸检测		

分管功能部分见表 4.4.2-2。

新国展轻症方舱医院分管功能部分　　　　表 4.4.2-2

新国展轻症方舱医院分管功能部分				
	分区	患者	医护人员	物业管理人员
室外	污染区	患者室外活动区		
	清洁区		落客区	落客区
			室外休息活动区	室外休息活动区
			小型货品卸货区	小型货品卸货区
室内	污染区	隔离病房	护士站	安保室
		心理疏导区	治疗室	物资库房
		卫生盥洗区	处置室	物品分发处
		室内活动区	医疗废弃物暂存间	生活垃圾暂存间
			转院观察室	
	潜在污染区		卫生通过	卫生通过
	清洁区		办公室	办公室
			会议室	会议室
			生活休息室	生活休息室
			药品物资库房	生活物资库房

图 4.4.2-14 中上部虚线范围内为各医院分管区域，下部虚线范围内为方舱医院共用功能。

2. 超大空间类

除了将民用建筑改造为方舱医院，在一定条件下，部分工业建筑也可以改造为方舱医院，但工业建筑的厂房空间往往面积较大高度较高，且缺少必要的疏散条件。

下面将以顺义林河方舱医院为例，阐述超大空间改造为方舱医院时的应对策略。

1）项目概况

项目北临林河大街，南邻林河南大街，西临铁东路，东临其他园区，占地面积约 10.25hm^2，主要现状建筑物 3 栋。场地现状建筑布局如图 4.4.2-15 所示。

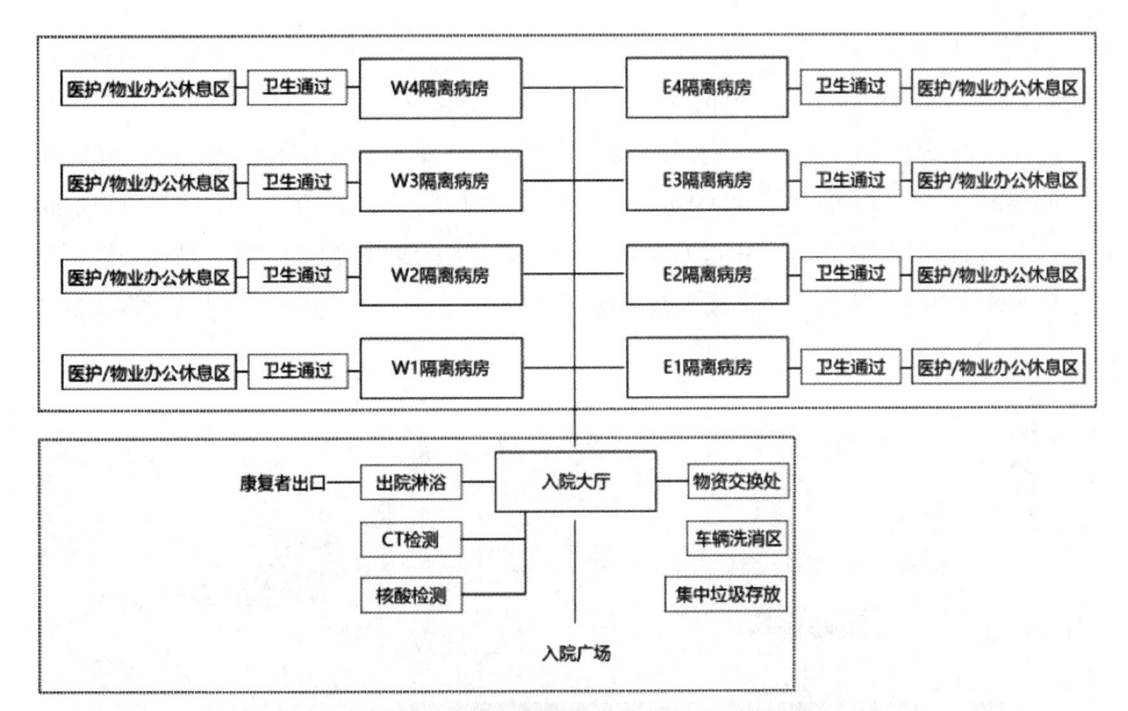

图 4.4.2-14 新国展轻症方舱医院共用及分管区域分布示意图

图 4.4.2-15 场地现状建筑布局

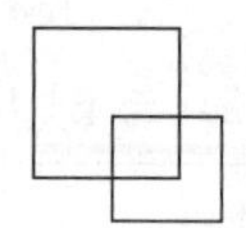

联合厂房位于厂区中心位置，建筑面积为30707m²，占地面积为29916m²，地上单层厂房，无地下，檐口高度12.80m。办公楼位于场地西北角，建筑面积4362.8m²，占地面积1122.6m²，地上四层，建筑总高度（室外地面至女儿墙顶）为16.8m。涂装车间建筑面积位于场地南侧，建筑面积2084.09m²，单层厂房，建筑高度16.65m。项目主要将原址联合厂房改造为可容纳3860个床位的大空间病房区；办公楼利旧作为运维管理办公楼；涂装车间不做使用。其他配套设施围绕病房区外围加建。联合厂房内外现状如图4.4.2-16所示。

图4.4.2-16　联合厂房内外现状

2）超大空间改造的设计要点

项目主要为工业建筑改造为民用建筑方舱医院。原址联合厂房长188m，宽162m，10跨东西向桁架结构，每跨18m，净高达到10m以上，改为民用建筑医院，在执行《建筑设计防火规范（2018年版）》GB 50016—2014（2018年版）、《方舱医院设计导则（试行）》等各项规范标准上有着较大差异，带来的问题梳理如下：

（1）使用安全问题

现状厂房高大空间采用钢结构体系，并空置多年，缺少维护。目前厂房的防火、防水、外围护结构保温节能、结构耐久稳定等各项性能无法判定是否符合安全使用要求。

（2）空间划分问题

厂房内部空间超大超高，长188m，宽162m；共10跨桁架，每跨18m，净高达到10m以上，屋面原为金属屋面板。考虑墙板材料的高度极限，机电管线及屋面板间的封堵难度，若按功能流线、防火分隔及防疫要求，短时间内进行有效的分隔存在较大难度。厂房内部现状空间如图 4.4.2-17 所示。

图 4.4.2-17 厂房内部现状空间

（3）防火疏散问题

厂房单层面积约 3 万 m^2，无法按现有消防规范划分防火分区，并满足疏散距离、宽度等要求。

（4）适用标准问题

现状消防设施仅满足厂房建设时的消防标准，不符合改造为方舱医院所对应的现行国家消防规范要求，需进行消防专项论证。

3）对现状及要点的综合判定

对以上特殊设计问题进行梳理后，综合判定了设计的要点。

① 需在改造前对厂房现状主体结构、围护结构、市政基础设施、机电系统、污水处理条件进行评估。并出具应急评估报告或鉴定报告。

② 由于超高超大，内部空间无法有效分隔，需将厂房作为整体使用，其他方舱附属功能需充分利用周边场地。

③ 由于消防疏散及现状消防设施仅满足厂房建设时的消防标准。针对此次快速改造为方舱医院应急使用，有大量不符合现行规范要求的改造难点。需进行消防论证后采用特

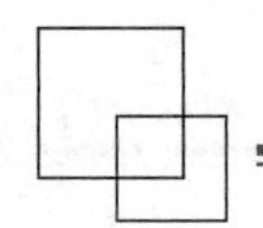

殊的消防加强措施。

④ 综合判定功能需求、现状条件及工期时间后，建设方和使用方确定此次设计将联合厂房改造为方舱医院，将办公楼改造为运营管理办公楼，涂料车间不改造、仅进行现状维修清理利用。

4）要点处理策略

（1）外部空间的利用

北京顺义林河方舱医院现状总图和场地基本维持原设计，仅在室外场地新建成品集装箱房、配建室外机电设施，梳理室外消防通道。

方舱医院严格按照“三区两通道”的原则进行设计，从总平面图布局上分为污染区、清洁区和缓冲区，通道分为卫生通道、病患出院通道，并在此基础上深化设计出：无接触清洁物资交换区、无接触清洁区垃圾交换区，严格体现卫生防疫要求，避免人员和物资的交叉感染。园区整体功能分区如图 4.4.2-18 所示。

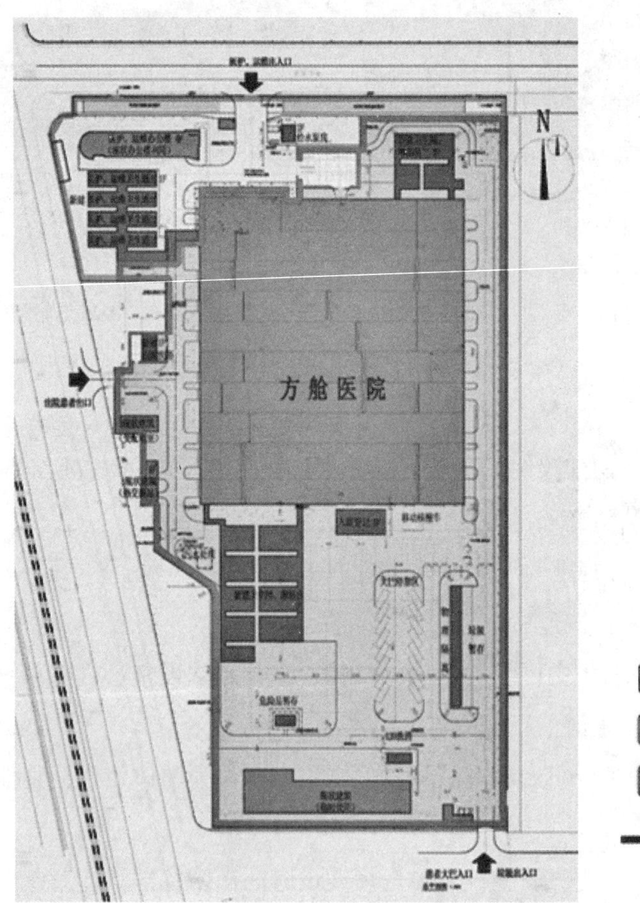

图 4.4.2-18　园区整体功能分区

方案将现状厂房作为患者区域（污染区）。医护工作区（清洁区）可设置在室外的广场区域，设置集装箱房卫生通过、室外卫生间、淋浴、盥洗室等，穿脱防护服的卫生通过区设置在西北角室外区域。

按防疫指挥部要求，医护、维保需使用现有西北角四层办公楼（整体利旧使用），方舱医院使用期间，对原设计房间进行家具布置，以满足各部门使用需要。医护、安保、警察、保洁人员均从卫生通过区穿防护服后进入隔离区内。室外部分利用园区现有道路，结合新增功能模块，合理组织消防通道。园区流线组织如图 4.4.2-19 所示。

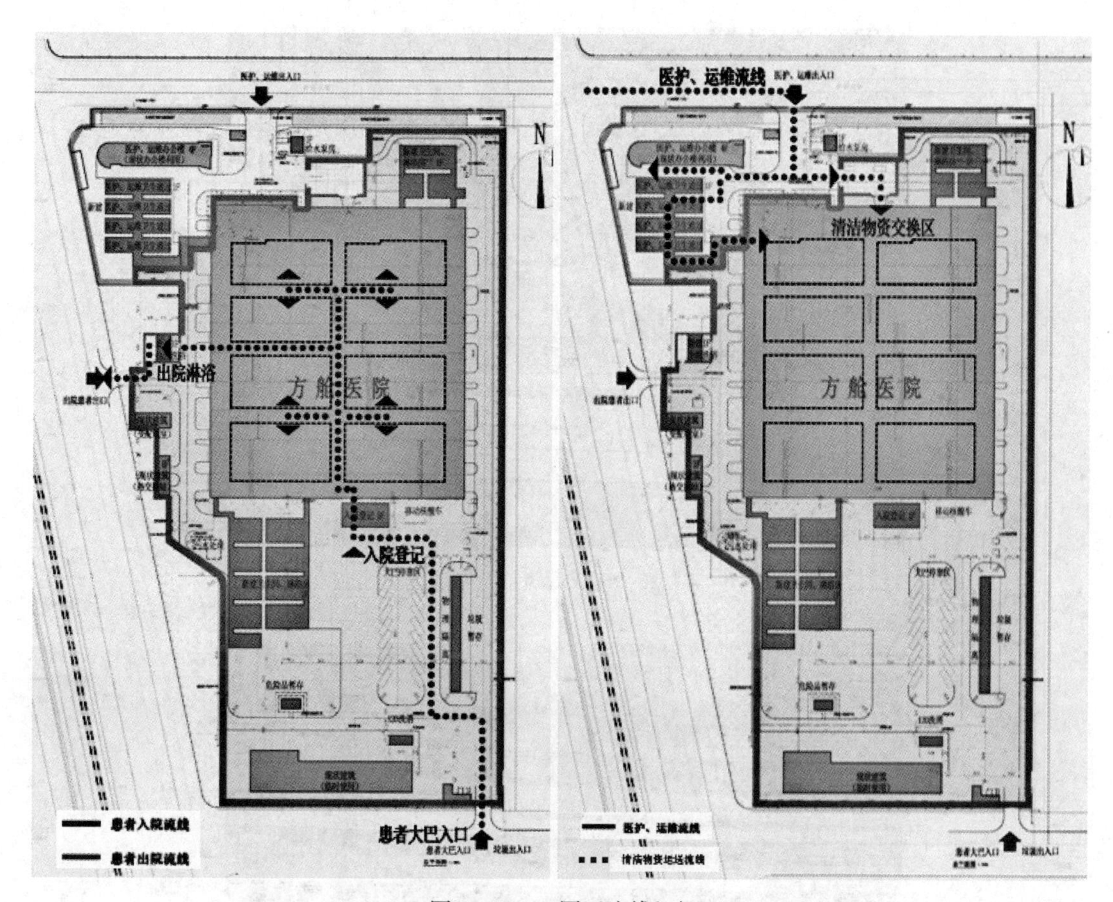

图 4.4.2-19　园区流线组织

（2）内部空间组织

由于现有工业厂房面积较大，高大空间亦无法完全防火分隔，双层床床位数达到 3760 张，设计上对内部的空间划分进行梳理后形成下列原则：

① 功能分区：内部空间分为隔离病区、北侧病患活动区、医护区、病患入口区，以及连接通道通至卫生间。

② 隔离病区分区域、分组团：隔离病区分为 8 个病床区域，每区（A-H）床位数 400～500 张；各区之间设置约 6m 宽的安全通道分隔。各区内设置一个 180m^2 护士站、服务站；每区内设次级疏散通道通至主安全通道。为男女分区域设置、家庭区域提供灵活可行性。为工业建筑改民用建筑充分考虑消防疏散合理性。

③ 消防措施：设置无可燃物的安全通道区域（约 6m 宽），每个区域内均可双向疏散至安全通道区域，疏散距离不超过 30m。建成后疏散安全通道见图 4.4.2-20、图 4.4.2-21，厂房内部空间功能布置见图 4.4.2-22。

图 4.4.2-20　建成后疏散安全通道 1

图 4.4.2-21　建成后疏散安全通道 2

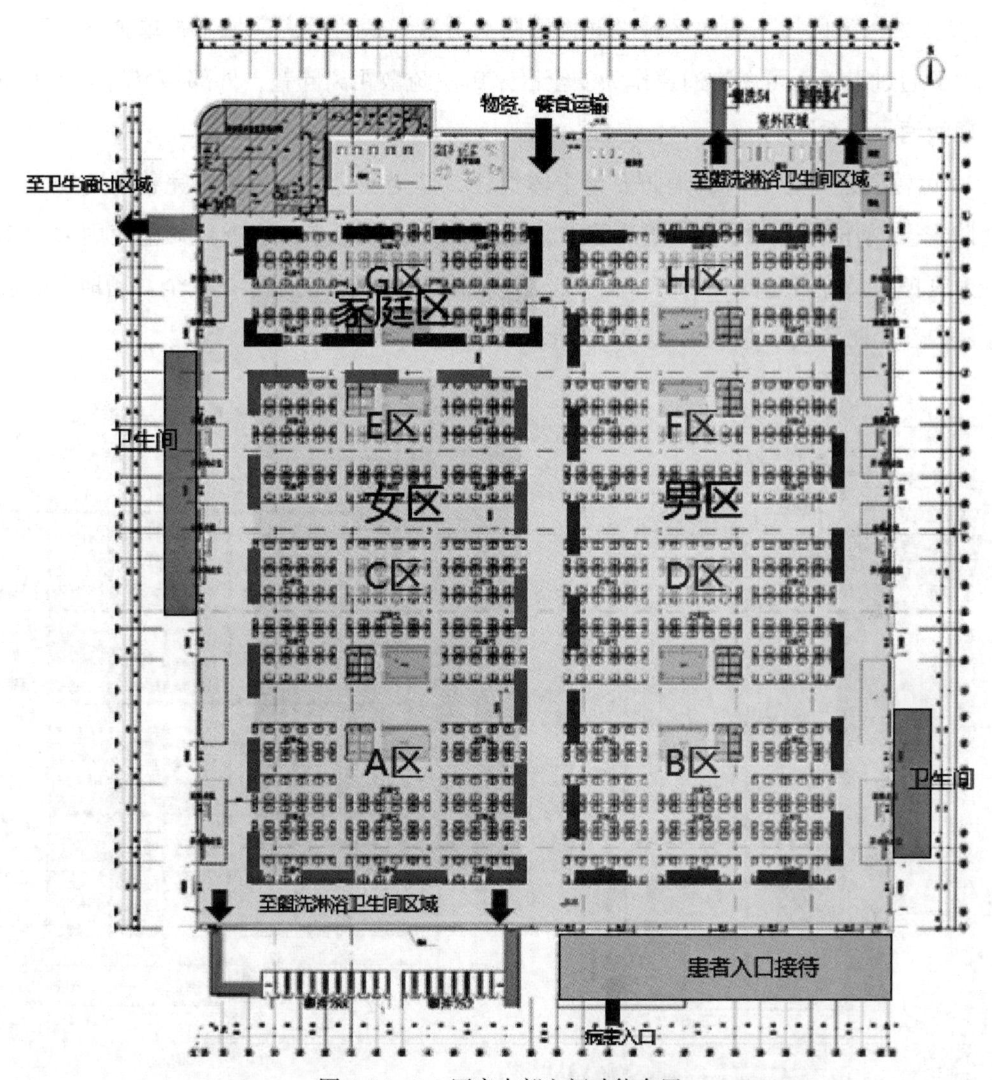

图 4.4.2-22 厂房内部空间功能布置

(3)消防安全的处理措施

项目是利用厂房改造为方舱医院的应急临时性建设工程。由于项目建筑特点、室内空间独特、建筑功能复杂，依照国家消防技术规范，难以实现项目特定的使用功能、需求。因此需相关单位就防火、疏散体系的标准和原则做出判定。受建设周期、使用要求、场地条件、建设规模、建筑形式以及建筑材料等因素影响，可依据应急工程实际需求确定保障消防安全的技术和管理措施。

为此区住房和城乡建设委牵头组织了消防专项论证会，并得出结论如下：

① 在原有消防设施基础上增加火灾自动报警系统、排烟窗、电气火灾监控系统、应急照明系统，配备严重危险等级灭火器等加强消防安全的措施。

② 医护人员区域与病房区域之间设置防火分区。病房隔离区域不再单独设置防火分区，内部通过设置无可燃物通道作为安全区来解决疏散距离问题，外部卷帘门可作为疏散门，现状消火栓系统利旧。

③ 运营管理单位应落实消防安全主体责任，健全安全组织机构，完善消防安全制度和消防安全操作流程，增加微型消防站，加强日常防火检查、巡查，禁止使用大功率电器，为医护人员配备过滤式消防自救呼吸器，确保该建筑及使用人员安全。场地消防设计及厂房内部消防流线示意如图 4.4.2-23 所示。

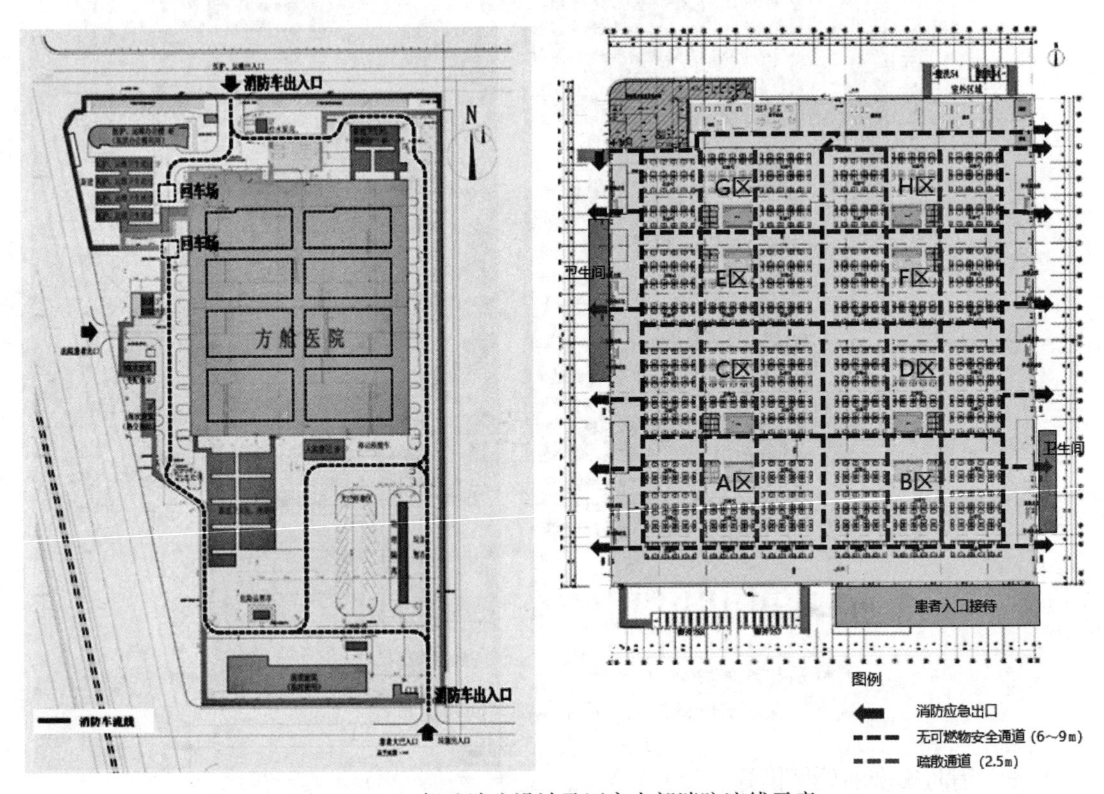

图 4.4.2-23　场地消防设计及厂房内部消防流线示意

3. 非高大空间类

与超大空间类型的方舱不同，当改造后收治区的空间高度较为低矮、现状建筑室内消防、机电设计完善，室内大空间与小空间并存，其改造原则与其他厂房类空间不同。

1）非高大空间改造类方舱医院的定义

非高大空间改造类方舱医院，指利用既有医院、办公楼、教学楼、酒店等非高大空间建筑进行改造的方舱医院。既有建筑的平面布局一般较为固定，每个使用空间面积不大，布局灵活性较小，层高和净高不高。

2）非高大空间类改造方舱医院的特点

① 平面布局：既有建筑空间一般为医院病房、办公室、教室、酒店客房等功能，每个使用空间面积不大，布局灵活性较小。考虑到方舱医院改造的建设周期一般较短，且多为临时性使用，因此改造设计中一般不对既有建筑的平面布局进行较大调整，结合现状房间分隔根据方舱医院的收治特点，合理地设计功能需求。

② 空间高度：受限于既有建筑的使用功能，改造方舱医院的空间高度一般不高，一般净高在6m以内，多数净高在3～4m之间。改造设计中一般充分利用既有空间高度，新增管线等尽量在原有吊顶空间内敷设。床位数紧张的改造方舱医院可以考虑使用上下铺床位，根据现状高度判断上铺空间是否可供人员休息，或仅可供行李、物品存放。考虑到使用时的空间感受，面积较大的使用空间如展厅、大型会议室、多功能厅等，床位布置时应考虑适当减小床位密度，减少空间压抑感。

③ 机电系统：既有建筑的机电系统一般较为完善，改造设计中根据改造要求，应对原建筑机电系统现状进行分析评估后，进行针对性的局部改造，尽量使用原有机电系统。

④ 装修设计：改造设计中尽量利用既有建筑的装修，针对使用需求进行局部改造。考虑到建筑空间较为狭小，装饰选材、家具选型、引导标识一般考虑素色或较为明快的颜色，减少空间压抑感。

下面将以石景山UAC方舱医院改造为例，阐述现状多层办公建筑改造为方舱医院时的应对策略。

1）项目概况

石景山UAC方舱医院位于石景山区石热电厂厂区内，最早为热泵机房，结构通高9.98m。厂房在2022年冬奥会及冬残奥会期间改造为北京赛区制服与注册中心（以下简称UAC制服与注册中心），使用功能主要为办公及附属配套设施。建筑整体二层，局部一层，内部存在多种大小不等的分隔空间，分别用于办公、会议、展厅等功能。建筑首层层高5.22m，净高3.2m；二层层高4.76m，净高2.7m。室内装修现状为精装，详见改造前图4.4.2-24。

2）改造原则

改造原则包括：

① 不改变原有的消防设计原则；

② 结合现状房间分隔和空间高度，根据方舱医院的收治特点，合理地设计功能需求；

③ 应急隔离观察点作为临时场所，转化应迅速、拆装便捷、调试简单；

④ 现状机电系统尽量不作大的修改，根据传染病住院区的设计要求对机电系统进行升级，改造后机电系统应确保安全性、稳定性、可操作性；

图 4.4.2-24　改造前室内照片

⑤ 应急隔离观察点使用的机电系统应满足医患工作、生活需求；

⑥ 充分考虑平疫结合，提高系统的可兼容性。

3）改造策略

（1）整体流线

原UAC制服与注册中心改造为应急方舱医院后，可设置约1000张病床。将现状建筑、建筑东侧外廊及南侧小广场作为患者区域（污染区），室外设置出院淋浴、患者盥洗室和医废暂存区等。医护工作区（清洁区）设置在现状建筑北侧室外的空地区域，设置医护办公区、卫生通过区等，穿脱防护服的卫生通过区通过建筑东北角进出方舱。整体布局及流线详见图 4.4.2-25。

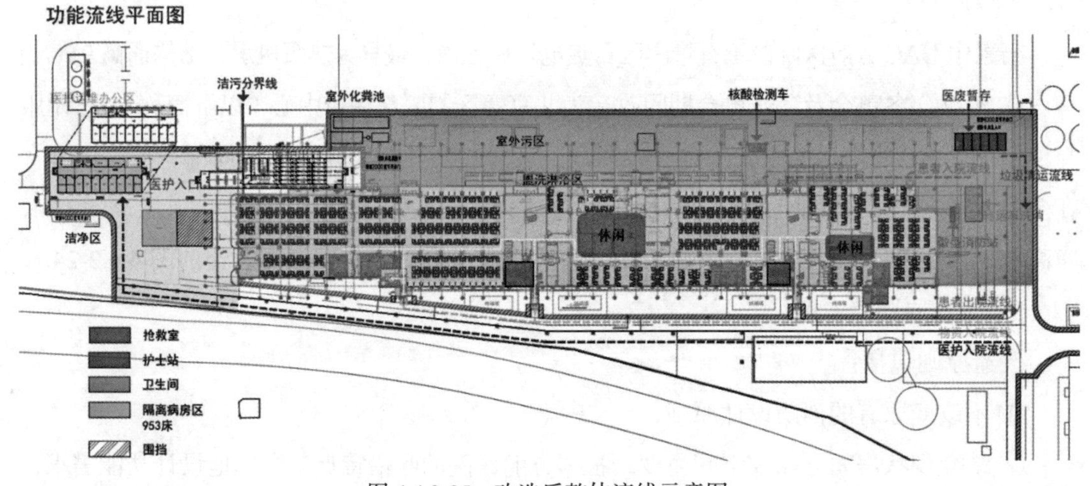

图 4.4.2-25　改造后整体流线示意图

（2）平面布局（现状建筑改造部分）

保留现状建筑室内空间布局、房间分隔不进行拆改。

原UAC制服与注册中心基本功能为开敞类空间（制服展示区、服装库房、制证区）和独立类空间（宿舍、办公、会议、休息室、卫生间、机房等），详见图4.4.2-26、图4.4.2-27。

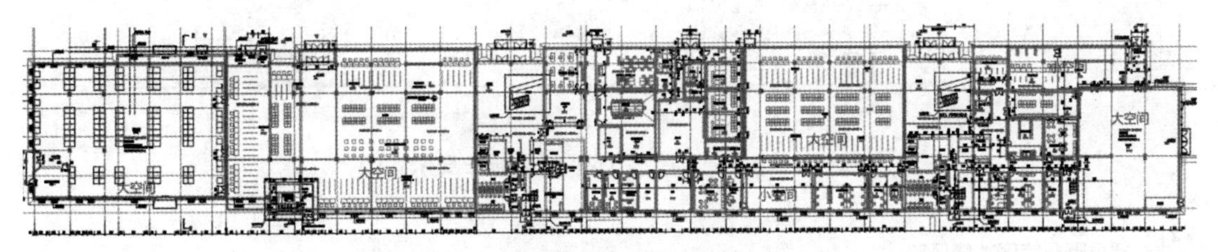

图4.4.2-26 改造前首层平面功能布局示意图

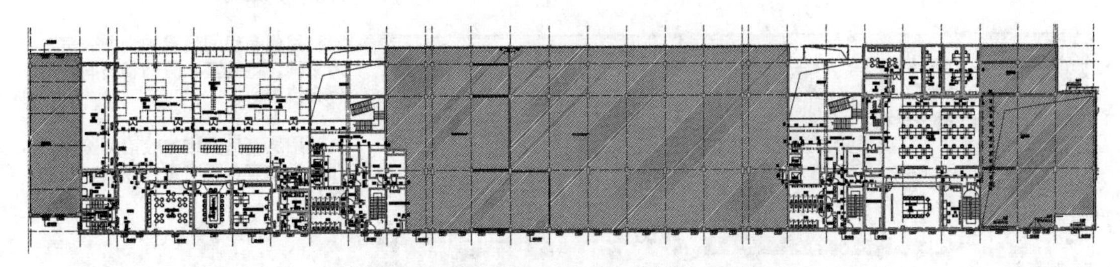

图4.4.2-27 改造前二层平面功能布局示意图

UAC制服与注册中心改造为应急方舱隔离点，优先考虑开敞办公区、冬奥会制证车间等大空间，以及具备采光通风条件的独立办公室、会议室设置病床，无采光条件的房间考虑作为患者更衣室、患者活动室、阅览室、医药物资间、休息室等功能使用。详见图4.4.2-28、图4.4.2-29。

根据现状建筑内部房间分隔大小不均的特点，以及方舱医院的使用要求，将收治区分为开敞空间、独立空间两种收治布局形式。其中开敞空间按组团式布置床位，控制组团规模不超过100张床，组团之间设置缓冲、休息区域。独立空间收治区按照4～5个床位/间进行布置，适用于家庭间、老人间、特殊收治区等区域，增加方舱医院的人性化体验，提高了患者在就医、治疗期间的舒适度。详见图4.4.2-30、图4.4.2-31。

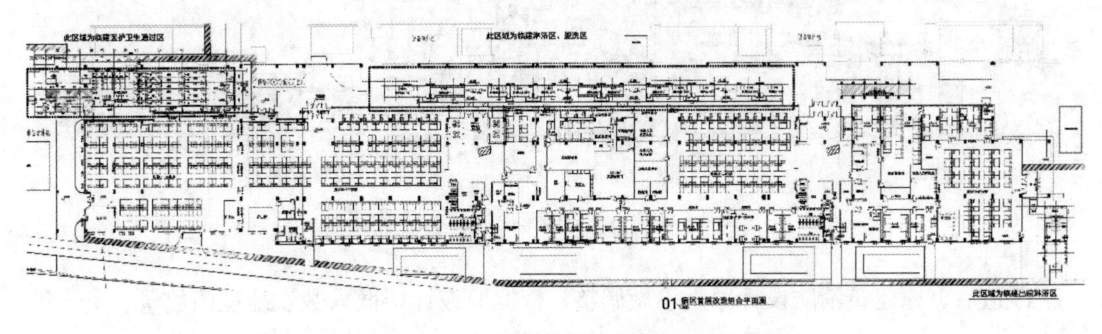

图4.4.2-28 改造后首层平面功能布局示意图

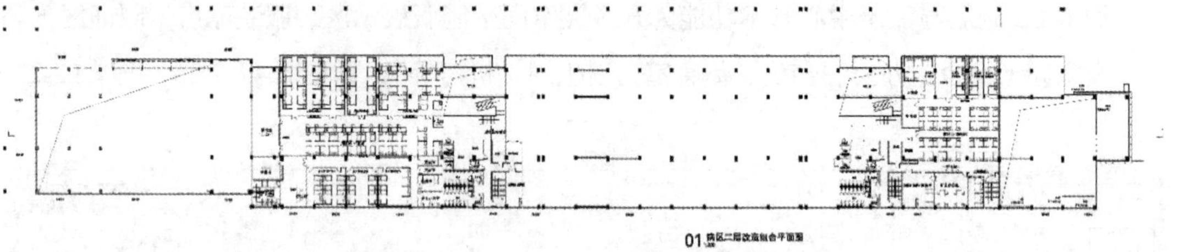

图 4.4.2-29　改造后二层平面功能布局示意图

首层隔离病区功能局部
1. 此区域由1个大空间多个小空间的分隔形式组成。
2. 利用原有房间设置护士办公室、污物间、抢救室、医药物资间、远程会议中心。
3. 利用原有房间增加收治阅览室、儿童活动室、更衣室、保洁、安保休息室。
儿童活动室
阅览室
医药物资间
远程会议中心
污物间
抢救室
护士办公室
大空间119张床
位置示意

图 4.4.2-30　改造前首层局部示意图

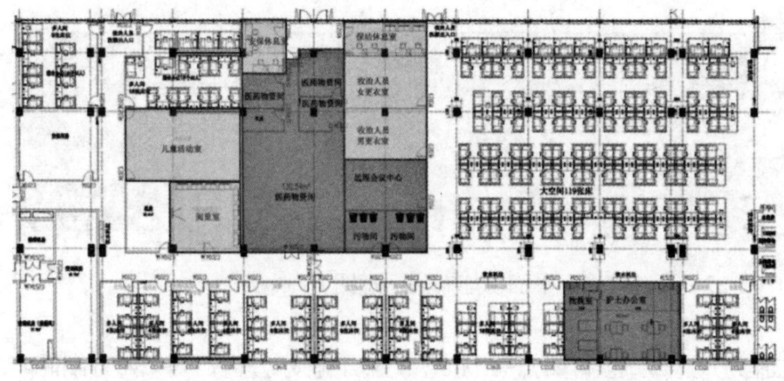

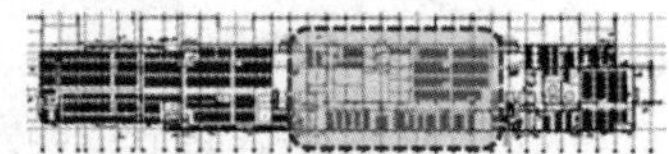

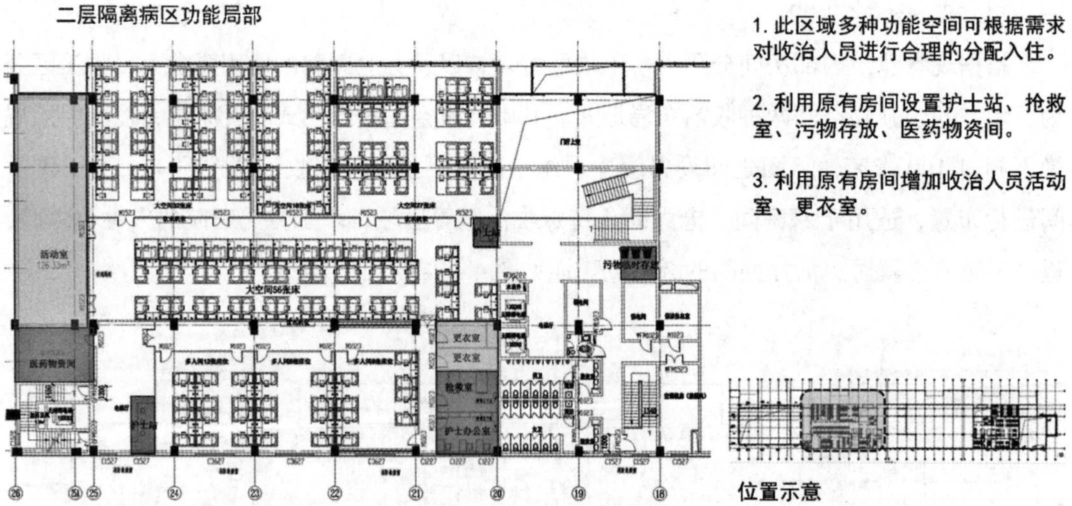

二层隔离病区功能局部
1. 此区域多种功能空间可根据需求对收治人员进行合理的分配入住。
2. 利用原有房间设置护士站、抢救室、污物存放、医药物资间。
3. 利用原有房间增加收治人员活动室、更衣室。
活动室
医药物资间
大空间56张床
更衣室
更衣室
抢救室
护士办公室
护士站
污物临时存放
位置示意

图 4.4.2-31　改造前二层局部示意图

改造后，原建筑消防设计原则不做调整。依据原设计疏散人数、疏散门数量、宽度等合理规划收治床位，限定收治人数；根据原疏散门位置，核实疏散距离，合理布置应急逃

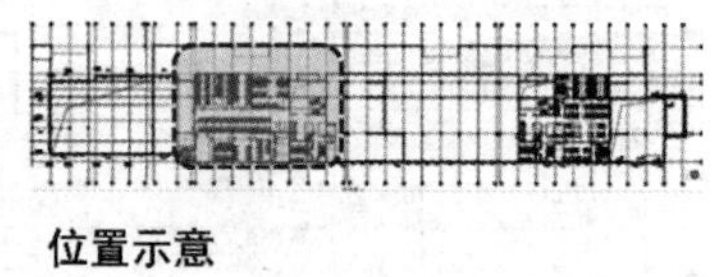

疏散流线。

（3）空间高度

既有建筑首层层高 5.22m，净高 3.2m，采用双层床（低铺为收治人员床位、行李等私人物品临时存放高铺位）。二层层高 4.76m，净高 2.7m，采用单层床。详见图 4.4.2-32。

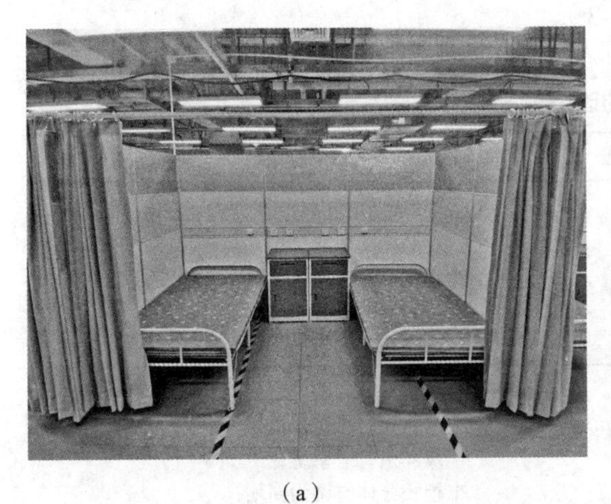

（a）

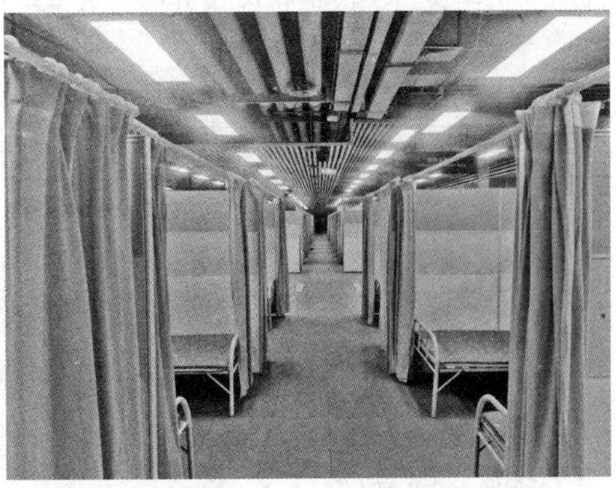

（b）

图 4.4.2-32　改造后二层照片

控制新增管线不影响原净高高度。新增管线主要为电气管线，管径较小，均在原净高高度以上、吊顶以内敷设。详见图 4.4.2-33。

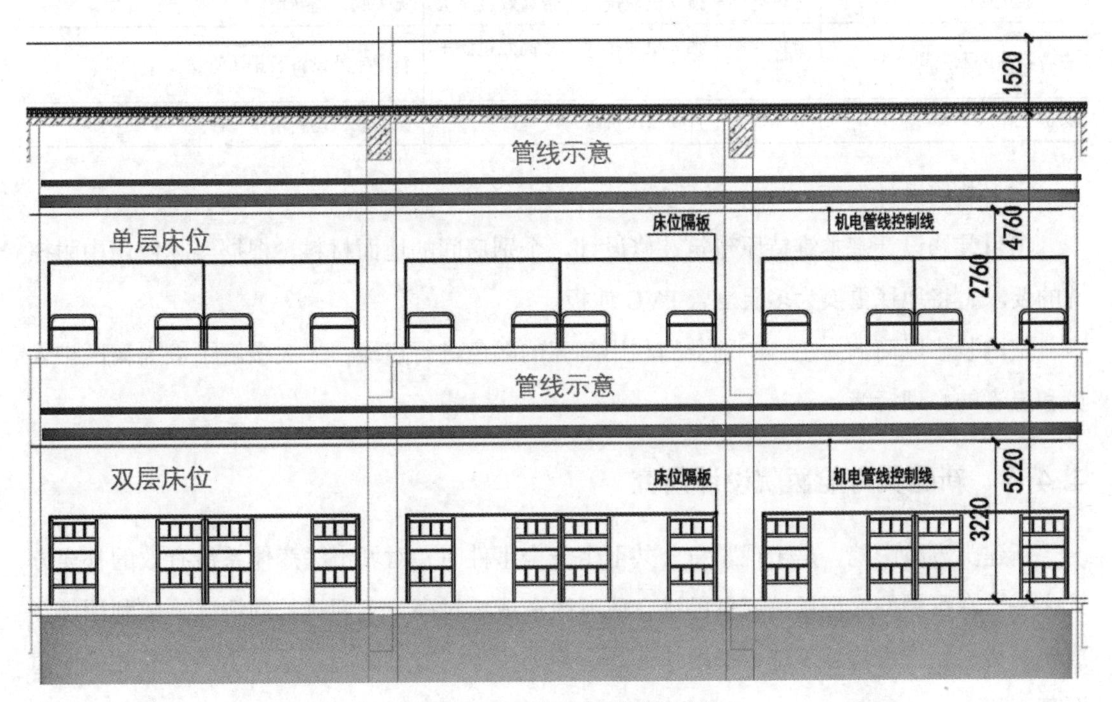

图 4.4.2-33　改造后剖面示意图

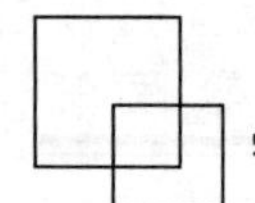

（4）机电系统

经对现状建筑既有机电系统进行评估分析，原系统设计相对完备，不需进行大范围拆改及调整，如弱电系统，无线网覆盖、监控覆盖等。仅根据使用要求对局部区域针对性地进行补充，如新增床位插座面板、呼叫按钮，根据排风、新风系统、供暖系统的评估，局部增加机组设备、改造排风条件等（表 4.4.2-3）。

供暖空调系统的改造情况对比表 **表 4.4.2-3**

功能区名称	供暖空调系统	与现状系统关系
患者收治区（原两层办公 / 等候区）	风机盘管＋现状新风机组＋独立机械排风（带高效过滤）＋可移动式消毒机	风机盘管利旧； 现状新风机组利旧，排风机段、热回收段停用； 排风为新增； 可移动式消毒机为新增
患者收治区（原制证间）	多联式新风机组＋独立机械排风（带高效过滤）＋可移动式消毒机	现状多联式新风机利旧； 现状灾后排风机前管道利旧，增加排风机及其余管道系统； 柜式分体空调为新增； 可移动式消毒机为新增
患者收治区（原服装库房）	直膨式新风机组＋独立机械排风（带高效过滤）＋现状散热器＋柜式分体空调	无关联，新排风均独立设置，为新增； 散热器利旧； 柜式分体空调为新增
卫生通过区	分体空调＋独立机械排风（带高效过滤）	无关联，均新增
患者收治区卫生间	分体空调＋独立机械排风（带高效过滤＋杀菌）	新增室外设备及排风管道
医护工作区	分体空调＋直膨新风机组	无关联，均新增

（5）装修设计

项目装修设计基本维持原建筑装修设计。个别房间的地面材料，根据实际使用中耐擦洗的要求，将地毯更换为多层复合 PVC 地板。

室内装修以简洁为主，个别空间利用鲜亮的颜色进行点缀，大大缓解了被隔离医护人员和患者的心理情绪。

4.4.3 新建类方舱医院设计研究

新建类方舱医院，是出现紧急公共卫生安全事件时，对城市医疗体系最有效的补充方式之一。在可用的大型场馆容量已满，或者改造成本过高、工期过长的情况下，利用已经成熟的集成箱式房拼装工艺，择地快速建造新的集中式方舱医院，是较为经济高效的应急医疗工程。

方舱医院从本质上讲，属于医疗建筑的一个分支，因此新建类方舱医院的设计原则也应当遵循医院建筑设计的有关规定。但不同于永久性医疗建筑，新建方舱医院具有建设周期短、配置条件单一、功能布局简易、建筑使用年限较短等特点，故其建设标准也较之于传统医院建筑有所不同。目前新建方舱医院设计主要依据由国家卫生健康委办公厅、国家发展改革委办公厅和住房城乡建设部办公厅于 2020 年 7 月发布的《方舱医院设计导则（试行）》进行设计工作。同时非官方组织、地方政府以及相关设计单位也相继出台了可供参考的设计依据或指导意见，包括：2019 年由哈尔滨工业大学主编并出版的《应对突发公共卫生事件的医疗建筑设计》；由马云公益基金会、卓尔公益基金会、阿里巴巴公益基金会共同推出的、于 2020 年 5 月出版的《方舱庇护医院建设运营手册》；2022 年 11 月发布的《北京市建筑设计研究院有限公司方舱类项目管理与设计导则（V1.0 版）》；2022 年 11 月北京市重大项目建设指挥部办公室印发执行的《应急方舱医院建设基本要求》等。

1. 收治区的布局及流线

1）选址

根据现有的设计规范的规定，新建方舱医院基地选择交通应方便，并便于利用城市基础设施，环境应安静，远离污染源。用地宜选择地形规整、地质构造稳定、地势较高且不受洪水威胁的地段，不宜设置在人口密集的居住与活动区域。应远离易燃易爆产品生产、储存区域及存在卫生污染风险的生产加工区域，与院外周边建筑应设置大于或等于 20m 绿化隔离卫生间距。同时，在主体建筑之外应设置服务于患者大巴落客停车以及患者组织的入院广场，服务于医护人员和物业管理人员的清洁区落客区和货物卸货区，垃圾集中收集区域，大巴和救护车洗消区域以及储存氧气等易燃易爆品的危险品库房。

以上为新建方舱选址的理论模型，在一些城市远郊地区，会存在有如此高契合度的建设用地，例如，北京南苑机场方舱医院的建设场地条件就比较接近理想化状态。如图 4.4.3-1 所示，南苑机场方舱医院的建设场地为原北京南苑机场停机坪区域，场地内除了已经废弃的航站楼外，并没有太多的建构筑物，地势平坦开阔，十分适合方舱医院的建设。机场东侧为部队家属楼区，不适宜作为患者污染区用房。西侧为滑行道区，场地空旷，适宜做患者污染区，东侧现状建筑经过改造可作为清洁区用房。

但是在大多数现实情况下，建设场地自身条件及周边环境都十分复杂，加之新建类方舱医院是突发情况下的紧急措施，于平时的城市建设期间并未考虑相应的预留条件，所以在新建方舱医院时，设计人员和建设单位基本都会因地制宜地采取一部分妥协策略。

以朝阳体育中心方舱医院为例，设计伊始，对朝阳体育中心场地内可供选择建设方舱医院的地块进行方案比选，是首要的设计任务（图 4.4.3-2）。

图 4.4.3-1　建设选址对比

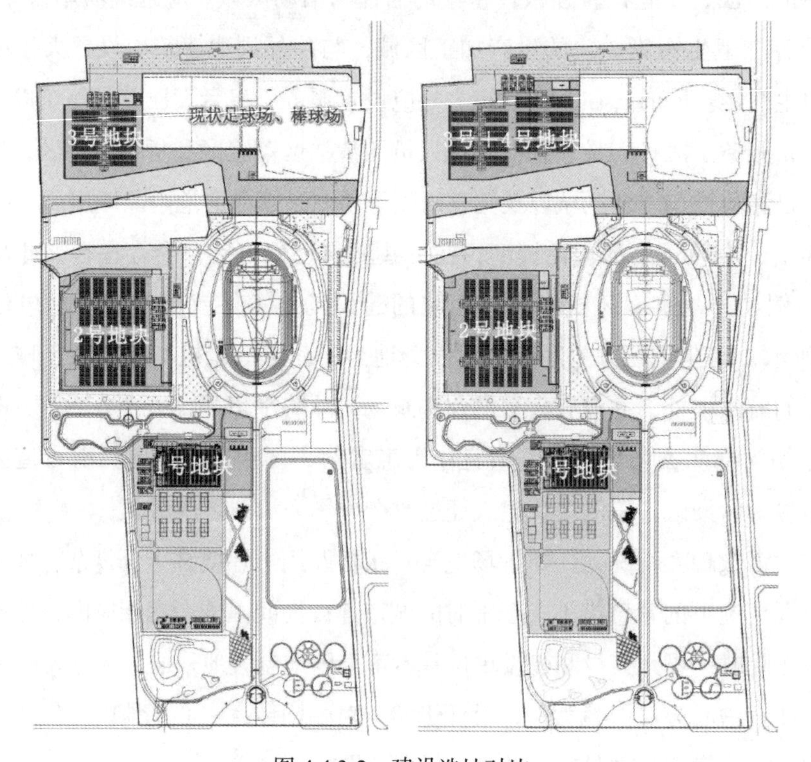

图 4.4.3-2　建设选址对比

1 号地块为网球馆，理论上可通过改造作为室内方舱医院使用。4 号地块为足球场和棒球场，也可以通过拆改场地建造方舱医院。然而以上做法，拆改工期较长，投入成本高。经过商讨，1 号地块和 4 号地块不作为建设用地。最终确定在 2 号和 3 号地块建设方舱医院。

2）总平面与场地流线

根据“三区两通道”和园区内进出流线的设计原则，新建方舱医院可采用的平面布局形式也会有所限制，医护单元由通道进行串联，并且有明确的界线划分，彼此没有空间的交叉。由此可以推断，“鱼骨式”布局是最为简洁高效且符合收治流线与医患分区基本原则的方式。武汉的火神山医院与雷神山医院均采用了“鱼骨式”平面布局，在投入使用后也验证了新建类方舱医院采用这种布局的优越性。

上述场地内流线组织和建筑平面布置，在我们实践的项目中也是一以贯之。虽然实际情况下，受场地条件的制约，方案设计和施工不可能完全按照理想化的标准模式去生搬硬套，但是在遵循基本要求和设计规范的基础上，适当让步以保证建筑使用功能得到满足也是权宜之计。例如，朝阳体育中心方舱的平面布置，首先，2 号地块东侧为体育场，二者之间间距较近，且考虑到新建方舱一部分机电条件需借用体育场接口引线至场地内，故基本确定场地东侧、靠近体育场的约 1/3 面积设置为清洁区，布置卫生通过区、医务休息室、物业办公和无接触卸货区场；地西侧大部分区域为医护单元，即为污染区（图 4.4.3-3）。

3 号地块北侧现有一栋简易的二层建筑，为体育中心使用方的某办公场所。同时 3 号地块西北角紧邻一处厂区，从现状图上可以看出该地块西北角呈现收紧的边界形态，加之北侧既有建筑的功能定位，故本案将 3 号清洁区设置在用地北侧，让污染区更靠近南侧 2 号的污染区，避免相邻地块的洁污分区相互干扰。如图 4.4.3-4 所示。

在考虑流线的设计时，结合洁污分区，首要考虑的是患者的进出流线。从体育中心的总图上看，南侧的体育中心主入口兼具车行和人行的条件，紧邻城市主干道姚家园路，可以设置为医疗和无接触卸货出入流线。医护人员和无接触货运人员从南侧主入口进入体育中心，沿南北向车行道到达 2 号地块，进入场地的清洁区。无接触卸货的人员和车辆到达卸货场地，完成工作后随即沿北侧道路驶出体育中心。

患者入口位于体育中心场地西南侧的次入口。患者乘坐专用车辆经姚家园路到达该入口，沿内部道路由 2 号地东南角进入方舱医院场地，随即在方舱医院东南角的大巴落客区下车，由医护人员引导至位于建筑西侧的医院入口进行登记。患者大巴车在落客之后，在场地内回转去往东南侧的洗消处停放。详见图 4.4.3-5。

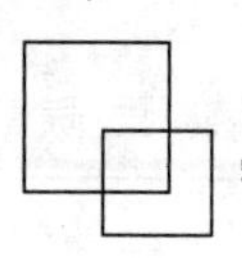

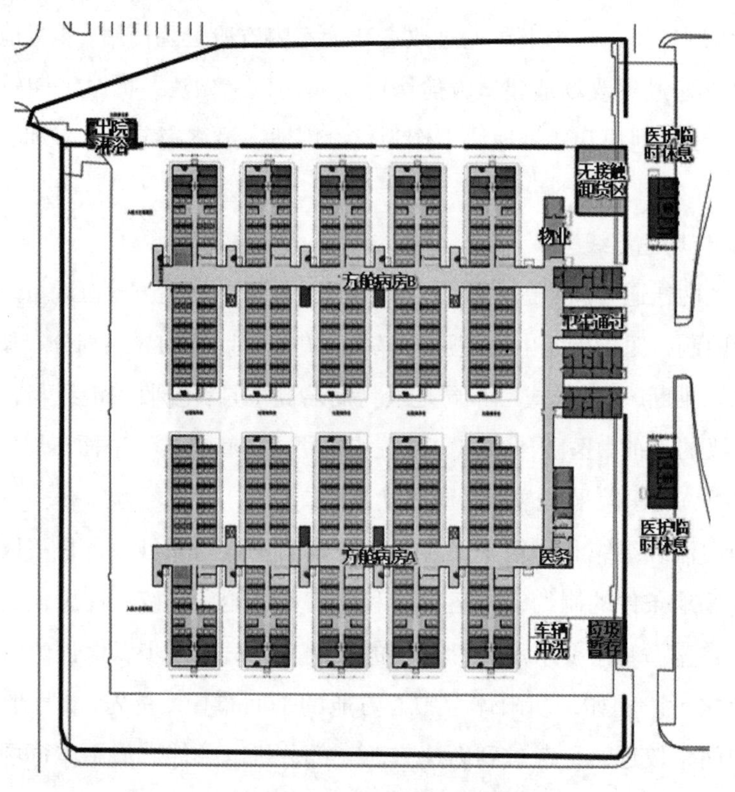

图 4.4.3-3　2 号地块建筑平面图

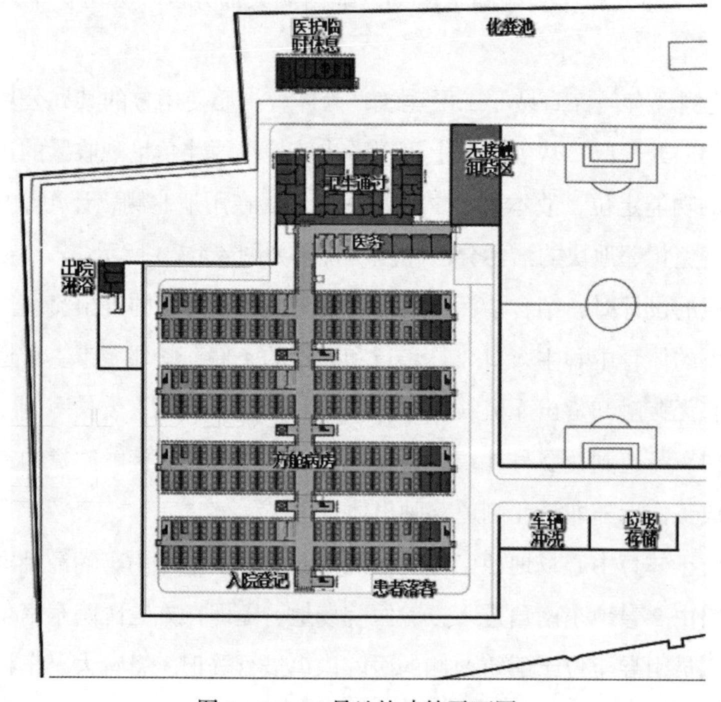

图 4.4.3-4　3 号地块建筑平面图

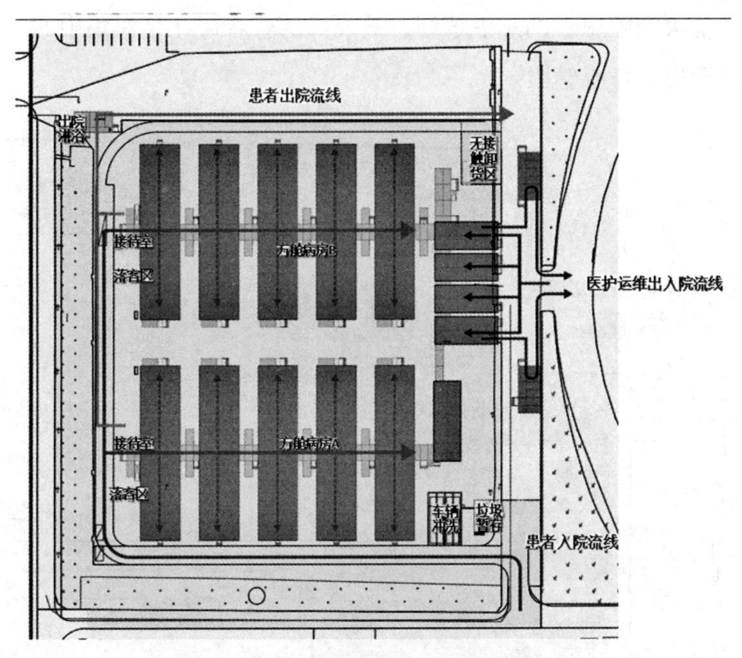

图 4.4.3-5　2 号地块医患货运流线分析图

3 号地块虽然位于体育中心西北侧，该区域无对外的车行入口。根据现状，距离最近的唯有东侧一处车行出入口可供使用，故将患者到达入口、无接触货运入口和医护人员出入口一同设在此处。这样设置虽然不满足基本原则，但根据分析：首先，可以通过物业管理，人为干预医护人员、无接触货运和患者车辆的进出时间，进行错峰进出，避免接触；其次，患者是乘坐大巴车统一进入场地，全程封闭管理，理论上也与医护人员在入口处无接触的可能。最后，车辆在该入口进入之后距离不远，即有贴临棒球场东侧的支路进行分流，有条件为医护人员创造单独通道。

因此，3 号地块患者与医护人员的入口均为体育中心东侧车行出入口，患者车辆进入后沿场地南侧道路到达方舱医院，在医院入口落客之后，前进至回车场地调头，沿原路返回至洗消处停放。医护人员通过车行入口之后立即右转，沿球场东侧和北侧道路到达清洁区。同时，患者出院流线经由西北角出院功能组团后，经过硬质场地进入北侧清洁区离开方舱医院。详见图 4.4.3-6。

另有一部分研究指出，在“鱼骨式”之外，还有其他的同样简洁高效且不存在医患、洁污穿插的布局可能，即“组团式”布局（图 4.4.3-7）。每个组团为一个医护单元，内部的空间组织形式按照基本原则，设置环形走道串联各个病房和配套用房。提出这一观点的研究人员认为，“组团式”布局的主要目的是通过自由组合形成网格式和中心院落式布局，可在用地条件充足时采用，其特点是严守感染防控的同时，创造舒适的医疗就诊环境。室外舒适的自然环境可缓解患者的焦虑情绪，被隔离的患者可在相对集中的内庭院中进行活动和交流，有利于患者身心健康。

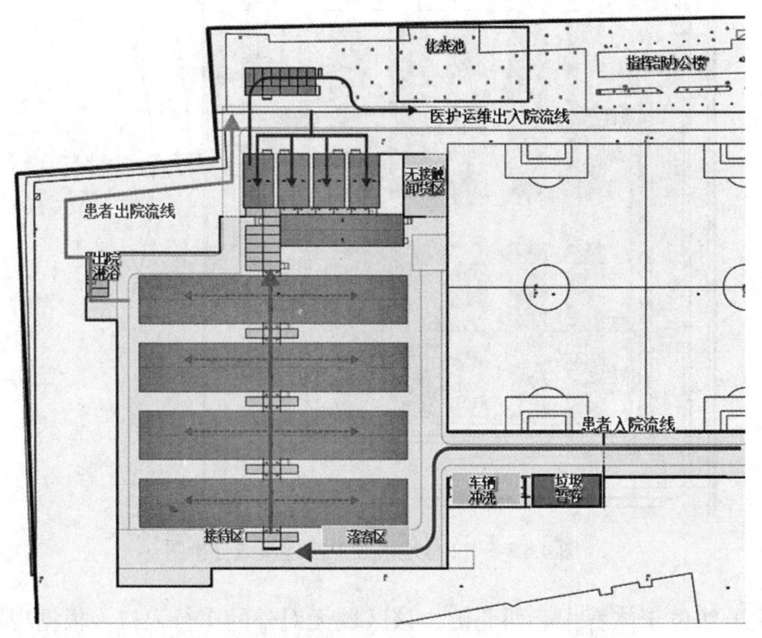

图 4.4.3-6　3 号地块医患货运流线分析图

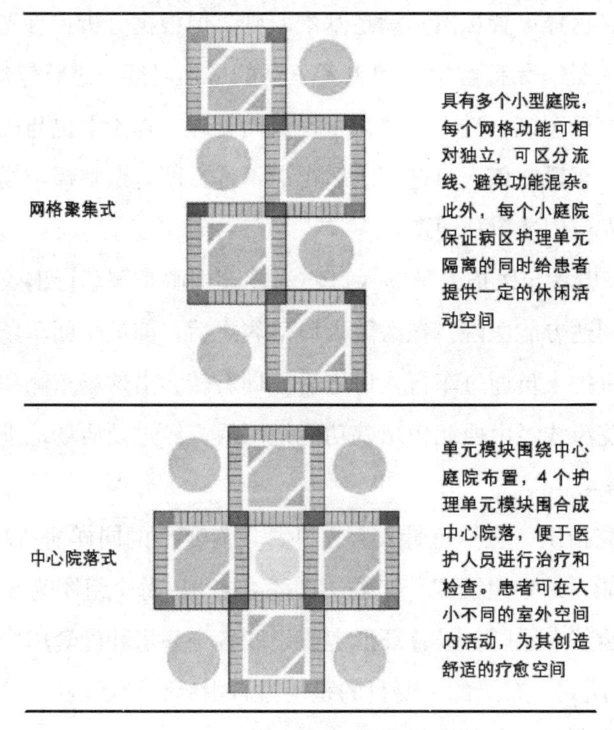

图 4.4.3-7　组团式布局基本模式

在南苑机场方舱医院的方案设计中，设计团队对布局方式进行了探讨。如图 4.4.3-8 所示，方舱医院整体布局依旧是遵照“鱼骨式”，使得功能和流线达到最大的合理化和高效化，但对于每一个医护单元的空间处理上，则采用了加大面宽、拓展院落的方式，基本上形成了一种变相的“组团式”布局，从而达到了改善医护单元室内外环境、增大采光面、为病房创造良好视角等目的。

图 4.4.3-8 南苑机场方舱医院鸟瞰效果图

不过“组团式”布局存在比较明显的劣势，就是占地面积较大，空间利用率不高，对于应急医疗建筑来说并不经济，目前尚无已竣工新建方舱医院采用这种布局方式。

3）建筑平面

新建方舱医院的建筑平面设计，核心在于对收治区内医护单元与通道的关系、医护人员办公与医护单元的关系、医护单元内病房、卫生间和交通核的关系。下文仍然以朝阳体育中心方舱医院为例，详细说明医护单元的设计细节。

朝阳体育中心方舱医院的 2 号地块和 3 号地块采用了统一的布置原则和配建标准。建筑主体平面呈现“鱼骨式”布局，为二层临时性建筑。首层为男患者病房，二层为女患者病房。“鱼骨”的“脊”即为连接各个医护单元的中央通道，宽度为 6m。中央通道不但作为连接病房入口、登记处、收治区、卫生通过区和医务办公区的主干道，同时也兼顾了收治区之间的休憩和活动区域。出于患者心理健康和充分利用空间的考虑，在中央通道位于每一个病区之间的区域设置了休息区，提供休憩，交流和娱乐的空间。

收治区的设计，采用了矩形单通道的平面模式，进行标准模块化处理。根据一个箱式房的尺寸、床位间距要求以及任务书规定的床位总数，2 号地块内，设置了南北两个、每

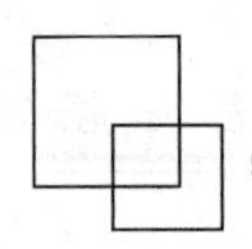

个5对收治区的鱼骨式平面布局，每一对收治区有两种模块，以中央通道为对称轴分列两侧布置（图4.4.3-9、图4.4.3-10）。模块A共有2处8人隔间和3处6人隔间，病床数量34张；模块B有10处6人隔间，病床数量60张。6人间和8人间的设计考虑，既是依照箱式房3m×6m标准尺寸可容纳病床的实际情况，同时也是为了照顾到不同患者类型的需求，例如，以家庭为单位的患者可集中在一间8人病房内安排病床。病房详图如图4.4.3-11所示。每一种模块的中线均设有由1.8m×3m单元箱体组成的走道，隔间分列走道两侧布置。走道与中央通道交接处设有护士站，另一侧走道尽端设有疏散楼梯和疏散出口。每一对收治区设置一组卫生功能区，包括热水机房1间，盥洗室1间，卫生间1间和淋浴间1间，设置在模块A的走道尽端两侧。

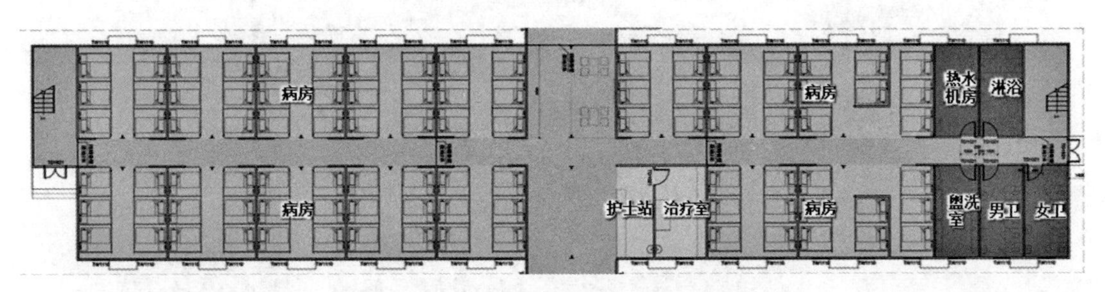

图4.4.3-9 2号地块收治区标准平面图

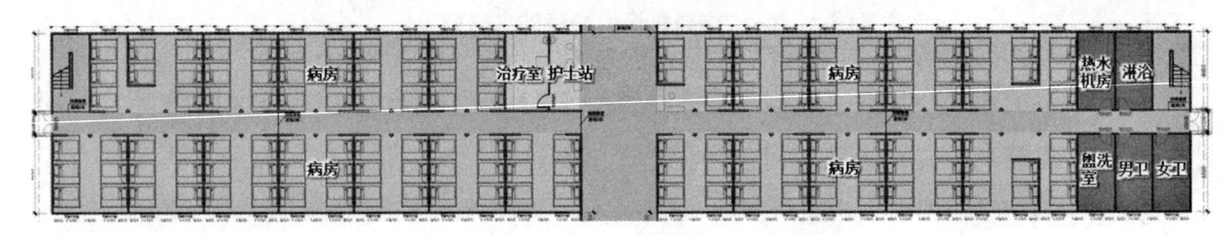

图4.4.3-10 3号地块收治区标准平面图

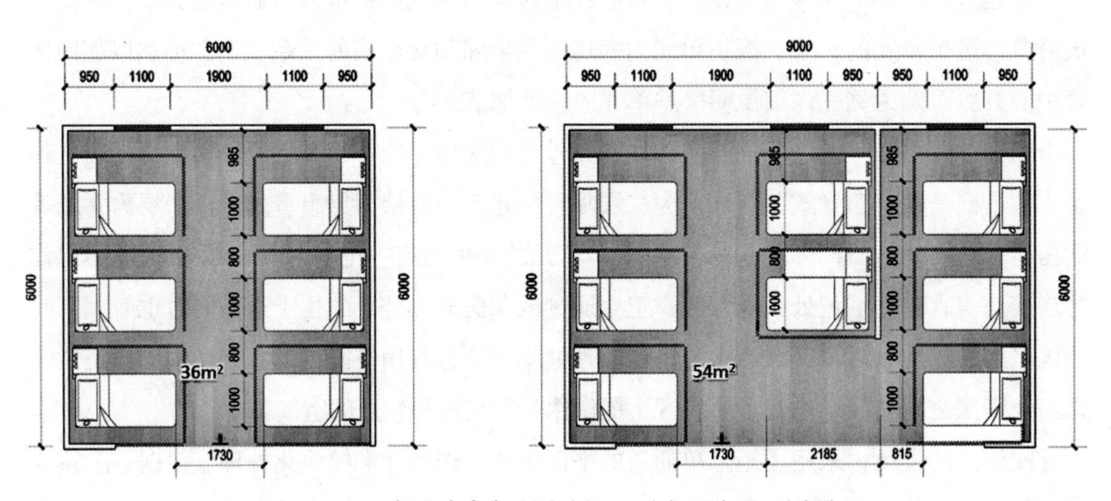

图4.4.3-11 标准病房布置图（左：6人间，右：8人间）

需要特别说明的是在3号地块，因每一对收治区病床张数超过了一个护士站所能覆盖的最大值，故在走道与中央通道交接处多设置了一组护士站。同时，受场地形态限制，医务办公区域空间不足，无法紧邻其附近设置医护人员卫生间，所以在医务办公与收治区连接处中央通道一侧设置公共卫生间以解决该问题。

4）配套用房

方舱医院需要设置的配套用房有医护人员办公室、物业办公室、医护人员休息室和出院淋浴区，此外在各个收治区内配有独立卫生间，有条件的可以设置淋浴间。关于卫生间和淋浴间的设置以及数量配比，在2022年7月发布的《方舱医院设计导则（试行）》中规定：收治区内集中设置公共盥洗间、厕所时，宜按每100张床位配置10～15个盥洗龙头及10～15厕位。可根据实际情况设置收治人员用淋浴间。

医护人员休息室位于医院的清洁区，卫生通过区之外，可以与医院主体分离。办公室位于污染区，物业人员和医护人员需进入卫生通过区，进行更衣之后进入污染区，然后可以到达办公室。医护人员办公室需另配有心理疏导室和重症监护室。重症监护转运出口也位于该区域内。

以朝阳体育中心方舱医院为例，根据任务书所要求的“2号地块建筑有1900张床位；3号地块有1100张床位。”推算得出本院收治区内洁具数量在300～450件之间，盥洗龙头在300～450之间。而淋浴间具体配置并未作明确规定。结合平面布置、箱式房标准尺寸和卫生间厕位相关要求规定，以及出于更人性化的考虑，确定了如下标准进行卫生间和淋浴间的设计：

（1）男卫生间大便器为5个，小便器3个，洗手盆1个，墩布池1个。

（2）女卫生间大便器为5个，洗手盆1个，墩布池1个。

（3）每个盥洗室水龙头数量为16个。

（4）每个浴室的淋浴间数量为8个。

而该指标折算成每百床指标的话，则洁具为13件/100床，盥洗龙头为18件/100床，完全满足规范要求，且存在一定的余量。按照以上标准，将厕位、盥洗龙头和淋浴间按照适合箱式房定制的统一标准进行布置，作为标准模块均布在各个收治病区的端部。

5）立面设计

相较于对体育场馆、会展中心改建的方舱医院，新建类方舱医院在立面和室内设计上会更加倾向于标准化医疗建筑设计去考虑。立面与室内设计不但关系到建筑本身的美观性，也关系到使用它的医患双方及服务人员的身心健康。

建筑立面的设计，是与建筑平面的布置相辅相成的。图4.4.3-12和图4.4.3-13为通州西集方舱医院实景照片。首先，根据平面功能及消防排烟等要求，立面上设有均匀的、大小相同的开窗。这些开窗之所以均布，是考虑到集成化快速建造的需要，依据每一个集装箱体开一扇窗的原则进行设置，也符合建筑内部各个使用空间的需要。其次，根据空调室外机的位置，立面设计了室外机围挡和管线穿孔板围挡。这些围挡均采用穿孔铝板为主要材料，配以暗示健康和生命的绿色，和积极阳光的橙色为主要色调，在保证建筑本体较为美观的前提下，给使用人员以积极的心理暗示。收治区端部的楼梯间同样设置了这种穿孔板围挡，与室外管线围挡连接形成整体立面效果。最后，因为在箱式房顶部设有室外机设备，且考虑到屋面排水的需要，各个楼栋均设置了坡屋顶，并在顶层楼梯间设置了上人检修条件。同样的设计手法，在朝阳体育中心方舱医院的立面设计中得到再次应用，详见图 4.4.3-14。

图 4.4.3-12　通州西集方舱医院实景照片

图 4.4.3-13　通州西集方舱医院实景照片

图 4.4.3-14 朝阳体育中心轻症方舱医院立面效果图

6）分析与总结

对比新建类方舱与改造类方舱，在总平面图布局、功能布置环境设计等方面有以下几点不同：

（1）流线设计

改造类方舱多依托城市既有大型公共建筑进行建设，而这些大型公共建筑在平时是作为体育场馆、会展中心或工业厂房等民用建筑使用，其原本的流线设计并未考虑医疗流线的需要，故在改造的时候势必会遇到多种困难，有时因不能大量拆改而不得不依照现状对医务、患者及货运流线进行妥协，使得部分区域流线交叉、绕路、洁污分区存在部分干扰等情况。

同时，对于卫生通过区的安排，大型公建在平时使用时也不会加以考虑，使得几乎所有改造类方舱医院的卫生通过区均需要另在主体之外以箱式房新建，进而导致了位于清洁区的医护物业人员休息区也需要新建，增加了建设成本。

新建类方舱医院是完全重新设计及建造，有充分的条件梳理流线路径，能够做到避免流线交叉和洁污分区互相干扰，可以满足疫情防控医疗条件的基本需求，在这一方面上比改造类方舱更有优势。

（2）病区病床与通道的设计

改造类方舱医院的收治区是位于建筑内部的高大空间中，各个病房单元的基本划分原

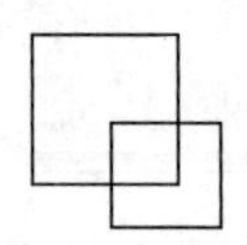

则是将大空间地面以一定间距的纵横走道均匀划分为多个分区，每一个分区布置的床位数符合一个护士站所能覆盖的要求。然后，以基本病房单元为标准块，将这些病床均匀布置在各个分区中，各病房单元之间使用无顶盖的围合隔断进行分隔。这种方式从人视高度上确实做到了空间划分，但是问题在于所有的病房依旧集中位于一个连通的高大空间中，不利于阻止交叉感染和隐私保护。同时，因各个病房分区从外观上基本趋同，需要大量精准的引导标识布置防止人员迷路。

新建类方舱医院不需要考虑大空间的问题，加之箱式房本身具有的分隔性，可以完全按照每一个护士站覆盖病床数量进行独立的全围合病房分区划分，既可以在收治过程中对某一分区进行单独管理，避免新旧患者流动交叉，也可以依靠完整的落地墙面对病人隐私做到良好的保护。同时，每一个收治病区在标准化建设的基础上对可识别性进行差异化设计，比如特殊墙面涂装或者地面标记，节省重复的引导标识，从而减少空间的同质化。

（3）配套用房

新建类与改造类方舱医院的配套用房的差别，主要体现在卫生间的布置上。改造类方舱医院的卫生间基本上依靠大型公建内既有公共卫生间。虽然给水排水系统和消毒设施可以通过改造进行完善，但从医患使用的情况看，这样的布置会出现厕位数量不符合方舱医院规范、卫生间距离病房较远、管理不便等问题。

新建类方舱医院的卫生间可以完全遵照相关规范进行设计和施工，不存在既有条件限制的问题，可以在厕位数量、行走距离和物业管理方面贴合医护人员和患者使用要求。而在满足基本的卫生间设置基础上，新建方舱医院也有条件布置一定数量的淋浴位给患者使用。

2. 结构设计策略

新建方舱基本以箱式房为主要结构构件，下面以朝阳体育中心轻症方舱医院为例，对结构设计策略进行逐一介绍。

项目上部结构采用标准箱式房，其中标准箱为6055×2990×2896mm，走廊箱为5990×2990×2896mm及5990×1800×2896mm；下部基础采用砖基础，具体结构设计概况如下：

1）项目地基情况

根据建筑平面布置方案，项目大部分区域的现状地面为沥青路面。根据地勘报告，场地地表以下5m范围内的土层为人工堆积层和一般第四纪沉积层两大类。其中人工堆积层表层硬化总厚度600mm，基层为480mm厚水泥稳定碎石，面层为120mm厚沥青路面。项目场地不存在影响场地稳定性的不良地质作用。路面硬化层的地基承载力标准值可考虑为200kPa。

另有个别区域位于现状绿化带，需进行处理。综合考虑上部结构受力需求及土层条件，要求当场地土为持力层的区域需清除表层根植土，基础下部土层应尽量为老土层；当场地土为回填土的区域应对土层进行碾压夯实处理，确保碾压密实，压实系数不小于 0.94，确保基础不下沉。处理过的地基，现场需采用钎探或承载力载荷试验进行承载力验证，单层和双层箱式房地基承载力特征值分别不应低于 40kPa 和 60kPa，由勘探单位确认后方可施工。

2）基础设计

项目工期十分紧张，需采用简单有效的基础形式。综合考虑建筑需求、受力安全、施工速度等制约因素，决定采用砖砌条形基础。

为保证基础有效传力，同时尽量减少砖基础砌筑工作量，项目在标准箱短边下布置条形基础，基础宽度为 240mm（边跨）或 370mm（中跨），基础高度 300mm；同时在长边中间设 500mm×240mm 砖墩。砖基础采用水泥实心砖（非黏土类、非页岩类实心砖），砖强度等级≥M10，水泥砂浆强度等级≥M5，砌筑等级 B 级。条形基础典型结构布置如图 4.4.3-15 和图 4.4.3-16 所示。

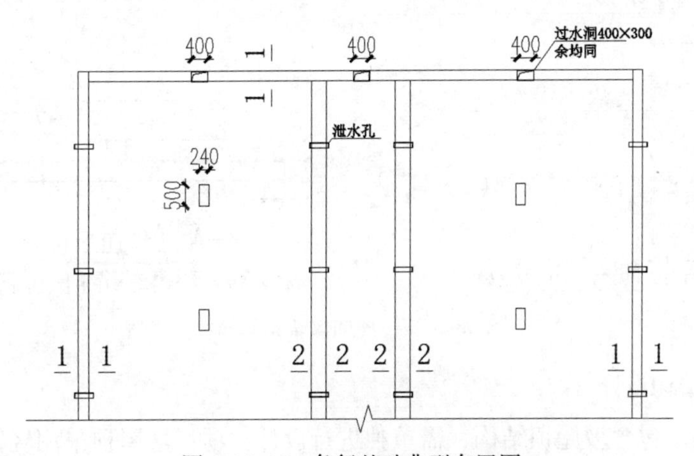

图 4.4.3-15　条行基础典型布置图

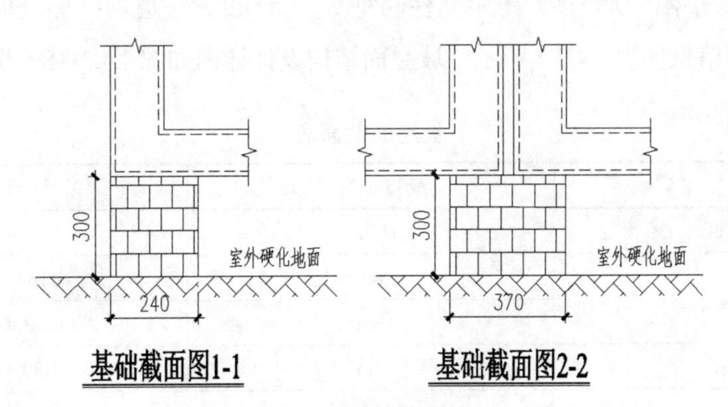

图 4.4.3-16　基础大样

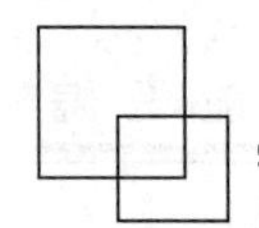

由于箱式房为各单元独立排水，在立柱中设排水管将雨水直排到场地，因此砖基础需设排水洞。项目场地坡度不明，故在各单元箱体中部均设置泄水孔，同时考虑降水量较大时可能出现杂物淤积在泄水孔的情况，条形基础每15～30m设置一个400mm（宽）×300mm（高）的过水洞。基础验收前需清理场地内杂物，防止堵塞排水洞。

3）箱式房要求

箱式房由厂家提供并对其安全性负责。项目将活载超过箱式房活载允许值（2.0kPa）的房间（重型机房、配电间等）安排在一层，并对重型设备或配电柜设置单独基础，保证箱式房在允许荷载下工作。

对于必须置于屋面的风机设备，需设置钢框架平台，保证设备荷载直接传至箱式房柱顶，并需与箱式房厂家确认箱式房边柱满足受力要求（图4.4.3-17）。

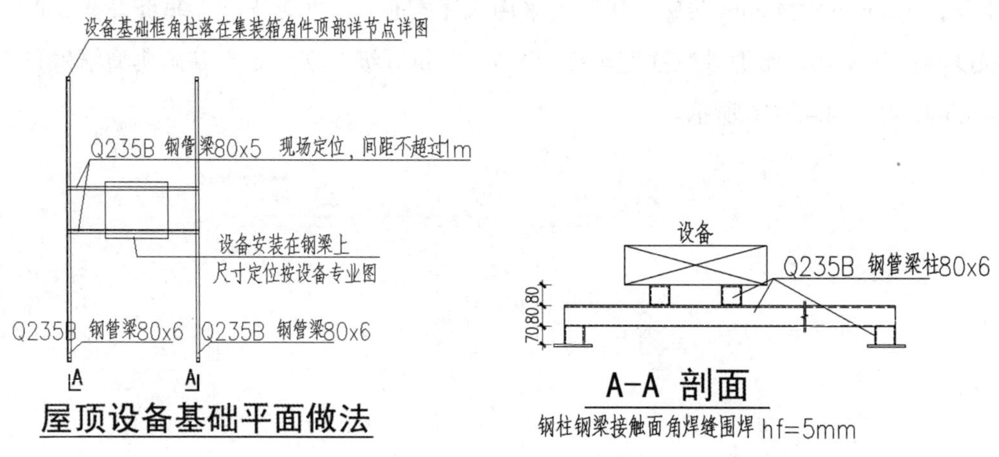

图4.4.3-17　屋面设备基础做法

4）坡屋面结构设计

箱式房产品不包含坡屋顶结构，需单独进行设计。项目坡屋顶采用轻钢框架结构，坡屋面立柱与箱式房钢柱顶焊接，跨中立柱间每9～12m设置一道斜撑保证坡屋面结构的稳定性。构件截面信息如表4.4.3-1所示。坡屋面结构设计详图如图4.4.3-18～图4.4.3-20所示。

坡屋面截面表　　表4.4.3-1

	跨度／高度	截面
立柱	2.9m	B80×6
钢梁	6m	B160×80×6
	3m	B80×6
檩条	3m	B80×40×3
支撑	—	ϕ12钢拉条

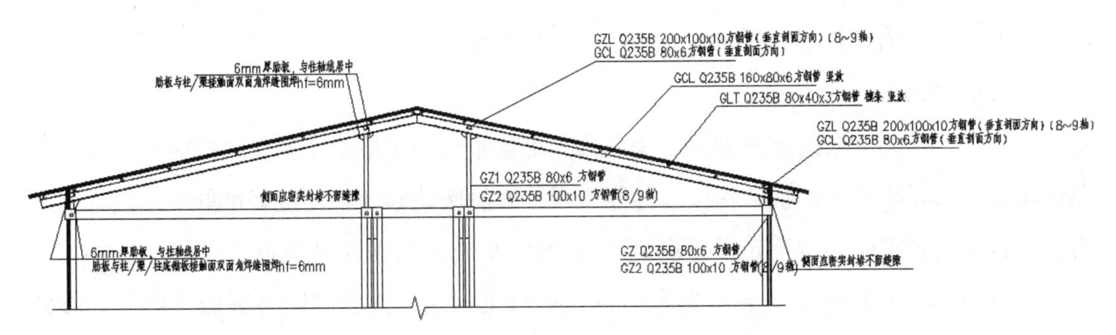

图 4.4.3-18　坡屋顶结构剖面图

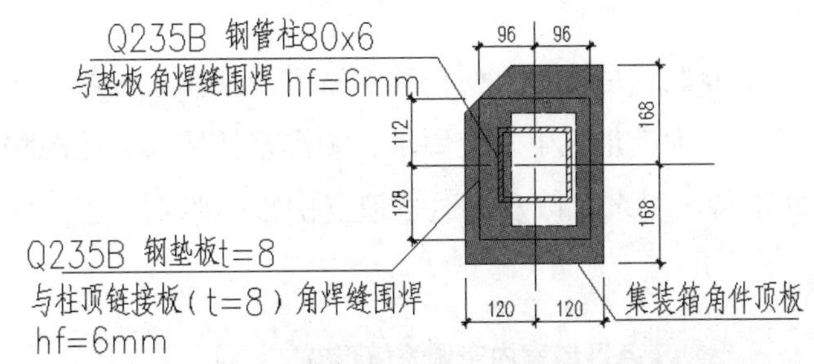

图 4.4.3-19　坡屋顶小钢柱柱脚连接做法大样

图 4.4.3-20　施工过程现场照片

3. 暖通设计策略

新建方舱多以箱式房为主，相比改造项目其外围护结构保温性能有限，且病房区为维持负压其排风量一般较大，所以满足室内温度要求尤为重要。下面将以朝阳体育中心方舱医院为例，重点阐述新建方舱的机电相关设计及配合。

1）设计参数

朝阳体育中心方舱医院外围护结构形式为集装箱式预制模块，其保温性能有限，由于集装箱式预制模块的外围护结构保温性能有限，方舱医院新建各功能区域的室内设计温度应严格按照《传染病医院建筑设计规范》GB 50849、《综合医院建筑设计规范》GB 51039等相关现行国家标准确定。各区域室内设计参数见附录1方舱医院各区域室内设计参数表格。

2）功能区系统形式

集装箱内的冷热源采用分散式系统可方便快速安装投入使用，采用分体热泵空调，增设独立循环的过滤消毒装置。为满足卫生防疫要求，须严格按照《方舱医院设计导则（试行）》中对各功能区域的正负压要求，以及新风量换气次数的要求，各区域室内系统形式如表4.4.3-2所示：

各区域室内空调系统形式 **表4.4.3-2**

功能区名称	供暖空调系统
方舱病房	分体热泵空调，增设独立循环的过滤消毒装置
卫生通过（潜在污染区）	一脱20次/h换气下排风，二脱下排风，缓冲间（淋浴间）直膨式新风机送风。整体微负压
卫生通过（清洁区）	更衣间大于6次/h直膨式新风机送风。整体微正压
办公、值班（清洁区）	分体热泵空调

3）冷凝水系统

为满足卫生防疫要求，污染区及潜在污染区的空调冷凝水应集中收集，并应采用间接排水方式排入污水处理设施统一处理。分体热泵空调冷凝水较为分散，各房间汇集到一起造成冷凝水干管路由过长、坡度较大，为此单独在建筑中部设置了提升装置，远端冷凝水经过提升间接排至室内污染区地漏或拖布池。

4）通风系统

隔离舱通风系统设置原则：方舱内均为污染区，为防止污染空气扩散，各舱独立的排风系统，保证舱内负压，排风设置高效过滤器后高空排放。排风口设置地面附近，每床排风量按照不小于150m^3/h设置。卫生间排风经过高效过滤后屋顶排放。

机械排风系统：一脱更衣设置排风换气次数大于20次/h，室内排风口设在房间下部，二脱下排风，缓冲间（淋浴间）直膨式新风机送风，整体微负压。设置的直膨新风机组控制卫生通过区的压力梯度，使进、出口气流均为单向流动。从清洁区至半污染区至污染区有序的压力梯度。

基于以上要求，方舱医院需要在污染区、半污染区各房间到总送、排风管的支风道上设置开关两位电动密闭阀，并可单独关断进行房间消毒，同时各房间新风支路上的电动调节阀与排风电动阀联动启闭，排风电动阀关闭新风电动阀必须关闭，但排风电动阀可单独开启，新风支路电动阀与直膨式新风机组联动，根据电动阀开启数量控制新风及转速。

5）检测与监控：

① 通风系统：各区域排风机与送风机应连锁，清洁区和潜在污染区应先启动送风机，再启动排风机。污染区应先启动排风机，再启动送风机，各区之间风机启动先后顺序应为污染区、半污染区、半清洁区，清洁区和潜在污染区应先关闭排风机，再关闭送风机，污染区应先关闭送风机，再关闭排风机。

由于北京处于寒冷地区，且收治区换气次数通常较大，故在冬季极端天气下，收治区的室内温度无法保证。所以需要让收治区直膨新风机组在冬季极端天气（低于设计温度）下开启机组出口处旁通阀，关小机组入口处风阀（风阀开度为一半），同时联动关闭一台收治区排风机，保持舱内新排风差值不变，维持负压不变。

排风机高效过滤设置压差报警器，管理人员应监视送风、排风系统的各级空气过滤器的压差报警，并应及时更换堵塞的空气过滤器。排风高效空气过滤器更换操作人员应做好自我防护，拆除的排风高效过滤器应当由专业人员进行原位消毒后，装入安全容器内进行消毒灭菌，并应随医疗废弃物一起处理。

管理人员应监视风机手 / 自动状态、运行状态。设备故障过载报警、启停次数、累计运行时间、定时检修更换提示。离心风机运行时，进出口压差过低报警。

根据管理人员预先设定的程序，风机自动在预定时间启停，并根据需要随时改变和设定设备工作的时间程序。排风系统支路电动阀可独立控制关闭，同时变频排风机根据电动阀开启数量变速运行。

② 直膨式新风机组：直膨式新风机为一体化设备，控制系统由厂商自带。厂家自带控制与对应入口风阀连锁控制。由于直膨式新风机组在室外温度0℃以下时COP衰减较大，制热能力大大下降，所以需在新风温度低于0℃时开启内部加热器，高于2℃时关闭，并设无风断电、超温断电保护装置。

4. 给水排水设计策略

1）总述

新建方舱多以箱式房为主，相应的机电设计除了需要满足应急方舱的基本功能及使用需求外，仍需考虑应急方舱的消防安全性。相对于改造类方舱医院项目，新建方舱建筑

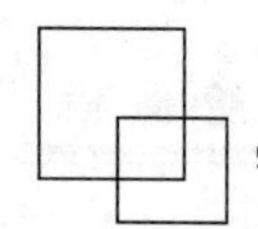

内无原有管道系统可利用，只得结合场地内外线条件重新设计给水排水系统，供水排水方式、污水处理流程等与改造类方舱类似，消防系统按临建建筑考虑重新设计。下面将以朝阳体育中心轻症方舱医院为例，重点阐述新建方舱的机电相关设计及配合。

2）案例

本节以朝阳体育中心轻症方舱医院为例进行探讨。朝阳体育中心方舱原场地小市政条件成熟，建造箱式房应该尽量避让井盖，以免影响机电专业正常配合及使用。个别位置无法避让时，校核各个系统是否满足专业需求，结合主体和场地情况，对室外消火栓、水泵接合器、给水井、雨污检查井等进行调整或新增。污染区需要预留化粪池、污水处理设备的场地。

清洁区生活用水的防疫要求较为严格。室外医护人员办公、宿舍的临建为清洁区，由场地内小市政直接供给。收治区内全部为污染区，避免回流污染，由市政给水经减压型倒流防止器后直供。

排水系统同样严格遵守防疫要求，室内采用污废水合流的排水系统，污染区域同非污染区污水独立设置。非污染区排水直接排入原小市政污水管。污染区污水经两级处理达标后排向原小市政污水系统（图 4.4.3-21）。

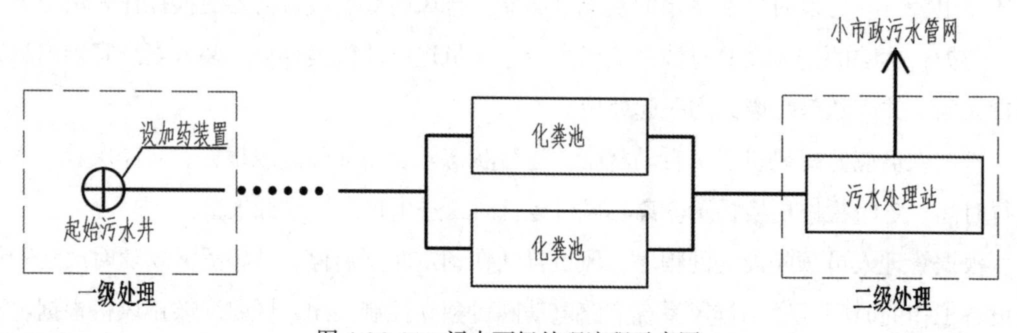

图 4.4.3-21　污水两级处理流程示意图

经消防专家会议决定，项目属于临建建筑，仅结合室内生活给水系统设置轻便消防水龙，其布置位置应满足建筑平面任一点有一股水柱能够到达。建筑床位布置不得影响消防箱使用，确保消防设计的安全性及可靠性。

5. 电气设计策略

朝阳体育中心轻症方舱医院是一个典型的新建方舱应急医疗项目。下面将以此项目为例，详细剖析新建方舱医院电气设计要点。

为了快速、大量、集中收治患者，高效应对突发公共卫生安全事件，要求方舱医院的设计周期和施工周期尽量短。因此，电气系统设计以“应急快速、安全可靠”为设计原则，依据现行的医疗建筑设计规范、《方舱医院设计导则（试行）》以及《方舱医院设计导则》，并综合考虑方舱医院的使用需求。

1）配电系统

（1）负荷分级与外电源

负荷分级的目的在于确定项目的供电方案。首先应依据《方舱医院设计导则（试行）》8.1条和8.2条，同时结合方舱医院的主要功能，对方舱医院的负荷进行分级。详见表4.4.3-3：

用电负荷分级表 **表 4.4.3-3**

负荷级别	用电负荷名称
一级负荷	安全防范系统用电
	防疫通风系统、污水处理设施、医护人员通过区； 重症观察室（自带UPS）
	应急照明（消防应急疏散照明、备用照明）
三级负荷	普通空调、普通机房、库房、附属用房等照明及一般动力负荷等
	未涉及部分用电：不属于一、二级负荷的其他用电负荷

由于项目的高压部分由业主另行委托专业设计院进行设计，因此设计时对10kV外电源提出要求：提供2路双重10kV电源。

（2）配电室的设置

尽管方舱医院靠近朝阳体育中心，但考虑到低压系统的供电半径，并且改造朝阳体育中心低压系统需要一定时间，所以，设计选择不利用朝阳体育中心现状室内变压器，而采用就地设置室外箱变供电方案。2号地块占地较大，考虑到供电半径及供电可靠性，在2号地块的西北侧与东侧分别设置一个配电室。东、西配电室外各设置2台800kVA室外箱变。3号地块在其东南角设置一个配电室，室外设置2台800kVA室外箱变。

（3）低压配电系统

由于工程的变压器均不在建筑物内，所以低压外电源引入建筑物时采用TN-C-S系统，即入户处PEN重复接地，从接地处引出PE线和N线，此后PE线和N线不得再连接且N线不得再接地。建筑物内采用TN-S系统。PE线随线路配至各用电体，插座内PE线和N线严格分开。

清洁区与污染区分别配置配电系统，包括配电箱系统和布线系统。通风系统与空调系统的负荷等级不同，二者配电系统也分别配置。为了维修和管理的便利，污染区用配电箱不设置在污染区内，即在每一支病区室外适当位置设置该病区的照明配电总箱，为病区的箱式房供电。

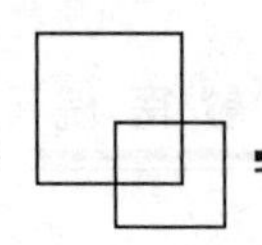

采用模块化设计，简化设计。减少施工时间。利用标准箱式房自带配电箱，按 3kW 配置，采用 220V 供电，配电箱加锁并设有标识，为箱式房照明、普通插座、空调插座供电。每个床位床头处设置 3 个 220V/10A 单相 2 + 3 孔插座，主要用于台灯、手机充电。每三个床位设置一个插座配电回路，插座配电回路设置 30mA 剩余电流动作保护器。

（4）布线系统

由于方舱医院属于人员密集场所，因此本项目选择燃烧性能 B1 级、烟气毒性为 t1 级、燃烧滴落物 / 微粒为 d1 级的电线电缆。配电线路的槽盒及穿线管路采用不燃型材料，并且在穿越清洁区与污染区之间的隔墙时，隔墙缝隙及线槽口、管口采用不燃材料可靠密封，防止交叉感染。

2）照明系统

患者收治区的照明宜利用现有照明，查看是否具有分组开关功能，夜间仅开启一部分，作为值班照明，如果没有分组开关，应在夜间设置足够数量补光，方便使用。避免眩光影响。

为了给患者一个轻松稳定的就医环境，设计中采用发光效率高、显色性好、色温相宜、满足环保要求且使用寿命长的光源，同时充分考虑照度均匀度、眩光限制、天然光利用等要求。各个场所的照度标准值按《建筑照明设计标准》GB 50034—2013 选取，具体数值及表格见附录 2 照度标准值表格。

灯具采用洁净密闭型灯具，照明灯具表面光洁易于消毒。

在经常需要消毒且无人长期停留的房间，如收治区的污物间、垃圾暂存间设置固定的紫外线消毒灯，设置专用电源开关控制，并设有标识。在有消毒需求但有人长期停留的房间，如收治区设置移动式紫外线消毒车，根据使用需求，其电源可从就近插座接引。

为了满足施工工期要求，工程采用非集中控制型消防应急照明和疏散指示系统（控制器自带电源），市电停电时自动启动或手动启动。应急电源的蓄电池组达到使用寿命周期后标称的剩余容量应保证放电时间满足 1.0h 的要求（含非火灾状态下 0.5h 持续点亮时间）。消防安全疏散标志蓄电池组的初装容量应保证初始放电时间不应小于 90min。在疏散走道、门厅等公共区域疏散照明，其地面最低水平照度不低于 3lx；在走道、大厅、安全出口处设置疏散指示及安全出口灯。

3）防雷与接地系统

接地系统设计时遇到了一个非常规问题，即建筑主要采用集装箱作为围护结构，集装箱建筑直接搁置在砖条形基础上，无法利用基础作为接地极，这与常规的接地系统设计不同。为了保证接地的可靠性及施工快速，在建筑物周圈敷设 50mm×5mm 热镀锌扁钢（周圈扁钢）接地体兼总等电位联结体。建筑物四角增设接地连接板，用于测试接地电阻并预留外补人工接地极条件。当实测接地电阻大于1Ω，可通过接地连接板补打接地极。

按第三类防雷建筑考虑。利用箱式房钢框架作为接闪器，高出屋面的金属构件和设备均要与接闪器可靠连接。采用热镀锌圆钢 Φ12 穿 PVC50（防人员接触）引下，与建筑物周圈接地扁钢可靠联结。

为防止电源系统的直击雷和感应雷对设备造成的损坏，按照《建筑物防雷设计规范》GB 50057—2010及《建筑物电子信息系统防雷技术规范》GB 50343—2012中的规定加装电涌保护器（SPD）。即配电系统在低压进线开关及供室外末端装置的配电盘的分支盘装设Ⅰ级实验的电涌保护器。电梯的总配电盘装设Ⅱ级实验的电涌保护器第二级电涌保护器。

各地块总配电室内设置总等电位联结端子箱，在淋浴间、盥洗室、治疗室等处设置辅助等电位联结，并将房间内的外露可导电物体进行等电位联结。

4）火灾自动报警系统

根据各地块独立管理及运行的要求，在2号地块和3号地块的医护休息区（清洁区）分别设置了监控室。各监控室作为本地块的安防及消防控制中心，各自独立，其安防、消防信息均传输至体育中心的指挥中心处。

由于施工工期紧张，工程采用基于独立式无线感烟火灾探测报警器、无线手动报警按钮、无线声光警报器、无线网关等构成的无线专网消防探测器报警系统。无线火灾探测报警器采用电池供电，独立安装，即装即用，现场无须布线接线，免去了布线的施工工期。系统使用LORA通信技术，通过无线网关自建网络，体育中心指挥中心通过手机客户端App及云平台监控报警信号。

独立式感烟火灾探测报警器设置于公共走道、病房、诊室、库房等处。探测报警器具备全电子式自动检测功能；自带蜂鸣器，其报警声大于80dB，在火灾时对人员发出警报，警示人员及时疏散。

无线手动报警按钮设置在公共走道、楼梯口等明显和便于操作的位置。任意两个无线报警按钮步行距离不大于30m。无线声光警报器设置在每个楼层的楼梯口、建筑内部拐角等处明显位置，底边距地高度为2.2m，采用DC24V供电。无线网关安装于每一个病区的护士站，经电源适配器由DC24V为其供电。无线网关能够接收无线感烟探测器、无线手动报警按钮、无线声光警报的报警与故障信息，通过4G或者以太网将信息传输至消防云平台，并可通过App和电脑进行信息的展示。

5）智能化系统

方舱医院建设以收治、隔离轻症患者、简单医护、检验检查为主要功能需求，不是常规的医疗建筑，其智能化系统不能完全照搬规范《智能建筑设计标准》GB 50314—2015中对医疗建筑的设置要求，而应该综合考虑方舱医院实际的主要功能需求，并且系统的形式以简单可靠为准。经与使用方医院沟通后，项目智能化子系统包括视频监控系统、信息网络系统、公共广播系统、电视系统、医护呼叫系统、出入口控制系统，不设置病房探视、视频示教等系统。

2号地块和3号地块的监控室作为本地块的安防控制中心，内设一台20kVA UPS为视频监控系统的交换机、门禁控制器等安防设备供电，保证安防系统的用电可靠性。

在主要出入口、卫生通过区、收治区、护士站、走道、休息区、垃圾暂存区等处设置视频监控系统。主要出入口设置红外测温摄像机，对出入人员进行实时体温检测，温度及人脸信息同步存储入监控系统；卫生通过区采用双向语音对讲摄像机，便于院感值班或护士站工作人员进行远程监督和指导；收治区、护士站等处设置带拾音功能的摄像机，同步记录语音和视频画面，在出现医患纠纷时可以完整还原当时情况。

根据管理流程和功能区域设置出入口控制系统，即在病区出入口、污染区与清洁区的过渡区等设置门禁点。采用非接触式出入口控制系统，可独立运行，并能与火灾自动报警系统、视频监控系统联动。当发生火警或需紧急疏散时，处于疏散通道上的门禁自动打开，人员可迅速安全通过。

结合工程实际及工期要求，箱式房网络AP系统＋手机信号系统全覆盖，Wi-Fi采用5G方案。为满足高密度人流使用要求，舱内布设高密AP，弱电间内设置POE交换机及相关设备，具体由移动运营商及承包商负责实施部署。

公共广播系统为室内提供背景音乐及消防应急广播。平时播放背景音乐与日常广播信息，火灾时切换为消防应急广播，参与火灾联动；采用IP网络架构，每一个病区设计一台网络功放，放置在病区的护士站，所有功放与主控服务器构成一个局域网，通过服务器软件对整体进行控制。

为了缓解患者紧张的心理及情绪，在每一支病区之间的休息区设置电视末端，提供电视收看服务。电视系统采用自带操作系统的智能电视，接入Wi-Fi，简化了施工需求。

医护呼叫系统采用无线式呼叫方案。护士站设无线网络对讲主机并设有一键报警按钮，通过部署在病床附近的无线报警按钮，患者可在发生紧急情况时一键报警到护士站对讲主机。护士站值班人员接警后，可迅速确认报警病房位置，查看病房现场情况，了解病人需求。

6. 室内设计策略

新建类方舱由于收治区的空间与改造类大空间不同，空间更为丰富，且集装箱房的适应性更强，故室内设计的灵活度更大，方式更为多样。

为了缓解被隔离医护人员和患者的心理情绪，方舱医院的色彩选择可在医疗建筑通用的白色的基础上搭配其他寓意积极的颜色。例如，绿色代表生机和健康，可以给人带来希望和安全感；淡蓝色可以让人产生放松和预约的效果；米黄色是暖色，可以让空间温馨活泼，不显呆板空洞。

在研究和设计的过程中，总结以下几点有关方舱医院室内环境的设计方法和原则。

在患者大量集中的收治区，室内大量采用木纹 PVC 地面、米黄色镀锌彩钢板、铝扣板吊顶和青绿色软性隔断。从材质的选择上，既凸显了医疗建筑的卫生、简洁、安全和实用，又造价合理，节约成本；从色彩选用上讲，木色、暖色和青绿色都可以对患者的心理产生积极影响，抵消医疗建筑天然带有的清冷、单调、生死交替等不良特点，给医患双方以积极、阳光、温暖、安全的心理（图 4.4.3-22）。

图 4.4.3-22　方舱医院收治区室内效果图

在功能上，室内设计方案考虑到了患者的社交需求和娱乐需求，在满足医院收治基本功能的基础上，在中央通廊内、每一处临近收治区走道的区域开辟出一组阅览休闲功能区，配合半围合式区域分隔，使得患者不但有一处可以娱乐，放松心情的空间，也有一处患者们交流的社交空间，从而缓解方舱医院封闭环境带来的孤独感和紧张感（图 4.4.3-23）。

新建方舱医院与改造类方舱医院在室内设计上最大的不同在于室内空间的处理方式。新建类方舱医院的基本安装构件是箱式房，其顶面、墙面和地面均可以按照普通民用建筑的室内设计方式进行处理，从而能够完全按照设计意图去营造对应的室内空间。尽管箱式房在很多方面无法与混凝土结构或钢结构的民用建筑相提并论，室内设计的用材和构造也相对简洁，但没有过多的既有条件的限制，可以让设计者自由发挥一部分想法付诸实践。改造类方舱医院受限于既有大空间整体环境的影响，在无法大量改造的前提下，室内设计更着重于病房隔断和地面防护层的考虑，但大空间本身给人的空旷、单调、乏味的感觉却无法更改。

图 4.4.3-23　方舱医院休息区室内效果图

7. 标识设计策略

在开始标识设计时，先对设计目标——新建方舱医院建筑平面，进行系统性的规划分析，基本可得出三点原则：根据平面布置划分区域，不同颜色区分不同区域，根据人行路径的规划来设置各类引导标识。首先医院划分有收治区、医护人员办公区、卫生通过区和休息区几大部分，在收治区以下，还有各楼层的不同病房分区层级，在此以下是病房间和病床号。按照这个层级关系，基本确定对收治区的编号原则可采用“楼栋—分区—楼层—病房—床位”的关系。在视觉上，为了增加可识别性，不同的收治区采用不同色号进行区别，起到一目了然的效果。在楼栋中心的通廊中，位于人视线顶端悬挂有指引向各个收治区的引导牌，使得位于公共区域活动的医护人员或患者能在第一时间找到去往各自病区的通道入口。

以朝阳体育中心方舱医院 2 号地块为例（图 4.4.3-24），收治区楼栋分为南北两栋，分别编为 A 栋和 B 栋，楼栋内各个收治区按照 1 至 5 的顺序编号，楼层按 1 层和 2 层分别编号，再以阿拉伯数字逐步推导至具体某一个床位，由此可以做到清晰简洁，易于识别。比如患者想去 A 栋第 3 病区 2 层第 12 间第 3 床，则只需要寻找“A3 区 -2-12-01 号”即可。当该患者已经在医院内生活一段时间后，也无需可以寻找编号，只需记得所在区域的标识主色调，便可以找到床位的大体定位（图 4.4.3-25）。

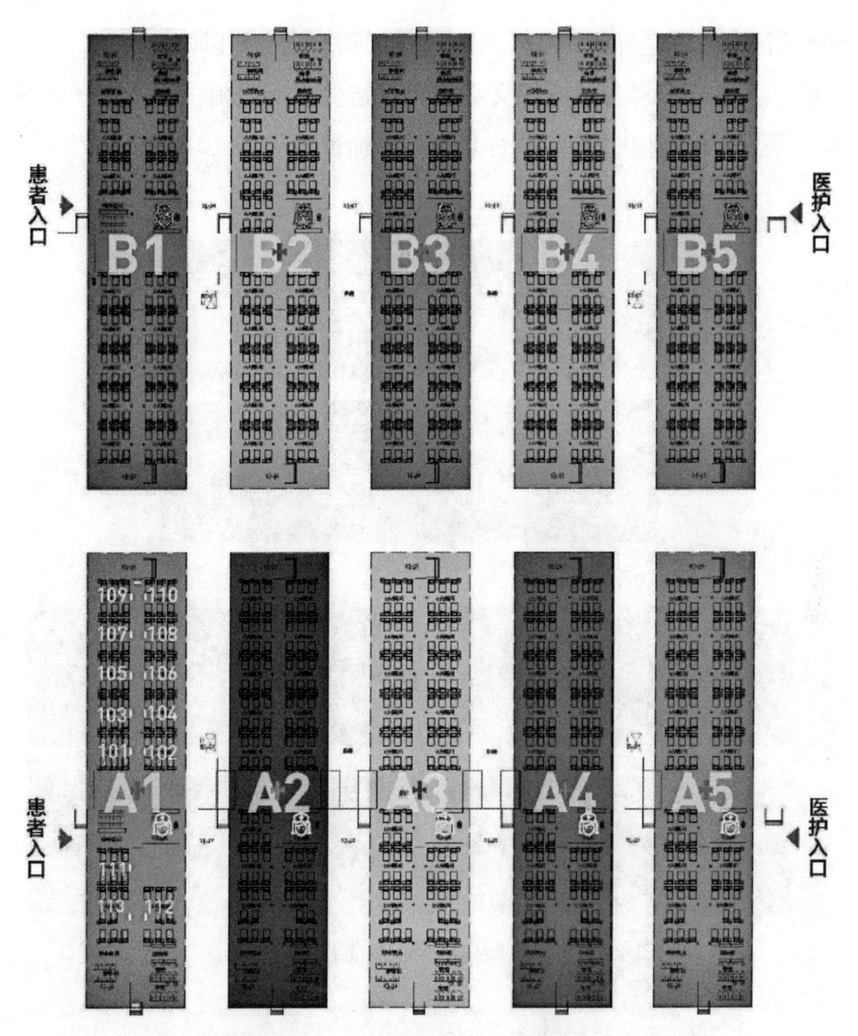

图 4.4.3-24　2 号地块方舱医院分区标识规划图

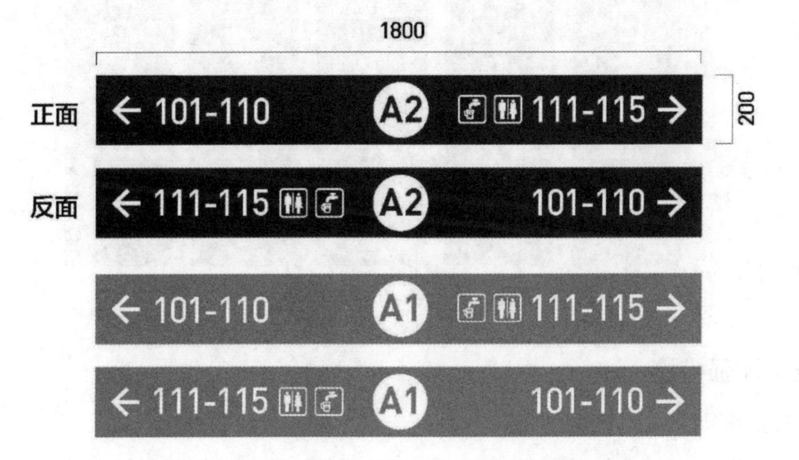

图 4.4.3-25　2 号地块方舱医院区位名称标识吊牌

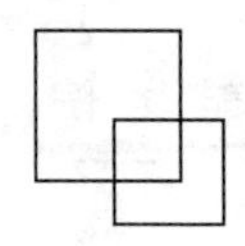

相对于收治区设置彩色标识不同，医护工作区和功能房间以国际通用的浅绿色标识为主，配以色彩反差且字体醒目的标识文字，做到指引清晰明确，便于医护人员开展工作（图 4.4.3-26）。同样的原则也应用在室外场地导引标识上（图 4.4.3-27）。

图 4.4.3-26　功能房间及医务工作区门牌标识

图 4.4.3-27　户外名称标识

8. 技术加强措施

1）防火要求细则

现阶段新建类方舱医院基本上为临时性建筑。在消防设计方面，完全按照京重大办

〔2022〕73号要求去设计的话，既不省时也不经济。但是医疗建筑在对消防的要求方面又普遍严于一般民用建筑。

在近三年内发布和出版的与方舱医院有关的设计规范和导则中可以看到，其中更加强调的是室内材料燃烧等级和消防疏散指示的规定。例如，北京市发布的《应急方舱医院建设基本要求》要求中规定：

各区域应设置明显标识或隔离带，分区内通道及疏散通道地面应粘贴地面疏散指示标识。疏散通道地面应粘贴地面疏散指示标志。地面采用耐腐蚀耐擦洗、耐火等级A级材料。分区隔断材料应选用难燃材料或不燃材料，表面耐擦洗。

在满足现行的《建筑设计防火规范》GB 50016的基础上，新建方舱医院在某些要求上必须作适当调整以适应严苛的客观条件。鉴于方案的特殊性和工期的紧迫性，新建类方舱医院的消防设计需要进行特殊的论证和加强措施。例如，朝阳体育中心轻症方舱医院，根据消防专家论证得出结论，在符合《应急方舱医院建设基本要求》规定的内容基础上，项目场地内需设置环形消防车道。各个建筑单体、收治区之间彼此间距不应小于12m。方舱医院病房楼每一层可划分为一个防火分区，室内任一点至最近安全出口疏散距离不超过27m。室内疏散楼梯可采用敞开楼梯间但在首层应直通室外。室内顶棚和墙面应采用A级装修材料，室内地面应采用燃烧性能等级不低于B级的装修材料。符合条件的各建筑首层疏散外门可作为消防救援人员进入的窗口。基于方舱病房楼防火构造形式的考虑，建筑地上二层可不设消防救援人员进入的窗口，但首层每个护理单元至少应设置2个消防救援人员进入的窗口。

2）箱式房定制

关于我国应急医疗建筑模块化建设的历史，可以追溯到21世纪初小汤山医院的建设。小汤山医院的建造首先采用了预制模块化的方式。不过根据当时的技术条件，可采用的建造方式为预制钢筋混凝土箱式房，以及彩钢泡沫夹芯复合板，配合多种不同规模板材拼装组合而成。这种方式不但结构笨重、施工复杂，而且存在节能和消防效果不佳、设备机电集成度低、回收再利用率低等问题。

随着时代的发展，在应急医疗建筑的建设中，模块化箱式集成房成为主流构件。箱式集成房的基本结构为：以稳定且自承重的个体空间为组合的标准化单元基本尺寸的模块，一般情况平面尺寸为3m×6m，高度3m，根据建设规模及场地，通过适当方式沿竖向和水平方向进行不同模块的拼接组合，形成不同的空间组合平面，满足医疗功能的需求。其优点在于建造快速、施工可全天候作业、高度的设备集成和高回收利用率（图4.4.3-28）。

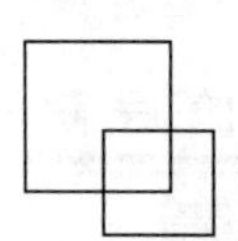

产品结构

房屋单元的主体结构为钢框架结构，围护结构应使用具有保温绝热功能的金属面夹芯板或其他类型围护板，围护结构应设计为拆装式，由底结构、顶结构、角柱和墙板组成，箱与箱之间通过螺栓连接而成，结构简单，安装方便快捷

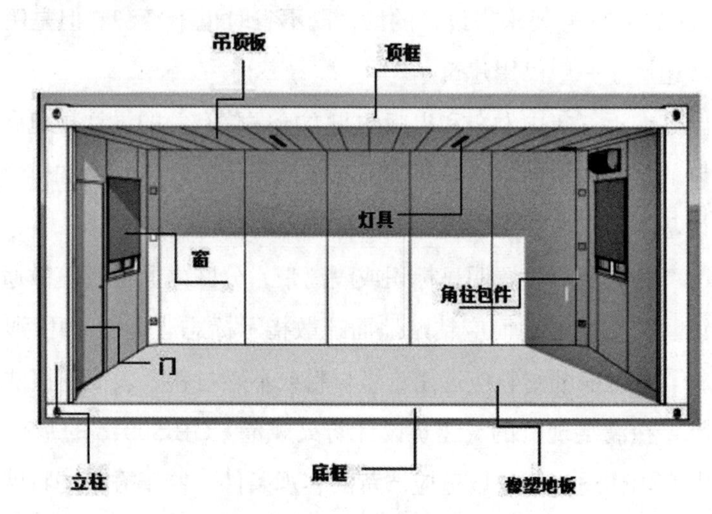

图 4.4.3-28　箱式集成房基本结构示意图

在南苑机场方舱医院、通州西集方舱医院和朝阳体育中心方舱医院项目中，BIAD 对不同尺度的空间进行归纳总结，根据平面功能的需要，箱式集成房所对应的区域分别为病房、走道和后勤用房。收治区域的箱式房不但需要满足医疗建筑病房内基本配置，还需考虑病房分区内不同功能空间所需要的不同尺度要求，最终确定病房及其他功能单元基本箱体尺寸为标准件，平面尺寸 3m×6m，医护单元区内病房之间的走道为窄型箱体，平面尺寸为 1.8m×6m。

4.4.4　各类型方舱间的数据连接

本部分主要以改造类大空间为主的方舱为研究依据，以北京市建筑设计研究院股份有限公司配合设计的北京及周边的项目为数据收集依据进行对比研究。数据链接主要从：规划、建筑、结构、机电和经济指标 5 个切入点进行对比分析，进而得出基于大空间进行改造的应急方舱项目的一系列基本数据和控制标准，以期在后续应急建设初期，在项目定位及策划阶段，就对方舱医院项目起到指导与借鉴作用。

1. 规划、建筑指标对比

1）建筑综合指标

表 4.4.4-1 针对大空间方舱的基本数据进行罗列并进一步测算，最终聚焦在能布置多少床位。经过数据的分析可得出基本结论：以舱内净面积核算单层床大约每床面积为 $10m^2$，双层床宽松排布每床 $7m^2$，紧密排布每床 $5m^2$。

方舱医院综合指标对比表 **表 4.4.4-1**

项目名称	方舱医院综合指标					
	改造区域面积（m^2）	新建箱式房面积（m^2）	舱内净面积（m^2）	舱内净高（m^2）	总床位数（个）	舱内净面积/床位数（m^2）
新国展方舱	128708	15438	75000	18	7320	10.25
国家会议中心二期改建应急方舱医院	19494	4738	18458	12	2464	7.49
金海湖会展方舱	25000	2800	14800	10	2880	5.14
京城机电轻症方舱医院	30802	9402	29005	8	3760	7.71
亦创会展方舱	31490	4445	19000	A 区 8.1； B 区 8.66	1600	11.88

2）场地指标

从场地指标的对比可以看出，改造类方舱需要足够的有效场地作为支撑，一般情况下会用到舱内净面积的 150% 左右的有效场地面积。更大的场地面积可以提供足够的车辆回转面积，确保方舱运转正常，也可以提供足够量的垃圾暂存空间，或者提供闭环运维团队的住宿空间。相反，过小的场地面积会影响流线布局，甚至无法使用（表 4.4.4-2）。

方舱医院场地指标对比表 **表 4.4.4-2**

项目名称	方舱医院场地指标							
	外围有效场地面积	与舱内净面积的比例（%）	高程是否有明显变化（是/否）	是否考虑景观保护（是/否）	车辆洗消区域面积（m^2）	垃圾暂存处面积（m^2）	患者落客区域面积（m^2）	医护运维落客区域面积（m^2）
新国展方舱	190000	253.33	否	是	144	400	550	250
国会二期方舱	30000	162.53	否	是	155	246	756	—
金海湖会展方舱	2400	16.22	是	是	144	216	200	137
顺义林河方舱	41925	144.54	否	是	257	439	2698	686
亦创会展方舱	44000	231.58	否	是	160	214	1000	800

3）垃圾暂存场地指标

垃圾转运站要按照医疗废物暂存间的标准设计和建设，满足防雨淋、防渗漏、防扬散要求，暂存容量参考隔离组已积累经验按照 3～4kg/（人·d）的容量进行设计（表 4.4.4-3）。

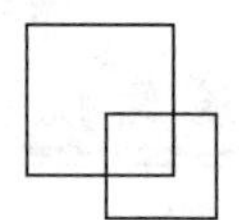

垃圾暂存场地指标对比表 **表 4.4.4-3**

项目名称	垃圾暂存场地指标	
	垃圾暂存处面积（m^2）	垃圾暂存面积 / 床位数（m^2）
新国展方舱	400	0.05
国会二期方舱	246	0.10
金海湖会展方舱	216	0.08
顺义林河方舱	439	0.12
亦创会展方舱	214	0.13

通过新国展方舱运行的经验，垃圾暂存处的面积严重不足，图 4.4.4-1 是新国展方舱垃圾量最高峰时的监控画面。造成垃圾量过多的原因是多方面的，故而在后续设计的国会二期方舱等项目中，均将垃圾暂存的面积扩大至 1 倍左右。

图 4.4.4-1　新国展方舱垃圾量最高峰时的监控画面

4）卫生通过区指标

对比的几个改造类方舱，其卫生通过区均满足基本使用需求，多数通过了竣工验收、防疫验收或已经使用。表格列出的数据包括：进、出舱通道的设置，进、出舱的手盆设置等，不同的是国会二期的出舱洁具及出舱淋浴没有在安全通过设置，金海湖会展方舱由于场地局限等原因，进、出舱通道没有相互连接。这两个项目在进、出舱通道上的特殊设计均是应院感的要求，进行的优化和调整（表 4.4.4-4）。

卫生通过区指标对比表 表4.4.4-4

项目名称	卫生通过区指标							
	进舱更衣区面积	进舱通道数	更衣区有无手盆	出舱脱衣区面积	出舱通道数	脱衣区有无手盆	出舱有无洁具	出舱有无淋浴
	（m^2）	（个）	（有/无）	（m^2）	（个）	（有/无）	（有/无）	（有/无）
新国展方舱	1072	24	有	1353	24	有	有	有
国会二期方舱	162	4	有	198	4	有	无	无
金海湖会展方舱	54	3	有	666	12	有	有	紧急淋浴
顺义林河方舱	351.35	9	有	529.36	9	有	有	有
亦创会展方舱	216	4	有	360	4	有	有	有

5）清洁区指标

从清洁区场地内指标可以看出各项目均依据不同的场地条件进行了合理的配置，均分别设置了医护办公和物业办公建筑，各项目也都设置了指挥中心（亦创会展方舱把两个非闭环医护办公中的一个用作指挥中心），有条件的方舱还设置了医护或者运维宿舍，形成真正意义上的闭环管理，需要注意的是国会二期的医护宿舍数量有可能不足以满足闭环医护人员的使用需求。经调研，国会二期方舱设计时，因场地有限，同时考虑到周边居民较少等情况，在邻近区域选定了点对点的隔离酒店，满足医护人员住宿需求（表4.4.4-5）。

清洁区指标对比表 表4.4.4-5

项目名称	清洁区指标						
	医护办公建筑面积	医护办公建筑数量	物业办公建筑面积	物业办公建筑数量	指挥中心建筑面积	是否有医护宿舍	是否有物业宿舍
	（m^2）	（个）	（m^2）	（个）	（m^2）	（有/无）	（有/无）
新国展方舱	5415	10	1309	2	72	无	无
国会二期方舱	1182	2	309	1	72	有	无
金海湖会展方舱	72	4	36	2	72	无	无
顺义林河方舱	253	6	140	3	200	无	无
亦创会展方舱	1225	3	165	1	无	有	有

6）方舱内配套指标

方舱内几个相对重要的配套功能包括：① 护士站；② 治疗处置室；③ 物业储存用房；④ 重症看护室；⑤ 警务心理辅导室。其中，物业储存主要是物资存放，有条件的可以分为洁净物资和污染物资存放，治疗处置和重症监护室是医疗机构进驻的必备设施，警务心理辅导是公安进驻和对聚集场所进行必要心理疏导的房间，无特殊水电需求，应找空房间设置。地面处理各方舱基本保持一致，金海湖会展方舱为了保护接待厅地毯，采用了浮筑地面做法（表 4.4.4-6）。

方舱内（室内）指标对比表 **表 4.4.4-6**

项目名称	方舱内（室内）指标							
	典型床位面积	是否上下铺	典型护士站净面积	物业用房面积	治疗处置室面积	重症监护室面积	警务，心理辅导面积	地面处理情况
	（m^2）	（是 / 否）	（m^2）	（m^2）	（m^2）	（m^2）	（m^2）	
新国展方舱	6	否	40	872	64	240	30	满铺 PVC 地胶
国会二期方舱	6	是	50	无	96	无	无	满铺 PVC 地胶
金海湖会展方舱	6	是	40	500	192	36	0	无 / 浮筑地面
顺义林河方舱	7.7	是	93.5/ 个	143（总）	92.8（总）	120（总）	136.56（总）	满铺 PVC 地胶
亦创会展方舱	6	否	8.5	422	45	78	73	满铺 PVC 地胶

7）洁具指标

在新国展方舱之后，各方舱团队都增加了洁具的设施数量，整体指标按照《方舱医院设计导则（试行）》的高配置，所不同的在淋浴数量的配置（表 4.4.4-7）。

洁具指标对比表 **表 4.4.4-7**

项目名称	洁具指标					
	总洁具数（其中：在原基础上增加数量）	百床指标	总手盆数（其中：在原基础上增加数量）	百床指标	总淋浴数（其中：在原基础上增加数量）	百床指标
	（个）	（个 / 百人）	（个）	（个 / 百人）	（个）	（个 / 百人）
新国展方舱	676（214）	9.2	735（442）	10	210（210）	3
国会二期方舱	386（287）	15.7	374（374）	15.2	342（342）	13.9
金海湖会展方舱	368（117）	12.7	348（245）	12.1	104（104）	3.6
顺义林河方舱	586（586）	15.6	592（592）	15.74	255（255）	6.78
亦创会展方舱	242（106）	15	233（178）	15	120（120）	7.5

8）标识设计指标

标识设计主要包括：室内、室外及场地标识三大类，应在设计阶段依据项目自身特点确定是否全部设置（表 4.4.4-8）。

标识设计对比表 **表 4.4.4-8**

项目名称	标识设计		
	是否有室内标识设计（有 / 无）	是否有室外标识设计（有 / 无）	是否有场地标识设计（有 / 无）
新国展方舱	有	有	无
国会二期方舱	有	有	无
金海湖会展方舱	有	有	有
顺义林河方舱	有	有	无
亦创会展方舱	有	有	有

2. 结构、机电指标对比

1）结构专业设计指标对比

结构设计应首先确定新建箱式房的基础形式，并依据场地情况和给水排水条件确定基础高度（表 4.4.4-9）。

结构专业主要设计参数对比表 **表 4.4.4-9**

项目名称	结构专业主要设计参数			
	原建筑是否涉及结构改造	新建箱式房基础形式	新建箱式房基础高度（mm）	新建设备机房钢架
新国展方舱	否	砖砌条形基础	360～450	—
国会二期方舱	否	钢框架支座	200～1810	—
金海湖会展方舱	否	箱式房成品钢支座	400～600	—
顺义林河方舱	否	砖砌条形基础	360～450	两层钢框架
亦创会展方舱	否	方钢管焊接支架 / 砖柱基础	600	—

2）设备专业设计指标对比

设备专业的参数对比主要聚焦在排风量等（表 4.4.4-10）。

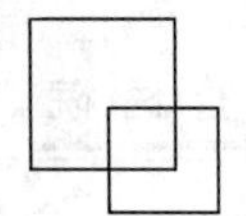

设备专业主要设计参数对比表 **表 4.4.4-10**

项目名称	设备专业主要设计参数		
	空调供暖经复核是否需要增设设施	排风是否有利用原有设施，以及每床排风量	原有化粪池是否需要增加
新国展方舱	空调器经过复核满足改造后冷热负荷要求，利用原有空调器	新设排风机，每床排风量 160m³/h	经校核不增加，平均每 1000 人利用一个 100m³ 化粪池
国会二期方舱	展厅利用原有空调机组． 室外临建增加分体空调器	新设排风机，每床排风量 150m³/h	根据重大办会议不增加，平均每 1300 人利用一个 100m³ 化粪池，停留时间 12h
金海湖会展方舱	空调器经过复核不满足改造后冷热负荷要求，利用原有空调器同时，增加电暖气和石墨烯发热壁画供暖	新设排风机，每床排风量 150m³/h	增加化粪池，东、西侧分别增加 2 个 100m³ 的化粪池
顺义林河方舱	需增设供暖设备，现补充吊顶辐射供暖系统	排风机全部为新增设备，不利旧，每床排风量 150m³/h	经校核增加，设置 4 个 100m³ 化粪池
亦创会展方舱	利用原有空调器，调整增设新风预热设施	新设排风机，每床排风量 150m³/h	不增加，可满足 1600 床方舱及 1000 名医护和后勤使用

3）强电专业设计指标对比

下表综合对比了方舱医院的供电电源条件、负荷统计和应急备用电源情况（表 4.4.4-11）。

强电专业主要设计参数对比表 **表 4.4.4-11**

项目名称	强电专业主要设计参数		
	供电电源条件	负荷统计（kW）	应急电源与备用电源
新国展方舱	室内及内庭院供电，接引自展厅内现状展览专用变压器，经展沟内预留的展览专用配电柜引出。 室外及卸货区临时设施供电，接引自室外展场专用变压器，由室外箱变低压出线柜引出	14550kW（其中：一级负荷 2655kW，三级负荷 11895kW）	新建医护办公区、员工休息区，设非集中控制型消防应急照明和疏散指示系统（控制器自带应急电源），市电停电时自动启动或手动启动。指挥中心、重症观察区分别设置 UPS，保障指挥中心、重症观察区设备用电
国会二期方舱	展室内供电，接引自展厅内现状展览专用变压器，经展沟内预留的展览专用配电柜引出。室外办公及北侧淋浴区供电，接引自 B1 层新建餐饮用变配电室 C13/C14 变压器所带的低压出线柜南侧淋浴区供电，接引 B1 层 C2 变配电室 E11/E12 变压器所带的低压出线柜	4960kW（其中：一级负荷 360kW，三级负荷 4600kW）	新建医护办公区、淋浴区等，设非集中控制型消防应急照明和疏散指示系统（控制器自带应急电源），市电停电时自动启动或手动启动。指挥中心内设置 UPS，保障指挥中心设备用电

续表

项目名称	强电专业主要设计参数		
	供电电源条件	负荷统计（kW）	应急电源与备用电源
金海湖会展方舱	展厅区域用电由就近配电间内展厅配电箱进线电缆引来，配电间新设置方舱用电配电箱；多功能厅区域用电由2号变配电室引来电源电缆。配电间内设置方舱用电配电箱。室外及卸货区临时设施供电，接引自就近室内变电所变压器备用回路	4455kW（其中：一级负荷886kW，三级负荷3569kW）不包含大楼正常运行用电	原项目设有移动式柴油发电机接口
顺义林河方舱	项目设置2台800kVA变压器和1台630kVA变压器。联合厂房内西侧设置变配电室预留1面10kV出线柜。 经过计算，现状变压器容量可满足方舱内病区照明、插座用电需求，不能满足新增空调通风设备及室外附属设施电源。需进行电力增容改造。改造为方舱医院后，现状电源不能满足负荷等级要求，需增加备用电源。根据本次新增通风空调设备及室外附属配套箱式房用电，新增室外箱式变电站（变压器装机容量5210kVA，其中5台630kVA，2台400kVA，4台315kVA）。本次新增室外箱式变电站由现状分界室重新引1路市政10kV电源，满足双路供电要求	5310kW（其中：一级负荷604kW，三级负荷4706kW）	新建医护办公区、员工休息区，设非集中控制型消防应急照明和疏散指示系统（控制器自带应急电源），市电停电时自动启动或手动启动。指挥中心内设置UPS
亦创会展方舱	建筑现有市政电源、备用电源及变配电系统满足展览中心（南区、北区）室内收治区及室外新建区的用电负荷等级容量要求。 展览中心（南区、北区）室内收治区配电由展厅现有展览用电（二级负荷）配电箱供电； 展览中心（南区、北区）新增排风机由展厅现有展览用电（二级负荷）配电箱双路供电，末端互投； 室外新建区电源根据总图布局，就近由会议中心低压配电柜或展览中心低压配电柜供电； 室外零散分布的污水处理设备分别设置自备移动发电机作为备用电源	展览中心（南区）室内收治区照明插座为680kW，动力为520kW； 展览中心（北区）室内收治区照明插座为740kW，动力为210kW； 室外新建区：总用电负荷为2427kW，其中947kW负荷由展览中心南区、北区低压配电系统供电；其他1480kW由会议中心低压配电系统供电	建筑现有柴油发电机未作调整，室外零散分布的污水处理设备分别设置自备移动发电机作为备用电源，发电机自带储油箱，满足持续供电时间3个小时， 中控室消防设备及安防系统用电、智能化系统用电设置UPS不间断电源装置

4）弱电专业设计指标对比

下表综合对比了方舱医院三个最主要的弱电系统的设计情况，包括：信息接入系统、出入口管理系统、消防报警系统（表4.4.4-12）。

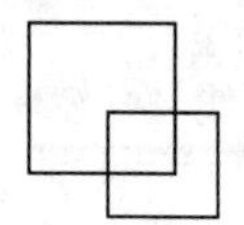

弱电专业主要设计参数对比表　　表 4.4.4-12

项目名称	弱电专业主要设计参数		
	信息接入系统设置与否及实现方式	出入口管理系统设置与否及实现方式	消防报警系统设置与否及实现方式
新国展方舱	设置。 展厅内增设 Wi-Fi 覆盖系统	展厅内维持现状系统。室外临时设施无法与现状系统通信疑有消防隐患，未设置	室内利用现状， 新增配电柜增设电气火灾监控。 室外临时设施设置无线型消防报警系统
国会二期方舱	设置。 展厅内增设 Wi-Fi 覆盖系统	展厅内维持现状系统。室外临时设施无法与现状系统通信疑有消防隐患，未设置	室内利用现状 新增配电柜增设电气火灾监控； 室外临时设施设置无线型消防报警系统
金海湖会展方舱	展厅内已 Wi-Fi 覆盖系统	设置。 展厅出入口增设门禁控制系统，与消防系统联动，火灾时自动释放门禁	室内利用现状； 室外临时设施不设置消防报警系统
顺义林河方舱	设置。 展厅内增设 Wi-Fi 覆盖系统	厂房内及室外临时设施主要出入口新增出入口控制系统	新增火灾自动报警及联动系统； 新增配电柜增设电气火灾监控
亦创会展方舱	设置。 改造区域展览中心（南区、北区）和室外新建区域均利用展馆现状电信运营商提供接入通信光缆，由展馆网络管理部门负责对接电信运营商，负责开通网络带宽，具体带宽根据实际需用需求确认。 展厅内增设电话网络及 Wi-Fi 末端点位。室外根据需求新增设语音数据点位，接入 A 馆三层数据机房	设置。 展厅内维持现状系统。室外新建区根据功能设置。新增出入口管理自成系统，不接入展馆现有系统	设置。 室内利用现状。室外新建区火灾自动报警系统的形式为集中报警系统，自成系统

文献索引

[1] 焦喆，苏腾，魏卓等. 基于公服设施改建视角的防治体系构建思考——以武汉“方舱医院”改建为例［C］// 中国城市规划学会，成都市人民政府. 面向高质量发展的空间治理——2020 中国城市规划年会论文集（01 城市安全与防灾规划）. 北京：中国建筑工业出版社，2021：11.DOI：10.26914/c.cnkihy.2021.029733.

[2] 徐蓉，周文斌，刘芳汝. 后疫情时代下方舱医院功能空间模式研究［J］. 中外建筑，2022（07）：20-25.

[3] 黄锡璆. 传染病医院及应急医疗设施设计［J］. 建筑学报，2003（07）：14-17.

[4] 左自波．我国方舱医院的设计与施工［J］．中国医院建筑与装备，2022，23（10）：57-61.

[5] 张东升．新冠肺炎疫情下集中医学观察场所规划与设计研究［D］．湖南大学，2021.

附录1 方舱医院各区域室内设计参数

区域	温/湿度（℃/%）		新风量 m^3/h	排风量 m^3/h	压力 Pa
	夏季	冬季			
方舱患者区	26	18	每床100	每床150可调	负压
医生、护士办公	25	20	自然通风		
医生、护士宿舍	25	20	自然通风		
患者区淋浴	26	25		12次	负压
患者区卫生间	26	18		12次	负压
卫生通过的退出口部脱衣	26	18		20次	负压
卫生通过、更衣、缓冲	26	18	从清洁区至半污染区至污染区有序的压力梯度		
热水机房	30	10			

数据来源：《传染病医院建筑设计规范》GB 50849、《综合医院建筑设计规范》GB 51039。

附录2 方舱医院各场所照度标准值

房间名称	参考平面	照度标准值（lx）	照明功率密度限值≤（W/m^2）	UGR ≤	U0
方舱病房区	地面	200	5.5	19	0.6
门厅、等候区	地面	200	5.5	22	0.6
医护办公室	0.75m水平面	300	8	19	0.6
治疗室	0.75m水平面	300	8	19	0.7
护士站	0.75m水平面	300	8	19	0.6
重症观察室	0.75m水平面	300	8	19	0.6
办公室	0.75m水平面	300	8	19	0.6
会议室	0.75m水平面	300	8	19	0.6
走道	地面	100	4	19	0.6
卫生间	地面	75	3	—	0.6
库房	地面	100	3.5	—	0.6

数据来源：综合《方舱医院设计导则（试行）》和《建筑照明设计标准》GB 50034。

平急两用医疗建筑及设施设计导则

（下册）

北京市建筑设计研究院股份有限公司　编著

中国建筑工业出版社

目　　录

上　　册

下　　册

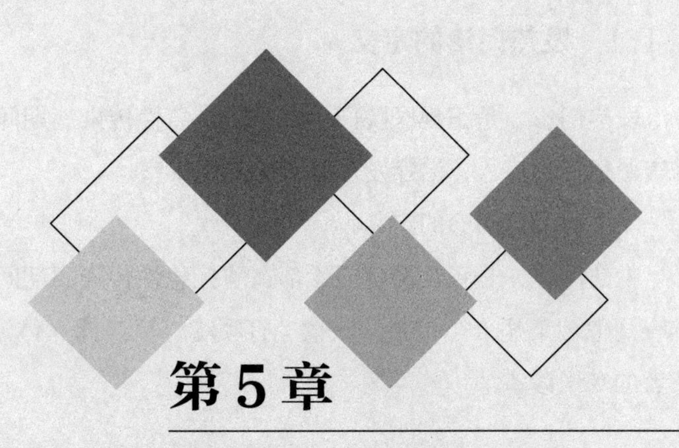

第5章

发 热 门 诊

5.1 发热门诊概述

5.1.1 发热门诊的定义

发热门诊，是正规医院门诊部在防控急性传染病期间根据上级指示设立的，专门用于排查疑似传染病人，治疗发热患者的专用诊室。

本文对发热门诊的定义：

发热门诊，是正规医院门诊部在防控急性传染病期间根据上级指示设立的，专门用于排查疑似传染病人（包括，咳嗽、打喷嚏、流鼻涕、体温升高等不适症状等），治疗发热患者的专用诊室。

5.1.2 发热门诊的设立意义：意义是初筛、管控

为了有效预防、及时控制和消除突发公共卫生事件的危害，保障公众身体健康与生命安全，维护正常的社会秩序。发热门诊是传染病防控的重要环节，它在抑制传染病扩散方面发挥着至关重要的作用。以下是发热门诊对抑制传染病扩散的实际作用：

1. 早期筛查

发热门诊通过对患者进行早期筛查，可以迅速发现并隔离疑似患者。这有助于阻断传染病扩散的源头，减少病毒在人群中的传播速度，减轻对社会的影响。

2. 有效隔离

发热门诊可以对疑似患者进行有效隔离，将其与其他人群隔离开来，防止传染病的扩散。在发热门诊中，疑似患者可以得到专业的诊断和治疗，同时避免与其他人接触，减少病毒在人群中的传播速度，从而有助于控制病情发展。

3. 快速治疗

发热门诊可以提供快速的诊疗服务，帮助患者迅速得到有效的治疗。对于传染病，越早诊断和治疗，扩散的速度就越慢。

4. 有效的卫生防护措施

发热门诊通过加强卫生防护措施，如保持清洁、通风、消毒等，有效地减少病毒的传播。在发热门诊中，医护人员会穿戴严格的防护设备，防止病毒的传播，同时医护人员也会对门诊进行定期消毒，从而保证门诊环境的清洁和卫生。

5. 组织隔离和观察

对于疑似患者和确诊患者，发热门诊会进行组织隔离和观察。在这个过程中，患者会得到专业的医疗照顾和护理，同时也会被隔离和观察，从而避免病毒的传播。

5.1.3 发热门诊定位

发热门诊，是正规医院门诊部在防控急性传染病期间根据上级指示设立，专门用于排查疑似传染病人，治疗发热患者的专用诊室。在该诊室工作的医务人员，应严格遵守“传染病防治法”和防控传染病期间政府发布的相关法律、法规。

2020年6月11日，国家卫健委发布了《关于发挥医疗机构哨点作用做好常态化疫情防控工作的通知》，其中明确要充分发挥发热门诊、基层医疗机构和急救中心的“哨点”作用。若各“哨点”落实检测、登记、报告、引导等措施不力，导致“应检未检”的，开展责任倒查，依法依规对相关机构和责任人追究责任。

为有效落实“四早”要求，充分发挥医疗机构“哨点”作用，实现及时发现、快速处置、精准管控、有效救治，做好常态化疫情防控工作，通知提出了具体要求：要充分发挥发热门诊的“哨点”作用。对于所有到发热门诊就诊的患者，必须扫“健康码”，并进行核酸检测。各类医疗机构要全面落实预检分诊制，对有发热、咳嗽、乏力等症状的患者，在做好防护条件下由专人陪同按规定路径前往发热门诊就医。发热门诊不得拒绝接收发热患者就诊，严格落实首诊负责制，医务人员要做好“守门人”，发现发热等可疑病例，要详细登记相关信息，第一时间进行隔离医学观察，并按相关程序及时报告、收治和转运。各地要加强宣传，引导发热患者首选设置有发热门诊的医疗机构就诊。

发热门诊发展至今，不仅成为我国应对突发公共卫生事件的关键诊室之一，还成为许多医疗机构预防传染性疾病的第一道防线。然而，当前发热门诊仍然面临高标准建设与成本效益博弈、功能定位与紧急医疗需要矛盾、区域发展不平衡等运行困境，若要更好地发挥发热门诊在突发公共卫生事件中的作用，其设置与管理亟须突破。相关研究提出构建发热门诊区域协同机制、疾病暴发监测机制和应急响应机制的设想充分发挥区域突发公共卫生事件应急指挥中心的作用，整合区域医疗卫生资源，在减少发热门诊“平时”资源浪费的同时，提高区域的“战时”应对能力，减少交叉感染，真正实现区域协同、分级响应，为我国完善突发公共卫生事件应急管理体系提供依据。

发热门诊从无到有，从重点医院零星设置到基层医疗机构全覆盖。体现了以习近平新时代中国特色社会主义思想为指导，深入贯彻党的二十大精神，把保障人民健康放在优先发展的战略位置，贯彻新时代党的卫生与健康工作方针，坚持以人民健康为中心，坚持预防为主，坚持医疗卫生事业公益性，推动医疗卫生发展方式转向更加注重内涵式发展、服务模式转向更加注重系统连续、管理手段转向更加注重科学化治理，促进优质医疗资源扩容和区域均衡布局，建设中国特色优质高效的医疗卫生服务体系，不断增强人民群众获得感、幸福感、安全感。

5.1.4 发展历程

2003—2020 年发热门诊发展情况与设立效果

2003 年，SARS 起源，最初感染者通过咳嗽、打喷嚏等扩大传染，导致大面积人员感染，到医院形成院级感染。为防控非典疫情，缩小感染范围，保障人民生命安全，国家卫生部办公厅于 2003 年 5 月 4 日印发了《传染性非典型肺炎医院感染控制指导原则（试行）》。规定：医院在易于隔离的地方设立相对独立的发热门（急）诊、隔离留观室，指定收治传染性非典型肺炎的医院设立专门病区。室内与室外自然风通风对流，自然通风不良则必须安装足够的通风设施（如排气扇），禁用中央空调，使用单机空调的消毒按照《关于做好建筑空调通风系统预防非典型肺炎工作的紧急通知》（建办电〔2003〕13 号）有关规定。

2003 年 5 月 20 日卫发电〔2003〕62 号：为了加大传染性非典型肺炎疫情控制力度，进一步加强医疗机构发热门（急）诊管理，减少医疗机构内的交叉感染，卫生部组织制定了《医疗机构发热门（急）诊设置指导原则（试行）》，对发热门诊的设置规定如下：

一、卫生行政部门按照“数量适当、布局合理、条件合格、工作规范”的原则，结合当地传染性非典型肺炎疫情和群众医疗实际需求，指定医疗机构设立独立的发热门（急）诊，并将设立发热门（急）诊的医疗机构名单通过当地媒体向社会公告；卫生行政部门可指定部分设置发热门诊的医院设置隔离留观室。加强对医疗机构发热门（急）诊的监督管理。

二、发热门（急）诊应当设在医疗机构内独立的区域，与普通门（急）相隔离，避免发热病人与其他病人相交叉；通风良好，有明显标识。普通门（急）诊显著位置也要设有引导标识，指引发热病人抵达发热门（急）诊就诊。

三、发热门（急）诊应当分设候诊区、诊室、治疗室、检验室、放射检查室等，放射检查室可配备移动式 X 光机。有独立卫生间。发热门（急）诊应定时消毒。

四、发热门（急）诊入口处有专人发放一次性口罩和就诊须知，负责发热病人及其陪同人员的导诊和宣传基本防护知识。

五、发热门（急）诊应当配备有一定临床经验的高年资内科医师，并经过传染性非典型肺炎知识培训，负责传染性非典型肺炎与其他发热疾病的诊断与鉴别诊断。

六、发热门（急）诊严格实行首诊负责制，不得拒诊、拒收发热病人；对诊断为传染性非典型肺炎的病人或疑似病人，应按照有关规定登记、报告和处理，不得擅自允许其自行转院或离院。

七、发热门（急）诊和隔离留观室的消毒、隔离、医务人员防护等，要按照《传染性非典型肺炎医院感染控制指导原则（试行）》有关规定执行，发热门诊按本文规定设置。

八、发热门（急）诊需转运传染性非典型肺炎病人和疑似病人时，按照《卫生部办公厅关于做好传染性非典型肺炎病人和疑似病人转运工作的通知》（卫机发9号）有关规定执行。

2003年11月5日，卫生部下发了修订的《医院预防与控制传染性非典型肺炎（SARS）医院感染的技术指南》，特别提出在集中收治传染性非典型肺炎时，应指定医院设立发热门诊，并对发热门诊提出了包括隔离、清洁和消毒等更详细的要求。

2004年9月13日，卫生部发布《关于二级以上综合医院感染性疾病科建设的通知》。通知要求：二级以上综合医院建设感染性疾病科，以提高其对传染病的筛查、预警和防控能力及感染性疾病的诊疗水平，实现对传染病的早发现、早报告，早治疗，及时控制传染病的传播，有效救治感染性疾病。

通知指出：将发热门诊、肠道门诊、呼吸道门诊和传染病科统一整合为感染性疾病科，并对不同级别医疗机构感染性疾病科的建设提出要求。

发热门诊成为感染性疾病科的一部分，承担着医疗机构传染病分诊、院感感染防控工作的重任。

2004年10月19日，卫生部办公厅印发《二级以上综合医院感染性疾病科工作制度和工作人员职责》和《感染性疾病病人就诊流程》，其中规定了感染性疾病科的工作制度及工作人员职责。

1989年9月1日《中华人民共和国传染病防治法》正式实施，其第五十二条规定："医疗机构应当对传染病病人或者疑似传染病病人提供医疗救护、现场救援和接诊治疗，书写病历记录以及其他有关资料，并妥善保管。医疗机构应当实行传染病预检、分诊制度；对传染病病人、疑似传染病病人，应当引导至相对隔离的分诊点进行初诊。医疗机构不具备相应救治能力的，应当将患者及其病历记录复印件一并转至具备相应救治能力的医疗机构。具体办法由国务院卫生行政部门规定。"

2005年2月28日，中华人民共和国卫生部令第41号发布：《医疗机构传染病预检分诊管理办法》。“第二条：二级以上综合医院应当设立感染性疾病科，具体负责本医疗机构传染病的分诊工作，并对本医疗机构的传染病预检、分诊工作进行组织管理。”

2009年5月25日湖北省印发《湖北省医疗机构甲型H1N1流感预检分诊、发热门诊和定点隔离病区隔离规范的通知》鄂卫办发〔2009〕58号。

通知规定：二级以上综合医院设置感染性疾病科，乡镇卫生院和有条件的社区卫生服务中心设置发热门诊，其他医疗机构设置发热诊室。

2019年年底，武汉发生肺炎，2020年1月18日印发《湖北省卫生健康委关于做好发热门诊和预检分诊工作的通知》。

通知规定：二级以上医院应当设置相对独立的发热门诊，二级以下医疗机构要设立相对独立的发热诊室，三级医院应当建立发热留观室，配备至少四张流感床和输液座椅、氧疗、无创呼吸机、抢救车、必要的心肺复苏设备和有氧转运设备。

2020年3月26日国卫办医函〔2020〕263号《国家卫生健康委办公厅关于进一步加强新冠肺炎疫情防控期间发热门诊设置管理和医疗机构实验室检测的通知》，规范医疗机构发热门诊设置：

（一）二级及以上综合医院原则上均应当设置独立的发热门诊，各地卫生健康行政部门要加强对本地医疗机构发热门诊的管理，本地发热门诊设置情况要向社会公开。

（二）发热门诊应当设置在医疗机构内相对独立的区域，与普通门（急）诊相对隔离。发热门诊应当有醒目的标志。应当有患者专用通道和医务人员专用通道，各通道设有醒目标志。普通门（急）诊的显著位置也应设有引导标识，方便发热患者根据标识指引抵达发热门诊。

（三）发热门诊应当至少设有诊室、处置治疗室、隔离留观病区（房）、医务人员更衣室、医疗废物暂存点等功能用房和区域，其中诊室应当设置3间以上（包括成人诊室、儿童诊室、备用诊室）；卫生间应当为发热门诊患者专用，隔离留观病区（房）要独立设置卫生间。发热门诊的各类功能用房应当具备良好的灵活性和可扩展性。

（四）发热门诊要安排一定数量有临床经验的专职医师和护士，需经过传染病相关法律法规、常见传染病（包括不明原因肺炎）诊疗常规和医疗机构内感染预防与控制等知识培训，并考核合格，实行24小时值班制度。发热门诊医护人员数量要能满足日常工作要求且应当根据疫情形势和发热患者就诊人次进行动态调整。

2020年8月17日国卫办规划函〔2020〕683号：为指导各地实施《公共卫生防控救治能力建设方案》，进一步加强医疗机构发热门诊建设，国家卫生健康委、国家发展改革委制定了《发热门诊建筑装备技术导则（试行）》。

要求，发热门诊应当具备预检、分诊、筛查功能，并配备相关设备设施。没有设置发热门诊的医疗机构，应当制定预案，并设定一个相对独立、通风良好的发热筛查区域，以备临时筛查、隔离、转运使用。确保早发现、早报告、早隔离、早治疗。

在发热门诊布局方面，《发热门诊建筑装备技术导则（试行）》提出，平面布局应当划分为清洁区、半污染区、污染区，并设置醒目标识。三区相互无交叉，使用面积应当满足日常诊疗工作及生活需求。其中，病人活动应当限制在污染区，医务人员一般的工作活动宜限制在清洁区；半污染区位于清洁区与污染区之间的过渡地段。

污染区主要包括患者入口区、分诊、候诊、诊室、隔离观察室、放射检查用房、检验、处置室、抢救室、污物间、患者卫生间等。

对于诊室和隔离观察室的数量，《发热门诊建筑装备技术导则（试行）》也进行了规定。即诊室应当不少于2间；隔离观察室不少于1间。本着资源共享、合理调配的原则，检验室、PCR实验室宜相对独立设置，可不限于在发热门诊区域。

2021年9月13日联防联控机制医疗发〔2021〕80号：为进一步落实“四早”“四集中”要求，切实规范发热门诊、新型冠状肺炎（以下简称新冠肺炎）定点救治医院（简称定点医院）设置管理，不断提高发热门诊和定点医院疫情防控能力，国务院应对新型冠状病毒肺炎疫情联防联控机制（医疗救治组）组织制定了《发热门诊设置管理规范》和《新冠肺炎定点救治医院设置管理规范》，对发热门诊的设置标准进行了修订，对于发热门诊的候诊区面积、诊室和留观室的房间数较2020年的建设标准面积和数量有所增加。

2022年12月9日国务院联防联控机制新闻发布会，国家卫生健康委医政司司长焦雅辉表示：国家卫健委要求医疗机构在相对独立的区域设置发热门诊，并且发热门诊不再要求设置“三区两通道”，但是要加大通风的条件。

5.1.5 其他国家发热门诊设置情况

发热门诊（fever clinic）

发热门诊是专门为患有发烧相关疾病的患者提供医疗护理的机构。它们在管理和预防传染病方面发挥着至关重要的作用，特别是在流行病和其大流行期间。不同的国家和地区在疫情防控中采取的发热门诊设置情况和要求也存在差异。以下是美国、欧洲、日本和新加坡对发热门诊的设置要求的简要概述：

1. 美国

在美国，发热门诊的设置和要求取决于几个因素，如疾病的性质和严重程度、可用的资源以及当地和国家的法规。

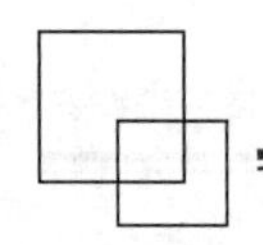

截至2022年3月，美国共有超过1.2万个发热门诊，收治了数百万名疑似或确诊病例。根据疾病发生的规模和严重程度，美国发热门诊的设置可能会有所不同。通常，它们可以在一系列环境中建立，包括医院、社区中心或其他指定地点。例如，在新冠肺炎大流行期间，许多发烧诊所被设立在临时帐篷、停车场或其他户外区域，以将传播风险降至最低，并节省医院资源。此外，发热门诊应设在社区容易到达的区域，并有足够的空间、通风和卫生设施来容纳病人。他们还应配备必要的医疗设备和用品，包括个人防护装备（PPE）、诊断工具和药物。

为了确保发热门诊的安全性和有效性，在美国有几项管理发热门诊运营的要求和指导方针。这些措施包括：

（1）感染控制措施：发热门诊应遵循严格的感染控制措施，将疾病在患者和工作人员中传播的风险降至最低。这包括定期对表面和设备进行消毒，手卫生，以及为工作人员和患者使用适当的个人防护用品。

（2）患者筛查：发热诊所应筛查患者的症状和疾病危险因素，如发烧、咳嗽、呼吸急促、旅行史和接触感染者。符合检测或治疗标准的患者应被转介到适当的医疗机构或在现场接受护理。

（3）检测和诊断：发热门诊应拥有必要的检测和诊断工具，以识别疾病并确定适当的疗程。根据疾病的性质，这可能包括实验室测试、成像研究或临床评估。

（4）治疗和转介：发热门诊应有能力为有轻度或中度症状的患者提供基本医疗护理和治疗。需要高级或专门护理的患者应被转介到适当的医疗机构或接受转院安排。

（5）数据收集和报告：发热门诊应收集患者数量、检测结果和结果的数据，并向公共卫生当局和其他相关利益攸关方报告。这些信息可以帮助监测疾病的传播，指导资源分配，并为公共卫生政策提供信息。

2. 欧洲

欧洲多个国家在疫情防控中采取了类似的发热门诊设置，截至2022年3月，欧洲共有超过26万个发热门诊，其中大部分是为应对COVID-19疫情而设置的。其中包括：通常在现有医院的特定区域内或者社区卫生中心内设立发热门诊，分开区域隔离疑似和确诊患者，提供必要的医疗服务和药品。在门诊内需要配备必要的设备和防护措施，例如，空气净化器、通风系统、防护设备等。此外，欧洲的发热门诊还需要配备专业的医护人员，提供各种治疗和诊断服务，确保患者的健康和安全。病毒检测点设置在门诊外，并采用相应的病例追踪应用程序。

（1）位置要求：发热门诊通常设立在医院内或社区卫生中心内，方便患者前往就诊。

门诊的位置应该避免在人流密集的地方，以防止病毒传播。同时应设置在人员易于达到的、交通便利的区域。

（2）设备要求：门诊内应配备有足够数量的医疗设备，如心电图机、X 光机等。同时，门诊内应设置隔离病房，以防止病毒传播。

（3）医护人员要求：门诊应该配备有足够数量的医生和护士，以保障病患的就诊和治疗。医护人员应该接受必要的培训和装备必要的防护设备，如口罩、护目镜等。

（4）环境要求标准：

① 通风要求：门诊内应该有良好的通风系统，确保空气流通和新鲜空气的供应，减少病毒在空气中的传播。

② 隔离要求：门诊内应设置专门的隔离区，确保疑似感染者和其他患者分开就诊，减少病毒传播。

③ 卫生要求：门诊内应保持干净整洁，定期清洁和消毒，减少病毒在环境中的传播。

④ 安全要求：门诊内应设置必要的安全设备和措施，如火警报警器、灭火器等，以保障病患和医护人员的安全。

3. 日本

日本在疫情防控中成立了大量的发热门诊，用于隔离和治疗疑似和确诊患者。截至 2022 年 3 月，日本共有超过 3.6 万个发热门诊，收治了超过 1 千万名患者。与其他国家不同的是，日本的发热门诊通常是在医院外部设立的，例如，在停车场或者临时建造的帐篷中，这样可以有效减少医院内的人流量和病毒传播的风险。此外，日本的发热门诊还需要配备必要的医疗设备和药品，提供各种治疗和诊断服务，确保患者的健康和安全。

1）门诊设置要求

日本的发热门诊通常位于医院或者独立的医疗机构，需要满足以下的设置要求：

（1）场所要求。发热门诊的场所应该足够大，以容纳多名病人。此外，门诊需要有良好的通风系统，以防止病毒在室内传播。门诊的布局应该合理，避免交叉感染。

（2）医疗设备。发热门诊需要配备必要的医疗设备和用品，包括体温计、呼吸机、氧气设备、药物等。这些设备需要经常维护和消毒。

（3）卫生设施。发热门诊需要有充足的卫生设施，如手消间、洗手液和纸巾等。在门诊内，还需要设置废物处理设施，如垃圾桶和污染衣物箱。

2）病人管理要求

为了最大限度地减少病毒传播的风险，日本发热门诊采取了以下的病人管理要求：

（1）筛查和登记。发热门诊需要对到达的病人进行筛查，包括测量体温、询问病史和旅行史等。病人需要填写健康调查表格，并在门诊的登记系统中注册。

（2）分类管理。门诊将病人分为三类：轻症病人、中重症病人和健康人。轻症病人需要在门诊接受隔离和治疗，中重症病人需要紧急转入医院治疗，健康人则可以离开门诊。

（3）隔离管理。轻症病人需要在门诊内接受隔离，门诊提供隔离室或使用分隔帘进行分隔。在门诊隔离期间，病人需要戴上口罩，保持社交距离。

3）环境要求

（1）空气污染控制。发热门诊需要进行空气污染控制，确保空气流通，避免病毒在室内传播。门诊需要安装空气净化设备、通风设备等，确保室内空气质量符合相关标准和要求。

（2）水污染控制。发热门诊需要对水质进行严格控制，确保门诊内的水不会污染周围环境和城市水源。门诊需要进行水质检测，并采取必要的净化措施。

（3）废物处理。发热门诊需要对医疗废物进行正确处理和消毒，以确保不会对周围环境造成污染。门诊需要配备废物处理设施，并确保医疗废物的正确分类、收集、储存和运输。

此外，日本还要求发热门诊建设必须符合相关的法律和法规，包括环保法、医疗法等相关法规，确保门诊的环境安全性和卫生质量。

4. 新加坡

新加坡在疫情防控中也成立了大量的发热门诊，用于隔离和治疗疑似和确诊患者。截至 2022 年 3 月，新加坡共有超过 100 个发热门诊，收治了超过 100 万名患者。发热门诊通常在医院内部设立，需要配备必要的医疗设备和药品，提供各种治疗和诊断服务。此外，新加坡的发热门诊还需要具备良好的通风和空气净化系统，以确保门诊内的空气清新，避免病原体在门诊内传播。此外，新加坡还加强了医疗人员的防护措施，提供必要的医疗设备和药品，确保门诊能够顺利开展工作。

1）空气污染控制

新加坡发热门诊需要进行空气污染控制，以确保空气质量符合相关标准和要求。门诊需要安装空气净化设备、通风设备等，确保室内空气质量良好。

2）水污染控制

新加坡发热门诊需要对水质进行严格控制，确保门诊内的水不会污染周围环境和城市水源。门诊需要进行水质检测，并采取必要的净化措施。

3）废物处理

新加坡发热门诊需要对医疗废物进行正确处理和消毒，以确保不会对周围环境造成污染。门诊需要配备废物处理设施，并确保医疗废物的正确分类、收集、储存和运输。

此外，新加坡还要求发热门诊建设必须符合相关的法律和法规，包括环保法、医疗法等相关法规，确保门诊的环境安全性和卫生质量。同时，门诊需要进行定期检查和评估，确保门诊的环境和设施符合法规要求。

5.2 技术控制

5.2.1 建设标准

根据2021年9月《发热门诊设置管理规范》（联防联控医疗发〔2021〕80号），明确了“要采取网格化方式规划发热门诊区域设置，确保各地每个县（区）均有发热门诊，避免患者跨县（区）就诊。二级及以上综合医院、所有儿童专科医院都要在医院独立区域规范设置发热门诊和留观室，有条件的乡镇卫生院和社区卫生服务中心可在医疗机构独立区域设置发热门诊（或诊室）和留观室。”

目前，国家、省市出台的发热门诊相关设置标准中，未对建设规模给出明确的要求，应根据医院辐射人数、功能定位、专科特色等具体情况分别设计。

根据《发热门诊设置管理规范》里相关要求及实际工程经验总结发热门诊房间基本配置表如下表所示（表5.2.1-1）。

发热门诊房间配置表 表5.2.1-1

序号	房间名称	数量	使用面积	设施	备注
1	候诊区	1		挂号收费自助机	候诊人员间距不小于1m。三级医院应可容纳30人同时候诊，二级医院应可容纳不少于20人同时候诊
2	诊室	3＋1间备用	$8m^2$/间	1张工作台、1张诊查床、1个非手触式流动水洗手设施、至少1个X光灯箱，通信工具	应为单人诊室，不包含肠道诊室
3	留观室	三级医院≥10～15间；二级医院≥5～10间	$12m^2$/间	独立卫生间	单人单间

续表

序号	房间名称	数量	使用面积	设施	备注
4	缓冲间	脱防护服间：2间；缓冲间：1间；更衣间：2间；淋浴间：2间	脱防护服间，$4m^2$；缓冲间：$4m^2$；更衣间：$6m^2$；淋浴间：$6m^2$	镜子、医疗垃圾桶、手卫生设施	满足2人同时脱卸防护用品，房门密闭性好且彼此错开，不宜正面相对，开启方向应由清洁区开向污染区
5	负压病房	根据医院需求确定	$18m^2$/间	病床、治疗带、紫外线消毒装置、传递窗、独立卫生间等	
6	检验室			应配置新冠病毒核酸快速检测设备、化学发光免疫分析仪、全自动生化分析仪、全自动血细胞分析仪、全自动生化分析仪、全自动血细胞分析仪、全自动尿液分析仪、全自动尿沉渣分析仪、全自动粪便分析仪、血气分析仪、生物安全柜等。可配置全自动血凝分析仪、特定蛋白分析仪	
7	CT室	1间	CT室≥$30m^2$，单边≥4.5m；CT控制室≥$10m^2$	CT室：CT、移动铅衣架；控制室：文件柜、洗手池、电脑桌及电脑等	净高≥3m

5.2.2 医疗工艺设计

1. 定义

医疗工艺设计指的是“对医院内部医疗活动过程及程序的策划”，包括医疗系统构成、功能、医疗工艺流程及相关工艺条件、技术指标、参数等。根据《综合医院建筑设计规范》GB 51039的术语中，“医疗工艺”是指“医疗流程和医疗设备的匹配，以及其他相关资源的配置”。“医疗流程”是指“医疗服务的程序和环节”，是对医患医疗活动行为的预先设定，正因如此，医院服务工作才会有章有序地进行着。

发热门诊工艺流程的分级具体可描述如下：一级流程，确定发热门诊的选址及与其他功能单元之间的总体规划设计关系；二级流程，确定发热门诊的建设等级及规模以及内部功能和系统之间的相互关系，即功能布局及流程设计；三级流程，是某些特殊诊疗和用房内的操作流程及相应的机电末端定位设计，该层次的空间配置条件多为根据用户使用习惯，不具有规范性，布置较为灵活。

根据本研究的总体组织框架，关于发热门诊的选址相关内容已在前述第 2 章里进行阐述，本章仅针对发热门诊的二三级工艺流程进行阐述。

2. 功能布局

1）主要功能

根据《发热门诊设置管理规范》（联防联控医疗发〔2021〕80 号）中的相关规定，“发热门诊内要规范设置污染区和清洁区，并在污染区和清洁区之间设置缓冲间。”“患者专用通道、出入口设在污染区一端，医务人员专用通道、出入口设在清洁区一端。”该规范明确了发热门诊分为污染区、清洁区和缓冲间。

（1）污染区

污染区主要包括患者专用通道、预检分诊区（台）、候诊区、诊室（含备用诊室）、留观室、污物间、患者卫生间；挂号、收费、药房、护士站、治疗室、抢救室、输液观察室、检验及 CT 检查室、辅助功能检查室、标本采集室、污物保洁和医疗废物暂存间等，其中挂号与取药可启用智能挂号付费及自动取药机等来替代。有些发热门诊因规模或空间有限，也可将抢救室和输液观察室合并。

候诊区：候诊区应独立设置，按照候诊人员间距不小于 1m 的标准设置较为宽敞的空间，三级医院应可容纳不少于 30 人同时候诊，二级医院应可容纳不少于 20 人同时候诊，发热门诊患者入口外预留空间用于搭建临时候诊区，以满足防控需要。

诊室：每间诊室均应为单人诊室，并至少设有 1 间备用诊室，诊室面积应尽可能宽敞，至少可以摆放 1 张工作台、1 张诊查床、1 个非手触式流动水洗手设施，每间诊室安装至少 1 个 X 光灯箱，配备可与外界联系的通信工具。新建的发热门诊应至少设置 3 间诊室和 1 间备用诊室，每间诊室净使用面积不少于 $8m^2$。

留观室：三级医院留观室应不少于 10～15 间，二级医院留观室不少于 5～10 间，其他设置发热门诊的医疗机构也应设置一定数量留观室。留观室应按单人单间收治患者，每间留观室内设置独立卫生间。

（2）清洁区

主要包括办公室、值班室、休息室、示教室、穿戴防护用品区、清洁库房、更衣室、浴室、卫生间等。清洁区要设置独立的工作人员专用通道，并根据工作人员数量合理设置区域面积。

（3）缓冲间

污染区和清洁区之间应至少设置两个缓冲间，分别为个人防护用品第一脱卸间和第二脱卸间。每个缓冲间应至少满足两人同时脱卸个人防护用品。缓冲间房门密闭性好且彼此错开，不宜正面相对，开启方向应由清洁区开向污染区。

2）布局模式

在提到发热门诊时，有人经常会提到“三区两通道”，一般“三区两通道”根据《医院隔离技术规范》WS/T 311—2009 中的术语表达，指的是清洁区、潜在污染区、污染区。根据《传染病医院建筑设计规范》GB 50849 中对于住院部的条文中提出了污染区、半污染区和清洁区。但根据最新的《发热门诊设置管理规范》（联防联控医疗发〔2021〕80 号）中明确了发热门诊的分区包括污染区、清洁区和缓冲间，此规定将发热门诊简化为两区，但在两区之间应设缓冲间。

对于“两通道”的解释在《医院隔离技术规范》WS/T 311 中指的是“进行呼吸道传染病诊治的病区中的医务人员和患者通道。医务人员通道、出入口设在清洁区一端，患者通道、出入口设在污染区一端。”在《发热门诊设置管理规范》中也同样明确了“患者专用通道、出入口设在污染区一端，医务人员专用通道、出入口设在清洁区一端。”从规范的描述可以看出，“两通道”不是指的患者诊疗用房双侧均应设内外走道，并区分医护走道和患者走道，而是指医护人员应在清洁区内设专用通道，患者在污染区内设患者通道。

根据分区及通道位置排布，发热门诊可以有多种布局方式，一般布置可分为平行式、尽端式和复合式。在 2021 年《发热门诊设置管理规范》（联防联控医疗发〔2021〕80 号）下发之前，大部分发热门诊的分区表述方式多为“三区两通道”，为了保证所列类型尽可能全面，下文仍按照“三区”模式进行分类，注意在两区模式下，医护走廊属于污染区域。

（1）平行式

清洁区和污染区水平平行布置，医护人员进入污染区位置可居中布置，工作区与诊疗区联系较为密切。由于诊疗用房为单侧布置，房间数量不宜过多，适合规模较小、功能简单的情况，根据患者通道和医护通道是否进行严格区分，此种布局模式还可以分为以下两种模式。

①“双通道”模式。此种模式将患者通道与医护通道严格区分，减少了医患之间的交叉接触，如遇特殊紧急情况，医护人员可以迅速撤离，对医护人员起到了最大限度的保护。但因严格“双通道”的设置，使诊疗用房无法靠外墙，没有自然通风采光条件，尤其对诊室的通风换气不利（图 5.2.2-1）。

②“单通道”模式。此种模式是污染区的公共通道可供医护与患者共用，严格区分污染区和清洁区，进入污染区的医护人员均需要必要的防护措施。适用于有一定规模，诊疗

房间较多的发热门诊。此模式不将患者通道和医护通道完全分开，并充分考虑为诊疗用房尤其是诊室提供良好的自然通风采光条件（图 5.2.2-2）。

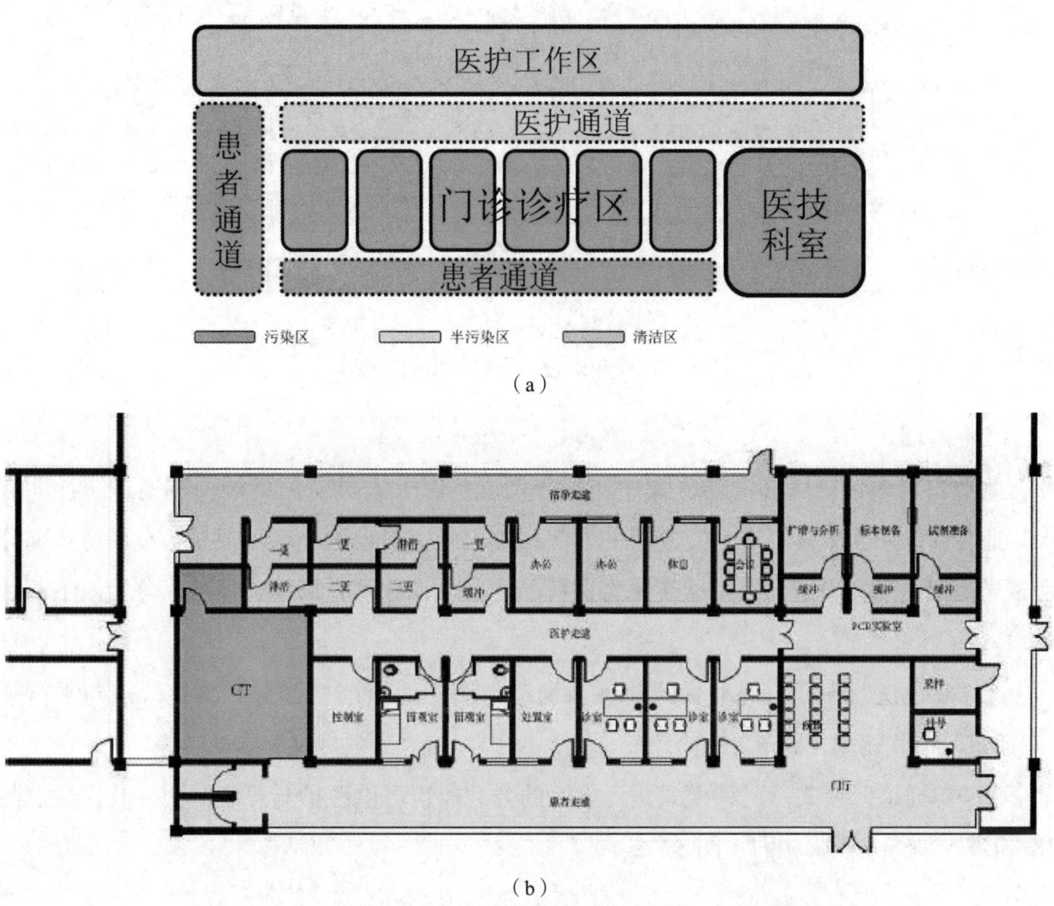

（a）

（b）

图 5.2.2-1　双通道“平行”模式

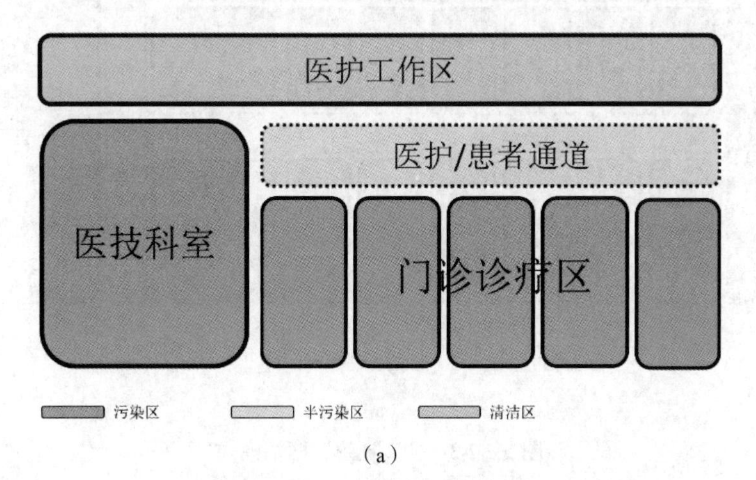

（a）

图 5.2.2-2　单通道“平行”模式

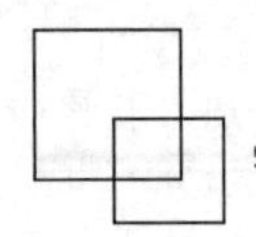

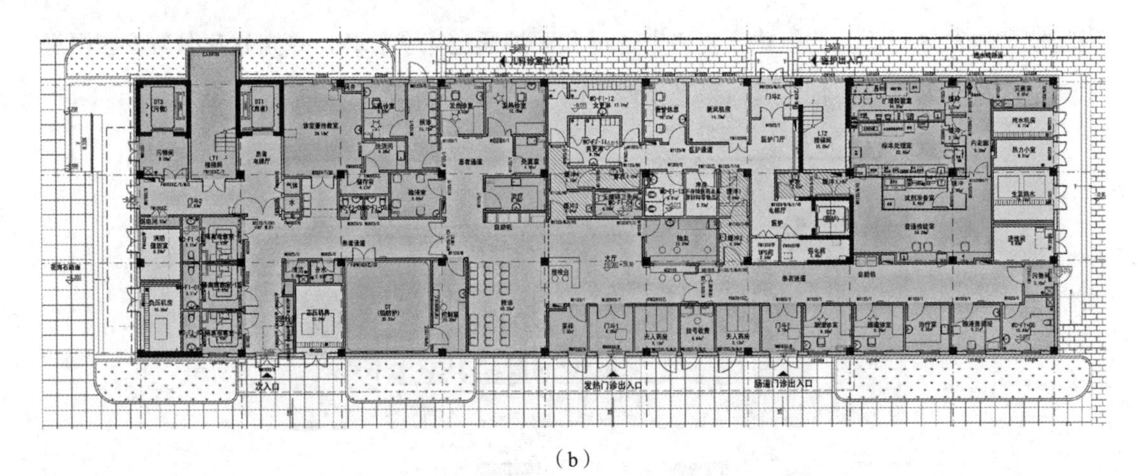

（b）

图 5.2.2-2　单通道“平行”模式（续）

（2）两端式

此类布局中污染区和清洁区集中布置于两端，医务人员从污染区一端通过缓冲间进入，适合诊疗用房较多，有一定规模的发热门诊布局，并且两个区可根据各自用房情况分别布局。根据患者通道和医护通道是否进行严格区分，此种布局模式还可以分为以下两种模式。

①“双通道”模式。此种模式将患者通道与医护通道严格区分，其优缺点与平行式“双通道”模式相同（图 5.2.2-3）。

②“单通道”模式。此种模式是污染区的公共通道可供医护与患者共用，其优缺点与“双通道”平行式模式相同（图 5.2.2-4）。

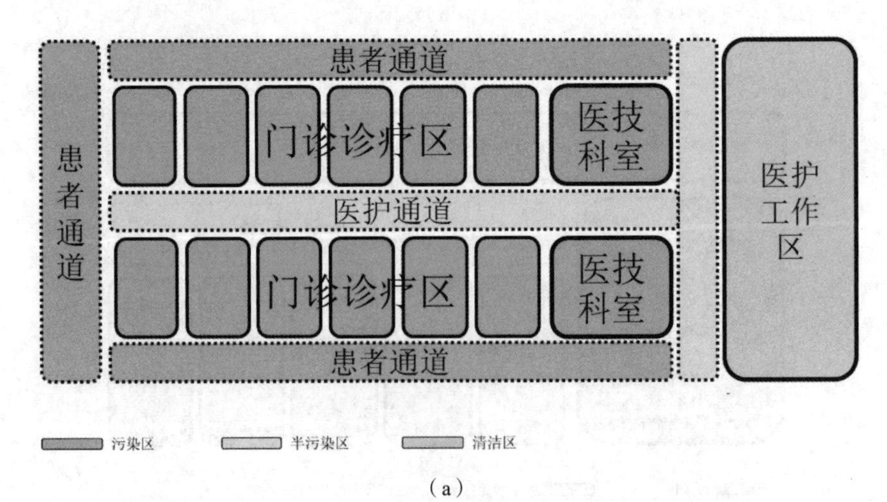

（a）

图 5.2.2-3　“双通道”两端模式

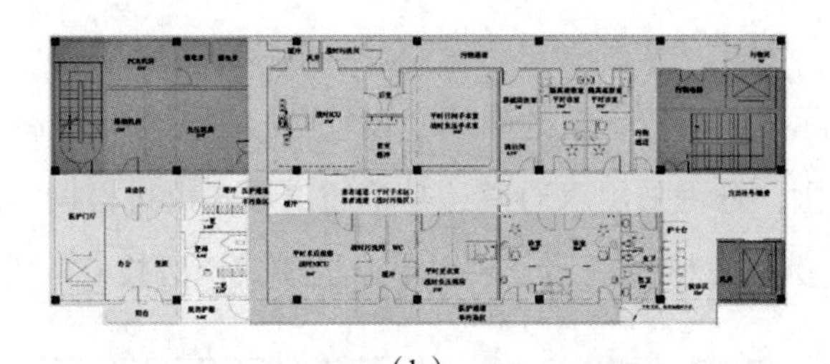

（b）

图 5.2.2-3 “双通道”两端模式（续）

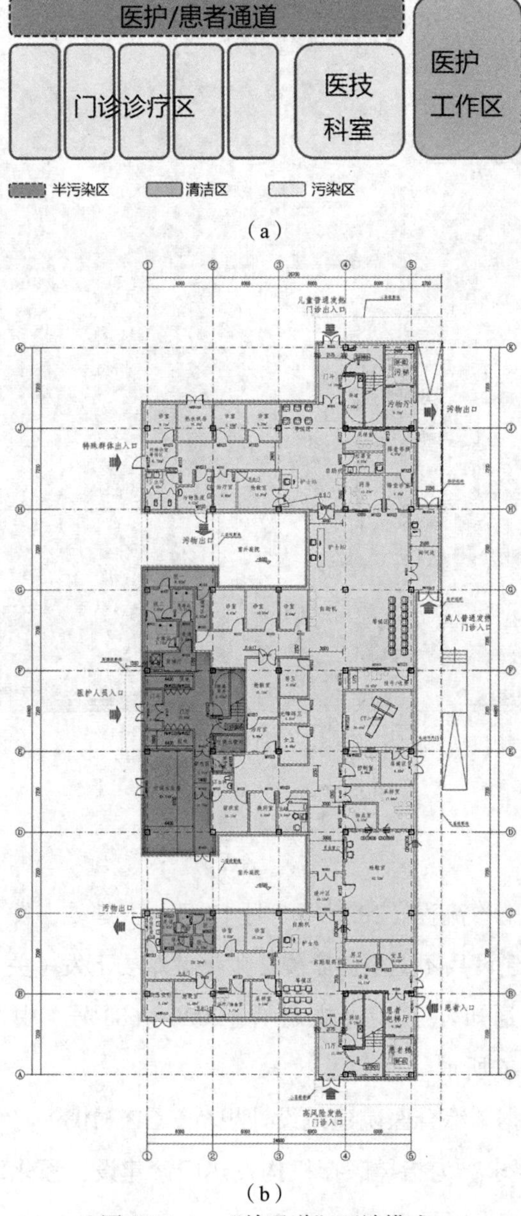

（a）

（b）

图 5.2.2-4 “单通道”两端模式

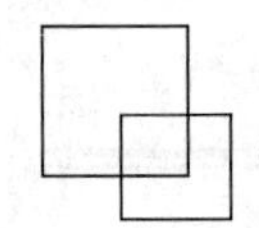

（3）复合式

此种模式是在实际案例中较普遍的布局，设计师会根据场地条件、建设规模等情况将上述两种形式结合优化，是否采用双通道还是单通道形式也将根据实际情况进行取舍。如图 5.2.2-5 所示，此案例的发热诊室部分采用单通道模式。医技 CT 则采用双通道模式。

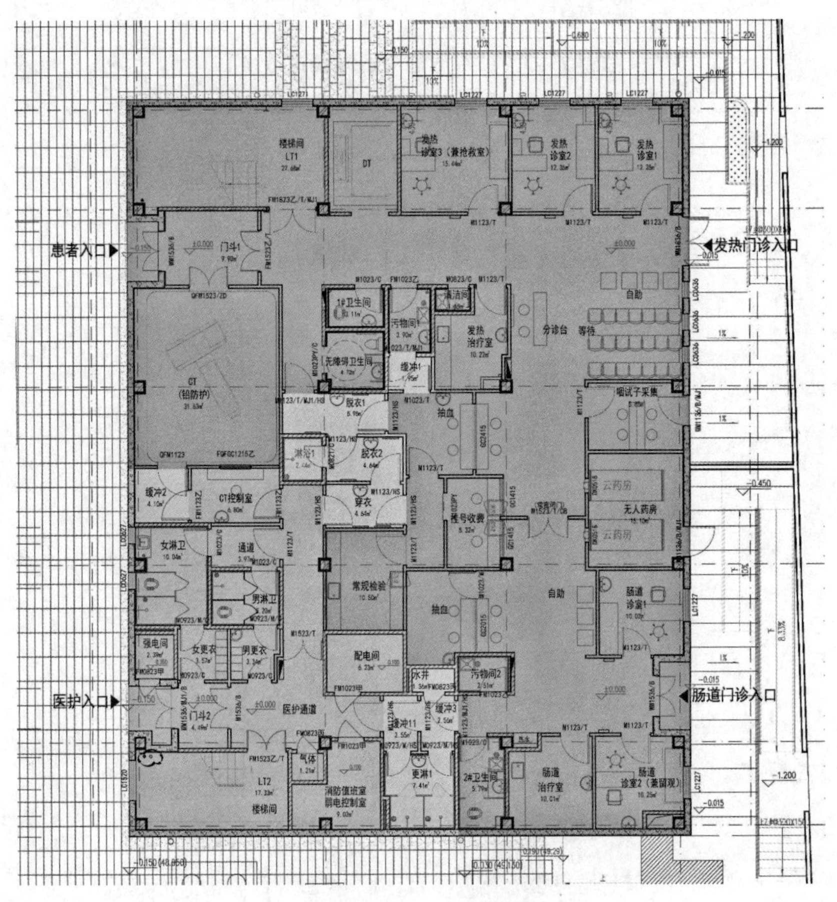

图 5.2.2-5　“复合”模式

3. 流程设计

（1）平时发热门诊就诊流程。2020 年 8 月 17 日，卫健委、发展改革委给各省、自治区、直辖市及新疆生产建设兵团卫生健康委、发展改革委下发《关于印发发热门诊建筑装备技术导则（试行）的通知》（国卫办规划函〔2020〕683 号）中，其附件 1 中发热门诊流程示意图，如图 5.2.2-6 所示。

这一就诊流程是依据《综合医院建筑设计规范》GB 51039、《传染病医院建筑设计规范》GB 50849 等相关要求，为指导医疗机构发热门诊建设，强化发热门诊对急性传染性疾病的筛查、预警和防控作用而制定。

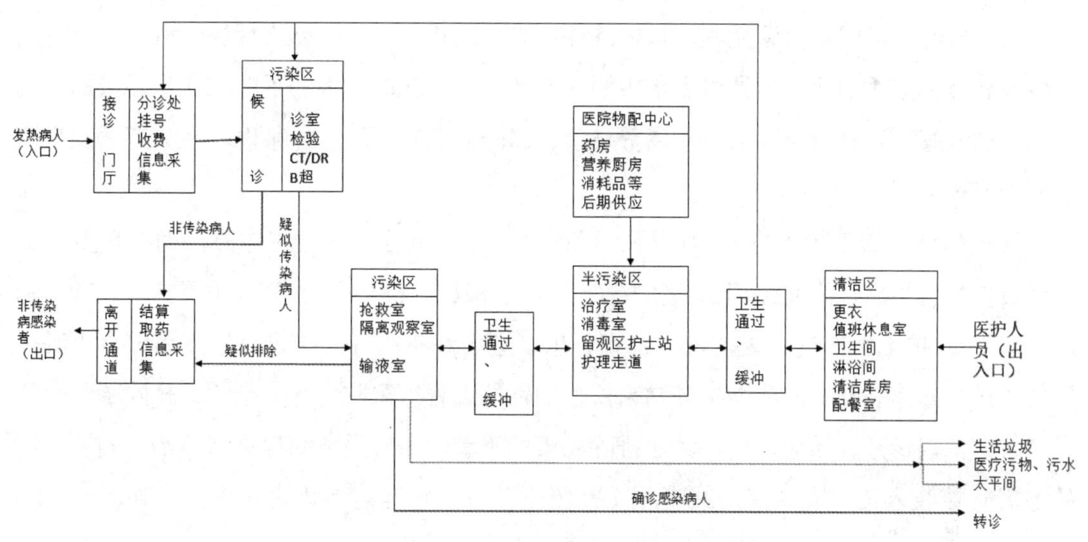

图 5.2.2-6　发热门诊流程示意图（2020 年 683 号版本）

（2）《发热门诊设置管理规范》（联防联控医疗发〔2021〕80 号）中的相关规定，“发热门诊内要规范设置污染区和清洁区，并在污染区和清洁区之间设置缓冲间”。规定了“两区＋缓冲间”的设置基本要求。各地在执行过程中根据具体情况会有一些调整，例如，2021 年稍晚于国家《发热门诊设置管理规范》国家版 80 号文的江苏版 58 号文，将缓冲间改为了缓冲区，并说明有条件的发热门诊可增设独立的污物通道、清洁物资专用通道，没有设置污物专用通道的发热门诊，需保证污物密闭后从患者通道运出。如图 5.2.2-7 根据《传染病医院建筑设计规范》GB 50849 中传染病医院门诊医技基本流程修改而成。

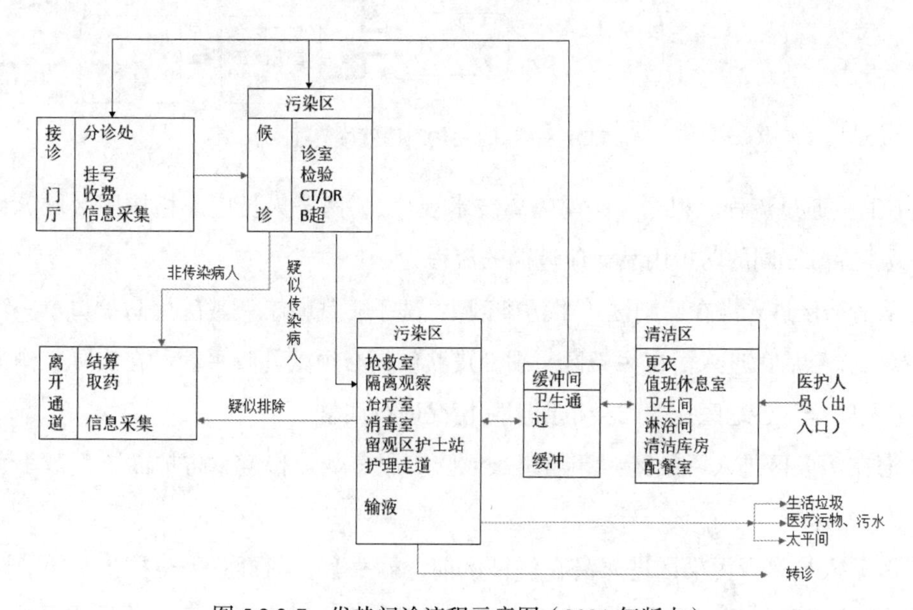

图 5.2.2-7　发热门诊流程示意图（2021 年版本）

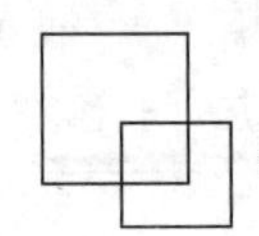

（3）急时发热门诊就诊流程。根据既往经验，发热门诊属于感染性疾病科，在流行病发生或者重大事故期间，大量患者集中涌入发热门诊，就医流程和平时相比主要增加了流行病学史调查、筛查检测、消毒隔离等环节，以降低院感风险，以某医院在流行病发生期的管理流程为例：

发热门诊分诊处护士查看健康码、行程码、登记患者信息、测体温协助办理就诊卡和缴费挂号，然后进入发热门诊诊室接诊，医生开具检查单（如核酸、血常规、CRP、胸部 CT 等），护士引导进入医技进行检查，患者进入观察室等待结果，检查无异常患者按照常规进行诊疗和随访。辅助检查结果疑似阳性的患者组织院内专家会诊，排除了阳性的患者按照常规诊疗、随访。会诊无法排除感染的患者收治到隔离病房进行诊治。确诊阳性的患者直接收入负压隔离病房或者报 120 负压急救车转运至上级定点医院，如图 5.2.2-8 所示。

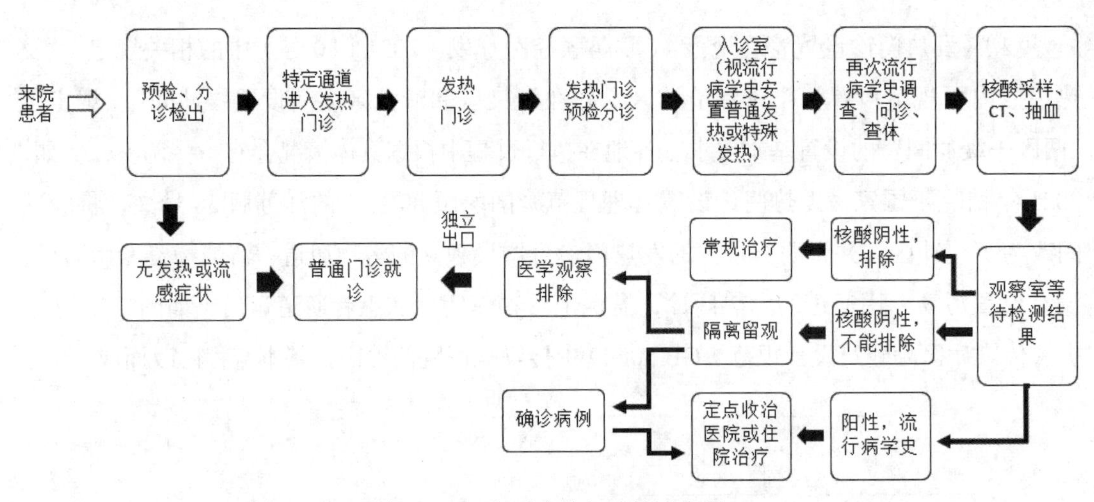

图 5.2.2-8　急时发热门诊就诊流程

（4）卫生通过流程。根据《医院隔离技术规程》，医务人员应严格按照区域流程，在不同区域，穿戴不同的防护用品，应遵循的流程为：

① 从清洁区进入潜在污染区（半污染区）：洗手＋戴帽子→戴医用防护口罩→穿工作衣裤→换工作鞋后，进入潜在污染区。手部皮肤破损必须戴乳胶手套。在实际工作中为保证医护人员安全，各地医疗部门会根据实际情况进行调整。

② 潜在污染区进入污染区：穿隔离衣或防护服→戴护目镜 / 防护面罩→戴手套→穿鞋套→进入污染区。

③ 医务人员离开污染区进入潜在污染区前，摘手套、消毒双手→摘护目镜 / 防护面罩→脱隔离衣或防护服→脱鞋套→洗手 / 或手消毒→进入潜在污染区，洗手或手消毒。用

后物品分别放置于专用污物容器内。

④ 从潜在污染区进入清洁区前：洗手 / 或手消毒→脱工作服→摘医用防护口罩→摘帽子→洗手 / 手消毒后，进入清洁区。

⑤ 离开清洁区：沐浴，更衣→离开清洁区。

2021 年《发热门诊设置管理规范》（联防联控医疗发〔2021〕80 号）之后取消了半污染区（潜在污染区），卫生通过流程相应变化如下：

① 从清洁区进入污染区的流程：洗手＋戴帽子→戴医用防护口罩→穿工作衣裤→换工作鞋→穿隔离衣或防护服→戴护目镜 / 防护面罩→戴手套→穿鞋套→进入污染区。

② 从污染区进入清洁区的流程：摘手套、消毒双手→摘护目镜 / 防护面罩→脱隔离衣或防护服→脱鞋套→洗手 / 或手消毒→脱工作服→摘医用防护口罩→摘帽子→洗手 / 手消毒后，进入清洁区。

③ 离开清洁区：沐浴，更衣→离开清洁区。

4. 典型空间配置

发热门诊必须具备预检、分诊和筛查功能。典型用房包括污染区的预检分诊、诊室、候诊、隔离观察室、挂号收费、检验及 CT 检查室（可与其他区域合用）、标本采集、治疗室等。

1）隔离观察室

与一般的病房相比，发热门诊的留观和负压隔离病房与传染病医院病房类似，在医护半污染走道（或者污染区医护走道）和病房之间需设置缓冲间，且沿医护走廊一侧设观察窗和传递窗。如病房作为负压处理，还要满足《医院负压隔离病房环境控制要求》GB/T 35428，一般病房应设在相对独立的区域，可独成一体，也可集中设计于建筑的一端。病房内部设施见示意图 5.2.2-9、图 5.2.2-10：

2）PCR 实验室

PCR 实验室的检测部分分为三个区：试剂准备区、标本制备区、扩增分析区，每个试验区均设有独立的缓冲区，三个区之间由内而外有压力梯度。此处还应设标本接收、高压灭菌室。由于 PCR 实验需要对样本进行高温反应，产生大量的热量和有害气体，因此，实验室应设计高效的排气系统，并且，实验所需洁净度很高，设有生物安全柜、超净工作台、低温冰箱实验设备等。需注意，和有一定操作危险的实验室相同，内走廊设应急洗眼器，试剂和标本传递通过机械连锁不锈钢传递窗传递，保证试剂和标本在传递过程中不受污染（图 5.2.2-11）。

3）发热诊室

发热门诊的成人诊室宜和儿童诊室分开布置，最好能够有良好的自然通风采光。诊室设置于污染区，至少可以摆放 1 张诊查床、1 张工作台，1 个非手触式流动水洗手设施，每间诊室安装至少 1 个 X 光灯箱等。诊室还至少有一台对外联系的通信设备。原则上，发热门诊要求一人一诊室，儿童发热诊室原则上要求一患一诊室一陪护。

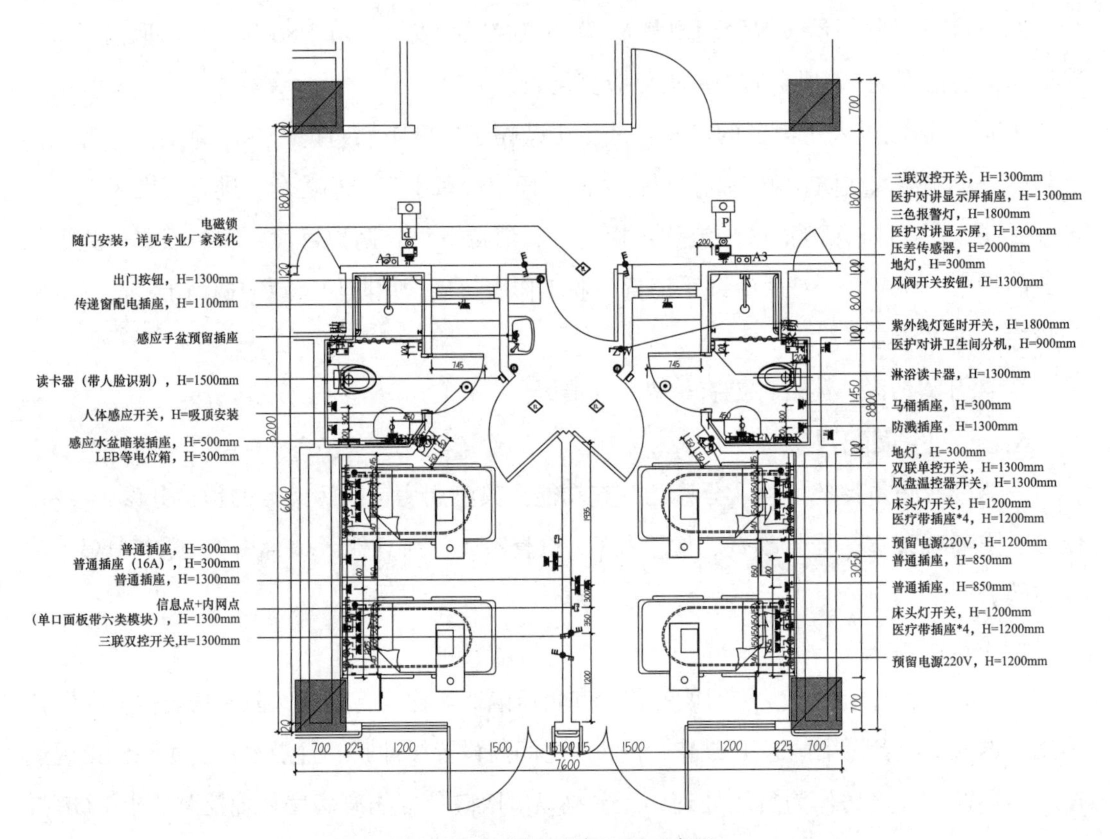

图 5.2.2-9　隔离观察室平面布置

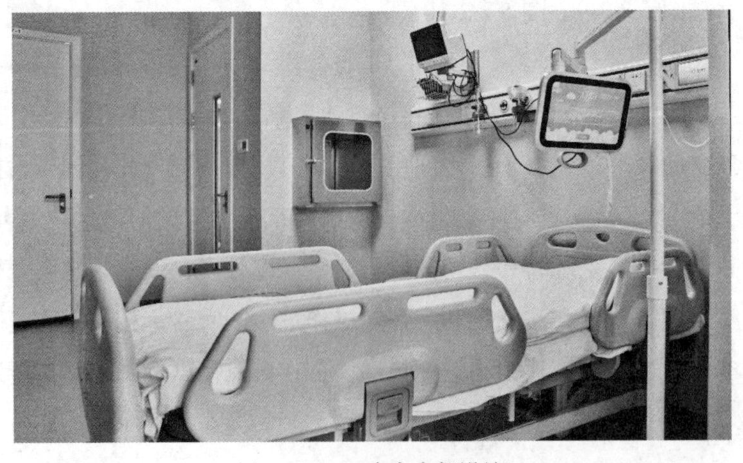

图 5.2.2-10　病房内部设施

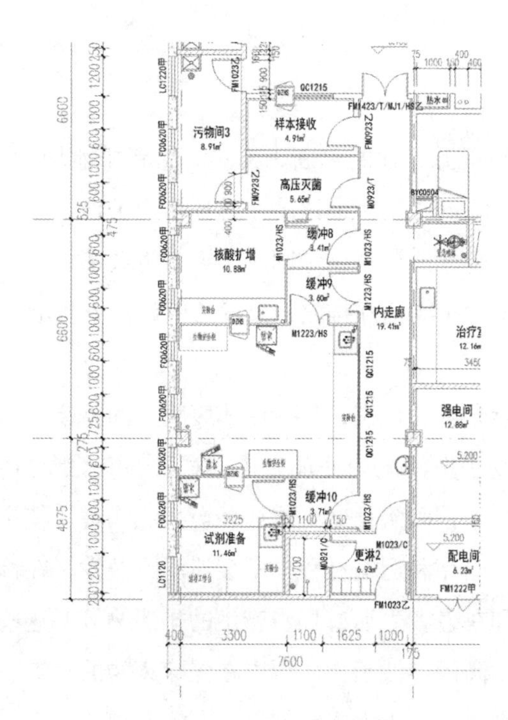

图 5.2.2-11 PCR 实验平面布局

4）负压手术室

负压手术室和常规手术室主要区别在于其压力梯度控制，具体医疗设备和洁净度等具体要求根据手术内容确定。负压手术室出入口处都应设有缓冲间。负压手术室应设独立空调净化系统，负压手术室顶排风口入口处以及室内回风口入口处均需必须设高效过滤器，并应在排风口处设止回阀。负压手术室如图 5.2.2-12 所示。

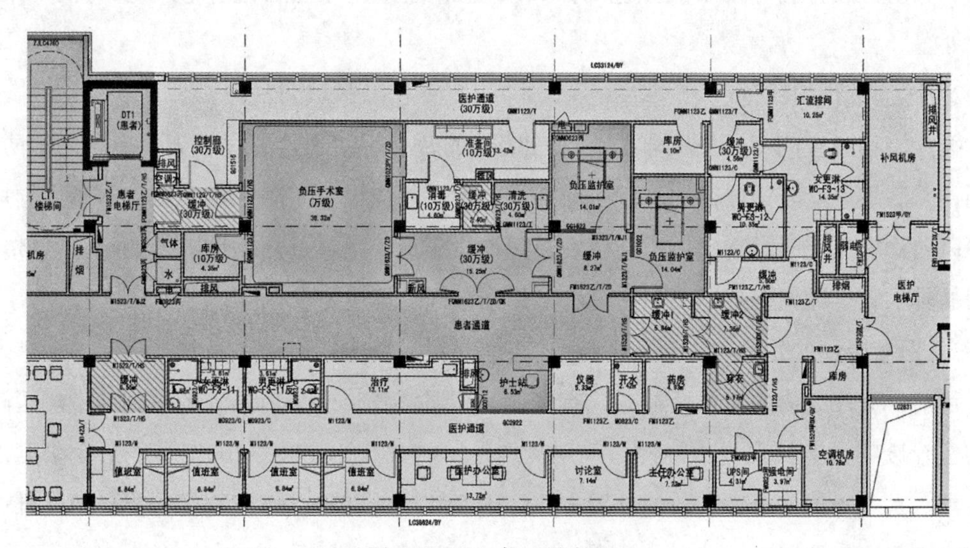

图 5.2.2-12 负压手术室

5.2.3 环境保护

医院是最大的潜在污染源，他的诊断、检验、患者排泄均能通过“三废”传播污染。因此做好环境污染防治，降低二次污染风险，是环境保护设计的关键。由于传染病菌的易感染性，一旦发生污水、废气泄漏污染和固废污染，将会造成严重的环境和安全问题。如何运用环境治理技术实现污染物达标排放，是发热门诊污染防治的重中之重。

1. 污废物处置

将产生的污染物进行分类和识别，包括液体废物、固体废物、化学废物、感染性废物等。对不同类型的污染物采取不同的处理方式，对于感染性废物和化学废物等危险废物，应采取安全储存和包装措施，以防止对人员和环境造成伤害。使用专门设计的容器、标识和密封措施，确保废物在储存和运输过程中不会泄漏或散发。在诊断、化验、治疗卫生处理过程中产生的废弃物和在患者生活过程中产生的排泄物等。这些废物均有病原微生物污染的可能，属高危险性、高污染性废物。所以在医疗废物的分类、收集、暂存和处置过程必须严格按照规范进行操作，防止固体废物的二次污染。

1）污废物的分类与收集

在源头进行分类收集是废物处理的第一步。医院内非传染病区和清洁区的大部分废物是没有危害的普通垃圾，不需要特殊处理。因此，我们强调对废物的分类是医院废物有效处理的前提。首先是生活垃圾与医疗废物进行分类存放、分别运输、分别处置；其次是对感染性废物、病理性废物、锋利物（锐器）、药物性废弃物、遗传毒性废弃物、化学性废弃物、放射性废弃物等用不同颜色的器具或垃圾袋分装、定点放置，分别实行消毒灭菌、集中处置。

2）医疗废物的暂存

医疗废物暂存间不得露天堆放，医疗废物的暂存时间不得超过 2 天，应防雨、防风、防晒，并满足危险废物堆存的基础防渗要求。暂存间应设置于院区污染区的常年主导风向的下风向，靠近院区污物出口，新建发热门诊设于地下室靠近污物坡道处的隐蔽区域。暂存间的排水和排风均按照下文中污废水、污染空气的排放要求。

3）医疗废物的处置

目前，医疗废物的主要处置方式有焚烧、高温蒸煮、化学消毒。考虑到传染病医院产生的医疗废物具有较强的传染性，采用焚烧处置的方式（800～1200℃）能最大限度地杀灭病毒。是一种最安全、有效的处置方式。因医院用地有限，污废物均分类运至院外有资质单位进行废物处置。

2. 污染空气处理及排放

（1）室内排水立管出屋面伸顶通气管，需实现屋面高空排放，并在屋顶闷顶内预留增加空气高效过滤装置的空间。

（2）室外化粪池通气管设置应远离人员活动区域和高度。

（3）室外检查井应采用密闭措施。

3. 污废水处理及排放

（1）发热门诊的排水系统应单独设置。清洁区和污染区排水管道分别设置。

（2）发热门诊排水经单独管道收集后排至室外，经化粪池及预消毒处理后方可排入院区污水管网。

（3）预消毒池宜采用臭氧消毒，或采用投加次氯酸钠等成品消毒液。消毒时间不小于30min。消毒液一般采用自动加药方式，并在消毒池设置余氯监测装置，排出水的余氯控制在8～10mg/L，余氯过高会影响污水处理站的污泥活性，影响整体处理水质。

（4）经预处理后的污水排入院区污水处理站统一处理，经处理后的出水水质标准满足《医疗机构水污染物排放标准》（GB 18466—2005）中综合医疗机构水污染物排放限值规定中预处理标准的要求。

4. 防污染措施

（1）给水引入管接入发热门诊楼处设减压型倒流防止器。

（2）新建发热门诊热水系统优先采用独立系统，与院区分设。

（3）排水系统除自带存水弯的卫生器具外，其他卫生器具必须在排水口以下设存水弯；新增地漏应采用直通式地漏下设存水弯的形式。存水弯的水封高度不得小于50mm，且不得大于100mm。现状地漏水封高度不得小于50mm，严禁采用活动机械活瓣替代水封，严禁采用钟罩式结构地漏。

（4）公共卫生间的卫生器具应采用非接触性或非手动开关，并应防止污水外溅。

5. 防辐射措施

（1）进行建筑群规划设计时，应考虑已有架空输电线路的无线电骚扰及电磁环境卫生。

（2）建筑群及建筑物内35kV、10kV线路号引起的无线电干扰应参照国家标准《高压交流架空输电线路无线电干扰限值》GB 15707—2017的规定执行。

（3）对于大功率的射频干扰源应采取屏蔽措施。

（4）移动通信室内覆盖系统在建筑物墙外的场强应低于室外移动基站在该处的场强。

（5）易受辐射干扰的电子设备，不应与潜在的电磁干扰源贴近布置。

（6）配变电所、电子信息系统机房位置的设置应考虑电磁环境的影响。

（7）电子信息系统机房的背景电磁场强度应符合现行国家标准《电磁环境控制限值》GB 8702—2014 有关的规定。

（8）电气设计应遵循我国现行电气规范、规程及其他相关电气技术法规的规定。

（9）建筑物与高压、超高压架空输电线路和雷达站等辐射源之间应保持安全距离。靠近高压、超高压架空输电线路一侧的住宅外墙处工频电场和工频磁场强度应符合相关规范规程所要求的水平和垂直距离。

（10）建筑物内不得设置大功率电磁辐射发射装置、核辐射装置或电磁辐射较严重的高频电子设备。但医技楼、专业实验室等特殊建筑除外。

（11）医技楼、专业实验室等特殊建筑内必须设置大功率电磁辐射发射装置、核辐射装置或电磁辐射较严重的高频电子设备时，应采取屏蔽措施，将其对外界的放射或辐射强度限制在许可范围内。应根据辐射源的特性，针对性地采取防护措施。比如医用放射性诊疗设备、电子加速器设施等可采用一定规格混凝土材料进行屏蔽，孔洞遮蔽可用一定形制的重金属材料，磁场屏蔽可用高导磁材料等，还应重视门窗和通风管道口部的辐射防护问题。

（12）在医技楼、专业实验室等特殊建筑物内，为科研与医疗专用的核辐射设备和电磁辐射设备，应经国家有关部门认证。

（13）生物电类检测设备（如心电图仪、脑电图仪、肌电诱发电位仪）、医疗影像诊断设备等诊疗设备用房应设置电磁屏蔽或采取其他电磁泄漏防护措施。易受辐射干扰的诊疗设备用房不应与电磁干扰源用房毗邻。

（14）当环境中的电磁干扰值不能满足诊疗设备要求时，应采取电磁屏蔽措施。

（15）脑电图等对电磁屏蔽有专项要求的机房应进行电磁兼容专项设计。

（16）医疗场所的无线传输设备应进行电磁兼容专项设计。

（17）当配变电所设在居住建筑外时，配变电所的外侧与居住建筑的外墙间距，应在满足防火、防噪声的同时，满足防电磁辐射的要求。（建议室外变电站的外侧与居住建筑外墙的间距不宜小于 20m。）

（18）宜采用共用接地形式，其接地电阻值应符合相关各系统中最低电阻值的要求。

① 综合性医技楼的接地电阻值不宜大于 0.1Ω。

② 当无相关资料时，可取值不大于 1Ω。

（19）当同一信息系统涉及几幢建筑物时，建筑物之间的接地装置宜做等电位联结，但由于地理原因难以联结时，应将这些建筑物之间的电子信息系统作有效隔离。

（20）保护性接地和功能性接地宜共用一组接地装置，其接地电阻按其中最小值确定；保护接地导体、功能接地导体，宜分别接向接地装置或总接地端子。对功能性接地有特殊要求需单独设置接地线的电子信息设备，接地线应与其他接地线绝缘；供电线路与接地线宜同路径敷设。

（21）根据建筑物及电子信息系统的特点，可采用下列接地形式：星形网络；多个网状连接的星形网络；公共网状连接的星形网络。

（22）电磁屏蔽室的接地宜采用共用接地装置，和单独接地线的形式。

5.2.4 人文关怀

1. 患者空间及设施人性化设计

发热患者家属陪诊过程中难免有焦虑、抑郁等情绪，因此在空间设计中需考虑到家属舒适性，考虑到非诊疗辅助功能空间设计特点。

（1）充分计算等候空间面积：候诊人员间距需不小于1m标准设置为宽敞的空间，且多数发热患者均有家属陪同，故发热门诊候诊区域较普通门诊区域需扩大相应的面积以满足发热门诊特殊要求。

（2）候诊椅细节设计：候诊椅可加USB充电接口，方便充电，患者及家属可以通过管控视频缓解焦虑情绪。候诊椅应选用坚固耐用、便于清洁的产品。如经济允许可选择类似沙发椅的形式，供医患人员使用，其采用实木框架，填充成型海绵，仿皮质外表，耐磨可拆装。充分体现人性化理念，为病患营造温馨舒适的环境，进一步提高医院服务质量。借鉴亲和的家设计手法，在家具的色彩使用上应温和体现温馨感，使病人有“家”的感觉，心理上接受诊断和治疗。

2. 医护空间及设施人性化设计

1）功能配置齐全

发热门诊就诊时间为24小时，医生需轮班，有昼有夜，因此设置茶歇室十分必要。茶歇室内配备微波炉、饮水机、冰箱等，既可以作为就餐的场所，也为医护人员提供了休息的空间。

2）空间利用

如护士站，可以在护士站背景墙上做装饰性板材，感觉好像是装饰性背景，实际是为医护人员提供的储备空间。这样既方便了医护人员，也有利于环境的整洁。

3）流线设置

以洗浴为例，避免让他们路过有冷风的地方以及长过道、开门、关门的视线遮挡均需

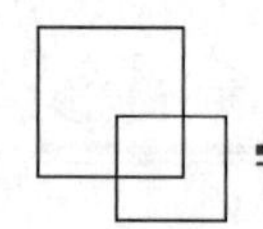

要考虑到。

4）智能设施运用

发热门诊作为防控工作中的重要基础设施，科学防控与管理对遏制病毒的传播及提高诊断和救治成功率，保障医护人员的安全尤为重要。智能化医疗设备及服务设施可以提高发热门诊服务质量，提高工作效率，亦可有效降低患者之间、医患之间交叉感染。

（1）网络设计

发热门诊采用大量智能化医疗设备及智能终端设备，部分设备由厂家提供，考虑到网络安全性问题，发热门诊网络采用独立的专用网络，通过防火墙与其他院内网络设备进行通信连接。所有网络数据的进出都受到严格的审查监控，杜绝了数据外泄的可能。

（2）远程会诊系统

远程会诊系统用于专家会诊及教学使用，通过楼内独立的视频会议控制单元，实现楼内会议室、会诊室与隔离病房内的终端进行会诊及教学研究使用。

（3）智能化设备

① 可视化对讲：可视化对讲主要实现楼内互联互通，并通过与远程视讯系统的连接实现发热门诊楼内外的会诊，并利用智慧大屏提供远程会诊、手术指导、在线教学等功能。

② 智能消毒机器人：智能消毒机器人，通过无线方式连入医院局域网络，实现对病房及诊间 360° 的消杀。智能机器人在无人环境中自动导航，躲避障碍物，在提升效率的同时保证了医护人员的安全。

③ 智能查房推车：智能查房推车，通过 5G 无线接入的方式与医院的 HIS 系统、电子病历系统进行数据交互与共享，并与可视化对讲系统连接，实现远程音视频互通，使医疗专家在任何地方都可以完成与患者及现场医生的床旁会诊与远程查房等业务。

④ 智能语音录入：智能语音录入通过在医生工作站、护士站部署电子病历智能语音录入系统，提高病历录入时效，大大减少了医护人员与电脑等设备的接触，有效降低了医护人员交叉感染的概率。

⑤ 人脸测温一体机：人脸测温一体机设立在发热门诊入口处，实现人脸识别、轨迹追踪、高温预警等功能。

⑥ 智能床边结算工作站：智能床边结算工作站使病人无须到收费窗口缴费，在床旁即可完成包括医保、出入院在内的所有缴费流程。

⑦ 自助药柜：自助药柜采用药师人工加药模式上柜，药师可通过设备管理云后台查看实时交易和库存，回溯交易视频。实施自助药柜后，由之前的每天 4 人变为仅需门诊药

房兼药师1人，发热药房无须24小时值班，人均夜班频次由原来每月8次变为4次，处方调配效率由每秒60张变为120张。

5.2.5 平急转换

1. 预留场地空间

总结以往应对紧急突发事件的经验，在今后的发热门诊新建及改扩建等建设中应充分考虑平急转换的需求，在"急时"可以短时间内提供扩充候诊、检查、检验等空间的条件，满足开展相关医疗救治的要求。预留空间如下：

1）候诊区扩容

在紧急突发期间，发热门诊就诊患者数量激增，容易造成人流聚集，产生交叉感染。因此，应考虑在发热门诊前区或相邻场地预留足够的空间，为人流和车流提供聚散的场地，也便于根据需要在"战时"搭建临时候诊区，有条件的候诊区可分为儿童候诊区和成人候诊区，以减少交叉感染，同时配合网络预约控制人流，减少人群聚集。

若医院场地有限的情况下，在满足卫生防控要求的前提下，可考虑将发热门诊与医院的急诊急救中心临近布置，共用一个急救广场。在出现社会公共卫生突发事件时，场地既可作临时抢救场所使用，也便于患者临时候诊、院前筛查。而急诊急救中心同时也承担出车救治、检查及分诊的任务，并担负外院转入的疑似及确诊患者的转运工作。

2）诊疗区扩容

当紧急时期就诊量猛增时，可采用集装箱式发热门诊进一步扩容。可在医院相对独立、便于隔离管理的区域预留可搭建集装箱发热门诊的室外场地，场地应提前预留满足发热门诊扩容的机电条件。场地可搭建发热门诊的就诊用房，也可搭建移动方舱作为PCR实验室，甚至是移动CT方舱。

2. 功能布局的平急转换

建筑布局实现"弹性可变"是医疗机构实现平急转换的硬件基础。而建筑布局的"弹性可变"不仅可体现在上述预留场地条件，创造临时搭建扩容空间方面，还可以对现有建筑布局进行合理规划，根据医疗机构的实际需求动态调整区域功能，实现灵活转换。针对发热门诊的功能转换思路可具体包括如下几个方面：

1）其他感染门诊的借用

综合医院的发热门诊一般将发热门诊、肠道门诊，甚至肝炎门诊合设。应考虑可在急时将肠道门诊等其他感染门诊临时转换为发热门诊的可能性，实现大规模临时扩容。在平时可以分不同感染科室管理；急时可将发热患者分为成人发热患者和儿童发热患者，或者分成普通人群和高风险人群进行分流管理，便于减少交叉感染。例如，在新建或改造的感染门诊的设计中，考虑将发热门诊和肠道门诊的患者通道相通，之间设置缓冲间或双道门，平时双道门常闭并将门缝通过打胶等密闭处理，急时可常开或设为分流管理门，为发热门诊扩容提供便利（图 5.2.5-1）。

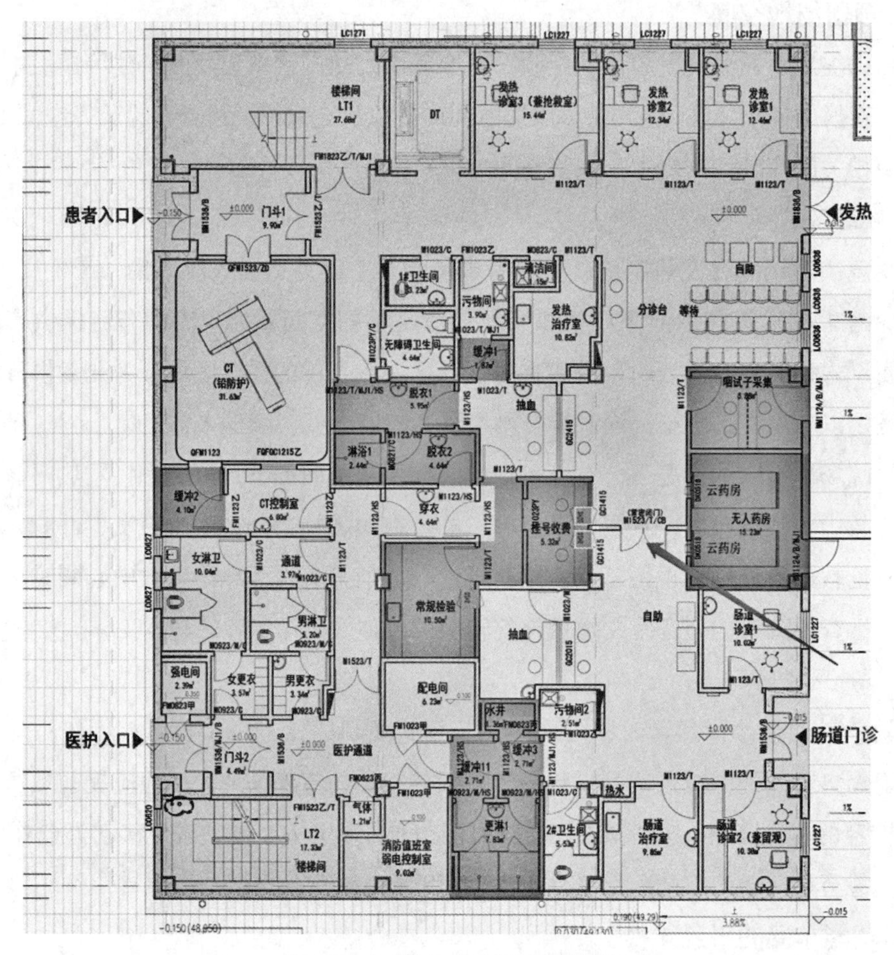

图 5.2.5-1　箭头处为平急转换门

2）CT 用房的转换理念

2021 年 9 月国务院联防联控机制组织制定了《发热门诊设置管理规范》，对发热门诊的设置标准进行了修订，明确要求“确要求联防联 CT”。CT 诊断是确诊新冠病毒的一项标准，但在平时，普通发热患者使用 CT 诊断的频率并不高，故建筑师应在设计时充分考虑其平急结合的使用需求。例如，在新建发热门诊项目中，CT 用房的患者出入口可分平时出入口和战时出入口，平时用于普通患者的出入口与发热患者的流线应完全隔离，用房的通风设计应与发热门诊其他区域相对独立，避免交叉感染（图 5.2.5-2）。

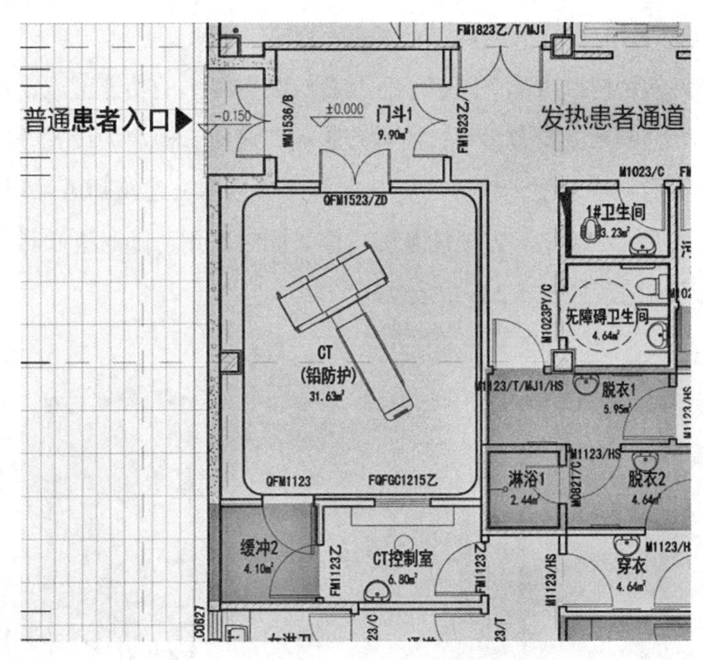

图 5.2.5-2 CT 用房的平急转换布置示意

3）病房的平急转换

发热门诊的病房应具有适时调整运行状态分类收治患者的能力。对于轻症患者，一般可安排在普通负压病房内；而对于重症患者，应安排在负压隔离病房内。发热门诊病房平时可按双人间进行设计，但其设置标准需满足呼吸道传染性疾病病区对于负压隔离病房和负压监护病房的规范要求。平时可用来收治普通传染性和感染性疾病患者，空调通风系统按普通负压病房要求低速运行。紧急时，应根据患者的病情和数量调整病房床位数和相应的设施设备运行状态。可局部将双人间调整为单人间作为隔离观察病房，用来收治疑似患者，剩下的双人间用来收治普通型和重型患者，启用负压监护病房收治危重型患者。同时通风系统高速运转，增加新风换气次数。另外，也需要考虑空间布局的隔离，对收治不同病情患者的病房尽量独立成区或做适当分隔，减少疑似患者与确诊患者之间的接触概率（图 5.2.5-3）。

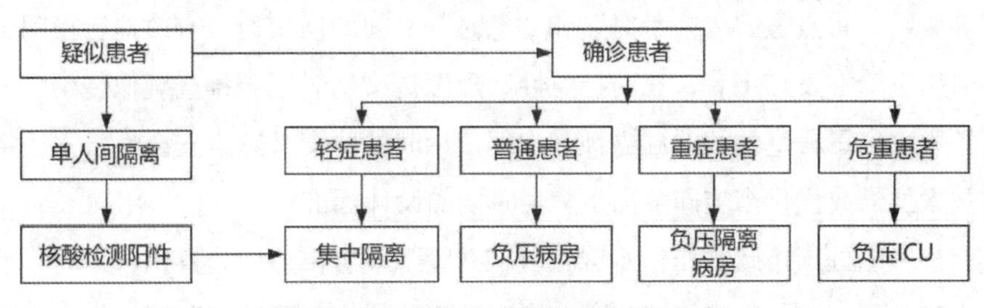

图 5.2.5-3 发热门诊病房不同运行状态

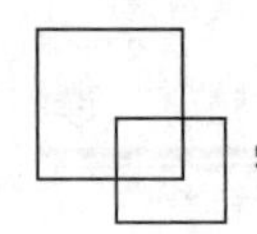

4）建筑空间模块化

医疗建筑模块单元是指内部空间较小且具有较高重复率的功能区域，在发热门诊建筑中重复率较高的功能单元主要为诊室、留观室和隔离病房。模块均设置缓冲间，各模块可灵活组合，适合不同需求，便于快速部署。在新建项目中，建筑师可采用统一标准尺寸，对复杂的配套系统也统一规格，方便调整和检修。同时采用可随时拆卸和安装的轻质墙体根据功能变化进行搭建。如图 5.2.5-4 所示。

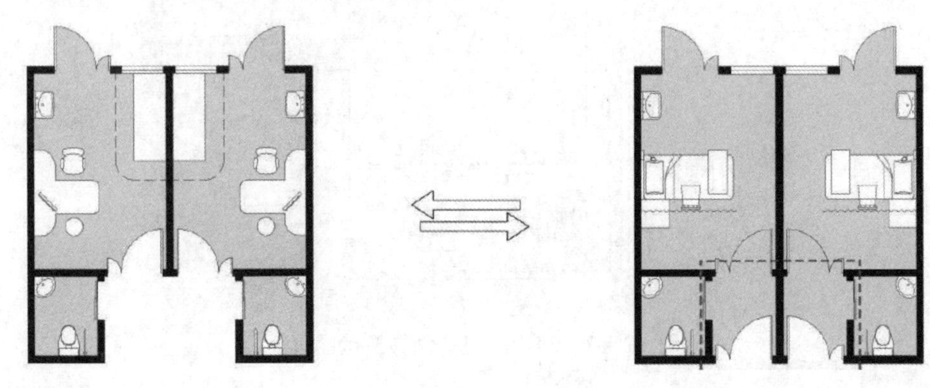

图 5.2.5-4　空间模块化

平时，经消毒后，可迅速转化为正压（常压）洁净用房，供血液、烧伤、肿瘤及免疫力低下患者等需洁净环境的科室使用。

3. 通风空调的平急转换

发热门诊暖通空调设计可结合建筑功能布局的平急转换进行设计，如肠道门诊在平时设计时按 3 次 /h 换气次数，急时可调整为 6 次 /h，通过风机并联或风机双速实现。

如病区整体进行平急转换，则可通过清洁区、污染区分设新风系统，在急时通过电动阀进行新风系统切换，病区在平时采用经冷 / 热，加湿处理后的新风系统，仅卫生间机械排风，维持正压状态；急时时采用自然进风，卫生间机械排风，维持负压状态。

4. 给水排水的平急转换

由于“急时”的设计标准普遍高于“平时”，所以“平急结合”设计均须以“急时”标准为指导原则，重点是解决“平时”和“急时”之间如何快速、有效地转换问题，发热门诊是平时用于治疗发热患者，在防控急性、烈性传染病时用于排查疑似传染病人的专用诊室，其性质决定了科室的相对独立性和内部使用时的防交叉感染安全性，一般情况下采取一定的技术加强或优化措施即可满足紧急时期的设计标准。

发热门诊一般处于市政水压供水区，可在总管上设置倒流防止器供“平时”使用，可预留断流水箱和恒压变频泵组位置供“急时”转换后使用，预留的断流水箱和恒压变频泵组位置应尽量靠近供水总管，以便“平”转“急”时方便施工、节省时间。

“急时”，根据土建专业平面划分的清洁区、半污染区、污染区，三区各自设置独立的排水系统及其通气系统，相互不串接。利用地漏附近的洗手盆排水对地漏水封补水，补水点设在存水弯前的短管上，水封有效高度不小于 50mm、不大于 100mm，通气管伸顶通气，可适当合并减少出屋面通气管数量，在通气管管口设置净化装置，或预留设置条件便于快速转换。

污废水排水管出户至室外埋地消毒池之间的埋地管道采用粘接、热熔连接等可靠的连接方式，不设检查井，设密闭式清扫口。从室外埋地排水干管的最后一个接入点之前开始设置通气管，每两根通气管接入点之间的距离不超过 50m，通气管埋地引入室内专用管井伸顶通气并设置管口消毒处理措施。半污染区、污染区室外埋地排水管的通气管回至室内伸顶通气时，应敷设在污染区内。在平时施工时可施工安装到位，尽可能做到零转换。

管道穿越楼板或墙体时应注意管道外壁与墙体或楼板之间留有一定的距离，便于安装时密封、填实等操作。给水排水管道、消防管道穿过墙壁和楼板时应设套管，套管内的管段不应有接头，套管与墙和楼板之间、管道与套管之间应采用不燃烧和不产尘的密封材料封闭；管道与套管之间的缝隙应采用柔性材料填充密实；套管的两侧应设置扣板，应用工程胶密实；管道穿越楼板和防火墙处应满足楼板或防火墙耐火极限的要求，管道洞口密封可有效杜绝空气污染及噪声干扰。

综上，发热门诊在给水排水设计中，既要保证在平时使用阶段的医疗服务，也是急时防控阶段一道重要防线。除了以上建议的设计要点以外，还应注意“急时”针对的是传染性疾病，设计还应满足《传染病医院建筑设计规范》的相关规定，以及项目所在地的地方文件和规定，综合考虑各要点落实的针对性、有效性、地域差异性、经济性等因素。

5. 电气设施平急转换

平急结合区的负荷等级大多数与传统的综合医院相同，主要区别在于通风机系统和病房的负荷等级，护理单元医疗设备和通风系统为一级特别重要负荷，（依据《综合医院“平疫结合”可转换病区建筑技术导则（试行）》第 7.1.2 条），需接入柴油发电机组应急备用回路或预留室外柴油发电机组外引接口。

普通病房楼一般在特定区域配置少量的紫外线灯，平急结合区的护理单元应设置紫外线消毒器、消毒灯等消毒设施。

急时为避免清洁区、污染区管线交叉造成感染源泄漏，清洁区、污染区应分别设置配电回路，线槽及穿线管穿越各区隔墙时，隔墙缝隙及线槽口、管口应采用不燃材料可靠密封。

急时为便于维护人员对配电系统检修减少污染源接触，配电箱、控制箱及敷设的主干路由不应设置在污染区。

急时为便于医护人员与患者沟通以及实时查看患者状况，应在病房内设置病房视频监控系统、可视对讲系统。

5.3 不同类型发热门诊设计特点

5.3.1 儿童专科医院发热门诊设计特点

1. 儿童医院发热门诊的特殊功能配置

除传统发热门诊应具有的诊室、隔离观察室、负压病房、CT室、常规检验室之外，由于儿童诊疗的特点，最好配备数字化X光室，有条件可配备负压手术室、负压重症监护病房。

2. 儿童发热门诊的就诊特点

儿童发热门诊是指针对儿童发热的医疗诊疗服务。针对儿童发热门诊的就诊特点主要包括如下几个方面：

1）患儿就诊量大

儿童的免疫系统尚未完全发育成熟，身体的抵抗力相对较弱，易受感染，因此儿童发热的情况较为普遍。因而导致儿童发热门诊的患儿就诊量大。在儿童发热高峰期，很多医院的儿科门诊经常会出现人满为患的情况，医院也需要增加相应的医疗资源来应对。

2）陪护家长多

儿童发热门诊陪护家长比较多。主要是因为在这个特殊时期，孩子需要父母的精神支持和护理，而且涉及儿童的健康问题，家长也很关心。因此，家长会希望陪伴在孩子身边，并积极参与医生的筛查、问诊和诊疗工作。

3）就诊空间内活动时间长

儿童发热门诊的就诊空间内活动时间较长，这是因为医生需要对患儿的体温、症状和体征进行全面的调查和检查，因此通常长时间待在门诊医院的就诊空间内。同时，患儿就诊空间内的设施也需要考虑孩子的年龄和特殊需求问题，以适应孩子在就诊空间内长时间的活动和等待。因此，医院需要为儿童发热门诊提供舒适的空间环境和儿童喜爱的游戏、图书等娱乐设施，以提高患儿的就诊满意度。

3. 儿童候诊空间的设计特点

1）候诊空间设施的多样化

为了满足儿童医院候诊室的多样化需求，座椅造型应多样化，如与几何图形、卡通人物、可爱动物结合等。在材质上，应该使用柔软和暖色调的材料，如木质和软包，以增加温馨感。座椅尺寸、造型、材质对儿童的心理和行为有重要影响。国外候诊室座椅会采用围合型、分散式、混合式等布局形式，以满足不同患者的需求和隐私。

2）候诊空间设施的情感化

儿童面对医院的陌生感和疾病的恐惧，候诊室需要提供更多情感化的设计，带给他们关怀和舒适感。例如，候诊区可以采用弧形座椅布置，以增加患者之间的交流，同时保持他们的私密性。座椅设计应该考虑到成人和儿童的尺度，保证座位的舒适和支撑。此外，医院还可以用主题元素和艺术装饰创造充满童趣的空间氛围，比如设立森林主题候诊室，配以栩栩如生的植物和动物卡通造型，以营造儿童在森林中的想象空间，进一步减轻他们的不安情绪。总之，针对儿童的情感化医院候诊室设计需要考虑到儿童的理解和感受，创造一个充满关怀、治疗和安全感的环境。

3）儿童就诊空间的设计尺度

儿童座位的高度和宽度应该适合儿童的身体特征，以保持舒适性和适宜性。对于幼儿及以下儿童，座位高度应适当降低，座面宽度要增加以限制儿童的活动等。同时，座椅的扶手高度也应考虑到儿童的身高，并方便儿童穿脱鞋子和移动身体。

5.3.2 孕产妇发热门诊设计特点

作为孕产妇这一特殊人群，她们发热到综合医院发热门诊就诊时，经常会面临交叉感染和普通病人的冲击等多重风险。因此，专门设立妇产医院发热门诊，为孕产妇提供个性化的医疗服务，显得尤为迫切和必要。

妇产医院发热门诊的独立设置也可以避免交叉感染，减少普通孕妇产检期间被发热病人感染的风险。这不仅有效地保护了孕妇的身体健康和胎儿的发育，同时也增强了孕妇和家人对医疗服务质量的信心和满意度。

1. 妇产医院发热门诊的特殊功能配置

与其他发热门诊相比，妇产医院发热门诊有可能面临孕妇分娩的情况，除传统发热门诊应具有的诊室、隔离观察室、负压病房、CT室、常规检验室之外，有条件尚需考虑妇产科危急重症伴发热患者或产妇的分娩及其新生儿救治。可配备负压手术室、NICU。

2. 孕产妇的心理特点

孕产期是女性生理活动中的特殊时期，经历了心理上的三个时期：不可耐受的孕早期、逐渐适应的孕中期和超过负荷的孕晚期。在这期间，女性的身份、角色和权利都会发生转变。了解孕产妇的心理特征有助于保障诊疗人群的心理健康。孕产妇在这样的情况下，往往会产生焦虑和敏感，对自己的诊疗过程和胎儿的健康状况产生怀疑。为应对这种情况，应创造合适的就诊空间，营造良好的氛围，加强孕产妇的自我管理，提供心理支持。

3. 诊疗空间及人群需求

在孕产妇的诊疗过程中，创建一个合适的诊疗空间是至关重要的。这个空间应该满足患者和家属的需求，尊重他们的权利和隐私，同时也能够提供必要的技术和医疗服务。在研究过程中，对于孕产妇的需求，主要考虑了私密性原则、舒适性原则和安全性原则。

首先，私密性原则是孕产妇在诊疗空间中最基本的需求之一。由于呈现出来的疾病和症状，产妇通常会因为出现在丈夫面前的难堪而感到不适。因此，为了保障孕产妇的隐私权和安全感，应该将男性陪诊者的存在降到最低程度。事实上，孕产期间，女性往往需要与自己身体和情感最密切的人共享空间，包括专业医生和护士、母亲或其他更亲近的人。他们的陪伴会为孕产妇提供实际上的催产灵感和领导力，并有助于增强孕产妇的信心和安全感。

其次，舒适性原则是不可或缺的。孕妇往往出现恶心、呕吐、疼痛和其他不适不良反应。在孕妇诊疗空间的界面设计方面，需要优化空气质量、温度和湿度等环境条件来实现舒适性原则。此外，在流程、器材和医疗设施的设计方面，也可以考虑舒适性原则，例如，改进检测仪器的舒适性和人性化，以及为患者和家属提供更加舒适和便捷的设施并加以管理。

最后，安全性原则也是孕产妇追求的一项关键需求。由于孕妇的生理机能的变化和母胎的相互影响，孕产妇会出现新型疾病和并发症，因此在诊疗过程中，需要保障孕妇的安全性。例如，在术后恢复期间，可以采用各种分级护理技术，制定适宜的健康指导方法，以及为家属提供必要的照顾建议。

总之，孕产妇的诊疗空间的设计应综合考虑到患者的需求，同时也要恰当地满足专业和技术要求。对于私密性、舒适性和安全性原则的重视，将有助于提高医疗服务质量和病患满意度。

5.3.3 中医医院发热门诊设计特点

前期主要功能为紧急情况的哨点，中期主要功能为常态化筛查，后期主要功能为开药、诊疗、转诊。

1. 政策要求层面

2023年1月2日，国务院联防联控机制综合组发布《关于在新型冠状病毒感染医疗救治中进一步发挥中医药特色优势的通知》，2022年12月，国家中医药管理局发布《国家中医药管理局综合司关于加强治疗新冠病毒感染中药协定处方和医疗机构中药制剂使用的通知》《关于进一步加强发热门诊建设的要求》两项文件。

《关于进一步加强发热门诊建设的要求》明确要求：二级以上中医医院必须设置和开放发热门诊，做到“应设尽设、应开尽开”，各省（区、市）中医药主管部门要落实监管职责，确保各中医医院在20日前全部开设发热门诊，而且未经当地卫生健康部门同意，中医医院不得擅自关闭发热门诊。

2. 治疗方法层面

中医院发热门诊更注重辨证施治、一人一方。在诊疗过程中，充分发挥中医药特色优势，以药治为主，采用“三药三方”等临床有效方药，对提高治愈率、降低重症率和病亡率、促进患者早日康复发挥了重要作用。

对于轻型、普通型患者，中医药进行治疗可以缩短病毒清除时间、缩短住院时间，缓解临床症状。对于可能转重的患者，及早进行中医药的干预治疗，可以降低转重率。对于重型、危重型的患者，开展中西医结合治疗，可以有效阻断或减缓重症向危重症的发展，促进重症向轻症的转变，减少病亡率。

3. 建筑空间的设计特点

建筑空间的设计特点是与中医治疗方法、医疗行为紧密关联的，主要为：

1）候诊空间

一般发热门诊布局紧凑，功能房间较多，但等候厅、候诊廊等公共空间较为局促。中医院发热门诊的就诊人群多以老年人和周围居民为主，部分伴有基础病，因此陪同的家属人数较多，平均为2～3人。因此，使用者对于候诊空间的需求较大，应设置足量的候诊椅。

2）诊室

设置开方诊室，主要服务于轻症患者。门诊医师四诊合参、按个人体质和病情需要开具药方，患者自助缴费后取药，即完成诊疗过程，保证轻症患者得到及时妥善处置，降低其转重的概率。

3）中医治疗室

不同于西医院的治疗室，中医院发热门诊的中医治疗室主要为患者提供煎药服务。因此，其内部核心设备为全自动多头煎药机，水电及排风条件需满足其配置要求。全自动多头煎药机可以提高供给速度，降低病人的等待时间。

4）药房

中医院发热门诊药房的使用面积宜适当加大，中药、中成药体积较大，就诊高峰时期药物使用量也大，药物运输不能途经污染区、半污染区，保证药品卫生安全和及时供给。另外，为最大限度地避免交叉感染、提高就诊效率，发热门诊配备集挂号、缴费、打印报告等功能于一体的自助机。

5）其他

中医院的发热门诊功能是以筛查为主，一般不设置负压手术室、ICU 等功能。

5.4　工程案例

为了更深入具体地探讨发热门诊的特点，尽量全面地探究发热门诊设计所需要解决的一般及特殊的问题，并为发热门诊设计过程中解决问题提供更丰富更有效的思路和方向，本章案例分析研究拟从三种不同角度对实际案例进行研究。

（1）探索型案例研究采用针对一个设计问题的多方案比较的研究方法。对于发热门诊设计初期面临的一些共性问题：例如，项目选址、结构选型等问题的研究，实际上也是紧紧围绕着发热门诊项目设计目标和设计要求来推进的。因而采取针对一个问题进行多方案横向比较的方法，可以围绕目标，设置较明确的评估指标，进而针对这些评估指标搭建评估模型，最终实现通过模型进行科学设计和决策。

（2）典型案例研究采取描述＋解释型案例研究方法。对于一般综合医院新建独立式发热门诊，由于此类发热门诊比较独立，自身比较封闭，可尽量减小对外部环境的影响，其内部布局所受限制小，实际案例一般采取比较理想的“三区两通道”布局。因而对其功能、流线、防护措施、材料选择、特定医疗空间的处理等进行研究都可以帮助设计者更好地了解发热门诊设计的一般原则和特点。因而采取描述＋解释型的典型案例研究方法，较全面地提供项目的各类信息，对设计实践可以提供有益的经验和启示。

（3）特殊型案例研究采取溯源法去针对性地发现由于功能变化、功能拓展、不同人群、特殊现状等各种条件引起的设计过程、方法或者结果的改变，针对不同专科医院和改造类医院面临的特殊问题，突出设计不同的原因及其独特特征的分析，并对有效性进行评估。

5.4.1 新建类案例研究

1. 北京清华长庚医院发热门诊

1）规划布局

北京清华长庚医院发热门诊为新建项目，紧邻清华长庚医院院区北侧主入口的东侧（图 5.4.1-1）。用地现状为停车场，用地北侧为代征绿地现状为停车场，暂无条件设置直接对城市道路的出入口。

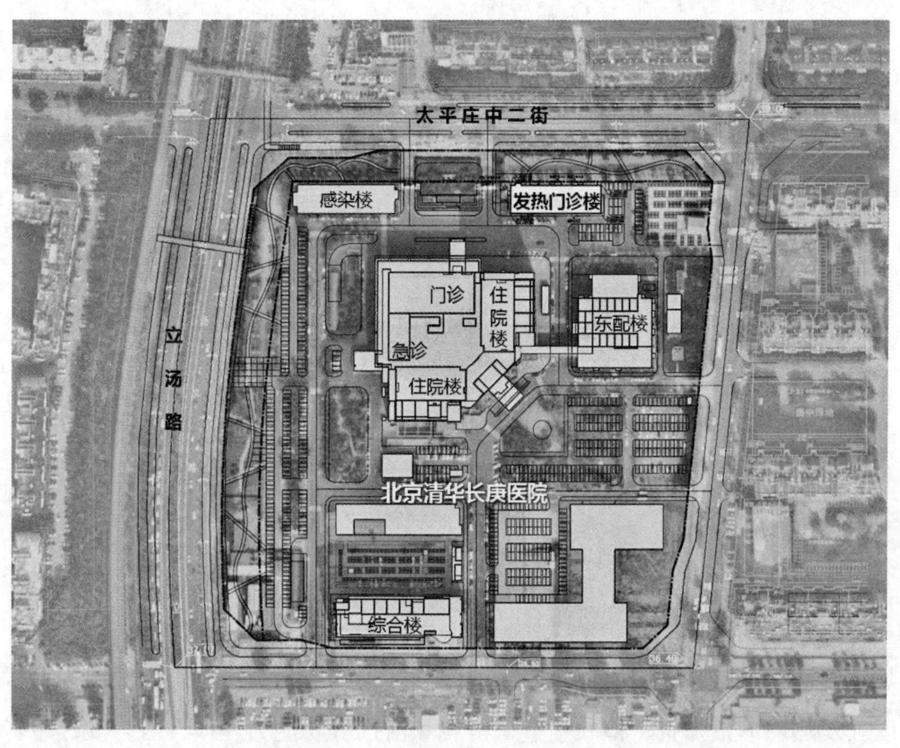

图 5.4.1-1 拟建发热门诊楼区位图

发热门诊出入口的设置考虑尽可能让发热患者较少进入院区，因而将发热患者和肠道患者出入口设置在建筑南侧较醒目位置（图 5.4.1-2），缩短发热患者在医院院区的停留时间。建筑首层设置抢救室，临近抢救室位置设置单独的抢救出入口，位于建筑南侧，出入口外侧场地平整宽阔，方便抢救人员临时停车并快速到达。医护出入口设置于较隐蔽的建筑北侧，东侧和西侧分别为发热和肠道门诊污物出口。此外，为减少患病儿童与成年人交叉感染，建筑北侧预留儿科诊室出入口（图 5.4.1-3）。

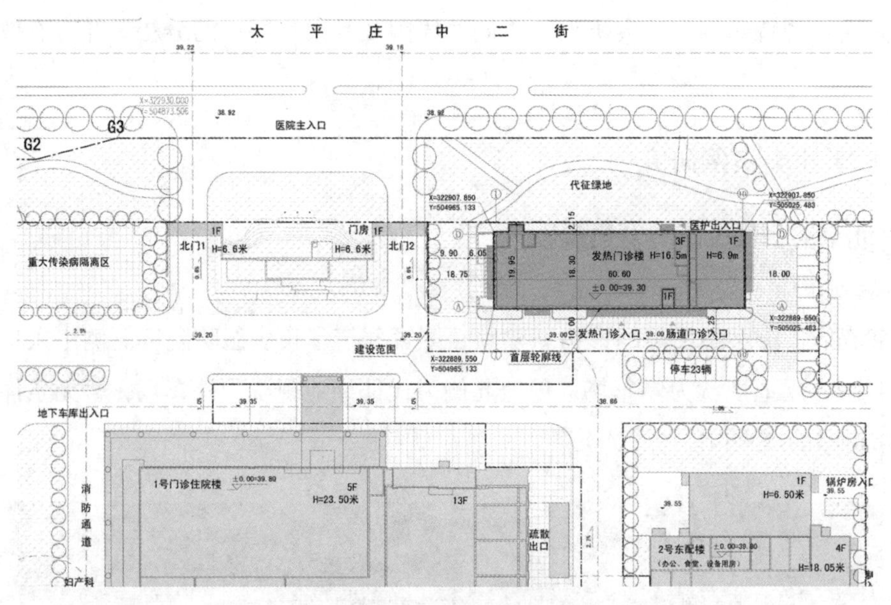

图 5.4.1-2　发热门诊总平面图

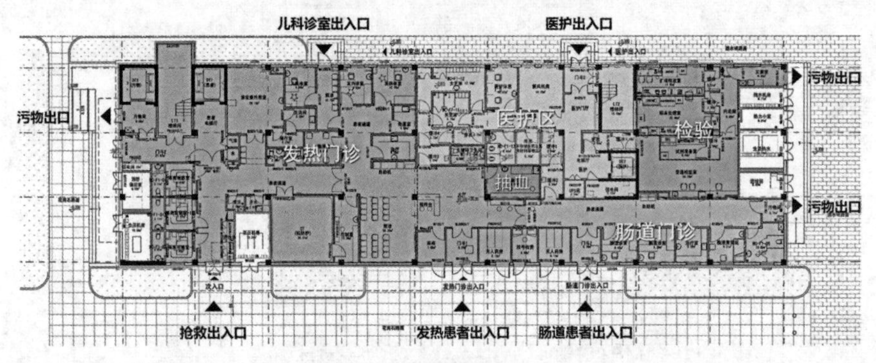

图 5.4.1-3　拟建发热门诊出入口设置

2）主要功能流线布置

发热门诊共有三层。首层为发热及肠道门诊区，二层为负压病房，三层为手术区及重症监护区。发热门诊集筛查、检验检查、留观和治疗等功能为一体，可为发热患者提供一条龙诊疗服务。

首层西侧设发热门诊，包含诊室、抢救室、隔离留观室、输液室、CT 室、药房等功能，西侧隔离留观室及抢救室设抢救通道及专用出入口。东侧设肠道门诊，包含诊室、输液兼留观、药房等功能。其中挂号收费室与抽血室设在发热门诊与肠道门诊中间，兼顾两个门诊同时使用，提高使用效率。首层北侧为医护办公区，东北角为 PCR 实验室区，均有独立的出入口。首层机房区为了方便检修并节约医护洁净区面积，选择直接对外开门。首层功能流线布局详见图 5.4.1-4。

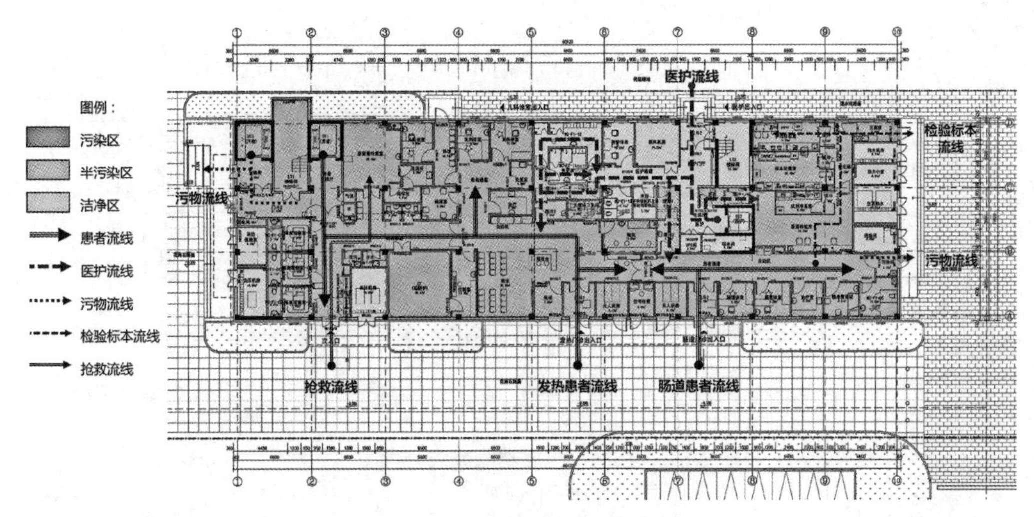

图 5.4.1-4 首层功能流线分析图

建筑二层为负压病房区，包含12间负压病房。本层遵循“三区两通道”的原则设计病房单元，建筑南侧采光较好的区域设置病房及污染区通道，北侧为医护办公区及洁净通道，中间为卫生通过。二层的室外平台连接医护洁净区，可为医护人员提供一个休息的空间。关于竖向交通，患者及污物使用西侧交通核，医护人员使用东侧交通核，分流不交叉。二层功能流线布局详见图 5.4.1-5。

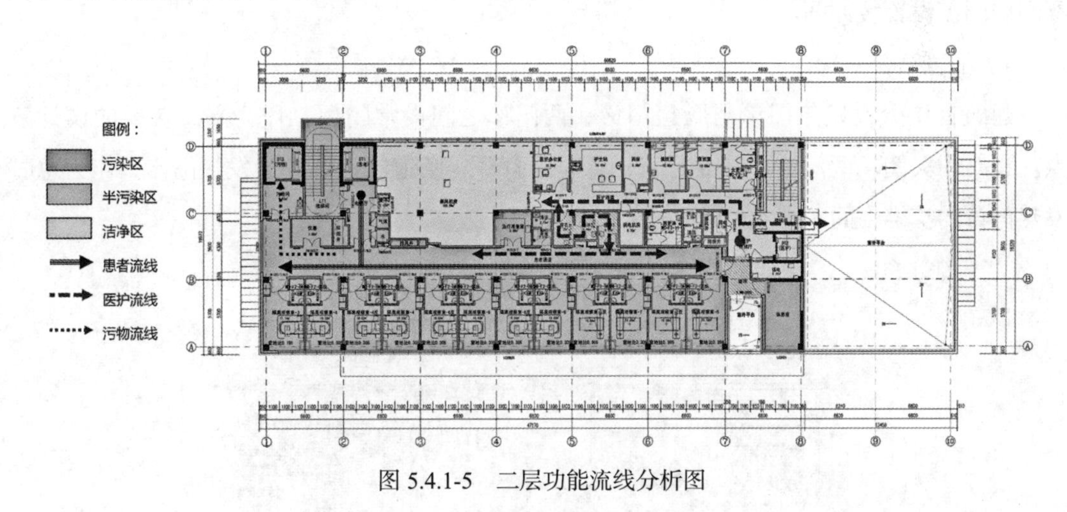

图 5.4.1-5 二层功能流线分析图

建筑三层设负压手术室与重症监护室等功能。三层手术室与二层的新风机房对位设计，减少设备管道距离，节约造价。同时不需要采光的手术区位于建筑中间，手术区北侧为手术区医护洁净通道，南侧采光较好的区域留给医护集中办公区。污染区护士站的南侧设置大面积玻璃窗，方便医护人员观察患者污染区情况。三层功能流线布局详见图 5.4.1-6。

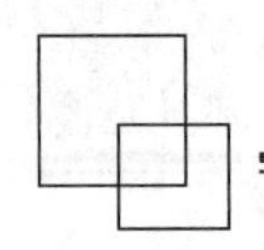

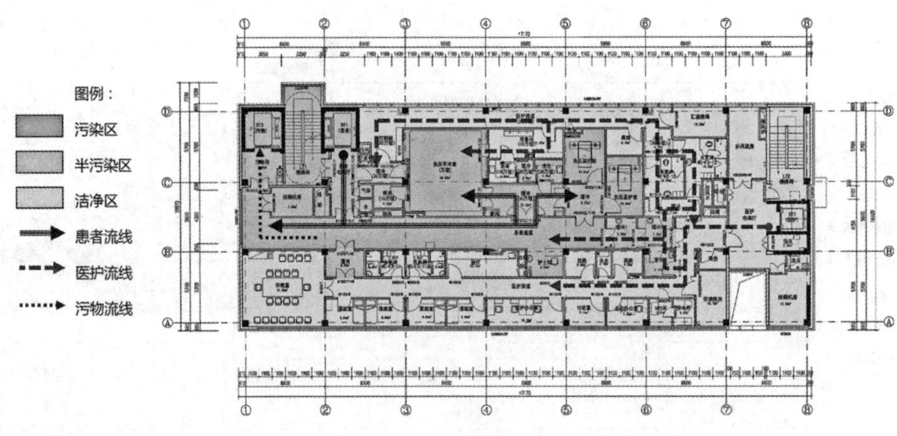

图 5.4.1-6　三层功能流线分析图

3）人员保护

发热门诊严格按照“三区两通道”设计，全流程闭环管理，减少非必要接触，最大限度地减少交叉感染的风险。

图 5.4.1-7 中首层卫生通过左侧通往发热门诊中间通往肠道门诊，右边通往 PCR 实验区。图 5.4.1-8 中二层卫生通过为标准“三区两通道”中间的卫生通过。图 5.4.1-9 所示的三层卫生通过，除了标准卫生通过的穿衣间、缓冲间、更衣淋浴间外，手术室清洗间与消毒间中间需设置缓冲间。

4）平急结合

建筑首层分设发热门诊与肠道门诊，两门诊之间设常闭门，作为平急转换的设计节点。平时门关闭，两门诊可独立运营；急时门打开，肠道门诊合并为发热门诊，作为急时发热门诊的扩容空间（图 5.4.1-10）。

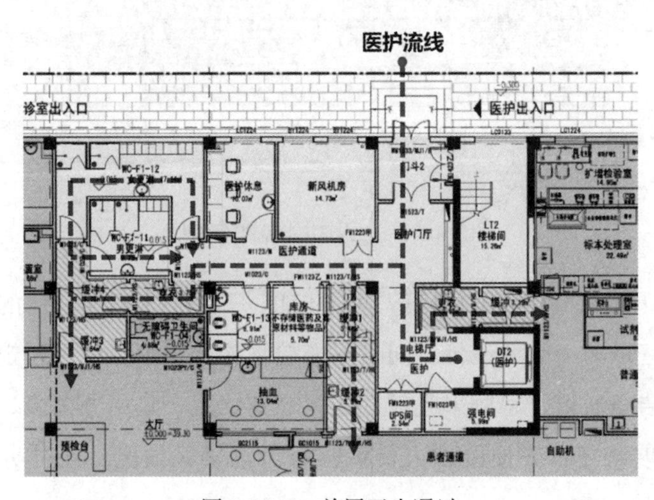

图 5.4.1-7　首层卫生通过

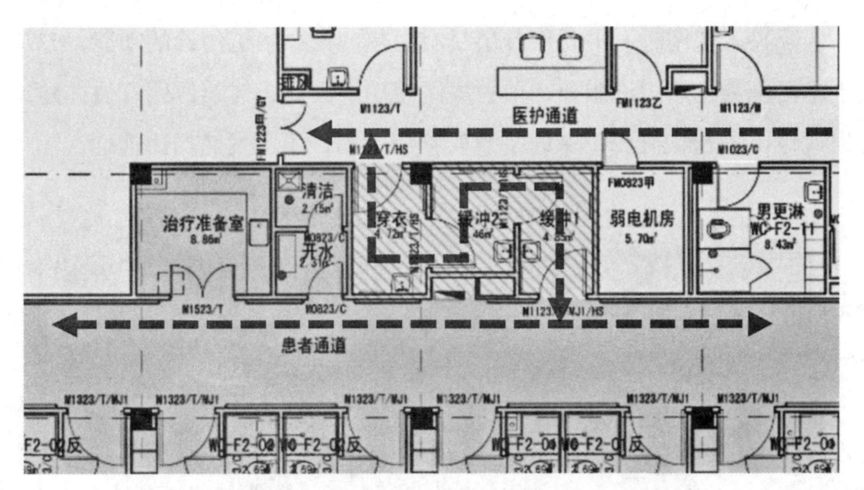

图 5.4.1-8 二层卫生通过

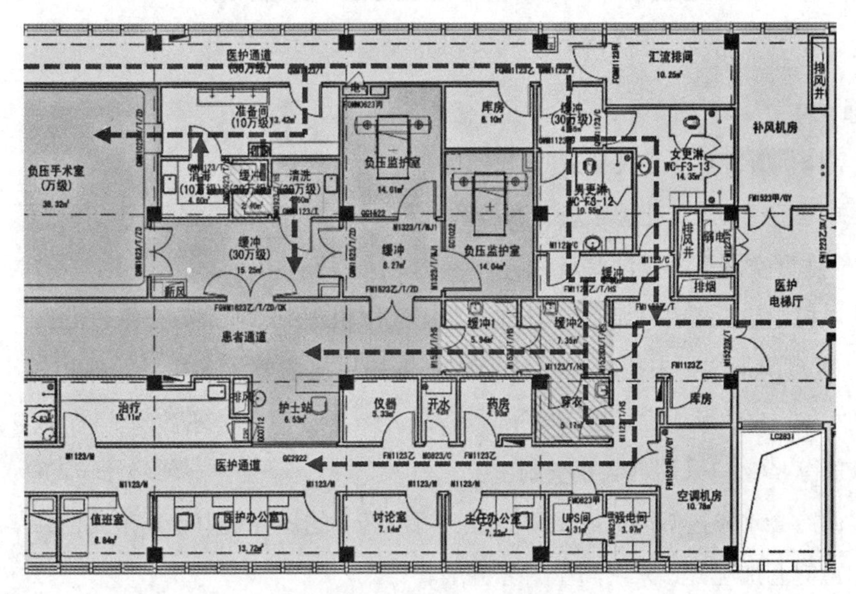

图 5.4.1-9 三层卫生通过

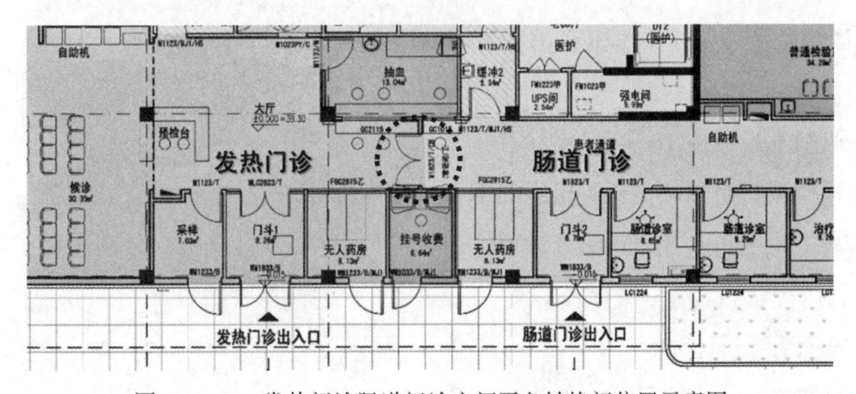

图 5.4.1-10 发热门诊肠道门诊之间平急转换门位置示意图

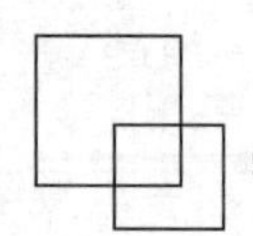

此外，实际投入使用时，平时仅首层具有发热门诊、肠道门诊的功能，二层三层的隔离病房及手术区不为发热门诊服务，单独成区使用。因此，建筑西侧有通往建筑二层和三层的患者出入口（图 5.4.1-11），平时平急转换门关闭，不与发热门诊连通。

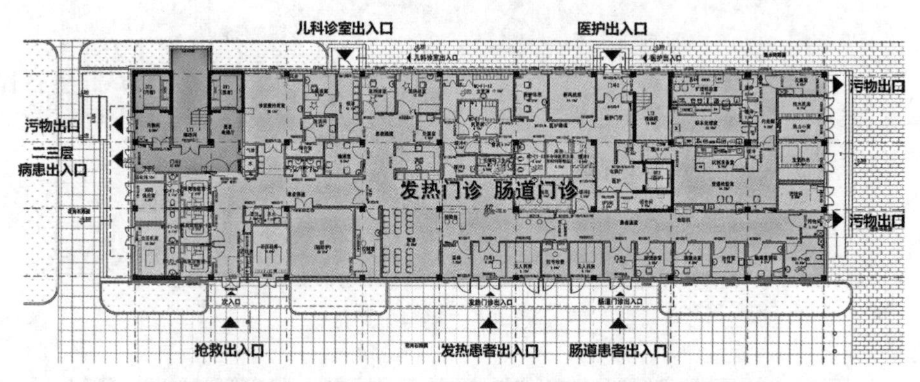

图 5.4.1-11 发热门诊肠道门诊示意图

5）通风空调

（1）空调供暖冷热源设计要点

冷热源：新建、改扩建感染科，其冷源和热源应优先利用院区现有的冷热源。

（2）舒适性空调系统设计要点

① 新风机组应设置在清洁区，且过滤器应选用粗、中、亚高效三级过滤。

② 房间空调末端：根据冷源系统形式可选用风机盘管 / 多联机；面积较小的房间，风机盘管 / 多联机的形式宜采用卡式吊顶末端。

③ PCR 实验室应采用直流式空调系统。

④ 空调冷凝水应按不同区域（清洁区、污染区）的划分集中收集排放，并集中处理。

⑤ 冬季空调加湿方式采用高压微雾加湿。

⑥ CT 或 X 光等医疗设备用房应设置独立空调系统。

（3）净化空调（负压手术室空调）系统设计要点

① 净化级别采用万级。

② 新风换气次数按 18 次 /h 设计。

③ 净化空调机组和净化新风机组的组合段详细标准图。

④ 兼顾平时使用，有正负压切换要求时，可设置 2 台排风机，分别满足正压和负压要求的两种运行状态。

（4）通风系统设计要点

① PCR 实验室的相关要求

a. 按加强型 BSL-2 实验室设计，根据实验流程，房间划分为样品准备区、标本制备区、基因增扩区和物产分析区四个功能区。

b. 各功能区应根据每个区域的负压值要求，计算其通风量。

c. PCR 实验室的空气流向符合从试剂储存和准备区→标本制备区→扩增区→扩增产物分析区方向空气压力递减的要求。

d. 生物安全实验室气流组织采用上送下排方式，送风口和排风口布置应有利于室内可能被污染空气的排除。在生物安全柜操作面或其他有气溶胶产生地点的上方附近不应设送风口。

e. 生物安全柜的排风量，应根据院方采购的生物安全柜的类型和型号来确定。

f. 实验室房间排风与生物安全柜的排风合用一台排风机时，排风机应采用变频风机，并在排风机入口处设置高效过滤器。

g. 实验室的排风机应与送风机连锁，排风机先于送风机开启后于送风机关闭。

h. 排风口应高于屋面 2m，且排风出口配防虫过滤网和防雨帽。

i. 房间入口处的显著位置，设置房间压力状况的显示装置。

j. 缓冲区设送排风。

② 负压病房

a. 负压病房的最小新风量为 6 次 /h，每个房间排风量应大于送风量 150m^3/h。

b. 负压病房有缓冲区时，空气流向应满足走道→缓冲区→负压病房方向空气压力递减的要求。缓冲区面积较小，可不设通风。

c. 房间气流组织采用上部送风，下部排风方式（卫生间的排风口设在上部）。

d. 房间送、排风支管上的定风量阀宜设在房间外，便于单独进行房间的清洗、消毒。

e. 排风系统的高效过滤器设置在房间的排风口处。

f. 排风机设于室外屋顶上，排风口高于本楼最高屋面 2m。

g. 隔离观察室的通风设计同负压病房。

③ 发热门诊区

a. 发热门诊区内清洁区、半污染区、污染区的机械送、排风系统应按区域划分独立设置。

b. 发热门诊、医技用房的最小新风量为 6 次 /h，清洁区每个房间送风量应大于排风量 150m^3/h，污染区每个房间排风量应大于送风量 150m^3/h。

c. 污染区、半污染区的排风机应设于室外屋顶上，排风口高于本楼最高屋面 2m，排风机入口处设高效过滤器。

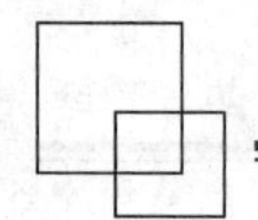

④ 负压 ICU

新风换气次数按 12 次 /h 设计，空调形式按冷热源方式要求确定，并宜与其他区域空调形式一致。

6）给水排水

（1）给水水源的确定

优先采用院区现有给水水源供给，在接入发热门诊楼处设减压型倒流防止器，且设于有地面排水措施的房间内。

项目为 3 层，市政压力 0.3MPa，满足最不利用水点的压力要求，故采用院区内的市政给水环网直接引入供水，引入管处设减压型倒流防止器，避免对本楼外的水源造成污染。

（2）热水热源选择

发热门诊一般单独建设，医院主楼的热水系统很难接入，且考虑到发热门诊的特殊性，故生活热水系统建议单独设置。

经比较，项目在满足《公共建筑节能设计标准》GB 50189 国标和北京地标的前提下，最高日热水用水量不大于 $5m^3$，且可充分利用当地低谷电价，故采用商用电热水炉制备生活热水。

各项目可根据具体情况进行分析比较，也可采用空气源热泵、太阳能系统等可再生能源制备，以达到供水安全、可靠、经济、节能的目的。

（3）排水系统及污水处理措施

排水系统设计需关注以下几点：

① 污染区（半污染区）及清洁区排水均单独收集并排至室外。

② 检验科强酸强碱废水或有腐蚀性化学试剂的废水需单独收集处理。

③ 空调冷凝水经管道收集后排入废水管道。

④ 通气系统：均采用伸顶通气立管，污染区及清洁区通气管分别伸出屋面。并远离进风口和人员活动区域屋面。室外化粪池通气管在合适位置设置可引入室内设置一根专用通气管出屋面，避免影响室外环境。

⑤ 污水处理措施：发热门诊排水需经消毒池和化粪池后排入院区污水处理站，处理达标后方可排入市政污水管网。

项目由于外线条件限制，不能利用院区建筑东南侧现状化粪池。故建筑内污废水排至室外后，接入为本楼新建 4 号化粪池兼预消毒池，再接至院区废水管网一起排入医院现状污水处理站，经过处理达标符合医院污水排放标准后，排入市政污水管道。本楼由于产生的污废水量较少，含有病毒的污废水通过污水管道进入化粪池并做预消毒池处理，通过智能加药设备投加纯二氧化氯或次氯酸钠液体，对污水病毒进行预消毒处理，防止病毒外泄。智能加药设备设于首层设备机房内（图 5.4.1-12）。

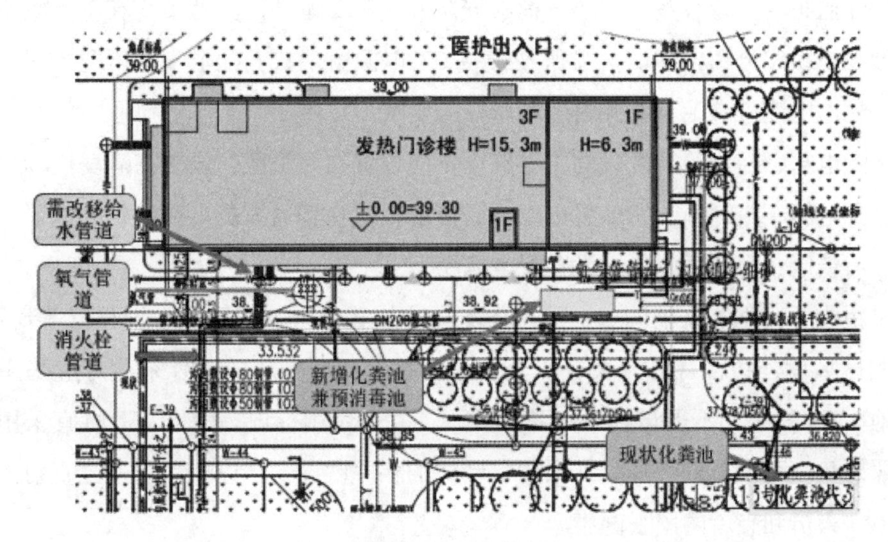

图 5.4.1-12　总图

（4）消防系统合规设计

消防系统根据规范要求设置室内外消火栓及自动喷水灭火系统。消防水源均接自院区消防系统。

（5）医疗气体

① 氧气系统。氧气采用院区现有液氧站作为氧气源，通过管道接至发热门诊区的各用气点。手术室、抢救室、病房、留观室、ICU、CT、DR 等房间均需设置氧气终端。

如无条件接入院区的氧气管道，则需在建筑附近或首层设置汇流排间，采用钢瓶储气，不可再设液氧站。

② 压缩空气。有条件可接院区的压缩空气管道供用气点使用。项目首层设压缩空气机房。手术室、抢救室、ICU 等房间均需设置压缩空气终端。

③ 负压吸引。发热门诊需设置独立的负压（真空）吸引系统。项目在首层污染区单独设置真空（负压）吸引机房，通过管道接至各用气点。手术室、抢救室、病房、留观室、ICU 等房间均需设置真空（负压）吸引终端。

④ 手术室气体的设置。根据医院方要求确定手术室的用气需求。如手术室需设置氧气、压缩空气、真空（负压）吸引、氮气、二氧化碳等气体和麻醉废气的排放，则在手术室同层设置汇流排间，采用自备钢瓶满足除氧气、压缩空气、真空（负压）吸引外的医用

气体需求。

7）电气设计要点

（1）上级电源利用院区现有变压器和柴油发电机组，除一级负荷中特别重要负荷（手术室、重症监护区、抢救室、消防负荷、安防系统等）以外的其他负荷在总配电箱处预留室外柴油发电机组外引接口。大型医技设备 CT 电源由现状变配电室低压配电屏采用放射式供电，配电电缆应满足对电源内阻和压降的要求。

（2）配电箱、控制箱及敷设的主干路由不应设置在污染区，设置在病房内专用配电箱除外，且配电箱、控制箱、UPS 等电气设备不应设置在普通人员可接触到的位置。

（3）清洁区、污染区应分别设置配电回路。

（4）污物暂存间、洗消间、污染区等场所应设置紫外线消毒器、消毒灯等消毒设施，污区公共区域紫外线消毒灯开关在护士台集中控制。所安装的紫外杀菌灯应采用专用开关，距地 1.8m 安装，不得与普通灯开关并列，并有专用标识。所选杀菌灯宜采用间接式灯具或照射角度可调节的灯具，并采用移动式的相关联设备，以避免紫外光直射人眼，保障医护工作人员和患者的用眼健康。

（5）污染区和半污染区通风空调设备应能自动和手动控制，应急手动应有优先控制权，且应具备硬件连锁功能。

（6）污染区和半污染区应设送、排风系统正常运转的标识，当送、排风机运转不正常时应能紧急报警。

（7）在首层设置消防分控制室，与院区总控制室联网。

（8）电线电缆应采用低烟、无卤、低毒阻燃类线缆；消防设备供电线缆应符合现行国家及地方标准的有关规定。

（9）线槽及穿线管穿越清洁区与污染区之间的隔墙时，隔墙缝隙及线槽口、管口应采用不燃材料可靠密封。

（10）医用气体管道应设置防静电措施。

8）智能化设计要点

（1）网络、通信等智能化系统，线缆由院区现在的数据中心机房等设备用房引来。

（2）出入口设置控制系统，系统采用非接触式控制方式，当火灾等紧急情况发生时应能立即解除。

（3）在病房内设置病房视频监控系统，便于医护人员实时查看患者状况。

（4）在收治区设置可视对讲系统，便于医护人员与患者沟通了解患者身体情况。

（5）在三层氧气汇流排间设置氧气泄漏报警系统，主机设置在护士站。

（6）在手术室设置手术示教系统及远程会诊系统。

2. 宣武医院发热门诊

2020年5月启动了十七个北京市市属医院发热门诊的提升改造工程，首都医科大学宣武医院发热门诊建设项目是其中唯一一个位于北京核心区的新建永久项目。

1）选址

宣武医院发热门诊建设前期阶段，设计单位第一步进行的即为选址决策。因而，在设计之初，我们先梳理了影像发热门诊选址的因素。

（1）减少对外界环境的影像：为防止交叉感染，发热门诊与其他建筑、公共场所应保持适当的间距，并尽量设置于院区下风口；发热门诊设置在医疗机构内独立区域，与普通门（急）诊相隔离。

（2）功能设置与外部交通：发热门诊属于感染门诊的一部分，通常，在一般综合医院设计当中，会把肠道门诊（肝炎、艾滋病）、结核门诊和发热门诊合并设置为感染门诊，这样发热门诊的使用高峰期（冬季）和感染科门诊的使用高峰（夏季）通常会错峰发生，而针对传染病人群的门诊设计方式是基本上通行的，这样合并设置就为平急结合和不同季节的结合使用都提供了高效转换使用的条件。有条件进行合并的设置基础上，外部交通就要从医院入口开始将发热病患、核酸病患（急时特殊要求）、发热门诊医护、传递实验用品医护、转诊病人、洁物、污染物等不同人员的不同行为要求来考虑外部交通的组织及其与园区其他部分的关系。

（3）环境条件：发热门诊的选址应该考虑到周边的环境条件，如周边的噪声、管网条件、周边雨水排放条件等因素。尽量选择那些环境条件良好的地区，以确保患者和医务人员的健康和安全，也要避免对外界的不良影响。

（4）政策法规：本案设计过程中的选址我们参考了《传染病医院建筑设计规范》GB 50849。2021年，国务院联防联控机制（医疗救治组）印发《发热门诊设置管理规范》《新冠肺炎定点救治医院设置管理规范》的通知——联防联控机制医疗发〔2021〕80号文中明确了："发热门诊应设置于医疗机构独立区域的独立建筑，标识醒目，具备独立出入口……新建发热门诊外墙与周围建筑或公共活动场所间距不小于20m。"两部分内容实际上原则共通，在具体数据上也基本一致。

院区里原有发热门诊位置如图5.4.1-13所示，原有发热门位置实际上已尽量做到了将感染科与医院其他部分相对分隔，为单层建筑，但是原有空间缺失一部分功能：诊室不足，无核酸检测、PCR检验、隔离病房、CT检测。

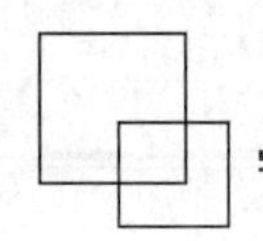

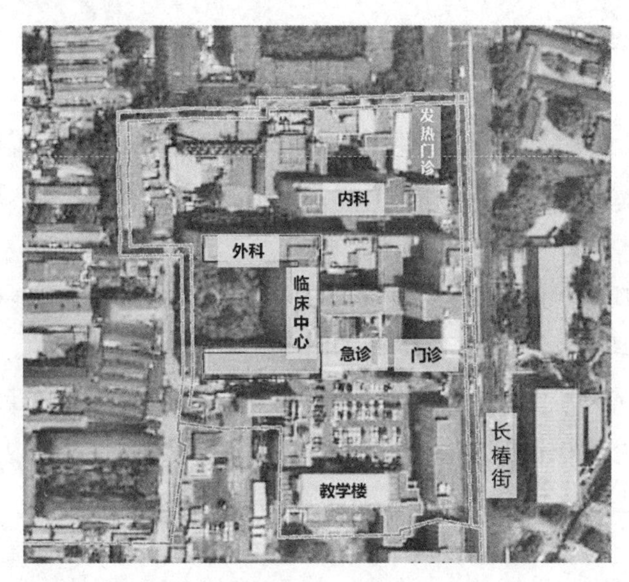

图 5.4.1-13　总图

综合考虑以上问题后，发现原有发热门诊位置具备管线条件且位置较合理，（补充分析图）初步确定将发热门诊和肠道门诊结合原址进行改扩建。经过方案可行性研究发现，考虑与北侧住宅安全距离，仅利用原发热门诊单层面积 235.73m^2 进行设计条件过于局限，即使改为多层建筑，交通等面积的比例将会极不合理，并且由于规模不足导致功能缺失，如图 5.4.1-14、图 5.4.1-15 所示；因而考虑在原有位置进行部分拆除后新建。如图 5.4.1-16 所示。

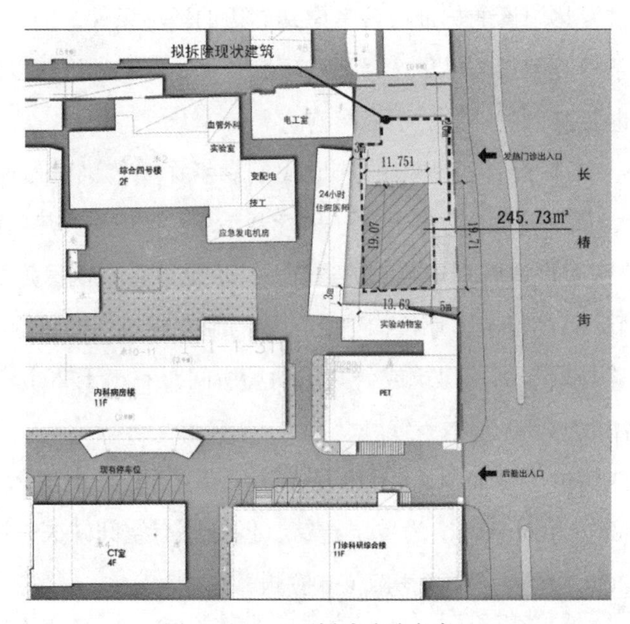

图 5.4.1-14　不拆除改造方案 a

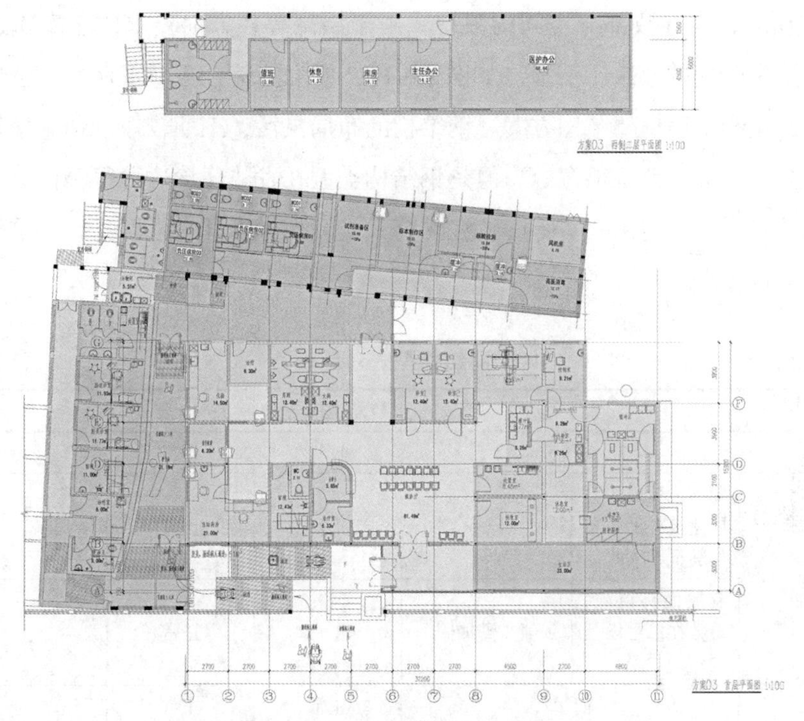

图 5.4.1-15　不拆除改造方案 b

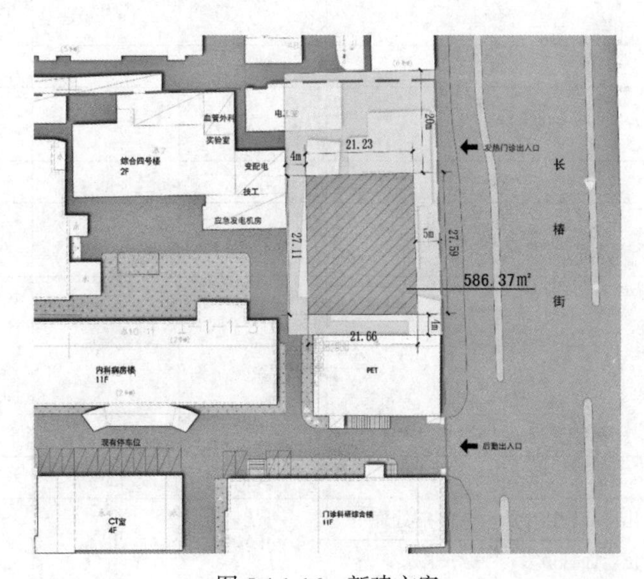

图 5.4.1-16　新建方案

2）结构选型

在进行结构选型分析过程中，针对可能的结构方案进行了优缺点的对比，如表 5.4.1-1 所示，同时进行了各不同方案对比。由于工期的需求，排除了钢结构形式，而通过集装箱方案的具体排布可以看出，一些大型设备用房由集装箱拼接完成方式不理想，发热门诊房

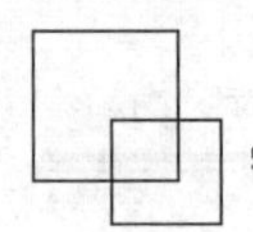

间尺寸很难模块化也导致部分空间的浪费，由于层高等各方面要求，还需要选择非标箱体，节约投资和时间的效果不明显。如图 5.4.1-17 所示。综合考量工期、安全性、实施难度等因素后，选择了钢框架结构方案。钢结构的布局灵活，工期较短，预制率较高，对于机电管道众多的穿梭设计也很宽容。但是钢结构类型在发热门诊这种很多密集不规则小面积空间布局项目中，不能像一些跨度较大的高大空间那样发挥它强度高、自重轻等优越的材料性能，造价较高。

不同结构型式对比表 **表 5.4.1-1**

项目	集装箱		装配式钢结构	混凝土结构	备注
建造时长	快速		较快	正常	
结构难度	屋面无荷载的单层建筑且平面布局满足要求的	容易	正常	正常	
	有屋面有荷载、层数在二层以上的建筑	一般（需加固）	正常	正常	
基础形式	简单		正常	正常	
耐久性	差		好	好	一般集装箱使用年限为五年
结构投资	低		略高	正常	
灵活性（可移动或二次利用）	可整体吊装移动		可二次利用	不能二次利用	
预制率	高		较高	低	
对平面功能布置的限制	限制较大		灵活	一般	
建筑面积使用集约度	低		高	一般	集装箱由于受到模块面积影响，对于面积要求变化较大的功能来说，面积不能集约使用
室内高度	高度受到集装箱模块影响				
开洞灵活性	不灵活		灵活	正常	
屋面防水	出屋面管道少	不需处理	正常	正常	
	出屋面管道多	难处理			
外围护物理性能	屋面	噪声大需处理	正常	正常	
	外墙	差			
机电专业管线	穿越集装箱时封堵难处理		正常	正常	
消防	集装箱耐火等级为四级且无法直接喷涂防火材料，存在安全隐患		正常	正常	
感控风险	由于气管线气密性问题，存在分享		正常	正常	

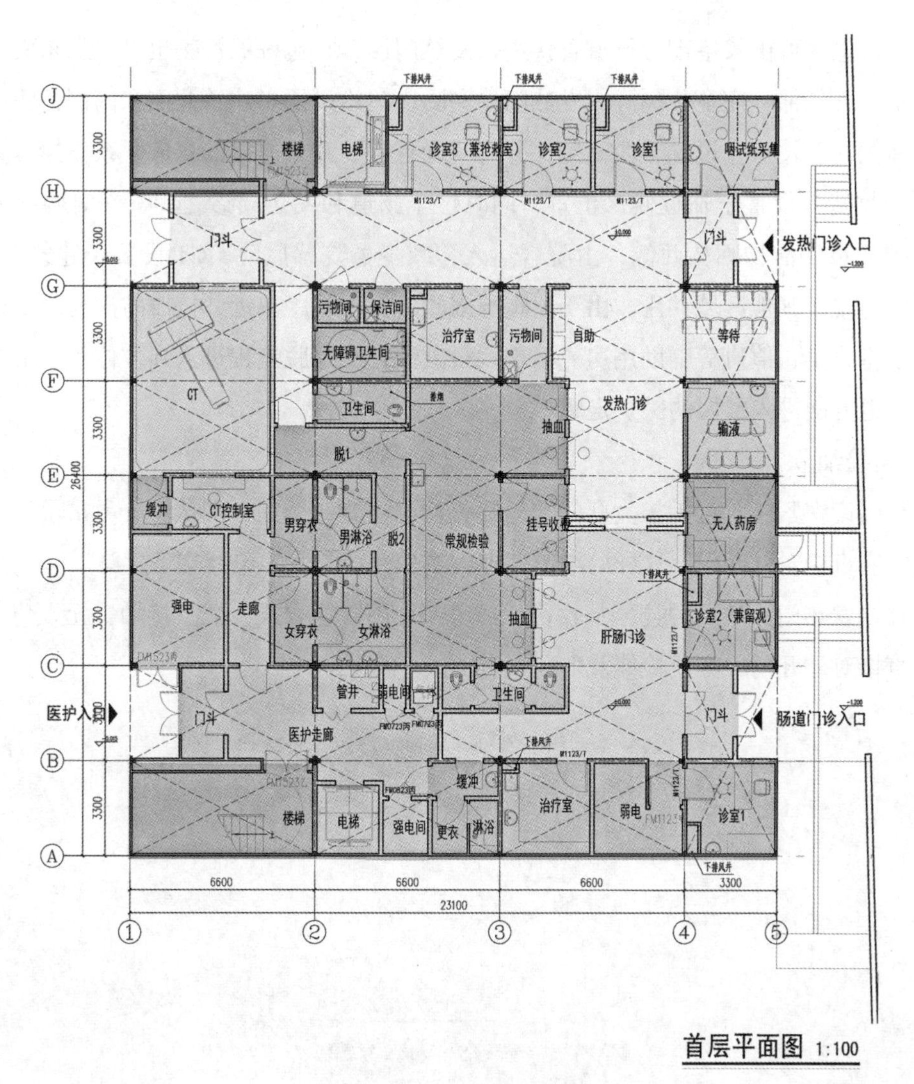

图 5.4.1-17　集装箱方案

3）流线设计

根据感染疾病科的功能需求进行“三区两通道”的防控布局。三区即清洁区、半污染区和污染区，两通道即患者通道和医护通道。感染疾病科的患者包括发热门诊患者和肠道门诊患者，两个患者区域之间设置可封闭的双道门，可保证夏季时两个区域的相互独立，冬季呼吸道疾病高发或在紧急时期，打开双道门，关闭肠道门诊，扩大发热门诊。

应对突发事件，传染病区的设计增加了医护人员进出污染区时防控的特殊空间，也是传染病区区别于其他医院科室的设计要点，即医护人员进入污染区前应有穿防护服空间，退出污染区时应考虑脱两次防护服的空间。（图 5.4.1-18、图 5.4.1-19）

平时，宣武医院发热门诊在东侧北面设置发热门诊患者出入口，东侧南面设置肠道患

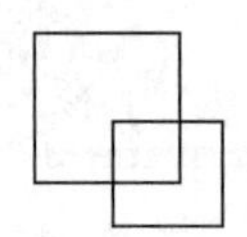

者出入口，患者可由长椿街人行道直接进入发热门诊，打包好的污物也可以从东面直接运出，与院区其他部分完全分隔开。发热门诊和肠道门诊设置于建筑北侧和南侧，医护区设置于西南侧，医技检查设置于西北侧，分区明确且需要互相连接的各区联系便捷。智能药房、挂号收费等设置于临近候诊位置，同时位于肠道和发热门诊之间，平时两部分可共享。医护人员、洁物则从西侧，由院区运入，减少了院感风险。CT 设置于建筑西北角，方便平时与院区其他区域共用。由于建筑与南侧既有建筑距离近，按照防火要求不设置窗户，所以将设备、值班等辅助用房。医护区很方便完成穿脱流程进入岗位位置，由西南的医护楼梯也方便进入二层的医护走廊。

4）防控细节

发热门诊在紧急时可承担大众的普遍筛查检测功能，例如，咽拭子、鼻拭子采集，拭子采集室应直接对外开门，这样的细节处理，减少大众与发热患者交叉感染。

此外，发热门诊项目的挂号、收费、药房都采用智能方式，减少接触，无人药房在此项目中直接对外开门，方便检修及上药人员出入。（图 5.4.1-20）

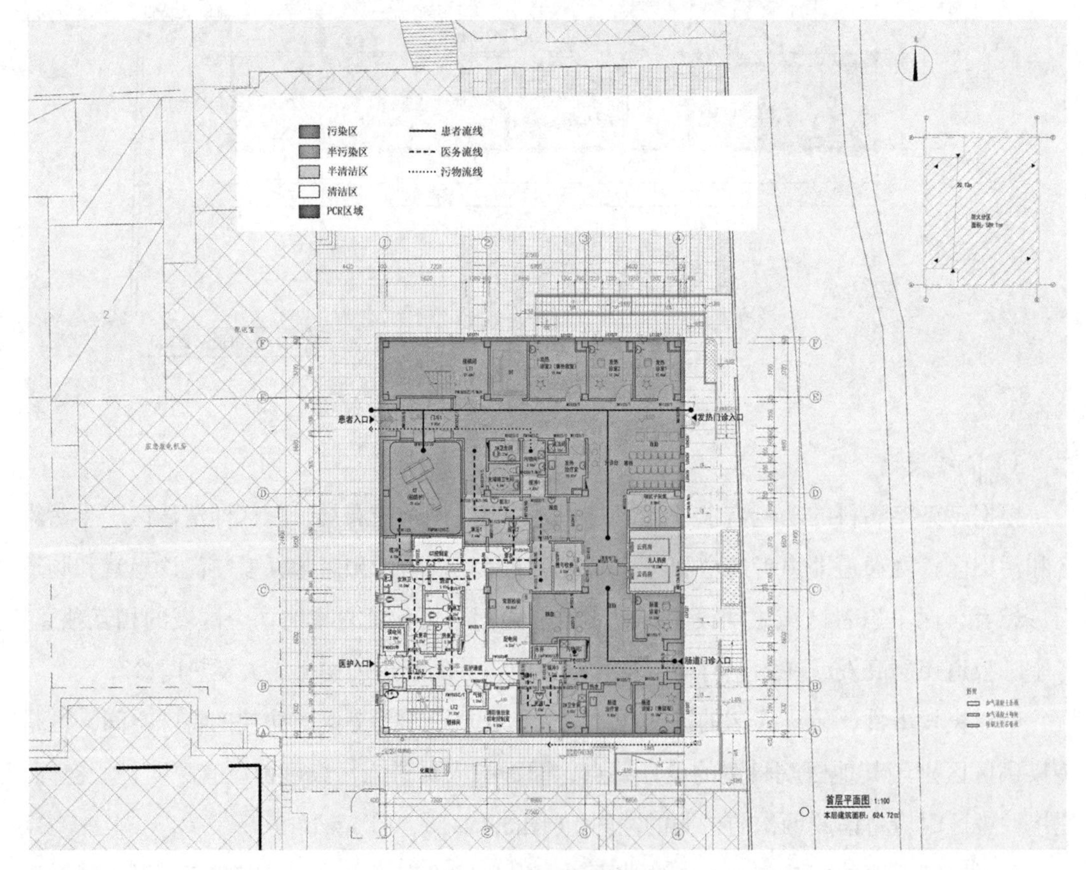

图 5.4.1-18　首层平面

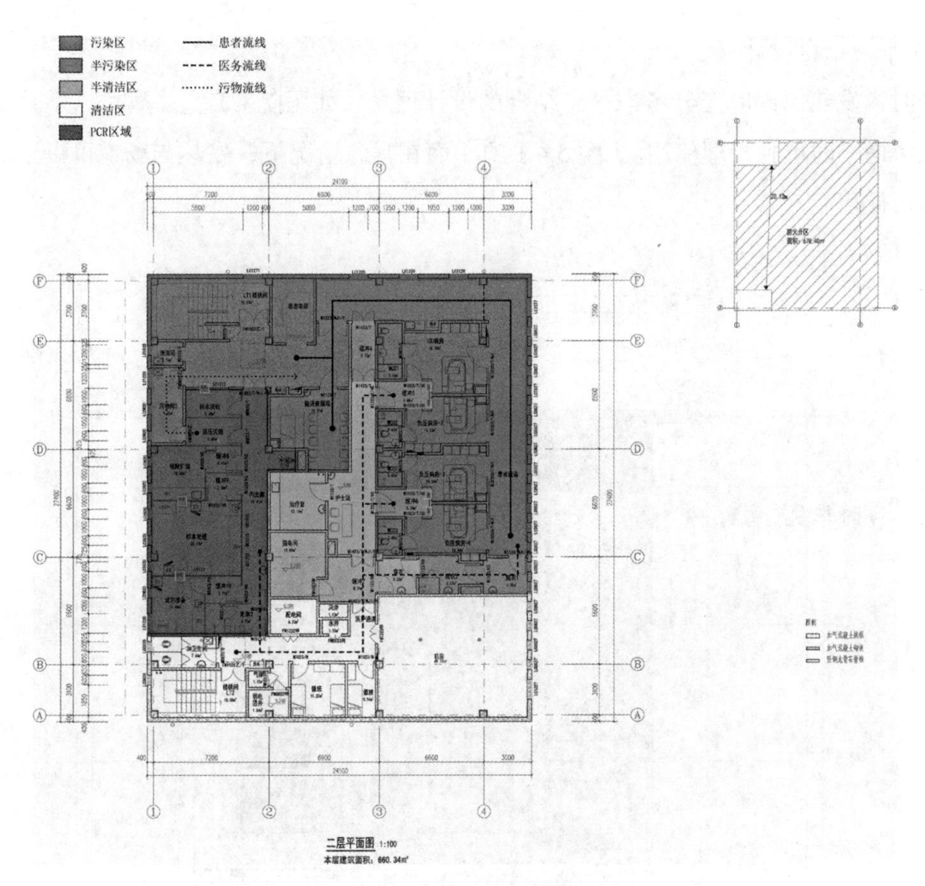

图 5.4.1-19 二层平面

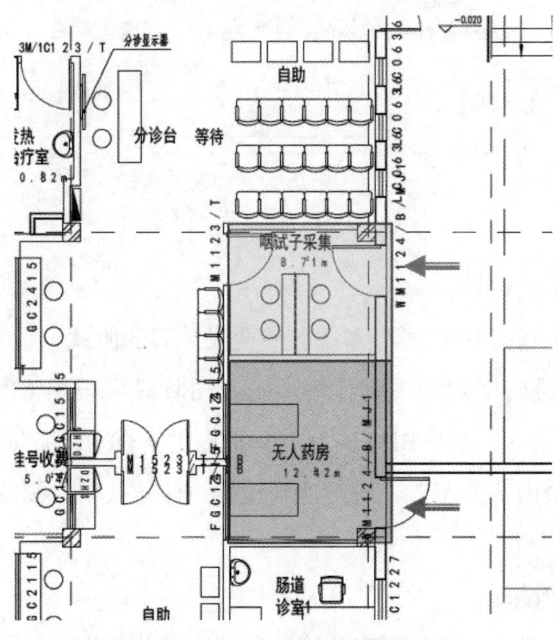

图 5.4.1-20 发热门诊部分细节设计

5）平急结合设计

平时，发热门诊应充分考虑平急结合的设计理念，如医院 CT 室、病房、手术室的设置建议考虑平时单独管理使用。（图 5.4.1-21）而在紧急情况下，发热与肠道可以全部改为发热门诊使用。

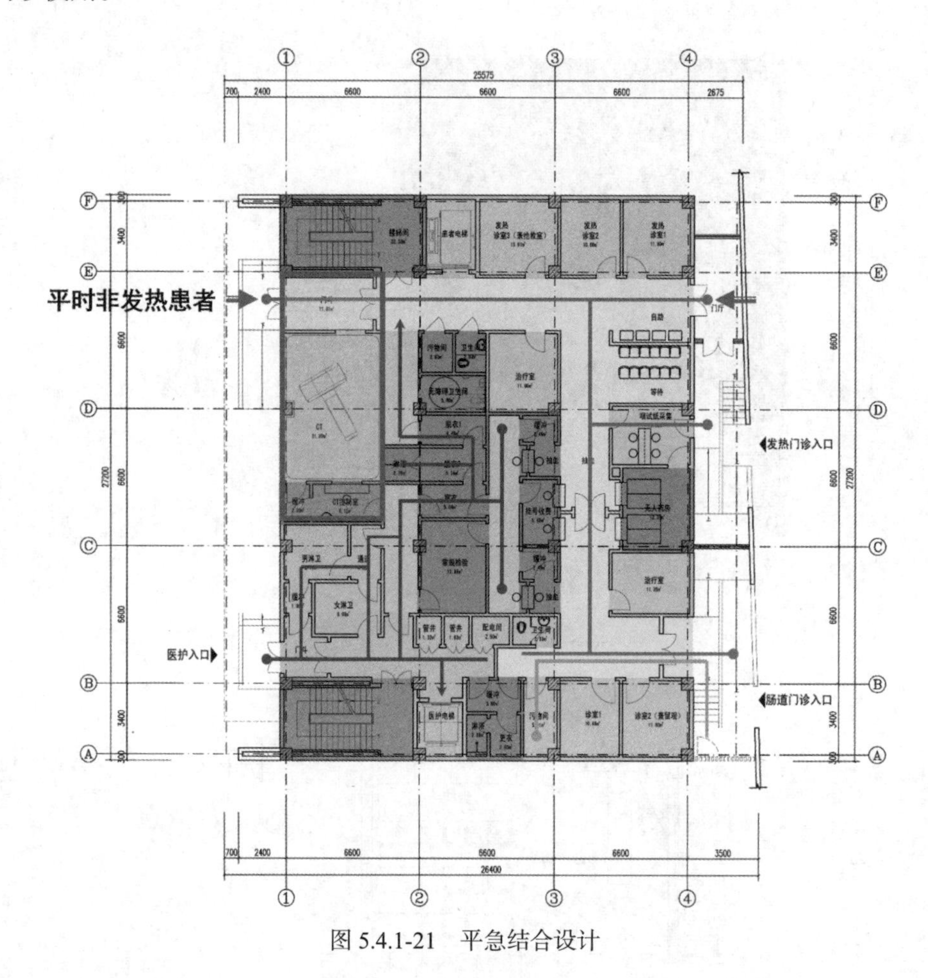

图 5.4.1-21　平急结合设计

6）BIM 协同设计

项目在设计过程中基于 BIM 模型解决各专业设计间的协调，也在设计与施工的协同，设计与医院建设方的协同中发挥关键作用。施工图阶段可根据 BIM 管综设计控制净高（图 5.4.1-22、图 5.4.1-23）。此外 BIM 模型本身也提供了直观的空间感受和对材料、造价等综合把控，便于推敲内装的布置，最终达到较好一体化效果，图 5.4.1-24 为施工完成后的实景照片。

7）重视室内空间效果

北京市属发热门诊提升项目属于应急抢险项目，因设计及施工周期均非常紧张，且限额设计较为严格，项目除满足功能需求外，我们在设计过程中将清洁区、污染区运用了不同彩色涂料，既方便医护及患者划分空间，进而又提升了空间整体品质（图 5.4.1-25）。此外因“三区两通道”的防控流程，病房多为黑房间，可以将病房“外窗”开向走廊，采用间接采光方式，可提高病房的采光效果。（图 5.4.1-26～图 5.4.1-29）

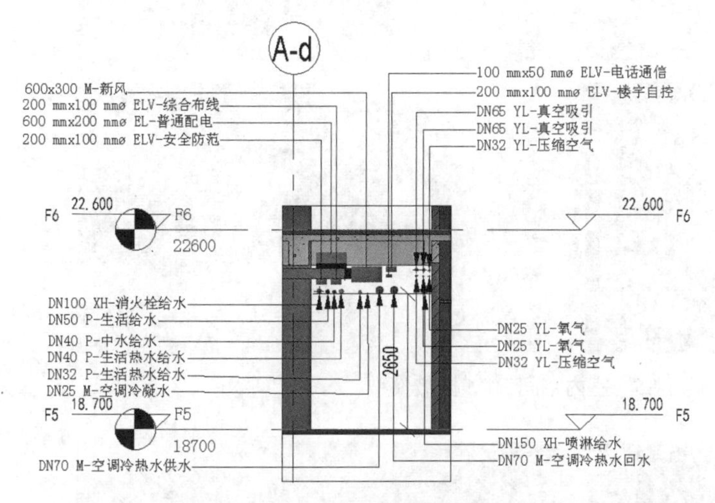

图 5.4.1-22　走廊管综剖切图

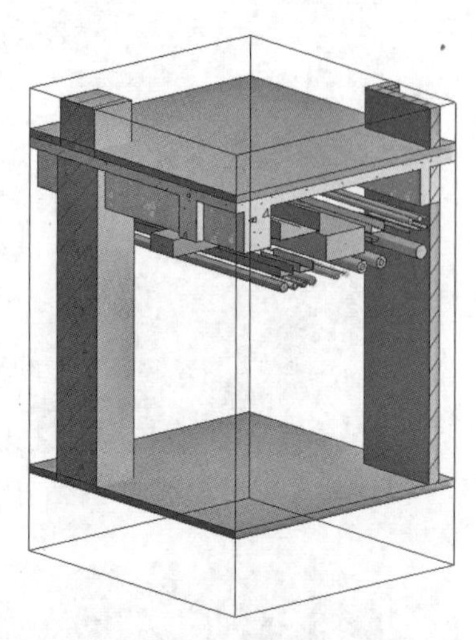

图 5.4.1-23　走廊管综轴侧图

图 5.4.1-24　东侧实景

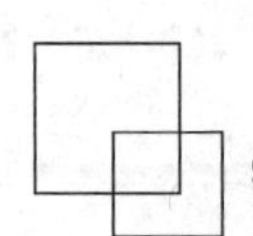

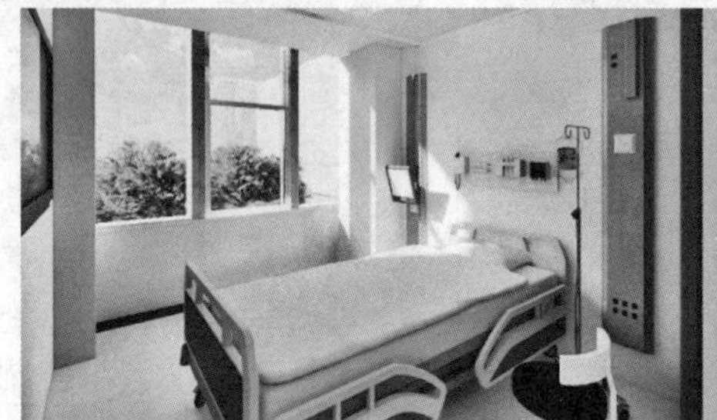
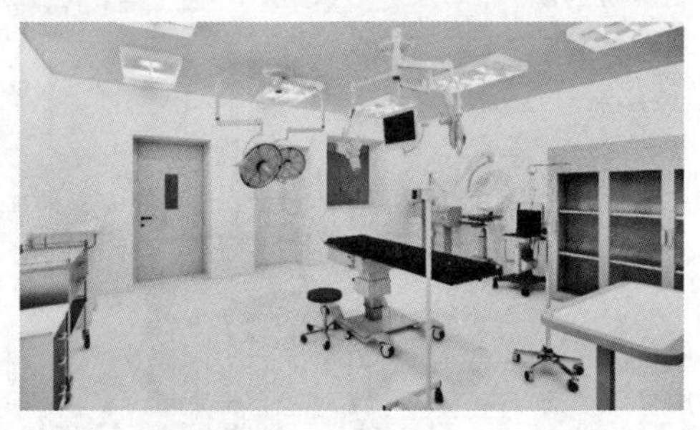

图 5.4.1-25　室内空间 BIM 推敲模型

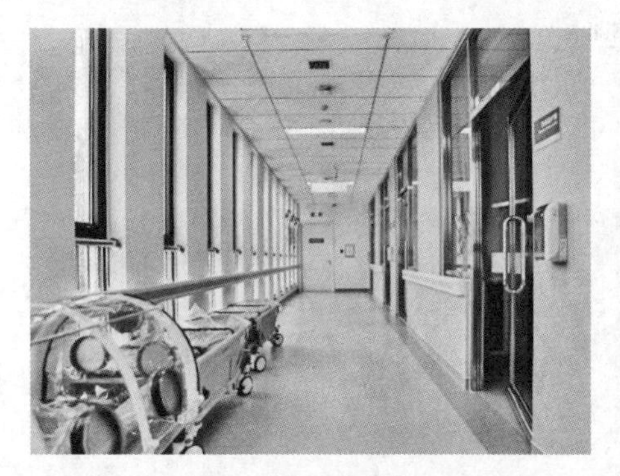

图 5.4.1-26　隔离观察室

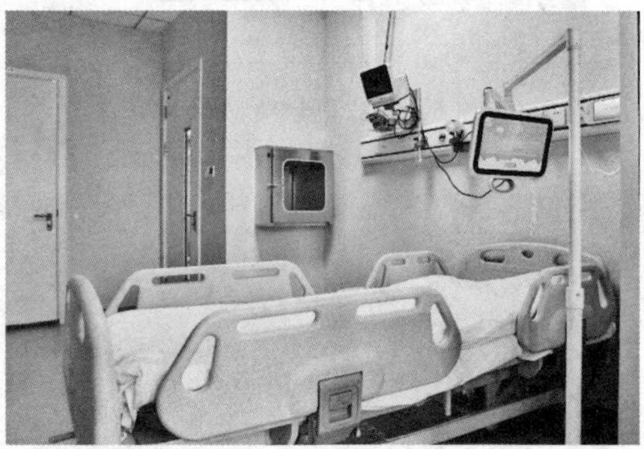

图 5.4.1-27　污染区患者走廊

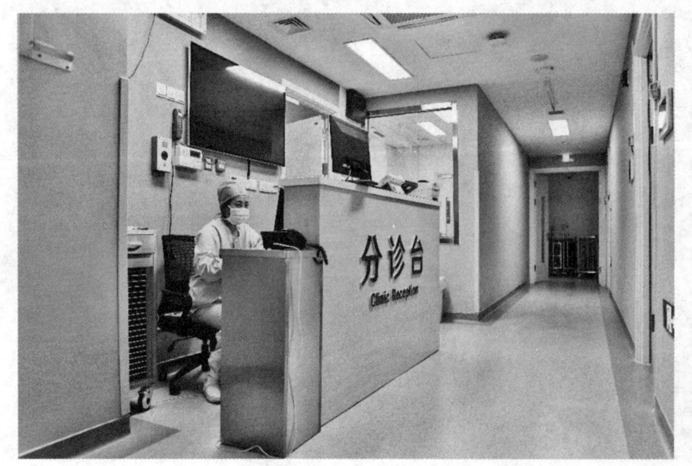

图 5.4.1-28　半污染区护士站

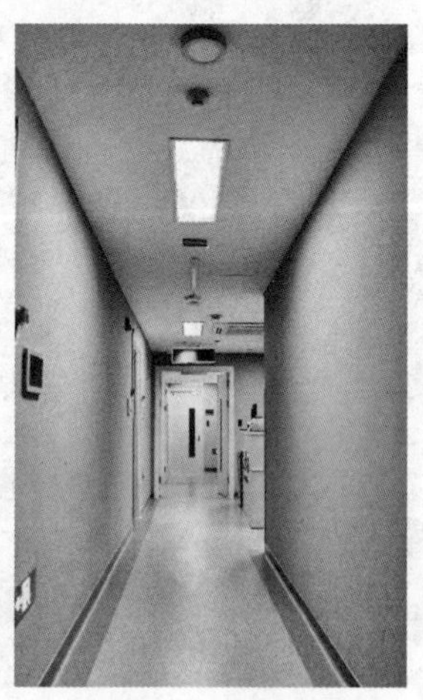

图 5.4.1-29　医护走廊

8）暖通空调

宣武医院发热门诊现状为单层建筑，末端空调采用风机盘管，空调冷热水由院区内冷热源提供，无新风系统，功能房间均为自然通风。

（1）冷热源

项目室内负荷采用院区现有冷热源（直燃机组），空调冷热水利用现状外线延伸至本楼，空调冷水供回水温度7/12℃，夏季室内空调冷负荷为76.9kW；空调热水供回水温度60/50℃，冬季室内空调热负荷为42.2kW。冷量、热量均已跟院方沟通，负荷能够满足要求。本楼冷热源设置计量装置设于院区PET楼地下一层，院区冷热水接至项目的分支处。

项目新风机组采用直膨式新风机组，新风机组室外机提供夏季新风冷量及冬季新风热量。

（2）空调水系统

① 系统形式：空调水系统进入热力小室后，竖向供给风机盘管，夏季供冷，冬季供热。

② 在每台风机盘管的冷热水回水管上设置电动两通阀；在每层风机盘管的干管上设置静态平衡阀。

③ 每个房间在明显位置设置带有显示功能的房间温度测量仪表，并设具有温度设定及调节功能的温控装置。

④ 冷、热量计量

项目没有热量计算要求，仅在空调冷热水总管设置超声波热量表。

（3）加湿方式

项目采用高压微雾加湿，高压微雾泵站自带软水箱。

（4）冷凝水系统

空调冷凝水按污染分区分别排至各区拖布池或卫生间地漏，进入排水系统后排入院区原污水处理站。

（5）空调通风系统

新、排风系统

① 诊室、值班室、病房采用风机盘管加新风系统。

② 新风采用新风机组供给，新风机组设置在空调机房内，新风系统分区域设置，机组设置初效＋中效＋亚高效过滤三级过滤。

③ 发热门诊区内清洁区、污染区的机械送、排风系统应按区域单独设置。

④ 治疗室及病房的最小的新风量为 6 次 /h，清洁区每个房间送风量应大于排风量 $150m^3/h$（或者是只设置送风），污染区每个房间排风量应大于送风量 $150m^3/h$。

⑤ 负压病房的送、排风支管上设置风道密闭阀，风道密闭阀设置在房间外，便于单独关闭房间送、排风支路进行房间内清洗、消毒。

⑥ 在房间的入口处的显著位置，设置房间压力状况的显示装置，并标示安全压差范围指示。

⑦ 污染区、半污染区排风机设于屋顶室外，风机排出口高于本楼最高屋面 2m，排风机入口设初效＋高效过滤段。

⑧ 病房的气流组织均采用房间上部送风，房间下部排风的方式（卫生间的排风口设置在房间的上部），风口底部距地不小于 100mm，设置高效低阻过滤风口，前置初效过滤网。如图 5.4.1-30、图 5.4.1-31 所示。

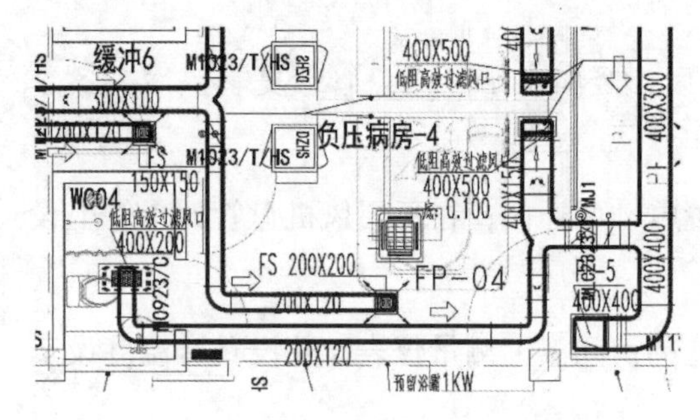

图 5.4.1-30　负压病房新风、排风平面图

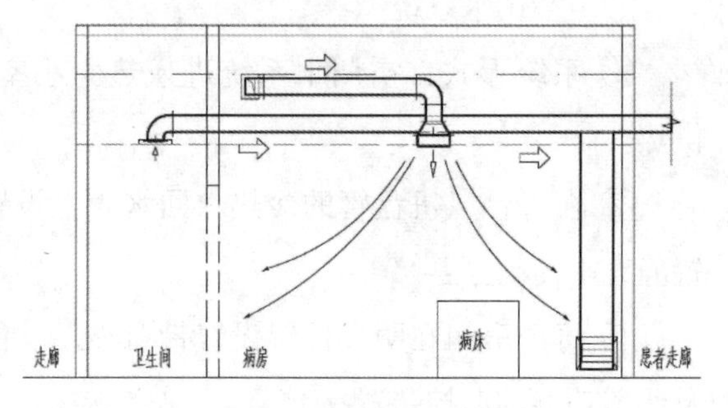

图 5.4.1-31　负压病房内送、排风气流流向

⑨ 负压监护室采用 18 次 /h 换气次数，排风经高效过滤器处理后排出屋面。

⑩ 实验室按照生物安全实验室二级设计。

（6）工程实际测试数据

发热门诊顺利竣工后，院方请第三方检测机构对工程的负压病房、发热诊室相对周围环境进行测试，检测报告如表 5.4.1-2、表 5.4.1-3 所示。实测数据显示，压差控制满足规范要求，并满足医院院感专家要求，可投入使用。后项目回访，使用方对发热门诊的空调、通风运行工况给予好评。

从检测数据可看出负压病房相对缓冲间、外走廊的负压满足标准值，发热诊室相对分诊大厅的测试值不同，发热诊室体积相同，送、排风量相同，推测原因是施工过程中围护结构密闭性有差异造成的，故测试值有差异。为防止因土建施工气密性可能出现的风量泄漏导致压差不足的现象出现，设计阶段在排风量与新风量差值时未按规范取 $150m^3/h$ 风量差，选取为 $200m^3/h$，保证了所有房间负压满足标准值的要求。

负压病房监测区域标准值与测试值　　　　表 5.4.1-2

房间名称	相邻房间	压差（静压差）(Pa)	
		标准值	测试值
负压病房 4	对缓冲间	≥ −5	−7.9
	对外走廊	≥ −5	−5.9
	对卫生间	≥ + 5	+ 8.3

发热门诊检测区域标准值与测试值　　　　表 5.4.1-3

房间名称	相邻房间	压差（静压差）(Pa)	
		标准值	测试值
发热诊室 1	对分诊大厅	≥ −5	−8.1
发热诊室 2	对分诊大厅	≥ −5	−8.7
发热诊室 3	对分诊大厅	≥ −5	−8.7
发热诊室 4	对分诊大厅	≥ −5	−9.2

数据来源：北京明朗洁净技术服务有限公司检测报告书。

9）给水排水

给水系统不分区采用院区整体加压供水，入楼处设减压型倒流防止器；生活热水为全日制集中热水供水系统，为淋浴及洗手盆提供生活热水，供回水温度60/50℃，热水管道采用院区统一供给；排水采用雨污分流，污废合流的排水体制，本楼污水经室外新建化粪池兼预消毒池处理后排入院区污水管网，再排入医院现状污水处理站，经处理达标后排入市政污水管道。依照规范要求项目设置室内外消火栓系统及灭火器。消防水源与院区共用。

10）电气系统

（1）设计原则

① 项目电气设计除应满足安全可靠、经济合理、技术先进、整体美观、维护管理方便的基本原则外，还应遵循控制传染源、切断传染链、隔离易感人群的基本原则，并满足医疗设备及工艺需求。

② 项目实施过程中院区内其他诊疗活动正常开展，电气系统不应对改造区域以外的既有建筑和诊疗活动产生不利影响。

③ 发热门诊电源由现状院区变电所0.4kV低压系统引入，本次设计不包含变电所高低压系统的设计内容。项目供配电系统根据发热门诊使用需求设计，原有变配电所根据本次设计成果进行相应调整。

（2）设计范围

设计分册为强电及医疗工艺部分，不含智能化及火灾自动报警系统相关内容。本次设计所包含系统如下：

① 电源及应急电源系统；

② 低压配电系统；

③ 照明系统；

④ 医疗工艺监控系统；

⑤ 布线系统；

⑥ 防雷及接地安全系统。

（3）系统介绍

① 电源及应急电源系统

发热门诊所有一、二级负荷的电源均由院区变电所一组变压器下的两段低压母线组成双路供电。两段低压母线分别引一路电源至发热门诊总配电间，其中一路电源为应急电源，取自由柴油发电机组作为自备电源的应急母线段。对于供电连续性要求高的负载，在末端设置有不间断电源装置。

柴油发电机组在发生市电停电时，15s 内自动启动并供电。柴发机房内设有日用油箱，并设有外接供油接口。

上述低压配电线路经院区内现状电缆管沟引入建筑，在进线处设电缆进线井。

② 低压配电系统

项目 PCR 实验室病理分析和检验化验设备、真空吸引设备、污水处理及消毒设备、通风系统、抢救室、弱电系统均采用双路电源供电末端互投，并且其中一路电源为应急电源。

发热门诊区域的通风系统电源独立设置，在发热门诊总配电间处与其他负荷分开供电。

配电箱、控制箱、配电主干路由等均设置在清洁区，不应设置在隔离区和 PCR 实验室内。

传递窗口、感应门、感应冲便器、感应水龙头等设施均预留有电源，并在其配电线路中加装剩余电流保护装置。

对 PCR 实验室检测设备、弱电系统设备，以及对于恢复供电时间要求 0.5s 以下的医疗场所及设备配置在线式不间断电源装置，UPS 不间断电源装置持续供电时间不小于 30min。

③ 照明系统

照明设计采用具有高显色性的LED光源，色温为3300K～4000K，显色指数Ra应大于80，R9应大于零，灯具布置及选型充分考虑避免对卧床患者产生的眩光影响。

LED光源应保证质量（产品生物安全等级为豁免级），避免蓝光污染。

负压隔离病房、PCR实验室和洁净用房的照明灯具均采用洁净密闭型。

在走廊、污洗间、卫生间、候诊室、诊室、治疗室、病房、缓冲间、PCR实验室及其他需要灭菌消毒的地方应设置固定式或移动式紫外线灯等消毒设施。固定式紫外线杀菌灯采用专用开关，开关安装高度1.8m，并应具有防误开措施。

抢救室设置安全照明，1类场所设有至少一盏备用照明。

污洗间、卫生间（公共）照明均采用智能感应控制方式。

病房及病房区走廊设置夜间值班照明，并由护士站统一控制。

治疗带专用回路配剩余电流保护装置。

PCR实验室内根据医疗工艺配置插座并预留一定数量的固定电源插座。对于重要设备和容量较大的检测设备单独设置配电回路。所有插座回路均设置剩余电流保护装置。

④ 医疗工艺监控系统

负压病房及PCR实验室的通风空调设备采用自动控制方式，并设有压差传感器，检测房间内、缓冲区、内走廊以及卫生间的压力。在门口处（内走廊）目测高度安装微压差计，实时显示压差状态。

负压病房及PCR实验室送排风系统的过滤器设有压差检测和报警装置。

缓冲间的双门通过门禁系统互锁，不能同时开启，并有应急解锁功能。传递窗内外侧窗门具有互锁功能。

负压病房及PCR实验室的电动密闭阀均采用AC24V安全电压供电，电动密闭阀可由设置在护士站的面板进行控制，并具有单独控制关断功能。

在负压隔离病房内设有可视探视系统，并可兼顾护士站的远程视频监控功能。

隔离病区及PCR实验室设置门禁系统，限制患者的行动范围以及保障实验室运行安全。出入口控制系统根据医疗流线设置，并采用非接触型控制方式，门禁系统可在紧急情况时自动解除。

⑤ 布线系统

普通负荷的电线电缆均采用低烟无卤阻燃型。消防负荷的干线电缆采用矿物绝缘电缆，支线电线电缆采用低烟无卤阻燃耐火型。

穿越患者活动区域的线缆保护管口及接线盒以及穿越存在压差区域电气管路或槽盒采

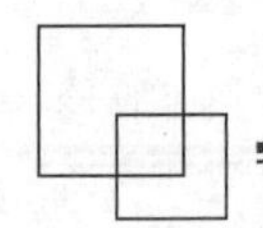

用不燃材料进行可靠的密闭封堵。

⑥ 防雷及接地安全系统

防雷和接地做法应符合现行国家标准《建筑物防雷设计规范》GB 50057—2010 的相关规定。

低压进线电源在入户后应实施重复接地，建筑物内采用 TN-S 系统。建筑防雷接地、保护性接地、功能性接地应采用共用接地系统，接地电阻不大于 1Ω。

采取总等电位联结方式，在 1 类 2 类场所患者区、淋浴间或有洗浴功能的卫生间等房间设有辅助等电位联结。

在多功能医用线槽上设置有接地端子，其照明回路设置剩余电流保护装置。

在可能产生静电危害的设备和有易燃易爆液体及气体管道处设有防静电接地装置。

3. 妇产医院发热门诊改造

北京市妇产医院姚家园院区发热门诊（以下简称北京妇产医院发热门诊）的建设初衷是承担孕产妇及其新生儿等重点人群传染病防控任务。其筛查诊区主要收治妇产科危急重症伴发热患者或产妇及其新生儿。

1）规划布局

北京妇产医院姚家园院区南侧为朝阳体育馆，东侧为朝阳区公共法务中心，北侧、西侧均为居民区。在发热门诊的选址上，基于以下原则：

（1）减少对外界环境的影响，防止交叉感染。

由于前来妇产医院就诊的主要为孕产妇等特殊人群，发热门诊的选址应充分考虑周边的环境，需要尽量远离普通孕产妇的门诊区、医技区，最大程度避免对普通孕产妇及医务人员的影响。

（2）基于“平急结合”的考虑，急时，医院需要为发热的孕产妇提供相对独立完善的诊疗空间，平时，发热门诊可以满足妇产医院正常的诊疗功能，甚至填补原有妇产医院的功能空白。

（3）快速设计与施工，尽快将发热门诊投入使用。

因建设妇产医院发热门诊需要尽快投入使用，选择钢结构快速建造、合理利用原有建筑的设施、快速腾挪场地、最低程度减少对医院正常运行的影响，也是选址时需要考虑的问题。

如图 5.4.1-32 所示，妇产医院发热门诊选址利用原有院区东侧的停车场一角建设，总建筑面积 1680m^2，建筑高度 10.5m，建筑层数 2 层。为发热门诊设置单独的出入口，避免与院区普通就诊孕产妇发生交叉感染。发热门诊与北侧建筑保持安全距离，并种植绿植进行隔离遮挡。

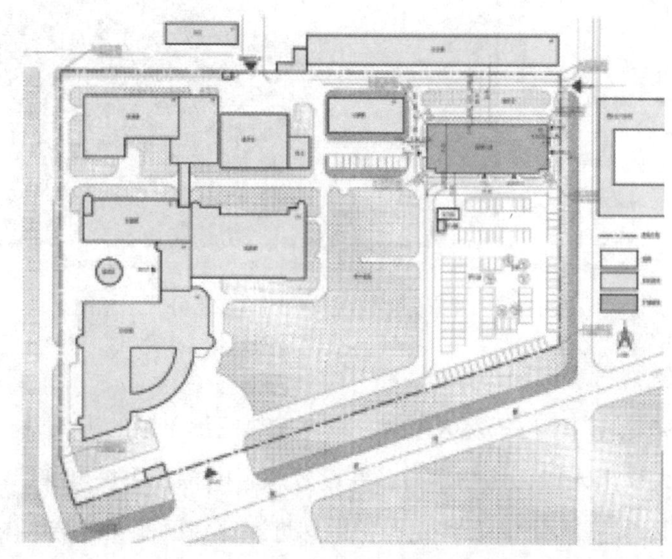

图 5.4.1-32　总图

2）平面布局

北京妇产医院发热门诊功能包括急诊发热患者的筛查、妇产科危急重症伴发热患者或产妇的分娩及其新生儿救治等。依托功能要求，其筛查诊区布局也主要分为三个区域，首层分为筛查区和急危重症就诊Ⅰ区，二层整体为危急重症就诊Ⅱ区。

普通患者入院前在筛查区进行核酸咽拭子采样、核酸检测及 CT 筛查。妇产科危急重症伴发热患者或产妇在一层危急重症就诊Ⅰ区或二层危急重症就诊Ⅱ区分区就诊，可直接进入隔离观察室进行隔离或进入手术室进行紧急救治。Ⅱ区内还特设负压新生儿重症监护室，专供新生儿救治（图 5.4.1-33、图 5.4.1-34）。

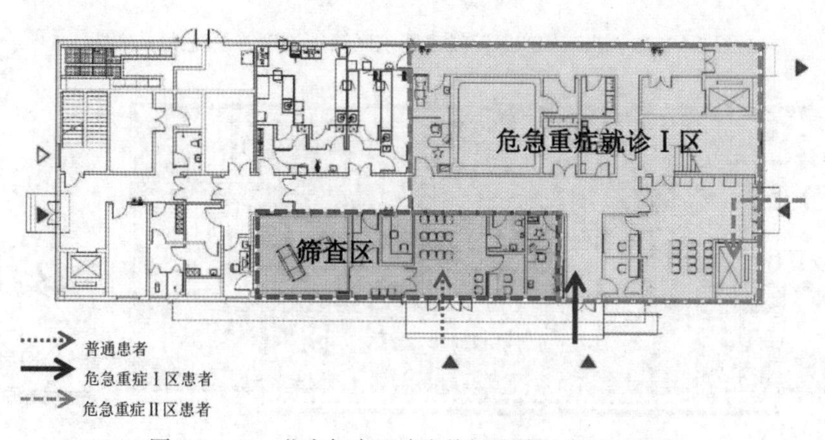

图 5.4.1-33　北京妇产医院发热门诊首层分区示意图

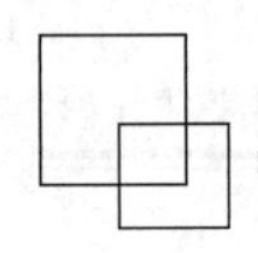

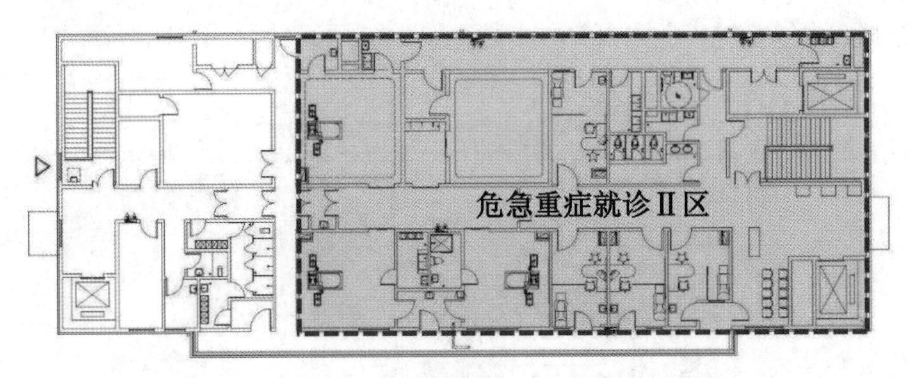

图 5.4.1-34　北京妇产医院发热门诊二层分区示意图

3）流线组织

北京妇产医院发热门诊位于院区东侧，设有发热门诊单独的出入口。发热门诊设置患者出入口、医护人员出入口、污物出口，并设置患者电梯、医护电梯、污物电梯，首层、二层分别设置卫生通过。医护人员经由医护电梯进入清洁区。在清洁区内更换防护服、隔离衣等，由缓冲间进入诊疗区。诊疗结束后，经三层卫生通过回到清洁区内。发热门诊北侧专设污物电梯，满足洁污分流。参见图 5.4.1-35、图 5.4.1-36。

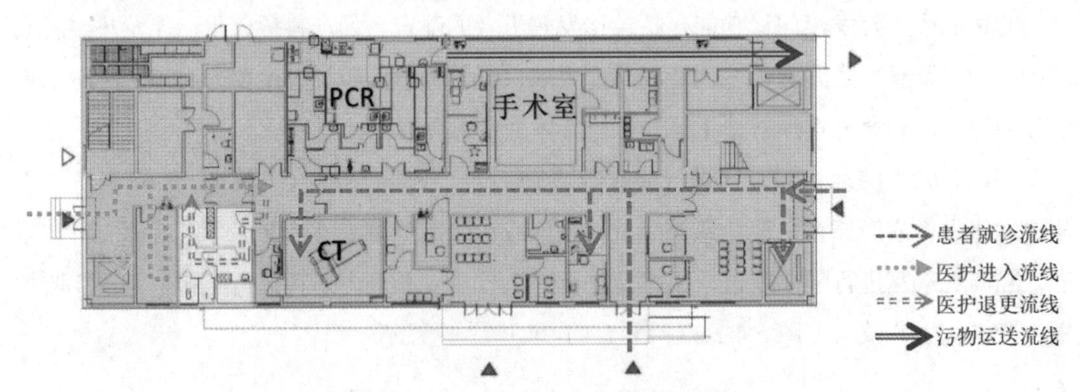

图 5.4.1-35　北京妇产医院姚家园院区筛查诊区首层流线示意图

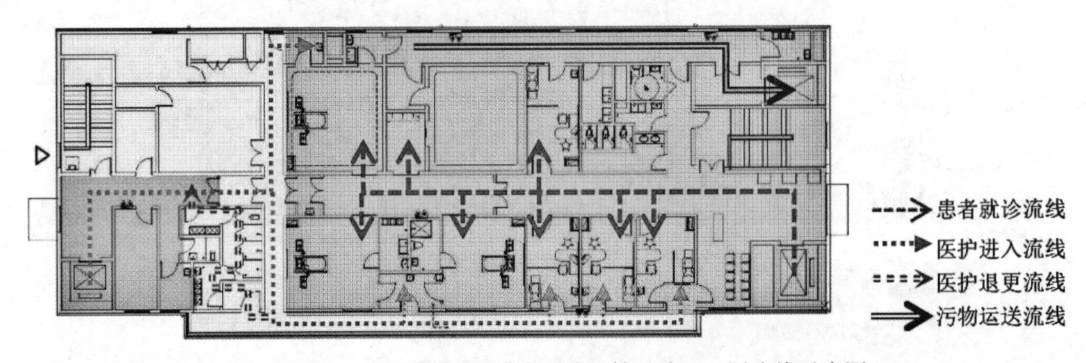

图 5.4.1-36　北京妇产医院姚家园院区筛查诊区二层流线示意图

4）平急结合

考虑到平时发热门诊也许可以成为某个科室单独运营的建筑，诊疗区的分区分层设置能够应对更灵活的运营方式。发热门诊的CT室设计，设有单独的出入口，可以在平时为院区内的孕产妇提供设备支持。PCR实验室的设置同样可以兼顾平时的使用。

5.4.2 改造类案例研究

1. 首儿所医院发热门诊改造

北京儿童医院发热门诊和首都儿科研究所附属医院（以下简称首儿所）发热门诊是北京市最先启动的发热门诊建设之一，建设初衷是承担婴幼儿、儿童等重点人群的防控工作（图5.4.2-1）。

图5.4.2-1 效果图

1）规划布局

由于首儿所东临日坛公园，南侧为使馆区，地理位置相对特殊，在考虑发热门诊的选址时，经过了方案的详细对比，最终选择在原有门诊楼东侧空地加建发热门诊，主要遵循以下几个原则：

（1）基于“平急结合”的考虑，是指在紧急情况下，医院需要快速响应并有效地控制疾病传播，同时在平时，医院又需要保持正常的运营和功能，以满足社会公众的健康需

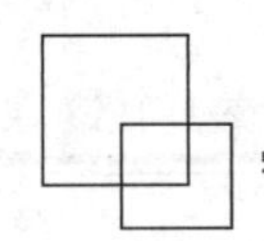

求。为此，医院需要建立和发展完善的公共卫生和疾病预防控制体系。基于此，在考虑发热门诊的选址时，需考虑新建发热门诊的外部交通流线，发热门诊内部功能与原有门诊、急诊的流线设计、医技功能的使用需求等。

（2）快速设计与施工，尽快将发热门诊投入使用。

首儿所发热门诊建设时要求快速投入使用，选择钢结构快速建造、合理利用原有建筑的设施、快速腾挪场地、最低程度减少对医院正常运行的影响，也是选址时需要考虑的问题。

（3）减少对外界环境的影响，防止交叉感染。

发热门诊的选址应充分考虑周边的环境，如与周边建筑的合理间距、风向问题、废气和废水的排放条件、各类人群的就诊流线等，确保患者和医务人员的健康和安全。

首儿所院区的发热门诊如图 5.4.2-2 所示，最终选址位于原有门诊楼的西侧空地，发热门诊共三层，既考虑在功能和流线上与原有门诊楼的联系，又做好严格的防护措施。

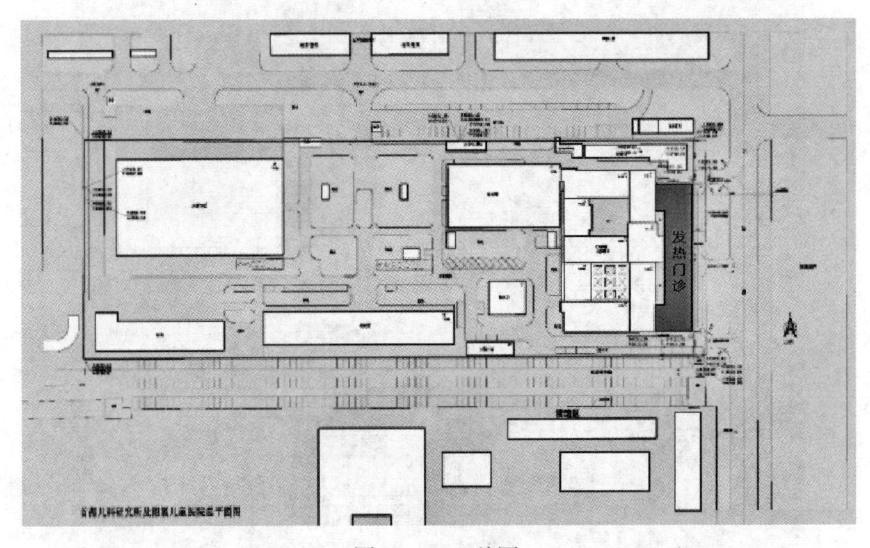

图 5.4.2-2　总图

2）平面布局

首儿所发热门诊共三层，由诊室、隔离观察室、负压病房、CT 室、数字化 X 光室（DR）、常规检验室、负压手术室、负压重症监护病房等符合防控要求的基本功能配置组成。

首儿所发热门诊功能主要包括急诊发热儿童患者的筛查和紧急救治。依托功能要求，发热门诊布局主要分为三个区域，首层为预检筛查区，二层为诊疗观察区，三层为隔离救治区（图 5.4.2-3）。

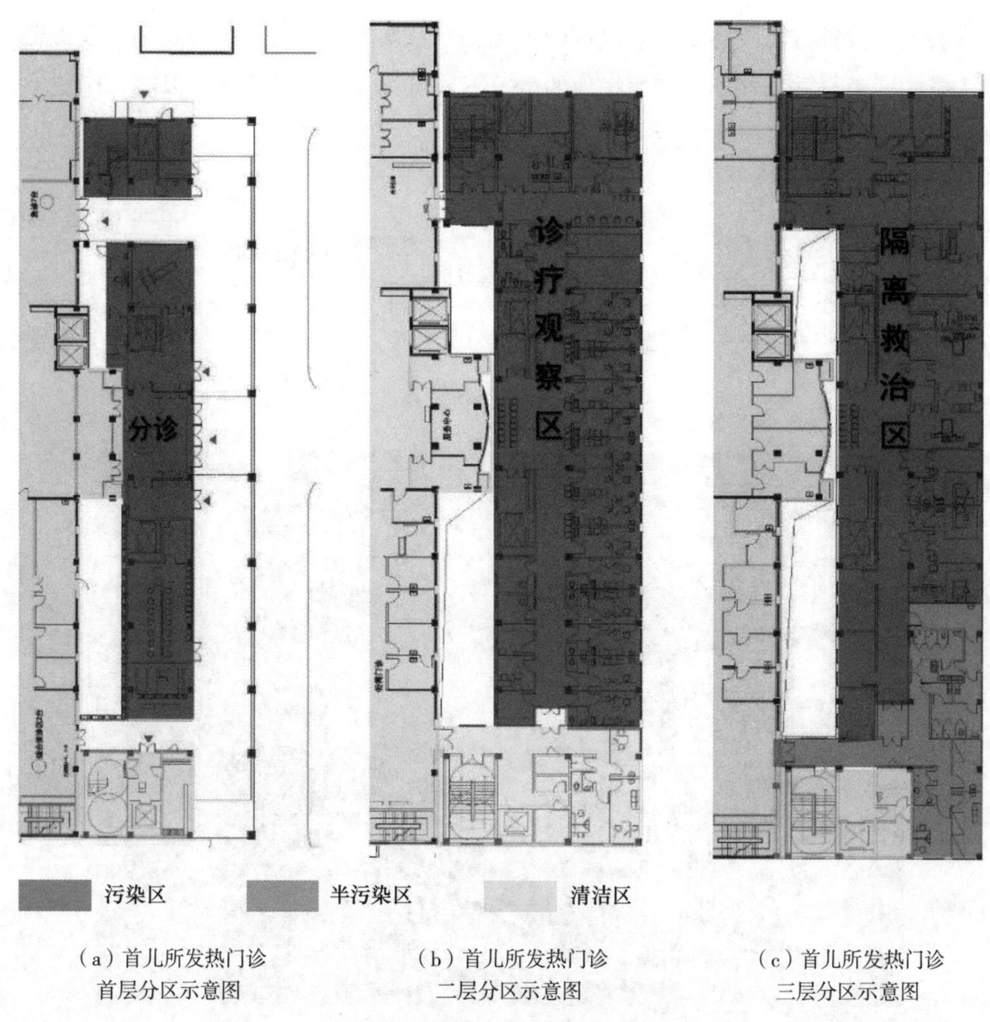

（a）首儿所发热门诊首层分区示意图　（b）首儿所发热门诊二层分区示意图　（c）首儿所发热门诊三层分区示意图

图 5.4.2-3　平面示意图

发热患者进入发热门诊后，在首层预检筛查区进行预检分诊，完成流行病学调查并测量体温。然后进入发热门诊二层诊疗观察区，作进一步筛查、治疗。通过医生诊疗，普通患者离院，疑似患者会进入隔离观察室（单人间）作进一步筛查。筛查结果出来后，普通患者可离开医院，确诊患者将进入三层负压病房隔离等待转诊至定点医院。如遇紧急情况，可在三层负压手术室和 ICU 治疗室进行手术及抢救，待其转为轻症转诊至定点医院。发热门诊在分区上分为污染区、半污染区、清洁区。诊疗空间为污染区，医护人员需要穿防护服、隔离衣进入诊疗空间对患者进行诊治，离开污染区时，需要经过卫生通过脱防护服及口罩、淋浴后进入清洁区（图 5.4.2-4）。

由于首儿所发热门诊在原有门诊楼西侧空地进行改扩建，受场地尺寸限制，发热门诊的进深受限，无法做到严格意义上的“三区两通道”设计，在北京市医管局组织的院感专

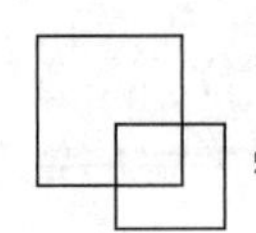

家评审会上，设计方与院感专家多次讨论，院感专家认为发热门诊的污染区可以将患者与医护人员的通道合并，在充分利用场地的情况下，可以仅在三层设置“退更”区域，作为医护人员的卫生通过（图 5.4.2-5）。

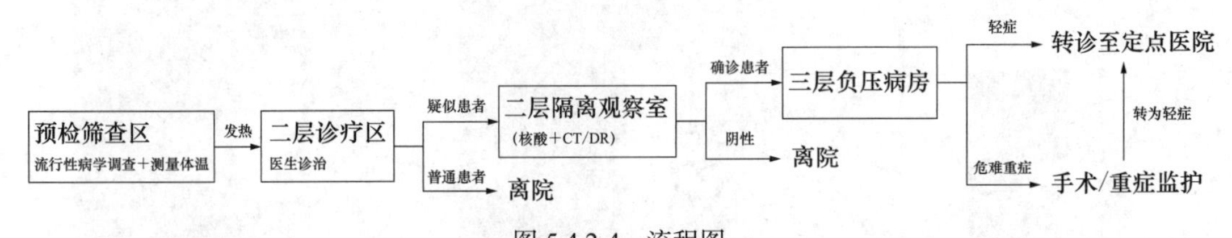

图 5.4.2-4　流程图

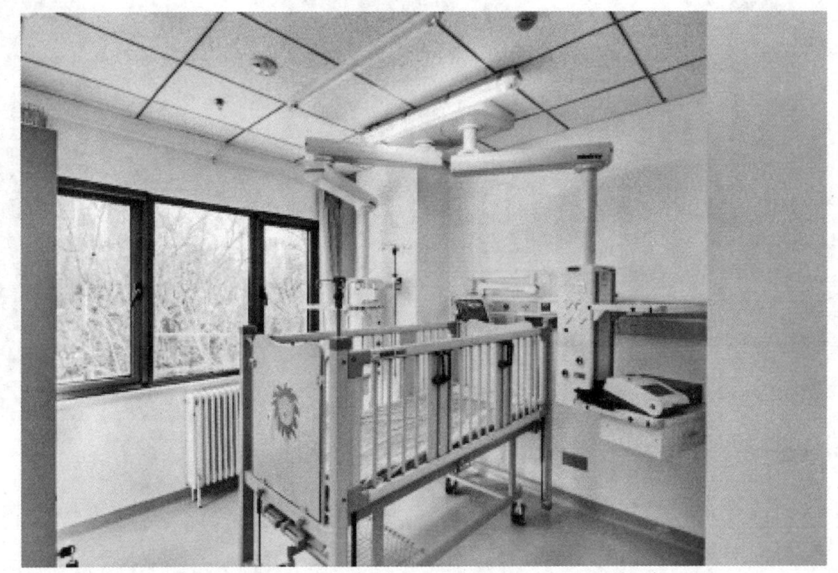

图 5.4.2-5　实景图

3）流线组织

首儿所发热门诊沿用原有东侧院区主要出入口，由于就诊儿童中约有 70% 有发热症状，需要在首层设置预检分诊，发热儿童经预检分诊后，经由专用电梯进入二层诊疗空间。医护人员经由医护电梯进入清洁区。在清洁区内更换防护服、隔离衣等，由缓冲间进入诊疗区。诊疗结束后，经三层卫生通过回到清洁区内。发热门诊北侧专设污物电梯，满足洁污分流（图 5.4.2-6）。

4）平急结合

考虑到平时，医院需要保持正常的运营和功能，以满足社会公众的健康需求。在功能布局上，首层设置的 CT 室靠近原有急诊科，在平时可兼顾急诊科的使用需求。三层负压手术室与原有三层手术室临近，平时兼顾手术室使用需求。

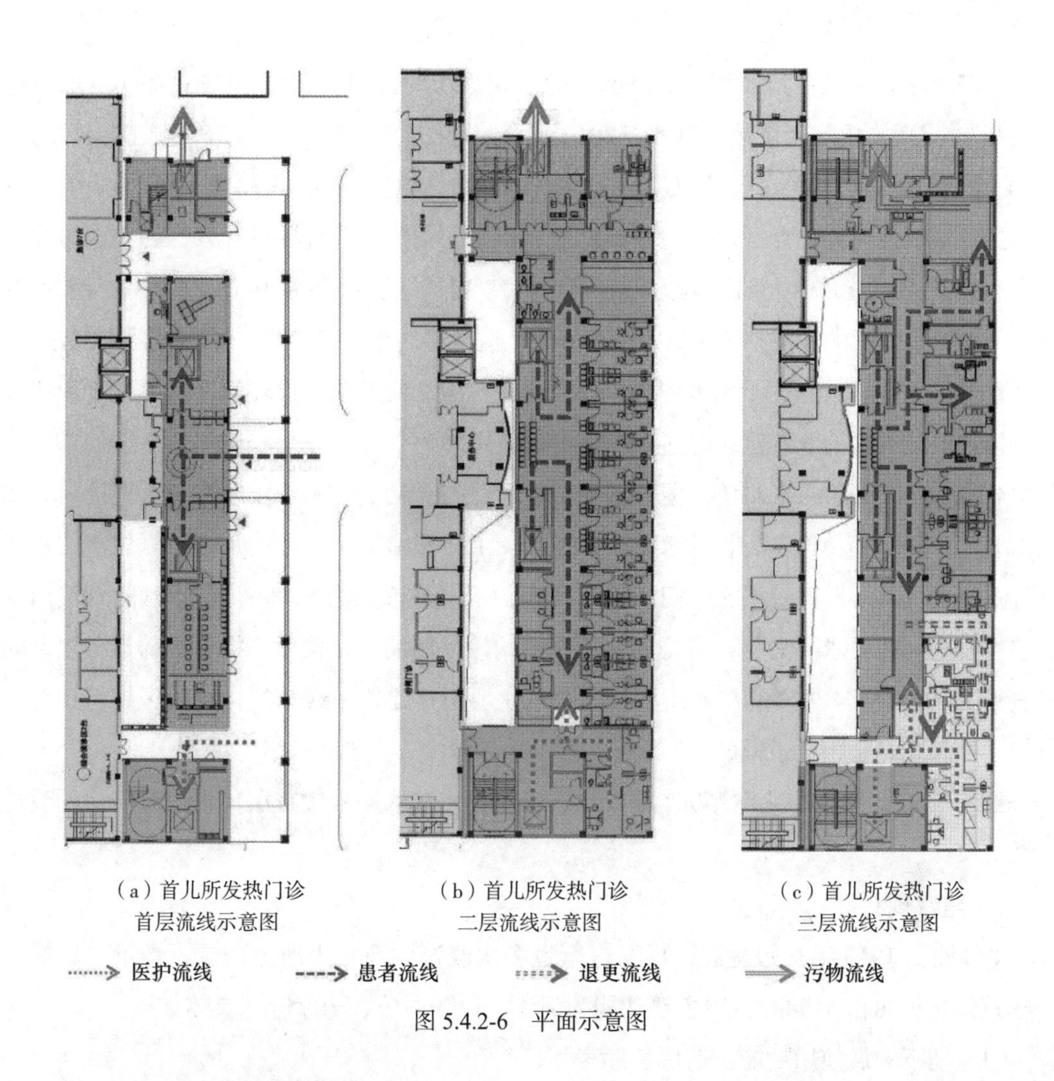

（a）首儿所发热门诊首层流线示意图　（b）首儿所发热门诊二层流线示意图　（c）首儿所发热门诊三层流线示意图

图 5.4.2-6　平面示意图

2. 广安门医院发热门诊改造

2020 年 9 月，考虑到平急结合，进一步提高公共卫生安全和应急能力，中国中医科学院广安门医院（以下简称广安门医院）决定对既有建筑 4 号楼首层局部空间进行功能改造和修缮，作为院区的标准化发热门诊。改造后，发热门诊配备核酸采样室、核酸检测和常规检验室及专用 CT 检查室，是集筛查、诊查、留观和治疗等功能为一体的标准化发热门诊，可以实现发热患者就诊救治全流程闭环管理，最大限度减少交叉感染风险。工程于 11 月底竣工，12 月 1 日投入使用，设计、施工周期仅 2 个月时间。

1）院内选址

中国中医科学院广安门医院位于北京市西城区北线阁街 5 号，始建于 1955 年，是新中国成立后建设的首批公立中医医院之一，是新中国中医药事业发展的缩影，是一所优势突出、特色鲜明、名医荟萃、底蕴深厚的三级甲等中医医院。

广安门医院院区占地面积约 3.5hm^2，总建筑面积约 11.7 万 m^2，其中业务用房面积约 11.0 万 m^2，开放住院床位数 650 张。2019 年全院门（急）诊总量达 336 万人次，日均门（急）诊量约 1.3 万人次。医院以中药、针灸、推拿、康复训练、药治等中医传统治疗方法为主，辅以现代化诊疗手段，对诸多疾病有丰富的治疗经验和独特疗效，在中医医疗领域具有极高的声誉和巨大的影响力，有临床科室 30 个，医技科室 9 个，国家临床重点专科 6 个，国家区域中医（专科）诊疗中心 6 个。院区经过数十年"打补丁"式的发展建设，内部目前已是建筑林立，无用地资源可供新建一栋独立的发热门诊建筑，因此基于现状条件，拟选取院区内的既有建筑改造为发热门诊使用。

4 号楼位于院区的东北角，便于独立成区，进行单独管控。4 号楼东侧可直接向北线阁街开门，经过简单改造，即可实现"独立出入口"的要求。4 号楼距离西侧住宅的水平最近点为 20.6m，距离南侧 5 号门急诊综合楼的水平最近点为 31.8m，基本满足发热门诊的卫生安全间距要求。另外，考虑到作为发热门诊使用期间，楼上、楼下等邻近各层空间需进行临时封控，4 号楼的总建筑面积是院内主要医疗建筑中最小的，对院区维持正常运营的干扰和影响是相对最低的。

经市卫健委专家团现场踏勘，综合比选后，确定选取 4 号楼首层作为发热门诊的改造区域。

2）建筑现状

4 号楼于 1955 年开始建设，后又进行过多次改造，现状为地上四层，地下一层的医疗建筑，建筑面积 6158m^2，原主要功能为门诊、业务办公、药库等，具体如下：

（1）地下一层使用功能：药库、库房等；

（2）一层使用功能：收费处、皮肤科门诊、内分泌科门诊、CT 室等；

（3）二层使用功能：业务办公；

（4）三层使用功能：业务办公；

（5）四层使用功能：业务办公。

4 号楼西侧为煎药室（临时建筑），东侧紧邻北线阁街，南侧为医院主出入口，北侧为杂物库（临时建筑）。场地狭小，施工作业面极度紧张，只能采用人工施工，无法使用大型机械。4 号楼东侧一街之隔的地块为高层住宅楼区，周边居民对施工噪声、交通拥堵等问题较为敏感（图 5.4.2-7）。

3）结构制约

发热门诊所在的 4 号楼，始建于 20 世纪 50 年代，已经使用 60 余年，原结构设计图纸已无法查找。结构承重体系为砖砌体结构，地上 4 层，地下一层，地上建筑高度为

15.3m。结构砖砌体墙厚度 470mm/360mm/240mm 不等，无圈梁，无构造柱。结构楼板为带预制钢筋混凝土肋梁的焦渣空心砖楼板，基础形式为砖砌扩大放脚条形基础。经结构检测和综合鉴定（安全性鉴定和抗震鉴定），此楼综合安全性评级为 D 级（图 5.4.2-8）。

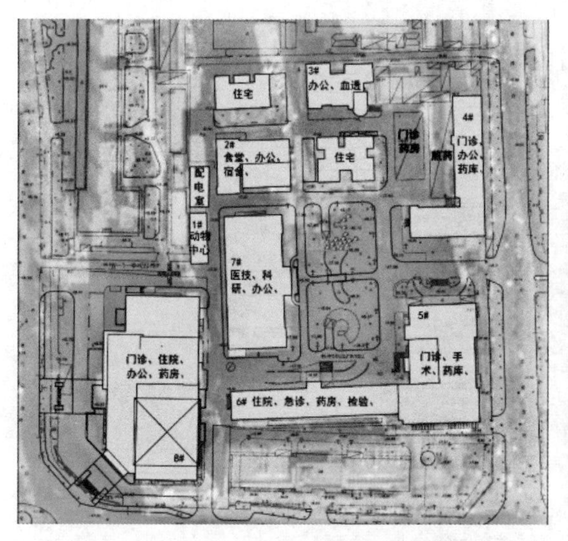

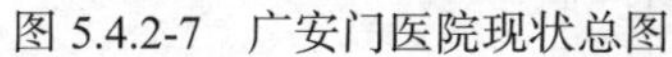
图 5.4.2-7 广安门医院现状总图

图 5.4.2-8 现状图

考虑政策许可和施工条件，其内部使用功能不能停止，因此不具备拆除楼板、基础加固、整体墙加固的条件。

4）规划制约

广安门医院地处首都核心区，距离天安门广场仅 4km，院区西侧紧邻西二环的广安门桥。院区周边地铁、公交等公共交通非常便利，可到达性高，但周围的城市环境敏感而复杂。根据北京市“留白增绿”的城市更新主导思想，拆除后原地重建的审批流程较为耗时，难以满足平急转换的紧迫时间要求，可实施性较低。规划部门对建筑外立面，尤其是临街立面的监管非常严格，外立面仅可作翻新修缮处理。

5）建筑更新

4 号楼整体呈“L”形，结合总平面图布置，将最靠近住宅楼和院区其他建筑的西南角区域设置为风险最低的清洁区，包含：值班室、公共休息室、医护卫生间、清洁库房等功能；在临近北线阁街的东侧，设置发热门诊患者出入口，因此东侧需设置为污染区，包含：预检分诊、挂号收费取药、诊室、CT 室、化验室、输液室、治疗室、处置室、隔离观察室（共 3 间，其中 1 间有负压，2 间兼做抢救室）等功能；在污染区与清洁区交界处设置半污染区（潜在污染区），包含穿脱防护间、淋卫间、缓冲间等功能。发热门诊平面图详见图 5.4.2-9，发热门诊流线规划图详见图 5.4.2-10。

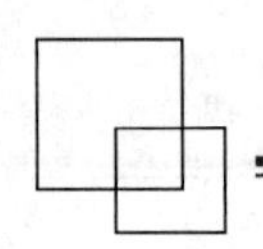

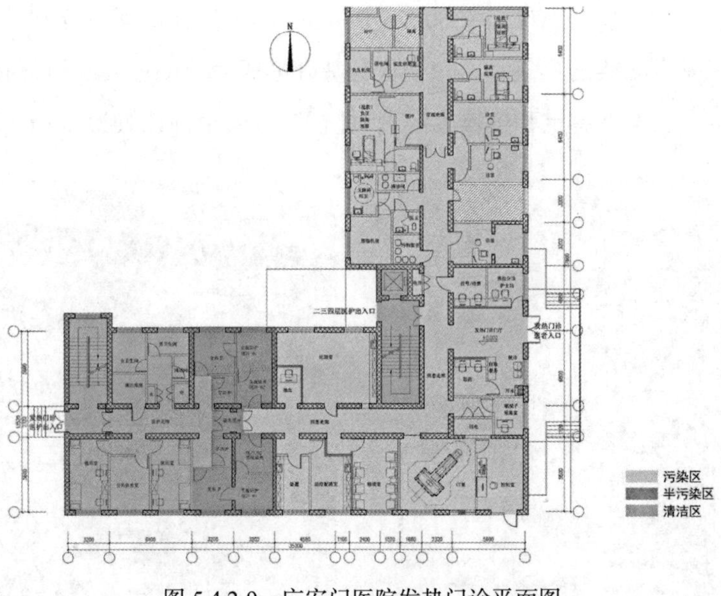

图 5.4.2-9　广安门医院发热门诊平面图

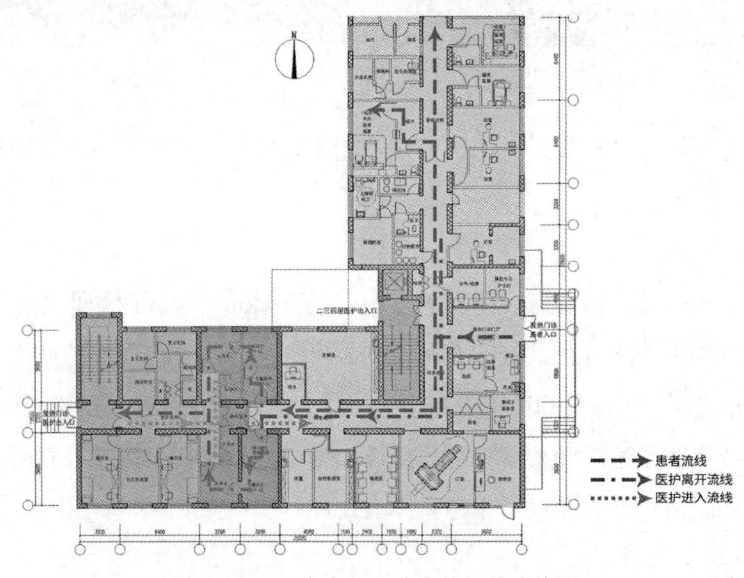

图 5.4.2-10　广安门医院发热门诊流线图

6）结构改善

由于发热门诊仅使用首层空间，属于局部的功能改变。结合现场实际条件，给出短期处理方案和整体加固方案：短期处理方案能有效改善结构承载能力的处理建议；有条件时，应尽快进行整体加固。

（1）短期局部改善性处理。主要采用钢筋混凝土肋梁下粘碳纤维，重荷载（CT）机房下方用钢架支撑设备基座并将荷载传至基础，压力灌浆修补墙体裂缝等。

（2）整体加固做法。根据相关设计规范要求和检测鉴定结果，包括基础加固，墙体加固，楼板加固三方面。基础采用加大截面法，外包混凝土扩大放脚基础；墙体加固采用双面喷射混凝土夹板墙；楼板采用拆除重做的方式。在外部条件允许时，应尽快组织实施。

短期局部改善性处理于 2020 年 11 月底完工，12 月初发热门诊正式投入使用，修缮更新后实景照片如图 5.4.2-11～图 5.4.2-14 所示。

图 5.4.2-11 发热门诊患者走廊实景照片

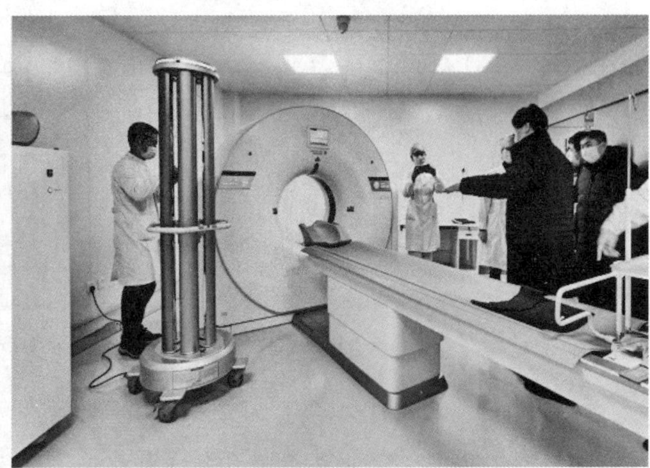

图 5.4.2-12 发热门诊 CT 室实景照片

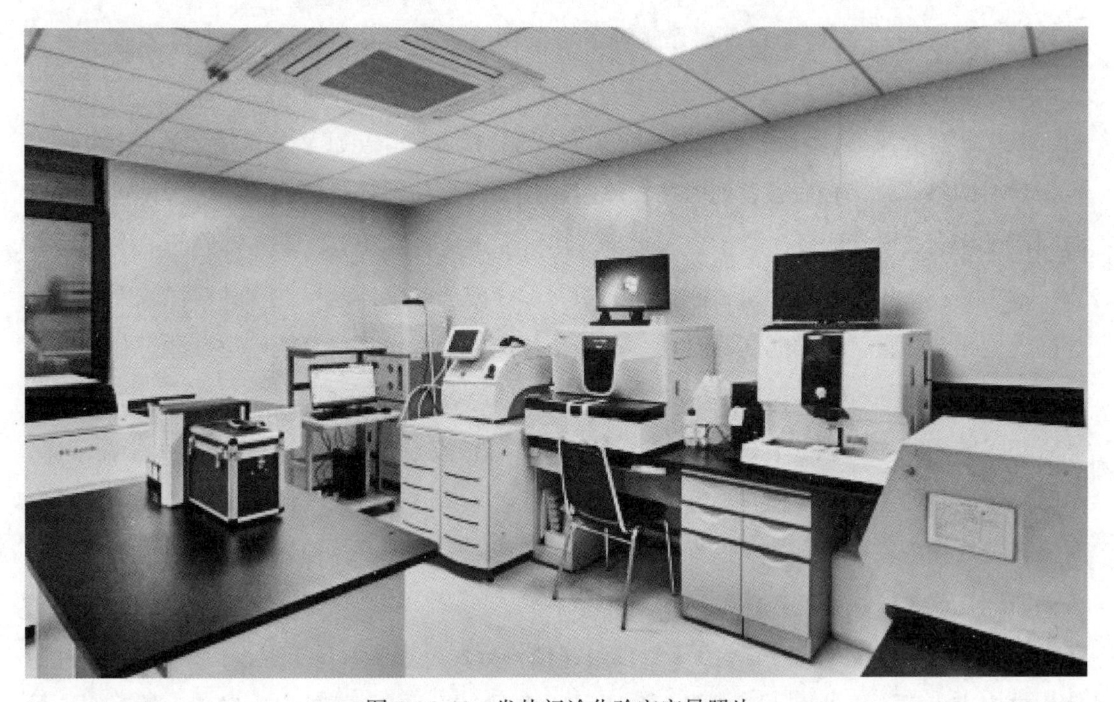

图 5.4.2-13 发热门诊化验室实景照片

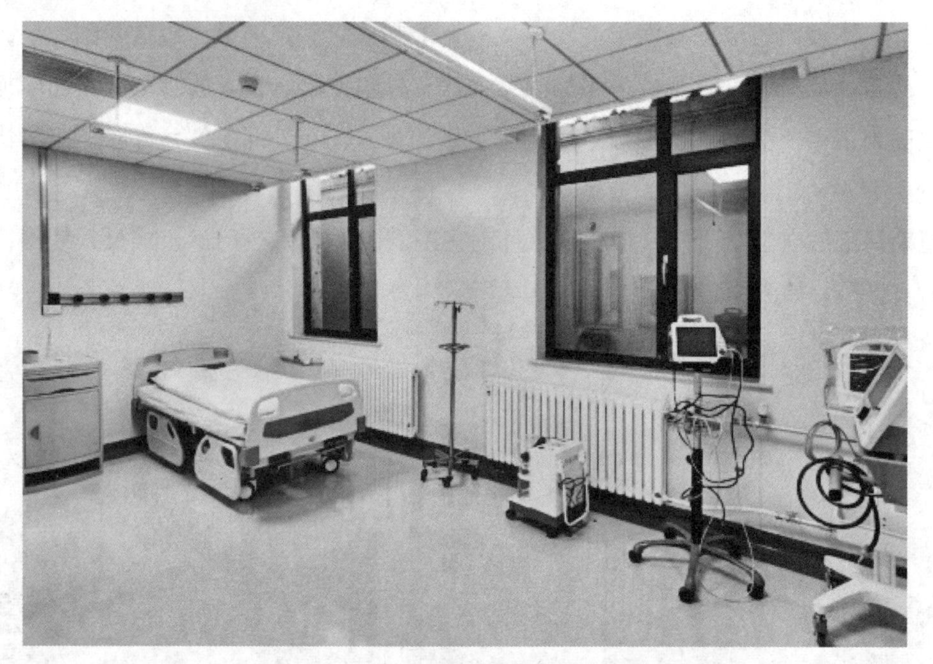

图 5.4.2-14　发热门诊负压隔离观察室（兼抢救间）实景照片

7）功能转换和临时扩容

2022 年 12 月，随着政策调整，大量患者涌入发热门诊，日接诊量较平常上翻了近 4 倍，发热门诊有近一个月的时间始终保持持续超负荷运转。空前的医疗压力是对空间弹性设计的一次现实“大考”。设计时已提前考虑的功能转换能力和临时扩容空间发挥了巨大作用：

（1）病患分流。预诊台对来院患者进行快速分检分流，重症、危重症患者直接送往 5 号楼首层的急诊科，轻症患者则留在发热门诊接受治疗，保证不同病情的患者都可以第一时间接受相应的医疗服务，及早介入干预，尽可能避免轻症转重、重症转危的发生。

（2）诊室。中医传统“望、闻、问、切”诊疗方法的个体差异性和针对性较强，但诊疗的速度相对缓慢。传染病高峰时期，在每个诊室内都增设了一套就诊位，通过临时增加诊室内医生数量的方式，保证整体效率、降低就诊患者的等候时长。

（3）输液室。受到既有建筑空间大小限制，输液室设计了 6 张输液椅和 1 张输液床，平时完全满足使用需要，但在高峰时期，出现患者等待时间过久的情况，可将 3 间隔离观察室转换为输液室使用，主要供老人、儿童、孕产妇等特殊群体使用，降低了输液排队的等候时间，改善了患者就医体验。

（4）CT 扫描室。CT 扫描室在 4 号楼内、楼外分别设置出入口。急性传染病发生时期，使用楼内出入口，楼外出入口封闭，保证闭环管理。平时使用楼外出入口，为邻近的 5 号楼首层急诊科提供影像学服务。通过出入口的设置，既满足了传染病防控的需要，又提高了大型设备的使用效率、避免浪费。

（5）周边空间临时扩容。肠道门诊、肝炎门诊与发热门诊同属于感染疾病科，位于4号楼首层、发热门诊北侧。就诊高峰时期，为缓解持续性的医疗资源紧缺，可将肠道门诊、肝炎门诊的空间转换为儿童专用发热门诊临时应急使用。

文献索引

[1] 陈博文. 平疫结合视角下综合医院发热门诊弹性设计研究. 北京建筑大学硕士专业学位论文. TU246. 2022：51

[2] 肖信彤 唐剑云 肖天祥. 建筑电气专业技术措施（第二版）. 新冠肺炎传染病医院环境保护设计研究

[3] 陈博文. 平疫结合视角下综合医院发热门诊弹性设计研究. 北京建筑大学硕士专业学位论文. TU246. 2022：57

[4] 何琪. 基于医疗工艺设计的三级甲等医院发热门诊设计研究. 沈阳大学专业硕士学位论文，2021：60

[5] 陈博文. 平疫结合视角下综合医院发热门诊弹性设计研究. 北京建筑大学硕士专业学位论文. TU246. 2022：47

第 6 章

传染病医院

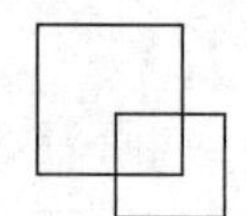

6.1 传染病医院研究概述

随着人类社会的发展，传染病成为严重威胁人类健康的疾病之一。传染病医院的建立和发展，是为了更好地预防和控制传染病的传播，保障人民群众的健康安全。传染病医院通常是医疗资源较为丰富的医院，它们拥有一系列完善的设施和医疗技术，可以有效地诊治传染病患者。

在欧洲中世纪时期，由于瘟疫等传染病的大规模发生，一些国家开始设立专门的传染病医院。世界上早期的瘟疫防治措施出现在意大利，早在15世纪，意大利执法者就建立了专门的隔离医院，并颁布了完善的隔离规定。1423年威尼斯建立的老防疫所（Lazaretto vecchio）是世界上最早的永久传染病隔离医院。防疫所是15世纪和16世纪意大利城邦国家的特征，这些防疫所的规模在16、17世纪都有所扩大。在意大利之外，防疫所也引入了其他国家。17世纪，防疫医院引入欧洲，它们在建筑风格上和早期的普通医院有显著差异。在之后的几个世纪，防疫医院继续发展。18世纪俄国、19世纪北美也分别建立了防疫医院。

6.1.1 国内传染病医院发展现状

相对于国外，中国传染病医院的发展相对较晚。中国传染病医院的发展历史可以追溯到20世纪初。当时，中国传染病主要是鼠疫、霍乱、肺结核等。为了控制疫情，一些城市开始设立传染病医院。1910年成立的中国公立医院是中国人创办的第一家传染病隔离医院，对抑制传染病的发展和病人康复发挥了巨大的作用，它是上海传染病医院的前身。1949年新中国成立后，医院作为保障民生的基础设施之一，也步入正轨。2003年非典之前，局限于当时的经济发展水平，加之当时传染性疾病已经得到了相当程度的控制，未出现大规模传染病扩散等情况，传染病医院仅仅是作为综合医院或专科医院的一个单独科室而存在。2003年非典型性肺炎的发生使我国的传染病医院建设迈入了成熟阶段。各大医院开始设置可隔离的发热门诊，分设病区并设置缓冲区，开设发热病人专用的检验通道、电梯、污物流线，改造负压空调系统等。2020年急性传染病发生后，我国首次将装配式建筑的建造模式运用到了传染病医院的建设中，实现了快速化、标准化、模式化的传染病医院建设。

随着时间的推移，传染病医院也面临着转型和更新的问题。一些传染病医院被改造成为普通医疗设施，以适应现代医学的需要。同时，一些新的传染病医院建筑也开始兴建，以适应不断变化的传染病控制和治疗需求。

6.1.2　国外传染病医院发展现状

1. 美国

美国对传染病疫情的防控是在疫情发生之后采取相应的应急管理。在美国，所有大城市都覆盖大都市医学应急网络系统，系统对各大都市的医院进行装备和补贴。美国针对传染病制订了突发公共卫生事件应急管理计划。

2. 日本

日本的国立医院、县立医院是全国传染病防治体系的重要组成，是传染病信息的主要来源。日本政府相当注重基层医疗保健机构的作用，日本境内各区县有576个卫生中心，在此基础上，又建立了全天候的紧急医疗系统。在边远地区，又派出固定的健康检查组加强紧急医疗护理，发挥社区医疗的协调功能。日本发达的卫生医疗机构在硬件基础上保证了突发公共卫生事件中患者能得到及时救助。

3. 法国

法国目前有37个国家传染病防治中心，负责监测和申报传染病相关情况。对于那些不属于必须申报疾病系列的传染病，法国建立了以化验实验室和医院为基础的监测体系，目的是了解这些疾病变化趋势，掌握这些疾病的某些流行特征。

纵观美国、日本、法国等发达国家和地区，并没有专门的传染病医院，而是在综合医院内设定一个专门的区域来收治艾滋病、肝病、结核病等传染病患者，和收治普通患者并没有明显区别。

6.1.3　传染病医院建设的发展方向

根据国内与国际传染病发病谱特点，中国传染病医院应打破常规“政府补贴不到位、传染病病源减少、综合实力不足、人才缺乏、设址偏远”思路，借助互联网与大数据，重新思考传染病医院的定位与发展。

1. 以感染性疾病为特色的综合性医院发展之路

随着全球经济一体化，疾病传播亦呈全球化，如埃博拉、寨卡病毒、黄热病、SARS、新型冠状病毒肺炎等，传染病医院应不断提升应对国际传染病的综合救治能力。在中国，病毒性肝炎、肺结核、艾滋病是大多数传染病医院收治的三大病种。随着病情发展，病毒性肝炎患者容易合并糖尿病、高血压、肝癌等；肺结核患者易合并真菌、肺癌等；艾滋病易合并各种机会性感染性疾病，如合并肺结核、脑膜炎、病毒性乙型肝炎及病毒性丙型肝

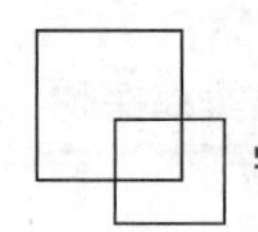

炎，其中包括儿童易合并病毒性肝炎，甚至出现肝纤维化。传染病医院患者易发生传染病合并传染病、传染病合并慢性病的特点，病情与病种复杂化、多元化。因此，传染病医院要发展多学科诊疗模式，大力发展普外科、胸外科、肝胆外科、泌尿外科、骨科、介入科、心内科、肾内科。各肝病内科、肺结核内科、艾滋病科应细化病种，实现各科室均有学科特色和优势，不断提升医疗业务水平，走精细化感染性疾病专业道路和以感染性疾病为特色的综合性医院发展道路。此种传染病医院的建筑设计应充分结合医院的发展定位，将传染病专科医疗区与其他普通医疗区进行分区设计。

2. “平急结合”机制的建设

传染病医院建设标准高于一般医院，建议传染病医院在建筑布局时要实现弹性可变，即医院建筑布局在清洁区和污染区之间，划定部分可实现功能灵活转换的区域。届时根据医院的实际需求动态调整这部分区域的功能，或随时根据功能变化让区域内的流线做到灵活可变，设置多重出入口，以便更加合理地统筹设置传染病功能分区，兼顾传染病常态化专科服务与突发性公共卫生事件应对需求，兼顾资源集约利用与效率效益平衡。这样既可以补齐传染病医院基础设施短板，又可以提升新形势下传染病救治能力，更是传染病专科医院“突出专科特色、强化综合保障”、筑牢传染病防治屏障、体现平急结合的有力措施。

3. 高度信息化的云医院发展之路

近年来，云计算在医疗卫生保健领域得到快速发展，其广泛应用于远程医疗、远程会诊、医学影像、公共卫生、患者自我管理和医院管理。通过互联网、云计算可以将心电图、超声心动图、影像图片与报告出现在医院远程会诊和患者智能手机中，随着疫情的影响，远程医疗成为越来越多患者的选择，不仅是医院与医院之间的远程医疗，也是医院与家庭医疗保健之间的远程医疗。传染病医院因其疾病特点，更是应借助“互联网+ 医疗”、远程医疗、云医院的平台，减少患者去医院就诊引起的交叉感染风险，也充分发挥所在地的传染病医疗技术和医疗设备优势，对医疗条件相对差的边远地区患者进行远距离诊断、治疗和咨询，病源以所在地传染病医院为中心辐射周边各省、市、县（区）、镇、乡、海岛，既进一步做好防控传染病工作，又将医疗技术惠及相对偏远地区的传染病患者。

6.1.4 传染病医院设计指引

为了降低传染病在医院内的传播风险，各个国家和地区，根据不同地域的情况，制定了医院对于感染控制的规定，建筑设计师、医护人员等，需要遵循规定设计、使用建筑物。

1．国外传染病医院相关设计指引

随着时代与科技的不断发展，各个国家在建筑设计方面对于医院内感染的控制措施，制定出了一些适用于本国家的设计指南。

1）国际卫生机构指南

国际卫生机构指南（International Health Facility Guidelines，IHFG）《D 部分—感染控制》(〈Part D-Infection Control〉)，对建筑设计需要考虑并注意的内容，也进行了相关描述。指南分为几个部分，主要从“一般要求”“手部卫生”“潜在感染源”“隔离房间”“内部装饰及其他”等方面，分别提出了设计中需要考虑的内容。

（1）手部卫生：手部清洁是预防感染传播的重要因素之一，指南中提出两种清洁手部的方式，一种为使用含有酒精的洗手液清洗，另一种为使用洗手液及流动水清洗，并提供了步骤图示（图 6.1.4-1、图 6.1.4-2）。如手部没有明显脏污，可优先选择使用含有酒精的洗手液清洁。医护人员可根据手部被污染的程度判断清洁手部的方式。

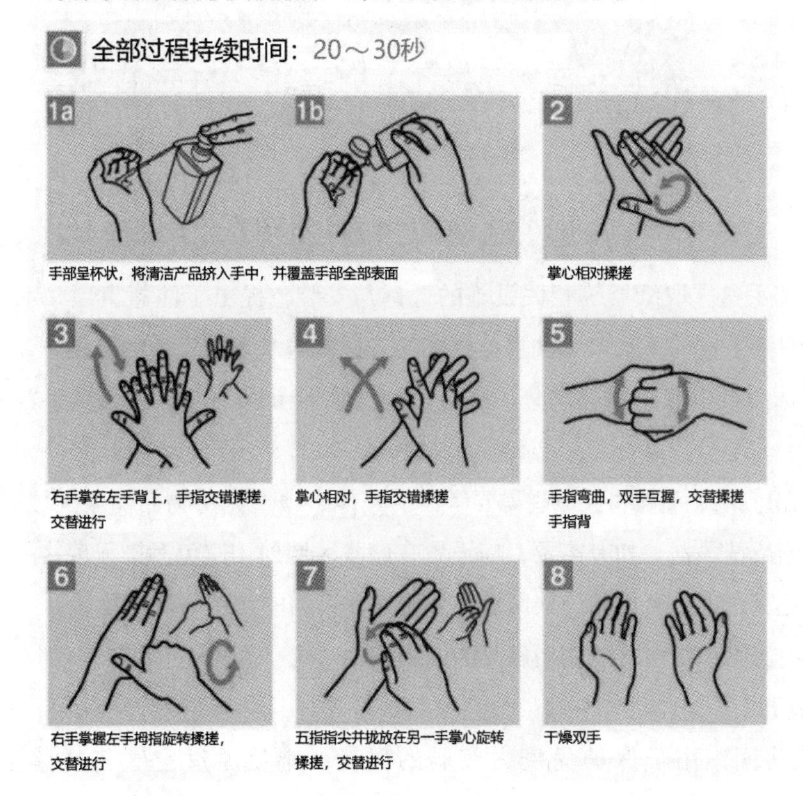

图 6.1.4-1　如何使用含酒精的洗手液清洁手部图示

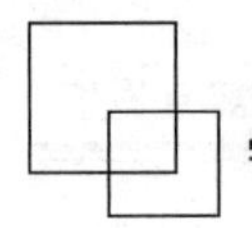

如何清洗手部

当出现明显脏污时请洗手！污染程度较轻可选择含有酒精的洗手液清洁

全部过程持续时间：40～60秒

0 流动水清洗双手

1 充足的洗手液覆盖手部表面

2 掌心相对揉搓

3 右手掌在左手背上，手指交错揉搓，交替进行

4 掌心相对，手指交错揉搓

5 手指弯曲，双手互握，交替揉搓手指背

6 右手掌握左手拇指旋转揉搓，交替进行

7 五指指尖并拢放在另一手掌心旋转揉搓，交替进行

8 流动水清洗双手

9 使用一次性纸巾擦干双手

10 使用一次性纸巾关闭水龙头

11 双手清洁完毕

图 6.1.4-2　如何清洗手部步骤图示

指南对洗手盆、取纸器等相关设施的选择与安装，提出了注意事项。水龙头的出水口，不应正对洗手盆的下水口。洗手盆样式的选择，与水龙头安装的位置，需考虑防止液体飞溅。应选用纸巾擦干手部水分，避免使用烘手器干燥手部，因为烘手器内部会滋生细菌。

（2）潜在感染源：列举了一些需要考虑的其他事项。无菌物品储藏区域需保持干燥，不应设置水槽或洗手盆，如有需要，应设置在储藏区域外，避免污染无菌物品。废弃物的运输，应避免穿过人员密集的公共区域，并避开建筑物的使用高峰时段。

（3）隔离房间：指南将隔离用房分为四类：

① 普通房间；

② 正压房间，用于保护免疫力较弱的患者，避免通过空气传播感染其他疾病（图 6.1.4-3）；

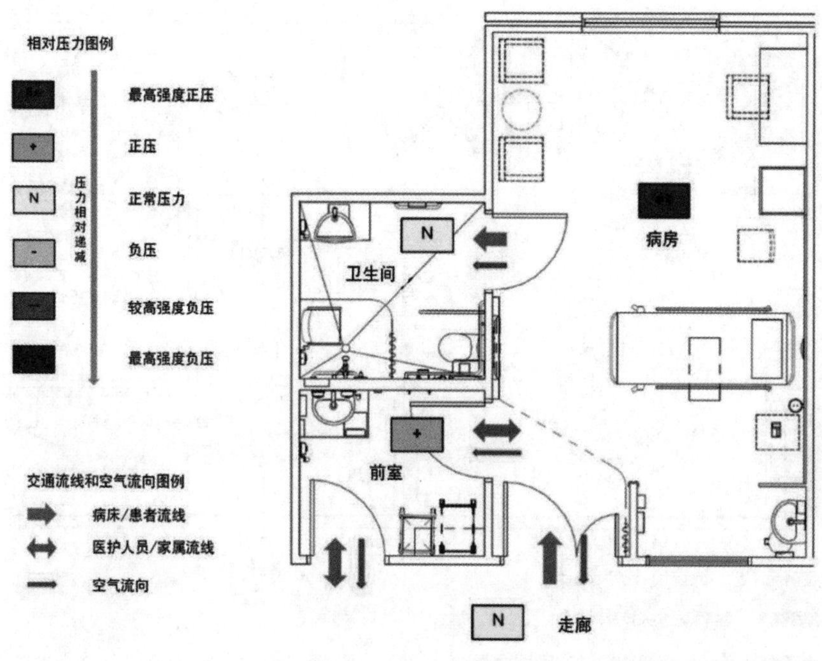

图 6.1.4-3　正压房间

③ 负压房间，用于保护医护人员，减少感染的风险（图 6.1.4-4）；

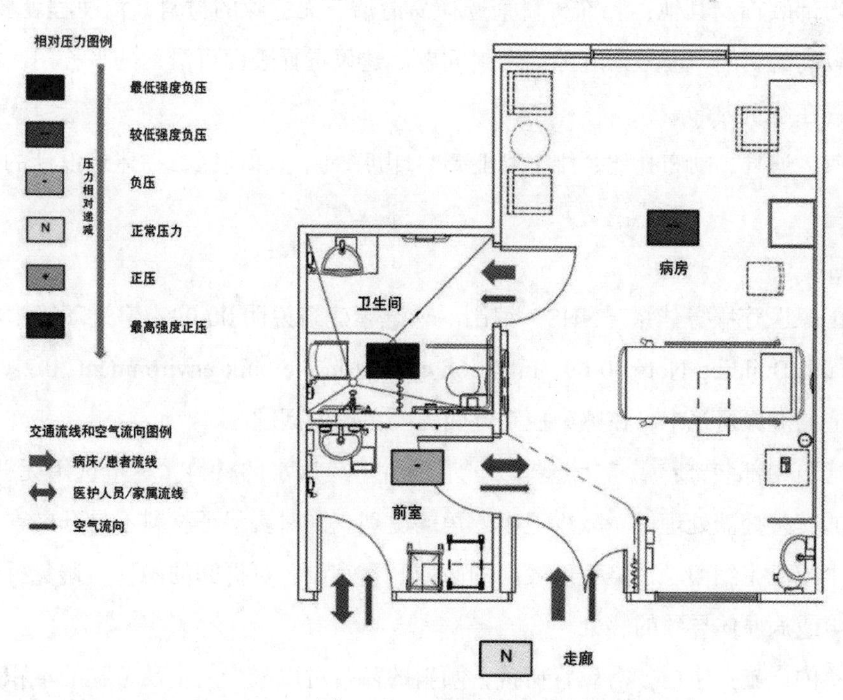

图 6.1.4-4　负压房间

④ 有特殊屏障的负压房间，此类房间区分了清洁流线与污染流线（图 6.1.4-5）。

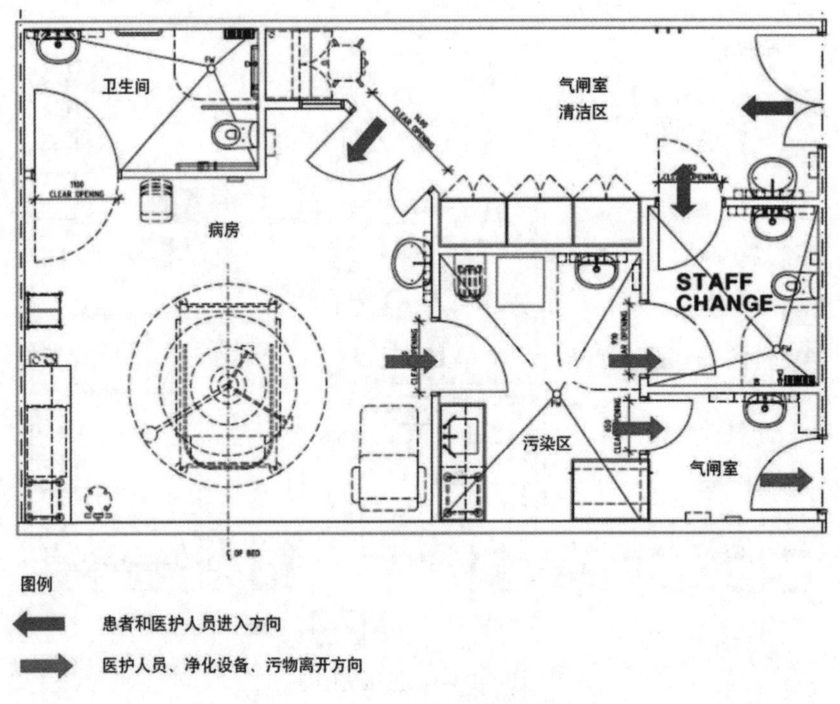

图 6.1.4-5　有特殊屏障的负压房间

（4）内部装饰及其他：装饰材料宜选择易清洁、无缝隙的材料，洁净程度要求较高、污染程度较高的房间，需考虑缝隙的密封问题。建议选择表面可滑动的平移门。植物和水景不宜设置在建筑内部。

阿联酋、迪拜、阿布扎比、维多利亚州、印度等国家和地区，在建筑设计的过程中参考了此指南。

2）英国

英国国家医疗服务体系（NHS）编制的《健康建筑说明 00-09：建筑环境中的感染控制》(〈Health Building Note 00-09：Infection control in the built environment〉) 中，提到了新建或改造的健康建筑中，在感染控制方面需要考虑的问题。

（1）建筑内部装饰：需考虑选择易于清洁且不易透水的材料。尽量选用无缝隙饰面，不同材料的交接处需处理好，减少卫生死角的出现。同时要保证材料不易开裂，避免裂缝中积聚灰尘或滋生细菌。污染程度较高的区域，不宜设置可拆卸的吊顶，避免拆卸吊顶时残留的灰尘或病原体导致的感染。

（2）室内设施：室内如需设置窗台，倾斜的窗台可以减少灰尘及杂物的堆积。洗手盆设置的数量及安装位置，需根据实际使用情况考虑，由于使用频率不高的洗手盆有利于细菌的滋生，在方便医护人员清洁双手及避免设置使用频率不高的洗手盆之间宜取得平衡。

自动门、感应水龙头等感应设施，可以避免交叉感染。灯具等设施，也需考虑选用易清洁的产品。提供清洁物品、水等的供应管道，宜隐藏设置。水系统需减少管道的死角，避免在运输过程中，清洁水源经过死角将细菌带到用水终端，污水中的细菌会残留在死角中。

（3）医疗物品储藏和垃圾处理：清洁物品及污染物品需分开储存。医疗垃圾与生活垃圾需分开处理，同时不同种类的医疗垃圾需分别放置。

（4）患者活动空间：对于进入医院治疗的患者，需考虑为患者预留足够的活动空间（包括床位之间），避免人员距离过近导致交叉感染。病房内需考虑避免设计不必要的水平台面，以及预留足够的储物空间，用于存放患者物品或医疗用品，避免物品由于杂乱堆积，而造成对物品的污染，从而导致患者的二次感染。通过对人体工学的研究，在不包括储物空间的情况下，病床与病人的活动空间不小于 3600mm（宽）×3700mm（深），可以降低患者之间交叉感染的风险。

（5）传播途径：病原体主要有三种传播的途径，直接传播、通过被污染的物品传播（电梯、移动 X 光机等）、飞沫和空气传播。在建筑设计的过程中，需考虑这些传播途径，尽可能从源头或在过程中阻止病原体的传播。

3）其他国家

美国、加拿大、澳大利亚、新加坡等国家的医疗建筑设计指南中关于感染控制的章节，均在建筑房间布置、人员及物品流线、通风设施、建筑设施及内部装饰材料、水系统等方面提出了注意事项。

2. 国内传染病医院相关设计指引

经历了 2003 年的“SARS”和 2020 年的“新型冠状病毒”感染，我国在综合医院感染性疾病门诊和传染病医院的建筑设计方面，也在进行不断深入的研究，为医护人员的健康和患者的康复提供保障。

2003 年非典型肺炎疫情发生后，综合医院逐步建立了医院感染性疾病门诊，用于筛查呼吸道传染性疾病和非呼吸道传染性疾病的患者。2020 年疫情发生后，综合医院感染性疾病门诊承担了部分筛查和治疗任务，但在实际工作中也暴露了存在的不足。《综合医院感染性疾病门诊设计指南》（第一版）的编制，为医院感染性疾病门诊的新建与改扩建提供了指导。

指南共分为 15 章，分别从建筑、装饰装修、结构、供暖通风与空气调节、给水排水、电气、智能化、医用气体、设备设施配置等方面提出了指导建议。

1）建筑设计

（1）选址及建筑布局：新建与改扩建的选址需要分别考虑。新建感染性疾病门诊应与

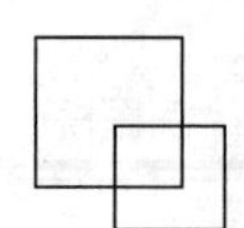

其他门诊分开，并设置在相对独立的区域，宜设置独立出入口。宜邻近医院急诊部，并远离儿科和病房区域。建筑物宜邻近道路，便于救护车运送病人，有条件的情况下，可在场地内规划直升机停机坪，提高患者的转运效率。改扩建建设感染性疾病门诊宜与其他医疗功能相对独立，便于封闭管理，并评估现状情况是否满足改扩建要求。呼吸道传染病与非呼吸道传染病可按照防护要求进行分区整合建设。传染病发生时，应设置发热筛查的缓冲区，避免普通发热患者与未确诊的传染病患者在候诊区内近距离接触，引发院内感染。人员、物品运输流线需进行规划，污物流线不得与清洁物品流线交叉。由于各传染病种高发季略有一定比例的错峰出现，在不发生交叉感染的情况下，可考虑部分低发病种诊疗区向高发病种诊疗区的转换，提高高发病种诊疗区的接诊能力。

（2）卫生通过与缓冲区：各传染病门诊分别设置筛查、候诊、诊室、医技、留观、医护工作区。候诊分属半污染区、污染区；诊室、医技、留观等，属污染区；医护工作区属清洁区。清洁区、半污染区、污染区之间应设置卫生通过和缓冲区，卫生通过需按医护进入和离开半污染区、污染区的路线分别设置。

（3）建筑装饰：建筑室内面层应选择耐擦洗、防腐蚀、防渗漏的建筑材料，同时，地面材料应防滑，墙面材料需满足抗菌要求，顶棚宜选用整板，减少接缝，提高密闭性。

（4）门窗：外门、外窗应满足气密性、水密性、抗风压性能、保温隔热、隔声性能和安全使用等要求。内门应满足隔声性能、抗撞击并耐擦洗消毒。

2）结构

（1）抗震设防标准与地基：根据《建筑工程抗震设防分类标准》GB 50223—2008，新建感染性疾病门诊建筑的抗震设防类别应为重点设防类，应按高于本地区抗震设防烈度一度的要求加强其抗震措施。新建感染性疾病门诊建筑地基基础的抗震措施，应符合有关规定。

改建项目应根据建筑物种类进行结构可靠性鉴定。需要进行抗震加固改建项目，尚应按照国家标准进行抗震能力鉴定。

（2）结构体系：新建感染性疾病门诊作为重点设防类，不应采用单跨框架结构。新建感染性疾病门诊宜优先采用框架结构，改建项目宜优先选用原结构形式为框架结构的建筑。

3）供暖通风与空气调节

感染性疾病门诊应设置新风系统。新风系统按照清洁区、半污染区、污染区（含筛查区）分别设置，新风机组应设置在清洁区。感染性疾病门诊内新风、排风系统应使医院压力从清洁区→半污染区→污染区依次降低，清洁区为正压区，污染区（含筛查区）为负压区。清洁区新风量大于排风量，污染区（含筛查区）排风量大于送风量。应特别注意建筑物内的气流流向，即应严格保证医院的压力梯度，使清洁区空气流向半污染区再流向污染区。感染性疾病门诊内各个排风系统的排出口应远离送风系统取风口，并不应邻近人员活动区，且有利于污染物排放的区域。

4）给水排水

感染性疾病门诊内供医护人员使用所有洗手盆龙头，均应采用非接触性或非手动开关，并应防止污水外溅。污染区的污废水应与非污染区的污废水分流排放。

5）电气

感染性疾病门诊的电气设计应符合供电可靠、用电安全、运行维护方便、兼容扩展等要求。建设在既有医院的院区内时，电气设计应与医院原有的电气系统有机结合，原则一致。

6）智能化

感染性疾病门诊智能化系统宜包括信息化应用系统、智能化集成系统、信息设施系统、建筑设备管理系统、公共安全系统及机房工程等。建设在既有医院院区内时，智能化系统设计应兼顾医院原有智能化系统。智能化系统工程应满足医疗信息化业务、后勤运维及物业规范管理的需求。智能化系统工程应满足感染性疾病门诊感染控制的管理要求，通过智能化措施减少医生及病患感染的可能性。智能化系统工程可利用5G网络高速率、高可靠、低时延等特点设置不同医疗应用场景。

对比国内外的设计指南和规范规定可以发现，无论是新建传染病医院，或对既有医院的改造，还是对普通医院的感染控制，需要考虑的设计因素较为相同。新建医院的选址，或改造既有建筑为传染病收治区域，应考虑对附近人员的健康或建筑物的使用安全的影响，在此基础上，保证传染病收治区域的相对独立性。医护人员、患者、清洁物品运输、废弃物品运输的流线应避免过多的交叉。清洁区域与污染区域需进行空间上的分隔。内部设施，例如，灯具、洁具等，宜选择抗菌、易清洁的类型。内部装饰材料宜选择易清洁、无缝隙的材料，并尽量减少接缝，在洁净程度要求较高，或污染程度较严重的区域，宜考虑密封缝隙。尽量选择感应设施，例如，自动门、感应水龙头等，避免交叉感染。

6.2 传染病医院现状问题分析

6.2.1 功能布局及流程不符合新要求

全国现有传染病专科医院及综合医院感染科的功能用房设置时间多较久远，多年的医院加建扩建，出现用地紧张，各个区域分区混乱，安全防护距离不足的问题。传染病医院功能分区时所必须严格考虑的洁污分区在某些传染病医院设计时，并未予以合理考虑，致使洁净区域易被污染，造成院内交叉感染的情况。随着新时代的医疗发展，工艺流程的优化提高，设计规范的不断更迭，使现状传染病医院的布局已不适应当代的医疗要求。

6.2.2 治疗康复环境差

医院的康复环境对患者的康复显得至关重要。尽管随着科技的进步，大量先进的药剂和具有高科技含量的医学仪器出现，仍不能取代康复环境治疗作用。因为良好的康复环境不但可以为患者提供安静、舒适的恢复身体的场所，还可以对患者的心理进行安慰。这些作用无疑对患者的康复有帮助。

我国传染病医院大多陈旧落后，即使是大型的综合医院也存在着康复环境较差的问题。例如，在北京地坛医院改造项目中，现场调查发现因使用年限较长，整体室内环境较差，卫生间防水已经存在漏水情况，墙、顶、地均有被水浸泡的情况；护士站岛台无秩序，背景墙杂乱不规整等情况（图 6.2.2-1～图 6.2.2-6）。

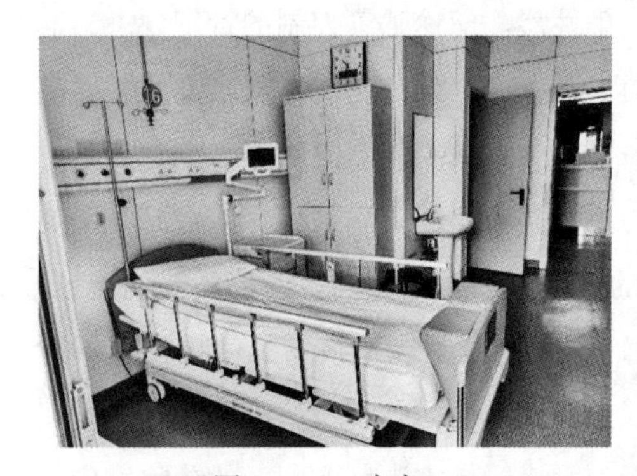
图 6.2.2-1 病房

图 6.2.2-2 病房卫生间

图 6.2.2-3 病房卫生间

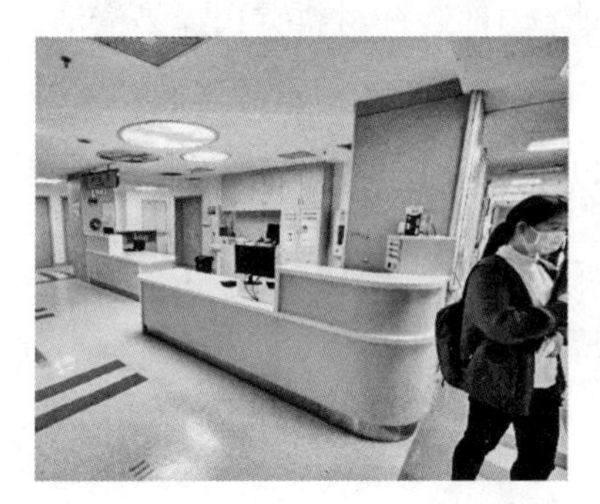
图 6.2.2-4 护士站

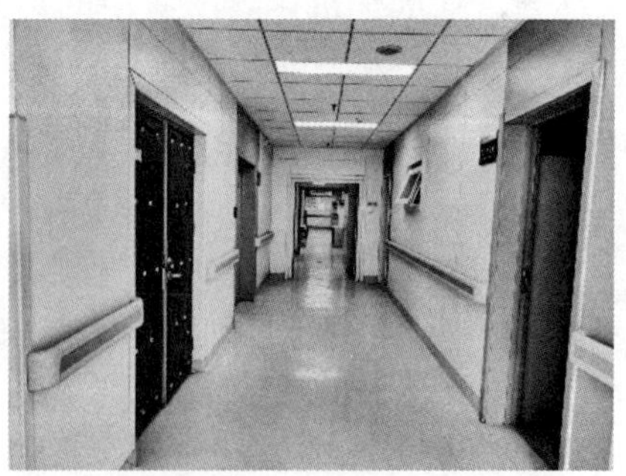
图 6.2.2-5 病房内部走廊

图 6.2.2-6 病房淋浴间

6.2.3 机电系统未分区设计

现有传染病医院建设时间多久远，改造时系统有很多问题无法满足现行规范要求。例如，通风系统、室内给水系统，并未按清洁区、污染区分别设置，也未在各区干管上设置防污染装置，有很大的污染风险。

排水系统仅为污废分流系统，存在交叉感染风险。对于室外排水系统，传染病门诊、病房的污水排入化粪池后，未设置预消毒装置，且多数传染病医院室外污染区排水系统未采用密闭井盖形式。

6.2.4 电源条件预留及管理不充分

医院在建设后，随着使用过程中的用电需求不断增加，初始的电源条件不论是容量上，还是可靠性上，与实际的医疗诊治需求出现不匹配的问题，不仅影响着平时使用，同时也存在用电安全的隐患。由于医院对于供电的持续性要求（如医疗诊治、重要药品或样本保存、社会影响等不允许长期断电），尽管后续进行着用电改造或是电力增容，仍是不能进行彻底改造，只能是头痛医头，脚痛医脚。因此，医院建设过程中总体的、远期的用电规划尤为重要，在设计之初应将问题考虑周全，避免出现电源条件预留不充分的问题。电源条件预留不充分，不利于新增医疗负荷的增容改造实施，也不利于平时运维，同样也不利于平急转换时对临时大功率新增电源的需求。医院在电源条件预留存在的问题主要为以下几方面：

1. 机房条件预留

整个院区的变配电室集中设置于一处。优点是机房集中便于物业的运维和管理，缺点是至院区各楼需要敷设大量的380V电压等级电缆。长距离敷设线路，存在如下问题：

（1）增加了室外线路投资，浪费材料；

（2）线路电压损失增加，不节能；

（3）大量的室外线路不利于日常的维护，线路故障时也不利于排查；

（4）医院在医疗功能调整时新增线路实施难度大。

院区变电室、各楼区域的电气机房、楼层或病区的电气机房面积仅满足一次建设使用，未考虑远期预留。医疗建筑的使用功能是随着诊疗需要动态变化的，电气机房初始建设时面积过小，一方面不利于日常的用电安全维护和检修，另一方面不利于后续电力增容改造。

2. 电源条件预留

电源端主供和备用电源装机容量未考虑远期预留。医疗建筑中重要负荷较多，需要主备供电源互为备用，变压器容量不仅要考虑平时单台运行工况，还要考虑另一台互为备用变压器故障时的负载率。医院在后续运营时由于平时使用或备用电源容量不足，需要做用电增容改造，新增设备不仅会占用有限的土建空间，同时需要增加新的投资。

电源端主供和备供设备出线柜，区域、楼层、末端配电箱／柜未预留足够的备用开关。在医院后续运维时，新增设备或负荷需要由变电室重新接引电源占用有限的备用开关，末端新增设备需要从区域、楼层、末端配电箱备用开关接引电源，缺少备用开关会增加改造实施难度，甚至无法满足新增负荷需求而无法改造。

3. 线路预留

医疗设备用配电干线线路未考虑远期预留。除了电源端设备容量、开关预留，线路预留同样重要，主干线路未适当考虑后续新增负荷的冗余量，新增设备时无法利旧或利用现有线路，会需要重新由变电室接引电源，占用有限的备用开关，同时新增线路需要增加新的投资，占用竖向竖井内线槽的空间。

1）能耗计量及监测精细度不够

仅在能源的主机房或区域总机房设置能耗计量是不能满足医疗建筑的运维及绩效需求的。如冷量的计量设置在制冷机房，热的计量设置在锅炉房，电的计量设置在变电室，水的计量设置在给水泵房等，总的计量一方面不能满足医院物业平时运维监测能耗的需求，无法通过总的计量制定节能的措施和相关管理办法，另一方面无法满足医院各科室绩效考核。能耗的计量也不是一味将监测精度细化，需要与医院的运维、管理相结合，适当适度设置计量点。

2）病房区域机电管线排布不合理

电气管线在吊顶内排布时存在两种情况，一是线槽布置于吊顶内缺少敷设线路的空间，二是线槽布线未考虑远期新增布线需求。上述情况物业在改造过程中，新敷设线路无法敷设到现有线槽内，要么在吊顶内新增线槽，要么直接将新增线路成捆明敷在吊顶内，由于吊顶内机电管线紧张，改造过程中新增线槽可能涉及对既有管线的影响且不易实施，因此，往往直接将线路成捆放置到吊顶内，这也是现在既有医院吊顶内飞线情况存在的主要原因。

还有一种情况，线槽设置考虑了远期新增布线需求，但是依然出现吊顶内飞线的问题，这是由于设计时未按照使用功能划分线槽所致。不同功能线路敷设在同一线槽内，在改造换线时由于施工方无法辨别改造与非改造线路之间的关系，无法将需更换的线路抽出，只能将准备更换的线路直接敷设在现有线槽内，随着替换线路的堆积，线槽内线路越积越多，最终形成了吊顶内飞线的情况。

3）压差监测及控制不到位

对于传染病医院，通风系统的压差是实现“三区两通道”的关键，往往重点关注通风系统运行状态而忽略了压差的监测，压差监测不仅仅是测量，同时可以起到系统运行状态的预警作用。传染病房区室内压差无法实现，新排风换气次数不足，且并没有压差监控及报警系统无法时时监控室内压差变化。内区房间较多，冬季室内温度偏高，舒适性体验差。

6.3 技术控制

6.3.1 设计原则

1. 根据传染病类别分设病区

传染病医院宜根据传染性疾病传播途径的不同，按传染病种类病区划分为呼吸道传染病病区、消化道传染病病区、虫媒传染病病区、血液性传染病病区及应对传染病突发事件的备用病区（表6.3.1-1）。除此之外，还可以根据医院的科室设置增加妇产科、儿科等病区，接收有传染基础病的该类人群。几大病区各自独立成区，互不交叉干扰。每个病区的建筑设计应根据其对应传染病的不同而采取相应的设计措施控制防范院内感染的发生，但由于考虑到“平急结合”的营运策略，为了应对突发性公共卫生事件，各个病区的建筑设计都应该做到具有以最严格的标准防范各类传染病的标准。传染病医院在平时各大病区独立运转，一旦为了应对某种传染病的大规模突发疫情时，要能够立刻封闭，将除备用病区之外的各大病区都征用来应对该疾病。若受条件限制，则各病种的门诊可以共用一栋建筑，在建筑内进行分区门诊，再进入各自的独立护理单元。

分类设置病区表 **表6.3.1-1**

名称	病种特点	建筑设计要点
消化道传染病病区	病原体污染食物、饮用水或餐具，易感者于进食时被感染，如伤寒、细菌性痢疾、霍乱等	根据病种特点进行隔离防护，每间病房（诊室）必须有独立卫生间，进行独立消毒灭菌后排入院区排水系统
呼吸道传染病病区	病原体散播于空气中一旦被易感者吸入即造成感染，如麻疹、白喉、结核病等	严格划分清洁区、半污染区和污染区。病区气流要求有组织地流动，清洁区的气压要高于半污染区，半污染区的气压则要高于污染区，使病房保持负压状态，污染的空气不能向外界扩散。诊室宜相对独立，设于底层

续表

名称	病种特点	建筑设计要点
虫媒传染病病区	被病原体感染的吸血节肢动物，如蚊子、人虱、鼠蚤、白岭、恙端等，于叮咬时把病原体传给易感者，可分别引起疟疾、流行性斑疹伤寒、地方性斑疹伤寒黑热病、恙虫病等	病房（诊室）注重杀蚊灭虫，门窗应安装纱窗，可在窗口设置杀灭蚊蝇的黑光诱虫灯，以防蚊蝇传播疾病
血液性传染病病区	病原体存在于携带者或患者的血液或体液中，通过应用血制品分娩或性交等传播，如疟疾、乙型肝炎、丙型肝炎、艾滋病等	每间病房（诊室）外，医护人员通道，需要有洗手设施，采用感应式开关。医护人员进出病房（诊室）须注意消毒和洗手
备用病区	收治突发性、烈性传染病如 SARS 等	宜相对独立，严格划分清洁区、半污染区和污染区，各区之间增设缓冲区。病区气流要求有组织地流动，使病房保持负压状态。污染的空气消毒后排放

2. 严格分区

传染病医院建筑应有明确的清洁区、半污染区、污染区的划分。各区之间应设立缓冲空间及卫生通过设施。

清洁区：不易受到患者血液、体液和病原微生物气溶胶等物质污染及传染病患者不应进入的区域，设工作人员办公区、更衣室和卫生间、清洁区污物间等。

半污染区：位于清洁区和污染区之间，有可能被患者血液、体液和病原微生物等物质污染的区域，设护士站、医生办公室等房间。

污染区：易被患者血液、体液、分泌物、排泄物等污染的场所，设置诊室、医技检查、病房、患者卫生间、污染区污物间等房间。

3. 医患分流

传染病医院区别于其他医院除了在各传染病科室内均有明确分区外，还有一个显著特点即是医患分流带来的“双通道”。有条件的传染病医院，无论是门诊、医技还是住院部，医患走道均分别设置，互不交叉，最大程度减少交叉感染，保护医护工作人员。如果建筑规模有限，或受空间条件限制的传染病医院，其门诊、医技区域在保证分区明确基础上，医护工作人员也可以由清洁区完成必要的防护装备后，经由缓冲间进入污染区，污染区内医患共用通道。

6.3.2 功能布局及流线组织

传染病医院设计最核心的原则就是切断传染链，控制传染源。功能分区和流线组织是实现该原则最核心的内容。但是在传染病医院中交通便捷、连续方便与防止交叉感染是相互矛盾的因素，在总平面设计和单体建筑设计中均需要平衡解决。

1．总体布局及流线

医院总体布局应根据需要分设为隔离区、限制区及生活区。

隔离区（即为医疗工作区）：包括接诊筛查区、门急诊、医技、住院病房等传染病医疗区，及空气吸引机房、医用垃圾、尸体暂存以及污水处理站等处理设备用房。接诊筛查区应分设疑似隔离筛查区，避免疑似患者被确诊患者传染。隔离区是医务人员直接接触传染病病人或传染源的场所，总体上为污染区，宜将其设置于院区常年主导风向的下风向或全年最小频率风向的上风侧。在管理上应对进出隔离区的人员与物品加以严格控制。

限制区（即为生活管理区和后勤服务供应区）：包括一线医务人员、后勤保障人员在特定的一线服务期间的居住生活休息设施，及基本后勤保障用房，包括药房、中心供应室、各类库房、洗衣房、营养厨房、锅炉房、配套卫生通过室，供氧站等。该区域总体上为洁净区。在该区与隔离区之间还应该设置强制卫生通过，供接诊人员以及其他需要回到限制区但不宜穿越医务人员通道的工作人员专用。如接诊人员或勤杂人员要回到一线工作区，就必须经过强制卫生通过，若要返回限制区亦然。

生活区（即为行政管理和普通生活区）：安排各类非一线工作人员、管理人员和后勤人员的生活设施以及行政管理设施。此区域还应该安排撤离一线医务人员在观察期内的周转用房。宜将该区设置于当地常年风向的上风向或全年最大频率风向的上风侧区域。若受条件限制则生活区和限制区可以合并设置，但是要严格其与隔离区的卫生通过设施。

传染病医院中医疗用建筑物与院外周边建筑应设置大于等于20m绿化隔离卫生间距。院区出入口不应少于两处，分为患者和医护出入口。有条件的宜分设污物出入口。医护出入口设于生活区内，供医务工作人员、洁净物品（食品、药品等）、出院者、探访者出入使用，有条件的宜将出院者、探访者分设出入口；污物出口设于隔离区内，供污染物品（尸体、医疗废弃物等）出入使用；患者出入口，设于隔离区内，供传染病区患者、救护车出入。各人流物流组织清晰，避免院内交叉感染（图6.3.2-1）。

2．门诊的空间布局及流线组织

1）接诊筛查

为防止不同传染病患者交叉感染，在医院入口部或门诊部入口附近设置接诊处或筛查部，对不同传染病患者进行分诊登记、筛查分流，使其就诊流程得到分类控制。应根据医院规模，在其附近设置隔离观察区。在突发公共卫生事件时可以及时排查并有效控制带有扩散传染病风险的病患者的活动范围，减少其扩散范围（图6.3.2-2）。

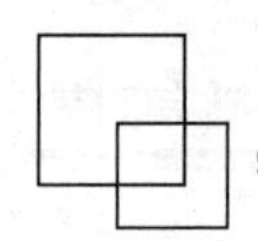

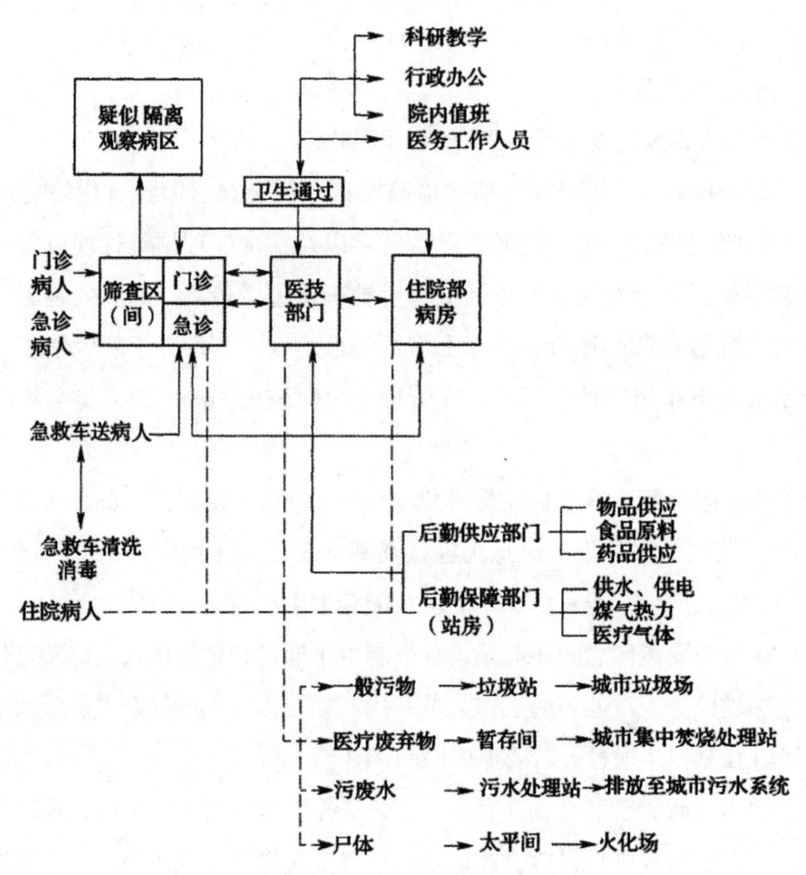

图 6.3.2-1　传染病院区流程图

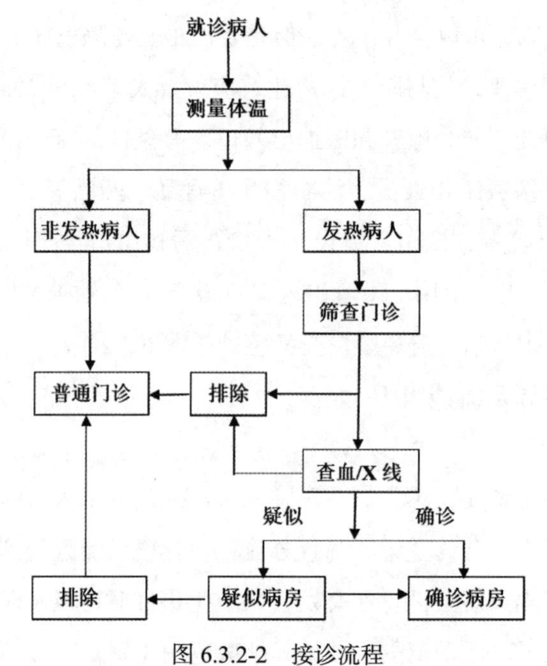

图 6.3.2-2　接诊流程

由于接诊室独立于主体医疗建筑，处于污染区，但仍应采用医患双通道，应在医护人口处设置更衣卫生通过，增大医护人员的安全保障。

2）门诊病区

传染病院的门诊区应按病种传播途径的不同，以呼吸道、消化道、血液传染病及备用病区分区设置（肝炎门诊、艾滋病门诊等可在血液传染病区再细分或单独成区），每个诊区均为一个独立的隔离单位，病人分别候诊和就诊。各单元应分设医务和患者通道，避免交叉。备用病区为平时以备特殊重症传染病诸如禽流感等患者应急使用，备用区内需设置独立的挂号、收费、检验放射和药房（图 6.3.2-3）。若传染病医院开设了普通综合性门诊，则传染病门诊要与普通门诊严格分开，并保持必要的防护隔离距离。

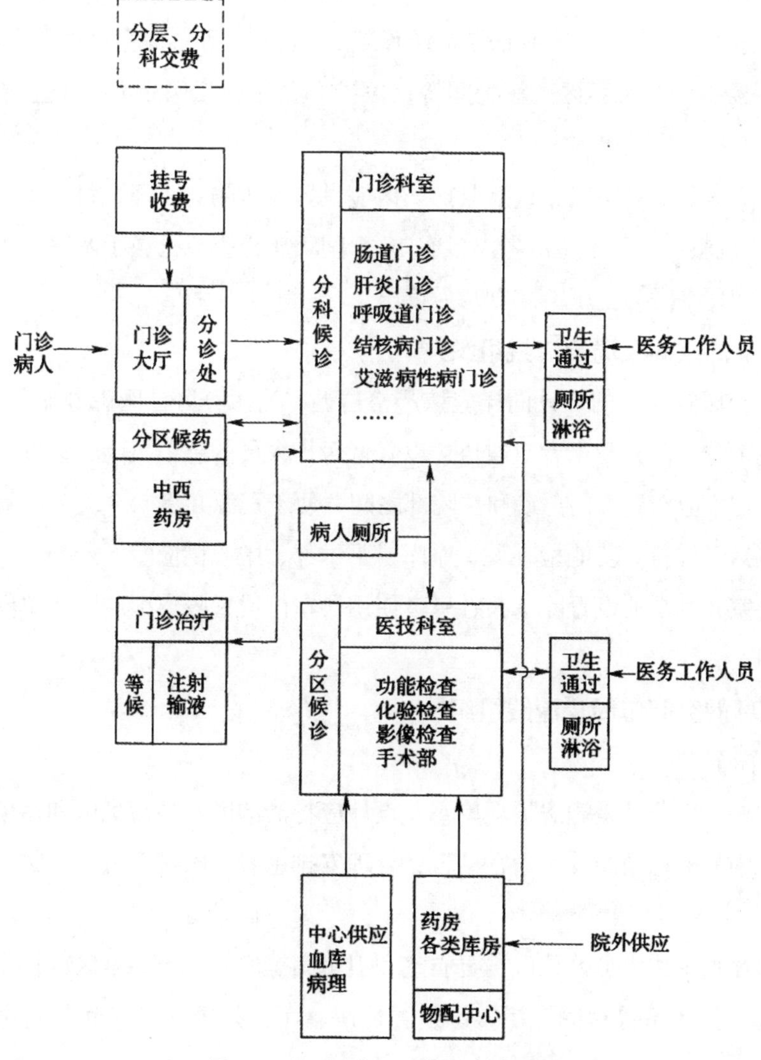

图 6.3.2-3　门诊区医技基本流程图

门诊区应结合病区的分设，采用多通道“平行式”的流线设计来控制患者的流线，避免门诊大厅集中式人流组织，减少因聚集交叉导致的感染概率，宜分散组织不同病种的门诊、医技的人流压力，应急时可以便于进行分区管理控制。

诊室平面布局可采用双通道布置方式，即患者与医护分设通道。医务人员进出门诊工作区的口部应设置医务人员更衣室与专用卫生间，发烧门诊医务工作人员可按卫生通过要求设置。

3. 急诊部的空间布局及流线组织

急诊部应自成一区，宜与门诊区毗邻。可在两者之间布置药房、检验、影像等医技用房，以便资源共享。急诊部根据传染病医院规模设置，大型传染病医院急诊部包括急诊区、急救区和医护办公区。急诊区包括入口厅、挂号、收费、诊室、小型药房、小化验室、处置室、患者卫生间等，根据医院需求设置X光、CT等影像室；急救区包括抢救室、手术室、重症监护区及观察区、污物间等；医护办公区包括医生办、护士办、男女值班室、更衣室、医护卫生间等。

大型传染病医院的观察区、重症监护病区应设置负压隔离小间，每间1床，并附设缓冲间。CT室、抢救室、手术室应考虑各有1～2间负压检查或抢救手术室，也可考虑正负压转换方式，实现平时为正压，需要时为负压。

4. 医技部的空间布局及流线组织

传染病医院医技科室的设计同样应该严格遵循“洁污分区、医患分流”的基本原则，有条件的医院可分设医护和患者双通道，以降低医护人员的感染风险。为保证医技科室的使用效率，其位置应布置于门急诊和住院部之间，便于资源共享。

医技部包括影像科、功能检查科、血库、手术部、中心供应室、药剂科、病理科、重症监护室等科室，其功能设置除了在各患者使用科室内设置隔离区或隔离单间外，其他与综合医院相同。

5. 住院部的空间布局及流线组织

1）功能布局

住院部的核心部分就是病房护理单元。设计应将清洁区、半污染区和污染区的划分与传统护理单元中的医患功能分区紧密结合，合理安排患者、医护人员、污物、备餐等流线组织。

清洁区内设置工作人员办公区、更衣室和卫生间等房间；半污染区设护士站、医生办公室、治疗室、处置室等房间；污染区设置病房、污物处置间等房间，病房专设患者卫生间。

2）流线组织

医务人员出入口：医务人员专用出入口，同时作为清洁物品（药品、食物）出入口，应具有相对的独立性，在建筑总体布局中位于常年主导风向的上风向，宜设置隔离带，隔离传染源，保证医务人员及清洁物品绝对的安全与清洁。有便捷独立的垂直交通与各层清洁区相连通。

康复病人出口：不宜与医务人员出入口并用，也应远离患者就诊出入口，应单独设置，探视病人的人员可以利用此出口。

患者入口：供急患者、确诊患者入院的人员进口，其就诊入口应有临近楼内竖向交通核，可将患者直接送入隔离观察病房进行观察治疗。其建筑出口也应临近场区对外出口，以便应减少病人运送距离。

污物出口：为污染物品（尸体、垃圾等）出口，污染物品必须经过必要的消毒、打包后送出该出口应远离医疗区和生活区，宜邻近污物处置区（图 6.3.2-4）。

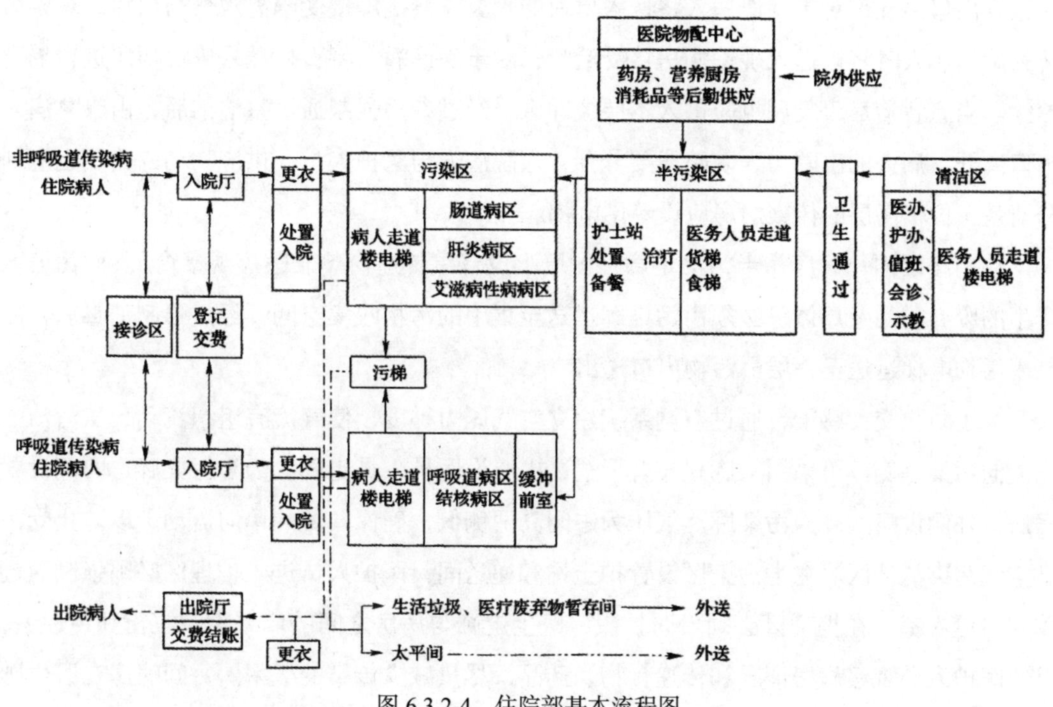

图 6.3.2-4　住院部基本流程图

传染病房多采取内外三条平行走廊的布置方式、两条外廊为病人廊，中廊为医用通道。与烧伤病房的布置有某些相似之处，区别在于烧伤病室为清洁区，防止污染空气侵入，传染病室则为污染区，防止室内空气外溢侵入医用通道。传染病室与医用走廊之间应设缓冲间，双向开门，形成空气闭锁。

医护人员由医护人员专用出入口直接进入清洁区，其正常活动区域均为清洁区。当医护人员需由清洁区进出污染区时，必须强制经由更淋缓冲区通过。当医护人员进入缓冲区时，首先经过一次更衣室脱去清洁区工作生活使用的服装，再进入二次更衣室着三层防护服，然后通过缓冲区空间进入污染区的医务廊，再进入诊室或病房等医疗房间。治疗与检查房间均应设置洗手设备；在医务廊与病房间设置缓冲过渡前室，在前室内安装感应式洗手设备及衣挂设施，挂罩加套防护服，以防止医护人员进出各病房时带来交叉感染。当医护人员要离开污染区进入清洁区时，首先要在缓冲区内丢弃受污染的外层防护服，经过三次更衣室更衣，再进行淋浴后，进入一次更衣室着原有清洁服，只有经过此套程序后，才能进入清洁区，保证了医护人员进出污染区而不受到传染病毒感染，给予了医护人员安全与健康的保证。

按照病人的检查流程设计，并保证一医一患的设计原则，防止病人的往返检查及与其他病人的接触传染。患者就诊后，对于非传染病患者须经过强制性的清洁消毒通道，由病人康复出口离开；对于疑似病人将送入单人的隔离观察病房接受隔离观察与治疗，观察后转为确诊病人时将被送入确诊病房接受治疗；对于确诊病人将直接送入确诊病房进行隔离治疗。当患者治疗康复后也应进入本层缓冲区，经过专用强制通过室清洁后，由康复病人出口离开。病人的出院与入院路线要分开，入院病人与医护人员、供应物品的路线也应划分清楚，位于高层的传染病房应设专用电梯。

在病房区内，病房靠半污染走廊一侧墙上设双重传递窗（兼医疗观察窗）。而污染区产生的废弃物品及尸体等必须由污染廊运送至集中的污物收集空间，经过强制消毒后，由专用污物电梯运送至一层由污物出口送出。

为了防止交叉感染，通过空调系统建立空气压力梯度，使气流有组织流动，从清洁一侧流向污染一侧。可采用三廊式布置形式，中心设医护人员走廊，为半污染廊，两侧设置病房，外侧设病人廊为污染廊。气压为中间高两侧低，确保气流的单向流动，以防止受污染空气污染清洁区。在半污染区设置护士站和递送间，医护人员进入护理区必须强制通过沐浴、更衣室，在护理区必须着防护服，医生走廊与病房之间的墙壁设观察窗和传递窗，以便医护人员观察病房情况和传递食物、药品，尽量减少传染的概率。每间病房在医生廊入口处设置前室，前室内设洗手设施和挂衣设施，两间病房可共用一前室。

6.3.3 机电系统

1. 分区设计

传染病医院的生活给水系统的分区，首先应充分利用市政水压，市政供水压力范围外的楼层采用水箱＋变频泵系统。同时可按清洁区、半污染区、污染区的分别设置。医护休息区单独设置系统，可从源头上降低污染风险。生活热水系统分区宜与生活给水保持一致，当不一致时，在末端设置保持冷、热水压力平衡的措施，例如，设置减压阀、恒温混水阀。

传染病医院的室内污废水应与非病区的污废水分流排放，现有传染病医院改建、扩建时，污废水应与其他污水分别收集。对于室外排水系统，传染病门诊、病房的污水、废水宜单独收集。污水先排入化粪池，采用次氯酸钠、二氧化氯消毒剂等消毒后与废水一同进入医院污水处理站，并应采用二级生化处理后再排入城市污水管网。

电气系统设计应结合建筑“三区两通道”功能分区，水暖专业分清洁区、污染区配置设备，以及电气系统负荷分级将配电干线进行拆分。为便于电气系统的运维及检修，应将配电箱（柜）、控制箱（柜）等设置在清洁区。清洁区、半污染区、污染区应分别设置配电回路；通风系统与空调系统的电源应独立设置，对于实现不同区域压差的通风系统应采用双电源供电。对于电气系统的就地控制，平时可采用远程集中控制，公共区域的设备 / 灯具就地控制时应相对集中设置在有人值守的清洁区 / 半污染区内。

2. 系统形式

1）暖通专业系统

传染病医院通风空调系统应根据《传染病医院建筑设计规范》GB 50849 的要求进行设计。主要设计要点有：

（1）室内参数：各部门的温度、湿度设置应满足《传染病医院建筑设计规范》GB 50849 的要求。

（2）供暖系统：位于供暖地区的无空调系统的传染病医院，应设置集中供暖。供暖方式宜采用散热器系统。散热器系统应采用热水作为介质，不应采用水蒸气。散热器应作封闭装饰处理。散热器应采用平板或光管式散热器。

（3）分区设计：清洁区与半污染区应有明显的物理分隔，为避免污染区的空气通过风管污染清洁区，清洁区与污染区、半污染区的送排风系统应按区域分别独立设置。实际操作中，由于机房空间受限，尤其是改造项目中增加机房空间势必影响医护功能区面积减小，基本无法实现，所以在独立设置送风系统难度较大时，可以将各层清洁区新风竖向合并为一个送风系统；半污染区、卫生通过面积较小，在新风需要加热才能送入室内的北方地区，独立设置新风系统难度较大，如确实无法选用到合适的新风机组，可将同层的半污染区、卫生通过的新风与污染区新风合并送风系统，系统应从机组出口分别引出独立的风管，并在风管上设置电动密闭阀，与风机连锁开关。半污染区、卫生通过的排风应独立设置；污染区的送排风系统都应独立设置，除清洁区的排风系统外其他各区域的排风均不能采用竖向系统合并方式。污染区卫生间的排风可与病房排风合并系统。

（4）风量：非呼吸道传染病的门诊、医技用房及病房最小换气次数（新风量），应为 3 次 /h。呼吸道传染病的门诊、医技用房及病房最小换气次数（新风量）应为 6 次 /h。负压隔离病房最小换气次数应为 12 次 /h。

（5）压差关系：清洁区相对半污染区应为正压，污染区相对于半污染区应为负压，病房对卫生间应保持定向流，其他相邻相通房间的相对压差通常要求压差值为 5Pa。压差控制的目的是形成定向气流流动，使得空气由相对清洁区域流向污染浓度低的区域再流向污染浓度高的区域。压差的形成不仅取决于送排风的风量差值，也取决于房间的密闭程度。《传染病医院建筑设计规范》GB 50849 要求污染区房间应保持负压，每个房间排风量应大于送风量 150m^3/h，清洁区每个房间送风量应大于排风量 150m^3/h；也可以根据实际门窗尺寸，通过缝隙法进行计算得出该区域所需压差对应的送、排风量，但现阶段规范中仅对负压隔离病房的门窗有密闭性的要求，对负压病房并没有明确要求，鉴于施工质量的影响，建议设计人员根据当地平均施工水平做出评估，适当加大风量差值。

（6）气流组织：传染病医院室内气流组织应形成从清洁区至半污染区至污染区有序的压力梯度。房间气流组织应防止送、排风短路，送风口位置应使清洁空气首先流过房间中医护人员可能工作的区域，然后流过传染源，再进入排风口。送风口应设置在房间上部。呼吸道传染病的病房、诊室等污染区的排风口应设置在房间下部，房间排风口底部距地面不小于 100mm。非呼吸传染病区的排风口可采用上送上排方式。

（7）负荷计算：为了保障传染病医院污染区、半污染区空气不外溢，综合计算送风量小于排风量，建筑整体为负压。室外空气通过外门窗及建筑物各处缝隙侵入室内，这些侵入的室外空气形成的负荷相当可观，绝非普通建筑冷风渗透那么小的数量级，因此在负荷计算时应附加这部分的冷热量。由于传染病医院的性质，新排风系统要全天、全年使用，北方冬季夜间室外温度很低，计算冬季新风热负荷时污染区、半污染区建议采用极端最低温度进行热负荷的校验，院区总热负荷是否满足极端气候条件下的供热需求。

（8）过滤：根据《传染病医院建筑设计规范》GB 50849 的要求负压隔离病房的送风应经过粗效、中效、亚高效过滤器三级处理。排风应经过高效过滤器处理后排放，且排风的高效过滤器应安装在房间排风口处。传染病医院其他区域未做相应要求，但根据《综合医院平疫结合可转换病区建筑技术导则》内容："清洁区新风至少应当经过粗效、中效两级过滤，疫情时半污染区、污染区的送风至少应当经过粗效、中效、亚高效三级过滤，排风应当经过高效过滤。"可以判断在呼吸道传染病高峰期间负压病房与负压隔离病房区域的过滤等级应一致。

在非呼吸道传染病高峰期间，污染区、半污染区新风按《综合医院建筑设计规范》GB 51039提出的原则，根据$PM_{2.5}$年均值来选择新风空调机组过滤器，排风按照《医院感染性疾病科室内空气卫生质量要求》允许的浓度限值来选择排风过滤器。需要注意，如果平时与呼吸道传染病高峰期间过滤器选择不一致，存在过滤器阻力不同导致风机机外静压变化，需根据实际情况选择变频风机，以降低实际运行能耗。

风机盘管回风应选择设初阻力小于50Pa、微生物一次通过率不大于10%和颗粒物一次计重通过率不大于5%的过滤设备。

2）给水排水专业系统

目前生活给水系统的消毒措施包括紫外线消毒、臭氧消毒、光催化消毒等，保证水质满足《生活饮用水卫生标准》GB 5749—2022的有关规定，同时在末端增设必要的防污染措施，如手术区、PCR实验室等位置增设减压型倒流防止器。

热水系统分区宜与生活给水相同，以保证冷热水压力平衡，如供水压力不一致时，需在末端增设恒温混水阀、减压阀等装置。当采用闭式系统时，宜采用太阳能间接换热系统，辅助热源采用蒸汽或高温热水。热水系统的消毒方式宜采用高温、AOT或银离子。

传染病医院的室内污废水应与非病区的污废水分流排放，现有传染病医院改建、扩建时，污废水应与其他污水分别收集，地漏宜采用带过滤网的无水封地漏下接存水弯形式，存水弯水封深度不得小于50mm，且不得大于75mm。对于室外排水系统，传染病门诊、病房的污水、废水宜单独收集。污水先排入化粪池，采用次氯酸钠、二氧化氯消毒剂等消毒后与废水一同进入医院污水处理站，并应采用二级生化处理后再排入城市污水管网，室外检查井应设置密闭井盖，每隔50m设置透气装置。

传染病医院的消防系统分区与一般公共建筑消防系统分区一致，并无特殊性，应符合《综合医院建筑设计规范》GB 51039、《自动喷水灭火系统设计规范》GB 500084。

（1）室内消火栓的布置应符合下列要求：

① 消火栓的布置应保证两股水柱同时到达任何位置，消火栓宜布置在楼梯口附近。

② 手术部的消火栓宜设置在清洁区域的楼梯口附近或走廊。必须设置在洁净区域时，应满足洁净区域的卫生要求。

③ 护士站宜设置消防软管卷盘。

（2）设置自动喷水灭火系统，应符合下列要求：

① 建筑物内除与水发生剧烈反应或不宜用水扑救的场所外，均应根据其发生火灾所造成的危险程度，及其扑救难度等实际情况设置洒水喷头。

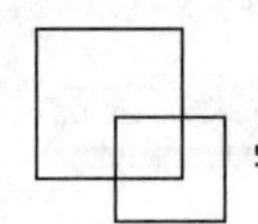

② 病房及治疗区域等有病人活动的场所，宜采用快速响应洒水喷头。

③ 病房可采用边墙型洒水喷头。

④ 手术部洁净和清洁走廊宜采用隐蔽型喷头。

（3）医院的贵重设备用房、病案室和信息中心（网络）机房，应设置气体灭火装置。

（4）血液病房、手术室和有创检查的设备机房，不应设置自动灭火系统。

（5）不应设置自动喷水灭火系统的房间：

① 手术室、剖腹产房、血液病房、DSA 血管造影（不用自动灭火）。

② X 射线、CT、MRI 核磁共振、B 超、数字肠胃镜、直线加速器、回旋加速器等设备用房（以上房间是否属于贵重设备用房，应综合实际使用需要，和业主、运营方沟通确定）。

③ 变配电室、危险品暂存间。

3）电气专业系统

传染病医院在供配电系统的负荷等级确定上，除参考传染病医院类相关规范，还可以参考综合医院规范及相关专项规范，如洁净手术室等规范标准。针对呼吸道救治的传染病医院，更强调传染病房区通风的重要性，且要求通风与空调电源独立设置，因此通风、净化空调的负荷等级是最高负荷等级，且需配置备用电源。

电气机房设置上，应结合传染病医院特点，将主要机房设置在清洁区，便于物业人员平时维护及检修。系统设置时，应根据“三区两通道”划分，分区域分回路进行配电系统设计。

其他设计应考虑的问题。如设备的控制，应结合医院管理习惯，将控制相对集中设置在人员平时容易到达或便于操作的位置；在医护办公室和值班室等有病毒消杀需要的房间，设置紫外线消毒灯具，确保医护人员的日常消毒需要；线路敷设时，尤其是污染区与清洁区之间的管线，应注意管线的封堵，避免病毒的扩散。

3. 方便维护

给水、热水系统干管连接立管处、立管连接支管处应设置检修阀门，各系统的检修阀，应尽量设置在工作人员清洁区，方便日常检修。

4. 电源预留

医院一次设计时需对整个院区的供配电系统进行总体的、远期的规划，不仅要满足平时运维的需求，还要为将来的新增的电力需求和平急转换预留好条件。电源条件的预留主要有以下几方面：

1）机房条件预留

整个院区的变配电室应设置于各负荷中心位置，并配置相应的备用电源（如柴油发电机组、UPS 电池等）以满足特别重要负荷持续供电要求。对于分布式设置于园区的变配电室，可通过设置电力监控系统或智慧化配电系统实现远程的变配电系统的集中监控功能。

院区变电室、各楼区域的电气机房、楼层或病区的电气机房面积不仅满足一次建设使用，同时考虑远期新增柜位预留。避免医疗建筑的使用功能随着诊疗需要动态变化时，电气机房初始建设面积过小的问题。

2）电源条件预留

电源端主供和备用电源装机容量考虑远期预留。变压器、柴油发电机组等主要设备容量不仅要考虑平时运行工况，还要考虑互为备用，平急转换等应急情况时的适当预留。电源端主供和备供设备出线柜，区域、楼层、末端配电箱 / 柜适当预留的备用开关。

3）线路预留

医疗设备用配电干线线路考虑远期预留。除了电源端设备容量、开关预留，线路预留同样重要，主干线路适当考虑后续新增负荷的冗余量。

5. 能耗管理

医院能耗计量表计的设置，在设计之初应与医院运维和绩效考核部门进行充分沟通，除主要机房设置总计量表计，可根据科室、病区的划分分区设置水表、电表。对于改造项目，需要结合现状情况设置表计，同时还要考虑系统冗余，满足日后新增点位的需要。

6. 病毒消杀

通气管在清洁区与污染区分别设置，平衡排水管中正负压，避免水封破坏，同时向空气中排除管道中浊气。通气管伸顶通气过程中，存在向大气排放污染气体的可能性，通气管不应在新风机房取风口附近或其上风向，也不能位于门窗或屋顶的高位水箱附近，可以将污染区通气管汇合后集中排出。在《新型冠状病毒感染的肺炎传染病应急医疗设施设计标准》T/CECS 661—2020 中规定，隔离区排水系统的通气管出口应设置高效过滤器过滤或采取消毒处理。高效过滤器初阻 200～250Pa，终阻约是初阻两倍，由于阻力因素可能导致排气管无法将浊气及时排出，影响排水能力。因此，在选取高效过滤器时需考虑阻力，通过模型计算压差，选取相应符合国标要求的高效过滤器。目前所使用的排水管 HEPA（A 级）专用高效过滤器，可以在排水系统正常工作的条件下对有害气体进行充分的过滤。除高效过滤器外，还可选取紫外线消毒器，相对于高效过滤器，无须考虑阻力问题，例如，火神山医院即采用“活性炭＋ UV 光解”对废气进行消毒，紫外线消毒系统需考虑污染气体停留时间问题。同时，根据《医疗机构水污染物排放标准》GB 18466—2005，传染病医院对于污水处理站的排气也应进行消毒处理。

传染病科室的门急诊、候诊厅、传染病房、诊室和厕所及污染区的走道等场所应设置紫外线杀菌灯。其回路电源宜集中在护士台控制，由医护人员选择在合适的时间进行紫外线消毒，控制紫外线灯的开关需设计明显的标识以区别于普通照明开关。采用紫外线杀菌灯是医院杀灭空气中细菌的有效方法，但因其所具有的强烈的紫外线有碍眼睛健康，所以设置时应尽量避免将紫外线直接照射到病人或者医务人员的视野内。同时，紫外线灯设置时避免直接照射树脂板等PVC材质，紫外线照射容易加快树脂板等PVC材质的老坏泛黄，影响美观。

7. 管线排布

电气管线在吊顶内排布时一是需要预留出线槽布置于吊顶内的布线和检修空间，二是线槽规格的选择要满足远期新增布线的需求。设计时尽量做到将线槽布线按照功能区域、使用性质或医院的物业管理范围进行区分，在后续运维时一方面便于维修，另一方面在改造时便于新增和替换现有线路。

给水排水及消防干线尽量设置在清洁区走廊，若因条件所限必须设置在污染区时，应尽量将阀门设置在清洁区，方便后期检修。

暖通管线按“三区两通道”原则，分区布置，水平主管尽量设置在公共走廊区域，各房间只设置末端支管，支管安装的阀门尽量设置在公共区并预留检修口，方便后期检修。

8. 材料材质选择

给水及热水可采用食品级不锈钢管材质，环压或卡压连接；排水采用柔性接口机制排水铸铁管，消火栓及自动喷水灭火系统采用内外壁热浸镀锌钢管，沟槽连接。

6.3.4 环境保护

医院为最大的潜在污染源，诊断、检验、患者排泄均能通过“三废”传播污染。因此做好传染病医院的环境污染防治，降低二次感染风险，是传染病医院环境保护设计的关键。由于传染病菌的易感染性，一旦发生污水、废气泄漏污染和固废污染，将会造成严重的环境和安全问题。如何运用环境治理技术实现污染物达标排放，是传染病医院污染防治的重中之重。

1. 污废物处置

传染病医院在诊断、治疗卫生处理过程中会产生废弃物，在患者生活过程中会产生排泄物等。这些废物均有病原微生物污染的可能，属高危险性、高污染性废物。所以在医疗废物的分类、收集、暂存和处置过程必须严格按照规范进行操作，防止固体废物的二次污染。

1）污废物的分类与收集

传染病医院的污废物在源头进行分类收集是废物处理的第一步。医院内非传染病区和清洁区的大部分废物是没有危害的普通垃圾，不需要特殊处理。因此，我们强调对废物的分类是医院废物有效处理的前提。首先，是生活垃圾与医疗废物进行分类存放、分别运输、分别处置；其次，是对感染性废物、病理性废物、锋利物（锐器）、药物性废弃物、遗传毒性废弃物、化学性废弃物、放射性废弃物等用不同颜色的器具或垃圾袋分装、定点放置，分别实行消毒灭菌、集中处置。

传染病医院污染区各科室的污废物垃圾桶进行分类包装，建筑设计应合理规划各区各层污物运输通道，并设置污物专用电梯进行竖向运输，集中运至专用医疗废物暂存间。

2）医疗废物的暂存

传染病医院的医疗废物暂存间不得露天堆放，医疗废物的暂存时间不得超过 2 天，应防雨、防风、防晒，并满足危险废物堆存的基础防渗要求。该暂存间应设置于院区污染区的常年主导风向的下风向，靠近院区污物出口，新建传染病医院多设于地下室靠近污物坡道处的隐蔽区域。暂存间的排水和排风均按照下文中污废水、污染空气的排放要求。

3）医疗废物的处置

目前，医疗废物的主要处置方式有焚烧、高温蒸煮、化学消毒。考虑到传染病医院产生的医疗废物具有较强的传染性，采用焚烧处置的方式（800～1200℃）能最大限度地杀灭病毒，是一种最安全、有效的处置方式。因医院用地有限，污废物均分类运至院外有资质单位进行废物处置。

2. 污废水处理及排放

1）消毒

传染病医院污水需经过前期预消毒与末端消毒两次消毒达标方可排放。《医院污水处理工程技术规范》HJ 2029—2013 中规定，传染病医院预消毒中消毒时间不应小于 30min。目前，常见的消毒方式包括紫外线消毒、臭氧消毒以及加氯消毒。

氯消毒：氯消毒是目前广泛应用的消毒方式，在加氯过程后，应进行脱氯。武昌方舱医院使用过程中，研究发现预消毒池中加入 800g/m^3 次氯酸钠，经过预消毒池后进入化粪池加入 800g/m^3 次氯酸钠，1.5h 后水中游离氯符合中国疾病预防控制中心对游离氯的（游离氯≥ 6.5mg/L）标准，但在 12h 后游离氯低于检测下限值，同时污废水中病毒 RNA 呈现阳性。在化粪池加大至 6500g/m^3 次氯酸钠后，化粪池中未再检测出病毒 RNA。研究表明，0.3mm 大小颗粒可以保护病毒延长其存活时间，病毒嵌入颗粒随之进入下一阶段在水相中释放，因此，病毒存在进入化粪池可能二次释放可能。化粪池中加大氯含量消毒试剂

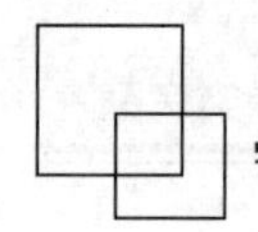

可使其二次失活，但加入过量含氯试剂，产生消毒副产物对环境和人体产生危害。

臭氧：臭氧消毒有着强氧化性，对于消毒灭菌有着比氯消毒和紫外线消毒更好的效果，广泛应用在各种水处理工程中。对于医院规模在300床以上时，国家卫健委建议设置臭氧处理系统，并达到18～20t/h的处理能力。臭氧消毒具有高效的灭菌效果，出水水质高，对流入水体不良影响小，对于传染病医院应优先考虑。根据《医院污水处理工程技术规范》HJ 2029，首选应选择臭氧消毒。但臭氧需在现场发生和使用，同时造价偏高，过度使用会导致二次污染，对环境和人体造成危害。

紫外线（UV）：紫外消毒同样具有较好的灭菌效果，且运行安装费用低于臭氧消毒。紫外消毒在波长200～300nm具有对微生物RNA和DNA的破坏作用，通常认为253.7nm为最波长的选择。但紫外线消毒对水质浑浊度有着较高要求，当水质浑浊时，消毒效果显著下降。

2）二级处理

《医院污水处理工程技术规范》HJ 2029中生化处理阶段推荐活性污泥和生物膜（图6.3.4-1）。

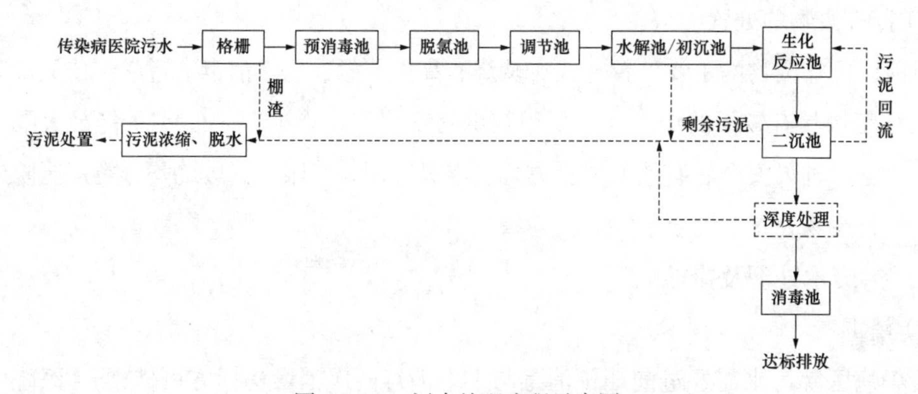

图6.3.4-1　污水处理流程示意图

传统活性污泥法适用于床位数量大于800床有着较大处理量的污水处理。国外研究中，使用活性污泥与人工湿地联合处理医院污废水，污水经过平衡池、活性污泥、沉淀池、曝气池、人工湿地、消毒池后排入水体。最终出水水质BOD、氨、磷酸盐分别达到25mg/L、＜0.01mg/L、0.46mg/L，表明联合工艺对于去除有机物、氮、磷等方面具有良好的性能。

膜处理与活性污泥相比，膜处理使用过程中通过膜技术等代替沉淀池，节省了使用空间。但同时，为防止膜污染，使用过程中需要定期的反冲洗，达到保证处理效果的目的，在使用MF和UF（孔径＜2mm）时，由于孔径较大，对病毒、微生物等去除率较低，且对污水中药物类处理效果不足。因此MBR与RO或NF/EN集成使用，可达到更好的处理效果。例如，MBR-RO集成系统，研究表明其具有水体净化的巨大潜力，同时，2010年，Beier等人创建了首个用于医院废水处理的全面集成MBR-RO系统，研究表明对于化学药物的残留有着有效去除效果；MBR-NF集成系统，同样对于细菌、药物、护理品有着良好的去除效果（ED电渗析、UF微滤、MF超滤、NF纳滤、RO反渗透）。

移动床生物膜法（MBBR）。MBBR是一种新型膜反应器，MBBR中的悬浮载体有较高的比表面积和亲水性。在曝气过程中，由于载体密度接近水密度，使得载体在反应器内处于活动状态。载体内外均可使微生物挂膜生长，因此载体外部生长好氧菌，内部可生存厌氧菌或兼性厌氧菌，提升水处理效果。火神山新冠肺炎传染病医院的建设过程中，考虑MBBR具有处理高负荷能力，且氧化池容积小，降低了污泥产泥量，使用过程无须反冲洗，可直接安装，减少基建以及安装时间，采用了MBBR作为应急传染病医院的处理工艺。

在二级处理后，可采用絮凝沉淀对二级出水水质进行深度处理。絮凝沉淀中，沉淀效果决定水中污染物、病毒等去除效果，通过加入絮凝剂、助凝剂，形成矾花，从而沉淀去除。雷神山、火神山在污水处理过程中，通过MBBR后，出水进入絮凝沉淀池，进行深度处理，保证出水水质。

3. 污染空气处理及排放

（1）负压病房及负压隔离病房的排风口应远离院里进风口和人员活动区域，并设在高于半径15m范围内建筑物高度3m以上的地方，应满足距离最近建筑物的门、窗、通风采集等的最小距离不小于20m。室外排风口应有防风、防雨、防虫鼠设计，使排出的空气能迅速被大气稀释，但不应影响气体向上空排放。

（2）负压隔离病房的排风机进口部位应设置高效过滤器，如排风系统末端房间排风口部已安装高效过滤器，风机口部可不再重复安装。负压病房、诊室等污染区建议参考负压病房要求设置，主要目的就是稀释污染物浓度，达到安全排放的要求。

4. 防污染措施

根据《传染病医院建筑设计规范》GB 50849—2014，传染病医院应采用雨污分流制，当城市市政无雨水管道时，院区也应采用单独雨水管道系统，不宜采用地面径流或明沟排放雨水。雨水在地表冲刷过程中，可能携带病毒、细菌等，因此应减少雨水地表径流，雨水应收集消毒后排放，避免通过径流产生二次传播的风险。广州某大型传染病医院中，雨水分为传染病区与非传染病区单独收集。为防止雨水下渗污染土壤以及地下水，传染病区域不设置透水铺装与下凹绿地，统一在雨水排出口末端设置雨水消毒调蓄池，集中管控消

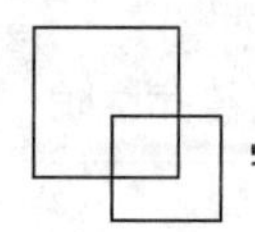

毒后排放。在有严重隔离措施的传染病区，在病区下地面还需增设 HDPE 防渗膜，防止雨水渗入。火神山医院在地基建设过程中，按照垃圾填埋场防渗透层要求，铺设了两层土工布，土工布中间设置 HDPE 防渗膜，防止雨水带菌污染土壤与地下水。

对于传染病医院室外排水检查井，应采用密闭井盖。

污水站处理应设置在夏季主导风向下风向位置，且设置应急事故池，应急事故池容积不小于日排放量的 100%。污水过程中，格栅、化粪池以及二级处理污泥处理过程中，会产生一定的固体废弃物。污水处理过程中所产生的固废，按照《医疗机构水污染物排放标准》GB 18466—2005，均应按危废处理。污泥需经脱水消毒后，含水量达到 80% 以下，且脱水后应密闭封装，满足《医疗机构水污染物排放标准》GB 18466—2005 污泥控制标准后，由有资质的专业危废处理单位进行集中转运处理。

在医院污水处理厂中，应根据《医院污水处理工程技术规范》HJ 2029—2013，设置污水连续监测系统检测设备，包含 pH 计、流量计、液位控制器、溶氧仪等计量装置。医院污水处理工程运行监测参数至少应包括水量、pH 值、BOD、CDO、悬浮物、氨氮、动植物油、粪大肠菌群数等。根据《医疗机构水污染物排放标准》GB 18466—2005 规定，粪大肠杆菌月监测不得少于一次；采用氯消毒时，需在接触池出水监测余氯量，每日不得少于两次；且应该加强肠道致病菌、肠道病毒等其他传染病病原体监测。

尽管医源性感染的原因及控制的话题在前面已讨论过，设计人员还必须认识到，暖通空调系统自身的设计缺陷和维护不良也会导致潜在的感染危险。在任何存在营养成分的地方，有害微生物都会生长。一般来说，在坚硬的表面（如铁皮）上需要有液态的水微生物才能生长，而对于多孔材料，只要相对湿度＞50%，微生物就会生长。营养成分一般存在于土壤、环境粉尘、动物排泄物以及其他有机或无机物质中，暖通空调设计人员的任务就是通过正确地设计设备，包括为检查和维修提供便利条件，避免潮气和营养成分在系统中聚集。在暖通空调系统中，以下几种情况有较大的潜在危害：

（1）室外新风入口十分靠近有机物残体聚集的地方，如湿树叶、动物巢穴、垃圾、湿润土壤、草屑以及湿气和尘土聚集的低洼地带。因此要特别注意低标高的进风口，前面提到规范要求进风口和地面或房顶保持一定距离，也是基于这种考虑。

（2）室外新风入口设计不当，不能挡住风雪。例如，没有在入口安装百叶窗（或百叶窗设计不合理），或者通风口安装在能形成雪堆或飞溅的雨水能进入的地方。

（3）室外新风入口的支架设计不当，造成栖息的鸟类的粪便和采集物积聚，或支持多种危险的病原体生长。

（4）冷却盘管排水盘或排水槽设计不当，影响冷凝液的充分排出。

（5）空气处理机组或安装在风道中的加湿器设计不当，使雾滴在撞击到气流下游的设备和装置前未能安全蒸发。

（6）易于积聚灰尘的过滤器和可渗性风道衬里过于接近冷却盘管和加湿器等湿源。

（7）设计时缺乏对维护的考虑，造成一些设备无法接近以进行检查和清扫。

5. 维护与保养要求

（1）空气处理机组、新风机组应定期检查，保持清洁。

（2）新风机组粗效滤网宜每2天清洁一次；粗滤过滤器宜1到2个月更换一次；中效过滤器宜每周检查，3个月更换一次；亚高效过滤器宜每年更换。发现污染和堵塞及时更换。

（3）末端高效过滤器宜每年检查一次，当阻力超过设计初阻力160Pa或已经使用3年以上时宜更换。

（4）排风机组中的中效过滤器宜每年更换，发现污染和堵塞及时更换。

（5）定期检查回风口过滤器，宜每周清洁一次，每年更换一次。如遇到特殊污染，及时更换，并用消毒剂擦拭回风口内表面。

（6）设专门维护管理人员，遵循设备的使用说明进行保养与维护，并制定运行手册，附有检查和记录。

6.3.5　人文关怀

传染病专科医院是特殊的医疗场所。大众对于传染病医院往往是谈其色变，对于传染病患者更是疏远与恐惧。因此在传染病医院的设计中，充分考虑传染病患者的人性化需求是必不可缺的一环，要为他们提供一个积极的康复环境。不仅是患者，医护人员更是传染病医院中的"定海神针"。轻松、舒适的工作与休息环境，会更有利于提高他们的工作效率，进一步增强传染病医院的诊疗能力。

1. 空间设计人性化

人性化的医院内部空间设计是用建筑处理的手法给空间带入了情感的因素。人性化的处理方式有效缓解医院给患者及家属带来的冷漠与恐惧的心理，充分体现对患者和医院人员的人文关怀。良好的内部空间氛围有助于缓解患者紧张焦虑的心情，放松心态进行诊治，有助于疾病的康复。

1）空间布局合理　功能配置完善　充分利用自然环境

以医院街为交通主轴的街巷式布局；患者、医生流线分隔清晰，降低感染风险；门诊科室根据患者人流量从多到少分布于首层及上层，患者就诊方便。

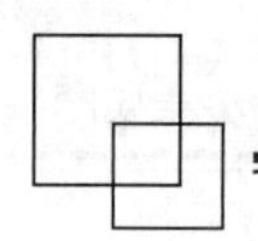

门诊大厅、等候空间、病房等空间环境设计直接关系到就医体验，良好的等候空间应结合自然采光通风，引进自然光线。大型公共空间宽阔的视野，良好的自然采光可以将室外景观延伸到室内，家属在等候区域可欣赏到室外的景色有效缓解不安心理。

在功能配置方面，需配置齐全。不仅有高程度智慧化配置，还应有与医院配套服务的非医疗空间。例如，休憩椅设置充电口、便民自费药房、轮椅租用点、充电宝、自助售货机、自助口罩机、ATM、便利店、开水间等，这些非医疗性设置点，极大方便了患者及家属，人性关怀于细微处体现。

智能化医疗设备及服务设施可以提高医疗服务质量，亦可有效降低患者之间、医患之间交叉感染。智能化医疗平台应用广泛、功能全面，可实现自助取号、取片以及远程医疗问诊与电子病历存档等功能。除此之外可视化对讲、智能消毒机器人、智能查房推车、自助取药机等智能化设备的使用也极大降低了患者再次感染与交叉感染的风险。

2）色彩装饰宜人　标识导视明确　景观装饰适宜

标识与导视应内容充实、层次分明。标识颜色应根据病区不同颜色不同。每栋楼入口处设置院区整体引导视图及病区各楼层功能分布，建筑内部墙面、吊挂、地面指示布置全面，主色调以中间调和色为主，避免太过明艳的纯色给患者带来不适感。母婴、女性患者等空间标识以粉色、紫色为主。粉色给人安抚宽慰、唤醒希望。

装饰应采用抗菌性较强的材质，地面应采用有较好的抗菌及抗污能力，避免院内交叉感染的发生，同时应有降低噪声及防滑的效果。墙面装饰材料公共区域宜选择加入银离子抗倍特板或无机装饰板。花色多样，选择范围广泛。根据不同门诊类型患者选择不同纹理图案。天花装饰以石膏板、铝单板为主，易清洁、便于切割。

传染病医院景观主要起到隔离、净化空气的作用，此外，还为人们提供优美的环境，提升视觉感受，缓解心理压力。在设计时需考虑到隔离性、美观性、生态性。要考虑有隔声降噪功能的树木，例如，雪松、银杏等；还应考虑能分泌杀菌素的树种，例如，龙柏、柠檬等；此外还应避免有较多落叶和有飞絮的树种，例如，毛白杨、夹竹桃。

3）无障碍设计

无障碍设计规范已详细表述，本书仅列举一些无障碍细节体现人性化关怀。

无障碍设施：问诊台应设置在明显的位置，并有为视觉障碍者提供的可以直接到达的盲道或引导设施；公共电话应设置低位电话，并设置在无障碍通行的位置；饮水处应有低位设置；导医台进行高低位设计，方便轮椅患者问诊；收费处与药房处设置地位窗口等。

无障碍标识：无障碍通道上悬挂国际通用的无障碍标识牌，帮助有需要者感知周围空间状况，引导其行动路线和到达目的地。

2. 热舒适环境的人性化

人文关怀就是对人生存状态的关怀，在对人生存状态的多重关怀中，人员所处环境温湿度的要求，在医院建筑中更显得尤为重要。随着医疗技术的不断进步，在治病救人为首要目标的前提下，医院建筑作为承载医患的“载体”需更加注重医护人员和患者在室内的热舒适度环境。我国现阶段的所建设的大型医院建筑也向着逐渐重视和提升室内热湿环境方向推进。在传染病医院中，室内环境舒适度对病患康复和医务工作者工作有着重要影响：一方面可使传染病患者在舒适的隔离环境中生活，以此减轻患者在隔离状态下的紧张，另一方面也会减轻医护工作者在长时间防护服工作状态下的不适。因此在传染病医院设计中，为满足人员热舒适度，空调、通风系统除了需要满足医疗工艺特殊需求的合理性及避免交叉感染等问题，同时兼顾满足医患人员的健康舒适势在必行。

影响人体热舒适的环境因素主要体现在：空气温度、平均辐射温度、湿度以及空气流速。因此在《传染病医院建设设计规范》GB 50849中对于传染病医院各区域有如下要求（表6.3.5-1）：

主要用房室内空调设计温度、湿度　　表6.3.5-1

房间名称	夏季		冬季	
	干球温度（℃）	相对湿度（%）	干球温度（℃）	相对湿度（%）
病房	26～27	50～60	20～22	40～45
诊室	26～27	50～60	18～20	40～45
候诊室	26～27	50～60	18～20	40～45
各种试验室	26～27	45～60	20～22	45～50
药房	26～27	45～50	18～20	40～45
药品储藏室	22	60以下	16	60以下
放射线室	26～27	50～60	23～24	40～45
管理室	26～27	50～60	18～20	40～45

传染病医院内按照污染程度不同分为：清洁区、半污染区、污染区，各分区依照规范要求应独立设置空调通风系统；另外传染病医院作为功能区域复杂、人员状况多样、交通流线繁多的场所，各办公室、住院部、手术室及挂号缴费等公共区域，各区域根据使用时间、房间功能不同都需要区分进行空调系统设计。

现代化医院秉承着“以患者为中心”的理念，让患者在医院就医能方便、舒适。对于普通基本要求的病房，仅需稳定地控制送风区域的温湿度，避免出现大温差即可，但是对于特殊要求的病房，如产房、ICU病房、新生儿、手术室等房间，不仅要保证温湿度的舒

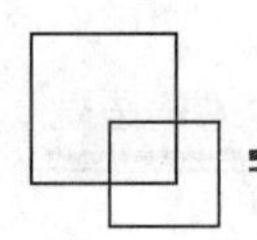

适，还要避免出现吹风感，避免风口直吹患者。这就需要在医院病房空调设计中除了需要送风考虑温湿度、空气质量的问题，舒适度更与气流组织密切相关，不适合的气流组织不仅会造成资源浪费还会对空气造成二次污染，对患者的康复带来影响。

影响送风舒适度的原因首先是送风方式，目前医院中所采用的送排风形式主要有：

（1）上送下回形式：风口形式可以采用散流器也可以采用侧送、回条形风口形式，这种送风方式形成的温度场、速度场、浓度场都比较均匀，适合对温湿度、洁净度要求比较高的房间。

（2）上送上回形式：包括同侧侧送下回和异侧上送上回形式，这种送风方式可以安装在房间吊顶内部，美观且方便维修拆卸等。

（3）下送上回形式：这种方式可以采用地板送风，和一般送风口不同的地方在于送风温度和速度都要低一些。

其次风速也是影响送风舒适度的重要因素，表 6.3.5-2 显示的为风速对人体及室内作业的影响。可以看出，当风速为 1.0～1.5m/s 时的吹风感，人就会觉得不舒服。因此我国现在对舒适性空调风速的规定为：夏季空调室内的风速要小于等于 0.3m/s，冬季空调室内的风速要小于等于 0.2 m/s。

风速对人体及室内作业的影响　　　　表 6.3.5-2

风速大小	对人体及室内作业的影响
0～0.25m/s	不易察觉
0.25～0.5m/s	愉快，不影响工作
0.5～1.0m/s	一般愉快，但需防止薄纸被吹散
1.0～1.5m/s	稍有风声及令人讨厌的吹感
1.5～7.0m/s	风声明显，薄纸吹扬，厚纸吹散

医院作为大型公共建筑，建筑面积大、进深长度长、功能分区多必然造成内外区空调负荷差异，因此为保证内区人员的环境舒适度，经计算后需对内外区空调系统区分设计。

一般来说内区冬季的空调负荷为室内冷负荷和新风负荷。室内冷负荷这部分包含：设备、灯光、人员的负荷。为满足这部分冷负荷，冬季内区供冷有两种形式。一种是直接利用室外新风供冷，利用集中新风机组将室外新风加热加湿处理到一定温度、湿度，考虑到集中处理的新风送风温度较低，有结露可能性并且送风温度低，不适合直接送到室内，将这部分送风和室内风机盘管的风混合后再送入室内。这部分新风吸收室内热量基本可以消除室内冷负荷。另一种是利用冷水机组制冷来承担这部分室内负荷，这种方式可不受室外温度制约，能够更稳定地满足各个科室的不同需求同时，舒适度也会更好。

各地区、各类型医院可结合当地气候条件及负荷特点选择适合供冷方式，保证医院内区域的全年舒适性。

医院各分设空调系统复杂，各区域独立设置空调系统在为人们带来舒适的同时，随之也会产生运行管理的问题。医院作为为病人治疗的场所，空调系统正常不间断运行也成为重中之重。空调处理机组和通风机组可以采用自动控制系统，来便捷控制各区域温湿度的同时，更减轻了运行管理人员的工作。例如，新风机组的控制可根据送风温度调节水路电动阀门开度；湿度也可通过加湿阀门开度控制；新风进风管处设置电动保温阀，并与送风机连锁启停可有效保证机组防冻，且可以在新风机组盘管处设置温度传感器及防冻报警装置与电动保温阀连锁。护士站（或其他监测控制点）设置负压监测系统，监测半污染区、污染区的压差等重要参数，实现压差可视化，且可远程控制对应新风机组及房间压差控制面板。在控制室（或其他监测控制点）设置中央监测电脑，监控智能通风系统中各重要参数，实现控制管理集中化。给医院工作人员系统性、便捷性差异化的管理各项控制工作带来了方便。

在国家制定关于发展绿色建筑的要求下，保证声环境作为其中一项评价标准，在医院建筑中更是至关重要的一环。噪声指的是人在特定环境下不想听到的声音，能够引起心理或者生理不适的声音。所以在医院设计过程中，应该重视噪声对患者和医护人员的影响。

我国在《民用建筑隔声设计规范》GB 50118—2010 中对医院主要房间允许噪声级的规定（表 6.3.5-3）：

医院主要房间允许噪声级　　表 6.3.5-3

<table>
<tr><th rowspan="3">主要房间</th><th colspan="4">允许噪声级（A 声级，dB）</th></tr>
<tr><th colspan="2">高要求标准</th><th colspan="2">低限标准</th></tr>
<tr><th>昼间</th><th>夜间</th><th>昼间</th><th>夜间</th></tr>
<tr><td>病房、医护人员休息室</td><td>≤ 40</td><td>≤ 35</td><td>≤ 40</td><td>≤ 35</td></tr>
<tr><td>各类重症监护室</td><td>≤ 40</td><td>≤ 35</td><td>≤ 40</td><td>≤ 35</td></tr>
<tr><td>诊室</td><td colspan="2">≤ 40</td><td colspan="2">≤ 45</td></tr>
<tr><td>手术室、分娩室</td><td colspan="2">≤ 40</td><td colspan="2">≤ 45</td></tr>
<tr><td>洁净手术部</td><td colspan="2">—</td><td colspan="2">≤ 50</td></tr>
<tr><td>人工生殖中心净化区</td><td colspan="2">—</td><td colspan="2">≤ 40</td></tr>
<tr><td>听力测听室</td><td colspan="2">—</td><td colspan="2">≤ 25</td></tr>
<tr><td>化验室、分析实验室</td><td colspan="2">—</td><td colspan="2">≤ 40</td></tr>
<tr><td>入口大厅、候诊室</td><td colspan="2">≤ 50</td><td colspan="2">≤ 55</td></tr>
</table>

在实际生活中，噪声产生的原因是多方面的，在这里我们主要讨论空调系统运行这部分产生的噪声。尤其是对于传染病医院，正负压要求严格，设备系统繁多，对于噪声控制方面更需要设计师着重处理。首先噪声主要来源于空调通风设备，设备应根据设备转速不同选择设置弹簧或橡胶减震，对于有噪声要求的区域，在设备选型时可以优先选择低噪声离心风机；另外需要注意设备受到风压、风速、转速的影响，均会产生噪声。在风管设计中，风管出机房位置应设置1～2节消声器，风管风速应控制不宜过高，且应尽量减少弯头、突扩和突缩的变径。只有不断优化空调系统设计，从源头到末端均需采取措施，才能有效控制噪声污染，打造绿色医院。

总之，空调系统设计对于建设环境友好型医院是非常重要的一环，每一步设计都要重视"人"的理念，以人为本，方能打造患者就医体验舒适、医护人员工作舒心的医院。

6.3.6 平急结合

1. 总体规划的平急结合

随着全球经济一体化，疾病传播亦呈全球化，传染病医院患者易发生传染病合并传染病、传染病合并慢性病的特点，病情与病种复杂化、多元化。因此，传染病医院要发展多学科诊疗模式，实现各科室均有学科特色和优势，不断提升医疗业务水平，走精细化感染性疾病专业道路和感染性疾病为特色的综合医院发展道路。例如，北京地坛医院和北京佑安医院是北京市属两家传染病医院，两家医院均为以传染病学为重点和特色的三级甲等综合医院。因此，该类传染病医院的建设应根据功能需求，规划传染病床位和综合床位，在遇到突发大公共卫生安全事件时，综合护理单元可随时转换为传染病护理单元，并可根据实践情况在急时实现分栋转换。当发生烈性传染疾病时，应有预留用地建设临时应急医院，预留用地应充分考虑预留机电等配套条件，便于急时能快速搭建应急设施。

2. 建筑单体的平急结合

1）护理单元

传染病医院根据收治患者的类型不同，可划分为呼吸道病区、肠道消化道病区及肝炎病区、肺结核病区、艾滋病病区等，平面布局均应划分污染区、半污染区与清洁区，并应划分洁污人流、物流通道，即"三区两通道"布局模式。

护理单元布局的平急结合主要体现在急时，综合医院普通病区可快速转换成传染病区。普通的护理单元多包含患者治疗区和医护办公区，一般设有医护通道和患者通道，但患者与医护通道不是绝对的区分（图6.3.6-1）。

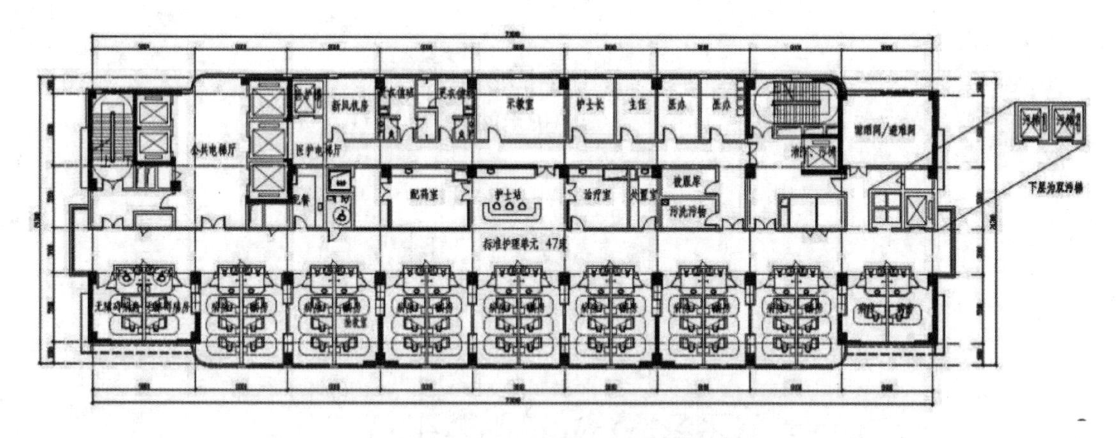

图 6.3.6-1　普通标准病区平面

普通标准病区进行平急转换时，为快速实现功能转换，两区之间可设置缓冲区，取消半污染区，通过急时对医护人员进入污染区的防护管理，实现收治传染病患者的功能。具体操作可将库房、卫生间等辅助用房，急时改造为缓冲区（图 6.3.6-2）。

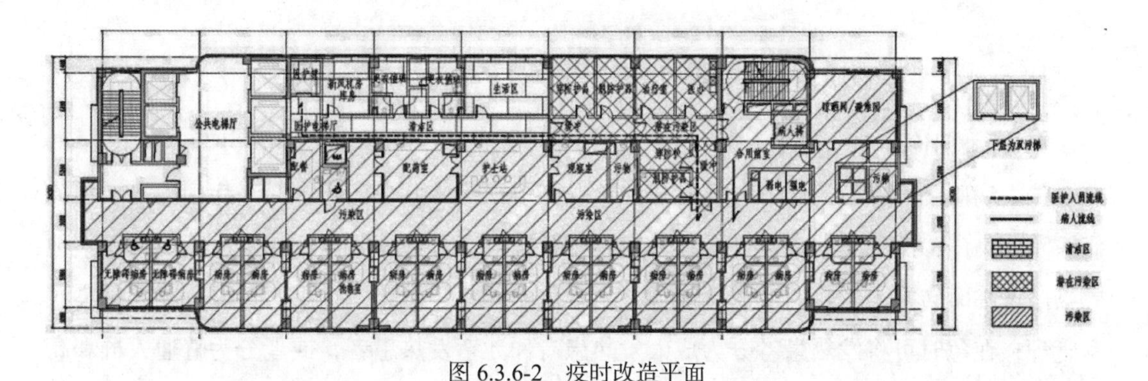

图 6.3.6-2　疫时改造平面

2）病房

根据《传染病医院建筑设计规范》GB 50849，呼吸道传染病病区，在医务人员走廊与病房之间应设置缓冲前室，并应设置非手动式或自动感应龙头洗手池，过道墙上应设置双门密闭式传递窗。在新建项目中，考虑平急结合的传染病医院病房设计平时宜设置缓冲间，平时缓冲间外门可常开或取消，方便平时进出病房，在急时便于迅速转换为呼吸道传染病房（图 6.3.6-3）。

病房设置缓冲间毕竟影响平时使用的便利性，在急时为方便快速转换及减少转换对疫后拆改影响，传染病医院非呼吸道传染病区及普通标准病区的病房仍采取不增设缓冲间，而是将护士站及对应的该侧通道均划分为污染区，原清洁区与污染区之间通过图 6.3.6-2 的方式设置缓冲区。

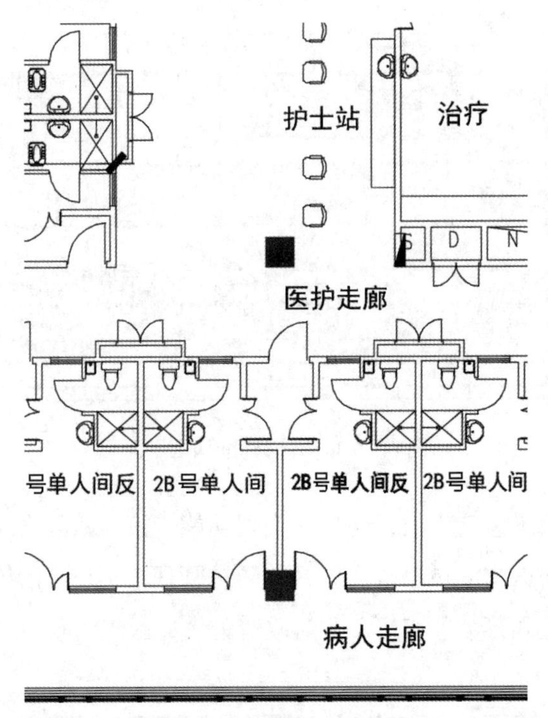

图 6.3.6-3　平时病房方案一

3）感染门诊

传染病医院的感染门诊可分为发热门诊、肠道门诊、肝炎门诊、艾滋病门诊等。传染病医院感染门诊的平急结合设计应在方案设计阶段，充分考虑肠道门诊、肝炎门诊等其他感染门诊临时转换为发热门诊的可能性，实现急时的临时扩容。在平时可以分不同感染科室管理；在急时可将发热患者分为成人发热患者和儿童发热患者，或者分为普通人群和高风险人群进行分流管理，便于减少交叉感染。例如，在新建或改造的感染门诊的设计中，考虑将发热门诊和肠道门诊的患者通道相通，之间设置缓冲间或双道门，平时双道门常闭并将门缝通过打胶等密闭处理，急时可常开或设为分流管理门，为发热门诊扩容提供便利。对于既有建筑改造项目，若现状其他感染门诊不便扩容改造为发热门诊，也可在传染病医院的最小频率风侧，选择相对独立的场地，临时搭建发热门诊集装箱，实现发热门诊的扩容。

3．通风空调的平急结合

本节内容主要参考北京市 2020 年发布的《综合医院平急结合可转换病区建筑技术导则（试行）》中的要求。

1）一般规定

（1）“平急转换”区应当根据医院在区域重大疫情救治规划中的定位，相应采取符合平急转换要求的通风空调措施。

（2）通风空调系统应当平急结合统筹设计，避免平、疫两套系统共存。

（3）“平急转换”区应当设置机械通风系统。机械送风（新风）、排风系统宜按清洁区、半污染区、污染区分区设置独立系统。当系统分三个区设置有困难时，清洁区应当独立设置，污染区和半污染区可合用系统，但应单独设置分支管，并在两个区总分支管上设置与送、排风机连锁的电动密闭风阀。

（4）“平急转换”区的通风、空调风管应当按急时的风量设计布置。

（5）“平急转换”区的通风、空调设备机房布置应当满足急时设备安装、检修的空间要求；通风、空调设备按平时使用设置。

（6）急时通风系统应当控制各区域空气压力梯度，使空气从清洁区向半污染区、污染区单向流动。

（7）“平急转换”区急时清洁区最小新风量宜为 3 次 /h，半污染区、污染区最小新风量宜为 6 次 /h。

（8）清洁区新风至少应当经过粗效、中效两级过滤，过滤器的设置应当符合现行国家标准《综合医院建筑设计规范》GB 51039 的相关规定。急时半污染区、污染区的送风至少应当经过粗效、中效、亚高效三级过滤，排风应当经过高效过滤。

（9）送风（新风）机组出口及排风机组进口应当设置与风机联动的电动密闭风阀。

（10）送风系统、排风系统内的各级空气过滤器应当设压差检测、报警装置。设置在排风口部的过滤器，每个排风系统最少应当设置 1 个压差检测、报警装置。

（11）半污染区、污染区的排风机应当设置在室外，并设在排风管路末端，使整个管路为负压。

（12）半污染区、污染区排风系统的排出口不应邻近人员活动区，排风口与送风系统取风口的水平距离不应小于 20m；当水平距离不足 20m 时，排风口应当高出进风口，并不宜小于 6m。排风口应当高于屋面不小于 3m，风口设锥形风帽高空排放。

（13）清洁区、半污染区房间送风、排风口宜上送下排，也可上送上排。送风、排风口应当保持一定距离，使清洁空气首先流经医护人员区域。

（14）急时的负压隔离病房及重症监护病房（ICU）应当采用全新风直流式空调系统；其他区域在设有新风、排风的基础上宜采用热泵型分体空调机、风机盘管等各室独立空调形式，各室独立空调机安装位置应当注意减小其送风对室内气流的影响。

（15）半污染区、污染区空调的冷凝水应当分区集中收集，并采用间接排水的方式排入污废水系统统一处理。

2）门急诊部及医技科室

（1）“平急结合”区的门急诊区，其污染区平时设计最小新风量宜为 3 次 /h，急时最小新风量宜为 6 次 /h。

（2）“平急结合”区的 DR、CT 等放射检查室，平时新风量不宜小于 3 次 /h，急时不宜小于 6 次 /h。

（3）PCR 实验室各房间应当严格控制压力梯度，空气压力依次按标本制备区、扩增区、分析区顺序递减，分析区应为负压。PCR 通风系统宜自成独立系统，急时宜按增强型二级生物安全实验室设计。

3）住院部

（1）“平急结合”区的护理单元平时宜微正压设计，急时应当转换为负压。“平急结合”的病房送风、排风系统不得采用竖向多楼层共用系统。

（2）平时病房最小新风量宜为 2 次 /h，急时病房新风量按以下设计：

① 负压病房最小新风量应当按 6 次 /h 或 60L/s 床计算，取两者中较大者。

② 负压隔离病房最小新风量应当按 12 次 /h 或 160L/s 计算，取两者中较大者。

（3）病房双人间送风口应当设于病房医护人员入口附近顶部，排风口应当设于与送风口相对远侧病人床头下侧。单人间送风口宜设在床尾的顶部，排风口设在与送风口相对的床头下侧。

（4）平时病房及其卫生间排风不设置风口过滤器。急时的负压病房及其卫生间的排风宜在排风机组内设置粗、中、高效空气过滤器；负压隔离病房及其卫生间、重症监护病房（ICU）排风的高效空气过滤器应当安装在房间排风口部。

（5）急时，负压病房与其相邻相通的缓冲间、缓冲间与医护走廊宜保持不小于 5Pa 的负压差。每间负压病房在急时宜在医护走廊门口视线高度安装微压差显示装置，并标示出安全压差范围。

（6）病房内卫生间不作更低负压要求，只设排风，保证病房向卫生间定向气流。

（7）每间病房及其卫生间的送风、排风管上应当安装电动密闭阀，电动密闭阀宜设置在病房外。

4）重症监护病房

（1）“平急结合”的重症监护病房平时宜正压设计，急时应当转换为负压。

（2）平时重症监护病房最小送风量应当按 12 次 /h 计算。空调系统设粗效、中效、高效三级过滤，高效过滤设在送风口。

（3）重症监护病房平时宜采用全空气系统，气流组织为上送下回，回风口设置在床头部下侧，并设置中效过滤器。急时转换为全新风直流空调系统，利用平时回风口转换为急时排风口，口部尺寸应当按急时排风量计算，口部结构应能方便快捷安装高效过滤器。

（4）空调机组、排风机“平急共用”，利用平时全空气空调系统转化为全新风直流空调系统，空调机组应当考虑其冷、热盘管容量及防冻措施等；排风机设置变频设计，并选用性能曲线陡峭，风压变化大风量变化小的风机，按急时需求设置。

4. 给水排水平急转换

1）系统评估

平急转换之前需对现有给水排水系统进行评估，确定利旧内容、改造内容。具体内容如下：

（1）现状给水系统是否具备对污染区、清洁区进行分区供水的条件，若不具备，系统水压是否可以满足增设防污染措施后的压力要求。

（2）现状给水加压泵流量是否可满足转换后新增人员的用水量需求。

（3）现状热水系统是否具有完善的灭菌措施。

（4）现状热水系统的热源是否可满足转换后新增人员的生活热水耗热量需求。

（5）现状排水体制及消毒措施是否能满足现行规范要求。

（6）既有消防水系统是否满足现行规范要求。

2）转换原则

在转换过程中以利旧现状系统为主，尽量不对现状系统进行调整，本着快速转换、安全可靠、经济节省等原则，当不能满足转换需求时，再对设备进行更换。建筑内局部转换时，应避免破坏现状系统正常运行，对改造时的影响做出整体评估，临时拆改要有记录清单，确保事后恢复。

当给水系统现状为分区供水，则可按照转换流线进行干线及末端调整。若不具备分区供水条件时，则需增设防污染措施，将半污染区、污染区与清洁区给水系统分离，若设置减压型倒流防止器，则需校核系统压力是否可满足要求。

热水系统需核实现状系统是否有具体完善的消毒灭菌措施，如热力灭菌或设置消毒装置。建成时间早的项目往往缺少相关系统，在转换设计时更需关注此问题。

室内排水需注意分区排水，清洁区排水应单独排至室外并设置可靠水封装置，不得与半污染区、污染区混合，相关通气管不得混接，半污染区、污染区的通气管在出屋面处增设消毒装置。所有卫生器具及地漏应设置水封，水封深度不得小于 50mm，负压区域可适当增加水封深度，但不得大于 75mm，污物洗涤盆和污水盆的排水管管径不得小于 75mm。管道布置除符合《建筑给水排水设计标准》GB 50015—2019 的要求外，还需注意不应穿越无菌室，当必须穿越时，应采取防漏措施，当室外污水化粪池未设置消毒设施时，应增设，灭活后再排至医院污水处理站。

平急转换技术其他要点可参照本章节第 6.3.3 节内容。

5. 电气设施的平急转换

1）系统评估

对于电气系统的平急转换，在转换之前需对现有电气系统进行评估，确定利旧内容、改造内容。具体内容如下：

（1）上级电源条件是否具备双重电源。

（2）现状供配电系统容量是否满足转换后新增设施用电需求。

（3）现状供配电系统是否具备快速为新增设施接引电源的条件。

（4）既有电气消防系统是否满足现行规范要求。

2）转换原则

在转换过程中以利旧现状系统为主，减少对现状系统调整，本着快速转换、安全可靠、经济节省等原则。

（1）改造设计（利旧、拆改、恢复）原则：建筑物内尽量利用既有电气环境和条件，尊重历史，满足新增设施需求。

（2）避免破坏现状。电气系统临时拆改要有记录清单，确保事后恢复。

3）技术要点

建筑物内低压配电系统的接地形式为 TN-S 系统，新建外置配套建筑引入低压电源时，采用 TN-C-S 系统，电源保护接地中性导体（PEN）入户处应做重复接地。

防火设施、污染区及潜在污染区通风设施、消毒设施供电电源负荷等级应按既有建筑最高负荷等级确定，不应低于二级负荷。

新增配电箱（柜）、控制箱（柜）及临时敷设的主干线路宜设置在清洁区或专用配电间内；清洁区、污染区、潜在污染区应分别设置配电回路；通风系统与空调系统的电源应独立设置，通风系统应采用双电源供电。新增配电箱（柜）应设电气火灾监控系统。

结合现状楼层空调通风设备设置，在条件允许情况下，将设备的手动控制调整至相对集中和便于管理的清洁区。

配电箱、开关、插座和照明灯具靠近可燃物时应采用隔热、散热等防火措施。

新增非消防电线电缆应采用低烟无卤阻燃型，消防负荷供电电缆应采用耐火低烟无卤阻燃型。电线电缆的选型应符合现行国家标准《建筑设计防火规范（2018 年版）》GB 50016 的有关规定。

线槽或管线宜明敷设且采用不燃型材料。线槽及管线穿越清洁区与污染区之间的隔墙时，隔墙缝隙及线槽口、管口应采用不燃材料可靠密封。

应对所有强电水平、竖向通路进行排查，做好管线穿越楼层和分区的封堵，防止楼层间和分区间交叉感染。

地面敷设的临时电源线路宜避开人员通行及货物运输通道。当无法避开时，应采取防护措施。临时电源线路宜采用橡胶或硬质 PVC 地面线槽或金属管敷设。

洗浴间、有洗浴功能的卫生间应设置辅助等电位端子箱，并将房间内的所有外露可导电物体进行等电位连接。

新建外置配套建筑应按相关的现行国家标准做好防雷与接地措施。

现场实施时，需对所有强电水平、竖向通路进行排查，做好管线穿越楼层和分区的封堵，防止楼层间和分区间交叉感染。

对现状电气消防系统进行加强，在电源端增设电气火灾监控系统，加强电气火灾预警能力。

6.3.7　典型用房设计要求

1. 病房

标准的传染病区均应满足“三区两通道”模式，每个病房设置独立的卫生间。医护人员进出病房需要通过一个缓冲空间，且沿医护走廊一侧设观察窗和传递窗，避免医护和患者过多接触造成交叉感染。病房内治疗带上由呼叫对讲机、插座、床头灯、开关、吸引终端、氧气终端、负压吸引终端、网络插座等各类设备构成。病房门上安装电磁锁，避免患者进入到医护清洁区（图 6.3.7-1～图 6.3.7-4）。

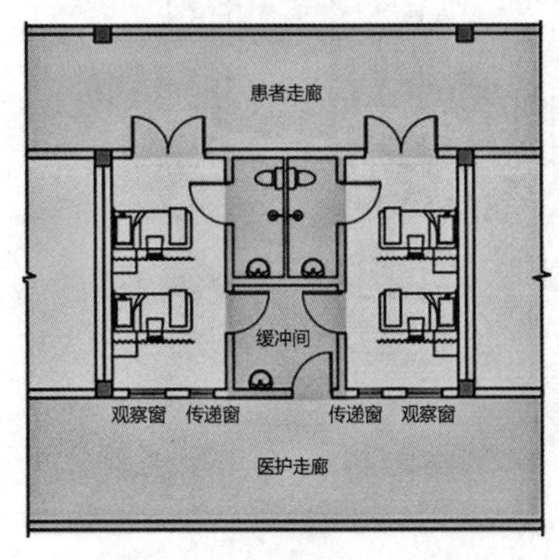

图 6.3.7-1　标准病房平面图

图 6.3.7-2　标准病房模型示意图

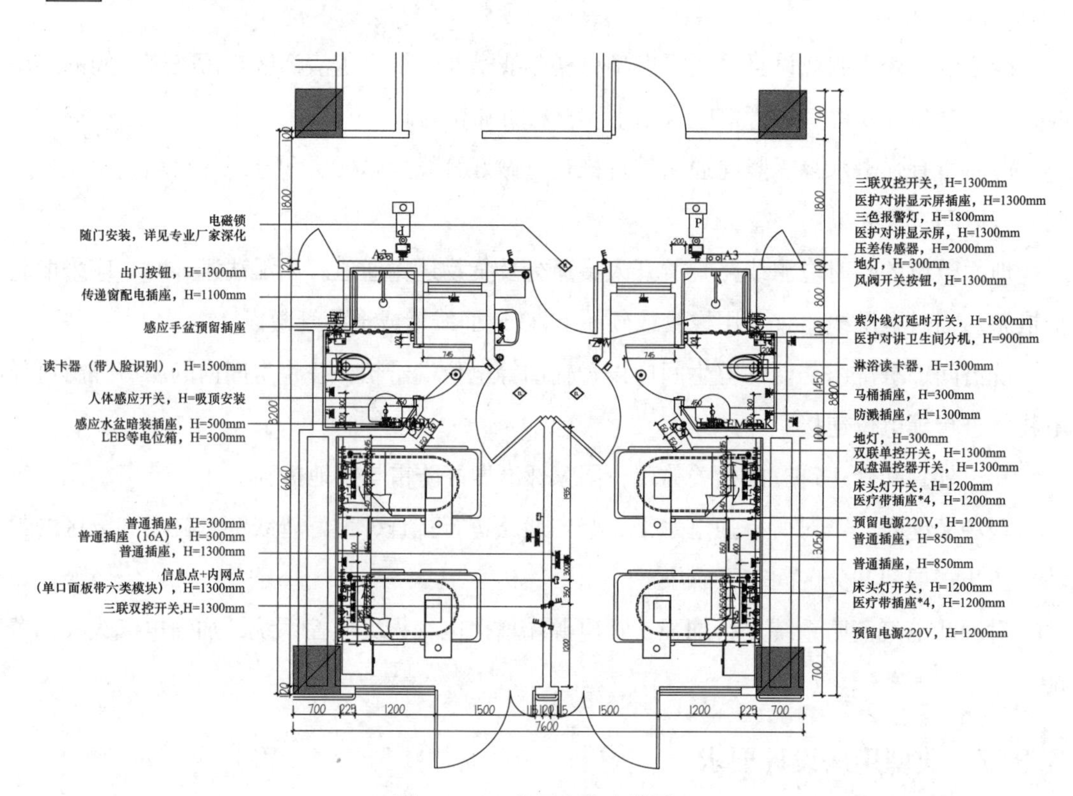

图 6.3.7-3　负压病房大样图

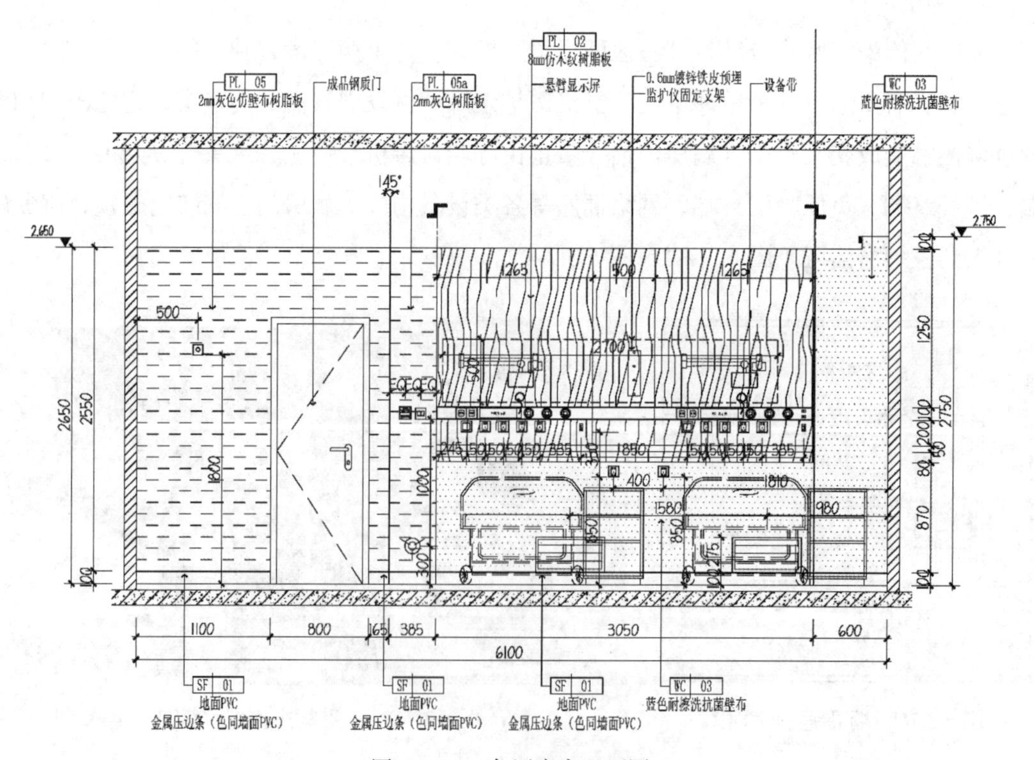

图 6.3.7-4　负压病房立面图

2. 卫生间

1）病房内卫生间

病房内卫生间需考虑防滑，坐便器旁 0.4～0.5m 高度位置设置求助呼叫按钮和安全抓杆，坐便器一侧设置输液挂钩和晾衣绳，并设置可折叠晾衣架和毛巾架。盆采用一体的台下盆，台面阳角做圆角处理（图 6.3.7-5、图 6.3.7-6）。

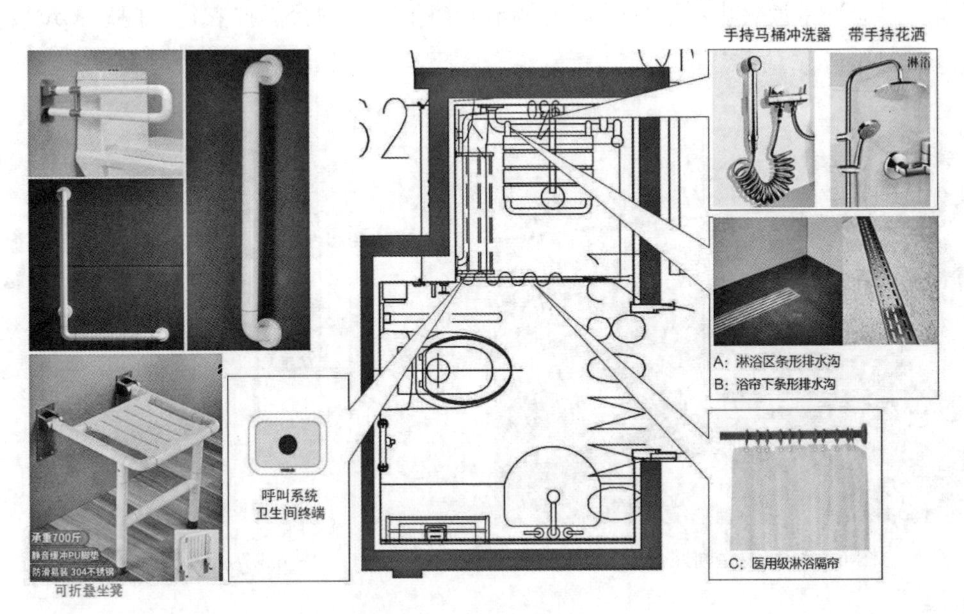

图 6.3.7-5　卫生间设施一

图 6.3.7-6　卫生间设施二

2）无障碍卫生间

无障碍卫生间为不分性别独立卫生间，配备专门的无障碍设施；方便乘坐轮椅人士以及需要人协助的人开启的门、专用的洁具、与洁具配套的安全扶手等，给残障者、老人或妇幼如厕提供便利。

需配置感应式恒温水龙头、自动冲水马桶、立式和挂式小便器、安全抓杆、洗手台、厕纸盒、感应洗手液、烘手器安装高度调节、镜子、放物台、挂衣钩、门扇、垃圾桶等（图 6.3.7-7、图 6.3.7-8）。

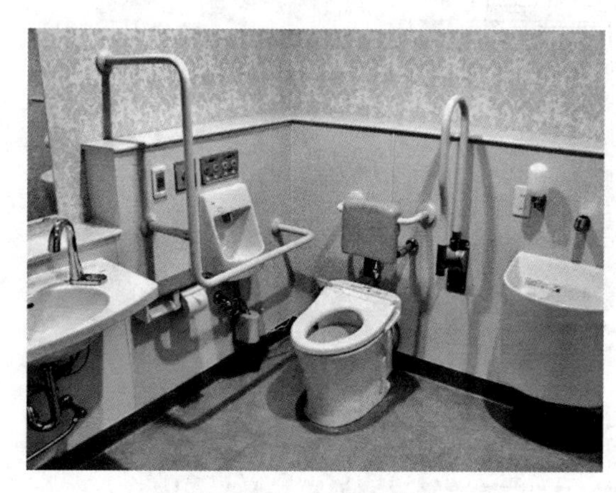

图 6.3.7-7　卫生间照片

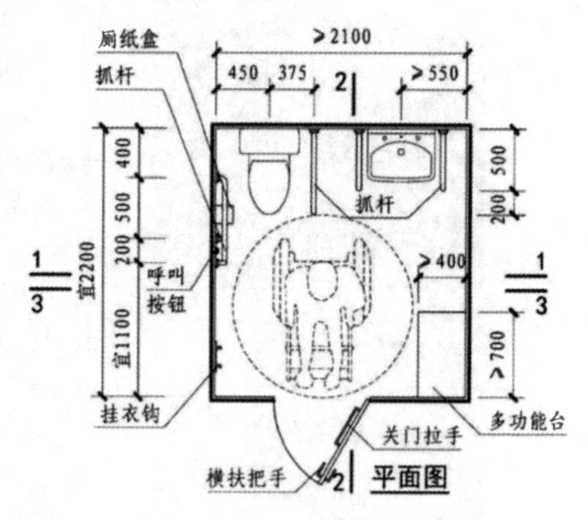

图 6.3.7-8　卫生间平面图

3. 护士站

1）位置设计

医院护士站应在护理单元内居中布置，以便于护士服务两端病房，降低服务半径。

2）高低台设计

护士站的高低台设计，主要满足医患的功能需求，高层台面设计既便于患者及家属站立咨询、书写等，又可遮挡护士工作电脑、文件等物品；低层台面设计主要满足患者座位或轮椅患者的咨询和交谈。一般高层台面高度为 1.1m，低层台面高度为 0.75～0.8m。

3）无障碍设计

护士站无障碍设计，是对于患者的人性化考量，结合人体工学，既可便于轮椅患者的正常使用，又可让患者坐位时有舒适的容膝空间。

4）智能化设计

护士站智能化设计，是将智能化装置与护士站设计完美结合，有效提升护士的工作效率，如升降（翻盖）电脑显示屏装置，利于电脑保管，患者信息保护；液晶智慧显示屏嵌入式设计，可实现信息的实时宣传、查询与指引；无线充电装置，便于快速充电及台面整洁；护理呼叫系统的嵌入，有效提升护理工作效率（图 6.3.7-9）。

图 6.3.7-9　护士站

4．卫生通过

清洁区进半污染区：医护人员通过更衣→穿防护服→缓冲间，医护人员依次完成换洗手消毒→穿工作服、口罩、帽子→穿防护服→缓冲流程后进入半污染区；半污染区进清洁区：医护人员通过一脱→二脱→更淋卫→更衣后进入清洁区，医护人员依次完成脱防护服→脱工作服、口罩、帽子→洗手消毒并洗澡后进入清洁区（图 6.3.7-10）。

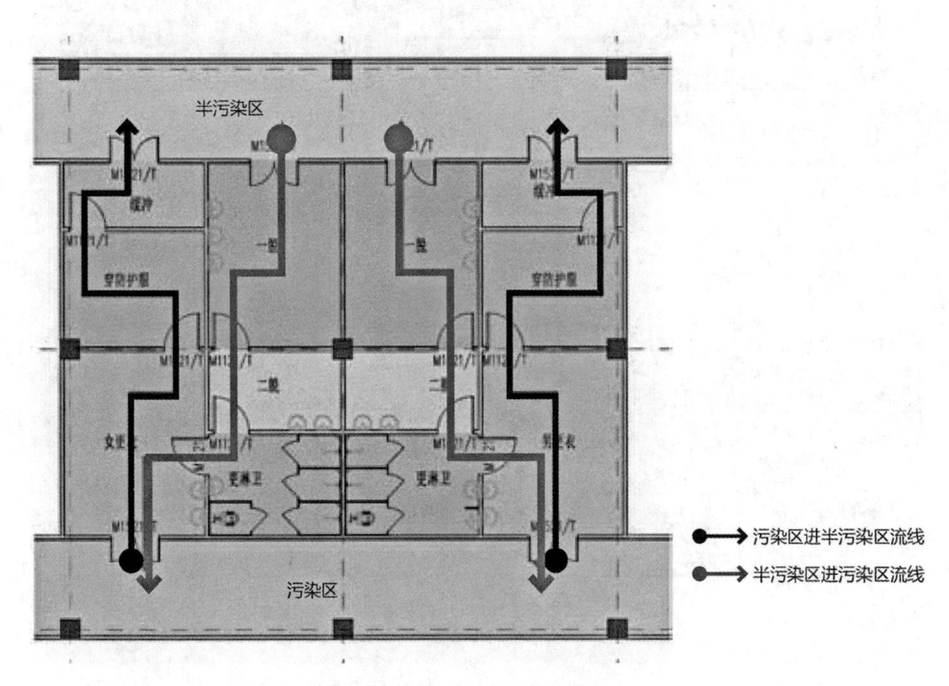

图 6.3.7-10　卫生通过

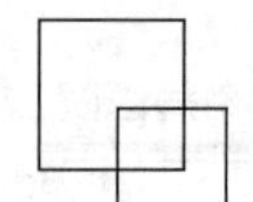

6.4 后疫情时代传染病区设计研究

6.4.1 负压病房的缓冲间设置问题

根据传染病建筑设计规范，负压病房区内走廊与病房之间应设置缓冲间，这也是典型传染病房区别于普通病房的主要特征。在后疫情时代，在进行传染病医院以及综合医院建筑设计时，都纳入了平急结合的设计理念。但是传染病区典型负压病房的缓冲间空间要求与普通标准病房在平时使用时的便利性产生冲突。该缓冲间占用病房面积，且对病区格局影响较大。本章节根据疫情期间进行的地坛医院病房楼改造项目的实施情况，就该缓冲间是否可以取消的问题进行探讨，以期对后疫情时代传染病区的设计以及综合医院标准病区的平急结合的设计给予积极应对的指导性建议（图 6.4.1-1、图 6.4.1-2）。

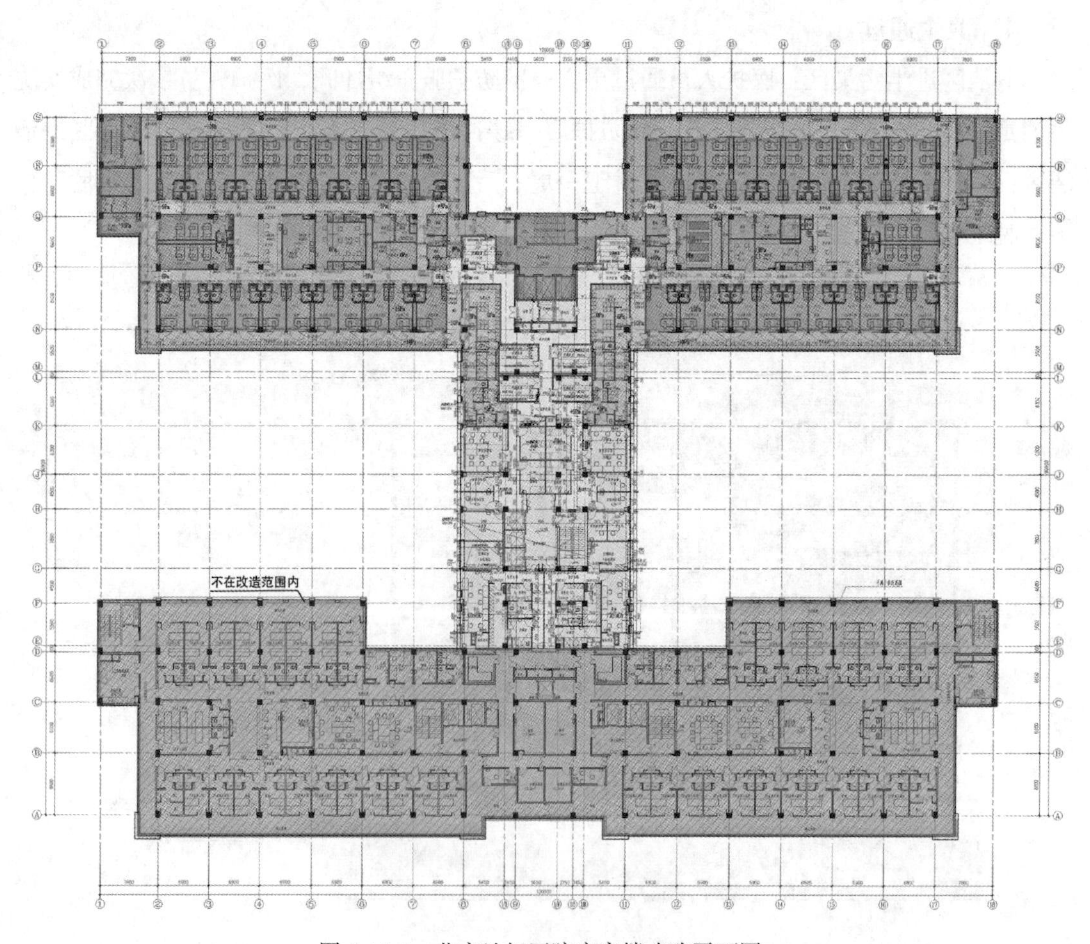

图 6.4.1-1　北京地坛医院病房楼改造平面图

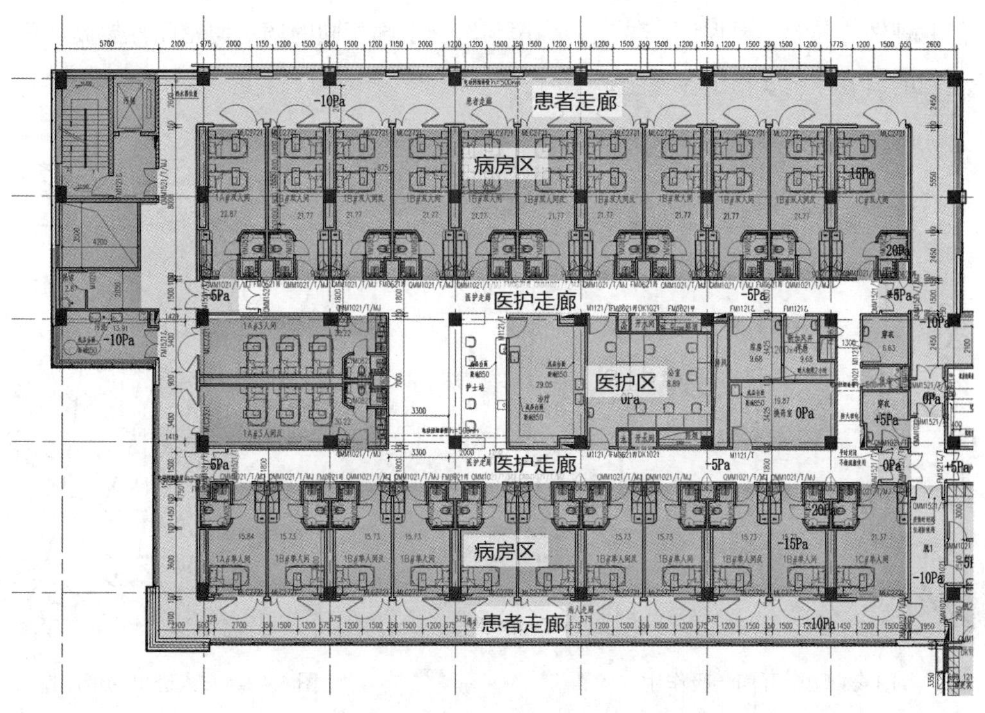

图 6.4.1-2 北京地坛医院传染病区平面局部

缓冲间的设置位置一般是在病房与医护内走廊之间，病房属于污染区，相对压力最低，医护内走廊属于半污染区，相对压力比病房区高约 10Pa，在静态情况下，两个区域有压力差，空气应该从医护走廊（相对高压）区域沿门缝流入病房（相对低压）区域，不会出现空气倒流交叉污染的情况。但是在动态情况下，医护人员开门进出病房时候，门向内开启，门内一部分空间受到压缩，造成门划过的区域出现局部暂时的正压，在门开启的瞬间将室内空气压出，以上现象可称为开关门的卷吸作用。经检测开关门因卷吸作用进出房间的风量大约为 $0.4m^3/s$。当人进、出房间时，也会有一部分空气随着进、出，这也是造成污染的一个因素。实验结果表明，人顺着开门方向将走进室内的瞬间，入口处引起的风速在 0.14～0.2m/s 以内，人逆着开门方向走进室内的瞬间，入口处引起的风速在 0.08～0.15m/s 以内。实测发现，人体进出室内门开启的瞬间，带进带出最大风量约为 $0.14m^3/s$。另外室内外存在温度差，在开门瞬间，在热压作用下，将室内空气从房间上部或下部进入或流出，也会导致污染物扩散加剧（图 6.4.1-3、图 6.4.1-4）。

综上所述，为了避免以上污染物扩散的情况，缓冲间的设置是必要的。缓冲间的作用主要是减少医护进出病房时污染物的扩散，降低医护内走廊的空气污染。当然也可以不在各个病房设置分设式的缓冲间，集中设置缓冲室，缓冲室平时作为病房使用，急时作为缓冲间使用，这样既能减少分散式缓冲间的占地多的问题，也能保证急时各医护走廊安全性。但此种做法前提是要保证疫情期间病房与医护走廊相同的病房门密闭性要高，病房与医护走廊的压差控制要稳定在安全范围内。

图 6.4.1-3　开门卷吸作用

图 6.4.1-4　人进出的带风作用

6.4.2　空调通风系统的划分与应用

传染病医院设计规范要求呼吸道传染病的门诊、医技用房及病房、发热门诊最小换气次数（新风量）应为 6 次 /h，主要目的是满足病人对新风的需求，并通过新风排风稀释室内污染物浓度，降低医护人员感染风险。那么降低室内污染物浓度的方法不限于通过室外洁净新风的引入，也可以通过室内空气循环过滤、杀菌等方式降低室内污染物的浓度。

现阶段传染病医院的相关规范并没有明确指出呼吸道传染病区域可采用循环风空调系统，但是在负压病房、诊室等独立房间内采用风机盘管、多联机、分体空调等循环通风空调设备已很普及，是常见的空调系统形式，主要是负压病房、诊室是相对独立的密闭空间，病人本身均为呼吸道疾病患者，医护人员防护措施也比较齐全，而且在循环空调设备的回风口部要求设置低阻高中效过滤器，微生物一次通过的净化效率不低于 90%、颗粒物一次通过的计重效率不低于 95% 的过滤器，可较好地降低室内污染物浓度，控制病毒传播性。另外在一些医院改造项目中，风机盘管风压不足，多联机、分体空调回风口无法安装过滤器，整体更换设备投资较大，工期较长，影响医院正常运营的情况时，可以采用独立的空气消毒过滤装置，也可以达到降低室内污染物浓度的作用。

新风空调系统、全空气空调系统由于服务区域大，人员众多，系统各个房间相通，回

（排）风存在二次污染问题，新风热回收形式和全空气回风方式是否可以采用一直存在争议，全热回收新排风交叉存在新风二次污染，全空气回风与新风混合也存在送风二次污染可能，经过各方研讨，在方舱医院的改扩建项目中相关规范已允许回风口部位设置高中效过滤器，过滤后的回风可视为洁净空气，全空气系统及新风热回收系统均可使用。传染病医院相对方舱医院安全等级更高，对空调通风系统设置要求更严格，是否可以通过提高过滤器过滤效率，采用亚高效或者高效过滤器来进一步降低回风中污染物浓度，以满足医院平急结合，节能运行的要求。另外也可以采用热泵热回收空调通风机组，这种非接触式的热回收方式既可以保证送排风无交叉杜绝送风二次污染，也可以利用排风中的余热降低机组运行能耗。该空调通风系统在既有医院改造中，对于冷热源系统不易改造，且又要增加末端空调系统新风负荷，冷热源需求增加的情况下使用适配性较高。

6.4.3 病房功能转换及压力控制原则

后疫情时代呼吸道重症患者人数相对较少，为了保证医院平时的正常运营，提高医疗设施使用率，负压隔离病房、负压病房的平时使用需要进行平急转换。

负压隔离病房的空调通风系统可以转化为ICU病房使用，主要控制项为室内正负压关系。负压隔离病房正负压转换主要通过维持送风量恒定，通过调节排风量维持房间压差恒定。送排风机均采用变频风机。送风管设置定风量阀，排风管设置电动变风量阀。通过压差传感器，控制变风量阀开度（表6.4.3-1、图6.4.3-1）。

负压隔离病房及负压病房平时与急时功能转换对比表　　表6.4.3-1

	平时功能	急时功能
房间功能	肝脏术后ICU病房	负压隔离病房
室内温湿度	夏季：26℃，相对湿度50%； 冬季：22℃，相对湿度40%	夏季：26℃，相对湿度50%； 冬季：22℃，相对湿度40%
净化要求	10万级（8级洁净度）	无要求
换气次数	$12h^{-1}$	$12h^{-1}$
过滤等级	送风：粗效＋中效＋亚高效 排风：高效过滤器	送风：粗效＋中效＋亚高效 排风：高效过滤器
气流组织	单向流动	上送下侧回，定向气流，从清洁流向污染
空调形式	直流新风系统	直流新风系统
压力要求	正压	负压

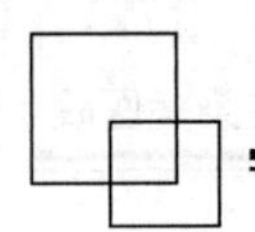

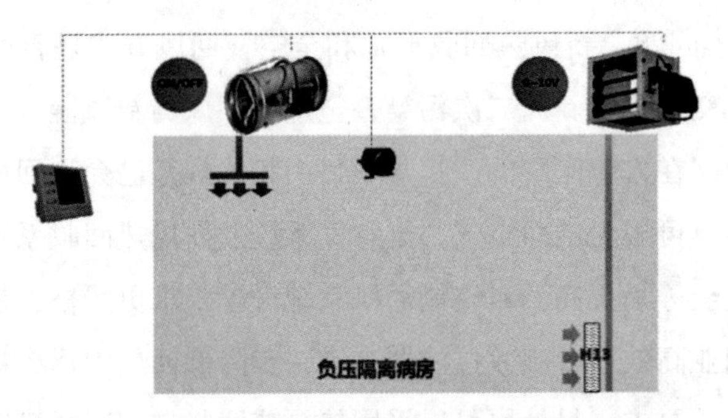

图 6.4.3-1　负压隔离病房通风系统

负压病房的空调通风系统可以转化主要控制项为机组的风量和风压。负压病房平急转换主要通过维持送风量、排风量恒定来实现送排风机均采用变频风机。送、排风管均设置双位定风量阀，通过平急不同阶段风量设置，调整换气量并维持室内压差关系（表 6.4.3-2、图 6.4.3-2）。

负压病房及非呼吸道传染病房功能转换对比表　　　表 6.4.3-2

	平时功能	急时功能
房间功能	非呼吸道传染病病房	负压病房
室内温湿度	夏季：26℃，相对湿度 50%； 冬季：22℃，相对湿度 40%	夏季：26℃，相对湿度 50%； 冬季：22℃，相对湿度 40%
净化要求	无要求	无要求
换气次数	$3h^{-1}$	$6h^{-1}$
过滤等级	送风：粗效＋中效	送风：粗效＋中效＋亚高效
	排风：粗效	排风：高效过滤器
气流组织	单向流动	上送下侧回，定向气流，从清洁流向污染
空调形式	直流新风系统	直流新风系统
压力要求	负压	负压

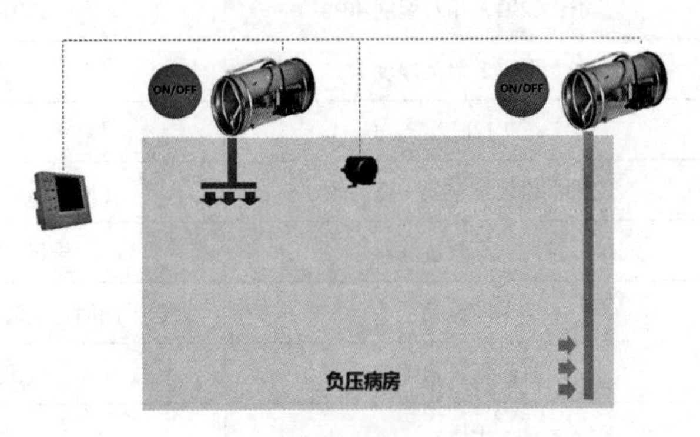

图 6.4.3-2

6.5　传染病医院案例分析

6.5.1　改造类案例研究

1. 北京地坛医院应急改造提升项目

1）建设背景

首都医科大学附属北京地坛医院（原北京第一传染病医院）现状住院楼于2008年投入使用，而《建筑设计防火规范（2018年版）》GB 50016、《传染病医院建筑设计规范》GB 50849、《综合医院建筑设计规范》GB 51039等国家规范均在本院区2008年投入使用后颁布或更新，以及2019年底、2020年至今，颁布的关于治疗、预防新型冠状病毒的相关规范规定也陆续推出，现状住院楼已无法完全满足相关规范规定要求。基于上述背景，首都医科大学附属北京地坛医院亟须按照传染病预防控制的相关要求进行提升改造，以加强应对传染病的处置和救治能力，提升医院综合防护能力，为广大患者和医护人员的生命安全提供保障。

2）建设内容

项目建设的主要内容包括：

南楼提升：在呼吸道医疗功能病区现状基础上予以改善提升，更换新风与排风系统及加装消毒过滤装置，改善通风条件与效能，解决排放安全隐患等。改造范围小，实施周期短，可随时保障收治需求。

北楼大改：按照现行规范对消化楼进行系统改造，包含：建筑平面格局、空调系统、通风系统、负压系统、消防系统、医疗气体系统、给水排水系统及整体空间修缮工程，同时解决生产安全隐患。

3）流线组织与平急结合

改造前医护区与病房区之前没有缓冲前室、穿脱衣等流程；不符合现有传染病规范要求。而且医护工作区在病房中间，没有采光。连廊除了核心筒外剩下的区域为医护的更衣淋卫，且现状为南北楼东西病区共用，不便于医院东西病区分毒株接诊患者的需求。此外医护工作空间极小，病房楼北楼因平面布置原因，具备自然通风及采光的医护用房仅2间。

改造后（图6.5.1-1）医护人员、病人、物流都按照单向流程活动。医护从电梯厅出来后经过清洁区医护办公、值班等连廊空间后，进入到半污染区时在入口区域设置了一次穿

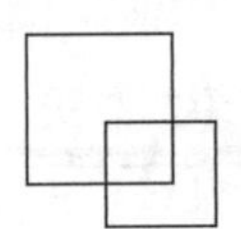

衣跟缓冲空间后，医护人员进入到半污染区；在半污染区进入到污染区时，设置了二次穿衣、缓冲后进入到污染区；医护从污染区进入到清洁区时通过脱一、脱二、更淋卫后进入到清洁区；设计流线无交叉。

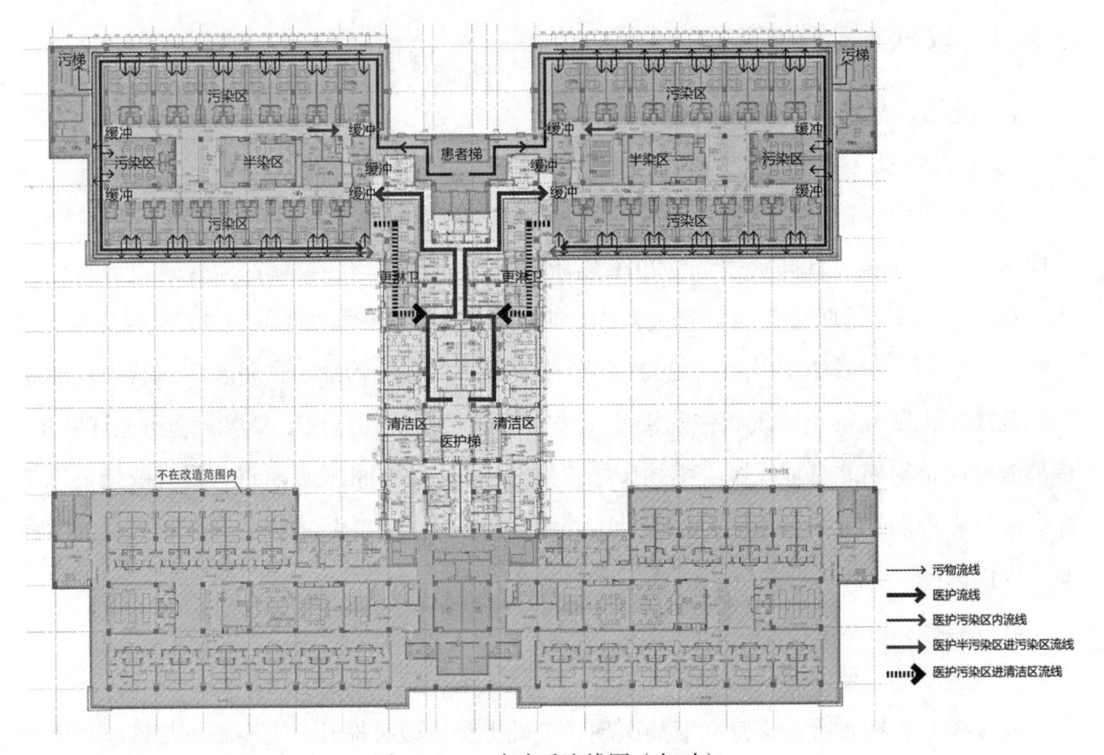

图 6.5.1-1　改造后流线图（急时）

在平时使用时（图 6.5.1-2），绿色区域为医护区，红色区域为患者区，蓝色区域为更淋卫缓冲区；平时使用时因不是呼吸道传染病，在此期间医生戴好 N95 口罩后可直接进出病房内部。

4）病房设置原则

根据病房内流线及缓冲间的问题开了专家论证会，会上专家认为地坛医院医护内部走廊不管是急时还是平时均不允许患者进入，而且急时不允许医护直接进入病房；因此在急时可以把这个门加密封封条可作为墙来使用，所以专家提出病房内缓冲间可以去掉，把更多空间还给病房（图 6.5.1-3）。

5）通风空调

（1）改造原则：

本项为应对防疫的医院应急改造项目，不仅对院区内病房楼部分楼层功能进行调整，提升各机电系统的安全保障能力，以应对急时的发展变化，还要兼顾平时正常状态的节能效果及运营成本。因此有以下设计要求：

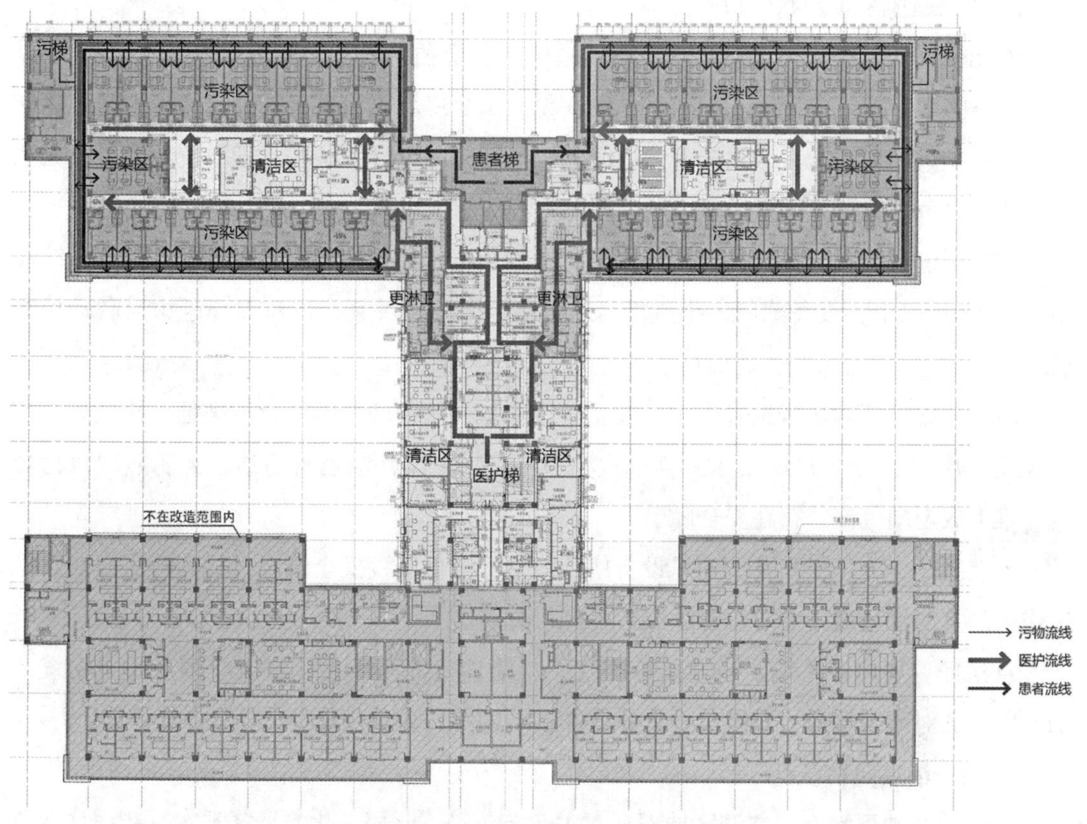

图 6.5.1-2　改造后流线图（平时）

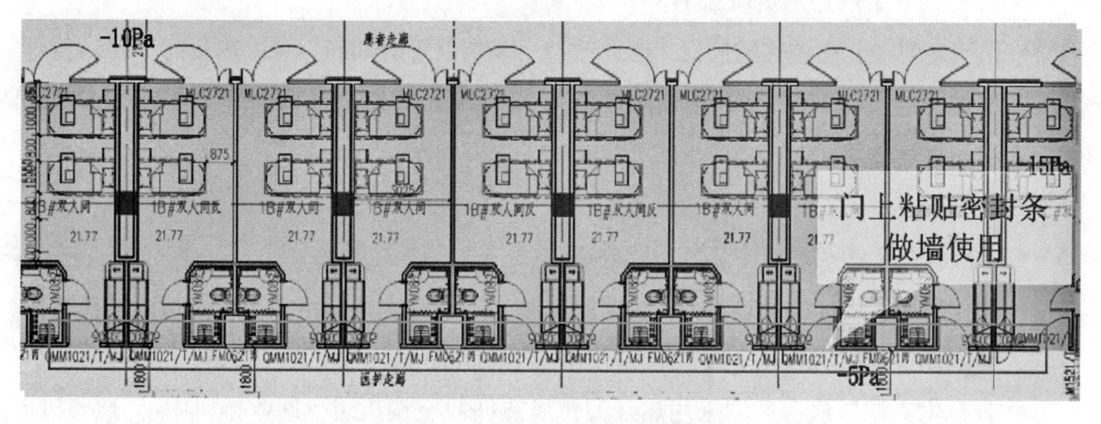

图 6.5.1-3　病房门急时进行密封

保证院区其他区域的正常工作，机电系统不间断运行。

改造后空调通风系统应确保安全性、稳定性、可操作性。

充分考虑平急结合，提高系统的可兼容性。

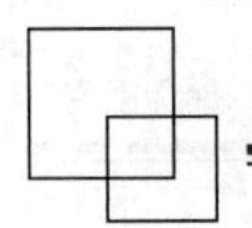

（2）改造方案：

a. 空调通风系统现状分析

南北楼空调系统采用风机盘管＋新风系统，各层独立设置，使用年限已达到15年以上，设备陈旧，机组仅设置了粗效过滤段，无法满足患者就诊及医护办公区室内环境品质要求；新风阀门破损，无低温报警，冬季无法电动关闭，导致冬季盘管冻裂新风系统无法正常使用；蒸汽加湿系统管线腐蚀严重，已无法正常使用。

排风系统各层独立设置，排风口未设置过滤装置，污染物直接排入大气，排风系统使用已达15年以上，设备陈旧，排风机与新风机组无连锁关系，无法保证送排风联动控制启停。

南、北楼负压病房区患者走廊区域无通风系统，病房区新排风量不满足《传染病医院建筑设计规范》GB 50849要求的换气次数，污染区、半污染区、清洁区无明显内压力梯度，难形成定向气流，存在安全隐患。

综上所述，为了提高空调通风设备使用效率，降低防疫安全隐患，提高病房区及医护工作区的室内舒适度，需对空调通风系统进行改造。

急诊楼首层门诊不满足应急医疗需求，功能诊室面积不足、新风空调、通风系统老旧。因此需对该区域进行升级改造，并增加钢结构箱式急诊用房。

b. 改造前后负荷统计

- 南楼及地下室净化空调区域不在本次改造范围，北楼净化空调区本次改造增加冷负荷357kW，增加热负荷221kW。
- 由于急时净化空调区域停诊，因此改造后疫情及平时期间，总冷热负荷不同。急时增加总冷负荷1370kW，增加总热负荷2860kW；平时期间增加总冷负荷1227kW，增加总热负荷2026kW。

c. 冷热源

- 本次改造不涉及现状冷热源系统改造。
- 净化空调区增加的冷热负荷，由直膨式独立冷热源空调机组承担，机组设置在北楼屋顶设备夹层内。具体内容详见净化工艺设计说明。
- 非净化空调区病房区域采用热泵型排风热回收空调机组，回收排风中部分全热能量，补充新风空调机组部分冷热负荷。急时，热泵型排风热回收空调机组回收冷量基本能满足所增加的负荷需求，平时运行期间，需增加本楼的冷热负荷供给（表6.5.1-1）。

冷热负荷统计表 **表 6.5.1-1**

	总冷负荷增量 kW	热回收机组回收冷量 kW	现状冷源需补充冷量 kW	总热负荷增量 kW	热回收机组回收热量 kW	现状热源需补充热量 kW
改造后急时	1369	1314	55	2860	1426	1434
改造后平时	1227	749	478	2026	823	1203

d. 供暖和空调水系统

- 本楼现状空调水系统不变，沿用原空调水系统。非净化空调水系统仍维持原两管制系统，空调机组、风机盘管系统分设供回水干管，管线从制冷站内分集水器分开设置；净化空调水系统维持四管制，冷、热水系统独立设置，冷水系统由制冷站单独螺杆式冷水机组提供，夏季该系统可与院区离心式冷水机组并联使用，其他季节可独立为净化空调提供7/12℃冷水；供暖热水系统由院区锅炉房提供，冬季该系统可与院区主供暖系统联通，其他季节可独立为净化空调提供60/50℃热水。
- 北楼污染区、半污染区的热回收新风空调机组采用冷热水盘＋直膨冷媒盘管，直膨冷媒盘管作为排风热回收优先使用，也可作为冬季预热盘管，防止水盘管冻裂。
- 北楼、连廊清洁区及南楼换新的新风空调机组采用冷、热水双盘管，空调机房内水平支管（双管）接末端空调机组时调整为四管制分别与冷热盘管对接。
- 北楼的六层的净化手术部、五层的NICU、三层的CCU及二层的产房、隔离产房、新生儿病房区域的新风空调、洁净空调、全空气空调机组均采用四管制由净化空调水系统提供全年冷、热水。
- 空调机组（AHU/PAU）末端回水管上设智能阀，风机盘管末端采用电动开关两通阀，风机盘管水系统各分支立管回水管上设置智能阀，智能阀可对末端水路进行流量调节，并可监测供回水温度及通过流量监测流量。
- 空调冷凝水分区域排放，并随各区污水、废水排放集中处理。
- 补水、膨胀、定压系统不在改造范围内，不作调整，利旧。

地下室空调水干管由于现状腐蚀较严重拆除部分原有管线，调整管线敷设路由由室外覆土直埋接入对应立管位置。

e. 空调通风系统改造形式

北楼病房区根据现行规范要求，进行大规模改造，按照“三区两通道”原则，空调通风系统根据污染区、半污染区、清洁区分别独立设置系统，末端排风口采用带高效过滤器的排风口，可原位拆装过滤器；采用高静压风机盘管，回风口设可拆装超低阻高中效过滤器；各压力控制房间支风管设电动双位定风量阀（可反馈风量）及电动密闭阀。

根据北京市应急防疫需求，结合检验检测中心对地坛医院应急区负压病房的检测报告结论："该区域现状满足负压病房各项参数安全要求"。并根据实际南区空调通风系统运行现状，对南楼系统进行修缮提升：新风机组更换为新风净化机组，排风机更换为进口位置带高效过滤器排风机，各房间末端排风风口更换为带初效过滤器排风口（表 6.5.1-2）。

改造前后空调通风系统形式对比表　　表 6.5.1-2

改造区域	改造方案	现状与改造后对比	空调通风系统形式	末端风口形式		风量及压力控制
				风机盘管回风口	负压病房区排风口	
北楼	大改	现状	风机盘管＋空调新风机组＋排风系统	普通单层百叶	普通单层百叶	手动调节阀＋电动密闭阀
		改造后	高静压风机盘管＋新风净化机组（粗、中、亚高三级过滤）＋独立排风系统	带超低阻高中效过滤器回风口	带高效过滤器排风口	定风量阀＋电动密闭阀
南楼	提升	现状	风机盘管＋空调新风机组＋排风系统	普通单层百叶	普通单层百叶	手动调节阀＋电动密闭阀
		提升后	风机盘管＋空调新风机组（粗、中、亚高效过滤器）＋排风系统（排风口部增加高效过滤器）	普通单层百叶	普通单层百叶	手动调节阀＋电动密闭阀

注：南楼提升后如在后期需按现行规范继续改造，可在提升的基础上换新的新风净化机组及排风机可利旧，再根据改造后的建筑功能布局计算新排风量，扣除利旧的新排风设备风量，新增排风机及对应的新风净化机组。这样既可以避免投资浪费，减少改造工程，又可以满足现行规范要求。

f. 风量及压力控制

- 负压病房及清洁区、半污染区、污染区相交界的缓冲间、更衣间等有压差控制要求的房间，送排风支管上均设置可反馈风量的电子双位定风量阀，通过余风量控制方法实现房间的压力控制。
- 新风机组及排风机均采用 EC 变频风机。可通过变频调节风量实现室内压力控制。
- 负压病房区域的污染区、半污染区使用的排风热回收空调机组及排风机采用双风机，实现快速平急转换，并可互为备用，实现不同运行工况下的风量、风压稳定性和安全性。
- 在有压差要求的区域，在压力高的区域内设置微压计，以便使用期间直观监测房间内压差变化，提高安全保障。

病房内送排风支风管设置电动密闭阀，病房消毒时可手动连锁开关，保证单独房间消毒不影响其他房间正常使用。电动密闭阀应满足按照《建筑通风风量调节阀》JG/T 436—2014 标准检测的密闭阀要求。

g. 防排烟系统

本项目防排烟系统按现行规范进行修改：

- 部分楼梯间增加机械送风。
- 部分机械排烟系统进行调整，原自然排烟区域不做修改。

6）给水排水设计

（1）给水排水系统现状评估及改造范围

① 病房楼北楼现状介绍

病房楼北楼西侧丁座，首层为食堂；二层为产科病房；三、四层为肝炎病房；五层为特需病房；六层为外科病房。北楼中部为核心筒、电梯厅及空调机房。北楼东侧甲座首层为消控室和远程探视等；二层为病理科；三、四层为肝炎病房；五层为特需病房；六层为手术室。没有给水排水相关机房，给水、热水系统由 6 层干管接入；排水为污废分流制，从地下一层排出室外；厨房废水经隔油装置处理后排向室外；雨水为天沟外排水系统，在首层散排至绿地。

② 改建范围

a. 地坛医院住院楼北楼是以负压病房及相关科室功能提升为主，建筑功能布局及相关病房管井均有调整，首层餐厅和地下一层食堂及连廊卫生间、办公区域为局部功能调整。

b. 北楼改造区域为首层至六层所有患者病房区、治疗区、手术区及医护工作区以及首层餐厅明档及咖啡厅区域、地下一层厨房区域；门诊楼改造区为首层急诊部分房间格局。

c. 改造区域生活给水、热水系统根据末端点位进行调整，冷却塔补水管线不做拆改。

d. 改造区域室内污废水排水系统，地下一层污、废水管线出户管线及部分废水管道出外墙封堵。

e. 甲座二层病理科改后为生物安全实验室 BSL-2 级的 b1 类实验室。

f. 本次改造时病房楼南楼仍住有呼吸道病人，不具备室外管线整体改造条件，故病房楼相关室外管线不在本次改造范围内。

g. 给水机房、热水机房不在本次改造范围内。

h. 本次改建不涉及病房楼南楼。

（2）各系统设计

① 给水系统

a. 水源。生活饮用系统水源由 2 路市政给水提供，管径为 DN200，市政给水压力为 0.20MPa，本次不做改造。

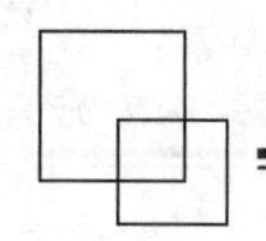

现状生活饮用水泵房设于院区给水泵房内，采用生活调贮水池加变频调速泵组联合供水的方式。生活调贮水池的有效容积为60m³，加压泵流量32m³/h，扬程52m，三用一备，峰值用水时开启两台已满足要求，本次对水箱、水泵不做改造。项目生活饮用水水质应符合现行国家标准《生活饮用水卫生标准》GB 5749 的规定。

b. 用水量。本次病房楼改造与改造前相比水量没有变化，最高日用水量1133.76m³/d，最大时用水量 141.65m³/h。

c. 给水系统。生活饮用水系统分区沿用原方案，仅对末端点位进行调整。各用水点压力超过 0.2MPa 时，超压楼层设置减压阀，确保各用水点压力不大于 0.2MPa 且不小于用水器具最低工作压力要求。

② 生活热水系统

a. 热源。一次热源为现状园区锅炉所提供的热水，其供回水温度为 60/50℃，目前供热量满足加建连廊及南北楼要求，本次不做改造，需在水源处增加一套紫外光催化二氧化钛消毒装置。

b. 供水范围。工程为各病房、手术区、门诊、NICU 等区域提供 60℃生活热水。

本次改造与改造前相比耗热量没有变化，最高日热水量 286.11 m³/d，最大时热水量 35.53m³h。

c. 热水系统。病房楼、门诊楼热水系统分区维持原系统不变，仅对末端点位进行调整。箱式急诊用房热水采用分散式容积式水加热器供应，手术室及 NICU、CCU 等位置增设容积式电热水器。

d. 饮水系统。病房楼 2～6 层各层开水间内均设置全自动电开水器，每台 6kW，共 21 台。连廊区域共 9 台。箱式急诊用房患者收治区应设置桶装水饮水机，预留电量 3kW，设备参数选型应适当考虑医疗护理使用需求。医务人员活动区应设置全自动电开水器，每台 6kW。

③ 污废水排水系统

病房楼室内采用污废水合流的排水系统，清洁区排水（例如，各空调机房、首层门诊洗手盆、六层手术室刷手池）排至院区污水处理站；污染区、半污染区（例如，负压病房区、污物间、护士站）排水先排至化粪池，经消毒后再排至院区污水处理站，通气管在六层汇合排至屋面，并设置带防雨设施的 HEPA（A 型）高效过滤器。

甲座二层设有二级生物安全实验室，其有毒废水集中收集后由专业公司回收处理。

连廊功能为医护休息区，为清洁区排水，采用污废分流排水系统，排至连廊西侧新增化粪池，经处理后再排至院区污水处理站。

④ 防火

a. 现状介绍。病房楼现状自动喷水灭火系统在每层由南楼报警阀接出，急诊楼改造区由本层干线接出；消火栓为立管系统，病房楼在地下一层和六层与环线连接。

b. 改造内容。住院楼改造区域自动喷水灭火系统调整自喷干线位置，并根据房间格局变化进行调整；餐厅、急诊改造区域仅对末端房间格局变化进行调整。

改造区域消火栓进行移位调整，相应立管进行改造，未保护部位增加消火栓。

住院楼、餐厅、急诊和钢结构箱式急诊用房改造区域布置灭火器保证所有部位均在保护范围内。

变配电 UPS 室、重要档案室等位置设置七氟丙烷气体灭火系统保护。

⑤ 医疗气体

改造内容。丙楼西侧增加液氧站，供北楼 ICU 医用氧气系统；普通区域由现状液氧站供应，压缩空气沿用现状系统，仅对末端进行调整。负压吸引排至屋顶机房，收集后集中处理。

7）电气设计

（1）电气系统评估

改造之初，电气专业进行现场勘查，与物业人员进行交流沟通，了解项目电气系统运行情况，并对电气系统进行了评估。项目改造前电气系统总体运行情况及评估如表 6.5.1-3 所示：

项目改造前电气系统总体运行情况及评估　　表 6.5.1-3

系统	系统现状及评估
变配电系统	1）变配电系统总体运行正常，北楼 3 号、4 号承担病房楼用电负荷的变压器负载率约 40%，低压柜仍有一些备用开关；本次改造北楼新增净化设备及部分通风空调负荷由北楼变电室提供电源。 2）南楼地下一层新增变电室承担少量负荷，可承担北楼改造部分新增通风空调设备电源，在 1 号、2 号变压器低压侧分别新增柴油发电机接入柜。 3）现状主干电缆、母线总体运行正常，南、北楼中间上下贯通电气竖井内母线运行良好，可利旧；竖向主干一般负荷电缆待后续现场拆除时，由施工单位落实是否利旧；竖井内消防主干电缆为耐火电缆，不满足现行《火灾自动报警系统设计规范》GB 50116—2013 要求，本次改造全部替换为矿物质绝缘类电缆。 4）南、北楼配电箱于 2008 年建设完成后一直沿用至今，由于南楼不涉及大改造，所有配电箱利旧，仅对更换的楼层和屋顶空调通风设备配电箱进行更换；北楼、急诊改造区域对原有地上所有配电箱进行更换
照明及应急照明系统	1）南、北病房楼、急诊改造区域照明系统于 2008 年建设完成后一直沿用至今，采用荧光灯光源及灯具。本次改造将北楼、急诊改造区域灯具及末端管线全部更换，灯具更换为 LED 光源及灯具，分支线缆全部采用无卤低烟阻燃型。

续表

系统	系统现状及评估
照明及应急照明系统	2）南、北病房楼、急诊改造区域应急照明系统于2017年左右进行改造，采用集中控制型消防应急照明和疏散指示系统。本次改造南楼不对应急照明灯具及疏散指示灯进行改造。北楼、急诊改造区域由于涉及功能性调整，根据建筑分隔变化，调整末端应急照明和疏散指示灯灯具及管线。 3）公共区域的照明新建智能照明控制系统，满足公共区照明集中控制要求
防雷接地及安全系统	1）本工程按第二类防雷建筑物设防，防雷及接地系统总体正常。 2）南楼防雷、接地系统利旧。 3）北楼由于涉及屋面改造，防雷系统重新敷设

（2）确定病房楼改造方案

根据病房楼现状及医院改造需求，确定本次改造范围、内容和利旧内容。

① 南楼提升拆除方案

拆除南楼二至五层乙座和丙座各层空调机房内配电箱，拆除由二至五层中间强电间至乙座和丙座空调机房配电箱管线。

② 北楼、急诊楼改造拆除方案

本次北楼、急诊楼改造，由于房间功能及分隔变化，拆除北楼、连廊改造范围内各层配电箱，所有水平电气管线、灯具、插座开关面板等所有设备。

③ 南北楼改造及利旧内容（表6.5.1-4）

南北楼改造及利旧内容　　表6.5.1-4

系统	改造方案	
	北楼大改	南楼提升
变配电系统	1）新增用电负荷由南、北楼变电室低压柜备用开关接引。 2）变电室新增应急母线段配电柜及移动柴油发电机组临时电源接入柜，为北楼新增需柴油发电机组保障的重要负荷提供出线开关。 3）更换配电箱：对各层电气竖井内照明、插座、应急照明配电箱进行更换。 4）更换线路：更换所有消防竖向干线；更换末端线路线缆及管线。 5）利旧现状北楼电气竖井内竖向母线；一般主干电缆若拆除后评估满足继续使用可以利旧，对于绝缘破损或老化的电缆进行更换	1）现状配电系统利旧。 2）南楼变电室两台变压器低压侧分别新增临时移动柴油发电机接入柜。 3）更换配电箱及管线：对本次更换的楼层空调机组、屋顶排风机供电的配电箱及末端管线进行更换
照明及应急照明系统	1）末端灯具及管线根据建筑功能分隔调整重新设计，系统利旧，更换灯具及管线。 2）公共区域新增智能照明控制系统，满足集中控制要求	现状照明及应急照明系统利旧
防雷接地及安全系统	1）新增机房设备外壳接地。 2）更换屋顶新增设备区域/屋面防水重新敷设区域的接闪带	除对屋面损坏的接闪带进行修复外，其余利旧

续表

系统	改造方案	
	北楼大改	南楼提升
电气防火系统	1）火灾自动报警及联动系统重新设计，全部更换；包括：地下室，更换消防兼安防控制室消防报警及联动主机；至各楼的室外线路等。 2）新增防火门监控系统。 3）新增消防设备电源监控系统	除对损坏设备进行更换外，其余利旧

（3）10/0.4kV 变配电系统

① 负荷分级（表 6.5.1-5）

用电负荷分级　　　　**表 6.5.1-5**

负荷级别	用电负荷名称	供电方式	恢复供电时间
特级负荷	急诊抢救室、产房、重症监护室、早产儿室、手术室、术前准备室、术后复苏室、麻醉室等场所中涉及患者生命安全的设备及其照明用电	双路市电＋柴油发电机组＋UPS	t ≤ 0.5s
	1）重症呼吸道感染区的通风系统。 2）手术室负压通风设备。 3）呼吸性传染病区的供电	双路市电＋柴油发电机组	t > 15s
一级负荷	1）急诊抢救室、产房、重症监护室、早产儿室、手术室、术前准备室、术后复苏室、麻醉室等场所中的除一级负荷特别重要负荷的其他用电设备。 2）列场所的诊疗设备及照明用电： 急诊诊室、急诊观察室及处置室、婴儿室、内镜检查室等。 3）培养箱、恒温箱	双路市电	0.5s < t ≤ 15s
	病房、门诊治疗、病理解剖、贵重药品冷库等	双路市电	t > 15s
	应急照明	双路市电＋ EPS 电池	t < 0.25s
	消防设备设施电源	双路市电	
三级负荷	其他一般电力负荷	单路市电	

② EPS 电源装置

本次改造利旧 2018 年病房楼改造的集中控制型应急照明及疏散指示系统。

③ UPS 电池的设置

北楼改造手术部、产房手术室在本层配电间设置 UPS 配电间；NICU、CCU、和各层抢救病房 UPS 不中断供电电源集中设置在北楼地下一层变电室内，作为保证系统正常工作的后备电源；上述 UPS 保证备用时间不小于 0.5h。UPS 不间断电源建议配置外置旁路开关，当 UPS 故障时，方便维护检修。本次改造各区域 UPS 容量配置如下（表 6.5.1-6）：

各区域 UPS 容量配置 **表 6.5.1-6**

设置场所	容量（kVA）	服务区域	类型	持续供电时间（min）
北楼甲座 6 层手术部配电间	105kVA	手术室	静止型 UPS—在线式	30
北楼甲座 2 层产房配电间	20 kVA	产房手术室		30
北楼地下一层变配电室新建电池室	180 kVA	各层病房抢救室和监护室、丁座 5 层 NICU、丁座 3 层 CCU		30

④ 配电装置

北楼地下一层变配电室和南楼地下一层变配电室新增低压柜，具体参数如下（表 6.5.1-7）：

南、北楼地下一层变配电室新增低压柜参数 **表 6.5.1-7**

设置场所	名称	规格	数量（面）
北楼地下一层变配电室	0.4 kV 配电柜	抽出式	5
南楼地下一层变配电室	0.4 kV 配电柜	抽出式	2

⑤ 线路敷设

本工程为应急改造工程，考虑项目实施进度的紧迫性，在电气管线选择上，简化了施工安装工作量，选择更方便安装的薄壁镀锌钢管（JDG），采用导线连接器替代传统的铰接＋涮锡＋绝缘胶布包裹工艺。

（4）照明系统

① 照明设备选型及安装方式

为营造良好的光环境，同时考虑节能，在灯具选择上诊室、处置室、病房、办公、休息厅、走道等部分照明光源主要采用 LED 等节能光源。顶棚便于清扫、防积尘，照明应采用防眩光吸顶灯。病房内在治疗带上设局部照明灯具。

② 应急照明

利旧现状消防应急照明和疏散指示系统主机、末端灯具，现状系统控制方式采用集中控制型系统。

③ 照明控制

诊室、办公室、病房、小开间房间等采用就地开关控制。病房及病房区走廊应设置夜灯等夜间值班照明。夜间值班照明医护人员便于操作。公共区及走廊照明采用照明控制系统，面板集中设置在每个病区的护士站，便于平时的操作。

（5）医疗电气系统

医疗IT配电系统根据本工程的使用要求，在北楼手术室、产房、CCU、NICU等重症监护室、抢救室等2类医疗场所的配电采用医用IT系统，配套装置绝缘监视器，满足监测要求。

甲座6层杂交手术CT设备电源由北楼地下一层变电室引入专用双路供电回路，电源系统及配线满足设备对电源内阻的要求。

手术室、抢救室、产房、放射或放疗的检查及治疗室、医护办公室，未设置净化空调的手术室等用房设置紫外线杀菌灯，杀菌灯与其他照明灯具采用不同开关控制，设置于便于识别和操作的地方。紫外线杀菌灯开关距地1.8m安装，采用定时关控制。

（6）防雷及接地安全系统

本工程利旧南楼屋面接闪带，北楼涉及屋面改造或重新敷设防水，按二类防雷建筑设计。建筑物的防雷装置满足防直击雷、雷电感应及雷电波的侵入，并设置总等电位联结。

2. 北京佑安医院病房楼改造应急项目

1）项目概况

首都医科大学附属北京佑安医院坐落于北京城西南，创建于1956年，是卫生部三级甲等医院，是卫生部全国传染病医师进修培训基地、中国疾病预防控制中心传染病临床医师培训基地，佑安医院是一所以感染和传染性疾病患者群体为服务对象集预防、医疗、保健康复为一体的大型综合性专科医院。佑安医院取“安定、安宁”之祥意，以护城市的安康。

本次应急改造涉及的B楼（普通病房楼）及C楼（传染病病房楼）均已建成并使用将近20年，作为首都南城传染病的一道屏障，为服务城市作出了突出的贡献。

首都医科大学附属北京佑安医院病房楼改造应急工程，以收治重症病人为主。总床位数：338床。院区内主要建筑为A-F等数座建筑，本次改造为B座病房手术楼8层，改造面积约1400m^2；C座呼吸道病房楼为全部改造，面积约1.2万m^2（图6.5.1-4～图6.5.1-6）。

2）建设内容

B座8层原功能为病房，改造后为19床ICU病房以及3床负压隔离病房。

C座原为呼吸道病房楼，改造后首、二层为急诊、肠道门诊、发热门诊、PCR实验室以及其配套用房；三层为4间手术室、12床ICU病房；三夹层为设备夹层；四至八层均为病房，均可应急增加床位。

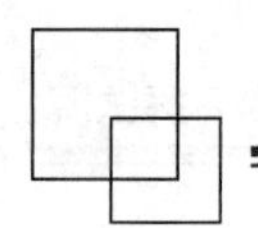

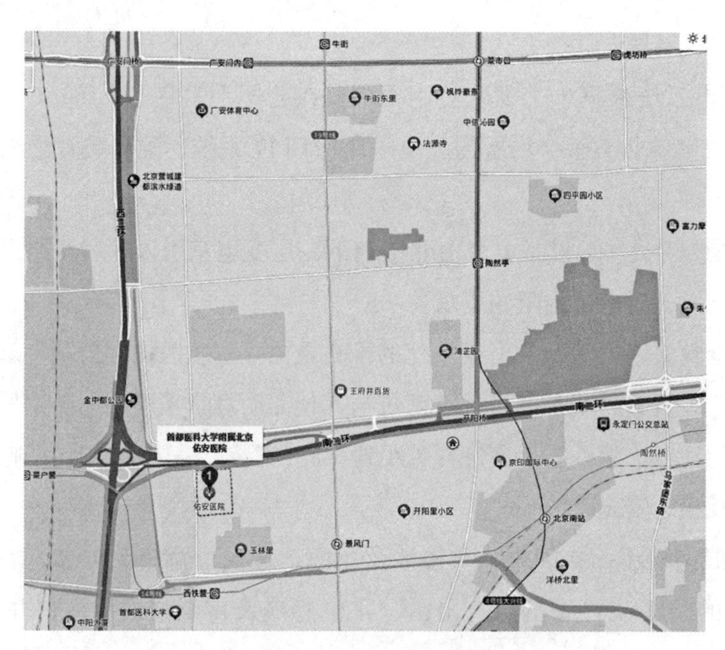

图 6.5.1-4 佑安医院位置图

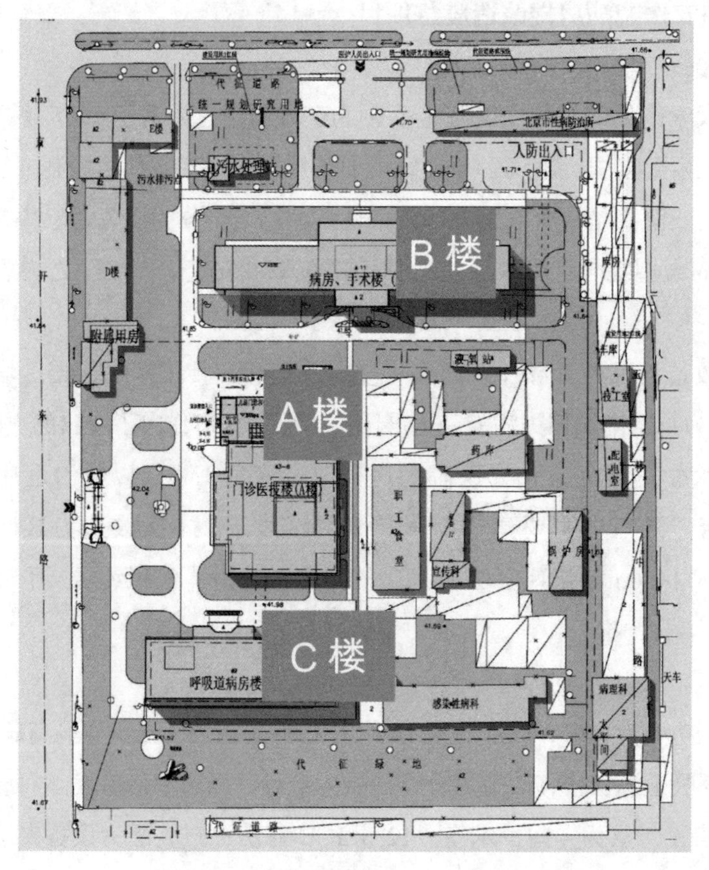

图 6.5.1-5 佑安医院 A、B、C 楼位置图

图 6.5.1-6　佑安医院 A、B、C 楼现状照片

3）建设背景

2020 年初，北京市启动对现有部分传染病专科医院进行应急改造，用于应对危重症患者的救治工作，首都医科大学附属北京佑安医院应急改造工程，佑安医院 B 楼原设计为普通病房楼，因建设年代原因，本楼未设计负压病房，C 楼原设计为呼吸道病房楼，同样基于设计年代原因，C 楼满足“三区两通道”设计，但并不满足用于新的传染病患者救治的负压病房，基于以上原因，本次应急改造工程共包含两部分，首先对 B 楼 8 层进行改造，改造完成后将现有 C 楼患者转至 B 楼内，进而对 C 楼进行改造，最终满足 C 楼病房均满足用于新冠救治标准的负压病房。并在设计过程中，对病房空间进行梳理，以满足后期增加床位的要求。为保证首都对危重患者救治要求，总改造周期要求非常短，B 楼从设计开始到改造完成不到一个月，C 楼不到三个月改造工作全部完成并顺利通过验收工作。

4）流线组织

B 楼 8 层改造，因工期要求非常短，故设计本着拆改少、对上下层影响小的原则进行改造。8 层仅东半区进行改造（图 6.5.1-7）。

调整后的流线为医护人员从北侧进入，患者使用东侧原污物电梯（根据实际使用情况，此污物电梯采用消杀方式错峰使用）从外走廊进入病房。医护人员结束治疗后，从专用卫生通过区退回至清洁区（图 6.5.1-8）。

C 楼病房层平面格局并未做大的改造，根据负压病房设计要求，重新划分污染区、半污染区、缓冲区、清洁区，病房内增加床头回风，最终满足标准负压病房设计要求（图 6.5.1-9）。

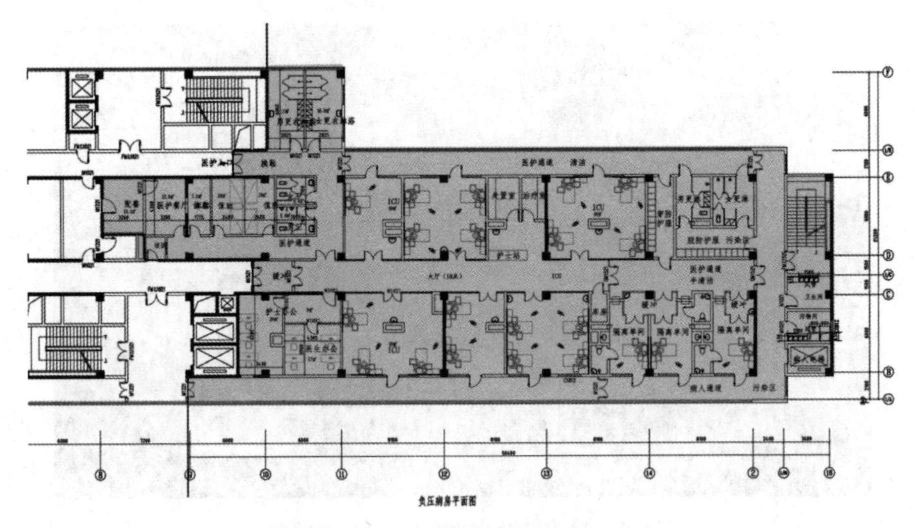

图 6.5.1-7　8 层改造平面图

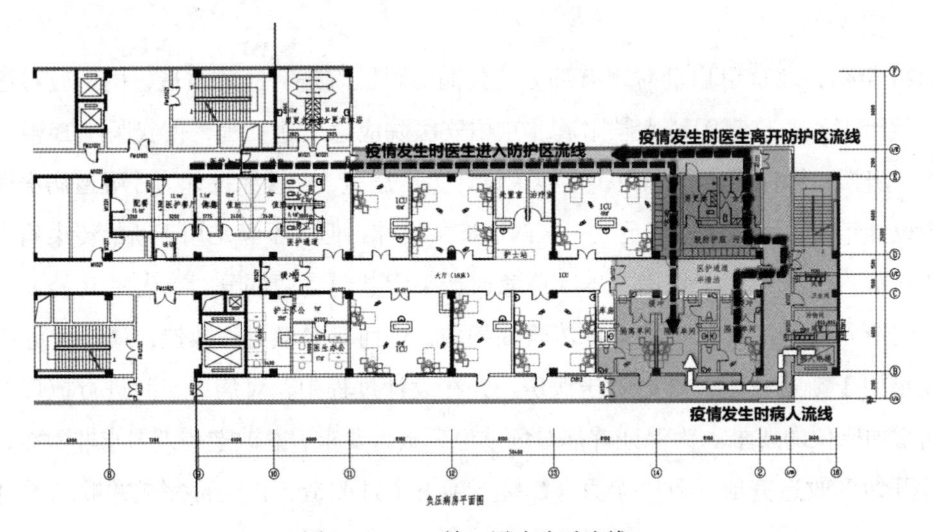

图 6.5.1-8　B 楼 8 层改造后流线

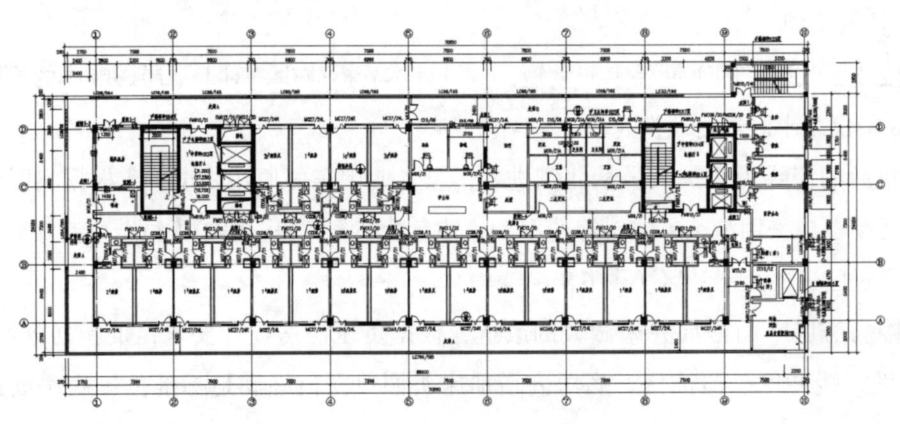

图 6.5.1-9　C 楼改造平面图

C楼3层为负压ICU及手术层，根据急时防控要求，梳理手术层流线。并手术、ICU均分开重新设计医护人员进出流线（图6.5.1-10）。

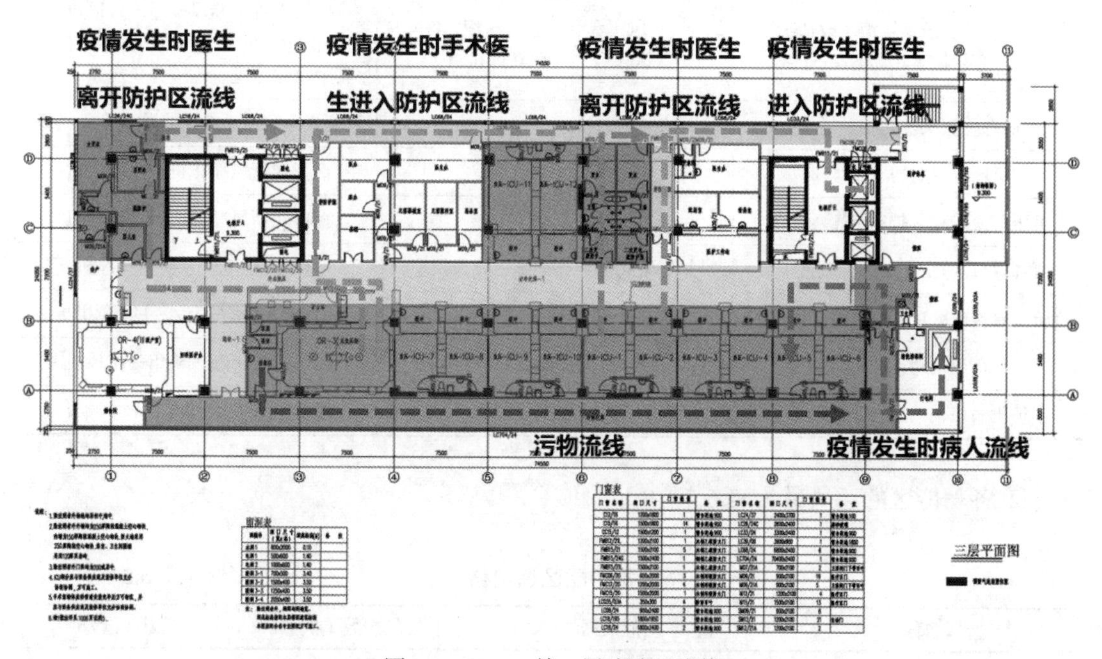

图6.5.1-10　C楼3层改造后流线

5）平急结合

本次改造后，C楼全部病房均为负压病房，3层负压ICU可满足负压隔离要求，并设置正负压转换手术室，急时，C楼可完全满足患者救治以及危重症患者的抢救工作。在平时，C楼作为一栋标准传染病房楼，可满足包括呼吸道在内的传染病的救治工作。

B楼8层改造完成后，ICU作为外科ICU使用，负压隔离病房则作为ICU隔离单间、重症监护使用。

6）通风空调

（1）设计内容

①各改造区域系统形式（表6.5.1-8）

各改造区域系统形式　　　　**表6.5.1-8**

改造区域	原系统	改造后
急诊大厅、发热门诊、肠道门诊（改造）	风机盘管+新风机组（各区域合用一套新风机组）	风机盘管+新风机组+排风机（分功能区设置新风机组及排风机，其中发热门诊为负压系统）

续表

改造区域	原系统	改造后
急诊办公、急诊输液（改造） 急诊留观（新增）	风机盘管＋新风机组 （各区域合用一套新风机组）	风机盘管＋新风机组＋排风机 （分功能区设置新风机组及排风机，其中急诊留观、输液为负压系统）
病毒筛查实验室（新增）	—	直流式全空气系统＋生物安全柜排风
负压隔离病房（新增）	—	直膨式新风净化机组＋排风机
正负压转换重症监护室 ICU（新增）		直膨式新风净化机组＋排风机
负压重症监护室 ICU（改造）	直流式全空气系统＋排风机	直流式全空气系统＋排风机
负压重症监护室ICU辅助用房（改造）	一次回风全空气机组＋排风机	直流式全空气系统＋排风机
负压病房（改造）	风机盘管＋新风机组＋排风机	风机盘管＋新风机组＋排风机
负压病房辅助用房（改造）	风机盘管	风机盘管＋新风机组＋排风机

②各功能区的通风量（表 6.5.1-9）

各功能区通风量 **表 6.5.1-9**

区域名称	规范依据	换气次数（次 /h）	新风量（m^3/h）
负压隔离病房 （污染区、半污染区）	《医院负压隔离病房环境控制要求》 GB/T 35428—2017	10～15	人均≥ 40； 宜全新风工况
	《负压隔离病房建设配置基本要求》 DB11 663—2009	8～12	人均≥ 40； 可切换为全新风工况
	《传染病医院设计规范》 GB 50849—2014	≥ 12	宜采用全新风工况
	《新型冠状病毒感染的肺炎传染病应急医疗设施设计标准》 T/CECS 661—2020	—	应全新风运行
负压隔离病房 （清洁区）	《医院负压隔离病房环境控制要求》 GB/T 35428—2017	6～10	—
呼吸道传热病区 （发热门诊、医技用房、病房等）	《传染病医院设计规范》 GB 50849—2014	≥ 6	最小新风量 6 次换气
非呼吸道传染病区 （肠道门诊、急诊大厅、药房、收费）	《传染病医院设计规范》 GB 50849—2014	≥ 3	最小新风量 3 次换气
正 / 负压 ICU 病房 （净化等级 10 万级）	《综合医院建筑设计规范》 GB 51039—2014	10～13	—
正 / 负压 ICU 病房辅助用房 （净化等级 10 万级）	《综合医院建筑设计规范》 GB 51039—2014	8～10	—

（2）暖通专业改造重点难点分析

① B楼8层负压隔离病房及ICU病房区域空调通风系统

a. 此区域作为急时应急医疗区域，由原来的普通病房改为18床ICU病房及负压隔离病房。要求竣工时间在2月下旬，并立即投入救治病人的使用。从1月30日开始，设计周期仅为5天，还包括方案论证及汇报的时间；施工周期仅为20天。没有返工、拆改的时间，因此该区域在设计过程中在快速设计的前提下，要充分考虑到各方面的限制条件，必须保证设计方案的可行性、合理性、规范性。

b. 此区域改造后的ICU病房及负压隔离病房区院方要求需要净化房间，净化等级10万级，辅助区域净化等级30万级。因此为保证病房内净化等级，原病房区的散热器系统及风机盘管系统需拆除，B楼病房内散热器系统为上供下回单管系统，因系统老旧，部分立管系统有跨越管，另外一部分没有跨越管，在拆改过程中有跨越管的关闭水平管阀门拆卸本层散热器即可，没有跨越管的需先协调院方物业停暖后关闭立管总阀泄水后进行拆除散热器，并增设三通立管后恢复供暖，保证其他层可以正常使用。

经勘查本楼冬季采用散热器供暖，夏季采用风机盘管供冷，冷热水系统分设管路，冬季风机盘管无热水供给，因此净化空调系统采用直膨式直流新风机组，设置电预热，电再热及电加湿段。

② C3层负压ICU病房区域（表6.5.1-10）

系统改造前后对比　　　　**表6.5.1-10**

方案比较	空调系统	空调净化等级	排风系统	风口形式
原系统形式	全新风净化空调	10万级	直排室外	送风高效过滤风口 / 排风初效过滤风口
改造系统形式	利旧	10万级	更换排风机	更换送风高效过滤风口 / 新增排风高效过滤风口

C3层负压ICU病房根据院方需要在原病房基础上扩大病房面积、增加ICU床位，且保持病房净化等级10万级不变；在工期紧张，新风净化机组货源紧张的前提条件下，本着利旧的原则，经校核原全新风净化机组风量满足改造后风量要求，净化措施满足净化等级要求，冷热量满足设计负荷需求，控制系统满足设计需求，设备质量符合正常使用标准。因此决定全新风净化空调机组利旧。原排风系统末端采用初效过滤风口，根据现行规范，治疗呼吸传染病的负压ICU病房排风口应采用带高效过滤器的排风口，由于原排风机机外余压不满足增加高效过滤排风口后的阻力，因此排风机更新。

③ C2层负压实验室区域

根据医院要求，新增的负压实验室为二级生物安全实验室，考虑到急时病毒检测的危险性和不确定性，空调通风系统按加强型生物安全二级实验室设计。加强型医学 BSL-2 实验室主要是在 BSL-2 实验室基础上设置缓冲间、机械通风系统、排风高效过滤等措施且有明确压力梯度要求。

根据院方要求与建筑协调后确定各个实验室功能区域的压力梯度关系（图 6.5.1-11）：

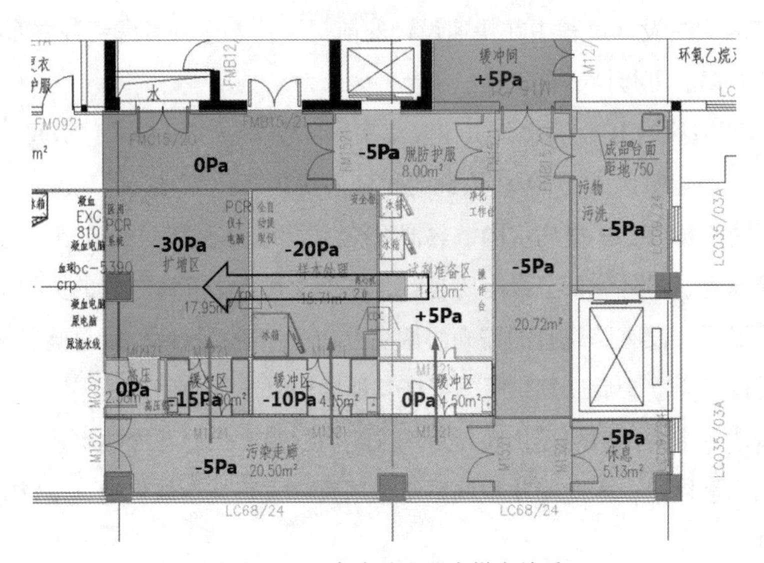

图 6.5.1-11　各实验室压力梯度关系

为了保证实验室内污染物不外泄，外部污染物不浸入实验室，整个实验室防护区的气流原则为试剂准备区→样本处理区→扩增区。

核心实验室区域（试剂准备间、样本处理间、扩增间）独立设置一套新风系统，新风机组设置粗、中、亚高效三级过滤，新风量根据各个区域换气次数要求，确定新风量；其他辅助区域设置一套新风系统；考虑到 PCR 实验室各核心房间压力等级不同，排风系统每个核心实验室区均单独设置排风机，排风机均设置在屋顶高空排放。

核心实验间的送排风管上设置定风量阀，控制室内送排风量来维持室内压力梯度，布置了生物安全柜的样本处理间应向院方明确生物安全柜等级、风量的参数后，再进行送排风量控制的设计。室内送排风管应与生物安全柜排风及补风管分别设置，室内送排风管设置定风量阀，在生物安全柜关闭时维持室内压力梯度；生物安全柜补风管设置变风量阀，当生物安全柜工作时，变风量阀通过室内压差传感器，得出室内与缓冲间实际压差值，与设定值进行比较进而控制变风量阀调整补风量来实现室内负压状态。

核心实验室区域内的送风口和排风口布置应符合定向气流的原则，减少房间内的涡流和气流死角，项目实验室防护区采用上送风下排风，排风口设置高效过滤风口，排风口距地 0.1m，排风口风速不大于 1m/s。

④ 暖通专业改造难点

a. 现状建筑条件下，如何按现有规范要求实现空调通风系统设计。

根据不同规范要求，净化 ICU 病房及负压隔离病房的空调通风方式如下所示：

B 楼 8 层现有层高 3.6m，梁下净高只有 2.9m，病房内净高要求建筑装修完成面 2.6m。走廊建筑装饰净高 2.2～2.3m。在建筑现状条件如此苛刻的情况下，实现 10 万级净化要求，空调系统应按区域分散设置。改造及新建 ICU 病房、负压隔离病房大多采用“两区三通道”，根据病房及医患通道位置，分别设置空调机组及排风机，可以减小管线尺寸，降低管线安装空间高度，且方便后期运行管理。

b. 负压隔离病房的负压控制及平时期间转换为 ICU 病房的方式。

负压隔离病房作为新型传染病患者病房主要收治区域对污染区域的气流流向有明确的要求，相邻相通不同污染等级房间的压差（负压）不小于 5Pa。各区域压力梯度如图 6.5.1-12。

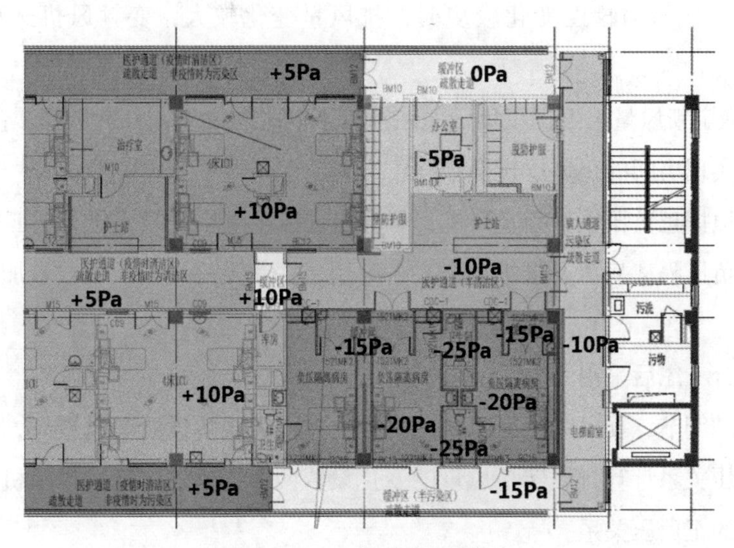

图 6.5.1-12　各区域压力梯度

各区域的压力梯度控制有严格的要求，主要有以下几点需要注意：

a）房间的密闭性，要求采用密闭吊顶、密闭门窗。窗户等级有明确要求。

b）风量的控制。

项目负压隔离病房各支路送排风管均设置定风量阀，通过室内送排风量差值控制室内压力梯度，并设置微压差计定期检查校正并记录。

急时，病人主要收治在负压隔离病房或负压 ICU 病房，负压隔离病房暖通专业主要控制参数为换气次数要求，负压梯度控制及过滤等级设置。

负压隔离病房无净化等级要求，但要求换气次数不小于12次，且新风送风应经过粗效、中效、亚高效过滤器三级处理。排风应经过高效过滤器过滤后排放。通过换气次数及过滤段设置对比净化房间等级认为负压隔离病房新风处理级别可以等同于10万级净化房间。

ICU病房根据院方要求净化等级（10万级）确定换气次数12次换气，新风机组设置粗效、中效、亚高效过滤器三级处理。送风口设置高效过滤风口。排风口未作要求。

由此可见负压隔离病房在净化等级及换气次数上基本是可以转化为ICU病房使用。

负压隔离病房正负压转换主要有通过排风机风量变化及定风量阀的条件来实现。对于风机风量变化有两种方式实现：

方案1：确定新风量，排风机采用变频风机，通过风机变频，排风量减少实现房间的正负压转换。

优点：风机数量少，安装方便。

缺点：病房区压力梯度变化较多时，排风量变化较大，变频风机选型效率低，能耗大。

方案2：确定新风量，根据正负压关系计算不同时期风量，分别选择2台排风机并联，通过风机转换实现房间的正负压转换。

优点：可根据正负压风量确定风机，不会出现风量过小变频风机无法匹配问题。

缺点：因负压隔离病房要求排风机一备一用，并联风机导致风机数量加倍，安装空间增加较大。

本项目综合考虑后采用了方案1。

对于风阀的调节，项目中负压隔离病房的送排风管线均设置定风量阀，排风定风量阀根据房间正负压关系计算排风转换风量的变化设置两个控制值，通过排风机连锁定风量阀用来控制室内的正负压关系。

c. 空调通风系统设计方案如何综合考虑平急结合。

急时收治病房区域（负压隔离病房、正负压ICU病房、负压病房）根据规范要求，均采用全新风直流空调系统，而直流新风系统也造成能耗增大，根据本次改造范围内病房区域空调通风设备运行耗电量计算，一个月空调通风设备运行能耗大约586512kWh，折合电费53.1万元。另外直流新风系统过滤器及过滤风口的更换周期也相应缩短。折算下来一年更换过滤器及过滤风口约比往年增加2倍。为了降低平时空调通风系统的，需充分考虑空调系统平急结合的运行方式。

规范中对各类区域通风空调系统参数的描述（表 6.5.1-11）：

各区域通风空调系统参数　　　　　　表 6.5.1-11

	规范	换气次数（次 /h）	新风量（次 /h）
负压隔离病房	《医院负压隔离病房环境控制要求》GB/T 35428—2017	10～15	人均不小于 $40m^3/h$，可实现全新风运行
	《综合医院建筑设计规范》GB 51039—2014	10～12	空气传染的特殊呼吸道患者应采用全新风运行
	《传染病医院设计规范》GB 50849—2014	12	宜采用全新风直流式空调系统
	《新型冠状病毒感染的肺炎传染病应急医疗设施设计标准》T/CECS 661—2020	—	应采用全新风直流式空调系统
负压病房	《传染病医院设计规范》GB 50849—2014	6	全新风运行
	《新冠肺炎应急救治设施负压病区建筑技术导则（试用）》	6	6 次 /h 或 60L/（s・床），取大值
ICU 病房	《医院洁净手术部建筑技术规范》GB 50333—2013	病房区：12	—
		辅助区：8～10	—
普通病房及治疗室	《传染病医院设计规范》GB 50849—2014	3	全新风运行

通过各规范内容可知，在急时各类病房、诊疗室均应采用全新风空调系统，而平时，除空气传染的特殊呼吸道患者病房需要全新风空调运行，其他病房均可调整为空调循环风运行模式。

首先是病房功能的转换，由负压隔离病房转换为 ICU 病房收治普通传染病术后康复患者，以此为例进行空调通风系统方案比较（图 6.5.1-13、图 6.5.1-14）。

由于病人患者全天需要稳定的室内温湿度环境，因此病房有别于其他区域空调，需要全年运行。全新风和一次回风空调机组能耗部分主要由直膨压缩机功率、空调风机功率、冬季加湿电功率及夏季再热电功率四部分组成，机组全年运行能耗如表 6.5.1-12 所示。

如表 6.5.1-13 所示，平时采用一次回风空调机组全年能耗是全新风空调机组全年能耗的 45%，约节省电费 4.5 万元；另外采用一次回风空调，新风量减少，回风洁净度高，对机组过滤器消耗降低，经询问医院后勤管理部确认粗、中、亚高效过滤器更换时间及费用。

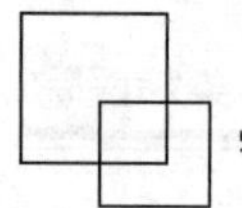

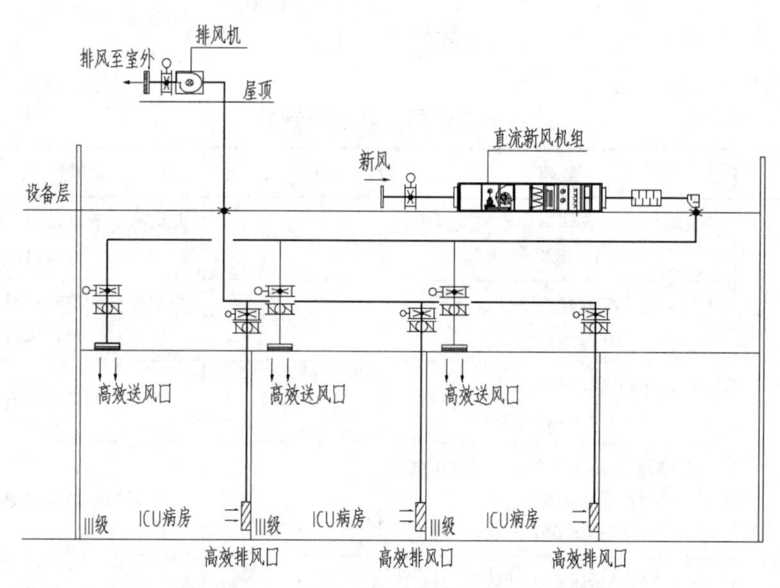

图 6.5.1-13　ICU 直流新风空调通风系统图

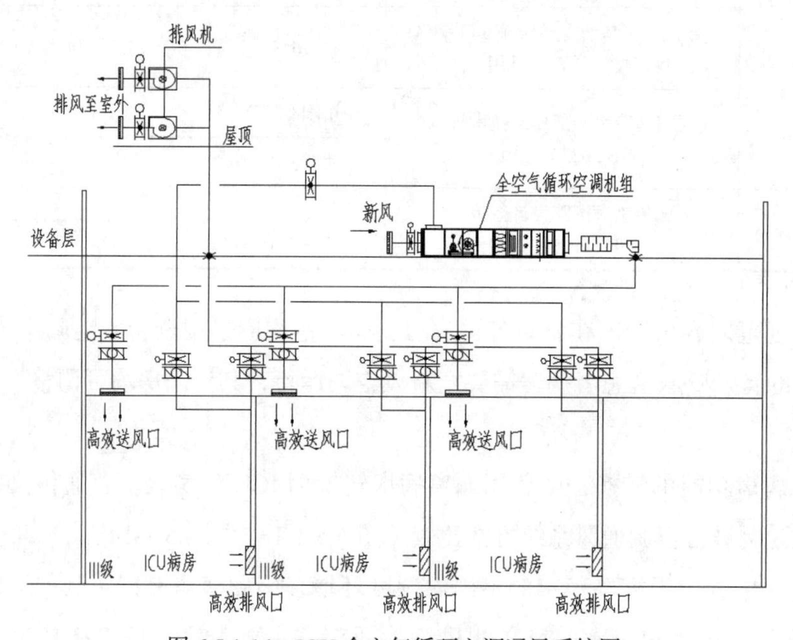

图 6.5.1-14　ICU 全空气循环空调通风系统图

机组全年运行能耗例表　　　　**表 6.5.1-12**

全新风系统压缩机功率（kW）	全新风系统电极加湿功率（kW）	全新风系统夏季再热功率（kW）	全新风系统风机功率（kW）	全新风系统总功率（kW）	一次回风系统压缩机功率（kW）	一次回风系统电极加湿功率（kW）	一次回风系统夏季再热功率（kW）	一次回风系统风机功率（kW）	一次回风系统总功率（kW）
31233	36295	4556	19272	91356	8572	9074	4556	19272	41474

过滤器更换时间及费用　　表 6.5.1-13

	过滤器更换费用（元）	全新风空调机组	全年过滤器更换费用（元）	一次回风空调机组	全年过滤器更换费用（元）
粗效过滤更换时间	100	10天	3650	30天	1217
中效过滤更换时间	200	15天	4867	60天	1217
亚高效过滤更换时间	1000	180天	2028	2年	500
合计			10545		2934

因此一次回风空调系统比全新风空调系统在运行费用方面全年约节省5.3万元。

在初投资方面，一次回风空调通风系统与全新风空调通风系统相比增加回风管及各回风支管上的电动密闭阀和定风量阀。排风机增加一台平时使用的排风机。合计增加投资约为2.8万元。

在施工安装方面，一次回风空调通风系统，增加回风管道及多组阀门，吊顶高度需增加300～400mm，对于改造工程，病房及走廊层高较低的情况，施工安装难度较大，梁下净高小于3.3m的区域机电管线安装净高很难保证，不建议使用（表6.5.1-14）。

全空气循环风系统与直流新风系统方案比较　　表 6.5.1-14

空调系统形式	优点	缺点
全空气循环风空调（可实现全新风运行）＋排风机	1）平时可采用新风＋部分循环风送风，降低平时运行成本	1）风管较多占用吊顶空间较大，排风机布置需根据空调机组位置确定不够灵活； 2）阀门较多平急转换较复杂，且有故障风险，急时有安全隐患
直流新风空调＋排风机	1）全新风运行，系统控制相对简单； 2）风管较少占用吊顶空间少，排风机布置灵活； 3）全新风系统，送排风无交叉感染风险，安全保障性高	1）直流风系统运行能耗高； 2）新风过滤器更换率高，运营成本较大

7）给水排水设计

（1）给水排水系统现状评估

佑安医院现状介绍

本次改造设计“本着减少拆改，满足应急使用需求为原则”系统维持现状，仅根据医疗工艺、隔断变化等对涉及的末端点位进行调整。其他各系统仅对末端进行设计。

改建范围

① 佑安医院B楼7～9层是以负压病房及相关ICU功能提升为主，C楼地上新增PCR实验室、留观区等功能。

② 改造区域生活给水、热水系统根据末端点位进行调整。

③ 改造区域室内污废水排水系统，清洁区、污染区、半污染区分别排放。

④ C 楼二层 PCR 实验室给水排水系统单独设置，排水经处理后再排至室外。

（2）各系统设计

① 给水系统。

充分利用市政水压，一层及以下市政直供，二层及以上采用水箱＋变频泵系统供水。本次未对系统进行调整。C 楼一至三层仅对末端点位进行调整，四层至八层新增部分立管，并更换立管后管道，使清洁区和染毒区给水立管分开，医患分开，B 楼仅立管后末端修改，其他沿用原给水系统。

② 生活热水系统。

C 楼一至三层及 B 楼本次未对热水系统进行调整，仅根据使用需求对末端点位进行调整。C 楼四层至八层新增部分立管，并更换立管后管道，使清洁区和染毒区热水立管分开，医患分开。

③ 污废水排水系统。

B 楼八层仅末端修改，沿用原室内排水系统。三间负压隔离病房卫生间淋浴排水取消现有地漏，设置直通式地漏下接存水弯的方式解决水封干涸问题，同时封闭所有现状不宜设置地漏的位置，B 楼七至九层空调机房设置密闭式地漏。

C 楼三层 ICU 区域、二层病毒筛查实验室区域、首层发热门诊区域设置直通式地漏下接存水弯的方式解决水封干涸问题。C 楼四到八层封闭所有现状不宜设置地漏的位置，空调机房设置密闭式地漏。

C 楼三层 ICU 区域、首层发热门诊、首层肠道门诊单独设置排水系统，排入室外污水管网，透气管顶部设置内置高效过滤器，在三层设备夹层汇集排至 C 楼屋面。

C 楼二层设有生物安全实验室，将有毒废水排至首层预处理设备，经处理后再排至室外管线。

④ 防火。

改造内容

改造区域自动喷水灭火系统仅根据房间格局变化进行调整；改造区域消火栓进行移位调整，相应立管进行改造。

⑤ 医疗气体。

a. 改造内容

沿用 B 楼八层的医疗气体立管，沿用横向干管路由，根据功能房间调整增设支干路及末端管线。

沿用C楼首至三层的医疗气体横向干管路由，根据功能房间调整增设支干路及末端管线。

根据C楼四到八层的病床数，重新调整C楼入楼管、干管、立管的管径，调整增设支干路及末端管线。

b. 设计参数（表6.5.1-15）

医疗气体设计参数表　　表6.5.1-15

使用科室	医用空气（L/min）			医用真空（L/min）			医用氧气（L/min）		
	Qa	Qb	η	Qa	Qb	η	Qa	Qb	η
ICU	60	30	75%	40	20	75%	10	6	100%
病房	60	15	2%	40	20	10%	10	6	15%
抢救室	60	20	20%	40	40	50%	100	6	15%

8）电气设计

（1）电气系统评估

改造之初，电气专业进行现场勘查，与物业人员进行交流沟通，了解项目电气系统运行情况，并对电气系统进行了评估。项目改造前电气系统总体运行情况及评估（表6.5.1-16）：

改造前电气系统总体运行情况及评估　　表6.5.1-16

名称	位置	功能	现状运行状态	项目改造电源接引	评估
园区变配电室（现状）	园区东南角室外单体建筑	承担B楼整栋楼用电负荷	变电室内设置1、2号两台1600kVA干式变压器，两台变压器引自总变电室内10kV配电柜不同母线段，满足双重电源要求，其中2号变压器低压侧与园区柴油发电机组互投后，设置应急出线柜。两台变压器夏季平均负载率60%～70%	B楼现状电源无法满足新增ICU病房及隔离负压ICU病房使用需求。故需从园区变配电室（现状）接引380V电源	由于应急需求的建设周期时限要求，园区变电室（现状）至B楼首层配电间仅能通过室外直埋铠装电缆的敷设方式进行改造，敷设距离约120m
C楼分变电室（现状）	C楼地下一层西南侧	承担C楼整栋楼用电负荷	变电室内设置3、4号两台1000kVA干式变压器，两台变压器引自总变电室内10kV配电柜不同母线段，满足双重电源要求，其中4号变压器低压侧与园区柴油发电机组互投后，设置应急出线柜。两台变压器夏季平均负载率约90%，冬季平均负载率约50%	由于应急需求，且目前冬季变压器负载率仅为50%，基本可满足本次应急改造增容需求，故应急改造时从备用开关接引新增负荷。待应急状态过后，设计院可配合电力增容改造设计，将目前设计新增负荷引至新增室外箱式变电站	由于C楼地上首层至八层电气竖井均为壁龛式，故在变电室内设置新增负荷总箱

续表

名称	位置	功能	现状运行状态	项目改造电源接引	评估
园区柴油发电机机房（现状）	园区东南角室外单体建筑	承担园区各楼备用电源	机房内设一台 800kW 柴油发电机组；柴油发电机组输出柜出线分别与园区总配电室 2 号变压器低压侧、C 楼地下一层变电室 4 号变压器低压侧进行互投		可满足 24 小时供电要求
B 座 8 层电气竖井（现状）	位于 B 座中间南侧部位	承担本层用电负荷	两个普通照明配电箱，分别承担东段、西段电源，其中负责东段电源配电箱为本次改造区域供电的配电箱；一个应急照明配电箱。以上配电箱运行良好；竖井内面积相对富裕，可容纳新增 2 个配电箱的空间		利旧东段供电的配电箱及应急照明配电箱，不对出线回路进行调整
C 座 1～8 层电气竖井（现状）	位于 C 座中间部位	承担各自层用电负荷	利旧各层电气竖井内所有配电箱；竖井为壁龛式，仅 3 层还可容纳新增一个配电箱的位置		首层、二层新增配电箱设置于改造区；4～8 层位于空调机房及护士站

（2）10/0.4kV 变配电系统

① 负荷分级（表 6.5.1-17）。

负荷分级 **表 6.5.1-17**

负荷级别	用电负荷名称	供电方式	备注
特别重要负荷	急诊抢救室、重症监护室等场所中涉及患者生命安全的设备及其照明用电；隔离负压区空气净化机组	双路市电＋柴油发电机组	以上负荷为涉及改造新增的负荷用电
	防排烟风机		
一级负荷	1）急诊抢救室、重症监护室、早产儿室、手术室等场所中的除一级负荷特别重要负荷的其他用电设备； 2）下列场所的诊疗设备及照明用电：急诊诊室、急诊观察室及处置室等； 3）门诊部、医技部及住院部 30% 的走廊照明	双路市电	以上负荷为涉及改造新增的负荷用电
三级负荷	其他一般电力负荷	单路市电	

② EPS 电源装置。

工程替换改造区域楼层消防应急照明和灯光疏散指示标识的 EPS 电池组，确保其连续供电时间不少于 1 小时。

③ UPS 电池的设置。

项目内 ICU 病房 IT 系统设置 UPS 不中断供电电源作为保证系统正常工作的后备电源；UPS 保证备用时间不小于 0.5 小时。本次改造各区域 UPS 容量配置如表 6.5.1-18 所示：

UPS 容量配置表 **表 6.5.1-18**

设置场所	负荷类别	容量（kVA）
B 楼 8 层 UPS 间	医疗带	60
C 楼地下一层变配电室	医疗带	20

④ 线路敷设。

项目为改造应急改造工程，考虑项目实施进度的紧迫性，在电气管线选择上，简化了施工安装工作量，选择更方便安装的薄壁镀锌钢管（JDG），采用导线连接器替代传统的铰接＋涮锡＋绝缘胶布包裹工艺。

（3）照明系统

① 照明设备选型及安装方式。

为营造良好的光环境，同时考虑节能，在灯具选择上光源主要采用 LED 等节能光源。

② 应急照明。

项目为应急工程，由于改造时间限制，经与各主管单位沟通落实，沿用现状应急照明系统，末端灯具采用 AC220V 供电，对灯具进行替换，替换后确保楼梯间、前室或合用前室、避难走道等场所疏散照明的地面最低水平照度不应低于 10lx。所有消防疏散、备用照明灯具均需采用消防专用应急灯或采用满足消防防火要求的灯具，且应急照明和疏散指示灯应采用不燃烧材料制作的保护罩，不应采用易碎材料或玻璃材质。

③ 照明控制。

诊室、办公室、筛查室、病房、小开间房间等采用就地开关控制，公共区及走廊照明沿用现状照明控制系统。病房及病房区走廊应设置夜灯等夜间值班照明。夜间值班照明医护人员便于操作。

④ 医疗电气系统。

根据项目的使用要求，在 B 座 8 层及 C 座 3 层重症监护室、各病区医疗负荷较集中的区域设置医疗电源配电箱或专用电源插座（箱）并根据特殊要求设置隔离变压器采用 IT 系统。

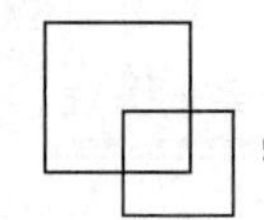

6.5.2 新建类案例研究

北京地坛医院应急病区（300 床）

1）项目概况

地坛医院扩建 300 床应急病房项目位于北京市朝阳区京顺东街 8 号，使用方为首都医科大学附属北京地坛医院。医院扩建部分的总建筑面积为 13901m^2，建筑高度为 6.6m，主要功能为医疗建筑的传染病房。

设计以应对突发公共卫生事件为目的，建筑设计使用年限为临时建筑 5 年，建筑耐火等级为二级，抗震设防烈度为 8 度。建筑结构采用“下部基础为现浇钢筋混凝土，上部采用成品钢结构集成箱式模块”的结构形式，结构基础为反梁筏板。

病房、医生走道及医生休息办公区域均采用分体式冷、暖空调。病房、医生走道及医生休息办公区域均按区域独立设置直膨式新风系统。病房卫生间、二层医生卫生间及淋浴更衣区域设置集中供暖系统供暖。供暖、空调系统热源由热力站内设置的供暖及空调热水换热系统分别提供。

生活给水由院区市政给水管网直接供给，病房及办公区分散设置电热水器提供生活热水，室内外均采用雨、污分流；污、废水合流的排水系统。消火栓及自喷系统引自原病房楼地下室环管。

项目低压供电，每个医疗模块由室外箱式变电站引来三组六路低压电源。室外设置两组常载基准功率分别为 1000kW 以及 600kW 的集装箱式低压柴油发电机组。智能化系统包括如下系统：通信网络系统、安全技术防范系统（包含视频监控系统及门禁管理系统等）、医护对讲系统、火灾自动报警及联动控制系统。

本书结合地坛医院设计实例，整理设计过程中的经验与教训，希望对今后应对突发公共卫生事件的医疗建筑设计有所帮助（图 6.5.2-1、图 6.5.2-2）。

2）规划布局

首都医科大学附属北京地坛医院（原北京第一传染病医院）是中国第一所政府举办的传染病医院，从 1946 年创办至今，已有 70 多年的辉煌历史。北京地坛医院于 2005 年 12 月 30 日迁建至北京市朝阳区京顺东街 8 号，2008 年 8 月投入使用。现有院区建筑面积 7.5 万 m^2，是一所集医疗、教学、科研、预防为一体的三级医院，是北京市医保定点单位。

按照北京市重大办精神，为增加地坛医院处理重症病人的接收能力，开展地坛医院扩建 300 床应急病房项目，项目用地位于北京市朝阳区现状地坛医院院区西侧。现有院区布局由北至南依次为办公楼、医技楼、住院楼。住院楼的西侧是停车场和空地，即项目的建设用地。作为 5 年使用期限的临时建筑，仅设病房区和必要的医护设施（图 6.5.2-3）。

新建病房区总用地面积 25950m^2，总建筑面积 14098m^2，其中病房楼 13077m^2，二层与现状病房区的连廊（医护人员通道）392m^2，病房楼西侧的其他后勤保障用房（值班室、负压机房、压缩空气机房、垃圾储存间、液氧站、污水处理设施、附属机电设施等）629m^2。

图 6.5.2-1　项目实景鸟瞰

图 6.5.2-2　院区内景

图 6.5.2-3　项目用地分析图

项目要求的建设周期短，优选钢结构集成箱式模块房屋体系。项目充分考虑当前能够最快采购的建造材料，采用模块化设计。

（1）确定外部环境

项目用地位于地坛医院西侧，可与院区顺畅连通。场地西侧靠近京密路，并间隔有绿化隔离带，南侧为城市道路，北侧为已土建完成但停滞的建筑。

经北京市重大办协调，新建的病房区设有 3 个对外出口，其中西侧通过绿地和京密路设置主要出入口，作为传染病人入院的主通道，南侧向城市设置 2 个出口，东南侧为病人出院通道。院区内设置环形道路，道路宽度为 5m，并设有救护车临时车位 10 个。

（2）确定病房楼布局

为缩短建设周期，病房楼采取集成箱式模块房屋体系建造。咨询施工单位之后，确定了基本单元为 6m×3m×3m 的箱体模块。简单排布了病房、病人走廊和医护走廊的关系后，可以确定：一条医护走廊如果设置双侧病房，建筑进深为 21m（3 + 6 + 3 + 6 + 3m）；如果设置单侧病房，建筑进深为 12m（3 + 6 + 3m）。结合病房是单层布置还是双层布置，前期共推敲了三种模式的总图方案（图 6.5.2-4）：

方案一为单层双侧方案，充分利用空地的宽度。病房在首层布置为八个病区，医护区设置在病房中央，占二层，医护距离合理。

方案二为双层双侧方案，可在空地西侧空出附属用房的场地。病房双层布置，分为四个病区，医护区靠近老院区设置在东侧，医护距离合理。但双层病房的二层不利于病人出入，且上下水竖向设置复杂，增加交叉感染的风险。

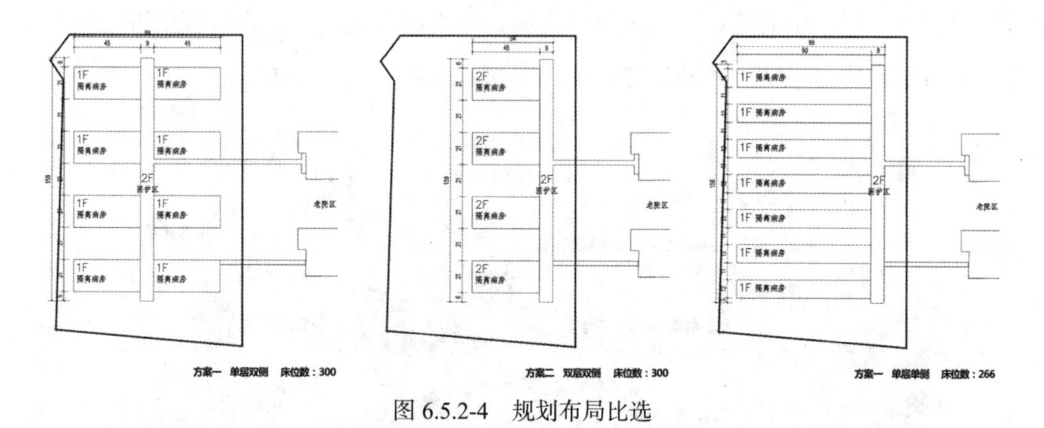

图 6.5.2-4　规划布局比选

方案三为单层单侧方案，医护距离较长，病房区间隔较小，床位数不足，不符合设计需求。

在方案一和方案二的比选中，院方希望能尽量避免在二层设置病房，以减少不必要的隐患。设计团队也认为方案一更容易满足医院的洁污分流需求，保障医护人员的安全。经讨论，确定以方案一作为总体布局，并在二层增加医护用房，保障医护人员的工作环境。

（3）确定附属用房布置

由于用地紧张，病房楼已占据全部空地。经重大办协调，可临时占用西侧待征绿地设置附属配套设施。这也体现了政府部门在应急工作状态下的高效与果断。

在主体病房楼西侧，代征绿地附近，根据需要设置了病房楼附属的配套设施，包括垃圾处理间、附属机电设施、负压及压缩机房、液氧站等，并在室外设置箱式柴油发电机、箱式变压器、液氧罐等设施（图 6.5.2-5）。

（4）总体流线分析

总图设置分区明确，布局清晰。

救护车经京密路从院区西北侧的大门进入院区，利用院区西侧的主干路和病房区之间的支路进入病房楼，每个病区均设置南北两个出入口。运送完病人的救护车在病房楼的东南门离开院区或回到老院区进行清洗。病人可利用东南侧的风雨连廊与老院区联系（图 6.5.2-6）。

医护人员通过二层的医护人员通道进入病房楼中央二层的医护区。在医护区经过洗消后下至首层医护用房，经过医护走廊进入病房巡视（图 6.5.2-7）。

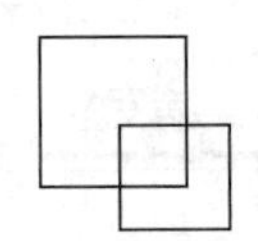

3）平面布局

地坛医院主体病房楼面积13077m^2，呈鱼骨形布局，分为四条建筑，8个护理单元，病房均设置在一层，中心为护士站及医护设施。中央部分为两层，设置医护淋浴更衣，医生办公、会议、休息等功能，并通过二层连廊联系老院区的洁净医护区。

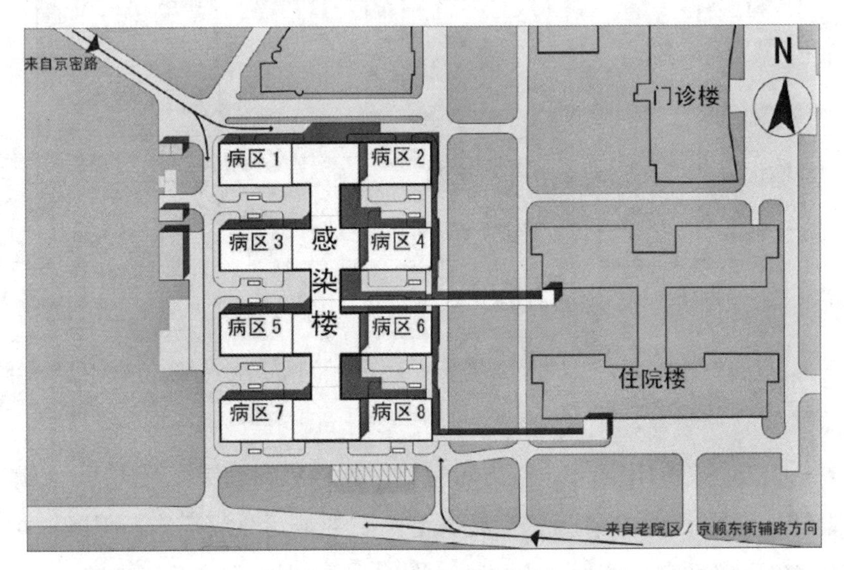

图 6.5.2-5　总平面布置图

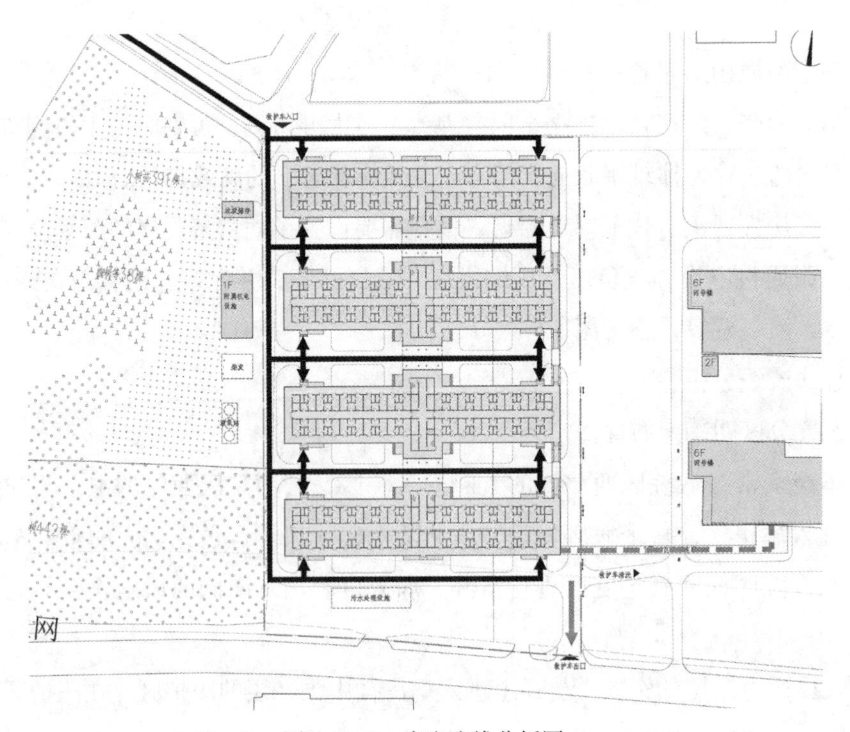

图 6.5.2-6　病患流线分析图

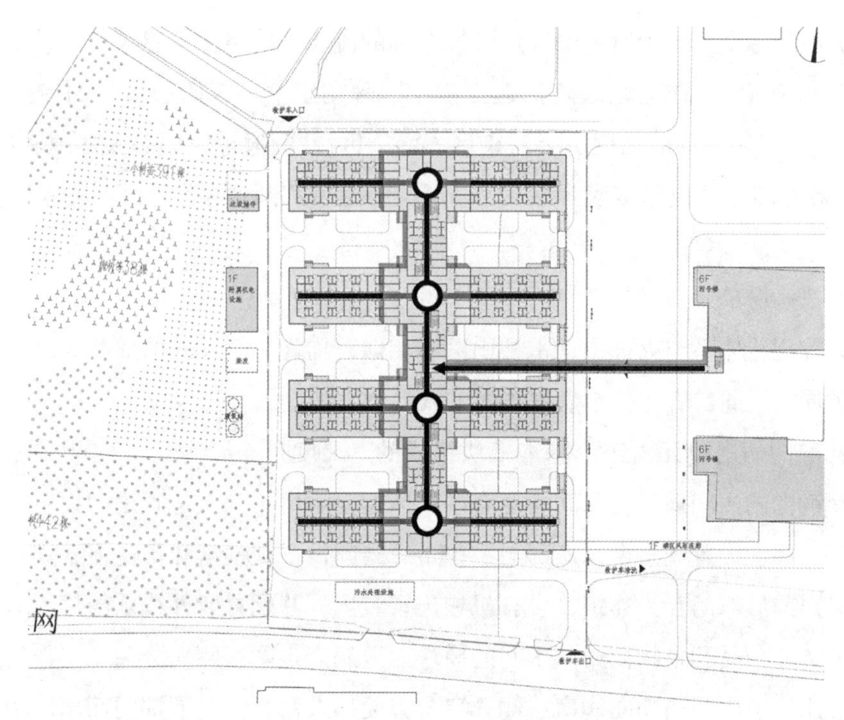

图 6.5.2-7　医护流线分析图

每个护理单元设置 19 个病房，共 38 床，病房楼共设置约 300 床。为保障建设周期，病房楼均采用成品钢结构集成箱式模块，层高 3m，室内外高差 0.6m，建筑总高度 6.6m。护理单元进深 21m，护理单元间距 21m，满足安全卫生的间距要求（图 6.5.2-8）。

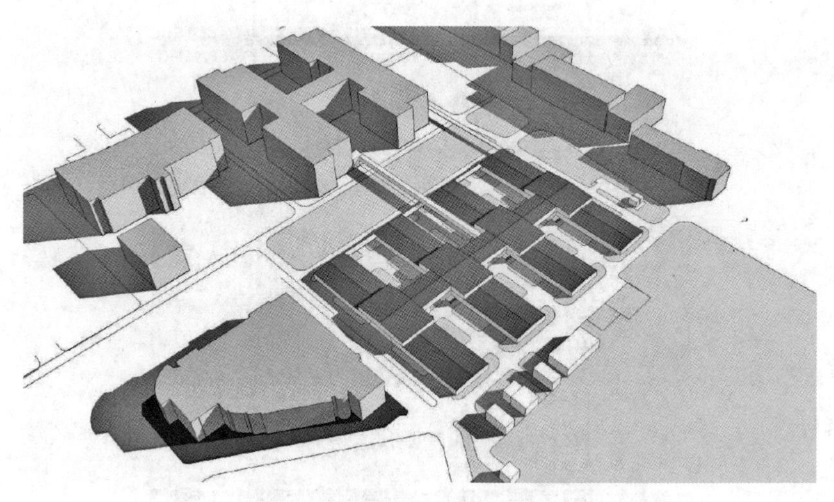

图 6.5.2-8　鸟瞰图

（1）设计核心目标和主要手段

传染病专科医院设计的核心目标即在满足医疗救治功能的基础上，保证医护人员和服

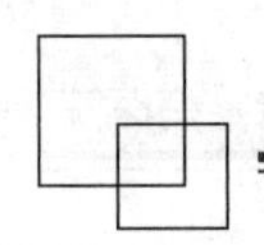

务工作人员不受感染。要为所有的人员设置合理的流线，杜绝交叉感染。设计手段即“洁污分流，各行其道”。在地坛医院扩建工程中，采用了“三区两通道”的传染病专科医院经典模式。“三区”即清洁区、半污染区、污染区；“两通道”即病人通道和医护通道。“三区”严格分离，分层形成负压区，保障分区安全；“两通道”，相互独立，避免流线交叉。

（2）基本病房单元

地坛医院建造体系与火神山、雷神山医院相似，均为 3m×6m 的成品钢结构集成箱式模块组合布局，因此二者在基本病房单元的设计上是相同的。

一个标准的病房单元由三个基本模块组成的，尺度是 $6m \times 9m = 54m^2$。左右两侧的模块是相互镜像的两间病房，每间病房有两个床位。病房与病人走廊之间设置可供病床出入的双开门，门上设置观察窗；病房与医护走廊之间设置观察窗和传递窗，观察窗封闭不开启，传递窗前后双门互为连锁，设有机械连锁装置，并配置紫外线杀菌灯，有效阻止交叉污染，供传递药品和食物使用。中间的模块靠近病人走廊一侧一分为二，作为两间病房的卫生间使用。卫生间门朝向病房一侧开启，方便病人紧急情况下推门而出。中间的模块靠近医护走廊一侧为医生进入病房前的缓冲间。进出缓冲间的门设置观察窗，且需要保证门两侧的压差，防止污染区的空气泄漏到半污染区（图 6.5.2-9～图 6.5.2-11）。

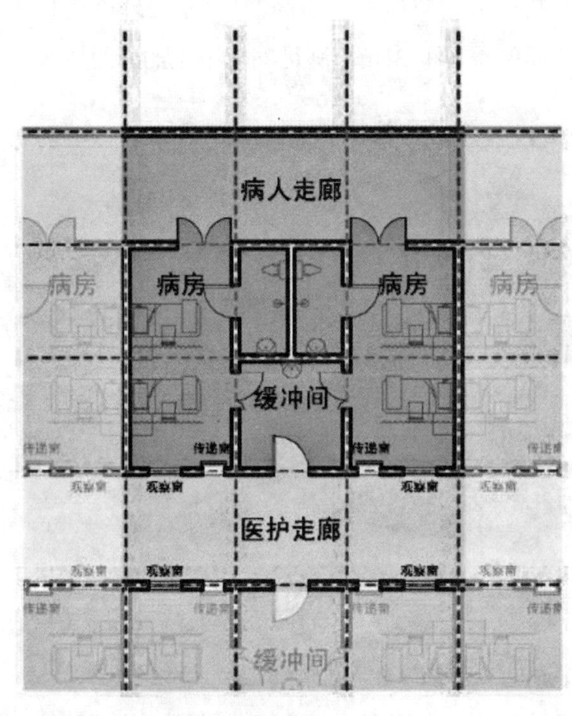

图 6.5.2-9　单元布局图

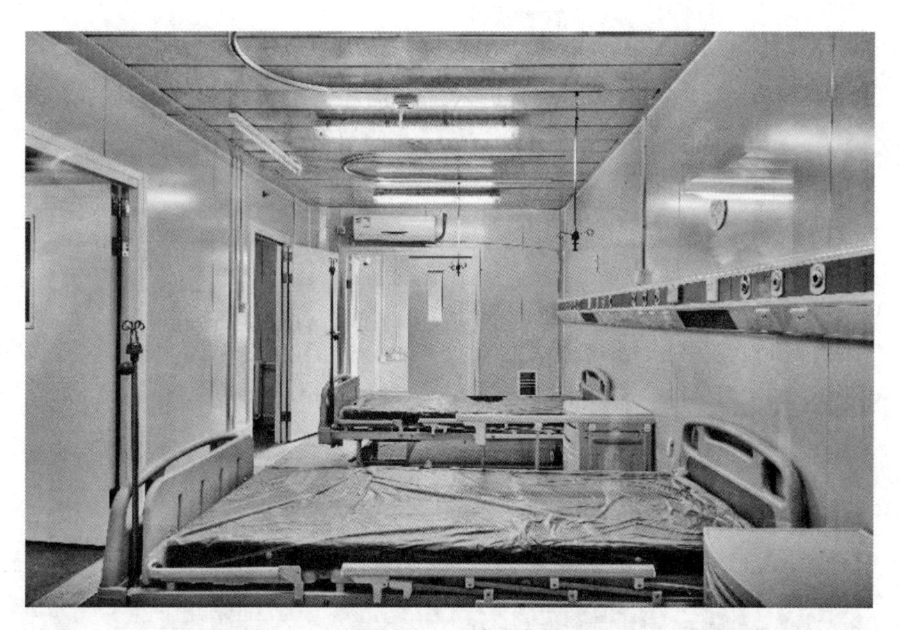

图 6.5.2-10　单元内景

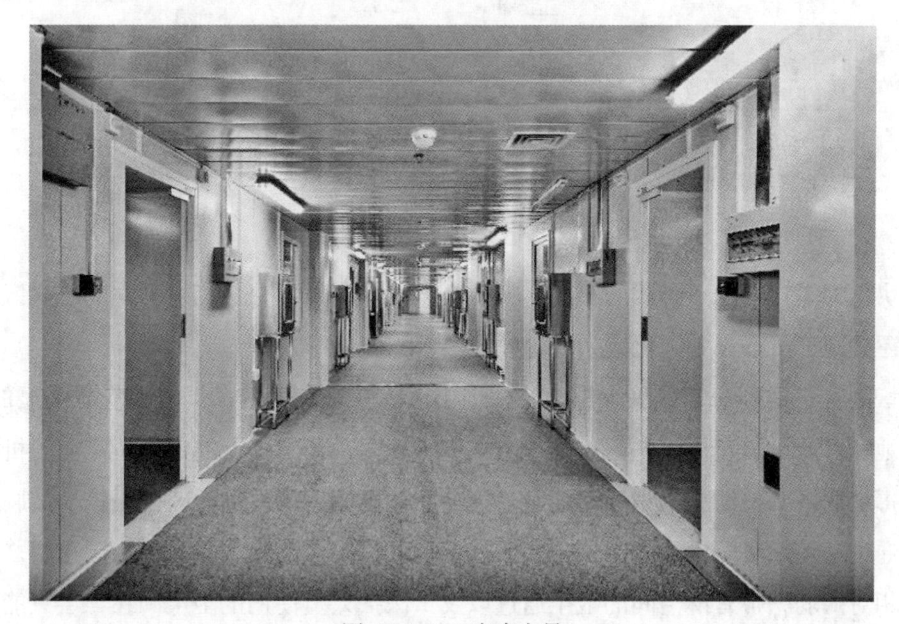

图 6.5.2-11　走廊实景

（3）合理使用功能分区

地坛医院扩建300床应急病房的功能分区清晰简洁。首层布局是四条相对独立的建筑，医护区设置在中间，病房区设置在两端，自然形成相对独立的8个护理单元。救护车在楼外形成环路，运送病人抵达病区。医护人员从老院区经过二层连廊进入新病区的二层，再下至首层医护区。医患流线分离，不在楼内交叉，避免了交叉感染。

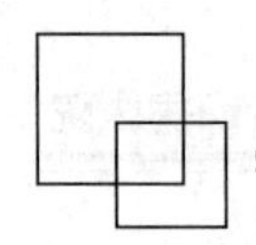

8个护理单元的病房区和首层医护区相对独立，避免了不同病区之间的交叉。医护人员在首层结束工作后，通过卫生通过，进入二层洁净区后，可相互连通，方便沟通交流（图6.5.2-12）。

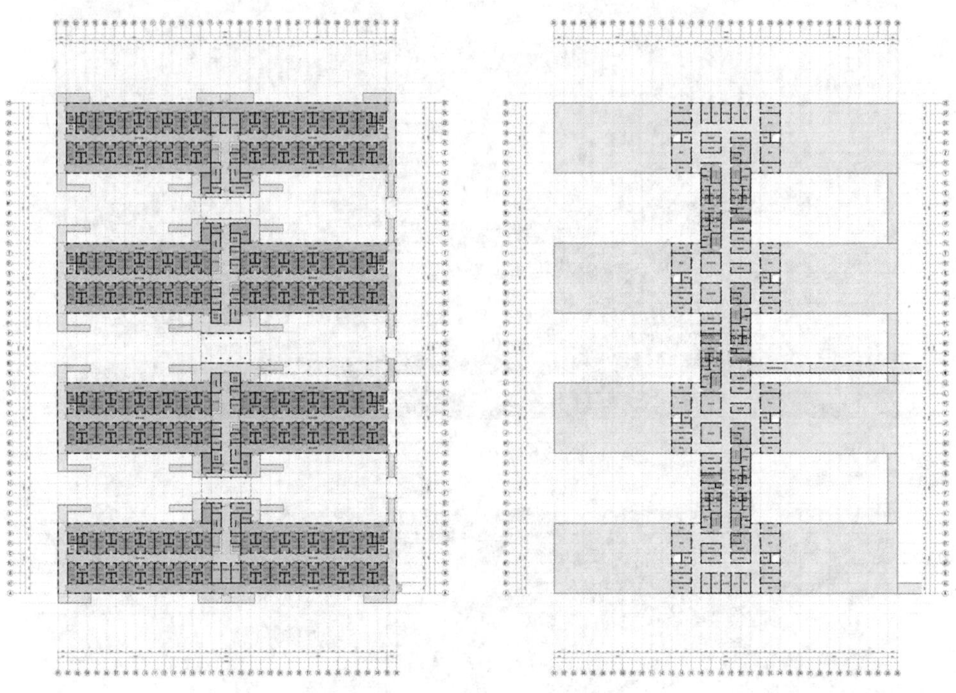

图6.5.2-12　平面布置图

模块化的设计结合鱼骨式的布局，将300床的病房楼划分成相对独立的小病区，无论对设计还是施工，都起到了化繁为简的效果。

地坛医院扩建病房和武汉火神山、雷神山医院在医护区的布局方面有着明显的不同。因受场地宽度所限，首层医护区被压缩到仅剩9m宽，除去必要的走廊，竖向，机房，仅够安排每个病区必要的护士站、治疗室、仪器间和医用库房。因此，供医护人员脱防护服的卫生通过在地坛医院中全部被安排在了二层。又因为成品集成箱式模块层与层之间的防水处理相对薄弱，带有淋浴间的卫生通过以及供医护人员使用的卫生间在二层只能被安排在首层架空的区域。在诸多限制中，妥善处理好医护区的功能流线，保护抗战在一线的医护人员的安全，是地坛医院扩建病房项目在设计中的一大特点。

4）流线组织

地坛医院的患者经救护车送至每个护理单元的病人入院专用入口处，通过该入口进入护理单元内部的病人走道，再进入病房。各护理单元之间的病人流线没有交叉（图6.5.2-13）。

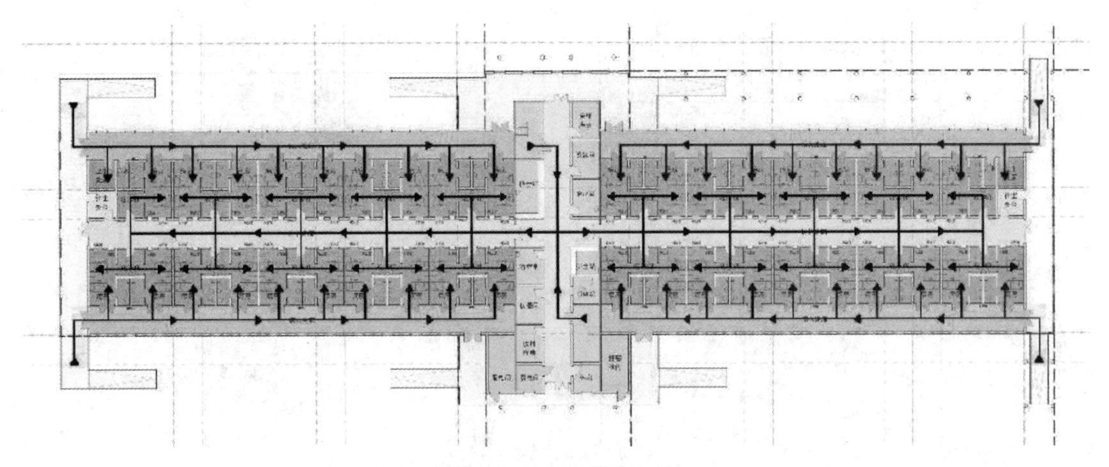

图 6.5.2-13　流线布置图

传统的医院设计中，我们会认为医生办公区是洁净区。但在地坛医院的设计阶段，对于新型传染病的传播认知还存在太多的不确定性。为确保万无一失，和院方沟通后，我们将首层的治疗室、护士站等医护房间定义为半清洁区，与作为半污染区的医护走廊之间也需要进行压差设计。作为半清洁区的首层医护房间与作为清洁区的二层医护房间之间通过卫生通过和缓冲间连接，卫生通过供医护人员脱去防护服，缓冲间保证半清洁区与清洁区之间的压差，进一步避免病房区对办公区的污染。

因此，地坛医院的医护流线设计为如下：

医护人员进入病区流线：清洁区（二层医护办公区）→穿防护服→下楼梯（从靠近中央走廊一侧的门进）或通过电梯缓冲间下电梯→半清洁区（首层医护工作区）→半污染区（护理单元中的医护走廊）→缓冲间→污染区（病房及病人走道），如图 6.5.2-14 所示。

医护人员离开病区流线：污染区（病房及病人走道）→缓冲间→半污染区（护理单元中的医护走廊）→半清洁区（首层医护工作区）→上楼梯（从靠近卫生通过一侧的门出）→缓冲间（进入卫生通过）→一脱→二脱→更衣室（分男女）→淋浴间（分男女）→更衣室（分男女）→缓冲间→清洁区（二层医护办公区），如图 6.5.2-15 所示。

综上所述，地坛医院设计在满足医疗救治功能的基础上，增加了防止交叉感染的重要细节，为工作在其中的医护人员的安全提供了有力保障。

5）结构设计

面对紧张的工期，协调设计和施工的矛盾，让项目顺利开展也是我们面临的一大难题。针对特殊情况，设计从一开始就对接施工单位，充分了解现有资源，统筹规划，配合施工，完善设计。这个过程不同于传统的精细化设计，需要随时根据现场状况采取相应的设计措施，保障施工进度。

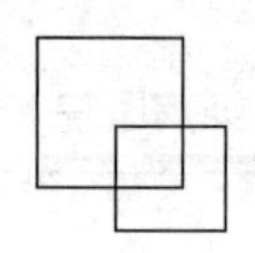

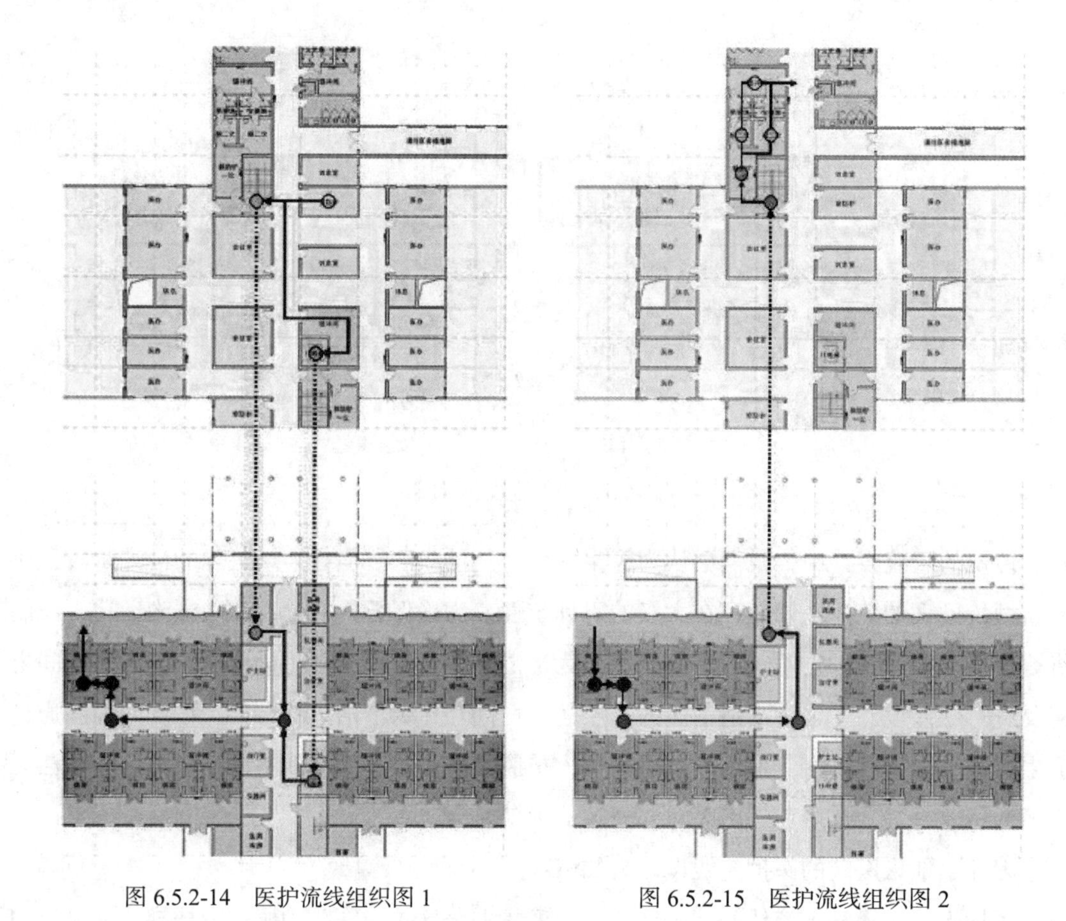

图 6.5.2-14　医护流线组织图 1　　　　图 6.5.2-15　医护流线组织图 2

（1）装配式建筑的运用

钢结构集成箱式模块的基本尺寸是 6m×3m 和 3m×3m 两种，高度约 3m。由于材料供应问题，地坛医院以南北分界，采用两个厂家供应的模块，尺寸略有微差，但误差在可接受范围内。

每个模块单元自成体系，都带有屋面、吊顶、墙体、地板等基本建筑元素。单元四角有立柱，周边有框架梁，承担结构体系，最高可拼装三层。墙面为 75mm 厚双面压型钢板内衬保温材料，单元化拼装门窗，实现内外装饰和保温、采光、隔声效果。每个单元的屋面向四角找坡，结合立柱内预埋的四根落雨水管穿出地板后汇水排出。地板采用 PVC 面层，有一定的洁净装饰效果。各个单元可灵活组合固定，结构螺杆连接，墙体开洞灵活，屋面通过扣条和打胶实现整体的封闭（图 6.5.2-16）。

（2）适应快速建造的地基处理

为了避免大量的土方工程，在作了简单的清表处理后，施工单位先在场地上设置混凝土整浇层，再在箱式板房支撑点处做混凝土条形反梁。整浇层的主要目的是避免不均匀沉降。反梁和整浇层之间预留 800mm 的高度，作为机电管线空间，满足检修要求。混凝土采用 C35 自防水技术，避免污水漏出对土壤和地下水的破坏。

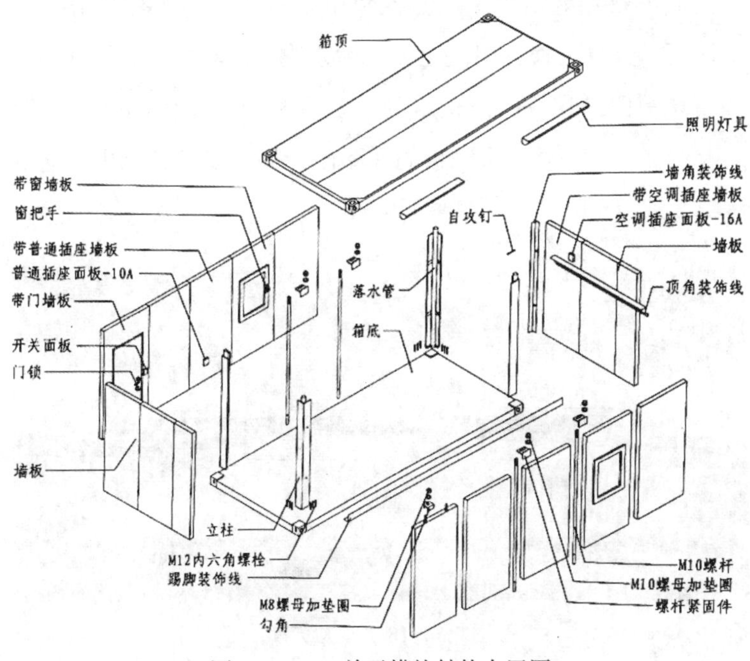

图 6.5.2-16　单元模块结构布置图

箱式活动板房上部荷载较轻，对地基承载力的要求较低，大大简化了地基处理和建筑基础的设计施工，缩短了建设周期（图 6.5.2-17）。

图 6.5.2-17　施工照片

（3）特殊天气的应对

地坛医院选用的钢结构集成箱式模块房屋体系，拥有工厂预制加工，现场拼装速度快的优点。但单元之间的拼接处虽然利用螺栓和压条密闭，仍然有漏雨的风险。施工过程中，恰逢北京遭遇雨雪天气，设计组决定“一劳永逸”，通过在箱式单元上增加平改坡屋面的方式，避免漏雨风险。这一决定也得到了院方和施工单位的支持。最终在各方配合下，在原有屋面上，补充了一道压型钢板的坡屋面，彻底消除了隐患。这也算是地坛医院的一个小创新（图 6.5.2-18）。

图 6.5.2-18　建成实景

6）标识系统

在施工后期，院方要求增加标识设计。我们很快确定了标识的编号原则、点位、样式、色彩等，用一天的时间完成了图纸。标识编号原则如下（图 6.5.2-19）：

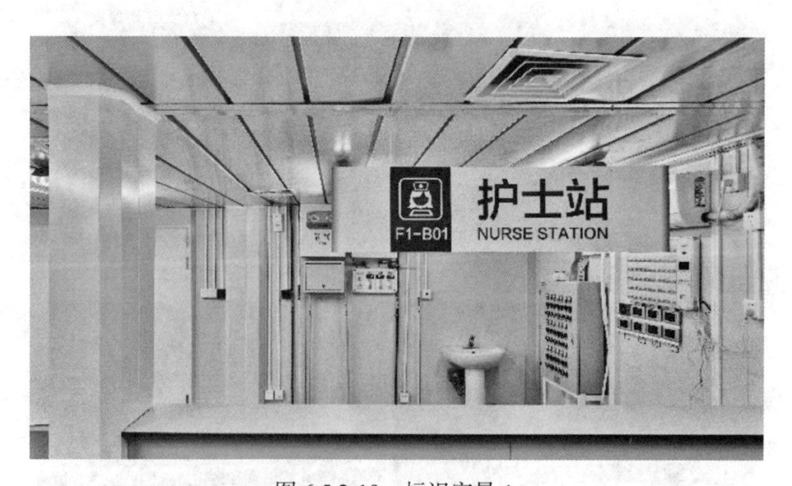

图 6.5.2-19　标识实景 1

分为八个病区，1～8 病区，由西北向东南开始编号。

院区内标识：清晰地指示各个病区，主要出入口，与老院区联系等。

病房编号：101～119；201～219；以此类推。每个病区通道处标识出病房分区情况，方便查找。

房间标识：每个病区按照 1～38 病床大排行。例如：101 病房，对应 1 床、2 床，102 对应 3 床、4 床，以此类推，119 病房对应 37 床、38 床。患者信息处需要设置可更换卡片。

办公室等其他房间的普通编号：西侧病区即按照左上到右下规则，东侧对称即可。1～8 病区，分别对应 ABCDEFGH。

例如：F1-A01，一层，1 病区办公室 01

F2-C03，二层，3 病区办公室 03

楼梯间不编房间号，仅表示 S1～S8 号楼梯间，和病区对应 1～8；老楼连接处是 S9。

电梯间正常编号，随办公室。电梯编号 E1～E5，1、2 病区是 E1，以此类推。老楼连接处是 E5。

卫生间正常带编号，房间侧面做外挑标识，门上分男女标识。

更衣、淋浴等串通的房间，不带房间编号，从医护走道，标识在缓冲间外：1 病区更衣淋浴间。内侧分男女更衣淋浴即可。

开水间正常编号。

电气、设备间等，正常编号，加注房间名称。如电气间，F1-A08-1 号配电间，以此类推。

在标识系统的施工过程中，我们又引入了色彩设计，对重点部位进行了明显的指示，信息明确，布置得当，达到了院方的预期（图 6.5.2-20）。

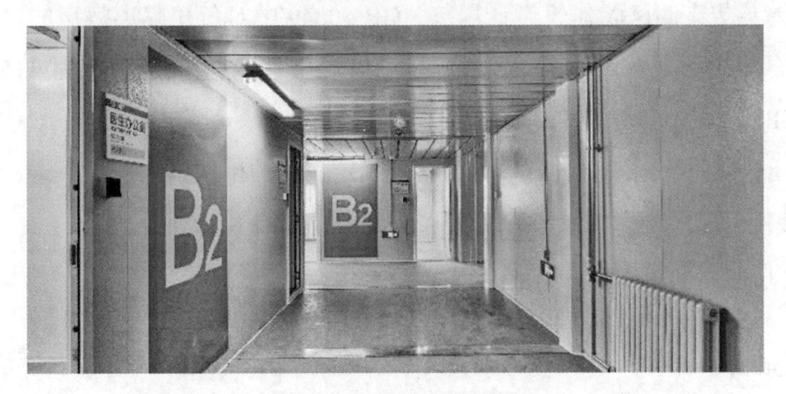

图 6.5.2-20　标识实景 2

7）暖通设计

（1）传染病房负压设计

功能明确、流线清晰的平面物理分隔是传染病病房的基础，而使传染病病房发挥作用的核心是通风空调系统的设计。负压、压力梯度和单向流是传染病病房通风系统设计三个要素。

在房间内门、窗等开口部位封闭且气密性达到一定要求的情况下，通过房间送、排风的风量差值形成室内外的压差。此时，通过门缝的气流流速和压差关系为

$$v = \phi\sqrt{\frac{2 \cdot \Delta P}{\rho}}$$

式中：v——气流流速，m/s；

ϕ——流速因数；

ΔP——压差，Pa；

ρ——空气密度，常温下取 $1.2kg/m^3$。

室内由于人的走动和通风引起的气流速度一般不超过 0.5m/s，因此门缝气流速度达到 0.5m/s，就可以阻止室内污染物通过门缝外泄。一般 ϕ 取值范围为 0.2～0.5，ϕ 值越小，门缝越大，取 0.2 计算的理论最小压差为 $\Delta P = 3.75Pa$。

考虑到实际施工过程与理论计算之间的差别，可得出基本的结论在两个相邻的空间在门、窗封闭的情况下，两个空间存在 5.0Pa 的压力梯度差，即可有效阻止空气从低压力区域向高压力区域扩散。

压力梯度为病房各功能区之间的负压递增的程度，随着负压值的确定，清洁区、医护通道、缓冲间、病房及病房卫生间等不同污染控制区域形成有序的压力差值，并使气流沿着压力梯度的排列，从高压区域流向低压区域，从而形成受控的单向气流。根据上述扩散理论，并参考《传染病医院建筑设计规范》GB 50849 中对负压隔离病房的设计要求。病人走道采用自然通风为 0Pa，病房压力值为 −10Pa，病房卫生间压力值为 −15Pa，缓冲间压力值为 −5Pa，医护走道为 0Pa（图 6.5.2-21）。

采用加压送风系统漏风量的计算方法，可确定病房的排风量。

$$L_2 = 0.827 \times A \times \Delta P^{1/n} \times 1.25 \times N_2$$

式中：A——门有效漏风面积，m^2；

ΔP——平均压力差，Pa；

n——指数，取 2；

1.25——不严密处附加；

N_2——漏风门数量。

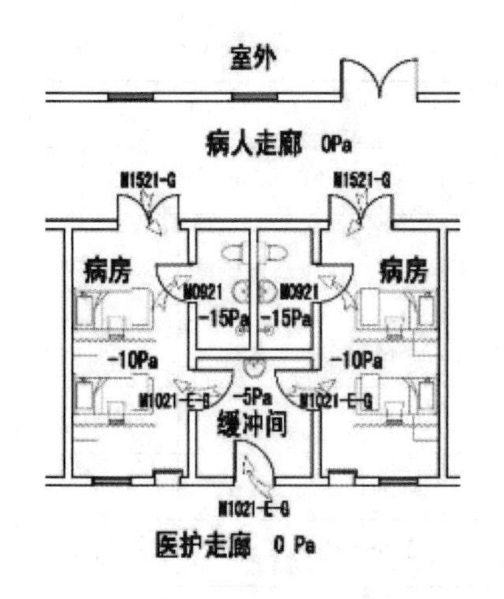

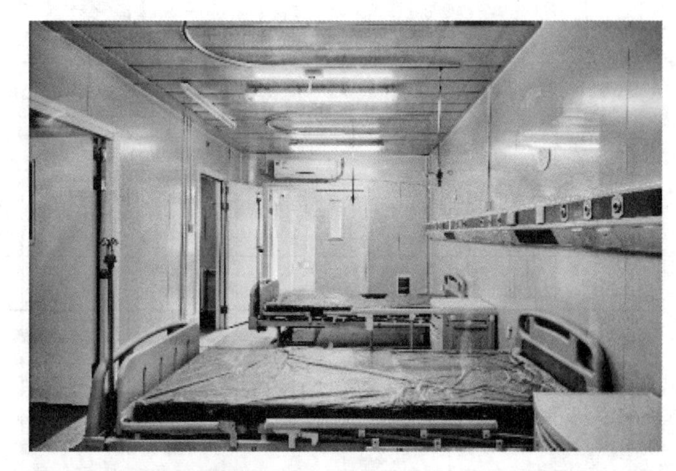

图 6.5.2-21 压力梯度示意图

标准病房的建筑参数为：净面积 20.5m²（含卫生间），净高 2.7m，病房与病人走道之间为 1.5m×2.1m 的双扇门，病房与缓冲间之间为 1.0m×2.1m 的单扇门（密闭门），固定窗和双层传递窗不计算漏风量。因相关规范未对门窗施工安装的密封程度做出具体要求，根据《建筑防烟排烟系统技术标准》GB 51251—2017 中疏散门门缝的宽度为 0.002～0.004m，实测门缝宽度为 0.005～0.020m、密闭门为 0.005m，作为计算参考，计算结果如表 6.5.2-1 所示。

不同门缝宽度和压差下门缝漏风量 **表 6.5.2-1**

门缝宽度	门缝漏风量 m³/h			
	单门压差		双门压差	
m	5Pa	10Pa	5Pa	10Pa
0.0005	26	36	39	55
0.002	103	146	155	219
0.003	155	219	232	328
0.004	206	292	310	438

门缝宽度对漏风量的影响较大，随门缝宽度的增加及压差的增大，漏风量增加，因此在设计及施工中，要对门窗安装的密封性及机电管道穿越房间处的密封措施给予重视，否则无法保证设计的压差关系。

病房的新风量按 6 次换气计算为 300m³/h，不同门缝宽度时，门缝漏风量、病房总排风量及换气次数如表 6.5.2-2 所示。因病房与缓冲间为密闭门，故排风量应在 654～764m³/h 之间，最终确定病房的排风量为 700m³/h，换气次数为 12.6 次 /h。

病房负压参数计算 **表 6.5.2-2**

单门门缝宽度	双门门缝宽度 m								
	0.002			0.003			0.004		
	门缝漏风量	总排风量	换气次数	门缝漏风量	总排风量	换气次数	门缝漏风量	总排风量	换气次数
m	m^3/h	m^3/h	h^{-1}	m^3/h	m^3/h	h^{-1}	m^3/h	m^3/h	h^{-1}
0.0005	245	545	9.8	354	654	11.8	464	764	13.8
0.002	322	622	11.2	432	732	13.2	541	841	15.2
0.003	374	674	12.2	483	783	14.1	593	893	16.1
0.004	425	725	13.1	535	835	15.1	644	944	17.1

（2）冷热源及空调通风系统

由于临时医院设计及建造周期紧迫，设计方案确定时，从设计者的角度不仅需要考虑应急病房设计规范及院方医护人员的使用要求，同时还要兼顾施工周期内的设备供货及建设期短等实际问题，要就地取材、因地制宜，才能保质保量地完成新型传染病应急医院的设计工作。

本工程无集中冷源供应，考虑到订货、施工周期及施工安装调试难度，放弃了变制冷剂多联机系统，最终确定采用热泵型冷暖分体空调为夏季冷源。

远期热源由西侧规划新建附属换热站内的供暖热水换热装置提供。供暖热水供、回水温度为75/50℃，一次热源接自院区现状蒸汽锅炉房。在换热站建成之前，暂由热泵型冷、暖分体空调提供临时热源。

为满足医护人员和病患的舒适性，室内设计参数如表 6.5.2-3 所示。

室内设计参数 **表 6.5.2-3**

房间名称	夏季温度	冬季温度	新风标准	噪声	备注
	℃	℃		dB（A）	
病房	26	22	6 次 /h	≤ 40	分体式空调＋供暖系统＋集中新风系统
治疗室	26	22	6 次 /h	≤ 45	
护士站	26	20	6 次 /h	≤ 45	
医生办公室	26	20	$40m^3$/（h·人）	≤ 45	
公共卫生间	—	20	负压吸入		供暖系统＋机械排风

病房、办公区等均采用分体壁挂式热泵型冷、暖分体空调器，室外机组设置在首层屋面或地面。空调冷凝水通过冷凝水管道分区集中收集后，随各区生活污水排放管道集中处理、排放。为保证主体建筑长期使用的舒适性，设置散热器供暖系统，待附属热力站竣工后，在下个供暖季提供散热器供暖。

按不同污染等级，分设直流式通风系统。新风系统采用自带压缩机的直膨式新风机组，对新风进行冷、热处理，排风机组采用低噪声箱型离心风机。

对各独立系统的送、排风量进行控制，保证医院内空气压力梯度由清洁区（二层医生办公区）→半污染区（护士站和医生通道）→污染区（病房区）依次降低，形成由清洁区→半污染区→污染区的单向流向。

每间病房采用标准化设计，新风量按《传染病医院建筑设计规范》GB 50849 标准 6 次 /h 设计，新风量 300m^3/h。排风量按“传染病房负压设计”章节确定，排风量 700m^3/h（其中病房 500m^3/h，卫生间 200m^3/h）。新、排风支管上设置定风量阀 CAV 及电动密闭阀，定风量阀 CAV 用于平衡各个病房的送、排风支路的风量，并使其保持恒定。电动密闭阀平时常开，在房间消毒及紧急情况下，可单独远程控制关闭送、排风支路。

护士站、医生通道的新风量按 6 次 /h 设计，排风量按维持医护通道对病房压力梯度所需要的风量确定。二层半污染区域的淋浴间、更衣间设置机械排风系统。

二层医生办公休息区域的新风量标准按照《综合医院建筑设计规范》GB 51039 规定，取每人 40m^3/h 和房间换气次数不小于 2 次 /h 计算结果中的较大值。仅在卫生间设置机械排风系统，以维持清洁区的正压。

污染区、半污染区的机组均设置备用，当出现故障时，备用机组应能自动投入使用，并发出报警信号。

病房气流组织的目的，应能使洁净空气首先经过房间中医护人员的工作区域，然后经过传染源进入排风口。病房内形成送风口→医护人员工作区→患者→排风口→病房外的有序单向流。病房排风口采用单层百叶风口，设置于与送风口相对较远的床头下侧，风口下沿距地面 0.1m。送风口采用双层百叶风口，设置于病房朝向缓冲室开门的上方。

各分区的新风直膨机组均设置于首层屋面，机组采新风口应高于室外地面 2.5m 以上，远离污染源，满足《传染病医院建筑施工及验收规范》GB 50686 的要求。污染区排风机组采用低噪声箱型离心风机，设置于排风管路的最末端，使整个管路为负压。排风口高空排放，排放高度高于建筑二层屋面，排风口与新风口的水平间距大于 20m。

各区新、排风机组的净化处理措施如下设置：

清洁区新风机组设置初效 G4、中效 F7 两级过滤。半污染区及污染区的新风机组设置

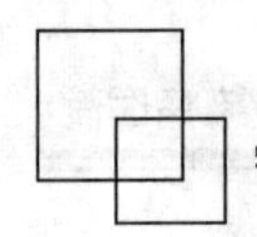

初效 G4、中效 F7、亚高效 H11 三级过滤。

污染区、半污染区的排风机组后设置初效 G4、高效过滤器 H13。

按功能分区设置独立的送、排风机组 24 小时运行，连锁启停。各功能分区按照污染区→半污染区→清洁区顺序启动风机，并按照反向顺序停止。各分区内按先排风机组，后新风机组的顺序启动，并按照反向顺序停止。备用新、排风机组处，设置手动关断阀，平时常闭、应急启动时人工手动开启。

污染区、半污染区新风机组、排风机组的控制面板设置在首层护士站，在护士站完成对机组的启停控制，并显示机组的运行及故障状态。

（3）系统设计思考

① 关于缓冲室的作用

在上述设计过程中，依靠送、排风量差形成的压差只能起到静态隔离的作用，但实际使用中，医护人员开关门、进出、温差对流，都会使病毒随气流跨越不同的压力分区界面而造成相邻分区的污染。根据文献可知，负压下开关门的卷吸作用平均风量有 0.4m^3/s，人的进出带入或带出的最大风量为 0.14m^3/s，温差对流受多种因素影响风量为 0.07～0.48m^3/s，而排风量 0.07～0.18m^3/h 产生的负压作用是抵挡不住的，因此设置缓冲室进行隔离是动态隔离的主要措施。

在隔离病房和走廊之间设置的缓冲室，可以把因开门由病房带入走廊的污染的总隔离效果提高 48 倍，隔离能力是没有缓冲室的 3.6 倍。在清洁区至病房之间设置的两种缓冲室，可把开门由病房污染物带入清洁区的总隔离效果提高 3212 倍，比无缓冲室隔离能力提高 13.4 倍。当缓冲间设置换气具有自净作用，换气次数不宜小于 60 次 /h，增加换气次数并没有显著提高隔离效果，但有换气比无换气，隔离因数提高 100%。

确定负压病房建设标准及医院方使用需求，是传染病医院设置隔离措施及配置系统的基本准则。压差控制为基本的静态隔离措施，设置缓冲间实现动态隔离效果，为缓冲间设置通风换气的隔离效果更为显著。

② 关于系统调试和自动控制

传染病病房通风系统控制要求高，运行管理难度大。要使其正常可靠运行，系统的调试和有效控制非常重要。

项目采用定风量控制方法，由每间病房的送、排风支管设置的定风量使房间风量固定不变，即送、排风量差值维持不变，从而保证房间的压差不变，通过现场调试并锁定阀位。此控制方式不能解决门的开关对压差的干扰。但随着内外压差的降低，渗透风量减小，房间送、排风量差恒定，一段时间后压差恢复至初始平衡状态。

对于压差要求极高的场所，要避免房门启闭对房间产生的压力振荡，宜设置数字化自动控制系统。在送风支管上设置定风量阀，排风管上设置变风量阀，在被控房间（病房、缓冲间）室外门口处设置液晶压差控制面板，具有显示和设定压差功能。各房间的压差信号均以护士站的压力为基准。变风量阀根据房间的压差信号与设定值的差值，通过区域控制器调节开度控制排风量的大小，维持压差恒定。当房间门被打开时，房间压力无法保持，可以通过门磁开关输出开门信号或采用单位时间的压差变化率来判断门是否开启，通过控制系统在一定范围内提高风量差值，来满足更精准的控制和相应需求。

（4）总结

本小结对传染病医院应急工程暖通设计的关键问题进行了论述，通过设计工作及思考，总结如下：

传染病应急临时医疗设施的设计有其特殊性，建筑平面应严格按照传染病医院流程布局，空调通风系统严格按照功能分区独立设置，通过各分区的送、排风的控制，保证医院内空气压力从清洁区至半污染区至污染区依次降低，形成由高至低的压力梯度，形成有序的定向空气流，隔断污染区空气进入清洁区，这是传染病类医院设计的基本原则。

应急临时医疗设施的设计建造周期短，设计者要遵循就地取材、成品优先、技术成熟为原则，还要综合考虑产品的供货周期、加工运输安装等实际因素，同时应密切配合使用方、运行方的功能及使用要求，保障应急设施的建设质量和过程进度。

依据负压病房与其相邻缓冲间、走道应有5Pa的负压差，根据门窗尺寸及缝隙宽度应计算门缝漏风量，对于成品钢结构集成箱式模块化病房，每间漏风量可在300～700m^3/h之间考虑。同时在设计要求及施工现场，应对门窗安装的密封性及机电管道穿越房间处的密封措施给予重视。

对病房内的气流组织，通风系统的采新风与排风高度、距离、净化措施的要求，应严格按规范执行。

确定负压病房建设标准及医院方使用需求，是传染病医院设置隔离措施及配置系统的基本准则。依靠送、排风量差形成的压差控制为基本的静态隔离措施，设置缓冲间实现了一定动态隔离效果，为缓冲间设置送、排风的隔离效果更为显著。采用定风量控制可以实现病房的压差要求，采用定变风量相结合的自控方式，不仅可以保证压差的控制精度，还能削弱房门启闭产生的压力振荡。明确病房建设标准，采取相应的技术手段，才能逐级从设计、施工、调试和运行的各个环节实现负压病房的负压控制。

8）给水排水设计

工程为应急工程，为确保进度，建筑形式采用了钢结构集成箱式模块房屋体系，此类

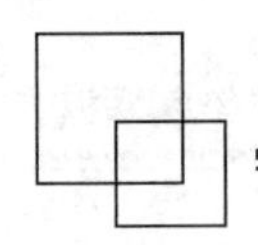

体系拼装速度快，但层高固定且较低。工程首层基本为病房区，病人在入住的时候无论从视觉还是感官都需要有一个较舒适的感受。为保证病房内的净空高度，经过与建筑专业协商并借鉴其他工程经验最终决定在首层板下设置设备夹层，如图 6.5.2-22 所示。这样的优点是：① 提高入住舒适度，避免了首层地面与土壤的直接接触造成的返潮的现象。② 将非必要架设在首层吊顶内的机电管线安装于此夹层内，可大大提高吊顶高度。③ 建成后管线的检修和维护人员可避免与病人直接接触。

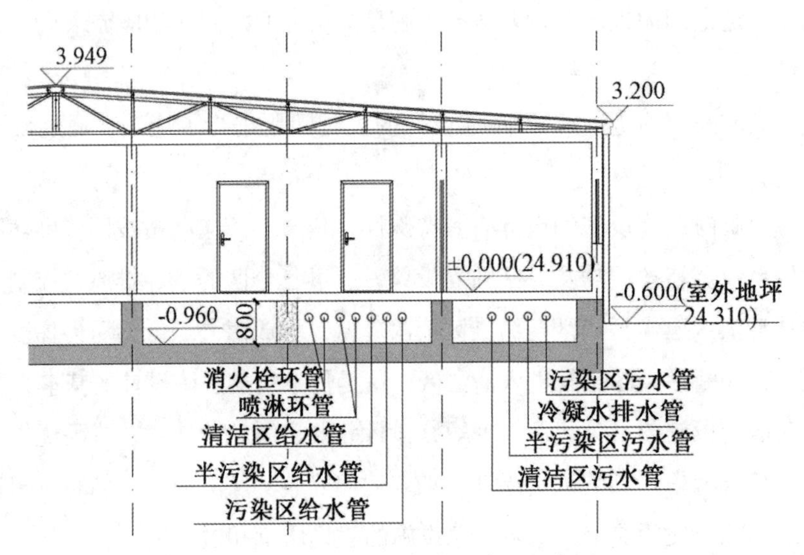

图 6.5.2-22　给水排水管线布置示意图

（1）用水量计算

用水人数的计算，特别是传染病医院的应急病房医护人员的人数通常会对最高日用水量的值产生较大的影响。应急病房通常设置在医院功能较为齐全的住院部主楼的旁边，并且应急病房内房间功能较为单一主要以污染区的病房及少量清洁区的医护办公为主。故在计算用水量之前需要与院方深入沟通每日轮岗的 3～4 班医护人员休息及办公的地点。那么以下两种算法得出的结论相差较大：① 考虑 4 班轮岗人员全部集中在应急病房内工作和休息；② 只有当班医护人员在内工作，其余轮岗人员均回至住院部休息区。故用水量计算应对用水定额，用水时间及用水单位进行均衡调整。

本次计算选取《传染病院建筑设计规范》GB 50849 所给出的医务人员最高日用水定额为 250L/（人・班），由于功能房间主要是病房，医护人员每日用水时间也取值 24h，小时变化系数取 2。根据地坛医院提供的轮班情况：工程共 8 个病区，全天 24h 4 班倒，白天正常工作 8h 每病区配备 8 名医护人员，其余 3 班每病区配备 4 人。由于本应急病房紧邻原院区住院部主楼且 2 层清洁区设置有通往住院部的通廊。故医护人员用水单位考虑以下情况：轮班后的医护人员返回住院部休息，二层清洁区内医护办公室的人员不会使用洗消间内的淋浴设施。综合以上信息用水单位数量估算为24h内每病区常设8名医护人员，全楼医护人员用水单位为64人。由于本次设计周期短，医疗建筑的设计经验不足缺少相关实际数据故进行了规范数据范围内的估算，日后还需对医院的整体流程及实测用水数据进行深入的了解以完善此类计算。

（2）供水系统

传染病医院应急工程生活给水的水质安全成为避免交叉感染的重要防线。为了防止水系统的倒流现象污染院区管网，给水系统可选用直接供水方式和断流水箱加压供水方式两种供水形式。

当市政水压满足给水压力需求时可采用市政给水压力直接供水。此方法简单、经济、无能耗、方便管理。但应根据污染区、半污染区、清洁区分区供水，其中污染区、半污染区的给水干管上应设置倒流防止器，倒流防止器设置在清洁区或者室外以保证检修人员的安全。给水管网沿整个病房区形成环状管网，并且按照污染区内病房的8个分区进行分区供水，再次避免了不同的病房区互相交叉感染。

如有条件或市政供水水压无法满足使用需求时，从防疫防污染的角度可采用设置断流水箱加压供水方式。采用此方式也应按照污染区、半污染区、清洁区分区加压供水。以避免倒流引起的交叉感染。同时给水加压泵房应设置在清洁区。

水压的控制也是比较重要的环节，传染病医院的水压控制不仅是为了节能的需求也是为了防止水压过大导致污水外溅的有效措施，特别是在护士站等不宜设置地漏的区域。

为避免接触性传染，污染区内洁具的选型也要采取一定的措施。首先，必须满足《传染病医院建筑设计规范》GB 50849当中的规定，污染区及半污染区内的手盆应采用非接触式或非手动开关。其次，洁具选型应参照《卫生工程》图集中医院洁具选型安装。应急工程如无法购买到相关洁具，也应根据医护人员对于上肢的清洁习惯（医护人员手腕上部区域亦有清洁需求）选择盆体较深水嘴较高的手盆，以方便医护人员清洁并可防止污水外溅。

（3）生活热水及饮用水

楼内病房卫生间、淋浴间等设置容积式电热水器，供应60℃热水。病房区按照护理单元设置全自动电热开水器，为病患提供饮用开水，以避免不同病区的传染病患者及医护人员之间交叉感染。

（4）污废水排水系统

污废水也应根据污染区、半污染区、清洁区分区进行收集。应急病房内也有可能通过

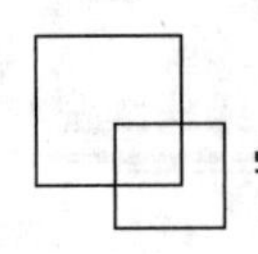

连接各个排水点之间的排水管内的污染气体进行传播，特别是容易导致地漏水封干涸的区域。因此除洗消间、淋浴间等必须设置地漏的场所外其他区域尽量不设置地漏，特别是护士站、医生办公等房间。这样可以大大降低因地漏水封干涸导致的室内环境交叉感染的风险。

项目的污水原水经预消毒池消毒后，进入化粪池，化粪池出水总管自流进入格栅池，内置机械格栅去除大的悬浮物，然后自流进入调节池，在调节池均衡水质和流量后，由提升泵将污水提升至一体化污水处理设备。污水在一体化设备内依次通过缺氧池、好氧池和 MBR 膜池，通过微生物的作用降解水中的 COD、BOD_5、氨氮等有机污染物，通过设置污泥回流方式提高生化系统的污泥浓度和活性。处理工艺中的膜生物反应器是高效膜分离技术与活性污泥法相结合的新型水处理技术，取代了活性污泥法中的二沉池，进行固液分离，有效地达到了泥水分离的目的。MBR 工艺出水悬浮物和浊度近于零，水质良好且稳定。出水进入消毒池经消毒后，在满足《医疗机构水污染物排放标准》GB 18466—2005 中传染病、结核病医疗机构水污染物排放限值的要求后排入市政管网。具体污水处理工艺流程如图 6.5.2-23 所示。

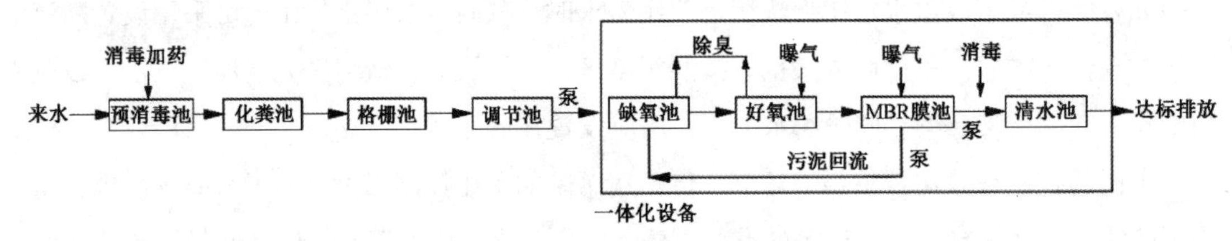

图 6.5.2-23　污水处理工艺流程图

（5）通气系统

钟南山团队在实验室中从重症患者的粪便中分离出活的冠状病毒样本，并且发现病毒会以气溶胶的形式扩散。通气系统的设置也成为一道防止病毒扩散的重要防线。通气系统也既要按污染分区也要按病房单元分别设置。通气口应设置在四周通风条件良好的区域，严禁接入通风空调系统的排风管道，并且设置的地点应远离空调系统的新风采风口以避免污染空气回流入室内。通气口前须设置高效过滤器＋紫外线消毒灯对可能存在气溶胶的污染气体进行消毒过滤。如因特殊原因无法安装此设备的情况需在运行管理阶段定期对通气管进行化学消毒。

（6）雨水系统

应急病房工程大多采用集成箱式模块组成，每个集成模块会自带一根外排水雨水管，在集成模块拼接的过程中无法保证将自带的雨水管均设置在建筑的外墙一侧，因此屋面雨水无法顺利排出室外。故在设计过程中应与建筑专业配合将集成箱式模块平屋面改为坡屋面，重新设计屋面雨水系统。

院区雨水不得设置雨水回收利用设施，如遇到需接入市政明渠的情况，建议设置雨水收集消毒处理装置。政府相关部门在工程设计阶段提出建议对初期15mm的雨水进行收集并进行消毒处理，消毒标准应按《医疗机构水污染物排放标准》GB 18466中传染病医院相关规定的消毒工艺的内容执行，施工过程中经北京市重大办与市政排水集团沟通后决定此设施暂搁置，待工程使用后对市政雨水进行检测，如超出监测指标再设置雨水消毒设施。

（7）消防水系统

由于流行性传染病通常会集中暴发，各地为防止流行性传染病的扩散开始兴建应急医院，应急管理部消防救援局于2020年1月30日紧急下发《发热病患集中收治临时医院防火技术要求》，要求规定任一层建筑面积大于1500m^{2}或总建筑面积大于3000m^{2}的临时医院应设置自动喷水灭火系统和火灾自动报警系统。本工程增设了自动喷淋系统。由于应急病房为临时建筑且设置地点紧邻原有院区，故消火栓系统及自动喷淋系统未单独设置消防泵房及高位水箱间。水源均来自院区原有消防水管网，通过在引入干管上设置减压阀组来获取所需要的水压。

（8）施工难点

工程采用的是集成箱式模块房屋体系，房间的结构体系分布不全面，且水系统的设备及管线较重（尤其是容积式电热水器及消防水管线），故室内设备及管线的固定吊装成为难点。在施工过程中与结构专业及施工单位反复讨论协商最终将非必要室内吊装的管线全部移至首层板下的机电夹层内，其余管线利用模块房屋顶板内设置的少量方钢基础上进行加固吊装。

应急工程最大的特点就是时效性极强，需在短暂的周期内完成与业主的沟通，向政府相关部门汇报，设计及施工。上万平方米的设计周期一般是几天时间，施工周期也就半个月左右，故使用的管材和设备应选用市场上生产厂商较多存货量较足的产品，以便施工单位在短暂的施工周期内采购安装。工程的难度在于设计及施工阶段完全处于流行性传染病高发的春节假期，故很多材料和设备竣工之后的现状与原设计采用的有一定差距。

（9）总结

本小结对传染病医院应急工程给水排水设计的关键问题进行了论述，通过设计工作及思考，总结如下：

传染病应急临时医疗设施的设计有其特殊性，建筑如采用集成箱式模块房屋体系应在

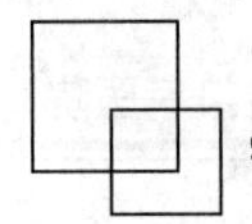

首层板下设置机电夹层，这样可大大改善房间内的净空高度，既可方便施工也大大提高了室内的舒适度。

计算用水单位数量前应充分了解医护人员的工作流程，以避免多算漏算。

传染病医院的分区是设计的重点，给水系统应分区供水，并应设置防止倒流的措施；污废水系统也应按照分区进行收集，以避免二次交叉感染。

通气系统应设置过滤消毒措施，以防止病毒以气溶胶的形式传播。

系统设计前应对模块房屋体系的构造进行充分了解，特别是屋面雨水系统。

应急临时医疗设施的设计建造周期短，设计者在设计初期就要以就地取材、成品优先、技术成熟为原则，还要充分考虑产品的供货周期、加工运输安装等实际因素，同时应密切配合使用方、运行方的功能及使用要求，保障应急设施的建设质量和过程进度。

9）电气设计

项目是由板房等临时建筑组成的临时性医疗设施，旨在为患者提供及时、有效的医疗救治，具有快速建设、灵活部署的特点。电力供应的稳定性和安全性、相关通信及智能化系统的运维是至关重要的。

（1）建筑强电工程

① 低压配电系统（表 6.5.2-4）

负荷分级表　　表 6.5.2-4

负荷级别		用电负荷名称	供电方式	备注
一级负荷	特别重要负荷	病房及相关医护用房用电，制氧站、负压及压缩机房、垃圾储存间	双路市电＋柴油发电机	
		消防设备电源	双路市电＋柴油发电机＋ UPS	
	一级负荷			
二级负荷		电梯	双路市电	
三级负荷		医生办公用电	单路市电	

工程低压供电，低压电源引自位于园区的室外预装箱式变电站，室外预装箱式变电站由其他单位设计完成。

每个医疗模块由室外箱式变电站引来三组六路低压电源，每组两路低压电源需引自不同电源变压器负载的母线段，要求一路损坏时另一路不至同时损坏。

在工程室外设置两组集装箱式低压柴油发电机组，由于项目紧急，为保证工期利用现有的两套低压柴油发电机组为本工程使用。

规划在室外设置两处成品集装箱式低压柴油发电机组，具体如表 6.5.2-5 所示：

室外设置成品集装箱式低压柴油发电机组参数　　　　表 6.5.2-5

序号	发电机编号	发电机组常载基准功率	供电范围
1	GA	1000kW	
2	GB	600kW	
	总计	1600kW	

配置 UPS 保证网络、通信等重要设备的不间断供电，市电电源停电或意外中断供电时，在线式静态交流不间断电源 UPS 持续供电时间不小于 30min。

病房、护士站、治疗室按 1 类医疗场所设计，要求自动恢复供电时间大于 15s。其他均按 0 类医疗场所设计。若需要端接要求中断供电时间小于或等于 0.5s 的医疗设备，用户应自配移动在线式 UPS。

对于维持生命保障的医疗设备，由设备自带移动式不间断电源装置。

② 配电方式

配电干线采用放射与树干相结合的配电方式。

病房放射式配电，每间病房设置独立的配电箱供电。

一级负荷采用双回路供电，消防负荷在末端配电箱处自动切换。

二级负荷采用双路电源供电，适当位置互投后再放射式供电。

配电间每路馈线设置零序电流互感器及电缆头温度传感器，纳入电气火灾报警系统。

半污染区及污染区室内设施、器件安装均采用密闭防护型，方便操作，利于喷雾消毒。

就地配电箱防护等级 IP43，利于清洁和喷雾消毒。配电箱均应带专用工具开的防护锁。

③ 导体选择及敷设

工程除注明外导体全部选用铜芯导体。

低压电缆选用无卤低烟成束阻燃 A 类或成束阻燃耐火 A 类交联聚乙烯绝缘聚烯烃护套铜芯电力电缆，标注型号：WDZA 或 WDZAN-YJY-0.6/1kV。一般负荷干线与分支线路采用 WDZA-YJY；重要负荷干线与分支线路采用 WDZAN-YJY。

低压电线选用无卤低烟成束阻燃 B 类或耐火阻燃 B 类交联铜芯导线，标注型号：

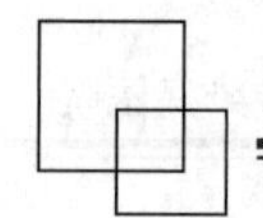

WDZB 或 WDZBN-BYJ-450/750V。一般分支与末端线路采用 WDZB-BYJ；重要分支与末端线路采用 WDZBN-BYJ；槽盒内末端线路敷设采用 WDZB-BYJY 或 WDZBN-BYJY。

照明、插座、空调支路及其他未注明用途支路的导线截面面积均为 $2.5mm^2$。

分别为清洁区、半污染区及污染区各区服务的管线尽量避免相互穿越，必须穿越时，进行相应密闭处理。槽盒穿越时，线路敷设完成后在两侧封堵；管线穿越时，在两侧第一个接线盒封堵。公共管线应在清洁区。

由清洁区向半污染区及污染区敷设的管线在穿越处作密闭处理。

病房的开关、插座、灯具、烟感探头等电气设备及进出所有管线应进行密封处理。

电气管线与医用气体管道之间的最小净距应符合表 6.5.2-6 的规定。

电气管线与医用气体管道之间的最小净距要求　　表 6.5.2-6

管线	平行	交叉
绝缘导线或电缆	0.50m	0.30m
穿有导线的电线管	0.50m	0.10m

桥架不直接穿越医疗隔墙，转换为保护管穿越医疗隔墙。

④ 低压配电系统（表 6.5.2-7）

照度标准及照明功率密度值　　表 6.5.2-7

主要房间或场所	楼层	房间或轴线号	光源类型	房间净面积（m^2）	灯具安装高度（m）	参考平面高度（m）	灯具类型		单套灯具光源参数	灯具数量	总安装容量（W）	照度（lx）		照明功率密度 LPD（W/m^2）	
							灯型	效率	光通量（lm）			计算值	标准值	计算值	标准值
仪器室	1	17-18/Z3	LED	16.24	2.5	0.75	密闭保护罩	75%	2×2800	3	168	485.3	500	10.34	15
治疗室	1	16-17/Z3	LED	16.24	2.5	0.75	密闭保护罩	75%	2×2800	2	168	303.8	300	6.89	9
配电间	1	16-17/X1	LED	16.24	2.5	0.75	密闭保护罩	75%	1×2800	3	74	196	200	4.55	7
医办	2	13-15/Z5-Z4	LED	16.24	2.5	0.75	密闭保护罩	75%	1×2800	4	112	297	300	6.89	9
消防控制室	1	20-21/V	LED	16.24	2.5	0.75	密闭保护罩	75%	1×2800	4	112	297	300	6.89	9

应急照明分为消防应急照明、备用照明及安全照明。消防应急照明灯具及疏散指示灯具电源由专设的消防应急照明及疏散指示系统供电；备用照明由应急照明配电柜双电源末

端互投供电；安全照明根据不同区域由不同电源供电。

楼梯间走廊的疏散照明最小平均照度不低于 10lx。

备用照明设置符合下列要求：

消防控制室、配电间、弱电间以及发生火灾时仍需正常工作的房间不应低于正常照明的照度。

电梯轿厢安全照明不低于 15lx。

依据规范要求规划一套消防应急照明及疏散指示标识系统，由集中控制器、集中电源（免维护蓄电池组直流逆变应急电源 EPS）、终端分配电装置、专用消防应急照明灯具及疏散指示灯具组成。

集中控制器安装于消防控制室内。

强弱电小间、消防控制室设置备用照明。备用照明照度与正常照明照度相同。

病房区备用照明按正常照明标准设置。

备用照明灯具由配电小间应急照明配电柜末端互投供电，不设置免维护蓄电池组直流逆变应急电源（EPS）。市电单路失电后双电源转换装置自动切换到另一路供电，转换时间小于 5s，双路市电失电后由低压柴油发电机组作为后备电源持续供电。

电梯轿厢内部设置安全照明。

电梯轿厢安全照明不低于 15lx，市电断电后持续供电时间不小于 90min，由电梯设备供应商配套提供。

办公室、病房等采用就地控制；走廊、门厅等采用护士站等医护人员管理处设置控制面板。

每个照明开关控制的灯具数量不超过 6 盏。

杀菌灯与其他照明灯具应用不同开关控制，其开关应便于医护人员识别和操作，其开关安装高度为距地 1.8m。走廊等公共场所或平时有人滞留的场所的杀菌灯，宜采用间接式灯具或照射角度可调节的灯。紫外杀菌灯应安装在空气容易对流循环的位置。在人员正常活动的场所，紫外光线不得直接射到医护人员和病人视野内，传染病的诊室及活动场所在无人时可进行杀菌灯的直接照射，照射时间由人工根据需要控制。病房宜设置消毒器插座。杀菌灯开关应有防误开措施。

⑤ 防雷及接地安全系统

工程预计年雷击次数 0.145 次 /a，按二类防雷建筑设计。

工程电子信息系统雷电防护等级为 A 级。

低压配电系统的接地形式为 TN-S。

工程采用联合接地系统，接地电阻≤ 1Ω。

医用氧气管道应设置静电接地装置，与支吊架接触处应做防静电腐蚀绝缘处理。

接地装置的设置严禁破坏防渗膜。

电源引入位置做重复接地。

医疗气体管道包括（氧气、负压吸引、压缩空气）在始端、分支点、末端及医疗带上的末端用气点均应可靠接地。主等电位引出走道设置主干接地扁钢，方便管道连接；病房设置辅助等电位箱，连接室内外露可导电体和走道主干接地扁钢。强电线路不要临近氧气管线，保持安全距离。多功能医用线槽内的电气回路必须穿塑料管保护，且应远离氧气管道，电气装置与医疗气体释放口的安装距离不得小于 0.20m。

（2）建筑智能化工程

工程智能化外线引自现状地坛医院信息机房，由机房引出后利用现状管网敷设至项目用地范围内后，送至各弱电小间。

由行政楼五层机房引来内网光纤及外网光纤，解决工程网络需求。

由病房楼地下一层机房引来语音光缆，解决工程固定通话需求。

① 通信系统。

系统能支持综合信息（语音、数据、多媒体）传输和连接，实现多种设备配线的兼容，结构化布线系统能支持所有的数据处理（计算机）的供应商的产品，支持各种计算机网络的高速和低速的数据通信，可以传输所有标准的模拟和数字的语音信号，可以传输模拟图像、数字图像以及会议电视等的多媒体信号。完全能承担建筑内的信息通信设备与外部的信息通信网络相连。

② 医护对讲系统。

病房区域均设置医护对讲系统。

楼层每病区配一套医护对讲系统。传呼系统主机设置在护士站墙壁上，距地 1.4m。分机安装在设备带上。卫生间紧急防水分机设置在卫生间，门灯设置在每个病房门口上侧，走廊幕显示屏设置在病区走廊吸顶安装。分线盒安装在走廊内墙上。

传呼系统走线采用二线制，均穿 PC20 暗敷。传呼分机线型号为 RYB-0.75，主机接线盒距地 1.3m。

具有传呼对讲功能；传呼床号存储功能。

主机设在护士站，可设置优先级别，具有紧急传呼优先功能。

卫生间设有紧急传呼分机。

可主机话筒广播。

具有微机联网接口。

病房区域每层每病区均设有走廊显示屏，可同时显示传呼床号、房间及时间。

分机具有传呼及通话指示灯。

③ 安全技术防范系统。

工程安全技术防范系统由视频监控系统、出入口控制系统构成。

监控系统采用全数字架构。紧急病房区域的总监控中心位于首层消防控制室内。

总消控中心作为综合安防监控的统一管理和集中存储中心，设置安防综合管理平台、液晶显示器、存储设备，录像采用 720P 格式存储 30d。

视频监控摄像机均采用网络型彩色摄像机，主要布放位置有：室内、室外公共区域及重点监护区域。

公共区域：摄像机为数字彩色半球，布放在主要出入口及公共区域，确保病房公共区域无死角。

重点监护区域：护士站、护士工作室配置半球摄像机、拾音器及紧急报警按钮，实时记录护士站音频及视频信号，如发生危险，可触发紧急报警按钮进行报警并实现与视频联动。

室外区域：摄像机为全彩球型摄像机，可通过后端平台调整焦距及角度，实现多角度监控。

项目采用全数字系统，所有前端摄像机采用数字信号经过网络线缆传至交换机，通过安防专网至消防控制室，通过视频管理平台、解码器将其显示在监视拼接大屏。交换机设在护士站安防机柜内，交换机与摄像机采用六类线缆连接，交换机与消防控制室采用安防专网连接。

安防监控室设置紧急报警装置和留有向上一级接处警中心报警的通信接口。

门禁管理系统采用非接触式读卡控制，针对不同的受控人员，设置不同的区域活动权限，将人员的活动范围限制在与权限相对应的区域内，在发生火灾时，自动将消防通道的门锁打开，在发生其他突发事件时，控制中心根据预案集中控制门禁开关。

系统主要由读卡器，电锁、出门按钮及控制器组成。读卡器、电锁、出门按钮连接至门禁控制，门禁控制通过网线连接至消防控制室，通过网络与管理电脑通信，系统采用 IC 卡，管理中心设置于 2 区域 1F 消防控制室内。

出入口控制系统设置原则如下：

每个区域出入口均设置双向刷卡通行门禁；

隔离病房区域出入口设置双向刷卡通行门禁；

医护通道出入口设置双向刷卡通行门禁；

医护办公区域设置单向刷卡通行门禁。

（3）防火工程

① 系统的形式及组成。

工程消防设计由以下系统组成：

火灾自动报警及联动控制、显示系统；

火灾警报和消防应急广播系统；

消防专用电话系统；

电气火灾监控系统；

消防电源监控系统；

防火门系统；

消防设备配电系统；

消防应急照明和疏散指示系统。

② 控制机房。

工程消防控制室设在首层，疏散门直通室外。

消防控制室内设置火灾报警控制器、消防联动控制器、消防控制室图形显示装置、消防专用电话总机、消防应急广播控制装置、消防应急照明和疏散指示系统控制装置、消防电源监控器、防火门监控器等设备，消防控制室内设置的消防控制室图形显示装置显示建筑物内设置的全部消防系统及相关设备的动态信息和消防安全管理信息，为远程监控系统预留接口，具有向远程监控系统传输相关信息的功能。

机房的分级为：C 级。

10）结语

地坛医院以最快的速度完成了从设计到施工的全过程，圆满出色地完成了应对平急结合的任务，顺利保障了首都防控工作的有序开展，这段经历令人难忘，激情过后仍感慨万千。我们希望建立完善的医疗体系和软硬件设施，做好公共卫生突发事件的应急预案。只有这样，当灾难再一次突然降临之际，我们才能从容地面对，有序防控！

文献索引

[1] 刘子华. 与疫为邻：14-16 世纪意大利的瘟疫应对［D］. 上海：上海大学，2021.

[2] 简・史蒂文斯・克劳肖，傅政. 欧洲近代早期隔离区的选址与设置：以防疫医院为中

心［J］. 医疗社会史研究，2021，6（1）：40-60＋315.
［3］熊亚平，任吉东. 从传染病医院看近代中国城市转型——以1901—1937年间的天津传染病医院为例［J］福建论坛（人文社会科学版），2020（11）：95-105.
［4］薛理勇. 旧上海的传染病与隔离医院［J］. 世纪，2020（2）：18-21.
［5］王雪浪，彭鑫荣. 国内传染病医院建筑研究历程与思考［J］. 建筑与文化，2022（1）：114-116.
［6］何志勤，向彩良. 医院控制非典型肺炎　院内感染的主要做法与体会［C］. 中华医院管理学会医院感染管理专业委员会，2003：407-409.
［7］郭军伟，刘晖. BIM技术在装配式建筑中的发展应用研究——以火神山医院为例［C］.《施工技术（中英文）》杂志社、亚太建设科技信息研究院有限公司，2022：450-453.
［8］余地华，叶建，李松，等. 火神山医院模块化装配式快速建造技术［C］.《施工技术》杂志社、亚太建设科技信息研究院有限公司，2020：425-429.
［9］李朝虹. 小汤山医院建设的思考［J/OL］. 解放军医院管理杂志，2003（4）：322-323. DOI:10.16770/j.cnki.1008-9985.2003.04.011.
［10］C Rizzo, S Declich, A Bella, et al. Enhanced epidemiological surveillance of influence A(HINI) v in It aly[J]. Euro Surveill, 2009.8(9): 14(27).
［11］G Gault ,S Lameu, C Durand, et al. Performance of syndromic system for influenza based On the activity of general Practitioners [J]. Journal of Public Health, 2009, 31(2): 286.
［12］魏强，陈蕾. 国内外传染病医院转型发展现状分析［J］. 国外医学卫生经济分册，2017，第34卷，第3期113.
［13］New Influenza A(HINI) Virus infectious in Spain，April-may 2009[J]. EuroSurveill. 2009, 5(14): 9-14.
［14］陈永建，李美慧. 基于平急结合运营模式下传染病医院建设初探——以北京地坛医院朝阳院区为例［J］. 中国医院建筑与装备，2020，21（3）：49-50.
［15］胡明军，张萌涛，王明奇. 传染病医院面对新型冠状病毒肺炎疫情应急管理策略［J］. 中国医院管理，2020，40（3）：74-75.
［16］郭颖　后SARS时代的传染病医院设计58-5：3.
［17］黄中. 医院通风空调设计指南［M］，北京：中国建筑工业出版社，2019：254-257.
［18］刘智波，童德军，谌资，吴芳. 新冠肺炎疫情后传染病医院建筑给水排水系统的设计与维护［J］. 给水排水，2021，57（S2）：366-369＋374. DOI:10.13789/j.cnki.

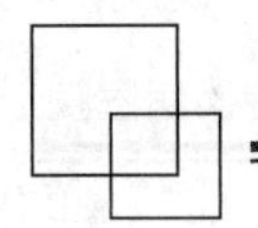

wwe1964.2021.S2.071.

[19]孙宏伟，张坡，张伟光，刘占礼，解云飞. 岐伯山医院排水系统设计总结与思考[J]. 给水排水，2022，58(S1)：964-968＋974. DOI:10.13789/j.cnki.wwe1964.2020.03.13.0003.

[20]李魏武，李传志. 高效过滤器在传染病医院排水通气管上的应用研究[J]. 给水排水，2020，56(5)：53-57. DOI:10.13789/j.cnki.wwe1964.2020.05.009.

[21]肖信彤，唐剑云，肖天祥. 新冠肺炎传染病医院环境保护设计研究

[22]Dayi Zhang, Haibo Ling, Xia Huang, Jing Li, Weiwei Li, Chuan Yi, Ting Zhang, Yongzhong Jiang, Yuning He, Songqiang Deng，Xian Zhang, Xinzi Wang, Yi Liu, Guanghe Li, Jiuhui Qu. Potential spreading risks and disinfection challenges of medical wastewater by the presence of Severe Acute Respiratory Syndrome Coronavirus 2 (SARS-CoV-2) viral RNA in septic tanks of Fangcang Hospital[J]. Science of the Total Environment, 2020, 741.

[23]Jiao Wang, Jin Shen, Dan Ye, Xu Yan, Yujing Zhang, Wenjing Yang, Xinwu Li, Junqi Wang, Liubo Zhang, Lijun Pan. Disinfection technology of hospital wastes and wastewater: Suggestions for disinfection strategy during coronavirus Disease 2019 (COVID-19) pandemic in China[J]. Environmental Pollution, 2020, 262(prepublish).

[24]彭冠平，黄文海，刘军，陈安明，陈俊，张文，黄林，洪瑛，李传志，朱海军. 武汉火神山、雷神山医院污水处理工程设计[J]. 中国给水排水，2021，37(2)：42-48. DOI:10.19853/j.zgjsps.1000-4602.2021.02.008.

[25]熊兆银，刘文，曹剑钊，刘杨，张恒，江燕妮，杨翼峰，赖波. 新冠肺炎疫情对医院污水防控体系建设的影响及启示[J]. 土木与环境工程学报(中英文)，2020，42(6)：134-142.

[26]Balakrishnan A, Jacob M M, Senthil Kumar P, et al. Strategies for safe management of hospital wastewater during the COVID-19 pandemic[J]. International Journal of Environmental Science and Technology, 2023: 1-16.

[27]李传志，张帆，刘斌. 火神山新冠肺炎传染病医院污水处理工程生化处理工艺设计探讨[J]. 给水排水，2020，56(4)：25-31. DOI:10.13789/j.cnki.wwe1964.2020.04. 004.

[28]Hanny V and Rizal A M and Nasuka. Organic, nitrogen, and phosphorus removal in hospital wastewater treatment using activated sludge and constructed wetlands[J]. IOP Conference Series: Earth and Environmental Science, 2021, 896(1).

［29］Zhao Yan et al. Membrane bioreactors for hospital wastewater treatment: recent advancements in membranes and processes.[J]. Frontiers of chemical science and engineering, 2021, 16(5): 21-27.

［30］Mamo J, García-Galán M J, Stefani M, Rodríguez-Mozaz S, Barceló D, Monclús H, Rodriguez-Roda I, Comas J. Fate of pharmaceuticals and their transformation products in integrated membrane systems for wastewater reclamation. Chemical Engineering Journal, 2018, 331: 450-461.

［31］Racar M, Dolar D, Karadakić K, Čavarović N, Glumac N Ašperger D, Košutić K. Challenges of municipal wastewater reclamation for irrigation by MBR and NF/RO: physico-chemical and microbiological parameters, and emerging contaminants. Science of the Total Environment, 2020, 722: 137959.

［32］Díaz O, Gonzalez E, Vera L, Porlán L, Rodríguez-Sevilla J, Afonso-Olivares C, Ferrera Z, Santana Rodriguez J J. Nanofiltration/reverse osmosis as pretreatment technique for water reuse: ultrafiltration versus tertiary membrane reactor. Clean (Weinheim), 2017, 45(5): 1600014.

［33］Dhangar K, Kumar M. Tricks and tracks in removal of emerging contaminants from the wastewater through hybrid treatment systems: a review. Science of the Total Environment, 2020, 738:140320.

［34］Parlar I, Hacifazlioğlu M, Kabay N, Pek T Ö, Yüksel M. Performance comparison of reverse osmosis (RO) with integrated nanofiltration (NF) and reverse osmosis process for desalination of MBR effluent. Journal of Water Process Engineering, 2019, 29: 100640.

［35］李传志，张帆，刘斌．火神山新冠肺炎传染病医院污水处理工程生化处理工艺设计探讨［J］．给水排水，2020，56（04）：25-31．DOI:10.13789/j.cnki.wwe1964.2020.04.004．

［36］范炳礼，陈枫明，任思延，管裕丰．广州某大型传染病医院海绵城市设计分析与探讨［J］．广东土木与建筑，2022，29（11）：8-12．DOI:10.19731/j.gdtmyjz.2022.11.003．

［37］刘智波，童德军，谌资，吴芳．新冠肺炎疫情后传染病医院建筑给水排水系统的设计与维护［J］．给水排水，2021，57（S2）：366-369＋374．DOI:10.13789/j.cnki.wwe1964.2021.S2.071．

［38］洪瑛，秦晓梅，胡颖慧，吴江涛，周其源，宛超，余蔓蓉，罗蓉，熊建辉，危忠，

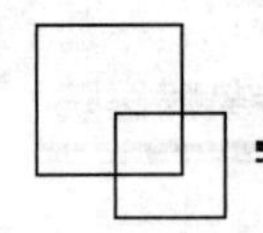

游相军，栗心国．雷神山医院水系统安全策略研究［J］．给水排水，2020，56（3）：16-21．DOI:10.13789/j.cnki.wwe1964.2020.03.004.

［39］美国供热、制冷与空调工程师学会．医院空调设计手册［M］，北京：科学出版社，2004：57-58.

［40］北京大学第一医院．医院空气净化管理规范：WS_T368-2012［S］．北京：中华人民共和国卫生部，2012：3.

［41］李敏 卢洪洲．传染病疾病谱变迁引发传染病医院发展思路的探讨．传染病信息 2017 第30卷 第1期.

［42］《学术 | 三大综合医院病区“平急结合”设计策略（the paper.cn）》.

［43］许钟麟，张益昭，王清勤，等．关于隔离病房原理的探讨［J］．暖通空调 2006，36（1）1-7，34.

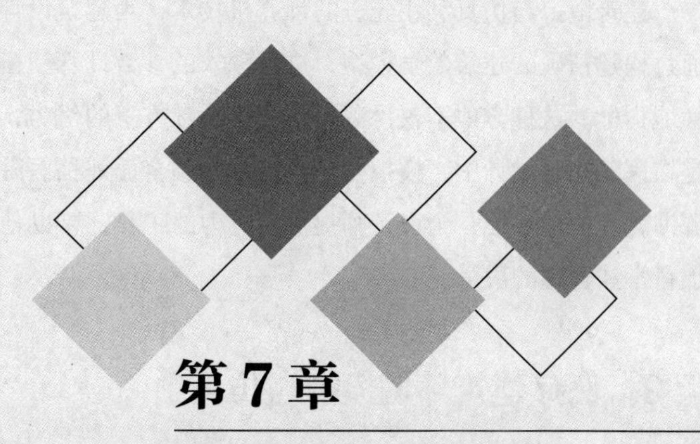

第 7 章

建筑模拟与仿真

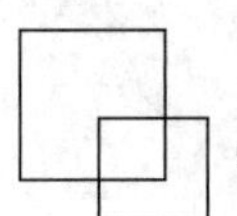

7.1 建筑模拟与仿真概述

建筑模拟与仿真利用先进的计算机技术，为建筑设计与评估提供了一种创新方法。它通过构建精确的建筑数学模型，进行深入的参数计算、模拟和优化，从而得到建筑的关键性能指标。这种方法不仅可以评估建筑设计方案的优劣，还可以对其进行优化调整。特别是在医院建筑设计中，模拟与仿真技术能够全面评估医院的室内外环境、疏散安全性、能源消耗等关键性能，为设计师提供了有力的工具，帮助他们在医院建筑设计过程中做出更加科学和合理的决策。

7.2 医疗建筑环境模拟与仿真

7.2.1 医疗建筑环境仿真目的与意义

医疗建筑环境的设计旨在为患者和医护人员提供一个舒适、健康、安全且高效的空间，同时确保满足医疗服务的高标准需求。为了达到这一目标，我们必须重视医疗建筑的精细化设计和持续优化，全面考虑各种相关因素，确保医疗设施的稳定、安全和高效运作。

利用医疗建筑模拟仿真技术，建筑师可以深入探索特定设计方案对医院环境的影响，如温度、湿度、通风、照明和空气质量等关键因素。不仅有助于评估医院的舒适度和健康性，还能有针对性地优化设计，追求最佳的建筑效果。例如，模拟技术能够帮助确定最合适的通风策略，有效降低医院内的空气污染和飞沫传播风险，确保医疗空间环境的清新与安全。

更进一步，医疗建筑模拟仿真为医院管理层提供了宝贵的决策工具，有助于提升医疗服务水平，预测并应对环境变化，同时还能有效降低建设和运营的总成本，从而增强医院的整体效益。

7.2.2 建筑环境仿真方法

1. 计算流体力学（Computational Fluid Dynamics）法

计算流体动力学（Computational Fluid Dynamics，简称 CFD）是一种在计算机上进行流体流动仿真的数值模拟技术。它通过离散求解流体动力学方程组，再利用计算机图形学技术将结果生动、直观地展现出来。与传统的模型实验等方法相比，数值模拟具有多种优势，例如，成本更低、周期更短、数据更为完整，并且能够更容易地模拟真实的环境条件。因此，CFD 技术在建筑环境和设备模拟中已经取得了显著的成果和进展（图 7.2.2-1）。

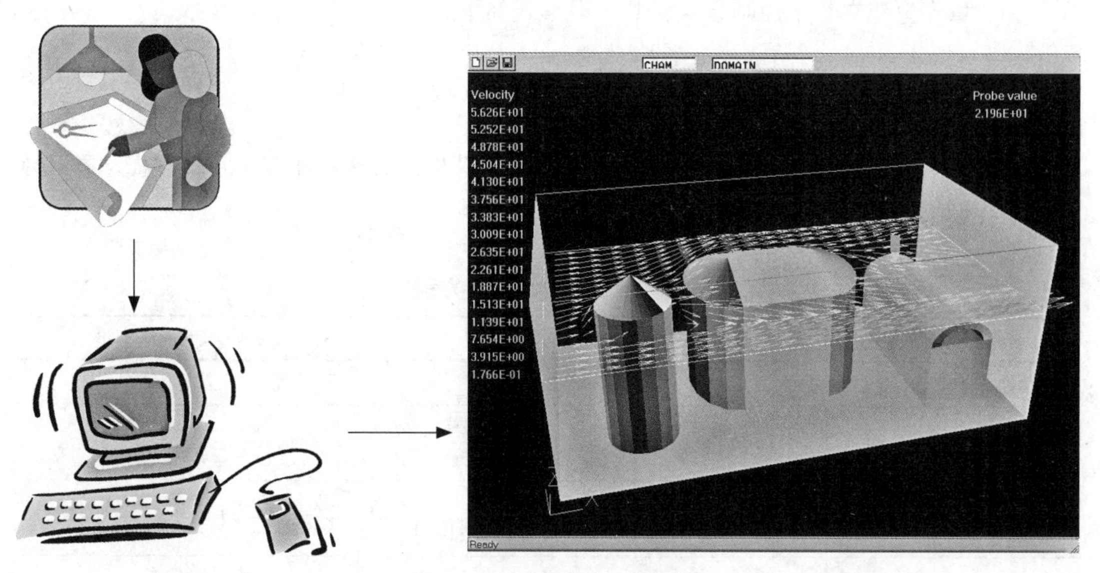

图 7.2.2-1　计算流体力学技术

1974 年，丹麦的 P.V.Nielsen 教授率先将 CFD 技术引入暖通空调领域，用以模拟室内空气的流动特性。CFD 方法能够微观地描述空气流动，为我们提供了丰富的流场信息，有助于深入理解流动过程的本质。在研究建筑环境中的气流模式、温度分布和污染物扩散特性时，CFD 技术都发挥了不可或缺的作用。

一般来说，CFD 软件可以分为三个主要部分：前处理、求解器、后处理。每部分都有其特定的功能和作用，如表 7.2.2-1 所示。

CFD 软件组成及作用　　　　**表 7.2.2-1**

CFD 软件组成	作用	常用软件
前处理	几何建模 网格划分	ICEM Gambit
求解器	确定 CFD 方法的控制方程 设置边界条件 选择合适的数值计算分析方法 求解计算域的速度、温度、压力等参数	Fluent CFX PHONICS 等
后处理	对计算域的流线、速度场、温度场等结果进行可视化显示及动画处理	CFD-Post Tecplot

纳斯－斯托克斯方程组的求解模块是CFD软件的核心部分。纳斯－斯托克斯方程组对于不可压缩流体与可压缩流体的流动所表现的不同性质存在求解方法上的差异。对于建筑环境中涉及的流体流动问题均可以当成不可压缩流体对待。流体流动的质量守恒、动量守恒和能量守恒建立数学控制方程，其一般形式如下式所示：

$$\frac{\partial(\rho\varphi)}{\partial t}+div(\rho\vec{U}\varphi)=div(\Gamma_{\varphi}grad\varphi)+S_{\varphi}$$

式中的φ可以是速度、湍流动能、湍流耗散率以及温度等。针对不同的方程，其具体表现形式如表7.2.2-2所示。

计算流体力学的控制方程 **表 7.2.2-2**

名称	变量	Γ_{φ}	S_{φ}
连续性方程	1	0	0
x速度	u	$\mu_{eff}=\mu+\mu_t$	$-\frac{\partial P}{\partial x}+\frac{\partial}{\partial x}\left(\mu_{eff}\frac{\partial u}{\partial x}\right)+\frac{\partial}{\partial y}\left(\mu_{eff}\frac{\partial v}{\partial x}\right)+\frac{\partial}{\partial z}\left(\mu_{eff}\frac{\partial w}{\partial x}\right)$
y速度	v	$\mu_{eff}=\mu+\mu_t$	$-\frac{\partial P}{\partial y}+\frac{\partial}{\partial x}\left(\mu_{eff}\frac{\partial u}{\partial y}\right)+\frac{\partial}{\partial y}\left(\mu_{eff}\frac{\partial v}{\partial y}\right)+\frac{\partial}{\partial z}\left(\mu_{eff}\frac{\partial w}{\partial y}\right)$
z速度	w	$\mu_{eff}=\mu+\mu_t$	$-\frac{\partial P}{\partial z}+\frac{\partial}{\partial x}\left(\mu_{eff}\frac{\partial u}{\partial z}\right)+\frac{\partial}{\partial y}\left(\mu_{eff}\frac{\partial v}{\partial z}\right)+\frac{\partial}{\partial z}\left(\mu_{eff}\frac{\partial w}{\partial z}\right)-\rho g$
湍流动能	k	$\alpha_k\mu_{eff}$	$G_k+G_B-\rho\varepsilon$
湍流耗散	ε	$\alpha_{\varepsilon}\mu_{eff}$	$C_{1\varepsilon}\frac{\varepsilon}{k}(G_k+C_{3\varepsilon}G_B)-C_{2\varepsilon}\rho\frac{\varepsilon^2}{k}-R_{\varepsilon}$
温度	T	$\frac{\mu}{\Pr}+\frac{\mu_t}{\sigma_T}$	S_T

表7.2.2-2中的常数如下：

$$G_k=\mu_t S^2,\ S=\sqrt{2S_{ij}S_{ij}},\ S_{ij}=\frac{1}{2}\left(\frac{\partial u_j}{\partial x_i}+\frac{\partial u_i}{\partial x_j}\right),\ G_B=\beta_T g\frac{\mu_t}{\sigma_T}\frac{\partial T}{\partial y},$$

$$\mu_t=\rho C_{\mu}\frac{k^2}{\varepsilon},\ C_{\mu}=0.0845,\ C_{1\varepsilon}=1.42,\ C_{2\varepsilon}=1.68,\ C_{3\varepsilon}=\tanh\left|\frac{v}{\sqrt{u^2+w^2}}\right|,$$

$$\sigma_T=0.85,\ \sigma_C=0.7,\ \alpha_k=\alpha_{\varepsilon}$$

由 $\left|\frac{\alpha-1.3929}{\alpha_0-1.3929}\right|^{0.6321}\left|\frac{\alpha+2.3929}{\alpha_0+2.3929}\right|^{0.3679}=\frac{\mu}{\mu_{eff}}$ 计算

其中$\alpha_0=1.0$。如果$\mu<<\mu_{eff}$，则$\alpha_k=\alpha_{\varepsilon}\approx1.393$

$R_{\varepsilon}=\frac{C_{\mu}\rho\eta^3(1-\eta/\eta_0)}{(1+\beta\eta^3)}\times\frac{\varepsilon^2}{k}$，其中$\eta=Sk/\varepsilon$，$\eta_0=4.38$，$\beta=0.012$

Anuraghava 及其团队利用 κ-ε 湍流模型和离散相模型（DPM model）探索了混合通风系统下负压病房中感染性粒子的传播与扩散特性。研究发现，混合通风系统可以更有效地控制房间内病毒飞沫的扩散范围和传播速度。Azmi 等人通过 SST κ-ω 模型比较了不同床位数及是否使用净化器时，房间内的气流组织和湍动能情况，为病房床位布局提供了有益的指导。Borro 及其团队采用 κ-ε RNG 湍流模型，结合稳态与非稳态方法，研究了梵蒂冈国家儿童医院空调和气流组织对飞沫交叉传播的影响。Chau 等人使用 standard κ-ε 湍流模型和离散相模型（DPM model）评估了局部排风系统对院内感染的控制效果。Chen 及其团队结合 SST κ-ε 湍流模型和动网格模型，分析了武汉总医院门诊部候诊区工作人员和病人的活动对气流和污染物分布的影响。Jung 等人研究了咳嗽产生的飞沫在平泽市圣玛莉医院的传播扩散过程，并与 2015 年实发病例的分布情况进行了比对，进一步验证了 CFD 模拟的准确性和可靠性。

2. 多区通风网络模型（Multi-zone Airflow Network Modeling）法

多区通风网络模型将建筑内部的各个空间（或单一空间内的多个区域）定义为独立的节点。在每个节点或区域内，空气被视为充分混合，这意味着空气的温度、湿度、污染物浓度等参数在该区域是均匀的。此外，建筑的门、窗、缝隙等开口被视为通风的支路单元。通过这些支路单元和节点，形成了一个完整的流体网络，从而为建筑内的通风和空气流动提供一个模型化的描述（图 7.2.2-2）。

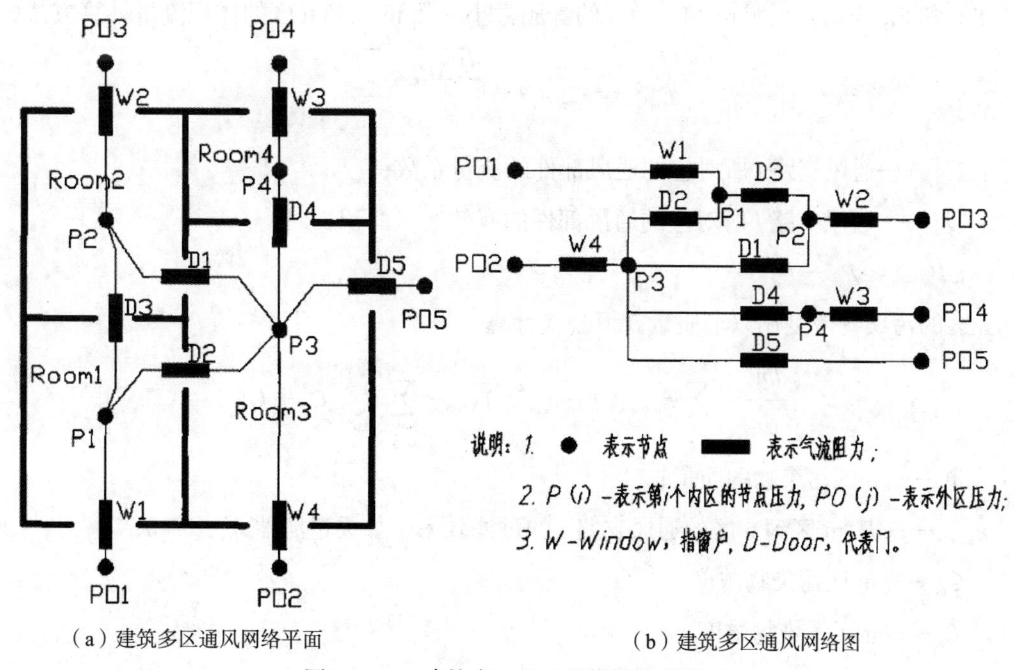

（a）建筑多区通风网络平面　　（b）建筑多区通风网络图

图 7.2.2-2　建筑多区通风网络模型示意图

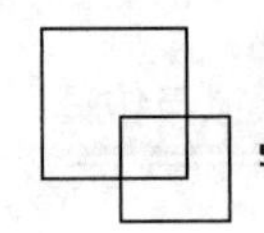

通风网络模型采用传统的由伯努利方程推导出来的通风量计算公式，其推导过程如下：

$$\Delta P=\xi\frac{u^2}{2}\rho$$

$$u=\sqrt{\frac{2\Delta P}{\xi\cdot\rho}}=C_d\cdot\sqrt{\frac{2\Delta P}{\rho}}$$

式中：C_d——建筑内门、窗、缝等通风部件的流量系数（discharge coefficient），$C_d=\sqrt{\frac{1}{\xi}}$，

是计算通风量的关键参数之一；

ρ——空气密度，kg/m^3；

ΔP——通风部件两侧压力差，Pa；

u——通过通风部件的空气流速，m/s。

通过通风部件的空气流量为：

$$L=u\cdot A=C_dA\cdot\sqrt{\frac{2\Delta P}{\rho}}$$

式中：L——通过通风部件的空气体积流量，m^3/h；

A——通风部件的有效通风面积。

将每个房间当作参数均匀的“区域”处理，对于某一通风支路i，连接区域m和n，定义Pm和Pn分别为区域m和区域n的静压大小，从m区到n区的体积流量计算方法为：

$$L_{m-n}=C_{di}A_i\cdot\sqrt{\frac{2|\Delta P_{m-n}|}{\rho}}$$

式中：C_{di}——通风支路i所对应的通风部件的流量系数；

A_i——通风支路i所对应的通风部件的有效通风面积；

$\Delta P_{m-n}=P_m-P_n$。

n区的污染物浓度用以下质量守恒公式计算：

$$\frac{dm_n}{dt}=\sum_m L_{m-n}(1-\eta_{m-n})C_m-\sum_m L_{n-m}C_n+G_n$$

式中：m_n——n区污染物的质量；

η_{m-n}——从m区到n区的通风支路i的过滤效率，如无过滤器$\eta_{m-n}=0$；

C_m——m区污染物浓度；

C_n——n区污染物浓度；

G_n——n区污染物散发源强度。

经过 20 多年的发展，多区网络模型已经得到了全球学者的关注和研究，开发了多种软件工具。其中，比较知名的有 COMIS、CONTAM、BREEZE、NatVent、PASSPORT、AIOLOS 等。其中，CONTAM 因其广泛的应用和众多研究验证其算法的可靠性而尤为突出。CONTAM 是由 National Institute of Standards and Technology（NIST）开发的，专门用于多区空气质量和通风分析，能够精确计算建筑内的气流、压差、污染物浓度等指标。

多区模型提供了一个既简洁又高效的分析方法。许多学者已经采用这种方法对医院环境的通风和压力控制进行了深入研究。例如，Guo 等人使用多区模型研究了传染病医院的压力控制系统，特别是变风量空调系统操作对多个房间之间压力差的影响。研究发现，将变风量阻尼器设置在负压隔离病房对于隔离病房的不同泄漏路径，压力偏差可降低 9.98% 至 25.73%。此外，广州市第一人民医院的李星也采用了多区网络模型研究了医疗建筑室内环境的压力设计问题。

7.2.3　环境评价指标

1. 室外风环境

室外风环境对建筑使用者的舒适、安全与健康有着深远的影响。一方面，室外的风环境直接影响人们的感受和日常行为；另一方面，对于医疗建筑，风环境会影响污染物的排放和扩散，进而对周围居民的健康产生影响。

风环境具有不确定性，在极端天气条件下，风速可能会达到危险的水平，有可能会对行人造成伤害。因此，绿色建筑评价标准和绿色医院建筑评价标准均要求室外风环境有利于室外行走、活动舒适和建筑的自然通风。具体包括：冬季典型风速和风向条件下，建筑物周围人行区距地高 1.5m 处风速小于 5m/s，户外休息区、儿童娱乐区风速小于 2m/s，且室外风速放大系数小于 2；过渡季、夏季典型风速和风向条件下场地人员活动区不出现涡旋或无风区域。对于医院建筑，更为关键的是要考虑室外风环境对污染物排放的传播扩散的影响。

建筑前来流风因为地面和低矮建筑的影响，会呈现出边界层的分布特征，也就是我们所说的梯度风，如图 7.2.3-1 所示。

由于随着高度的增加，风速会增大，而且风速随高度增大的规律还与地面粗糙度有关。入口风速的分布符合梯度风规律：

$$v=v_R\left(\frac{z}{z_R}\right)^{\alpha}$$

式中：v、z——任何一点的平均风速和高度；

v_R、z_R——标准高度 z_R 处的平均风速 v_R 和标准高度值，《建筑结构荷载规范》GB 50009—2001 规定自然风场的标准高度取 10m；

α——地面粗糙度指数，其取值如表 7.2.3-1 所示。

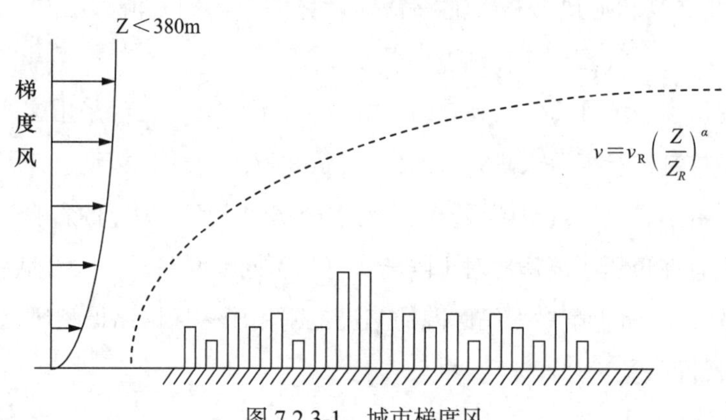

图 7.2.3-1　城市梯度风

大气边界层不同地貌的 α 值　　**表 7.2.3-1**

类别	空旷平坦地面	城市郊区	大城市中心
α	0.14	0.22	0.28

2. 室内热环境

根据《民用建筑供暖通风与空气调节设计规范》，人员长期逗留区室内空调设计参数见表 7.2.3-2。为了全面评估人员的活动强度、穿着和各种环境因素，以及大多数人对环境的热舒适感受，通常我们采用预测平均投票（PMV，Predicted Mean Vote）作为评价环境舒适性的指标，表 7.2.3-3。PMV 模型综合考虑了新陈代谢率、衣物的隔热性、空气温度、辐射温度、空气流速和湿度这六大关键因素，为我们提供了一个反映大部分人对室内热舒适度感受的数值。而 PPD（Predicted Percentage of Dissatisfied）则表示对当前环境热舒适度不满意的人群比例，这一指标是基于 PMV 值计算得出的。

人员长期逗留区室内空调设计参数　　**表 7.2.3-2**

类别	热舒适等级	温度（℃）	相对湿度（%）	风速（m/s）
供热工况	Ⅰ级	22～24	≥30	≤0.2
	Ⅱ级	18～22	—	≤0.2
供冷工况	Ⅰ级	24～26	40～60	≤0.25
	Ⅱ级	26～28	≤70	≤0.3

PMV 指标　　　　表 7.2.3-3

热感觉	冷	凉	微凉	适中	微暖	暖	热
PMV 值	−3	−2	−1	0	+1	+2	+3

$$PMV=[0.303exp(-0.036M)+0.0275]f(t_i,\ \varphi_i,\ v,\ t_r,\ q_m,\ R_{clo})$$

式中：t_i——空气温度；

φ_i——空气湿度；

v——空气速度；

t_r——平均辐射温度；

q_m——代谢率；

R_{clo}——衣服的隔热层。

$$PPD=100-95exp[-(0.2179PMV^2+0.03353PMV^4)]$$

美国的 ASHRAE 标准和 ISO 标准均采用 PMV-PPD 作为评价室内热环境的主观指标。ISO 773 标准推荐 PPD≤10%，对应的 −0.5≤PMV≤0.5。我国热舒适性 Ⅰ 级要求 −0.5≤PMV≤0.5，PPD≤10%，热舒适度 Ⅱ 级要求 −1≤PMV<−0.5，0.5<PMV≤1，PPD≤27%。

3. 空气质量

新风量和空气龄是评估室内空气质量的关键参数。新风量是指新鲜空气进入室内的量，这一参数对室内空气的新鲜度和整体质量有直接影响。

空气龄则表示空气分子在流场中移动到特定位置所需的平均时间。它是一个反映房间内空气新鲜度的指标，能够全面评估房间的通风效果，因此被视为评估室内空气质量的一个重要参数。简而言之，空气龄数值越小，意味着空气越新鲜。

当我们使用 CFD 方法来计算室内的平均空气龄（MAA，Mean Age of Air）分布时，可以采用自定义标量（UDS）来得出特定位置的平均空气龄。要计算一个任意标量 ϕ_i 在流场内的传输，需要求解一个附加的对流扩散方程，方程如下：

$$\frac{\partial\rho\phi_i}{\partial t}-\nabla\cdot(\Gamma_i\nabla\phi_i)=S_{\phi_i}$$

$$\Gamma_i=2.88\times10^{-5}\rho+\frac{\mu_{eff}}{0.7}$$

式中：t——时间，s；

ρ——空气的密度，kg/m³；

ϕ_i——要求解的标量，也就是平均空气龄（MAA）；

Γ_i——ϕ_i 的扩散系数；

S_{ϕ_i}——ϕ_i 的源项；

u_{eff}——空气的有效黏度。

4. 污染物浓度及稀释倍数

室内污染物主要有挥发性有机物、颗粒物、二氧化碳、微生物等。在医院环境中我们主要关注的污染物是表征环境洁净度的颗粒物浓度和表征新风量的二氧化碳浓度以及微生物浓度。

对于医院的手术室、层流病房等环境通常有洁净度要求，洁净领域国际通用标准《洁净室和相关受控环境·第一部分》ISO 14644—1 和《洁净厂房设计规范》GB 50073—2013 中对不同级别洁净度颗粒物浓度限值要求见表 7.2.3-4。

洁净室及洁净区空气洁净度等级定义　　表 7.2.3-4

空气洁净度等级（N）	颗粒物浓度限值（pc/m³）					
	0.1μm	0.2μm	0.3μm	0.5μm	1.0μm	5.0μm
1	10	2				
2	100	24	10	4		
3	1000	237	102	35	8	
4	10000	2370	1020	352	83	
5	100000	23700	10200	3520	832	29
6	1000000	237000	102000	35200	8320	293
7				352000	83200	2930
8				3520000	832000	29300
9				35200000	8320000	293000

《室内空气微生物污染控制技术规程》T/CECS 873—2021 中对室内空气细菌浓度给出了限制要求，其中Ⅰ级标准适用于目标人群对空气细菌敏感性强的建筑或对室内空气细菌浓度控制要求较高的建筑，表 7.2.3-5。医疗建筑应按Ⅰ级标准进行环境控制。

室内空气细菌浓度限值　　表 7.2.3-5

等级	推荐值（CFU/m³）	引导值（CFU/m³）
Ⅰ级	≤1000	≤500
Ⅱ级	≤1500	≤1000

稀释倍数是指通过将有污染的空气与清洁空气混合，使污染物浓度降低到一定水平的比例。稀释倍数越高，说明空气中的污染物浓度越低，对人体的健康影响越小。

清华大学的江亿等学者采用模拟的方式重现了医院的三个实际工况，研究确定了SARS 感染和非感染场景的通风稀释水平，研究表明消除空气传播 SARS 病毒的安全稀释倍数是一万倍。

7.2.4　医疗建筑环境仿真案例

1. 室外环境仿真

对医疗建筑而言，最为关心的是传染病楼通过排风所释放的污染物对其周边环境的潜在影响。以北京某一医疗建筑实际布局为例，我们可以通过模拟技术来分析传染病楼排放的污染物对周围环境的影响范围。该传染病楼的高度为 12m。在其西侧，紧邻着一栋高度为 18m 的办公楼。传染病楼的排风口位于楼顶上方 3m 的位置，具体布局如图 7.2.4-1 所示。

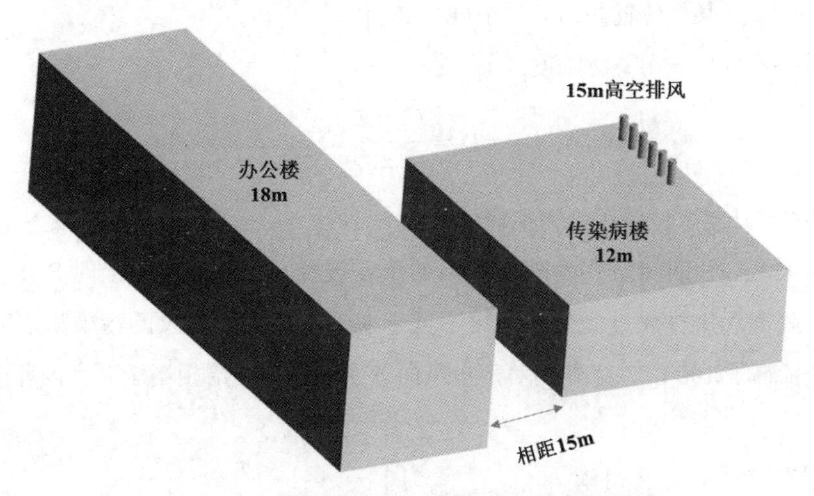

图 7.2.4-1　传染病排风的影响范围研究物理模型

对冬季、夏季、过渡季三个季节，在北京主导风向和无风条件下，传染病楼污染物的传播扩散情况进行了模拟。同时，也研究了污染物在室外的稀释倍数。具体的研究工况及边界条件见表 7.2.4-1。

场景 1 研究工况及边界条件　　表 7.2.4-1

工况编号	工况	风向	风速（m/s）	室外空气温度（℃）	排风风量（m^3/h）	排风温度（℃）
Case S-1	夏季典型工况	SE（南偏东 45°）	2.2	33.5	90000	28
Case S-2	夏季最不利工况	—	0	33.5	90000	28

续表

工况编号	工况	风向	风速（m/s）	室外空气温度（℃）	排风风量（m^3/h）	排风温度（℃）
Case W-1	冬季典型工况	NNW（北偏西 22.5°）	2.7	-9.9	90000	20
Case W-2	冬季最不利工况	—	0	-9.9	90000	20
Case T-1	过渡季典型工况	NE（东偏北 45°）	2.5	24	90000	24
Case T-2	过渡季最不利工况	—	0	24	90000	24

研究分析了无量纲浓度和稀释倍数两个参数，无量纲浓度定义如下：

$$C_N = \frac{C_L - C_0}{C_E - C_0}$$

式中：C_N——室外某个位置的无量纲浓度；

C_E——排风的污染物浓度，ug/m^3；

C_L——室外某个位置的污染物浓度，ug/m^3；

C_0——室外环境污染物浓度，ug/m^3。

$$D = \frac{C_E - C_0}{C_L - C_0}$$

式中：D——室外某个位置污染物稀释倍数。

江亿等人 SARS 期间研究发现当病菌的浓度被稀释 10000 倍以上时 SARS 感染的可能性极低。隔离病房排风过滤效率通常不低于 99%，相当于排风的污染物浓度相对于室内空气已经稀释了 100 倍，室外相对于排风的浓度稀释 100 倍相当于对室内环境空气稀释 10000 倍。

1）夏季工况

在夏季的主导风向风速条件下，建筑的周边环境通风状况良好。而在无风条件下，由于排风的温度低于室外环境，排风会下沉至人员活动区域，导致排风楼周围形成一定的空气流动。这两种工况下的人员活动区风速分布可以参见图 7.2.4-2。

在夏季主导风向风速条件下，排风中释放的污染物在人员活动区的浓度非常低，大部分区域的污染物浓度接近于零。但在无风条件下，由于排风下沉至人员活动区，污染物在此区域内扩散，其无量纲污染物浓度大约为 10^{-6}，具体分布如图 7.2.4-3 所示。

主导风向风速条件下，从烟囱排放的污染物在稀释倍数小于 100 倍的范围内主要集中在烟囱上方的一个较小区域。而在无风条件下，由于排风下沉，使得传染病楼附近的某些区域的污染物稀释倍数也小于 100 倍。关于排风污染物的扩散范围以及稀释倍数小于 100

倍的具体区域，详见图 7.2.4-4。

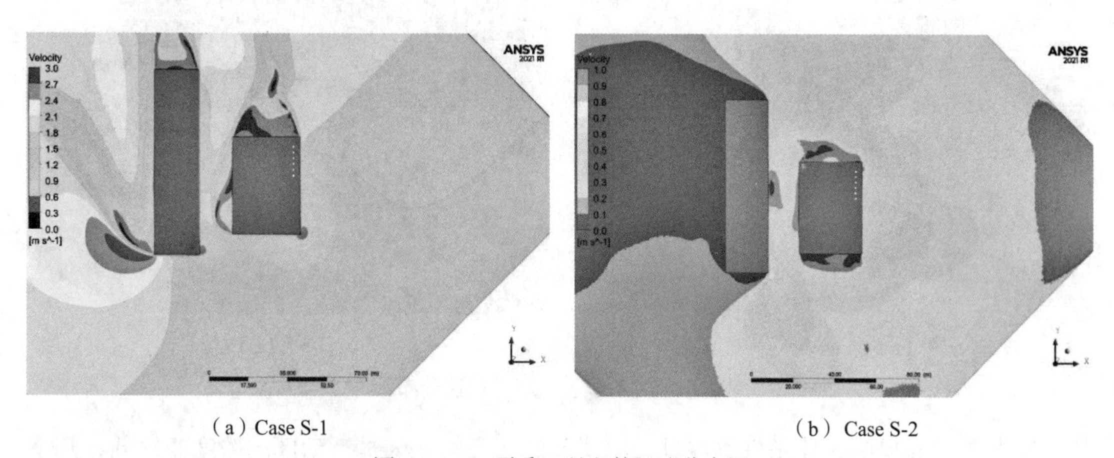

（a）Case S-1　　　　（b）Case S-2

图 7.2.4-2　夏季工况室外风速分布图

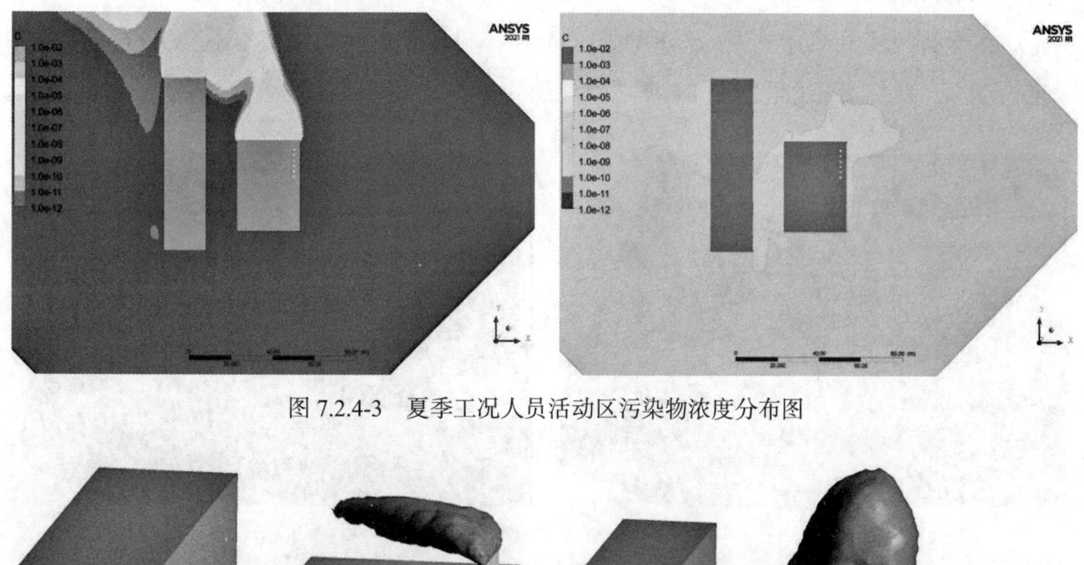

图 7.2.4-3　夏季工况人员活动区污染物浓度分布图

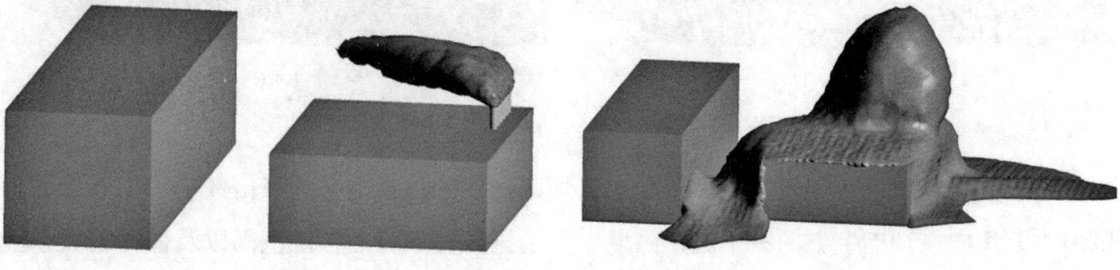

（a）Case S-1　　　　（b）Case S-2

图 7.2.4-4　夏季工况污染物浓度稀释倍数小于 100 倍的范围

2）冬季工况

在冬季的主导风向风速条件下，建筑的周边环境通风状况良好。而在无风条件下，由于排风的温度高于室外环境，排风会向上扩散传播，因此不会在人员活动区产生明显的气流。这两种工况下的人员活动区风速分布可以参见图 7.2.4-5。

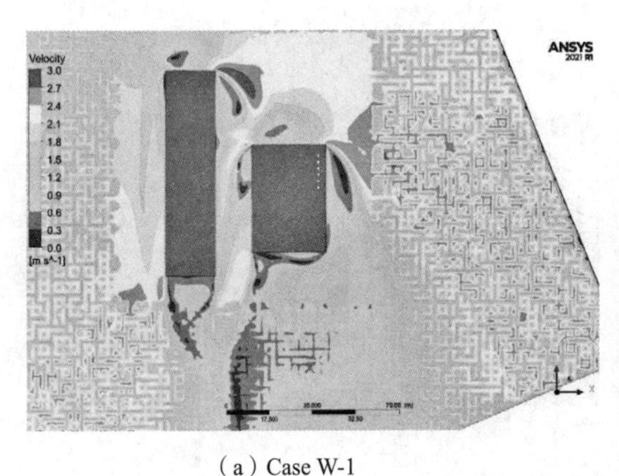

（a）Case W-1

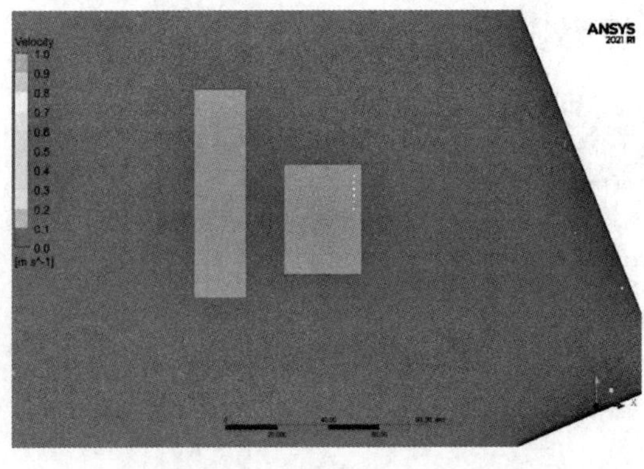

（b）Case W-2

图 7.2.4-5　冬季工况室外风速分布图

在冬季主导风向风速条件下，排风中释放的污染物在人员活动区的浓度非常低，几乎所有区域的污染物浓度都为零，只有在气流下方的少数区域出现稍高的浓度。但在无风条件下，由于排风受到热浮升力的作用而向上流动，排风中的污染物基本不会扩散至下方的人员活动区，具体分布如图 7.2.4-6 所示。

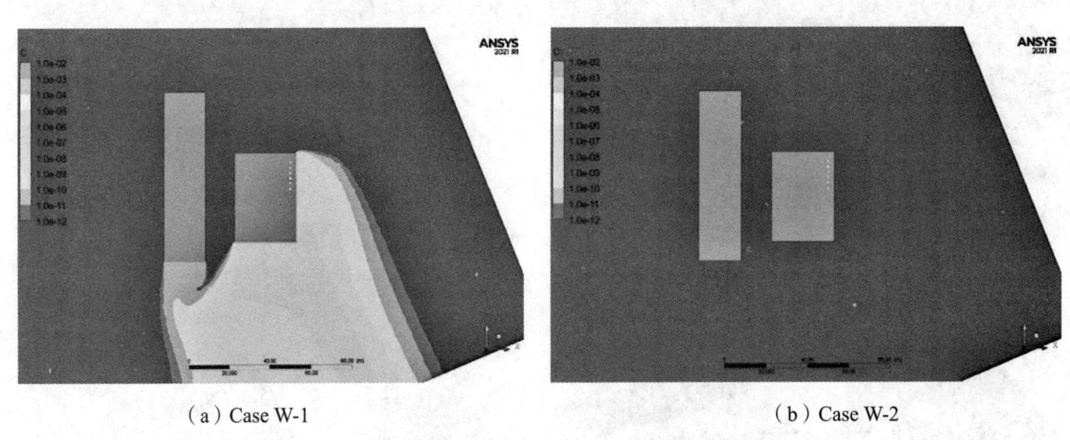

（a）Case W-1　　（b）Case W-2

图 7.2.4-6　冬季工况人员活动区污染物浓度分布图

对于主导风向风速和无风两种工况，从烟囱排放的污染物在稀释倍数小于 100 倍的范围内主要集中在烟囱上方的一个较小区域。关于排风污染物的扩散范围以及稀释倍数小于 100 倍的具体区域，详见图 7.2.4-7。

3）过渡季工况

在过渡季的主导风向风速条件下，建筑的周边环境通风状况良好。而在无风条件下，由于排风温度与室外温度接近，并受到向上的初动量作用，排风气流主要在其上方传播和扩散，因此不会在人员活动区产生明显的气流。这两种工况下的人员活动区风速分布可以参见图 7.2.4-8。

（a）Case W-1　　（b）Case W-2

图 7.2.4-7　冬季工况污染物浓度稀释倍数小于 100 倍的范围

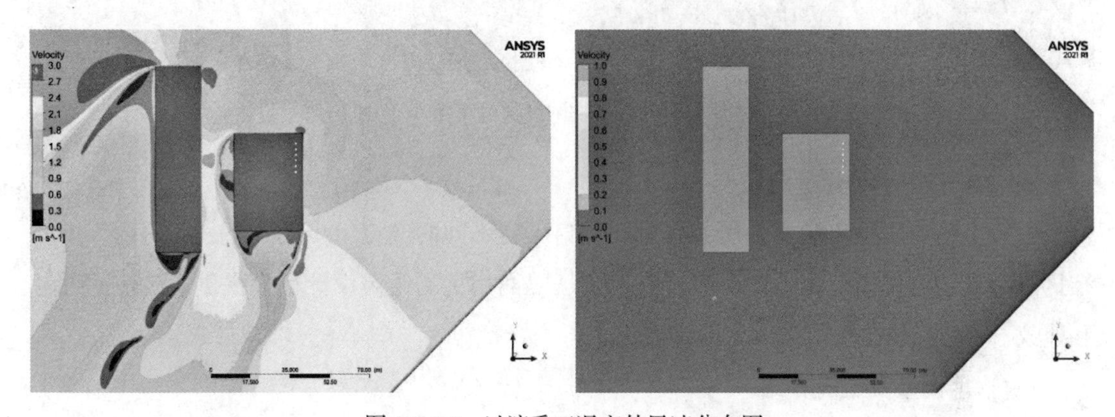

图 7.2.4-8　过渡季工况室外风速分布图

在过渡季主导风向风速条件下，排风中释放的污染物在人员活动区的浓度非常低，几乎所有区域的污染物浓度都为零，只有在气流下方的少数区域出现稍高的浓度。但在无风条件下，由于排风受到向上的初动量作用而向上流动，排风中的污染物基本不会扩散至下方的人员活动区，具体分布如图 7.2.4-9 所示。

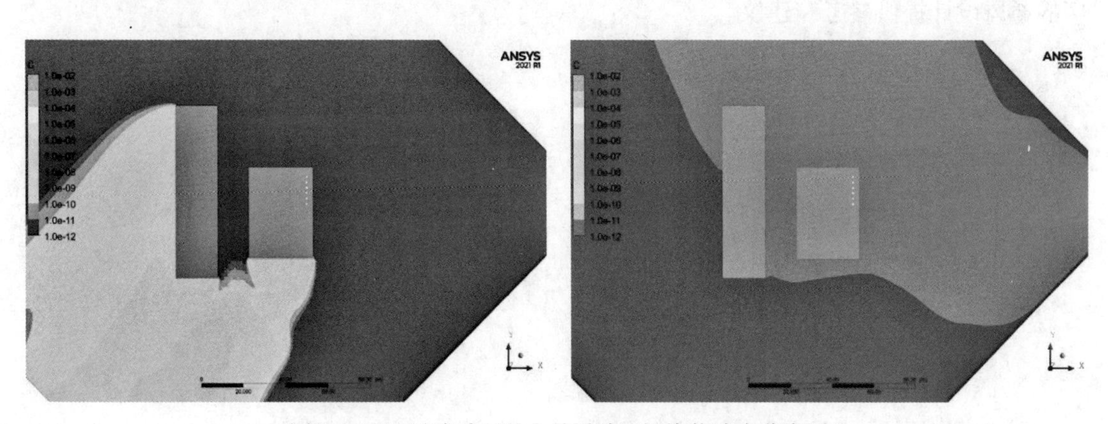

图 7.2.4-9　过渡季工况人员活动区污染物浓度分布图

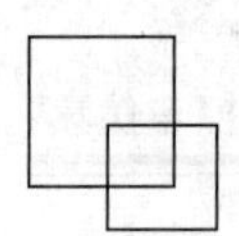

对于主导风向风速和无风两种工况，从烟囱排放的污染物在稀释倍数小于 100 倍的范围内主要集中在烟囱上方的一个较小区域。关于排风污染物的扩散范围以及稀释倍数小于 100 倍的具体区域，详细信息见图 7.2.4-10。

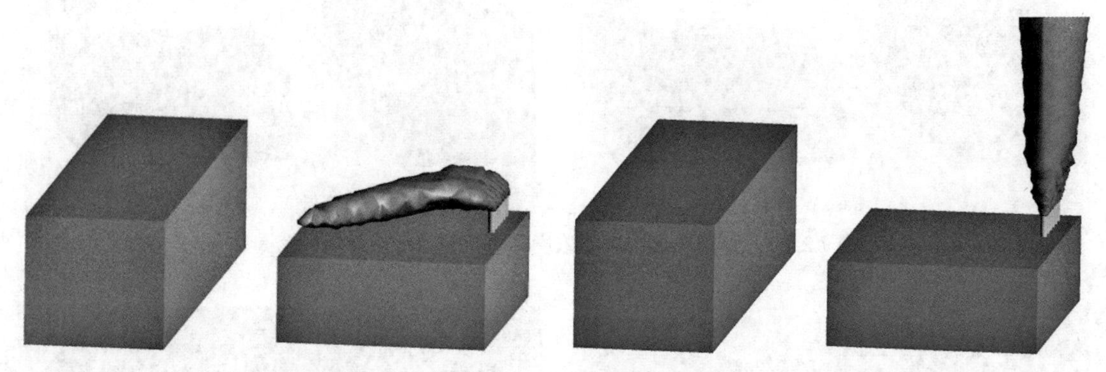

图 7.2.4-10　过渡季工况污染物浓度稀释倍数小于 100 倍的范围

2. 隔离病房环境

以特定的负压隔离病房为研究案例，探讨了在不同的气流组织模式下，病房内气流的结构和污染物的传播范围。此研究旨在为负压隔离病房的通风设计优化提供有价值的参考和建议。

1）物理模型及工况介绍

隔离病房的尺寸为 6m 长、4.2m 宽和 3m 高。病房内配备了一张病床，其尺寸为 2.1m 长和 1m 宽。送风口的尺寸为 0.9m×0.5m，排风口的尺寸为 0.5m×0.5m。隔离病房与其外部的缓冲空间之间有一扇门，高 2m、宽 1m，且门的四周设有门缝。研究主要探讨了三种不同的通风方式：上送上回、上送下回以及双上送下回。研究工况详见图 7.2.4-11。我们对这三种通风方式下的室内空气龄和污染物扩散范围进行了详细的分析，以期为隔离病房的通风设计提供参考和建议。

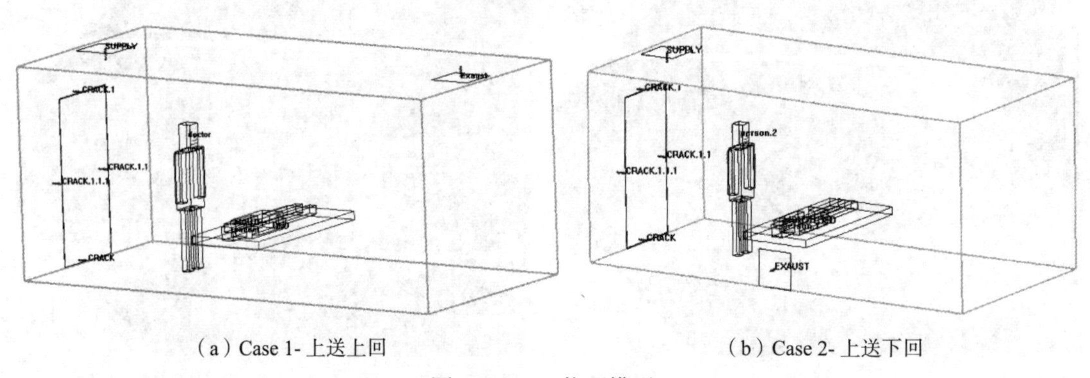

（a）Case 1- 上送上回　　（b）Case 2- 上送下回

图 7.2.4-11　物理模型

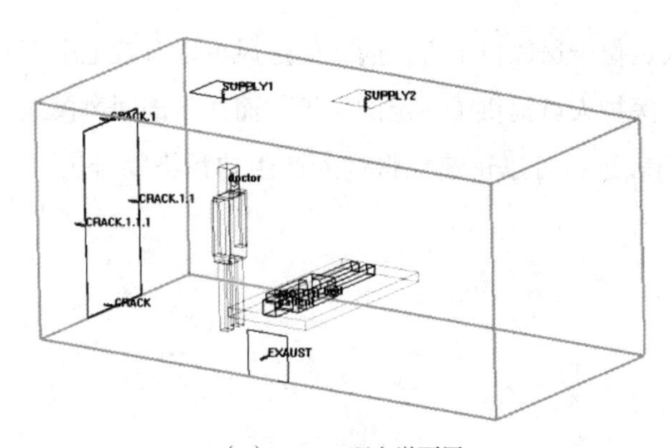

（c）Case 3- 双上送下回

图 7.2.4-11　物理模型（续）

2）模拟结果及讨论

在三种通风模式下，室内空气龄的分布如图 7.2.4-12 所示。模拟结果显示，上送上回模式下的室内空气龄分布最为均匀。然而，在双上送下回模式中，医护人员所处位置的空气龄最低，意味着该位置的空气更新速度最快。

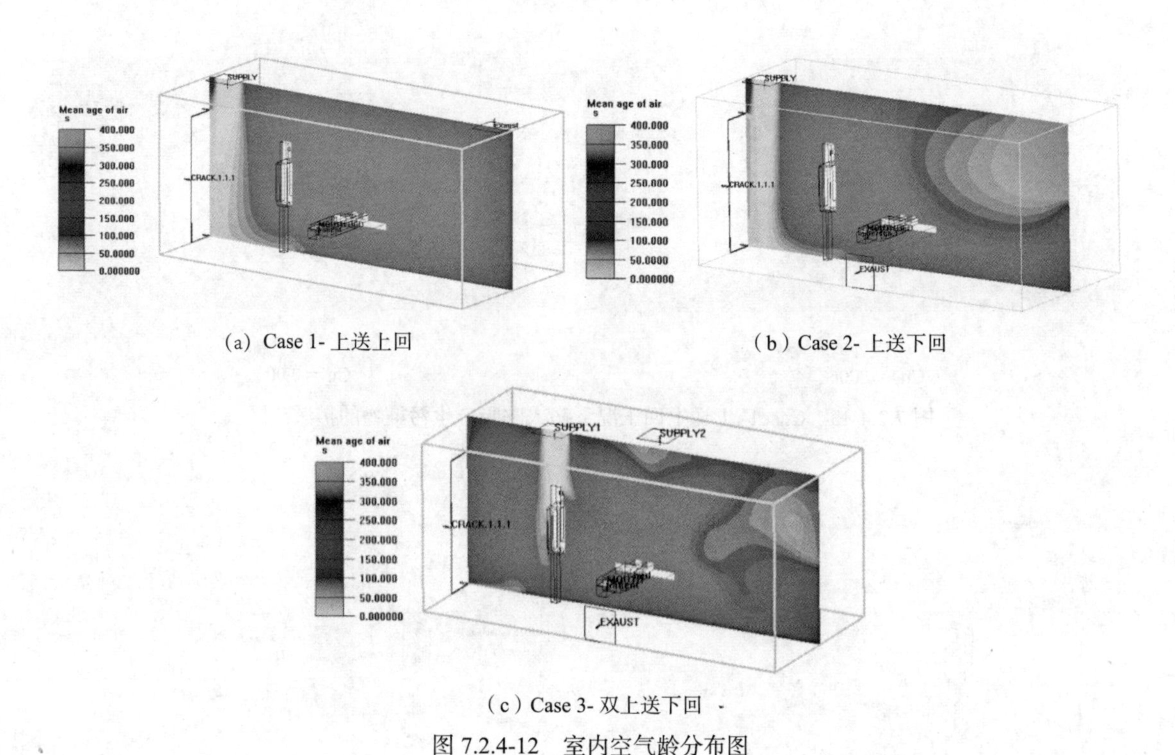

(a) Case 1- 上送上回　　（b）Case 2- 上送下回

（c）Case 3- 双上送下回

图 7.2.4-12　室内空气龄分布图

图 7.2.4-13～图 7.2.4-15 分别展示了三种工况下，由病人呼吸产生的污染物在室内的扩散范围。研究发现，上送下回模式在控制病人呼出的污染物方面表现最佳。在双上送风

模式下，由于医护人员位于送风口下方，向下的送风可以有效地阻挡外部污染物进入医护人员的周围，从而为医护人员提供了一定的保护。而在下部回风模式中，由于排风口与污染源（病人）的距离较近，可以迅速地将病人产生的污染物排出，有助于限制污染物的扩散。

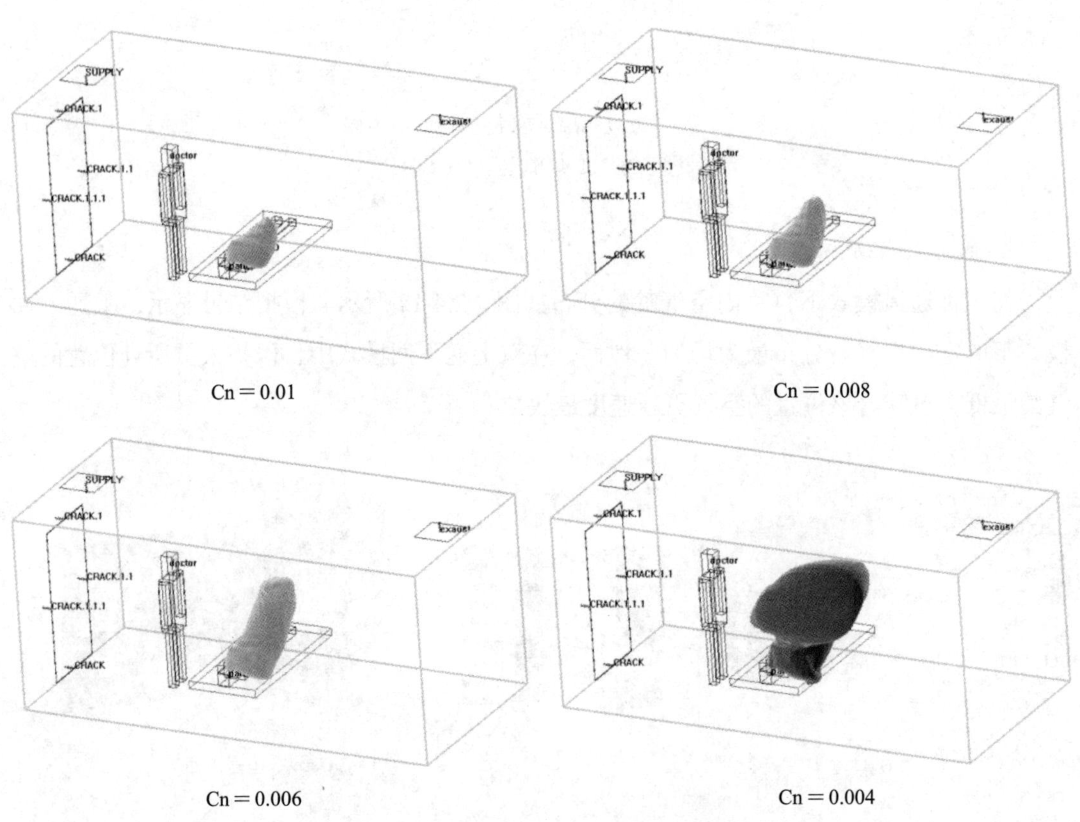

Cn＝0.01　　Cn＝0.008

Cn＝0.006　　Cn＝0.004

图 7.2.4-13　Case1- 上送上回工况下病人呼吸产生污染物的扩散范围

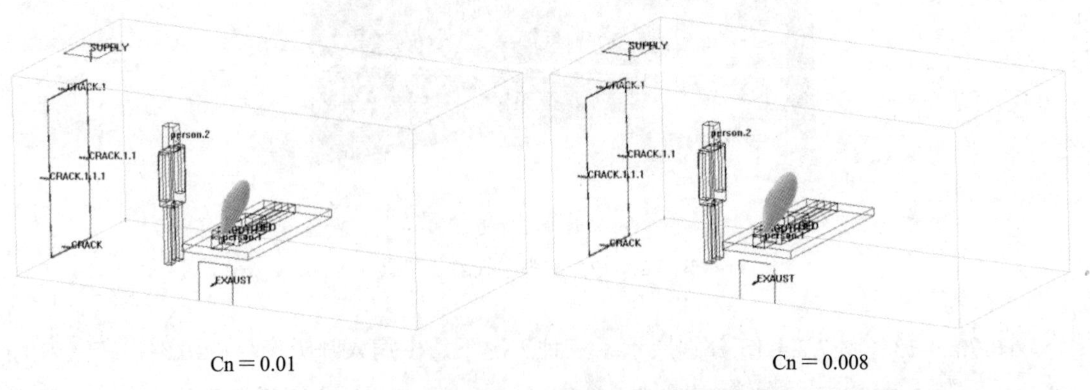

Cn＝0.01　　Cn＝0.008

图 7.2.4-14　Case2- 上送下回工况下病人呼吸产生污染物的扩散范围

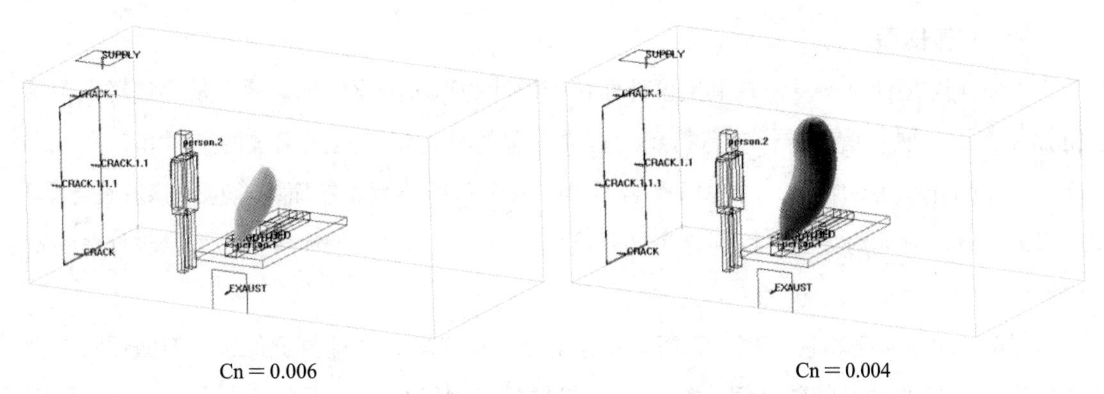

Cn = 0.006　　　　　　　　Cn = 0.004

图 7.2.4-14　Case2- 上送下回工况下病人呼吸产生污染物的扩散范围（续）

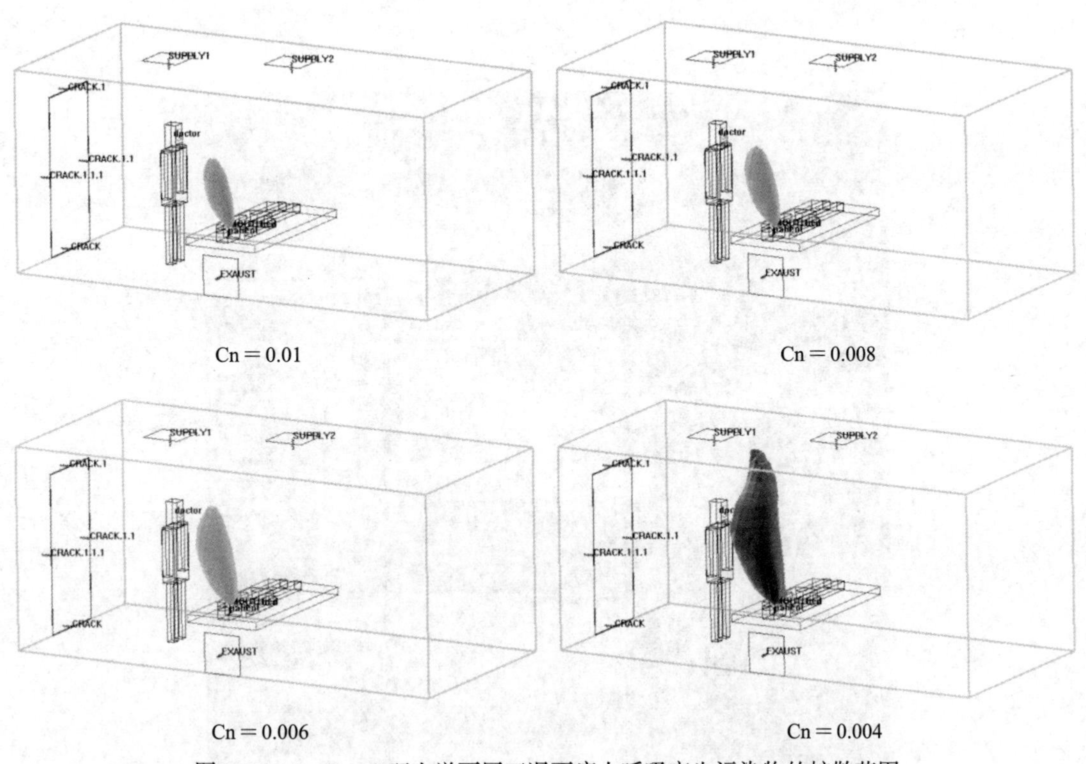

Cn = 0.01　　　　　　　　Cn = 0.008

Cn = 0.006　　　　　　　　Cn = 0.004

图 7.2.4-15　Case3 双上送下回工况下病人呼吸产生污染物的扩散范围

综上所述，当送风口位于医护人员的上方时，医护人员周围的空气更新速度最快，污染物浓度也最低，为医护人员提供了良好的保护。而当回风口位于底部时，可以更有效地排除病人产生的污染物，从而控制污染物的扩散范围。为了确保医护人员在病房内的安全，建议在设计时设置两个送风口，并将其布置在医护人员最常停留的位置上方，以确保送风能够为医护人员提供最大的保护。同时，建议使用下部回风方式，以迅速排除病人产生的污染物，有效控制其扩散范围。

3. 方舱医院

方舱医院是针对突发公共卫生事件而特别设计的临时医疗设施，通常是通过对大型场馆如体育馆、展览馆等进行改造得到。这类医院的显著特点是其宽敞的空间和较高的层高。为了防止病毒的扩散，方舱医院需要维持一个负压环境。然而，这也意味着在冬季，冷风的渗透问题尤为突出。特别是在气温较低的地区，如何有效地营造一个温暖舒适的室内环境成为一个重要的考量。

以顺义林河方舱医院为例，该医院位于北京市顺义区，地理位置优越，四面环路，交通便利。项目的北面紧邻林河大街，南面与林河南大街相望，西侧是铁东路，而东侧则与其他园区相接。总占地面积达到了 10.25hm^2，规模宏大。具体的布局和设计可以参考图 7.2.4-16。

图 7.2.4-16　顺义林河方舱医院项目位置图

顺义林河方舱医院是一个典型的应急医疗设施，它通过对原有建筑的改造和扩建，形成了一个总面积达到 43169m^2 的大型医疗场所。这个场所能够容纳 3760 床的双层床位，为大量患者提供了治疗和隔离的空间。为了确保医疗活动的顺利进行，医院内部的空间被划分为多个功能区，包括隔离病区、病患活动区、医护区、病患入口区等。这些区域都经过精心设计，确保了患者和医护人员的安全和舒适。

隔离病区是医院的核心部分，它被进一步划分为 A～H 八个子区域，每个区域都配备了 400～500 个床位。为了确保患者的隐私和安全，医院还特别设计了干湿分离的连接通道，以及男女分开的卫生间通道。分区详见图 7.2.4-17。

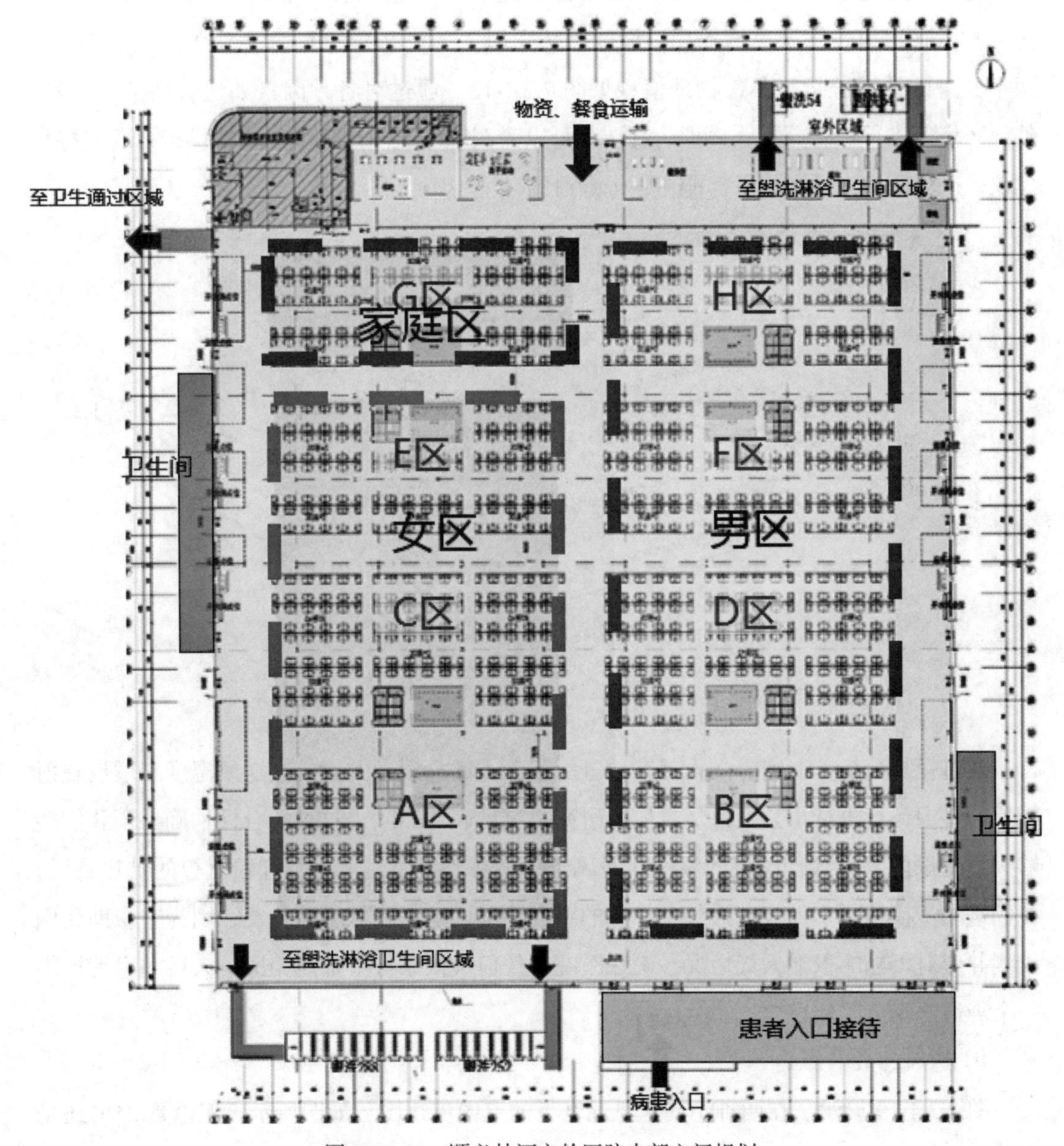

图 7.2.4-17　顺义林河方舱医院内部空间规划

在设计过程中，设计师面临了一些挑战和疑虑。首先，由于建筑的结构和条件限制，空调系统只能采用顶部送风的方式，这就引发了一个问题：热风是否能够有效地送达到人员活动的区域。其次，由于医院采用了双层床位的设计，设计师担心上层的患者是否会感受到不适的吹风感。最后，考虑到顺义地区冬季的低温，医院需要增设辐射供热系统。但由于条件所限，辐射板只能设置在屋顶，这就引发了一个新的问题：屋顶的辐射板发出的热量是否能够有效地传递到人员活动的区域。

为了解决这些问题，确保医院内部的温度适中，避免因为冷风渗透导致的不适，模拟仿真技术在这里发挥了关键作用。设计团队采用了 ANSYS-ICEM 和 ANSYS-FLUENT 这两个先进的计算分析工具，物理模型见图 7.2.4-18。通过对各种因素如建筑结构、材料、外部环境等进行综合分析，模拟仿真技术可以为医院的室内热环境设计提供有力的支持和建议，确保医护人员和患者都能在一个舒适的环境中工作和治疗。

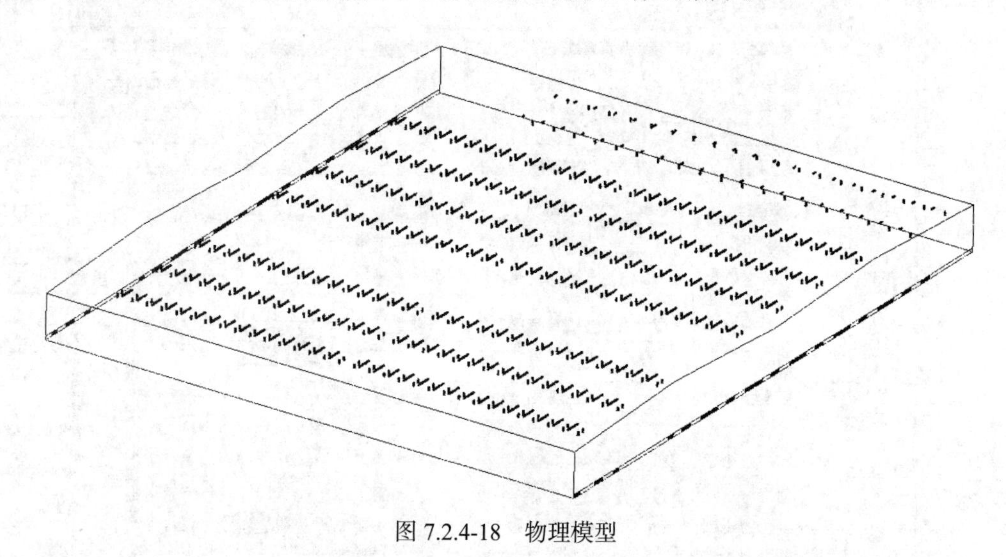

图 7.2.4-18　物理模型

通过模拟分析，对室外的设计参数进行了深入的探讨，并对提高送风温度和增设辐射板后的室内环境进行了全面评估，模拟研究工况见表 7.2.4-2。这种综合评估确保了我们能够为方舱医院提供最佳的室内温度和通风条件。在确定了送风参数和辐射板的供热量后，我们进一步模拟了室外极寒天气条件下的室内环境。这一步骤至关重要，因为它帮助我们预测并应对可能的极端天气情况，确保医院在任何气候条件下都能为医护人员和患者提供一个舒适、安全的环境。

1）送风参数的影响

图 7.2.4-19 展示了在两种不同送风温度下的室内流线图。如图所示，无论是 25℃还是 30℃的送风温度，送风气流都能够顺利到达人员活动区域，且两种情况下的流线分布相

似。图 7.2.4-20 揭示了人员活动区的风速分布。从图中明显看出，两种送风温度下的风速都相对较低，确保了室内风速都低于 0.5m/s。平均风速仅为 0.11～0.13m/s，这意味着在这两种条件下，人员都不会感受到明显的吹风感。

研究工况　　　　表 7.2.4-2

工况编号	工况描述	送风温度（℃）	室外温度（℃）	辐射板供热量（kW）
Case 1	室外设计参数下，不设辐射板供热，提高送风温度的效果	25	−10.7	0
Case 2		30	−10.7	0
Case3	室外设计参数，辐射板供热量的影响	25	−10.7	2285
Case 4		25	−10.7	1750
Case 5	室外极寒天气下，室内环境评估	25	−18.4	2100

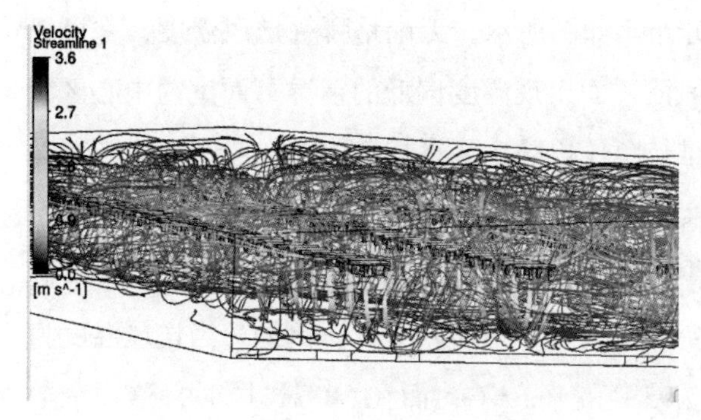

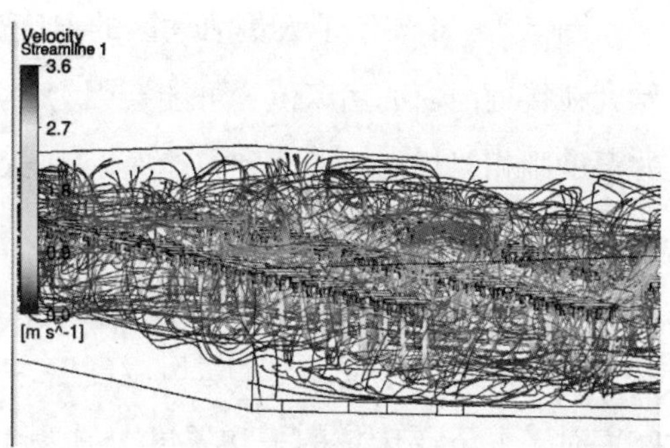

图 7.2.4-19　case1 和 case2 室内流线图

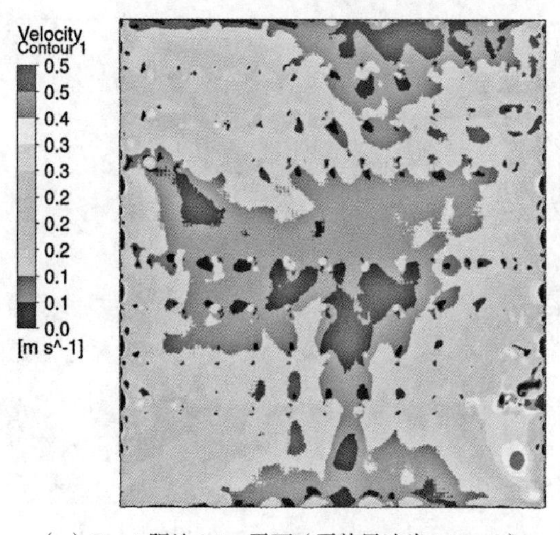

（a）Case1 距地 1.5m 平面（平均风速为 0.13m/s）

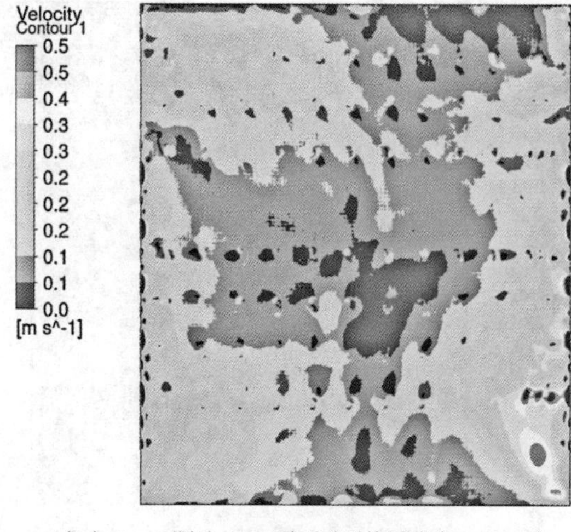

（b）Case2 距地 1.5m 平面（平均风速为 0.13m/s）

图 7.2.4-20　Case1 和 Case2 室内人员活动区风速分布图

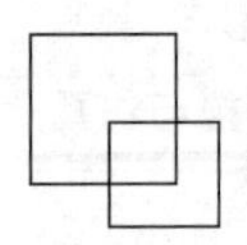

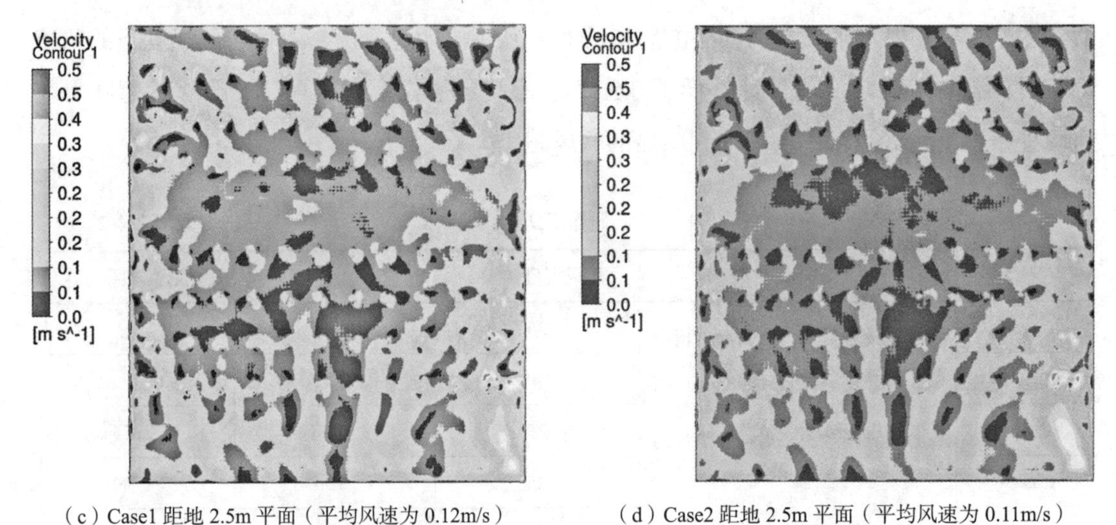

（c）Case1 距地 2.5m 平面（平均风速为 0.12m/s）　　（d）Case2 距地 2.5m 平面（平均风速为 0.11m/s）

图 7.2.4-20　Case1 和 Case2 室内人员活动区风速分布图（续）

图 7.2.4-21 展示了人员活动区的温度分布。如图所示，无论是哪种送风温度，都可以看到在接近门窗的病床位置可能会因为冷风渗透而出现温度偏低的情况，而室内中心区域的温度则相对均衡。考虑到方舱医院需要维持负压以防止病毒扩散，冷风渗透成为方舱医院的一个显著特点。为了应对这一问题，实际操作中可以考虑在冷风渗透较为严重的门窗位置避免设置床位，并采用物理障碍来减少冷风渗透对室内的影响。此外，上层床位的温度普遍高于下层床位。提高送风温度后，室内温度有了明显的提升。例如，当送风温度为 25℃时，上下层床位的平均温度分别为 17.95℃和 16.53℃；而在 30℃送风时，这两个数值则分别上升到了 21.8℃和 20.1℃。

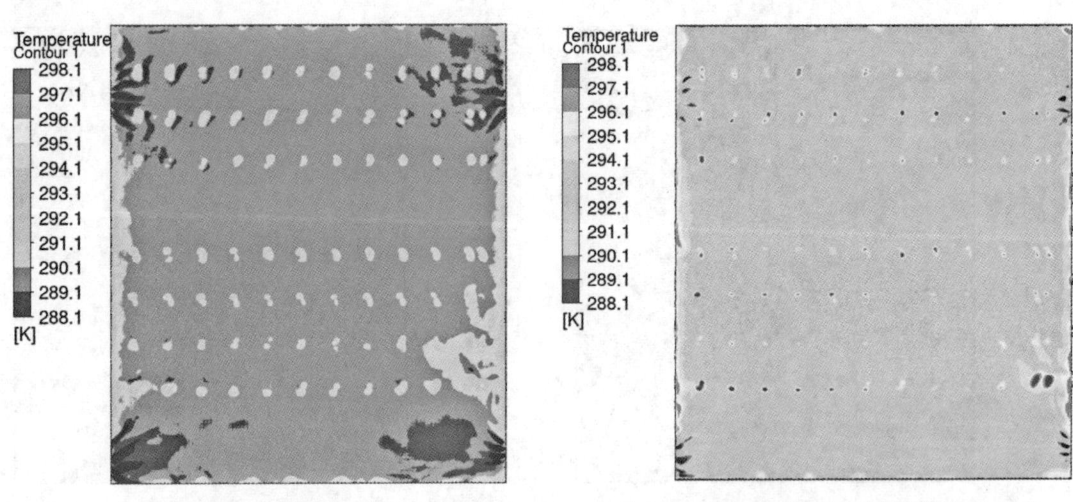

（a）Case1 距地 1.5m 平面（平均温度为 16.53℃）　　（b）Case2 距地 1.5m 平面（平均温度为 20.1℃）

图 7.2.4-21　Case1 和 Case2 室内人员活动区温度分布图

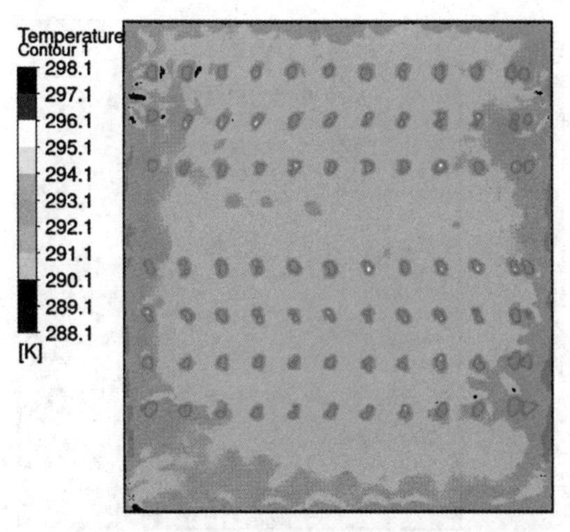

（c）Case1 距地 2.5m 平面（平均温度为 17.95℃）

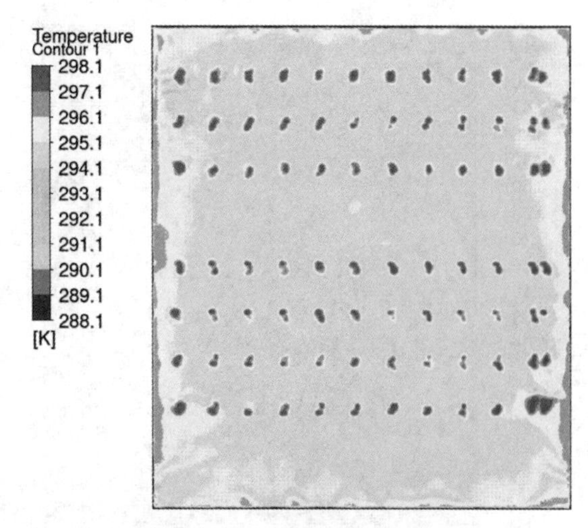

（d）Case2 距地 2.5m 平面（平均温度为 21.8℃）

图 7.2.4-21　Case1 和 Case2 室内人员活动区温度分布图（续）

模拟结果表明，提高送风温度确实可以有效提高室内温度。但考虑到顺义地区冬季气温偏低，空气源热泵可能难以稳定地提供高温送风。因此，当前的模拟结果提示，在极寒天气下，室内可能会偏冷。为了解决这一问题，设计师提议在屋顶下方增设辐射板进行补充供暖。

2）辐射板供热量的影响

图 7.2.4-22 展示了在 2285kW 和 1750kW 辐射供热量下的室内流线图。与 Case1 的流线图进行比较，我们可以明显观察到，当增设辐射供热板后，送风更为流畅地到达地面区域。这意味着辐射供热板的设置有助于改善室内的气流组织。

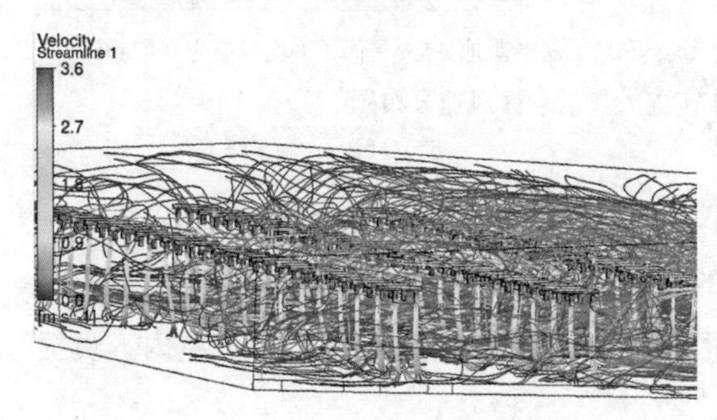

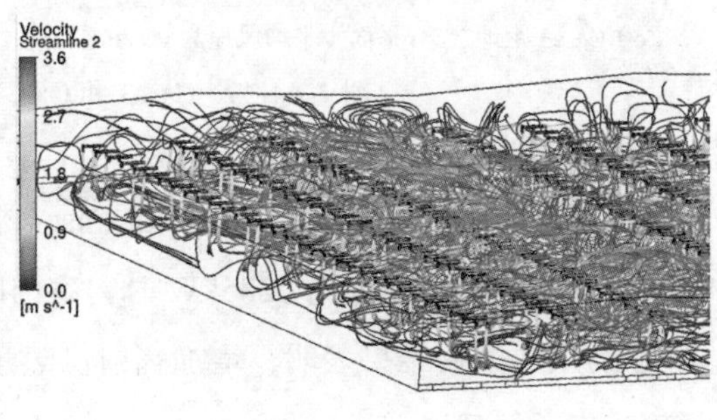

图 7.2.4-22　case3 和 case4 室内流线图

图 7.2.4-23 揭示了在 Case3 和 Case4 下室内人员活动区的风速分布。这两种工况下的风速分布结果相差不大，说明辐射供热量的变化对室内风速的影响并不显著。

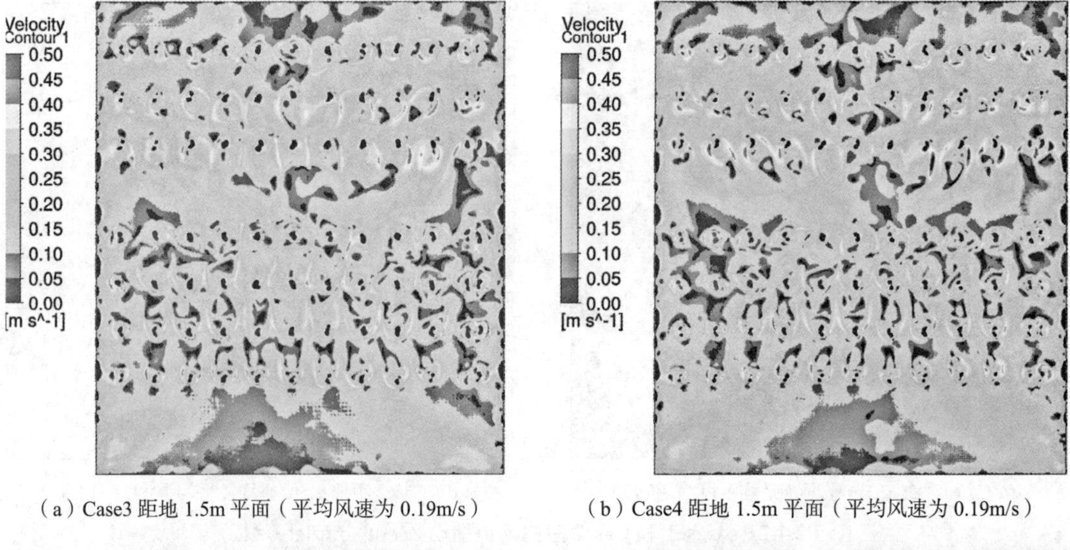

（a）Case3 距地 1.5m 平面（平均风速为 0.19m/s）　（b）Case4 距地 1.5m 平面（平均风速为 0.19m/s）

（c）Case3 距地 2.5m 平面（平均风速为 0.17m/s）　（d）Case4 距地 2.5m 平面（平均风速为 0.17m/s）

图 7.2.4-23　Case3 和 Case4 室内人员活动区风速分布图

而图 7.2.4-24 则展示了 Case3 和 Case4 下室内人员活动区的温度分布。从图中可以明显看出，当辐射供热量为 2285kW 时，室内的平均温度比在 1750kW 的辐射供热量下提高了约 1.8℃。这一结果表明，增加辐射供热量可以有效地提高室内的温度，为室内人员提供更为舒适的环境。

3）室外极端天气室内环境评估

本研究的目标项目坐落于顺义地区，这里的冬季室外温度通常比城区更为寒冷。鉴于此，我们进一步分析了在室外温度极寒（室外温度为 −18.4℃）的情况下，当采用 2100kW 的辐射供热量时，室内的气流组织和热环境表现如何。

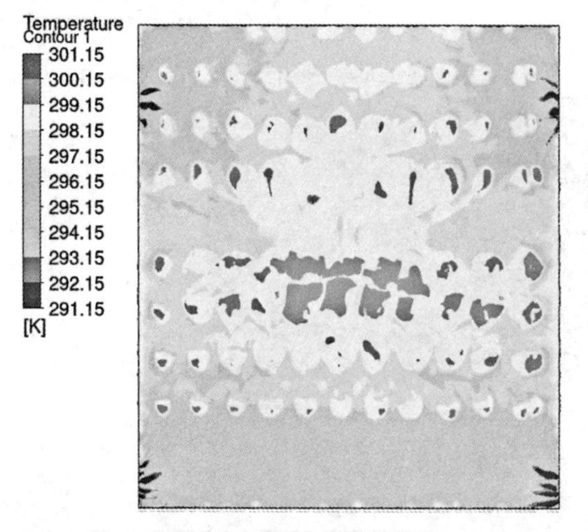

（a）Case3 距地 1.5m 平面（平均温度为 24.47℃）

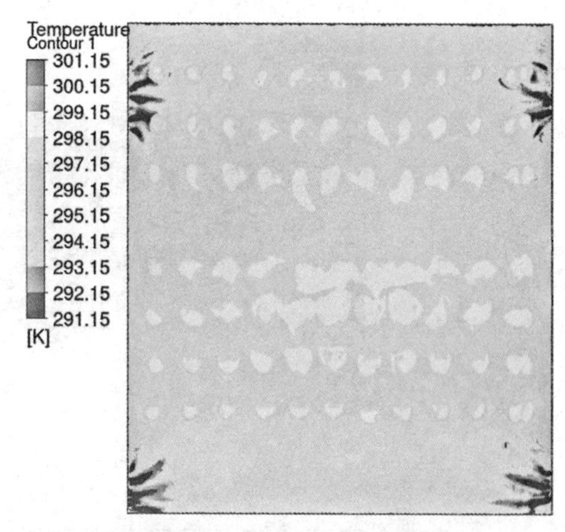

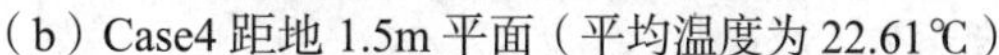

（b）Case4 距地 1.5m 平面（平均温度为 22.61℃）

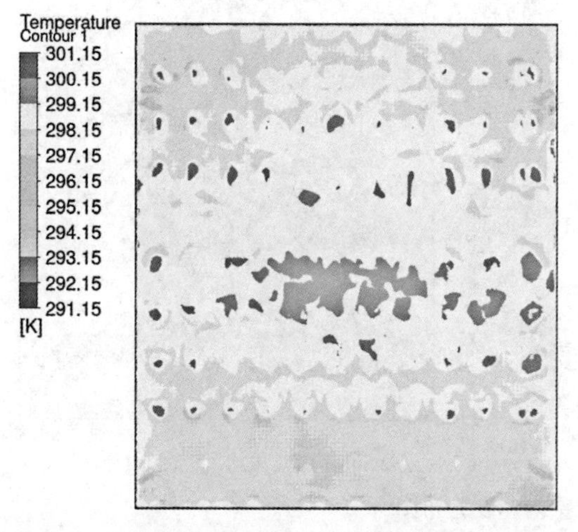

（c）Case3 距地 2.5m 平面（平均温度为 25.35℃）

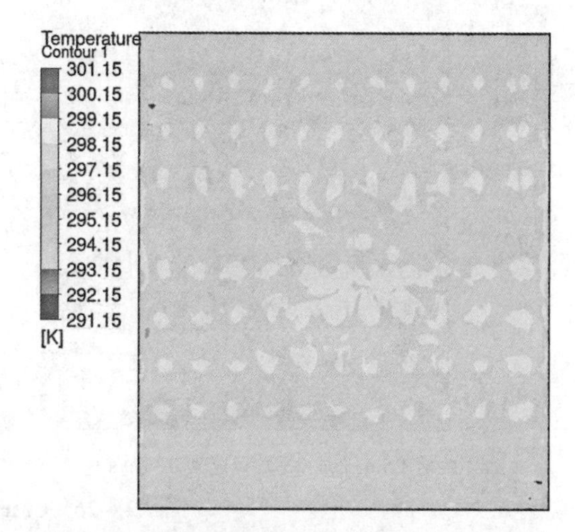

（d）Case4 距地 2.5m 平面（平均温度为 23.53℃）

图 7.2.4-24　Case3 和 Case4 室内人员活动区温度分布图

图 7.2.4-25～图 7.2.4-27 分别展示了在这种极寒天气条件下的室内流线图、风速分布图和温度分布图。模拟结果揭示，即使在如此严寒的室外温度下，室内的 1.5m 高度的人员活动区和 2.5m 高度的上铺人员活动区的平均温度仍然可以维持在 21.59℃和 22.9℃。这样的温度水平完全满足了人员的舒适性需求。

4．压力控制

区域压力控制策略旨在确保隔离病区内的气流有序流动，从而实现从清洁区到半污染区，再到污染区的定向气流。为了防止隔离病房内可能存在传染风险的空气扩散到医院的其他部分，从而切断其对其他区域的气流传播风险，对隔离病房的压力控制至关重要。这种负压控制主要是通过确保在气密的结构内，排风量大于送风量来实现的。

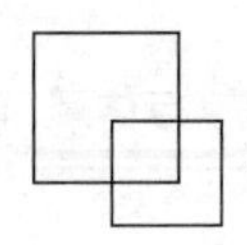

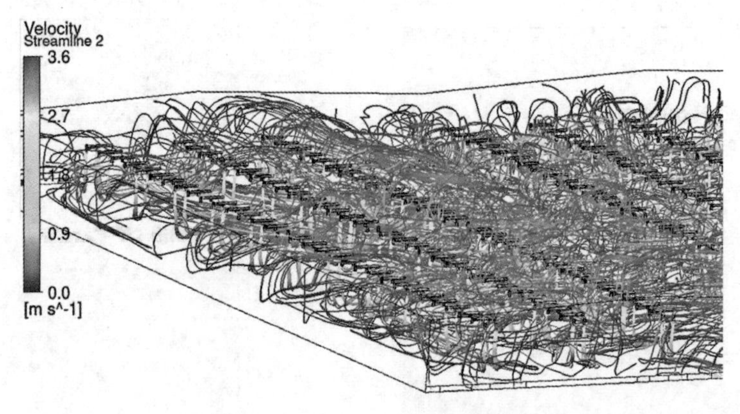

图 7.2.4-25　Case 5 室内流线图

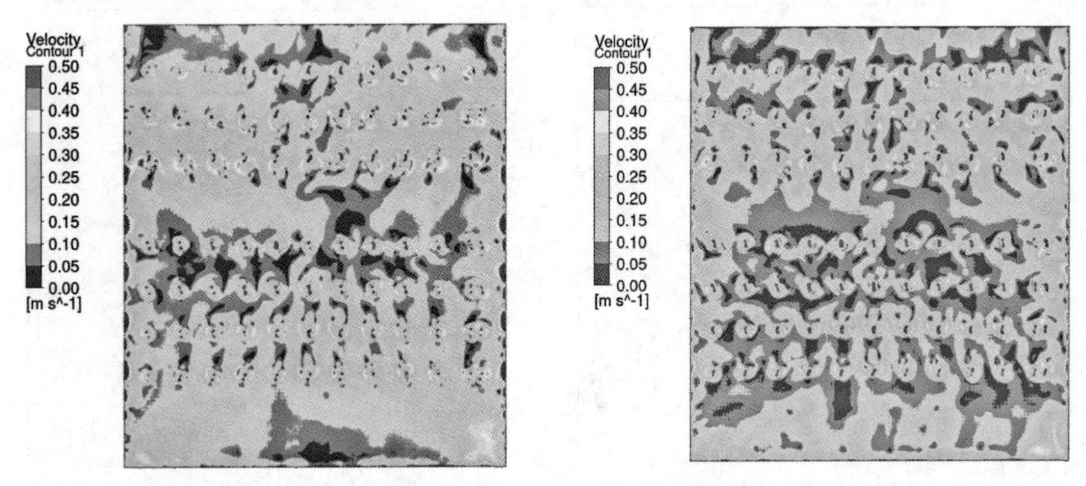

（a）距地 1.5m 平面（平均风速为 0.17m/s）　（b）距地 2.5m 平面（平均风速为 0.15m/s）

图 7.2.4-26　Case5 室内速度分布图

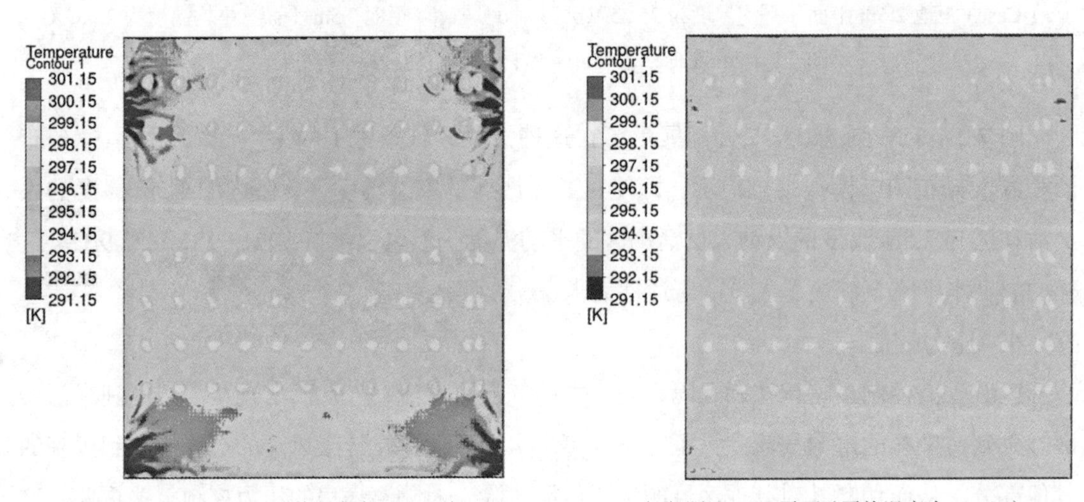

（a）距地 1.5m 平面（平均温度为 21.59℃）　（b）距地 2.5m 平面（平均温度为 22.9℃）

图 7.2.4-27　Case5 室内温度分布图

美国疾病控制和预防中心（CDC）在 2005 年 12 月 30 日发布的指南中建议，负压隔离病房的负压值应设为 2.5Pa（0.01inH_2O），这比 1994 年的 CDC 标准提高了 10 倍。关于负压隔离病房的压力值，我国的《传染病医院建筑设计规范》GB 50849 规定，负压隔离病房与其相邻或相通的缓冲间、走廊的压差应保持不小于 5Pa 的负压值。而《医院负压隔离病房环境控制要求》和《负压隔离病房设置基本要求》中规定，相通的不同污染等级房间的压差（负压）不应小于 5Pa，其负压程度由高到低依次为病房卫生间、病房、缓冲间和潜在污染走廊，如图 7.2.4-28 所示。清洁区与室外的气压差应保持正压。设计时，应合理规划空间布局，确定合适的流程和区域的相对位置，以实现有序的压力梯度设置。

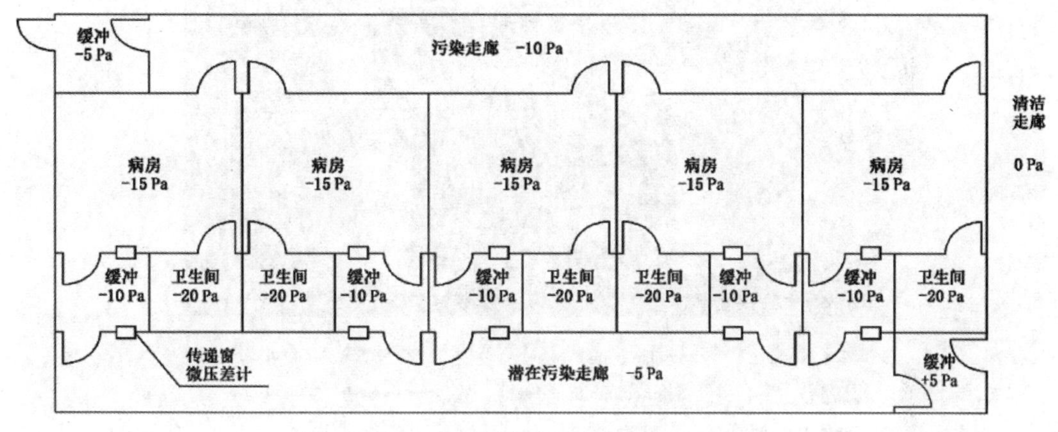

图 7.2.4-28　负压隔离病房内各空间压差要求

门缝作为房间之间的空气流动通道，在房间的压差和渗透风量上起到了关键作用。Ma 等研究者采用了多区域模拟软件 CONTAM，对一组隔离病房进行了建模和分析，并将不同的门窗高度通风策略应用于实际的感染病科。研究发现，在按功能区域划分的通风系统中，门缝的尺寸与所需的主动渗透风量之间存在明显的关系。以下是该文献中模拟案例的详细介绍：

1）物理模型

研究根据《传染病医院建筑设计标准》GB 50849 的指导进行设计。感染病科的布局是根据感染性疾病的治疗流程来确定的，并根据治疗流程的需求进行了职能细化。按照污染程度，区域被划分为污染区、半污染区和清洁区。走廊则根据人员类型划分为医护人员走廊（MC）和患者走廊（PC）。污染区包括卫生间（TR）、负压隔离病房（NPIW）和缓冲间（BR），这也被称为“三区两通道”。所研究的感染科有 8 套负压隔离病房，每个病房面积为 15m^2，每个负压隔离病房都有一个独立的卫生间，面积为 2m^2。负压隔离病房直接与患者通道（130m^2）相连，并通过缓冲间（7m^2）与医疗通道（45m^2）相连。房间之间的空气传播是通过门缝实现的。图 7.2.4-29 展示了感染病科的布局示意图，详细描述了房间的布局、人员流动和渗风位置。门的高度为 2.1m，宽度为 1.1m。除了门的下侧，门的其他三侧都进行了良好的密封，从而实现了渗风。使用 CONTAM 软件进行建模，模型如图 7.2.4-30 所示。

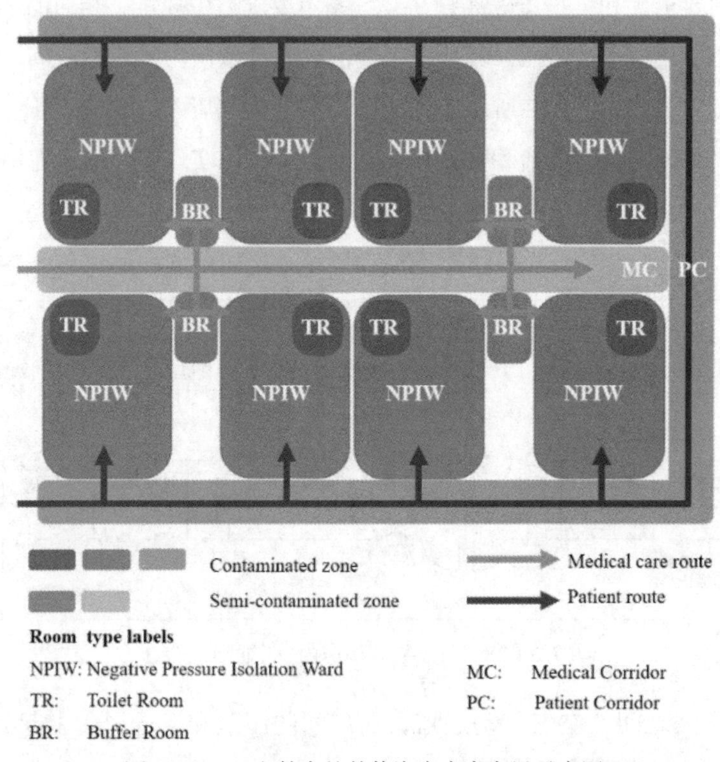

图 7.2.4-29　文献中的某传染病病房布局示意图

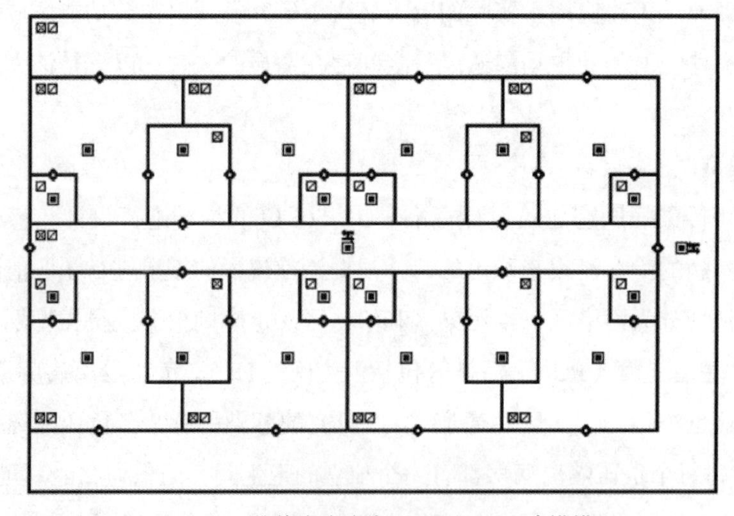

图 7.2.4-30　某传染病病房用 CONTAM 建模模型

2）模拟工况与边界条件（表 7.2.4-3、表 7.2.4-4）

各研究工况送排风量　　表 7.2.4-3

工况	各房间的送风量与排风量（m^3/h）									
	负压病房（NPIW）		卫生间（TR）		缓冲间（BR）		患者走廊（PC）		医护人员走廊（MC）	
	送风	排风	送风	排风	送风	排风	送风	排风	送风	排风
Case 1	540	690	—	150	0	0	180	240	180	180
Case 2	540	650	—	110	0	0	180	240	180	180
Case 3	540	615	—	75	0	0	180	210	180	180
Case 4	540	765	—	75	0	0	180	240	180	180
Case 5	540	765	—	150	0	0	180	240	180	180
Case 6	540	690	—	150	75	75	180	240	180	255
Case 7	540	615	—	150	0	0	180	315	180	255
Case 8	540	690	—	150	0	0	180	135	180	105

各研究工况门缝尺寸　　表 7.2.4-4

工况	门缝的高度（mm）				
	门缝 A（TR to NPIW）	门缝 B（NPIW to BR）	门缝 C（BR to MC）	门缝 D（NPIW to PC）	门缝 E（MC to Clean zone）
Case 1	20	20	20	20	20
Case 2	15	15	15	15	15
Case 3	10	10	10	10	10
Case 4	10	20	20	20	20
Case 5	20	10	20	20	20
Case 6	20	20	10	20	20
Case 7	20	20	20	10	20
Case 8	20	20	20	20	10

3）模拟结果与分析

如图 7.2.4-31 所展示，各种工况下房间的压力及其与基础工况（case1）的偏差率 R_0 有明显的变化。研究发现，门缝尺寸越小，房间的负压值越大，偏差率 R_0 也相应增高。在 Case 2 和 Case 3 中，不同房间的偏差率 R_0 分布相对均匀。值得注意的是，当调整门缝尺寸时，部分房间的负压会增大，而部分房间的负压则会减小。例如，在 Case 2、Case 3、Case 4 和 Case 8 中，当门缝高度降低时，部分房间的负压也随之减小。这意味着，在这些情况下，房间内的污染物可能无法得到有效控制，存在泄漏的风险。

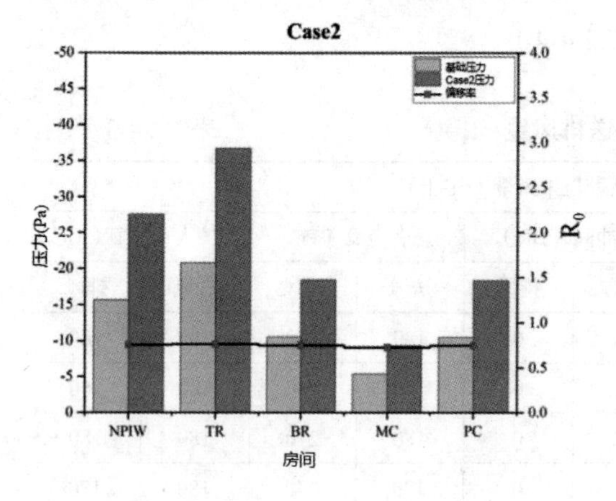

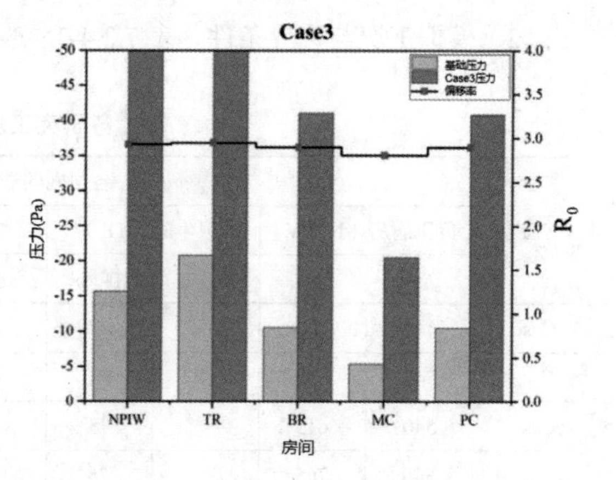

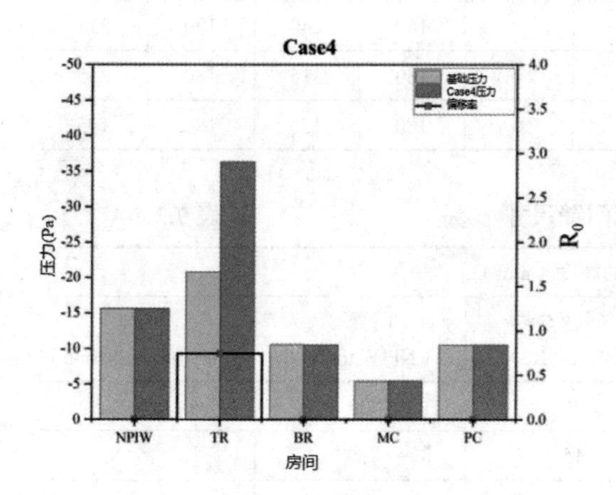

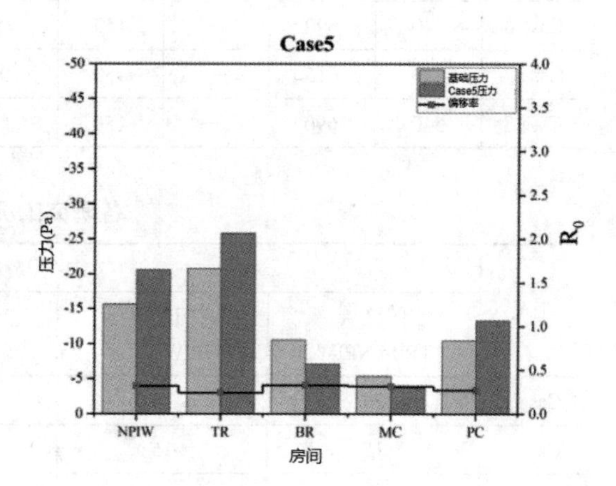

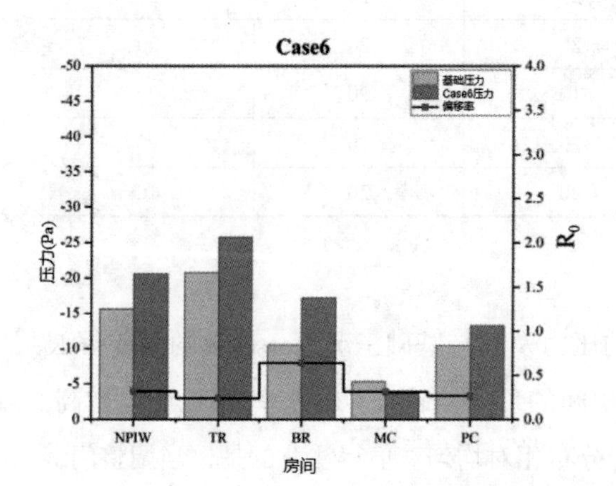

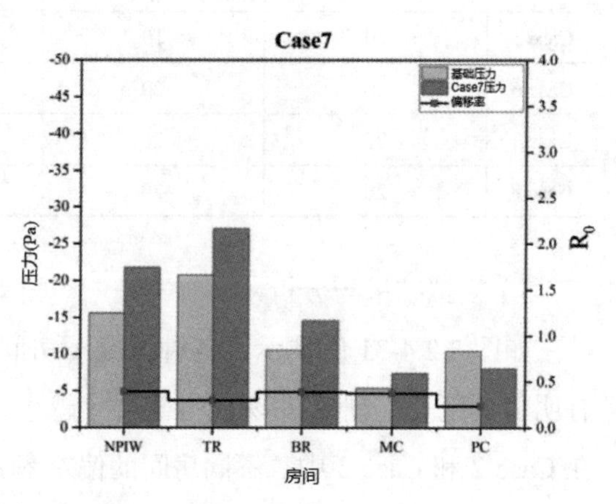

图 7.2.4-31　各工况下房间的压力及其与基础工况（case1）的偏差率 R_0

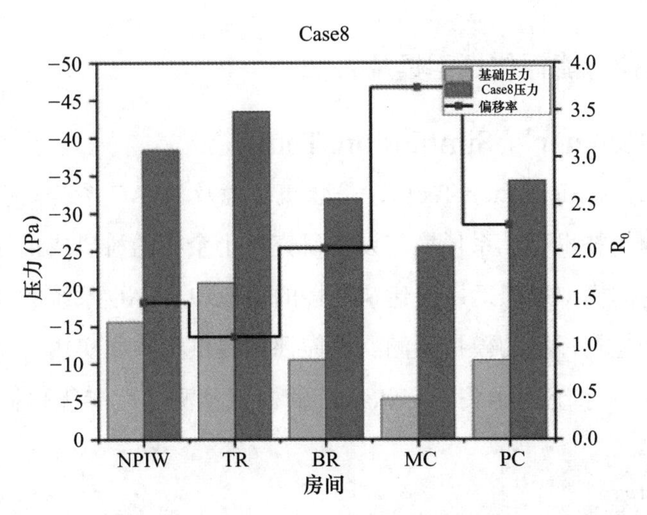

图 7.2.4-31 各工况下房间的压力及其与基础工况（case1）的偏差率 R_0（续）

模拟的结果揭示了一个重要的事实：在不同的条件下，控制压力梯度的通风策略是有所不同的。除了压差风量外，房间的气密性也是一个关键的影响因素。因此，在设计阶段，需要综合考虑压差风量和房间的气密性来进行通风设计。这样可以确保形成一个合理且有序的压力梯度，从而最大限度地降低交叉感染的风险。

7.3 建筑负荷与能耗仿真

7.3.1 建筑负荷与能耗仿真目的与意义

能耗预测是提高建筑能效水平、实现节能减排的基础，是建筑优化设计、运行调控、能源审计等能源管理任务的重要支撑。在建筑设计阶段，快速预测建筑全年冷、热、电负荷，能够指导建筑设计参数的选择：在建筑运行阶段，依据未来一段时间的建筑冷负荷需求，可以优化空调系统冷水供水温度设定点、制定蓄冷放冷计划，甚至更灵活地参与电网需求侧响应；在建筑能源审计阶段，能耗预测模型能够提供建筑基准能耗，从而更准确地评估节能改造措施带来的节能量。

由于医疗器械的精密性、操作严谨性，同时医疗治疗过程室内环境的高要求性，导致医疗建筑能耗巨大，是一般公共性建筑的 2 倍，尤其是省市级大型综合性医疗设施。有研究者统计整理相关数据得到：在医疗建筑总能耗中，其中暖通空调能耗高达 48.3%。因此，对医疗建筑空间、流线进行节能可持续设计尤为重要，精细化处理医院资源，拥有巨大的节约能源的潜力。

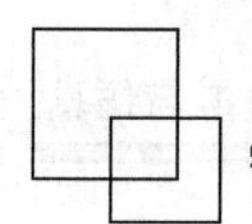

7.3.2 建筑负荷与能耗仿真工具及方法

1. DeST（Designer's Simulation Tool）

DeST（Designer's Simulation Tool），是建筑环境及 HVAC 系统模拟的软件平台，该平台以清华大学建筑技术科学系环境与设备研究所十余年的科研成果为理论基础，将现代模拟技术和独特的模拟思想运用到建筑环境的模拟和 HVAC 系统的模拟中去，为建筑环境的相关研究和建筑环境的模拟预测、性能评估提供了方便实用可靠的软件工具，也为建筑设计及 HVAC 系统的相关研究和系统的模拟预测、性能优化提供了一流的软件工具。

1）软件开发历程

DeST 软件的研发开始于 1989 年。初期立足于建筑环境模拟，1992 年以前命名为 BTP（building thermal performance），以后逐步加入空调系统模拟模块，命名为 IISABRE。为了解决实际设计中不同阶段的实际问题，更好地将模拟技术应用到实际工程中，从 1997 年开始在 IISABRE 的基础上开发针对设计的模拟分析工具 DeST，并于 2005 年完成 DeST2.0 版本。如今 DeST 已陆续在国内、欧洲、日本等地区开始应用。

2）主要特点

（1）计算方法

DeST 采用状态空间法计算不透明围护传热，一次性求解房间的传热特性系数，在求解过程中考虑了房间各围护内表面之间的长波辐射换热以及与空气的对流换热，从而严格保证了房间的热平衡。在处理邻室换热时，DeST 采用多房间联立求解的方法，同时计算出各房间的温度或投入的冷热量。DeST 采用“分阶段设计，分阶段模拟”的开发思想，结合实际设计过程的阶段性特点，将模拟划分为建筑热特性分析、系统方案分析、AHU 方案分析、风网模拟和冷热源模拟共 5 个阶段，并且采用“理想控制”来处理后续阶段的部件特性和控制效果，即假定能满足任何冷热量、水量等要求。理论上，DeST 计算时间步长可以是任意值，缺省设置的时间步长为 1h。

（2）用户界面

DeST 的所有模拟计算工作都在基于 AutoCAD 开发的用户界面上进行，其程序可在 WINDOWS 操作系统下运行。由于界面开发基于常用的设计绘图软件，而且与建筑物相关的各种数据（材料、几何尺寸、内扰等）通过数据库接口与用户界面相连，因此用户通过界面进行建筑物的描述，以及调用相关模拟模块进行计算都十分方便，也很容易掌握。DeST 还将模拟计算的结果以 Excel 报表的形式输出，方便用户查询和整理。

（3）通用性平台

尽管 DeST 的模拟思路是整合建筑环境及其控制系统的各阶段模拟分析工作，但是由于融合了模块化的思想，继承了 TRNSYS 类软件模块灵活的优点，其计算模块具有较好的开放性和可扩展性，DeST 可以作为建筑环境及其控制系统模拟的通用性平台，实现相关模块的不断完善和软件的功能扩展。

3）主要应用领域

应用领域主要包括以下几方面：

（1）建筑及空调系统辅助设计

包括对围护结构优化设计、空调系统形式及分区方案设计、空气处理设备校核、冷冻站及泵站设计、输配系统设计等方面。

（2）建筑节能评估

DeST 是可以进行各类建筑冷热量消耗评估计算的软件，其计算模型准确，界面简单，操作方便，后处理功能强大，能自动生成评估所需要的实用数据。

（3）科研领域研究

作为一个建筑环境全年模拟计算软件，DeST 已成为暖通行业内学术研究的重要工具，为分析和深入探讨业内许多问题提供帮助。

2. EnergyPlus

EnergyPlus 是由美国能源部和劳伦斯伯克利国家实验室共同开发的一款建筑能耗模拟引擎，是较为流行的一款免费软件，可以用来对建筑的供暖、制冷、照明、通风以及其他能源消耗进行全面能耗模拟分析和经济分析。

1）软件开发历程

DOE-2 是开发最早应用也最广泛的模拟软件之一，由美国劳伦斯伯克利国家实验室于 1981 年开发。包括负荷计算模块、空气系统模块、机房模块、经济分析模块。DOE-2 的输入方法为手写编程的形式，要求用户手写输入文件，输入文件必须满足其规定的格式，并且有关键字的要求。BLAST 是美国国防部支持下由伊利诺伊大学开发的能耗分析软件。使用范围包括工业制冷、供热负荷计算、建筑空气处理系统及电力设备逐时能耗模拟分析。

随后，DOE-2 和 BLAST 的开发团队合并，开始新程序的开发。1998 年 12 月 4 日，EnergyPlus 开始进入测试阶段。经过两支团队 3 年的努力和改进后，终于在 2001 年 4 月 12 日 EnergyPlus 发布了第一个正式版本。此后每半年更新一次，6 年以后，2007 年 4 月，EnergyPlus 进入较为成熟的 2.0 时代。2008 年 11 月发布的 3.0 版本对软件参数组织进行了较大调整，为后面的进一步发展做好了准备，现在已发布的最新版本是 EnergyPlus8.2，同时也增加了一些新功能，现在 EnergyPlus 的功能在研发者的努力下已经逐渐地变得完善并且更加强大了。

2）主要特点

采用集成同步的负荷 / 系统 / 设备的模拟方法；在计算负荷时，用户可以定义小于 1h 的时间步长，在系统模拟中，时间步长自动调整；采用热平衡法模拟负荷；采用 CTF 模块模拟墙体、屋顶、地板等的瞬态传热；采用三维有限差分土壤模型和简化的解析方法对土壤传热进行模拟；采用联立的传热和传质模型对墙体的传热和传湿进行模拟；采用基于人体活动量、室内温湿度等参数的热舒适模型模拟热舒适度；采用各向异性的天空模型以改进倾斜表面的天空散射强度；先进的窗户传热计算，可以模拟包括可控的遮阳装置、可调光的电铬玻璃等；日光照明的模拟，包括室内照度的计算、眩光的模拟和控制、人工照明的减少对负荷的影响等；基于环路的可调整结构的空调系统模拟，用户可以模拟典型的系统，而无需修改源程序；源代码开放，用户可以根据自己的需要加入新的模块或功能。

3）主要应用领域

（1）设计方案的比选

EnergyPlus 能耗分析软件可以用来模拟不同建筑能耗，方便暖通设计人员进行方案比选，优化空调系统设计。

（2）负荷计算与设备选型

EnergyPlus 能耗分析软件是一个建筑能耗逐时模拟引擎，采用基于墙体的内表面温度，而不同于一般的基于室内空气温度的反应系数的 CTF 计算方法，计算更为准确。在计算负荷时，时间步长可由用户选择，可以输出任何时段的负荷，便于找出建筑内负荷的变化规律，有助于设计者方便快捷地选择设备。

（3）设备模拟与系统模拟

EnergyPlus 能耗分析软件模拟的设备包括吸收式制冷机、电驱动制冷机、发动机驱动的制冷机、燃气轮机制冷机、锅炉、冷却塔、柴油发电机、燃气轮机、太阳能电池等。EnergyPlus 能耗分析软件还可以对一些常用系统进行能耗模拟，例如，双风道的定风量空气系统和变风量空气系统、单风道的定风量空气系统和变风量空气系统、组合式直接蒸发系统、热泵、辐射式供热和供冷系统、水环热泵、地源热泵等。不论是单个设备的模拟还是整个系统的模拟，EnergyPlus 能耗分析软件均能将其简化，进行较为精确的数值模拟，并给出模拟计算结果，便于设计者从全局高度把握整个系统的设计。

7.3.3　建筑能耗仿真案例

胡攀对湖南省某医院的住院部进行了能耗模拟分析，分析用能问题，并给出了节能改造方案。

1. 建筑概况

医院主要建筑包括综合大楼、门诊楼、第一住院部、第二住院部等。医院整体鸟瞰图见图 7.3.3-1。建筑基本信息表见表 7.3.3-1。

图 7.3.3-1　医院整体鸟瞰图

建筑基本信息表　　**表 7.3.3-1**

<table>
<tr><td colspan="2">建筑名称</td><td>第一住院部</td><td>第二住院部</td></tr>
<tr><td colspan="2">朝向</td><td>北</td><td>南</td></tr>
<tr><td colspan="2">建筑高度（m）</td><td>19.4</td><td>27.2</td></tr>
<tr><td rowspan="2">层数</td><td>地上（层）</td><td>5</td><td>6</td></tr>
<tr><td>地下（层）</td><td>—</td><td>1</td></tr>
<tr><td colspan="2">总建筑面积（m^2）</td><td>5050</td><td>6650</td></tr>
<tr><td colspan="2">建筑结构形式</td><td colspan="2">砖混结构</td></tr>
<tr><td colspan="2">外墙材料</td><td colspan="2">实心黏土砖</td></tr>
<tr><td colspan="2">外窗类型</td><td colspan="2">普通单层玻璃</td></tr>
</table>

第一住院部一层为大厅和病房，二层至五层为住院病房。所有房间全天使用。第二住院部一层为大厅、门诊和病房，负一层为血液透析室，二层和三层为住院病房，四层为手

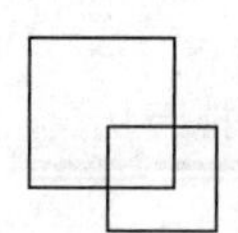

术室，五层和六层为 ICU 和负压隔离病房。门诊和血液透析室的工作时间为周一至周日8 : 30～17 : 30，其余房间全天使用。

2. 用能系统概况

医院空调系统为地下水源热泵系统，全院设一口热源井，地下水设计流量为 80m³/h。机房设于第二住院部旁，给第一住院部和第二住院部提供冷热源。共配备 2 台制冷量为 358kW、制热量为 401kW 的全热回收型高温水源热泵机组，一台制冷量为 297kW、制热量为 322kW 的半封闭螺杆高温满液式水源热泵机组。冬季运行 2 台制热量为 401kW 的机组为中央空调提供热源，另外一台制热量为 322kW 的机组为病房提供 55℃以上的生活热水，空调负荷高峰期则并入空调水系统，为中央空调供暖。夏季 2 台制冷量 358kW 的机组联合为空调系统提供冷水，其中一台机组采用全热回收技术为病房提供生活热水，另外 1 台机组为生活热水备用机组。额外配置了 80 台型号为 KFR-72LW/E 的分体空调机。

第一住院部和第二住院部所有走廊的照明灯具已更换为 LED 节能灯，其余部分为普通荧光灯。照明系统概况见表 7.3.3-2。

照明系统概况表 **表 7.3.3-2**

灯具类型	数量	单盏灯功率 /W	修正系数	总功率 /kW	照明密度 /（W/m²）
荧光灯	4082	40	0.8	130	11.4
节能灯	230	16	0.7	4	

医疗设备主要分为诊断、治疗和辅助设备等，医疗设备功率大、使用时间较长，医院主要医疗设备见表 7.3.3-3。

主要医疗设备表 **表 7.3.3-3**

设备名称	数量	单台功率 /kW	运行时间 /h
凯斯普消毒机	1	4.5	2920
吉特乳腺机	1	7	2920
岛津数字肠胃机	1	6	2920
安健 DR	1	32	2920
GE16 排螺旋 CT	1	80	3650
西门子 1.5T 磁共振	1	12	3650
单人用透析装置	50	2.4	3650
血液透析供水设备	2	6.5	3650

3. 模型建立及能耗模拟

建立第一、二住院部的能耗计算模型（图 7.3.3-2）。

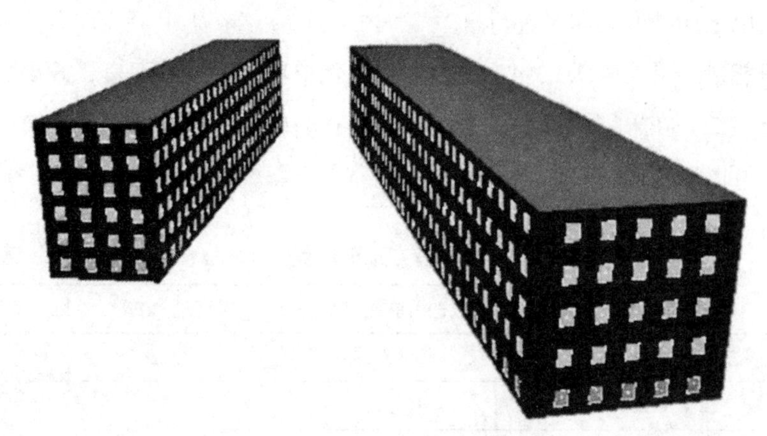

图 7.3.3-2　建筑模型图

通过模拟得到了第一、二住院部的逐月总能耗及分项能耗，结果见逐月分项能耗图 7.3.3-3。

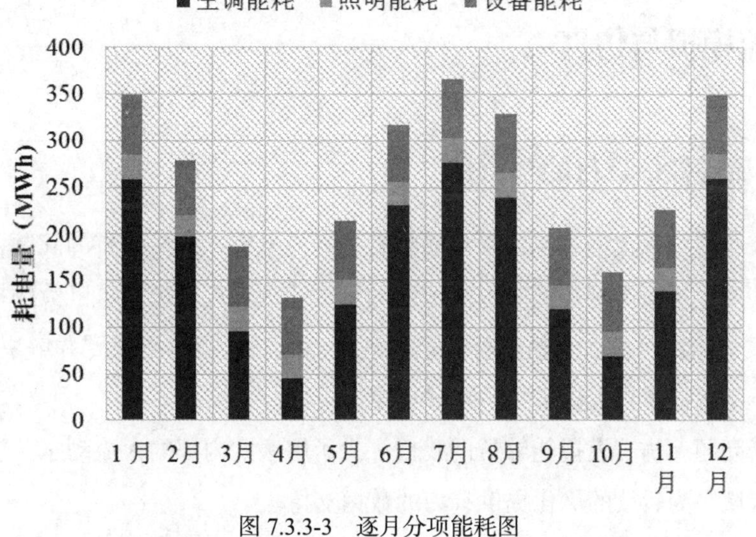

图 7.3.3-3　逐月分项能耗图

4. 节能改造方案及节能效果模拟

对医院第一、第二住院部进行如下节能改造：

方案一：原有单层普通玻璃更换为 Low-E 玻璃。

方案二：所有灯具更换为 LED 灯具。

方案三：对医院排风进行显热回收，夏季回收效率为 55%，冬季为 60%，过渡季节不回收。

方案四：所有水泵增设变频器。

方案五：以上四种方案同时进行。

各方案节能量结果见表 7.3.3-4，可以看出，就单项改造技术而言，效果最好的是方案三，其次是方案二。在采用了方案一至方案四所有的单项改造技术之后，第一、二住院部的整体节能率可以达到 12.9%。

各改造方案节能量 **表 7.3.3-4**

方案	原模型能耗 /kWh	改造后能耗 /kWh	节能量 /kWh	节能率 /%
方案一	3118140	3095328	22812	0.73
方案二	3118140	3042368	75772	2.43
方案三	3118140	2838773	279367	8.96
方案四	3118140	3082945	35195	1.13
方案五	3118140	2715514	402626	12.91

7.4 人流模拟与仿真

7.4.1 人流模拟仿真目的与意义

医疗建筑，特别是大型医院，常常面临着患者流量大、人员拥挤的问题，这不仅对患者的就医体验产生负面影响，同时也给医院的日常管理和运营带来了巨大的挑战。传统的解决方法往往只能针对表面问题进行应急处理，而无法从根本上找到并解决问题的核心。在这种背景下，医疗建筑人流模拟仿真显得尤为重要。

深入诊断问题：仿真模拟能够帮助我们深入了解医院内部的人流动态，识别出可能的瓶颈和问题区域，为后续的优化提供有力的数据支持。

提高就医体验：通过模拟不同的人流策略和布局方案，我们可以找到最佳的解决方案，确保患者在医院内部能够顺畅、高效地完成就医流程，从而提高他们的就医体验。

优化资源配置：仿真模拟可以为医院的资源配置提供有力的建议，确保每一个区域都能得到合理的资源分配，避免资源的浪费和冗余。

提高医院运营效率：通过仿真模拟，医院管理者可以更好地理解医院的运营状况，找出可能的改进点，从而提高医院的整体运营效率。

为未来规划提供参考：仿真模拟不仅可以应用于现有的医疗建筑，还可以为未来的医疗建筑规划提供有力的参考，确保新建的医疗建筑能够满足未来的发展需求。

7.4.2 人流模拟与仿真工具与方法

1. 人流仿真建模综述

人流仿真建模是指利用计算机技术模拟人群移动及聚集的过程，以研究人群行为及其引发的各种现象。它在很多领域有重要应用，例如，建筑设计、交通组织、安全管理等。

人流仿真建模的主要过程包括：

（1）环境建模：构建仿真环境的几何模型，包括建筑物、道路等，需要确定环境中的空间单元。

（2）人员建模：创建人员代理（Agent）并确定其属性，如速度、身高等。人员代理应表现出人员移动、互动等行为。

（3）人群初始化：在环境中初始化人员代理，设置其初始位置、运动方向等。可以随机初始化，也可以按实际人流密度分布进行初始化。

（4）人群行为规则：制定人员代理的移动及互动规则。例如，避障规则，碰撞规避规则，群聚规则等。这些规则决定了仿真结果的真实性。

（5）仿真实现：利用仿真软件平台，将环境模型、人员代理及行为规则结合，运行仿真，得到人流的动态变化过程和各项参数输出。

（6）结果分析：分析仿真结果，获取人流参数，验证人流理论，优化环境设计等。

人流仿真建模需要考虑诸多因素，如人员密度、移动速度分布、视野和认知、场地结构等，且其中的很多过程包含随机性。所以利用计算机技术建立仿真模型和运行模拟，可以较好地研究复杂的人流现象。

2. 人流仿真工具

可用于人流模拟仿真的建模软件种类繁多，有些软件具有较强的视觉效果，但从建模的角度来看，模型组件属性和行为有限；有些软件统计功能很强，但专注于图像生成；有些软件具有通用性，可针对不同流程进行仿真，可应用在不同的行业。

针对国际主流的仿真软件进行多维度的横向比较，主流的 3D 系统仿真软件有 Anylogic、Simio、Sumo、Jaamsim 等（表 7.4.2-1）。

（1）Anylogic 是一款应用广泛的，底层基于 JAVA 语言编译，以最新的复杂系统设计方法论为基础，支持离散建模、系统动力学、多智能体和混合系统建模的仿真软件。

主流人流仿真软件对比　　表 7.4.2-1

类别	Anylogic	Simio	Sumo	Jaamsim
主要适用范围	交通枢纽（机场）、交通运输、行人仿真、物流、经济学、业务流程、学术	交通运输、卫生保健、采矿、学术	交通	交通枢纽
仿真对象	场所、业务流程、交通、行人、智能体	场所、业务流程、行人	车辆、公共交通、行人	物流、业务流程、智能体
建模速度	短时	平均	平均	长时
灵活性	高度	中等	中等	不足
算法模型	丰富	较丰富	一般	不足
数据统计和输出	可根据需要自定义输出统计数据、图、表	可输出表格	可直接输出数据，用于计算	可输出原始数据
3D 显示	可以	可以	可以	可以

（2）Simio 软件是美国 SimioLLC 公司研发的新一代基于“智能对象”技术的全 3D 系统仿真模拟软件，面向对象仿真软件，能够同时支持离散系统、连续系统和基于智能主体的大规模行业应用，在大型交通枢纽（如国际机场、港口）的仿真分析、供应链设计和优化、离散制造业、采矿业等多个领域实现了应用。

（3）Sumo 是一个免费的开源交通模拟套件，允许对多式联运交通系统进行建模——包括道路车辆、公共交通和行人，包含丰富的支持工具，可自动执行创建、执行和评估交通模拟的核心任务，可以通过自定义模型进行增强，并提供各种 API 来远程控制模拟。

（4）JaamSim 是一款免费的开源离散事件仿真软件，包括拖放式用户界面、交互式 3D 图形、输入和输出处理以及模型开发工具和编辑器。

Anylogic 是一款来自于俄罗斯的仿真软件，是第一个将 UML 语言引入模型仿真领域的工具，第一个引入多方法仿真建模的工具，也是唯一支持混合状态机，能有效描述离散和连续行为语言的软件。支持三大建模方式：系统动力学、离散事件、智能体建模，提供了快速和灵活的建模能力，这三种方法可以任意组合使用，通过一个软件来模拟任何复杂的业务系统。在 Anylogic 仿真软件中，可以使用各种可视化建模语言：过程流程图、状态图、行动图、库存及流量图。且 Anylogic 支持离散建模、连续建模和混合建模，下图的仿真案例采用的是 Anylogic 仿真软件（图 7.4.2-1、图 7.4.2-2）。

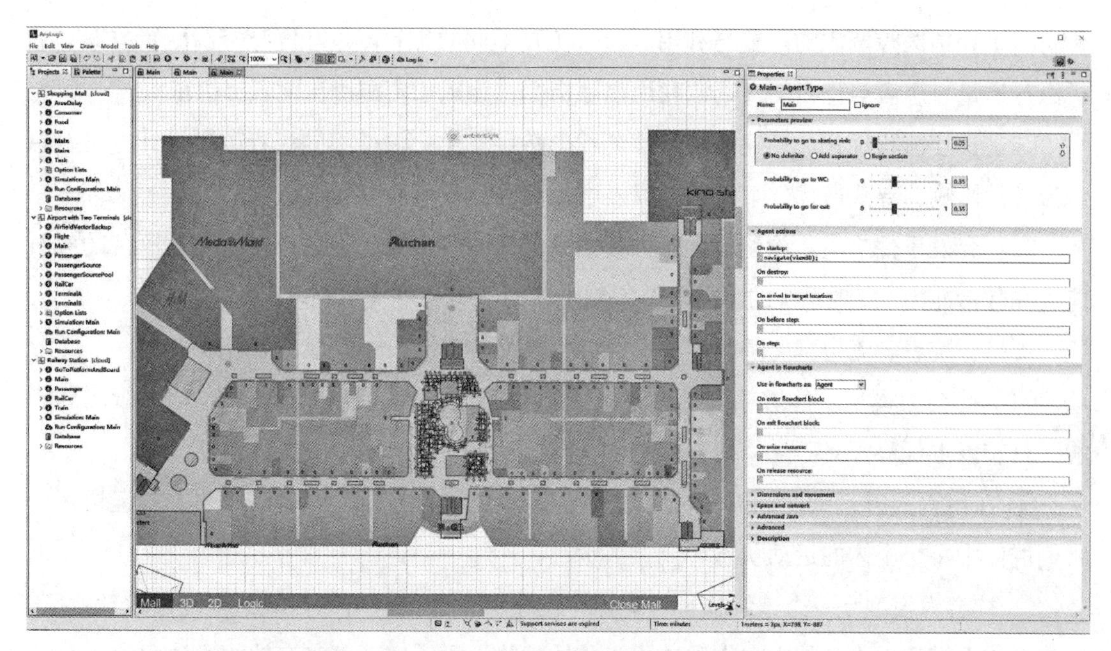

图 7.4.2-1　Anylogic 仿真软件界面

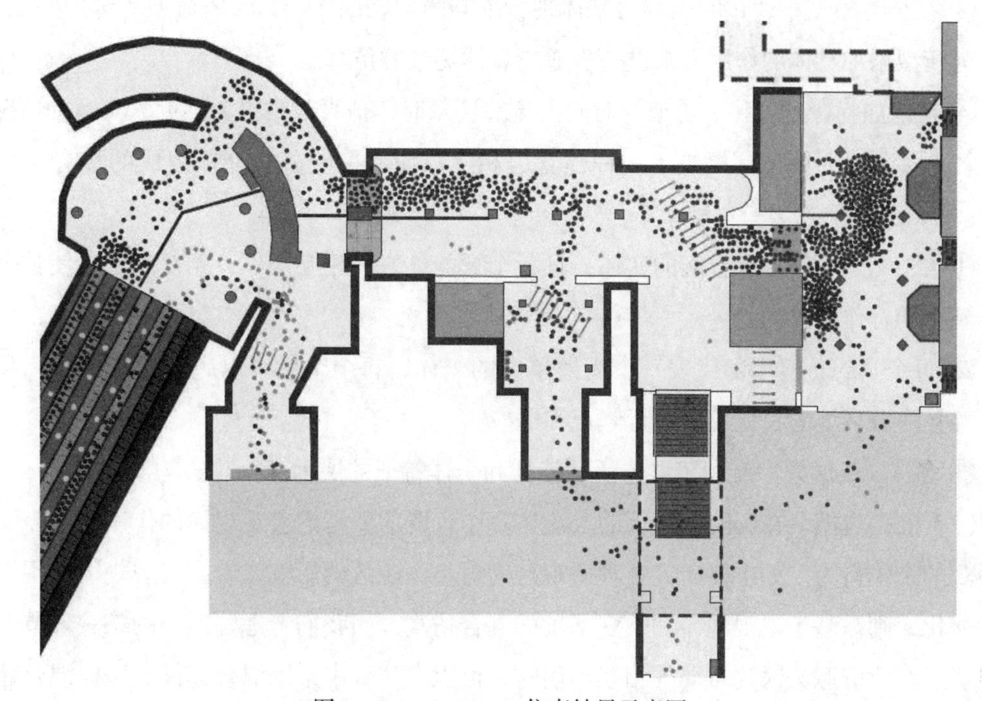

图 7.4.2-2　Anylogic 仿真结果示意图

3. 医院场景下的患者流仿真

患者人流仿真通常用于模拟患者在医院就诊过程中的各种流转与等待，是医院管理与规划的重要工具，主要用于：

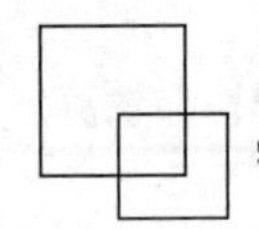

（1）评估医疗资源的配置与利用。通过仿真不同的患者流量和医疗资源配置方案，分析医疗质量、患者等待时间、资源利用率等指标，为医疗资源优化配置提供依据。

（2）诊疗流程优化。构建医院诊疗流程的数字孪生，评估不同流程改进设计方案对患者流转的影响，寻找最优方案。这可以显著提高医疗效率和患者满意度。

（3）突发事件响应。构建包含各种突发事件的仿真场景，评估事件发生后医院的应对能力和救治能力，发现系统的薄弱环节，制定应急预案与响应机制。

支持医院患者流仿真的基础模型（社会力模型、多 Agent 模型、混合建模）：

（1）社会力模型。能够精确地描述人复杂的行为特性，反映了人的心理对行动的影响，具有以下优势：

① 在仿真人群运动时能够充分考虑行人个体之间的差异，并以迭代的方式记录每一时刻群体中每个个体的运动状态。

② 社会力模型是一个连续模型，群体中的个体位置信息可以在取值范围内取任意值，并将个体在模型中受到的内在作用转化为具体的物理力，实现真实有效的群体运动建模。

③ 社会力模型中通过明确的力来体现行人与障碍物的作用，形成模型的合理叠加性，可以为模型添加具体的作用力来进一步适应具体场景的仿真。

④ 在诸如拐弯处、狭小甬道、对向人流等场景时，仿真效果更为贴近真实运动情况。

（2）多 Agent 模型。提供了一种建立由相互反应和影响的智能体组成的社会系统的方法。

① Agent 是一种具有智能的实体，且各个智能体之间相互协作，相互配合，使整个仿真达到协调合作的目的。

② 每个 Agent 模型都代表一个离散单独的个体，每个个体可以决定自己的目标和行为，并且随着环境的变化可以进行修正和适应。

③ 多 Agent 的模型有利于群体活动特征和个体特征的展示。

（3）混合建模。在医院场景下的人流仿真中，既需要考虑宏观规律的作用，又需要考虑微观的个体行为。如果要研究各种微观行为对整个院区的影响或者在宏观规律作用下局部的演化，则需基于宏观规律和微观基础的混合仿真。当我们考虑院区中的某一环节的各个患者、医疗资源、医院布局等相互作用时，可以在仿真中采用混合建模方法。混合建模在时间连续的过程中包含对离散事件的建模，将离散建模和连续建模结合起来，具有以下优势：

① 支持离散建模，能够反应对象在离散的时间点上的瞬时改变，从微观角度满足仿真的细节需求。

② 支持连续建模，能够反应仿真对象在连续时间内的变化过程，从宏观角度满足仿真的整体性和连续性的需求。

③ 将离散建模和连续建模有机地结合起来，满足在宏观场景仿真需求的条件下同样可以对微观场景进行仿真，两类模型能够互相影响，生成更具有真实性的结果。

实现医院患者流仿真的关键步骤：

（1）构建仿真场景。基于医院当前的建筑空间数据，运营的历史数据等构建仿真场景，包括医院结构（科室、病区、诊室等）、正常运转下的患者流程、医疗资源配置（医生、护士数量、医疗设备与工作流程等）、突发事件定义等。

（2）Agent 建模。创建患者、医护人员等 Agent 并确定其属性，如运动速度、诊疗需求等，不同类别 Agent 具备不同的行为。

（3）对患者及医疗资源等进行初始化，构建能够产生不同诊疗需求的患者和具有相应行为或产生影响的医疗资源，设置其初始位置、运动方向、相关属性等。

（4）患者、医疗资源行为规则及流程建模。制定患者、医护人员的移动、互动、行为规则等，在场景中模拟患者的就医行为，例如，挂号、等待、治疗、支付等业务流程。对医疗资源在正常与突发情况下的行为规则进行建模。

（5）仿真实施与输出分析。在构建的仿真场景下实施流程仿真，收集各类输出指标（如等待时间、治疗时间、资源利用率等），并进行定量分析。

（6）方案优化与验证。根据分析结果提出优化方案，再将方案在仿真场景下进行验证，观察其效果，进行不断迭代优化。

实现高真实性的患者流仿真还会涉及大量的数据采集与处理。但总体来说，这是一个系统工程，需要医学与工程技术的紧密结合。

4. 人流仿真步骤

在医院建筑设计阶段的人流仿真模拟工作一般包含以下步骤：

1）仿真资料调研、收集与整理阶段

通过资料查阅法、人物专家访谈法等多种调研方法，获取和提取医院建筑人流模拟仿真所需的基础资料。基础资料包括医院的建筑设计方案（建筑空间结构、设备设施、器械资源、资源配置情况、使用规则等）、医院业务流程、仿真相关人员（例如，医务诊疗人员、病患、家属等）人流及行为特征资料、相关标准规范约束规则等。其中，相关标准规范约束规则是指卫健委和医管局等国家法律规范和行业标准规范，以及医院级别的相关管理规定，从上述文件资料里提取出用于仿真计算和约束的规则参数，也可用于仿真结果评价指标。对收集到的数据和参数进行处理和抽象，将其转换为仿真模型可输入的参数和假设条

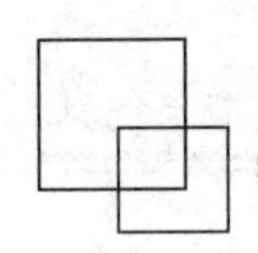

件，例如，医院建筑空间结构数据、诊疗及病患数据、看诊全流程的业务逻辑规则、仿真约束规则和条件、仿真结果评价指标等。服务于后期的仿真模型构建和仿真评价条件确立。

2）仿真模型搭建

根据不同的前提条件和约束规则构建仿真模型，包括医院建筑空间三维模型、医院业务模型和仿真算法模型。

其中，医院建筑空间三维模型可基于建筑设计方案的二维CAD图纸或者三维模型为依据进行构建。具体为，在Anylogic或其他的仿真模拟软件中建立仿真实验模型，定位墙体、房间、设施、楼层、出入口等之间的相关关系，构建完成的医院建筑三维空间模型为医院人流模拟提供了场所空间。

业务模型即为医院诊疗等业务流程或病患、医护行为等涉及相关逻辑模型，例如，病患交通流模型搭建，包含病患数量、病患类别、行为目标、病患就医交通流线（预诊、挂号、分诊、候诊、就诊、缴费、检查、取药、诊治、离开等一系列行为）等。

仿真算法模型即为针对仿真目标、逻辑规则等进行仿真计算的相关算法模型，例如，人群行为算法模型、数据指标计算模型等。仿真工作一般包括基础算法模型和定制算法模型两大类。

基础算法模型是支撑仿真模拟的基础。

基于社会力模型的人群运动算法模型。

路径规划算法模型；人群有序行为算法模型，包括聚集、疏散、排队等行为；碰撞检测算法；障碍物规避算法。

定制算法模型：例如，行为决策模型、逻辑约束规则计算模型、关键指标计算模型等；旅客行为决策计算模型；预诊、挂号、分诊、候诊、就诊、缴费、检查、取药、诊治等逻辑约束计算模型；关键流程、行为规则计算模型；输出数据及评价指标计算算法模型。

3）仿真模拟计算和结果输出

在建筑设计阶段，基于医院的预运行管理方案，以及不同的需求条件，可以对医院全区域或局部区域的病患就医流程进行预先的仿真计算。

以评价指标为依据，进行相关数据的输出和统计。例如，病患全流程（预诊、挂号、分诊、候诊、就诊、缴费、检查、取药、诊治）或分项流程的排队时间、排队人数、等候区人均面积、区域人员密度等仿真数据结果。根据需求和演示效果以文档、图、表格和三维动画等合适的形式输出。

4）仿真模拟结果分析

基于文档、图、表格和三维动画等多样的仿真模拟结果，分析发现人流模拟的拥堵瓶颈点，进一步通过数据统计分析方法，辅助评估建筑设计方案，例如，建筑空间布局、医疗资源配置、设备资源配置、设备设施布置位置等是否合理、有无问题。

在对仿真结果数据进行统计分析时，会用到描述统计分析和推论统计分析。描述统计分析是指通过图表或数学方法，对仿真结果数据进行整理和分析，并对数据的分布状态、数字特征和随机变量之间关系进行估计和描述的方法。常用方法有集中趋势分析，如平均数、中数、众数；离中趋势分析，如平均差、方差、标准差；相关分析，如正相关关系、负相关关系等。在仿真场景中，以病患关键行为活动流程为例，对仿真结果数据运用描述统计方法，可分析求出诸如病患平均排队长度、平均等待时间等度量指标。推论统计分析可将仿真结果作为样本数据，去推断总体数量的特征。它是在对样本数据进行描述的基础上，对统计总体的未知数量特征做出以概率形式表述的推断。在进行推论统计分析时，需要进行假设检验，计算置信区间和效应量。

5）优化策略提出与验证

针对发现的问题，提出优化策略，来优化医院建筑空间布局、医疗资源配置、设备资源配置、设备设施布置位置等。并基于优化策略，进行优化方案仿真建模、模拟和分析。然后将优化后的方案与原设计方案进行对比，验证优化策略的有效性。

7.4.3　人流模拟与仿真案例

1. 首都儿科研究所新院区发热门诊楼人流模拟仿真

1）项目目标

通过人流模拟仿真，对首都儿科研究所新院区的发热门诊楼的设计方案及医疗资源进行数字化论证，若不足，提出优化方案。

2）仿真需求

通过前期调研踏勘、与业主沟通对人流模拟仿真的要求如下：

开展高峰 10 点～12 点时段，（200 名患儿），患儿及陪护人员在发热门诊的就医流程（预诊、挂号、分诊、候诊、就诊、缴费、检查、取药、输液等）的宏观整体仿真。从所用时间和人群拥堵等角度，对于仿真结果展开计算分析和评估，识别流程瓶颈。此外，针对关键流程环节的排队时间、人群拥堵开展研究，对于重点区域的密度进行计算和评估。基于宏观与微观仿真计算和分析，提出优化建议，并进行优化方案的验证。

3）业务逻辑

通过前期调研并向医院专家进行咨询，梳理了业务流程图，并确定了相关指标和数据。业务流程图见图 7.4.3-1。

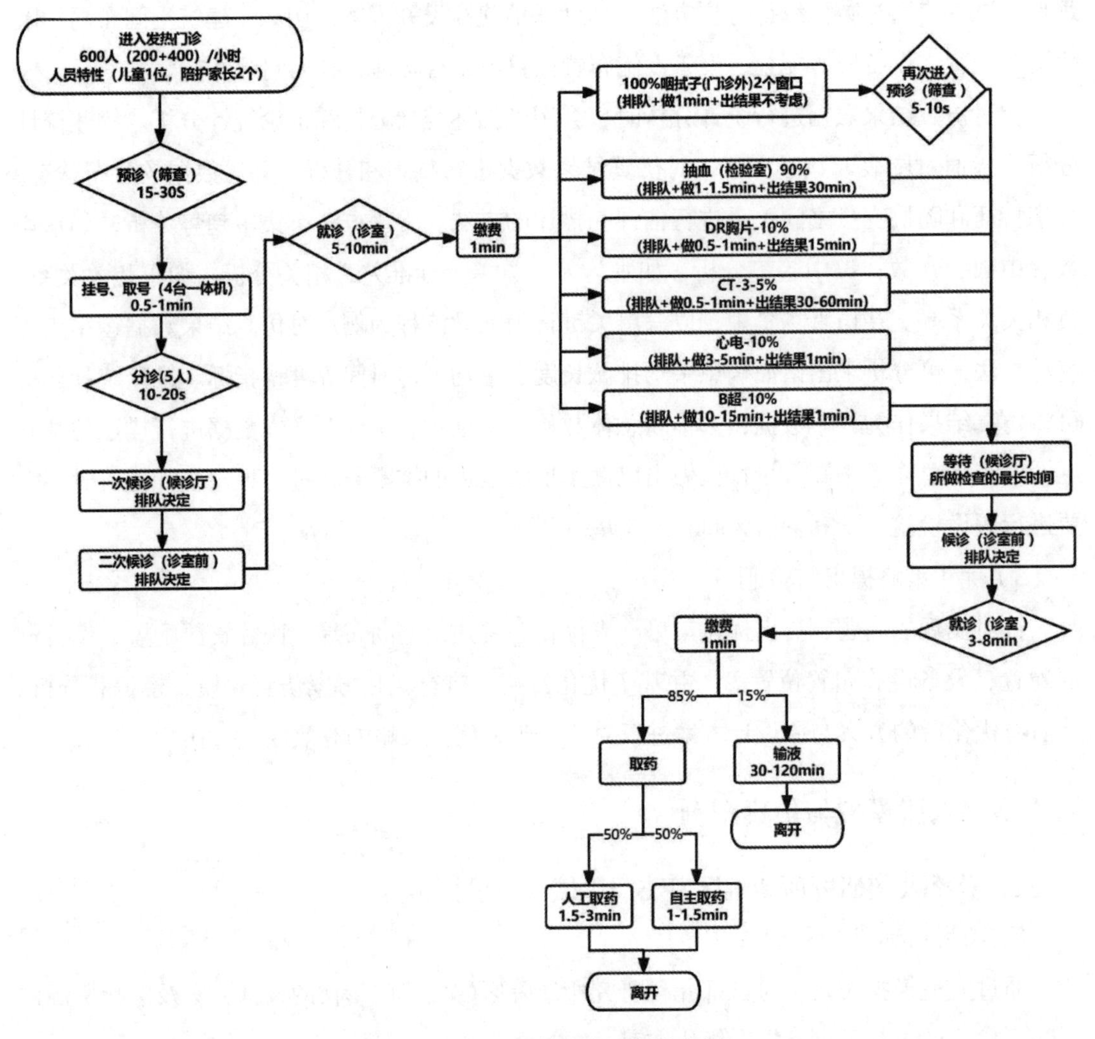

图 7.4.3-1　发热楼业务逻辑流程图

患者进入发热门诊在预诊台处完成初步筛查，患者前往取号大厅在一体机处完成挂号、取号动作。患者取号后到分诊台进行分诊并在候诊厅进行一次候诊，分诊台叫号后患者来到诊室前进行二次候诊。患者完成一次就诊后前往一体机进行缴费。患者前往各项检查室门口等候进行检查。患者完成所有检查后重新回到候诊厅等待二次就诊。患者完成二次就诊后若需进行输液则在输液完成后离开医院，若患者需拿取药物则患者可选择人工取药与自助取药两种方式进行取药，取药完成后离开医院。

4）仿真模型

图 7.4.3-2 为人流仿真模拟过程中的演示图片。

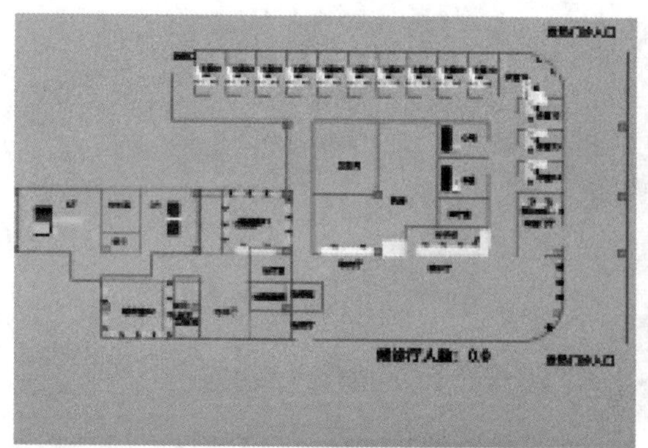

（a）仿真二维平面

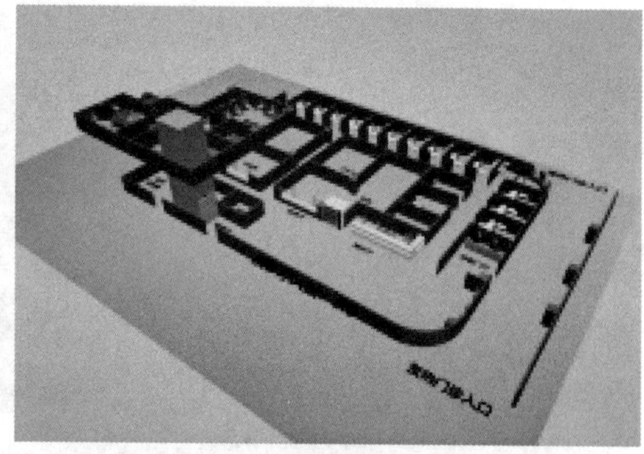

（b）仿真三维模型

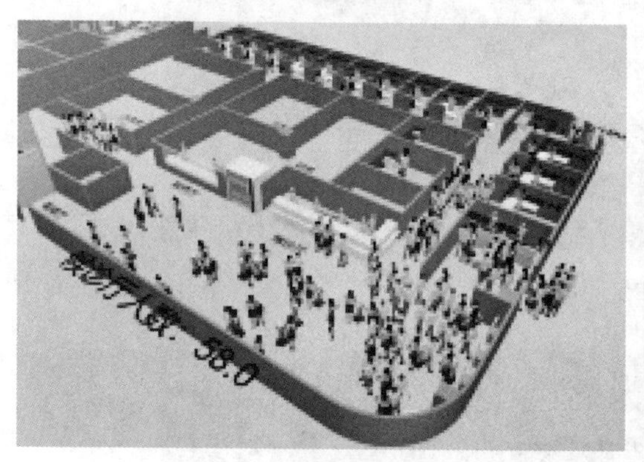

（c）候诊大厅

（d）诊室

图 7.4.3-2　仿真演示图片

5）仿真结论

如图 7.4.3-3 所示，当前发热门诊的问题主要体现在以下方面：

（1）患者取号流程用时较长，且取号区密度过大、较为拥挤；

（2）候诊区密度较大，非常拥堵；

（3）抽血排队用时较高，且随着时间的延续，会越来越高，抽血区域密度也较大；

（4）B 超排队用时都非常高，B 超区域人群密度非常高。

针对以上问题提出了优化方案：

（1）原取号大厅共有 4 台一体机供患者取号，增加为 6 台；

（2）原取号大厅中间有 5 排、19 列候诊座位，为增加可利用空间面积减去 2 排、2 列座位；

（3）原末梢血检查窗口共有 2 个，增加为 3 个并更改窗口朝向，且往里平移一段距离，制造一个小型等候区缓解人流压力；

（4）原 B 超检查室共有 2 间，增加为 3 间缓解检查压力。

优化后的成果见图 7.4.3-4，通过优化后明显感到候诊厅人数下降，人群密度减小。

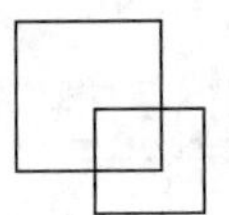

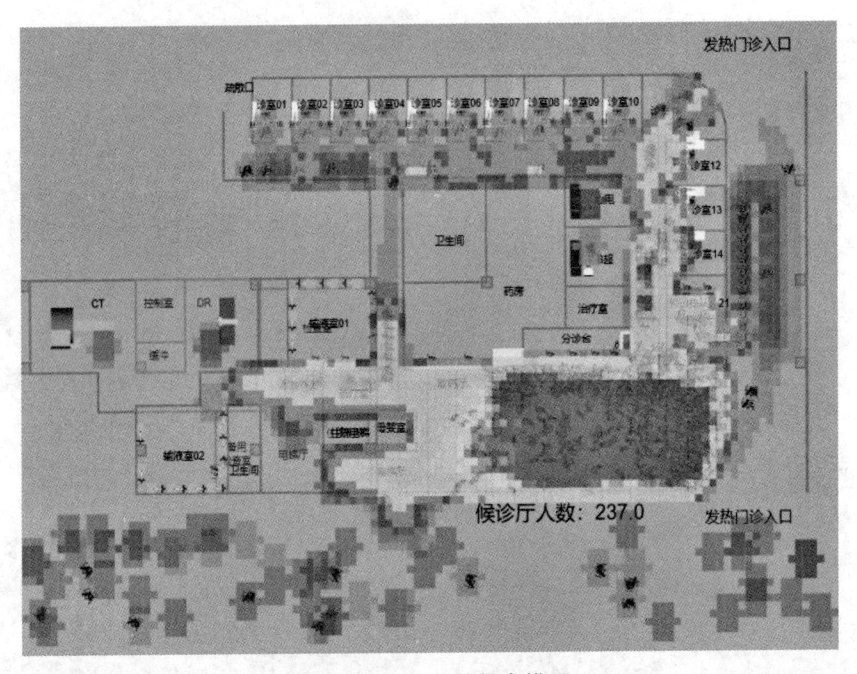

图 7.4.3-3　优化前仿真模型

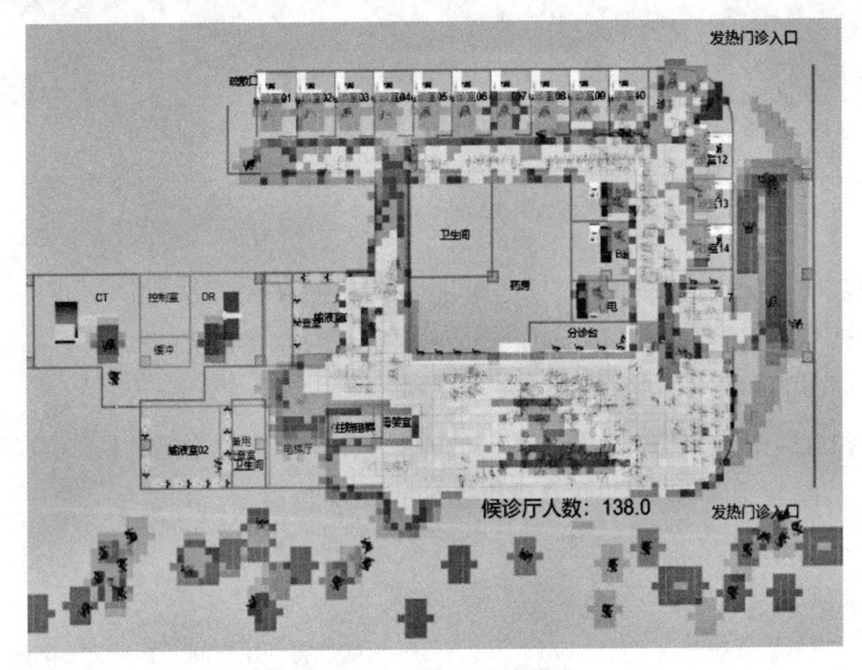

图 7.4.3-4　优化后仿真模型

6）案例总结

在医院中应用人流模拟软件可以帮助医院有效地调度医疗资源，提高医疗服务的效率和质量。可以模拟医院的各种情况，包括患者数量的变化、医疗资源的短缺、交通拥堵等情况，从而制定出最佳的资源使用方案。使用人流模拟软件可以帮助医院优化医疗服务流程，减少患者等待时间，提高医疗服务的效率。同时，仿真模拟软件还可以帮助医院发现医疗服务中的瓶颈和缺陷，及时进行调整和改进，提高医疗服务的质量。

2. 首都儿科研究所门诊楼虚拟医院

1）项目背景

首都儿科研究所导诊项目总体目标是提升诊疗服务质量、病人全程体验、组织流程效率，以大数据、人工智能等技术支撑的医院整体运营，服务新院区的智慧医院建设。深入调研首都儿科研究所老院区，找出运营困境并制定数字智能化的一体化解决方案。

其中在面向患者的功能端设计了一键自助预约功能，能够为患者安排合理的就医流程，在短时间内完成门诊就医，提高就医效率，改善患者体验，减少排队等候时间。该功能的核心技术为人工智能算法，为提供算法训练数据及验证算法的有效性决定采用 Anylogic 软件对首都儿科研究所门诊楼的业务进行模拟，搭建虚拟医院进行数据生成与算法验证。

2）仿真需求

为更好地与智能算法相贴合，仿真流程仅为诊中流程中患者诊间缴费至患者领取检查报告阶段。仿真时间为正常工作日的上午 8 : 00～12 : 00，患者数量共 2000 人。

3）业务逻辑

经过与首都儿科研究所门诊主任、医生、护士等访谈与实地调研整理归纳了患者从诊间缴费至领取检查报告的业务流程图，并向首都儿科研究所门诊主任进行确定，如图 7.4.3-5 所示。

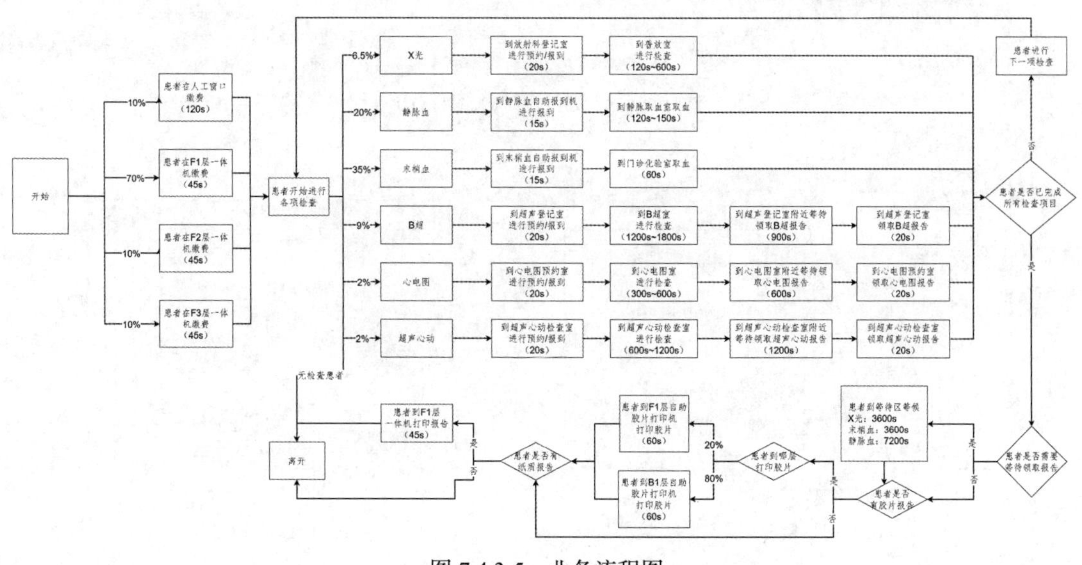

图 7.4.3-5　业务流程图

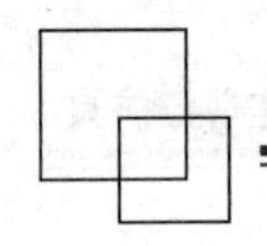

患者在综合服务窗口或一体机处完成缴费后即可前往所需检查项的预约登记处进行预约、报到。患者完成报到后等待进行检查，其中心电图、B 超、超声心动检查的报告结果可直接在检查室附近等候拿取，其余检查项则需在一体机处进行报告打印，X 光检查因为有胶片报告故需前往自助胶片打印机处进行打印。

4）项目成果

仿真模型成果如图 7.4.3-6～图 7.4.3-8 所示。

首都儿科研究所导诊项目仿真模拟

患者相关参数

患者生成速率：1000 人/小时

患者人数上限：2000 人

患者各项检查概率：

CT：0.0 核磁共振：0.0 造影：0.0

X光：0.065 静脉采血：0.2 末梢采血：0.35

B超：0.09 心电图：0.35 超声心动：0.09

时间类参数

一体机缴费时间：30 ～ 60 秒

人工窗口缴费时间：120 ～ 120 秒

打印纸质报告时间：45 ～ 45 秒

人工领取纸质报告时间：20 ～ 20 秒

打印胶片时间：60 ～ 60 秒

概率类参数

患者选择缴费方式的概率（一体机or人工窗口）：一体机 0.9

患者选择上下楼方式的概率（楼梯or电梯）：楼梯 0.5

患者选择在几楼打印胶片的概率（F1orB1）：F1 0.2

B1层检查相关参数

CT：

登记时间：20.0 秒

检查时间：10.0 ～ 10.0 分钟

等报告时间：60.0 分钟

核磁共振：

登记时间：20.0 秒

检查时间：10.0 ～ 30.0 分钟

等报告时间：300.0 分钟

造影：

登记时间：20.0 秒

检查时间：10.0 ～ 60.0 分钟

等报告时间：300.0 分钟

X光：

登记时间：20.0 秒

检查时间：2.0 ～ 10.0 分钟

等报告时间：60.0 分钟

F1层检查相关参数

静脉采血：

报到时间：15.0 秒

检查时间：2.0 ～ 2.5 分钟

等报告时间：120.0 分钟

F2层检查相关参数

末梢采血：

报到时间：15.0 秒

检查时间：1.0 ～ 1.0 分钟

等报告时间：60.0 分钟

F3层检查相关参数

B超：

登记时间：20.0 秒

检查时间：20.0 ～ 30.0 分钟

等报告时间：10.0 分钟

心电图：

登记时间：20.0 秒

检查时间：5.0 ～ 10.0 分钟

等报告时间：10.0 分钟

超声心动：

登记时间：20.0 秒

检查时间：10.0 ～ 20.0 分钟

等报告时间：20.0 分钟

图 7.4.3-6　模型参数调配页面

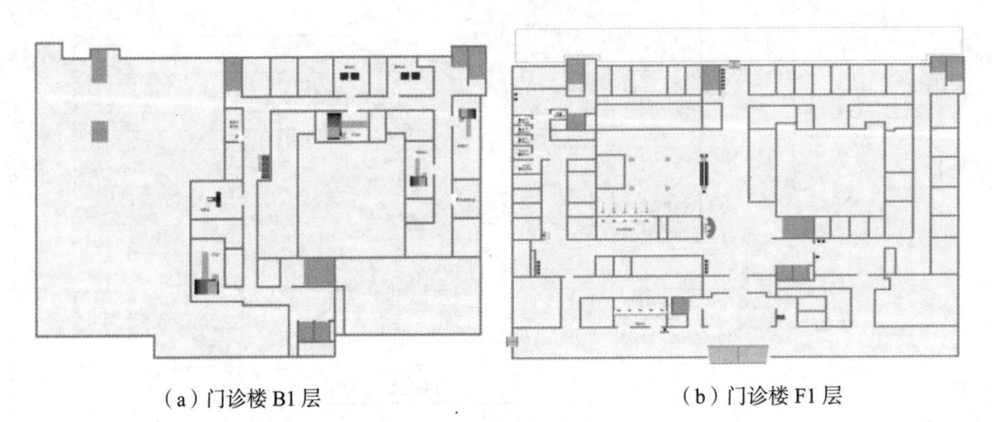

（a）门诊楼 B1 层　　（b）门诊楼 F1 层

图 7.4.3-7　模型各层平面图

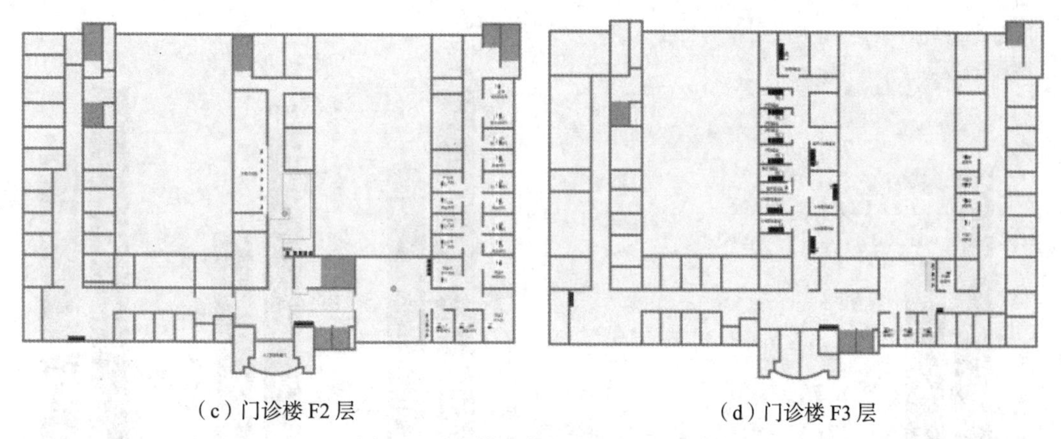

（c）门诊楼 F2 层　　（d）门诊楼 F3 层

图 7.4.3-7　模型各层平面图（续）

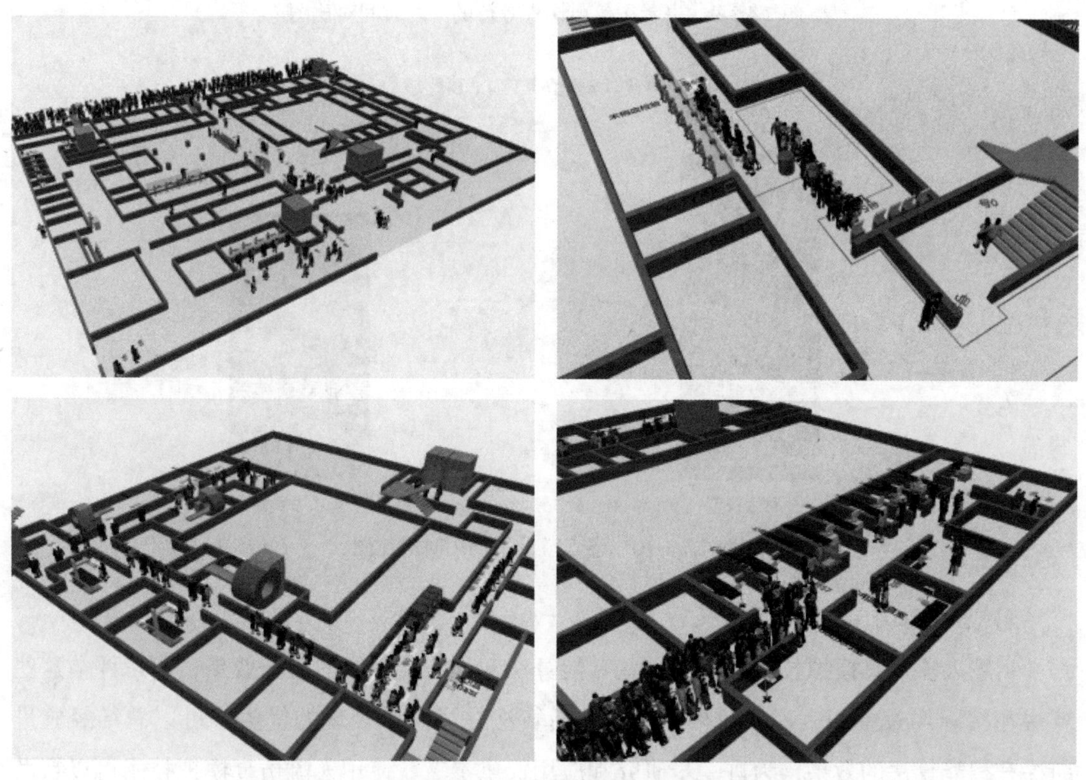

图 7.4.3-8　仿真模拟运行过程图

通过接口的方式将智能算法嵌入到人流仿真模拟中，利用人流仿真模拟的三维可视性验证智能算法为患者节省就诊时间，增加患者就诊效率的有效性。如图 7.4.3-9、图 7.4.3-10 所示通过对仿真模型输出数据的整理，发现在应用智能算法的模型中，患者在各项检查等待的平均时间，以及患者整体就诊时间都得到了有效的缩短，证明了设计的智能算法的有效性。

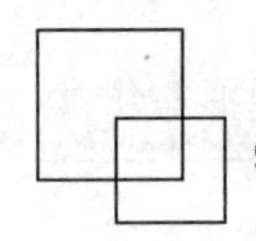

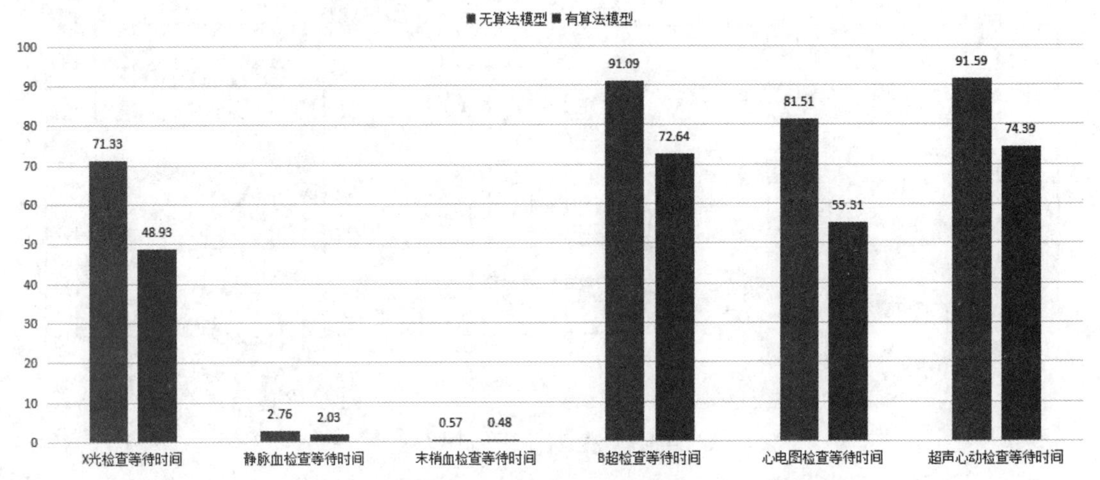

图 7.4.3-9　患者在各项检查等待的平均时间对比图

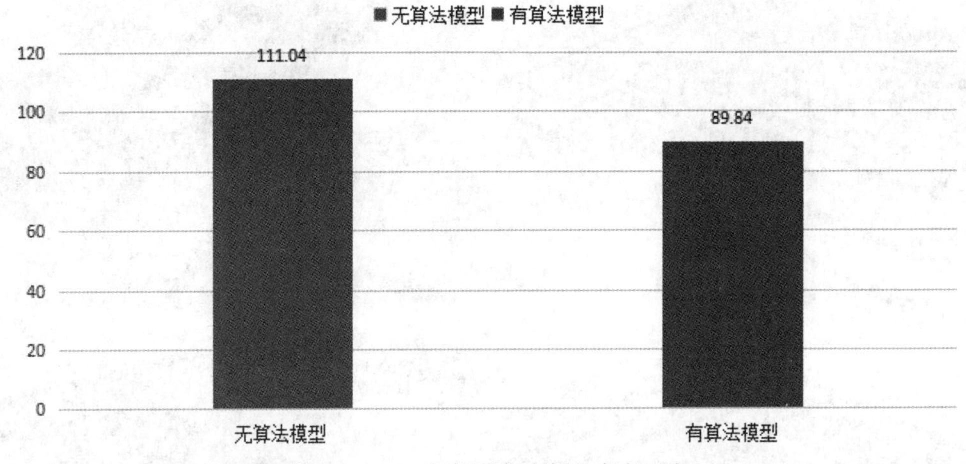

图 7.4.3-10　患者就诊平均用时对比图

5）案例总结

利用人流仿真模拟技术可以对一些智能算法起到一定程度的验证效果，可以评估这些算法在实际场景中的表现和效果。通过分析算法在场景中表现的优劣势可以总结经验进而提升智能算法的效果，为进一步研究和应用提供参考。使用人流仿真模拟技术可以帮助我们更好地理解和应用这些智能算法，同时也可以为算法工程师提供一定程度优化思路指导。

7.4.4　人员疏散模拟的目的与意义

医疗建筑，如医院、诊所和其他医疗设施，是社会的重要组成部分，它们为公众提供关键的医疗服务。然而，由于其特殊的功能和使用人群，医疗建筑在面临紧急情况时的疏散具有其独特性。例如，医院内可能有行动不便的病人、老年人、儿童和其他特殊人群，这使得疏散过程更为复杂。因此，对医疗建筑的人员疏散进行模拟仿真显得尤为重要。

医疗建筑进行人员疏散仿真的主要目的如下：

（1）确保安全：模拟仿真可以预测在紧急情况下，如火灾、地震或其他灾难时，医疗建筑的疏散路径和疏散时间，确保所有人员能够安全、迅速地撤离。

（2）优化设计：通过模拟仿真，建筑师和工程师可以评估现有的疏散设计是否合理，并根据仿真结果进行调整和优化。

（3）提高效率：模拟仿真可以帮助确定疏散的最佳路径，减少拥堵和混乱，确保疏散过程的流畅性。

（4）培训与演练：仿真模型可以用于培训医疗人员和其他相关人员，使他们了解在紧急情况下的正确行动方式。

对医疗建筑进行人员疏散仿真的意义如下：

（1）生命安全：通过对医疗建筑的疏散进行模拟仿真，可以最大限度地减少在紧急情况下的伤亡。

（2）科学决策：仿真提供了一个基于数据的方法来评估和改进疏散策略，为决策者提供了科学的依据。

（3）提高公众信心：知道医疗建筑有经过深入研究的疏散计划，可以增强公众对医疗设施的信心。

综上所述，医疗建筑人员疏散模拟仿真在确保人员安全、优化建筑设计、提高疏散效率等方面具有重要的目的和深远的意义。随着技术的进步和研究的深入，模拟仿真将在未来的医疗建筑设计和管理中发挥更大的作用。

7.4.5　人员疏散模拟的工具与方法

1. SIMULEX

SIMULEX是由苏格兰的Integrated Environmental Solutions Ltd公司的Peter Thompson博士研发的高级疏散模拟软件。它采用C＋＋语言编写，专为模拟大型多层建筑中的人员疏散而设计。软件的特点在于其对大型、复杂的建筑物进行精确模拟，无论建筑的几何形状多么复杂，或是楼层和楼梯的数量有多少。更为出色的是，SIMULEX能够与CAD软件无缝对接，直接导入单个楼层的定义文件，从而大大简化了模拟的准备工作。

SIMULEX的核心在于其对人员移动的真实模拟。它将每个人表示为三个相互重叠的圆形，中间的大圆代表身体，两侧的小圆代表肩膀，从而更准确地模拟人的真实体积和移动方式。此外，软件还能够模拟各种移动情境，如正常行走、避让、超越等，确保模拟结果的真实性。除了物理移动，SIMULEX 还考虑了人的心理因素，如选择出口的策略和对紧急情况的反应时间。这使得 SIMULEX 不仅仅是一个物理模拟工具，更是一个综合性的疏散模拟系统。

正因为 SIMULEX 软件这些出色的特性，它已经成为工程师和设计师的首选工具，广泛应用于各种建筑项目的设计和评估中。无论是新建项目还是既有建筑的改造，SIMULEX 都能为决策者提供有力的数据支持，确保建筑的安全性和功能性。

2. Legion

英国 Legion 公司开发的 Legion Studio 2006 步行人流模拟软件，目前被业内认为是最有效的行人仿真与分析工具，广泛用于交通枢纽、地铁车站、奥运场馆、机场和大型活动等人流聚集区域的步行人流模拟。该技术在 2000 年悉尼奥运会、2004 年雅典奥运会、2008 年北京奥运会、2012 年伦敦申奥、纽约地铁规划和香港地铁站规划等项目中得到广泛的应用，收到了非常好的效果，得到了国际奥委会及业内专家的充分认可和肯定。Legion 人流模拟软件，由 Model Builder，Simulator 和 Analyser 3 个应用模块组成，具有直观友好的可视化人机交互界面，软件模拟系统具有强大的数据和图形输出接口，能够获得人流密度、步行时间、疏散时间、最大排队长度、最大等候时间等分析数据。

7.4.6 人员疏散模拟案例

为了确保在紧急情况下人员能够迅速、安全地疏散，需要深入研究疏散出入口宽度与疏散效率之间的关系，建立不同疏散出入口宽度条件下，疏散人数与时间的关系曲线。首先，需明确疏散宽度如何影响疏散人数和所需时间的关系，并进一步确定最佳的疏散宽度临界值。其次，提出可能的疏散出入口设计形式，并分析了每种形式在疏散能力上的优劣。这样的比较分析有助于确定最佳的疏散出入口设计，以确保在紧急情况下能够实现最大的疏散效率。

张晓明教授选择了一个具体的住院部护理单元作为研究样本，采用人员疏散仿真模拟对医疗建筑的疏散开展了研究。下面对这个研究案例进行详细的介绍：

这个护理单元特点为单侧布置的病房与单廊条式结构相结合。其中包括五个 6 床位病房、一个 5 床位病房以及两个 ICU 病房。为了方便医护人员的工作，护士站位于病房的对面，并且居中布置。此外，还配备了医疗设备用房、药房、活动室等，具体布局如图 7.4.6-1 所示。此研究不仅给出了疏散出入口宽度与疏散效率之间的关系，还为医院的设计和规划提供了有价值的参考。

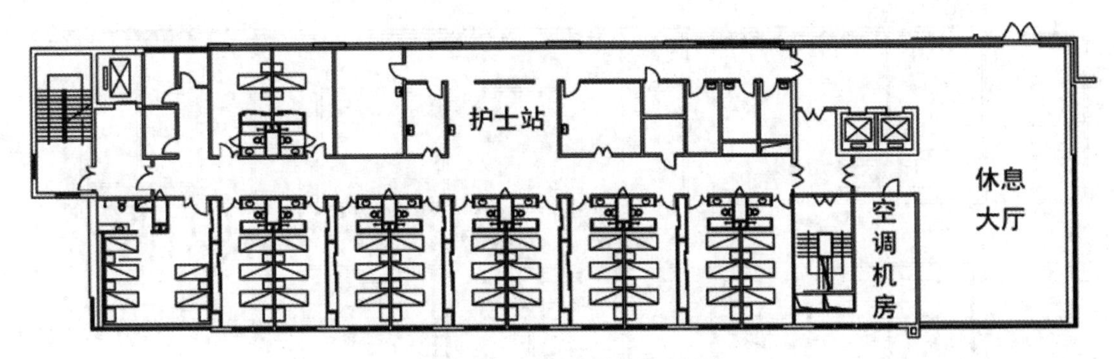

图 7.4.6-1　某护理单元平面图

为了更加明确地突出疏散过程中的主要问题和矛盾，研究对两个疏散交通核的布置进行了调整。原先的双向疏散布置被修改为单向疏散。具体来说，只开启了左侧的出入口进行疏散，而关闭了右侧的出入口。同时，为了模拟紧急疏散情境，设定在右侧的休息大厅内已经有了一大批等待疏散的病员群体。这种布置更能凸显出在特定情境下，疏散策略和出入口布置对疏散效率的影响。

1. 疏散口宽度的影响

评估疏散能力的时间标准可以分为两个主要阶段：初期阶段从少数人开始通过安全疏散口，直至出口附近的待疏散人员数量逐渐增多，图 7.4.6-2 所示；中期阶段则从人员开始大量聚集，整体移动速度减缓，直到大多数人成功移动到疏散出口，图 7.4.6-3 所示。

为了研究疏散效率，研究考虑了四种不同的疏散出口宽度：0.9m、1.0m、1.2m 和 1.5m。在这些不同宽度下，随时间变化的疏散人数如图 7.4.6-4 所示。在初期阶段，疏散人数与所需时间的关系基本上是线性的，呈现出等比例的增长。但当曲线到达一个拐点时，其斜率开始减小，表示疏散出口的效率开始降低。值得注意的是，宽度较大的疏散口在拐点前后的曲线斜率变化较小。这意味着，与较窄的疏散口相比，宽度较大的疏散口在相同的时间内可以疏散更多的人，其效率下降的趋势也更为平稳。

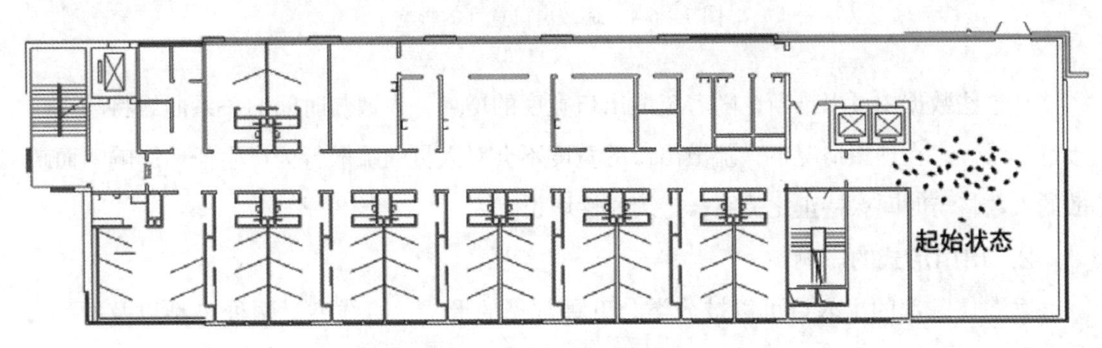

图 7.4.6-2　疏散起始状态

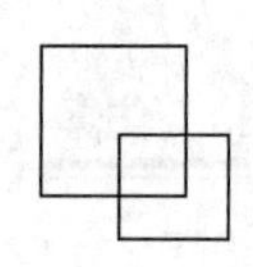

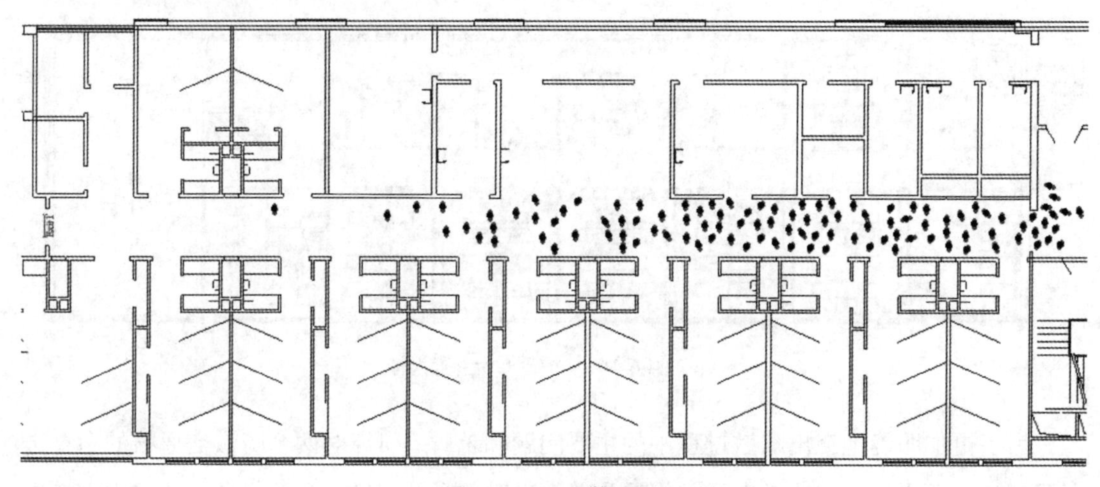

图 7.4.6-3　疏散过程

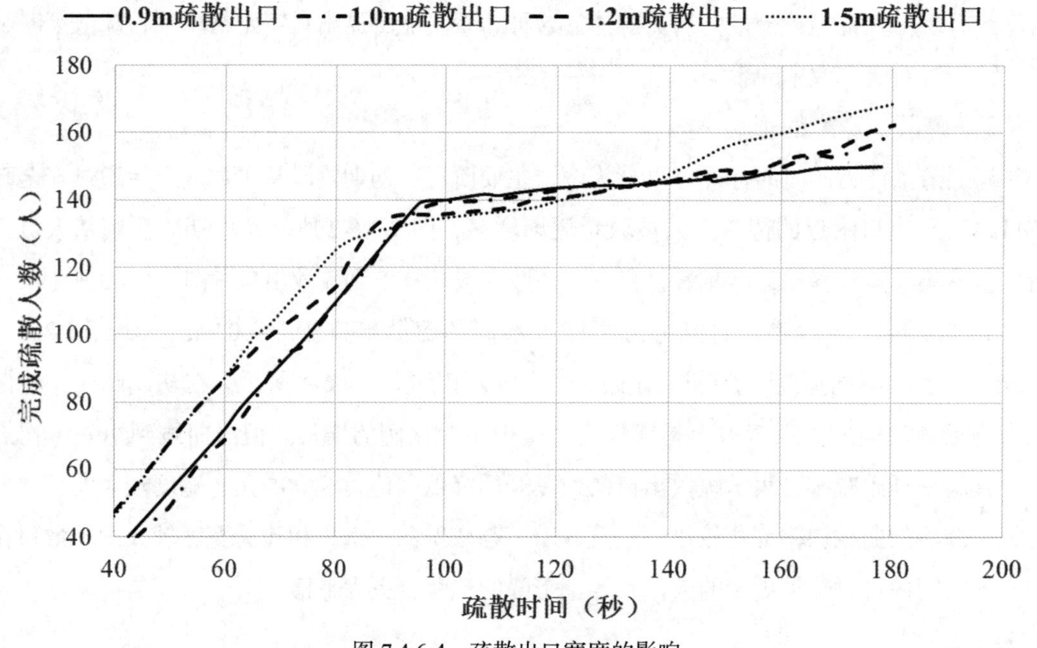

图 7.4.6-4　疏散出口宽度的影响

从这些数据中可以推断，随着疏散出口宽度的增加，人数与时间的关系曲线将越来越接近于线性。在理想情况下，疏散出口的宽度不会对人员的疏散行为产生任何影响，而疏散的人数将与时间保持正比关系，持续线性增长。

2. 出口形式的影响

医院住院部的出入口可以被分类为五种常见的形式：直线型、两种 T 型以及两种 L 型。图 7.4.6-5～图 7.4.6-9 展示了这些出入口的设计及其疏散路径示意图。

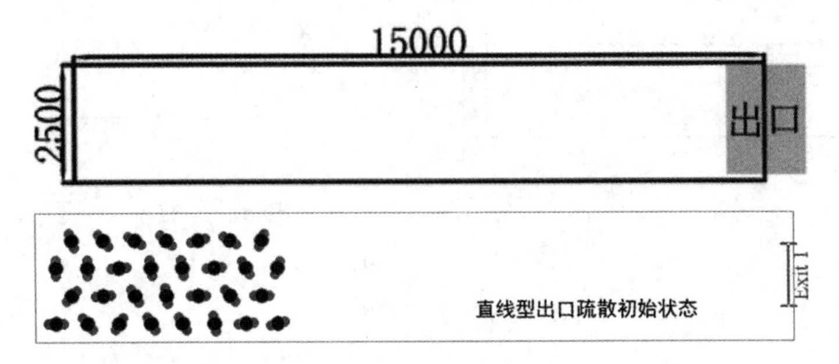

图 7.4.6-5　直线型出口

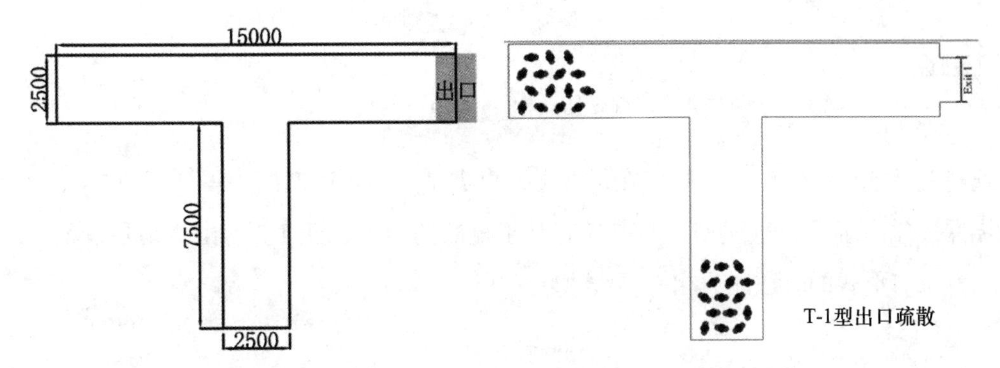

图 7.4.6-6　T-1 型出口

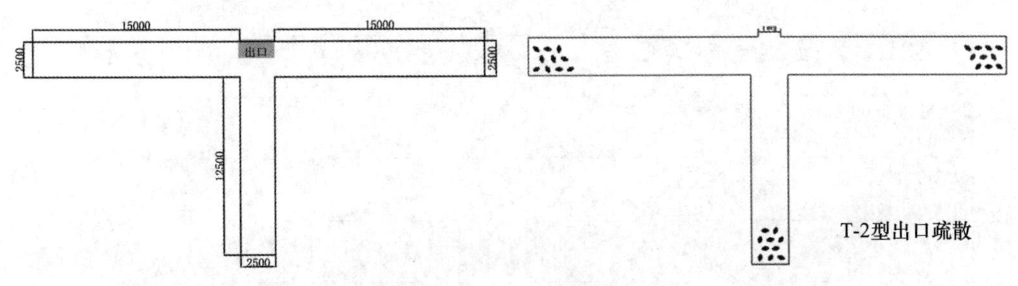

图 7.4.6-7　T-2 型出口

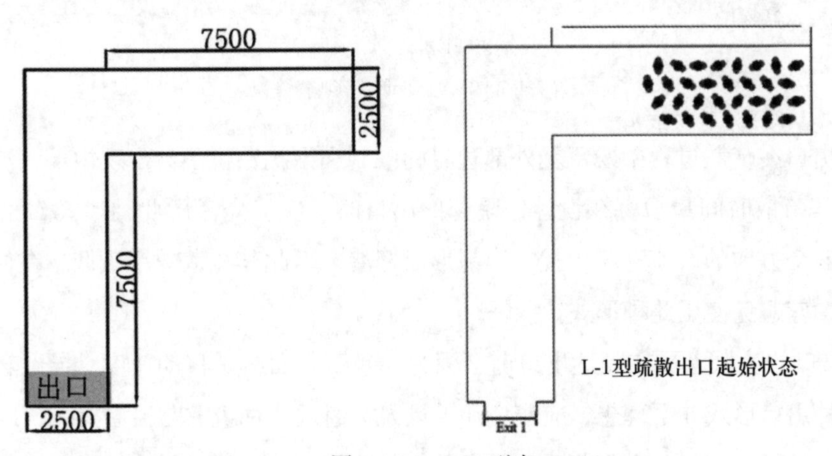

图 7.4.6-8　L-1 型出口

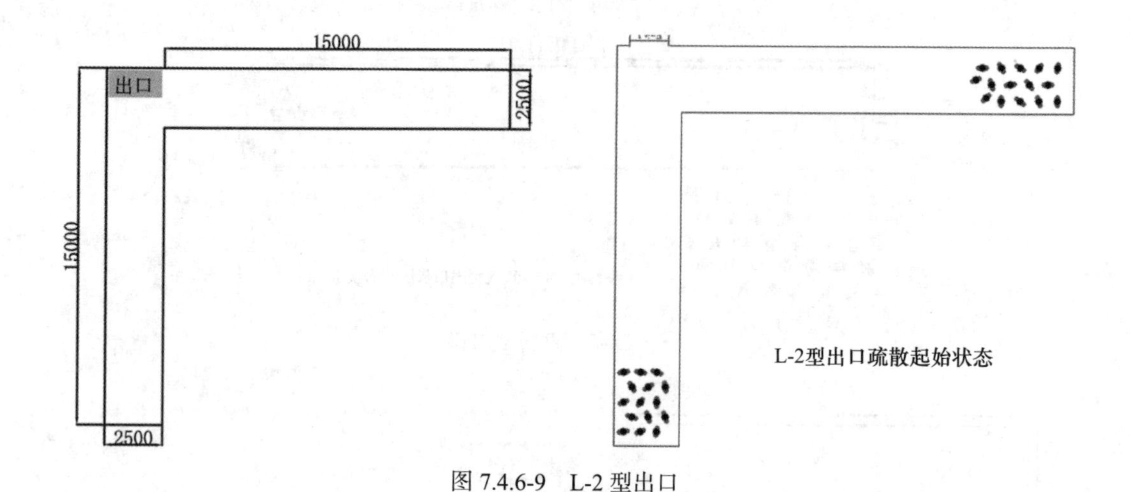

图 7.4.6-9　L-2 型出口

通过统计 30 人、45 人、60 人在每种出入口类型下的疏散时间，得到了图 7.4.6-10 所示的结果。结果显示，直线型出口是最有利于疏散的形式，而 T-2 型出口则是最不利的，其余三种出口形式的疏散能力相差不大。

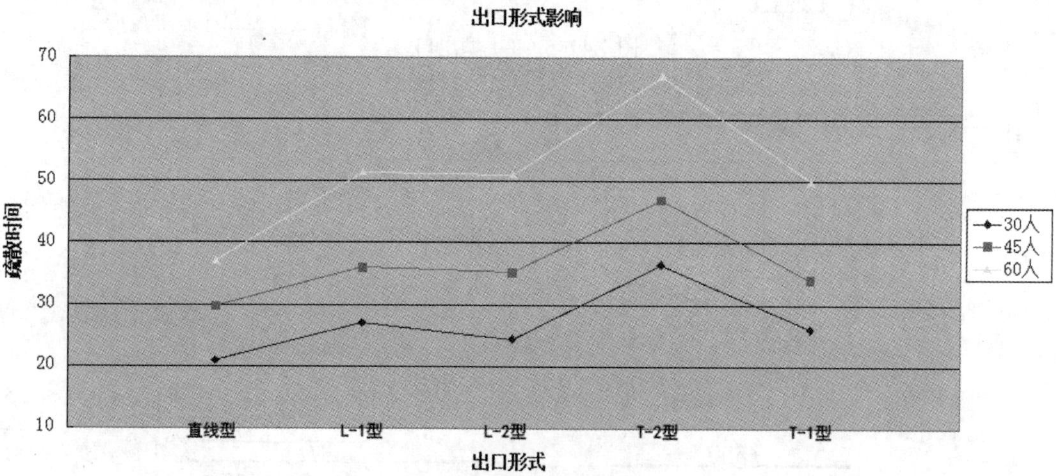

出口形式影响

70
60
50
40
30
20
10
疏散时间
直线型　L-1型　L-2型　T-2型　T-1型
出口形式
30人
45人
60人

图 7.4.6-10　出口形式影响

直线型出口在疏散过程中既不受外部边界的限制和干扰，也不会出现内部人流的互相干扰，因此其疏散时间最短。在设计住院部的出口时，应优先考虑此种形式。相反，T-2 型出口由于三个方向的人流互相干扰，容易形成拥堵，因此其疏散效率最低。在住院部的出口设计中，应避免使用此种形式。

L-2 型出口的疏散人员在到达出口前会因为“碰壁”而减缓移动速度，导致转角处人流拥挤。这种出口形式并不理想，应避免让大量人员通过此种疏散路径撤离。L-1 型和 T-1 型出口对人流的影响相似，它们都受到转角的外部边界影响，并且两个方向的人流在汇聚时会互相干扰，导致内部拥挤。因此，这两种形式的疏散时间大致相同。如果住院部的出口设计受到地形、朝向或其他因素的限制，可以考虑使用这两种形式。

7.5　建筑数字化模拟仿真未来展望

建筑数字化模拟仿真，作为建筑领域的前沿技术，正逐渐成为设计师和工程师的得力助手。它结合了计算机技术和先进的仿真软件，为我们提供了一个平台，能够精确地模拟建筑的各种物理和功能属性，从而为建筑的设计、施工和运营提供更为精确的数据支持。

这种技术的广泛应用，使得我们能够在设计阶段对建筑的能耗、照明、通风、空气质量等关键因素进行深入的研究，确保建筑物在实际运营中能够达到预期的性能标准。特别是在医院设计中，数字化模拟仿真为我们提供了一个有效的工具，帮助我们更好地应对各种紧急突发情况的挑战，确保医院环境的安全和舒适。

而建筑信息模型（BIM）技术，作为数字化模拟仿真的有力伙伴，正在加速建筑行业的数字化进程。BIM 不仅提供了一个高效的建模平台，还为模拟仿真提供了丰富的数据支持。随着 BIM 技术的不断深化应用，我们可以预期，未来的建筑设计将更加科学、精确和高效。

此外，数字化模拟仿真技术在建筑的运维阶段也有着广泛的应用前景。通过实时的数据监测和分析，我们可以对建筑的运行状态进行实时监控，确保建筑的持续、稳定和安全运行。

总之，建筑数字化模拟仿真结合 BIM 技术，正在为建筑行业带来革命性的变革，它不仅将提高建筑的设计质量，还将为建筑的长期运营提供强大的技术支持。

文献索引

[1] ANURAGHAVA C, ABHIRAM K, REDDY V N S, et al. CFD modelling of airborne virus diffusion characteristics in a negative pressure room with mixed mode ventilation[J]. International Journal for Simulation and Multidisciplinary Design Optimization, 2021, 12: 1.

[2] AZMI N Z E, HIDAYAT M I P, PRAMATA A D. NUMERICAL SIMULATION OF EFFECTS OF NUMBER OF BEDS AND PRESENCE OF AEROSOL FLOW FROM SANITATION MACHINE TO AIR CIRCULATION IN HOSPITAL ISOLATION ROOM OF COVID-19 PATIENTS[J]. MATERIALS RESEARCH COMMUNICATIONS, 2021,

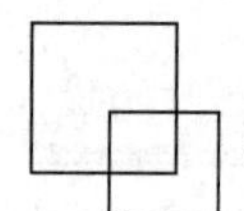

2(1): 13-19.

[3] BORRO L, MAZZEI L, RAPONI M, 等. The role of air conditioning in the diffusion of Sars-CoV-2 in indoor environments: A first computational fluid dynamic model, based on investigations performed at the Vatican State Children's hospital[J]. Environmental Research, 2021, 193: 110343.

[4] CHAU O K Y, LIU C H, LEUNG M K H.CFD Analysis of the Performance of a Local Exhaust Ventilation System in a Hospital Ward[J]. Indoor and Built Environment, 2006, 15(3): 257-271.

[5] CHEN M, YIN Y, ZHANG J, 等. Influence of Human Activities on Airflow and Pollutant Distribution in the Waiting Area in a General Hospital[C]//WANG Z, ZHU Y, WANG F, 等. Proceedings of the 11th International Symposium on Heating, Ventilation and Air Conditioning (ISHVAC 2019). Singapore: Springer, 2020: 491-502.

[6] JUNG M, CHUNG W J, SUNG M, 等. Analysis of Infection Transmission Routes through Exhaled Breath and Cough Particle Dispersion in a General Hospital[J]. International Journal of Environmental Research and Public Health, 2022, 19(5): 2512.

[7] WALTON G N. CONTAM 2.4 user guide and program documentation[J].

[8] DOLS W S, POLIDORO B J. CONTAM User Guide and Program Documentation Version 3.4[R]. National Institute of Standards and Technology, 2020.

[9] GUO J, LIU J, TU D, 等. Multizone modeling of pressure difference control analyses for an infectious disease hospital[J]. Building and Environment, 2021, 206: 108341.

[10] 李星. 基于多区网络模型的医疗建筑室内环境压力设计［J］. 中国医院建筑与装备，2020，21（8）：70-71.

[11] ASHRAE S. Thermal Environmental Conditions for Human Occupancy[C]. 1992.

[12] ISO 7730. Moderate Thermal Environments-Determination of the PMV and PPD Indices and Specification of the Conditions for Thermal Comfort: second edition[M]. Geneva: International Standards Organisation, 1994.

[13] LIN Z, CHOW T T, TSANG C F, 等. Stratum ventilation-A potential solution to elevated indoor temperatures[J]. Building and Environment, 2009, 44(11): 2256-2269.

[14] CHANTELOUP V, MIRADE P S. Computational fluid dynamics (CFD) modelling of local mean age of air distribution in forced-ventilation food plants[J]. Journal of Food Engineering, 2009, 90(1): 90-103.

[15] YAO T, LIN Z. An experimental and numerical study on the effect of air terminal layout on the performance of stratum ventilation[J]. Building and Environment, 2014, 82: 75-86.
[16] BALÉO J N, LE CLOIREC P. Validating a prediction method of mean residence time spatial distributions[J]. AIChE Journal, 2000, 46(4): 675-683.
[17] JIANG Y, ZHAO B, LI X, 等 . Investigating a safe ventilation rate for the prevention of indoor SARS transmission: An attempt based on a simulation approach[J]. Building Simulation, 2009, 2(4): 281-289.
[18] JENSEN P A, LAMBERT L A, IADEMARCO M F, 等 . Guidelines for preventing the transmission of Mycobacterium tuberculosis in health-care settings, 2005[J]. MMWR.Recommendations and reports: Morbidity and mortality weekly report.Recommendations and reports, 2005, 54(RR-17): 1-141.
[19] MA M, CAO C, XU Y, 等 . Using CONTAM to design ventilation strategy of negative pressure isolation ward considering different height of door gaps[J]. Energy and Built Environment, 2022.
[20] 李俊阳．基于深度学习的建筑能耗预测方法研究［D］．浙江大学，2022.
[21] 钟秋妮．基于自然通风的广东地区医院门诊科室布局设计策略研究［D］．华南理工大学，2015.
[22] 刘玲玲，陈红兵，李德英．北京医院建筑用能状况分析与节能诊断［C］．中国建筑学会暖通空调分会、中国制冷学会空调热泵专业委员会，2010：89.
[23] 燕达，谢晓娜，宋芳婷，等．建筑环境设计模拟分析软件 DeST　第一讲　建筑模拟技术与 DeST 发展简介［J］．暖通空调，2004（7）：48-56.
[24] HONG T, ZHANG J, JIANG Y. IISABRE: An integrated building simulation environment[J/OL]. Building and Environment, 1997, 32(3): 219-224. DOI: 10.1016/S0360-1323(96)00057-1.
[25] 潘毅群．实用建筑能耗模拟手册［M］．北京：中国建筑工业出版社，2013.
[26] 胡攀．湖南省某医疗建筑能耗分析及节能改造［D］．湖南大学，2018［2023-07-14］.
[27] 赵光华，张广厚．北苑交通枢纽行人仿真模拟研究［J］．武汉理工大学学报（交通科学与工程版），2012，36（1）：120-123.
[28] 张晓明．基于人群模拟的医院住院部疏散安全研究［D］．哈尔滨工业大学，2013.
[29] 丁辉、汪彤、代宝乾，等．公共聚集场所出口应急疏散能力研究［M］．北京：北京科学技术出版社，2012.

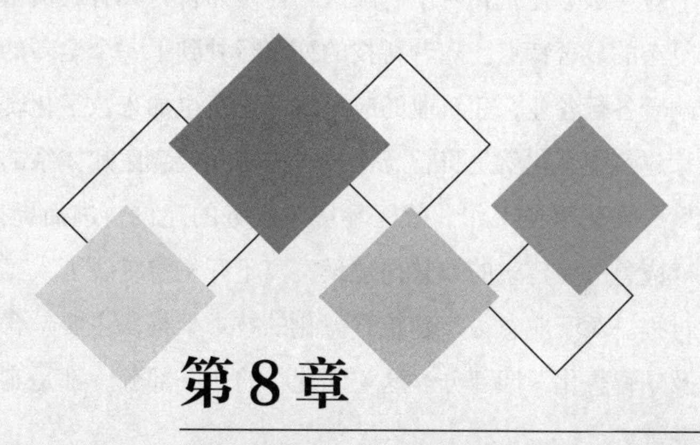

第8章

应急医疗建筑智慧化系统设计及应用

8.1 应急医疗建筑智慧化发展概述

应急医疗建筑相对于一般医疗建筑而言，具有人员密度更大、流动速度更快、功能更加复杂的显著特点。随着科技的列车行驶到了一个全新的时代，数字科技的飞速发展时刻影响着各行各业，建筑业的应急医疗建筑也加入数字化转型和智慧化建设的步伐中。应急医疗建筑智慧化就是将智慧化技术应用到应急医疗体系的建设中，来提高应急医疗的响应速度，强化医务工作、就医环境与服务的建设，进而提升突发事件处置的效率，降低损失。应急医疗建筑的智慧化建设，离不开从传统线下人工平台跃变到智能线上机器平台这一过程。对于应急医疗建筑智慧化的技术架构，主要包含“信息化”“数字化”“智能化”以及“智慧化”四部分。这“四化”的每一部分，都是实现应急医疗建筑智慧化不可缺少的关键点。

1. 信息化——将线下模式转为线上模式

指建设计算机信息系统，将传统业务中的流程和数据通过信息系统来处理，通过将技术应用于个别资源或流程来提高效率。

2. 数字化——用数字世界映射现实世界

通过计算机可识别的数据表示的客观对象或活动，把物理世界映射或迁移到数字世界，把物理系统在计算机系统中仿真虚拟出来。

3. 智能化——用系统来代替人进行工作

智能化是一种能够根据预先设计好的逻辑算法，让系统根据算法进行完全程式化的自主决策过程，具有“拟人智能”的特性。

4. 智慧化——迭代升级进行自主决策

智慧化是系统能力的提升，可以自主完成更新与迭代，让自身变得更加智慧，整个过程不再需要人为进行干预，使系统具备灵敏的感知功能、正确的思维与判断功能、自适应的学习功能、及时准确的响应功能的过程。

下面在应急医疗建筑的背景下分别对他们进行分析：

首先信息化侧重业务信息的收集和管理，将应急医疗建筑系统已形成的相关信息，电子化用于各个环节业务的执行与管控。但是这一阶段并未改变实现业务的逻辑，只是通过搭建业务系统，将线下变为线上，把纸质文档变为电子文档，交由 IT 系统来完成。并让相关人员了解“业务进展”等动态业务信息，从而提高工作效率。从根本上来说，信息化还是单向的系统构建，系统提供信息，决策仍然依赖于人，更多的是业务信息利用方式的改变。

数字化是信息化的高阶阶段。数字化的背后是知识，数字化通过知识实现计算机技术与业务的对接构建。建筑数字化是对建筑的几何、物理属性进行数字化、模型化描述的过程，使建筑的形体、性能可测量、可参变、可分析。数字化更侧重对象的数字资源形成与调用，以数据分析为切入点，通过数据发现问题、分析问题、解决问题，其核心是数据驱动决策。业务和技术真正产生交互，改变传统应急医疗运作模式。数字化将数据信息有条理、有结构地组织，便于查询回溯、智能分析，并解决相关决策问题。属于从有到深入的过程，但数据的利用过程仍然是单向的，需要人在分析数据的基础上完成判断和最后决策。

智能化是智慧化的雏形。这一步在数字化的基础上，借助管理系统，形成“数据—信息—知识—决策—执行”的闭环，侧重于工作过程的应用。数字化与智能化的区别在于最终决策谁来做。与数字化相比，是基于预设逻辑的程式化自动决策。在有决策标准的情况下，不需要人工，自动完成决策和执行，与之前相比有长足的进步。但其能力的局限在于面对复杂情况，决策标准不适用，需要随时动态调整的时候，执行结果往往会不尽如人意，需要人工干预。在这种情况下，智能化系统还是不能完全脱离人工决策。

智慧化的出现打破了前述技术瓶颈。智慧化过程运用新型技术，集合数字资产和智能化手段，推动组织和单位转型升级和创新发展。智慧化可以通过新技术使对象具备灵敏准确的感知功能、正确的思维与判断功能、自适应的学习功能，以及行之有效的执行功能从而代替人工工作。智慧化建筑可以自我学习、自主决策、不断进化、迭代升级。至此，智慧化相比于之前的阶段已经完全可以面对复杂环境复杂问题，进行自我决策，可以根据新环境而不断地学习变化，完全脱离人工决策，极大地解放生产力。

综上，信息化、数字化、智能化、智慧化，以下简称为“四化”，在技术层面是相辅相成的，之间有明显的区别但也有一定的关联，也可以简化地理解为前者是后者的基础，后者是前者发展，四者之间构成层层递进的关系。“四化”之间的关联与区别如图 8.1.0-1 所示。应急医疗建筑的智慧化需要“四化”过程中的技术积累，大数据具备多维度、大样本量的特性，加上人工智能技术赋能，更接近复杂系统的全貌。

综上所述，应急医疗建筑智慧化的发展为整个行业带来了许多机遇和挑战。通过应用智能技术，可以提高应急医疗的效率、质量和安全性，改善患者的就医体验，促进应急医疗服务的创新和发展。同时，智慧化的建设也需要解决数据隐私、信息安全和技术标准等问题，确保智慧化系统的可靠性和可持续性。应急医疗建筑系统的智慧化，需要信息化、数字化、智能化、智慧化之间相辅相成，配合应急医疗的特殊、特色需求，向内能综合管

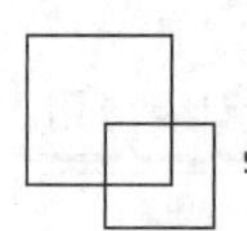

理、辅助决策并服务医疗，向外能连接社会、融入系统并承担社会责任。实现这样的智慧化应急医疗建筑是最终的目标，相信应急医疗建筑必将随着新技术、新产品的应用而变得更加智能、更加人性，从而更好地服务于应急医疗过程。

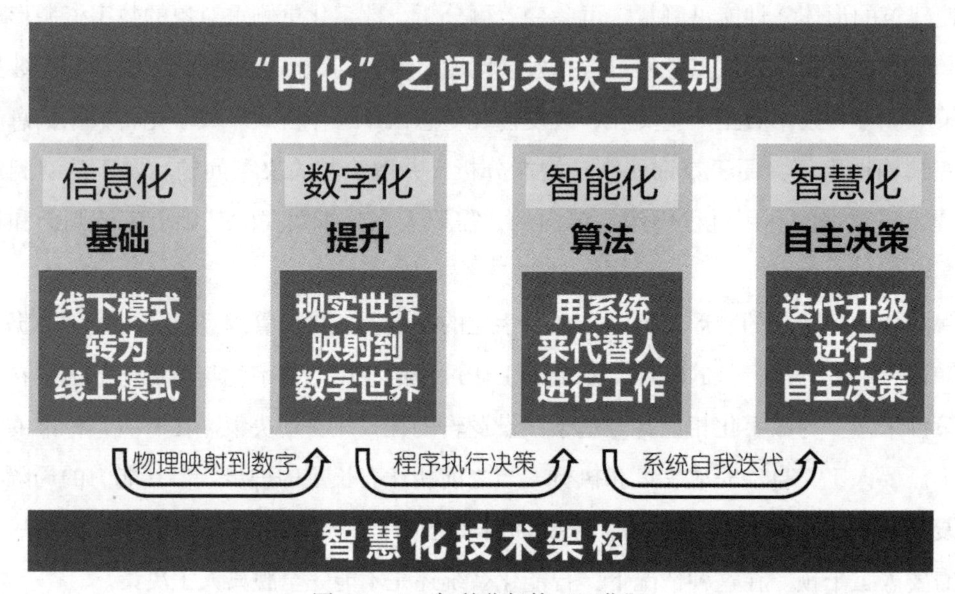

图 8.1.0-1　智慧化架构"四化"

8.2　智慧化需求与场景

8.2.1　智慧化需求

各类人员（政府部门、医院医务诊疗人员、医院运营后勤人员、病患家属等）在应急医疗事件中，担任不同的角色，承担不同的职责，拥有不同的目标，因此，对应急医疗建筑的智慧化系统也必然有不同需求和要求。本章节将从政府、医院、病患、运营四个角度，梳理、分析和总结不同角色群体对于应急医疗建筑智慧化系统的需求。以期辅助指导应急医疗建筑的智慧化系统设计与应用，描绘一个创造智慧、健康、安全、舒适和便捷的应急医疗建筑的总体轮廓。

1. 政府（上位）部门需求

政府部门需要应急医疗建筑具备统一收集、分类整合、及时共享和智能分析多种数据的能力，从而辅助政府部门实现对于城市公共卫生事件的监测预警、疾病追溯、辅助决策、快速响应、应急处置等。具体如下：

1）风控预警需求

需要不断地获取、统计和分析诊断数据（例如，疾病类型、典型症状、就诊数量、病历、影像学资料等），从而实现某些传染性疾病的早期监测预警。当有数据异常时，触发警报提醒政府部门采取流行病调查、发布健康预警等措施。

2）疾病追溯需求

当发现传染病或疑似传染病时，政府部门需要获取病患轨迹数据，及时进行疾病溯源和接触者追踪，有助于掌握人员流动情况，有助于探清疾病传播路径，有助于确定传染范围，辅助制定防控措施，以便有效控制疾病传播。

3）资源调配需求

政府部门需要收集并分析床位、医疗器械、医护人员、药物储备等医疗资源数据，辅助政府部门评估医疗资源的供需状况，也能辅助政府部门优化区域医疗资源配置，从而确保资源合理利用，也助力城市公共卫生事件发生时的快速响应。

4）应急处置需求

当疫情发生时，需要通过数字信息技术，政府部门能够实现对医疗机构应急响应的实时指挥调度、执行情况监控，确保各项预案措施的落地执行，并依据现场情况及时调整预案以应对突发情况。

2. 医院医务管理及诊疗人员需求

1）防疫管理需求

医护人员及医院管理者是疫情防控和应急医疗的主力军，做好防疫管理是进一步开展医疗工作的前提。在防疫管理工作中，医护人员存在被感染风险，一方面需要提供足够的卫生用品，包括口罩、防护服等，确保医护人员的自身安全。另一方面，需要制定科学的疫情管理防控制度，并通过培训和专业的防护指导等方式贯彻执行，从而提升安全防范意识和自身防护能力。

2）医疗资源管理需求

在疫情防控下的医疗工作，由于感染防控要求高，往往工作流程多，管理细节繁杂，探索应用科学的手段和数字化工具为防疫和医疗管理工作提供辅助和支持，也是应急医疗智慧化的新诉求。借助智慧技术，对应急医疗资源进行科学的管理，有效减轻医务人员的工作量，提高医疗服务质量，助力应急医疗资源管理工作的有序高效开展。

3）医疗诊疗需求

在疫情发生期，病毒传播迅速，导致患者众多，医务人员需要针对疫情特点快速开展医疗救治工作。此时，诊疗的最大诉求就是可以快速地了解疾病特征和患者信息，以辅助医生做出诊断及治疗方案。与此同时，疫情发生突然，医疗资源有限，借助信息化手段，探索尝试远程诊疗、非接触式诊疗等多样化诊疗方式，既可以摆脱时空限制提供高效的诊疗服务，也可以降低接触感染风险，保障医护人员生命安全。

4）医学教育与培训需求

面对应急医疗任务，需要及时对诊疗人员进行应急防疫相关知识的培训。借助信息技术，学习培训方式多样化，如进行在线学习、远程医疗示教、模拟训练等，帮助医务工作者快速更新知识、提升防疫技能，从容应对各类突发应急事件。

5）医疗知识管理与共享需求

应急医疗的实践和临床可以积累大量的案例和经验，需要提供一个应急医疗知识的管理和共享平台，以便于医务人员快速地查询和分享最新的医学研究、临床指南和诊疗方案，确保诊断的准确性和治疗效果。对于紧急疑难问题，可通过智能检索的方式，快速了解过往案例经验做出及时应对，并形成新的案例。在不断地积累和分享中，形成知识资产，通过数据挖掘、AI 算法等技术，在应急医疗工作中发挥更大的价值。

3. 病患及家属人员需求

患者是应急医疗中最重要的服务对象，患者和家属的主要需求涵盖防疫信息获取与指导、医疗资源查询与预约、医疗服务、生活服务、人文关怀等方方面面。

1）防疫信息获取与指导需求

面对传染病疫情，病患及家属人员首先希望的就是能够及时便捷地获得疫情的实际信息，了解疫情趋势和防护方法，以便于采取相应的防护措施。甚至在紧急情况下，可以依据防疫手册和指南的指导，进行互相帮助，以减轻应急医疗工作的压力。

2）医疗资源查询与预约需求

当患者感到身体不适想要就医时，病人及家属最迫切的就是希望可以通过信息化手段便捷查询附近医疗资源，直观了解就诊方式，从而快速定位及时就医。或通过便捷的方式预约医疗服务，减少排队等候时间，在疫情期间避免人员聚集，降低感染风险，让患者获得最高效及时的治疗。

3）医疗服务需求

在患病期间，患者最核心的诉求就是能够获得及时、专业的医疗服务，得到良好的治疗和康复指导，以尽快摆脱病痛折磨。随着科学技术的发展，医疗服务也呈现出多样化的形式，不再局限于现场诊治，对于病情较轻的患者可以直接通过线上医师咨询的方式，获得便捷及时的诊断，通过线上方式还可以联通药品订购业务，直接配送到家，足不出户轻松完成就医。

4）生活服务需求

患者在治疗期间，需要获得便捷的照料和生活服务，以满足生活的基本要求。由于疫情管控，患者在患病期间活动受限，家属也无法直接探访。急需提供生活必需品的供给或购买渠道，可建立餐饮预订、生活用品申领等服务入口，并探索更多增值服务，为患者提供全方位、人性化的生活服务支持。

5）人文关怀需求

面对疫情与病痛，患者及家属难免会产生紧张和恐慌的情绪，这时候就需要考虑心理疏导、陪伴护理、家属关爱等服务，让患者及家属感受到安全感，体会到关怀的温暖，从而减轻对疫情和病痛的恐惧，缓解心理压力，也对快速康复起到积极的促进作用。

4. 医院运营后勤人员需求

1）基础设施运行保障需求

为了支撑和保障优质应急医疗服务的提供，采取智慧措施保障基础设施高效运行非常重要，例如，保障建筑的结构健康，保障暖通与机电等设备的良好运转，保障电梯交通系统的平稳运行等。

2）安全防护需求

应急医疗建筑需要构建为一个“可感—可视—可知—可控”的安全韧性系统，在面对安全事件、事故灾难、自然灾害时，可做到事前预防、事来预警、事中疏导、事后归档；此外，还需对医疗设备、医疗废物处理等特定情况提供全面管理和安全保障，着力防范化解重大风险，保障医务工作者和病患的生命财产安全。

3）舒适节能需求

需要构建一个既舒适又节能的应急医疗建筑内外部环境。在舒适性上，确保提供适宜的温度、湿度、光照和空气，优化病患的就医环境，提升医务诊疗效率，有益病患的休养恢复。在节能上，医院人流量大，能耗极高，因此需要多维度多层次的节能策略辅助实现节能减排、环境保护。

8.2.2　智慧化场景

在上述需求背景下，应急医疗建筑的智慧化应用范畴不仅仅包含其物理空间本身提供的功能服务和维护管理，也包含发生在其内的医疗事件的响应、处置和以此为目的的相关背景信息的收集与利用。本节主要对应急医疗建筑的智慧化应用场景按照从宏观到微观的逻辑进行了分类梳理，并对不同类型应急医疗建筑的特色场景进行了单独归纳，以期建立一个当前阶段相对完整的智慧化应用场景全貌。

1. 应急防疫项目的区域统筹管理

1）疫情数据集成与共享

应急医疗建筑智能系统平台可以将来自多个来源的数据进行集成，包括疫情数据、人员信息、病例报告、物资库存、资源分配数据等。通过建立数据接口和标准，确保数据的一致性和可用性，实现数据的互操作性和共享。其底层可构建数据中台进行数据清洗、验证和纠错，提高数据质量和准确性。从而打破信息孤岛，消除数据孤岛，实现多部门、多地区之间的信息共享和协同工作，提高应急响应能力。

2）协同办公与通信

应急医疗建筑智能系统平台的设置，可以提供协同办公工具和即时通信功能，使得各用户之间能够实时协作、共享信息并进行有效的沟通。

3）疫情研判与预测

运用数据中台存储的历史数据和实时数据，开展数据分析和预测，进行数据挖掘、统计分析、机器学习等技术处理，生成疫情趋势、传播模型、风险评估等预测结果，对疫情数据进行实时监测、趋势分析和预测，帮助决策者及时了解疫情动态，预测疫情走势，合理配置资源和采取措施，提高疫情防控的精准性和效果，为决策提供科学依据。

4）医疗物资调配与优化

实时监测和管理物资库存、运输、分发情况，通过数据中台对物资、人员等资源的管理和调配，进行需求预测和调配规划，优化资源配置方案，提高资源的利用效率，确保疫情防控的需要得到满足。避免物资短缺或过剩，提高物资调配的灵活性和效率，确保资源合理分配，支持应急防疫工作的顺利开展。

5）疫情溯源与追踪

通过数据中台的溯源和追踪功能，对疫情的来源和传播路径进行追踪和分析，帮助监测风险并提示防控措施。

2. 应急防疫项目的医疗、医务管理

1）场内人员健康防疫

在应急防疫过程中，场内医护人员感染风险高，严重影响医护人员的身体健康和正常工作。需要根据防疫要求，制定相应的人员健康防疫方案。借助数字技术，统计感染数据，分析感染情况，与环境、卫生、时空数据相结合进行综合关联分析、智能筛查、风险评估等。通过有效的防控和监测手段，对医疗过程中发生的感染情况进行监测预警和分析判断，发现问题及时上报，并采取相应的应急防控措施，为场内人员健康保驾护航。

2）患者诊疗信息管理

患者的诊疗信息对疫情应急防控、辅助诊疗起着关键的支撑作用。可通过标准化的电子病历或健康档案等数字手段，对患者诊疗信息进行科学管理。实时记录和更新患者的基本信息、诊疗情况、检查检验信息、处方处置信息等。尤其在疫情防控中，通过优化防疫信息管理流程和判断处理机制，对防疫相关的患者信息进行记录、识别、提取和分析。实现预检发热信息采集、传染病检验结果加载，流行病、慢性病、老年病等关联病史查询、传染病排查诊断与会诊记录、传染病上报等功能。通过对患者应急医疗信息的管理和分析，有效防控降低感染风险，提高诊疗效率、保障服务质量。

3）远程诊疗

在应急处置过程中，可能会遇到疑难病情、人员及医疗资源不足等情况。通过远程协作、远程决策支持等远程诊疗方式，实现院内外、多院区间、上下级医院间的医疗服务配置与管理。医护人员可通过视频会议与院外专家共同远程会诊，双方可以在超高清屏幕上共享病历、胸片、检测报告等医疗资料，为患者制定治疗方案。同时，可以对会诊过程进行全程的记录、回溯和评价，进行示教示范并存档形成知识库等。通过远程诊疗，集合专业力量，共克疫情难关。

4）移动检查检验

疫情发生期间，检查检测范围广且检验空间条件有限，可以采用专业设计或大型客车改造的移动核酸检测车等设备，实现灵活机动的移动检查检验。据检验技术要求，合理规划检测空间布局，控制环境条件满足检验要求。配备防护设施和装备，为检验人员提供足够的隔离防护保障。同时，移动检测车可根据疫情态势灵活调度，开往疫情发生地展开病毒采集检测鉴定工作，有效应对突发公共卫生事件，为疾控防疫工作提供安全、快速、准确、高效的移动检验平台。

5）非接触式诊疗

传染类疾病容易通过接触增加感染风险，可通过互联网通信和雷达、红外、视频识别等先进的探测识别技术，实现非接触式诊疗。例如，设置非接触式医疗诊室，应用非接触式健康监测设备，监测和远传生命体征数据，医生在远端即可查询患者的关键身体指标信息，辅助高效诊断。在帮助患者得到及时医疗服务的同时，大幅度减少实际接触，避免交叉感染的风险，保障医务工作者和公众的健康安全。

6）医疗物资管理

应急医疗所需的医疗物资种类繁多，管理不善可能导致严重的事故或损失。通过对医疗物资进行合理分类、分级，为每一类物资定义身份标签，合理区分应急医疗物资的重要等级和资源稀缺程度，对各类物资的使用、互借、移动等操作进行动态记录，实时更新物资状态。对于高值耗材、毒麻药品等受控物资的管理和配送，还可考虑采用专用封闭箱柜，自动盘点、核对物资存放数量，进行存取溯源防止丢失，实现医疗物资的全程跟踪管控，减轻医护人员的管理负担。

7）清洁消杀管理

疫情防控过程需要进行严格的清洁消杀工作。可通过数字化手段，对消杀用品从入库、领用、使用、废弃进行全过程的记录和管理，对于有消杀频次要求的场所，还可以按流程设置提醒和超期提示，有效辅助消杀任务的正确执行。同时，可以采用空气消毒机、消杀机器人等多样化的卫生消杀工具，通过智能化的联网控制，实现自动定时消杀、环境监测反馈等功能，有效保证空间消杀质量，分担医务人员清洁消杀的工作量，减少医务人员在污染区的停留时长，降低感染风险。

8）医废管理

医疗废弃物往往具有传染性、毒性和腐蚀性，处理不当易造成环境污染，成为疫病传播的源头。通过条码、二维码、RFID 标签等对医疗废弃物进行科学的分类标识。应用医废管理系统，标准化和自动化医废处置流程，从收集、分类、称重、标记到装车运输、回收，进行全流程的记录和管理。利用物联网技术、卫星定位技术等，对医疗废弃物进行实时定位和监控，实现全生命周期的医疗废物跟踪和可视化、精细化管理。

3. 应急防疫项目的患者服务

1）应急导诊

患者在面对疫情发生时，信息获知有限易产生恐慌情绪。采用应急导诊方式，让患者快速了解疫情防控知识和就诊处置流程。可通过填写身份信息、自查问卷等方式，对患者情况进行初步筛查，根据疫情防控要求，划分患者所属人群类别，并进行相应的防疫医疗救助，如发现高危人群，及时采取隔离措施，并送到指定的应急医院就诊，非感染的普通患者，则导诊到正常科室。合理区分和规划不同人群的就医流程与线路，避免患者盲目就医，降低疫情扩散和交叉感染的风险。

2）一卡通用

医疗一卡通可作为患者信息传输的载体和身份识别的依据，直接与社保卡或身份证关联，并通过二维码、手机 NFC 等多种形式进行信息的识别与交互。尤其在应急医疗项目中，通过一码一卡通用的方式，快速核对患者身份，采集和验证患者防疫信息，简化信息处理流程，提高防疫管理效率。同时，可以关联账户，支持信息查询和缴费业务，串联从挂号、登记、检查到治疗、监测的整个医疗过程，实现以患者为核心的数据业务贯通，让患者的看病就医流程更加便捷高效。

3）智慧病房

疫情治疗期间，患者的活动多数局限在病房之中，通过对病房的智慧化建设，打造智能、舒适的病房环境，在辅助医疗康复、提供生活服务等方面起到积极作用。例如，在病床前设置床旁交互终端或智能服务移动端，集成护理呼叫、病历查询、诊疗流程查询、远程查房等功能，提高医疗护理的效率和服务质量。同时，还可拓展提供视频通话、远程病房探视、医疗信息查询、订餐服务、病房环境参数展示、智能家居控制等多样化的交互服务，让病人在病床前即可掌握各类医疗和服务资源。

4）移动护理

医护人员可以通过移动护理终端、智能手环等设备，升级护理方式，完成患者身份识别、数据记录、医嘱执行、输液管理、用药核对等工作。同时，移动护理终端还可以集成护理记录同步、检验检查结果查询、材料记账、护理知识库检索、医嘱执行与护理要点智能提醒等各种功能。患者可以随时跟踪查询护理状态，做到护理流程的透明化、精细化管理，通过移动方式，减少患者等候时间长，有效提升移动式临床护理的服务体验。

5）通信呼叫

患者对医护人员的各类诉求随时发生，如输液监控呼叫、候诊呼叫、床旁呼叫等。通过现代化的通信技术建立患者与医护人员专用的通信呼叫系统，在病房区、照护区、卫生间等患者活动的主要位置设置交互话机设备，保障患者在遇到问题或紧急突发情况时，可以随时联系医护或管理人员。同时，配合可视化设备，直观定位患者所在区域、床位，及时做出响应和处置，提高医患沟通效率，让患者得到更加便捷高效的应急医疗服务。

6）健康跟踪管理

传染病患者康复后，仍需要科学的健康跟踪管理，以判断康复效果，避免病情复发。在健康管理系统上为患者建立健康档案，自动关联病历信息，根据患者身体情况，制定个性化的健康管理方案。通过生命体征监测仪器、相关病原检测试剂、运动手环等智能设备，对患者身体状态进行定点记录和跟踪评估。监测数据可同步至健康管理后台，通过监测分析，发现异常及时预警和响应。同时，可与社区医院、家庭医生、健康管理师合作，关联慢病监护，根据身体情况，动态优化日常健康方案，实现持续的健康管理。

7）生活助手服务小程序 / 公众号

根据服务和管理需要，结合应急医疗服务的生活助手小程序或公众号，设置应急新闻推送、政策宣贯、通知公告浏览、防疫办事流程查询、健康记录查询、意见反馈、智能客服、咨询热线、心理辅导等功能模块，管理端通过后台数据分析，辅助应急管理，提高服务的响应速度，为患者或隔离人员提供方便快捷的生活服务。

4. 应急防疫项目的后勤运维管理

1）空间管理

基于 BIM 技术，构建三维可视化的建筑空间一间一档，赋能智慧运营维护。建立空间编码体系，实现智能的建筑空间管理、空间查询、相关数据调用等。例如，可按照建筑功能进行空间分类管理和划分，便于建筑空间信息的统计、分析和处理。全局掌握空间经营效益，辅助布局指挥，充分提高空间利用率。例如，空间面积统计、租赁收益分级管理、空间能效统计、空间利用率统计等。

2）能源管理

能源管理是指通过智能技术，实现能源监测与控制、故障监测与预警、能源数据可视化与分析、能源优化与预测、能源智能调度与应急响应等，保障建筑的能源效率、安全性、可持续性和应急响应能力。例如，通过安装传感器和智能控制设备，能够实时监测建筑能源消耗情况（例如，电力、燃气和水资源等），远程控制调节能源设备，实现节能。实时监测能源设备运行状态，发现异常，及时报警，有助于提前发现能源故障，确保正常运行。能够直观显示能源数据，结合大数据分析和智能算法，对建筑能源数据进行实时分析和预测，帮助优化能源使用策略。在面对停电、供电不足等突发状况时，可根据需求优先级和能源供应情况，智能调度建筑内各个区域的能源供应，确保关键设备的正常运行，保障人员的安全，实现能源智能调度与应急响应。

3）设备设施管理

设备设施管理是指利用物联网、人工智能等技术手段，对应急医疗建筑内的设备设施进行实时监测、控制和管理，以提高运维效率。

可查询各个设备设施的基础信息、运行参数、空间位置。可监测大型设备（例如，空调系统、电梯系统、消毒设备等）的运行状态，确保正常运行和按需调整。可实现设备巡检与维保管理，智能设置巡检维保计划，并可以对巡检维保任务做出智能提醒、系统派单、状态跟踪、结果反馈。可以实时提取电梯运行信息，保障安全运行。可以智能统计、记录、管理备品备件。存在异常情况时，能够及时报警并提供紧急处理建议。

4）室外环境污染监控

室外环境监控是指采用智能技术，对于室外的气象条件、空气质量、噪声水平、医疗污染物、安全风险等进行监测、报警和处理，赋能应急医疗建筑的健康运行。例如，通过安装气象传感器或从气象站获取室外气象信息（包括温度、湿度、气压、风速等指标），及时了解天气变化，做好应对措施。通过安装各类传感器，监测和预警室外空气质量、噪声水平，以保持医院室内空气的健康清洁和环境安静。此外，还可以监测地震、火灾等安全风险，当有紧急情况时，系统可以自动触发警报，以便应急处置。

5）室内环境品质监控

室内环境品质监控是指实时监测、采集、分析、处理多种室内环境参数（例如，温湿度、污染物、噪声、光照等），赋能构建一个安全、舒适、健康的室内环境，帮助控制疾病传播，为医疗工作提供支持。通过智能环境参数监测系统可以实时监测建筑内的温度、湿度、CO_2、污染物浓度等，帮助评估室内空气的新鲜度，也可反向调节室内环境，以确保符合健康标准，防止湿度过高导致细菌滋生，控制病原体传播，减少交叉感染。可进行智能噪声管理，实时监测噪声水平，若超标能及时报警，为病房或手术区提供一个安静的诊疗环境。设置智能光照系统，为诊疗提供舒适的光照环境。

5. 不同应急医疗建筑的特色场景

1）健康驿站

（1）便捷入住

健康驿站每天接待大量来自世界各地的入境旅客，可通过数字化手段优化住宿办理方式，为入住隔离人员提供全流程的便捷服务。从离开机场开始，即可通过移动端办理入住手续，并生成专属二维码。通过接待区的智能导引设备，快速登记并引导至房间，避免在走廊逗留。房间设置智能门禁，入住人员可凭专属二维码开门，室内的智能控制终端对自助签到、信息采集、验证退房进行综合管理，通过无接触方式，提高入退宿办理的安全性和便利性。

（2）客房服务

入住健康驿站的旅客，通常需要隔离观察的时间较长且活动受限，贴心的客房服务可以满足隔离人员的日常生活需求，缓解疫情隔离带来的压力。例如，在客房室内设置智能服务终端，支持智能呼叫、健康上报、消息提醒、物资领用、咨询服务等多种功能，还可以拓展提供特色美食、电子书籍丰富隔离期生活。与智慧管理系统配合，对隔离期的客房进行闭环管理，实现无接触、智能化的驿站服务。

2）方舱医院

（1）核酸检测管理

方舱医院多接收轻症、无症状患者，诊疗、康复所需时间相对较短，进行核酸检测，对于符合要求出院的核酸转阴患者，及时办理出院手续，可有效提高床位利用率。通过智慧管理平台进行核酸的检测管理，为每一个患者进行信息登记建立或接入病患档案，详细记录核酸采样时间、核酸采样人、结果、综合诊疗方案，医护端、患者端可通过移动端或工作站查看核酸记录，当检测出现问题时，进行及时的提醒和统计上报，同时，也可为是

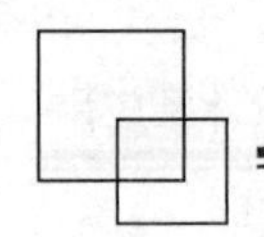

否符合出院要求提供评判依据。

（2）日报监测

方舱医院规模大，每天都要处理大量的病历、床位、核酸检测等信息，同时，需要针对患者不同的身体情况对患者做出康复出院、病情危重转诊等安排。通过监测平台，实时采集方舱医院每日病例个案信息、病例日报信息、核酸检测信息、方舱基本情况、方舱支援医疗队信息、方舱医疗队医务人员信息，并上报给管理中心。管理中心通过实时汇总分析，定期产出监测评估报告，提交疫情防控指挥部，为决策提供依据。

3）发热门诊

发热门诊作为识别发现疫情的重要防线，在疫情防控和管理中发挥着“哨点”作用，它是专门用于排查疑似传染病人群，治疗发热患者的专用诊室。发热门诊智慧场景建设的终极目标是提高发热患者就诊的效率和质量，减少等待时间，实现科学的分诊和诊断，为患者提供更好的医疗服务。以下是一些发热门诊的特色智慧场景：

（1）自助预检与筛查

传统型发热门诊的预检、分诊模式效率低下，疑似病例与感染病例排队接触，交叉感染风险较高。因此，通过相关智慧系统和设施的建设，发热门诊可以提供线上与线下结合的自助预检和筛查功能。患者可以通过自助系统进行健康调查问卷的填写，包含症状、旅行史、接触史等，系统根据填写信息进行智能筛查和风险评估，为患者提供相应建议，比如是否需进一步检查、是否需要隔离等。将大大减少患者等待时间，避免交叉感染，提升预检与筛查效率。

（2）辅助医生诊断

发热门诊是识别和发现疫情的“哨点”，通过相关智慧系统和设施的建设使用，辅助医生诊断。医生输入患者的症状、体征等信息，系统可以基于医学知识和大数据进行分析和推理，提供可能的诊断和治疗建议，帮助医生做出准确的诊断和治疗决策。

（3）辅助疫情研判（数据共享、协同、分析和预测）

发热门诊可以与其他医院、卫生部门或疾控中心等进行实时的数据共享，以便更好地追踪和控制传染病。同时，医生之间也可以通过智能系统共享病历、影像等信息，进行协同会诊。结合智能算法，对发热门诊的相关数据进行分析和挖掘，探索疾病传播规律、病情发展趋势等，为医院管理层和公共卫生部门提供决策支持，赋能资源配置、辅助制定防控措施等。

4）传染病医院

在疫情发生时期或后疫情时代，疾病预防控制体系、公共卫生体系和公立医院都肩负着传染病防治和公共卫生突发事件应急处置的重任，传染病医院更是首当其冲。对于传染病医院来说，结合新一代数字技术，建设智慧场景也是非常重要和必要的，从而赋能医务工作效率的提高、患者护理质量的提升、安全性的保障。以下是一些传染病医院的特色智慧场景：

（1）智能消毒机器人

传染病医院因其特殊性，通过传统的人工杀菌方式往往不能满足消毒需求，因此，可配备智能消毒系统（机器人）进行智能消杀。与传统相比，智能消毒系统可通过遥感或视觉技术检测存在病原体的区域，从而实现高效、精准、及时的环境清洁。另外，能够针对物体表面和空气环境进行自主移动式的多点消毒，自动进行升降喷头，实现多角度立体化的强力喷射、消杀。再者，机器人代替人工，将极大降低医护人力成本。最后，可以预先对于机器人进行任务配置、工具配置、工作时间设定、路线规划等，实现消杀作业的精细化与智慧化管理（图 8.2.2-1）。

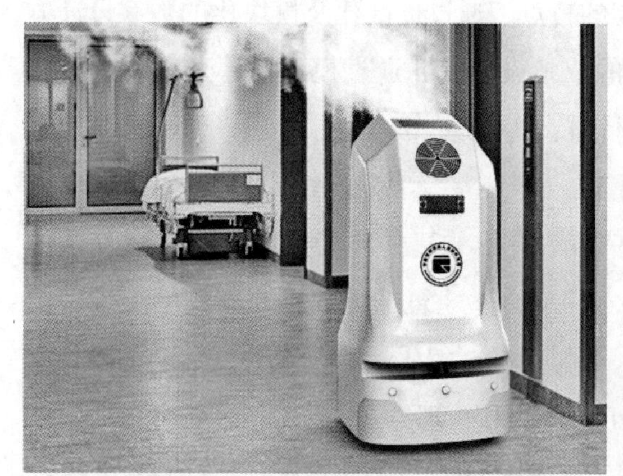

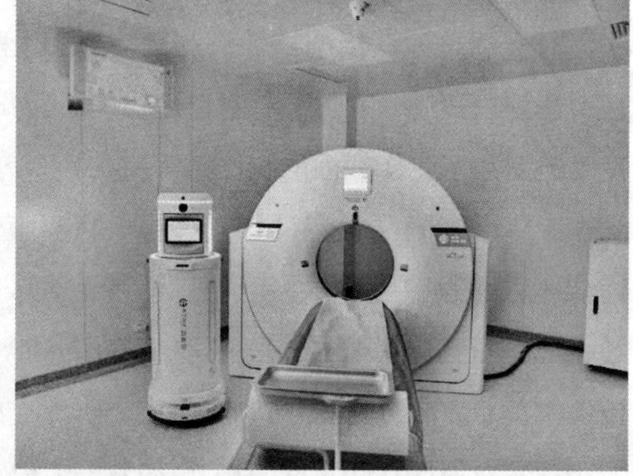

图 8.2.2-1　智能消毒机器人

（2）远程视频探视

传染病感染能力强，尤其是重症患者，更易感染探视人员，医院可建设远程探视系统，为医护、患者、家属建立有效的线上沟通渠道，避免直接接触，提升家人朋友探望患者的便利性和满意度，既能对患者家属的焦虑情绪起到安抚作用，避免医患矛盾，又能很好地规避和防治交叉感染。远程探视系统应布置护士站主机、病房端分机、探视端分机等，护士通过主机或平台管理探视过程，可进行探视安排、提醒、中断等操作。在病房端应安装可移动探视分机，方便患者使用。探视平台系统可存储完整的探视音视频并作安全保密处理。

（3）智能引导运输车

在传染病医院，无人驾驶的智能引导运输车有较高的应用价值。不仅可以替代人工运送医疗物资、病患餐饭、病患衣物，更重要的是能够及时收集、封闭运输一些特殊门诊、手术室、病房等产生的医疗污物，并能够严格按照医疗废弃物处理办法进行处置。医疗污物的智能运输车应考虑采用分体式设计、智慧控制设计、配置消毒设施，确保医废投放和取出受控，确保医疗污物不泄漏，确保运输车厢内的清洁无毒，最大限度降低传染可能性。

8.3 医疗建筑智慧化系统构建

8.3.1 应急医疗建筑数字化构建

1. BIM 标准化及模块化设计

针对应急工程建造周期短，单元化程度高的特点，通过标准化及模块化的数字设计方法，对标准单元、标准构件进行高度精细化的三维设计，并通过模型对建造成本进行测算，达到快速设计、加工、建造的目的，将设计转化为成熟的产品。

建立数字化实施标准

BIM 技术在项目全过程应用的顺利实施依赖于标准的建立与落实，项目 BIM 应用的标准体系一般包含技术标准和管理措施。技术标准，以建筑系统理论为支撑解决统一问题，涵盖内容包括技术统一要求、应用标准、交付标准、编码标准等。管理标准主要规定各项目参与方在 BIM 应用中的角色、职责、工作流程和管理方式。

结合应急医疗建筑的使用功能具有重复性和通用性的特点，实现医疗空间模块化标准化建模，提前建立标准化构件族库、统一的项目样板和模块化空间单元，还可延伸至装配式建筑的工厂加工，辅助装配式设计及施工，对各类构件进行分类及形象统计，加快施工进度。

1）族库

建立、补充医疗设备、器具及构件的标准化族库。将大模块拆分成重复率高的小模块，建筑、结构、机电、装修、设备等全专业精细化参数化建模，添加材质、尺寸、设备参数等构件信息，方便同类型医疗建筑的设计提取和复用（图 8.3.1-1）。

2）样板

应急医疗项目使用统一的项目样板，标准化的建模便于项目各项管理工作的实施。重点对洁净度区域及流线梳理上采取了过滤器及颜色定义，并对族名称进行规则命名（图 8.3.1-2）。

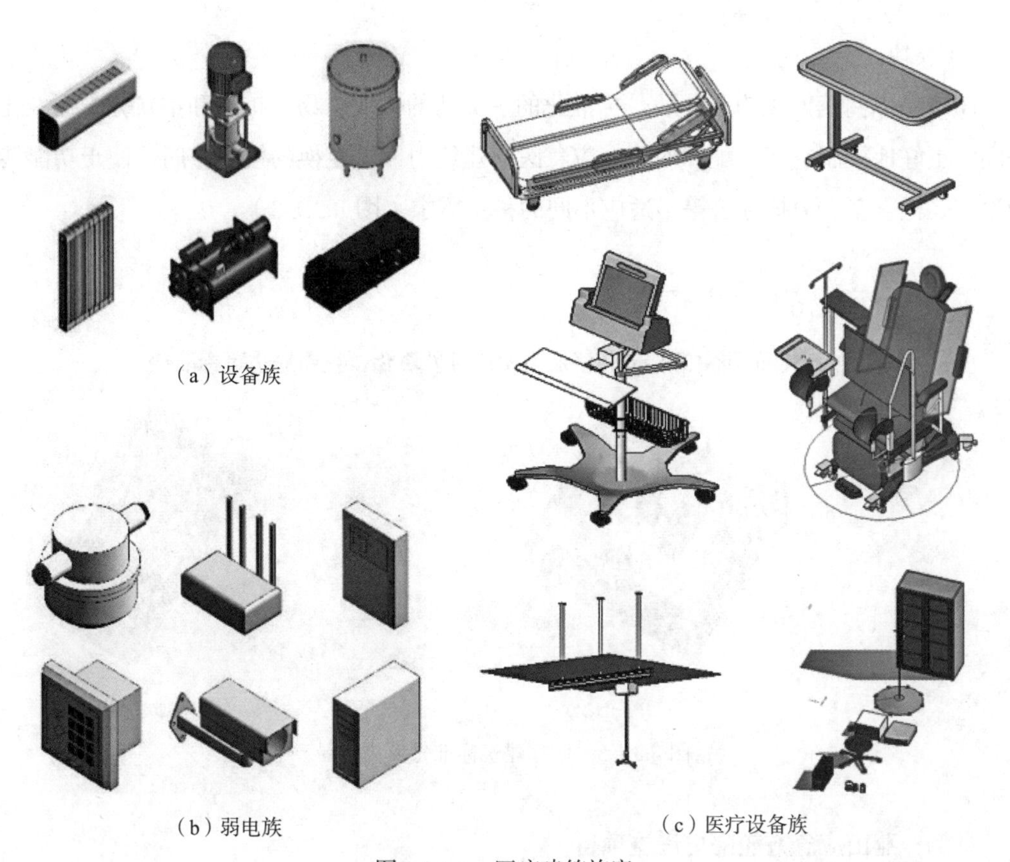

（a）设备族

（b）弱电族

（c）医疗设备族

图 8.3.1-1　医疗建筑族库

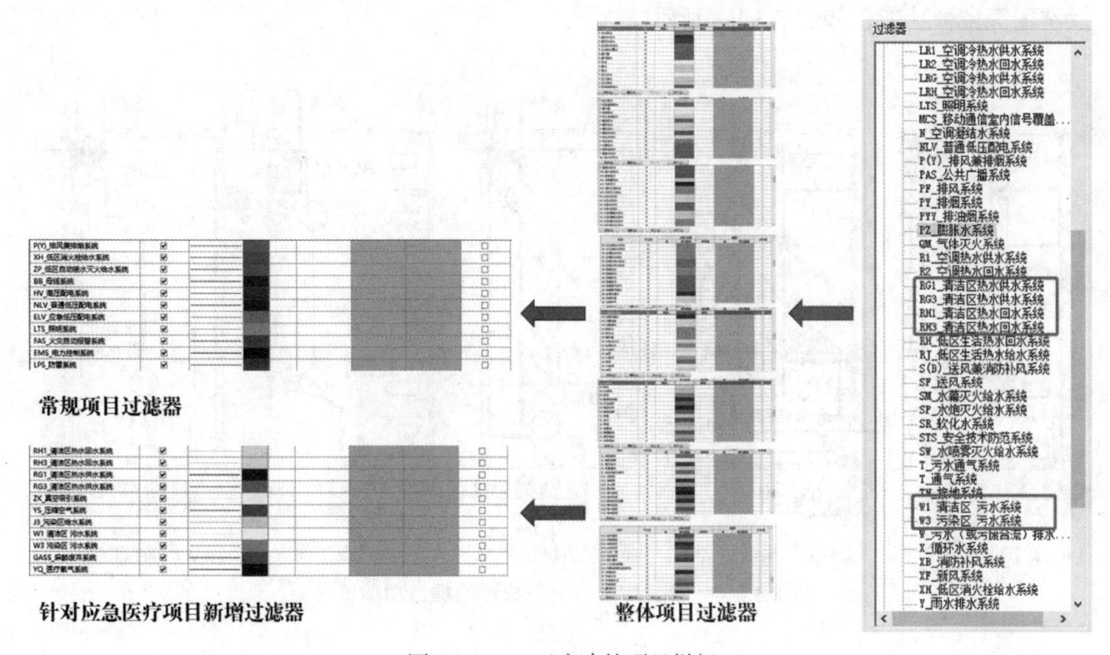

图 8.3.1-2　医疗建筑项目样板

3）模块

BIM 技术将房间编辑为模块。标准化的、灵活的模块，易于扩展和重新分配标准化的房间，更好地控制空间分配和使用。应急医疗建筑内，可变换的模块空间，便于功能转换为诊室、检查室、医护办公等，适应不同的科室需求（图 8.3.1-3）。

■ 标准化的模块布局

诊室、病房、值班室等标准化区域模型均可模块化，且布局也可标准化。

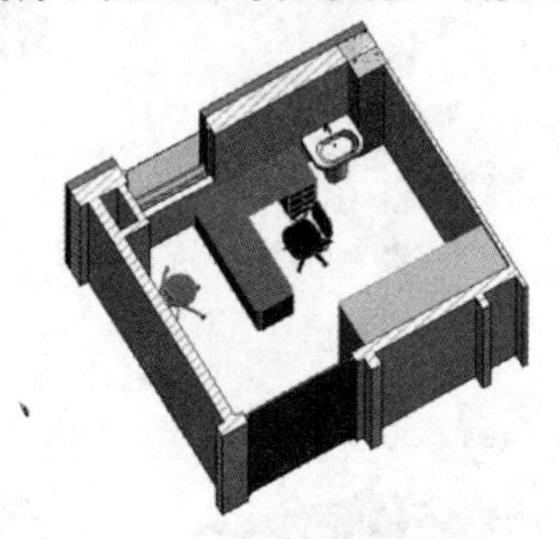

（a）诊室

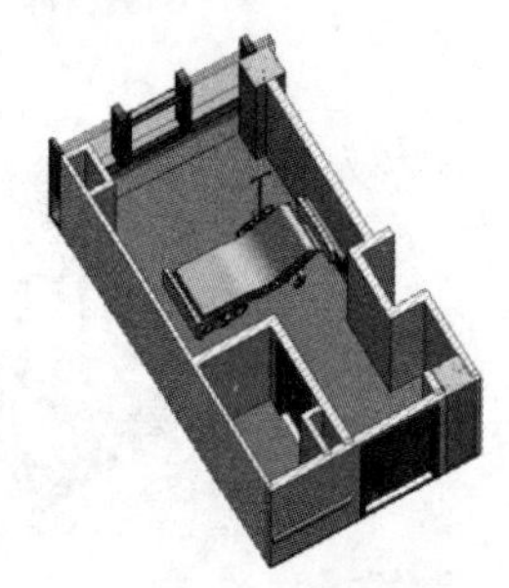

（b）病房

图 8.3.1-3　医疗建筑标准化模块布局

举例：燕山应急方舱隔离设施项目

项目有 10 种类型功能单元，涵盖了办公、卫生间、淋浴、保洁、洗衣房、垃圾暂存及洗消等多种功能，如图 8.3.1-4 所示。

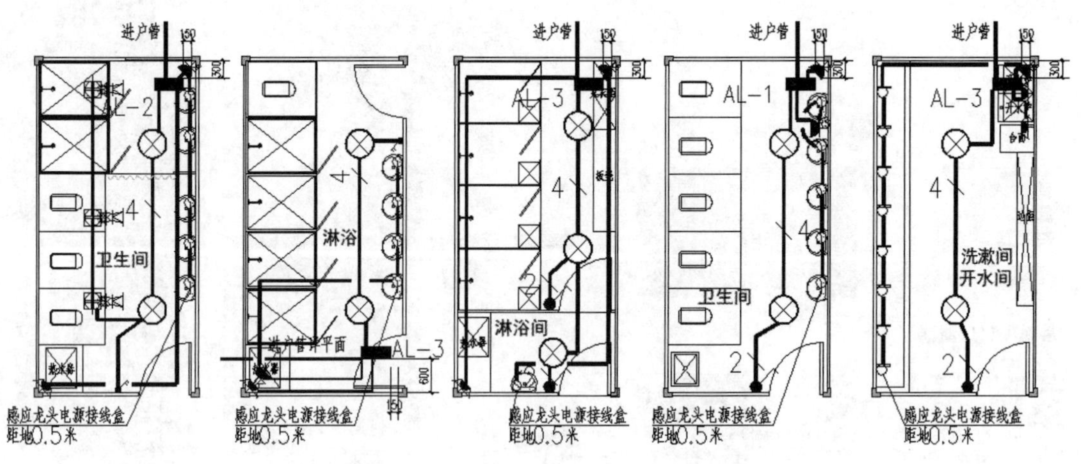

（a）医护卫生间 2 个　（b）半污染通道 2 个　（c）患者淋浴 4 个　（d）患者卫生间 6 个　（e）患者洗漱 2 个

图 8.3.1-4　燕山应急方舱隔离设施项目功能单元

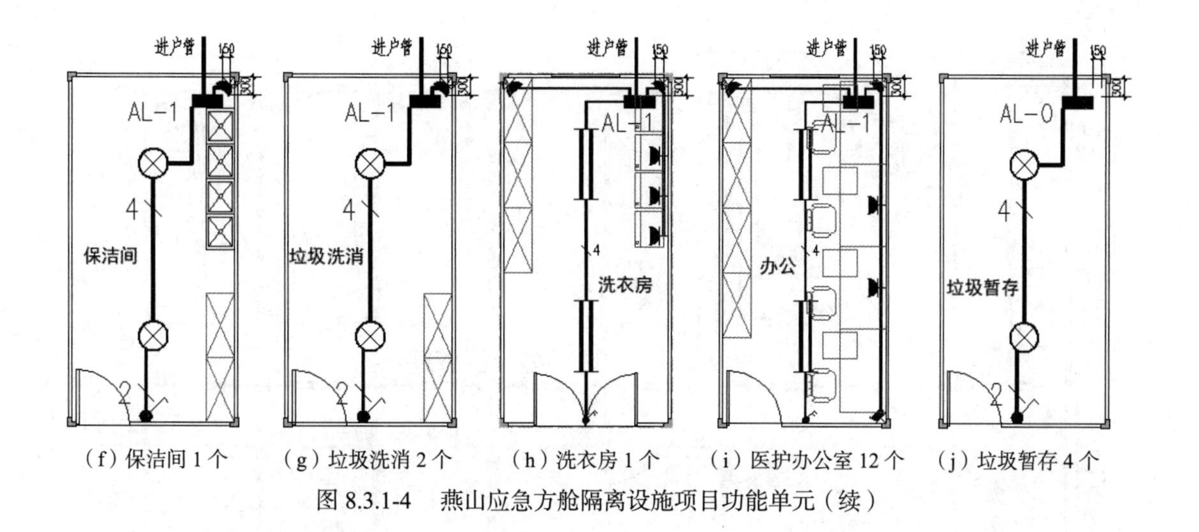

（f）保洁间 1 个　（g）垃圾洗消 2 个　（h）洗衣房 1 个　（i）医护办公室 12 个　（j）垃圾暂存 4 个

图 8.3.1-4　燕山应急方舱隔离设施项目功能单元（续）

通过专业间配合，各功能模块按单元设置分体空调，带淋浴功能模块按单元设置电热水器，电气专业根据水、暖专业的模块化设置，将 10 种不同使用功能箱式房的模块单元配电箱简化为四种，增强模块单元的通用性，优化了采购、生产、安装流程，有助于实现生产厂家采用流水线生产模式加快生产进度，提高集成率、装配率，提供一体化产品。

通过将单个模块单元进行系统化功能组合，预留标准化接驳单元，有助于实现快速平急转换。如图 8.3.1-5 所示，室外医护办公区采用了办公和卫生间模块，与走廊和入口箱式房进行组合，办公和卫生间模块可在生产厂内组装完成，现场仅需进行接驳工作即可，走廊和入口箱式房由于仅设置灯具，可在现场进行临时性安装，降低施工难度，确保实施快捷。

2. 数字化 BIM 优化设计

应急医疗建设项目不同于一般公共建筑项目，在建筑功能、专项设计、交通组织、内部装饰等方面具有专业性强，特殊功能需求多的特点，针对应急医疗建设项目的独特性，依托 BIM 技术，推动工程建设中的精细化设计，充分利用 BIM 应用成果，辅助各参建方建设实施。

1）设计方案漫游展示

对设计的重点区域模型渲染进行全方位漫游观察，通过三维空间直观化展示设计意图，使各参与方更好地理解设计概念，同时有助于优化和协调相关专业设计，提高设计质量。

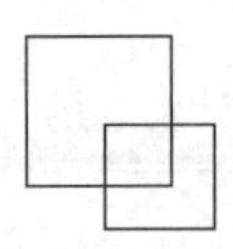

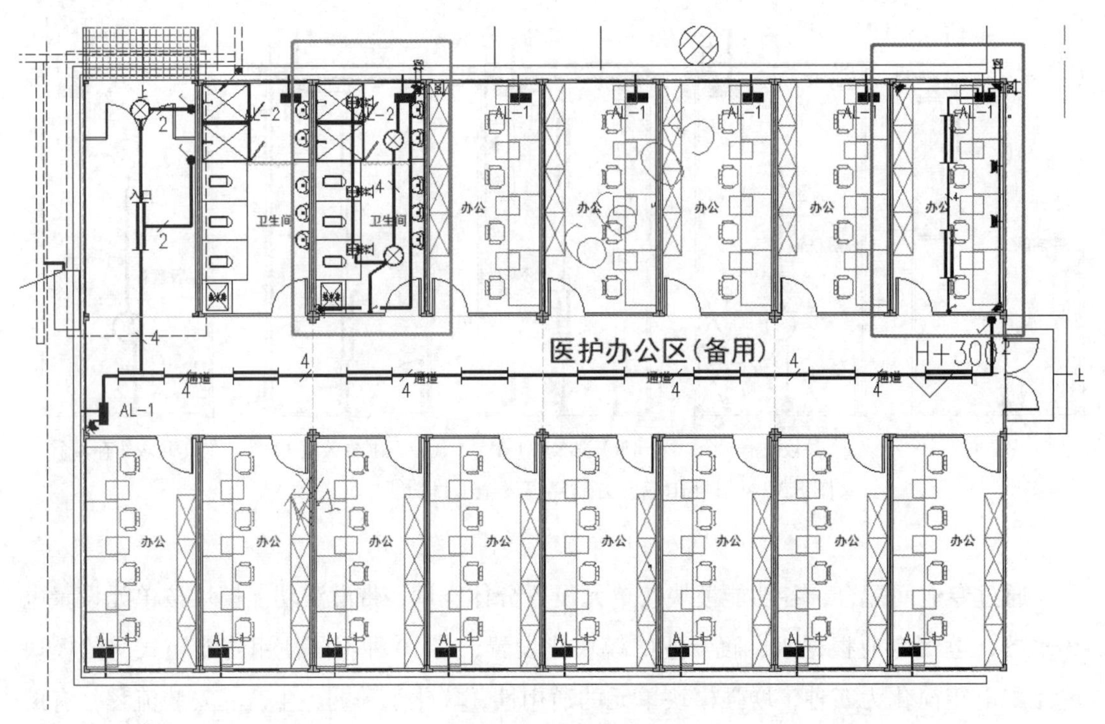

图 8.3.1-5　燕山应急方舱隔离设施项目室外医护办公区

举例：市属医院发热门诊方案漫游展示成果（图 8.3.1-6）

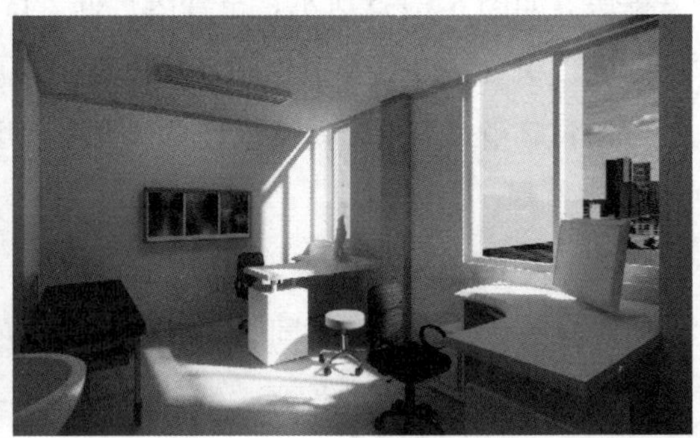

图 8.3.1-6　市属医院发热门诊方案漫游

2）明细表应用

利用设计模型，提取模型明细表中的数据信息，用于建筑房间面积、建筑面积、功能分区面积等统计及分析，精确统计各项常用面积指标，辅助进行技术指标测算，实现精确快速统计，为建筑指标分析提供支持，以及用于模型构件信息统计和分析等。

举例：北京市支持河北雄安新区建设医院明细表应用成果（图 8.3.1-7）

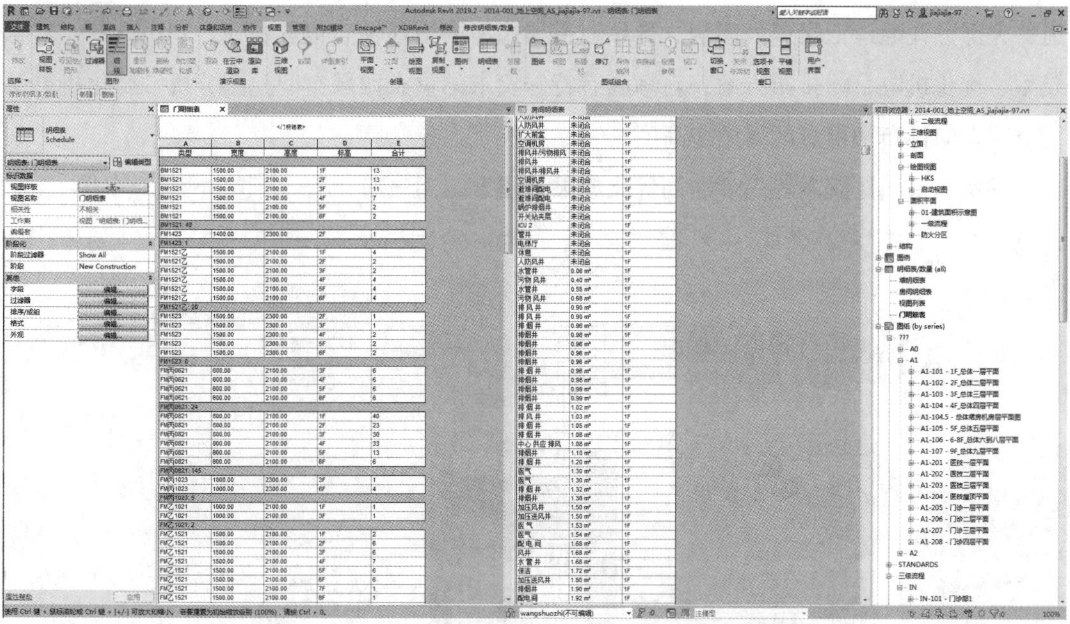

图 8.3.1-7　北京市支持河北雄安新区建设医院明细表

3）管线综合

医疗项目专业系统繁多、功能复杂，管道系统交错排布，如何科学合理布置各系统管线是医疗建筑工程中的难点问题。通过整合多专业模型，应用 BIM 可视化技术检查施工图设计阶段的碰撞，对管线标高进行全面精确的定位，发现影响净高的瓶颈位置，优化设计，减少拆改，提升经济效益。

举例：市属医院发热门诊管线综合成果（图 8.3.1-8）

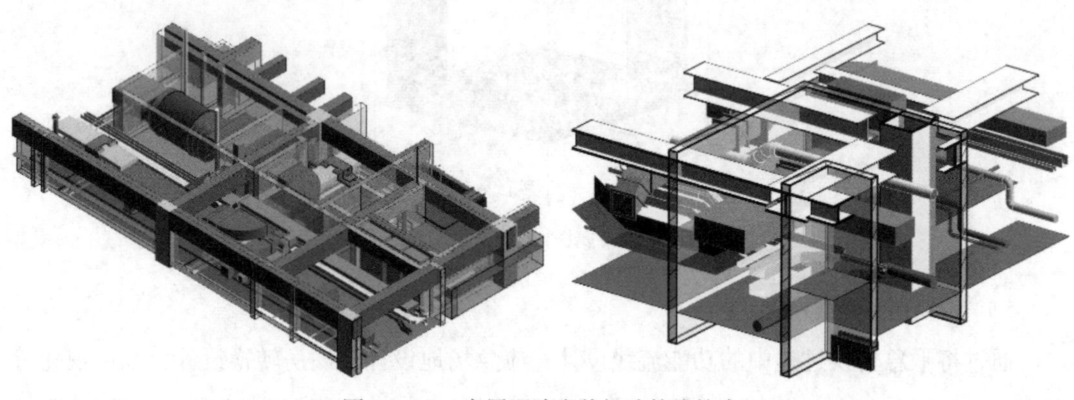

图 8.3.1-8　市属医院发热门诊管线综合

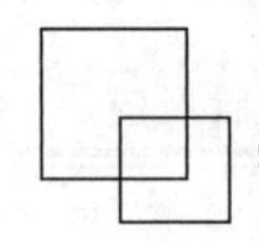

4）净高优化

管线排布是否合理，直接影响内部空间的利用率。应急医疗建筑有大量的管线和风道，大部分在通道汇聚进入病房，导致通道与病房内吊顶标高很难保证。利用各专业整合模型，优化机电管线排布方案，对净高有特殊要求的重点区域空间检测分析，优化机电系统空间走向排布和重点区域净空高度。

举例：市属医院发热门诊净高优化成果（图 8.3.1-9）

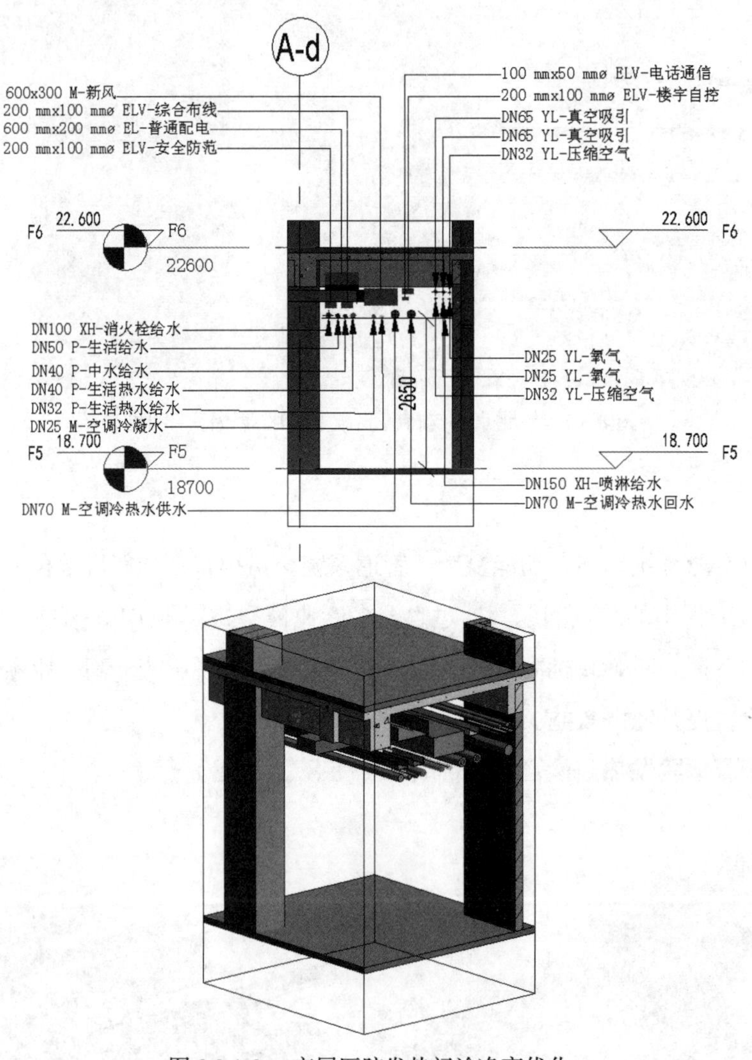

图 8.3.1-9　市属医院发热门诊净高优化

5）平急转换模拟分析

通过将平急转换过程中的功能流线设计、应急场地设计、病房转换设计，以可视化等方式在相关各方高效传递，从而提高参与者协同工作的效率，也为平疫转换实施提供依据。

举例：小汤山医院平疫转换模拟分析成果（图 8.3.1-10）

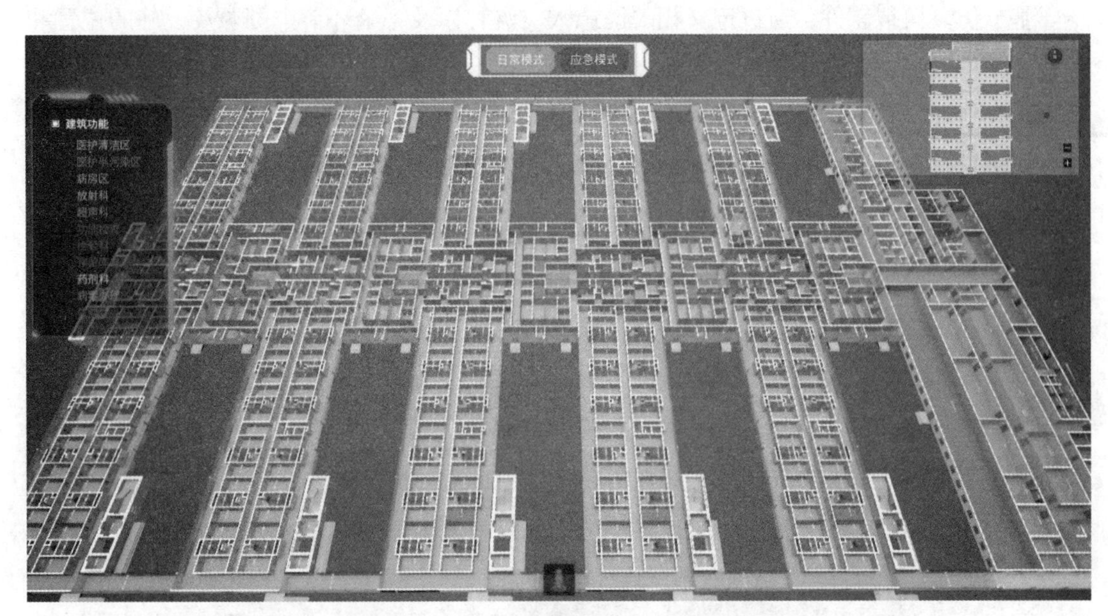

图 8.3.1-10　小汤山医院平疫转换模拟分析

6）流程动线模拟分析

利用设计模型和分析工具，模拟医护流线、病患流线、污物流线、洁物药品流线、探访流线等，做到洁净区、半污染区、污染区分区明确，无任何交叉，从而有效地控制院感。

举例：市属医院发热门诊流程动线模拟分析成果（图 8.3.1-11）

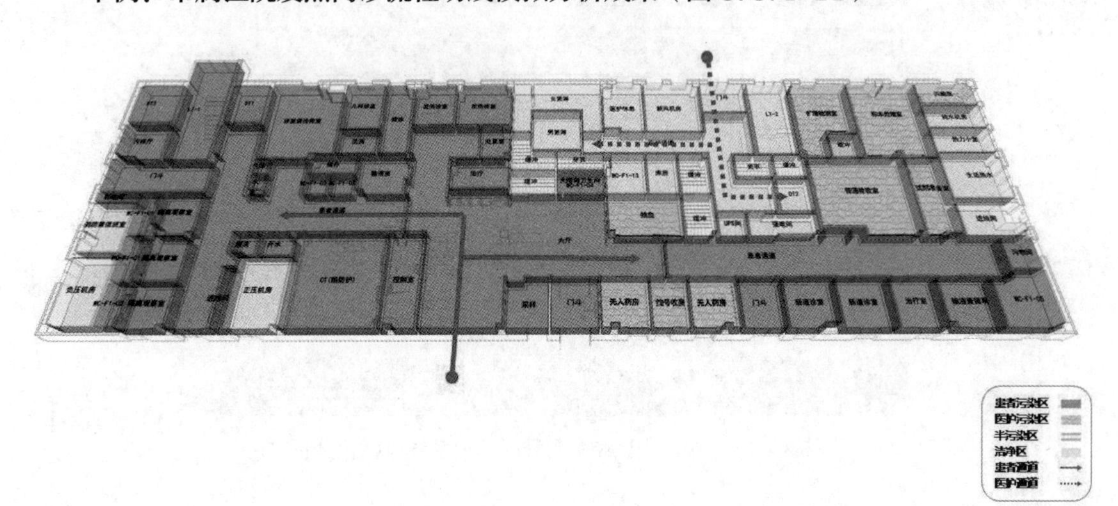

图 8.3.1-11　市属医院发热门诊流程动线模拟分析

7）建筑人流模拟

基于仿真模拟软件，通过定义相关医患人员流程以及各个环节中资源及设施的位置和数量，来仿真模拟特定物理环境中的人流情况。

8）火灾模拟与人员疏散分析

利用设计模型和分析工具，模拟火灾演化场景，基于火灾模拟结果对消防设施设置、人员疏散状况进一步分析，为人员疏散的安全性，优化防火分区划分、疏散通道设计及应急预案等相关消防设计提供依据。

9）医院标识系统可视化分析

利用设计模型和漫游软件，通过视角展示、实时漫游等手段直观反映应急医疗建筑内的标识系统的效果，并与整体设计进行碰撞检查和管线综合设计优化，在确保功能的同时也确保建筑整体效果，并以医患实际视角在全楼中进行模拟。

举例：小汤山医院 / 儿研所标识系统可视化分析成果（图 8.3.1-12）

图 8.3.1-12　小汤山医院 / 儿研所标识系统可视化分析

10）模型出图

根据三维协同成果，完成施工图阶段模型成果，由模型生成施工图设计图纸。

举例：北京市支持河北雄安新区建设医院模型出图成果（图 8.3.1-13 ）

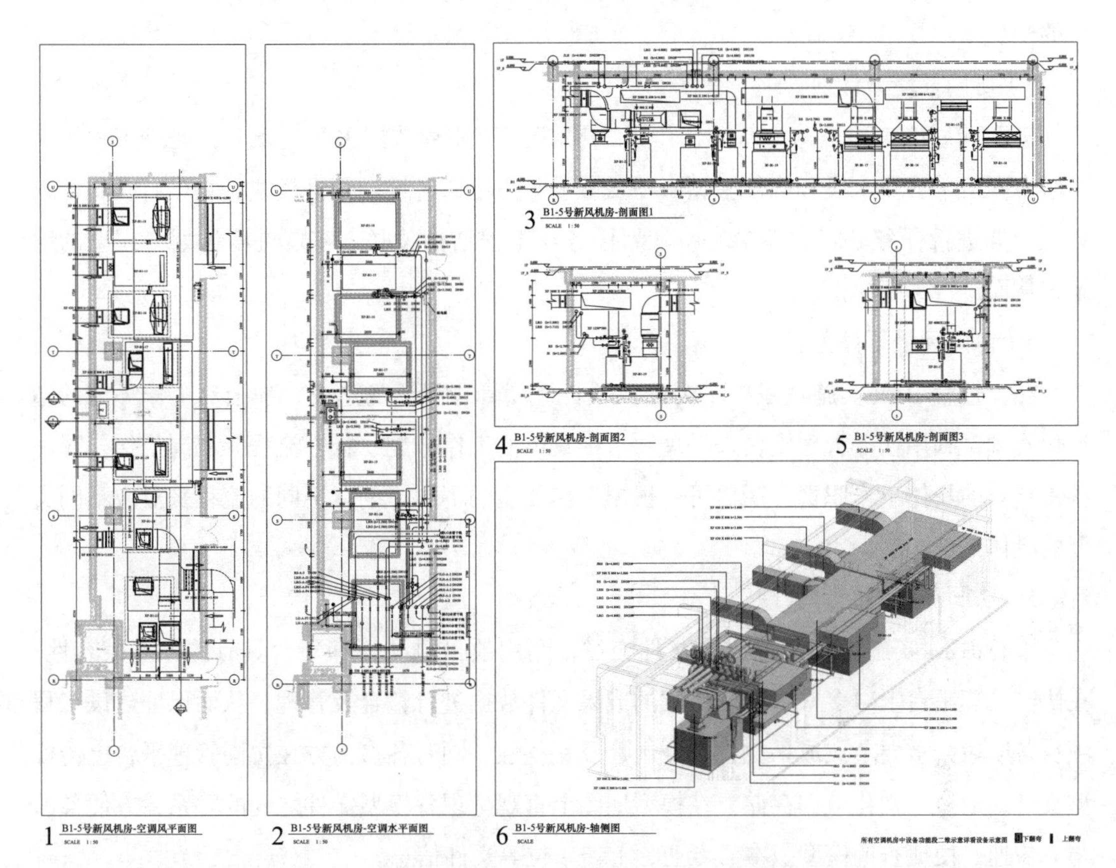

图 8.3.1-13　北京市支持河北雄安新区建设医院模型出图

3. 数字化 BIM 协同管理

通过 BIM 协同管理平台对应急医疗建筑项目进行建设阶段的项目管理，协同各个参建方，实现项目信息有效交换、集成、共享和应用。

在项目实施工作中，通过搭建项目各参与方的协同管理平台实现协同工作机制。协同工作管理平台能够将项目各个角色成员整合到一起，实现信息的多方流转和共享，突破时间、地域和专业限制，实现建设项目全生命期的信息传递。

1）协同环境下模型管理

通过 BIM 模型的轻量化处理实现 Web 浏览器端应用。基于 BIM 模型的多样化协同，进行多维度可视化场景构建。BIM 模型数据后台集中管理展示，随时存储、查看、分享，延续 BIM 数据价值。

2）协同环境下资源管理

管理项目中使用到的一些资源文件，包括 BIM 族库、模块库、文档模板、项目样板、图集、规范、标准、法律法规等。随着项目的进行，项目资源会不断积累和迭代，形成项目的知识库。

3）协同环境下计划管理

进度计划以工程结构为基础，作为BIM模型与业务数据关联的媒介，通过工程结构关联合同清单、流水段和构件模型。项目各参与方可通过计划管理模块，将已有实施计划导入，并进行任务分解和编辑，将计划任务与工程结构关联，实现进度计划与模型的绑定，从而进行进度模拟。

4）协同环境下任务管理

在全过程BIM实施过程中，为确保项目进度管理目标的达成，加强对工作环节的精细化管理，利用任务管理模块来处理项目中具体的工作分配、督办流程等协同工作，明确各参与方的具体工作职责，用户可以根据工作类型的不同，创建不同的流程来对应不同类型的具体工作。

5）协同环境下交付管理

进行BIM实施工作相关成果文件交付，利用项目协同管理平台具有的数据兼容性，在协同管理平台上对多来源、多格式的成果文件数据进行整合及管理，从而保证建设工程项目各阶段的重要节点成果文件的合规性及完整性。同时各参与方在协同管理平台上传模型文件，通过结构化数据存储，在模型地图上直观呈现各模型文件之间的联系，方便各参与方快速、便捷查询模型版本、专业、上传单位等文件信息。

4. 数字资产交付

建筑数字资产是指与建筑实体相一致，涵盖建筑设计、建造的必要信息，为运维阶段智慧化应用提供支撑的建筑静态基础数据。在竣工交付阶段经过对BIM模型的整合、修正，并补充运维所需的必要数据，形成建造阶段的建筑数字资产（图8.3.1-14）。

1）数字资产的底层基础

建筑数字资产是以电子数据形式存在，以空间数据为基础有组织地描述和集成建筑各级对象及相关业务数据，能直接被数字化平台利用，且持续性维护、积累和更新的建筑相关数据、信息与知识的集成。

除几何实体信息以外，建筑数字资产承载的信息范畴包括：建筑房间及空间功能信息、建筑各级功能系统信息、建筑部品、构件、零件、设施、设备描述信息、建造的过程信息，又包括施工、安装相关的技术、管理及产品信息，及形成完整功能单元后的性能、使用、维护信息等。

在竣工模型的基础上，对建设阶段产生的结构化数据、非结构化数据进行归纳梳理，将稳定固有的静态信息与随时间、人员、活动等改变而产生的动态信息进行映射处理和模型关联。通过模型挂载和集成多源信息。

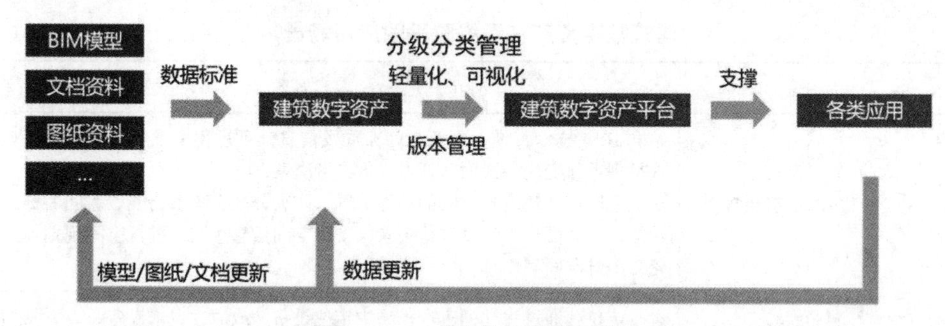

图 8.3.1-14　建筑数字资产交付流程

2）数字资产的交付方式

模型数据信息量非常庞大，如果将所有的信息都写入到几何模型中将会导致模型过大无法打开。因此建议采用数模分离的交付方式，即模型中只包含编码这一信息，设计信息、设备信息、厂家信息等都是以数据库的形式提交，通过编码与 BIM 模型一一对应。

3）数字资产的深入作用

通过深度挖掘数字资产在应急医疗建筑的应用价值，将空间数据作为建筑各类数据集成的总线，通过数据结构化，将数据与模型挂接，提供一个可查看和输出、可动态维护更新的“建、管、用一体化”数字资产。搭建 BIM 模型、汇集和加载各类建筑信息、交付运维全生命周期数据，可支持应急医疗建筑各类基本的数据应用功能。建筑数字资产是应急医疗建筑各项业务服务的统一基底，它不是简单的空间和数据的可视化，而是全面了解建筑信息和运行状态为数据底座应急医疗建筑提供分析决策的数据支持和持续改进的专业支持，可用于医院进行空间管理、流线管理、病房管理、患者管理与技术更新等内容。

通过模型挂载和集成多源信息，打破数据孤岛，将工程项目数据从设计、施工到运维阶段进行有效传递，最终实现传统“固定资产”交付之外的“数字资产”交付。

5. 数字资产与运维阶段的衔接

从数据源头上来说，运维平台从底层数据中心接入与建筑数字资产相关数据，如建筑、空间、设备等相关信息。此类数据进入运维平台后，平台会对数据进行数据清洗和数据存储，形成可管理可使用的数字资产。运维平台会根据各应用的需要，通过接口向其分发相关的建筑资产数据。

运维的应用场景

前置化考虑前期调研成果各部门应用需求，包括运维事件的预估及其所需的信息要求，节约运维阶段BIM应用成本，减少重复建模与不必要的工程变更，提前考虑与运维系统的衔接，赋能应急医疗项目智慧运营（表8.3.1-1）。

建筑数字资产在运维阶段的应用场景　　　　表8.3.1-1

序号	应用项		内容概述
1	资产运维管理	空间管理	结合BIM技术查询、更新空间布局及信息，可视化三维空间，以最直观的形式呈现最新变化，帮助管理者进行参考决策； 对应急医疗建筑内各空间的功能分区、防火分区、疏散路线、房间名称、房间功能、房间面积等信息进行记录，支持空间信息查询，进行空间规划与路线优化，提升空间利用率
2		设备管理	设备定位：通过房间列表在模型中定位设备，或通过点击设备，查看其相关联的上下级设备，并定位设备的空间位置及信息
3		资产管理	应急医疗内的诊疗设备、办公家具等固定资产都可以基于位置进行可视化管理，固定资产在楼层和房间的布局可以多角度显示，使用期限、生产厂家等信息也可即时查阅，通过RFID标签标识资产状态，还可实现自动化管理
4		能耗管理	应急医疗建设项目通过各类传感器、智能仪表采集到的能耗数据可以接入BIM模型，实现能源动态监测，记录的历史数据可以作为能耗分析比对的基础，对异常能耗进行调整优化

举例：新国展应急改造项目运维阶段应用点

1）空间功能设施分布

在系统中直观展示三维模型空间，对医院各个功能空间的人数、空间信息的使用情况、空间利用率及空间各类型等进行分析统计，可以根据不同的划分需求进行归类，更好地给管理者提供决策依据。

2）医护人员可视化培训

在对医护人员进行培训中，利用BIM模型对应急医疗建筑内部数据和信息进行可视化展示，可以避免传统建筑信息都存在于二维图纸和各种机电设备操作手册上，需要使用时由专业人员去查找、理解信息的弊端。

3）流程动线漫游VR

将水平交通、垂直交通、人流、物流在建筑中的组织分别呈现。以VR漫游的形式模拟流线的途经区域，既可以方便院感管理、又可以对人员进行培训和讲解（图8.3.1-15）。

4）设备资产分布管理

将医学工程设备与建筑空间紧密结合，便于医疗设备的盘点和管理，包括资产的出库归属、定位、转移、进出库、库存预警（超量或短缺）、盘点以及资产（如设备资产）利用率查询等工作。同时可以在空间中进行医疗设备的虚拟布置，对实际使用场景进行预演。

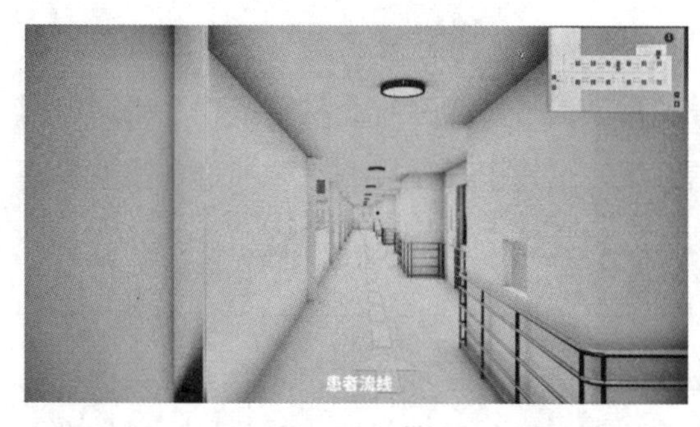

图 8.3.1-15　流程动线模拟

5）气流压差管理

对污染区、半污染区、清洁区、洁净区域等的气流组织、设计压差进行描述。接入压差传感器数据后实现对异常压差的监测及报警。同时，对服务于不同房间区域的风机可进行反向查询，便于及时处理故障（图 8.3.1-16）。

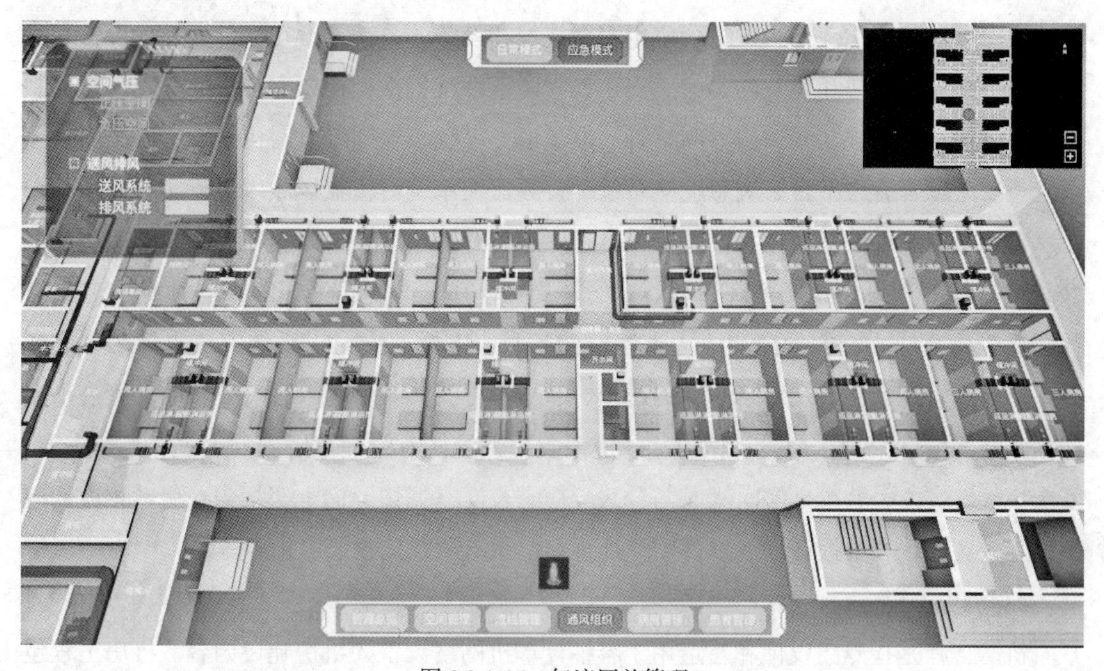

图 8.3.1-16　气流压差管理

8.3.2　应急医疗建筑智能化系统构建

1. 智能化系统综述

1）信息设施系统

信息设施系统是指用于收集、存储、处理和传输信息的信息基础设施。信息接入系统

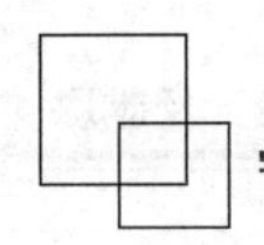

接入市政通信。以综合布线系统为架构，信息网络系统实现有线、无线网络的覆盖。电话系统、电视系统为全楼提供电话、电视信号。移动信号覆盖系统为楼宇搭建手机通信网络。无线对讲系统搭建楼宇管理专用内部通信系统。信息引导及发布系统通过各类型屏幕传递信息。公共广播系统通过扬声器实现背景音乐和业务广播信息的播放。

2）楼宇管理系统

楼宇管理系统旨在协助和简化大型建筑物或综合楼宇的管理和运营。该系统实现对建筑物内部各种设施、设备和服务的监控、控制和管理。楼宇管理系统主要包括：建筑设备监控系统、建筑能效监控系统、时钟系统、机器人服务系统。建筑设备监控系统对全楼的冷热源、空调及通风、给水排水、供配电、照明、电梯、自动扶梯等设备进行监测与控制。建筑能效监控系统对全楼电能、水能、天然气、冷热源等计量、分析、决策。时钟系统用于统一全楼各系统的时间。机器人服务系统按照场景需求配置机器人协助楼宇运营。

3）安全技术防范系统

安全技术防范系统是一种综合应用安全技术和设备的系统，旨在保护人员、设备和资产免受各种安全威胁和风险的影响。安全技术防范系统包括：视频监控系统、出入口控制系统、入侵报警系统、无障碍呼叫系统、电子巡更系统、电梯五方对讲系统、停车库管理系统、安防综合管理平台、应急响应系统。视频监控系统对覆盖区域内进行实时监视和记录。出入口控制系统完成控制和管理人员进入和离开特定区域。入侵报警系统可监测和报警未经授权的进入或其他可疑活动。电子巡更系统用于规范巡更者按时按质完成巡更路线。无障碍呼叫系统实现障碍人士遇险时的呼救。电梯五方对讲系统完成电梯的多方通话。停车库管理系统实现对于车辆的进出、引导、寻找、缴费等管理。安防综合管理平台包括集成系统和管理平台设计两方面。应急响应系统能对管理范围内的火灾、自然灾害、安全事故等突发公共事件实时报警与分级响应，及时掌握情况向上级报告，启动相应的应急预案，实行现场指挥调度、事件紧急处置、组织疏散及接收上级指令等。

4）机房工程

机房工程是指专门设计和建造用于容纳计算机网络设备的机房建设内容。机房工程包括：数据机房、UPS 配电及电池室、运营商机房、消防安防控制室、弱电间。针对这些机房需完成：装饰、消防、配电、不间断电源、空调通风、防雷接地、漏水监测、环境监控。

5）智慧医疗系统

智慧医疗系统是一种利用人工智能技术来提升医疗领域效率和质量的系统。它可以用于医学诊断、药物研发、患者监测等方面，通过分析大量数据、图像和文本信息，辅助医生做出更准确的诊断和治疗决策，同时也可以提供患者个性化的健康管理建议。这些系统有潜力改善医疗保健的交付方式，但也需要考虑隐私和伦理问题。智慧医疗系统包括：特殊病区行为管理系统、智慧输液无线呼叫系统、候诊呼叫信号系统、手术室可视对讲系统、远程问诊会诊系统、远程手术系统、远程医疗示教系统、远程急救系统。

特殊病区行为管理系统利用摄像机、传感器、门禁等设备，完成监控、管理、干预患者行为的系统。智慧输液无线呼叫系统利用无线技术和智能输液设备的组合，完成输液远程管控。候诊呼叫信号系统由无线通信设备和呼叫按钮、显示屏等设备组成，旨在提高患者就诊效率。手术室可视对讲系统通过音频和视频技术，使手术室内的医护人员能够在手术过程中进行沟通和协作，以提高手术效率和安全性。远程问诊会诊系统由计算机或移动设备、摄像头和麦克风、显示器、扬声器或耳机、高清视频传输设备、网络连接、远程问诊会诊软件等组成。根据不同的医疗机构和远程问诊会诊的需求进行定制，主要使用互联网和通信技术实现远程服务。远程手术系统通过摄像头和显示屏实现视频通话功能，使手术室内的医护人员能够在手术过程中进行沟通和协作，以提高手术效率和安全性。远程医疗示教系统结合虚拟现实（VR）或增强现实（AR）技术，通过模拟手术场景和操作过程，是一种用于培训医生和医疗团队进行手术操作的教学工具。远程急救系统结合通信技术和医疗设备，为远离医疗资源的患者提供紧急医疗救治和指导。

6）智慧病房系统

智慧病房系统是一种整合了技术和医疗护理的系统，旨在提升医疗机构的效率和患者的护理体验。它通常包括医疗设备的数字化监控、实时数据收集、远程监护、自动化药物管理以及与医护人员和患者之间的沟通工具。这种系统可以帮助医护人员更好地监测患者的病情，提供更准确的医疗决策，并提高医疗资源的利用效率。智慧病房系统包括：病床交互系统、病房探视系统、医护对讲系统、远程查房系统、病房智能家居系统、病房环境监控系统、集约化床旁应用系统、病床体征监测系统、病房智能输液系统、护士站集成应用模块。

病床交互系统由交互设备配合无线网络或专用无线协议实现功能。病房探视系统通过单元内触控屏，或病人的手机、平板电脑、笔记本电脑等方式，实现远程问诊和病房探视功能。医护对讲系统采用对讲机或无线通信设备进行语音通信，现多采用手机通过运营商网络实现该系统功能。远程查房系统是一种通过网络和远程通信技术，实现医生在不同地点对患者进行远程巡诊和诊疗的系统。病房智能家居系统利用互联网和无线通信技术，将家居设备、电器和系统连接在一起，实现智能化控制和自动化管理。通常由控制中心、传感器、执行设备组成。病房环境监控系统通常由传感器、数据采集和传输设备、中央控制

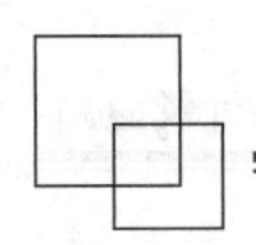

台或云平台、警报系统搭建组成。集约化床旁应用系统将各种医疗设备、信息系统和通信技术整合在一起，为医护人员提供更高效的病床管理工具。病床体征监测系统包括传感器、监测仪器、数据处理单元和显示器等组件，是一种用于监测病人身体状况和生命体征的设备。病房智能输液系统使用智能化技术和设备来管理和监控患者的输液治疗过程。它旨在提供更加精确、安全和便捷的输液管理，减少人为错误和提高护理效率。护士站集成应用模块通常通过电脑、平板电脑或其他显示设备进行操作，并与医院的信息系统和其他相关系统进行集成。

7）智慧后勤系统

智慧后勤系统是一种利用先进技术来优化组织或机构的后勤管理和运营的系统。这种系统可以涵盖许多领域，包括物流、库存管理、设备维护、人力资源分配等。通过数据分析、自动化和实时监控，智慧后勤系统可以提高效率、降低成本并改善整体运营。例如，在医疗机构中，智慧后勤系统可以帮助管理医疗用品的库存、安排员工排班以及优化设备维护计划，从而提供更好的医疗服务。智慧后勤系统包括：食品溯源系统、急诊绿色通道病人流向管理系统、建筑设备资产管理系统、冷链物资管理系统、资产定位系统、医疗废弃物管理系统、消毒供应室管理系统。

食品溯源系统通常需要数据采集设备、存储设备、数据传输设备、标识设备等来实现数据采集与标识、信息管理与存储、溯源查询与追踪等功能。急诊绿色通道病人流向管理系统由检测设备、扫描仪等设备集成，是一种通过优化急诊病人的流程和管理，以提高绿色通道病人就诊效率和服务质量的系统。建筑设备资产管理系统由传感器和监控设备组成，应能实现资产追踪与监控、故障管理和维修功能。冷链物资管理系统是指对医疗领域中需要保持低温或恒温条件的物资（包括药品、疫苗、血液制品、生物样本等）进行有效的管理和控制的系统。资产定位系统指确定和追踪特定资产的位置或位置信息的系统，定位方式有 GPS、Wi-Fi、蓝牙、RFID 射频技术等。医疗废弃物管理系统是指对医疗机构产生的废弃物进行安全、规范、环保的处理和处置的系统。消毒供应室管理系统是指对医疗机构中的消毒供应室进行有效的组织、管理和监督的系统。

2. 非医疗建筑的应急改造智能化要点

非医疗建筑的应急改造，受限于建筑的现状条件，以满足应急医疗建筑的基础需求为主。优先利用现有系统配合末端设备调整实现功能要求。当现状建筑系统缺失或无法通过末端调整满足要求时，可优先采用无线通信技术搭建系统。在满足基础系统需求后，可做适度提升。具体如下，详见智能化系统架构图 8.3.2-1。

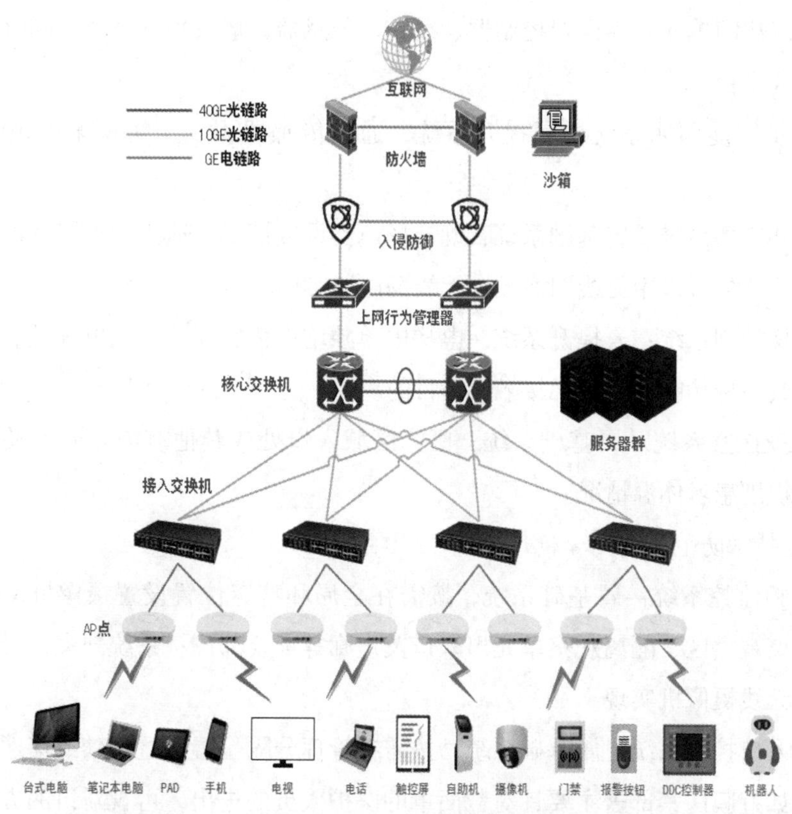

图 8.3.2-1 建筑转换应急医疗建筑的智能化系统架构图

1）信息设施系统

（1）信息网络系统：属基础系统，优先利用无线网络技术实现，重点考虑设备信号的高密度、全覆盖。

（2）移动信号覆盖系统：属基础系统，联系当地运营商，确保 4G 或 5G 网络的全覆盖。

（3）无线对讲系统：属基础系统，确定信道、对讲机数量满足需要；系统缺失，可采用临时搭建大功率手台方式实现，还可采用无线网络配置网络对讲机实现。

（4）其他系统：电话、电视、信息导引及发布，均为功能提升系统，可利用有线或无线网络实现。

2）楼宇管理系统

（1）建筑设备监控系统：属基础系统，配合设备和电气专业方案，利用现状或单独设置系统设施时可就地改造配电箱或配合新增配电箱，增加无线现场控制器配合无线网络实现按区域控制污染物传播。

（2）微压差报警系统：属基础系统，有需要的场所，如洁净室、实验室、手术室、药

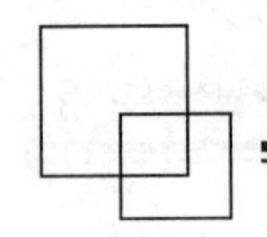

品制造室，以房间单元为界设置控制器、线路、传感器，形成独立系统，同时可将信号传输至医疗集成平台。

（3）建筑智能照明系统：属提升系统，通过传感器识别，实现无接触的照明开关控制。

（4）公共广播系统：属基础系统，确定扬声器设置情况，适当增加保证声场强度和覆盖范围；系统缺失可采用无线网络配合无线扬声器实现。

（5）电梯控制系统：属提升系统，电梯内单独增设传感器，接入电梯控制箱，实现隔空手势控制或声控功能，达到无接触操作目的。

（6）防疫检查系统：属基础系统，医疗区域入口处或其他有需要处，设置温度检测仪，无接触识别患者体温情况。

3）安全技术防范系统

（1）视频监控系统：属基础系统，按需在全局和特定位置设置摄像机，例如，出入口、医学隔离观察区、隔离观察单元出入口及走廊等重要部位；系统缺失，可采用无线网络传输配合无线摄像机实现。

（2）出入口控制系统：属基础系统，按需在管理分隔位置设置门禁或速通门，实现无接触识别，如虹膜门禁部署主要针对戴面罩的医护人员的进出，可视对讲的方式，门禁卡的方式；系统缺失，可采用无线网络传输配合无线门禁控制器实现。

（3）停车库管理系统：属基础系统，具体结合运营方管理需求设置该系统。车辆进出场地全自助服务，人员通过网络自助缴费，全程无接触。

4）机房工程

（1）智能化系统沿用建筑现状系统。主机房可利用建筑现有机房。机房内利用预留空间、机柜，放置针对应急医疗相关的核心交换机、服务器等设备。通信线路及接入层设备均沿用现状系统。

（2）智能化系统在应急医疗区重新搭建系统。主机房需就近在医疗区外洁净环境选择房间或搭建临时机房。机房用于放置针对应急医疗相关的核心交换机、服务器、运营商接入设备等。机房通过光缆、总线等通信线路连接至医疗区的接入层设备。实现完整系统建设。

5）智慧医疗系统

（1）特殊病区行为管理系统：属提升系统，有特殊病区时根据需要设置，设置专用的行为识别与分析摄像机、报警器等设备，采用无线网络传输配合实现。

（2）输液呼叫信号系统：属基础系统，输液位置旁设置呼叫装置，护士站设置应答装置，避免患者走动接触他人。

（3）候诊排队叫号系统：属基础系统，候诊区设置取号装置，医生处设置叫号装置，配合扬声器和显示屏，无接触引导患者就诊。

（4）手术室可视对讲系统：属基础系统，在手术室等需求房间设置可视对讲分机，调度中心设置可视对讲主机，通过无接触方式音视频方式沟通。

（5）远程问诊会诊系统：属基础系统，通过信息网络系统，各类实现音视频功能的终端设备均可完成医患间的远程问诊、会诊功能，最大程度减少人员流动与医患接触。

（6）远程手术系统：属提升系统，通过信息网络系统，医生位于线上，通过专用医疗设备操作异地的手术设备，目前局限于微创手术，可有效避免医患接触，且能高效提供高水平手术服务。

（7）远程医疗示教系统：属提升系统，通过信息网络系统，利用音视频设备，将医疗情况直播、转播、录播的形式直观展示给医生，促进医疗示教培训。

（8）远程急救系统：属提升系统，通过信息网络系统，利用各类实现音视频功能的终端设备，完成医患间的远程急救沟通、指导施救，救护车与医院、急救中心的远程沟通，确保急救效率提高。

6）智慧病房系统

（1）病床交互系统：每个单元床位旁设置末端交互设备，配合无线网络或专用无线协议实现功能。

① 基础功能：需提供护理呼叫功能，最简单的形式以呼叫按钮通过通信总线将呼叫信号传输至护士站，完成呼叫功能。更好的可增设通信功能。

② 提升功能：可采用一体化显示屏，通过网络线路接入网络，实现显示、触控、呼叫、视频通话、医疗信息、订餐服务等多种功能。

（2）病房探视系统：属提升系统，通过信息网络系统，利用各类实现音视频功能的终端设备，完成家属对病人的探视过程。医院本地可设置病区内外的音视频一体机实现功能，也可由家属和医患的手机等终端设备实现。

（3）医护对讲系统：属基础系统，可采用对讲机或无线通信设备进行语音通信，现多采用手机通过运营商网络实现该系统功能。

（4）远程查房系统：属提升系统，通过信息网络系统，利用音视频终端结合机器人配以医疗监测器械，完成无接触的医生查房工作。

（5）病房智能家居系统：配合小程序或自助机完成登记，二维码开门，门磁报警，属基础系统；设置电动窗帘、智能灯光、智能空调、语音控制等互联互通设备，实现病人的便捷控制及医护人员对于病房的集中管控，属提升系统。

（6）病房环境监控系统：属提升系统，通过建筑设备监控系统接入各类空气质量传感器，反馈至主机进而控制联动新风系统实现空气调节。

（7）病床体征监测系统：属提升系统，各种医疗设备通过信息网络系统将信息汇总集成，形成一套完整的电子实时病例，减轻医护人员工作内容并提高效率。

（8）病房智能输液系统：属提升系统，输液设备带有泵组可有效控制输液情况，并通过信息网络系统实现医护的远程监控。

7）智慧后勤系统

（1）食品溯源系统：属提升系统，通过食品包装上的二维码或产品编号追溯食品生产、运输的所有环节，通过手机等终端设备联网查询。

（2）冷链物资管理系统：属提升系统，对需要冷链的医疗物资建立台账，赋予二维码或产品编号，通过手机等终端设备联网查询。

（3）建筑设备资产管理系统：属提升系统，为资产建立台账，为资产赋予专有二维码或编号查询资产情况，通过手机等终端设备联网查询。

（4）资产定位系统：属提升系统，通过为资产赋予 RFID 标签，完成资产定位。

（5）医疗废弃物管理系统：属提升系统，通过对于废弃物建立台账，记录生成全周期管理、监测、记录机制。

（6）消毒供应室管理系统：属提升系统，对消毒设备及需要进行消毒的设备建立台账，赋予二维码或产品编号，通过手机等终端设备联网查询。

（7）机器人系统：属提升系统，通过无线网络传输信息，实现服务、清扫、运输等功能，减少人员接触，减轻医护人员工作负担，提升防疫安全性。

3. 医疗建筑的平急转换智能化要点

医疗建筑的平急转换，基于医疗建筑的现状条件，以更好满足应急医疗建筑的要求为主。优先利用现有系统配合末端设备调整实现功能要求。当现状建筑系统缺失或无法通过末端调整满足要求时，可优先采用无线通信技术搭建系统。

1）信息设施系统

医疗建筑，按照规范标准建设，其应满足对于综合布线系统、信息接入系统、信息网络系统、电话系统、电视系统、移动信号覆盖系统、无线对讲系统、信息导引及发布系统的基本要求。主要配合建筑功能区域划分的变化，增加末端点位设置，以满足使用需求。

2）楼宇管理系统

（1）建筑设备监控系统：现状应包含该系统，但针对应急医疗，需要针对应急医疗对于通风系统的要求调整。如通过设置压力传感器对转换后不同分区的气压进行监测，采用集中控制或手动控制方式。

（2）微压差报警系统：有需要的场所，如洁净室、实验室、手术室、药品制造室，以房间单元为界设置控制器、线路、传感器，形成独立系统，同时可将信号传输至医疗集成平台。

（3）电梯控制系统：电梯内单独增设传感器，接入电梯控制箱，实现隔空手势控制或声控功能，达到无接触操作目的。

（4）防疫检查系统：医疗区域入口处或其他有需要处，设置温度检测仪，无接触识别患者体温情况。

（5）其他系统：建筑智能照明系统、公共广播系统应已建设，配合建筑功能区域划分的变化，增加末端点位设置，以满足使用需求。

3）安全技术防范系统

医疗建筑，按照规范标准建设，其应满足对于视频监控系统、出入口控制系统、入侵报警系统、电子巡更系统、无障碍呼叫系统、停车库管理系统的基本要求。主要配合建筑功能区域划分的变化，增加末端点位设置，以满足使用需求。例如，视频监控系统后台增加视频分析软件辅助管理工作。出入口增加多种生物识别方式以满足无接触及适应防护服的使用，集“佩戴口罩识别＋人体测温＋验健康码＋疫苗接种信息＋核酸查询＋电子证照”六合一功能为一体，工作人员和医务人员可在无接触、不摘口罩的情况下实现精准测温、快速通行。

4）机房工程

智能化系统沿用建筑现状系统。主机房可利用建筑现有机房。机房内利用预留空间、机柜，放置针对应急医疗相关的核心交换机、服务器等设备。通信线路及接入层设备均沿用现状系统。

5）智慧医疗系统

大多数医疗建筑已经设有全部或部分智慧医疗系统，则不需另行设置，仅根据区域划分配合建筑布局调整末端点位设置即可。智慧医疗系统所含子系统及系统内容与非医疗建筑要求相同。

6）智慧病房系统

大多数医疗建筑已经设有全部或部分智慧病房系统，则不需另行设置，仅根据区域划分配合建筑布局调整末端点位设置即可。智慧病房系统所含子系统及系统内容与非医疗建筑要求相同。

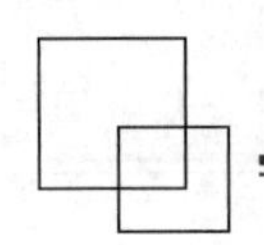

7）智慧后勤系统

智慧后勤系统是基于无线物联网通信架构下的污物跟踪管理系统，实现污物、药品、标本等物资配送、垃圾清运等服务，解决平急转换时医院医疗物资配送、餐食日用品配送以及环境消杀等问题，降低了感染风险，提升了医院的防护能力和服务能力。智慧后勤系统所含子系统及系统内容与非医疗建筑要求相同。

4．应急模块化医疗建筑智能化要点

应急模块化医疗建筑，是一种以模块化拼接方式快速组成应急医院的临时性建筑，只需要提供适合搭建的场地，如满足三通一平、供水、供电、供网等条件的场地。可根据需要搭建各类房间功能模块，如病房、手术室、化验室、治疗室、实验室、设备机房等。

对应建筑特点，智能化系统基础架构采用具有结构简单、组网灵活、信号传输距离长、节省线路、易敷设、可靠性高等多项优点的全光网架构更为合适。

该架构以建筑模块单元为基础。将每个模块单元视为一个光网末端点，光纤配置到单元内的光网络单元（ONU）处。通过ONU为单元模块内部提供无线网络，并采用有线或无线方式接入网络、电话、电视、广播、单元门禁、呼叫按钮、带摄像头触控屏等设备，实现智能化各系统的设置。以各单元模块ONU为基点，采用光缆连接，经分光器至光线路终端（OLT）、核心交换器、存储器、服务器等核心设备。核心设备集中设置在院区内的模块化数据机房，接至市政运营商网络。详见智能化系统架构图8.3.2-2。

公共区域可与模块单元共用一张全光网或单独建设网络。需建设信息网络系统（无线网络）、移动信号覆盖系统、无线对讲系统、视频监控系统、公共区域出入口控制系统、建筑设备监控系统。

1）信息设施系统

（1）综合布线系统：属基础系统，采用全光网架构，光网络单元（ONU）位于房间内，分光器位于通道走廊端头，核心交换机光线路终端（OLT）位于模块化数据机房，各设备间通过光缆连接。

（2）信息网络系统：属基础系统，核心交换机、服务器等设备位于数据机房，末端光网络单元（ONU）自带Wi-Fi功能。

（3）移动信号覆盖系统：属基础系统，联系当地运营商，确保4G或5G网络的全覆盖。模块化建筑对信号屏蔽影响不大时，可通过室外基站直接满足信号覆盖。

（4）无线对讲系统：属基础系统，确定信道、对讲机数量满足需要，可采用临时搭建大功率手台方式实现，还可采用无线网络配置网络对讲机实现。

（5）其他系统：电话、电视、信息导引及发布，均为功能提升系统，可利用全光网建筑模块单元内的光网络单元（ONU）实现。

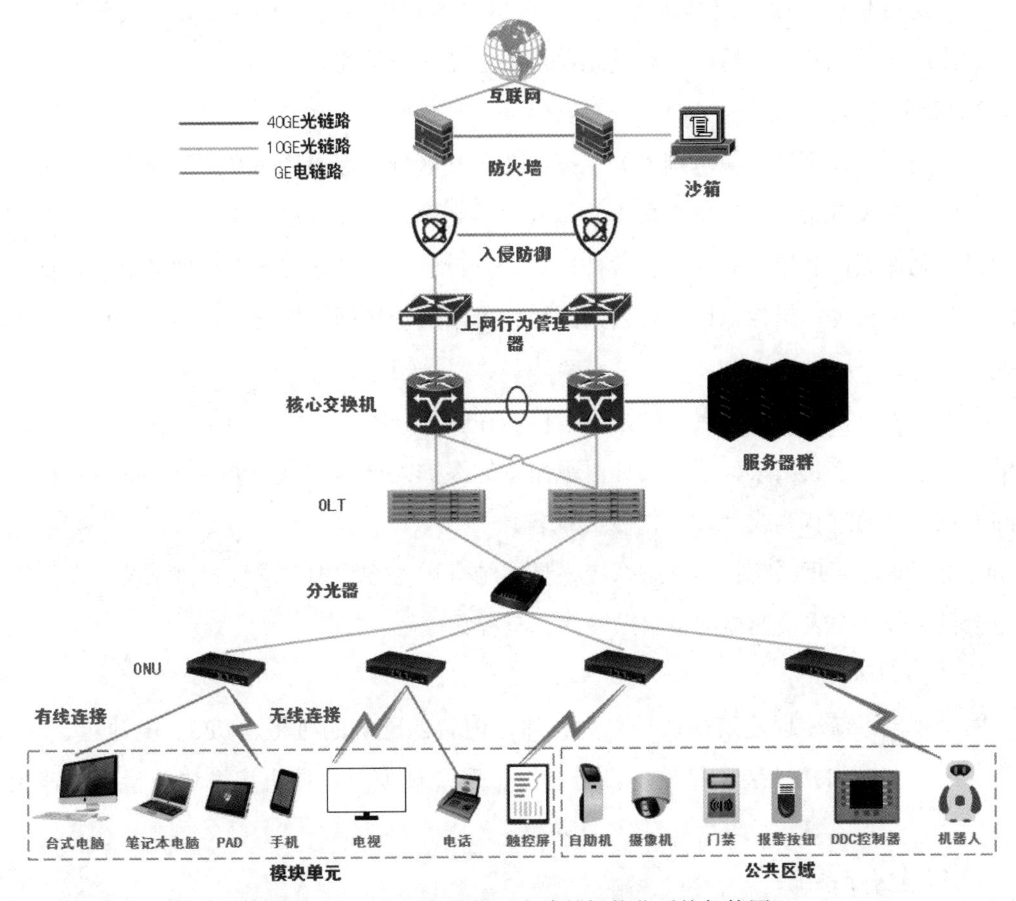

图 8.3.2-2　应急模块化医疗建筑智能化系统架构图

2）楼宇管理系统

（1）建筑设备监控系统：属基础系统，采用模块化机房，对应房间内设备及配电箱设置 DDC，接入全光网网络系统。

（2）微压差报警系统：属基础系统，有需要的建筑模块单元，例如洁净室、实验室、手术室、药品制造室，以房间单元为界设置控制器、线路、传感器，形成独立系统，通过全光网网络系统将信号传输至医疗集成平台。

（3）建筑智能照明系统：属提升系统，通过传感器识别，实现无接触的照明开关控制。

（4）公共广播系统：属基础系统，每个建筑模块单元内设置扬声器，接入房间内的光网络单元（ONU）。

（5）电梯控制系统：属提升系统，电梯内单独增设传感器，接入电梯控制箱，实现隔空手势控制或声控功能，达到无接触操作目的。

（6）防疫检查系统：属基础系统，医疗区域入口处或其他有需要处，设置温度检测仪，无接触识别患者体温情况。通过光缆接入全光网络系统。

3）安全技术防范系统

（1）视频监控系统：属基础系统，按需在公共区域确保摄像机视野全覆盖，例如，出入口、医学隔离观察区、隔离观察单元出入口及走廊等重要部位；特定区域采用人脸识别摄像机，确保黑白名单，后台通过各种比对、分析软件实现各类图像拓展功能，例如轨迹追踪、电子围栏等；摄像机设置在公共区域，可采用全光网架构配合供电交换机、光电复合缆实现。

（2）出入口控制系统：属基础系统，按需在管理分隔位置设置门禁或速通门，实现无接触识别，例如虹膜门禁部署主要针对戴面罩的医护人员的进出，可视对讲的方式，门禁卡的方式，可通过有线或无线方式接入网络。

（3）停车库管理系统：属基础系统，具体结合运营方管理需求设置该系统。车辆进出场地全自助服务，人员通过网络自助缴费，全程无接触。

4）机房工程

属于基础系统，以建筑模块单元为整体，内置匹配好的机柜、UPS、电池组、空调、消防、配电、防雷接地装置等设备设施，根据系统规模，选择机房模块数量，快速投入使用。

5）智慧医疗系统

（1）特殊病区行为管理系统：属提升系统，有特殊病房模块单元时，房间内设置专用的行为识别传感器，采用有线或无线网络接入 ONU，通过全光网网络系统实现数据传输。

（2）输液呼叫信号系统：属基础系统，输液模块单元内配置输液座位，每个座位旁设置呼叫装置，采用有线或无线网络接入 ONU，通过全光网网络系统实现数据传输，护士站设置 ONU 接入应答装置，避免患者走动接触他人。

（3）候诊排队叫号系统：属基础系统，候诊区设置取号装置，医生处设置叫号装置，配合扬声器和显示屏，无接触引导患者就诊。设备均通过 ONU 接入全光网络系统。

（4）手术室可视对讲系统：属基础系统，在手术室等需求模块单元设置可视对讲分机，调度中心设置可视对讲主机，通过 ONU 接入全光网络系统，实现无接触式音视频沟通。

（5）其他系统：远程问诊会诊系统、远程手术系统、远程医疗示教系统、远程急救系统，与非医疗建筑要求相同。

6）智慧病房系统

（1）病床交互系统：每个单元床位旁设置末端交互设备，配合无线网络或专用无线协议通过 ONU 接入全光网络系统。

① 基础功能：需提供护理呼叫功能，最简单的形式以呼叫按钮通过通信总线将呼叫信号传输至护士站，完成呼叫功能。更好的可增设通信功能。

② 提升功能：可采用一体化显示屏，通过网络线路接入网络，实现显示、触控、呼叫、视频通话、医疗信息、订餐服务等多种功能。

（2）病房探视系统：属提升系统，通过信息网络的全光网系统，利用各类实现音视频功能的终端设备，完成家属对病人的探视过程。医院本地可设置病区内外的音视频一体机实现功能，也可由家属和医患的手机等终端设备实现。

（3）医护对讲系统：属基础系统，可采用对讲机或无线通信设备进行语音通信，现多采用手机通过运营商网络实现该系统功能。

（4）远程查房系统：属提升系统，通过信息网络的全光网系统，利用音视频终端结合机器人配以医疗监测器械，完成无接触的医生查房工作。

（5）病房智能家居系统：配合小程序或自助机完成登记，二维码开门，门磁报警，属基础系统；设置电动窗帘、智能灯光、智能空调、语音控制等互联互通设备，通过 ONU 接入全光网网络系统，实现病人的便捷控制及医护人员对于病房的集中管控，属提升系统。

（6）病房环境监控系统：属提升系统，通过 ONU 接入全光网络系统接入各类空气质量传感器，反馈至建筑设备监控系统主机进而控制联动新风系统实现空气调节。

（7）病床体征监测系统：属提升系统，各种医疗设备通过信息网络的全光网系统将信息汇总集成，形成一套完整的电子实时病例，减轻医护人员工作内容并提高效率。

（8）病房智能输液系统：属提升系统，输液设备带有泵组可有效控制输液情况，并通过信息网络的全光网系统实现医护的远程监控。

7）智慧后勤

智慧后勤系统所含子系统及系统内容与非医疗建筑要求相同。

8.3.3　信息化构建

应急医疗机构信息化建设，应当准确把握医疗应急救援工作性质、业务特点、任务要求、功能定位和发展趋势，研究开发功能普适与互联互通相结合的一体化应急医疗救援信息系统。应急系统的构建应该是基于传统医疗机构信息化体系的基础之上，进行适应应急场景的快速转换和特定需求定制。

1. 传统医疗机构信息化系统的构建

1）医院常态信息化构建

《全国医院信息化建设标准与规范（试行）》针对医院的临床业务、医院管理等工作，从软硬件建设、安全保障、新兴技术应用等方面规范了医院信息化建设的主要内容和要求，可以视为我国在医院全面信息化的JCI与HIMSS标准。

《全国公共卫生信息化建设标准与规范（试行）》针对公共卫生信息化的短板和不足，梳理现状的基础上，依托全民健康信息平台开展建设，一方面满足“平时”国家对公共卫生机构的宏观管理、政策制定、资源配置、绩效评价等方面的管理信息需求，另一方面满足“战时”对建立健全分级、分层、分流的传染病等重大疫情救治机制的有效支撑，提升公共卫生信息化“平急结合”能力。

2）基层医疗卫生机构常态信息化构建

基层医疗卫生机构包括社区卫生服务中心（站）、乡镇卫生院、村卫生室等，是我国卫生体系的毛细管网，深入触达全民医疗的最小单元，在应急体系中承担着哨所和后勤的双重作用，是应急防控的第一道防线，具备知识宣教、监测报告、筛查隔离、网格照护的先天优势，其信息化程度影响了应急响应的速度和广度。

《全国基层医疗卫生机构信息化建设标准与规范（试行）》针对基层医疗机构的服务业务和管理工作，从便民服务、业务服务、业务管理、软硬件建设、安全保障等方面规范了信息化建设的主要应用内容和建设要求，为构建全国卫生健康一张网、拉齐各地医疗卫生建设提供了坚实的基础。

3）公共卫生信息化构建

在医院和基层医疗卫生机构之外，各级疾病预防控制中心、卫生健康管理部门、卫生健康监督机构等在完善疾病预防控制体系、建设重大应急事件救治体系中也发挥了巨大的作用，同时在现有的医疗体系之外，更大范围的全民健康信息平台也在国家和省区两级进行部署，因此使用信息化健全重大事件应急响应机制，推动公共卫生服务与医疗服务高效协同、无缝衔接也是极为重要的。

2. 应急医疗机构信息化系统的实施要点

应急医疗体系构建的目的是在一定的时间和空间范围内对突发公共卫生事件、自然灾害、安全生产事故等紧急情况进行有效的应对和处置，尽可能将突发事件控制在萌芽状态或发生初期，而在事件出现后，应急机制则能及时动员相关医疗资源和技术力量将事件控制在有限范围内，减轻对公众健康的影响。

围绕应急防疫中各方的需求，必须结合其在不同场景下的具体业务，站在全局的高度去构建应急医疗信息化系统。

（1）对于医务管理和患者服务，构建以电子病历为核心的临床诊疗一体化平台。建立高效标准的以电子病历为核心的信息集成平台，完成医院内各异构系统规范一体化数据集成和应用集成，满足临床业务的流程整合、医疗资源的协同管理、诊疗业务的全程质控、临床知识共享、患者查询与预约、防控信息获取与指导，成为应急场环境下医疗机构内部核心系统。

总体框架上，按照基础设施层、基础应用层、信息交换层、信息资源层、平台服务层、平台应用层逐级向上建设：

① 基础设施层包括服务器、存储、网络、应用终端、物联传感器。

② 基础应用层划分为临床服务、医疗管理、运营管理三大类。

③ 信息交换层主要是互联互通集成平台。

④ 信息资源层包括患者、医务、专业、科室等注册信息库、电子病历库、运行管理库、临床知识库、数仓。

⑤ 平台服务层包括电子病历整合服务、电子病历档案服务、对外业务交互服务、决策支持服务、安全及隐私服务系统。

⑥ 平台应用层包括集成视图、健康管理门户、医疗质量管理、移动医疗等。

（2）对于后勤保障，构建医疗医药应急保障体系信息平台。区域级医疗医药应急保障体系信息平台以汇聚医药物资生产、流通、储备等八大体系数据资源为实施路径，高效整合医疗医药领域数据资源，构建面向政府和社会的医疗医药应急保障服务、智慧监管协同服务和社会治理与公共服务体系。

（3）临床一体化平台与区域医疗平台之间的关联。总体框架上，按照数据层、基础服务层、微服务组件层、服务网关、子业务系统的架构建设：

① 数据层需要对数据物资、物流、采购、结算、报表等信息进行采集、清洗、治理。

② 基础服务层建设缓存、索引、消息中间件、搜索引擎、大数据。

③ 微服务组件层解决服务注册、服务配置、链路跟踪、断路器等，并对基础数据、物资储备、预警中心、采购平台、在线调度、补偿结算、分派捐赠、能力开放等模块进行封装。

④ 子业务系统则需要建设物资管理系统、统一调度系统、智能物流系统、物资采购系统、补偿结算系统和数据交换中心。

（4）临床一体化平台与区域医疗平台建设和实施要点基本一致。

3. 应急医疗机构信息化系统架构

1）应用架构

应急医疗信息化系统应用架构是在应急医疗机构中实施的信息化系统整体架构和组织方式。旨在通过合理地组织和整合各种资源，实现医疗机构内部各项业务的高效运行和信息化管理。

系统应用架构核心功能聚焦于四部分，分别为运营后勤、临床诊疗服务、患者服务和公共卫生。其中运营后勤模块以科学化管理为重心，用于管理和跟踪医疗空间、应急物资、设施设备、环境污染监控等，以优化资源利用和工作流程，提高效率和成本控制；临床诊疗服务相关信息化系统提供电子病历、医技管理、质量安全控制等功能，可通过远程业务和移动业务，帮助医生和护士提供高质量的医疗服务；患者服务模块以患者为中心，包括互联网医院、医疗预约服务、就诊服务等；公共卫生模块则帮助应急医疗机构在公共卫生方面发挥重要作用，例如，系统可以用于监测和跟踪疾病流行趋势，进行流行病学调查等，帮助公共卫生部门制定和实施相应的控制和预防措施（图 8.3.3-1）。

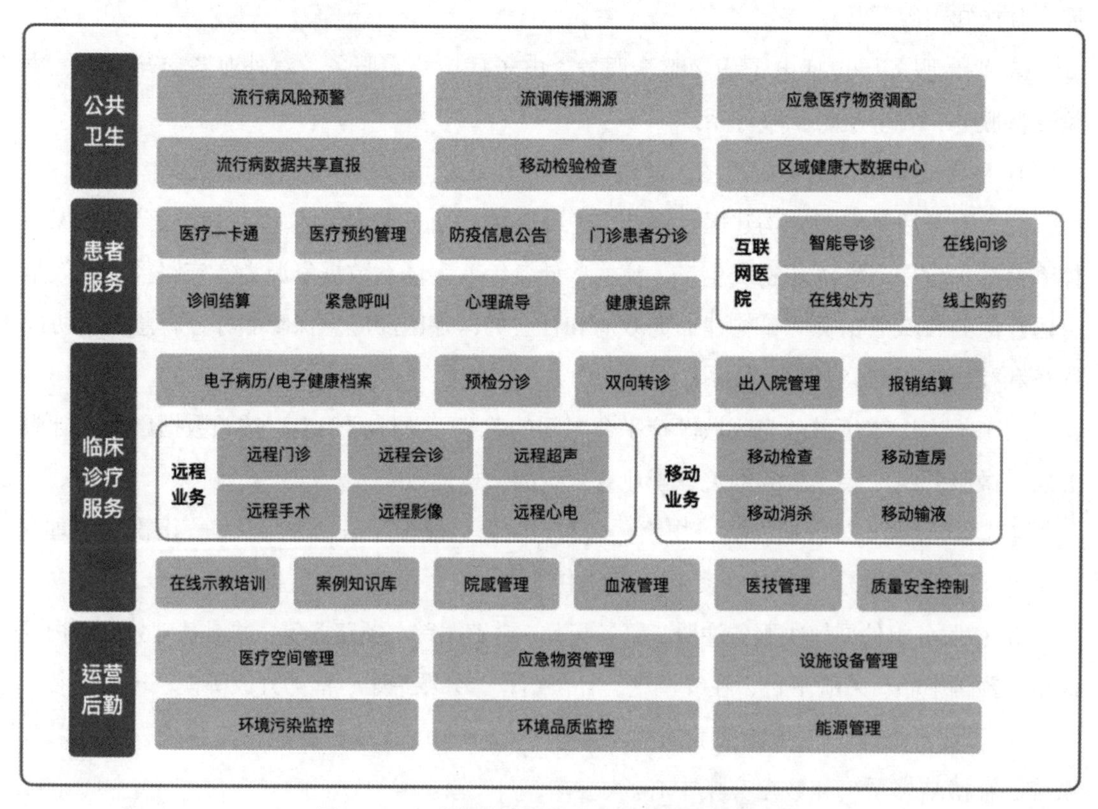

图 8.3.3-1 应急医疗机构信息化系统应用架构

2）技术架构

应急医疗机构信息化系统技术架构，采用高可用集群管理架构，涉及集群架构、负载均衡、故障检测和容错、数据复制和同步、自动扩展、日志和监控，以及安全性和权限管理。通过合理的架构和管理策略，可以确保应急医疗机构信息化系统集群在故障和高负载情况下持续提供可靠服务。

系统集群通常由多个节点（服务器）组成，这些节点通过网络互相连接并协同工作。负载均衡器可以根据节点的负载情况、网络延迟等因素进行智能调度，以提供整体技术架构的高性能和高可靠性。集群能够及时检测节点的故障，并进行容错处理，以保证系统的连续性。数据同步机制则保证了集群中节点之间的数据一致性。此外，在高负载情况下，系统可以根据需求自动扩展集群的节点数量，以提供更好的性能和可用性。完善的日志记录和监控机制有助于分析和追踪问题，实时监测节点的健康状态、资源利用率、性能指标等，以及时发现异常并采取相应的措施。在系统及子系统集群中采取必要的安全措施，如数据加密、防火墙等，可保护集群免受恶意攻击和数据泄漏的威胁（图 8.3.3-2）。

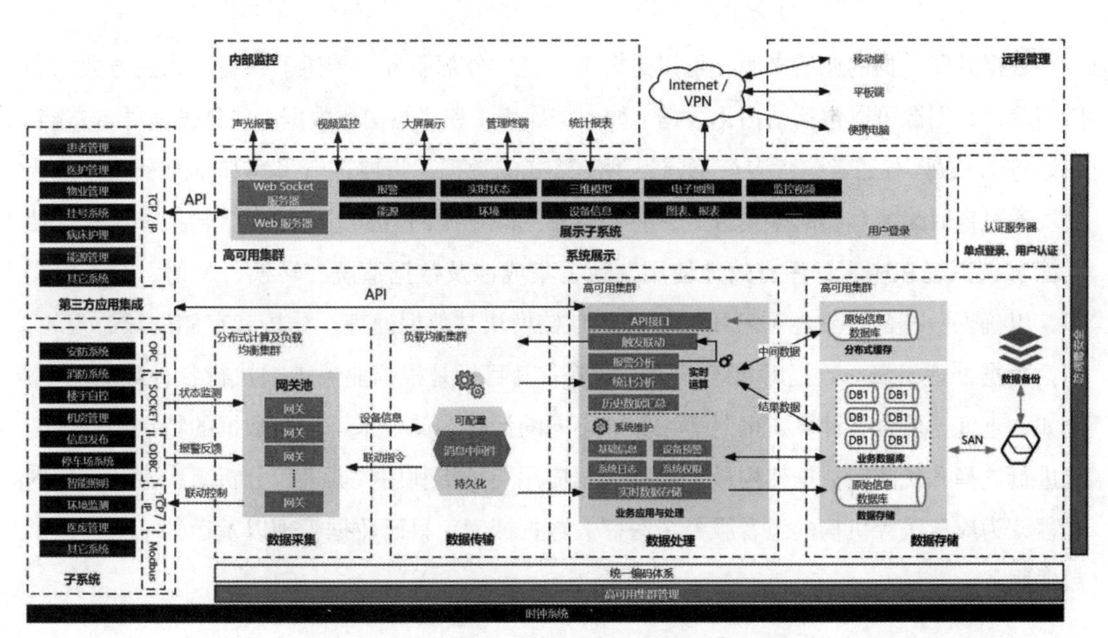

图 8.3.3-2　应急医疗机构信息化系统技术架构

3）数据架构

应急医疗机构信息化系统数据架构可以帮助应急医疗机构及相关信息化系统，管理和组织数据的结构和流程。数据架构涵盖了数据的采集、存储、处理和应用等方面，从下至上包括：数据源、数据集成、计算存储和数据应用四个模块（图 8.3.3-3）。

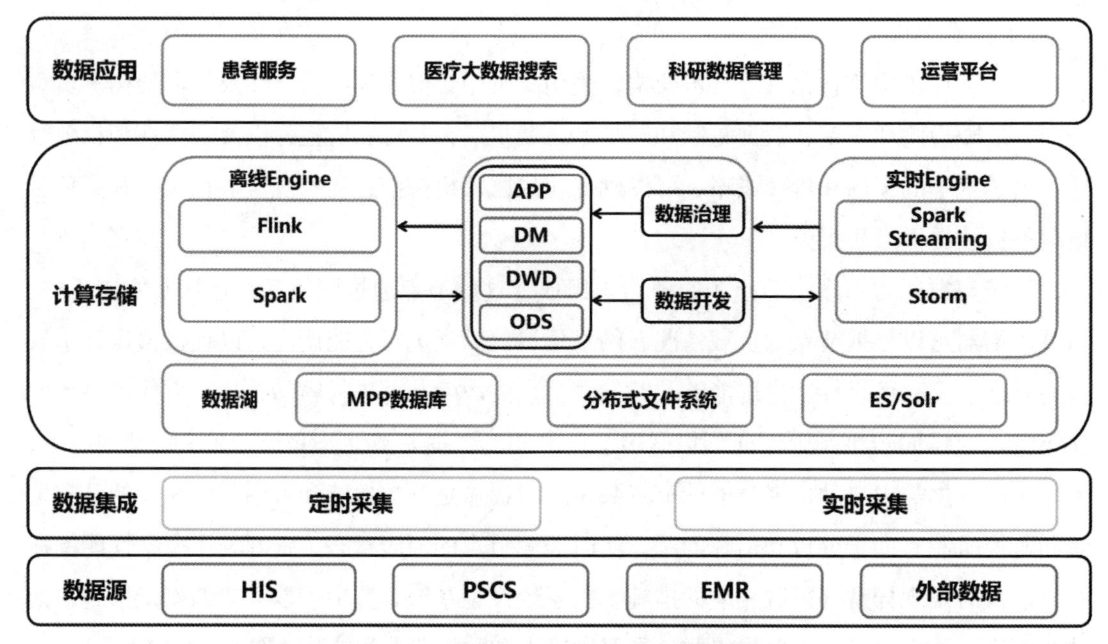

图 8.3.3-3　应急医疗机构信息化系统数据架构

数据源即数据的原始来源，可以是内部系统、外部服务、传感器设备、第三方数据提供商等，数据源可以包括结构化数据（如数据库表）和非结构化数据（如日志文件、文档、图像等），数据源通常包含多个不同类型和格式的数据，需要进行采集和整合；数据集成模块通过定时采集和实时采集方式，将来自不同数据源的数据进行整合、转换和统一，使其能够被系统和应用程序有效地使用。数据集成涉及数据清洗、转换、映射、合并等操作，以确保数据的一致性和可用性；计算存储模块是数据处理、分析和存储的核心模块，包括数据处理引擎、数据库系统、数据湖等。其目标是根据业务需求执行各种数据操作，例如，查询、聚合、计算、机器学习等。不同的计算存储技术可根据数据的特点和处理需求进行选择和优化；数据架构最上层的数据应用层是指利用数据进行分析、决策和应用的过程，为应急医疗机构的患者服务、医疗大数据搜索、科研数据管理以及运营平台等提供数据服务。

8.4　应急防疫项目大数据应用

经过几年的防疫经验积累和总结，通过大数据分析，在疫情的溯源、监测、态势研判分析、防控部署等领域，助力科学防治、精准施策。利用大数据、云计算、人工智能、物联网等新技术，让疫情动态实时、直观且透明化，帮助决策部门掌握疫情项目数据，以便制定应急预案。

1. 构建应急医疗建筑运维平台

每个医疗建筑单体的信息化系统收录着不同信息系统的数据，智能化各子系统的配置参数和运行数据（包括各个子系统的监控点位、故障信息、报警信息、操作信息等）均应进入智能化集成系统数据库，然后再将其关键数据存入应急医疗大数据的数据共享资源池，为相应的业务管理和数据分析提供详细的数据支持。

2. 构建公共卫生医疗大数据平台

应急医疗大数据应用技术是指利用先进的技术手段，对各种紧急情况下（例如，急诊科、重症监护室、突发公共卫生事件等）的医疗数据进行实时采集、分析和处理，以便为相关部门提供及时、准确的决策依据，提高应对紧急情况的效率和成功率。技术主要包括实时数据采集、数据挖掘、数据治理与分析、人工智能、机器学习等技术，以及传感器技术、云计算技术、大数据技术等现代化工具等。

3. 构建城市级医疗建筑服务能力平台

城市中所有医疗建筑、医疗服务能力必须形成全市一张网；平台主要收集统计全市医疗建筑的规模、位置、特点、转换条件、可服务半径等，为市级应急指挥选址、规划、决策提供有力保证。

8.4.1　医疗建筑信息化系统数据应用

智能化系统的集成数据是应急医疗大数据的重要数据来源，它将直接影响到上层各级应用的深度。

智能化子系统为不同厂商产品，具有较大差异性和封闭性。因此，非跨子系统的业务逻辑在各子系统内实现，只有跨子系统的业务逻辑才在智慧管理平台上实现，在各独立的子系统基础上集成，充分发挥子系统现有功能，也发挥集成的优势。

智能化各子系统通过物联网服务器把数据汇聚在一起，形成统一的状态监测、功能集成和系统联动的智能化集成系统。监测层接口采用标准的控制网络或现场总线通信方式，采用以太网络 TCP/IP 通信协议，用户层接口必须遵循统一的数据包结构。监测层系统集成的实时数据交换应采用 OPC 通信协议和实时数据通信接口。

1. 智能化系统数据的采集及集成

现对智能化子系统的数据监测、采集及集成内容做简单举例，实际项目中可包括但不限于以下内容。

1）能耗系统

（1）能耗系统集成功能如下：集成系统服务器与能耗系统运行在同一个以太网，保证两台电脑可以互访，配置标准 OPCServer 权限和 windows 系统 DCOM 权限，实现 OPCServer 接口通信，智能化集成系统服务器取得能耗的监测权限。

（2）主要监测内容：监视功能：电、水表实时工作状态监测，故障信息等。

2）视频监控系统

（1）集成系统的实现：集成系统服务器与视频监控系统通过矩阵，视频服务器，IP 接口等通信，保证两台电脑可以通过串口线，实现 OPCServer 接口通信，BMS 服务器取得视频监控系统的监视和控制权限，对视频监控系统的数据监视和下发控制命令。

（2）控制摄像机：系统通过视频监控系统的控制主机，控制摄像机的云台动作，包括摄像机选择、移动镜头、光圈变焦、切换输入、切换输出等。当有多个控制人员需要同一对象进行控制时，系统按照优先权原则处理。

（3）传输和显示摄像画面：现场图像可以视频服务器在工作站上显示。

（4）录像查询：可以通过选择通道、选择日期后进行录像查询。

集成系统通过硬盘录像机（或者数字矩阵，视频服务器等设备）提供的开发包，开发通信接口程序，实现录像查询等功能。

3）入侵报警系统

（1）集成系统的实现：集成系统服务器与入侵报警系统通过网络进行通信，保证两个系统可以互访，实现 OPCServer 接口通信，BMS 服务器取得入侵报警系统的监视权限，对报警的数据以电子地图的形式进行监视，同时可以实现报警联动。

（2）入侵报警系统包括的主要功能如下：

① 对设备运行状态监测，及时发出故障报警并指示故障位置。

② 具有防破坏功能。当探测器被拆或线路被切断时，系统能发出报警。

③ 能显示和记录报警部位和有关警情数据。

④ 以电子地图方式管理所有的感应探头运行、报警状态。

4）门禁系统

集成系统的实现：一般采取 OPCServer 接口通信或者 ODBC，若是设备商能提供 OPC 接口或者能提供相应的开发包、通信协议等资料，OPCServer 接口由设备商自行开发，若不能提供则一般采取 ODBC 数据库的方式接入到系统集成中。

集成系统服务器与门禁系统通过 OPC 或者数据库的方式实现通信，主要监控门开关状态，报警，远程控制。

5）电子巡更系统

（1）巡更系统集成功能如下：集成系统服务器与巡更系统运行在同一个以太网，保证两个系统可以互访，配置标准 OPCServer 权限和 windows 系统 DCOM 权限，实现 OPCServer 接口通信，BMS 服务器取得巡更系统的监视和控制权限，对巡更数据监视管理。

（2）主要监测内容：

① 监视功能：提供巡视器定时读取巡视点的信息。

② 提供巡察信息的历史纪录（人员、时间、事件等），提供各种查询和报表功能。

③ 在电子地图上显示巡察点纪录。

④ 管理常用数据（如巡察到位情况、巡察人员等）分析、统计、查询。

6）变配电监控系统

（1）集成系统实现：集成系统与变配电系统通过 RS232、RS485、TCP/IP 等方式连接，根据变配电提供的通信协议开发 OPCServer 接口程序通信，或者通过变配电系统上位机软件提供标准 OPC，Modbus 通信接口连接。

（2）集成系统内容：

① 实时监控变配电系统参数，报警等；供电回路电压、电流、功率因素等参数；进、出线电压、电流、频率、功率因素、总有功电能及视在电能参数。

② 市供电回路电压、功率因素等参数。

③ 出线电压、电流、频率、功率因素、总有功电能及视在电能参数。

④ 各回路真空断路器或负荷开关的开关状态、各回路失压或负载过流及时报警。

⑤ 变压器工作温度、遇超温时及时报警、变压器运行工作状态。

⑥ 低压柜各进线三相电压、电流、频率、功率因素、有功电能及视在电能参数。

⑦ 低压柜各进线失压、过压、接地保护装置故障并及时报警、低压柜各进线断路器开关工作状态。

⑧ 低压柜各主要供电回路三相电压、电流、频率、功率因素、有功电能等参数。

⑨ 各补偿电容器工作运行状态，电故障或失效及时报警。

7）智能照明系统

（1）智能照明系统集成功能如下：集成系统服务器与智能照明系统运行在同一个以太网，保证两台电脑可以互访，配置标准 OPCServer 权限和 windows 系统 DCOM 权限，实现 OPCServer 接口通信，集成系统服务器取得智能照明系统的监视和控制权限，对智能照明数据监视和下发控制命令。

（2）主要监测内容：

① 监视功能：实时监视智能照明系统中照明设备的工作状态，各种生活照明、公共

照明、场景照明的开关、故障信息等。

② 控制功能：提供对具体照明回路的启动 / 停止控制、调光控制等。

8）停车场管理系统

集成系统的实现：集成系统通过接口与出入口管理系统的主机相连，对停车场系统的各种设备的运行数据进行态超时及故障报警。系统一旦检测到异常，可以多种形式，包括声音、颜色、闪烁等进行报警，同时提示相应的处理方法。

停车场车辆的流量和车位信息的监控、对车库中车辆信息进行维护、分析统计、查询，并打印报表。

9）消防系统

（1）消防系统集成功能如下：集成系统服务器取得消防系统的监测权限。

（2）主要监测内容：火灾报警信息，消防疏散信息等。

2. 信息化系统数据的处理

以上数据通过统一的信息标准平台实现集成，以形成具有信息汇聚、资源共享以及优化管理等综合功能的系统。信息化系统具备大数据基础功能、数据集成功能、数据服务功能、数据资产管理功能、数据安全功能和管理功能等。应用支撑技术集数据采集、管理、计算、展示于一体，有效整合各应急医疗建筑的业务应用系统和智能化系统的各类数据，通过对结构化及非结构化数据进行分层和建模，为应急医疗建筑的智慧化应用提供高效、安全、便捷的数据共享和数据分析服务。

3. 数据的应用

经过处理的数据可根据业务流程的要求、场景建设的需要为智慧化应用提供数据支撑和服务。

8.4.2 医疗卫生系统数据应用

在传统的医疗系统中，医疗数据通常是分散存储在不同的系统中，医生、护士、管理人员等各个部门之间的数据流动比较困难。而应急医疗大数据应用技术则可以通过建立全面、实时的医疗数据采集和监测系统，实现对医疗过程的实时监控和数据分析，并且可以将数据从不同的数据源中进行采集和汇总，以便更好地进行分析和处理。

如图 8.4.2-1 所示在应急医疗大数据应用技术中，数据流转的过程主要包括数据采集、数据存储、数据处理分析应用等步骤。

1. 数据采集

应急医疗大数据中的数据采集主要分为两部分：传统数据采集与实时数据采集。

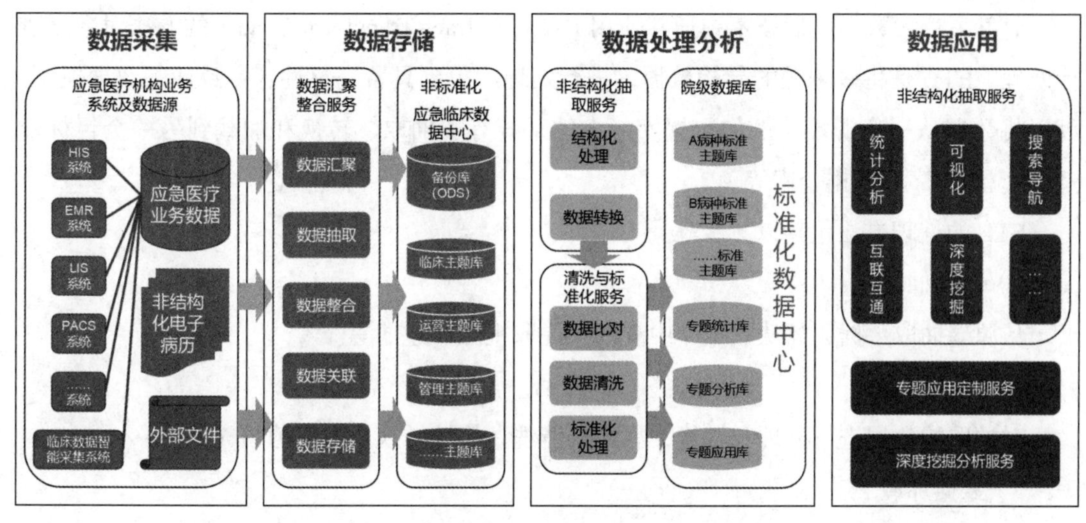

图 8.4.2-1　应急医疗大数据应用技术数据流转

1）传统数据采集

通过各种传统的数据采集设备，如纸质记录、电子表格等方式进行数据采集。

2）实时数据采集

利用信息化技术手段，实时从各类传感器、监测设备、防疫二维码、医院各类数据库及医院子系统，如 HIS、LIS、PACS、EMR 等中获取数据，以便进行实时分析和处理。常见的实时数据采集技术包括 Iot 技术、移动监测技术、视频监控技术等。

在数据采集过程中保证数据的统一性、连续性、严肃性和科学性，可借助信息化手段，尽量采用在线信息填报和智能外呼平台等代替手工填报，减少数据采集人力成本和人员相互接触，缩短数据流转过程。实际应用中还需要考虑到数据的质量和安全问题。数据的质量包括数据的准确性、完整性和一致性等，需要进行数据清洗、滤除噪声等操作，以保证数据的真实性和可靠性。同时，数据的安全性也非常重要，需要采取加密、身份认证等措施，保障数据的安全性和隐私性。

2. 数据处理

通过数据采集而来的数据可能会出现数据异常、数据缺失、数据重复等情况，需要对数据进行清洗并按照一定的规则与结构进行设计转化为结构化数据便于存储进数据库以便更好地对数据进行挖掘与分析。

在应急医疗过程中会产生大量信息数据，例如患者基本信息、病情描述、治疗方案、用药等。为了保证数据的一致性需要对其进行标准化处理，将不同来源、不同格式的数据转换为统一规定的标准格式，使之能在不同系统中进行交互与共享。

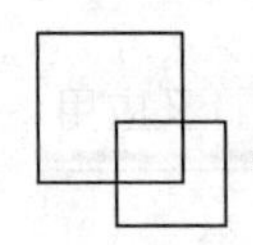

应急医疗大数据应用技术中通常使用ETL（Extract-Transform-Load）的方法对数据进行处理。ETL是将多来源的异构数据，进行处理后得到具备完整性、一致性的数据模型。可以将数据从一个源端（例如数据库、文件系统等）抽取、转换和加载到另一个目标端（例如应用程序、数据仓库等）。

ETL的处理方法包括以下步骤：

1）数据抽取

从源端抽取数据，如从数据库中查询、提取视图、过滤等。

2）数据转换

对抽取的数据进行处理和转换，如数据清洗、格式转换、缺失值填充等。

3）数据加载

将转换后的数据加载到目标端，如将结果保存到数据库中、从文件中读取数据等。

ETL通常使用专门的软件工具来实现，这些工具具有高度的可配置性和灵活性，可以根据不同的数据源和目标端进行定制化。此外，ETL还可以与其他技术和工具集成，例如，数据挖掘、机器学习、自然语言处理等，以提高数据处理的效率和准确性。

3. 数据存储

应急医疗大数据应用技术的数据存储技术主要包括分布式文件系统、云存储、CDN和大数据平台等。

1）基于分布式文件系统的数据存储

分布式文件系统是一种将文件分布在多台计算机上的文件系统，这些计算机可以是物理上相邻的，也可以是通过网络连接的。应急医疗系统可以利用分布式文件系统，将灾害现场的医疗设备、医疗记录、病例等数据存储在一起，实现数据的备份、恢复和共享。

2）基于云存储的数据存储

云存储是一种将数据存储在云端服务器上的技术，可以实现数据的备份、恢复和共享。应急医疗系统可以利用云存储技术，将医疗设备、医疗记录、病例等数据存储在云端服务器上，实现数据的备份、恢复和共享。

3）基于CDN的数据存储

CDN（Content Delivery Network）是一种将内容分发到多个终端上的技术，可以实现数据的备份、恢复和共享。应急医疗系统可以利用CDN技术，将医疗设备、医疗记录、病例等数据分发到多个终端上，实现数据的备份、恢复和共享。

4）基于大数据平台的数据存储

大数据平台是一种集成了多种数据存储和处理技术的平台，可以实现数据的备份、恢复和共享。应急医疗系统可以利用大数据平台，建立海量数据存储和处理系统，实现数据的备份、恢复和共享。

4. 数据分析与应用

通过对多源数据的采集、整理、归纳等建立专有的应急医疗数据库，使用各类数据分析手段为政府、机构、医院、患者提供高效有用的智慧化服务。

1）疾病预测与预防

通过对大数据的分析和挖掘，可以预测疾病的发展趋势，并制定相应的预防措施。例如，可以利用大数据技术对医疗记录、病人信息等进行分析，预测疾病的发生风险，并根据不同人群的特点制定相应的预防方案，以减少疾病的发生率和死亡率。

2）数据可视化

数据可视化技术可以帮助我们直观地看到数据之间的关联性和趋势，更好地理解数据分析的结果。通过数据分析和可视化，可以预测未来可能出现的情况，并提供相应的决策支持。例如，在伤员救治中，可以根据历史数据和分析结果，预测伤员的恢复情况和风险，提供更加精准的治疗方案。

3）辅助决策分析

应急医疗大数据应用技术可以利用人工智能、智能算法、机器学习等技术对医疗影像数据、病人信息等进行分析和挖掘，以辅助医生进行诊断，提高诊断准确性和效率。例如，可以利用人工智能技术对胸片、CT 等影像数据进行分析，辅助医生进行肺炎、心肌梗死等疾病的诊断。

4）医疗资源调配

在应急医疗管理中对医疗资源的调配是非常关键的。可以通过对医疗设备、人力资源等进行实时监测和分析，预测医疗资源的需求量和缺口，并根据实际情况进行调整和优化，以提高医疗资源的利用效率和质量。

8.4.3　城市级医疗建筑服务能力数据统计应用

每个城市的医疗服务网络、医疗建筑地图目前都有一定的统计数据，但对于每个医疗单体的现有的规模、床位、可提供的诊疗人数、医疗特长就未必都能数字化收集；同时，每个医疗建筑的园区布局、可利用空间、可转换能力也没有统一平台收集；再有，对于平急转换征集使用的场馆、学校、宾馆、公租房等也应作为后备建筑储备资源进入统计平台。

医疗建筑服务能力平台在应对公共突发卫生事件时实现以下几方面应用：

（1）联动医疗卫生大数据平台，统筹规划应急医疗建筑的服务需求，判断决策新建或改建医疗资源的选址、规模、服务能力等。

（2）可联动应急医疗的建设过程，可在系统内监测建设阶段、建设费用等，确保及时建成、投入使用。

（3）联动全市应急物资大数据，在平台上统筹医疗物资的分配、支出、采购和存储计划，使全市物资能够有计划发放、有能力存储。

8.5 总结与展望

应急医疗建筑智慧化系统是在应急防疫工程项目中，从建筑使用场景的智慧化需求出发，通过智慧化场景的打造和智慧化系统的构建，解决管理者、医护、患者、后勤保障三者使用和管理中的问题，利用数字化、信息化、智能化的技术手段，提高了应急医疗建筑设计、建造的效能以及运营服务的效率、运营质量和安全性。本章节通过对于智慧化需求的分析、不同应急医疗建筑类型的特点，智慧化场景的打造、智慧化系统的构建，自上而下地实现以下几个层面内容总结如下：

（1）应急医疗建筑智慧系统建设需要通过顶层设计满足管理者、医护人员、后勤保障和患者的多维度、多角色需求；从功能需求出发，设计一套可选的方案框架。

（2）管理视角下的应急医疗建筑系统建设的核心是应在信息化、数字化、智能化系统中，通过数字化的手段，优化设计，指导施工，最终交付数字资产作为运营阶段的数字基底。智能化系统明确要求其提供标准的数据开放协议、接口地址、数据点表，通过管理措施打破数据孤岛；信息化通过建设开放共享和弹性可配置的大数据平台，融合已有的建筑智能化系统和应急医疗建造的管理信息化系统数据，支持不同患者用户在医院授权下逐步开发面向各种应用场景的AI算法和系统，特别是新兴管理和安全保障功能，逐步建设成为智慧化医院。

（3）应急医疗建筑智慧管理系统可实现设备资产绩效评估、智慧安防管理、设备故障预测、能源异常诊断、维保工单量化评价和重复工单挖掘等AI算法，支持主动式、集成化和精细化的大后勤运行管理，提升医院运维效率和服务满意度，效果显著。

随着科技的不断进步，应急医疗建筑智慧化系统将不断演进和完善，向全面支撑应急医疗服务和卫生响应能力的方向发展。在未来，结合新技术的应用与发展，以下方面的能力可得以进一步拓展提升。

（1）防疫顶层规划：建立完善的卫健防疫体系 ，包括建设健全的卫生监测和预警系统、加强疾病监测和报告机制、完善传染病预防控制体系、提高公众卫生服务能力等，以确保及时有效地监测和应对传染病；推动医疗信息化建设：加强医疗信息化建设，促进医疗数据的互联互通，提升卫生健康数据的管理和分析能力，为科学决策和精准干预提供支持；强化公众健康宣教和风险沟通，加强公众健康教育和宣传，提高公众对卫生健康的认知和健康素养，加强风险沟通，及时准确地向公众传递卫生信息，提高公众对疫情和防控措施的理解和配合度。

（2）区域云平台建设：智慧化系统可能会整合不同平台和设备，实现更高程度的互联互通。医疗机构、政府部门和救援机构之间的数据共享和协作将更加紧密，以便更好地应对紧急情况。

（3）智能化程度提升：未来的智慧化系统将结合更多的人工智能技术，可以应对更复杂的应急场景。例如，利用机器学习和深度学习技术，系统可以通过学习和分析历史数据，提供更精准的预测和决策支持。

（4）虚拟现实和增强现实应用：虚拟现实（VR）和增强现实（AR）技术有望应用于应急医疗建筑智慧化系统中。例如，通过 AR 技术，医护人员可以在现实场景中叠加医学图像、指导信息等，提供更直观的指导和支持。

（5）自动化和机器人技术：自动化和机器人技术将在应急医疗建筑中发挥更大的作用。例如，自动化的药物配送系统和机器人护理助手可以提高医疗服务的效率和精确性。

（6）数据安全与隐私保护：随着智慧化系统中数据的增加和流动，数据安全和隐私保护将成为重要的关注点。未来的系统需要加强对数据的保护，确保敏感信息不被泄漏或滥用。

（7）应急指挥管理（建设统筹、应急事件响应）：通过智慧化系统的打造，加强应急预案制定和演练，建立应急物资储备和分发机制，提高卫生应急队伍的组织和能力，以快速、有效地响应突发公共卫生事件。

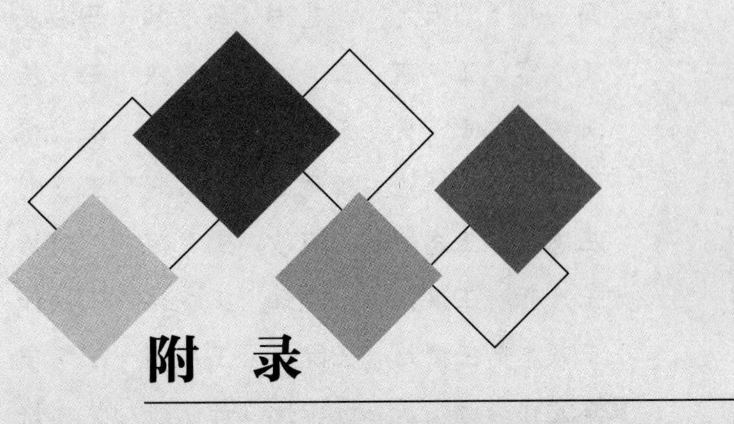

附　录

本书工程案例设计团队

（按姓氏笔划排序）

丁　鹏　丁利明　丁博伦　于　佳　于　波　于晓丽　于笑宇　于新月
于嘉琪　万金国　及　雪　卫　东　马　宁　马　岩　马　涛　马　跃
马　超　马天龙　马艺彬　马永慧　马敬友　王　飞　王　玉　王　帅
王　宁　王　帆　王　宇　王　凯　王　佳　王　洋　王　勇　王　哲
王　浩　王　爽　王　绪　王　超　王　博　王　童　王　鹏　王　颖
王　慷　王　燕　王元达　王玉超　王立刚　王立新　王弘轩　王亦知
王志扬　王志松　王丽沙　王灵丽　王玥怡　王建辉　王轶楠　王保国
王彦开　王洪东　王晓虹　王晓雄　王铁锋　王笑蕾　王凌宇　王海博
王硕志　王博筠　王皖兵　王慕明　王熠宁　王鑫宇　韦　洁　支晶晶
车宏伟　方　勇　方　悦　计　凯　艾　妍　石　磊　石孔键　帅小霞
叶云昭　申　思　田　丁　田　天　田　方　田　豆　田　梦　田　晶
田振杰　史明浩　付　烨　付良燕　代宁宁　白永莉　白喜录　白鹏飞
冯　超　冯　喆　冯　晶　冯希源　宁久民　宁顺利　司彬彬　巩向飞
师　璐　曲　泓　吕姝琦　吕晓薇　朱　方　朱　傲　朱　嘉　朱丹丹
朱兆楠　朱芷莹　朱明春　朱忠义　乔　洋　乔一兵　任　红　任　烨
华建江　庄　钧　刘　帅　刘　弘　刘　伟　刘　均　刘　芳　刘　钊
刘　沛　刘　青　刘　昊　刘　国　刘　学　刘　洋　刘　倩　刘　爽
刘　琳　刘　琛　刘　超　刘　辉　刘　毅　刘　燕　刘小欢　刘天澈
刘文文　刘书舟　刘立杰　刘永豪　刘会兴　刘芮辰　刘国洋　刘欣莉
刘树山　刘思思　刘洁琮　刘莅川　刘晓茹　刘朔辰　刘寅芃　刘洋俊雄
齐　迹　齐连山　齐家璇　闫　莹　闫　珺　闫　敏　闫　超　闫志刚
关　欣　米海华　江　科　江　洋　安　浩　祁　峰　许　山　许泽豪
阮　维　孙　妍　孙　杰　孙　勃　孙　亮　孙　美　孙　洁　孙　倩
孙　毅　孙天屹　孙成群　孙彦亮　孙晓枫　孙培真　纪　合　抗莉君
苏　萌　苏　维　苏　静　苏伏龙　苏宇坤　杜　松　杜　倩　杜　翔
杜丰收　杜延青　杜佩韦　杜京京　杜婉萌　李　丹　李　文　李　乐
李　宁　李　芊　李　伟　李　钊　李　杰　李　昕　李　洁　李　娜

李 振	李 聃	李 培	李 菁	李 硕	李 曼	李 超	李 然
李 翔	李 楠	李 颖	李 燕	李大玮	李大鹏	李夕武	李文峰
李可欣	李东飞	李宁宁	李先荣	李伟佳	李芳芳	李丽卓	李连娜
李欣远	李泽熙	李宝建	李祎玮	李春营	李树栋	李思佳	李思琪
李保奇	李姣洋	李晓冉	李琳琳	李紫涵	李震宇	李德全	杨 宁
杨 帆	杨 红	杨 明	杨 京	杨 波	杨 勇	杨 垒	杨 意
杨 源	杨 蕾	杨 懿	杨成硕	杨国滨	杨金霞	杨育臣	杨晓亮
杨浩辰	杨铠繁	杨彩青	束伟农	肖文兴	肖鼎山	时汉林	时晨龙
吴 昊	吴 楠	吴 潇	吴 懿	吴子夏	吴子超	吴中群	吴尘清
吴会娟	吴芳芳	吴英时	吴佳彦	吴悦娜	吴雪杨	吴雅怡	邱 玥
何 柏	何 荻	何 莹	何小萌	何伟荣	佟丽娜	汪 卉	汪 波
汪 滢	汪云峰	汪泽慧	沙 珊	沈逸赉	宋 丹	宋 平	宋 昱
宋子魁	宋立军	宋雨祥	宋学蔚	宋春阳	宋思佳	宋剑豪	宋健敏
宋培林	宋登科	张 帅	张 成	张 帆	张 伟	张 旭	张 羽
张 杰	张 凯	张 标	张 胜	张 恬	张 勇	张 晋	张 圆
张 健	张 涛	张 萌	张 菊	张 彬	张 硕	张 晧	张 偲
张 超	张 辉	张 颖	张 溥	张 豪	张 慧	张 磊	张 燕
张 擎	张 璐	张一钦	张广宇	张丹青	张东坡	张仔健	张宇坤
张宇翔	张宇渟	张若尧	张建功	张建朋	张建辉	张春旭	张晋伟
张海峰	张晨军	张博闻	张斯斯	张婷婷	张瑞松	张嘉艺	张慧芹
张霓珂	陆非非	陈 萌	陈 颖	陈 燕	陈 璐	陈 曦	陈大鹏
陈云杉	陈妍伊	陈雨菲	陈思帆	陈浩华	陈彬磊	陈雁琳	邵天旸
邵韦平	邵冬辰	郇 楠	武淑琪	苗启松	苑 丁	范 欣	范士兴
范占强	范新杰	林 卫	林坤平	欧阳露	易文浩	易淑华	罗 丹
罗 明	罗 辉	罗继军	和 静	岳 光	金 洁	周 丹	周 冰
周 芸	周 晖	周 笋	周 晨	周 皓	周 睿	周 蕊	周小虹
周尤宁	周俊仙	周彦卿	庞素坤	郑 帅	郑 良	郑 琪	郑甲珊
郑珍珍	郑美茹	房 昉	孟祥增	赵 彤	赵 宏	赵 欣	赵 莹

赵萌　赵朝　赵强　赵小文　赵卫中　赵飞龙　赵升泉　赵文丽
赵玉彤　赵亦宁　赵希鹏　赵国成　赵显华　赵曾辉　莒运奇　胡笳
胡鹏　胡荇澄　南在国　钟金言　段茜　段华楠　段晓敏　侯芳
侯新元　俞蕾　俞振乾　姜诚　姜薇　姜青海　姜佳欢　姜慧宇
洪峰凯　宫贞超　姚赤飙　姚淇誉　姚瑾蓉　贺阳　骆平　秦乐
秦超　袁晓宇　袁菀咛　袁雯雯　耿青　耿天一　耿学虎　栗浩譞
贾宇超　贾泽宇　贾路阳　夏宁　夏子言　夏国藩　夏澄元　顾丽丽
钱凤霞　倪思思　徐芬　徐言　徐昊　徐昕　徐洋　徐傲
徐宏庆　徐英华　徐建伟　徐竑雷　徐袒轩　徐赫斐　奚悦　奚琦
高扬　高峰　高悦　高维　高博　高雅　高巍　高雨琪
高诗洋　高鹏飞　郭文　郭阳　郭磊　郭文辉　郭亚伟　郭娜静
郭晨喜　郭新阳　郭歆雪　席宏伟　唐旭　唐韬　唐艺丹　唐绍雪
容骞　谈锦华　陶庆杰　桑榕棋　黄勇　黄晓　黄越　黄季宜
黄婷婷　黄薇薇　曹妍　曹越　曹殿龙　龚泽　龚雨虹　常青
常为华　常莹莹　崔锴　崔曦　崔文佳　崔建刚　崔晓勇　康凯
康健　阎博萱　盖克雨　梁晶　梁鹏　梁巍　梁玉珠　梁振峰
谌晓晴　扈明　逯伟　董艺　董莉　董红伟　董栋栋　董俐言
蒋辰希　蒋夏涛　韩博　韩薇　韩巍　韩京京　韩雪岩　韩鹏飞
程丽　程红娟　程国丰　程春辉　程喜恩　鲁冬阳　曾威　曾峻
曾源　温燕波　富辉　谢正浓　强森　靳宇　靳晨　靳翔
靳丽新　靳彩玲　甄伟　路佳　解帅　解菲　褚德炜　蔡丽
蔡妍　蔡昌源　臧文远　裴雷　缪遇虹　樊华　潘萌　潘硕
潘翠彦　薛松　薛晶　薛连振　薛沙舟　穆晓霞　魏成蹊